普通高等教育"十三五"规划教材

全国高等院校规划教材

金天明 主编

Animal Physiology

动物生理学

（第2版）

清華大學出版社

北京

内 容 简 介

本教材以哺乳动物器官生理学为主干，着重论述畜禽生理学知识。全书共14章，内容包括绪论、细胞的基本功能、神经生理、肌肉、血液、血液循环、呼吸、消化和吸收、能量代谢与体温调节、泌尿、内分泌、生殖、泌乳和禽类的生理特点，涵盖了动物生理学的主要基本知识点，从整体、器官和系统、细胞及分子水平系统地介绍了动物生理学的基本理论、基本知识和基本技能，并追踪动物生理学的最新前沿科研成果，突出该学科的时代特征。本教材特别注意坚持理论联系实际和基础服务临床的宗旨，在各章内容中尽量突出动物生理学与后续学科和专业的相关性，加大病例和生产案例的引用力度，为专业课程的学习奠定坚实的基础。本教材可供高等农业、林业、水产院校动物医学、动物科学、动物药学、水产养殖、动植物检疫、生命科学、水族科学与技术、野生动物与自然保护区管理和生物技术等专业学生使用，还可供普通师范院校、综合性大学、高等职业院校等有关生命科学的本科学生使用。

图书在版编目（CIP）数据

动物生理学 / 金天明主编 . —2 版 . —北京：清华大学出版社，2018（2024.11 重印）
（普通高等教育“十三五”规划教材·全国高等院校规划教材）
ISBN 978-7-302-49701-1

Ⅰ. ①动…　Ⅱ. ①金…　Ⅲ. ①动物学—生理学—高等学校—教材　Ⅳ. ① Q4

中国版本图书馆 CIP 数据核字（2018）第 034995 号

责任编辑：罗　健
封面设计：常雪影
责任校对：刘玉霞
责任印制：丛怀宇

出版发行：清华大学出版社
网　　址：https://www.tup.com.cn, https://www.wqxuetang.com
地　　址：北京清华大学学研大厦A座　　邮　　编：100084
社 总 机：010-83470000　　邮　　购：010-62786544
投稿与读者服务：010-62776969, c-service@tup.tsinghua.edu.cn
质量反馈：010-62772015, zhiliang@tup.tsinghua.edu.cn
印 装 者：三河市龙大印装有限公司
经　　销：全国新华书店
开　　本：185mm×260mm　　印　张：32.25　　字　数：764千字
版　　次：2012年4月第1版　2018年9月第2版　　印　次：2024年11月第6次印刷
定　　价：69.80元

产品编号：071173-01

普通高等教育“十三五”规划教材
全国高等院校规划教材
《动物生理学》（第2版）编委会

主　编　金天明

主　审　刘淑英

副主编　李留安　马燕梅　宁红梅　孟　岩
滑　静　东彦新　姜成哲　刘俊峰
徐斯日古楞　诸葛增玉

编　者　（按拼音顺序排列）

东彦新（内蒙古民族大学）　　滑　静（北京农学院）
姜成哲（延边大学）　　金天明（天津农学院）
李留安（天津农学院）　　刘俊峰（塔里木大学）
刘淑英（内蒙古农业大学）　　马燕梅（福建农林大学）
孟　岩（吉林农业科技学院）　　宁红梅（河南科技学院）
徐斯日古楞（内蒙古农业大学）　　尹福泉（广东海洋大学）
于晓雪（天津农学院）　　诸葛增玉（天津农学院）

制　图　陈　义（天津市教育招生考试院）

PREFACE 前言（第 2 版）

动物生理学是专门研究健康动物正常生命活动规律的一门科学，是整个生命科学相关专业的核心课程。这次再版的《动物生理学》依然延续第 1 版的编写风格，即着重于畜禽生理学部分。

《动物生理学》（第 2 版）中的部分内容发生了一些变化，如新增了生理学领域的新概念、新发现和新进展，对动物生理学的某些知识点进行了拓展。在第 2 版教材修订过程中，我们新邀请了四位编者，他们对本书的每一章节都做了认真的审阅，对负责编写的部分章节进行了较大幅度的修订。

第 2 版教材共 14 章，内容包括绪论、细胞的基本功能、神经生理、肌肉、血液、血液循环、呼吸、消化和吸收、能量代谢与体温调节、泌尿、内分泌、生殖、泌乳、禽类的生理特点，可供普通师范院校、综合性大学、高等职业院校等有关生命科学的本、专科学生使用，同时还适用于成人教育，并可作为硕士研究生教学用书以及科研工作者的参考书和工具书。

承担第 2 版教材编写的 14 位编委是来自全国 10 所高等院校的教授、专家和博士，他们多年从事动物生理学教学、科研的实践经验，以及在各自研究领域卓有成效的工作，为第 2 版教材高质量地完成奠定了坚实的基础。

在新版付梓之际，谨向全体编写人员致以诚挚的谢意和崇高的敬意！感谢你们两年多的辛勤付出和卓有成效的工作！你们及时追踪国际前沿的研究成果和发展动态，为我国农业院校的教学及科研人员、防疫检疫工作者、临床兽医工作者提供了简洁、权威和快速有效的信息获取渠道，使之能够及时掌握国内外动物生理学最新理论和技术。我们相信，《动物生理学》（第 2 版）一定会成为动物医学、动物科学、动物药学、水产养殖、动植物检疫、生命科学、水族科学与技术、野生动物与自然保护区管理和生物技术等专业的优秀教材，以及广大临床兽医和基层畜牧兽医工作者的重要工具书，本书将对我国动物生理学教学及人才培养发挥重要作用。

诚然，追求完美是清华大学出版社和全体编写人员的共同目标，但书中纰漏和瑕疵在所难免，因此，全体编写人员在第 2 版教材出版后，将一如既往地虚心听取同行和读者的意见，使本教材日臻完善，使之成为经得起时间检验的优秀教材。

金天明
2018 年 6 月于天津

PREFACE 前言（第1版）

动物生理学是专门研究健康动物正常生命活动规律的一门科学，是整个生命科学相关专业的核心课程。本书着重于畜禽生理学部分，以家畜解剖及组织胚胎学、动物学和动物生物化学等课程为基础，是动物医学、动物科学、动物药学、水产养殖、动植物检疫、生命科学、水族科学与技术、野生动物与自然保护区管理和生物技术等专业必修的专业基础课。同时又为兽医病理学、兽医药理学、家畜内科学、家畜外科学、家畜诊断学、动物营养学和家畜繁殖学等后续专业课程的学习以及为从事动物生理学及其相关学科的研究和发展打下宽厚的理论基础。

本书包括绪论、细胞的基本功能、神经生理、肌肉、血液、血液循环、呼吸、消化和吸收、能量代谢与体温调节、泌尿、内分泌、生殖、泌乳、禽类的生理特点共14章。在选材上，本教材充分考虑了动物生理学知识体系的系统性、渐进性及与其他课程的延续性，在内容上涵盖了动物生理学的主要基本知识点。从整体、器官系统、细胞及分子水平，系统地介绍了动物生理学的基本理论、基本知识和基本技能，并力求有所创新，追踪动物生理学的最新前沿科研成果和动态，突出该学科的时代特征，使本书具有更加广泛的实用性。本书特别注意坚持理论联系实际和基础服务临床的宗旨，在每章中尽力突出动物生理学与后续学科和专业的相关性，加大病例和生产案例的引用，为专业课程的学习打下坚实的专业基础。通过动物生理学的学习，使学生掌握动物在适应环境变化的过程中所发生的基本规律和理论；认识动物生理学理论在动物医学、动物生产、动物资源保护与利用等实践活动中的作用；了解动物生理学和其他相关学科间的相互关系及该学科发展的前沿热点问题。

本书在每章的前面列有本章概述，并以知识卡片的形式对在文中不易展开的新概念、新发现和新进展、生理学上具有里程碑意义的重大事件以及某些疾病案例等知识点进行了拓展，加大了动物生理学专用名词的英汉对照的数量，以利于学生主动学习和提高专业英语的阅读理解能力。最后，在每章都列有复习思考题，便于学生的自查自测。

整版教材力求文字简洁、图文并茂、重点突出、层次分明，强调内容的科学性、先进性、系统性和可读性，以方便师生的教与学。

另外，本书在章节编排上进行了调整。目前国内出版的同类其他版本的教材，都将神经生理一章放在血液循环、呼吸、消化和吸收等章节之后，由于没有神经生理的基础知识，在涉及相关神经调节的知识点时，教师讲授和学生理解都会出现一定的困难。为克服上述矛盾，本书将神经生理调整到第三章，较好地解决了上述问题。

本书的16位编委来自全国11所高校的一线主讲教师，平均年龄40岁左右，全部具有副教授及以上职称，其中，具有博士学历的教师有10人，他们具有多年从事动物生理学教学、科研和实践的经验，教学成果显著，所有编委都是所在学校的优秀教学和科研骨干，他们中共有6人12人次主持过国家自然科学基金课题，多人主持并参与省市级自然科学基金和教学改革课题的研究，所有这些都为我们高质量地完成本书的编写任务奠定了坚实的基础。最后，还要特别感谢南开大学赵强博士对本书进行了全面细致的审校，并为编写工作提出了许多富有成效的建设性意见。

本教材还可供普通师范院校、综合性大学、高等职业院校等有关生命科学专业学生使用，同时还适用于成人教育，并可作为硕士研究生教学用书以及科研工作者的参考书和工具书。

诚然，追求完美是我们的目标，但书中的纰漏和瑕疵在所难免，希望同行和使用者不吝赐教。

金天明

2011年9月于天津

CONTENTS 目录

第一章 绪论……1
第一节 动物生理学的研究对象和内容……1
一、动物生理学的研究对象……1
二、动物生理学的研究内容……2
第二节 生理学的发展和研究方法……5
一、生理学是一门实验性科学……5
二、生理学的研究方法……6
三、动物生理学研究的不同水平……8
第三节 生命的基本特征……10
一、新陈代谢……10
二、兴奋性……10
三、生殖……11
四、适应性……11
第四节 机体的内环境及其稳态……12
一、内环境……12
二、稳态……12
三、内环境稳态是一种动态平衡……13
第五节 生理功能的调节方式……13
一、神经调节……14
二、体液调节……14
三、自身调节……15
第六节 动物生理功能调节的控制系统……16
一、非自动控制系统……16
二、自动控制系统……16
第七节 动物生理学的学习目的和方法……19
一、动物生理学的学习目的……19
二、动物生理学的学习方法……20
复习思考题……21
第二章 细胞的基本功能……22
第一节 细胞膜的组成与结构……22
一、细胞膜的组成与液态镶嵌模型……22
二、细胞膜的结构……23
第二节 离子和小分子的跨膜转运……29
一、被动转运……29
二、主动转运……33
三、入胞和出胞……36
第三节 细胞的跨膜信号转导……38
一、G蛋白偶联受体介导的信号转导……38
二、酶偶联受体介导的信号转导……42
三、离子通道受体介导的信号转导……43
第四节 细胞的生物电现象……45
一、细胞膜的被动电学特性……46
二、细胞的静息电位及其产生机制……46
三、细胞的动作电位及其产生机制……49
四、组织的兴奋和兴奋性……55
复习思考题……57
第三章 神经生理……58
第一节 组成神经系统的细胞及其功能……58
一、神经元及其基本功能……58
二、神经胶质细胞及其基本功能……62
第二节 神经元间的功能联系……63
一、突触与突触传递……64
二、神经递质……68
三、受体……70
第三节 反射活动的一般规律……73
一、反射弧与反射的基本过程……73

二、中枢神经元的联系方式……74
三、中枢兴奋的传布特征……75
四、中枢抑制的类型和产生机制……76
五、神经中枢内神经元兴奋和抑制的相互作用……78
第四节 神经系统的感觉功能……79
一、感受器……79
二、感觉传导通路……81
三、大脑皮质的感觉分析功能……83
四、痛觉……84
五、视觉……88
六、听觉……89
七、嗅觉和味觉……89
八、皮肤的感觉……90
第五节 神经系统对躯体运动的调节……91
一、脊髓对躯体运动的调节……91
二、脑干对肌紧张和姿势的调节……94
三、小脑对躯体运动的调节……96
四、大脑皮质对躯体运动的调节……97
第六节 神经系统对内脏活动的调节……100
一、植物性神经系统的结构和功能特征……100
二、植物性神经系统的中枢调节……103
第七节 脑的高级神经活动……105
一、脑电图……105
二、条件反射……105
三、动物的神经型……106
复习思考题……107
第四章 肌肉……109
第一节 肌肉的结构……110
一、骨骼肌的结构与功能……110
二、骨骼肌的类型……111
第二节 肌肉的收缩和舒张……112
一、神经-肌肉接头处兴奋的传递……112
二、骨骼肌的兴奋-收缩偶联……114
第三节 肌细胞的收缩机制……116
一、肌丝滑行的分子结构基础……116
二、肌肉收缩的滑行学说……117
第四节 骨骼肌的收缩效应及其影响因素……119
一、骨骼肌的收缩效应……119
二、收缩总和……119
三、骨骼肌收缩效能的影响因素……120
四、肌肉收缩的能量变化和肌疲劳……121
第五节 平滑肌的收缩和舒张……122
一、平滑肌细胞的不均一性……122
二、平滑肌的收缩及调节……123
复习思考题……125
第五章 血液……126
第一节 血液的组成和理化特性……126
一、血液的组成和血量……126
二、血液的理化特性……128
三、血液的生理作用……130
第二节 血细胞……131
一、红细胞生理……132
二、白细胞生理……137
三、血小板生理……141
第三节 血液凝固……143
一、血液凝固概述……143
二、抗凝系统和纤维蛋白溶解……147
三、抗凝和促凝措施……149
第四节 血型与输血……150
一、血型与红细胞凝集……150
二、输血原则……152
三、动物的血型及其应用……153
复习思考题……154
第六章 血液循环……155
第一节 心肌细胞的生物电现象与生理特性……156
一、心肌细胞的生物电现象……157
二、心肌的生理特性……161
三、心电图……166

第二节 心动周期与心脏的泵血功能……168
一、心率与心动周期……168
二、心脏的泵血功能及其机制……169
三、心音和心音图……170
四、心脏泵血功能的评价……171
五、心脏泵血功能的储备……172
六、影响心输出量的因素……173
第三节 血管生理……175
一、各类血管的结构和功能……175
二、血流量、血流阻力和血压……176
三、动脉血压和动脉脉搏……178
四、静脉血压与静脉回流……181
五、微循环……182
六、组织液和淋巴液的生成与回流……184
第四节 心血管活动的调节……187
一、神经调节……187
二、体液调节……195
三、心血管活动的自身调节……197
四、动脉血压的长期性调节……198
第五节 器官循环……198
一、冠状动脉循环……199
二、肺循环……200
三、脑循环……201
复习思考题……203
第七章 呼吸……204
第一节 肺通气……205
一、肺通气的器官及功能……205
二、肺通气的原理……207
三、肺通气功能的评价……214
第二节 气体交换……216
一、气体交换的基本原理……216
二、肺换气……218
三、组织换气……220
第三节 气体运输……221
一、氧的运输……221
二、二氧化碳的运输……225
第四节 呼吸运动的调节……227
一、神经调节……227
二、化学因素对呼吸的调节……231
三、高原对呼吸的影响……234
复习思考题……235
第八章 消化和吸收……236
第一节 概述……236
一、消化方式……236
二、消化道平滑肌的生理特性……237
三、消化道的主要功能……239
第二节 摄食的调节……244
一、摄食的方式……245
二、摄食中枢……245
三、调节摄食的因素……246
第三节 口腔消化……248
一、咀嚼……248
二、唾液的分泌……248
三、吞咽……251
四、嗉囊内的消化……251
第四节 单胃消化……252
一、胃液的分泌……252
二、胃的运动……257
三、胃的排空及调节……259
四、呕吐……259
第五节 复胃消化……260
一、瘤胃与网胃内的消化……260
二、气体的产生与嗳气……265
三、前胃运动及其调节……266
四、反刍……268
五、食管沟的作用……268
六、瓣胃消化……269
七、皱胃消化……269
第六节 小肠消化……270
一、胰液的分泌……270
二、胆汁的分泌……272
三、小肠液的分泌……275
四、小肠的运动……275

五、回盲瓣（或回盲括约肌）的机能…277
第七节 大肠消化……278
一、大肠液的分泌……278
二、大肠内的微生物消化……278
三、大肠的运动与排粪……280
第八节 吸收……281
一、吸收的部位和途径……281
二、小肠内主要营养物质的吸收……283
三、大肠的吸收功能……288
复习思考题……288
第九章 能量代谢和体温调节……290
第一节 能量代谢……290
一、机体能量的来源与利用……290
二、能量代谢的测定……292
三、影响能量代谢的因素……296
四、基础代谢和静止能量代谢……297
第二节 体温及其调节……298
一、动物的体温……298
二、动物的产热和散热过程……300
复习思考题……309
第十章 泌尿……310
第一节 肾脏的结构和血液供应……311
一、肾脏的结构特点……311
二、肾脏的血液供应……314
第二节 尿的生成……315
一、尿的性质与成分……315
二、肾小球的滤过作用……316
三、肾小管和集合管的重吸收与分泌作用……320
第三节 尿的浓缩和稀释……328
一、尿液的稀释……328
二、尿液的浓缩……328
三、尿液的浓缩机制……329
第四节 尿生成的调节……332
一、肾内自身调节……332
二、神经和体液调节……332
第五节 排尿……337
一、输尿管的蠕动将肾盂内的尿液送入膀胱……337
二、膀胱与尿道的神经支配……337
三、排尿反射……338
复习思考题……338
第十一章 内分泌……339
第一节 概述……339
一、激素的种类……340
二、激素的代谢……342
三、激素作用的一般特性……344
四、激素的作用机理……347
第二节 下丘脑的内分泌……349
一、下丘脑的神经内分泌结构……350
二、下丘脑主要调节肽的种类、结构及功能……351
三、下丘脑的主要生理功能……355
四、下丘脑激素分泌的调节机制……356
第三节 垂体的内分泌……358
一、腺垂体……358
二、神经垂体……362
第四节 甲状腺的内分泌……363
一、甲状腺激素……364
二、甲状腺激素的生理作用……365
三、甲状腺激素分泌的调节……367
第五节 甲状旁腺激素、降钙素和维生素 D_3……368
一、甲状旁腺激素……368
二、降钙素……369
三、1，25-二羟维生素 D_3……370
第六节 胰腺的内分泌……371
一、胰岛素……372
二、胰高血糖素……374
三、生长抑素、胰多肽及其他激素……375
第七节 肾上腺的内分泌……376
一、肾上腺皮质的内分泌……376

二、肾上腺髓质的内分泌……381
第八节 其他内分泌腺体或细胞……383
一、松果体……383
二、胸腺……385
三、前列腺……385
四、胎盘……386
五、胃肠道黏膜中的内分泌细胞……387
六、脂肪细胞……388
复习思考题……389
第十二章 生殖……390
第一节 动物生殖功能的个体发育……391
一、生殖系统的胚胎发育……391
二、性活动的分期……392
三、性季节（配种季节）……393
第二节 雄性生殖功能与调节……394
一、睾丸的功能……395
二、睾丸功能的调节……400
三、附性器官的功能……401
四、性兴奋和性反射……403
五、精液……405
第三节 雌性生殖功能与调节……406
一、卵巢的功能……406
二、母畜的性周期……412
三、性周期的分期……413
四、性周期的调节……414
五、附性器官及其生理作用……414
第四节 妊娠……416
一、受精……416
二、着床……418
三、妊娠的维持……419
四、妊娠期母畜的生理变化……420
五、妊娠期间的发情……420
六、假妊娠……420
第五节 分娩……420
一、开口期……420
二、产出期……420
三、胎衣排出期……421
复习思考题……421
第十三章 泌乳……422
第一节 乳腺……422
一、乳腺的比较解剖学结构……422
二、乳房的结构……423
第二节 乳腺的发育……429
一、乳腺发育的测定方法……429
二、乳腺的发育阶段……429
三、乳腺发育与内分泌的关系……431
四、乳腺的发育与神经系统的关系……432
第三节 乳分泌的起动、维持和乳腺回缩……433
一、泌乳的起动……433
二、泌乳的维持……435
三、乳腺回缩……436
第四节 乳汁的合成……437
一、细胞器官与乳汁合成……437
二、乳汁的合成过程……439
第五节 乳的排出……442
一、排乳过程……443
二、排乳的调节……443
复习思考题……444
第十四章 禽类的生理特点……445
第一节 血液……445
一、血液的组成及理化特性……445
二、血细胞……446
三、血液凝固……448
第二节 血液循环……449
一、心脏生理……449
二、血管生理……451
三、心血管活动的调节……451
第三节 呼吸……452
一、呼吸的结构基础……452
二、呼吸运动……453
三、气体交换与运输……455

四、呼吸运动的调节……455
第四节 消化……456
一、口腔及嗉囊内的消化……456
二、胃内的消化……458
三、小肠内的消化……459
四、大肠内的消化……460
五、吸收……461
第五节 能量代谢和体温调节……462
一、能量代谢及其影响因素……462
二、体温及其调节……463
第六节 排泄……464
一、尿的理化特性、组成和尿量……464
二、尿的生成……465
三、鼻腺的排盐机能……466
第七节 神经系统……466
一、中枢神经……466
二、外周神经……467
第八节 内分泌……468
一、垂体……468
二、甲状腺……470
三、甲状旁腺……471
四、鳃后腺……472
五、肾上腺……472
六、胰腺……473
七、性腺……474
八、松果腺……475
第九节 生殖……475
一、雌禽的生殖……475
二、雄禽的生殖……479
复习思考题……481
参考文献……482
中英文名词索引……486

第一章 绪论

第一节 动物生理学的研究对象和内容

一、动物生理学的研究对象

生理学（physiology）是**生物科学**（biological science）的一个分支，是以正常机体的基本生命活动、机体各个组成部分的功能以及这些功能表现的物理和化学本质为研究对象的一门学科。根据其研究对象不同可分为植物生理学、动物生理学及人体生理学。通常情况下，人们习惯将人体生理学简称为生理学，而根据被研究动物种类的不同又将动物生理学分为家畜生理学、家禽生理学、鱼类生理学、昆虫生理学和比较生理学等。本书主要介绍动物生理学，并着重于畜禽生理学部分。

动物生理学（animal physiology）是专门研究健康动物正常生命活动规律的一门科学。动物体的正常生命活动，首先建立在自身结构与功能完整统一的基础上，其具体表现为机体各部分的活动密切联系、相互协调，使机体内部的功能保持相对恒定；其次，机体和环境之间也保持着密切的联系。周围环境的变化，必然导致动物体各系统的机能发生与之相适应的变化，这样，动物才能正常生活和繁殖后代。如血液循环、呼吸、消化、排泄、生殖、肌肉运动和神经活动等生理现象产生的过程和**机制**（mechanism），以及机体内外环境因素对这些生理机能产生的影响等。这就要求动物生理学的研究需要从整体的观点出发，既要阐明各器官和系统的机能，以及各部分活动之间的相互关系，又要阐明当机体与环境相互作用时，各器官和系统活动的变化规律。

只有存活的动物机体才表现出各种复杂的生理活动，所以动物生理学研究的基本原则是以活体作为研究对象，着重于研究动物完成各种生命活动的方式，如动物是如何摄取、消化和吸收营养物质的？又是如何排泄其代谢产物和进行气体交换的？血液循环系统是如何执行运输和防御功能的？机体是如何运动的？如何适应改变的环境？如何繁育子代？动物生理学的任务就是要研究动物机体这些生理功能的发生机制、条件以及各种内外环境变化对这些功能的影响，从而掌握动物机体各种生理变化的规律。动物生理学涉及的领域非常广泛，涵盖了生命的整个过程。动物机体是一部复杂而精密的仪器，其运行遵从物理和化学规律。尽管大部分生理过程在生物中是类似的（如遗传信息的复制等），但还有部分过程却是某一类生物所特有的。

为了更好地研究畜禽的生理机制，首先要了解它们的组织结构。对畜禽生理过程的全面了解一定是建立在认识和掌握其解剖结构基础上的。为了达到准确控制实验条件的要求，有关畜禽的动物生理学知识更多地来源于对其他动物（如蛙、兔子、猫和狗）的研究。当已清楚地知道一个特定的生理学过程在多种动物之间有着共同的基础时，就可以合理地假设同样的规则也适用于其他种类的动物。通过这种方法获得的知识使我们可以更深入地了解动物的生理特征，为我们有效地饲养和治疗多种畜禽疾病奠定坚实的理论基础。

二、动物生理学的研究内容

（一）动物机体的组成

细胞是动物体的基本结构与功能单位，细胞结合在一起形成组织。典型的组织可分为上皮组织、结缔组织、神经组织和肌肉组织等4种基本类型，每一种组织都有其各自的结构特征。例如，结缔组织的结构特点是细胞数量相对较少，细胞间质发达，但细胞的种类多且含有大量的细胞外基质和各种纤维；与此相反，平滑肌组织则由多层平滑肌细胞通过特定的细胞连接构成；神经组织由神经细胞和神经胶质细胞构成。大部分组织包含多种不同的细胞类型且执行不同的功能。例如，血液含有红细胞、白细胞和血小板，红细胞在机体内运输氧，白细胞在抵抗感染方面发挥重要作用，血小板是血液凝固过程中的重要组分。

动物体是由执行不同生理功能的若干系统组成，而系统又是由功能相关联的器官构成。例如，心脏和各级血管构成心血管系统；肺、气管、支气管、胸壁和隔膜等构成呼吸系统；骨骼和骨骼肌构成骨骼肌系统；脑、脊髓、植物性神经（自主神经）、神经节和外周神经等构成神经系统等。

无论从系统发育还是从个体发育角度来看，动物体都是由一个单细胞，即受精卵（合子）经过一系列的变化发育而来。因此，细胞是动物体形态结构、生理功能和生长发育最基本的功能单位。动物体内的细胞约有200余种，每种细胞都分布于特定的部位，执行特殊的功能。尽管生命现象在不同种属生物体或同一生物体的不同组织、器官和系统的表现各异，但在细胞和分子水平上的许多功能却具有共同的特征。首先，各种细胞都由膜结构即质膜构成；其次，它们都能将大分子物质分解为小分子，可以不断地进行细胞间的物质转化，可以分解葡萄糖和脂肪为其活动供能；最后，在它们生命的某一时期，它们都拥有以DNA形式存储遗传信息的细胞核。

在进化过程中，细胞不断分化并执行不同的功能。例如，肌细胞具备收缩能力，神经细胞可以传导电信号，各种内分泌细胞可以分泌不同的激素，唾液腺的腺上皮细胞可以分泌唾液淀粉酶等。在胚胎发育过程中，这个分化过程得到重演，由一个受精卵又形成了不同类型的细胞。

（二）动物机体的主要器官和系统

1. 循环系统

循环系统（circulatory system）是一个封闭的管道系统，包括**心血管系统**（cardiovascular system）和**淋巴系统**（lymphatic system）。心血管系统由心脏、血管和相关组织以及存在于心腔和血管腔内的血液组成，是完成血液循环的主要系统。其中，血管部分包括动脉、毛细血管和静脉。**血液**（blood）是存在于心血管系统内的流体组分，血液在心脏的推动下沿血管在体内循环流动，行使运输物质和沟通各部分组织液的作用。心脏节律性的收缩和舒张活动是血液循环的动力，心脏将心腔内的血液泵入动脉，动脉内的血液依靠心脏射血传递给血流的动能、血管内液体的静压力势能以及动静脉的压力差共同推动血液流动。淋巴管系统由淋巴管和淋巴器官组成，是循环系统的辅助系统，外周淋巴管收集部分组织液后沿淋巴管向心流动，最后汇入左右锁骨下静脉，故淋巴管可视为静脉的辅助管道。

2. 呼吸系统

呼吸（respiration）是机体与外界环境之间进行气体交换的过程。机体在新陈代谢过程中，需要不断地从外界环境中摄取氧气（O_2），用以氧化营养物质获得能量，同时又必须将机体在代谢过程中产生的过多二氧化碳（CO_2）排出体外，从而维持内环境的相对稳定和保证新陈代谢的正常进行。因此，呼吸是维持机体新陈代谢和生命活动所必需的基本生理过程之一，呼吸一旦停止，生命活动即将结束。在高等动物，呼吸的全过程由外呼吸、气体在血液中的运输和内呼吸 3 个相互衔接并同时进行的环节组成。

3. 消化系统

高等动物的消化系统由消化道和消化腺组成，其主要生理功能是对食物进行消化和吸收，为机体的新陈代谢提供营养物质、能量、水和电解质等。此外，消化器官还具有重要的内分泌和免疫功能。

动物需要的营养物质有 6 类，即蛋白质、脂肪、碳水化合物、维生素、无机盐和水。其中，前 3 类是天然的大分子物质，不能被机体直接利用，需要通过消化道的消化才能被吸收，后 3 类为小分子物质，不需要消化就可以被机体直接吸收和利用。

营养物质在动物消化道内被分解为可吸收的小分子物质的过程，称为**消化**（digestion）。脊椎动物消化道对营养物质的消化有机械性消化、化学性消化和微生物消化三种形式，三种消化方式同时进行，相互配合，共同作用，为机体的新陈代谢源源不断地提供营养物质和能量。经消化后的营养成分透过消化道黏膜进入血液或淋巴液的过程，称为**吸收**（absorption）。消化产物在肠壁被吸收后进入血液，经门静脉被转运至肝脏，肝脏再将营养物质转化为可被组织利用的形式，为机体的生长发育和修复供能。未被消化吸收的食物残渣，最后以粪便的形式排出体外。因此，消化和吸收是两个相辅相成、紧密联系的过程。

4. 泌尿系统

肾脏是机体的主要排泄器官，通过尿的生成和排出，参与和维持机体内环境的稳定。肾脏能排出机体代谢终产物以及进入机体的过剩物质和异物，调节水和电解质的平衡，维持体液渗透压、体液量以及酸碱平衡等。原尿的生成包括肾小球的滤过、肾小管与集合管的重吸收和分泌 3 个基本过程，原尿进入输尿管和膀胱后形成终尿。

肾脏又是一个内分泌器官，可合成和释放肾素，参与动脉血压的调节；合成和释放促红细胞生成素，调节骨髓红细胞的生成；肾脏中的 1，25- 二羟胆钙化醇，参与调节钙的吸收和血钙水平；肾脏还能生成激肽和前列腺素，参与局部或全身血管活动的调节。

5. 肌肉系统

高等动物在生命活动过程中，利用多种不同形式的运动来维持正常的生命活动。如肢体的运动、泵血和肠蠕动等，它们都是由不同的肌细胞利用 ATP 中的能量来完成各种生命活动。肌细胞最本质的功能是将化学能转化成机械能，所以肌细胞是高度特化的细胞，由肌细胞构成的肌肉组织可分为三大类，即骨骼肌、心肌和平滑肌。骨骼肌直接接受躯体运动神经的支配，骨骼肌的微小收缩都可以引起机体特定部位较大幅度的运动，平滑肌可以产生缓慢而轻微的运动，心肌可以使心脏搏动，后二者都不需要骨骼的协助，均受植物性神经（自主神经）直接支配。不同肌肉组织在功能和结构上各具特点，但从分子水平而言，各种收缩活动都与细胞内所含的收缩蛋白质（肌动蛋白与肌球蛋白）有关。

6. 神经系统

不同器官和系统的活动需要相互协调才能满足机体的需求。动物体各种机能的实现受神经-体液的调节。**神经系统**（nervous system）是动物体内最重要的调节系统，通常分为**中枢神经系统**（central nervous system）和**周围神经系统**（peripheral nervous system）两部分，前者是指脑和脊髓部分，后者则为脑和脊髓以外的神经部分。神经系统调节机体活动的基本方式是**反射**（reflex），**反射弧**（reflex arc）是实现反射活动的结构基础，神经元之间主要依靠突触传递信息。在神经系统的调节下，体内各系统和器官能对内外环境的变化做出迅速、准确、规律性且较完善的适应性反应，调整其功能状态，以满足当时生理活动的需要和维持整个机体的正常生命活动。由于高等动物具有发达的大脑皮质，因此，可以形成条件反射这种高级神经活动，从而极大地提高了动物适应外界环境变化的能力。

7. 内分泌系统

内分泌系统是除神经系统外机体又一重要的调控系统，它是通过机体内各种内分泌腺和内分泌细胞分泌的生物活性物质，即**激素**（hormone）来发挥生物学效应，全面调控与个体生存密切相关的基本功能。目前，已发现200多种激素及激素样物质。

内分泌系统组织结构庞大，分泌的激素种类繁多，作用广泛，涉及生命进程中的所有组织器官。它既能独立地完成信息传递，又能在功能上与神经系统紧密联系，相互配合，共同调节机体的多种功能活动，维持内环境的相对稳定，以适应机体内外环境的变化。机体的内分泌系统主要调节机体的新陈代谢、生长发育、水及电解质平衡、生殖与行为等基本生命活动，同时还参与个体情绪与智力、学习与记忆、免疫与应激等反应过程。

8. 生殖系统

在高等动物中，生殖是通过两性动物生殖器官的活动实现的。生殖器官按功能可分为主性器官和附性器官。雄性的主性器官为睾丸，雌性的主性器官为卵巢。睾丸和卵巢是高等哺乳动物生殖系统所具有的高度特化的性腺器官，动物的性腺主要具有产生生殖细胞（精子和卵子）和性激素的功能。性激素主要包括睾丸产生的睾酮以及卵巢产生的雌二醇和孕酮。性激素调节生殖细胞的生成并调控第二性征的出现。妊娠是新个体的孕育和产生的过程，包括受精、着床、妊娠的维持、胎儿的生长，直至胎儿分娩等过程。

当前，动物生理学的理论教学多以系统为单位独立授课，尽管这种教学模式便于学生对相应各个系统知识点的理解与掌握，但容易忽略各系统间的相互联系。而动物体是一个统一的整体，某个系统和（或）重要脏器的变化，必然会影响到机体的其他系统。例如，在肾脏功能衰竭时，肾脏对内环境稳态的调节功能就会大大削弱，反过来会使其他系统的功能发生紊乱。因此，在学习动物生理学时，一定要建立整体观念，注意各系统功能间的相互影响。

第二节 生理学的发展和研究方法

一、生理学是一门实验性科学

回顾生理学发展的历史不难发现，生理学的发展依赖于其他学科的发展，同时也依赖于各种科学研究方法的进步和实验设备的不断改进。在生理学的各个发展阶段，每一种新的研究方法的应用，都推动和促进了生理学的新发现和理论的突破。最初的生理学知识来自于对一些生命现象的观察、描述、比较以及简单的逻辑推理，实际上这些对生命现象的直观描述还没有真正地上升为科学。当人们开始用实验的方法来研究生命现象和机体的各种功能时，生理学才真正成为一门科学。从研究方法和获得知识的过程来看，生理学是一门实验性科学，生理学发展过程中许多具有里程碑式的研究成果都与动物实验密切相关。也就是说，生理学的知识主要是通过动物实验获得的。

人类很早就知道使用动物进行试验。世界上最早有文字记载的动物实验可追溯到公元前四至公元前三世纪，亚里士多德（Aristotle，公元前 384—公元前 322）通过解剖技术展示了动物的内在差别。埃拉西斯特拉塔（Erasistratus，公元前 304—公元前 258）被认为是进行活体动物解剖的创始人，他通过对猪的解剖观察，确定了肺是呼吸器官。盖伦（Galen，129—199）解剖了猪和猴等多种动物，通过观察动物活体损伤、毁坏或切除某一器官后产生的后果，来推断相应器官的功能。

Physiology 一词是由法国医生琼·费内尔（Jean Fernel，1497—1558）在 16 世纪提出的，当时是用来称呼研究人体结构与功能的医学部分。到 17 世纪，生理学仅是医学中的一章，而真正使生理学作为一门独立的学科是在英国医生哈维（William Harvey，1578—1657）发现了血液循环之后。哈维利用犬、蛙、蛇、鱼和其他动物进行了一系列的实验，根据实验研究结果，他发现了血液循环，并阐明了心脏在此过程中起泵的作用。他于 1628 年出版了《心血运动论》一书，这是历史上首次以确凿证据予以论述的生理学著作，奠定了现代实验生理学的理论基础。在 17 世纪，显微镜的发明和化学、物理学的迅猛发展为生理学的发展创造了良好条件。

法国哲学家笛卡儿（R. Descartes，1596—1650）根据异物碰到角膜即引起眨眼等现象，首次提出了反射的概念，即反射是动物对于外界一定刺激的反应。这为以后神经生理学的发展指明了研究方向。

意大利组织学家马尔比基（M.Malpighi，1628—1694）于 1661 年发现了动脉与静脉之间的毛细血管，并应用显微镜发现了毛细血管的结构，使人类真正明确了血液循环的路线。

俄国学者罗蒙诺索夫（Михаил Васильевич Ломоносов，1711—1765）首次提出物质与能量守恒及转化定律，以及后来法国化学家拉瓦锡（Lavoisier，1743—1794）关于燃烧和呼吸原理的阐述，都为机体新陈代谢的研究打下了理论基础。

到了 19 世纪，随着其他自然科学的迅速发展，生理学家已获得大量有关器官生理学的知识，如德国学者 T. Müller 关于器官的研究，E.Du.Bois Reymond 关于肌肉的研究，K. Ludwig

关于循环和排泄的研究，法国学者关于代谢和机体内环境的研究等。

1921年，奥地利药理学家洛伊（Otto Loewi，1879—1961）发现了副交感神经的神经递质为乙酰胆碱（acetylcholine，ACh）。洛伊在做蛙心灌流实验时观察到，刺激迷走神经，蛙心活动受到抑制，若将此灌流液再灌流到另一个去除迷走神经支配的蛙心时，也能抑制该蛙心的活动，因而推测迷走神经兴奋时会释放某种化学物质，使蛙心活动受到抑制，这种物质被称为“迷走素”。1926年，他初步把迷走神经递质确定为乙酰胆碱。

19世纪末至20世纪初，在分析生理学理论与实验方面影响最大的是英国学者谢灵顿（C. S. Sherrington，1857—1952）关于脊髓反射机制的研究。他1906年出版的《神经系统的整合动作》一书，为反射理论提供了丰富的客观实验证据，阐明了神经系统活动的一些基本规律。

19世纪以来，俄国生理学家巴甫洛夫（Иван Петрович Павлов，1849—1936）一生中做了大量的动物实验，在心脏生理、消化生理和高级神经活动三个方面做出了重大的贡献。在心脏生理的研究过程中，他发现温血动物心脏有特殊的营养性神经，能使心跳增强或减弱；在研究消化腺的过程中，他在犬身上创造了许多外科手术术式，改进了实验方法，以慢性实验代替了急性实验，从而能够长期观察整体动物的正常生理过程；在消化生理的研究过程中，他提出了条件反射的概念；在20世纪初，他集中地研究了大脑皮质生理学，提出了高级神经活动学说，总结出一系列关于高级神经活动的基本理论。

与其他各门学科一样，生理学的发展依赖于其他学科，特别是物理学、化学和生物学等学科的发展，同时也依赖于各种科学研究方法的进步。由于科学技术的进步及化学、物理学、生物学和数学的发展，20世纪形成了许多新的学科分支，如20世纪20年代初形成了生物化学，50年代建立了生物物理学，60年代出现了生物数学。目前，生理学的发展趋势，一方面向分子生理学发展，另一方面逐渐打破学科界限，对机体的机能进行全面综合性的研究并形成许多边缘学科，如研究神经系统结构和功能的神经生物学。近代自然科学发展的趋势表明，神经生物学的研究内容非常丰富，研究进展很快。毋庸置疑，21世纪的自然科学重心将是生命科学，而神经生物学和分子生物学将是21世纪生命科学研究中的两个最重要的领域。神经生物学是一门在各个水平上研究人体神经系统的结构、功能、发生、发育、衰老和遗传等规律，以及疾病状态下神经系统的变化过程和机制的科学。它涉及神经解剖学、神经生理学、发育神经生物学、分子神经生物学、神经药理学、神经内科学、神经外科学和精神病学等领域。

二、生理学的研究方法

生理学的知识大致可以分为两大类：一类是关于各种具体的生理现象的描述和对它们发生机制的解释；另一类则是对机体生理活动中许多带有普遍性规律的认识。随着时间的推移，第一类知识将不断得到补充、更新和深化。第二类知识则是对机体生理功能的一些基本规律的认识，是生理学的核心和精华。因此，在学习动物生理学的过程中，各类知识的获得都必须来自对生命现象的客观观察和实验。

所谓观察，就是如实地把客观现象记录下来，加以概括和统计，并得出结论。如欲知某品种健康成年牛的呼吸频率，可以在一大群健康成年牛中进行观察，计数每头牛在安静状态下每分钟的呼吸次数，然后对数千头牛的观察记录加以统计分析，得出平均值，即为该品种健康牛每分钟的呼吸频率。

所谓实验，就是人为地创造一定条件，使平时不能观察到的某种生理变化能够被发现，或某种生理变化的因果关系能够被认识。生理学所采用的实验方法主要包括慢性实验和急性实验两大类。

（一）慢性实验

慢性实验方法主要是在无菌条件下对健康动物进行手术，暴露要研究的器官或摘除和破坏某一器官，然后在尽可能接近正常的生活条件下，观察所暴露器官的某些功能，以及摘除或破坏某器官后所产生的功能紊乱等。由于这种动物可以在较长时间内用于实验，故此方法被称为**慢性实验**（chronic experiment）。

在进行慢性实验前，一般需对动物做某些预处理，待动物康复后再进行观察。例如，1894年巴甫洛夫在狗胃上隔离出一部分胃以制成带有神经支配的小胃，用它来研究神经系统对胃液的调节。这种小胃被称为巴甫洛夫小胃，简称巴氏小胃。该实验后来成为生理学史上一个经典的手术模式。又如，研究唾液的分泌调节时，可预先将唾液腺导管开口移至颊部体表，实验时就能方便地从体表收集到唾液腺分泌的纯净唾液。再如，研究某个内分泌腺的功能时，常先摘除动物的某个内分泌腺，以便观察这种内分泌激素缺乏时以及人为替代后动物生理功能的改变，借此了解这种内分泌激素的生理作用。

慢性实验方法由于以完整动物为实验对象，保存了各器官的自然联系和相互作用，可以在动物清醒条件下长期观察某一活动，使所获得的结果更接近正常生理状态。因此，慢性实验适用于观察某一器官或组织在正常情况下的功能状态，以及在整体中的作用地位和与整体的关系，但不适用于分析某一器官或组织细胞生理功能的详细机制。慢性实验的缺点是整体条件复杂，实验的干扰因素较多，实验条件较难控制以及结果不易分析等。

（二）急性实验

急性实验（acute experiment）可分为在体实验与离体实验两种方法。

1. 在体实验

在体实验（*in vivo*）一般是指在麻醉状态下，对动物施行手术，暴露所要观察或实验的器官，也称活体解剖实验。此方法的优点是实验条件简单，易于控制，有利于观察器官间的相互关系和分析某一器官活动的过程和特点。例如，通过在家兔或大鼠的动脉中插入导管来直接测定动物的血压；刺激中枢神经系统的不同部位，以观察中枢神经系统与血压变化的关系等，但在体实验还是与动物正常情况下的功能活动存在一定差别。

2. 离体实验

离体实验（*in vitro*）是指从活着的或刚处死的动物身上取出所需要的器官、组织、细胞或细胞中的某些成分，置于一个能保持其正常功能活动的人工环境中，观察某些人为的干预因素对其功能活动的影响。例如，对离体蛙心或动物血管进行灌流，可用于研究某些生物活性物质或药物对心肌或血管平滑肌收缩力的影响；应用膜片钳技术可研究细胞膜上单个离子通道的电流特性；观察离体肌肉的收缩或离体心脏的活动特性；观察家兔离体小肠运动情况等。

急性实验由于器官、组织或细胞已经从动物体内分离出来，排除了无关因素的影响，因此，便于观察离体器官、组织或细胞的基本生理特性，实验条件易于控制，结果也易于分析。离体实验一般都深入到细胞和分子水平，有助于揭示生命现象中最为本质的基本规律。但需要注意的是，急性实验的结果可能与生理条件下完整机体的功能活动有所不同，因为此时被研究的对象，如器官、组织、细胞或细胞中的某些成分已经脱离整体，它们所处的环境已发生很大的改变，实验结果与在整体中的真实情况相比，可能会有很大的差异，因此，通过这种方法所得的实验结果不一定完全代表它们在整体条件下的活动情况。

总之，所有这些实验方法各有其优缺点。在进行生理学研究时，应根据其研究的任务和课题的性质，选择最适当的方法。无论采取哪种实验方法，在解释研究结果时，都必须持实事求是的态度，既不能把局限于某种特定条件下所获得的资料引申为普遍性规律，更不能把一种动物实验的结果，不加区别的移用于所有的动物。只有这样才能正确、客观地反映事物的本质。当然，生理学的研究方法是多种多样的，并不局限于上述几种。作为一门实验性科学，生理学的发展总是与生产、医学实践及其他自然科学的发展密切相关，并相互促进。随着科技的发展，以及新技术不断被运用于生理学实验，生理学的研究必将日益深入，生理学理论和实验技术也必将不断地得到新的发展。

三、动物生理学研究的不同水平

动物生理学通常用物理和化学的方法和技术对生命现象、细胞和器官的功能活动进行观察，从而对各种生理活动的机制进行分析和推理，再通过数学和统计学的方法对生理活动进行定性和定量的研究。近二三十来，由于基础科学和新技术的迅速发展，以及相关学科间的交叉渗透，使生理学的研究得到迅速发展。例如，许多新的物理、化学方法和精密仪器的出现，微量化学分析、免疫学、组织培养、电子显微镜、放射性同位素、PCR、电生理和电子计算机技术的应用，使现代生理学的研究水平不断提高，使生理学从对器官和系统机能活动的描述，深入到细胞分子水平的研究。细胞是构成动物体（包括人体）的基本单位。每个细胞又有许多**细胞器**（organelle），细胞器又由许多特殊的分子组成。不同的细胞构成**组织**（tissue）和**器官**（organ），行使某一类生理功能的不同器官相互联系，构成**系统**（system）。整个动物体是由各个系统构成的一个互相联系的复杂生物体。因此，生理学的研究是在细胞和分子、器官和系统以及整体三个水平上进行的。细胞和分子水平的研究，可用于分析某种细胞、构成细胞的分子或基因的生理特性、功能及其调节机制；器官和系统水平的研究，可用于了解一个器官或系统的功能及其在机体中所起的作用和内在机制以及各种因素对其活动的影响；而整体和环境水平的研究是以完整的机体为研究对象，观察和分析各种生理条件下不同器官和系统之间互相联系、互相协调的规律。值得指出的是，这三个水平的研究之间不是相互孤立的，而是互相联系、互相补充的。要阐明某一生理功能的机制，一般需要对细胞和分子、器官和系统以及整体和环境三个水平的研究结果进行分析和综合，才能得出比较全面的结论。事实上，不同的研究人员需要对复杂的生命现象分别进行不同层次的研究，即从不同的角度，用不同的方法或技术，在不同的水平上对机体的功能进行观察，进而得到各种具体的知识，并提出各种相应的理论。

（一）器官和系统水平的研究

生理学中大量的基本知识是通过器官水平上的研究获得的，因为整体的生命活动是以各器官的生理活动相互协调为基础，要认识整体生命活动规律，首先要在器官和系统的水平上进行，即观察和研究各个器官和系统的功能，它们在机体生命过程中所起的作用，它们功能活动的内在机制，各种因素对它们活动的影响，以及在整体生命活动中的作用。这类研究都是以器官为对象，因此，这个研究范畴属于器官和系统水平的研究。

（二）细胞和分子水平的研究

对机体功能的认识必须深入到细胞和分子水平，因为各个器官的功能都是由构成该器官的不同生理特性的细胞来完成的，而细胞的不同生理特性又取决于组成这些细胞的物质的物理、化学和生物化学的变化过程。细胞和分子水平的研究主要包括细胞内亚显微结构的机能，以及各种生物分子的理化变化。例如，肌肉的收缩功能和腺体的分泌功能分别由肌细胞和腺细胞的生理特性所决定。细胞水平的研究方法是将细胞从机体上分离出来，置于适宜的体外环境中观察其功能活动的特点。需要注意的是，在分析这类实验结果时，不能简单地将在离体实验中观察到的结果直接用来推论或解释这些细胞在完整机体中的功能和活动，因为在完整机体内细胞所处的环境远比在离体实验条件下复杂得多。另外，各种细胞的生理特性还取决于它们所表达的各种基因，而在不同的环境条件下，基因的表达又可能发生改变，因此，生理学的研究必须要深入到分子水平。

（三）整体和环境水平的研究

环境对机体功能的认识必须提高到整体水平，也就是从整体与环境之间，以及从体内各器官和系统生理活动之间的相互关系去研究整体对环境变化的反应与适应。在整体中，各个器官和系统之间发生相互联系和相互影响，各器官和系统的功能互相协调，从而使机体能够在不断变化的环境中维持正常的生命活动，机体各系统生理活动通过复杂的调节系统进行相互配合以适应不断变化的外界环境。因此，生理学必须以完整的机体为研究对象，进行整体水平上的研究，观察和分析各种环境条件和生理情况下不同器官和系统之间的相互联系、相互协调，以及完整机体对环境变化时发生的各种反应规律。

（四）当前应更重视整合生理学的发展

当动物进行运动时，其通过神经和体液调节来协调肌肉以完成各种运动，此时肌肉的代谢活动明显加强。同时，各种器官和系统的功能发生相应的改变，如中枢神经系统兴奋性增加、心率上升、血压升高、呼吸加强、血糖升高以及体内激素发生相应的变化等。同时，其他内脏器官的活动也发生相应的改变，使机体各部分之间的活动相互配合、相互协调，从而保证肌肉活动的顺利进行。那么，发生上述变化时，机体内各器官和系统是如何协调的？这就需要从器官和系统水平去研究。如果进一步分析和解释肌肉收缩的机制，还必须研究肌肉细胞的结构特点，以及在某些离子浓度改变及酶的作用下，肌细胞内若干种特殊蛋白质分子的构型和排列方式如何变化等内容，这些就涉及分子和细胞水平的研究。当机体所处的环境条件发生改变时，如高温、严寒或低氧等，体内各个器官和系统的功能都会发生相应的改变，使机体能及时适应环境条件的变化，这些又涉及整体和环境水平的研究内容。因为整个机体是由各个器官和系统互相联系、互相作用构成的一个复杂的生物体，所以，整体和环境水平的研究要比细胞水平以及器官和系统水平的研究复杂得多。在实际工作中，仅仅有细胞和器官水平的研究，不可能对整体中各器官和系统之间的相互联系和协调获得完整的认识，因此，动物生理学研究者十分重视知识间的**整合**（integration），即把不同水平的研究结果相互关联和结合起来，进行充分融合，以得到对生命现象和各种功能活动更加全面、整体的认识。目前，人们将属于不同学科和不同研究水平上的知识和技术联系起来，从而对机体的各种功能得到完整和整体的认识，把承担这一任务和实施相应研究工作的学术领域称为**整合生理学**（integrative physiology）。在今后的一个时期内，生理学研究不仅应该继续向细胞和分子水平的纵深方向发展，而且更应该注意加强整合生理学的研究。

第三节　生命的基本特征

生命与非生命之间存在着本质的区别。但从生物基本化学结构的角度观察，不同生物之间又有很大的同一性。无论从生物的基本结构还是生命的基本功能来看，生命都表现出严密的组织性和高度的秩序性；从进化论观点出发，生物又表现明确的、不断演变和进化的趋势。从机体生理学的角度出发，各种生命都有一些基本的特征，如新陈代谢、兴奋性、生殖、适应性等。

一、新陈代谢

生物系统是一个开放的系统，机体不断进行自我更新，破坏和清除已经衰老的结构。将生物体和周围环境之间不断进行的物质和能量交换，以及机体内部物质和能量的转移过程称为**新陈代谢**（metabolism）。新陈代谢包括两个基本方面：一方面是机体从环境中摄取营养物质，合成自身物质的过程称为**合成代谢**（anabolism）；另一方面是机体分解其自身成分并将分解产物排出体外的过程称为**分解代谢**（catabolism）。物质合成过程需要摄取和利用能量，而物质分解过程又需要将蕴藏在物质化学键内的能量释放出来，用以维持体温和机体各种生理活动的需要。因此，新陈代谢又可从运动形式上分为物质代谢与能量代谢两个方面，物质代谢和能量代谢是新陈代谢中两个密不可分的生物过程，物质的变化必定伴有能量的转移。新陈代谢是生命的最基本特征，新陈代谢一旦停止，生命也就停止。其他形式的各种生命特征都是建立在新陈代谢的基础之上。

二、兴奋性

兴奋性（excitability）是指一切活组织或细胞，当其周围环境条件迅速改变时，具有产生动作电位并发生反应的能力或特性。将能够引起机体发生一定反应的内、外环境条件的迅速变化称为**刺激**（stimulus）。而将刺激引起机体的变化称为**反应**（reaction）。按照刺激性质的不同，可将刺激分为物理性刺激、化学性刺激、生物性刺激和社会心理性刺激等几种形式。机体的反应有两种表现形式，即**兴奋**（excitation）和**抑制**（inhibition）。组织和细胞由相对静止状态转化为活动状态或活动状态加强称为兴奋。由于大多数组织、细胞接受足够大的刺激时，可在细胞膜上产生动作电位，因此，在近代生理学中，将组织或细胞受到刺激产生动作电位的能力称为该组织或细胞的兴奋性。兴奋就是指产生了动作电位，产生动作电位是组织或细胞兴奋表现的共同特征，并且是表现其他功能（如肌细胞收缩和腺细胞分泌）的前提或触发因素。因此，兴奋性又被理解为细胞在接受刺激时产生动作电位的能力，兴奋也指产生动作电位的过程或动作电位本身。可以说，兴奋是兴奋性的表现，兴奋性则是兴奋的前提。兴奋性这一概念是在应激性基础上发展起来的，比应激性要窄一些，是更为常用的术语。在许多情况下，由于刺激的作用可使活组织丧失兴奋性而保留应激性。抑制是指组织和细胞由活动状态转化为相对静止状态或活动状态减弱的过程。所谓抑制，并不是无反应，抑制是与兴奋相对立的一种主动过程，并且抑制必须以兴奋为前提。兴奋和抑制是生理学中一对重要概念，兴奋和抑制是相互联系和相互制约的，它们都是活组织兴奋性的表现形式。

三、生殖

生殖（reproduction）是指个体生长发育到一定阶段后，雄性和雌性个体发育成熟的生殖细胞相互结合，并产生与自己相似的子代个体的功能。有性繁殖的核心就是雌、雄配子的产生和融合，所产生的后代携带两个亲代随机组合的遗传密码。通过生殖，新的个体得以产生，遗传密码得以代代相传。因此，生殖是生物体繁殖自身和生物种群延续种族的重要生命活动，是生命最基本的特征之一。

生命是一个能记载和表达信息、积累信息、保持和传递信息的信息系统。正因为生命具有自我复制的特性，才保持了种群的延续和进化成果的积累。以往认为高等动物只能通过两性生殖细胞结合的方式形成子代个体，但随着胚胎工程研究的发展，特别是体细胞**克隆**（clone）个体（绵羊“多莉”等）的出现，使生殖的内涵突破了传统的概念。生殖是动物繁衍后代和种族延续的基本生命过程，但并非每一个生物体都会留下后代，但对于每个生物体而言，都是其亲本生命的延续。每一个生命个体终究都会死亡，但是生命永存。

四、适应性

根据内、外环境变化，机体不断地调整各部分的功能活动和相互关系的特性被称为**适应性**（adaptability）。在正常生理功能条件下，机体的适应分为行为性适应和生理性适应两种情况。行为性适应是生物界普遍存在的本能，生理性适应是指身体内部的协调性反应，以体内各器官、系统的协调活动和功能变化为主。动物越高等，其适应性越强。到了人类，不仅能适应环境，而且能改造环境。长期适应的结果是进化，所以在进化过程中，机能的分化与专门化是机体对外界环境长期适应的结果。适应性是建立在细胞或组织兴奋性的基础上，是若干细胞或组织兴奋性的有机组合和集中体现。

概括地讲，新陈代谢、兴奋性、生殖和适应性是生命的基本特征。但这是从生命的普遍现象和种群角度出发得出的结论，事实上，并不是每个生物个体都具有上述特征，也不是在个体生活史的每一个阶段都表现出上述特征。例如，处于休眠状态的孢子几乎停止了代谢，老年个体和某些不育个体就不具备繁殖特征，但却无法否认它们是生命。

第四节 机体的内环境及其稳态

一、内环境

动物体内的液体被称为**体液**（body fluid），按其分布不同可分为细胞内液（约占体液的2/3）和细胞外液（约占体液的1/3）两部分。细胞外液包括血浆、淋巴液、脑脊液及一切组织间液，约1/4的细胞外液（即血浆）分布在心血管系统的管腔内，其余3/4分布在全身的组织间隙中，被称为**组织液**（interstitial fluid）。机体的绝大多数细胞生活在细胞外液中，并不直接与外界环境发生接触，因此，细胞外液是细胞直接接触的环境，是高等动物机体的内环境。1878年，内环境这一概念由法国生理学家贝尔纳（Claude Bernard）首先提出，即细胞外液是细胞在体内直接所处的环境，故称为**内环境**（internal environment），并用以区别于整个机体所处的**外环境**（external environment）。他认为高等生物的细胞，生活在一个与体外环境不同的内部环境之中，多种动物的细胞外液，不仅在成分上与身体周围的水或空气不同，而且在外环境成分发生变化时，或食物等物质进入体内后，仍能保持内环境的相对稳定性。需要注意的是，动物体内的有些液体，如胃肠道内、汗腺导管内和肾小管内的液体，都是和外环境连通的，所以不属于内环境。

二、稳态

稳态是生理学中一个重要的基本概念。贝尔纳在提出内环境概念时还指出，机体内环境的成分和理化性质是保持相对稳定的，而内环境的稳定又是细胞维持正常生理功能的基础，也是整个机体维持正常生命活动的必要条件。在高等动物中更是如此，这一点已被证明是动物体生命活动的一个非常重要的基本规律。20世纪初，美国生理学家坎农（Walter Cannon）用homeostasis一词来表述内环境恒定现象及其中的调节过程。homeostasis由希腊文homoios（类同之意）和stasis（稳定之意）两词组成，中文一般将其译作“稳态”。内环境的稳态就是指在神经系统和体液因素的调节下，通过各个器官和系统的协调活动，共同维持内环境的相对稳定状态。稳态的保持涉及全身的每一器官、组织和细胞活动的调节，表现在从细胞到整体的生物系统的各级水平之中。内环境的稳态指标（即理化性质）包括细胞外液的pH、CO_2和O_2分压、渗透压、温度和各种液体成分等。

细胞膜将细胞与其周围环境隔开，使细胞内部与细胞周围液体存在很大差别，细胞不断地与周围液体进行物质交换并保持其内部的恒定性，这是细胞的稳态。高等动物依靠激素和神经系统的整合作用来保持整个动物体的稳态。内分泌系统具有迅速分泌和停止分泌激素的能力，这是激素分泌的稳态。中枢神经系统在保持机体稳态中发挥重要作用，而其本身也需要保持稳态，中枢神经系统的稳态依赖于其所接触的内环境的稳定性。生理学中的稳态是把生命放在一个大的宇宙系统中进行考察，同时认为动物体又由许多子系统组成，每个子系统之间以确定的关系相联系，共同处于一种动态的物质交换过程中，使机体趋向于一种最佳稳定状态。稳态是动物进化发展过程中形成的一种更进步的机制，它或多或少地减少了动物对外界条件的依赖性，具有稳态机制的生物借助于内环境的稳定而相对独立于外界条件，因而大大提高了生物对生态因子的耐受范围。

三、内环境稳态是一种动态平衡

在高等动物中，内环境的稳态包含两方面的含义：一方面是指内环境理化性质总是在一定水平上保持相对恒定，不随外界环境的变化而出现明显的变动；另一方面内环境的理化因素并不是静止不变的，在正常生理状态下有一定的波动性，但其变动范围很小。因此，内环境稳态是一个动态的、相对稳定的状态，这是因为细胞不断地进行代谢活动，需要与细胞外液发生物质交换，导致细胞外液（内环境）的成分不断发生改变，同时，外界环境因素的改变也会影响内环境的稳态。但在另一方面，体内各个器官和组织的正常功能活动，又都能维持内环境的稳态。可见，稳态的维持是一种动态平衡，内环境稳态的维持是各种细胞、器官和系统的正常生理活动的结果。反过来，内环境的稳态又是体内细胞、器官和系统维持正常生理活动和功能的必要条件。例如，心脏的跳动依赖于心肌细胞的节律性收缩，而心肌细胞的节律性收缩又依赖于细胞内液和细胞外液间因 Na^+ 和 K^+ 的浓度差异而产生的电信号，如果细胞外液 K^+ 浓度适度增加，心肌细胞会异常兴奋，并在不适当的时间收缩，使心脏的自动节律性遭到破坏，因此，心脏如果要正常跳动，细胞外液 K^+ 浓度必须维持在狭窄的生理范围内。

稳态的生理意义是保证和维持机体正常的新陈代谢，保证细胞的兴奋性，维持机体正常的生理功能和免疫功能。如果内环境的各种理化性质的变动超出一定的范围且持续时间较长，就会引起细胞代谢紊乱，导致动物罹患疾病，甚至死亡。例如，当血液中钙、磷的含量降低时，会影响骨组织钙化，这在成年动物表现为骨软化病，在幼龄动物则表现为佝偻病。

需要指出的是，生理学中关于稳态的概念现已被大大拓展，即不仅仅指内环境理化性质的相对稳定，而且已泛指体内从分子、细胞、器官、系统以及整体各个水平上的正常生理活动的稳定。例如，在细胞水平上，细胞的容积、细胞内液中各种离子的浓度、细胞各种功能活动的程度都应保持一定的稳态。

第五节 生理功能的调节方式

动物机体生理功能的调节是指机体对内外环境变化所做出的适应性反应的过程。通过机体各部分功能活动的相互协调和配合，可使机体适应各种不同的生理状态和外界环境的变化，也可使被扰乱的内环境重新得到恢复。机体对各种功能活动进行调节的方式主要有三种，即**神经调节**（nervous regulation）、**体液调节**（humoral regulation）和**自身调节**（autoregulation）。

值得注意的是，身体的许多功能活动都可能同时接受多个系统的调控，一旦某一个调控系统发生障碍，其他系统仍然可以继续对该功能活动进行调节，以维持生命活动的稳态。

一、神经调节

通过神经系统的活动对机体功能进行的调节被称为**神经调节**（nervous regulation）。神经调节在机体的所有调节方式中占主导地位，神经调节是通过神经系统的活动实现的。神经系统活动时，能够传导其兴奋过程中所产生的动作电位（神经冲动）。神经调节的基本方式是**反射**（reflex），反射是指在中枢神经系统的参与下，机体对刺激产生的规律性应答。反射活动的结构基础是**反射弧**（reflex arc），由**感受器**（sensory receptor）、**传入神经纤维**（afferent nerve fiber）、**反射中枢**（reflex center）、**传出神经纤维**（efferent nerve fiber）和**效应器**（effector）五个基本部分组成。身体的各种感受器相当于不同的换能器，它们的功能是将所接受的刺激转变为一定形式的体内可传导的神经信号（神经冲动），后者通过传入神经纤维传至相应的神经中枢，中枢对传入信号进行分析、处理或整合后，发出指令，通过传出神经纤维到达效应器，使效应器完成反射动作。例如，在生理情况下动脉血压是保持相对稳定的，当动脉血压高于正常时，分布在主动脉弓和颈动脉窦的动脉压力感受器能感受血压的变化，并将血压变化转变为神经冲动，后者通过传入神经纤维到达延髓的心血管中枢，心血管中枢对传入的神经信号进行分析，然后通过迷走神经和交感神经的传出纤维，改变心脏和血管的活动，最后使动脉血压下降，这个反射被称为动脉压力感受性反射，其对维持动脉血压的稳态发挥着重要作用。

反射的完成有赖于反射弧的结构完整和功能正常，其五个组成部分中任何一部分的结构被破坏或功能发生障碍均可导致反射不能完成。神经调节的特点是产生效应迅速、调节作用精准、作用时间短暂、规律性应答和表现自动化。这与神经传导速度快、传出纤维与效应器呈对应性联系有关。另外，感受器接受刺激具有特异性，只要某一种特异性刺激的强度和变化速率达到一定程度，就能刺激相应的感受器，进而引起相关效应器的规律性反应。

反射可分为非条件反射和条件反射两大类。**非条件反射**（unconditioned reflex）是指生来就具有的反射，是生物体在长期的进化发展过程中形成的。非条件反射的形式相对固定，数量有限，它维持着生命的本能活动。**条件反射**（conditioned reflex）是在非条件反射的基础上建立起来的一种高级神经活动，即大脑皮质参与条件反射的形成，它不是生来就具有的，而是在后天经过学习获得的，其刺激与反应相对不固定，且数量相对无限，它可以使机体对环境的适应能力大大增强。

二、体液调节

体液调节（humoral regulation）是指由内分泌细胞或某些组织细胞生成并分泌的特殊化学物质，经过局部扩散或血液运输到达局部或全身的组织细胞，对其活动进行调节。体液调节的特点是传导较慢、作用广泛而持久。体液调节的化学物质主要是指内分泌腺和散在分布的内分泌细胞所分泌的激素，例如，生长激素、肾上腺皮质激素和性激素等。另外，还包括机体某些组织细胞产生的特殊化学物质或代谢产物，例如，组胺、细胞因子和5-羟色胺等。

随着现代生物技术的发展，现已发现某些激素可由非内分泌细胞合成和分泌，如下丘脑和心血管系统的某些细胞也能合成与分泌激素。

体液调节方式已由经血液循环的远距分泌扩展到旁分泌、自分泌和神经分泌等形式。**激素**（hormone）随血液运至全身或某些特殊的组织细胞，通过细胞上相应受体，调节这些组织细胞的活动。例如，胰岛B细胞分泌的胰岛素能调节细胞的糖代谢，促进细胞对葡萄糖的摄取和利用，在维持血糖浓度稳定中发挥重要作用。还有一些激素可不经过血液运输，而是经组织液的扩散，作用于邻近的细胞并调节这些细胞的功能和活动，这种局部性的体液调节方式称为**旁分泌**（paracrine）。下丘脑内有些神经元也能将其合成的某些化学物质释放入血，然后经血液循环运行至远处，作用于靶细胞，这些化学物质被称为**神经激素**（neurohormone）。例如，血管升压素由下丘脑视上核和室旁核的大细胞合成，先沿轴突运抵神经垂体并储存，然后释放入血，作用于肾小管上皮细胞和血管平滑肌细胞，将这种神经激素的分泌方式称为**神经分泌**（neurosecretion）。有的激素被分泌后只作用于分泌该激素的细胞本身，通常将这种调节方式称为**自分泌**（autocrine）。除激素外，体内某些代谢产物等对有些细胞和器官的功能也能起到一定的调节作用。

需要指出的是，在体液调节过程中，许多激素的分泌都直接或间接地接受神经系统的控制。换言之，激素的分泌实际上是神经调节的一部分，是反射弧传出通路上的一个分支和延伸，即神经活动是通过影响激素的分泌，再由激素对机体功能进行调节。如交感神经兴奋时，既通过传出神经直接作用于心血管和胃肠道，同时又引起肾上腺髓质激素的分泌，后者通过血液循环又作用于心血管和胃肠道，这种复合调节方式被称为**神经-体液调节**（neurohumoral regulation）（图1-1）。显然，神经调节在此过程中起主导作用。

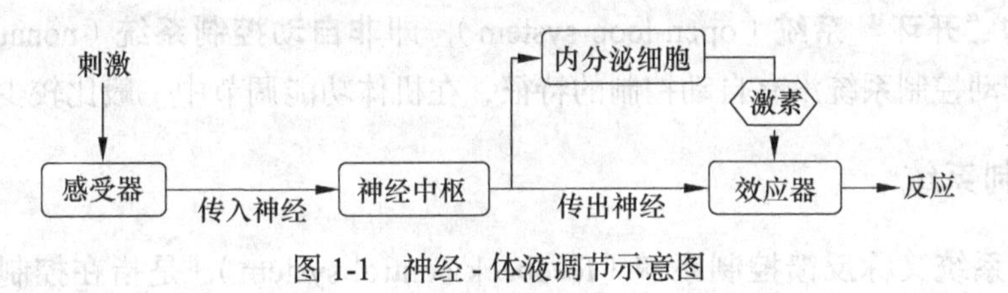

图1-1 神经-体液调节示意图

三、自身调节

机体除了神经和体液调节外，许多组织细胞自身也能对周围环境变化产生适应性反应，这种反应来自于组织细胞本身的生理特性，并不依靠外来神经或体液因素的作用，将这种调节方式称为**自身调节**（autoregulation）。自身调节是一种局部调节，其特点是调节幅度较小、灵敏度较低，但在某些器官和组织的功能调节中，仍具有重要的生理意义。例如，在离体肾血流量与肾动脉灌注压的关系实验中，当肾动脉灌注压在10.7～24kPa范围内变动时，肾血流量一直保持不变。因为升高的肾动脉压对血管壁的牵张刺激增加，小动脉的血管平滑肌收缩，使小动脉的口径缩小，所以其血流量不致增大。这种自身调节对于维持组织局部血流量的相对恒定发挥一定的作用。

在上述3种调节方式中，一般认为神经调节比较迅速、精准而短暂，而体液调节则相对缓慢、持久而弥散；但并非绝对，有些神经调节活动，若经过中枢神经元的环状联系或发生突触可塑性改变时，也可产生较持久的效应。自身调节的幅度和范围都较小，但在生理功能调节中仍具有一定意义。上述3种调节相互配合，可使生理功能活动更趋完善。

第六节 动物生理功能调节的控制系统

在利用工程技术的控制论原理来研究和分析动物机体功能调节的过程中，生理学家发现从细胞和分子水平到系统和整体水平的功能调节都存在各种各样的“控制系统”。因此，可以借用工程技术中控制论的术语来解释机体功能调节的控制系统，可见功能调节过程和控制过程有着共同的规律。在一个细胞内也存在着许多极其精细、复杂的控制系统，从细胞和分子水平对细胞的各种功能进行调节。目前，动物生理学教科书多侧重于讲授器官和整体水平的各种控制系统，即器官内各个部分之间以及不同器官之间的功能调控。例如，神经系统对呼吸系统功能活动的调控，可使机体内环境中 O_2 和 CO_2 分压保持稳态；神经系统和多种体液因素对心血管系统功能活动的调控，可以使动脉血压保持稳定等。

任何**控制系统**（control system）都由控制部分和受控部分组成。从**控制论**（cybernetics）的观点来分析，控制系统可分为非自动控制系统、反馈控制系统和前馈控制系统三大类。

一、非自动控制系统

控制部分发出的信息影响受控部分，而受控部分的活动不会反过来影响控制部分，控制方式是单向的**“开环”系统**（open-loop system），即**非自动控制系统**（nonautomatic control system）。非自动控制系统没有自动控制的特征，在机体功能调节中一般比较少见。

二、自动控制系统

自动控制系统又称**反馈控制系统**（feedback control system），是指在控制部分发出指令管理受控部分的同时，受控部分又反过来影响控制部分的活动（图1-2）。这种控制方式是一种双向的**“闭环”系统**（closed-loop system）。在控制系统中，由受控部分发出并能影响控制部分的信息称为**反馈信息**（feedback information）。受控部分的活动反过来影响控制部分活动的过程称为**反馈**（feedback）。反馈包括**负反馈**（negative feedback）和**正反馈**（positive feedback）调节两种形式。

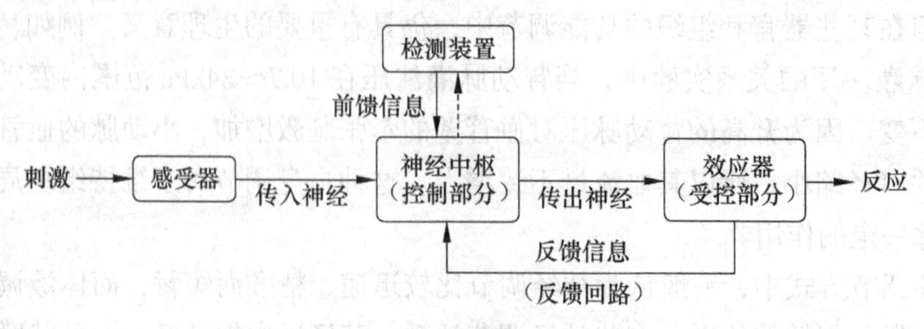

图1-2 自动控制系统示意图

（一）负反馈调节

受控部分发出的反馈信息对控制部分的活动产生抑制作用，使控制部分的活动减弱，这种方式的调节称为负反馈调节。

在一个负反馈控制机制中，负反馈控制都有一个**调定点**（set point）。调定点即是自动控制系统所设定的一个工作点，它的作用是使受控部分的活动只能在这个工作点附近的一个狭小范围内变动。例如，体温的调定点设置在37℃；体液pH的调定点设置在7.4；全身血量、动脉血压、血液中的气体分压和各种成分等都有各自的调定点。需要指出的是，在一些情况下，调定点并非永恒不变，而是在一定情况下会发生变动。

负反馈调节机制需要一个感受器特异性地感受某种变量发生的改变，而与其他变量无关，即渗透压感受器应该特异性地反映体液渗透压的变化，而不是机体体温或血压的变化。来自感受器的信息一定要以某种形式与可接受水平进行比较，如果二者不相匹配，错误信号被传至效应器，系统可以进一步地调整控制信息使变量恢复到可接受水平。负反馈的特点可以通过简单的加热系统试验来加深理解。控制变量是室温，恒温器作为感受器，效应器是某种加热设备，当室温降到临界点时，温度的变化被恒温器检测到，恒温器启动加热设备，加热设备使室温升高至预设水平，此时加热设备被关闭。

机体内的负反馈调节过程极为多见，其在维持机体生理功能的稳态中具有重要意义。当一个系统的活动处于某种平衡或稳定状态时，若某种外界因素使该系统的受控部分活动增强，则该系统原先的平衡或稳态将遭受破坏。在存在负反馈控制机制的情况下，活动增强的受控部分可通过反馈机制将反馈信息传递至控制部分，控制部分经分析后，发出指令使受控部分活动减弱，使反应向平衡状态方向发展；反之，如果受控部分活动偏低，可通过反馈机制使其活动增强，结果也向平衡状态方向转变。所以，负反馈控制系统的作用是使机体内环境维持稳定的重要原因（图1-3）。

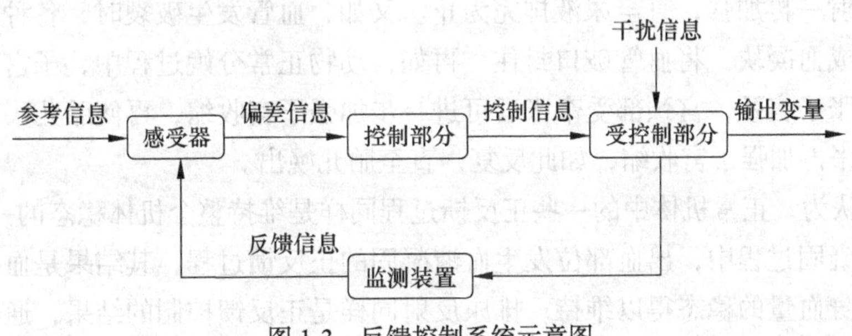

图1-3 反馈控制系统示意图

例如，细胞外液中的O_2和CO_2通过呼吸作用与外界气体发生气体交换，呼吸运动是由中枢神经系统内的呼吸中枢控制。组织、细胞的新陈代谢需要从细胞外液中摄取O_2，并将代谢产物释放入细胞外液。如果组织、细胞的代谢明显增强，细胞外液就可能发生O_2的减少和CO_2的积聚。然而，当细胞外液中O_2分压稍有降低或CO_2分压稍有升高时，这些信息就能很快反馈到呼吸中枢，使呼吸运动加深加快，从而增加肺部气体的交换，使细胞外液中的O_2和CO_2分压向正常水平恢复。又如动脉血压的维持是一个典型负反馈控制的例子。动脉血压是由心脏和血管的活动共同形成的，而心脏和血管的活动又受脑内心血管活动中枢的控制。当动物由卧位转变为立位时，使体内部分血液滞留在下肢，导致回心血量减少，动脉血压降低，此时主动脉弓和颈动脉窦的压力感受器可立即将信息通过传入神经反馈到心血管中枢，使心血管中枢的活动发生改变，从而调节心脏和血管的活动，使动脉血压向正常水平恢复。

需指出的是，负反馈调节是一种控制机制，在受到干扰时发挥作用，用以维持变量达到正常水平。正常机体内大多数功能活动都是通过神经调节、体液调节和自身调节过程中的负反馈调节实现的。例如，减压反射、肺牵张反射和体温与血浆渗透压调节等。

尽管负反馈调节是维持内环境稳态的主要机制，但也存在一些缺点。首先，负反馈控制只能发生在可控变量被打破后；其次，改正的幅度取决于错误信号的丰度，即期望值与偏离值间的差异大小，这意味着负反馈系统无法完全改正偏差；第三，修正过度可以使可控变量发生震荡。但这些缺点可以通过生理系统的多种调节机制进行克服。例如，血液葡萄糖（简称血糖）能够维持在一个狭窄范围内，是通过体内两种不同机制实现的，即胰岛素促进机体合成代谢，使血糖含量降低，而胰高血糖素则通过促进糖原分解和糖异生而使血糖升高。

（二）正反馈调节

正反馈（positive feedback）调节是指受控部分发出的反馈信息加强控制部分的活动，即反馈作用和原来的效应一致，起到加强或促进作用。也就是说，在正反馈情况下，受控部分的活动如果增强，通过感受装置将此信息反馈至控制部分，控制部分再发出指令，使受控部分的活动进一步加强，如此循环往复，使整个系统处于**再生状态**（regeneration）。可见，正反馈控制的特性不是维持系统的稳态或平衡，而是失去原先的稳态。通过正反馈，一些生理活动可以很快地进行并最后完成，使细胞或器官从一种状态很快地转换到另一种状态。在正常机体功能调节过程中正反馈远不如负反馈多见。例如，在排尿反射过程中，当排尿中枢发动排尿后，由于尿液刺激了后尿道的感受器，后者不断发出反馈信息进一步加强排尿中枢的活动，使排尿反射一再加强，直至尿液排完为止。又如，血管发生破裂时，各种凝血因子相继激活，最后形成血凝块，将血管破口封住。再如，动物正常分娩过程中，子宫收缩导致胎儿头部下降并牵张子宫颈，宫颈部受牵张后可进一步加强子宫收缩，再使胎儿头部进一步牵张宫颈，宫颈牵张再加强子宫收缩，如此反复，直至胎儿娩出。

有些学者认为，正常机体中的一些正反馈过程同样是维持整个机体稳态的一个组成部分。例如，在血液凝固过程中，出血部位发生血液凝固的正反馈过程，其结果是血凝块形成，使出血停止，全身血量的稳态得以维持；排尿反射同样是正反馈控制的结果，通过将膀胱中的尿液排尽，是使体内水分、电解质和内环境其他成分间保持稳态的一个重要环节；在神经纤维去极化达到阈电位时的Na^+通道开放也是一种正反馈调节，该调节使神经元动作电位快速形成，保证了各种神经调节过程的正常进行，维持了身体各种功能的稳态。另外，机体内典型的正反馈调节还有射精和胰蛋白酶原激活等过程。

（三）前馈控制系统

在神经系统的调节控制过程中，除反馈控制外，还有一种称为**前馈**（feed forward）控制的调节方式。在受控部分的状态尚未发生改变之前，机体通过某种监测装置得到信息，以更快捷的方式调整控制部分的活动，用以对抗干扰信号对受控部分稳态的破坏，这种调控系统称为**前馈控制系统**（feed-forward control system）（图 1-4）。一般来说，负反馈调节虽然可以纠正刺激引起的过度反应，但它总是在过度反应出现以后才进行，过度反应的纠正总要滞后一段时间，而且易出现矫枉过正和引起波动。

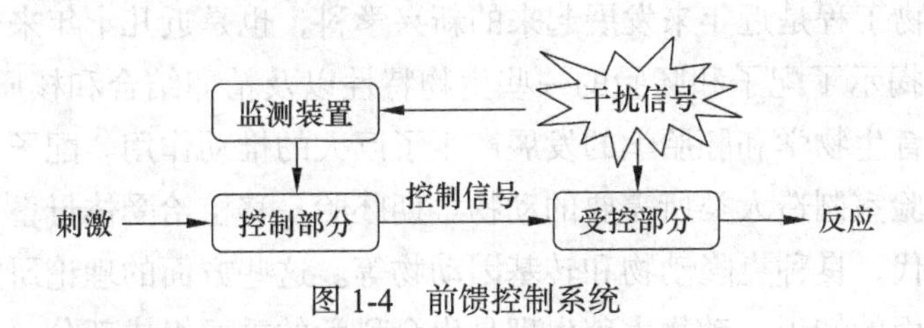

图 1-4　前馈控制系统

前馈控制系统可以使机体的反应具有一定的超前性和预见性。总的来说，反馈控制需要的时间要长些，而前馈控制则更为迅速。例如，神经冲动从外周感受器传入中枢，再从中枢传至外周，调节控制外周器官的活动，而前馈机制则可以更快地对中枢的上述活动进行控制。当要完成某一动作时，中枢神经系统发出神经冲动来指令一定的肌肉收缩，同时又通过前馈机制，使这些肌肉的收缩受到制约，不致收缩过度，从而使整个动作完成得更准确。

条件反射就是一种前馈控制系统的活动，它使机体的反应具有超前性。例如，动物见到食物后就会出现唾液和分泌胃酸，这种分泌比食物进入口中后引起的唾液分泌来得快，且富有预见性，因而更具有适应意义。但前馈控制有时也会发生失误，这是前馈控制的一个缺点，如在见到食物后引起唾液和胃酸分泌的例子中，如果因为某种原因，结果并没有真正吃到食物，则唾液和胃酸的分泌就成为一种失误。

从上面这些例子可以看出，前馈控制对受控部分活动的控制比较快速、更加准确、适时和适度。控制部分可以在受控部分活动明显偏离正常范围之前就发出前馈信号，及时对受控部分的活动进行调整，因此，受控部分活动的波动幅度比较小。

第七节　动物生理学的学习目的和方法

一、动物生理学的学习目的

动物生理学是动物科学、动物医学、水产养殖、野生动物资源保护、食品及卫生检验等学科的一门专业基础课。它以动物解剖学、组织学为基础，同时又是药理学、病理学等后续课程和动物临床医学各课程的基础，起着承前启后的作用。动物生理学的基本理论和方法也是科学的思维方式和重要的研究手段，其理论和研究方法均源于实践，又转过来为实践服务。研究动物生理学的目的，不仅要揭示动物体的正常生命活动规律，阐明机体活动的过程、发生的原理和条件以及体内外环境对它们的影响，解释各种生命活动和生理现象，更主要的还在于运用这些规律，更有效地预防和治疗动物疾病，保护动物健康和动物资源，促进畜牧业、动物医学和人类医学的发展。

跨入新世纪，分子生物学技术、基因工程技术、细胞生物学技术、转基因技术、胚胎移植技术、克隆技术等生物高新技术和互联网技术的飞速发展，这些革命性的生物工程技术都需要包括生理学在内的众多生命科学学科的基础理论和基础知识作为支撑。下面从几个不同的角度进一步阐明学习动物生理学的目的与重要性。

配子与胚胎生物工程是近年来发展起来的新兴学科，也是近几十年来生物科学研究的热点。它从细胞水平揭示了配子和胚胎的一些生物特性以及精卵结合和核质关系等理论问题，对受精生物学、发育生物学和胚胎学的发展产生了巨大的推动作用。配子与胚胎生物工程的最终目的就是在实验室制造人类所需要的动物早期胚胎，移植给受体母畜，从而获得良种后代，如生产性控后代、良种克隆动物和转基因动物等。这些方面的理论研究需要应用动物生理学中生殖生理方面的知识。动物生殖生理是生命科学的重要组成部分，是开展动物生物技术的理论基础，是研究动物的发生、发育及其繁殖规律的基础科学，其研究目的在于揭示动物生殖过程中的各种生理现象，分析其调控规律，探索其发生与发育机理。动物生殖是一个非常复杂的生理过程，是机体内各种调控因素综合作用的结果，发挥主要作用的则是内源性调控因子，它们受下丘脑 - 垂体 - 性腺轴的调控，并且其反馈调节在生殖过程中也起着重要作用，通过调节激素的水平，进而达到调节生殖的作用。这些都说明了动物生理学的实用价值和在学科发展中的重要地位。

兽医学是畜牧业迅速发展的重要保证。因此，在发展畜牧业的同时，应迅速消灭和控制各种动物传染病，制定“防重于治”的方针，全面开展兽医防治工作。动物生理学在这方面也承担着十分重要的任务，只有深入揭示动物体正常生理活动的规律性，才能以新的生理学理论，去促进兽医科学的发展。只有这样，兽医科学工作者才能在更高的理论基础上，正确认识疾病，分析致病原因和制定各种防治措施，进而确保畜牧业的健康发展。

近年来，动物营养饲料方面的研究取得了突破性进展，已基本搞清楚畜禽营养物质的利用机制和畜禽营养素需要量等各项指标，研究的焦点逐渐转向营养物质之间的相互关系。在几十种营养成分中，如何充分发挥每一种营养素的最佳功能，处理好彼此之间的相互关系和在生产中如何使用等问题已是近代饲料营养学研究、推广和应用的焦点；通过对饲料调控与功能性畜产品生产方向的研究，可以开发出安全高效的饲料添加剂和环保型安全饲料，为生产安全和优质的畜产品提供了良好的物质条件，上述科研攻关和生产实践无疑都需要应用动物生理学的消化和代谢生理方面的理论知识。总之，动物生理学及其相关学科对于促进我国社会主义市场经济的繁荣和发展，有着深远的意义。

二、动物生理学的学习方法

动物生理学是关于动物生命活动规律的科学。为描述和学习动物生命活动的基本规律，生理学建立了一些重要的基本概念。这些基本规律和概念的获得，部分来源于生活和临床观察，更多的则来自于科学的动物实验，并从获得的大量实验数据中总结出生理学的普遍规律。那么，如何学习好动物生理学呢？

首先，需要掌握生理学的基本概念、基本规律和基本数据，同时要掌握获得这些知识的基本实验技能。对于动物生理学中的理论，应注重在深入理解的基础上进行记忆。动物生理学的理论和知识都是从实验观察中获得的，是经过严密论证，反复逻辑推理得到的结论，因此，学习它需要掌握辩证思维和正确的逻辑思维方法。例如，在学习呼吸系统生理时，应该了解和掌握 O_2 是细胞代谢所需要的重要物质，CO_2 是细胞物质代谢的产物，机体通过呼吸运动摄取 O_2 并排出 CO_2；呼吸肌的有序运动是呼吸的原动力，肺内压与大气压的压力差是气体出入肺的直接动力，而胸膜腔负压是原动力转化为直接动力的关键；肺泡表面张力是构成肺通气阻力的主要成分，肺泡表面活性物质是降低肺泡表面张力的重要物质；肺通气 / 血流比值是影响肺换气效率的重要因素；O_2 在血液中的运输有物理溶解和化学结合两种形式，只有溶解状态的 O_2 才能被细胞摄取和利用，化学结合的氧气量决定了体内氧气的含量，氧离曲线是描述血液中氧饱和度变化规律的曲线；呼吸运动在机体调节系统的作用下协调而有序地进行；延髓是呼吸运动的基本中枢，产生基本呼吸节律，脑桥是呼吸调整中枢；化学感受器是呼吸运动调节的重要反射等。

其次，要注重理论联系实际。通过动物生理学的学习，不仅为后续课程打好基础，还要利用健康动物生命活动规律以指导畜牧生产。例如，在配饲料时应考虑仔猪一般在出生后 20 天左右，胃液中才出现少量盐酸。此时，胃内仅有凝乳酶，胃蛋白酶含量很少，不能消化植物蛋白质。因此，仔猪应以哺乳为主而不能过早地投喂植物性饲料。又如，在兽医临床上，掌握健康动物的血压、心率和血液的一些正常值，对疾病诊断具有重要意义。再如，只有在掌握泌尿生理的基础上，才能理解和更好地应用利尿药，达到抑制 NaCl 在肾小管和集合管内的重吸收以及增加水的排出（利尿）的目的。

最后，学习动物生理学的理论是为了运用这些理论，因此，要注意与生产实际相结合，利用这些理论去解释各种生命现象，探索动物机体的未知生命现象和本质。

（金天明）

复习思考题

1. 动物生理学研究的对象和目的是什么?
2. 为什么生理学要从三个水平上开展研究?
3. 动物生命活动具有哪些基本特征?
4. 何谓内环境和稳态？内环境稳态有何生理意义?
5. 试述神经调节、体液调节和自身调节的特点。
6. 比较正反馈、负反馈与前馈调节之间的异同及其生理意义。
7. 从生理学的发展历程中，你能够得到哪些启示?

第二章 细胞的基本功能

本章概述

无论从系统发育还是从个体发育角度来看，动物体都是由一个单细胞，即受精卵（合子）经过一系列的变化发育而来。因此，细胞是动物体形态结构、生理功能和生长发育最基本的功能单位，动物体内的细胞约有200余种，每种细胞都分布于特定的部位，执行特殊的功能。尽管生命现象在不同种属的生物体或同一生物体的不同组织、器官和系统的表现各异，但在细胞和分子水平上的许多功能却具有共同的特征：①细胞膜的结构和物质转运功能。细胞膜由脂质双分子层构成基架，其中镶嵌着不同结构和功能的蛋白质。通过细胞膜完成的物质交换是有选择性的，物质转运包括单纯扩散、易化扩散、主动转运和出胞与入胞作用等4种方式。②细胞的跨膜信号转导。细胞通过信号转导的方式实现与外界的信息交换，这些信号物质包括激素、神经递质和细胞因子等。根据细胞膜上感受信号物质的蛋白质分子结构和功能的不同，细胞跨膜信号转导的路径大致可分为G蛋白偶联受体介导的信号转导、离子通道受体介导的信号转导和酶偶联受体介导的信号转导三类。③细胞的生物电现象。生物电主要包括静息电位和动作电位。静息电位指静息时位于膜两侧的电位差。动作电位大多是在刺激作用下，细胞产生的一过性、可扩布的电位变化。动作电位具有“全或无”的特征。

人们对细胞的认识随着科学技术的不断发展而逐渐深入，经历了一个由简单到复杂、由微观到超微观的发展过程。特别是近年来由于生化技术的发展和电子显微镜的应用，使细胞学的研究日趋向形态学、生物化学和生理学等多学科的综合性研究方向发展，并有力地促进了医学和其他学科的技术进步。因此，了解细胞生理学的一些基本知识，对学习动物生理学是十分重要的。

第一节 细胞膜的组成与结构

一、细胞膜的组成与液态镶嵌模型

细胞膜（cell membranc）是包围细胞质的一层界膜，又称**质膜**（plasma membrane）。细胞膜对于细胞的生存至关重要，它将细胞内容物与细胞的外界环境分隔开来，使细胞拥有了一个相对独立、稳定而又各不相同的环境。由于细胞膜的屏障作用，使细胞内的化学组成有别于细胞外却又有利于自身功能及正常代谢。同时，细胞膜也构成了胞内各种细胞器的界膜。真核细胞内的内质网、高尔基体、线粒体和溶酶体等也被与细胞膜相似的膜结构所包被，形成不同于胞浆的微环境，使之与细胞质和外界环境相区别，这些对细胞器保持和行使正常的功能活动是极为有利的。除了屏障作用外，细胞膜还是细胞与内环境间进行物质、能量和信息交换的门户和通道，通过细胞膜完成与外界环境的物质交换，以维持和保证细胞正常的新陈代谢。

尽管细胞膜和各种细胞器膜在功能上存在差异，但它们都具有相同的化学组成和结构。细胞膜和细胞器膜主要由**脂质**（lipid）、**蛋白质**（protein）和少量糖类物质组成，此外，还包括微量的核酸、水和一些金属离子等。以物质的质量计算，蛋白质和脂质在膜内的比例存在较大差异。一般而言，功能活跃的细胞膜中的蛋白质比例较高，例如，小肠绒毛上皮细胞膜的蛋白质与脂质之比可达 4.6：1，而功能简单的细胞膜中的蛋白质比例较低，例如，外周神经施万细胞的上述比例仅为 0.25：1。目前，尽管还没有一种技术可用于直接观察各种化学成分在细胞膜中的排列形式，但由 Singer 和 Nicholson 于 1972 年提出的**液态镶嵌模型**（fluid mosaic model）理论一直得到多方面研究结果的支持，并已被学术界公认。该理论的基本内容是：细胞膜是以液态的脂质双分子层为基架，其间镶嵌着许多具有不同结构和功能的蛋白质。

脂质双分子层和蛋白质以非共价键相结合。脂质双分子层约为 5nm 厚的连续双层结构，由于脂质的熔点较低，在体温条件下，脂质分子呈液态，因此，脂质双分子层的特性之一是具有一定的流动性，即脂质分子能在同一分子层中作侧向运动。膜的流动性受许多因素的影响，例如，胆固醇的含量、脂肪酸烃链的不饱和度和长度以及膜蛋白的含量等。脂质双分子层的另一个特性是稳定性。从热力学的角度分析，脂质双分子层因为包含的自由能最低，故性质最为稳定，并可以自动形成和维持。稳定性和流动性使细胞膜可以承受相当大的张力和外形改变而不致破裂，即便是膜结构有时发生一些较小的断裂，也可以自动融合而修复。蛋白质位于脂质双分子层内，介导着膜的所有其他功能，例如，介导跨膜物质转运和催化 ATP 的合成等。不同的膜蛋白在细胞行使功能和沟通外部环境方面发挥着重要作用。据估算，在动物细胞中约 30% 由基因组编码的蛋白质是膜蛋白。

以下是关于细胞膜的基本组成与结构的介绍，也同样适用于各种细胞器膜。

二、细胞膜的结构

（一）脂质双分子层

脂质双分子层是构成细胞膜的基本结构，其结构特点是由脂质分子的特性赋予的，甚至在简单的人工条件下，脂质分子也能形成双层结构。

1925 年 Gorter 和 Grendel 对红细胞膜作了一些化学测定和有趣的计算。他们提取红细胞膜中所含的脂质，并测定出将这些脂质以单分子层在水溶液表面平铺时所占的面积，结果发现一个红细胞膜中脂质所占的面积，差不多是该细胞所占面积的 2 倍，从而推测脂质可能是以双分子层的形式包被于细胞表面。

构成细胞膜的物质中 20%～40% 为脂质，其余为蛋白质。膜脂质主要由**磷脂**（phospholipid）、**胆固醇**（cholesterol）和**糖类物质**（carbohydrate）组成，其中，磷脂占膜

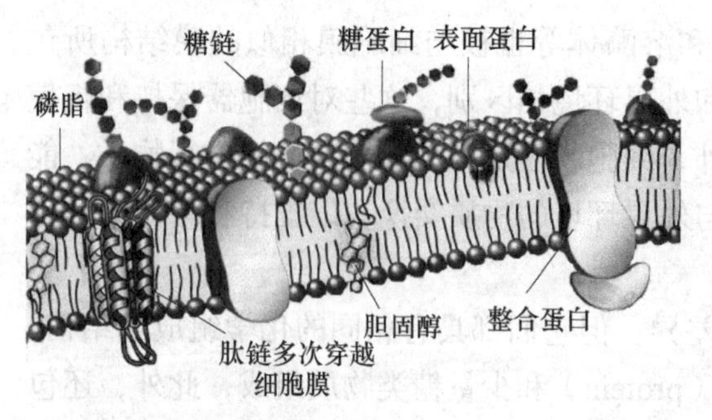

图 2-1 细胞膜液态镶嵌模型（陈义 仿）

脂质总量的 70% 以上，胆固醇不超过 30%，而糖类物质不超过 10%，它们以脂质双分子层的形式存在于细胞膜中。膜脂质都是一些**双嗜性分子**（amphiphilic molecule），其一端的磷酸和碱基是亲水性的极性基团，朝向膜内、外两侧表面，而另一端的脂肪酸烃链是疏水性的非极性基团，朝向双分子层的内部，两两相对居中排列（图 2-1）。

1. 磷脂

磷脂是构成动物细胞膜的主要脂质成分，主要为**磷酸甘油酯**（phosphoglyceride）和**鞘磷脂**（sphingomyelin，SM）。磷酸甘油酯中构成甘油的 3 个碳原子中的 2 个相邻碳原子，通过酯键与长链脂肪酸相连。另一个碳原子与磷酸基团相连，该磷酸基团再与胆碱、丝氨酸、乙醇胺或肌醇等连接，形成不同的亲水性头部基团（图 2-2）。由于构成磷酸甘油酯的脂肪酸和头部基团不同，磷酸甘油酯还可细分为**磷脂酰胆碱**（卵磷脂）（phosphatidylcholine，PC）、**磷脂酰乙醇胺**（脑磷脂）（phosphatidylethanolamine，PE）、**磷脂酰丝氨酸**（phosphatidylserine，PS）和**磷脂酰肌醇**（phosphatidylinositol，PI）。如果磷酸基团不再结合任何基团，则称为**磷脂酰甘油**（phosphatidylglycerol）。其中，磷脂酰胆碱在磷脂中的含量最多，而磷脂酰肌醇含量最少，仅占磷脂的 5%～10%，但后者可通过生成作为第二信使的**三磷酸肌醇**（inositol

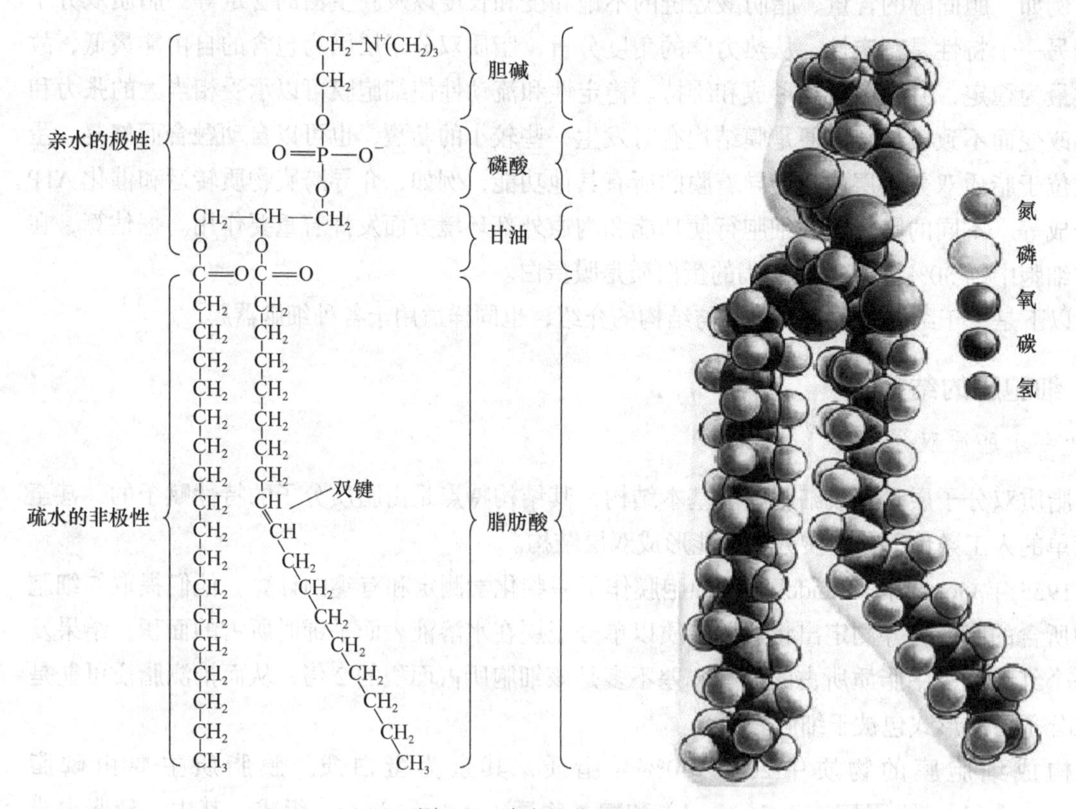

图 2-2 磷脂的分子组成

triphosphate，IP_3）和**二酰甘油**（diacylglycerol，DG）在跨膜信号转导中发挥重要作用。长期以来人们对膜的兴趣和研究都集中于膜蛋白，而脂质的作用只限于阻止水溶性分子自由跨膜扩散而发挥屏障作用，鉴于 IP_3 和 DG 参与信号转导的事实，促使生理学界对膜脂质的功能特性做出新的认识和思考。

另一种重要的磷脂为鞘磷脂，是以**鞘氨醇**（sphingosine）取代**甘油**（glycerol）形成的。鞘氨醇拥有 1 条长酰基链、1 个氨基基团（NH_2）和 2 个羟基基团（OH）。脂肪酸尾部与氨基基团相连，磷酸胆碱与羟基末端相连。另一个羟基基团可与相邻脂类头部基团、水分子或膜蛋白形成氢键。

除了磷脂，许多脂质双分子层中还含有胆固醇和**糖脂**（glycolipid）。真核细胞质膜内含有大量的胆固醇，胆固醇含有刚性的环状结构，有单个极性羟基基团和一条短的非极性糖链与其相连。在脂质双分子层中，胆固醇以其羟基基团与相邻磷脂分子极性头部相接近，在膜中具有"流体阻尼器"的作用。由于某种原因，如酒精或麻醉剂等使膜的流动性增大时，胆固醇可使脂质双分子层中脂酰基链区的流动性保持适度。按其组成成分的不同，糖脂可分为鞘糖脂、甘油糖脂、磷酸多萜醇衍生糖脂和类固醇衍生糖脂四类，上述物质在动物体内以鞘糖脂含量最多。

2. 膜脂质成分对细胞膜物理性状的影响

不同类型的细胞膜含有的脂质成分不同，不同脂质的组成特点又赋予细胞膜不同的特性。磷脂主要由内质网合成，鞘磷脂主要由高尔基体合成，高尔基体膜中的鞘磷脂占总磷脂含量的比例是内质网膜的 6 倍。在有些情况下，膜转运过程参与了特定脂类在膜结构中的富集。例如，肠道上皮细胞的细胞膜面对两种不同的环境，游离面的细胞膜面对环境多变的肠腔，细胞膜基部与其他表皮细胞和外部结构相互作用，在这些极性细胞中，神经鞘磷脂、磷酸甘油酯和胆固醇在膜基部的比例为 0.5∶1.5∶1，与典型非极性细胞面对轻度压力时的比例大致相同。肠道细胞膜顶端在面对较大压力时，这些脂类会以 1∶1∶1 的比例存在。由于鞘磷脂游离羟基间可形成大量氢键，因此，膜内鞘磷脂含量的增加在提高膜稳定性方面发挥重要作用。在 37℃条件下，脂质分子可在平面内进行热运动，一个典型的脂质分子能以每秒 10^7 次的频率和每秒扩散几毫米的速度与相邻分子进行位置交换，脂质的这种侧向扩散能力可使其像液体一样流动。脂质双分子层的流动性取决于其脂类的组成、磷脂疏水尾部的结构、温度、范德华力和疏水作用力等。长的饱和脂酰链最容易凝聚，当其紧密聚集时，使细胞膜呈凝胶态；短的脂酰链由于提供了较小的作用表面，因而使膜更具流动性；不饱和键的存在使脂类间范德华力不稳定，增加了膜的流动性；升高温度，分子热运动增加，则膜流动性增加。一般情况下，脂质双分子层的流动性仅限于脂质分子间作侧向运动，并形成一种二维流体，分子在同一层内做"掉头"运动或跨层运动的机会极少。膜脂质的流动性使细胞能进行变形运动，镶嵌其中的膜蛋白也可在液态的脂质双分子层中"漂移"。

胆固醇不但在维持膜的流动性方面发挥着重要作用，同时也是正常细胞生长与增殖的必要条件。在生理条件下，胆固醇自身无法形成层状结构，它会插入磷脂中，限制磷脂头部基团的随机运动，但其对磷脂尾部的作用则取决于其浓度，正常浓度下，类固醇环和磷脂疏水尾部相互作用，致使这些脂类被固定，从而使膜的流动性降低。当胆固醇浓度降低时，类固醇环与磷脂尾部分离，使膜内部区域更具流动性。

脂类成分除影响膜的厚度外，还对蛋白质在膜中的定位发挥作用。通过对人工合成膜的研究发现，鞘磷脂比磷脂更易形成胶态的厚膜，胆固醇和其他分子可降低膜的流动性，并增加膜的厚度，但对于神经鞘磷脂来说，由于其尾部结构相对稳定，胆固醇的加入不会对神经鞘磷脂层的厚度造成影响。

脂类成分还可以影响膜的局部曲率，这取决于构成磷脂的极性头部和非极性尾部的相对大小。"长尾大头"脂类会形成柱状结构，由其形成的细胞膜呈平面；"小头"脂类会形成锥状结构，由其形成的细胞膜呈曲面。不同的膜曲率在形成外部膜的"坑和泡"以及内部膜载体和特殊膜结构（如微绒毛）时发挥重要作用。

3. 脂质在细胞膜上呈不对称分布

膜脂质成分在膜两侧的分布并不均匀，在不同细胞或同一细胞不同部位的膜结构中，脂质的成分和含量各异。例如，人红细胞和在特定条件下培养的犬肾细胞的细胞膜中，几乎所有的鞘磷脂和卵磷脂都位于胞质外侧的脂质层内，使细胞膜缺乏流动性。脑磷脂、磷脂酰丝氨酸和磷脂酰肌醇则富集在胞质侧脂质层内，形成更具流动性的细胞膜，脂类的这种分布可影响细胞膜的曲率。但与磷脂不同，胆固醇在细胞膜两侧呈均匀分布。

脂质成分的不均匀分布对于细胞膜行使功能具有重要作用。磷脂酰肌醇的磷酸化头部面向胞质，可以被位于胞质内的磷脂酶C裂解，而磷脂酶C只有经激素活化后，才能催化磷脂酰肌醇裂解产生的具有胞质溶性的磷酸肌醇和膜溶性的二酰甘油。上述分子均参与细胞内信号转导过程，并影响细胞代谢活动。磷脂酰丝氨酸也在质膜、胞质侧富集，在血小板被血清活化的起始阶段，磷脂酰丝氨酸迅速被**翻转酶**（flippase）运送到胞质外侧磷脂层内，激活参与血液凝固的酶系。

4. 细胞膜上的微结构域——脂筏结构

前已述及，脂质成分并不随机混合分布在脂质双分子层中，而是以一种有组织的方式进行结合。这个现象的发现源于用去污剂处理细胞膜后，残基中依然存在胆固醇和鞘磷脂，由于二者皆存在于高度有序且缺乏流动性的脂质双分子层内，因此，研究人员怀疑细胞膜上可能会形成一种微结构域，又称为脂筏结构。脂筏结构周围包绕着更具流动性的磷脂，这些磷脂很容易被去污剂除去。生物化学研究和显微观察都证明了脂筏结构的存在。荧光显微镜观察到脂类和脂筏特异蛋白的聚集，脂筏的大小各异，通常直径为50nm。胆固醇在维持脂筏结构的完整性方面发挥重要作用，除胆固醇和鞘磷脂外，脂筏结构上还富集了许多细胞表面受体蛋白以及与受体相连并被其激活的信号蛋白，这些脂质-蛋白质复合物仅在脂质双分子层的疏水区域内形成，它为外部环境中化学信号的监测和传导提供了条件。

（二）细胞膜蛋白

在不同的细胞膜内，蛋白质的数量和类型存在较大的差异。如髓鞘是包裹在神经细胞轴突外侧的电绝缘性的特化细胞结构，其细胞膜内的蛋白质含量低于25%。而在负责ATP合成的细胞膜上（如线粒体膜和叶绿体膜），蛋白质含量则接近75%。通常情况下，一个典型细胞膜中蛋白质的含量介于两者之间，约占自身质量的50%。由于脂质分子比蛋白质分子小，因此，脂质分子数大于蛋白质分子数，即在蛋白质含量为50%的细胞膜中，1个蛋白质分子至少对应50个脂质分子。虽然膜蛋白的分子数远少于脂质分子，但其功能非常重要，因为细胞膜的各种功能主要由膜蛋白完成。通过研究不同细胞膜的化学组成发现，不同类型的细胞膜，其脂质组成和结构差异不大，而蛋白质的组成在数量和类型上却有着较大差异。换句话说，细胞膜结构与功能的差别很大程度上取决于膜蛋白的组成。

1. 膜蛋白的分类

细胞膜上的蛋白质是以α-螺旋或球形结构分散镶嵌在脂质双分子层中，膜蛋白多以复合糖（糖蛋白）的形式存在。根据膜蛋白功能的不同，可将其分为酶蛋白、转运蛋白和受体蛋白等。根据蛋白质与膜结合方式、蛋白质在膜上的分布位置及分离的难易程度，又可将其分为**表面蛋白**（peripheral protein）和**整合蛋白**（integrated protein）（图2-3）。表面蛋白分布在膜的内表面和外表面，通过离子键和氢键与脂质分子的极性头端结合并附着在膜表面，但其数量较少。整合蛋白构成膜蛋白的主要部分，占蛋白质总量的70%～80%。整合蛋白又称跨膜蛋白或穿膜蛋白，即蛋白质以其单条肽链一次或多次穿过脂质双分子层，穿越膜的部分通常是由20～30个疏水性氨基酸形成的α-螺旋结构，这些非极性的氨基酸与膜内脂质分子的尾部相互结合而使α-螺旋嵌入脂质双分子层内部，因此，通过了解穿膜蛋白的一级结构可推测其跨膜次数，因为有几个疏水性α-螺旋就可能有几次穿膜，由此又能大致推测出其功能特性。与物质跨膜转运功能有关的功能蛋白，如**载体**（carrier）或**转运体**（transporter）、**通道**（channel）和**离子泵**（ion pump）等都属于整合蛋白。那些露出膜表面的多是亲水性氨基酸，它们构成跨膜肽段的胞外环或胞内环。由于细胞的功能特点在很大程度上是由细胞膜上的膜蛋白的功能特性决定的，因此，膜蛋白的种类及含量越多，该细胞的功能也就越复杂。可以这样认为，脂质双分子层构成了细胞膜的基本结构，膜蛋白则赋予了细胞膜的基本功能。

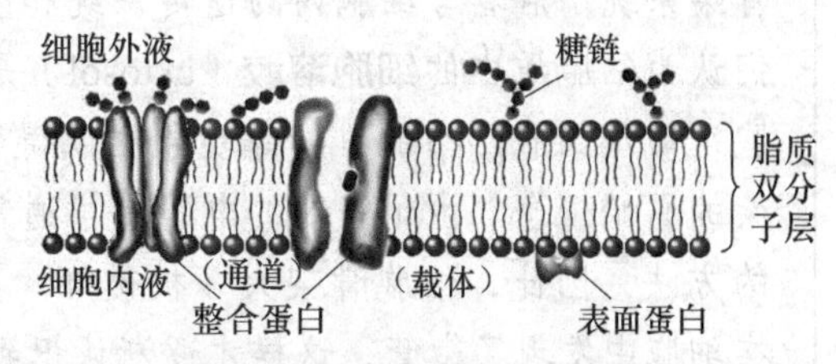

图2-3 细胞膜的化学成分及其排列形式示意图（陈义）

2. 膜蛋白和糖脂在膜上呈不对称分布

膜蛋白的不对称分布始于膜蛋白被合成并插入膜内，这种结构会被一直维持下去，不会被**翻转运动**（flip-flop movement）所改变。

许多跨膜蛋白含有与多肽链上的丝氨酸、苏氨酸或天冬氨酸残基侧链共价连接的糖链。由于跨膜蛋白存在于膜上，因此，糖链被定位于细胞膜外侧。同样，糖脂中的糖链与鞘氨醇骨架相连，使糖脂定位于胞质外侧的磷脂层中，糖链像“旗帜”一样伸出质膜表面，与细胞外基质中的成分（如凝集素、生长因子和抗体等）相互作用。

3. 整合蛋白与细胞骨架相互作用

研究发现，许多整合蛋白和表面蛋白像磷脂一样，可以在膜内自由流动。由于细胞类型不同，质膜内30%～90%的整合蛋白可自由运动。这种运动方式一方面受到细胞骨架蛋白的调节，另一方面还受到某些细胞外信号的调节。在单纯脂质双分子层中或分离的细胞膜内，流动蛋白的侧向扩散速率与其脂类成分相关。在完整细胞内，整合蛋白的扩散速率比其在人工合成脂质体内的扩散速率慢，只有其1/30～1/10，这表明活细胞质膜内整合蛋白的运动受到刚性细胞骨架的限制。一些整合蛋白与细胞骨架永久相连，这些蛋白质在膜内是完全固定的。运动中的整合蛋白与细胞骨架相互作用，且这种作用随着蛋白质在膜内的侧向扩散被反复破坏和重新建立，从而降低了蛋白质的扩散速率。

知识卡片

细胞骨架（cytoskeleton）指真核细胞中的蛋白纤维网架体系。真核细胞的胞质（指细胞在去除其线粒体、内质网等亚细胞结构组分后残留下的可溶性部分）常含有20%～30%的高浓度蛋白质溶液，各个蛋白质之间具有微弱的相互作用力。这些细胞质中由蛋白丝组成的非膜相结构统称为细胞骨架。由细胞骨架所组成的结构体系称为细胞骨架系统，后者与细胞内的遗传系统和生物膜系统并称为细胞内的三大系统。最初，人们认为细胞质中的**细胞溶胶**（cytosol）是均质无结构的，但诸多重要的生命现象，如细胞运动及细胞形态的维持等现象难以得到圆满的解释。1928年，Klotzoff提出了细胞骨架的原始概念。由于当时的电镜制样通常采用锇酸或高锰酸钾低温（0～4℃）固定细胞的方法，因此，细胞骨架大多被破坏。直到1963年发明了戊二醛常温固定技术，随后在细胞中发现了微管，这样才逐渐认识到细胞骨架的客观存在。

狭义的细胞骨架指细胞质骨架，是真核细胞借以维持其基本形态和功能的重要结构，通常也被认为是细胞器的一种，包括**微丝**（microfilament）、**微管**（microtubule）和**中间纤维**（intermediate filament）；广义的细胞骨架还包括细胞核中存在的核骨架-核纤层体系，即细胞骨架包括细胞核骨架或**核基质**（nuclear matrix，nucleoskeleton，karyoskeleton）、细胞质骨架、细胞膜骨架和细胞外基质。核骨架、**核纤层**（nuclear lamina）与中间纤维在结构上相互连接，形成贯穿于细胞核和细胞质的网架体系。

细胞骨架的研究是当前细胞生物学中最为活跃的领域之一，近年来发现细胞骨架不仅在维持细胞形态和保持细胞内部结构的有序性中发挥重要作用，而且与细胞运动、物质运输、能量转换、代谢调控、信息传递、细胞分裂、基因表达、细胞分化及维持细胞形态等生命活动密切相关。例如，在细胞分裂中，细胞骨架牵引染色体分离；在细胞物质运输中，各类小泡和细胞器可沿着细胞骨架定向转运；在肌肉细胞中，细胞骨架与其结合蛋白组成动力系统；细胞骨架与白细胞的迁移、精子的游动、神经细胞轴突和树突的伸展等都有密切关系。另外，在植物细胞中，细胞骨架还可以指导细胞壁的合成。

目前，细胞骨架的研究已从形态观察为主迅速推进到分子水平，骨架蛋白及骨架结合蛋白的分离、纯化、鉴定、测序及结构分析、基因表达调节、骨架纤维的装配及功能分析等已成为细胞骨架研究的重要内容。通过对细胞骨架蛋白的研究使人们对生命活动的基本单位——细胞的结构和功能有了更新的认识。

（三）细胞膜糖类

细胞膜中糖类的含量占2%～10%，多为寡糖和多糖链，它们以共价键的形式与膜蛋白或膜脂质结合，生成**糖蛋白**（glycoprotein）或**糖脂**（glycolipid）。结合于糖蛋白或糖脂上的糖链不对称地分布于细胞膜的外侧，其主要作用在于以其单糖排列顺序上的特异性，作为它们所在细胞或所结合蛋白质的特异性标志，因此，它有细胞“天线”之称。它们参与细胞的多种生命活动，例如，形成细胞的抗原性和表型，参与细胞识别、黏附、分化、老化、吞噬、自身免疫和细菌感染过程等。又如，红细胞膜表面的ABO血型抗原决定簇就是由结合于糖蛋白和糖脂上的寡糖链所决定的。

第二节 离子和小分子的跨膜转运

细胞膜是细胞与周围环境之间的屏障，细胞内液和细胞外液的化学成分显著不同，细胞内液K^+和磷酸盐离子的浓度远大于细胞外液，而Na^+、Cl^-和Ca^{2+}的浓度则明显低于细胞外液。细胞膜不仅在维持细胞正常代谢活动中起到重要的屏障作用，而且在实现物质跨膜转运中也发挥着重要的参与作用。细胞内、外的物质交换是有选择性的，而且不同性质的物质需要通过不同的方式进行交换。细胞膜对不同理化性质的溶质有不同的转运机制：脂溶性和少数水溶性的小分子物质（如O_2和CO_2）可直接穿过细胞膜；大部分水溶性溶质分子和所有离子（如Na^+和K^+等）的跨膜转运需要由膜蛋白介导来完成；大分子物质或物质团块则以复杂的入胞或出胞方式进出细胞。

根据物质跨膜转运的方向、功能特点以及是否消耗能量等，又可将物质的转运方式分为**被动转运**（passive transport）和**主动转运**（active transport）两大类。

一、被动转运

被动转运是指物质顺着电-化学梯度进行的转运。**电-化学梯度**（electrochemical gradient）是膜两侧离子的浓度差和电位差总和。被动转运是一种不需要细胞耗能和转运蛋白参与的物质运输方式，只有少量分子以此种方式进出细胞。对于不带电的物质，被动转运的发生取决于膜两侧该物质的化学梯度；对于带电物质，则取决于膜两侧该物质的电-化学梯度，即化学梯度与膜电位差的综合。当膜两侧存在化学梯度或电-化学梯度时，物质将顺浓度梯度扩散，浓度梯度越大，则扩散速度越快。扩散速度还受到物质脂溶性程度和分子大小的影响，脂溶性程度越高，分子越小，则扩散速度越快。当我们说到某一物质的扩散速度时，其实是这几种因素综合作用的结果。被动转运具有双向性，当促进与阻碍物质进入细胞或从细胞内出来的力量达到平衡时，某一物质被转运的净流量为零。被动转运包括单纯扩散和易化扩散。

（一）单纯扩散

单纯扩散（simple diffusion）指小分子的脂溶性物质单纯依靠浓度差，而不需要膜蛋白帮助的一种简单的穿越细胞膜的物理扩散。“单纯”一词的含义在于说明这是一种简单的物理扩散，没有生物学的转运机制参与。扩散的方向和速度取决于物质在膜两侧的浓度差和膜对该物质的通透性，扩散的最终结果是该物质在膜两侧的浓度差消失。由于细胞膜是以脂质双分子层为基架，因此，对各种物质的通透性取决于它们的脂溶性、分子大小和带电状况。一般来说，像O_2、N_2和CO_2这类脂溶性高而相对分子质量小的物质扩散速度很快；水、乙醇、尿素和甘油等很小的极性分子，扩散速度略慢。水分子虽然是极性分子，但它的分子极小，又不带电荷，所以膜对其仍是高度通透的。水分子除了以单纯扩散透过细胞膜之外，还可通过**水通道**（water channel）即**水孔蛋白**（aquaporin）进行跨膜转运。体内某些细胞，例如，肾小管和集合管上皮细胞、呼吸道和肺泡上皮细胞等，对水的转运能力很强，就是因为这些细胞的细胞膜上存在大量的水通道，从而使膜具有高效的水通透性。而一些离子虽然分子也很小，但由于其离子周围形成了水化层，使其难以通过脂质双分子层，需经其他方式介导转运。

知识卡片

水通道：水是细胞内、外液中含量最多且活动频率最高的物质。水既可通过单纯扩散的方式进行跨膜移动，也可通过水通道扩散。自1992年成功克隆第一个水通道以来，已发现至少10种水通道，被命名为**水孔蛋白**（aquaporin，AQP）。像其他通道一样，水通道也是跨膜蛋白，为四聚体蛋白，每个亚单位有6个跨膜α-螺旋，每个单体都可形成一个独立的通道。每种水通道都有不同的组织分布和功能特性，如AQP1主要分布于红细胞和肾小管，AQP2分布于集合管，AQP0分布于晶状体等部位。

（二）易化扩散

通过单纯扩散方式转运的物质是极少数的。由于绝大多数物质都属于水溶性物质，因而需要通过膜蛋白的介导。由于膜蛋白的参与，使这些不能溶于脂质的物质进行跨膜扩散成为可能，变得更容易，故而得名**易化扩散**（facilitated diffusion）。概括地说，某些非脂溶性或脂溶性很小的物质，在特殊膜蛋白的帮助下顺浓度梯度的跨膜转运即为易化扩散。与单纯扩散一样，易化扩散也是物质从高浓度一侧向低浓度一侧的转运，因此，不需要细胞代谢提供能量。它与单纯扩散最主要的区别是需要膜蛋白的参与，这些膜蛋白都属于整合蛋白，它们在膜上以各种结构和形式存在，每种蛋白能转运特定类型的物质。20世纪50年代发现细菌单基因发生突变就可使糖类无法通过细胞膜，表明膜转运蛋白具有专一性。人类也会因类似的突变而患上各种遗传病，使特定的物质无法通过肾脏、肠道或其他类型的细胞。根据参与易化扩散的膜蛋白的不同，易化扩散又分为经载体介导的易化扩散和经通道介导的易化扩散两种形式。

1. 经载体介导的易化扩散

稍大的极性分子（葡萄糖和氨基酸）和小的带电离子通过细胞膜时需要载体蛋白的帮助，这种需要经过载体蛋白介导，顺浓度梯度的跨膜转运方式称为**经载体介导的易化扩散**（facilitated diffusion via carrier）。载体蛋白指细胞膜上贯穿脂质双分子层的一类整合蛋白，载体蛋白上有特异性的结合位点，其在高浓度一侧与被转运物质结合，这种结合可迅速引起载体蛋白的构象发生变化，使被转运物质朝向低浓度的一侧，并且与被转运物质分离，随后载体蛋白又恢复到原来的构象，由此完成跨膜转运。即经历一个结合-构象变化-解离的过程（图2-4）。

经载体介导的易化扩散具有以下特点：

（1）方向性 转运的方向始终是顺浓度梯度的，转运速度比根据被转运物质的物理特性所预期的要快得多。

（2）特异性 某种载体只能选择性地转运某种特定的物质，这是因为载体的结合位点与被转运物质之间的结合具有化学结构上的特异性。

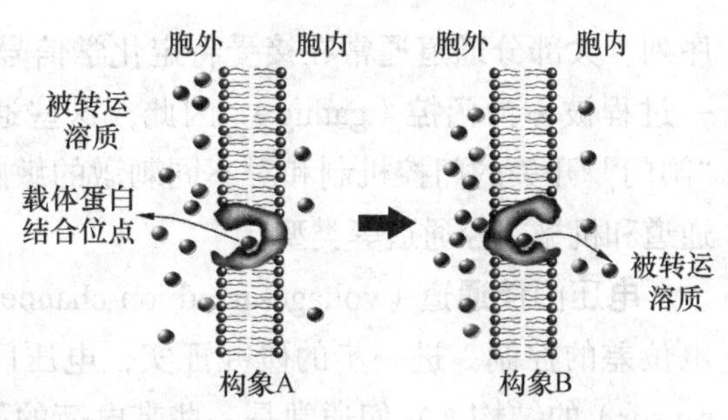

图 2-4 载体介质的易化扩散（陈义）

（3）饱和现象 膜两侧物质的浓度差增加到一定程度后，转运速率就会出现饱和，不再随浓度差的增加而增大。这是因为膜上的蛋白质载体数量有限，当被转运物质超过一定数量时，载体的转运能力就不再增加，即具有饱和性。

（4）竞争性抑制 指两种结构相似的物质竞争性地与同一载体上的位点结合，从而出现相互竞争的现象，表现为每一种物质的扩散量较单独转运时减少。

2. 经通道介导的易化扩散

各种带电离子经通道蛋白的介导，顺浓度梯度或电位梯度的跨膜转运方式称为**经通道介导的易化扩散**（facilitated diffusion via channel）。离子通道是一类贯穿脂质双层、中央带有亲水性孔道的整合蛋白，其中间有亲水性孔道，可允许溶解于水中的离子通过。通道如同沟通细胞内、外液的桥梁或隧道，使不溶于膜的离子能快速通过，因而通道也称**离子通道**（ion channel）。当离子通道开放时，离子无需与脂质双分子层相接触，从而使对脂质双分子层通透性很低的 Na^+、K^+、Ca^{2+} 和 Cl^- 等带电离子在浓度梯度或电-化学梯度的推动下跨膜扩散。所有的离子通道均无分解 ATP 的能力，因此，通道介导的跨膜转运都属于被动转运（图 2-5）。

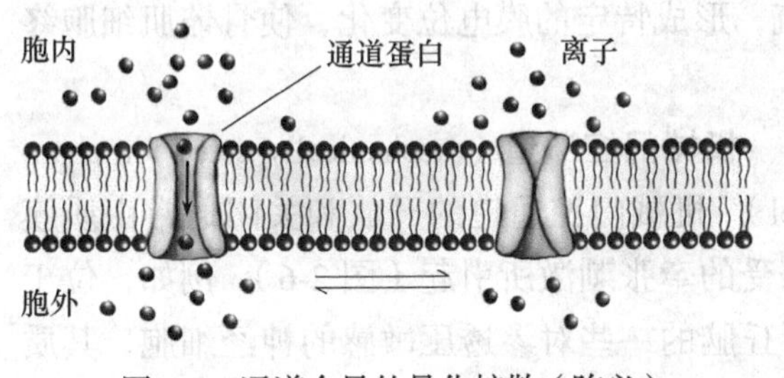

图 2-5 通道介导的易化扩散（陈义）

经通道介导的易化扩散具有以下特点：

（1）转运速度快 经通道扩散的转运速率可达每秒 10^6～10^9 个离子，远大于载体每秒 10^2～10^5 个离子（或分子）的转运速率，这是通道介导与载体介导之间最重要的区别。

（2）方向性 通道转运的离子只能顺浓度梯度由一侧向另一侧转运。转运带电离子的速度决定于膜两侧该离子的电-化学梯度。电-化学梯度越大，驱动力就越大。因此，离子经通道的跨膜移动是以电-化学梯度作为动力的。

（3）选择性 通道的离子选择性是指每种通道只对特定的一种或几种离子具有较高的通透性，而对其他离子的通透性很小或不通透。根据通道对离子选择性的差异，可将通道分为 Na^+ 通道、K^+ 通道、Ca^{2+} 通道和 Cl^- 通道等。例如，K^+ 通道对 K^+ 和 Na^+ 的通透性之比约为 100 ∶ 1；乙酰胆碱受体阳离子通道对 Na^+ 和 K^+ 为高度通透，但不能透过 Cl^-。决定离子选择性的因素主要是水性孔道的口径、孔道内壁的化学结构和带电状况等。

（4）门控性 在通道蛋白分子内有一些可移动的"**闸门**"（gate）样结构。"闸门"的实质就是通道蛋白分子中位于"孔道"内或"孔道"附近的一些对某种因素特别敏感的氨基酸序列。大部分通道通常在接受特定化学信号或电信号后才开放（激活）或关闭（失活），这一过程被称为**门控**（gating）。因此，这些通道被称为**门控通道**（gated channel）。根据引起"闸门"开关的门控机制和对不同刺激的敏感性，离子通道可分为电压门控通道、化学门控通道和机械门控通道等类型。

电压门控通道（voltage-gated ion channel） 电压门控通道的开闭受通道所在生物膜两侧电位差的控制。进一步的研究证实，电压门控通道都具有一些被称作**电压传感器**（voltage sensor）的结构，它们通常是一些带电荷的氨基酸。当膜电位改变时，可在电场作用下发生位移，进而导致通道蛋白的构象发生改变，从而形成水性孔道，即通道打开（图2-6）。常见的电压门控通道有 Na^+通道、Ca^{2+}通道和 K^+通道等，它们是可兴奋细胞产生电活动的基础。对每种通道而言，都有一个特定的电位感受区和激活电位。在膜电位经历此种变化时，通道将因构型改变而使通道开放。神经纤维上具有电压门控性 Na^+通道和电压门控性 K^+通道，当细胞膜两侧膜电位发生改变时可打开这些通道，产生动作电位（见本章第四节）。

化学门控通道（chemically-gated ion channel） 化学门控通道的开闭受控于某些化学物质，因此，被称为化学门控通道或**配体门控通道**（ligand-gated channel）。受膜内、外化学物质调控的化学门控通道是一种兼具受体和通道功能的蛋白分子。当其作为受体蛋白时能识别并结合化学物质的结合位点；作为通道蛋白时，当膜蛋白与特定化学物质结合后，蛋白构型发生改变，形成水性孔道而使通道打开，因此，这类通道也可称为通道偶联受体（图2-6）。例如，乙酰胆碱受体阳离子通道在膜外侧有两个**乙酰胆碱**（acetylcholine，ACh）结合位点，ACh分子与其结合后可引起通道开放，Na^+内流，形成特定的膜电位变化，使骨骼肌细胞终板膜上发生终板电位（详见肌肉章节）。

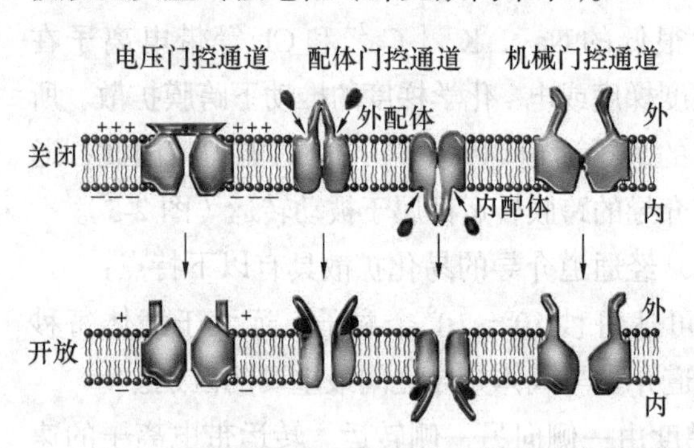

图2-6 三种类型门控通道示意图（姚泰，2010）

机械门控通道（mechanically-gated ion channel） 机械门控通道的开放和关闭通常由质膜感受的牵张刺激所引起（图2-6）。例如，位于下丘脑的一些对渗透压敏感的神经细胞，其质膜上的机械门控通道可在胞外低渗时由于细胞肿胀或质膜张力增加而关闭。又如，血管平滑肌细胞具有机械门控性 Ca^{2+}通道，可因血压升高造成对血管壁的牵张刺激而被激活，从而引起 Ca^{2+}内流并使血管收缩，实现血流的自身调节。

此外，也有少数几种通道始终处于持续开放中，这类通道称为非门控通道。这些通道无门控机制，既不受电、化学因素调控，只要有浓度差存在，离子即可扩散，如神经纤维膜上的某种 K^+通道和细胞间的缝隙连接通道等。通道的开启和关闭除调控物质的跨膜转运外，还与信号的跨膜转导和细胞的电活动有关。

上述通道扩散、载体转运以及前面提到的单纯扩散通常又被称作被动转运。因它们的共同特征是被转运物质都是由高浓度到低浓度一侧的跨膜转运，转运过程依靠储存在膜两侧物质的浓度梯度或电位梯度中的势能，是顺电-化学梯度对物质进行转运的，因而不需要细胞额外提供能量。被动转运的结果倾向于使该物质在膜两侧的浓度梯度或电位梯度消失。

二、主动转运

某些物质在膜蛋白的帮助下，借助细胞代谢提供能量而实现逆电 - 化学梯度进行的跨膜转运称为**主动转运**（active transport）。该过程是一种化学偶联反应。与被动转运相比，其特点是：①在物质转运过程中需要细胞膜或膜所在细胞提供能量；②呈逆电 - 化学梯度进行物质转运。主动转运的结果是浓度高的一侧浓度更高，而浓度低的一侧浓度更低（图 2-7）。

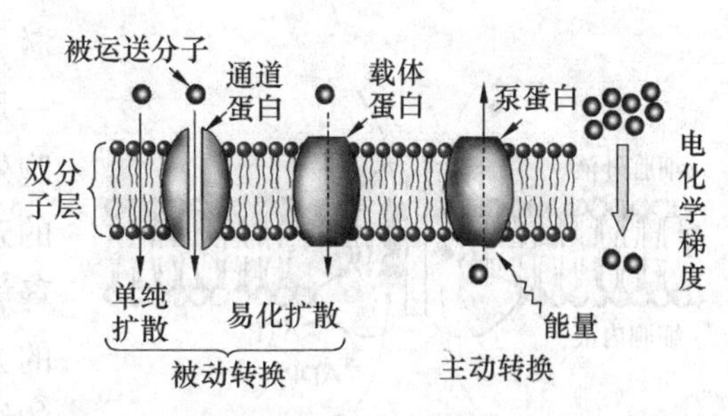

图 2-7 被动转运与主动转运示意图（陈义）

主动转运按其利用能量形式的不同，可分为**原发性主动转运**（primary active transport）和**继发性主动转运**（secondary active transport）。一般所说的主动转运是指原发性主动转运。

（一）原发性主动转运

细胞直接利用代谢产生的能量将物质（通常为带电离子）逆浓度梯度或电 - 化学梯度转运的过程称为**原发性主动转运**（primary active transport），介导这一过程的膜蛋白被称为**离子泵**（ion pump），在此处又可称为 ATP 质子泵（由 ATP 直接供能）。"泵"一词可形象地描述这种主动转运机制类似于水泵通过其做功，将水逆势能差由低到高的输送过程。这里的离子泵则是将离子逆浓度差由低浓度到高浓度转运的过程。离子泵的化学本质是 **ATP 酶**（ATPase），ATP 酶可将细胞内的 ATP 水解为 ADP，并能利用高能磷酸键储存的能量完成离子逆浓度梯度或电 - 化学梯度的跨膜转运。离子泵常以其转运的物质来命名，在哺乳动物细胞上普遍存在的离子泵有**钠 - 钾泵**（sodium-potassium pump）和**钙泵**（calcium pump）。钠 - 钾泵主要分布在细胞膜上，而钙泵除存在于细胞膜外，更集中地分布于内质网或肌质网膜上。

钠 - 钾泵简称**钠泵**（sodium pump），也称 **Na^+/K^+-ATP 酶**（Na^+/K^+-ATPase）。钠泵可将离子和小分子逆浓度梯度转运至细胞外。所有的钠泵均为跨膜蛋白，其上含有一个或多个 ATP 结合位点，可在膜胞浆侧与 ATP 结合。尽管这些蛋白被称为 ATP 酶，但它们通常不会水解 ATP，只有当转运其他离子或分子时，该蛋白才发挥水解 ATP 功能。这种紧密的偶联过程，使 ATP 水解所获得的化学能全被用于转运物质的逆电 - 化学梯度转运。

1. 钠泵类型

钠泵可分为 P 型、F 型、V 型和 ABC 型 4 种。前三种仅转运离子，ABC 型主要转运小分子。

（1）P 型 所有 P 型泵都拥有两个相同的 α 催化亚单位，每个亚单位上有 1 个 ATP 结合位点。大多数 P 型泵还含有 2 个小的 β 亚单位，通常具有调节功能。在物质转运过程中，至少一个 α 亚单位被磷酸化，P 型泵也因此而得名。离子通过磷酸化亚单位进行转运，质膜内的 Na^+/K^+-ATP 酶、Ca^{2+}泵和质子泵都属于此种类型。

Na^+/K^+-ATP 酶利用 ATP 分解释放的能量主动转运 Na^+和 K^+，将在细胞内结合的 Na^+

移至细胞外，将在细胞外结合的K^+移入细胞内，从而维持膜内、外Na^+和K^+的浓度差。其具体过程是：Na^+泵在胞浆侧有Na^+的结合位点（结合3个Na^+）以及ATP的结合位点，在膜的外侧有K^+的结合位点（结合2个K^+）。当胞内Na^+浓度增加时，Na^+与钠泵结合，并刺激ATP水解，使钠泵自身磷酸化，磷酸化的结果之一是促使钠泵发生构型改变，将Na^+的结合位点转向胞外；二是改变了钠泵对离子的亲和力，使其对Na^+的亲和力降低，而对K^+的亲和力增加，因而将Na^+释放于胞外并同时结合K^+。与K^+的结合又激发钠泵的去磷酸化反应，使钠泵再次发生构型改变，将K^+的结合位点转向胞浆侧，并将K^+释放至胞内。最后，蛋白构型又恢复原状（图2-8）。钠泵活动的结果，可使细胞外Na^+浓度是细胞质的十几倍，细胞内K^+浓度为细胞外液的三十多倍。

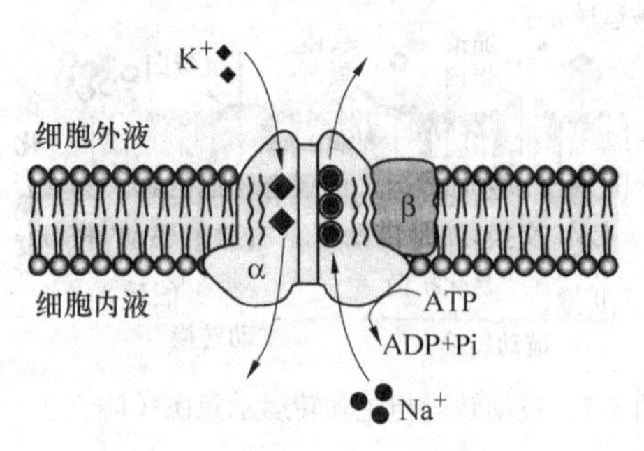

图2-8 Na^+/K^+-ATP酶的作用模型（白波，2009）

除钠泵外，还有主动转运Ca^{2+}的钙泵。一些Ca^{2+}泵将Ca^{2+}由胞浆泵出到细胞外。另一些Ca^{2+}泵将Ca^{2+}逆浓度梯度从胞浆泵入内质网或肌质网（肌细胞中的内质网），使细胞质中游离Ca^{2+}的浓度仅为细胞外浓度的万分之一左右。Ca^{2+}是细胞内重要的第二信使，在刺激的作用下通过Ca^{2+}浓度的升高来发挥多种生物学功能，而维持静息时细胞内低水平的Ca^{2+}浓度是发挥这些信使作用的重要前提。细胞质低钙的维持为细胞发生Ca^{2+}触发的调节活动提供了条件（如肌细胞收缩和神经递质释放等）。

除钠泵和钙泵外，体内还有两种较为重要的质子泵：一种是分布于胃腺壁细胞膜和肾小管闰细胞膜上的H^+/K^+-ATP酶，其主要功能是分泌H^+；另一种是分布于各种细胞器膜上的H^+-ATP酶，可将H^+由胞质内转运至细胞器内，以维持胞质的中性条件和细胞器内的酸性条件，通过建立跨细胞器膜的H^+浓度梯度，为溶质的跨膜转运提供动力。

（2）F型和V型　二者结构相似，但功能不同，都较P型泵复杂。F型和V型泵是由几种不同的跨膜亚单位和胞质亚单位组成，所有已知的F型和V型泵仅转运质子，该过程不受磷酸化蛋白介导。V型泵主要存在于真核细胞的膜性酸性区室内，如在溶酶体和分泌泡（包括突触小泡）内，可将质子逆电-化学梯度由胞质泵至溶酶体或分泌胞，维持后者的低pH环境。F型泵存在于线粒体内膜中，与V型泵不同，它负责顺电-化学梯度将质子从线粒体内转运至胞质中，所释放的能量使ADP转变成ATP，合成供能。因其在ATP合成中具有重要作用，F型泵又被称为ATP合成酶。

（3）ABC型　ABC型泵包含几百种不同的转运蛋白，普遍存在于从细菌到人类的生物膜中。一种ABC蛋白对应于一种（组）相关物质，这些物质可以是离子、糖类、氨基酸、磷脂、多肽、多糖，甚至是蛋白质。所有ABC转运蛋白都拥有4个核心结构域，其中的2个跨膜T结构域，形成介导转运物通过细胞膜的通道；另外2个A结构域，负责结合胞质内的ATP（图2-9）。

2. Na^+/K^+-ATP酶及其功能

当细胞内Na^+浓度或细胞外K^+浓度升高时，都可使钠泵激活，以维持细胞内、外Na^+和K^+

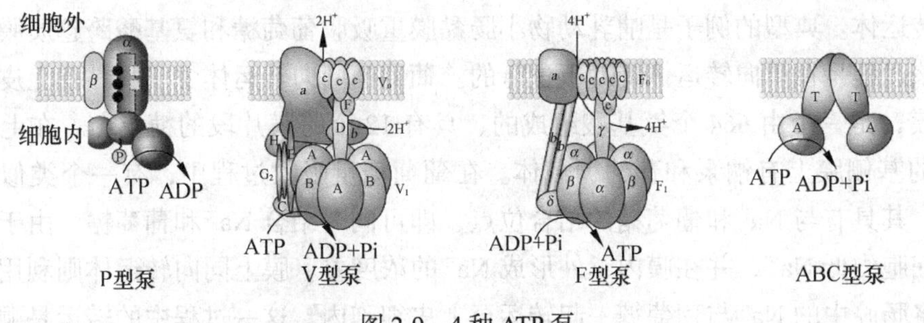

图 2-9 4 种 ATP 泵

的浓度梯度。几乎在所有动物细胞膜上均发现用于维持这些浓度差的 Na^+/K^+-ATP 酶。Na^+/K^+-ATP 酶主要通过水解 ATP 释放能量，逆电 - 化学梯度将 3 个 Na^+泵出细胞和 2 个 K^+泵入细胞，以保持膜内高钾和膜外高钠的不平衡离子分布，进而导致膜内、外产生电荷差异，使细胞内与细胞外相比呈电负性。钠泵的活动对维持细胞的正常功能具有如下作用：

（1）钠泵活动造成的细胞内高 K^+环境是胞质内许多代谢反应所必需的条件。例如，核糖体合成蛋白质就需要高 K^+环境。

（2）钠泵活动具有维持胞内渗透压和细胞容积相对稳定的作用。例如，钠泵将漏入到细胞内的 Na^+（经少量非门控通道）转运出细胞外，以保持细胞正常的渗透压和容积，防止细胞肿胀。

（3）钠泵活动形成细胞内、外 Na^+浓度梯度，为大部分营养物质进入细胞提供能量。此外，该过程在调节胞浆 pH 方面也发挥着重要作用。一个典型的动物细胞几乎将自身能量的 1/3 用于钠泵的运转，在神经细胞内，钠泵可消耗更多的能量。

（4）钠泵活动造成膜内、外 Na^+和 K^+的浓度差，是细胞生物电活动的前提条件（见本章第四节），Na^+在膜两侧的浓度差也是继发性主动转运的动力。

（5）钠泵活动是生电性的，与静息电位（见本章第四节）的发生有一定关系。钠泵活动增强，可使膜内电位的负值增大。据测定，每分解 1 分子 ATP 释放的能量可以将 3 个 Na^+运到细胞外，而将 2 个 K^+运入细胞内，因此，钠泵又称为生电性泵。

（二）继发性主动转运

有些物质在逆电 - 化学梯度进行跨膜转运时，所需的能量并不是直接由 ATP 分解供给，而是来自 Na^+（或 H^+）在膜两侧浓度梯度形成的势能，后者是钠泵或氢泵在利用 ATP 分解释放能量的基础上建立的。上述利用原发性主动转运（如钠泵或氢泵）建立的离子浓度差，使该种离子顺其浓度差扩散的同时将其他物质逆电 - 化学梯度进行跨膜转运，这种间接利用 ATP 能量的主动转运过程被称为**继发性主动转运**（secondary active transport），又称为**联合转运**（cotransport）或协同转运。继发性主动转运就是经载体易化扩散与原发性主动转运相偶联的主动转运系统，介导联合转运的膜蛋白被称为**转运体**（transporter），转运体又可分为**单向转运体**（uniporter）、**反向转运体**（antiporter）和**同向转运体**（symporter）三种类型，它负责转运大部分离子和分子通过细胞膜，

单向转运体顺浓度梯度转运一种分子时，只能将其从膜的一侧转运至另一侧，其载体被

称为单向转运体。典型的例子是哺乳动物小肠黏膜重吸收葡萄糖和氨基酸跨越质膜进入细胞的过程，该过程是在单向转运体辅助下进行的。葡萄糖同向转运体位于肠黏膜上皮细胞面向肠腔的顶膜，是一个由664个氨基酸组成的、具有12个跨膜片段的糖蛋白。在上皮细胞面向组织液的基侧膜上有钠泵和葡萄糖载体。在葡萄糖重吸收过程中，有一个类似载体的同向转运体，其具有与Na^+和葡萄糖的结合位点，即可同时结合Na^+和葡萄糖。由于钠泵的活动，造成细胞内低Na^+，并在膜内、外形成Na^+的浓度差。膜上同向转运体则利用Na^+的浓度势能，将肠腔中的Na^+与葡萄糖一起转运至上皮细胞内。这一过程中的转运是顺Na^+浓度梯度，即Na^+浓度梯度是转运过程的驱动力，而葡萄糖的逆浓度梯度转运是间接利用钠泵分解ATP释放的能量完成的。进入上皮细胞的葡萄糖可经过基侧膜上的葡萄糖载体扩散至组织液，完成葡萄糖在肠腔中的吸收过程。在此过程中，钠泵的活动是原动力，葡萄糖的重吸收是伴随Na^+的易化扩散完成的，因此，抑制钠泵的活动将使葡萄糖的重吸收受到抑制。氨基酸在小肠的吸收过程也是通过此种模式实现的。

如果被转运的分子或离子都向同一方向运动，这样的转运载体被称为同向转运体。例如，钠-葡萄糖同向转运体等（详见消化章节）；如果被转运物彼此向相反的方向转运，其载体则被称为反向转运体或交换体。例如，钠-氢交换体等（详见泌尿章节）。

反向转运体和同向转运体介导的转运是一种偶联反应，其通过一种或几种离子顺化学梯度运输释放的能量为另一种离子或分子逆浓度梯度转运供能，由于这两种转运体可同时转运两种不同的物质，因此，又称其为**协同转运体**（cotransporter）。

三、入胞和出胞

上述各种跨膜转运的物质虽有差别，但共同特征是均为小分子物质。也就是说，膜蛋白可以介导水溶性小分子通过细胞膜，但却不能转运大分子，例如，蛋白质、多聚核苷酸或物质团块等。那么大分子物质或物质团块以何种方式穿越细胞膜呢？这是一个极为复杂的过程，它除涉及膜机制外，还涉及一些胞内机制。研究显示，这些大分子物质乃至物质团块需要借助于细胞膜的“运动”，以出胞或入胞的方式完成跨膜转运。上述这些过程都需要细胞提供能量。

（一）入胞

细胞外某些大分子或团块状物质，例如，细菌、病毒、血浆脂蛋白、细胞碎片和大分子营养物质等，进入细胞的过程被称为**入胞**（endocytosis）。根据摄入物的性质不同，入胞又可分为吞噬和吞饮两种类型。

如果进入细胞的物质是固态，则该过程被称为**吞噬**（phagocytosis）。吞噬只发生在诸如单核细胞、巨噬细胞和中性粒细胞等特殊细胞中，形成的吞噬泡直径较大（1～2μm）。入胞时，首先是细胞外物质与质膜接触，引起接触处的细胞膜向内凹陷或伸出伪足包被该物质，然后凹陷起始处的细胞膜离断，使物质连同包裹它的部分质膜一起进入细胞，形成吞噬小泡，随即吞噬小泡与溶酶体融合，溶酶体中的蛋白水解酶将被吞入的物质消化分解。

如果进入细胞的物质呈液态，则该过程被称为**吞饮**（pinocytosis）。吞饮可发生在体内的几乎所有细胞，形成的吞饮泡直径较小（0.1～0.2μm）。吞饮又可分为**液相入胞**（fluid phase endocytosis）和**受体介导入胞**（receptor mediated endocytosis）两种形式。

液相入胞是指细胞外液及其所含的溶质以吞饮泡的形式连续不断地进入胞内，是细胞本身固有的活动，进入细胞的溶质量与其浓度成正比。受体介导入胞是通过被转运物与细胞膜受体的特异性结合，选择性地促进被转运物进入细胞的一种入胞方式。入胞时，被转运物首先与膜上的受体结合，结合部位的膜内陷、离断，在胞质内形成吞饮泡。在细胞内，受体与其结合的被转运物分离，含有受体的小泡再与细胞膜的内侧接触并融合，使其再次成为膜的组成部分（图 2-10）。由于膜受体可被反复利用，因此，使膜的表面积保持相对恒定。

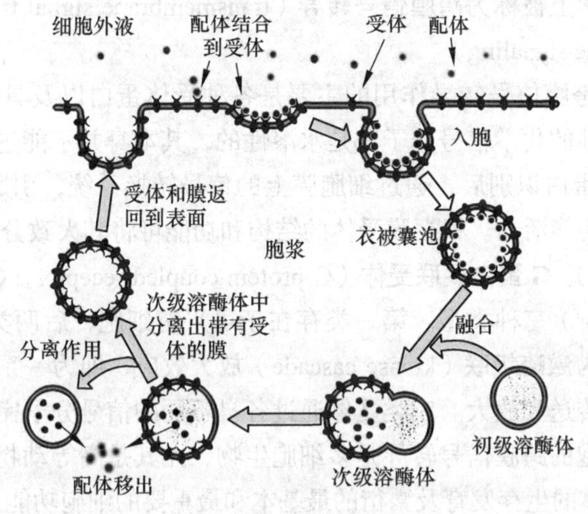

图 2-10　受体介导的入胞过程（范少光，2000）

受体介导入胞是一种非常有效的转运方式，溶质选择性地进入细胞时，并不需要大量的细胞外液进入细胞，即使溶质的浓度很低，也不影响有效的入胞过程。许多大分子物质都是以这种方式进入细胞，例如，运铁蛋白、多种生长因子、一些多肽类激素、低密度脂蛋白和维生素 B_{12} 转运蛋白等。

（二）出胞

细胞内大分子物质或物质颗粒被排出细胞的过程，称为**出胞**（exocytosis）。例如，外分泌腺细胞分泌酶原颗粒和黏液、内分泌腺细胞分泌激素和神经末梢将突触囊泡内神经递质释放到突触间隙等过程都属于出胞。分泌物在粗面内质网的核糖体上合成，经高尔基体加工成分泌囊泡，囊泡逐渐移向细胞膜的内侧，并与细胞膜发生融合、破裂，最后将囊泡内储存的物质排出细胞，此时，囊泡膜变成细胞膜的一部分。由于在出胞过程中囊泡膜融入细胞膜，因而会使细胞膜表面积有所增加。

出胞按其发生机制可分为两种形式：一种是持续分泌，囊泡将合成的大分子物质持续地排出细胞，它是细胞本身固有的功能活动。例如，小肠黏膜杯状细胞持续分泌黏液的过程；另一种是诱导（或刺激）分泌，细胞内合成的物质须在细胞受到某些化学信号或电信号的诱导时才排出细胞，因而是一种受调节的出胞过程。例如，神经末梢递质的释放就是由到达末梢的动作电位引起的。

第三节 细胞的跨膜信号转导

许多外界物理性的刺激（如电、光和机械牵张等）和化学信息（如激素、神经递质和细胞因子等）来自于体外或细胞膜的外表面，它们能作为不同的细胞信号分子作用于各种细胞，将外界环境变化的信息跨越细胞膜传入细胞内，并使细胞内的代谢和功能发生一系列变化，这一过程在生理学上被称为**跨膜信号转导**（transmembrane signal transduction）或**跨膜信息传递**（transmembrane signaling）。

细胞上能够接受跨膜信号转导作用的主要是各种受体蛋白以及具有感受功能的离子通道。由于大部分刺激性的化学信号分子都是水溶性的，其本身并不能进入到细胞内，只有当其被细胞膜上的受体蛋白识别后，通过细胞膜上的信号转换系统，引起细胞内信号的改变，才能发挥调节细胞的功能活动。根据膜受体的结构和功能可将其大致分为**离子通道受体**（ion channel linked receptor）、**G蛋白偶联受体**（G protein coupled receptor，GPCR）和**酶偶联受体**（enzyme linked receptor）三种类型。第一类存在于可兴奋细胞，后两类存在于大多数细胞。信号转导的早期表现为**激酶级联**（kinase cascade）放大效应，即为一系列蛋白质的逐级磷酸化，借此使信号逐级传送和放大。三类受体通过各自不同的信号分子完成细胞跨膜信号转导过程。显而易见，细胞的跨膜信号转导是多细胞生物，尤其是高等动物细胞间信息交换、各种功能协调、生物个体的生存发育及繁衍的最基本和最重要的细胞功能之一。

知识卡片

细胞信号分子：生物体的细胞所接收的信号既可以是物理信号，也可以是化学信号，但在有机体间和细胞间的通信过程中，最广泛的信号还是化学信号。从化学结构来看，细胞信号分子包括短肽、蛋白质、气体分子（NO和CO）以及氨基酸、核苷酸、脂类和胆固醇衍生物等。信号分子的共同特点是：①特异性，只能与特定的受体结合；②高效性，仅几个分子即可产生明显的生物学效应，这一特性有赖于细胞的信号逐级放大系统；③可被灭活，完成信息传递后可被降解或修饰而失去活性，以保证信息传递的完整性和细胞免于疲劳。细胞信号分子从产生和作用方式来看，可分为内分泌激素、神经递质、免疫系统产生的各种细胞因子以及以类似的方式产生的生长因子和气体分子等四类。从溶解性来看又可分为脂溶性和水溶性两类。

一、G蛋白偶联受体介导的信号转导

（一）参与G蛋白偶联受体信号转导的信号分子

G蛋白偶联受体是存在于细胞膜上的一类整合蛋白，这类蛋白质的分子结构都具有典型的七个跨膜段。由于这类膜受体要通过与膜上的G蛋白偶联才能发挥其生物学作用，故被称为G蛋白偶联受体。

G蛋白偶联受体是目前发现的种类最多的受体，其信号转导过程亦最为复杂多样。G蛋

白偶联受体介导的信号转导是通过G蛋白偶联受体、G蛋白、G蛋白效应器、第二信使和蛋白激酶等一系列存在于细胞膜、胞浆和核内的信号分子实现的（图2-11）。

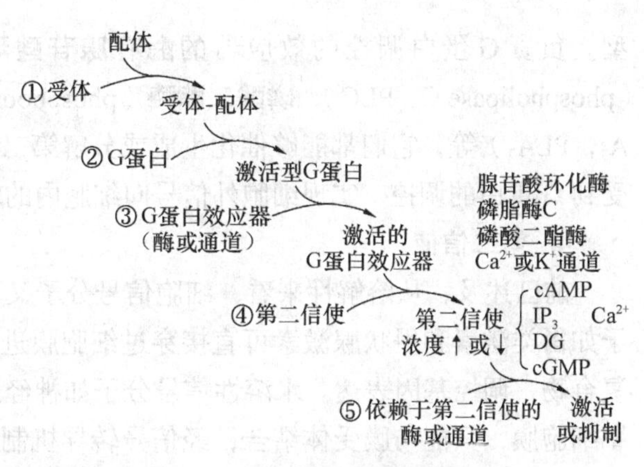

图2-11 构成G蛋白偶联受体跨膜信号转导的主要信号蛋白

1. G蛋白偶联受体

G蛋白偶联受体是最大的细胞膜受体家族，几乎分布于所有的真核细胞，种类繁多，人类基因组中编码这类受体的基因多达2000个左右。目前，已有诸如去甲肾上腺素、多巴胺、组胺和5-羟色胺等生物胺，缓激肽、促甲状腺激素、黄体生成素和甲状旁腺激素等多肽以及蛋白类激素、乙酰胆碱、嗅质和味质等数百种这类受体被克隆。能与G蛋白偶联受体结合的细胞外信号分子千差万别，但其受体蛋白的结构却有很大的相似性，它们同属于一个**超家族**（superfamily）。所有G蛋白偶联受体分子都由一条包含7次跨膜的肽链构成，肽链的N端在细胞外，C端在细胞内，又称**7次跨膜受体**（seven-spanning receptor or seven transmembrane receptor）。受体蛋白的胞外侧有配体结合部位，胞质侧有G蛋白结合部位，受体与配体结合后，通过其构象改变，结合并激活G蛋白。激活后的G蛋白偶联受体将信号依次传至下游的信号分子，再通过改变细胞内的代谢活动而发挥作用，故该受体又被称为促代谢型受体。

2. G蛋白

鸟苷酸结合蛋白（guanine nucleotide-binding protein）一般简称为**G蛋白**（G protein）。G蛋白存在于质膜的胞质面，起着偶联膜受体和效应器蛋白（酶或离子通道）的作用。根据G蛋白的结构不同，又可将其分为**异源三聚体G蛋白**（heterotrimeric G protein）和**单体G蛋白**（monomeric G protein）两类，通常所说的G蛋白是指由α、β和γ三个亚基构成的三聚体G蛋白。根据G蛋白α亚单位基因序列的同源性，可将G蛋白分为6个亚类，即G_s、$G_{i/o}$、G_q、G_t、G_g和G_{12}。其中，每个亚类又分为若干个亚型，合计有21种亚型。所有G蛋白的共同特征是其α亚基同时具有结合GTP或GDP的能力及GTP酶的活性。

G蛋白的激活过程如下：未被激活的G蛋白α亚基在胞质侧与一个分子的**二磷酸鸟苷**（guanosine diphosphate，GDP）相结合，当配体与受体结合后，使受体构象发生改变，激活的受体与G蛋白在胞质侧结合并使之激活。激活的G蛋白α亚基与一个分子的**三磷酸鸟苷**（guanosine triphosphate，GTP）结合后，GDP与G蛋白解离，α亚基与β和γ亚基分离，随后G蛋白分解为α-GTP复合物和β-γ二聚体两部分，它们均具有进一步激活其下游靶蛋白（G蛋白效应器）的功能。G蛋白的激活过程非常短暂，原因是GTP复合物一旦和它的靶蛋白结合后，GTP酶便被激活，将其结合的GTP分解成GDP，从而使α亚单位和它的靶蛋白双双失活。结合GDP的亚单位随之与β-γ二聚体再次结合，形成非活化状态的G蛋白，信号转导随即终止。

3. G蛋白效应器

G蛋白效应器（G protein effector）包括催化生成第二信使的酶和离子通道两种类

型。负责G蛋白调控的效应器的酶有**腺苷酸环化酶**（adenylate cyclase，AC）、**磷脂酶C**（phospholipase C，PLC）、**磷酸二酯酶**（phosphodiesterase，PDE）和**磷脂酶A_2**（phospholipase A_2，PLA_2）等，它们都能够催化生成或分解第二信使。此外，某些离子通道可以直接或间接受到G蛋白的调控，实现细胞外信号向细胞内的转导。

4. 第二信使

前已述及，从溶解性来看，细胞信号分子又可分为脂溶性和水溶性两类。脂溶性信号分子如甾类激素和甲状腺激素可直接穿过细胞膜进入靶细胞，与胞内受体结合形成激素-受体复合物，调控基因表达。水溶性信号分子如神经递质、细胞因子和水溶性激素等，不能穿过靶细胞膜，只能与膜受体结合，经信号转导机制，通过胞内信使（如cAMP）或激活膜受体的激酶活性（如受体酪氨酸激酶），引起细胞的应答反应。所以这类细胞外的信号分子又被称为**第一信使**（primary messenger）。而将cAMP这样的胞内信号分子称为**第二信使**（secondary messenger）。

第二信使是指激素、递质和细胞因子等信号分子（第一信使）作用于细胞膜后产生的细胞内信号分子。它们的作用是将细胞外信号分子作用于细胞膜的信息传递给细胞内的靶蛋白（各种蛋白激酶和离子通道），再通过进一步激活蛋白激酶或离子通道的方式发动级联反应，进而引起细胞功能的变化。目前，已知的第二信使有**环-磷酸腺苷**（cyclic adenosine monophosphate，cAMP）、**三磷酸肌醇**（inositol triphosphate，IP_3）、**二酰甘油**（diacylglycerol，DG）、**环-磷酸鸟苷**（cyclic guanosine monophosphate，cGMP）和Ca^{2+}等。有些文献又将Ca^{2+}称为第三信使，原因是Ca^{2+}的释放有赖于第二信使。

5. 蛋白激酶

蛋白激酶（protein kinase）是一类磷酸转移酶，其作用是将ATP的γ磷酸基转移到底物特定的氨基酸残基上，使蛋白质磷酸化，底物磷酸化后其电荷和构象可发生变化，导致细胞的生物学特征发生改变。蛋白激酶在信号转导中主要有两方面的作用：一是通过磷酸化调节蛋白质的活性，磷酸化和去磷酸化是绝大多数信号通路可逆激活的共同机制。有些蛋白质在磷酸化后具有活性，有些则在去磷酸化后具有活性。二是通过细胞内蛋白质的磷酸化和去磷酸化可以引起级联反应，从而产生瀑布样的蛋白磷酸化，使信号得到逐级放大，引起细胞的生理效应。根据其磷酸化底物蛋白机制的不同，蛋白激酶可分为两大类：一类是**丝氨酸/苏氨酸蛋白激酶**（serine/threonine kinase），它们可使底物蛋白中的丝氨酸或苏氨酸残基磷酸化，大多数蛋白激酶属于此类；另一类是可使底物蛋白酪氨酸残基磷酸化的**酪氨酸蛋白激酶**（tyrosine kinase），其数量较少，主要在酶偶联型受体的信号转导途径中发挥作用。许多蛋白激酶是被第二信使激活的，根据激活它们的第二信使的不同，又可将蛋白激酶分为**蛋白激酶A**（protein kinase A，PKA）和**蛋白激酶C**（protein kinase C，PKC）等。目前，已发现的蛋白激酶有100多种。

（二）G蛋白偶联受体信号转导的主要途径

1. cAMP信号途径

当细胞膜的G蛋白偶联受体受到相应的配体分子刺激后，G蛋白被激活，后者作用于膜上的G蛋白效应器，使AC的活性增加。AC的作用是催化并生成第二信使cAMP，使细胞内cAMP的水平在极短时间内迅速升高。作用于AC的G蛋白有两种类型，即G_s和G_i。G_s是兴奋型G蛋白，活化后可激活AC。而G_i是抑制型G蛋白，其作用是抑制AC的活性。

当有些受体，如β型肾上腺素能受体、促肾上腺皮质激素受体和胰高血糖素受体等，与细胞膜上配体结合后，G_s被激活，导致膜受体的构象发生改变，暴露出与G_s结合的位点，激素-受体复合物与G_s结合，使G_s的α亚基构象发生改变，从而与GDP分离，并与GTP结合而活化，使三聚体G_s蛋白解离出α亚基和β-γ亚基复合物，同时暴露出α亚基与AC的结合位点。结合GTP的α亚基与AC结合后使之活化，并将ATP转化为cAMP。随着GTP的水解，α亚基恢复原来的构象并与AC解离，终止AC的活化作用。α亚基与β-γ亚基重新结合，使细胞恢复到静息状态。

霍乱毒素能催化ADP核糖基，使之共价结合到G_s的α亚基上，使α亚基丧失GTP酶的活性，造成GTP永久结合在G_s的α亚基上，使α亚基处于持续活化状态，导致AC永久性活化，造成霍乱病患者细胞内Na^+和水持续外流，出现严重腹泻和脱水症状。

该信号途径涉及的反应链可表示为：激素→G蛋白偶联受体→G蛋白→AC→cAMP→依赖cAMP的蛋白激酶A→基因调控蛋白→基因转录（图2-12）。

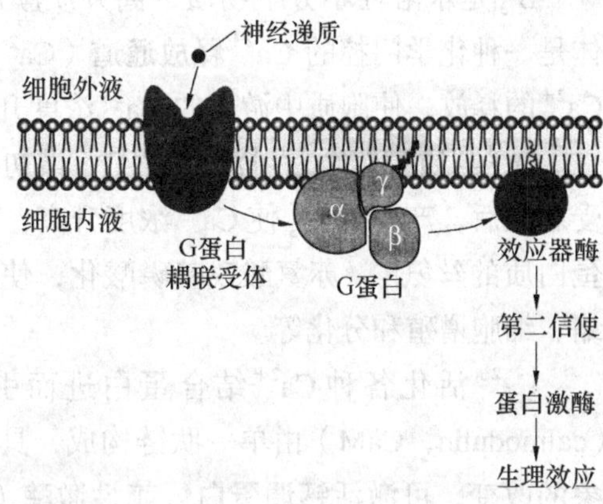

图2-12 G蛋白偶联受体介导的信号转导

不同细胞对cAMP信号途径的反应速度不同。在肌肉细胞，1秒钟内可启动糖原降解为葡萄糖-1-磷酸，进而抑制糖原合成。在某些分泌细胞，激活的PKA则需要几个小时才能进入细胞核，将**CRE**（cAMP response element，是DNA上的调节区域）结合的蛋白磷酸化，进而调节相关基因的表达。

还有一些受体，如α_2型肾上腺素能受体、M_2型ACh受体、生长抑素受体等，当与配体结合后可激活另一种能抑制AC活性的G_i。激活的G_i使AC活性下降，细胞内cAMP水平降低。G_i对AC的抑制作用可通过两个途径来实现：①通过α亚基与AC结合，直接抑制该酶的活性；②通过β-γ亚基复合物与游离G_s的α亚基结合，阻断G_s的α亚基对AC的活化。

生成的cAMP通过磷酸二酯酶迅速降解，从而保证了cAMP作为第二信使发挥作用的敏感性。cAMP广泛存在于真核细胞，它们绝大多数通过活化依赖cAMP的蛋白激酶A（PKA）来实现其信号转导作用。PKA属于丝氨酸/苏氨酸蛋白激酶，可通过对底物蛋白的磷酸化而发挥其生物学效应，这种作用取决于磷酸化的靶蛋白或效应蛋白。例如，PKA可激活肝细胞内磷酸化酶激酶，后者促使肝糖原分解；PKA可使钙通道磷酸化，增加心肌细胞膜上有效钙通道的数量，进而增强心肌的收缩力；PKA的激活可促进胃黏膜壁细胞分泌胃酸；PKA还可抑制Ca^{2+}激活的钾通道，使海马锥体细胞去极化，延长其放电时间。

若磷酸化的靶蛋白为细胞内的功能蛋白（如酶等），则可引起细胞生化代谢的改变。若磷酸化的是转录因子，则会影响基因的表达过程。例如，PKA可使一种称作**cAMP反应元件结**

合蛋白（cAMP response element binding protein，CREB）的转录因子磷酸化，进而使CREB激活。活化的CREB则可与DNA分子上的特定区域，即**cAMP反应元件**（cAMP response element，CRE）结合，进而启动基因表达。

2. 磷脂酰肌醇途径

磷脂酰肌醇信号通路的胞外信号分子与细胞表面G蛋白偶联受体结合后，可激活另一种G蛋白G_q，G_q可激活质膜上的磷脂酶C（PLC-β），使质膜上**4，5-二磷酸磷脂酰肌醇**（phosphatidylinositol bisphosphate，PIP_2）水解成**1，4，5-三磷酸肌醇**（inositol triphosphate，IP_3）和**二酰甘油**（diacylglycerol，DG）两个第二信使，使胞外信号转换为胞内信号，这一信号系统又称为**"双信使系统"**（double messenger system）。

IP_3是水溶性小分子物质，离开质膜后可结合于内质网或肌质网膜上的IP_3受体，IP_3受体是一种化学门控的**Ca^{2+}释放通道**（Ca^{2+}-release channel），激活后可导致内质网或肌质网中Ca^{2+}的释放，使胞质中游离的Ca^{2+}浓度升高，激活各类依赖Ca^{2+}的蛋白及其相关功能。

DG与质膜结合后可活化PKC。最初，PKC以非活性形式分布于细胞溶质中，当细胞接受刺激后，产生的IP_3使Ca^{2+}浓度升高，PKC便移位到质膜内表面，被DG活化，PKC可将蛋白质的丝氨酸/苏氨酸残基磷酸化，使不同的细胞产生不同的反应，如细胞分泌、肌肉收缩、细胞增殖和分化等。

Ca^{2+}活化各种Ca^{2+}结合蛋白进而引起细胞反应。其中，发挥主要作用的**钙调蛋白**（calmodulin，CaM）由单一肽链构成，具有4个钙离子结合位点。当其结合钙离子后发生构象的改变，可激活**钙调蛋白依赖性激酶**（CaM-kinase）。细胞对Ca^{2+}的反应取决于细胞内钙结合蛋白和钙调蛋白依赖性激酶的种类和数量等。

IP_3信号的终止是通过去磷酸化形成IP_2或被磷酸化形成IP_4实现的。Ca^{2+}由质膜上的Ca^{2+}泵和Na^+-Ca^{2+}交换体将其泵出细胞，或由内质网膜上的钙泵将其泵入内质网。

DG可通过两种途径终止其信使作用：一是被DG-激酶磷酸化成为磷脂酸，进入磷脂酰肌醇循环；二是被DG酯酶水解成单酯酰甘油。由于DG代谢周期很短，不可能长期维持PKC的活性，而细胞增殖或分化行为的变化又需要PKC长期活性所产生的效应。目前新发现一种DG的生成途径，即通过磷脂酶催化质膜上的磷脂酰胆碱断裂产生的DG，用来维持PKC的长期效应。

需要注意的是：①不同的G蛋白可激活不同的酶，产生不同的信使分子；②G蛋白效应器和第二信使具有多样性；③第二信使的生成要经过一系列酶的催化反应，故有生物放大作用；④第二信使是通过其相应的蛋白激酶的活化，引起一连串的底物蛋白（酶）磷酸化而发挥生物效应，又通过磷酸蛋白磷酸酶的作用使之失活，使启动的生理生化反应终止。

二、酶偶联受体介导的信号转导

G蛋白偶联受体目前已发现1000多种，而能与之发生特异性结合的配体也已发现100多种，众多的配体与受体结合后，仅通过为数不多的几条信号转导途径即可把信息转导至胞内，并引发生物效应。

例如，酶偶联受体具有和G蛋白偶联受体完全不同的分子结构和特性，它结合配体的结构域（受体部分）位于质膜的外表面，其胞质侧自身具有酶的活性，或者能直接结合并激活胞质中的酶而不需要G蛋白的参与，不产生第二信使。较重要的有**酪氨酸激酶受体**（tyrosine kinase receptor，TKR）和**鸟苷酸环化酶受体**（guanylyl cyclase receptor）两类。酶偶联受体往往既有与信号分子结合的位点（发挥受体作用），又具有酶活性（发挥酶的催化作用），通过这种双重作用实现信号转导（图2-13）。

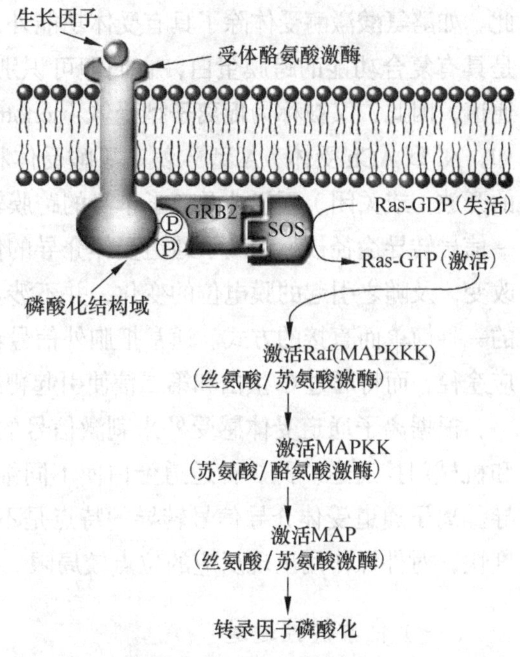

图2-13　酶偶联受体介导的跨膜信号转导（陈义）

1. 酪氨酸激酶受体

近年来发现，一些肽类激素如胰岛素、神经生长因子、表皮生长因子、成纤维细胞生长因子、血小板源生长因子和集落刺激因子等，它们对其靶细胞的作用是通过细胞膜上的**酪氨酸激酶受体**（tyrosine kinase receptor，TKR）完成的。酪氨酸激酶受体具有受体和激酶双重活性，结构比较简单。其分子都是贯穿脂质双层的整合蛋白，一般只有一个跨膜α螺旋，它在膜外侧有配体的结合位点，而伸入胞质的一端具有酪氨酸激酶的结构域，也就是说受体与酶是同一个分子。但也有一些受体本身并不具有酶的活性部位，当其被配体激活时，立即与酪氨酸激酶结合并使之激活，称之为结合酪氨酸激酶的受体。当配体与酪氨酸激酶受体结合时，受体本身分子构象发生改变，进而激活自身酪氨酸激酶的活性，激酶再磷酸化靶蛋白的酪氨酸残基，通过这一系列磷酸化的级联反应，调控基因的表达，从而实现细胞外信号对细胞功能的调节。

2. 鸟苷酸环化酶受体

此类受体具有鸟苷酸环化酶（GC）的活性，故称之为**鸟苷酸环化酶受体**（guanylyl cyclase receptor）。其肽链只有一个跨膜α螺旋，分子的N端位于膜外侧，具有配体的结合位点，C端位于膜内侧，具有GC结构域，配体与受体结合后将GC激活。该过程与AC激活不同的是不需要G蛋白的参与。GC催化胞质内的GTP生成cGMP，后者可结合并激活依赖cGMP的**蛋白激酶G**（protein kinase G，PKG），PKG进一步使靶蛋白磷酸化，从而影响细胞功能。PKG与PKA和PKC一样，同为丝氨酸/苏氨酸蛋白激酶，通过对底物蛋白的磷酸化实现信号转导。

一氧化氮（nitric oxide，NO）也可激活鸟苷酸环化酶，但这种鸟苷酸环化酶存在于胞质中，又被称为**可溶性鸟苷酸环化酶**（soluble guanylyl cyclase，sGC）。NO作用于sGC，使胞质内cGMP的浓度和PKG活性升高，进而引起血管平滑肌舒张等反应。

三、离子通道受体介导的信号转导

受体最主要的功能是通过识别并结合特异性的配体而接收信息，但受体的功能远不仅于此。如酪氨酸激酶受体除了具有受体功能外，还兼具酪氨酸激酶的功能。而离子通道受体同样是具有复合功能的跨膜蛋白，它们即可识别和结合特异的配体来发挥受体的功能，同时又是通道，因此，又被称为**促离子型受体**（ionotropic receptor）。其受体蛋白本身就是离子通道，例如，N_2型ACh受体、A型γ-氨基丁酸受体和甘氨酸受体都是细胞膜上的化学门控通道。通道的开放（或关闭）不仅涉及离子本身的跨膜转运，而且可实现化学信号的跨膜转导，因此，这一信号转导途径被称为离子通道受体介导的信号转导。整个信号转导过程只涉及膜通道功能的改变，及随之引起的膜电位的变化，并不涉及胞内其他信号分子，这是胞外信号对靶细胞作用的一种简单而直接的方式。通常把胞外信号经离子通道引起的靶细胞功能变化的途径称为快反应途径，而将通过G蛋白和第二信使引起靶细胞功能变化的途径称为慢反应途径。

根据离子通道受体感受外来刺激信号的不同，可将其分为化学门控通道、电压门控通道和机械门控通道。此3种通道蛋白使不同细胞对外界相应的刺激发生反应，完成跨膜信号转导。离子通道受体介导信号转导的特点是不需要产生其他的细胞内信使分子，信号转导的速度快，对外界作用出现反应的位点较局限。

（一）化学门控通道

由某些化学物质控制其开或关的通道被称为**化学门控通道**（chemically-gated ion channel）。所有化学门控通道都具有结构上的相似性，例如，骨骼肌终板膜上的N_2型ACh受体阳离子通道是由4种不同的亚单位组成的5聚体蛋白质，其形成一种$\alpha_2\beta\gamma\delta$的梅花状通道样结构，每个亚单位的肽链都要反复贯穿膜4次。在5个亚单位中，ACh的结合位点在α亚单位上，结合后可引起通道结构的开放，引起Na^+和K^+的跨膜流动，使膜两侧离子浓度和电位发生变化，并进一步引发肌细胞的兴奋和收缩。由于这种通道性结构只有在其与递质结合时才能开放，故又被称之为递质门控通道或配体门控通道。很显然，化学门控通道同样具有受体功能，故又被称为通道型受体。

（二）电压门控通道

电压门控通道与化学门控通道有相似的分子结构。尽管**电压门控通道**（voltage-gated ion channel）不被称为受体，但它们可作为接收电信号的“受体”，并通过通道的开关和离子跨膜流动将信号转导到细胞内部，控制其开关的是通道所在膜两侧跨膜电位的改变。在这类通道的分子结构中，存在一些对跨膜电位改变较为敏感的结构域或亚单位。例如，心肌细胞T管膜上的L型Ca^{2+}通道是一种电压门控通道，当心肌细胞发生动作电位时，T管膜的去极化激活此种L型Ca^{2+}通道，引起Ca^{2+}内流和肌浆中的Ca^{2+}浓度升高。内流的Ca^{2+}作为第二信使，进一步激活心肌细胞肌质网中的另外一种Ca^{2+}通道（ryanodine受体，即RyR2），使肌质网内大量的Ca^{2+}释放入肌浆中，引起肌浆内Ca^{2+}浓度进一步升高，引发心肌细胞的收缩，从而实现由电压门控通道介导的跨膜信号转导。

（三）机械门控通道

机械门控通道（mechanically-gated ion channel）能感受机械性刺激并引起细胞功能状态

的改变。该类通道通常不被称为受体。例如，当血管内皮细胞受到血流切应力刺激时，可激活两种机械门控通道，即非选择性阳离子通道和K^{+}选择性通道，两种通道的开放都有助于Ca^{2+}进入内皮细胞，胞内增多的Ca^{2+}作为第二信使可进一步激活**一氧化氮合酶**（nitric oxide synthase，NOS），后者作用于精氨酸而生成一氧化氮，引发血管舒张，从而实现机械信号的跨膜信号转导。

综上所述，不同的跨膜信号转导是通过不同的途径实现的。G蛋白偶联受体介导的信号转导是通过膜受体 -G蛋白 - 效应器 - 第二信使的活动实现的；酶偶联受体介导的信号转导是通过改变酶偶联受体分子胞浆侧酶的活性或直接影响胞浆中酶的活性而实现的；离子通道受体介导的信号转导是利用通道的开关引起离子的跨膜转运，通过改变膜电位或细胞内的化学活动而实现的。尽管细胞对刺激的反应存在差异，但细胞在接收刺激信号发生跨膜信号转导的过程中，又有着明显的共性。即每一种信号转导途径都严格按照一定的顺序激活，然后引发细胞功能的改变。细胞信号转导过程不仅仅是简单的信号传递过程，同时还具有信号放大功能。这主要是因为信号转导系统中的一个上游信号分子往往可以激活多个下游信号分子，以此类推，于是产生了信号的级联放大效应，使少量的细胞外信号分子可以引发靶细胞的显著反应。在理论上，一个细胞外信号分子与膜受体结合后，最终可导致细胞内数千个功能蛋白质分子活动的改变。另外，一种细胞外化学信号在发挥其生物学效应时并不仅仅使用一种跨膜信号转导途径，在不同细胞或同一细胞膜的不同部位也可能通过不同的信号转导途径影响细胞的功能；不同的细胞外化学信号也可能使用相同的信号转导途径；相同的信号转导方式可能介导不同的细胞功能；一种细胞外化学信号作用于某种细胞时，其作用可能随细胞的功能状态不同而异。因此，在学习细胞跨膜信号转导时，应考虑细胞的这种对外界刺激发生反应时的高度能动性和复杂性。

第四节 细胞的生物电现象

各种生物体都生活在一定的环境中，当环境发生变化时，常引起生物体内的代谢及其外表活动发生相应的改变，这种改变称为**反应**（response）。能引起生物体发生反应的各种环境变化，统称为**刺激**（stimulus）。一切具有生命活动的细胞、组织或机体对刺激都具有发生反应的能力或特性。一切活组织的细胞，不论在安静状态还是在活动过程中均表现有电的变化，这种电变化是伴随着细胞生命活动而出现的，因此，又被称为**生物电**（bioelectricity）。如神经、肌肉和腺体等组织受到刺激后，能迅速产生特殊的**生物电现象**（bioelectrical phenomena）及其他反应。

简单地说，生物电即生物体内的电现象，是极其普遍而又重要的生命活动。同时，生物电又与其他重要的生命活动密切相关，临床上一些常用的辅助检查，如心电图、脑电图、肌电图和胃肠电图等，都是利用体表电极将各器官的生物电活动引导至放大器和描记装置后记录得到的。因此，研究生物电对了解生命的基本活动具有极其重要的意义。同时，对相关疾病的诊断也具有重要的参考价值。就细胞水平而言，生物电是指位于细胞膜两侧的电位差，通常也称为**跨膜电位**（transmembrane potential）。因为对于具有正常结构及功能的细胞来说，膜两侧的电位总是不相等的，而且不同类型的细胞或在不同的功能状态下的同一细胞，其电位差也不是恒定不变的。研究生物电是为了探讨细胞的跨膜电位、跨膜电位的产生原理及其变化规律。发生在细胞水平的生物电现象主要有两种表现形式，即在安静时具有的静息电位和受到刺激后产生的动作电位。

一、细胞膜的被动电学特性

细胞膜作为静态的电学元件时所表现的电学特性，一般被称为膜的被动电学特性，它包括静息状态下的膜电容、膜电阻以及由它们所决定的膜电流和膜电位的变化特征。

（一）膜电容

细胞膜脂质双分子层形成的绝缘层将含有电解质的细胞内液和细胞外液分割开来，类似一个平行板电容器，因此，细胞膜具有电容的特性，且膜电容较大。当膜上的离子通道开放引起带电离子跨膜流动时，就相当于在电容器上充电或放电而产生电位差，这种电位差被称为**跨膜电位**（transmembrane potential），简称**膜电位**（membrane potential）。

（二）膜电阻

单纯的脂质双分子层几乎是绝缘的，但由于其中镶入了许多离子通道和运载体，恰如嵌入了许多小载体，因此，离子通道和运载体越多，其膜电阻就越小。膜电阻通常用它的倒数即**膜电导**（membrane conductance）G来表示。对带电离子而言，细胞膜对某种离子的电导，就是膜对它的通透性，细胞膜对某种离子电导的变化与其对该离子的通透性的变化是完全一致的。

（三）电紧张电位

细胞膜的电学特性相当于并联的阻容耦合电路，跨膜电流经过时产生膜电位的变化，随着膜电流的衰减，膜电位也随之减弱，并形成一个有规律的分布，即电流注入处的膜电位最大，其周围的膜电位将以距离的指数函数进行衰减，这种由膜的被动电学特性决定其空间分布的膜电位称为**电紧张电位**（electrotonic potential）。单纯的电紧张电位产生过程中没有离子通道的激活，因而也没有膜电导的改变，完全是由膜固有的电学性质决定的。但是，如果一个使膜内电位变正的电紧张电位达到了激活某些离子通道的阈值时，就会引起由于离子通道开放而产生的跨膜离子电流和膜电位的变化，并叠加于电紧张电位之上，产生局部兴奋或动作电位。所以，电紧张电位与细胞电信号的产生与传播有着直接关系。

二、细胞的静息电位及其产生机制

（一）静息电位

动物细胞膜上具有许多开放的K^+通道，Na^+、Cl^-或Ca^{2+}通道很少开放。在正常的活细胞中，细胞内K^+浓度是细胞外的28倍，细胞内蛋白质的浓度是细胞外的10倍；细胞外Na^+、

Cl^-浓度分别是细胞内的13和30倍。所以，细胞外液中的主要正离子是Na^+，主要负离子是Cl^-；细胞内液中的主要正离子是K^+，主要负离子是蛋白质。根据细胞膜的结构特点，带负电的蛋白质是完全不能通过细胞膜的，带正电荷的水合离子有极小的通透性。水合K^+的半径小于水合Na^+的半径，且K^+浓度差大于Na^+浓度差，因此，在安静状态下，细胞膜上的主要离子运动为K^+顺浓度梯度流出细胞，使膜外带正电，膜内带负电。这些允许K^+外流的K^+通道又被称为静息K^+通道。和其他通道一样，这些通道也存在开启与闭合状态，但由于其不受膜电位或小分子信号物质的影响，这些通道表现为非门控状态。

静息电位（resting potential，RP）是指细胞未受刺激处于安静状态时存在于细胞膜内、外两侧的电位差。这一电位差仅存在于细胞膜的内、外表面之间，尽管每一正负离子层的厚度不超过1μm，但它们在内、外膜之间可形成很大的电位梯度。

对膜电位机制的探讨至少可追溯到上世纪初。1902年，Bernstein依据当时电化学的理论，最先提出膜电位可能是由离子跨膜移动形成的。为了验证该理论，后续研究者做了大量工作。其中，20世纪30年代由剑桥大学Hodgkin和Huxley在枪乌贼巨轴突所做的实验尤为引人注目。枪乌贼是一种软体动物，其巨大的神经轴突直径可达1mm，这使在当时没有微电极的条件下，使用较粗的电极对膜内电位进行测量成为可能。Hodgkin和Huxley分析了细胞电变化和膜两侧离子分布以及膜通透性随刺激而改变的关系，由此创立了生物电产生机制等一整套理论，并于1963年荣获了诺贝尔生理学或医学奖。

静息电位的记录需要一些特殊的实验装置，主要包括能显示电位变化的示波器和尖端很细并能插入细胞的记录电极。图2-14所示电极A（参考电极）置于细胞外液，将其接地并保持零电位水平。电极B（测量电极）是一个尖端很细（$<1\mu m$）的金属微电极或灌注有导电液体的玻璃微电极，能够插入到细胞内。当电极B处于膜外时，示波器不显示电位变化，而且任意移动电极B的位置，结果亦无差异，这意味着细胞外表面任意两点间电位相等且无电位差。若将电极B刺入膜内，示波器上立即显示有明显的电位变化，说明膜两侧具有电位差，此即静息电位。细胞安静时记录到的膜内电位一般均为负值，范围在−10～−100mV。如高等哺乳动物骨骼肌细胞为−90mV，神经元细胞体为−70mV，红细胞为−10mV。静息电位是一稳定的直流电位，只要细胞未受刺激并且代谢维持正常，膜内负电位就恒定地持续下去（但中枢内的某些神经细胞及具有自律性的心肌细胞和平滑肌细胞会出现静息电位的自发性波动）。研究人员习惯上以膜外电位为零时膜内电位的数值来表示静息电位（以及其他形式的膜电位）。膜电位的绝对值代表电位差的大小，而膜电位的符号说明膜内与膜外电位的关系。静息电位为−90mV的表述有两层含义，一是说明膜内、外电位差为90mV，由于膜内电位是负值，说明膜内电位低于膜外90mV。二是静息电位的大小通常以负值的大小来判断，负值越大表示膜两侧的电位差越大。例如，从−90mV变化到−70mV，称为静息电位减小，反之则称为静息电位增大。静息电位的产生是由于膜两侧不同极性电荷积聚的结果，通

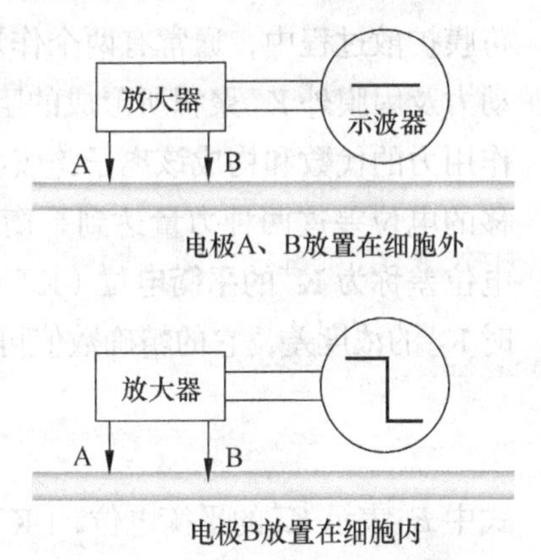

图2-14 静息电位的测定示意图

常将静息电位存在时细胞膜内、外两侧所保持的外正内负状态，称为**极化**（polarization）。静息电位的增大称为**超极化**（hyperpolarization）。静息电位的减小称为**去极化或除极化**（depolarization）。去极化至零电位后，膜电位如进一步变为正值则称为**反极化**（reverse polarization）。膜电位高于零电位的部分称为**超射**（overshoot）。细胞膜去极化后再向静息电位方向恢复，称为**复极化**（repolarization）。静息电位与极化是对一个现象从不同的角度进行描述的两种表达方式，它们都是细胞处于静息状态的标志（图 2-15）。

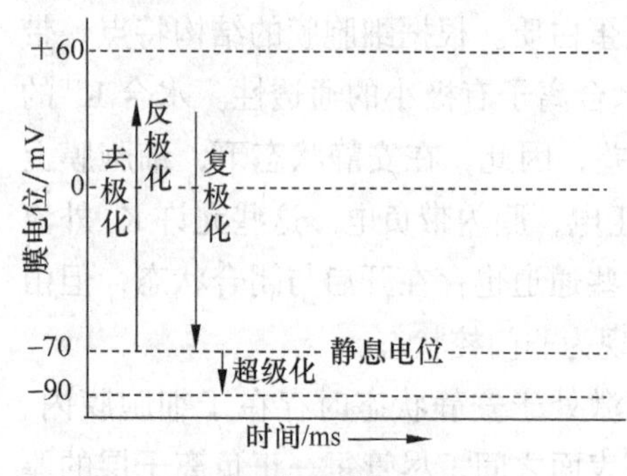

图 2-15　膜电位的去极化、反极化、复极化和超极化

（二）静息电位产生的机制

静息电位的产生与细胞膜内、外离子的不均衡分布和细胞膜对各种离子的选择性通透有关。为叙述方便，首先假定细胞膜在静息时只对 K^+有通透性，在这种情况下，K^+由于浓度差向膜外扩散，带负电荷的蛋白质因为不能通过细胞膜而留在细胞内，并对 K^+的跨膜扩散构成静电吸引作用。流出膜外的 K^+所产生的外正内负的电场力，阻碍膜内 K^+继续外流，随着 K^+外流的增加，膜两侧的电位差随之增大，因而阻止 K^+外流的力量也不断加大。在 K^+跨膜扩散过程中，通常有两个作用力在同时起作用，即 K^+的浓度梯度促使 K^+跨膜移出的驱动力及因膜外 K^+聚积所形成的阻止膜内 K^+继续跨膜移出的作用力。浓度差和电位差对离子作用力的代数和构成该离子跨膜扩散的电化学驱动力。当促使 K^+外流的浓度差与阻止 K^+外移的电位差这两种力量达到平衡时，在细胞膜内、外间不再有 K^+的净移动，此时细胞膜的电位差称为 **K^+的平衡电位**（K^+ equilibrium potential，E_k）。E_k 的数值决定于膜两侧初始状态时 K^+的浓度差，它的精确数值可根据 Nernst 公式计算（37℃条件下）：

$$E_k = 60 \cdot \lg \frac{[K^+]_o}{[K^+]_i} (mV)$$

式中 E_k 表示 K^+的平衡电位，$[K^+]_o$ 和 $[K^+]_i$ 分别表示 K^+膜外和膜内的浓度。

早期枪乌贼巨轴突的电生理实验也证实了静息电位是由 K^+跨膜移动形成的这一事实。用此公式计算的 K^+平衡电位数值与实际测得的静息电位数值非常接近，这提示静息电位主要是 K^+由膜内向膜外扩散形成的。为了证明此结论，在记录静息膜电位时，人为改变灌流液中 K^+的浓度（差），也就是改变 $[K^+]_o/[K^+]_i$ 值，记录到的膜电位会因此发生改变。然而实际测得的静息电位却总是小于由 Nernst 公式计算的平衡电位值。其原因是静息状态时，细胞膜并非只对 K^+通透，而对 Na^+也有一定的通透性，但对 Na^+的通透性远小于对 K^+的通透性，一般认为膜对 K^+的通透性是 Na^+的 10～100 倍。此外，细胞膜钠 - 钾泵的活动也会影响静息电位。

由于静息电位实测数值小于用 Nernst 公式计算所得的 K^+平衡电位值，因而处于静息电位水平的膜电位会产生一种外向驱动 K^+的电场力，即少量 K^+由胞内流向胞外。同时由于膜对 Na^+也有很小通透性，再加上静息电位远离 Na^+的平衡电位（约为+30mV），因此，也存在着

Na^+的少量内流。虽然漏出的K^+和漏入的Na^+量很少，但长时间终会导致Na^+和K^+在细胞内、外浓度梯度的改变。这时，钠泵会通过主动转运机制来阻止Na^+和K^+浓度梯度的减小，钠泵将漏入细胞的Na^+离子泵出，同时将漏出的K^+离子泵入，从而使细胞维持Na^+和K^+原有的浓度梯度。钠泵的活动是每次泵出3个Na^+，而泵入2个K^+，使膜外增加一个额外正电荷，结果会使膜的电位差加大，即向超极化方向发展，钠泵的离子转运过程是一个生电性的活动，但这种生电性作用通常对膜电位影响不大（不超过5mV）。与钠泵的不对等电荷转运相对应的还有Na^+和K^+漏入量的差异，实际情况是K^+的漏出受到了不能扩散的带负电荷的蛋白质的吸引而限制其外流，而与Na^+配对的Cl^-则易于通过膜从而增加了Na^+的漏入量，结果使Na^+漏入量约为K^+漏出量的1.5倍，这就与上述每次泵出3个Na^+和泵入2个K^+的不对等电荷转运相匹配，从而维持了Na^+和K^+各自浓度的相对恒定。

总结以上静息电位的形成机制，可将影响静息电位水平的主要因素归纳为以下三点：①膜内、外K^+浓度差决定E_k，因而$[K^+]_o$的改变会显著影响静息电位。②膜对K^+和Na^+的相对通透性可影响静息电位的大小。如对K^+通透性增大，静息电位也增大。反之，如对Na^+的通透性增大，则静息电位将减小。③钠-钾泵的活动水平也可直接影响到静息电位，其活动增强将使细胞膜发生一定程度的超级化。

三、细胞的动作电位及其产生机制

（一）动作电位

以神经、骨骼肌和腺体为代表的可兴奋细胞，在受到适宜刺激后，其膜电位将发生短暂的、可扩布的电位波动，称之为**动作电位**（action potential，AP）。神经细胞的动作电位包括锋电位和后电位两部分。以神经纤维为例（图2-16），当其在安静情况下受到一次足够强度的刺激后，膜内的负电位迅速减小，使原来的极化状态发生去极化，并变成正电位，即膜电位在短时间内可由静息状态时的−70mV变为＋35mV，膜电位由原来的内负外正变为内正外负，形成动作电位变化曲线的上升支，称之为去极相。由刺激所引起的膜内电位的倒转是暂时的，随后，膜电位又迅速下降并恢复到刺激前原有的负电位水平或极化状态（即复极化），构成了动作电位的下降支，称之为复极相。由此可见，动作电位是细胞膜受到刺激后在原有静息电位基础上发生的一次膜两侧电位快速而可逆的倒转和复原。在神经纤维，锋电位的持续时间为0.5～2.0ms，因此，动作电位的曲线呈尖锋状，故又被称为**锋电**

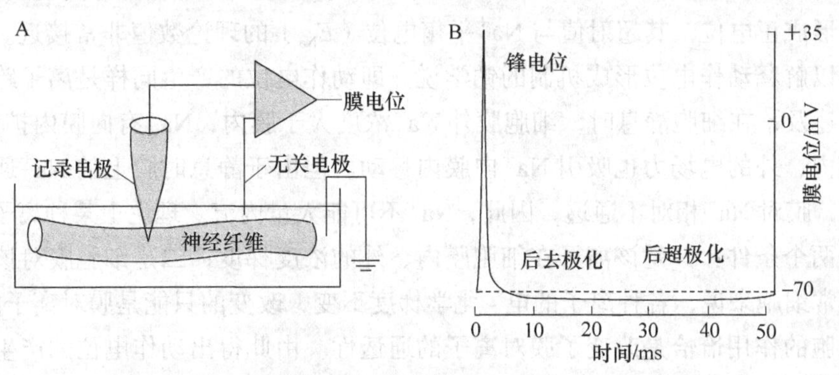

图2-16 测量单一神经纤维动作电位的实验模式图

位（spike potential）。锋电位在恢复至静息水平前要经历一个缓慢、低幅的电位波动，称为**后电位**（after-potential），它包括**负后电位**（negative after-potential）和**正后电位**（positive after-potential）。负后电位的膜电位水平位于静息电位水平以上，而正后电位的膜电位水平位于静息电位水平以下。最后，膜电位恢复到接受刺激前的静息电位水平。

不同类型细胞动作电位的时程及形状有很大差异。如枪乌贼大神经轴突动作电位时程仅1ms，人类心肌工作细胞的动作电位持续时间超过250ms。但所有细胞的动作电位都具有一些共同的特征。

1.“全或无”现象

动作电位的产生需要一定的刺激强度，能引起动作电位的最小刺激强度被称为**阈强度**（threshold intensity）或**阈值**（threshold value）。对应于阈强度的刺激称为**阈刺激**（threshold stimulus）。刺激强度只有达到阈值时，动作电位才会出现，达到阈值后，动作电位的幅度即达到最大值，即使刺激强度继续加强，AP 的幅度大小和传播速度也不会随着刺激的加强而有所增大，即动作电位要么不产生、要产生就具有最大幅度。这一特征被称为动作电位的“**全或无**”（all or none）现象。

2. 不衰减性传导

动作电位一旦在细胞膜的某一部位产生，就会立即扩布到整个细胞膜，在此传导过程中，动作电位的波形和幅度始终保持不变。

3. 动作电位的不应期

一次刺激引起的动作电位主要集中在锋电位上，在此期间细胞将失去对其他刺激的反应能力，这段时间称作不应期。此时细胞的兴奋性很低，必须经过一段时间的恢复，方能再接受刺激产生新的动作电位。

4. 不融合传导

动作电位之间总有一定间隔，不会重合或叠加在一起。

5. 双向传导

动作电位能从受刺激的兴奋部位向两侧未兴奋部位传导。

（二）动作电位的产生机制

Hodgkin 等人观察到细胞受刺激时产生动作电位的峰值并不是零电位，而是出现一定数值的超射并形成正电位，其超射值与 Na^+平衡电位（E_{Na}）的理论数值非常接近。于是，他们提出了用以解释动作电位形成机制的钠学说。即动作电位的产生同样是离子跨膜移动的结果。前已述及，在细胞静息时，细胞膜外 Na^+浓度大于膜内，Na^+有向膜内扩散的趋势，而静息时膜内、外的电场力也吸引 Na^+向膜内移动。但由于静息时膜上的 Na^+通道多数处于关闭状态，膜对 Na^+相对不通透，因此，Na^+不可能大量内流。理论上某种离子大量跨膜移动应具备两个条件：一是该离子在细胞膜内、外的浓度梯度；二是细胞膜对该离子的通透性。对正常细胞来说，各种离子的电 - 化学梯度不变，改变的只能是膜对离子的通透性。而刺激对细胞的作用恰恰是改变了膜对离子的通透性。由此得出动作电位的产生过程如下所述。

1. 锋电位的上升支

当细胞受到一个阈刺激（或阈上刺激）时，膜上的 Na^+ 通道被激活，有少量的 Na^+ 内流，引起细胞膜轻度去极化。当膜电位去极化至某一临界电位时，电压门控式 Na^+ 通道开放，膜对 Na^+ 通透性突然增大，由于细胞膜外 Na^+ 浓度高，且膜内静息电位时原已维持着的负电位也对 Na^+ 内流起促进作用，导致 Na^+ 迅速内流，先是造成膜内负电位的迅速消失，但由于膜外 Na^+ 的较高浓度势能，Na^+ 继续内移，出现超射。故锋电位的上升支是由 Na^+ 快速内流造成的，其动力是顺电 - 化学梯度的驱动力，条件是膜对 Na^+ 的通透性迅速增大，接近 Na^+ 的平衡电位。当促使 Na^+ 内流的浓度梯度和阻止 Na^+ 内流的电场力相等时，细胞膜对 Na^+ 的净移动量为零，驱动 Na^+ 进入细胞的电 - 化学梯度消失，Na^+ 不再进入细胞，动作电位达到峰值，从而形成了动作电位的上升支，此时膜两侧的电位差即是 Na^+ 的电 - 化学平衡电位（Na^+ equilibrium potential，E_{Na}）。根据 Nernst 公式计算出 Na^+ 平衡电位的数值（＋50～＋70mV）与实际测得的动作电位的超射值（＋40～＋50mV）非常接近，因此，可以说动作电位的去极化过程相当于 Na^+ 内流所形成的电 - 化学平衡电位。

利用膜片钳实验技术得到的研究结果表明，Na^+ 通道有以下特点：①膜去极化程度越大，其开放的概率也越大，由于 Na^+ 通道的电压门控性，可导致 Na^+ 向膜内的易化扩散；②开放和关闭非常快；③存在**静息**（resting）、**激活**（activation）和**失活**（inactivation）等功能状态，这些功能状态是以蛋白质内部结构（即它的构型和构象）的相应变化为基础。当膜的某一离子通道处于失活（关闭）状态时，膜对该离子的通透性为零，而且不会因刺激而开放，只有通道恢复到静息状态时才可以在特定刺激作用下开放。膜电导（通透性）变化的实质就是膜上离子通道随机开放和关闭的总和效应。

2. 锋电位的下降支

当细胞膜除极到峰值时，细胞膜的 Na^+ 通道迅速关闭，而对 K^+ 的通透性增大，于是细胞内的 K^+ 便顺其浓度梯度向细胞外扩散，导致细胞膜复极化，即膜电位逐渐由外负内正的状态向零电位水平靠近，随之出现膜内电位较膜外为负，且这种负电位逐渐增大，直至恢复到静息状态时的数值。故锋电位的下降支是 K^+ 外流引起的。

3. 后电位

由于最初对后电位的命名是在细胞外记录电活动的实验中得出的，即发生动作电位时细胞外的电位变负，故将基线（静息电位水平）以上的部分称为负后电位，基线以下的部分称为正后电位。前者是指膜电位绝对值小于静息电位的一段较长时间的去极化过程。后者是指随后出现的超过静息电位水平的一段超极化过程。其产生机制是：负后电位一般认为是在复极时迅速外流的 K^+ 蓄积在膜外侧附近，暂时阻碍了 K^+ 外流所致；正后电位一般认为是生电性钠泵作用的结果，其目的是恢复静息状态时的离子分布，保持细胞的正常兴奋性。

动作电位由细胞膜的去极化、复极化、超极化和再回到静息电位几个阶段构成，该过程在神经细胞内仅持续 1～2ms。一个典型的神经细胞每秒钟可以发生上百次这样的膜电位变化。这些膜电位的循环改变首先源于电压门控 Na^+ 通道的开启和关闭，然后是电压门控 K^+ 通道的开启和关闭（图 2-17）。这些通道在动作电位形成过程中的作用来自于乌贼巨轴突质膜的研究结果。

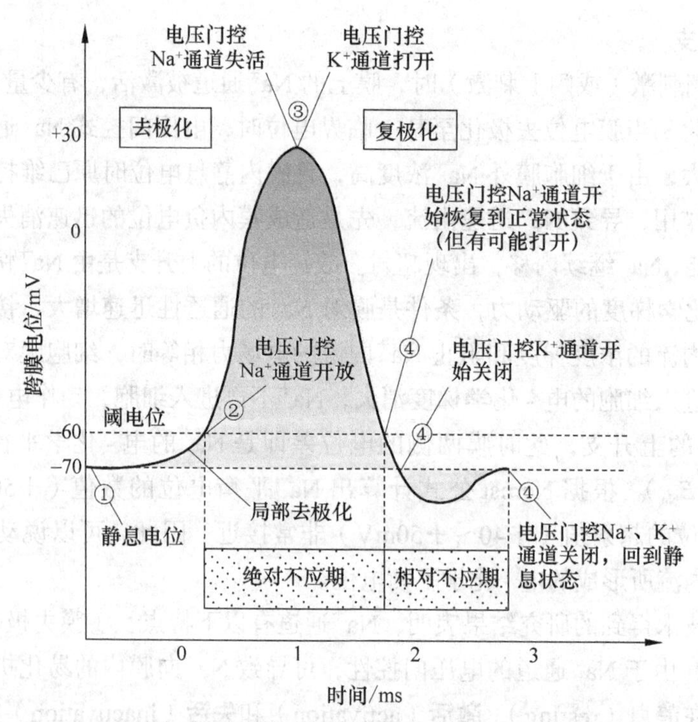

图 2-17　电压门控 Na^+、K^+通道的开启和关闭示意图

知识卡片

早期 Hodgkin 和 Huxley 利用枪乌贼巨轴突质膜进行的实验和后来的一系列实验都证实了他们对动作电位形成机制的一种设想，即钠学说。在实验中，他们用蔗糖、葡萄糖和氯化胆碱溶液分别替代含有Na^+的海水溶液，发现动作电位幅度降低，去极化的速度和动作电位的传导速度也下降，且降低幅度与Na^+被替代程度成比例。另外，在含Na^+的海水中记录正常动作电位时，应用特异性Na^+通道阻断剂也可以阻断动作电位的产生。然而，在动作电位形成过程中，细胞膜对Na^+通透性的增加是一过性的，通透性很快降低，细胞膜又恢复对K^+的通透性。实验中若应用K^+通道阻断剂 TEA 时，动作电位的上升支没有改变，而其复极过程将大大延缓。上述替代实验及应用通道阻断剂的实验都说明了膜对Na^+和K^+通透性的改变是形成动作电位的原因。但上述结果只是对这一结论的间接分析，并非对Na^+和K^+电流的直接测定。随着电压钳及膜片钳技术的发明，使这一问题得以解决。研究者可通过固定电压的方法直接测定膜电流，从而了解膜对离子通透性的变化过程。

（三）动作电位产生的条件

如果说静息电位是兴奋性的基础，那么，动作电位则是可兴奋细胞兴奋的标志。动作电位是指受刺激后膜电位产生的特征性电位变化。对可兴奋细胞来说，并不是任何刺激都能触发细胞产生动作电位。因为有些刺激会引起细胞膜的超极化，这时细胞的反应是抑制。如果刺激强度很小，产生的去极化很快会被K^+外流所抵消，并不能形成动作电位。随着刺激强度的逐渐增大，Na^+的内流量也随之增加，使去极化幅度增大，当膜电位达到某个临界值（阈电位）时，即可触发动作电位。因此，**阈电位**（threshold potential，TP）是指能使细胞膜去极化转变为锋电位的临界膜电位值。细胞膜除极达到阈电位水平是细胞产生动作电位的必要条件。通常阈电位的绝对值较静息电位小 10～20mV，膜电位去极化达到阈电位意味着此时Na^+的跨膜内流量将大于K^+外流量，它的重要性在于此时膜的去极化将不再是刺激依赖性的，因为即便去除刺激，膜电位仍然会稳定于阈电位水平。在动作电位产生过程中，阈电位发挥着类似触发开关的作用，不管刺激的性质如何，只要能使膜电位去极化达到阈电位就可触发动作电位的产生，而产生的动作电位的幅度、形状及时间进程则只取决于膜电导（通透性）、膜内、外Na^+浓度梯度和兴奋前膜电位水平，而与引起动作电位的刺激无关。即动作电位一旦产生，其形状、幅度及时程均与原刺激无关，这便是动作电位具有“全或无”特征的真正原因。

决定阈电位的因素首先是膜上Na^+通道的密度，其次是通道对膜电位、化学刺激或机械刺激的敏感性。若通道的密度高，即使较小的去极化也可达到阈电位并触发动作电位。相对于正常情况，此时的阈电位水平下移了。同样，若通道对膜电位的改变、化学刺激或机械刺激敏感，也可以使阈电位下移，这说明即使较小的膜电位变化也能引起Na^+通道构型的改变，使Na^+通道开放并形成大小与阈电位时产生的Na^+电流完全相同的电流，并最终引发动作电位。

刺激的三要素是刺激的强度、刺激持续时间和时间 - 强度变化率。在检测可兴奋组织或细胞兴奋性高低时，多将后二者固定，而仅改变刺激强度。阈刺激和阈电位分别是从不同的角度，即分别是从外界刺激的角度和能够使细胞膜对Na^+通透性突然增大（大量Na^+通道开放）的角度，来衡量可兴奋细胞膜兴奋性高低的。

（四）阈下刺激与局部兴奋

刺激强度小于或大于阈刺激的刺激分别被称为**阈下刺激**（subthreshold stimulus）或**阈上刺激**（suprathreshold stimulus）。由于阈下刺激不能使膜的去极化达阈电位，因而不能产生动作电位。因此，只有阈刺激和阈上刺激（被合称为有效刺激）才能引发动作电位。但阈下刺激会使少量Na^+通道开放，使细胞膜出现小幅度的去极化反应。将这种达不到阈电位水平、电位波动小、只限于局部且不能向远距离传播的电位波动称为**局部兴奋**（local excitation）。

局部兴奋具有如下共同特征：

1. 刺激依赖性

其含义有两方面，首先是这种小的去极化反应只在外加刺激作用时发生，刺激撤离后，其去极化很快被K^+外流所抵消；其次是去极化幅度随阈下刺激强度的改变而改变，呈现一种等级性反应，不具有动作电位“全或无”的特征。

2. 电紧张性扩布

局部兴奋不能作长距离的扩布，随传播距离增加而衰减，称电紧张性扩布。即发生在某一点的局部兴奋，其膜电位变化可通过电紧张性扩布的方式使邻近部位的膜产生去极化反应，但传播距离短，最终消失。

3. 反应可以总和

局部兴奋的去极化反应可以相互叠加，即反应可以发生总和。生理学上将总和分为**空间总**

和（spatial summation）与**时间总和**（temporal summation）。在一个较小的范围内，由多个相距较近的局部兴奋同时产生的叠加，可使其去极化幅度较单一的局部兴奋的幅度大，被称为局部兴奋的空间总和。总和也可以发生在某一部位连续产生局部兴奋时，由于后一次反应发生在前一次反应还未结束时，同样可使去极化反应叠加起来，这种方式称为时间总和。总和的发生，首先与单一局部兴奋时去极化的幅度大小有关；其次空间总和取决于同一时间发生局部兴奋的数目及空间距离，在一个局部，若同时产生的局部兴奋数目多且空间距离小，则易于通过电紧张的方式总和。而时间总和则取决于局部兴奋产生的频率，因此，局部兴奋产生的频率高，间隔时间短，则容易使小幅度的去极化叠加起来。因此，局部兴奋虽未形成动作电位，但通过总和可以产生动作电位，因而可看作是动作电位（或兴奋）的一种过渡形式。总之，动作电位可以由一次阈刺激或阈上刺激引起，也可以由多个阈下刺激产生的局部兴奋经总和而引发。

（五）动作电位的传导

将细胞膜某一部位产生的动作电位沿细胞膜不衰减地传播至整个细胞的过程称为**传导**（conduction）。动作电位的产生通常首先发生在局部，动作电位的特征之一是可以迅速向周围扩布，直至整个细胞膜都经历同样的变化。在无髓鞘神经纤维上（图 2-18A），动作电位首先产生于细胞中间的某一点，在产生动作电位的部位，由于去极化形成了膜电位极性的倒转，使兴奋部位的细胞膜呈现内正外负的反极化状态，而与其相邻的未兴奋部位仍处于外正内负的极化状态，因此，兴奋部位与邻近的未兴奋膜间形成了电位差，由于细胞内、外液均为导电液体，在电位差的作用下，会产生图中箭头所示的局部电流，局部电流又使邻近的膜产生去极化反应，一旦膜电位达到阈电位时又会引起该处发生动作电位。此处发生的动作电位以多米诺骨牌倾倒的方式使其邻近的未兴奋膜依次产生动作电位（图 2-18B），直至整个细胞膜都发生动作电位并传导到整个细胞为止。这就是动作电位在长距离的传导过程中，其幅度和形状不发生变化，呈现不衰减性传导的原因。

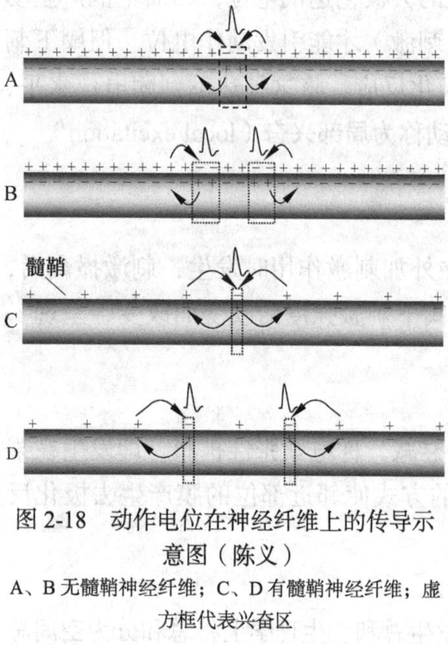

A

B

髓鞘

C

D

图 2-18　动作电位在神经纤维上的传导示意图（陈义）

A、B 无髓鞘神经纤维；C、D 有髓鞘神经纤维；虚方框代表兴奋区

上面描述的是动作电位在无髓鞘神经纤维和肌纤维等可兴奋细胞上的传导机制，而兴奋在有髓鞘神经纤维的传导则有所差别。在外周神经系统中，髓鞘由施旺细胞构成；在中枢神经系统中，髓鞘由少突胶质细胞构成。这些神经胶质细胞以其质膜一层一层地缠绕轴突，使轴突呈绝缘状态。轴突无髓鞘包裹处被称为**郎飞结**（node of Ranvier），该结构是轴突上 Na^+ 通道集中的部位，因此，动作电位可以发生在郎飞结处。当动作电位传导时，兴奋的郎飞结能够与它相邻的未兴奋的郎飞结之间形成局部电流，使相邻的郎飞结的细胞膜达到阈电位而发生动作电位。这样，动作电位就从一个郎飞结传递给相邻的郎飞结，此种传递方式被称为**跳跃式传导**（saltatory conduction）（图 2-18C、D）。因为在有髓鞘神经纤维单位长度内，

动作电位传导过程经跳跃式传导，使离子进出有髓鞘神经纤维的总量减少，继而使钠泵主动转运时所消耗的能量大大降低。因此，髓鞘不但可增加有髓鞘神经细胞上动作电位传递的速度和效率（有髓鞘神经纤维的最高传导速度可达 100m/s 以上，而许多无髓鞘神经纤维的传导速度尚不足 1m/s），同时还节省了能量消耗。因为在单位长度内，动作电位传导过程经跳跃式传导，使离子进出的总量减少，继而使钠泵主动转运时所消耗的能量大大降低。

四、组织的兴奋和兴奋性

（一）刺激与兴奋

无论是在体还是离体的情况下，组织的兴奋大多由刺激引起。可兴奋细胞受到刺激后并不一定发生兴奋，兴奋的发生取决于刺激的大小和细胞的反应能力。当用电流作为刺激时，需要考虑刺激的三要素，即刺激强度、刺激持续时间及刺激强度 - 时间的变化率。如若使细胞发生兴奋，就必须使刺激达到一定值。为了研究各参数间的相互关系，常先固定一个参数，然后观察另外两个参数间的相互影响。在人工刺激的条件下，常用的刺激是电刺激，因为电刺激的参数易于掌握，且重复性好。在实际应用时，常将强度 - 时间的变化率固定，如多采用方波刺激，主要讨论刺激强度和刺激持续时间的相互影响。在一定范围内，当把刺激强度固定在某一数值时，逐渐延长刺激时间，直到引起兴奋，然后依次改变刺激强度，由此便可求出刺激强度与必需的最短刺激时间的相互关系，依两者的关系做出的曲线被称为强度 - 时间曲线（图 2-19）。由曲线可以看出，刺激强度越小，引起兴奋所需的最短刺激时间越长。但当刺激强度小到一定程度时，即使延长通电时间也不再引起兴奋。图中**基强度**（rheobase）是指当刺激持续时间超过一定的限度时，时间因素不再影响强度阈值，或者说，将这种最低的或最基本的阈强度称为基强度。**时值**（chronaxia）是指当刺激强度为基强度的 2 倍时，刚能引起反应所需的最短刺激持续时间称为时值。

强度 - 时间曲线上的任何一点都表示一个刚能引起组织兴奋的最小刺激（阈刺激），曲线上方各点表示阈上刺激，曲线下方各点表示阈下刺激。不同组织的强度 - 时间曲线不同，即便是同为神经纤维，较细的神经纤维测得的强度 - 时间曲线偏右上方（图 2-19 中虚线），说明兴奋性降低，因此，强度 - 时间曲线较全面地反映了可兴奋组织或细胞的兴奋性。

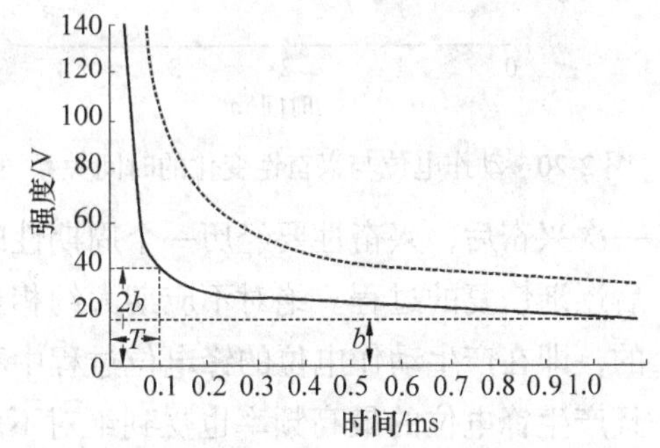

图 2-19　刺激强度 - 时间曲线

（二）可兴奋性组织和兴奋性

将能产生动作电位的神经、肌肉和腺体组织统称为**可兴奋组织**（excitable tissue）。将这些可兴奋组织接受刺激后产生生物电（动作电位）的反应过程及其表现，称为**兴奋**（excitation）。将细胞受到刺激后产生动作电位的能力称为**兴奋性**（excitability）。将功能状态由显著活动状态变为相对静止状态，或由活动强变为活动弱，称为**抑制**（inhibition）。在生理学的范畴内，抑制也是兴奋的另一种表现形式。可兴奋细胞的共同特征是对刺激敏感并发生反应。一般对可兴奋组织而言，细胞兴奋性的高低与细胞的静息电位和阈电位的差值呈反比关系，即两者的差值越大，细胞的兴奋性越低；反之，则越高。例如，在细胞膜超极化时静息电位绝对值增大，使其与阈电位间的差值增大，在细胞受到刺激时，细胞膜除极化但不易达到阈电位，所以超极化使细胞的兴奋性降低。概括而言，动作电位作为兴奋过程有两方面的含义：一是动作电位可引起相应细胞的功能活动，如肌肉细胞通过兴奋 - 收缩偶联引起收缩，腺细胞通过兴奋 - 分泌偶联引起分泌；其次对于一些特殊细胞（如神经细胞）则以动作电位沿细胞膜传播而形成的神经冲动作为其活动的信息传递方式，进而完成对各种生理功能的调节。

（三）组织兴奋性的变化规律

细胞在产生兴奋的过程及之后的一段时间内，兴奋性会发生改变。在最初产生兴奋的一段时间，无论多么强大的刺激也不能使细胞再次兴奋，这段时间称为**绝对不应期**（absolute refractory period，ARP），即在此期间的刺激阈值虽无限大，但兴奋性可看作是零。绝对不应期后的一段时期，若给予细胞一个阈上刺激，则可产生一个动作电位，这段时间称为**相对不应期**（relative refractory period，RRP）。绝对不应期后，兴奋性逐渐恢复，但由于引起动作电位的刺激强度仍高于阈强度，所以兴奋性仍低于正常，但大于零。之后，细胞还会依次经历超常期和低常期。**超常期**（supranormal period，SNP）是指经过绝对不应期和相对不应期后，细胞的兴奋性继续上升，可超过正常水平，用阈下刺激可引起细胞第二次兴奋的时期。**低常期**（subnormal period）是指超常期之后细胞的兴奋性又下降到低于正常水平的时期（图 2-20）。

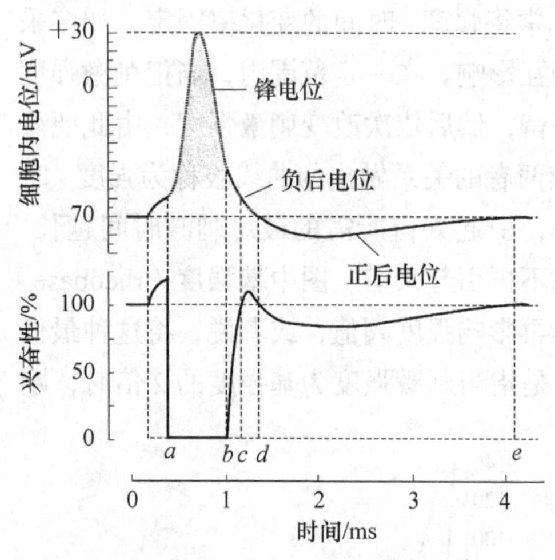

图 2-20 动作电位与兴奋性变化的时间关系

上述兴奋性变化的主要特征是：细胞在产生一次兴奋后，兴奋性要经历一个周期性的变化过程，即表现为动作电位之初兴奋性为零及之后逐渐恢复的过程。绝对不应期大约相当于锋电位发生的时间，这意味着锋电位是不能叠加的，即在产生动作电位的锋电位过程中不可能同时再接受新的刺激产生另一个动作电位，并且产生锋电位的最高频率也受到绝对不应期的限制。如果神经细胞的绝对不应期为 2ms，那么理论上锋电位的最高频率不会超过 500 次 / 秒，因此，绝对不应期的存在限定了细胞产生动作电位的最大频率。相对不应期和超常期大约相当于负后电位出现的时期，低常期大约相当于正后电位出现的时期。

兴奋后出现不应期的原因与 Na^+通道的功能状态有关。由于 Na^+通道在接受一次刺激并激活开放后，会经历不同的功能状态。在锋电位的上升支期间，大部分通道处于激活过程或激活状态，不存在被再次激活的问题；在下降支期间，大部分通道处于失活过程或失活状态，不能再次接受刺激进入激活状态，因而整个锋电位期间构成了绝对不应期。锋电位将近结束时，随着复极的进行，通道逐渐复活，当有足够数量的通道进入关闭后的备用状态时，便可接受刺激而被再次激活。但是在绝对不应期后的一段时期内，处于关闭后的备用状态的通道数量较少（部分通道尚处于复活过程中），必须给予阈上刺激才能引发一次新的动作电位，因此，表现为相对不应期。可见相对不应期反映了通道由失活状态向关闭后的备用状态转变（复活）的过程。

（金天明）

复习思考题

1. 试述细胞膜中脂质和蛋白质各自的功能。
2. 细胞膜转运物质有几种形式？它们是怎样实现物质转运的？各有何特点？
3. 比较物质被动转运和主动转运方式的异同。
4. 跨膜信号转导有哪些方式？
5. G 蛋白偶联受体介导的信号转导方式有哪些？ G 蛋白在此过程中是如何发挥作用的？
6. 概述受体酪氨酸激酶介导的信号通路的组成、特点及其主要功能。
7. 试述静息电位的形成原理。为什么说静息电位相当于 K^+的平衡电位？
8. 试述兴奋性和兴奋的区别？可兴奋细胞有何特点？
9. 为什么动作电位的大小不因传导距离的增大而降低？
10. 试述动作电位的形成机制。

第三章 神经生理

本章概述

神经系统包括中枢神经系统和外周神经系统。脑和脊髓构成了中枢神经系统，神经系统主要由神经细胞（神经元）和神经胶质细胞组成。脑和脊髓以外的神经组织构成外周神经系统，包括所有神经干和神经节。神经系统调节机体活动的基本方式是反射，实现反射活动的结构基础是反射弧。机体众多的反射弧以其精细而复杂的方式构成了功能强大的神经调控网络，以实现神经系统的四大功能，即感觉、对躯体运动和内脏活动的调节，以及脑的高级功能。机体内多种反射活动是由中枢兴奋和中枢抑制过程协调完成的，这源于中枢内神经元之间的复杂联系。神经元之间主要依靠突触传递信息，突触传递是通过神经递质实现的，递质与受体结合并引发突触后膜的电位变化是递质发挥作用的前提。依靠神经系统的活动，可以实现动物机体对于内、外环境的感知，并将内、外界信息进行整合，从而调节躯体运动和内脏活动等多种生理过程。由于高等动物具有发达的大脑皮质，因此，可以形成条件反射这种高级神经活动，从而极大地提高了动物机体适应外界环境变化的能力。

神经系统是动物机体内起主导作用的调节系统。体内各器官系统的功能及活动各异，但都是在神经系统的直接或间接控制之下，统一协调地完成整体的功能活动，并对体内、外环境变化做出迅速而完善的适应性改变，使生命活动得以正常进行。神经系统是进化的产物，动物越高等，神经系统越发达，对各种生理活动的调控作用越精细和灵活，因而适应内、外环境变化的能力就越强。

神经系统由神经细胞和神经胶质细胞组成，按部位不同可以将神经系统分为中枢神经系统和外周神经系统两部分。神经系统发挥调节功能主要依赖于中枢神经系统的信息整合作用。中枢神经系统位于颅腔和椎管内，包括脑和脊髓。外周神经系统按功能不同，可分为躯体神经和内脏神经，这两种神经有其各自的中枢和外周部分，其外周部分又分感觉（传入）神经和运动（传出）神经。内脏的传出神经又称植物性神经，包括交感神经和副交感神经。

第一节 组成神经系统的细胞及其功能

一、神经元及其基本功能

（一）神经元的基本结构与功能

1. 神经元的基本结构

神经元即神经细胞，是神经系统基本结构与功能单位。大多数神经元的结构由胞体和突起两部分组成，神经元的胞体大多集中在大脑和小脑皮质、脑干和脊髓灰质以及神经节内，胞体包括胞核和周围的胞质。神经的突起又分树突和轴突，树突发自胞体，分支多而短，呈树枝状，树突可以看成是胞体的延伸部。轴突指在细胞体轴丘发出的细长突起，每个神经元只有一个，其直径均匀，但长短不一，每根轴突在轴突末端又可分成许多分支。轴突一般都有髓鞘包被，但在胞体连接部（轴丘）及其末梢则失去髓鞘。神经元轴突和感觉神经元的长树突（统称轴索）外面包有髓鞘或神经膜，被称为神经纤维，神经纤维的末端被称为神经末梢（图 3-1）。每个神经末梢的末端膨大呈球状，被称为突触小体。突触小体内有丰富的线粒体和囊泡，囊泡内含有神经递质。神经元各部位的膜具有不同的功能特征：胞体及树突膜上具有能接收神经递质的特异性受体，因此，胞体和树突膜可以接收外来神经递质传来的信息；轴突起始段（轴丘）膜的兴奋性最高，它和皮肤感觉神经起始的郎飞结往往是形成冲动的部位；轴突膜则能传导冲动。神经末梢的突触小体是释放神经递质的部位。按轴突上是否含有髓鞘，可将神经纤维分为有髓神经纤维和无髓神经纤维两种。实际上，无髓神经纤维的轴突也包绕一薄层神经膜。根据神经元的功能差异或在反射弧中的位置不同可将神经元分成：①感觉（或传入）神经元，它们能接受体内、外的刺激，将兴奋传到中枢神经系统；②运动（或传出）神经元，它们将兴奋从中枢传至肌肉和腺体等效应器，如脊髓的运动神经元；③联络（或中间）神经元，它们主要在中枢内起中间连接作用，如脊髓中的闰绍细胞。在整个机体内，许多脊神经或脑神经多是由传入和传出纤维构成的混合神经。

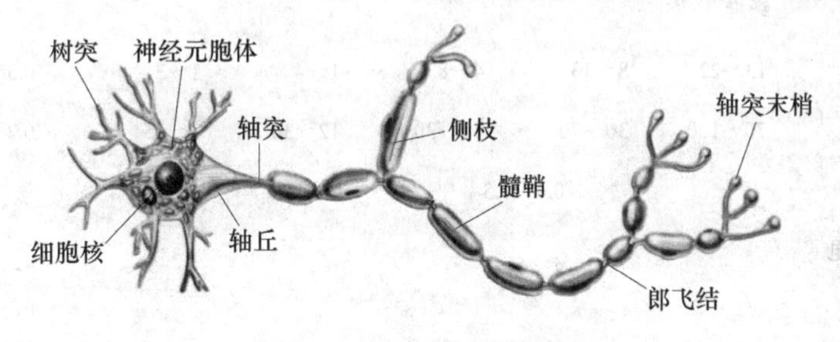

图 3-1　神经元结构模式图

2. 神经元的基本功能

神经元是高度分化的细胞，它的基本功能是：①感受体内、外各种刺激，并引起兴奋或抑制；②对不同来源的兴奋或抑制进行分析、综合或储存，再经传出神经将信号传递给所支配的器官和组织，产生一定的生理效应；③一些神经元除具有典型的神经细胞功能外，还能分泌激素，能将中枢神经系统中其他部位传来的神经信息转变为激素信息。

（二）神经纤维的类型及其传导兴奋的特性

神经纤维的基本生理特性是具有高度的兴奋性和传导性，其功能是传导兴奋。兴奋在神经纤维的传导是依靠局部电流完成的，每当神经纤维受到适宜刺激而兴奋时，立即表现出可传播的动作电位。

1. 神经纤维的分类

神经纤维的分类方法很多。根据神经纤维的分布，可将其分为中枢神经纤维和外周神经纤维；根据传导方向，可将其分为传入神经纤维、传出神经纤维和联络神经纤维；根据结构，可将其分为有髓神经纤维和无髓神经纤维。生理学上神经纤维通常多按照以下两种方法进行分类。

（1）根据神经纤维的传导速度、锋电位的时程和后电位的差异等电生理学特性，将哺乳动物外周神经纤维分为A、B、C三类（表3-1）。

A类：包括有髓的躯体传入和传出纤维，依据其平均传导速度，又进一步分为α、β、γ、δ四类。

B类：包括有髓的植物性神经节前纤维。

C类：包括无髓的躯体传入纤维和植物性神经节后纤维。

表3-1 神经纤维的分类（一）

纤维分类		A类（有髓纤维）				B类（有髓纤维）	C类（无髓纤维）	
		A_{α}	A_{β}	A_{γ}	A_{δ}		SC	dγC
来源		初级肌梭传入纤维和支配梭外肌的传出纤维	皮肤的触压觉传入纤维	支配梭内肌的传出纤维	皮肤痛、温觉传入纤维	植物性神经节前纤维	植物性神经节后纤维	后根中传导痛觉的传入纤维
纤维直径 /μm		13～22	8～13	4～8	1～4	1～3	0.3～1.3	0.4～1.2
传导速度 /（m/s）		70～120	30～70	15～30	12～30	3～15	0.7～2.3	0.6～2.0
锋电位持续时间 /ms		0.4～0.5				1.2	2.0	
负后电位	负后电位与锋电位的比例 /%	3～5				无	3～5	无
	持续时间 /ms	12～20				—	50～80	—
正后电位	正后电位与锋电位的比例 /%	0.2				1.5～40	1.5	
	持续时间 /ms	40～60				100～300	300～1000	75～100

B类纤维的直径小于3μ m，传导速度小于15m/s，这些特性与A_{δ}纤维非常接近，但其锋电位和后电位却不同于A_{δ}。A_{δ}纤维的锋电位时程较短，并具有一个短暂而明显的负后电位和一个微小的正后电位。B类纤维的锋电位时程较长，无负后电位，有一个较大的正后电位。

（2）根据纤维直径与来源则可将传入神经纤维分为Ⅰ、Ⅱ、Ⅲ、Ⅳ四类（表3-2），其中，Ⅰ类纤维又可分为I_a和I_b两个亚类。

在上述两种分类方法间存在着交叉和重叠，但又不完全相同，如Ⅰ类纤维相当于A_{α}类纤维，Ⅱ类纤维相当于A_{β}，Ⅲ类纤维相当于A_{δ}类，Ⅳ类纤维相当于C类纤维。通常对传出纤维采用第一种分类法，而对传入纤维采用第二种分类法。

表 3-2 神经纤维的分类（二）

纤维分类	来源	直径 /μm	传导速度 /（m/s）	电生理学分类
Ⅰ	肌梭及腱器官的传入纤维	12～22	70～120	A_{α}
Ⅱ	皮肤的机械感受器及传入纤维（触 - 压觉、振动觉）	5～12	25～70	A_{β}
Ⅲ	皮肤痛、温觉传入纤维，肌肉的深部压觉传入纤维	2～5	10～25	A_{γ}
Ⅳ	无髓的痛觉纤维，温度、机械感受器传入纤维	0.1～1.3	1	C

2. 神经纤维传导兴奋的一般特征

传导兴奋是神经纤维的主要功能，是依靠局部电流实现的。神经纤维传导兴奋具有如下特征：

（1）生理完整性　神经纤维必须保持结构和功能上的完整才能传导冲动。神经纤维损伤后，破坏了结构上的完整性，冲动就不能传导。如果在结扎、麻醉或低温等作用下，使神经纤维机能发生改变，即破坏了神经生理功能的完整性，神经冲动的传导也将发生阻滞。

（2）绝缘性　一条神经干可包含千万条传入和传出纤维，但每条神经纤维的兴奋只沿着自身的纤维传导，相邻神经纤维间的兴奋传导互不干扰。这是因为神经纤维上都有一层髓鞘，再加上各纤维之间存在的结缔组织也起到一定的绝缘作用，从而能够准确地实现各自的功能，这种特性称为绝缘性传导。

（3）双向传导　刺激神经纤维上的任何一点，兴奋可从刺激的部位开始沿着纤维向两端传导，称为传导的双向性。但在体内的传入神经总是将兴奋传入中枢，而传出神经总是将兴奋传向效应器。

（4）不衰减性　神经纤维在传导冲动时，不论传导距离的长短，其传导冲动的大小、频率和速度却始终保持不变，这是动作电位"全或无"的体现，称为传导的不衰减性。这对于保证及时、迅速和准确地完成正常的神经调节功能十分重要。

（5）相对不疲劳性　与突触传递相比，神经纤维的兴奋传导具有不易疲劳的特点。在实验条件下，用每秒 50～100 次的电刺激连续刺激蛙的神经 9～12h，冲动仍能传导，这说明神经纤维是不容易发生疲劳的，其原因是神经纤维在传导冲动时的耗能较突触传递时要少得多，也不存在递质耗竭的情况。

3. 影响神经纤维传导速度的因素

不同种类的神经纤维具有不同的传导速度。用电生理学方法记录神经纤维的动作电位，可以精确地测定各种神经纤维的传导速度。一般来说，神经纤维越粗，传导速度越快。有髓纤维的传导速度和直径成正比，其大致关系为：传导速度（m/s）＝6× 直径（μm）。

通常有髓纤维的直径包括轴索与髓鞘的总直径，而轴索直径与总直径的比例（最适比例为 0.6 左右）和传导速度又有密切关系。无髓纤维的传导速度则与纤维直径的平方根成正比。

恒温动物与变温动物的有髓纤维尽管直径相同，但传导速度却不相同，如猫的 A 类纤维的传导速度为 100m/s，而蛙的 A 类纤维只有 40m/s。另外，温度也是影响传导速度的因素之一，温度降低则传导速度减慢。临床上局部低温麻醉就是利用温度降低使传导速度减慢，进而导致神经传导发生阻滞的机制。

（三）神经元的轴浆运输

神经元的胞体与轴突之间经常进行物质运输和交换。轴突内的轴浆是双向流动的，既可从胞体流向轴突末端，也可从轴突末端流向胞体。

1. 顺向轴浆运输

顺向轴浆运输（anterograde anxoplasmic transport）是指轴浆由胞体向轴突末梢的转运（顺向流）。顺向轴浆运输可分为快速与慢速两类，快速轴浆运输是指含有递质的囊泡等的运输，其转运速度可达300～400mm/天，是通过一种类似于肌凝蛋白的驱动蛋白实现的。慢速轴浆运输是指由胞体合成的蛋白质所构成的微管和微丝等结构不断向前延伸，轴浆的其他可溶性成分也随之向前运输，其速度仅为1～12mm/天。轴浆的顺向流动与神经纤维的机能以及再生有着密切关系。

2. 逆向轴浆运输

逆向轴浆运输（retrograde anxoplasmic transport）是指一些物质从轴突末梢向胞体方向运输（逆向流）。逆向运输除向胞体转运经过重新活化的突触前末梢的囊泡外，还能转运末梢摄取的外源性物质，是外源性亲神经物质的转运渠道。如破伤风毒素和狂犬病病毒由外周向中枢神经系统转运的机制，就是逆向轴浆流动的结果。

（四）神经的营养性作用和支持神经的营养性因子

1. 神经的营养性作用

神经对所支配的组织除发挥调节作用（即功能性作用）外，神经末梢还经常释放一些营养性因子，持续地调节被支配组织的代谢活动，影响其结构、生化与生理过程，施加持久性影响，称为神经的营养性作用。有研究表明，神经的营养性作用与神经冲动无关，是通过神经末梢释放的某些营养因子作用于所支配的组织实现的。神经营养性作用的机制比较复杂，营养性因子可能是借助于轴浆运输由胞体流向末梢，然后由末梢释放到所支配的组织中，以维持组织的正常代谢及其功能。

2. 支持神经的营养性因子

神经支配的组织和星形胶质细胞也会持续产生某些分子，对神经元起支持和营养作用，并且能促进神经的生长发育，称为**神经营养因子**（neurotrophin，NT）。这是一类对神经元起营养作用的多肽分子。它们在神经末梢经由受体介导入胞的方式进入末梢，再经逆向轴浆运输抵达胞体，促进胞体合成有关蛋白质，以维持神经元的生长、发育以及功能的完整性。目前，已发现并分离到多种NT，主要有**神经生长因子**（nerve growth factor，NGF）、**脑源神经营养因子**（brain-derived neurotrophic factor，BDNF）、神经营养因子3（NT-3）、神经营养因子4/5（NT-4/5）和神经营养因子6（NT-6）等。

二、神经胶质细胞及其基本功能

神经系统的间质细胞或支持细胞有许多种，它们统称为**神经胶质细胞**（neuroglia），分布在神经元之间，其数量为神经元的几十倍，具有一定的形态及功能。在外周神经系统，胶质细胞包括形成髓鞘的雪旺细胞和脊神经节内的卫星细胞；在中枢神经系统主要有星形胶质细胞、少突胶质细胞和小胶质细胞三类。与神经元相比，胶质细胞在形态和功能上有很大差异。虽然胶质细胞也有突起，但无树突和轴突之分，细胞之间不形成化学性突触，但普遍存在缝隙连接。神经胶质细胞也有随细胞外 K^+浓度而改变的膜电位，但不能产生动作电位。其作用主要表现在以下几方面。

1．支持作用

在中枢神经系统内结缔组织很少，星形胶质细胞及其突起在脑和脊髓内相互连接交织成网，构成了支持神经元胞体和神经纤维的支架。

2．修复与再生作用

胶质细胞具有分裂和增殖能力，特别是脑或脊髓受到损伤时能大量增殖，局部出现许多小胶质细胞（一种特殊的巨噬细胞），能吞噬变性的神经组织碎片，并由星状胶质细胞填充缺损部位。

3．绝缘和屏障作用

少突胶质细胞形成中枢神经纤维的髓鞘，具有绝缘作用，可防止神经冲动传导时的电流扩散，使神经元的活动互不干扰。此外，神经胶质细胞还是构成血 - 脑屏障的重要组成成分。

4．物质代谢和营养性作用

星形胶质细胞一方面通过血管周足和突起连接毛细血管与神经元，对神经元运输营养物质和排除代谢产物可能有影响；另一方面星形胶质细胞还能产生神经营养性因子，以维持神经元的生长、发育和功能的完整性。

5．维持神经元的正常活动

神经元活动时，细胞外液中 K^+浓度升高，而胞外的高 K^+可能会干扰神经元的正常活动。星形胶质细胞可通过膜上钠泵的活动，将积聚于细胞外液中的 K^+泵入细胞内，并通过细胞之间的缝隙连接将 K^+转运到其他神经胶质细胞，对细胞外液 K^+起到一定的缓冲作用，从而保障神经元的正常活动。当神经胶质细胞受损时，它将 K^+泵入细胞内的能力减弱，可导致细胞外高 K^+，使神经元的兴奋性提高，从而形成局部癫痫病灶。

6．参与某些递质代谢

神经胶质细胞能摄取和分泌神经递质，从而对神经元的功能活动进行调节。

7．免疫应答作用

星形胶质细胞可作为中枢的抗原递呈细胞。因其细胞膜上存在特异性的主要组织相容性复合物Ⅱ类蛋白分子，能与处理过的外来抗原结合，将其递呈给 T 淋巴细胞。

第二节　神经元间的功能联系

神经系统的功能非常复杂，其中任何一种功能的完成都要依靠多个神经元的共同活动，因为神经元之间并没有原生质相连，其间的信息必须依靠神经末梢释放的化学物质或电流扩布来进行传递。神经元之间信息传递的基本方式包括突触传递（化学性突触传递和电突触传递）与非突触传递。

一、突触与突触传递

神经元彼此之间以及神经末梢和效应细胞之间相互接触的部位称为**突触**（synapse）。在功能上，突触前细胞的活动引起突触后细胞活动的过程，称为突触传递。通过突触传递，一个神经元的信息可传递给另一个神经元或效应器细胞，使后者兴奋或抑制。神经 - 肌肉接头也是一种突触型结构，故神经 - 肌肉接头的兴奋传递也是一种突触传递过程（详见肌肉章节）。

（一）突触的基本结构

一个神经元的轴突末梢往往首先分成许多小枝，每个小枝的末端膨大成球状，称**突触小体**（synaptic button），与另一神经元的胞体或树突形成突触联系。通过电镜观察，突触的接触处由两层膜隔开，轴突末端的轴突膜称为**突触前膜**（presynaptic membrance），与突触前膜相对的胞体膜或树突膜则称为**突触后膜**（postsynaptic membrance）。两膜之间有一比较均匀的宽 20～40nm 的裂隙，称为**突触间隙**（synaptic cleft）。突触间隙的液体与细胞外液是连续的，因此，具有相同的离子组成。突触前膜和后膜较一般的神经元细胞膜略微增厚，在突触前膜有一片间断性的呈栅栏状的致密性增厚，从这里发出一些**致密突起**（dense projection）伸入胞质内。在胞质内有较多的线粒体和大量聚积的小泡，后者称**突触囊泡**（synaptic vesicle），囊泡内含有高浓度的递质。突触囊泡分布不均匀，常聚集在致密突起处，致密突起之间有间隙，可能是囊泡内递质的释放口。突触后膜上有一些特殊的结构，称为**受体**（receptor），它能与特定的递质发生特异性的结合。

上述突触结构指的是神经系统大多数突触，实际上不同性质与功能的突触在结构上是有区别的，例如，电突触就没有突触前后膜之分，其结构即为缝隙连接。

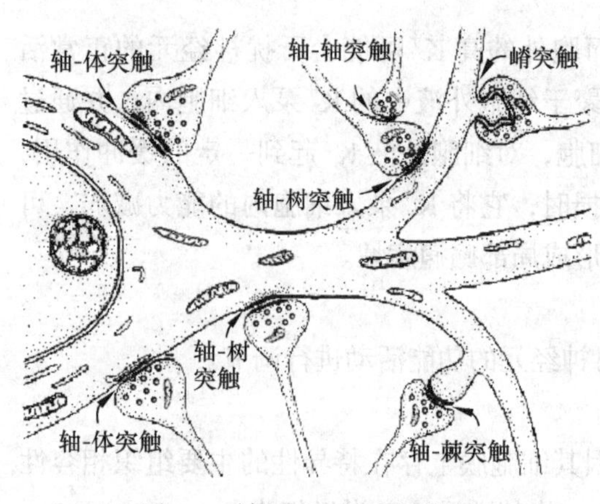

图 3-2　神经元上的突触类型

（二）突触的分类

一个神经元的突起末梢反复分分支后形成的许多突触小体，可与许多神经元的胞体或树突构成突触，因此，一个神经元可通过突触传递来影响许多神经元的活动。同时，一个神经元又可通过多个突触接受许多不同种类和性质神经元的影响（图 3-2）。

1. 根据突触的接触部位分类

（1）轴突 - 树突突触　一个神经元的轴突末梢与下一个神经元的树突发生接触。

（2）轴突 - 胞体突触　一个神经元的轴突末梢与下一个神经元的胞体发生接触。

（3）轴突 - 轴突突触　一个神经元的轴突末梢与下一个神经元的轴丘或轴突末梢发生接触。

前两种突触最常见，后一种较少见。此外，在中枢神经系统中还存在少量的树突 - 树突、胞体 - 胞体、胞体 - 树突及树突 - 胞体等多种形式的突触联系，甚至一个神经元的轴突与该神经元的树突形成**自身突触**（autapse）、两个突触或与电突触组合而成的**串联式突触**（serial synapses）、**交互性突触**（reciprocal synapses）和**混合性突触**（mixed synapses）等。

2. 根据突触性质分类

（1）化学性突触 **化学性突触**（chemical synapse）有前后膜之分，信息为单向传递。

（2）电突触 **电突触**（electrical synapse）无前后膜之分，信息可以双向传递。

哺乳动物神经系统的突触传递几乎都是化学性突触。电突触主要见于鱼类和两栖类，但人的大脑与小脑也可能存在少量电突触。有报道称，在中枢神经系统还存在少量化学性突触与电突触同时并存的混合性突触。

3. 根据突触对下一个神经元功能活动的影响分类

使下一个神经元产生兴奋或抑制效应的突触分别被称为兴奋性或抑制性突触。兴奋性突触的特点是：①后膜较前膜显著肥厚；②突触间隙宽；③突触小体内突触小泡为直径约50nm的**球形小泡**（spheroid synaptic vesicle），简称为S型小泡，内含有兴奋性递质。抑制性突触的特点是：①前后膜的厚度并无显著差异；②突触间隙窄；③突触小体内长径约50nm，短径为30～40nm的**椭圆形扁平小泡**（flattened synaptic vesicle）简称F型小泡，内含抑制性递质。

实际上还有一些突触的突触小泡是**致密核心小泡**（dense core vesicle），其中，大的致密核心小泡内含肽类，小的致密核心小泡内含儿茶酚胺或5-羟色胺。

在中枢神经系统内，某些神经元之间的同一突触接触处，形成递质传递方向恰好相反的两个传递结构，称为交互性突触。在交互性突触中，两个方向相反传递结构的功能可以是相同的，但也可能其中一个是兴奋性的，另一个是抑制性的。如嗅球内僧帽细胞的树突与颗粒细胞的球芽状突起所形成的突触，便属于功能不同的交互性突触，这种结构排列可能与嗅觉的适应过程有关。

知识卡片

僧帽细胞：是一种与嗅觉有关的神经细胞，主要存在于大脑，与嗅小球相连。其主要作用是被嗅小球激活，传递嗅觉信息。携带相同受体的气味受体细胞会将神经信号传递到相应的“嗅小球”中，也就是说，来自具有相同受体细胞的信息会在相同的“嗅小球”集中。随后，嗅小球激活被称为僧帽细胞的神经细胞，每个“嗅小球”只激活一个僧帽细胞，这样，使动物嗅觉系统中信息传输的“专业性”得以保持，最后，僧帽细胞将信息传输到大脑的其他部分，其结果是使来自不同类型气味受体的信息组合成与特定气味相对应的模式，大脑最终能有意识地感知到特定的气味。

（三）化学性突触传递过程及其原理

化学性突触处没有胞质联系，突触前膜与突触后膜之间有一间隙隔开，且突触后膜不具有电兴奋性，因此，兴奋不可能通过局部电流的刺激作用向突触后神经元传递。此类突触处信息的传递是通过化学递质来完成的。

当神经冲动传至轴突末梢时，突触前膜兴奋，发生去极化而激活电压门控式Ca^{2+}通道。

此时，突触前膜对 Ca^{2+} 的通透性增加，Ca^{2+} 由突触间隙顺浓度梯度流入突触小体内，从而使一定数量的小泡向突触前膜接近并紧密接触，然后接触点发生融合并出现裂口，将小泡内的化学递质以**量子性释放**（quantal release）的形式释放到突触间隙。所谓量子性释放，就是指以突触小泡作为一个单位的整体释放，一个小泡内的化学性递质就称为一个量子单位，这种现象又称为胞裂外排或**出胞作用**（exocytosis）。在这一过程中，Ca^{2+} 的作用非常重要。目前认为，内流的 Ca^{2+} 与钙调蛋白结合成聚合物，后者激活轻链激酶，从而使轻链磷酸化，然后激活并分解 ATP，通过小泡周围的类肌纤蛋白和类肌凝蛋白收缩，促使小泡移向突触前膜而释放。Ca^{2+} 还可能有另外两方面的作用：一方面是降低轴浆的黏度，有利于突触小泡的移动；另一方面是清除突触前膜上的负电荷，便于突触小泡和突触前膜接触、融合和破裂。由于 Ca^{2+} 在递质释放中具有如此重要的作用，因此，如果减少细胞外 Ca^{2+} 的浓度，递质的释放就受到抑制，而增加 Ca^{2+} 的浓度则递质的释放量将增加。

递质释放出来后，通过突触间隙，然后扩散到突触后膜，并与后膜上的特殊受体结合。不同的突触后膜上存在不同的受体，二者结合后引起突触后膜上的某些离子通道开放，改变突触后膜对该种离子的通透性，使后膜电位发生变化，这种突触后膜上的电位变化，称为**突触后电位**（postsynaptic potential）。由于递质及其突触后膜对离子通透性的影响不同，突触后电位可分为两种类型，即**兴奋性突触后电位**（excitatory postsynaptic potential，EPSP）与**抑制性突触后电位**（inhibitory postsynaptic potential，IPSP）。

1. 兴奋性突触后电位

当动作电位传至轴突末梢时，使突触前膜兴奋，并释放**兴奋性递质**（excitatory transmitter），递质经突触间隙扩散到突触后膜，与后膜上的受体结合，使突触后膜对 Na^+、K^+ 和 Cl^-，尤其是对 Na^+ 的通透性升高，Na^+ 跨突触后膜内流，使突触后膜出现局部去极化，这种局部电位的变化，称为兴奋性突触后电位（EPSP）。EPSP 是局部电位，不能传导但可以扩散和叠加，当同一突触前末梢连续传来多个冲动时，或多个突触前末梢同时传来一连串冲动时，则 EPSP 就可以叠加起来，使电位幅度变大。当 EPSP 扩散到神经元轴突起始段（即轴丘）并叠加而达到阈电位时，即膜电位大约由 −70mV 去极化达 −52mV 左右时，便产生扩布性的动作电位，并沿轴突传导，传至整个突触后神经元，表现为突触后神经元的兴奋（时间总和），此过程称兴奋性突触传递。如果未能达到阈电位，虽不能产生动作电位，但由于此局部兴奋电位可提高突触后神经元的兴奋性，使之容易发生兴奋，这种现象称为易化。此外，与神经 - 肌肉接头的兴奋传递不同，在中枢神经系统内突触前后冲动的比例并不是一一对应关系，必须经过总和作用才有可能使轴丘发放动作电位。

2. 抑制性突触后电位

当抑制性中间神经元兴奋时，其末梢释放抑制性化学递质，递质扩散至突触后膜，与后膜上的受体结合，使突触后膜对 K^+ 和 Cl^- 的通透性升高，K^+ 外流和 Cl^- 内流，引起外向电流，结果使突触后膜**超极化**（hyperpolarization），即极化状态的加强，称为抑制性突触后电位（IPSP），此过程称抑制性突触传递。实际上 IPSP 只是抑制性突触传递的表现形式之一。若突触后神经元膜电位原先已接近 K^+ 与 Cl^- 的平均平衡电位，则出现膜电位“固定”作用，这也是突触后神经元受到抑制的一种表现方式。

IPSP在时程上与EPSP的电位变化相似，但极性相反，故可降低突触后神经元的兴奋性，使动作电位难以产生，从而发挥其抑制效应。

知识卡片

经典突触传递的电-化学-电位过程

兴奋性突触的传递：突触前末梢兴奋（动作电位产生）→突触前膜去极化，Ca^{2+}通道开放，Ca^{2+}内流→突触小泡前移并与前膜融合→囊泡破裂外排，释放兴奋性神经递质→递质与突触后膜受体结合→突触后膜Na^{+}通道开放→Na^{+}内流，引起突触后膜去极化，产生EPSP→EPSP总和使突触后膜的膜电位达到阈电位时，在轴丘处爆发动作电位→突触后神经元兴奋。

抑制性突触的传递：突触前末梢兴奋（动作电位产生）→突触前膜去极化，Ca^{2+}通道开放，Ca^{2+}内流→突触小泡前移并与前膜融合→囊泡破裂外排，释放抑制性神经递质→递质与突触后膜受体结合，主要提高突触后膜对Cl^{-}的通透性→Cl^{-}内流，引起突触后膜超极化，产生IPSP→突触后神经元抑制。

从以上全过程来看，化学性突触传递是一个电-化学-电位过程：

①"电"是指突触前末梢去极化。

②"化学"是指Ca^{2+}进入突触小体，突触小泡释放神经递质，神经递质扩散并与突触后膜上受体（或化学门控通道上的受体）发生特异结合。

③"电位"是指突触后膜对离子通透性改变，离子进入突触后膜，产生突触后电位。

（四）突触传递的其他方式

除了上述经典的化学性突触外，机体还存在其他类型的兴奋传递方式，如电突触和非突触性化学传递。

1．电突触传递

电突触传递发生在缝隙连接处，这种连接很紧密，两层神经膜间的间隙只有2～3nm，且存在许多连接两个细胞的桥状结构。每个桥状结构实际上是一个贯穿膜内外的连接蛋白，两侧膜上的桥状结构跨过狭窄的细胞间隙相互对接，从而构成一条能沟通两细胞间的通道。缝隙连接部位的电阻较低，信息可直接扩布，进行双向信息传递。这种传递方式在中枢神经系统中存在较多，使信息传递更广泛，这种传递速度明显快于化学性突触传递，可使中枢神经系统内的一些神经元得以进行同步活动。

2．非突触性化学传递

非突触性化学传递是指细胞间信息联系也需要化学递质的参与，但并不是通过上述经典突触结构实现的。以去甲肾上腺素（norepinephrine，NE或noradrenaline，NA）或乙酰胆碱（acetylcholine，ACh）为递质的内脏神经与其效应器的信息传递就是通过这种方式进行的。肾上腺素能神经元的轴突末梢有许多分支，在分支上有大量结节状**曲张体**（varicosity），曲张体内含有大量的小泡，为递质释放的部位。当神经冲动抵达曲张体时，递质从曲张体释放出来，通过弥散作用到达效应器细胞的受体，使效应细胞发生反应。由于这种化学传递不是通过突触进行的，故称为非突触性化学传递。在中枢神经系统内，也存在着这样的传递方式，例如，在大脑皮质内有直径很细的无髓纤维（属于去甲肾上腺素能纤维），其纤维分支上有许多曲张体，能释放去甲肾上腺素，这种曲张体绝大部分不与其支配的神经元形成突触，所以，这种传递属于非突触性化学传递方式。此外，中枢内5-羟色胺能纤维也能进行非突触性化学传递。

非突触性化学传递与突触性化学传递相比，有下列几个特点：①不存在突触前膜与突触后膜的特化结构；②不存在一对一的支配关系，即一个曲张体能支配较多的效应细胞；③曲张体与效应细胞间的距离至少在20nm以上，距离大的可达几个微米；④递质的弥散距离大，因此，传递耗时可大于1s；⑤递质弥散到效应细胞时，能否发生传递效应取决于效应细胞膜上有无相应的受体存在。可见，这种信息传递方式很独特，对于实现神经系统的复杂调节功能具有重要意义。

知识卡片

突触的可塑性：是指突触传递的功能可发生较长时间的增强或减弱。主要包括以下几种形式：①强直后增强。当突触前末梢接受一连串强直性刺激后，突触后神经元的突触后电位明显增强的现象，称为强直后增强。强直后增强的持续时间可达60s，其机制是强直性刺激使Ca^{2+}在突触前神经元内积累，Ca^{2+}的积累可使原本维持胞浆内浓度就很低的Ca^{2+}结合位点全部被占据，因而可使突触前末梢持续释放神经递质，进而导致突触后电位增强。②习惯化。当一种较为温和的刺激一遍又一遍地重复刺激时，突触对刺激的反应逐渐减弱甚至消失，这种可塑性称为习惯化。这是由于突触前末梢Ca^{2+}通道逐渐失活，引起细胞内Ca^{2+}减少所致。③敏感化。敏感化表现为突触对刺激的反应性增强，传导效能增强。它是由于反复刺激导致突触前末梢内递质释放增多所致，而突触前末梢递质释放增多则是由于腺苷酸环化酶增多，导致cAMP大量产生。所以，敏感化有可能是突触前易化，进而使某些生理过程变得容易。

二、神经递质

神经递质（neurotransmitter）是指由突触前神经元合成并在末梢处释放，经突触间隙扩散，特异性地作用于突触后神经元或效应器上的受体，导致信息从突触前传递到突触后的一些化学物质。无论是经典的突触传递还是非突触性化学传递，均有神经递质的参与，因此，神经递质是神经信息传递的物质基础。

（一）递质的鉴定

中枢神经系统内具有生理活性的化学物质很多，不一定都是神经递质。神经递质应符合或基本符合以下几个条件：①在突触前神经元内具有合成递质的前体物质及相应酶系统，并能合成递质；②合成的递质储存于突触小泡内，神经冲动到来时能将其释放入突触间隙；③能与突触后膜相应受体结合，产生特定生理效应；④在突触部位存在使递质失活的酶或摄取回收机制；⑤有特异的受体阻断剂能阻断递质的作用，也有激动剂能增强递质的效应。事实上，用实验方法全部验证上述条件是很困难的，目前，关于递质的鉴定标准学术界仍有分歧。

（二）调质的概念

调质是由神经元产生的另一类化学物质，它能调节信息传递的效率，增强或削弱递质的效应。一般来说，递质与调质的划分无明确界限，调质是从递质中派生出来的概念，不少情况下递质包含着调质，很多活性物质既可作为递质传递信息，又可作为调质对传递过程进行调节。

（三）递质的分类

根据递质存在的部位不同，可将其分为外周神经递质和中枢神经递质。

1. 外周神经递质的种类及其分布

由传出神经末梢所释放的神经递质，称为外周神经递质，主要包括乙酰胆碱、去甲肾上腺素和肽类递质三类。乙酰胆碱是分布最为广泛的外周递质，以乙酰胆碱为神经递质的神经纤维称为胆碱能纤维。交感和副交感神经的节前纤维、副交感神经节后纤维、部分交感神经节后纤维（支配汗腺的交感神经和骨骼肌的交感舒血管纤维）和躯体运动神经5种纤维的末梢都释放乙酰胆碱。大部分交感神经节后纤维的末梢（除上述交感胆碱能纤维外）均释放去甲肾上腺素，凡以释放去甲肾上腺素作为递质的神经纤维都称为肾上腺素能纤维。支配消化道的外周神经纤维，除胆碱能纤维和肾上腺素能纤维外，还发现有第三类纤维，其作用主要是抑制胃肠运动，这类神经元的胞体位于壁内神经丛中，其纤维能释放肽类化合物，包括血管活性肠肽、促胃液素和生长抑素等，将这类神经纤维称为肽能神经纤维。近年来还发现有些神经纤维末梢释放的是ATP，属嘌呤类物质，故也称为嘌呤能神经纤维。

2. 中枢神经递质的种类及其分布

在中枢神经系统内参与突触传递的神经递质，称为中枢神经递质。中枢神经递质约有30多种，大致可归纳为四类，即乙酰胆碱、单胺类、氨基酸和肽类。下面着重介绍几种较为重要的中枢神经递质的分布和作用。

（1）乙酰胆碱　在中枢神经系统内，合成和释放乙酰胆碱的神经元分布较广泛，主要是在脊髓前角运动神经元、脑干网状结构上行激动系统、丘脑和纹状体等脑区，在边缘系统的梨状核、杏仁核和海马等部位也存在乙酰胆碱递质系统。在中枢，乙酰胆碱递质绝大多数起兴奋作用。

（2）单胺类　包括多巴胺、去甲肾上腺素和5-羟色胺等，它们具有兴奋或抑制作用，但以抑制作用为主。多巴胺主要分布在黑质-纹状体系统、中脑-边缘系统和结节漏斗通路等区域，是锥体外系统的一种重要递质，主要起抑制效应；去甲肾上腺素主要分布在延髓、中脑和脑桥内，上行纤维投射到大脑皮质引起兴奋作用，投射到下丘脑和边缘叶对情绪活动也有兴奋作用。下行纤维投射到脊髓，对运动神经元有抑制作用；5-羟色胺主要分布于低位脑干中央的中缝核群，其向上投射纤维有抑制网状结构上行激活系统的效应，发挥稳定精神活动的作用。

（3）氨基酸类　有些氨基酸在脑内含量很高。近年来发现，谷氨酸在大脑和脊髓侧部含量较高，可能是一种兴奋性递质；甘氨酸可能是脊髓抑制性中间神经元末梢释放的一种递质；γ-氨基丁酸在脑内有广泛分布，已被公认是一种抑制性递质。

（4）肽类　中枢神经系统内已确认的肽类物质有P物质和脑啡肽等，其含量比其他类的递质少得多。P物质可能是传导痛觉的初级传入纤维末梢的递质；脑啡肽是一种含5个氨基酸的小肽，以纹状体、下丘脑和中脑中央灰质等部位含量较高，具有吗啡样活性，与镇痛作用有关。另外，一种缩胆囊素在脑内含量极高，可能与脑啡肽起对抗作用。

（5）其他递质　NO是一种由血管内皮细胞释放的内皮舒张因子。某些神经元含有NO合成酶，能使精氨酸合成NO，中枢神经系统中的NO可弥散到另一神经元发挥其生理作用，并起到神经元之间信息传递的作用。研究表明，CO不仅在心血管和免疫等系统中作为一种信使分子发挥作用，而且还可能是一种新型的神经递质。NO和CO都是通过旁分泌，以扩散的方式作用于靶细胞鸟苷酸环化酶的活性中心而产生生物学效应。此外，组胺也可能是脑内的神经递质。

（四）递质共存

一个神经元内不只存在并释放一种递质，许多神经元末梢内同时含有并释放两种以上递质（包括调质）的现象，称为递质共存。在高等动物交感神经节的神经元发育过程中，去甲肾上腺素和乙酰胆碱可以共存。在大鼠延髓神经元中5-羟色胺和P物质可以共存。在同一神经元中共存的物质有着不同的合成机制，在突触后膜也存在各自专门的受体，但它们之间有一定的关联性，其意义在于协调某些生理过程。例如，猫唾液腺接受副交感神经和交感神经的双重支配。副交感神经内含有乙酰胆碱和血管活性肠肽，前者能引起唾液腺分泌，后者则可舒张血管，增加唾液腺的血液供应，并增强唾液腺上胆碱能受体的亲和力，两者共同作用的结果是引起唾液腺分泌大量稀薄的唾液；交感神经内含去甲肾上腺素和神经肽Y，前者有促进唾液分泌和减少血液供应的作用，后者则主要收缩血管，减少血液供应，结果使唾液腺分泌少量黏稠的唾液。

三、受体

（一）受体的概念和特性

受体是指细胞膜或细胞内能与某些化学物质（如递质、调质和激素等）发生特异性结合并诱发生物效应的特殊生物分子。神经递质必须先与突触后膜或效应器细胞上的受体相结合，才能发挥其生物学作用。能与受体发生特异性结合并产生相应生理效应的化学物质称为受体激动剂。如果受体先被某种药物结合，则递质很难再与受体结合，于是递质就不能发挥作用。这种与受体结合使递质不能发挥作用的药物称为**受体阻断剂**（receptor antagonist）。递质与其相应的受体阻断剂在化学结构上往往具有一定的相似性，因此，两者均能和同一受体发生竞争性结合。

受体的种类很多，一般根据与其相结合的神经递质来命名。如凡能与乙酰胆碱结合的受体称为胆碱能受体，凡能与去甲肾上腺素结合的受体称肾上腺素能受体，其余类推。

受体与配体的结合具有以下四个特性：

（1）特异性 特定的受体只与特定的配体相结合，激动剂与受体结合后能产生特定的生物效应，但特异性的结合并非绝对的。

（2）饱和性 分布于膜上的受体数量是有限的，因此，它结合配体的数量也是有限的。

（3）可逆性 配体与受体既可以结合也可以解离，但不同配体的解离常数是不同的，有些拮抗剂与受体结合后很难解离，几乎为不可逆结合。

（4）脱敏性 当受体长时间地暴露于配体时，大多数受体会失去反应性，即产生脱敏现象。

（二）主要的受体系统

1. 乙酰胆碱及其受体

根据其药理特性，胆碱能受体可分为两大类：

（1）毒蕈碱型受体（M受体） 这类受体除能与ACh结合外，还能与毒蕈碱（muscarin）结合，产生相似的效应，故又称毒蕈碱型受体，简称M型受体。大多数副交感节后纤维（少数肽能纤维除外）和少数交感节后纤维（引起汗腺分泌和骨骼肌血管舒张的舒血管纤维）所支配的效应器上的胆碱能受体都是M型受体。当ACh与这类受体结合后，便可产生一系列副交感神经兴奋的效应，出现心率减慢，支气管平滑肌、胃肠平滑肌、膀胱逼尿肌和瞳孔括约肌收缩，以及消化腺分泌增加等现象，这种效应称为毒蕈碱样作用（M样作用）。阿托品是M型受体的阻断剂，它能阻断乙酰胆碱所引起的副交感神经兴奋的效应，是临床上常用的胃肠解痉和扩瞳药物。

（2）烟碱型受体（N受体） 这类受体除能与ACh结合外，还能与**烟碱**（nicotine）相结合，故称烟碱型受体，简称N型受体。N受体又可分为神经-肌肉接头处的N_2受体和神经节处的N_1受体两种亚型，它们分别存在于神经-肌肉接头的后膜（终板膜）和交感神经及副交感神经节的突触后膜上，因此，又将前者称为N_2受体类型，后者称为N_1受体类型。当它们与ACh结合时，则产生烟碱样作用，可分别引起骨骼肌和节后神经元兴奋。箭毒可与神经-肌肉接头处的N_2受体结合而发挥阻断剂的作用；六烃季胺可与交感和副交感神经节突触后膜上的N_1受体结合而起阻断剂的作用。

2. 儿茶酚胺及其受体

肾上腺素能受体可分为α型与β型两种。α受体又可分为α_1和α_2受体两个亚型；β受体则分为β_1、β_2和β_3受体三个亚型。

肾上腺素能受体的分布极为广泛，在外周神经系统中，多数受交感节后纤维末梢支配的效应细胞膜上都有肾上腺素能受体，但受体种类有所不同，有的效应器仅有α受体，有的仅有β受体，有的两种受体兼有，而且受体不仅对交感神经递质起反应，也可对血液中存在的儿茶酚胺类物质起反应。肾上腺素能受体兴奋后产生的效应较为复杂，既有兴奋的也有抑制的，或二者兼有（表3-3）。

表 3-3　植物性神经（自主神经）的递质、受体及其效应（樊小力，2000）

效应器官		交感神经			副交感神经		
		递质	受体	效应	递质	受体	效应
眼	瞳孔开大肌	去甲肾上腺素	α_1	收缩			
	瞳孔括约肌				乙酰胆碱	M	收缩
	睫状肌						
心	窦房结	去甲肾上腺素	β_1	心率加快			心率减慢
	房室传导系统			传导加快			传导减慢
	心肌			收缩加强			收缩减弱
血管	脑血管	去甲肾上腺素	α_1	收缩			
	冠状血管	去甲肾上腺素	α_1	收缩			
			β_2	舒张（为主）			
	皮肤黏膜血管	去甲肾上腺素	α_1	收缩			
	骨骼肌血管	去甲肾上腺素	α_1	收缩			
			β_2	舒张（为主）			
		乙酰胆碱	M	舒张（为主）			
	腹腔内脏血管	去甲肾上腺素	α_1	收缩（为主）			
			β_2	舒张			
	外生殖器血管	去甲肾上腺素	α_1	收缩	乙酰胆碱	M	舒张
支气管	平滑肌	去甲肾上腺素	β_2	舒张	乙酰胆碱	M	舒张
	腺体	去甲肾上腺素	β_2	促进分泌			促进分泌
			α_1	抑制分泌			
消化器官	胃平滑肌	去甲肾上腺素	β_2	舒张	乙酰胆碱	M	收缩
	小肠平滑肌		β_2	舒张			收缩
	括约肌		α_1	收缩			舒张
	唾液腺		α_1	分泌黏稠唾液			分泌稀薄唾液
	胃腺		β_2	抑制分泌			分泌增多
膀胱	逼尿肌	去甲肾上腺素	β_2	舒张	乙酰胆碱	M	收缩
	尿道内括约肌		α_1	收缩			舒张
子宫	有孕子宫	去甲肾上腺素	α_1	收缩			
	无孕子宫		β_2	舒张			
皮肤	竖毛肌	去甲肾上腺素	α_1	收缩			
	汗腺	乙酰胆碱	M	分泌增多			
代谢	糖酵解	去甲肾上腺素	β_2	增加			
	脂肪分解		β_3	增加			

3. 5- 羟色胺及其受体

现已知的 5- 羟色胺受体共 7 种，即 5-HT_1～5-HT_7 受体。在 5-HT_1 受体中又分出 5-HT_{1A}、5-HT_{1B}、5-HT_{1D}、5-HT_{1E} 和 5-HT_{1F} 五种亚型；在 5-HT_2 受体中又分出 5-HT_{2A}、5-HT_{2B} 和 5-HT_{2C}

（以前称为 $5\text{-}HT_{1C}$）三种亚型；在 $5\text{-}HT_5$ 受体中又分出 $5\text{-}HT_{5A}$ 和 $5\text{-}HT_{5B}$ 两种亚型。这些受体中除 $5\text{-}HT_3$ 受体是离子通道外，大多数是 G 蛋白偶联受体。另外，这些受体中有些是突触前受体，如部分 $5\text{-}HT_{1A}$ 受体。

4. 氨基酸类递质及其受体

氨基酸类受体可分为兴奋性氨基酸受体和抑制性氨基酸受体两类。兴奋性氨基酸受体包括谷氨酸受体和门冬氨酸受体，其中，谷氨酸受体包括促代谢型受体与促离子型受体两种类型。抑制性氨基酸受体包括甘氨酸受体和 γ- 氨基丁酸（GABA）受体。GABA 受体也跟谷氨酸受体一样，分为促代谢型受体和促离子型受体两类。前者称为 $GABA_B$ 受体，为 G 蛋白偶联受体；后者称为 $GABA_A$ 受体，是由不同的亚单位构成的 Cl^- 通道。

5. 肽类递质及其受体

下丘脑调节垂体功能的肽类激素及其受体大部分可在不同脑区发现，如促甲状腺激素释放激素（TRH）在下丘脑以外的脑区能直接影响神经元的放电活动，提示其可能具有激素和神经递质的双重功能。生长抑素也在脑内许多区域发挥神经递质的作用，参与感觉传入、运动传出和智能活动等方面的调节。现已知有五种不同的生长抑素受体，它们分别是 SSTR1～SSTR5 受体，全部都与 G_0 蛋白偶联，并通过降低 cAMP 而引起不同的生理效应。P 物质受体也是 G 蛋白偶联受体。阿片受体有很多亚型，其中已确定的有 μ、δ、κ 三种受体，它们的药理特性、分布以及对各种配体的亲和力均不同，三种受体都是 G 蛋白偶联受体。脑内还存在脑 - 肠肽等相应受体。

第三节 反射活动的一般规律

机体的活动是由多种反射同时参与的。**反射**（reflex）是神经系统活动的基本形式，是指在中枢神经系统参与下，机体对内外环境刺激所发生的反应。这些反射活动相互协调，使得机体的活动有一定顺序、一定强度和一定的适应意义。反射活动之所以能够协调，是由中枢兴奋和抑制过程的相互配合实现的。

一、反射弧与反射的基本过程

（一）反射弧的组成

反射的结构基础和基本单位是反射弧。反射弧包括感受器、传入神经、反射中枢、传出神经和效应器五个组成部分。感受器一般是神经末梢的特殊结构，是一种换能装置，可将所感受到的各种刺激信息转变为神经冲动。感受器的种类多、分布广，有严格的特异性，只能接受某种特定的适宜刺激；效应器指产生效应的器官，如骨骼肌、平滑肌、心肌和腺体等；反射中枢通常是指中枢神经系统内调节某一特定生理功能的神经元群；传入神经由传入神经元的突起（包括周围突和中枢突）所构成，神经元的胞体位于背根神经节或脑神经节内，其周围突与感受器相连，感受器接受刺激转变为神经冲动，神经冲动沿周围突传向胞体，再沿中枢突传向中枢；传出神经是由中枢传出神经元的轴突构成的神经纤维。

（二）反射的基本过程

一个反射的基本过程可简单的描述为：一定的刺激被相应的感受器所感受，使感受器兴奋；兴奋以神经冲动的方式由传入神经传向中枢；通过中枢的分析与综合、产生兴奋；中枢的兴奋又经传出神经到达效应器，使效应器的活动发生相应变化。如果中枢发生抑制，则使中枢原有的传出冲动减弱或停止。在实验条件下，人工的刺激直接作用于传入神经也可引起反射活动，但在自然条件下，反射活动一般都需经过完整的反射弧来实现，如果反射弧中任何一个环节中断或被破坏，反射就不能发生。

整体情况下发生反射活动时，反射中枢的范围可以相差很大。一般较简单的反射活动，参与反射活动的中枢范围较狭窄，例如，膝跳反射的中枢仅在脊髓，传入与传出神经元之间只有一个突触，是机体内唯一的单突触反射弧。但一个复杂的反射活动，其反射中枢范围则很广，从传入到传出神经元之间插入一个或多个中间神经元，其反射弧叫多突触反射弧。在整体中，往往感觉冲动传入脊髓或脑干后，除了在同一水平与传出部位发生联系外，还有上行的冲动传导到更高级的中枢部位，乃至大脑皮质。通过高级中枢的进一步整合，再发出下行冲动来调整反射的传出冲动。通过以上多级水平的整合后，使反射活动具有更大的复杂性和适应性，例如，呼吸中枢就分布在延脑、脑桥、下丘脑以及大脑皮质。神经中枢的活动除了通过神经纤维直接作用于效应器外，在某些情况下，传出神经也可作用于内分泌腺或组织，通过内分泌腺分泌激素，再间接地作用于效应器，这时的激素调节成了神经调节的延伸部分。反射效应在内分泌腺的参与下，往往变得比较缓慢、广泛而持久。例如，强烈的疼痛刺激可以通过交感神经反射性地引起肾上腺髓质激素分泌增加，从而产生广泛的生理效应。

二、中枢神经元的联系方式

在神经中枢内，神经元之间的联系极为广泛而复杂，这些方式往往交错存在，是完成中枢神经系统复杂生理功能的结构基础，但其基本的联系方式包括下列几种。

1. 辐散式

一个神经元通过其轴突末梢的分支可与多个神经元建立突触联系，并可一级一级地分散开去，从而把信息传给许多神经元，这种联系方式使神经兴奋和抑制过程得以向邻近神经元扩散。例如，传入神经纤维进入中枢神经系统后，与其他神经元发生的突触联系就是以辐散式为主。

2. 聚合式

多个神经元的轴突末梢与少数神经元发生突触联系，最终集中于一个神经元。这种联系方式可使许多神经元的兴奋和抑制活动聚合到一个神经元上并发生总和，结果使效应得到加强或减弱。在神经系统的传出通路中常以聚合式为主（图 3-3）。

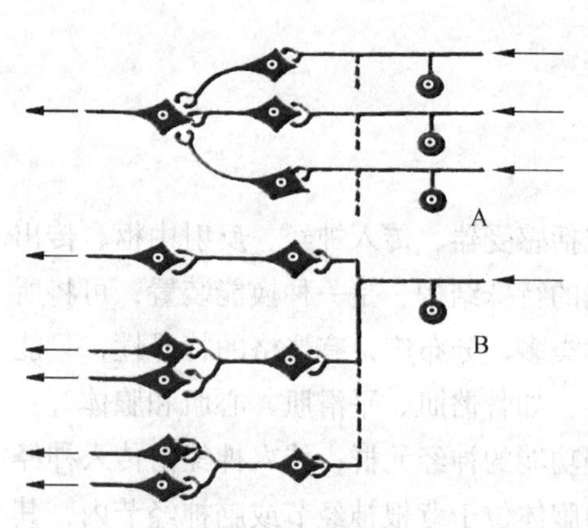

图 3-3　中枢神经系统内突触联系的基本方式
A．聚合式；B．辐射式
箭头表示兴奋（抑制）传递的方向

3. 链锁式与环式

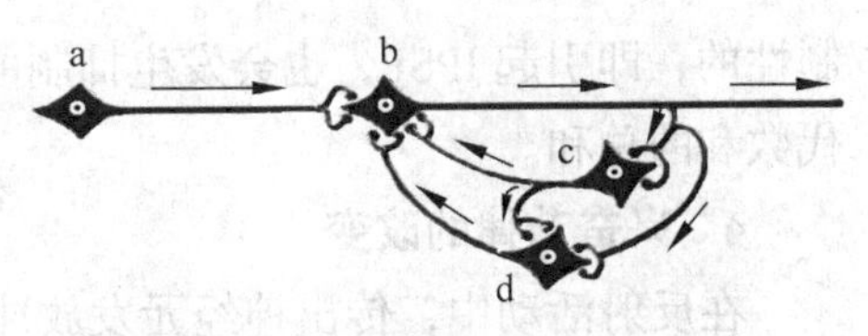

图 3-4 中枢兴奋后放的神经机制
当感觉冲动由 a 神经元传入后，除直接由 b 传出外，还会经旁支传到 c 和 d，再重新传到 b。这样，由 a 传入的冲动可以使 b 先后发出几次冲动，产生后放。

在中枢神经系统内，由于中间神经元的加入，使神经元之间的联系呈现多样性。由于联系方式的不同组合，从而产生了链锁式和环式联系（图 3-4）。在这些联系中，辐散式和聚合式联系方式可同时存在。当兴奋通过链锁式联系时，可以在空间上加强或扩大作用范围；当兴奋通过环式联系时，如果其中各神经元都是兴奋性神经元，则兴奋得到加强和延续，起到正反馈作用，并在停止刺激后，反射活动仍然持续一段时间，产生所谓后放。如果环路中的某些神经元是抑制性的，则起负反馈调节作用，可使原来的神经活动终止。

三、中枢兴奋的传布特征

神经冲动在中枢传布时，往往通过一次以上的突触接替。由于突触的结构和神经递质等因素的影响，使其在中枢的传布完全不同于在神经纤维上的冲动传导，因此，中枢神经兴奋的传布具有以下特征。

1. 单向传布

兴奋在神经纤维上的传导呈双向性。而在中枢存在着大量的化学性突触，兴奋只能由突触前末梢传向突触后神经元，即兴奋从一个神经元的轴突向另一个神经元的胞体或突起传递，因此，兴奋只能由传入神经元向传出神经元方向传布，而不能逆向传递。但近年来的研究又指出，突触后的神经元也能释放一些物质（如 NO 和多肽），并逆向传递到突触前末梢，其作用仅改变突触前神经元释放递质的过程，而与兴奋传递无直接关系。因此，从突触前、后的信息沟通角度来看又是双向的。

2. 中枢延搁

由于化学性突触传递过程比较复杂，其中包括突触前膜释放递质、递质扩散到达后膜及与受体结合发挥作用等多个环节，因此，兴奋通过突触耗费的时间较长。据测定，兴奋通过一个突触所需要的时间为 0.3～0.5ms，比神经冲动在神经纤维上传导要慢得多。在反射活动中，兴奋往往需要通过多个突触的接替，故其延搁时间长达 10～20ms，而与大脑皮质活动相联系的反射，更可达 500ms。将兴奋通过中枢部分时，传递比较缓慢、历时较长的现象，称为中枢延搁。在反射过程中，通过的突触数目越多，中枢延搁越长。因此，通过测定中枢延搁时间可判断反射活动的复杂程度。

3. 总和作用

在中枢神经系统内，单根神经纤维的单一冲动所引起的兴奋性突触后电位较小，常常不足以使突触后神经元产生动作电位，进而不能引起传出效应，因此，兴奋在中枢传布需要多个 EPSP 的总和，才能达到阈电位水平，从而爆发动作电位。兴奋的总和包括时间总和与空间总和。前者是指同一突触前神经末梢连续传来一系列冲动，后者是指许多传入神经纤维的冲动同时传至同一神经元。当有许多冲动较集中地到来时，则每个冲动各自产生的 EPSP 就能叠加起来，达到阈电位水平时，便使突触后神经元产生扩布性兴奋。若上述传入纤维是抑制性的，即引起 IPSP，也会发生抑制的总和。此外，EPSP 与 IPSP 也可以相互抵消，即发生代数和的总和。

4. 兴奋节律的改变

在反射活动中，传出神经元发放冲动的频率与传入神经元的冲动频率往往不同，因为传出冲动的频率是传出神经元对其所接收的信息进行总和的结果。因此，除传入神经元的冲动频率外，传出神经元的功能状态对传出冲动的频率也有重要的影响。由于一个突触后神经元常与多个突触前神经元有突触联系，所以它们的活动信息也是突触后神经元总和活动的对象。

5. 后放

神经元之间的环式联系是产生后放的主要结构基础。此外，在效应器发生反应时，其本身的感受器（如肌梭）又受到刺激，由此产生的继发性冲动经传入神经传到中枢，这种反馈作用可起到纠正或维持原先反射活动的作用，同时也是产生后放的原因之一。

6. 局限化与扩散

感受器在接受一个适宜刺激之后，一般仅引起较局部的神经反射，而不产生广泛的活动，称为反射的局限化。例如，电刺激脊蛙（破坏脑而保留脊髓的蛙）的后肢，仅引起蛙的后肢出现屈肌反射，但如果用过强的刺激刺激蛙的皮肤或内脏时，均会引起蛙广泛性的活动，称为反射的扩散。扩散的结构基础是神经元的辐散式连接方式，进而引起大部分或整个脊髓节段产生大量的神经元放电，出现广泛的反应，包括机体大部分屈肌强烈收缩，以及出现排尿、排粪、血压升高和大量出汗等整体反射。

7. 对内环境变化的敏感性和易疲劳性

递质的生物合成、释放和与受体的结合，以及突触前、后膜通透性的变化等都是一些化学过程。加之突出间隙与细胞外液相通，因此，内环境的变化和一些药物最容易影响突触传递过程。许多作用于中枢神经系统的药物，大部分作用于突触部位，因此，与神经纤维传导兴奋的相对不疲劳的特性相比较，突触部位也是反射弧中最容易疲劳的环节。实验发现，突触前神经元反复受到较高频率的刺激时，突触后神经元发放的冲动会逐渐减少，反射活动也明显减弱，中枢疲劳可能与突触小体中储存的递质被耗尽有关。碱中毒往往使神经元兴奋性增高，酸中毒则显著抑制神经元的活动。神经元对缺氧很敏感，断绝氧供应若干秒钟既可引起神经元丧失兴奋性，所以维持脑组织的内环境相对恒定特别重要。疲劳的出现，亦是防止中枢过度兴奋的一种保护性机制。

四、中枢抑制的类型和产生机制

中枢内除有兴奋性活动外，还有抑制性活动。抑制也是中枢神经系统的一种重要生理过程，因为在其活动过程中，同样有化学递质的释放、电位和强度的变化，以及中枢兴奋的单向传递、总和作用、后放作用及恢复过程等特征，中枢抑制的生理作用主要是调整中枢神经兴奋的强度和广度，使反射活动适度、有效，且使各种反射精确、协调，同时对机体还具有保护作用。中枢抑制过程与兴奋过程相比更为复杂，其产生的部位既可在突触后，也可在突触前。其产生机制既有超极化，也有去极化。因此，根据产生部位不同，中枢抑制可分为突触后抑制和突触前抑制。根据抑制性中间神经元联系方式和功能的不同，突触后抑制又分为传入侧支抑制和返回抑制。

（一）突触后抑制

突触后抑制是由抑制性中间神经元活动所引起的一种抑制。当抑制性中间神经元兴奋时，其轴突末梢释放抑制性递质，使突触后膜发生超极化，产生抑制性突触后电位，从而抑制突触后神经元的活动。

1．传入侧支性抑制

传入神经纤维进入中枢后，一方面直接兴奋与其联系的神经元，另一方面通过其轴突侧支兴奋一个抑制性中间神经元，转而抑制另一个神经元，称为传入侧支性抑制。因为这种抑制常发生在功能上相互拮抗的中枢之间，故又称交互抑制。例如，屈肌反射活动中，当其传入纤维传入脊髓后，一方面直接兴奋支配屈肌的运动神经元，同时通过侧支兴奋抑制性中间神经元，进而抑制伸肌的运动神经元，从而引起屈肌收缩而伸肌舒张。交互抑制的结构基础主要是中间神经元的辐散式联系，其生理意义是保证反射活动的协调。

2．回返性抑制

当某一中枢神经元兴奋时，其冲动沿轴突传出的同时，又经其轴突侧支兴奋一个抑制性中间神经元，这一抑制性中间神经元经其轴突返回来抑制原先发动兴奋的神经元及同一中枢的其他神经元，使其活动受到抑制，称为回返性抑制（图 3-5）。例如，脊髓前角运动神经元发出冲动支配骨骼肌活动的同时，通过其轴突侧支兴奋闰绍细胞（闰绍细胞是一种抑制性中间神经元，它释放的抑制性递质可能是甘氨酸），该细胞返回来抑制原脊髓前角运动神经元的活动，使其活动减弱以至终止，从而控制运动神经元传出活动的水平。因为这种抑制起着负反馈作用，故又称负反馈性抑制。这种抑制的结构基础主要是中间神经元的环路式联系，其生理意义是调整某神经中枢的活动水平，使中枢之间得以协调，传出效应灵活多样，以便更好地适应环境的变化。

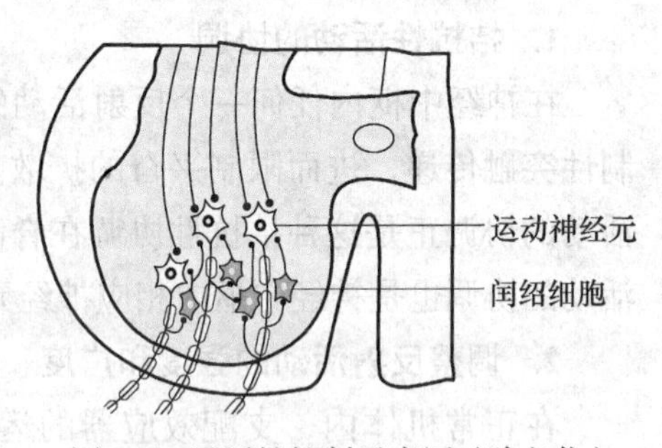

图 3-5　回返性抑制示意图（陈义仿）

（二）突触前抑制

突触前抑制是通过轴 - 轴式的突触活动，使突触前膜的兴奋性递质释放量减少，从而引起后神经元产生抑制效应的一种抑制形式，这种抑制效应产生于 3 个神经元组成的 2 个突触联合活动中（图 3-6）。在实验条件下可看到，轴突Ⅰ末梢兴奋可使运动神经元产生一个约 10mV 的兴奋性突触后电位。轴突Ⅱ不直接与运动神经元轴突的胞体接触，当轴突Ⅱ单独兴奋时，运动神经元并没有反应。如果在轴突Ⅰ兴奋之前，先令轴突Ⅱ兴奋，则运动神经元的兴奋性突触后电位辐值减小到只有 5mV 左右，说明运动神经元的兴奋受到

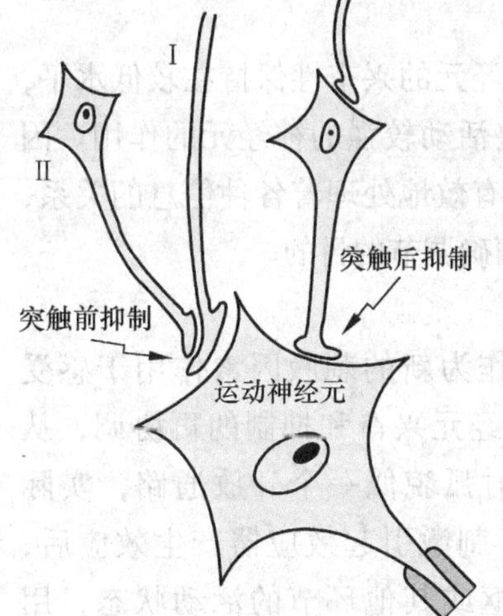

图 3-6　突触前抑制与突触后抑制示意图

抑制。可见，这种抑制的产生是轴突Ⅱ兴奋作用于轴突Ⅰ所引起的。可见，抑制效应的原因不在突触后膜上，而是通过改变突触前膜的活动而实现的，故称为突触前抑制。与突触后抑制比较，突触前抑制还有潜伏期长和抑制效应持续时间较长的特点，抑制持续时间往往可达100～200ms，是一种很有效的抑制形式，这种抑制形式也如同突触后抑制一样，广泛存在于中枢神经系统中，这对保证"重点"信息传递具有重要意义。

五、神经中枢内神经元兴奋和抑制的相互作用

机体内各种反射活动相互配合，有序进行，用以应答相应的刺激，精确适应内、外环境的变化，称为反射活动的协调。反射活动协调的功能基础是神经中枢内相应神经元的兴奋和抑制活动过程在空间、时间以及强度等方面恰当配合和相互制约的结果。兴奋和抑制是中枢神经系统的两种基本活动过程，兴奋是神经元活动的基础，抑制则发挥调控兴奋强度和范围的作用，两者相互依存、缺一不可，但又相互制约、对立统一，从而保证了神经中枢活动的协调。中枢活动的协调主要表现为下列三种形式。

1. 拮抗性活动的协调

在神经中枢内任何一个反射活动的实现，除了需要兴奋性突触传递外，必然同时伴有抑制性突触传递，进而限制兴奋的扩散。例如，在动物运动时，左、右侧肢体以及前、后肢体活动的协调正是这种拮抗性协调在脊髓广泛范围内进行的结果。呼气与吸气、产热与散热等活动的协调也是神经中枢内相应神经元拮抗性协调的结果。

2. 调整反射活动的强度和广度

在正常机体内，支配效应器的运动神经元随时接受感觉神经元和许多中间神经元传来的冲动，其中有兴奋性的，也有抑制性的。尽管同一时间内有许多不同性质的冲动传到运动神经元，而决定其效应性质和强弱的是兴奋和抑制这两种活动的代数和。如果是兴奋过程占优势，则表现为兴奋效应；反之，则表现为抑制效应。正常机体的反射活动能保持适当的强度，从而做出精确的反应，正是神经中枢内相应神经元对多方面信息进行综合处理的结果。

在中枢神经系统中，突触后抑制的存在不仅可使有关神经元的兴奋性保持在较低水平，还可使原有兴奋活动较弱的神经元活动停止，从而突出那些活动较强的神经元的作用。因此，在复杂的神经网络中，抑制作用以"雕刻"的方式准确有效地处理着各种信息的关系，确定兴奋的范围，然后输出适应外界环境刺激的信号，实现精确调节的目的。

3. 反馈作用

反馈（feedback）作用是指一个反射活动的效应可以作为新的刺激因素作用于感受器，经传入神经再回输到该神经中枢，通过中枢内相应神经元兴奋和抑制的再协调，从而对反射活动重新调整，达到精确调节效应的目的。反射弧貌似一个开放通路，实际不然，反射活动是由一个闭合回路形成的自动控制系统，刺激引起效应器产生效应后，效应器输出变量中的一部分信息又反过来不断地改变中枢或其他环节的活动状态，用以纠正反射活动中出现的偏差，以实现调节的精确性，这种调控方式即是**反馈性调节**（feedback regulation）。

第四节 神经系统的感觉功能

动物机体的**感觉**（sensation）功能对内环境稳态的维持和外界环境变化的适应具有重要意义。一个反射活动的完成，首先是通过感受器接受内、外环境的各种刺激，将各种刺激所含的能量转换为相应的神经冲动，沿着感觉神经传入到中枢神经系统，经过多次交换神经元，最后到达大脑皮质的特定区域，产生相应的感觉，同时引起各种反射活动。其中，脊髓和脑干是接受传入冲动的基本部位，丘脑是感觉机能的较高级部位，大脑皮质是感觉机能的高级部位。

一、感受器

（一）感受器的定义和分类

感受器（sensory receptor）是指分布于体表或组织内部的一些专门感受机体内、外环境变化的特殊结构或装置。感受器的结构多种多样，有的就是感觉神经末梢本身，如与痛觉有关的游离神经末梢；有的感受器在裸露的神经末梢周围包绕一些细胞或形成特殊的结构小体，如与触压觉有关的触觉小体和环层小体等；还有一些是在结构和功能上都已高度分化的感觉细胞，它们以类似突触的形式与感觉神经末梢联系，如视网膜的感光细胞、耳蜗中的声音感受细胞和味蕾中的味觉感受细胞等。由感觉细胞以及与其相连的非神经性附属结构共同构成的特殊装置，称为感觉器官。如眼（视觉）、耳（听觉）、前庭（平衡感觉）、味蕾（味觉）和嗅上皮（嗅觉）等器官都是高等动物的特殊感觉器官。

机体内有各种各样的感受器，根据不同的分类方法可将机体的感受器分为多种类型。按分布的部位不同，感受器可分为**外感受器**（exteroceptor）和**内感受器**（interceptor）。位于体表和头部主要接受外界环境变化的感受器，统称为外感受器；位于体内感受机体内环境变化的感受器，统称为内感受器。每大类又可分为几小类，如下所示：

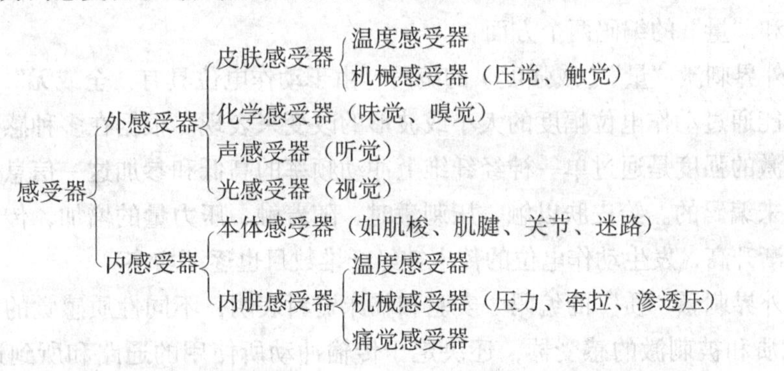

按所接受刺激的性质不同，感受器又可分为化学感受器、机械感受器、电磁感受器、温度感受器和伤害性感受器等。

（二）感受器的一般生理特性

各种感受器虽然在结构与功能活动方面不尽相同，但却表现出某些共同特征。

1. 感受器的适宜刺激

一般来说，每一种感受器通常只对某种特定形式的能量变化最敏感，这种形式的刺激称为该感受器的适宜刺激。例如，视网膜的适宜刺激为一定波长的电磁波，内耳柯蒂氏器的适宜刺激是一定频率的机械波，皮肤温度感受器的适宜刺激是温度变化等。引起感觉所需要的最小刺激强度称为感觉阈，感觉阈受刺激面积和作用时间的影响。另外，感受器对一些非适宜刺激也可引起反应，但所需的刺激强度常常要比适宜刺激大得多，以上特性是动物在长期进化过程中形成的。

知识卡片

柯蒂氏器（organ of Corti）：柯蒂氏器位于整个蜗管基底膜上，其结构类似于平衡感觉器官，它由毛细胞和支持细胞构成。毛细胞浸浴于内淋巴液中，并由盖膜的胶质膜所覆盖。蜗轴内的螺旋神经节是听觉接替通路第一级神经元的胞体所在部位，这些神经元的树突始于柯蒂氏器毛细胞的基底，轴突延伸成为耳蜗神经（第八脑神经的分支）进入脑，并将神经冲动传导到脑，产生听觉，因此，柯蒂氏器是听觉的感受器。

2. 感受器的换能作用

感受器能将它们接收到的适宜刺激的能量转换为传入神经纤维的动作电位，这种能量转换作用称为感受器的换能作用。因此，可将感受器看作生物换能器。感受器换能的基本过程是细胞膜对离子的通透性发生变化，导致膜电位的变化，这种膜电位变化称为感受器电位或发生器电位。在一定范围内，感受器电位随着刺激加强而增大，当其增大到阈电位水平时，就能使感觉神经末梢去极化，爆发动作电位并传播出去。

3. 感受器的编码作用

感受器在进行换能作用的同时，将刺激的“质”和“量”等信息转移到传入神经的电信号系统，即动作电位的序列中，这就是感受器的编码作用。感受器的编码作用表现在对外界刺激“质”和“量”的编码两个方面。

（1）对外界刺激“量”（或强度）的编码　由于动作电位具有“全或无”的特性，因而刺激强度不可能通过动作电位幅度的大小或波形的改变来表现。根据在多种感受器实验中得到的资料，刺激的强度是通过单一神经纤维上冲动频率的高低和参加这一信息传输的神经纤维数目的多少来编码的。给皮肤以触、压刺激时，随着触、压力量的增加，传入神经上动作电位的频率逐渐升高，发生动作电位的传入神经纤维数目也逐渐增多。

（2）对外界刺激“质”的编码　实验和临床资料表明，不同性质感觉的产生，不仅决定于刺激的性质和被刺激的感受器，还决定于传输冲动所使用的通路和所到达的特定终端部位，例如，电刺激视神经或直接刺激枕叶皮层，都能引起光感觉。临床上某些痛传导通路或相应中枢病变，常会引起身体一定部位的疼痛。事实上，即便是在同一性质刺激的范围内，它们的一些次级属性（如视觉刺激中不同波长的光线和听觉刺激中不同频率的震动等）也都有特殊分化了的感受器和专用传导途经。在自然状态下，由于感受器细胞在进化过程中的高度分化，使得某一感受细胞变得对某种刺激或其属性十分敏感，由此产生的传入信号只能按照特定的途经到达特定的皮层结构，引起特定性质的感觉。以上这些都说明，感觉的种类取决于传入冲动所到达高级中枢的部位，而高级中枢的兴奋部位又取决于被兴奋的感受器及传入通路的神经类型。

需要指出的是，感觉的产生不仅在感受器部位有编码作用，在感觉的中枢神经网络传输与分析过程中也要不断地进行编码。

4. 感受器的适应现象

当一定强度的刺激持续作用于感受器时，将引起感觉传入神经纤维上的冲动频率随刺激时间的延长而逐渐降低，这一现象称为感受器的适应。适应是所有感受器的一个功能特性，但适应的程度可因感受器的类型不同而有很大的差异，根据这些差异通常将感受器区分为快适应感受器和慢适应感受器两类。例如，痛觉感受器和颈动脉窦的压力感受器是适应很慢的感受器，而嗅觉和触觉感受器的适应却很快。感受器适应的机制比较复杂，它可发生在感觉信息转换的不同阶段，如感受器的换能过程、离子通道的功能状态以及感受器细胞与感觉神经纤维之间的突触传递特性等均可影响感受器的适应。一般来说，感受器的适应快慢有一定的生理意义，快适应有利于感受器和中枢再接受新刺激，增强机体对环境的适应能力；而慢适应则有利于机体某方面的功能进行持久而恒定的调节，或者向中枢持续发放有害刺激信息以达到保护机体的目的。适应并非疲劳，因对某一强度的刺激产生适应之后，如果增加刺激的强度，又可引起传入冲动的增加。

5. 对比现象和后作用

在某种刺激之前或同时受到另一种性质相反的刺激时，感受器的敏感性上升，称为对比现象。感觉还有明显的后作用，即当引起感觉的刺激消失后，感觉一般会持续存在若干时间，然后才逐渐消失。

二、感觉传导通路

当机体各种感受器接受内、外刺激时，除通过脑神经传入到中枢以外，大部分经脊神经背根进入脊髓，然后分别经由各自的前行传导路径传至丘脑，再经更换神经元抵达大脑皮质感觉区，即神经冲动沿一定的传导途经到达中枢，经过多次更换神经元，最后到达大脑皮质的特定区域形成相应的感觉。

（一）脊髓的感觉传导功能

由脊髓前行传到大脑皮质的感觉传导路径可分为浅感觉传导路径和深感觉传导路径两大类。

1. 浅感觉传导路径

传导皮肤和黏膜的痛觉、温度觉和轻触觉的冲动由三级神经元组成。

躯干、四肢的浅感觉由传入神经传至脊髓背角，在背角灰质区更换神经元，再发出纤维在中央管下交叉到对侧，分别经脊髓丘脑侧束（痛、温度觉）和脊髓丘脑腹束（轻触觉）前行到达丘脑，再由丘脑更换第三级神经元，投射到大脑皮质的躯体感觉区。此传导路径概括如下：

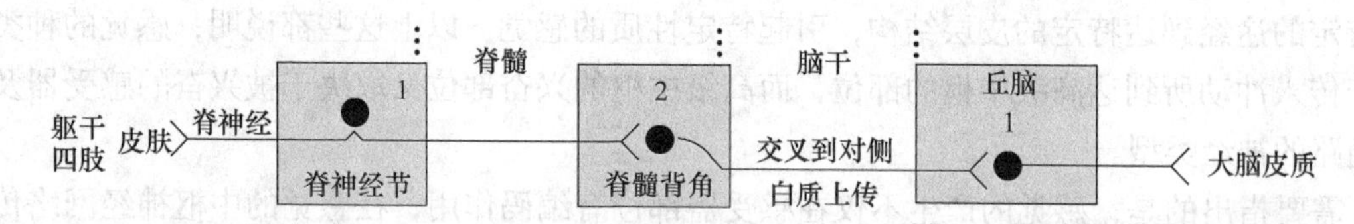

头面部的浅感觉经三叉神经传入脑桥后，其中传导轻触觉的纤维止于三叉神经主核，而传导痛、温度觉的纤维止于三叉神经脊束核。二者换元后，交叉到对侧前行，组成三叉丘系，经脑干各部行至丘脑更换第三级神经元后，投射到大脑皮质的躯体感觉区。此路径概括如下：

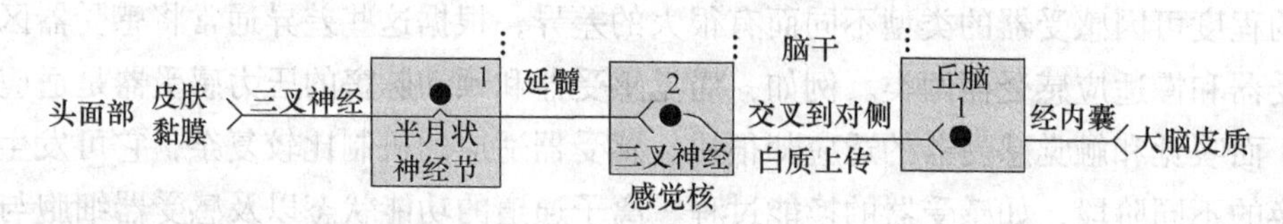

2. 深感觉传导路径

传导肌腱和关节等处的本体感觉和深部压觉的冲动，由这些部位的感受器所发出的冲动经脊神经传入脊髓背角，沿同侧背索前行抵达延髓的薄束核和楔束核。在此更换神经元并发出纤维交叉到对侧，经内侧丘系到达丘脑，在丘脑更换第三级神经元后投射到大脑皮质躯体感觉区。此路径概括如下：

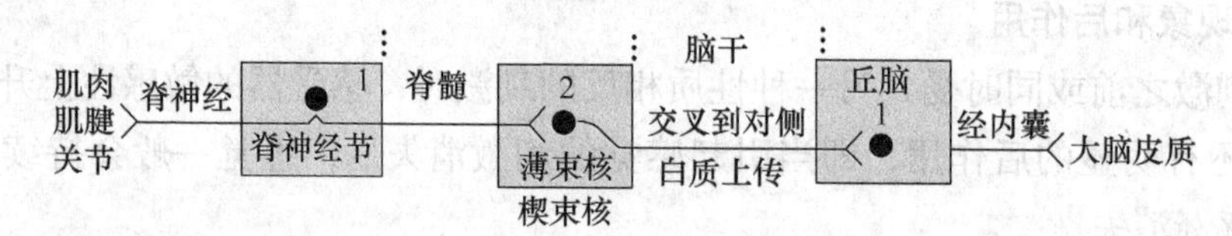

综上所述，脊髓在传导感觉冲动的途径中，都有一次交叉。浅感觉传导路在脊髓内是先交叉再前行；而深感觉传导路是先前行再交叉。因此，在脊髓半断离的情况下，浅感觉的障碍发生在断离的对侧，而深感觉的障碍发生在断离的同侧。

（二）丘脑及其感觉投射系统

在大脑皮质不发达的动物中，丘脑是感觉的最高级中枢；在大脑皮质发达的动物中，丘脑接受除嗅觉外的所有感觉的投射，是最重要的感觉接替站，可对感觉进行粗糙的分析与综合。丘脑与下丘脑和纹状体之间有纤维彼此联系，三者成为许多复杂的非条件反射的皮质下中枢。丘脑与大脑皮质之间的联系所构成的丘脑 - 皮质投射，决定大脑皮质的觉醒状态与感觉功能。故丘脑的病变可能导致感觉异常（如感觉减退或感觉过敏等）。

1. 丘脑的核团

根据神经联系和感觉功能特点，丘脑的核团大致可分为三大类。

（1）第一类细胞群（感觉接替核） 它们接受各种感觉的投射纤维，交换神经元后进一步投射到大脑皮质的特定感觉区，主要有后腹核、后外侧腹核和内、外侧膝状体等。

（2）第二类细胞群（联络核） 它们不直接接受感觉的投射纤维，而是接受由丘脑感觉接替核和其他皮质下中枢发出的纤维，换元后投射到大脑皮质某一特定区域，主要有外侧腹核接受小脑、苍白球和后腹核发出的纤维，投射到大脑皮质的运动区等。它们的功能与各种感觉在丘脑到大脑皮质的联系与协调有关。

（3）第三类细胞群（髓板内核群）是丘脑的古老部分，这类细胞没有直接投射到大脑皮质的纤维，但可间接地通过多突触接替，换元后弥散地投射到整个大脑皮质，主要有中央中核和束旁核等。

2. 丘脑的感觉投射系统

根据丘脑核团向大脑皮质投射特征的不同，可将感觉投射系统分为特异投射系统与非特异投射系统两类。

（1）特异投射系统　各感受器传入的神经冲动都要经脊髓或脑干，上行至丘脑更换神经元，并按特定的排列顺序投射到大脑皮质的特定区域，引起特定的感觉，故称为**特异投射系统**（specific projection system）。即每种感觉的传导投射系统都是专一的，并具有点对点的投射关系（部位特异性）。因为在特异传导通路中，神经元接替少，且为上、下直接的突触传递，特别是丘脑感觉接替核向大脑皮质的投射，主要终止于大脑皮质的相应感觉区，并有下行纤维控制感觉冲动的上传（保证了信息传递的准确性和可靠性），因此，特异投射系统的功能是将机体感受到的环境变化信息（包括其性质、强度、部位、时间及动态变化等），快速而准确地投射到大脑皮质相应感觉区，引起各种特定感觉。特异投射系统的功能除了引起特定的感觉外，还同时激发大脑皮质发出神经冲动，实现其最高中枢的调节功能。

（2）非特异投射系统　上述特异投射系统的神经纤维经过脑干时，发出侧枝与脑干网状结构的神经元发生突触联系，通过多次更换神经元之后，上行抵达丘脑内侧部再交换神经元，发出纤维弥散地投射到大脑皮质的广泛区域，此投射途经称为**非特异投射系统**（non-specific projection system）。非特异投射系统不具有点对点的投射关系，并失去了专一的特异性传导功能，是不同感觉的共同上传途经。其主要功能是维持和改变大脑皮质的兴奋状态，对保持机体觉醒具有重要作用。

特异投射系统与非特异投射系统是形成特定感觉所必需的，二者之间具有密切的联系。大脑皮质觉醒状态是产生特定感觉不可缺少的基础，而非特异性传入冲动又来源于特异投射系统的感觉传入信息。正常情况下，二者之间的相互作用与配合使大脑皮质既能处于觉醒状态，又能产生各种特定感觉。

三、大脑皮质的感觉分析功能

大脑皮质在哺乳动物的感觉机能中占有极为重要的地位。各种感觉传入冲动在大脑皮质进行分析和综合，产生相应的感觉。大脑皮质的不同区域在功能上具有不同的作用，称为大脑皮质的功能定位。

（一）躯体感觉区

躯体感觉区位于大脑皮质的顶叶。躯体感觉在大脑皮质的投影具有以下规律：①交叉投射。即左侧躯体的感觉投射在右侧皮层，右侧躯体的感觉投射在左侧皮层，但头面部的感觉投影是双侧性的。②前后倒置。即后肢投影在大脑皮质顶部，且转向大脑半球内侧面，而头部投影在底部。③大小不同。即投影区的大小决定于感觉的灵敏度、机能重要程度和动物特有的生活方式。研究表明，马和猪的躯体感觉以鼻部所占的投影区最大，而绵羊和山羊则以上下唇最大。这是由于鼻和口唇是这些动物觅食的主要器官，机能重要，灵敏度高，故投影区大。

研究证明大脑皮质还有第二感觉区，位置在上述区域的下面，范围较小，从系统发生来看，可能比较原始，仅对感觉进行粗略的分析。

（二）感觉运动区

感觉运动区即躯体运动区，也是肌肉本体感觉投影区，它与外周神经联系也是交叉性的。低等哺乳动物（如猫、兔和鼠等）的躯体感觉区和躯体运动区基本重合在一起，统称为感觉运动区。动物越高等，则这两个区域越分离，如猴等灵长类动物，躯体感觉区在顶叶中央后回，而躯体运动区则在额叶中央前回。

（三）内脏感觉区

全身内脏感觉神经混在交感神经和副交感神经中进入脊髓和脑干，更换神经元后，通过丘脑和下丘脑到达大脑皮质的中央后回和边缘叶。

（四）特殊感觉区

1. 视觉区

视觉区位于皮层的枕叶。视网膜的传入冲动，经在视交叉的半交叉投射，再通过特定的纤维，投射到此区的特定部位。

2. 听觉区

听觉区位于皮质的额叶。听觉的投射是双侧性的，一侧皮质代表区接受双侧耳蜗的投射。

3. 嗅觉与味觉

嗅觉区在大脑皮质的投射区域随着进化而缩小，高等动物的嗅觉区位于边缘叶的前底部区。味觉区在中央后回面部感觉投射区的下方。

上述大脑皮质各种感觉区的定位是相对的，只表明它与某种感觉的形成有着更密切的关系，起着关键或主导作用。其实，各感觉区的活动是密切联系和相互协调的。

四、痛觉

痛觉是由于伤害性刺激作用于机体所产生的一种复杂的感觉。痛觉产生时，常伴有不愉快的情绪和一系列的防御性反应，包括植物性神经系统的反应，如肾上腺素的分泌，血压上升和血糖升高等，称为痛反应。疼痛可作为机体受损伤时的一种报警系统，对机体起保护作用。但剧烈疼痛会引起机体功能失调，甚至发生休克。因此，认识痛觉产生的规律及其机制，以缓解疼痛，具有重要的临床意义和理论价值。

根据痛觉发生时机体所感觉到疼痛性质的不同，有刺痛、灼痛、触痛、胀痛、钝痛和绞痛之分；按刺激引起疼痛发生时间的不同，有快痛和慢痛之分；按刺激感受部位的不同，又可分为躯体痛（皮肤、肌肉和关节等）和内脏痛（胃痛和肝痛等）。在临床上，根据疼痛的部位、时间和性质可辅助某些疾病的诊断。

（一）痛觉传入神经纤维

电生理和组织学证明，皮肤、内脏和骨骼肌中的痛感受是通过薄髓鞘（Ⅲ类、Aδ 纤维，传导速度约为 11m/s）或无髓鞘（Ⅳ类、C 纤维，传导速度约为 1m/s）的神经纤维传入的。浅表痛的快痛是由 Aδ 纤维传入脊髓，而慢痛则是由 C 纤维传入的。

一般认为躯体伤害性刺激引起的痛觉冲动沿脊神经直接进入脊髓。内脏痛觉冲动主要由交感神经干内的传入纤维上传。食管和气管的痛觉冲动由迷走神经中的传入纤维传导。部分盆腔脏器（如直肠、膀胱三角区、前列腺和子宫颈等）的痛觉冲动由沿盆神经传入。内脏痛觉冲动由传入纤维进入脊髓后，与躯体神经基本上共用同一传入途经并上传。

（二）痛觉传导的上行通路

痛觉信息由痛觉纤维通过背根进入脊髓，在灰质背角，痛觉信息要经过一个或几个短纤维的中间神经元，并由最后一个神经元发出的长纤维，通过前联合立即交叉到对侧的腹外侧索。目前认为痛觉信息由脊髓上达丘脑，主要通过下述两条通路。

1. 脊髓 - 丘脑系统

由脊髓腹外侧索形成脊髓 - 丘脑侧束，然后上行直达丘脑，这条传导通路一般又分成两条途径。

（1）新脊髓 - 丘脑束　脊髓 - 丘脑侧束一部分纤维直达丘脑腹侧基底核群的最尾侧部分，由此核群发出的大多数纤维可能投射到大脑皮质躯体第Ⅱ感觉区，但有少数纤维也可能到达躯体第Ⅰ感觉区，这一途径在种族发生史上出现较晚，故称为新脊髓 - 丘脑束，它的功能与刺痛的传导和定位有关。

（2）旧脊髓 - 丘脑束　脊髓 - 丘脑侧束内侧部分的上行纤维，到达丘脑的内侧核群或板内核群（主要是中央中核、束旁核和中央外侧核等）。这些核群的神经元是短纤维、多突触，且双侧投射，它们接受身体各部位伤害性刺激的传入冲动，无明确的定位关系。由于它在种族发生史上比较原始，故称为旧脊髓 - 丘脑束。由此束上行的冲动，主要进入脑的边缘系统，一部分可能到达大脑皮质第Ⅱ感觉区，其功能可能与钝痛时出现的强烈情绪反应有关。

2. 旁中央上行系统

传导痛觉的 C 类纤维进入脊髓后，在脊髓灰质周围的固有束上行，经多次换元后到达脑干网状结构和丘脑的内侧核群，这些短纤维、多突触的通道，称为“旁中央上行系统”。它在种族发生史上较为原始，其功能与钝痛的传导和疼痛时的应激以及情绪反应有关。

痛觉上行纤维在丘脑换元之后，投射到大脑皮质第Ⅰ和第Ⅱ感觉区。实验表明，疼痛的感知建立在第Ⅱ感觉区，完全切除大脑皮质的感觉区并不损坏一个人感受疼痛的能力。一般认为，痛觉信息只要进入丘脑和较低级中枢，就可以产生某些有意识的痛觉，但这并不意味着大脑皮质与正常的痛觉没有关系。事实上，皮质感觉区，特别是第Ⅱ感觉区的损伤，常可引起严重的疼痛。因此，大脑皮质第Ⅱ感觉区可能比第Ⅰ感觉区与痛觉的关系更为密切。

（三）痛觉传导的下行通路

中枢神经系统活动的重要组成部分之一就是通过下行纤维以选择、调节和控制上行感觉信息的传递。有些下行系统对于疼痛的调节与控制具有高度的特异性，这些下行冲动不仅影响脊髓后角第一级感觉纤维的突触性传递，而且还作用于延髓与间脑水平，调节各级神经上行性信息的传递。

（四）痛觉产生的几种学说

1. 特异学说

该学说认为痛觉有其特异性感受器，这种感受器只对某一种特殊刺激产生反应，并认为痛觉也像热觉和冷觉一样是特异感觉，痛觉的神经基础有其独特的解剖学与生理学特性，伤害组织的直觉就是痛觉。特异学说得到了较多实验证据的支持，不仅肯定了专一性的痛感受器的存在，而且在中枢神经系统多个不同水平上，先后找到了对伤害性刺激产生特异反应的痛敏神经元。例如，在个体发育上还证明了疼痛比其他感觉类型出现的早；在临床上镇痛处理后可以改变痛阈达 35%～80%，而不改变其他的躯体感觉阈；对周围神经施以各种阻断剂处理后，可以使痛觉被单独阻断。

2. 型式学说

该学说认为，所有机体感觉神经末梢的性质是相同的，不同感觉的引起主要是由于各种刺激的强度、部位和范围的不同，从而兴奋了不同数量的神经末梢，使各个神经末梢发放不同频率的冲动。此学说认为痛感受器是不存在的，任何刺激只要到达足够的强度就能产生疼痛。显然，型式学说忽视了神经末梢的生理分化，不能为更多的学者所接受。

3. 闸门学说

该学说认为，感觉传导受控于进入脊髓的粗细纤维间活动的平衡，即外周粗传入纤维兴奋可抑制脊髓背角细胞的活动。细纤维传导慢，粗纤维传导快，按照这一理论，传导痛冲动的细纤维低水平活动，在正常情况下，常被粗传入纤维的活动和来自高一级脑区的下行纤维的活动阻滞在第一级突触区。第一级突触的“闸门”可因细纤维的强烈活动而打开，例如，当组织受损伤时，强烈疼痛性刺激可以上行。而粗纤维活动占优势时，则关闭此“闸门”。如轻轻抚摸患处的皮肤，往往可以减轻疼痛，此即通过加强粗纤维的活动，关闭了闸门。因此，传递疼痛信息至传递细胞的“闸门”是可变的。从高一级脑区传来的下行冲动，被认为是闸门控制学说的重要组成部分。实验证明，从脑干内侧网状结构有三条下行抑制通路到达脊髓，其中与痛觉有关的两条沿背外侧束下行，抑制伤害性冲动的传递。①中缝脊髓系统，主要起自中缝大核，由 5- 羟色胺能纤维组成，下行主要分布于同侧背角第Ⅰ层、第Ⅱ层以及第Ⅴ至第Ⅶ层，也有达到三叉脊束核尾侧亚核的相应区域，这种分布提示该系统与痛觉传递关系密切；②背侧网脊系统，起自网状大细胞核，其纤维经背外侧下行，由于其起始点位于中缝核的大细胞覆盖区，故称中缝旁系统，其终止部位也与中缝脊髓系统相似。这一系统可能不属于单胺能纤维。闸门控制学说对疼痛研究与临床实践曾经产生过巨大的影响，但它还不够完善，有些与临床和实验观察相矛盾，故其功能、作用及其详细机制仍需深入探索与研究。

（五）躯体痛

躯体痛又可分为浅表痛和深部痛。

1. 浅表痛

起始于躯体皮肤或浅表组织，具有两种疼痛感受成分，即在伤害性刺激的作用下，先是出现刺痛（又称第一痛觉、快痛或锐痛），约经 1 秒钟转变为弥散性的灼痛（又称第二痛觉、慢痛或钝痛）。刺痛的特点是产生和消失迅速，感觉鲜明，定位明确，常引起机体的屈肌反射。而灼痛持续时间较长，带有弥散性，且常伴有心血管和呼吸反应以及情绪变化等。

2. 深部痛

起于肌肉、关节和结缔组织等部位的疼痛。例如，头痛就是一种深部痛，在性质上属于钝痛。其特点是不能明确定位，且具有放射到周围区域的倾向，常伴有较明显的不愉快情绪反应和植物性反射，如恶心、出汗以及血压降低等。

（六）内脏痛与牵涉痛

1. 内脏痛

内脏痛是内脏受到刺激时引起的疼痛，是临床上常见的症状。引起内脏痛的刺激主要是机械性牵拉、痉挛、缺血和炎症等。例如，心肌缺血、胆囊炎和输尿管平滑肌痉挛等都可引起剧烈的疼痛，而切割、烧灼和针扎等引起皮肤痛的刺激，一般不引起内脏痛觉。内脏痛的性质与体表痛有所不同，疼痛发生缓慢，持续时间较长，定位不精确，对刺激的辨别力差，并伴有恶心、呕吐、出汗及血压变化等。据认为，内脏痛也是因为有致痛物质作用于痛觉游离神经末梢引起的，经由植物性神经（自主神经）纤维传入脊髓再上行投射。

此外，体腔壁浆膜（胸膜、腹膜和心包膜等）受到炎症、压力、摩擦或牵拉等刺激，通过躯体神经传入纤维引起的体腔壁痛也是一种内脏痛，但这种疼痛与躯体痛相似。

2. 牵涉痛

内脏疾病往往会引起身体的体表部位发生疼痛或痛觉过敏，这种现象称为**牵涉痛**（referred pain）。如心肌缺血时，可发生心前区、左肩和左上臂的疼痛或痛觉过敏。由于一个内脏疾病产生的牵涉痛或痛觉过敏，往往有着相对恒定的位置，且可先于内脏痛出现，因此，在内脏疾病的诊断上有一定意义（表 3-4）。

表 3-4 患病脏器的牵涉性痛的对应区域

患病脏器	心脏	胃、胰	肝、胆	肾结石	阑尾炎
体表疼痛部位	心前区、左上臂、左肩	左上腹肩胛间	右肩胛	腹股沟区	上腹部或脐区

发生牵涉痛的原因尚不很清楚，但有两种说法：①较为普遍的观点认为，支配牵涉痛的体表部位和患病内脏的传入神经纤维起自相同脊髓节段，相应的内脏和皮肤的第一级传入神经元汇聚于脊髓背角的第二级神经元，上达丘脑和大脑皮质，由于大脑皮质习惯于识别来自体表的刺激，因而将来自于内脏的信息解释为来自于皮肤，产生类似于皮肤的痛觉。②认为

来自内脏的过度刺激在同一脊髓节段的背根进入部位向后角细胞扩散，提高了与体表痛有关的后角细胞群的兴奋性，以致较弱的刺激也能引起较正常情况下更强的中枢活动，从而表现为痛觉过敏。牵涉痛与投射痛的区别在于前者是由感觉神经末梢受到刺激引起的，而后者是由传入神经纤维受到直接的异常刺激所致。

知识卡片

镇痛：临床上一直采用药物止痛或神经外科手术止痛（如切断或损毁痛觉通路）两种方法，它们的作用原理都是阻断、破坏或压抑有关痛觉冲动的发生、传导或中枢的感觉整合机能。其中，镇痛药为一类选择性作用于中枢神经系统的特定部位，能消除或减轻疼痛的药物。最早使用的镇痛药来自罂粟蒴果浆汁的干燥物阿片及其提纯品吗啡。第二次世界大战前后合成了哌替啶和美沙酮等一系列具有吗啡样作用的药物，具有强大的镇痛作用，可用于各种原因引起的急、慢性疼痛。

五、视觉

眼是动物的光感受器，也是机体内最复杂的感觉器官，动物所获得的信息大部分通过眼来接收。外界物体的光线射入眼中，透过眼的折光系统，成像于视网膜上。视网膜的感光细胞感受光刺激并将光能转变为神经冲动，再经视神经到达大脑皮质的视觉区，产生视觉。眼的角膜、房水、晶状体和玻璃体构成眼的折光系统，视网膜为眼的感光系统。

（一）光觉敏感度

光觉敏感度简称光敏度，是区别明与暗、不同光亮强度的一种能力。一般有两种表示方法，一种是表示能引起光觉的最小光能，称光觉的绝对阈。绝对阈越小表示光敏感度越大，哺乳动物特别是夜行性肉食动物的光绝对阈非常小，一般只相当于两个到几十个光量子的能量。另一种是表示区别光的不同亮度的分辨敏感度或光觉的差别阈。狗能正确地区别从白到黑的50个不同亮度。

（二）视敏度

视敏度是指眼对物体的细微结构的分辨能力，也称视力。一般以能够识别两个点之间的最小距离作为其衡量标准。能否辨别两个物体，取决于在视网膜上成像的大小。如果所成的像很小，即使小到仅覆盖两个相邻的视细胞，也不能分辨为两个物体。因此，要识别出两个点，至少要有两个视细胞分别被两个光点所刺激，而且被刺激的两个视细胞之间至少要有一个未被刺激的视细胞隔开。

（三）暗适应和明适应

机体从亮处进入暗处时，会有较短时间的光觉丧失，经过一定时间后视觉敏感度才逐渐提高，恢复了在暗处的视力，这一现象称为暗适应。相反，从暗处进入到亮处时，最初感到一片耀眼，不能视物，须稍等片刻才能恢复视觉，这一现象称为明适应。

（四）双眼视觉与立体视觉

单眼固定注视前方一点时，该眼所能看到的范围，称为视野（单眼视觉）。当两眼同时看一物体时两眼的视野有很大一部分重叠，此时的视觉称为双眼视觉。这时物像正好落在两侧视网膜的对称点上，分别经两侧视神经传入中枢，融合为单一的物体。双眼视觉的优点是：①扩大单眼视觉的视野；②弥补单眼视野中的盲点缺陷；③增强判断物体大小和距离的准确性；④形成立体视觉。立体视觉指两眼视物时，所能看到物体的高度、宽度和深度。它主要由两眼的视差造成同一物体在两眼视网膜上成像并不完全相同，右眼从右方看到物体的右侧面较多，左眼从左方看到物体的左侧面较多，经过中枢神经系统的综合，就能得到一个立体形象，立体视觉是由于两眼的视差所造成的。单眼视物时，根据物体表面的光线反射情况、阴影的有无以及过去的经验等因素也能产生立体视觉。但单眼视物所形成的立体视觉比双眼差得多。

猫和犬有较大的双眼视野区，如猫在100°～130°能够准确地捕获快速运动的猎物。草食动物两眼距离较宽，它们能观察到更广阔的全景视野（330°～350°），轻微移动头部，就可以看到它周围的各种景物。

六、听觉

鸟类和哺乳动物都有比较发达的听觉，并能在一定程度上用声音传递信息。不同种类动物对适宜声波刺激的频率差异很大，一般哺乳动物的可听声频范围为20～20 000Hz，而狗为16～36 000Hz，大鼠能听到的最高音频为40 000Hz，蝙蝠可高达98 000Hz，家禽的听力范围仅为125～10 000Hz。声源震动引起空气或水产生疏密波，通过外耳和中耳传入内耳，引起听觉感受器兴奋，将声波的机械能转变为听神经上的神经冲动，并以神经冲动的不同频率和形式对声音信息进行编码，传送到大脑皮质听觉中枢，产生听觉。听觉对动物适应环境和人类认识自然有着重要的意义。

七、嗅觉和味觉

嗅觉与味觉感受器都是特殊分化了的外部感受器。嗅觉是由气体状态的化学物质刺激鼻黏膜的嗅细胞所引起的感觉。而味觉是由溶解状态的化学物质刺激味蕾所引起的感觉。这两种感觉在鉴别化学物质上，既相互影响又互相联系，对于选择食物和防止有害物质侵入体内具有重要作用。

（一）嗅觉

嗅觉感受器是嗅上皮，位于鼻腔内。哺乳动物的鼻腔是呼吸道的一部分，嗅上皮分布于鼻腔的上鼻道及鼻中隔后上部，嗅上皮由主细胞（嗅细胞）、支持细胞、基底细胞和黏液细胞组成。嗅上皮中的嗅细胞为嗅觉的感受细胞，因此，吸气时气流达到呼吸上皮即可引起嗅觉。嗅觉感受器的适宜刺激是空气中的有机化学物质，通过呼吸作用于嗅细胞，嗅细胞膜上产生去极化电位，兴奋性神经冲动沿嗅神经传入中枢，引起嗅觉。自然界中能够引起嗅觉的有气味物质多达几万种，基本气味至少有樟脑味、麝香味、花草味、乙醚味、薄荷味、辛辣味和腐臭味等七种。

嗅觉的特点包括：①不同动物的嗅觉敏感度差异很大，即使是同一动物对不同有气味物质的敏感度也不相同；②嗅觉有明显的适应现象。

（二）味觉

味觉的感受器是味蕾，位于舌、口腔和咽部黏膜上。味蕾由味觉细胞、支持细胞和基底细胞组成。味觉细胞是感受细胞，其顶端有纤毛，称为味毛。味毛由味孔伸出，是味觉感受器的关键部位。味觉细胞更新特别快，平均每10天更新一次。味感受器细胞没有轴突，它产生的感受器电位通过突触传递引起感觉神经末梢产生动作电位，动作电位通过专用神经通路将五种基本味觉（酸、咸、苦、甜和鲜）信号传向味觉中枢。中枢可根据专用通路上五种基本味觉的神经信号的不同组合来认知各种味觉。

味觉的特点包括：①舌表面不同部位对不同味觉刺激的敏感度不同。舌尖部对甜味敏感，舌两侧对酸味敏感，舌两侧前部对咸味敏感，舌根和软腭对苦味敏感；②味觉的敏感度受食物或刺激物本身温度的影响，在20～30℃，味觉敏感度最高；③味觉的辨别能力受血液化学成分的影响，如血钠含量偏低，则喜食咸味食物；④味觉有适应现象，当对某一味觉刺激适应后，并不影响对其他种类味觉的识别。如吃糖时对甜味的敏感性会降低，但对酸、苦、咸和鲜味的敏感性无影响。

八、皮肤的感觉

不同刺激作用于皮肤内相应的感受器所引起的感觉叫皮肤感觉。一般认为，皮肤感觉主要有四种：由机械刺激引起的触-压觉，由温度刺激引起的冷觉、热觉以及由伤害刺激引起的痛觉等。

（一）触压觉

引起皮肤触觉和压觉的刺激是给予皮肤的触压机械刺激。因两种感觉在性质上有相似之处，压觉实际上是持续性的触觉，因此合称为触压觉。触压觉的感受器可以是神经末梢、毛囊感受器或带有附属结构的环层小体、麦斯纳小体、鲁菲尼小体和梅克尔盘等。不同的附属结构决定着它们对触觉刺激的敏感性（如动物的须和毛由于其杠杆作用，可使刺激的力量放大好几倍）和适应性出现的快慢（如触觉适应快，而压觉适应慢）。机械刺激可引起神经末梢变形，导致机械门控式Na^+通道开放，使Na^+内流，产生感受器电位。当感受器电位达到阈电位水平时便触发一次动作电位，传入大脑皮质的特定感觉区，产生触压觉。

（二）温度觉

给皮肤以温度刺激，可引起冷、温热感觉，二者合称温度觉。温度感受器主要是一些游离神经末梢，一般可分为冷觉感受器和温觉感受器。其适宜刺激不是温度而是热量的变化，它们实际感觉的是皮肤上热量丧失和获得的速率。它们能感受体内、外温度的变化并引起兴奋，兴奋沿着传入神经纤维传向体温调节中枢，通过体温调节中枢的整合作用而产生相应的体温调节反应。温度觉也具有适应性，其中，热觉适应快，冷觉适应较慢。

第五节 神经系统对躯体运动的调节

动物的各种躯体运动都是在神经系统的调控下进行的。机体正常姿势的维持，以及各种各样动作的完成，主要是由于骨骼肌收缩作用的结果。各种不同肌群在神经系统的调节下，互相协调和配合，形成各种有意义的躯体运动。

根据大量的动物实验和临床观察，神经系统不同部位对躯体运动的调节有着不同的作用，越是复杂的躯体运动，越需要高级中枢的参与和调控。脊髓对躯体运动的整合能力有限，因此，脊髓动物只能完成牵张反射等极其简单的骨骼肌运动；延髓动物不能很好地保持正常姿势，只能勉强站立；中脑动物能较好地保持正常姿势，而且还具有翻身、卧倒或站立等动态姿势反射的能力，但不能行走；丘脑动物不但姿势正常，而且能跑、跳和完成其他复杂动作；大脑皮质完整的动物能极其完善地适应环境和完成高度精细复杂的躯体运动。

一、脊髓对躯体运动的调节

许多反射可在脊髓水平完成，但由于脊髓经常处于高位中枢的控制下，故其本身固有的功能不易表现出来，通过脊休克可了解脊髓对骨骼肌活动的调节功能。中枢神经系统可通过调节骨骼肌的紧张度或使肌肉发生一定的动作，以保证或改进身体在空间的姿势，这种反射活动称为姿势反射。在脊髓水平能完成的姿势反射有牵张反射、对侧伸肌反射和节间反射等。

（一）脊髓的运动单位

1. 脊髓的运动神经元

在脊髓腹角存在大量的运动神经元，它们的轴突经腹根离开脊髓后直达所支配的肌肉。这些神经元可分为α、γ与β三种类型。

（1）α运动神经元　α运动神经元既接受来自皮肤、肌肉和关节等外周的传入信息，也接受从脑干到大脑皮质各上位中枢下传的信息，产生一定的传出神经冲动，调节肌肉的活动。其轴突末梢支配骨骼肌（又称梭外肌）纤维，因此，α运动神经元又称为运动反射的最后公路。

（2）γ运动神经元　γ运动神经元的胞体较α运动神经元的小，分散在α运动神经元之间，它们发出较细的$A_γ$传出纤维分布于肌梭的两端，支配骨骼肌肌梭内的梭内肌纤维，并构成**γ环路**（γ-loop）。γ运动神经元兴奋时，并不能直接引起肌肉的收缩，因为梭内肌收缩的强度不足以使整块肌肉收缩，但由γ运动神经元传出冲动所引起的梭内肌收缩，刺激了肌梭的感受装置，使肌梭的敏感性提高，并通过$Ⅰ_a$类纤维的传入冲动，改变α运动神经元的兴奋状态，从而调节肌肉的收缩。γ运动神经元的传出冲动对调节肌梭感受装置的敏感性与反应性，进而对肌牵张反射的调节具有十分重要的作用。在正常情况下，高级中枢可通过γ环路调节肌牵张反射，如脑干网状结构对肌紧张的调节可能就是通过兴奋或抑制γ环路实现的。

（3）β运动神经元　这是一种较大的运动神经元，其传出纤维可同时支配骨骼肌的梭内肌纤维和梭外肌纤维。

2. 运动单位

α运动神经元发出Aα传出纤维，其末梢在肌肉中分成许多小支，每一小支支配一个骨骼肌纤维，因此，当一个神经元兴奋时，可引起它所支配的许多肌纤维收缩。由一个α运动神经元及其所支配的全部肌纤维组成的功能单位称为运动单位。一个运动单位所包含的肌纤维数目多少不一。参与粗重运动的肌肉，其运动单位的肌纤维数目较多；而参与精细运动的肌肉，运动单位所包含的肌纤维较少。α运动神经元的大小不等，不同大小的α运动神经元可支配不同类型的运动单位。其中，一类为动态性运动单位，由轴突传导速度快的大α运动神经元支配快肌纤维；另一类为静态性运动单位，由轴突传导速度慢的小α运动神经元支配慢肌纤维。

（二）脊髓反射

脊髓是调节躯体运动最基本的反射中枢，通过脊髓能完成一些比较简单的躯体运动反射，包括牵张反射、屈反射和交叉伸肌反射等。脊髓反射的基本反射弧虽然较为简单，但在整体上受高位中枢的调节。

1. 屈反射与交叉伸肌反射

以伤害性刺激施于一侧后肢的下部皮肤，如针刺激左（或右）侧后肢趾部皮肤时，引起该肢屈肌收缩而伸肌弛缓，进而引起该肢的屈曲，这种现象叫作**屈肌反射**（flexor reflex）。此反射的发生，是由左侧后肢皮肤的刺激信息沿传入神经进入脊髓后，通过一个兴奋性中间神经元，终止于支配左侧屈肌的腹角**运动神经元**（motor neuron），并与之发生兴奋性突触联系，而使屈肌完成收缩。同时传入神经的一些侧支，又通过一个抑制性中间神经元，终止在支配左侧伸肌的腹角运动神经元，并与之发生抑制性突触联系，使伸肌舒张，结果该侧后肢产生屈曲动作（图3-7）。屈肌反射具有保护意义，可避开伤害性刺激，但不属于姿势反射。

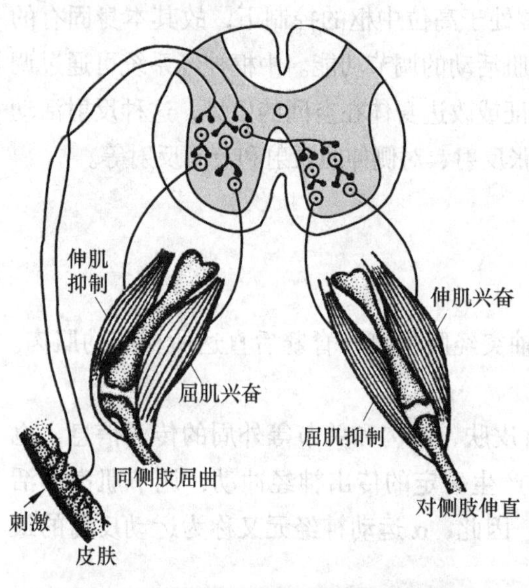

图3-7　屈肌反射和对侧伸肌反射示意图
黑色小结表示抑制性突触；白色小结表示兴奋型突触

如果加大刺激强度，除本侧肢体发生屈曲外，同时引起对侧肢体伸直，以支持体重，这种对侧肢体伸直的反射称为**对侧伸肌反射**（crossed extensor reflex）。此反射的发生是通过脊髓中枢的交互抑制来实现的，表现为被刺激侧肢体屈肌兴奋和伸肌抑制，而对侧肢体是伸肌兴奋而屈肌抑制。对侧肢体伸直的原因是当刺激很强时，使传入神经元活动增多，一些传入神经元的冲动传到对侧，其中一部分末梢通过抑制性中间神经元，终止在支配屈肌的运动神经元，并与之发生抑制性突触联系；另一部分末梢则通过兴奋性中间神经元，终止在支配伸肌的运动神经元，并与之发生兴奋性突触联系，结果使对侧屈肌抑制和伸肌兴奋，从而导致对侧肢体伸直。对侧伸肌反射是一种姿势反射，在一侧肢体发生屈曲的情况下，对侧伸肌的收缩对保持躯体的平衡具有重要意义。

上述两种反射的生理意义在于，被刺激侧肢体屈曲，以躲避伤害作用，对侧肢体伸直，以维持机体重心不致跌倒，这些都属于比较原始的**防御性反射**（defense reflex）。

2. 牵张反射

牵张反射是指有神经支配的骨骼肌在受到外力牵拉而伸长时。能引起受牵拉的肌肉收缩的反射活动。牵张反射包括腱反射和肌紧张两种类型。

（1）腱反射 **腱反射**（tendon reflex）是指快速牵拉肌腱时发生的牵张反射，又称位相性牵张反射。例如，敲击股四头肌腱时，股四头肌会发生一次急速的收缩活动，可引起小腿部发生一次向前伸展的运动，称为**膝反射**（knee reflex）。敲击跟腱时，引起腓肠肌收缩，跗关节伸直，称为跟腱反射，也属于腱反射。

（2）肌紧张 肌紧张是指缓慢地持续牵拉肌腱时所发生的牵张反射，即被牵拉的肌肉发生缓慢而持久的收缩，以阻止被拉长。肌紧张的收缩力量并不大，只是抵抗肌肉被牵拉，表现为同一肌肉内不同运动单位进行交替而不同步的收缩，故不表现出明显的动作，但能持久进行而不易发生疲劳。正常机体内，伸肌和屈肌都因发生牵张反射而维持一定的紧张性，但在动物站立时，由于重力的影响，使支持体重的关节趋向于被重力所弯曲，关节弯曲势必使伸肌肌腱受到持续的牵拉，从而发生持续的牵张反射，引起该肌肉的收缩，以对抗关节的弯曲，进而维持站立姿势，所以动物维持站立姿势时，伸肌的肌紧张处于主导地位。可见，牵张反射时以伸肌的变化最显著是有一定生理意义的。

（3）牵张反射的感受器 - 肌梭 肌梭是一种感受机械牵拉刺激或肌肉长度变化的特殊感受装置，属本体感受器。肌梭呈梭形，其外层为一结缔组织囊，囊内含有 2～12 条特殊肌纤维，称为梭内肌纤维。而囊外为一般骨骼肌纤维，称为梭外肌纤维。梭内肌纤维与梭外肌纤维平行排列，呈并联关系。梭内肌纤维的收缩成分位于纤维的两端，中间部是肌梭的感受装置，两者呈串联关系。当梭外肌被拉长或梭内肌收缩成分收缩时，均可使肌梭感受装置受到牵拉刺激而兴奋，冲动沿 I_a 类传入神经纤维传至脊髓中枢，引起支配同一肌肉的 α 运动神经元兴奋，使梭外肌收缩。当梭外肌收缩时，肌梭被放松，梭内肌感受装置所受的牵拉刺激减少，沿 I_a 类神经传入冲动减少甚至停止，α 运动神经元不再有冲动使梭外肌收缩，因而肌纤维的长度恢复。如果在 α 运动神经元兴奋的同时，γ 运动神经元也兴奋，那么一方面由于梭外肌缩短，肌梭有可能被放松，同时由于 γ 运动神经元的传出冲动增加，使梭内肌不至放松，这样 I_a 类传入冲动仍将维持在较高频率，α 运动神经元传出冲动也仍较多，梭外肌便可维持在持续缩短状态（图 3-8）。

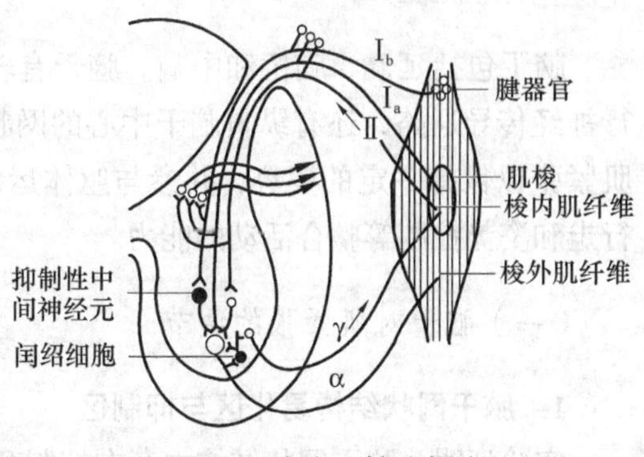

图 3-8 牵张反射示意图

上述两种形式的牵张反射的反射弧基本相似，感受器都是肌梭，效应器是同一肌肉的肌纤维，中枢都在脊髓。当脊髓与高级中枢离断后，牵张反射仍然存在，但破坏肌肉的传入或传出纤维，即出现肌肉松弛，肌张力消失。

3. 节间反射

节间反射（intersegmental reflex）是指脊髓一个节段的神经元发出的轴突与邻近节段的神经元发生联系，通过上下节段之间神经元的协同活动所发生的反射。如在脊动物恢复后期，刺激其背部皮肤可引起后肢发生**搔扒反射**（scratching reflex）

（三）脊休克

脊髓与上位中枢完全断离的动物称为脊动物。与脑断离后的一段时间，脊髓暂时丧失一切反射活动的能力，进入无反应状态，这种现象称为**脊休克**（spinal shock）。脊休克的主要表现：在横断面以下脊髓所整合的屈反射、交叉伸肌反射、腱反射与肌紧张均丧失；外周血管扩张，动脉血压下降，发汗、排便和排尿等植物性神经（自主神经）反射均不能出现，说明躯体与内脏反射活动均减弱或消失。随后，脊髓的反射功能可逐渐恢复。一般来说，低等动物恢复较快，动物越高等恢复越慢。如蛙在脊髓离断后数分钟内反射即恢复，狗需几天，人类则需数周乃至数月。在恢复过程中，首先恢复的是一些比较原始、简单的反射，如屈反射和腱反射，而后是比较复杂的反射，如交叉伸肌反射和搔扒反射。在脊髓躯体反射恢复后，部分内脏反射也随之恢复，如血压逐渐上升到一定水平，并出现一定的排便和排尿反射。由此可见，脊髓本身可完成一些简单的反射，脊髓内有低级的躯体反射与内脏反射中枢。但脊髓横断后，由于脊髓内上行与下行的神经束均被中断，因此，断面以下的各种感觉和随意运动很难恢复，甚至永远丧失，临床上称为截瘫。

脊休克的产生并非由造成脊髓断离的损伤性刺激引起，因为当反射恢复后，在原切面之下进行第二次脊髓切断并不能使脊休克重新出现。目前认为，脊休克产生的原因是由于离断的脊髓突然失去了高位中枢的调节，特别是失去了大脑皮质、脑干网状结构和前庭核的下行性易化作用。实验证明，切断猫的网状脊髓束、前庭束和猴的皮质脊髓束，均可产生类似脊休克的现象。由此可见，在正常情况下，上述神经结构通过其下行传导束对脊髓施以易化作用，从而保证脊髓的正常功能状态。高位中枢对脊髓反射既有易化影响，也有抑制性影响。例如，在脊动物反射恢复后，屈反射较正常加强，而伸肌反射往往减弱，说明高位中枢对脊髓屈反射中枢有抑制作用。

二、脑干对肌紧张和姿势的调节

脑干包括延髓、脑桥和中脑。脑干有较多的神经核以及与这些神经核相联系的前行和后行神经传导通路，还有纵贯脑干中心的网状结构。脑干能完成一系列反射活动，如通过调节肌紧张以保持一定的姿势，并参与躯体运动的协调。失去高级中枢的脑干动物仍具有站立、行走和姿势控制等整合活动的能力。

（一）脑干对肌紧张的调节

1. 脑干网状结构易化区与抑制区

实验证明，脑干网状结构中存在抑制和加强肌紧张及肌肉运动的区域，前者称为抑制区，位于延髓网状结构腹内侧部，后者称为易化区，包括延髓网状结构背外侧部、脑桥被盖、中脑中央灰质及被盖，也包括脑干以外的下丘脑和丘脑中线核群等部位。从活动的强度上看，易化区活动比较强，抑制区的活动比较弱。因此，在肌紧张的平衡调节中易化区略占优势。在正常情况下，由于大脑皮质运动区和纹状体等部位对脑干网状结构抑制区有加强作用，故使易化与抑制作用保持着动态平衡。

2. 去大脑僵直

为了分析脑各部位在协调躯体运动及内脏活动中的作用，常用分段切除脑的方法来观察其效应。如果将动物麻醉并暴露脑干，在中脑前、后丘之间切断，造成所谓去大脑动物，使脊髓仅与延髓、脑桥相联系，动物则出现全身肌紧张（特别是伸肌）明显加强。表现为四肢僵直，头向后仰，尾巴翘起，躯体呈角弓反张状态。这种现象称为去大脑僵直（图 3-9）。

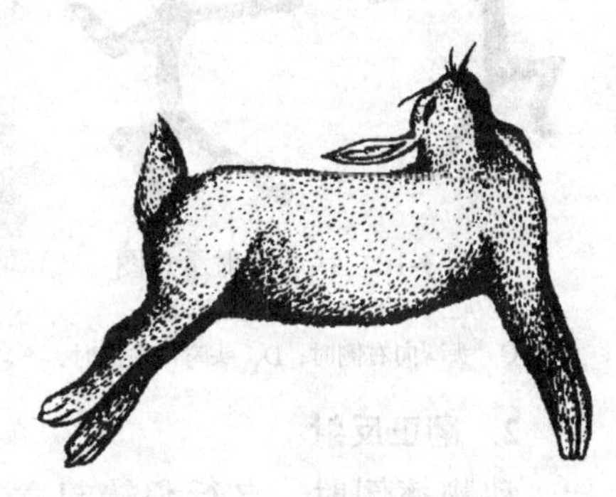

图 3-9 兔的去大脑僵直

去大脑僵直的特征是全身所有对抗重力的肌肉群都发生过强的收缩。目前认为这种现象发生的机制是：一方面，网状结构的后行抑制系统由于失去了大脑皮质和尾状核后行抑制性冲动的控制，其抑制作用相对减弱。另一方面，网状结构的易化系统和前庭核的活动又有所加强。两方面效应相结合，四肢伸肌及所有对抗重力肌肉群的牵张反射便处于绝对优势。

（二）脑干对姿势的调节

正常的姿势是机体平衡的基础，也为随意运动的产生提供稳定的背景。机体姿势的维持是通过全身肌张力的相互协调实现的。中枢神经系统调节骨骼肌的肌紧张或产生相应运动，以保持或改正动物躯体在空间的姿势，称为姿势反射。不同的姿势反射与不同的中枢水平相关联，前面叙述的牵张反射和对侧伸肌反射是最简单的姿势反射。此外，还有比较复杂的姿势反射，如状态反射、翻正反射、直线和旋转加速度反射等。

1. 状态反射

当动物头部在空间的位置改变或头部与躯干的相对位置改变时，可反射性地改变躯体肌肉的紧张性，从而形成各种形式的状态，称为**状态反射**（attitudinal reflex）。状态反射包括迷路紧张反射和颈紧张反射。迷路紧张反射是内耳迷路的椭圆囊和球囊的传入冲动对躯体伸肌紧张性的反射性调节，其反射中枢主要是前庭神经核。对于去大脑动物，当动物取仰卧位时伸肌紧张性最高，而取俯卧位时伸肌紧张性则降低，这是因头部位置不同，由于重力对耳石膜的作用，使囊斑上各毛细胞顶部以不同方向排列的纤毛受到的刺激不同，因而对内耳迷路的刺激不同所致。颈紧张反射是颈部扭曲时颈部脊髓关节韧带和肌肉本体感受器的传入冲动对四肢肌肉紧张性的反射性调节，其反射中枢位于颈部脊髓。如果将去大脑动物（如猫）的头部向腹侧屈曲，其前肢将反射性地被抑制，呈屈曲状态，而后肢的伸肌反射反而加强，这种姿势恰似猫站在高处俯视下面的状态。相反，如果将猫头部向背侧屈曲时，其前肢伸肌反射增强，而后肢的伸肌被抑制，恰似猫在低处，头上仰准备上跳时的动作。可见改变去大脑

图 3-10　状态反射示意图
A．头俯下时；B．头上仰时；
C．头弯向右侧时；D．头弯向左侧时

动物的头部位置时，四肢的肌紧张将发生不同程度的改变，形成各种姿势（图 3-10）。

头部位置的改变能引起姿势改变是通过反射实现的。由于动物改变头部在空间的位置时，既刺激了颈部肌肉内的肌梭，又刺激了内耳迷路的前庭器官，两方面的感受冲动经延髓中枢的分析和综合，共同影响脊髓的运动神经元，引起四肢肌肉的紧张性改变，从而形成各种姿势，当这两方面的传入冲动有一方面存在时，就能引起状态反射。在正常情况下，马在上坡时头向下俯，引起前肢伸肌紧张性减弱，后肢伸肌紧张性加强；下坡时，前肢伸肌紧张性加强，后肢伸肌紧张性减弱，即为这种状态反射的结果。

2．翻正反射

动物摔倒时，自行翻转起立，恢复正常站立姿势的反射，称为**翻正反射**（righting reflex）。这种反射比状态反射复杂。如将猫四脚朝天，从空中坠下时，首先是头颈扭转，然后前肢和躯干紧接着也扭转过来，最后，后肢也扭转过来，当坠到地面时，先由四肢着地。翻正反射包括一系列反射活动，最先是由于头部位置不正常，视觉或内耳迷路感受刺激，从而引起头部的位置翻正。头部翻正后，头与躯干的位置关系不正常，使颈部关节韧带或肌肉受到刺激，从而使躯干的位置也翻正。

知识卡片

脑干的调节作用在运动中的体现　状态反射在人类完成某些运动技能时发挥着重要作用，例如，在做体操的后手翻、空翻及跳马等动作时，若头部位置不正，就会使两臂用力不均衡，身体偏向一侧，常常导致动作失误或无法完成；短跑运动员起跑时，为防止身体过早直立，往往采用低头姿势，这些都是运用了状态反射的规律。但是，在运动中也有个别动作需要使身体姿势违反状态反射的规律。例如，经过训练的自行车运动员在快速骑车时，做出头后仰而身体前倾的姿势。在人类体育运动中的很多动作是在翻正反射的基础上形成的。例如，体操运动员的空翻转体、跳水运动空中转体及篮球转体过人等动作，都要先转头，再转上半身，然后下半身，使动作优美、协调且迅速。

三、小脑对躯体运动的调节

小脑和基底神经节都是同躯体运动协调有关的脑的较高级部位。由大脑下行控制躯体运动的锥体外系包括两大途径：一条途径经小脑下行；另一途径是经基底神经节下行。这两条途经最后都通过脑干某些核团作用于脊髓运动神经元。

（一）小脑的组成及神经连接

小脑可分为绒球小结叶和小脑体两部分。小脑体又以原裂为界，分为前叶和后叶两部分。

小脑体又可纵分为内侧区（蚓部）、中间区及外侧区（小脑半球）三部分。小脑深部有三对灰质小核，即顶核、间置核（即栓状核、球状核）及齿状核，它们分别接受内侧区、中间区及外侧区的投射。根据小脑的传入和传出纤维之间的联系可以把小脑分成为前庭小脑、脊髓小脑及小脑半球外侧部。

（二）小脑的功能

1. 维持身体平衡

维持身体平衡是前庭小脑的主要功能。前庭小脑主要由绒球小结叶构成，动物切除绒球小结叶后，其四肢活动仍正常，但却坐不稳，也不能平衡地站立，陷于平衡失调状态。由于绒球小结叶是从前庭核发展过来的，前庭核是维持躯体直立和平衡的重要结构，并且前庭核又接受来自内耳迷路（属于前庭器官）的传入冲动，所以破坏绒球小结叶后，就阻碍了冲动由前庭核进入小脑，而且小脑也失去了对前庭核的控制，最终导致平衡失调。

2. 调节肌紧张

小脑前叶主要接受来自肌肉和关节等本体感受器的传入冲动，也少量接受视、听觉与前庭的传入信息，如以电刺激一侧小脑前叶，可抑制同侧伸肌的紧张性。单独切除动物的小脑前叶，会引起肌紧张亢进。因此，前叶有抑制肌紧张的作用，它可能是通过网状结构抑制区，进而影响脊髓运动神经元实现的。

小脑前叶对肌紧张的调节除了抑制作用外，还有易化作用。如刺激猴小脑前叶的两侧部位，有加强肌紧张的作用。其作用可能是通过网状结构易化区，转而影响脊髓运动神经元实现的。

3. 协调随意运动

当小脑半球损伤后，除肌肉无力外，另一个突出的表现是随意运动失调。如随意动作的速度、范围、强度和方向都不能很好地控制，称之为**小脑性共济失调**（cerebellar ataxia）

四、大脑皮质对躯体运动的调节

大脑皮质是中枢神经系统控制和调节骨骼肌活动的最高级中枢，它是通过锥体系统和锥体外系统实现的。

（一）大脑皮质的功能结构

人类大脑皮质，除有分区和分层的结构特点外，进一步研究还证明，在皮质深、浅各层细胞的功能上，存在一定的排列及连接方式，这种排列及连接方式的功能表现，就是与皮质表面相垂直的每一个小的立方柱都执行同一功能。这种结构特点称为柱状结构，位于同一柱状结构内的神经元都具有同一功能。它是大脑皮质进行信息加工的基本功能单位，在皮质运动区的称为运动柱，在感觉区的称为感觉柱。例如当有传入冲动到达某一功能柱时，则在同一柱状范围内的深、浅层的神经元均发生兴奋，并可激活并传出，同时在柱状范围以外的邻近神经元则被抑制，形成大脑皮质兴奋和抑制的镶嵌模式。

（二）大脑皮质的功能定位及皮质运动区

1. 皮质的功能定位

动物实验与临床观察都证明大脑皮质的一定区域具有特定功能。如4区主要与运动功能有关，1、2、3区主要与躯体感觉功能有关，17区与视觉功能有关，41、42区与听觉功能有关，还有些区则与自主性功能有关，将上述区域与功能的对应关系称为大脑皮质的功能定位。

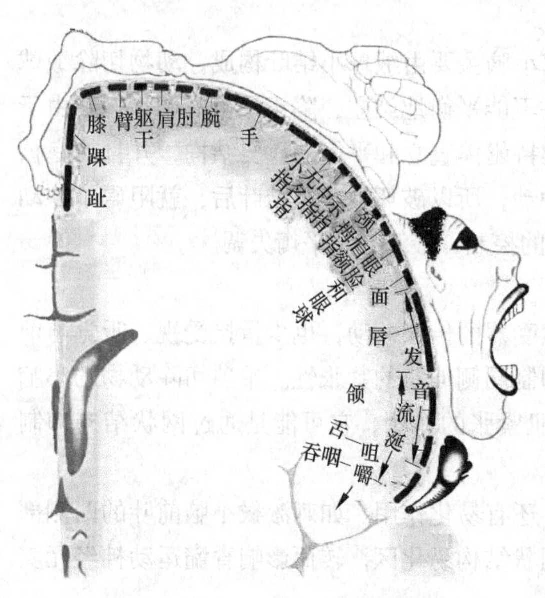

图3-11　人类大脑皮质运动区

2. 大脑皮质运动区

大脑皮质的某些区域与骨骼肌运动有着密切关系。例如，刺激哺乳动物大脑皮质十字沟周围的皮质部分，可引起躯体广泛部位的肌肉收缩，这个部位叫作运动区。运动区对骨骼肌运动的支配有如下特点（图3-11）：①一侧运动皮质支配对侧躯体的骨骼肌，两侧呈交叉支配的关系，但对头面部，除舌肌和眼裂以下的面肌主要受对侧支配外，其余部分均为双侧性支配。②具有精细的定位功能，即对一定部位皮质的刺激，可引起一定肌肉的收缩。而这种功能定位的安排，总的来说呈倒置的支配关系。即支配后肢肌肉的定位区靠近中央，支配头部肌肉的定位区在底部。但头面部代表区内部的安排则是正立的。③支配不同部位肌肉的运动区，可占有大小不同的定位区，运动较精细而复杂的肌群（如头部），占有较广泛的定位区，而运动较简单而粗糙的肌群（如躯干和四肢）只有较小的定位区。但这种运动区的功能定位并不是绝对的，当某一区域损伤后，其他区域可部分地代偿受损区域的功能。

（三）运动传导通路

大脑皮质对躯体运动的调节是通过**锥体系**（pyramidal system）与**锥体外系**（extrapyramidal system）两大传出系统的协调活动实现的。

1. 锥体系

锥体系由大脑皮质运动区发出，控制躯体运动的后行系统，包括皮层脊髓束（锥体束）与皮层脑干束。锥体束一般是指由皮层发出、经内囊和延髓锥体后行到达脊髓腹角的传导束；而由皮层发出、经内囊抵达脑干内各脑神经运动神经元的皮层脑干束，虽不通过锥体，但在功能上与皮层脊髓束相同，所以也包括在锥体系的概念之中。皮层脊髓束通过脊髓腹角运动神经元支配四肢和躯干部的肌肉，皮层脑干束则通过脑神经运动神经元支配头面部的肌肉。

（1）锥体系的起源　锥体束的皮层起源比较广泛，大部分纤维来自中央前回，还有部分纤维来自中央后回及其他区域。由大锥体细胞发出的轴突是锥体束内传导速度最快的粗大纤维，它是运动皮层发动随意运动的主要后行通路。其余的锥体束纤维为传导速度慢的细纤维，其中大部分由小锥体细胞发出，还有一些纤维束来源于皮层区域的小神经细胞，但运动辅助区的后行纤维不进入锥体束。锥体束的后行纤维除与脊髓 α 运动神经元发生直接突触联系外，也可与 γ 运动神经元建立直接突触联系，并具有兴奋性与抑制性两种突触。

电生理研究表明，运动越精细的肌肉，大脑皮质对其直接支配的单突触联系也越多，一般是前肢多于后肢，肢体远端多于近端。当刺激皮层时，在支配远端肌肉的运动神经元上所引起的兴奋性突触后电位也最大，这些结果均表明，锥体束有控制肢体肌肉精细运动的重要功能。

锥体束中大量的后行纤维还可与脊髓中间神经元构成突触联系，易化或抑制脊髓的多突触反射，改变脊髓拮抗肌运动神经元之间的对抗平衡，使肢体运动具有合适的强度，以保持运动的协调性。

（2）锥体系的生理功能 如将猴延髓锥体的左（右）半侧纤维切断，动物表现为右（左）侧肌紧张减退，出现弛缓性麻痹，可见锥体系的正常功能是加强肌紧张。锥体系还执行随意运动的“指令”。随意运动的发动是一个复杂的过程，通过记录人体皮质的电位变化，发现在随意运动（以肌电活动为指标）发生前数百毫秒，在皮质的顶叶和额叶均有极微小的电位波动，这种电位波动经过电子计算机技术的多次叠加，可以被记录下来，将此种电位称为“**准备电位**”（readiness potential）。这说明在皮质发出运动性冲动之前，多处皮质就已在活动，为运动开始作“准备”了。故现在认为，运动皮层的功能主要是“执行”运动“指令”，而运动指令的设计和制定程序等过程可能是其他皮质的功能。锥体束下传冲动还可作用于感觉传递的第一级转换站，抑制传入冲动的传递。另外，锥体束中还含有植物性神经（自主神经）纤维，刺激锥体束可影响交感神经的传出活动。由于锥体束中的植物性神经（自主神经）纤维均属细纤维，因此，锥体束必须唤起脊髓前角细胞的兴奋，才能最后发生运动或改变肌紧张的程度。现已知锥体束纤维仅有一小部分与前角细胞作单突触联系，大部分需通过脊髓内的中间神经元的中转。锥体束活动时，既可引起 α 运动神经元的兴奋，往往又同时引起 γ 运动神经元的兴奋，其激活的作用在于发动随意运动，而 γ 激活的作用在于调整肌梭敏感性以配合运动。

2. 锥体外系及其功能

锥体外系不直接到达脊髓或脑神经运动核，而是经基底神经节、红核、脑干网状结构的神经元中转而最后影响脊髓运动功能。发出锥体外系的皮质区也很广泛，除运动皮层外，还包括感觉运动皮质，如第二运动区、辅助运动区以及许多其他皮质部位，所以锥体外系的皮层起源与锥体系的皮层起源有许多重叠。锥体外系下传系统包括经典的锥体外系、皮质起源的锥体外系和旁锥体系三部分。经典的锥体外系是指起源于皮质下某些核团（尾核、壳核、苍白球、黑质和红核）控制脊髓运动神经元的下行通路。由大脑皮质起源并通过皮质下核团接替转而控制脊髓运动神经元的传导系统，称为皮质起源的锥体外系。由锥体束侧支进入皮质下核团，转而控制脊髓运动神经元的传导系统称为旁锥体系。因此，锥体外系是一个比较复杂的系统，它的功能依具体通路而异，主要与肌紧张的调节、肌群的协调性运动有关。

锥体系与锥体外系对于肌紧张有相互拮抗的作用，前者易化脊髓运动神经元，倾向于使肌紧张增强；后者则通过基底神经节和脑干网状结构等神经结构传递抑制性信息，使肌紧张倾向于减弱，二者可保持相对平衡。实际上，大脑皮质的运动功能都是通过锥体系与锥体外系的协同作用实现的。在锥体外系保持肢体稳定、适宜的肌张力和姿势协调的情况下，锥体系执行精细的运动。

第六节 神经系统对内脏活动的调节

植物性神经系统对平滑肌、心肌和腺体等各种内脏的活动发挥调控作用。所谓自主，是指与明显受意识控制的躯体运动相对而言，其功能相对独立，在很大程度上不受意识的调控。实际上，植物性神经系统的活动也受大脑皮质和皮质下各级中枢的调节。相对于躯体的随意运动，植物性神经系统所支配的内脏器官不能随意改变其空间位置，因此，植物性神经系统又曾被称为植物性神经系统。在相当长的一段时间内人们误认为大脑皮质不参与内脏活动的调节。内脏反射弧的传出途径总是包括两个相连接的传出神经元，而且多数内脏效应器常同时接受双重神经支配。内脏的活动通过脏器内局部神经调节网络、低级中枢、皮层下中枢以及大脑皮质（以边缘皮层为主）实现神经的反射性调节。

内脏活动的调节是通过植物性神经实现的。根据现在的概念，植物性神经系统应包括传入神经、传出神经和中枢三部分。按一般惯例，植物性神经主要是指支配内脏器官的传出神经，包括交感神经和副交感神经。

一、植物性神经系统的结构和功能特征

（一）交感神经和副交感神经的结构特征

从中枢发出的植物性神经在抵达效应器官前必须先进入外周神经节（肾上腺髓质例外），此纤维终止于节前神经元上，由节内神经元再发现纤维支配效应器官。由中枢发出的纤维称为节前纤维，由节内神经元发出的纤维称为节后纤维。节前纤维性属于有髓鞘B类神经纤维，其传导速度较快；节后纤维属于无髓鞘C类神经纤维，其传导速度较慢。交感神经节离效应器官较远，因此，节前纤维短而节后纤维长；副交感神经节离效应器官较近，有的神经节就在效应器的壁内，因此，节前纤维长而节后纤维短（表3-5）。

表3-5 交感神经和副交感神经的结构特征

项目	交感神经	副交感神经
起源	脊髓胸（T_1～T_{12}）、前腰段（L_1～L_3）侧角“胸腰植物性神经系统”	脑神经Ⅲ（动眼神经）、Ⅶ（面神经）、Ⅸ（舌咽神经）、Ⅹ（迷走神经）副交感核；脊髓荐段（荐椎S_2～S_4）“脑荐植物性神经系统”
外周神经节	椎旁神经节（交感链）	副交感神经节（靠近或在靶器官内）
	椎下神经节（腹腔、肠系膜神经节等）	较长
节前纤维	较短	较短
节后纤维	较长	局限（突触联系少）
反应范围	广泛（交感神经链）	局限（皮肤、肌肉内血管、肾上腺髓质、汗腺、竖毛肌等缺乏）
分布范围	广泛（支配所有内脏器官）	
		潜伏期短，持续时间短
作用时间	潜伏期长，持续时间长	节前释放乙酰胆碱（N1受体）
神经递质	节前释放乙酰胆碱（N1受体）	节后释放乙酰胆碱（M受体）
	节后释放去甲肾上腺素（α、β受体）	
	汗腺、交感舒血管纤维节后释放乙酰胆碱（M受体）	

1. 交感神经

交感神经的节前纤维起源于胸、腰段脊髓（$T_1 \sim L_3$）灰质侧角细胞，它们分别在椎旁或椎下神经节换元。一个节前神经元一般能和多个节内神经元联系，由节内神经元发出的轴突称为节后纤维。但肾上腺髓质例外，肾上腺髓质直接受交感神经节前纤维的支配，本身相当于一个交感神经节。多数交感神经节离所支配的效应器比较远，交感神经的另一个特征是作用弥散，例如，一个节内神经元的轴突末梢有多达 30 000 个**曲张体**（varicosity），能与大量效应细胞发生突触联系，其节前节后纤维数量比为 1：（11～17），甚至 1：200。所以交感神经的分布极为广泛，几乎全身所有内脏器官都受其支配。

2. 副交感神经

副交感神经发源于脑干的第Ⅲ、Ⅶ、Ⅸ、Ⅹ对脑神经核和荐段脊髓（$S_2 \sim S_4$）灰质，相当于侧角的部位。副交感神经节离效应器近，有的神经节就在效应器旁甚至就存在于效应器的壁内，故副交感节前纤维长而节后纤维短，其节前、节后纤维数量比为 1：2 或更少，因此副交感神经调节作用比较局限，甚至某些器官没有副交感神经的支配，例如皮肤和骨骼肌的血管、汗腺、竖毛肌、肾上腺髓质和肾等只有交感神经支配。约有 75% 的副交感神经纤维在迷走神经内，支配胸腔和腹腔的内脏器官。另外，起源于荐段脊髓的副交感神经还分布于盆腔内的一些器官和血管内（图 3-12）。

知识卡片

植物性神经和迷走神经：从植物性神经和迷走神经的概念来看，植物性神经应包括迷走神经，但事实上这两个概念既有联系也有明显的区别。

首先，迷走神经是一对脑神经，而植物性神经是由脑神经和脊神经的部分传出神经纤维组成，是专指支配内脏运动的神经。因此，植物性神经包括了迷走神经的部分传出神经纤维，这是这两个概念之间的联系。

其次，它们之间又有明显的区别。

第一，迷走神经是一对混合神经，既有感觉传入神经纤维，也包括运动传出神经纤维。前者分布在胸、腹腔的脏器、咽喉黏膜、耳郭和外耳道皮肤，接受感觉传入中枢；后者除分布在咽和喉骨骼肌，支配随意运动外，还分布于胸、腹腔脏器的平滑肌、腺体和心肌等处，支配内脏运动和腺体分泌，而其中仅仅只有分布于胸、腹腔脏器的平滑肌、腺体和心肌等处的传出神经属于植物性神经。

第二，植物性神经是专指支配心脏、平滑肌和腺体的神经，它们也是从脑和脊髓发出，并成为某些脑神经和脊神经的组成成分之一，因此，植物性神经除了迷走神经的部分传出纤维外，还包括其他脑神经、脊神经的部分传出纤维。

（二）交感和副交感神经系统的功能特征

植物性神经系统的功能在于调节心肌、平滑肌和腺体（消化腺、汗腺和部分内分泌腺）的活动。从总体上看，交感和副交感神经系统的活动具有以下几方面的特点。

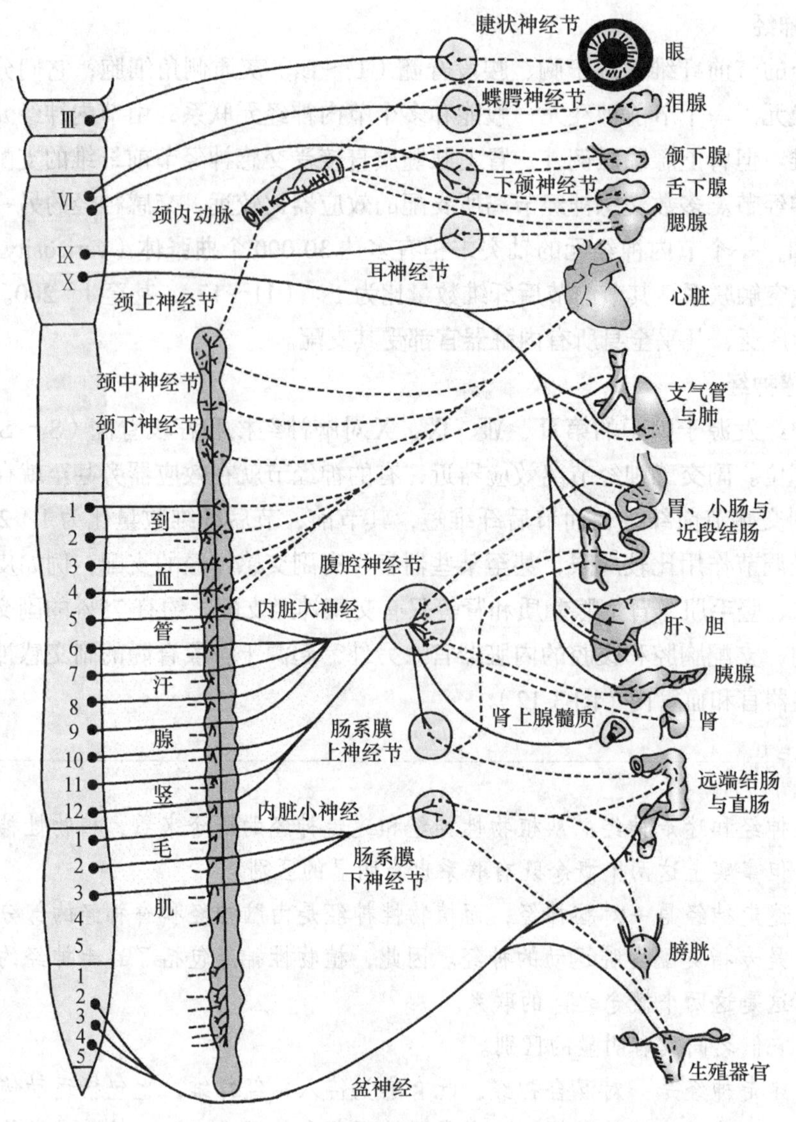

图 3-12　植物性神经分布示意图（陈义仿）

1. 双重支配

在具有双重神经支配的器官中，它们对同一器官往往具有相互拮抗的作用。例如，副交感神经对于心脏具有抑制作用，而交感神经则具有兴奋作用；对胃肠活动，迷走神经具有兴奋作用，而交感神经则具有抑制作用。这两种神经从正、反两方面调节器官的活动，使器官的活动水平能适应机体的需要。但是在某些效应器上，交感和副交感神经的作用却具有协同作用。例如，在唾液腺，这两种神经兴奋都具有促进唾液分泌的作用，仅在质和量上有差别。交感神经兴奋所分泌的唾液酶多而水分少，较黏稠；副交感神经兴奋所分泌的唾液酶少而水分多，较稀薄。

2. 紧张性作用

一般植物性神经对器官的支配具有持久的紧张性作用。例如，切断支配心脏的迷走神经时，心率加快，这表明迷走神经经常有紧张性冲动传出，对心脏发生持续的抑制作用。又如，切断心交感神经时，则心率减慢，这表明心交感神经的活动也具有紧张性。植物性神经的这种紧张性是由于其中枢在多方面因素的作用下，经常发出紧张性的传出冲动所致。

3. 效应器所处功能状态的影响

植物性神经的外周性作用与效应器本身的机能状态有关。例如，胃肠如果原来处于收缩状态，则刺激迷走神经可引起舒张，如原来处于舒张状态，则刺激迷走神经却引起收缩；又如，刺激交感神经可导致动物无孕子宫的运动受到抑制，而对有孕子宫则可加强其运动。这些说明植物性神经的作用随着支配器官本身的机能状态，可以相互转化。

4. 对整体生理功能调节的意义

交感神经系统活动加强时常伴随肾上腺素分泌增多，因此，往往将这一活动系统称为“交感 - 肾上腺髓质”系统。在对能量代谢的调节方面，交感神经活动与能量消耗、储备动员以及发挥器官潜力有关。由于迷走神经活动加强时，常伴随胰岛素分泌增加，因此，又将这一活动系统称为“迷走 - 胰岛素”系统。可见副交感神经活动则与同化代谢、储备恢复和体能的调整有关。在应激情况下，不但交感 - 肾上腺髓质系统发生广泛兴奋，迷走 - 胰岛素系统也广泛兴奋，但前者较后者作用强，导致后者效应被掩盖，而不易察觉。因此，交感神经和副交感神经既相互矛盾又协调统一，共同维持着机体在不同条件下内环境的稳态。

二、植物性神经系统的中枢调节

（一）脊髓对内脏活动的调节

交感神经和部分副交感神经起源于脊髓灰质侧角内，因此，脊髓是调节内脏活动的最基本中枢，通过它可以完成简单的内脏反射活动，例如，排粪、排尿、血管舒缩以及出汗和竖毛等活动等。但是这种反射调节功能是初级的，不能很好地适应生理机能的需要，在正常情况下，脊髓也受高级中枢的调节。在脊髓水平还可出现内脏 - 躯体反射和躯体 - 内脏反射等调节方式，例如，在发生胃炎和胆囊炎时，可引起上腹部肌紧张和同节段的皮肤发红；皮肤加温时抑制小肠运动；搔抓骶部皮肤能反射性引起膀胱收缩而发生排尿。

（二）低位脑干对内脏活动的调节

脑干（延髓、脑桥和中脑）的植物性神经中枢通过外周植物性神经系统影响内脏活动。由延髓发出的副交感神经传出纤维支配头面部所有的腺体、心脏、支气管、喉、食管、胃、胰腺、肝和小肠等。同时脑干网状结构中也存在许多与心血管、呼吸和消化等内脏活动有关的神经元，其后行纤维支配脊髓，调节脊髓的植物性神经功能。延髓还被认为是基本生命活动中枢所在部位，因为许多基本生命现象（如循环和呼吸等）的反射性调节在延髓水平已初步完成。如果在脑桥和中脑以上横断脑干，对血压和心率影响很小。但如果延髓被切断，则血压会突然下降，心率也会发生变化，这说明延髓与血压和心率密切相关。医学临床和动物实验观察证明，

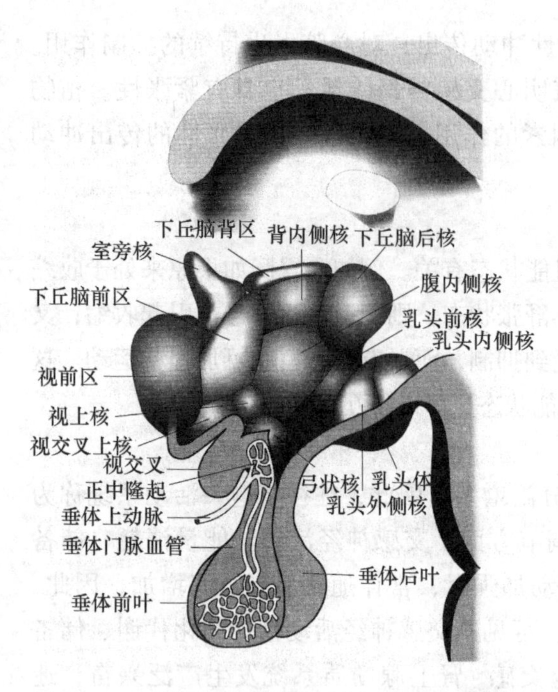

图 3-13 下丘脑的核团分布示意图（姚泰，2010）

在由于穿刺和受压等原因使延髓受伤后，动物会迅速死亡。此外，中脑是调节瞳孔反射的中枢。

（三）下丘脑对内脏活动的调节

下丘脑又名丘脑下部，属间脑的一部分，位于丘脑腹侧，形成第三脑室底及侧壁的一部分，主要由第三脑室两旁的一些灰质核团组成。丘脑下部与大脑边缘叶及脑干网状结构有密切的形态及功能联系（图 3-13）。人的下丘脑只有4g 左右，不足全脑重量的1%，但在维持人体自身稳定中发挥关键作用。

下丘脑是皮层下最高级的内脏活动调节中枢，通过调节内脏活动和分泌激素参与体温、水和电解质平衡、内分泌、情绪反应、生殖、生物节律等生理过程的调节。其调节功能将在相关章节中叙述。

（四）大脑皮质对内脏活动的调节

1. 新皮层

新皮层是指在系统发生上出现较晚，分化程度最高的大脑半球外侧面结构。电刺激动物的新皮层，除引起躯体运动外，还可引起内脏活动的改变。

2. 边缘系统

边缘系统是调节内脏活动的高级中枢，它对内脏活动具有广泛的影响，故有“内脏脑”之称。刺激边缘系统的不同部位，可引起复杂的内脏活动反应，如电刺激扣带回前部，可引起呼吸抑制或减慢、心跳变慢、血压上升或下降、瞳孔扩大或缩小等；刺激杏仁核可出现心率加快或减慢、血压上升或下降、胃蠕动加强等；刺激隔区可引起呼吸暂停或加强、血压升高或降低等（图 3-14）。

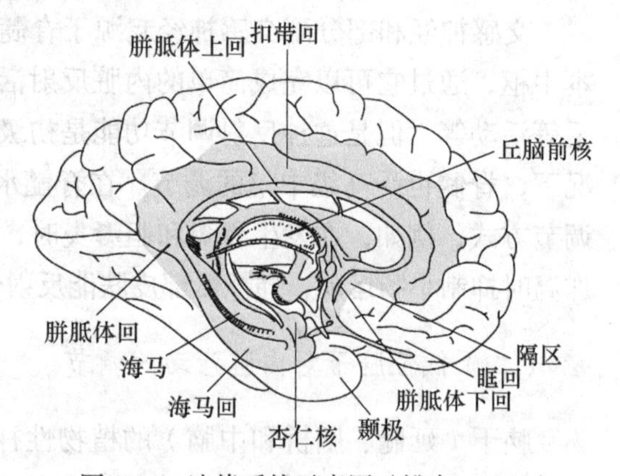

图 3-14 边缘系统示意图（姚泰，2010）

边缘系统对机体的本能行为与情绪反应也有明显的影响。它可能参与调控那些直接与个体生存和种族延续有关的功能，如进食、饮水与性行为等。目前认为，杏仁外侧核以及基底外侧核是抑制性行为的部位，而杏仁皮层内侧区是兴奋性行为的部位。此外，切除边缘皮层会使动物丧失情绪反应，因此，认为边缘系统与情绪反应有关。研究还发现，由杏仁核→下丘脑→隔区→额前叶腹内侧部形成一个脑回路，对情绪反应具有重要影响，这个回路上任何一个结构的损伤都会导致情绪异常。例如，刺激海马回和扣带回可引起动物“假怒”；切除双侧杏仁核，动物变得驯服；破坏隔区导致情绪反应亢进。此外，边缘系统与学习和记忆功能也有密切关系。

第七节 脑的高级神经活动

大脑皮质是中枢神经系统的最高级部位，是保证机体完整统一以及机体与外界环境协调一致的最高调节部位。大脑皮质的功能是由其中的神经元及其复杂的神经网络完成的，神经冲动同样也是皮层神经元传递信息的载体。应用电生理方法记录皮层的生物电变化，是研究皮层功能和活动状态的重要手段之一，如觉醒与睡眠、学习与记忆以及各种复杂的动物行为等。

一、脑电图

大脑皮质经常具有持续的节律性的电位改变。安静状态下所产生的电位变化称为自发脑电活动。按照容积导体原理，这些电活动可引起头皮电位变化，后者可用两个电极放在头皮表面，通过脑电图机记录下来，由此所记录的图形称为**脑电图**（electroencephalogram，EEG）。在开颅手术时，为了诊断的目的，也可把电极直接放在病人大脑皮质的表面，所记录的电活动图形，称为**皮质电图**（electrocorticogram，ECG）。其电位振幅较脑电图约大10倍。此外，在感觉传入冲动的激发下，大脑皮质某一区域可产生较为局限的电位改变，称为**诱发电位**（evoked potential）。

二、条件反射

条件反射是建立在非条件反射基础上的一种高级神经活动，是人或高等动物个体在后天生活中形成的，数量无限，可建立，也可消退，一般都有大脑皮质的参与。通过建立条件反射，使大量无关刺激成为预示性的信号，从而极大地提高了人或动物适应环境变化的能力，因此，条件反射比非条件反射更具有适应意义。

1. 建立经典条件反射的基本条件

条件反射是通过后天接触环境和训练等而建立起来的反射，它是反射活动的高级形式，是动物在个体生活过程中获得的外界刺激与机体反应间的暂时联系。它没有固定的反射路径，容易受客观环境影响而改变。高等动物其反射中枢主要是大脑皮质，切除大脑皮质，此反射即消失。

条件反射形成过程中的暂时联系，并不是简单地发生在两个皮质中枢兴奋灶之间，而与脑内各级中枢都有关系。条件反射建立后不是一劳永逸的，建立条件反射的关键，就是条件刺激与非条件刺激紧密结合，使条件刺激成为非条件刺激的信号，因此，条件反射建立后，要经常与非条件刺激结合，来强化条件反射，否则条件刺激就失去信号意义，条件反射也会逐渐消失。

2. 条件反射的生物学意义

条件反射的建立，大大地扩大了机体的反射活动范围，增加了动物活动的预见性和灵活性，从而对环境变化更能进行精确的适应。在动物个体的一生中，纯粹的非条件反射，只有在新生下来的一段时间内可以看到，以后由于条件反射不断地建立，条件反射和非条件反射越来越密不可分地结合起来。因此，个体对内、外环境的反射性适应，都是条件反射和非条件反射的复杂反射活动。非条件反射只能适应恒定的环境变化，而条件反射则能随着环境的变化，并不断地形成新的条件反射，消退不适于生存的旧的条件反射。从进化的意义上说，越高等的动物，形成条件反射的能力越强，更能适应环境而生存。条件反射具有较广泛、精确而完善的适应性。例如，依靠食物性条件反射，动物不再是消极地等待食物进入口腔，而是根据食物的形状和气味去主动寻觅。也不再是等食物进入口腔才开始消化活动，而是在此之前就做好消化的准备。

3. 动力定型

动物在一系列有规律的条件刺激与非条件刺激结合的作用下，经过反复多次的强化，神经系统能够巩固地建立起一整套有规律的、与其生活环境相适应的条件反射活动。这种整套的条件反射称作动力定型。动物在长期生活过程中所形成的“习惯”，实际上就是动力定型的表现。

动力定型会使动物体内所有的活动十分迅速而高度精确地适应环境。如果动力定型建立得十分巩固，只要动力定型中的第一个条件刺激出现，就可使一整套的反射活动有次序地自动发生。动力定型的原理对动物人工养殖有重要的指导意义。

三、动物的神经型

相同种类的不同动物个体在形成条件反射的速度、强度、精细程度和稳定性等方面，以及对疾病的抵抗力、对药物的敏感、耐受性以及生产性能等方面，都存在着明显的个体差异。这种因大脑皮质的调节和整合活动存在的个体差异，称为神经活动的类型，一般简称为**神经型**（nervous type）。

（一）动物的基本神经型

根据大脑皮质兴奋与抑制过程的强度（力量）、均衡性和灵活性的特点，可将动物的神经型分为兴奋型、活泼型、安静型和抑制型四种基本类型。它们之间还有几种介于两者之间的过渡类型。

1. 兴奋型

其神经型特点是兴奋和抑制都很强，但比较起来，兴奋更占优势。这类动物的表现是急躁、暴烈、不受约束和带有攻击性，它们能迅速地建立比较巩固的条件反射，但条件反射的精细度很差，即对类似刺激辨别能力弱。

2. 活泼型

其神经型特点是兴奋和抑制都强，均衡发展，互相转化比较容易和迅速，为均衡灵活型。这类动物表现为活泼好动，对周围发生的微小变化能迅速发生反应，能精细的辨别相似的刺激，适应环境的复杂变化，形成条件反射很快，是动物生产上最好的神经型。

3. 安静型

其神经型特点是兴奋和抑制都强，发展也比较平衡，但互相转化比较困难和缓慢，为均衡惰性型。这类动物表现为安静、细致、温顺和有节制，对周围变化反应冷淡，它们能很好地建立精细的条件反射，但形成的速度较慢。

4. 抑制型

其神经型特点是兴奋和抑制都很弱，一般更容易表现为抑制。这类动物表现为胆怯、不好动、易疲劳和胆小畏缩，易发生消极防御反应。一般不易形成条件反射，形成后也不巩固，它们不能适应复杂变化的环境，也难于胜任比较强和持久的活动。

很显然，抑制型动物的神经过程是有缺陷的，活泼型动物的神经过程是最完善的类型。

（二）认识动物神经型的实践意义

畜牧业生产实践证明，活泼型的个体生产性能最高，安静型次之，兴奋型较差，抑制型最差。兴奋型个体在使役强度不大时表现良好，但使役强度增大时，则表现能力不定，对驱赶表现反抗；活泼型的马和耕牛的挽力大，速度快，能迅速适应使役条件的变化；安静型的使役能力较好，挽力也大，但动作较缓慢；抑制型的使役能力差，挽力小、速度慢、不耐久，对驱赶反应迟钝。

在生产实践中还发现，抑制型的个体对致病因素的抵抗力差，发病率高，病程和临床症状都比较严重，对药物的耐受剂量一般较低，治疗效果差，痊愈和康复都很缓慢。而活泼型和安静型的个体与抑制型恰好相反。兴奋型的个体对疾病的抵抗力和恢复能力均比抑制型好，但不如活泼型和安静型。可见，认识动物的神经型，对畜牧业生产的发展具有重要的实践指导意义。

知识卡片

学习与记忆：学习和记忆是两个有联系的神经过程。学习是指人和动物依赖于经验来改变自身行为以适应环境变化的神经活动过程。记忆则是将学习到的信息储存和“读出”的神经活动过程。这些过程的建立，本质上都是条件反射建立的过程。

学习和记忆的机制：①神经元活动的后作用是记忆的基础。在神经系统中，神经元之间形成许多环路联系，环路的连续活动也是记忆的一种形式；②较长时间的记忆与脑内的物质代谢有关，尤其与脑内的蛋白质合成有关。此外，中枢递质与学习记忆活动也有关系；③持久性记忆可能与新的突触联系的建立有关。动物实验中观察到，生活在复杂环境中的大鼠，其大脑皮质较厚，而生活在简单环境中的大鼠，其大脑皮质较薄，这说明学习与记忆活动多的大鼠，其大脑皮质发达，突触的联系多。

（孟 岩）

复习思考题

1. 兴奋在神经纤维上的传导和在神经元之间的传递有何不同？
2. 比较兴奋性突触和抑制性突触传递原理的异同。

3．简述确定递质的基本条件及中枢神经递质的种类。

4．感受器的一般生理特性是什么？神经系统是如何产生感觉的？

5．牵张反射的概念、类型、发生机制及生理意义是什么？

6．试述去大脑僵直产生的机制。

7．周围神经哪些属于胆碱能纤维？哪些属于肾上腺素能纤维？

8．试述反射和反射弧的概念。

9．试述反射的类型与反射过程。

10．试述交感和副交感神经系统的功能和特征。

11．试述牵涉痛及其产生的机制。

12．下丘脑有哪些主要生理功能？

13．条件反射是如何建立的？有何生理意义？

第四章 肌 肉

本章概述

动物体各种形式的运动，主要靠一些肌细胞的收缩和舒张活动来完成，不同肌肉组织在功能和结构上各有特点，但从分子水平来看，各种收缩活动都与肌细胞内所含的收缩蛋白有关。三种肌细胞的收缩和舒张过程的调控机制具有某些相似之处，即肌细胞的兴奋表现为细胞膜上出现可传导的动作电位，肌细胞的收缩是细胞内部肌丝滑行的结果。肌细胞的电兴奋和机械收缩联系起来的一系列过程，被称为兴奋 - 收缩偶联。骨骼肌实现兴奋 - 收缩偶联的组织结构是肌管系统，其中起关键作用的物质是 Ca^{2+}。骨骼肌具有兴奋性、传导性和收缩性等生理特性。

生物体在生命活动过程中，用多种不同形式的运动来维持正常的生命活动。如肢体的运动、心脏泵血和肠蠕动等，它们都是由不同的肌细胞利用 ATP 中的能量来实现的，因此，肌细胞最本质的功能是将化学能转化成机械能。另外，肌肉占到动物体重的 40%，从畜牧业生产上来说，肌肉的生产也占有重要的地位。肌细胞是高度特化的细胞，由肌细胞构成的肌肉组织可分为三大类（图 4-1），即骨骼肌、心肌和平滑肌。骨骼肌一般附着于骨骼上，受躯体运动神经直接控制，肌肉的微小收缩可以引起较大幅度的动作；平滑肌可以产生缓慢而轻微的运动；心肌可以使心脏搏动。后二者在运动时都不需要骨骼协助，受植物性神经（自主神经）直接支配。

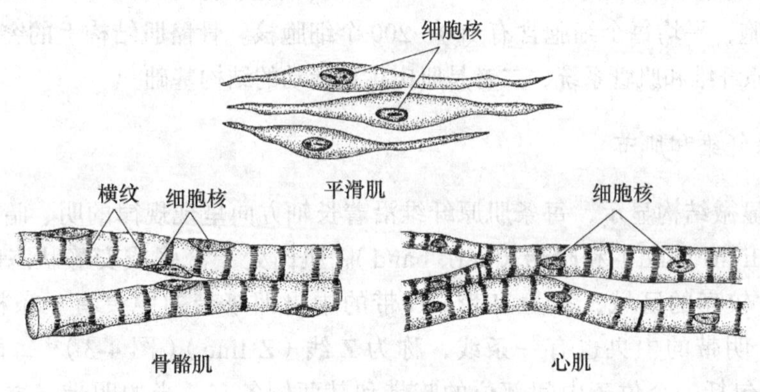

图 4-1　三种肌肉细胞模式图

骨骼肌的物理特性包括伸展性、弹性和黏滞性。生理特性包括兴奋性、传导性和收缩性。尽管骨骼肌、心肌和平滑肌的结构特征和各自的生理功能有所差异，但是它们的基本功能都是通过收缩和舒张实现的，由细胞内 Ca^{2+}离子的增高触发收缩活动，其收缩过程的分子机制也很相似。

第一节 肌肉的结构

一、骨骼肌的结构与功能

在显微镜下观察，骨骼肌和心肌细胞具有特征性的横纹，所以二者又被称为横纹肌。在功能上，骨骼肌是受运动神经支配的随意肌（voluntary muscle）。区别于受植物性神经支配的非随意肌。

骨骼肌的肌肉细胞又称肌纤维，是肌肉的基本结构和功能单位。骨骼肌由大量肌纤维构成，每个肌纤维都是一个独立的细胞。每个肌细胞又由数百到数千条与肌纤维长轴平行排列的**肌原纤维**（myofibril）组成，肌原纤维又由高度有序的收缩单元构成。肌纤维的直径一般为10～80μm，长度一般为1～340mm，平均长度在1～40mm之间，肌纤维的直径与动物种类、肌肉类型、成熟程度、训练状况和纤维类型密切相关，不同动物肌纤维的直径从小到大依次为：鸟类＜哺乳类＜爬行类＜两栖类＜鱼类。在同一动物体内，短而粗的肌纤维一般比长而细的收缩力大。在整块肌肉周围包裹着结缔组织，并通过结缔组织将肌肉连接到骨骼上。另外，结缔组织也可包裹在一组肌纤维周围，形成肌束，或只对肌肉中的一条肌纤维形成包裹（图4-2）。

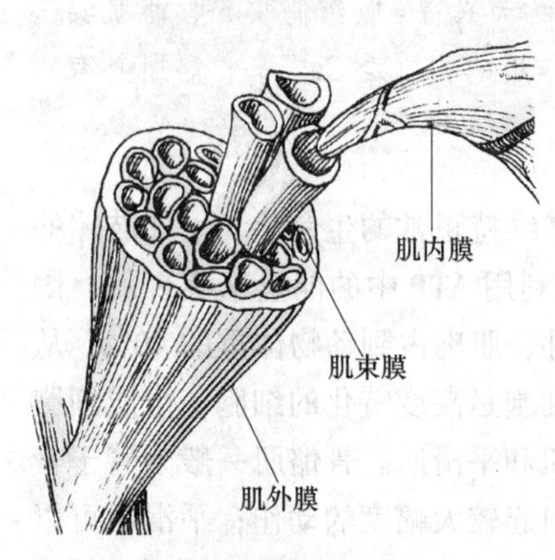

图4-2 骨骼肌的构成（陈义 仿）

肌纤维内有细胞质、细胞器和肌原纤维，外面的细胞膜称为**肌膜**（sarcolemma）。骨骼肌细胞为多核细胞，平均每个细胞含有100～200个细胞核。骨骼肌结构上的突出特点是含有高度有序的肌原纤维和肌管系统，二者是肌肉生理活动的结构基础。

（一）肌原纤维和肌节

骨骼肌的显微结构显示，每条肌原纤维沿着长轴方向呈现规律的明、暗交替分布，分别称为**明带**（light band）和**暗带**（dark band）。肌肉处于舒张或安静状态时，暗带的中央有一段相对较亮的区域，称为H带。H带的中央即暗带的中央有一条横线，称为**M线**（M line）。明带的中央也有一条线，称为**Z线**（Z line）（图4-3）。每两条相邻Z线之间的区域，包括一个位于中间部位的暗带和其两侧各有一半的明带，被称为一个**肌节**（sarcomere），它是肌肉收缩和舒张的基本单位。在安静状态下，每个肌节的长度只有2μm左右，肌原纤维就是由众多的，相互连接的肌节构成的。肌原纤维的电镜图如图4-4所示。

因为肌原纤维内有两套粗细不同的肌丝，它们之间又存在不同程度的重叠，就造成了肌原纤维呈现规则的明带和暗带（图4-3）。

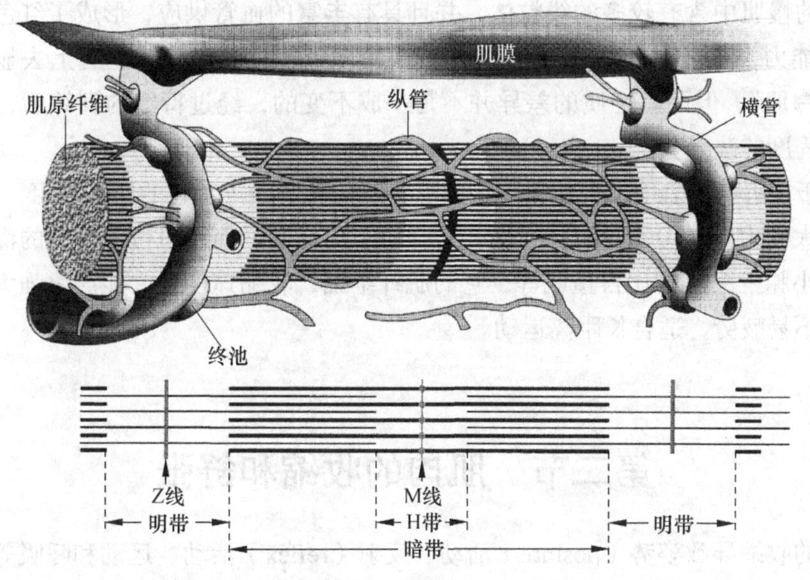

图 4-3 骨骼肌纤维内的肌原纤维和肌质网模式图（姚泰，2010）

骨骼肌是由大量肌细胞（肌纤维）构成的随意横纹肌。横纹的形成是由于骨骼肌纤维中粗丝和细丝的高度有序排列。以相邻的 Z 线为界的肌节是骨骼肌的收缩单位。

（二）肌丝

肌节的明带和暗带包含有更细的、纵向平行排列的丝状结构，称为肌丝。暗带中含有的肌丝较粗，称为粗肌丝，直径约 10nm，长度为 1.5μm。明带中含有的肌丝较细，称为细肌丝，直径约 5nm，长度为 1.0μm。它们由 Z 线结构向两侧明带伸出，两侧 Z 线伸入暗带的细肌丝未能相遇，中间隔有一段距离，形成了较透明的 H 带。当肌肉被动拉长时，细肌丝由暗带重叠区域被拉出，肌节长度增加。

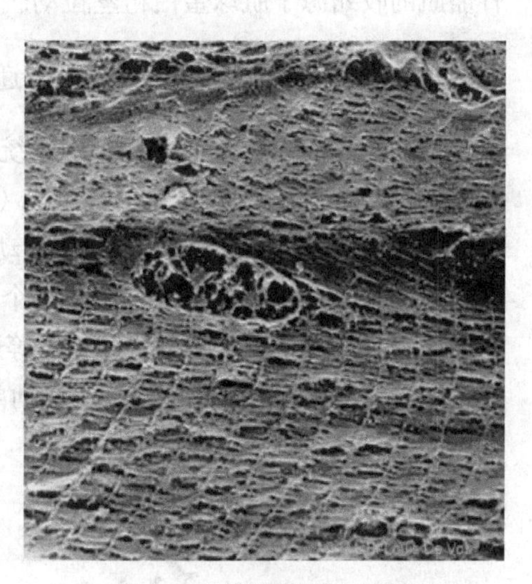

图 4-4 肌原纤维的电镜图

二、骨骼肌的类型

骨骼肌根据收缩速度的快慢可分为**快肌**（fast twitch）和**慢肌**（slow twitch）两种类型。有些肌肉几乎只含有快肌纤维或慢肌纤维，但大多数肌肉是由这两种肌纤维混合而成。骨骼肌往往同时含有快肌运动单位和慢肌运动单位，它们受支配该肌肉的神经所控制。

“快”和“慢”收缩速度差异的基础在于“快肌”和“慢肌”肌球蛋白分子的表达量。虽然这两种肌球蛋白异构体具有相同的基本结构，但它们是不同基因表达的产物，因此，具有不同的基因序列和 ATP 酶活性，并且快肌和慢肌纤维的大小和代谢方式也存在差异，两种肌纤维可通过测定肌球蛋白中 ATP 酶的活性进行区分。

骨骼肌的慢肌中含有较多的线粒体，并且具有丰富的血管供应，形成了红色外表，具有较高的氧化能力，称之为“红肌”。而快肌由于更多的依赖无氧代谢，看上去显得苍白，所以称之为“白肌”。但两者性质的差异并不是一成不变的，经过特定的训练后，两者的比例会发生某种程度的改变。

快肌位于接近身体表面的部位，如小腿三头肌的腓肠肌等，它的肌纤维粗，收缩速度快，可以产生强大的力量，但不具有持续性，适合短距离运动。而慢肌位于身体的深层接近骨头的部位，如小腿三头肌的比目鱼肌等，它的肌纤维细，收缩速度慢，能产生强大的力量，具有持续性，不易疲劳，适合长距离运动。

第二节　肌肉的收缩和舒张

骨骼肌的收缩导致姿势（posture）活动、反射（reflex）活动、运动和呼吸等节律性活动（rhythmic activity）和随意运动（voluntray movement）。骨骼肌的收缩由中枢神经系统控制。骨骼肌的收缩源于肌球蛋白粗丝拉动肌动蛋白细丝滑向肌节中心部位。

一、神经－肌肉接头处兴奋的传递

骨骼肌是随意肌，在中枢神经系统控制下接受躯体运动神经的支配。大脑皮质运动神经元将冲动传到脊髓腹角**α运动神经元**（α motor neuron），启动肌肉收缩。每个肌纤维只接受一个α运动神经元的支配，一个α运动神经元可以同时支配许多骨骼肌纤维。由一个α运动神经元支配的所有骨骼肌纤维构成一个**运动单位**（motor unit）（图4-5）。如在小腿腓肠肌，当需要高强度的力量来维持姿势和行走等运动时，一个运动单位就由2000多个肌纤维共同组成。而在控制精细运动的情况下，一个运动单位，如眼外直肌的组成仅仅只有几个肌纤维。

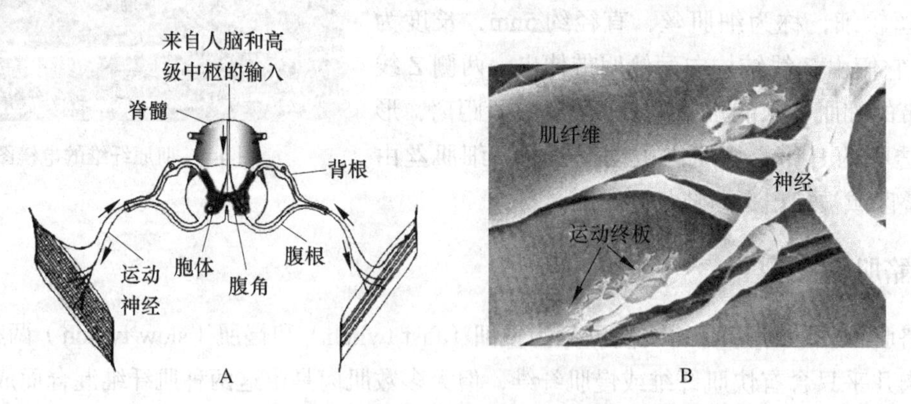

图4-5　动神经元（A）和肌纤维（B）的超微结构图

（一）神经-肌肉接头的结构

神经和骨骼肌之间的兴奋传递是通过**神经-肌肉接头**（neuromuscular junction）实现的。骨骼肌的神经-肌肉接头是一种特化的**突触**（synapse），是由躯体运动神经末梢与其接触的骨骼肌细胞膜所构成。躯体运动神经纤维在接近骨骼肌细胞时失去髓鞘，轴突末梢部位形成膨大并嵌入到由肌膜形成的凹陷中，这一结构称为神经 - 肌肉接头，也称为**运动终板**（motor end plate）（图 4-6）。神经 - 肌肉接头由接头前膜（prejunctional membrane）、接头间隙（junctional cleft）和接头后膜（postjunctional membrane）三部分组成。接头前膜是嵌入到肌膜凹陷中的神经轴突末梢的细胞膜，轴突末梢中含有许多囊泡，称为突触小泡（synaptic vesicle），一个突触小泡含有大约 1 万个**乙酰胆碱**（acetylcholine，ACh）分子。与接头前膜相对应的肌膜称为接头后膜或**终板膜**（end plate membrane）。接头前膜与接头后膜并没有原生质的联系，它们之间有一个间隔 50nm 且充满细胞外液的接头间隙。接头后膜又进一步向细胞内凹陷，形成许多皱褶，用以扩大与接头前膜的接触面积，有利于兴奋的传递。接头后膜上有与 ACh 特异结合的 N 型乙酰胆碱受体（NAChR），其本质是一种化学门控通道。

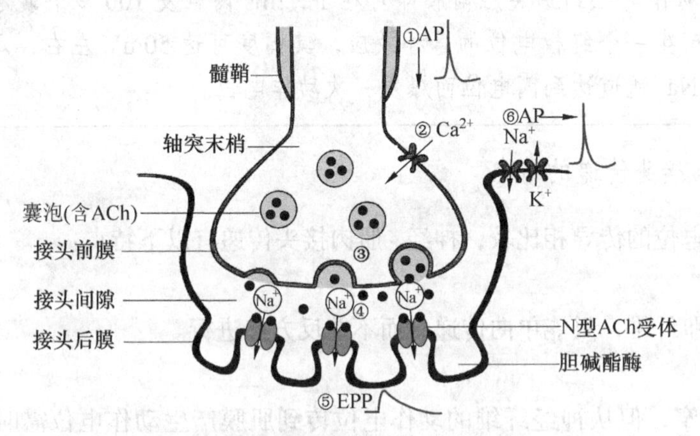

图 4-6　骨骼肌神经 - 肌肉接头的微细结构及传递过程示意图（白波，2009）

（二）神经 - 肌肉接头处兴奋的传递

骨骼肌动作电位导致肌浆网的 Ca^{2+} 向胞质中释放，推动肌动蛋白 - 肌球蛋白的相互作用，并导致收缩。是去极化本身，而非 Na^+、K^+跨膜移动引起神经递质的释放。

兴奋传递是指动作电位由一个细胞传给另一个细胞的过程。神经 - 肌肉接头处兴奋的传递是将躯体运动神经上的动作电位传给骨骼肌细胞，其传递过程是通过神经递质（如 ACh）介导完成的，是化学门控通道介导的信号转导的典型例子。

神经 - 肌肉接头处兴奋的传递过程包括：神经冲动沿神经纤维传到轴突末梢，使接头前膜发生去极化；去极化引起接头前膜上电压门控 Ca^{2+}通道开放，Ca^{2+}从细胞外液顺电 - 化学梯度进入轴突末梢，使末梢 Ca^{2+}浓度升高；升高的 Ca^{2+}可以启动突触小泡的出胞过程，使大量突触小泡移向接头前膜，与接头前膜发生融合、破裂，并将储存在囊泡中的 ACh 分子以**量子式释放**（quantal release）的方式进入接头间隙；ACh 通过接头间隙扩散到终板膜并与终板膜上的 NAChR 结合，通道开放，于是出现以 Na^+内流为主的离子跨膜移动，使终板膜发生去极化，产生**终板电位**（end plate potential，EPP）；终板电位（属于局部兴奋）向周围局部扩散，引起邻近肌膜去极化达到阈电位，使肌膜上的电压门控 Na^+通道大量开放，从而爆发动作电位，最终完成电信号由接头前膜到肌膜的一次兴奋传递（图4-6）。ACh发挥作用后，很快被存在于接头间隙和终板膜上的胆碱酯酶分解为胆碱和乙酸而失去活性，从而使终板电位的时间非常短暂。这保证了1次神经冲动仅引起1次肌细胞兴奋，当神经冲动停止时，肌细胞的兴奋也立即停止。

知识卡片

ACh量子式释放：ACh来自突触小泡，一个突触小泡所包含的ACh是最小的一个整份的数量单位。将一个突触小泡中所含的ACh称为一个**量子**（quantum）。接头前膜释放ACh属于以突触小泡为单位的“倾囊”释放，也被称为量子性释放。如果只有一个囊泡释放ACh，其在接头后膜上产生的去极化电位幅度很小，不能直接触发肌细胞兴奋。实际上，一个动作电位到达突触前膜即可在1～2ms内触发100多个囊泡同时释放ACh，在终板膜上产生一个终板电位的总和效应，其幅度可达50mV左右，足以刺激邻近肌膜的电压门控Na^+通道达到阈电位而爆发一次动作电位。

（三）神经-肌肉接头传递的特点

与神经纤维动作电位的传导相比较，神经-肌肉接头传递有以下特点：

1. 单向

从神经末梢传给肌纤维，只能单向传递，而不能反方向进行。

2. 时间延搁

尽管突触间隙很窄，但从神经纤维的动作电位传到肌膜产生动作电位需时0.5～1.0ms，比动作电位在相同长度的神经纤维上传导的时间明显要长。

3. 易疲劳

当支配骨骼肌的躯体运动神经纤维反复受到高频刺激时，骨骼肌的兴奋和收缩活动明显减弱。

4. 易受影响

乙酰胆碱在引起接头后膜兴奋后迅速被接头间隙内的胆碱酯酶清除，避免了终板膜的持续去极化。因此，很多药物和环境因素都会影响到这一过程。例如有机磷农药能与胆碱酯酶结合使其失效，造成乙酰胆碱在终板膜处堆积，导致骨骼肌持续兴奋和收缩，故有机磷农药中毒时可出现肌肉震颤。

二、骨骼肌的兴奋-收缩偶联

（一）肌管系统

骨骼肌细胞有两套独立的肌管系统，分别为横管和纵管。**横管**（transverse tubule），简称T管。是由肌膜在Z线处向细胞内凹陷形成的，其走行方向与肌原纤维垂直，并包绕在肌原纤维周围。所以，横管实质上是肌膜的延续，横管中的液体是细胞外液。当肌膜兴奋时，动作电位可沿横管传入肌细胞内部。**纵管**（longitudinal tubule）即**肌浆网**（sarcoplasmic reticulum，SR），简称**L管**。纵管的走行方向与肌原纤维平行，同样包绕在肌原纤维周

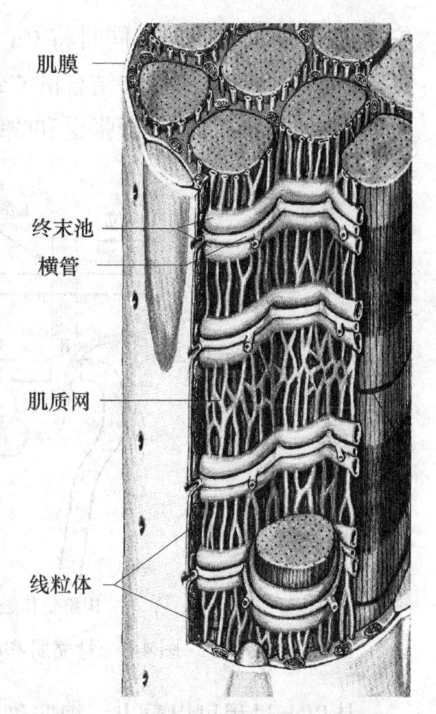

图 4-7　肌原纤维和肌管系统示意图

围。纵管在靠近横管附近形成的膨大部被称为终末池（terminal cisterna），它是细胞内储存 Ca^{2+}的场所，终末池内 Ca^{2+}的浓度比肌浆高 1000 倍，终末池膜上有 Ca^{2+}通道，并含有丰富的钙泵，承担着顺浓度或逆浓度转运 Ca^{2+}的作用。大部分的横管两侧都有终末池，与纵管共同构成一个**三联管**（triad）结构。横管膜和纵管膜在三联管处并不接触，它们之间被约 12nm 宽的胞浆隔开，需要借助某种形式的信息转导才能实现功能上的联系。三联管的作用是把从横管传来的动作电位转换为终末池 Ca^{2+}的释放，而终末池释放的 Ca^{2+}则是引起肌细胞收缩的直接动因。所以，三联管结构在兴奋 - 收缩偶联过程中发挥着重要作用（图 4-7）。

（二）兴奋 - 收缩偶联的基本过程

肌细胞的兴奋表现为细胞膜上出现可传导的动作电位，而肌细胞的收缩则是细胞内部肌丝滑行的结果。肌细胞的兴奋不能直接引起肌肉收缩，二者之间存在一个偶联过程。将肌细胞的兴奋和机械收缩联系起来的一系列过程，称为**兴奋 - 收缩偶联**（excitation-contraction coupling）。骨骼肌兴奋 - 收缩偶联主要包括以下三个过程。

1. 兴奋通过横管传到肌细胞深部

由于横管膜是肌膜的延续部分，当肌膜产生动作电位时，骨骼肌细胞膜上的动作电位沿肌膜和横管膜扩布至三联管处，激活横管膜上的电压敏感 L 型 Ca^{2+}通道。

2. 三联管处的信息传递

（1）横管的电位变化促使终末池内的 Ca^{2+}释出，肌浆网中的 Ca^{2+}浓度升高至静息时的 100 倍，并扩散到细肌丝所在部位。由于作为 Ca^{2+}受体的肌钙蛋白具有双负电荷的结合位点，而得以结合足够量的 Ca^{2+}，并引起自身分子构象的改变。

（2）肌钙蛋白构象的变化"传递"给原肌球蛋白，使其构象也发生相应的改变，使原先被原肌球蛋白掩盖着的肌动蛋白的作用位点暴露出来。

（3）肌动蛋白的作用位点一经暴露，横桥端部的作用点便与之结合，同时横桥催化 ATP 水解，所释放的能量成为肌丝滑行的动力。

（4）横桥一旦和肌动蛋白结合，即向 M 线方向摆动，这就导致细肌丝被拉向 A 带中央。一次摆动后横桥又和细肌丝解离，摆向 Z 线方向，然后再和细肌丝的另一作用位点结合。通过如此反复的结合、摆动、解离和再结合，可使肌纤维明显缩短。

总之，是粗丝上的肌球蛋白横桥拉动肌动蛋白细丝向肌节中心位置移动，导致了收缩。

3. 肌浆网对 Ca^{2+}的释放与再聚积

目前，已证明肌浆网膜中还存在一种特殊的离子转运蛋白即**钙泵**（calcium pump）。它是一种依赖 Ca^{2+}-Mg^{2+}的 ATP 酶，占肌浆网膜蛋白总量的 60%。在 Ca^{2+}、Mg^{2+}存在的情况下，它可以分解 ATP 获能，同时将 Ca^{2+}逆浓度梯度由肌浆转运到肌质网内。由于肌浆中 Ca^{2+}浓度降低，导致与肌钙蛋白结合的 Ca^{2+}发生解离，引起肌肉舒张。由于 Ca^{2+}的再聚集需要 ATP 分解供能，所以肌肉的舒张也和收缩一样被认为是一个主动耗能的过程（图 4-8）。

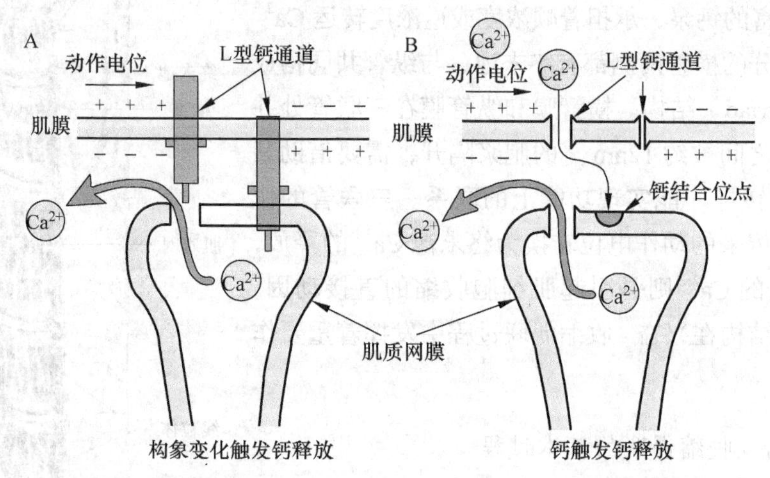

图 4-8　骨骼肌和心肌细胞肌浆网 Ca^{2+}释放的不同机制（陈义）

从以上过程可以看出，把肌细胞的兴奋和收缩过程偶联在一起的关键物质是来自肌浆网的 Ca^{2+}，故又将 Ca^{2+}称为兴奋 - 收缩偶联因子。如果肌浆网中缺少 Ca^{2+}，纵然肌细胞的兴奋仍可发生，但不能引起肌细胞的收缩，这种只产生兴奋不能引发收缩的现象称为**兴奋 - 收缩脱偶联**（excitation-contraction uncoupling）。另外，骨骼肌细胞横管膜上的 L 型 Ca^{2+}通道实际上并没有真正发挥通道的作用，即没有介导细胞外 Ca^{2+}的内流，而是作为一个电压敏感分子将信号转导给终池膜上的 Ca^{2+}通道来发挥作用的，这点与心肌的兴奋 - 收缩偶联明显不同（见第六章）。

第三节　肌细胞的收缩机制

一、肌丝滑行的分子结构基础

肌丝滑行的机制已经从组成肌丝的蛋白质分子水平上得到阐明。粗肌丝主要由**肌球蛋白**（myosin，也称肌凝蛋白）分子构成，一条粗肌丝含有 200～300 个肌球蛋白分子，肌球蛋白分子平均长 150nm，宽约 2nm，呈长杆状，一端有球状膨大部，杆状部朝向 M 线，多个分子聚合成束，形成粗肌丝的主干。而球状部则裸露在 M 线两侧粗肌丝的主干表面，形成**横桥**（cross bridge）。横桥的主要特性有：①具有 ATP 的结合位点和 ATP 酶的活性，可结合并分解 ATP，释放的能量使横桥垂直于粗肌丝主体的杆状部，处于高势能状态，供肌肉收缩横桥扭动时利用；②具有与细肌丝上的肌动蛋白结合的位点，两者结合后横桥将分解 ATP 产生的势能转化为动能，向 M 线方向扭动，从而拉动细肌丝向粗肌丝内滑动。

细肌丝由三种蛋白质组成，分别是**肌动蛋白**（actin，也称肌纤蛋白），**原肌球蛋白**

（tropomyosin，也称原肌凝蛋白）和**肌钙蛋白**（troponin，也称原宁蛋白）。肌动蛋白单体为球型分子，它在肌丝中聚合成两条链并相互缠绕成螺旋状，构成细肌丝的主体。肌动蛋白与肌球蛋白的横桥结合后，发生肌丝滑行和肌肉收缩，因它们与肌肉的收缩有关，故将二者称为收缩蛋白。原肌球蛋白也呈双螺旋结构，在细肌丝中与肌动蛋白双螺旋并行。肌肉在安静状态时，原肌球蛋白的位置正好在肌动蛋白和横桥之间，阻碍了二者的结合。原肌球蛋白还结合着另一个调节蛋白，即**肌钙蛋白**（troponin）。肌钙蛋白由三个亚单位组成，并且构成一个球形，这三个亚单位分别是**肌钙蛋白 T**（troponin T，TnT）、**肌钙蛋白 I**（troponin I，TnI）和**肌钙蛋白 C**（troponin C，TnC）（图 4-9）。由于原肌球蛋白和肌钙蛋白可影响和控制收缩蛋白之间的相互作用，故又将它们称为调节蛋白。

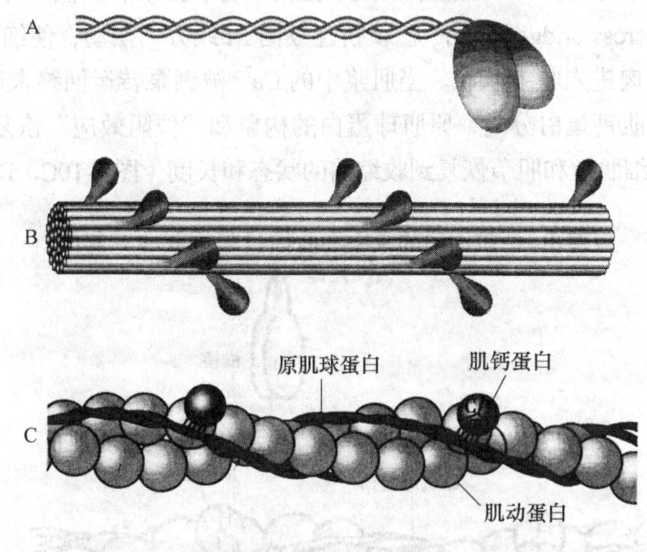

图 4-9 肌丝的分子构成示意图（姚泰，2010）

A. 肌球蛋白分子；B. 粗肌丝；C. 细肌丝

二、肌肉收缩的滑行学说

（一）肌丝滑行理论

20 世纪 50 年代，Huxley 等提出了**肌丝滑行理论**（myofilament sliding theory），阐明了肌肉收缩机制。肌丝滑行指的是在骨骼肌收缩时，细丝滑过粗丝并移向肌节的中心位置的过程。它的主要内容是：横纹肌的肌原纤维由两种粗、细不等且相互平行排列的肌丝所构成，肌肉的缩短和伸长是通过粗、细肌丝在肌节内的相互滑动发生的，而肌丝本身的长度并没有发生改变。这一理论的实验证据来源于肌肉收缩时对肌节长度变化的观察。当肌肉收缩时肌节缩短，暗带的总长度不变，明带变窄的同时 H 带相应地变窄或消失，且 H 带两侧的暗带相应变长。这一现象说明，粗肌丝和细肌丝的长度都没有改变，肌肉收缩时，只是粗、细肌丝在肌节内的相对滑行，即细肌丝向粗肌丝中央滑动，使暗带中粗、细肌丝间重叠部分增加，最终导致肌节缩短。

肌肉收缩过程实质上就是粗、细肌丝相互作用的过程。肌肉在舒张时，原肌球蛋白正好处于肌动蛋白和横桥之间，将肌动蛋白上的与粗肌丝结合的位点遮盖，使粗肌丝上的横桥无法与细肌丝上的肌动蛋白结合，这种作用称为原肌球蛋白的“位阻效应”（图 4-10A、B）。当终末池内的 Ca^{2+} 大量进入肌浆时，肌浆中的 Ca^{2+} 浓度可增加到静息时的 10～100 倍。于是，细肌丝上的 TnC 与 Ca^{2+} 结合并发生构象改变，这导致 TnI 与肌动蛋白结合减弱，使原肌球蛋白在肌动蛋白双螺旋沟壁上的位置发生移动，从而暴露出肌动蛋白与横桥的结合位点，这个过程称为原肌球蛋白“位阻效应”的解除。这时，粗肌丝上已经水解 ATP 并处于高势能状态的横桥即与细肌丝上的肌动蛋白结合，于是横桥的势能释放，发生横桥向 M 线方向的摆动，将细肌丝拉向粗肌丝内。横桥摆动一次后便与肌动蛋白解离，并再次将 ATP 水解后复位，如果这时细胞质中的 Ca^{2+} 浓度仍然保持较高，肌动蛋白上的结合位点仍然暴露，横桥就再与细肌丝上的下一个位点结合。粗肌丝上的横桥与细肌丝上的肌动蛋白结合、摆动、复位、再结合，如此反复的过程称为**横桥周期**（cross-bridge cycling）。横桥连续向 M 线方向摆动，使细肌丝不断滑入粗肌丝内，肌节缩短，肌肉进入收缩状态。当肌浆中的 Ca^{2+} 被钙泵转运回终末池，肌浆内 Ca^{2+} 浓度降低时，Ca^{2+} 即与肌钙蛋白分离，原肌球蛋白的构象和“位阻效应”恢复，横桥周期停止，肌肉进入舒张状态，细肌丝和肌节恢复到收缩前的状态和长度（图 4-10C、D）。

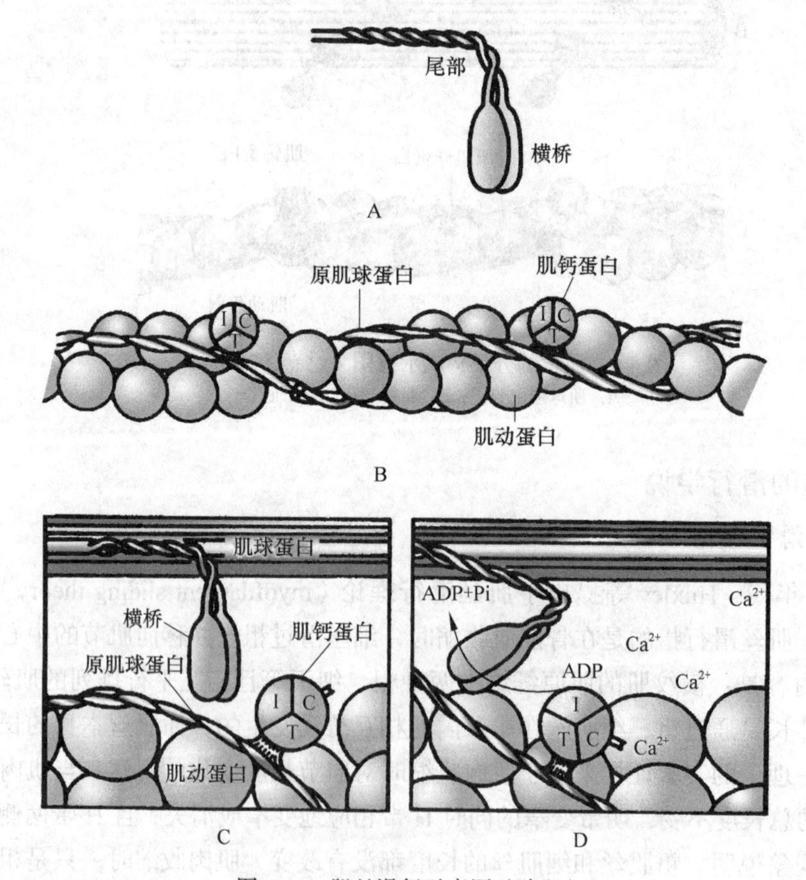

图 4-10　肌丝滑行示意图（陈义）

横桥周期在一个肌节及整个肌肉中是非同步进行的，这样才能使肌肉产生恒定的张力和连续的缩短。横桥循环的速度以及参与循环的横桥数目是决定肌肉缩短的程度、速度及所产生张力大小的关键因素。

（二）肌纤维的收缩遵循“全或无”定律

（1）肌纤维的静息电位约为-90mV，超射约为＋50mV，动作电位的幅度约为140mV。因此，刺激强度太小不能引起收缩。

（2）当刺激达到有效刺激强度时，动作电位从终板两端开始传播，整个肌纤维膜发生兴奋，使所有肌纤维内的肌原纤维全部参与，并全力收缩。

骨骼肌的收缩完全受中枢神经支配，当一个运动神经元兴奋后，它控制的所有肌纤维将作为一个单位以“全或无”的形式收缩。

第四节 骨骼肌的收缩效应及其影响因素

肌肉收缩能力的增强可使肌肉的收缩效能全面提高。

一、骨骼肌的收缩效应

肌肉收缩时的外在表现主要包括收缩时产生张力的大小、缩短的程度以及产生张力或肌肉缩短的速度。骨骼肌在体内的功能是它们在受刺激时能产生收缩和（或）张力，借此完成躯体或四肢的运动，即完成了一定量的机械做功，其数量等于所克服的阻力（或负荷）乘以肌肉缩短长度。但肌肉在收缩时究竟以产生张力为主还是以收缩为主，以及收缩时做功的多少，则取决于肌肉所遇到的负荷条件和肌肉当时所处的功能状态。

如果肌肉收缩时，表现为只有张力的变化而没有长度的改变，称为**等长收缩**（isometric contraction）。例如，维持站立姿势的肌肉活动。而一些与肢体运动和关节屈伸有关的肌肉，收缩时的阻力较小，在肌肉缩短过程中阻力不变（这时肌肉的张力也不变），称为**等张收缩**（isotonic contraction）。例如，从地面上提起一桶水时，在水桶被提起的过程中，肌肉缩短但对抗水质量的张力却没有改变。

二、收缩总和

在神经肌肉的实验中，给神经或肌肉一次单个电刺激，会引起肌肉发生一次收缩，称为**单收缩**（single twich）。单收缩包括三个时相（时程）：**潜伏期**（latency）、**收缩期**（shortening period or contraction period）和**舒张期**（relaxation period）。潜伏期是指从刺激开始到肌肉收缩前所经历的一段时间。收缩期是指从开始缩短到产生最大收缩的时间间隔。舒张期是指从肌肉最大缩短到恢复原来初长度的一段时间（图4-11）。

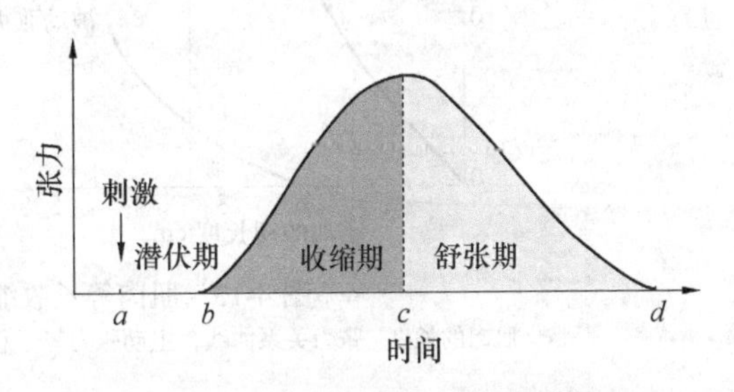

图4-11　骨骼肌单收缩曲线示意

骨骼肌兴奋后的不应期很短，只有几毫秒（相当于动作电位的持续时间），但是一次动作电位引发的一次单收缩的持续时间可达25～200ms，这就能够使新的一次收缩叠加在前一次收缩的基础上，使收缩张力发生总和。这种依赖刺激频率增高而增大骨骼肌张力的收缩总和形式，称之为**频率效应总和**（frequency summation），又称**时间总和**（temporal summation）。

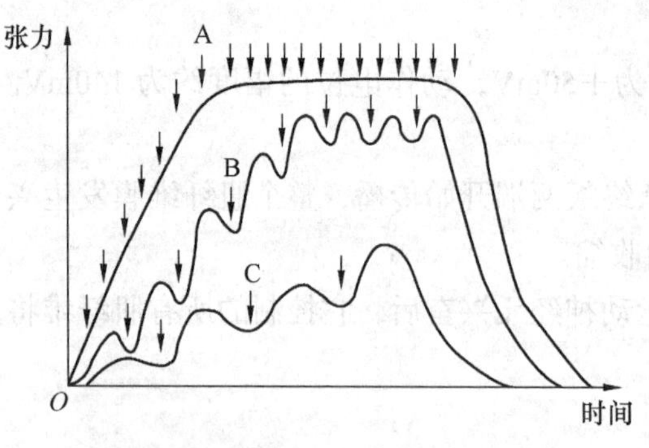

图 4-12　骨骼肌收缩的频率效应总和
A. 完全强直收缩；B、C. 不完全强直收缩

当动作电位出现的频率较高时，未完全舒张的肌纤维将进一步缩短，出现了多次**收缩的总和**（summation of contraction），从而得到一条锯齿状的收缩曲线，称为**不完全强直收缩**（incomplete tetanus）。当传来的动作电位频率更高时，肌纤维持续收缩而不舒张，得到一条平滑的收缩总和曲线，称为**完全强直收缩**（complete tetanus）（图4-12）。

三、骨骼肌收缩效能的影响因素

影响肌肉收缩的因素包括前负荷、后负荷和肌肉收缩能力，以及参与收缩的肌纤维数量和收缩频率的总和程度等。

（一）前、后负荷对肌肉收缩的影响

1. 前负荷

肌肉收缩以前所承受的负荷称为**前负荷**（preload）。肌肉的**初长度**（initial length）是指在前负荷作用下，肌肉开始收缩之前的一定长度。在一定限度内，肌肉的收缩有一个**最适前负荷**（optimal preload）和**最适初长度**（optimal initial length）。肌节的最适初长度为2.2μm。肌肉收缩从长度 - 张力曲线可以看出（图4-13），在一定范围内，前负荷越大，初长度越长，粗、细肌丝的有效重叠越多，肌肉收缩越强。当肌肉收缩达到最大时，所对应的是最适前负荷和最适

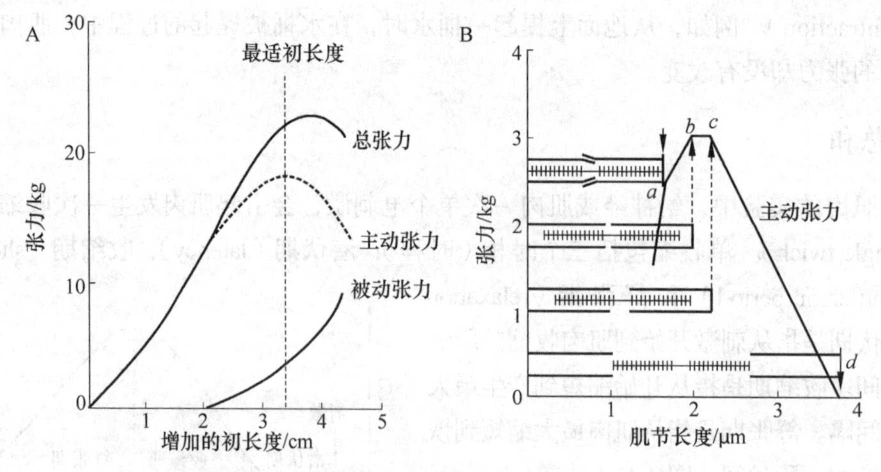

图 4-13　肌肉等长收缩时的长度 - 张力关系曲线
A. 肌肉的长度 - 张力关系曲线，主动张力等于总张力减去被动张力；B. 肌节的长度 - 张力关系曲线

初长度，若此时做等长收缩，产生的张力最大。超过最适前负荷后，随着前负荷与初长度的增加，粗、细肌丝的有效重叠反而减少，肌肉收缩强度减弱。一般认为，骨骼肌在体内的自然长度就是它的最适初长度，骨骼肌在最适初长度下承受的前负荷就是它的最适前负荷。

2. 后负荷

肌肉收缩过程中所承受的负荷称为**后负荷**（afterload）。一般情况下，后负荷越大，肌肉收缩所产生的张力越大，缩短速度和程度越小。如果将离体肌肉的前负荷（即初长度）固定，则后负荷越大，肌肉收缩时产生的张力越大、产生肌肉收缩的时间越晚（潜伏期越长），肌肉缩短的初速度和缩短的总长度也越小。肌肉在克服后负荷的阻力后才开始收缩，而且张力不再增加。后负荷过大虽然能增加肌肉的张力，但缩短的程度和收缩的速度将变为零；若后负荷过小，虽然收缩程度和速度都增加，但由于产生的张力将变为零，也不利于肌肉收缩做功，因此，只有在中等程度负荷的情况下，肌肉收缩所做的功才最大。

（二）肌肉收缩能力的改变对肌肉收缩的影响

与前、后负荷无关的肌肉本身的内在收缩特性被称为**肌肉收缩能力**（contractility）。肌肉收缩能力与肌肉收缩强度呈正相关。肌肉本身的内部功能状态的不断变化可影响到肌肉的收缩效果。前、后负荷的改变对肌肉收缩时张力产生、缩短速度、缩短总长度以及做功能力等力学表现的影响，是在肌肉本身机能状态恒定的情况下对所处负荷条件改变所做的不同反应。另外，肌肉本身状态的改变也可以影响肌肉收缩的效率。例如，缺氧、酸中毒、肌肉中能源物质缺乏，以及其他原因引起的兴奋 - 收缩偶联、肌肉内蛋白质或横桥功能特性的改变等都可以降低肌肉的收缩效果。

四、肌肉收缩的能量变化和肌疲劳

动物在持久的肌肉活动过程中，出现工作能力降低甚至完全丧失的现象，叫作**疲劳**（fatigue）。肌疲劳可以发生在肌肉收缩的任何阶段。

肌肉将 ATP 的化学能转化成机械能，同时 ATP 池必须得到持续的补充。肌肉满足能量需求的能力决定了肌肉的运动是持续的。但是，肌肉疲劳并不是由于能量的耗竭，代谢产物可能是肌疲劳的重要因素。痉挛时收缩力的降低常伴随着糖原和磷酸肌酸的耗竭以及乳酸的积累。值得指出的是，收缩力下降时 ATP 池并未发生很大的减少。

不管肌疲劳是高强度的短暂运动还是持续运动的结果，胞质内 ATP 水平都不发生显著的降低。由于所有细胞活性的维持都依赖于 ATP，因此，肌疲劳可能提供了一个保护机制，使肌细胞受到伤害或死亡的危险减至最低。持续的运动训练能通过增加肌肉的氧化能力来延缓疲劳的发生，这个过程包括线粒体数量的增加和线粒体氧化酶水平的提高，以及肌纤维中毛细血管密度的增加等。因此，经常运动的动物，骨骼发育良好，肌肉体积增大，肌纤维变粗，使能量储备和能源物质含量增多，酶系统的活性提高，保证了动物进行繁重持久运动的能力。同时又由于能量和氧的储备，增进了细胞内的氧化并使乳酸积聚减慢，从而延缓了疲劳的发生。

第五节　平滑肌的收缩和舒张

平滑肌广泛分布于动物的消化道、呼吸道和血管等部位，具有和骨骼肌不同的结构和性质。根据平滑肌细胞兴奋传导和功能活动特点，一般将平滑肌分为单个单位平滑肌（single-unit smooth muscle）和多单位平滑肌（multi-unit smooth muscle）两类（图 4-14）。单个单位平滑肌的活动形式与合胞体类似，所有肌纤维可作为一个单位对刺激发生反应。它是最常见的平滑肌类型。包括消化道、输尿管、子宫和小血管等内脏器官管壁的平滑肌，所以也称之为内脏平滑肌（visceral smooth muscle）。多单位平滑肌包括皮肤的竖毛肌、眼内的虹膜肌和睫状肌，大气道和大血管的平滑肌等。它的活动完全受植物性神经控制。

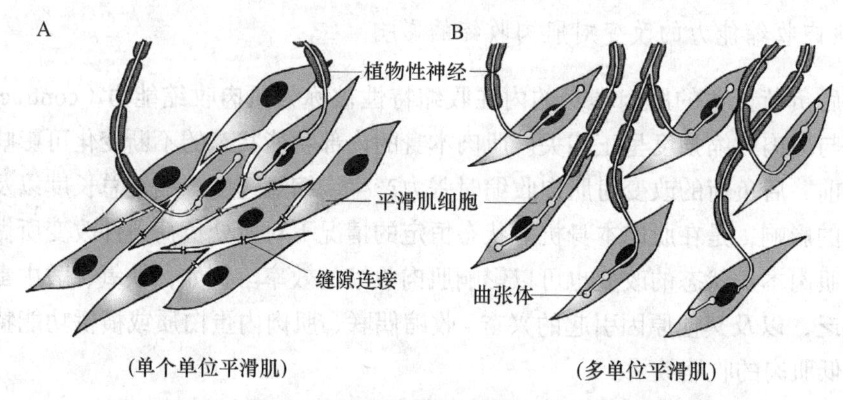

图 4-14　单个单位平滑肌和多单位平滑肌示意图（姚泰，2010）

一、平滑肌细胞的不均一性

以血管平滑肌细胞为例，它的不均一性已经被人们所熟知。血管平滑肌细胞位于血管壁中膜，呈长梭形，长约 6μm，宽 2μm，细胞核为圆形或椭圆形，多位于细胞中央。血管平滑肌细胞的主要功能是通过自身的舒张和收缩来调节血管的张力。

一般情况下，位于血管中膜外侧平滑肌细胞的排列具有一定的方向性，但靠近管腔侧的细胞排列呈无序状态。从形态学上可以将血管平滑肌至少分为两种表型，即梭形细胞和上皮样细胞。呈梭形的收缩型细胞不能进行增殖和迁移，上皮样的合成型细胞是已进入细胞周期和正处于增殖状态的细胞。

通常情况下，平滑肌细胞的表型状态与一些分化标志物的表达有关，占收缩型细胞绝大多数的梭形平滑肌细胞可表达分化标志物，如**平滑肌 22α**（smooth muscle 22 alpha，SM22α）和**肌钙样蛋白**（calponin）等，这些蛋白与细胞的收缩能力有关。

知识卡片

平滑肌 22α：平滑肌 22α 蛋白又称**转凝蛋白**（transgelin），是一种血管平滑肌细胞特异性蛋白，也是一种重要的细胞骨架相关蛋白。是 Lees-Miller 等人在鸡胃平滑肌中寻找肌钙蛋白类似物时发现的一类 22～25kD 的平滑肌特异性蛋白质。用等点聚焦电泳可将 SM22 分成 α、β 和 γ 三种亚型，其含量之比为 14 ∶ 5 ∶ 1。其中以 α 亚型碱性最强、表达量最高。在主动脉、肺、子宫和肠道等器官的平滑肌组织中表达十分丰富，呈现较强的组织特异性。

肌钙样蛋白：**肌钙样蛋白**（calponin）是由 Takahashi 等（1986）首先从鸡砂囊平滑肌组织中发现的一种 34kD 的蛋白质，它能与钙和**钙调蛋白**（calmodulin）相结合，可与横纹肌**肌钙蛋白** T（troponin T）发生免疫交叉反应，取其首尾定名为 calponin（CaP）。它是一种平滑肌收缩调节蛋白，具有 Ca^{2+}/CaM 结合能力，能与肌动蛋白结合而存在于微丝中，可抑制肌球蛋白 Mg^{2+}-ATP 酶活力以及具有可逆的磷酸化和去磷酸化反应。

血管平滑肌细胞是构成正常血管中膜的唯一细胞群，行使维持血管张力的作用。血管平滑肌细胞能够通过迁移、增殖和合成细胞外基质来修复受损的血管壁。血管平滑肌细胞表型的不均一或可塑性适合其发挥不同的功能。血管平滑肌可转化成能够分泌各种生长因子并对其进行应答的表型。

有证据证明，人和啮齿类动物的血管平滑肌细胞表型存在明显的不均一性。目前认为，血管平滑肌细胞的不同表型是由不同的基因表达程序所决定的，通过研究血管平滑肌细胞所表达的基因及确定调节其表达的内源性和外源性因子，有望得出一个较好的基于基因表达程序的血管平滑肌细胞的表型定义。

血管平滑肌细胞的收缩性决定着中空性器官的生理功能。哮喘、动脉硬化斑块的血管痉挛等许多种疾病都与平滑肌收缩性的改变有关。血管平滑肌细胞的多功能性通过多种方式影响着气管和血管的功能。

二、平滑肌的收缩及调节

多种激素和神经递质可以通过增加细胞内 Ca^{2+}离子来启动平滑肌收缩，Ca^{2+}通过肌球蛋白磷酸化促进肌动蛋白 - 肌球蛋白相互作用。平滑肌紧张性可以通过抑制肌球蛋白轻链激酶或激活肌球蛋白去磷酸化而降低。

（一）平滑肌与横纹肌的区别

与骨骼肌比较，平滑肌细胞相对小一些。平滑肌缺乏肌节，即平滑肌中没有 Z 线。平滑肌细胞缺乏横管，肌质网不发达，粗细肌丝的排列与横纹肌不同。平滑肌肌丝排列不整齐，肌节不规则，使平滑肌具有很大的伸展性。相邻肌细胞之间有缝隙连接，可完成细胞之间的电学及化学偶联。平滑肌细胞没有横管，肌浆网也不发达。平滑肌的收缩也是通过横桥运动引起粗、细肌丝相对滑行的结果。平滑肌细胞内部存在一个细胞骨架，内含一些卵圆形的结构，称为**致密体**（dense body），它们间隔地出现于细胞膜的内侧，称为致密区，并且后者与相邻细胞的类似结构相对，且两层细胞膜也在此处连接紧密，共同组成了一种机械性偶联，藉此完成细胞间张力的传递。细胞间还存在其他的连接形式，如缝隙连接可以实现细胞间的电偶联和化学偶联。在致密体和致密区中还发现有与骨骼肌Z带中类似的蛋白成分，故认为这两种结构可能是与细肌丝连接的部位。

知识卡片

致密体：它是平滑肌细胞内的一种作为细肌丝附着点和传递张力的结构，它的作用类似于肌节中的Z线。致密体遍布于平滑肌，但不像骨骼肌中的Z线那样排列整齐。肌动蛋白细丝在致密体之间伸展，肌球蛋白粗丝位于两个致密体之间的中心区域，并且和肌动蛋白细丝形成交叠，与骨骼肌的肌节类似。

1. 平滑肌的细肌丝含**钙调蛋白**（calmodulin，CaM），Ca^{2+}与钙调蛋白结合形成钙-钙调蛋白复合物，由它去激活胞浆中的一种**肌球蛋白轻链激酶**（myosin light chain kinase，MLCK），使ATP分解，为肌球蛋白轻链（myosin light chain，MLC）磷酸化提供磷酸基团，使肌凝蛋白头部构象发生改变，从而导致横桥和细肌丝的肌动蛋白结合，进入与骨骼肌相同的**横桥周期**（cross-bridge cycling），并产生张力而缩短。
2. 胞浆内Ca^{2+}浓度下降时，一切过程向相反方向发展，肌肉舒张。
3. 由于平滑肌中ATP的分解速度慢，因此，平滑肌的收缩比骨骼肌和心肌都慢。
4. Ca^{2+}移至细胞外或被肌浆网摄回的过程都很慢，故平滑肌的舒张也很慢。
5. 平滑肌的兴奋-收缩偶联在很大程度上依赖于细胞外Ca^{2+}的内流。

（二）横桥循环与平滑肌张力的维持

横桥循环（cross bridge cycle）每循环一次消耗1分子ATP。平滑肌细胞Ca^{2+}的释放及回收速度较慢，所以循环的周期较长。当肌浆网内Ca^{2+}浓度升高时，通过细胞内的收缩调节机制，横桥发生滑动，导致肌细胞收缩。滑动后，横桥并不立即脱离肌丝，而是在肌浆网内Ca^{2+}浓度缓慢下降的过程中，在一定时间内仍结合在细肌丝上，这段时间因无ATP分解，所以不能发生滑动，将横桥的这种结合而不滑动的状态称作**弹簧状态**（latch state）。在弹簧状态下，横桥与细肌丝的结合产生了肌张力，因不消耗ATP，所以是一种最为经济的保存力量的机制。由该机制所产生的张力可抵抗由于血压作用而引起的血管扩张。

（三）膜电位的轻微变化能显著改变平滑肌的紧张性

通过电压门控的Ca^{2+}通道进入平滑肌细胞的钙离子能提高血管紧张性，所以通过降低血管紧张性而降低血压的一个方法是使用Ca^{2+}通道阻断剂。

（姜成哲）

复习思考题

1. 试述骨骼肌收缩和舒张的过程。Ca^{2+}在肌肉收缩过程中有何作用?
2. 试述粗、细肌丝中与肌肉收缩有关的肌丝蛋白的结构特征。
3. 试述骨骼肌兴奋 - 收缩偶联的过程。
4. 影响肌肉收缩的因素有哪些?
5. 何谓终板电位? 有何特点?
6. 试述肌肉的收缩形式与刺激频率之间的关系。
7. 试述肌肉的收缩形式与负荷之间的关系。
8. 平滑肌的收缩调节过程有何特点?

第五章 血 液

本章概述

血液由血浆和血细胞组成，具有运输营养物质、维持内环境稳态、保护机体和参与体液调节等功能。血浆渗透压包括晶体渗透压和胶体渗透压，二者分别在维持细胞和血管内外的水平衡中起重要作用。由于哺乳动物血浆中存在$NaHCO_3/H_2CO_3$等缓冲系统，因此，血浆的pH变动范围窄，一般在7.2～7.5之间。红细胞具有可塑性、渗透脆性和悬浮稳定性等特性，并负责O_2和CO_2的运输。白细胞通过渗出、趋化性运动和吞噬作用实现对机体的保护和防御功能。血小板通过黏附、聚集、释放、吸附和收缩等特性，参与生理性止血和促进凝血，并维持血管内皮的完整性。血液凝固是由一系列凝血因子参与的复杂的生化反应过程组成，分为凝血酶原激活物的生成、凝血酶的生成和纤维蛋白的形成三个阶段，其中包括内源性凝血和外源性凝血两条途径。正常情况下，机体凝血、抗凝血和纤溶三者之间保持动态平衡，以保证血液循环的正常运行。根据红细胞膜上特异性凝集原的有无及其类型，可将动物血型分成许多血型系统，其中与临床关系密切的是人类的ABO和Rh血型系统。

血液（blood）是一种由**血浆**（plasma）和**血细胞**（blood cell）组成的流体组织，是体液的重要组成部分。由于心脏的搏动，血液在机体的心血管系统中单向、周而复始地循环流动，完成运输营养物质和代谢产物、维持内环境稳态、保护机体、参与信息传递及调节器官活动等主要功能。

第一节 血液的组成和理化特性

一、血液的组成和血量

（一）组成

血液由血浆和悬浮于其中的血细胞组成（图5-1）。血浆主要由水、血浆蛋白和小分子物质组成。**血浆蛋白**（plasma protein）是血液中多种蛋白质的总称，包括**白蛋白**（albumin）、**球蛋白**（globulin）和**纤维蛋白原**（fibrinogen）等。在动物生长、妊娠、泌乳和肌肉运动等生理状态下或各种疾病状态时，血浆蛋白含量经常发生明显的变化，是临床上常用的生理生化检测指标。小分子物质包括电解质、营养物质、代谢产物和某些激素等。

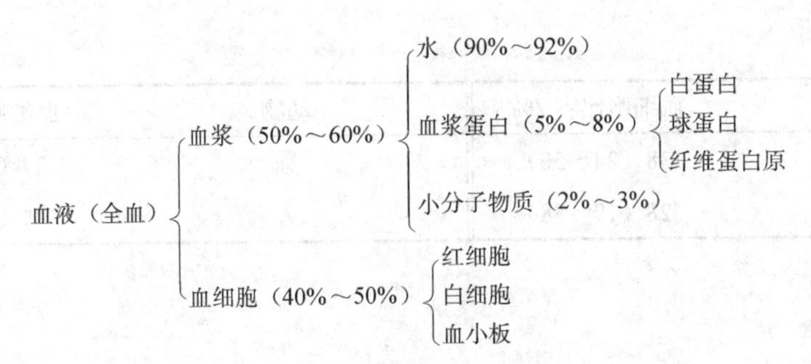

图 5-1 血液的基本组成

知识卡片

用盐析法可将血浆蛋白分为白蛋白、球蛋白和纤维蛋白原三类；用电泳法又可进一步将球蛋白分为 α_1、α_2、β 和 γ 球蛋白等。除 γ 球蛋白来自浆细胞外，白蛋白和大多数球蛋白主要由肝脏产生，因此，肝病常出现血浆白蛋白与球蛋白的比值下降。血浆蛋白的主要功能是：①形成血浆胶体渗透压：调节血管内外水的分布；②与激素结合：延长这些激素在血浆中的半衰期；③运输功能：作为载体运输脂质、离子、维生素、代谢产物以及一些异物等低分子物质；④参与凝血、抗凝血和纤溶等生理过程；⑤免疫功能：抵御病原微生物的入侵；⑥营养功能：为组织细胞提供营养；⑦缓冲功能：血浆白蛋白和钠盐组成的缓冲对具有缓冲作用；⑧组织生长和损伤修复功能：主要是通过白蛋白转化为组织蛋白实现的。

取一定量的血液与少量抗凝剂混匀后置于比容管中，以 3000r/min 的速度离心 30min 后，由于密度的不同，比容管内血液分为三层，上层淡黄色的清亮液体为血浆，下层深红色、不透明且积压较紧的部分为红细胞，中间一薄层灰白色不透明的为白细胞与血小板。血细胞在全血中所占的容积百分比，称为**血细胞比容**（hematocrit）（图 5-2）。由于白细胞和血小板的容积仅占血液总量的 0.15%～1%，常忽略不计，因此，血细胞比容通常也被称为红细胞比容或**红细胞压积**（packed cell volume，PCV）。

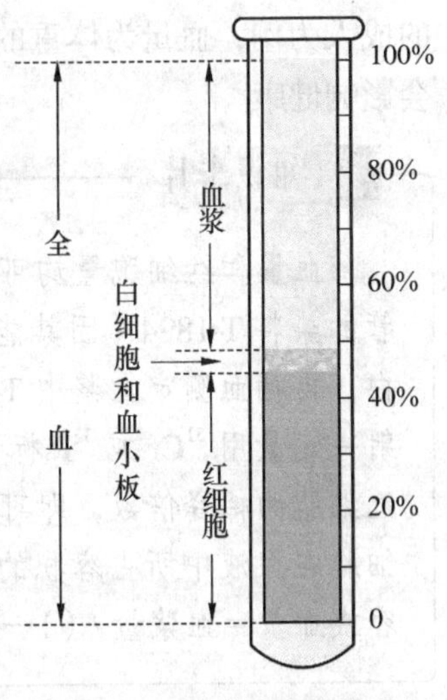

图 5-2 血细胞比容（陈义）

人和不同动物的血细胞比容不同（表 5-1）。同一个体血细胞比容相对稳定，但也可因生理或病理变化而改变，所以临床上测定血细胞比容可以帮助诊断相关疾病，如机体脱水（严重呕吐和腹泻等）时血细胞比容升高，贫血时则下降。

表 5-1 人类和几种动物的血细胞比容

动物	血细胞比容 /%	动物	血细胞比容 /%
牛	35（24～46）	猪	42（32～50）
马	35（24～44）	犬	45（37～55）

续表

动物	血细胞比容 /%	动物	血细胞比容 /%
山羊	38（24～50）	猫	37（24～45）
绵羊	28（19～38）	人	45（37～50）

（二）血量

动物体内血液的总量称为**血量**（blood volume）。动物的血量与体重直接相关，其中哺乳动物的血量占体重的5%～10%，人的血量占体重的7%～8%，鸟类和两栖类与哺乳动物相近，真骨鱼类最少，只占体重的1.5%～3.0%。大部分血液是在心血管系统内流动的，称为**循环血量**（circulating blood volume）；而少部分滞留在肝、脾、肺、腹腔静脉和皮下静脉丛等处的储血库中，称为**储备血量**（reservoir blood volume）。在某些情况，如剧烈运动或大量失血时，储备血量可释放出来，补充循环血量的相对不足，以满足机体的需要。

机体的血量一般维持相对恒定，不会由于饮水、注射或少量出血而受到影响，这对于维持动物正常动脉血压和保证各器官血液供应非常重要。失血是引起血量减少的主要原因。健康动物一次失血若不超过血液总量的10%，一般不会影响健康，因为血浆中损失的水分和无机盐在1～2h内就可从组织液中得到补充；血浆蛋白可在1～2天内由肝脏加速合成而恢复；血细胞可由储备血量的释放而暂时得到补充，但还需通过造血器官逐渐恢复，红细胞的数量在一个月之内可以完全恢复，甚至稍超过失血前的水平。一次急性失血若达到血液总量的20%，将引起机体生命活动的明显障碍；若超过30%，则可能危及生命。以体重为55kg的成人为例，血量为体重的7%～8%，为3850～4400mL，一次失血或献血200～400mL，不会影响健康。

知识卡片

血量和红细胞量均可按稀释原理分别进行测定。例如，静脉注射一定量不易透出血管的染料T-1824（因其能与血浆蛋白迅速结合，而滞留于血管中）或^{131}I标记的血浆蛋白，再抽血测定血浆中T-1824或^{131}I的稀释倍数，即可计算出血浆总量。同理，静脉注射一定量用^{51}Cr或^{32}P标记的红细胞，待它们与体内的红细胞混匀后，再抽血测定标记红细胞的稀释倍数，即可计算出红细胞的总容积。一般可先测出红细胞总容积，再按红细胞在血液中所占容积的百分比来推算血液总量。即：血量＝红细胞总容积 / 血细胞比容或血量＝血浆量 /（1－血细胞比容）。

二、血液的理化特性

（一）血液的颜色与气味

绝大多数动物的血液因红细胞中含有Fe^{2+}的血红蛋白而呈红色，动脉血的血红蛋白含氧较多而呈鲜红色，静脉血的血红蛋白含氧较少而呈暗红色。血浆因含有少量的胆红素而呈淡黄色。血液中因含挥发性脂肪酸而有腥味，又因含有氯化钠而稍有咸味。

（二）血液的相对质量密度（旧称比重）

血液的相对质量密度主要取决于红细胞与血浆的容积比，比值增高，相对质量密度增大，反之则减小，动物血液的相对质量密度为1.040～1.075；红细胞的相对质量密度主要和血红蛋白的相对质量浓度有关，血红蛋白质量浓度越高，相对质量密度越大，动物红细胞的相对质量密度为1.070～1.090；血浆的相对质量密度主要和血浆蛋白的质量浓度有关，血浆蛋白的相对质量浓度越大，相对质量密度越大，动物血浆的相对质量密度为1.024～1.031。临床上利用红细胞与血浆相对质量密度的差异，可进行红细胞比容和红细胞沉降率的测定以及红细胞与血浆的分离等。

（三）血液的黏滞性

由于液体内部分子间存在一定的摩擦阻力，使液体流动缓慢且表现黏着的特性，称为**黏滞性**（viscosity）。血液或血浆的黏滞性通常指与水相比的相对黏滞性。血液的黏滞性为水的4.0～6.0倍，其大小取决于红细胞的数量和血浆蛋白的含量；血浆的黏滞性为水的1.5～2.5倍，其大小取决于血浆蛋白的含量以及血浆中所含液体量。血液黏滞性对血压、血流阻力和血流速度都有一定的影响，当血液黏滞性增大时，血流阻力增加，血流速度缓慢，将影响机体的血液循环。适当补充水分和加强运动可以减少血液黏滞性而促进血液循环。

（四）血浆的渗透压

溶液中的溶质促使水分子通过半透膜从低质量浓度溶液向高质量浓度溶液中扩散的力量，称为**渗透压**（osmotic pressure）。渗透压大小与溶质颗粒数目的多少成正比，而与溶质种类和颗粒大小无关。血浆渗透压为280～320 mOsm/kg · H_2O，相当于770kPa，约7.6个大气压（5790mmHg），它包括**晶体渗透压**（crystal osmotic pressure）和**胶体渗透压**（colloid osmotic pressure）两部分。晶体渗透压由血浆中的晶体物质（如电解质）构成，占总血浆渗透压的99.5%，其中的80%来自Na^+和Cl^-，晶体渗透压在维持细胞内外的水平衡中起重要作用。胶体渗透压由血浆蛋白（主要是白蛋白）构成，仅占总血浆渗透压的0.5%，一般仅为1.3mOsm/（kg · H_2O），约相当于3.3kPa（250mmHg）。因为血浆蛋白不易透过毛细血管壁，使毛细血管内胶体渗透压明显高于组织液，所以血浆胶体渗透压虽小，但有利于保证血管内外的水平衡。若血浆蛋白减少，如营养不良或肝功能下降所引起的白蛋白合成量降低，则胶体渗透压降低，导致组织液增多，从而发生**水肿**（edema）。

通常将与血浆渗透压相等的溶液称为**等渗溶液**（isoosmotic solution），如生理盐水（哺乳动物为0.9%的NaCl溶液，两栖动物为0.6%～0.8%的NaCl溶液）、5%的葡萄糖和1.9%的尿素溶液，它们与血浆渗透压大致相等，是等渗溶液。渗透压高于和低于血浆渗透压的液体分别被称为**高渗溶液**（hyperosmotic solution）和**低渗溶液**（hyposmotic solution）。

（五）血浆的酸碱度

动物的血浆呈弱碱性，pH变动范围很窄，通常稳定在7.35～7.45之间（表5-2）。一般情况下，动物所能耐受的pH在7.0～7.8之间，高于7.8或低于7.0时，机体会出现明显的碱中毒或酸中毒症状，甚至死亡。血浆 pH 能保持相对恒定与血浆中的缓冲系统和肺、肾功能的正常有关。血浆中的缓冲系统主要包括 $NaHCO_3/H_2CO_3$、Na_2HPO_4/NaH_2PO_4、蛋白质钠盐 / 蛋白质等，这些缓冲对都是由一种弱酸和其相对应的弱酸强碱盐组成，其中最重要的缓冲对是 $NaHCO_3/H_2CO_3$。当血液中酸性物质（如乳酸）增加时，弱酸强碱盐与之反应，使其变为弱酸，血液酸性降低；反之，当血液中碱性物质增加时，弱酸与之反应，使其变为弱酸盐，血液碱性降低。反应式如下：

$$HL + NaHCO_3 \longrightarrow NaL + H_2CO_3$$

$$H_2CO_3 \longrightarrow CO_2 + H_2O$$

$$OH^- + H_2CO_3 \longrightarrow HCO_3^- + H_2O$$

由于血浆中 $NaHCO_3$ 含量较多，且缓冲对 $NaHCO_3/H_2CO_3$ 缓冲效率最高，血浆 pH 主要取决于 $NaHCO_3/H_2CO_3$ 的质量浓度比。正常情况下，人类只要血浆的 $NaHCO_3$ 与 H_2CO_3 的质量浓度比为 20：1［（17.8～22.4）：1］，血液的 pH 就能维持在 7.35～7.45 之间。如果该比值改变，血浆 pH 就会发生变化。因此通常将血浆中 $NaHCO_3$ 的含量称为血液的**碱储**（alkali reserve）。碱储含量的稳定有赖于正常的肾功能。

表 5-2　人类和几种动物血浆的平均 pH

动物	pH	动物	pH
牛	7.5	犬	7.4
马	7.4	猫	7.35
绵羊	7.49	鸡	7.54
猪	7.47	人	7.4

三、血液的生理作用

（一）运输功能

运输是血液的基本功能，血液能将机体代谢所需要的各种营养物质（如 O_2、葡萄糖和无机盐等）运送到全身各组织和细胞，同时将组织细胞的代谢产物（如 CO_2、尿酸、尿素和肌酐等）运送至排泄器官（如肝、肾、肠管及皮肤等）并排出体外，以保证新陈代谢正常进行。

（二）维持内环境稳态

由于血液不断循环及其与各部分体液之间广泛沟通，使血液在维持机体内环境稳态中发挥着重要作用，它对体内酸碱平衡、水和电解质平衡以及体温的恒定等都起决定性的作用。如血浆的多个缓冲对，使血液酸碱度保持相对恒定，这是机体代谢和各种酶活动所要求的适宜条件之一；血液内所含水量和各种矿物质的量都是相对恒定的，胶体渗透压可调节体液平衡；血液中水分含量多，水的比热大，可大量吸收机体产生的热量，并通过血液循环将深部的热量运送到体表散发，维持体温的相对恒定。

（三）保护和防御功能

血液中的白细胞通过吞噬作用和免疫反应来抵抗外来微生物和异物的侵害，对自身进行保护及防御。血浆中含有的多种免疫活性物质以及血中的淋巴细胞，均具有免疫功能；嗜中性粒细胞能吞噬和分解外来的微生物和体内衰老、死亡的组织细胞，具有防御功能；血小板与血浆中的凝血因子，能使受伤的小血管收缩并使血液凝固而防止出血，具有保护功能。

（四）参与体液调节

机体内分泌系统分泌的激素进入血液，依靠血液输送到达相应的靶器官或靶组织，调节其活动，从而发挥一定的生理作用。可见，血液是体液性调节的联系媒介。此外，酶和维生素等物质也是通过血液运输来行使其对代谢的调节作用。

（五）营养功能

血液中的血浆蛋白有营养储备作用。机体的某些细胞（如单核巨噬细胞）能胞饮完整的血浆蛋白，在酶的作用下将血浆蛋白分解为氨基酸，氨基酸再扩散入血，供其他细胞合成新的蛋白质。

第二节 血 细 胞

血细胞包括红细胞、白细胞和血小板三类，它们均起源于造血干细胞（图 5-3）。成熟的各类血细胞在血液中存在的时间从几小时（如中性粒细胞）到几个月（如红细胞）不等，而骨髓造血干细胞，以不断地自我更新和增殖的方式，保障血细胞的补充，从而使血液各种有形成分保持动态平衡。

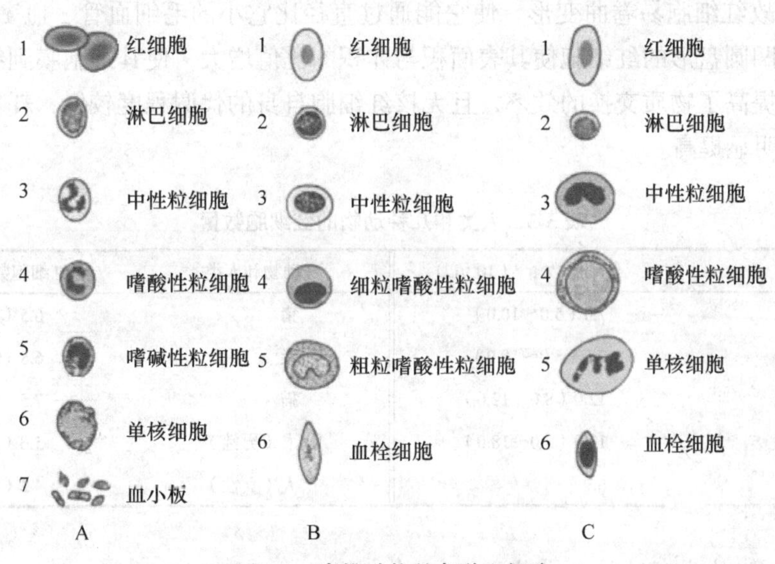

图 5-3 脊椎动物的各种血细胞

A. 哺乳动物（人）；B. 真骨鱼；C. 蛙

知识卡片

造血（hemopoiesis）过程是各类造血细胞发育、分化和成熟的一个连续过程。它可分成以下几个阶段：第一是**造血干细胞**（hemopoietic stem cell）阶段，这一阶段的造血细胞能通过自我复制保持本身数量的稳定，且能分化形成各种定向祖细胞；第二是**定向祖细胞**（committed progenitor）阶段，这一阶段的造血细胞，已经限定了进一步分化的方向，可区分为早期红系祖细胞（BFU-E）和晚期红系祖细胞（CFU-E）、粒 - 单核系祖细胞（CFU-GM）、巨核系祖细胞（CFU-MK）和 TB 淋巴系祖细胞（CFU-TB）；第三是**前体细胞**（precursor cells）阶段，这一阶段的造血细胞已经发育成形态上可被辨认的各系幼稚细胞，它们将进一步成熟为具有特殊功能的各类终末血细胞，并有规律地被释放进入血液循环。

一、红细胞生理

（一）红细胞的形态与数量

红细胞（erythrocyte 或 red blood cell，RBC）是脊椎动物血液中数量最多的血细胞，其数量通常用 10^{12}/L 或百万 /mm^3 表示（表 5-3）。红细胞的形态与数量在动物进化过程中发生了很大变化。一般来说，动物越高等，其红细胞数量越多，体积越小，而分化程度越高。低等脊椎动物的红细胞数量少，有细胞核，而哺乳动物的红细胞数量多，且在成熟的过程中失去了细胞核，呈双凹形（中间下凹，边缘较厚）的圆盘状（骆驼和鹿为椭圆形）（图 5-4）。红细胞利用糖酵解产生的**三磷酸腺苷**（adenosine triphosphate，ATP）维持细胞膜上 Na^+-K^+泵的活动，进而维持细胞内离子和水的正常分布以及细胞的形状。由于双凹圆盘形细胞比球形细胞容易变形，故红细胞易卷曲变形，使它能通过直径比它小的毛细血管、血窦壁及其间隙。此外，这些双凹圆盘形的红细胞使其表面积与体积的比值增大，使其细胞膜到细胞内的距离缩短，极大地提高了物质交换的效率，且无核红细胞自身的代谢程度较低，耗氧量也低，但其运氧能力却明显提高。

表 5-3　人类和几种动物的红细胞数量

动物	红细胞数量 /（10^{12}/L）	动物和人类	红细胞数量 /（10^{12}/L）
牛	7.0（5.0～10.0）	猪	6.5（5.0～8.0）
马	7.5（5.0～10.0）	犬	6.8（5.0～8.0）
绵羊	12.0（8.0～12.0）	猫	7.5（5.0～10.0）
山羊	13.0（8.0～18.0）	人（男性）	5.0（4.5～5.5）
兔	6.9	人（女性）	4.2（3.8～4.6）

（二）红细胞的生理特性与功能

1. 红细胞的生理特性

（1）可塑性变形　红细胞在血液循环中，通常要挤过直径比它小的毛细血管或血窦孔隙，

以便输送 O_2，运走 CO_2 等代谢产物，这时红细胞会变形，通过后恢复原状（图 5-5），将红细胞的这种特性称为**可塑性变形**（plastic deformation）。影响这一特性的因素包括：①红细胞表面积与体积比的比值越大，变形能力越强。哺乳动物的红细胞变形能力较强；②红细胞内的黏度越大，变形能力越弱，如血红蛋白变性或质量浓度过高时，红细胞内黏度大，变形能力就弱；③红细胞膜的弹性或黏度高，则变形能力降低。衰老的红细胞可塑性变形能力降低。

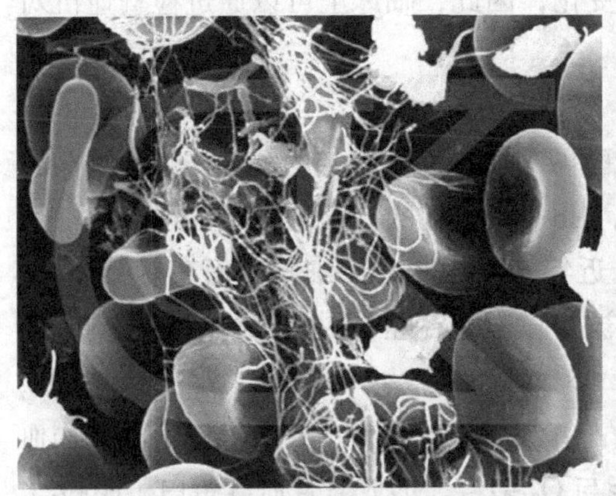

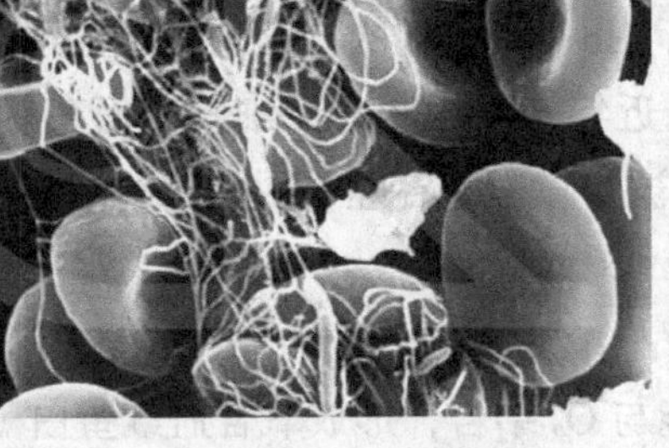

图 5-4 哺乳动物红细胞电镜图　　图 5-5 红细胞挤过脾窦的内皮细胞裂隙（大鼠）

（2）渗透脆性与溶血　正常状态下红细胞的渗透压与血浆渗透压大致相等，这对红细胞形态的保持极为重要。将红细胞置于等渗溶液（如 0.9% 的 NaCl 溶液）中，它能保持正常的大小和形态。但若把红细胞置于高渗溶液中，根据渗透原理可知红细胞内的水分将逸出胞外，此时的红细胞发生皱缩。反之，若将红细胞置于低渗溶液中，水分则进入细胞，红细胞因吸水而膨胀，细胞膜最终破裂并释放出血红蛋白，这一现象称为**溶血**（hemolysis）。将红细胞在低渗溶液中抵抗破裂和溶血的特性称为**渗透脆性**（osmotic fragility）。抵抗力大，则脆性小，不易破裂溶血；反之，抵抗力小，则脆性大，易破裂溶血（图 5-6）。衰老的红细胞脆性较大，临床上可通过测定红细胞的脆性来了解红细胞的生理状态。

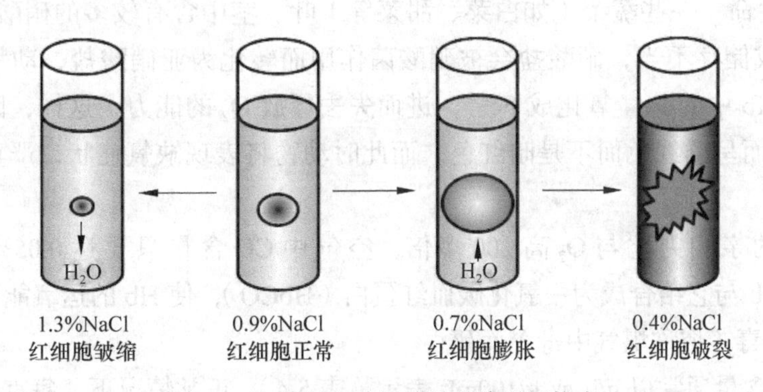

图 5-6 红细胞的渗透脆性和渗透抵抗力

（3）悬浮稳定性与沉降率　将抗凝血置于血沉管中，因红细胞与血浆之间有摩擦力，使红细胞能较稳定地悬浮于血浆中而不易下沉的特性，称为**悬浮稳定性**（suspension stability），但垂直静置一段时间后，红细胞由于相对质量密度大于血浆，将逐渐下沉，但正常时下沉缓慢。通常以第一小时末红细胞下沉的距离表示红细胞沉降的速度，称之为**红细胞沉降率**（erythrocyte sedimentation rate，ESR），简称血沉。常以血沉的快慢来衡量红细胞悬浮稳定性的大小。不同动物血沉不同，如乳牛血沉为1.2mm/h，绵羊为0.7mm/h，猪为3.36mm/h，鸡为0.81mm/h，马为115.6mm/h。血沉快慢不取决于红细胞本身，而与血浆成分及含量有关。当血浆中纤维蛋白原、胆固醇和球蛋白含量增高时，血沉变快，而白蛋白和卵磷脂含量增高时，血沉变慢。动物患某些疾病（如急性感染）时，血沉发生明显变化，因此，临床上可以通过检查血沉对疾病进行初步诊断。

2. 红细胞的功能

红细胞的主要功能是运输O_2和CO_2，此外还在酸碱平衡中发挥一定的缓冲作用。这两项功能主要是通过红细胞内的**血红蛋白**（hemoglobin，Hb）来实现的。若红细胞破裂，血红蛋白被释放出来，溶解于血浆中，即丧失上述功能。近年来发现，在红细胞表面存有补体C_{3b}受体，能吸附抗原和补体形成免疫复合物，有利于被吞噬细胞吞噬，因此，红细胞还具有一定的免疫功能。

Hb由珠蛋白和亚铁（Fe^{2+}）血红素结合而成，占红细胞成分的30%～35%，哺乳动物血液呈现红色就是因为其中含有亚铁血红素。Hb既能与O_2结合，形成氧合血红蛋白（HbO_2），又易与O_2分离，形成脱氧血红蛋白（亦称还原血红蛋白，HHb），释放出的O_2供组织细胞代谢需要。反应式如下所示：

$$Hb+O_2 \longrightarrow HbO_2 \longrightarrow HHb+O_2$$

此外，Hb还能与CO_2结合，以氨基甲酸血红蛋白（Hb-NHCOOH）的形式参与CO_2的运输。

Hb与O_2无论是氧合还是分离，其中的铁始终为Fe^{2+}，没有发生电子的得失。但在某些情况，如因某些药物（乙酰苯胺和磺胺等）或在亚硝酸盐（NO_2^-）的作用下，Hb中Fe^{2+}会被氧化成Fe^{3+}（高铁血红蛋白），而含Fe^{3+}的Hb与O_2结合非常牢固，不易分离，因此，丧失了释放O_2的能力。若血液中高铁血红蛋白超过血红蛋白总量的2/3时，将导致组织缺氧窒息而危及生命。一些蔬菜（如白菜、甜菜等）叶、茎中含有较多的硝酸盐（NO_3^-），若沤制加工方法或储存不当，硝酸盐会被硝酸菌作用而转化为亚硝酸盐，动物若大量采食此类食物，则使Hb中的Fe^{2+}氧化成Fe^{3+}，进而失去释放O_2的能力，这样，因动物静脉血中含有较多的O_2而呈鲜红色而不是暗红色，而此时动物将表现缺氧症状，严重时可因窒息而危及生命。

Hb与CO的亲和力比与O_2高200多倍，空气中CO含量只要达0.05%，血液中就有30%～40%的Hb与它结合成为一氧化碳血红蛋白（HbCO），使Hb的运氧能力大大降低，严重时引起CO中毒（俗称煤气中毒）而死亡。

血液中Hb含量通常以g/L或g/100mL表示（表5-4）。正常情况下，每克Hb结合1.34mL的O_2，若以100mL血液含15g Hb计算，则100mL血液可携带约20mL的O_2。动物的年龄、性别、营养状况和疾病都会影响血液中Hb的含量，一般情况下，单位体积内红细胞数量与Hb含量有一定的相关性，红细胞数量与红细胞Hb含量减少到一定程度都可视为**贫血**（anemia）。

表 5-4 人类和几种动物的血红蛋白含量

动物	血红蛋白含量 / (g/L)	动物和人类	血红蛋白含量 / (g/L)
牛	110（80～150）	猪	130（100～160）
马	115（80～140）	犬	150（120～180）
绵羊	120（80～160）	猫	120（80～150）
山羊	110（80～140）	人（男性）	140（120～160）
兔	117（80～150）	人（女性）	130（110～150）

（三）红细胞的生成与破坏

1. 红细胞的生成

（1）生成过程　哺乳动物红细胞的生成从造血干细胞逐步分化为红系造血祖细胞、红系定向祖细胞、原红细胞、早幼红细胞、中幼红细胞、晚幼红细胞和网织红细胞，最后，才发育为成熟的红细胞，这是一个连续的过程，在人类历时 6～7 天。

知识卡片

造血干细胞的自我更新和多向分化的能力是机体维持正常造血的主要原因。造血干细胞变异会导致造血障碍，严重时影响机体健康。造血干细胞的深入研究为血液疾病的诊断和治疗提供了科学依据。临床上抽取正常人的部分骨髓（内含造血干细胞）移植给造血或免疫功能低下的患者，可使其重建造血和免疫功能，称为**骨髓移植**（bone marrow transplantation）。此外，造血干细胞还可作为基因转染的理想靶细胞用于基因治疗，其自我更新的能力有利于所转录的基因在体内长期表达。

（2）生成部位　动物在出生前，卵黄囊、肝和脾脏存在造血过程。动物出生后，红骨髓是成年动物生成红细胞的唯一场所，因此，红骨髓造血功能的正常是红细胞生成的前提条件。若由于某些原因（如某些放射性物质或药物）造成红骨髓损伤，可导致造血功能下降或丧失而引起贫血，称为**再生障碍性贫血**（aplastic anemia）。

（3）生成原料　红细胞的主要成分是 Hb，合成 Hb 的主要原料是铁和蛋白质。因此，将机体缺乏铁和蛋白质时引起的贫血，称为**营养性贫血**（nutritional anemia）。将缺铁为主导致的贫血，称为**缺铁性贫血**（iron-deficiency anemia）。此外，红细胞的生成还需要有促进红细胞发育成熟的物质，主要有维生素 B_{12}、叶酸和 Cu^{2+}。维生素 B_{12} 和叶酸是合成核苷酸（尤其是 DNA）的辅助因子，可促进骨髓原红细胞分裂增殖，缺乏时红细胞分裂和成熟出现障碍，使红细胞停留在初始状态（幼稚期）而不能成熟，引起**巨幼红细胞性贫血**（megaloblastic anemia）。Cu^{2+} 是合成 Hb 的激动剂。还有一些氨基酸、维生素 B_2、B_6、C、E 和微量元素锰、钴、锌等也与红细胞生成有关。

知识卡片

铁是合成血红蛋白必需的原料，成年人每天需要20～25mg铁用于红细胞生成。其中约5%的铁来源于食物，其余95%均来自内源性铁的再利用。机体储存的铁主要来自于破坏了的红细胞。衰老的红细胞被巨噬细胞吞噬后，其血红蛋白被氧化成高铁血红蛋白，后者被分解而释放出血红素中的Fe^{3+}，Fe^{3+}与脱铁铁蛋白结合，成为铁蛋白，并聚集成含铁血黄素颗粒，储存于巨噬细胞内。血浆中有一种**运铁蛋白**（transferrin），往来于巨噬细胞与幼红细胞之间并负责铁的运送。储存于铁蛋白中的Fe^{3+}，先还原成Fe^{2+}再脱离铁蛋白，而后与运铁蛋白结合。每分子运铁蛋白可将两个Fe^{2+}运送到幼红细胞后，又可反复作第二次运输。

（4）生成调节　正常红细胞数量保持相对恒定，在一定范围内波动，在不断的生成与破坏之间达到动态平衡。当机体所处环境或功能状态发生变化时，红细胞生成的数量和速度会发生适当的调整。红细胞的生成主要受**促红细胞生成素**（erythropoietin，EPO）和**爆式促进因子**（burst-promoting factor，BPF）的调节。

EPO是一种糖蛋白，相对分子质量为34 000，主要（85%）由肾脏皮质肾单位的肾小管周围的间质细胞（如成纤维细胞和内皮细胞等）合成，肝脏也能产生少量（15%）的EPO。EPO作用于骨髓，促使各级红系造血细胞分化和成熟，同时促进血红蛋白的合成，并能促使骨髓中的网织红细胞释放入血。当机体动脉血氧含量降低或组织缺氧时，可刺激肾脏产生EPO，使红细胞数量和血红蛋白含量增高；当EPO增加到一定水平时，反而会抑制EPO的合成与释放，这种负反馈调节对于维持机体红细胞数量的相对恒定具有重要作用（图5-7）。

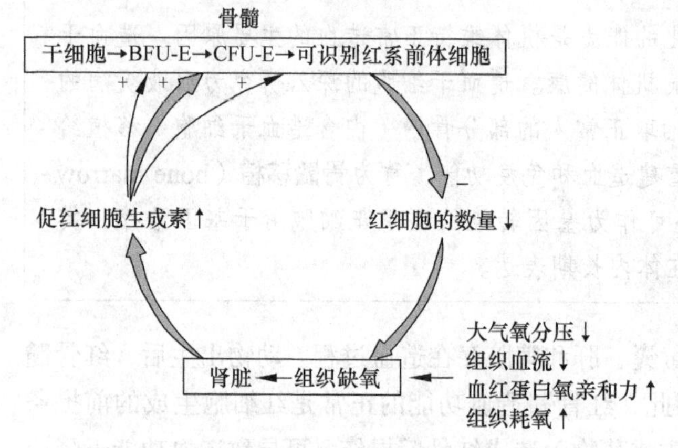

图5-7　EPO调节红细胞生成的反馈调节示意图

BFU-E：爆式红系集落形成单位；CFU-E：红系集落形成单位

+表示促进；−表示抑制

BPF是一类相对分子质量为25 000～40 000的糖蛋白，主要功能是促进细胞DNA的合成，加强早期红系祖细胞的增殖活动。

此外，雄激素、促肾上腺皮质激素、促甲状腺激素、糖皮质激素、甲状腺激素和生长激素等也对红细胞的生成具有促进作用，而雌激素可以抑制红细胞和EPO的生成。

2．红细胞的破坏

不同动物红细胞的寿命不同，红细胞的平均寿命与动物体重有一定关系，体重小的动物的红细胞寿命比体重大的短。如牛红细胞的平均寿命为148天，马为145天，猪为86天，小鼠为30天。因哺乳动物红细胞无核，不能合成新的蛋白质而对其自身结构进行修补，所以红细胞的更新率比其他细胞高得多。以人为例，人红细胞的平均寿命约为120天，大概每天更新1%，4个月全部更新一次。

肝脏、脾脏和骨髓都参与衰老红细胞的破坏，但脾脏是破坏红细胞的主要场所。当红细胞逐渐衰老时，其变形能力减退，脆性增大，约 10% 的红细胞在血流的冲击下破损，在血管内发生溶血称为**血管内破坏**（introvascular destruction）；而其余约 90% 的衰老红细胞因可塑性变形能力减退，难以通过微小孔隙，易滞留在脾和骨髓中，被巨噬细胞吞噬的过程称为**血管外破坏**（extrovascular destruction）。经血管内破坏的破损红细胞发生溶血后释放的 Hb，与血浆中的**触珠蛋白**（haptoglobin）结合，丧失携氧能力，被肝脏摄取；而未与触珠蛋白结合的 Hb 经肾脏随尿排出，出现**血红蛋白尿**（hemoglobinuria）。衰老的红细胞经血管外破坏，Hb 中的铁以铁黄素的形式沉着于肝细胞内，以备再利用，而 Hb 中的脱铁血红素在巨噬细胞内经代谢转变为未结合胆红素，后者在血液中以胆红素 - 白蛋白的形式被运送到肝脏处理，最终以粪和尿胆素原等形式排出体外。

二、白细胞生理

（一）白细胞的分类和数量

白细胞（leukocyte 或 white blood cell，WBC）是一类有核的血细胞，数量通常用 10^9/L 或千 /mm^3 表示。根据白细胞的形态、功能和来源，可将其分为粒细胞、单核细胞和淋巴细胞三大类。粒细胞依据其胞浆内颗粒对染料的反应不同，又分为嗜酸性粒细胞（含橘红色颗粒）、嗜碱性粒细胞（含深蓝紫色颗粒）和中性粒细胞（含紫红色和蓝紫色颗粒）。正常情况下，各类白细胞所占的百分比保持相对恒定（表 5-5）。

表 5-5 人类和几种动物的白细胞数量及各类白细胞的百分比

动物	白细胞数量 /（10^9/L）	各类白细胞的百分比 /%					
		嗜酸性粒细胞	嗜碱性粒细胞	中性粒细胞		单核细胞	淋巴细胞
				杆状核	分叶核		
牛	7.62	4.0	0.5	3.5	33.0	2.0	57.0
马	8.77	4.5	0.5	4.5	53.0	3.5	34.5
绵羊	8.25	5.0	0.5	2.0	32.5	2.0	59.0
山羊	9.70	6.0	0.1	1.0	34.0	1.5	57.5
猪	14.66	4.5	0.5	6.0	31.5	3.5	55.5
犬	11.50	6.0	1.0	3.0	60.0	5.0	25.0
猫	12.50	5.0	0.5	0.5	59.0	3.0	32.0
人	4.0～10.0	0.5～5	0～1	1～5	50～70	3～8	20～40

动物白细胞数量在不同生理状况下会有较大的波动，如初生幼畜高于成年，下午高于清晨，妊娠及分娩期高。此外，动物在运动、进食、失血、疼痛或炎症时，白细胞数量也会增多。

（二）白细胞的功能

白细胞（除淋巴细胞外）均能伸出伪足做变形运动，并凭此运动穿越毛细血管壁，称为**血细胞渗出**（diapedesis）。白细胞具有趋向某些化学物质游走的特性，称为**趋化性**

（chemotaxis）。机体细胞的降解产物、抗原 - 抗体复合物、细菌和细菌毒素等都能引起白细胞的趋化作用，这种能引起白细胞发生定向运动的化学物质，称为**趋化因子**（chemokine）。白细胞能顺着趋化因子的质量浓度梯度游走到这些异物周围，并把它们包围起来吞入胞质内，称为**吞噬**（phagocytosis）（图 5-8）。白细胞在骨髓和淋巴组织中产生，随着血液的运输，到达发挥作用的部位，通过渗出、趋化性和吞噬作用等特性，实现对机体的防御和保护功能。

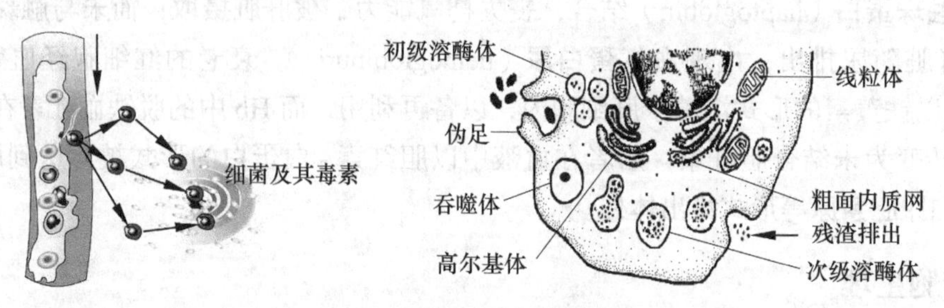

图 5-8　白细胞的渗出、趋化与吞噬

1. 嗜碱性粒细胞

人类的**嗜碱性粒细胞**（basophil）的颗粒中含有**肝素**（heparin）、**组胺**（histamine）、白三烯、**5- 羟色胺**（5-hydroxytryptamine，5-HT）和**嗜酸性粒细胞趋化因子 A**（eosinophil chemotactic factor A）等多种生物活性物质，细胞自身不具备吞噬能力。只有在发生炎症时，成熟的嗜碱性粒细胞才从血液中迁移到局部炎症区，其释放的组胺和白三烯（过敏性慢反应物质）对局部炎症区域的小血管有舒张作用，使毛细血管的通透性增加，引起充血与水肿，并有利于其他白细胞的游走和吞噬，同时可使支气管平滑肌收缩，引起荨麻疹和支气管哮喘等过敏反应；肝素具有抗凝作用，有利于保持血管的通畅和吞噬细胞到达抗原所在部位；嗜酸性粒细胞趋化因子 A 可吸引嗜酸性粒细胞到炎症局部，以限制嗜碱性粒细胞在过敏反应中的作用（详见嗜酸性粒细胞）。由此可见，嗜碱性粒细胞主要与速发型过敏反应的发生有关。

2. 嗜酸性粒细胞

人类的**嗜酸性粒细胞**（eosinophil）内含有溶酶体和一些特殊颗粒，具有一定的吞噬能力，但由于不含溶菌酶而没有杀菌能力。它的主要作用有：①限制嗜碱性粒细胞和肥大细胞在速发型过敏反应中的作用。当机体发生抗原 - 抗体反应而引起速发型过敏反应时，大量嗜酸性粒细胞聚集到过敏部位，吞噬抗原 - 抗体复合物，同时吞噬嗜碱性粒细胞和肥大细胞所释放的颗粒，并释放组胺酶和芳香硫酸酯酶等酶类，从而减轻过敏反应对机体的危害。②参与对寄生虫的免疫反应。嗜酸性粒细胞借助于细胞表面受体黏附于寄生虫上，释放颗粒内所含的碱性蛋白酶和过氧化物酶等物质，损伤寄生虫虫体。因此，当机体发生过敏反应或有寄生虫感染时，嗜酸性粒细胞的数量会增多。

3. 中性粒细胞

中性粒细胞（neutrophil）的核呈分叶状，又称**多形核白细胞**（polymorphonuclear leukocyte）。中性粒细胞由较幼稚的杆状核和相对较成熟的分叶核组成。在不同动物体内，上述两种核的比例见表 5-5。当发生急性细菌性炎症时，杆状核所占比例增多，称之为核左移。

中性粒细胞内含有大量的溶酶体酶，有活跃的变形运动、高度的趋化性和很强的吞噬作用，在血液的非特异性免疫系统中起着十分重要的作用，是对抗各种急性细菌感染过程中最主要的白细胞成分。中性粒细胞能吞噬外来的微生物和异物，将吞噬入细胞内的细菌和组织碎片分解，还可吞噬和清除衰老的红细胞和抗原-抗体复合物等。

知识卡片

中性粒细胞的杀菌机制：中性粒细胞主要通过需氧杀菌和非需氧杀菌两种方式来杀灭吞噬的细菌。①需氧杀菌：中性粒细胞在吞噬细菌时，耗氧量明显增加，会产生大量的活性氧基团，如超氧阴离子、过氧化氢（H_2O_2）和羟自由基等，称为**呼吸爆发**（respiratory burst）。这些氧的衍生物具有较强的细胞毒性作用，可杀伤被吞噬的病原微生物。在卤化物存在的条件下，H_2O_2 可被中性粒细胞的**髓过氧化物酶**（myeloperoxidase，MPO）还原成次氯酸，其杀菌能力比 H_2O_2 强50倍。②非需氧杀菌：中性粒细胞的颗粒中含有乳铁蛋白和**杀菌性通透性增加蛋白**（bactericidal permeability increasing protein）等抗菌性蛋白分子，前者可与铁螯合而抑制细菌生长，后者可通过增加细菌外膜的通透性而杀菌。接着，溶酶体内的溶酶体酶将已杀死的细菌和吞入的组织碎片彻底分解，使入侵的细菌被局限在组织局部，防止病原微生物在体内进一步扩散。

4. 单核细胞

单核细胞（monocyte）在血管内未成熟前吞噬作用很弱，渗出血管进入组织后，转变成体积大、溶酶体多的成熟细胞，称为**巨噬细胞**（macrophage）。单核细胞的趋化迁移速度较中性粒细胞慢，在外周血和骨髓中储存的数量较少，需要数日乃至数周才能到达炎症部位。在机体不同部位分布的巨噬细胞有不同的形态学和免疫学特点和不同的名字，它们构成单核-巨噬细胞系统。激活了的巨噬细胞直径可达60～80μm，且激活了的单核-巨噬细胞系统的吞噬功能更强。

单核-巨噬细胞系统的细胞内含有较多的非特异性脂酶和溶酶体酶，能吞噬和消灭病原体和异物，对病毒和肿瘤细胞具有强大的杀伤力，并能识别和清除衰老的细胞和组织碎片，在体内发挥重要的防御作用；也能合成和释放多种细胞因子，如干扰素、肿瘤坏死因子和白介素等，参与对其他细胞的免疫调节；同时也加工、处理和呈递抗原，参与特异性免疫应答。

5. 淋巴细胞

淋巴细胞（lymphocyte）根据其生长发育过程、细胞表面标志和功能的不同，可将其分为B淋巴细胞、T淋巴细胞和**自然杀伤细胞**（natural killer cell，NK细胞）三大类，它们在机体的不同部位分化、成熟后，主要存在于淋巴结、脾和肠道淋巴组织内，参与机体的体液免疫和细胞免疫应答（图5-9）。

（1）体液免疫 B淋巴细胞在骨髓（哺乳类）或腔上囊（禽类）内发育、分化和成熟，故也被称为**骨髓或囊依赖性淋巴细胞**［bone marrow（burse）dependent lymphocyte］。B淋巴细胞在抗原刺激下被激活，分化为**浆细胞**（plasma cell）。浆细胞分泌特异性抗体（如IgG）

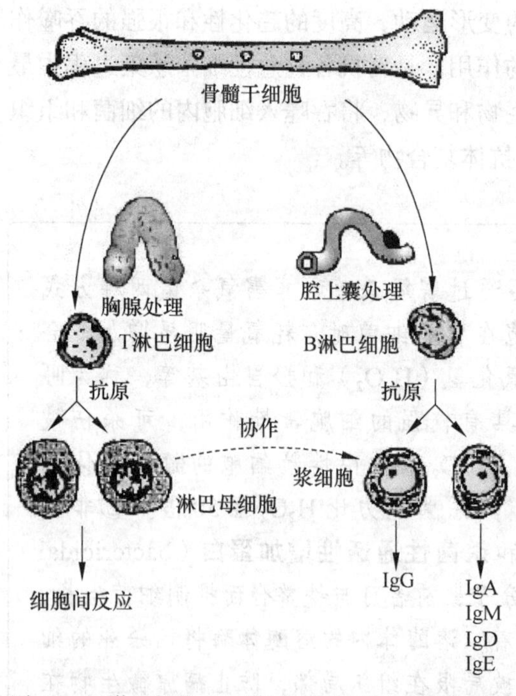

图 5-9　T 淋巴细胞和 B 淋巴细胞的形成过程示意图

释放入血浆，与抗原结合，阻止抗原对机体的伤害。这种由免疫细胞生成和分泌特异性抗体以对抗某种相应抗原而实现的免疫过程，称为**体液免疫**（humoral immunity）。

（2）细胞免疫　T 淋巴细胞在胸腺内发育、分化和成熟，故被称为**胸腺依赖性淋巴细胞**（thymus dependent lymphocyte）。T 淋巴细胞在抗原刺激下被激活，转化为致敏 T 淋巴细胞，后者能合成免疫活性物质，但不释放入血，而是到达抗原所在部位，在与抗原直接接触后，才分泌免疫活性物质，发挥免疫作用，以对抗病毒、细菌和癌细胞的入侵。这种由具有特异性免疫机能的细胞直接与某种特异的抗原相互作用而实现的免疫过程，称为**细胞免疫**（cellular immunity）。此外，有一些 T 淋巴细胞受到抗原刺激后，能合成一些免疫活性物质（如淋巴因子和干扰素等），也参与体液免疫过程。

（三）白细胞的生成与破坏

1. 白细胞的生成

（1）生成过程　白细胞的生成经过从造血干细胞逐步分化为定向祖细胞、可识别的前体细胞，最后发育为成熟的白细胞等一系列连续的过程。

（2）生成部位　三种粒细胞都来源于骨髓的原始粒细胞。单核细胞和淋巴细胞主要在脾脏、淋巴结、胸腺和消化道黏膜淋巴组织中发育、分化和成熟。

（3）生成原料　白细胞的生成需要保证充足的营养供应，特别是蛋白质、叶酸、维生素 B_{12} 和 B_6 等。

（4）生成调节　白细胞的分化与增殖受多种**造血生长因子**（hematopoietic growth factor，HGF）的调节。其中一些造血生长因子在体外能刺激造血细胞生成集落，因此被称为**集落刺激因子**（colony stimulating factor，CSF）。如**粒细胞 - 巨噬细胞集落刺激因子**（granulocyte-macrophage colony stimulating factor，GM-CSF）除能刺激中性粒细胞、嗜酸性粒细胞和单核细胞的生成外，还能刺激造血干细胞和造血祖细胞的增殖和分化。另外，**转化生长因子 -β**（transforming growth factor-β，TGF-β）和乳铁蛋白等抑制因子可抑制白细胞的生成，**白细胞介素**（interleukin，IL）可调节淋巴细胞的生长和成熟。

2. 白细胞的破坏

粒细胞和单核细胞主要在组织中发挥作用，血液中粒细胞的寿命不到 1 天，单核细胞寿命为 2～3 天，进入组织后，粒细胞可存活 3～5 天，单核细胞可存活约 3 个月。中性粒细胞一旦进入组织，就不再返回血液。而淋巴细胞则往返于血液 - 组织液 - 淋巴液之间（即淋巴细胞循环），并能增殖分化。有的淋巴细胞仅存活1～2天，有的寿命可长达数月甚至数年（记忆淋巴细胞）。

正常情况下，白细胞因衰老死亡后，大部分被肝和脾的巨噬细胞吞噬并分解，小部分经消化道和呼吸道黏膜排出。中性粒细胞在吞噬细菌的过程中，会释放过多的溶酶体酶而发生“自我溶解”现象，然后与被破坏的细菌和组织碎片一起形成脓液，将此时的中粒细胞称为脓细胞。

三、血小板生理

（一）血小板的形态与数量

哺乳动物的**血小板**（platelet）无核，呈椭圆形、杆形或不规则形，人类的血小板直径为2～3μm，数量通常用10^9/L或万/mm^3表示（表5-6）。血小板的数量在不同生理状况下具有波动性，通常下午高于清晨，冬季高于春季，妊娠中、晚期高。另外，动物在运动、进食或缺氧时血小板数量都会增多。

表5-6 人类和几种动物的血小板数量

动物	血小板数量/（10^9/L）	动物	血小板数量/（10^9/L）
牛	260～710	猪	130～450
马	200～900	犬	199～577
绵羊	170～980	猫	100～760
山羊	310～1020	人	100～300
兔	125～250		

电镜下，血小板内存在溶酶体、致密体和α-颗粒等。致密体内的生物活性物质主要与进一步促进血小板活化有关，如**二磷酸腺苷**（adenosine diphosphate，ADP）、ATP、5-HT和Ca^{2+}。α-颗粒内的生物活性物质主要与促进血小板黏附［如**血管性血友病因子**（von willebrand factor，vWF）、纤维蛋白原和凝血酶敏感蛋白等］、促进细胞增长（如凝血酶敏感蛋白、血小板因子4和TGF-β等）、凝血和纤溶的调节（如凝血因子Ⅰ、Ⅳ、Ⅺ和纤溶酶原激活物抑制剂-1等）有关。

（二）血小板的生理特性与功能

1. 血小板的生理特性

（1）**黏附**（adhesion） 当血管损伤时，暴露出血管内皮下的结缔组织和胶原分子，血小板很容易黏着于胶原纤维上，使血小板膜中的花生四烯酸转变为**血栓烷A_2**（thromboxane A_2，TXA_2）。TXA_2有很强的聚集血小板和收缩血管的作用。

（2）**聚集**（aggregation） 指血小板彼此之间黏着、聚合的现象。导致血小板聚集的生理性因素有两种，一种是生理性致聚剂，如ADP、**肾上腺素**（epinephrine或adrenaline，E或AD）、组胺、5-HT、**胶原**（collagen）、凝血酶和前列腺素类物质等，其中ADP是引起血小板聚集最重要的物质；另一种是病理性致聚剂，如细菌、病毒、药物和免疫复合物等。血小板的聚集可分为两个时相：第一聚集时相发生迅速，为可逆聚集，是由受损伤组织释放的ADP

引起，聚集后还可解聚；第二聚集时相发生较缓慢，是由血小板自身释放的 ADP 引起，一旦发生，不再解聚，称为不可逆聚集。

（3）**释放**（release）或**分泌**（secretion） 即血小板被激活后排出其颗粒中所含物质的现象。血小板释放出的多种活性物质可进一步促进血小板的活化、聚集和加速止血过程。血小板还能即时合成和释放 TXA_2。

（4）**吸附**（adsorption） 悬浮于血浆中的血小板能吸附多种凝血因子（如凝血因子Ⅰ、凝血因子Ⅴ、凝血因子Ⅺ和凝血因子XⅢ等），使破损局部的凝血因子质量浓度显著增高，可促进凝血过程的进行。

（5）**收缩**（shrinkage） 血小板内有肌动蛋白、肌球蛋白、微管和各种相关蛋白，并储存有大量的 Ca^{2+}。当收缩蛋白发生收缩作用时，血凝块回缩，血栓硬化，利于止血。当血小板功能下降或数量减少时，可使血块回缩不良。

2. 血小板的生理功能

（1）**生理性止血**（physiological hemostasis） 指小血管损伤出血后，能在很短时间（几分钟）内自行停止出血的现象。生理性止血是由血管、血小板和血浆中凝血因子协同作用而实现的复杂过程。其中，血小板发挥的作用是：①收缩血管，血小板能释放缩血管活性物质（如 5-HT、TXA_2），使损伤血管收缩，血流减慢，裂口缩小，减少出血；②形成血栓，血小板在损伤的血管内皮处黏附、聚集，形成松软的血小板止血栓，暂时堵塞损伤处，减少出血；③形成血凝块，血小板可释放参与血液凝固的物质，激活凝血系统，在局部形成坚实的血凝块，起到持久止血的作用（图 5-10）。

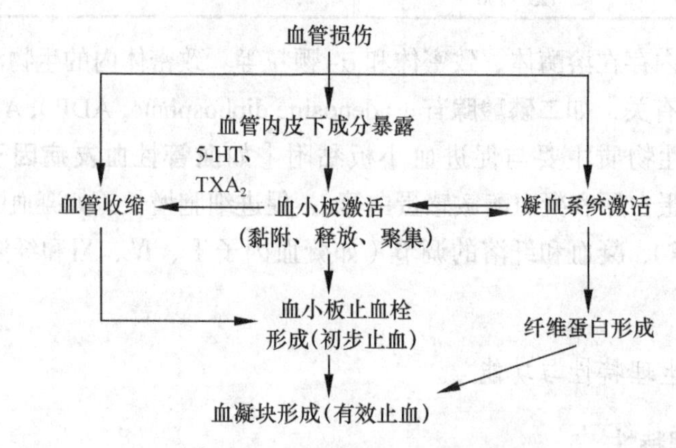

图 5-10 生理性止血过程示意图

（2）促进凝血 血小板内含有多种与凝血过程有关的因子，且血小板能吸附许多凝血因子于其表面，因而具有较强地促进血液凝固的作用，如凝血因子Ⅱ、凝血因子Ⅲ和凝血因子Ⅳ等。其中，凝血因子Ⅱ可促进纤维蛋白原转变为纤维蛋白单体；凝血因子Ⅲ提供的磷脂表面是许多凝血因子（如凝血酶原、Ca^{2+}、凝血因子Ⅴ、Ⅶ、Ⅸ和Ⅹ等）进行凝血反应的重要场所；凝血因子Ⅳ则有抗肝素作用，可促进凝血酶的生成，加速凝血。

（3）维持血管内皮的完整性 血小板易黏附在损伤的血管壁上，以填补血管内皮细胞脱落留下的空隙，进而融入内皮细胞，完成修复过程，从而维持血管内皮的完整性（图 5-11）。

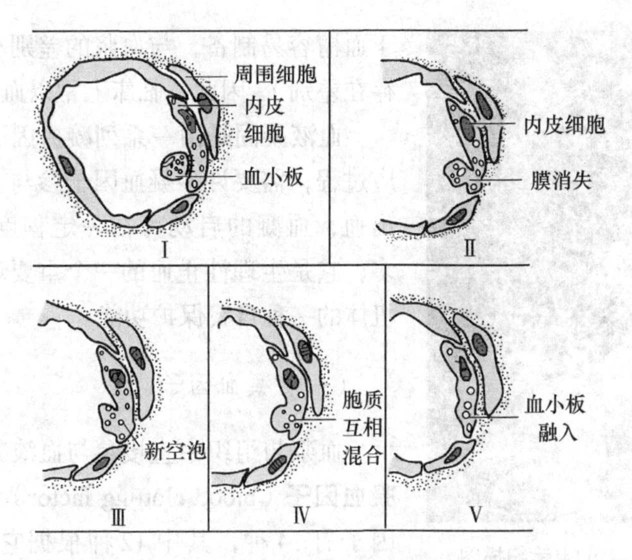

图 5-11 血小板融入毛细血管内皮细胞示意图（姚泰，2010）

（三）血小板的生成与破坏

1. 血小板的生成

（1）生成过程 从造血干细胞逐步分化为巨核系祖细胞、可识别的巨核细胞和成熟巨核细胞，成熟的巨核细胞胞质裂解、脱落并形成血小板。人的一个巨核细胞可产生2000个左右的血小板。

（2）生成调节 血小板的生成主要受**血小板生成素**（thrombopoietin，TPO）的调节。TPO通过刺激造血干细胞分化形成巨核系祖细胞，并特异性地促进巨核系祖细胞增殖、分化为成熟的巨核细胞，使其裂解并释放血小板。

2. 血小板的破坏

进入血液循环的血小板平均寿命为10天左右，但仅在开始的2～3天具有生理功能。衰老的血小板在脾脏、肝脏和肺组织中被巨噬细胞吞噬分解。

第三节 血液凝固

一、血液凝固概述

血液由流动的液体状态转变为不能流动的凝胶状态的过程，称为**血液凝固**（blood coagulation），简称血凝。血液凝固的实质是血浆中的可溶性纤维蛋白原变成不可溶的纤维蛋白，纤维蛋白呈丝状交织成网，将血细胞和血液中的其他成分网罗其中，形成胶冻样血凝块（图5-12）。1～2h后血凝块发生回缩（血小板的收缩），并析出淡黄色液体，称为**血清**（serum）。血清与血浆的区别在于血清不含参与凝血的纤维蛋白原和血凝时消耗的一些凝血因子（如凝血因子Ⅴ和Ⅷ等），同时增加了血凝时血管内皮细胞和血小板释放的化学物质。由

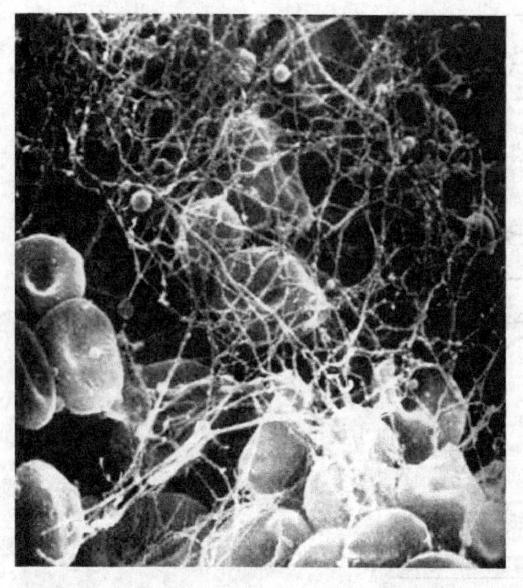

图 5-12　血凝块（人）的电镜扫描图

于血清容易制备，与血浆的差别小（仅在凝血因子上存在差别），因此，临床上常以血清作为检测样本。

血液凝固是由一系列凝血因子参与的复杂酶促反应过程，需要许多凝血因子参与。动物若因血管破损出血，血凝的启动可在一定程度上避免机体失血过多，它是生理性止血的一个重要环节，因此，血凝是机体的一种自我保护功能。

（一）凝血因子

血浆与组织中直接参与血液凝固的物质，统称为**凝血因子**（blood clotting factor）。目前被发现的凝血因子有 14 种，其中 12 种根据它们被发现的先后顺序用罗马数字进行编号，即凝血因子Ⅰ～XⅢ（简称FⅠ～FXⅢ）。由于FⅥ是血浆中活化了的FⅤ，不是一个独立的凝血因子，因此未列入表中（表 5-7）。除FⅣ（Ca^{2+}）外，其余的凝血因子均为蛋白质，多数由肝脏合成。FⅡ、FⅦ、FⅨ和FⅩ的合成过程需要维生素 K，这四种因子也被称为维生素 K 依赖性凝血因子。机体若维生素 K 不足，将影响凝血功能。FⅡ、FⅨ、FⅩ、FⅪ和FⅫ都是丝氨酸蛋白酶，且均为内切酶，只能有限水解某些肽链。正常情况下，凝血因子在血液中以无活性的酶原形式存在，只有通过其他酶的水解，在其肽链上暴露或形成活性中心后，这些因子才具有活性，这个过程被称为**激活**（activation）。习惯上在被激活的凝血因子代号的右下角加“a”，如FⅩ被激活后表示为FⅩa。此外，血小板磷脂、前激肽释放酶和高分子激肽原等也都参与了凝血过程，前者为血液凝固提供反应场所，后两者可激活某些凝血因子。

表 5-7　凝血因子（14 种）

因子	同义名	合成部位	合成时是否需要维生素K	化学本质	主要功能
Ⅰ	纤维蛋白原	肝细胞	否	糖蛋白	形成纤维蛋白
Ⅱ	凝血酶原	肝细胞	需要	糖蛋白	激活后可促进纤维蛋白原转变为纤维蛋白；激活FⅤ、Ⅷ、Ⅺ、Ⅷ和促进血小板聚集
Ⅲ	组织因子（组织凝血活素）	各组织细胞	否	糖蛋白	FⅦa的辅助因子，启动生理性凝血反应
Ⅳ	钙离子（Ca^{2+}）	—	—	—	参与凝血反应的多个过程
Ⅴ	前加速素（血浆加速球蛋白）	肝、内皮细胞和血小板	否	糖蛋白	加速FⅩa对凝血酶原的激活
Ⅶ	血清凝血酶原转变加速素（前转变素）	肝细胞	需要	糖蛋白	形成FⅦa-FⅢ复合物，激活FⅩ和FⅨ
Ⅷ	抗血友病球蛋白（抗血友病因子A）	肝为主	否	糖蛋白	辅因子，加速FⅨa对FⅩ的激活

续表

因子	同义名	合成部位	合成时是否需要维生素K	化学本质	主要功能
Ⅸ	血浆凝血活酶（抗血友病因子B）	肝细胞	需要	糖蛋白	形成FⅨa-FⅧa复合物，激活FⅩ
Ⅹ	Stuart-Prower因子	肝细胞	需要	糖蛋白	形成凝血酶原激活物激活凝血酶原，FⅩa还可激活FⅤ、FⅦ和FⅧ
Ⅺ	血浆凝血活酶前质（抗血友病因子C）	肝细胞	否	糖蛋白	激活FⅨ
Ⅻ	接触因子（Hageman因子）	肝细胞	否	糖蛋白	激活FⅪ，激活纤溶酶原，激活前激肽释放酶
XⅢ	纤维蛋白稳定因子	肝细胞和血小板	否	糖蛋白	使纤维蛋白聚合成纤维蛋白网
—	高分子激肽原				辅因子，促进FⅫa对FⅪ和前激肽释放酶的激活；促进前激肽释放酶对FⅫ的激活
—	前激肽释放酶				激活FⅫ

（二）凝血过程

经典的**瀑布学说**（waterfall theory）认为凝血过程是一系列凝血因子相继激活而生成凝血酶，最终使纤维蛋白原转变为纤维蛋白的过程。

凝血过程可分为三个阶段：第一阶段是**凝血酶原激活物**（prothrombin activator）的形成，凝血因子Ⅹ激活成Ⅹa，并形成凝血酶原激活物；第二阶段是**凝血酶**（thrombin）的形成，由凝血酶原激活物催化凝血酶原（FⅡ）转变为凝血酶（FⅡa）；第三阶段是**纤维蛋白**（fibrin）的形成，由凝血酶催化纤维蛋白原（FⅠ）转变为纤维蛋白（图5-13）。

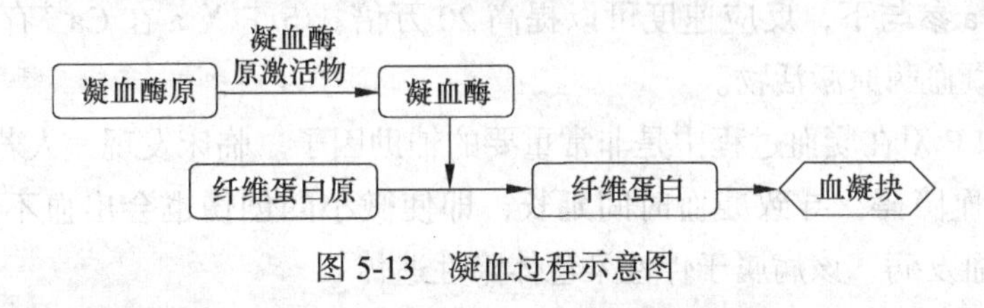

图5-13 凝血过程示意图

1. 凝血酶原激活物的形成

凝血酶原激活物可通过内源性凝血途径和外源性凝血两个途径生成。两个途径的主要区别是启动方式和参与的凝血因子存在差异（图5-14）。

（1）**内源性凝血途径**（intrinsic coagulation pathway）指的是参与凝血的全部凝血因子均来自血液。当血液与血管内膜损伤处暴露出的胶原纤维接触，或血液接触了带负电荷的异物表面（如ADP引起的血小板聚集体、玻璃、白陶土和胶原等）时，开始启动该途径，这一过程被称为表面激活。内源性凝血包括五个反应步骤：①当血管内皮下组织暴露时，FⅫ结合到异物表面，激活形成FⅫa，FⅫa裂解前激肽释放酶为激肽释放酶，激肽释放酶进一步激活FⅫ形成更多的FⅫa。②在Ca^{2+}的存在下，FⅫa促使FⅪ转变为FⅪa。这两步反

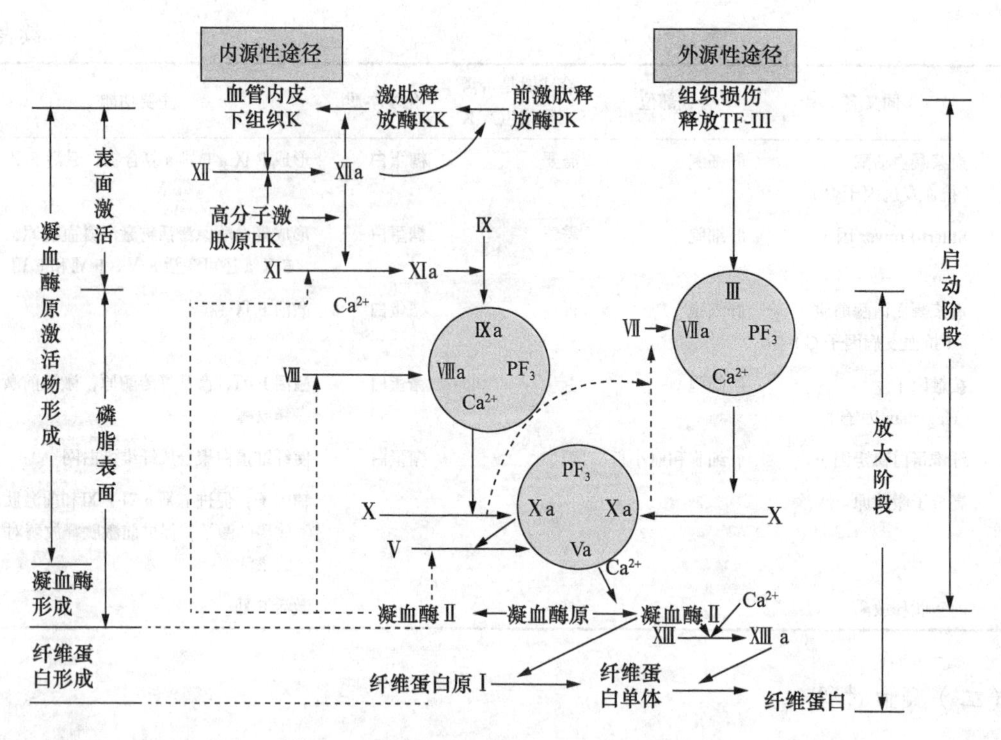

图 5-14　凝血过程示意图（杨秀平，2009）

应过程中，高分子激肽原发挥辅助因子的作用，可大大加速 F Ⅻ、前激肽释放酶和 F Ⅺ的激活。③ F Ⅺ a 激活 F Ⅸ a，这一过程需要 Ca^{2+}的参与。激活 F Ⅸ的反应速度较慢，是凝血过程一个重要的调速步骤。④ F Ⅸ a 与 F Ⅷ a、Ca^{2+}在血小板磷脂膜上结合为复合物，将 F Ⅹ激活为 F Ⅹ a。血小板第 3 因子（PF_3）提供磷脂膜表面，F Ⅸ a 和 F Ⅹ分别通过 Ca^{2+}同时连接在磷脂膜的表面后，F Ⅸ a 才能激活 F Ⅹ生成 F Ⅹ a。这一激活过程非常缓慢，但在 F Ⅷ裂解形成的 F Ⅷ a 参与下，反应速度可以提高 20 万倍。⑤ F Ⅹ a 在 Ca^{2+}存在下与 F Ⅴ a 在磷脂膜表面形成凝血酶原激活物。

F Ⅷ、F Ⅸ和 F Ⅺ在凝血过程中是非常重要的辅助因子。临床发现，人若缺乏 F Ⅷ、F Ⅸ和 F Ⅺ会出现凝血障碍，导致凝血时间延长，即使微小的创伤也会出血不止，分别称为甲型、乙型和丙型血友病，该病属于伴性染色体隐性遗传。

（2）**外源性凝血途径**（extrinsic coagulation pathway）指的是启动凝血的**组织因子**（tissue factor，TF）来自组织，而不是来自血液，故又称之为凝血的组织因子途径。组织因子是一种跨膜糖蛋白，含有蛋白酶的活性成分，存在于血管外的大多数组织中，尤其在脑、肺和胎盘中较多。外源性凝血包括三个反应步骤：①当血管损伤时，组织因子释放，血中的 F Ⅶ a 与组织因子结合成复合物；②在 Ca^{2+}的参与下，F Ⅶ a 将 F Ⅹ激活为 F Ⅹ a，组织因子是辅因子，能使 F Ⅶ a 的催化效应提高 1000 倍；③ F Ⅹ a 在 Ca^{2+}参与下与 F Ⅴ a 在磷脂膜表面形成凝血酶原激活物。

内源性凝血途径和外源性凝血途径的主要区别是参与的凝血因子和启动方式不同。内源性凝血途径完全依赖血管内的凝血因子，参与的酶较多，凝血过程较慢，但由 F Ⅸ a、F Ⅷ a 和 Ca^{2+}在血小板磷脂所形成的复合物激活 F Ⅹ的效率比 F Ⅶ a- 组织因子的效率高 50 倍。外源性凝血途径的启动依靠血管外的组织因子，参与凝血的酶数量少，凝血较快。但它们并不完全独立，两条途径都通过激活 F Ⅹ，最终生成凝血酶和纤维蛋白，且参与两条途径的一些凝血因子可以相互激活，最后将两条凝血途径联系起来。因此，二者联系密切，并非完全各自独立。

2. 凝血酶的形成

凝血酶原（F Ⅱ）在凝血酶原激活物的作用下，在 PF_3 的磷脂膜表面迅速（几秒钟）被激活成凝血酶（F Ⅱ a)。F Ⅱ a 能激活 F Ⅴ, F Ⅴ a 又可大大提高 F Ⅱ a 的生成速度。凝血过程的两个阶段中 F Ⅹ和 F Ⅱ的激活，都是在 PF_3 提供的磷脂表面上进行的，此过程又被称为磷脂表面阶段。

3. 纤维蛋白的形成

在 F Ⅱ a 的作用下，每分子纤维蛋白原（F Ⅰ）脱去 4 个小分子肽，形成纤维蛋白单体。单体在 F ⅩⅢ a 和 Ca^{2+} 的作用下相互聚合，以共价键形成牢固的不溶性纤维蛋白多聚体，将血细胞网罗其中，形成血凝块。

4. 对瀑布学说的修正

鉴于近年来的研究结果并结合临床观察，对传统的“瀑布学说”进行了修正，将凝血过程分为两阶段，即启动阶段和放大阶段（图 5-14）。

（1）启动阶段　外源性凝血途径在体内生理性凝血反应的启动过程中起关键作用。当血管损伤时，组织因子（F Ⅲ）被释放，与 F Ⅶ /F Ⅶ a 结合形成复合物，在磷脂（PF_3）和 Ca^{2+} 的存在下，F Ⅶ a 将 F Ⅹ激活为 F Ⅹ a。由于组织因子嵌在细胞膜上，起到“锚定”作用，使凝血局限于损伤部位。但由于血浆存在**组织因子途径抑制物**（tissue factor pathway inhibitor，TFPI），它能抑制 F Ⅶ a 或 F Ⅹ a 的活性，使形成的凝血酶量很少。

（2）放大阶段　由外源性凝血途径生成的少量凝血酶，一方面通过激活 F Ⅴ、F Ⅷ、F Ⅸ、F Ⅺ和血小板，继续促进凝血，另一方面通过组织因子与 F Ⅶ a 的复合物直接激活 F Ⅺ，加强内源性凝血途径，使凝血过程得以维持和巩固。

二、抗凝系统和纤维蛋白溶解

正常情况下，虽然血液中有大量的凝血因子，但血液在心血管系统中不断循环时，并不发生凝固现象，原因是：①心血管内皮完整光滑，未与组织损伤面接触，不易激活相关凝血因子；②一些少量的凝血因子即使被激活，也很快被血液稀释或被肝脏清除；③血浆中存在多种抗凝物质和纤维蛋白溶解物质。

（一）抗凝系统

血浆中的多种抗凝物质被统称为**抗凝系统**（anticoagulantive system)，主要包括：

1. 抗凝血酶Ⅲ

抗凝血酶Ⅲ（antithrombin Ⅲ）是由肝脏合成的一种丝氨酸蛋白酶抑制物，血管内皮细胞也能少量合成，是血浆中最重要的一种抗凝血酶，其分子中的精氨酸残基可与 F Ⅸ a、F Ⅹ a、F Ⅺ a 和 F Ⅻ a 活性部位的丝氨酸残基结合，并封闭这些因子的活性中心，使其失活而起到抗凝作用。抗凝血酶Ⅲ本身的抗凝作用慢而弱，但与肝素结合后，与凝血酶的亲和力可增强近百倍，抗凝作用可增加上千倍。

2. 肝素

肝素是由肥大细胞和嗜碱性粒细胞产生的一种酸性黏多糖。肝素存在于大多数组织中，在肝、肺、心和肌肉组织中最为丰富，但生理情况下血浆中几乎不含肝素。肝素具有强大的抗凝血作用，其抗凝作用几乎涉及凝血过程的各个环节。肝素的抗凝作用包括：增强抗凝血酶Ⅲ的作用；激活肝素辅助因子Ⅱ，使凝血酶的灭活速度大大加快；抑制血小板的黏附、聚集和释放；刺激血管内皮细胞释放凝血抑制物；释放纤溶酶原激活物，增强纤维蛋白的溶解。

3. 蛋白质 C

蛋白质 C（protein C，PC）是肝脏合成的维生素 K 依赖性因子，在血浆中以酶原方式存在。当凝血酶与血管内皮细胞上的凝血酶调制素结合后，蛋白质 C 被激活并发挥如下作用：在磷脂和 Ca^{2+} 存在下灭活 FⅤa 和 FⅧa；阻碍 FⅩa 与血小板上的磷脂膜结合，削弱 FⅩa 对凝血酶原的激活作用；刺激纤溶酶原激活物的释放，增强纤溶酶活性，促进纤维蛋白溶解。

此外，外源性凝血过程中来自小血管内皮细胞的组织因子抑制物，也可抑制凝血的发生。

（二）纤维蛋白溶解

纤维蛋白被分解液化的过程称为**纤维蛋白溶解**（fibrinolysis），简称纤溶。正常情况下，组织损伤后所形成的止血栓在完成止血作用后即被逐步溶解，这对于组织的再生、血流的通畅和维持血管的通透性有重要作用。止血栓的溶解主要依靠**纤维蛋白溶解系统**（fibrinolytic system），简称纤溶系统，主要包括纤溶酶原、纤溶酶、纤溶酶原激活物与抑制物。纤溶可分为纤溶酶原的激活、纤维蛋白和纤维蛋白原的降解两个阶段（图 5-15）。

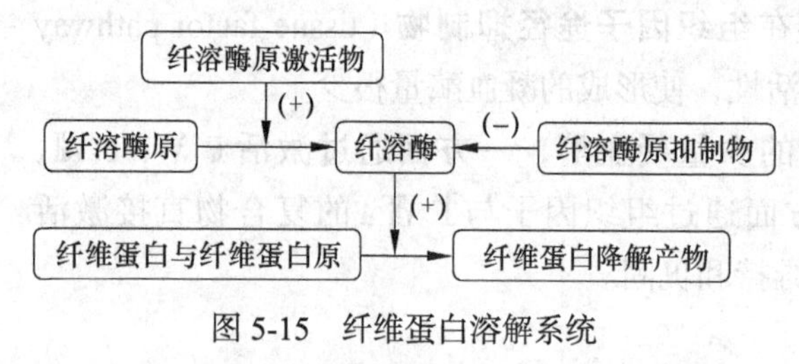

图 5-15 纤维蛋白溶解系统

1. 纤溶酶原的激活

正常情况下，血浆中的纤溶酶以无活性的纤溶酶原形式存在。纤溶酶原主要在肝脏中产生，骨髓、肾脏和嗜酸性粒细胞内也可少量合成，它在纤溶酶原激活物的作用下，脱下一段肽链成为纤溶酶。纤溶酶原转变为纤溶酶有两条途径：一条是内源性激活途径，通过激活内源性凝血途径的有关凝血因子（如 FⅫa），使凝血与纤溶互相配合，保持平衡；另一条是外源性激活途径，通过激活各种组织和血管内皮细胞合成的激活物（如肾小管产生的尿激酶），促进纤溶，防止血栓形成，有利于组织修复和伤口愈合。

2. 纤维蛋白与纤维蛋白原的降解

纤溶酶是血浆中特异性很小而活性很强的蛋白酶，它最敏感的底物是纤维蛋白与纤维蛋白原，它可裂解纤维蛋白与纤维蛋白原分子中的赖氨酸 - 精氨酸键，将纤维蛋白与纤维蛋白原分子分割成许多可溶性小肽，这些小肽被统称为纤维蛋白降解产物。这些降解产物一般不再发生凝固，其中一部分甚至还有抗凝作用。此外，纤溶酶还能水解凝血酶、FⅤa、FⅧa、

F Ⅸ a 和 F Ⅻ a，促进血小板聚集和释放 5-HT 和 ADP，并能激活血浆中的补体系统。

3. 纤溶抑制物

能够抑制纤溶系统活性的物质被统称为纤溶抑制物，大多数是丝氨酸蛋白酶的抑制物，主要包括纤溶酶原激活物抑制剂 -1、补体 C_1 抑制物、α_2- 抗纤溶酶和 α_2- 巨球蛋白等，它们通过抑制纤溶酶原激活物、尿激酶和纤溶酶等途径来抑制纤溶。

正常情况下，机体凝血、抗凝血和纤溶是三个密切相关的生理过程，正是由于三者之间保持动态平衡，才保证了血流的正常运行。

三、抗凝和促凝措施

临床和实验室工作中，经常要取血浆或血清，这就需要有防止或促进血液凝固的措施。

（一）抗凝的常用方法

1. 抗凝剂

（1）肝素　肝素的抗凝效果显著，可注射体内防止血管内凝血和血栓的形成，也可用于体外抗凝，具有用量少、对血液影响小和易保存等优点，在临床上应用广泛。

（2）移钙法　Ca^{2+}在血液凝固过程中起着非常重要的作用，参与了凝血过程的多个步骤。若除去血浆中的 Ca^{2+}，即可达到抗凝的目的。在血液中加入适量的柠檬酸盐（枸橼酸盐），可与血液中的 Ca^{2+}结合形成络合物；或加入适量的草酸盐，可与血液中的 Ca^{2+}结合形成不溶性的草酸钙；或加入适量的乙二胺四乙酸（EDTA），可与血液中的 Ca^{2+}结合形成螯合物，从而起到抗凝作用。

2. 降低温度

凝血过程是酶促反应，酶的活性受温度影响，因此低温可延缓凝血，且低温可增强抗凝剂效能。

3. 脱纤法

用小木条不断搅拌血液，可除去血液中的纤维蛋白，制成脱纤血，但此方法易损伤血细胞。

4. 血液接触的容器内壁光滑

取血和盛血容器的内壁必须光滑洁净（如涂层石蜡油），以降低粗糙面，不利于 F Ⅻ激活，从而延缓凝血。

5. 双香豆素

双香豆素能抑制凝血酶的活性，延缓凝血，其抗凝机制主要是由于它能在肝细胞内竞争性地抑制维生素 K 的作用，阻碍了 F Ⅱ、F Ⅶ、F Ⅸ和 F Ⅹ的合成，因此，当动物采食霉败饲草而导致双香豆素中毒后，可服用维生素 K 来解毒。双香豆素在临床上被用作抗凝剂，可防止血栓形成。

（二）促凝的常用方法

1. 适当升高血液温度可提高酶的活性，加快酶促反应，促进凝血。

2. 血液接触粗糙面的物质，可促进FⅫ活化，促进血小板聚集并释放凝血因子，加速凝血。

3. 血液接触带负电荷的物质，如玻璃、棉纱、白陶土、硫酸酯和胶原等，可激活FⅫ。因此，在做动物手术时，常用温热的生理盐水纱布按压术部，以促进血液凝固，防止出血过多。

4. 术前补充维生素K，使肝脏加速合成FⅡ、FⅦ、FⅨ和FⅩ，促进凝血。

第四节 血型与输血

一、血型与红细胞凝集

（一）血型

血型（blood group）通常指的是红细胞膜上特异性抗原的类型。但随着对血型研究的不断深入，血型的定义又分为狭义和广义两种。

1. 狭义的血型定义

狭义的血型定义是以细胞膜抗原结构的差异为依据进行分类的血细胞抗原型。如人的ABO血型系统和Rh血型系统，牛和猪的A、B、C系等血型。这些血型可用抗体进行检测。

2. 广义的血型定义

广义的血型定义是以蛋白质化学结构的微小差异，即蛋白质多态性和同工酶为依据进行分类的血型。如可按血浆中所含各种酶的同工酶电泳图谱进行血型分类，或采用凝胶电泳法，按血浆中所含蛋白质不同进行血型分类。

（二）红细胞凝集

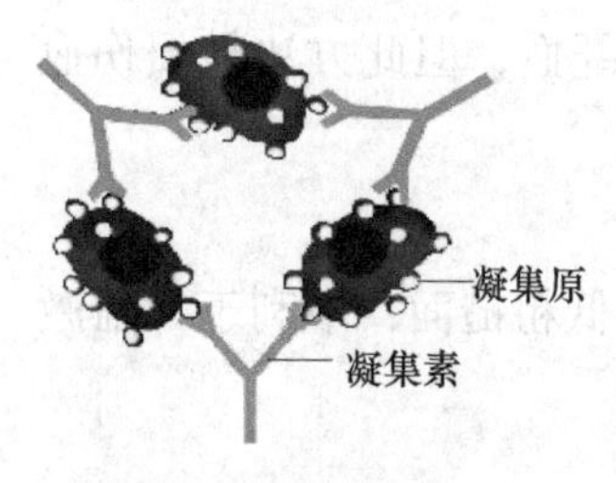

图5-16 红细胞凝集

血型不相容的两个个体的血滴混合时，若红细胞凝集成微小颗粒（置于光学显微镜下观察），此现象被称为红细胞**凝集**（agglutination）（图5-16），这是机体的一种免疫反应，红细胞凝集的本质是抗原-抗体反应。红细胞膜上的特异性糖蛋白或糖脂，在凝集反应中起着抗原的作用，被称为**凝集原**（agglutinogen），也称血型抗原。血浆中能与红细胞膜上的凝集原起反应的特异抗体属于γ-球蛋白，被称为**凝集素**（agglutinin），也称血型抗体。

（三）人类的ABO血型系统

1. ABO血型的分型

ABO血型系统（ABO blood group system）是1901年由奥地利人Karl Landsteiner发现和确定的人类第一个血型系统，他根据红细胞膜上是否存在特异性抗原A和B（凝集原A和B），将人类血液分为A型、B型、AB型和O型四种血型。红细胞膜上只有凝集原A的为

A型，其血浆中有抗B凝集素；红细胞膜上只有凝集原B的为B型，其血浆中有抗A凝集素；红细胞膜上A、B两种凝集原都有的为AB型，其血浆中无抗A和抗B凝集素；红细胞膜上A、B两种凝集原都没有的为O型，其血浆中有抗A和抗B凝集素。具有凝集原A的红细胞可被抗A凝集素凝集；具有凝集原B的红细胞可被抗B凝集素凝集。近年来研究发现，ABO血型系统还有亚型，与临床有关的主要是A型中的A_1和A_2亚型，A_1亚型红细胞膜上含有A和A_1凝集原，血浆中有抗B凝集素；A_2亚型红细胞膜上含有A凝集原，血浆中有抗B和抗A_1凝集素，因此，A_1亚型红细胞可与A_2亚型血浆中的抗A_1凝集素发生凝集反应，在输血时要特别注意亚型间的区别（表5-8）。

表5-8 ABO血型系统

血型		红细胞膜上的凝集原（抗原）	血浆中的凝集素（抗体）
A型	A_1	A+A_1	抗B
	A_2	A	抗B+抗A_1
B型	B	B	抗A
AB型	A_1B	A+A_1+B	无
	A_2B	A+B	抗A_1
O型	O	无A，无B	抗A+抗B

2. ABO血型的鉴定

由于血型不相容的个体间输血易发生红细胞凝集反应，因此，正确鉴定血型是保证输血安全的基础。ABO血型鉴定的方法是：取一玻片，在上面分别滴上一滴抗A、抗B和抗AB标准血清，然后再在每一滴标准血清上分别滴上一滴待测者的红细胞悬液，轻轻摇动使之混匀，观察是否出现凝集现象（图5-17）。

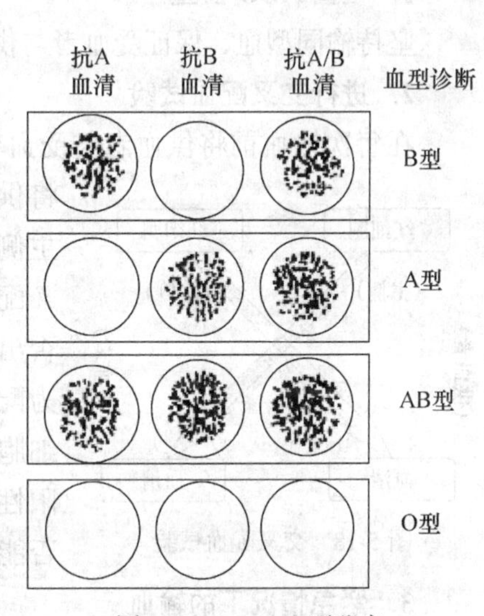

图5-17 ABO血型鉴定

（四）人类的Rh血型系统

Rh抗原是1940年Karl Landsteiner与Alexander S. Wiener于恒河猴的红细胞上发现的。在40多种Rh抗原中，D抗原的活性最强。凡含D抗原的红细胞都能被抗Rh凝集素所凝集，此类血型被称为Rh阳性血型，不含Rh抗原的红细胞则不会被抗Rh凝集素所凝集，被称为Rh阴性血型。Rh抗原只存在于红细胞上，但不论是Rh阳件还是Rh阴性者的血清中，都不存在天然的抗Rh凝集素，只有当Rh抗原进入Rh阴性血型的体内后，通过体液免疫才产生免疫性血型抗体IgG，即抗Rh凝集素。在我国，约99%的汉族人是Rh阳性血型，1%的汉族人为Rh阴性血型。但在某些少数民族中，Rh阴性血型比例较高，如塔塔尔族为15.8%，苗族为12.3%，布依族为8.7%。

Rh血型系统（Rh blood group system）在实践中的意义：

（1）当Rh阴性受血者第一次接受了Rh阳性血液后，其血清中就产生了抗Rh凝集素，当时并不发生凝集反应，但当再次或多次接受 Rh 阳性血液时，就会发生抗原 - 抗体反应，引起红细胞的凝集反应，导致溶血。

（2）Rh 阴性母体怀 Rh 阳性胎儿（可由 Rh 阳性的父亲遗传产生）时，胎儿的 Rh 抗原可随着胎盘的脱落或血管破裂而进入母体，使母体产生抗 Rh 凝集素。当母体再次受孕时，母体内属于 IgG 的抗 Rh 凝集素可通过胎盘进入胎儿血中，使 Rh 阳性胎儿的红细胞发生凝集，易造成死胎、流产或严重的新生儿先天性溶血与黄疸。若要预防母体第二次妊娠时发生新生儿溶血，可在 Rh 阴性母亲生育第一胎后，及时给母体输注特异性抗 D 免疫球蛋白，以中和进入母体的 D 抗原。

目前已知人的红细胞内还存在几十种抗原，每种抗原都能引起抗原 - 抗体反应。不过除了 ABO 血型系统和 Rh 血型系统外，其他血型很少引起输血反应，但具有理论上的意义。

二、输血原则

输血（blood transfusion）已成为抢救动物生命和治疗某些疾病的一项重要手段。不恰当的输血，可造成红细胞凝集，堵塞小血管，继而发生红细胞破裂溶血，并发生过敏反应，称为**输血反应**（transfusion reaction）。输血反应严重时，动物会出现休克，甚至危及生命。因此，为保证输血安全、高效，必须遵守输血原则。

1. 检查 ABO 血型

坚持输同型血，保证受血者与供血者的 ABO 血型相符。

2. 进行交叉配血试验

在每次输血前将供血者与受血者的血液进行**交叉配血试验**（cross match blood test），即将供血者的红细胞与受血者的血清混合，此为交叉配血试验主侧；同时将供血者的血清与受血者的红细胞混合，此为交叉配血试验次侧，在 37℃下静置 15min，再用显微镜观察是否出现凝集现象。若两侧均为阴性（无红细胞凝集反应）时，为配血相合，可进行输血；若主侧为阴性，次侧为阳性（红细胞发生凝集反应），则只能在紧急情况下输血。若两侧均为阳性反应时，绝对不能输血。实际工作中常用此法来确定是否能输血（图 5-18）。

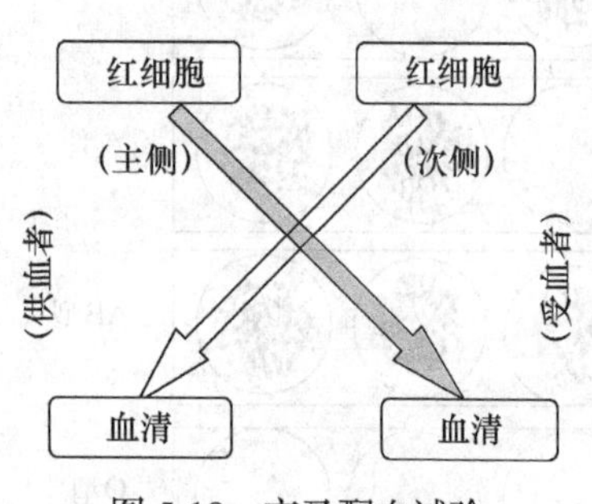

图 5-18　交叉配血试验

3. 紧急情况下的输血

在紧急情况下，当无法得到同型血时，可给受血者输 O 型血，但输血速度必须慢，且输血量不能过多，同时密切观察受血者情况，一旦发生输血反应，应立即停止输血。

以往 O 型血的人因其红细胞膜上无 A 和 B 凝集原，不会被受血者血浆中的抗 A 凝集素和抗 B 凝集素凝集，而被称为“万能供血者”，认为他们的血液可输给其他血型的人。但 O 型血者血浆中有抗 A 和抗 B 凝集素，会与受血者红细胞膜上 A 或 B 凝集原发生凝集反应。若输血量过多，速度过快，供血者（O 型）血浆中的凝集素不能及时被受血者血浆稀释时，就会发生红细胞凝集反应，因此，O 型血的人被称为“万能供血者”是不科学的。同理，AB 型血的人被称为“万能受血者”也是不科学的。

4. 成分输血

成分输血（blood component transfusion）指通过血液成分分离机将血液中的一些有效成分，如红细胞、粒细胞、血小板和血浆蛋白等分离出来，分别制备成高纯度或高质量浓度的制品，按需要进行输入。从单纯的输全血发展为成分输血，不仅可提高疗效，节约血源，还能减少输血造成的不良反应。此外，为避免异体输血可能传播的肝炎和艾滋病等，自身输血疗法正迅速发展起来。

三、动物的血型及其应用

（一）动物的血型

通过对动物血液的研究，发现动物的血型也很复杂，主要分为以下两种血型系统：

1. 红细胞血型

红细胞血型指采用同种免疫血清的溶血反应来检测红细胞的抗原类型。牛的红细胞血型有 12 种，马有 10 种，绵羊有 7 种，山羊有 9 种，猪有 15 种，狗有 5 种，猫有 6 种。家畜的正常血清中，红细胞血型抗体免疫效价较低，不易发生类似人类 ABO 血型系统的红细胞凝集反应。但再次输血时，必须进行交叉配血试验。

2. 血清蛋白质型和酶型

采用凝胶电泳的方法，按其所含蛋白质成分划分的血型，如清蛋白型（Alb 型）、前清蛋白型（Pr 型）、后清蛋白型（Pa 型）、转铁蛋白型（Tf 型）、铜蓝蛋白型（Cp 型）、碱性磷酸酶型（Akp 型）、碳酸酐酶型（CA 型）和淀粉酶型（Am 型）等。

（二）动物血型的应用

动物血型在畜牧兽医临床实践中具有广泛用途。

1. 建立血型系谱和进行亲子鉴定

通过登记动物的血型，记载能稳定遗传给后代的血型，建立准确的血型系谱资料，确定亲子关系，防止血统混乱，保证育种工作的可靠性。

2. 选育优良品种和改良经济性状

血型抗原具有显性的遗传特性，血型基因又常与动物的某些经济性状相关，因此，可将血型作为优良个体选育和品种改良的依据。如红细胞血型与奶牛产奶率、转铁蛋白型血型与乳脂率及繁殖率之间关系的研究。

3. 血型与组织相容性

异体器官或组织能够与自身器官或组织共处并发挥正常功能的能力，称为相容性。但机体由于免疫反应，往往对异体器官或组织表现出排斥反应。白细胞（尤其淋巴细胞）血型所表现的相容性，能在一定程度上反映器官移植时的相容性。因此，通常把供体与受体的淋巴细胞进行混合培养，再根据细胞分裂的状态判断两者间的相容程度。

4. 进行动物种类鉴别

血清蛋白中的不同抗原已被用作种类鉴别的辅助手段。用一种动物的免疫血清来检测不同动物的红细胞凝集反应，反应越强，说明动物间的亲缘关系越近；反之，则越远。

5. 诊断异性孪生不育

母体（如牛）怀有异性双胎时，若两胎间发生血管吻合，一方面雄性胎儿性腺产生的雄激素，会影响雌性胎儿性腺的分化，使产出的雌性动物日后缺乏生殖能力；另一方面，一个胎儿造血器官的原红细胞会通过吻合的血管进入另一胎儿体内，使其具有两种红细胞，称为红细胞嵌合。对红细胞嵌合的动物进行血型实验时，常发生溶血反应。因此可通过血型实验结果来判断异性双胎是否发生血管吻合，由此推断其中的雌性胎儿长大后是否具有生殖能力。

6. 血型和新生仔畜溶血

母子血型不合时，胎儿的血型抗原物质可随着胎盘的脱落或血管破裂而进入母体，使母体产生对应的血型抗体，这种抗体不能通过胎盘传给胎儿，但能在分娩后经初乳进入仔畜体内，造成仔畜发生严重的溶血性黄疸，甚至死亡。马、驴和猪等有蹄类动物易发此病。因此，通过检测初乳与仔畜红细胞的凝集反应，可决定是否喂养初乳，从而避免新生仔畜发生溶血反应。

（马燕梅）

复习思考题

1. 试述血浆在维持机体内环境稳态中发挥的作用。
2. 试述血浆晶体渗透压和胶体渗透压的生理意义。
3. 红细胞有哪些生理特性和功能？
4. 试述 NO_2^- 和 CO 中毒的机理。
5. 试述各类白细胞的主要生理功能。
6. 血小板有何生理特性和功能？
7. 试述血液凝固的基本过程，并比较内源性凝血途径和外源性凝血途径的异同点。
8. 生理状态下，血管内血液为什么不发生凝固？
9. 试述促进和延缓凝血的方法。
10. 输血要遵循哪些原则？

第六章 血液循环

本章概述

血液在由心脏和血管构成的封闭系统中，按照一定的方向周而复始的流动称为血液循环。血液循环的主要功能是完成体内的物质运输。构成心脏的心肌细胞具有区别于其他肌肉细胞（肌肉组织）的生物电特性和生理特点，由此决定了心脏的节律性收缩和舒张活动，以及泵血机能。在一个心动周期中，心脏的收缩和舒张活动结合瓣膜的开放与关闭，实现了心脏的射血与充盈过程，并表现出心电和心音等相应变化。血管是血液流动的管道通道，根据血管的结构和功能特点可将其分为动脉、静脉和毛细血管。血液在血管内流动时对血管壁造成的侧向压力称为血压。血液流经毛细血管时，通过组织液的生成和回流实现与组织细胞间的物质交换。心血管活动受神经和体液的双重调节。

心脏和血管组成动物机体的血液循环系统，血液在其中按一定方向流动，并实现与组织细胞间的物质交换，称为**血液循环**（blood circulation）。血液循环的主要功能是完成体内的物质运输、体液调节、维持内环境稳定和帮助机体防御。通过将把氧气以及其他营养物质等代谢原料输送到组织细胞，把二氧化碳以及其他代谢废物运输到呼吸器官呼吸或其他排泄器官排出体外。体内各内分泌腺体或内分泌细胞分泌的化学信号，通过血液的运输，作用于相应的靶细胞，实现机体的体液调节和物质运输功能。另外，通过血液运输，还可以实现机体的体液平衡调节和血液的防御功能。因此，血液循环是高等动物机体生存最重要条件之一。

血液循环的动力源于心脏的节律性收缩和舒张活动。心脏收缩，推动血液经动脉系统流向全身各部分；心脏舒张则使血液由全身各部分经静脉系统返回心脏。心脏之所以能够节律性地收缩和舒张，与构成心脏的心肌细胞的生理特性和电生理特点密切相关。

知识卡片

血液循环的进化：多细胞动物发展到较高的阶段才开始出现输送体液的循环系统，一般分为开放式和封闭式两种。无脊椎动物中绝大多数节肢动物、许多软体动物以及海鞘类动物都具有开放式循环系统，血液由心脏泵出，经过动脉被输送到器官之间的空隙内，再沿着细胞之间的空隙进入各器官，最后经过心脏壁上的开口（心门）回到心脏。有些开放式循环系统已有输送血液回到心脏的静脉，但尚无把血液与细胞外液分隔开的毛细血管。开放式循环系统的压力都很低，一般不超过0.665～1.33kPa（5～10mmHg）。脊椎动物、某些环节动物、软体动物的头足类和某些棘皮动物等具有封闭式循环系统，即血液在连续的血管中循环。

总的看来，血液循环由开放式到封闭式是心血管系统进化发展的一个重要标志。心血管系统进化的另一个重要标志是为血液循环提供动力的心脏结构的逐步形成和完善。环节动物（如蚯蚓）以及低等脊索动物并没有真正的心脏，只有由肌肉壁构成的能搏动的血管。鱼类的心脏分为4个室，从后往前依次为静脉窦、心房、心室和动脉圆锥（图 6-1A）。心脏输出的血液进入鳃，经过气体交换后再流到身体各部分，最后经静脉流回心脏。两栖类的心脏由纵隔将心房分为左心房与右心房，但心室只有一个（图 6-1B），通过动脉圆锥中的螺旋瓣的作用及心室收缩压力的改变，可以将富氧和贫氧的血液分送到体动脉和呼吸器官，但两种血液会有不同程度的混合。鸟类和哺乳动物的心房和心室完全分为左右两个，肺动脉与大动脉完全分开，两种血液不再混合，提高了血液输送氧气的能力，使各种组织能得到更多的氧气，代谢活动的水平得到进一步提高。

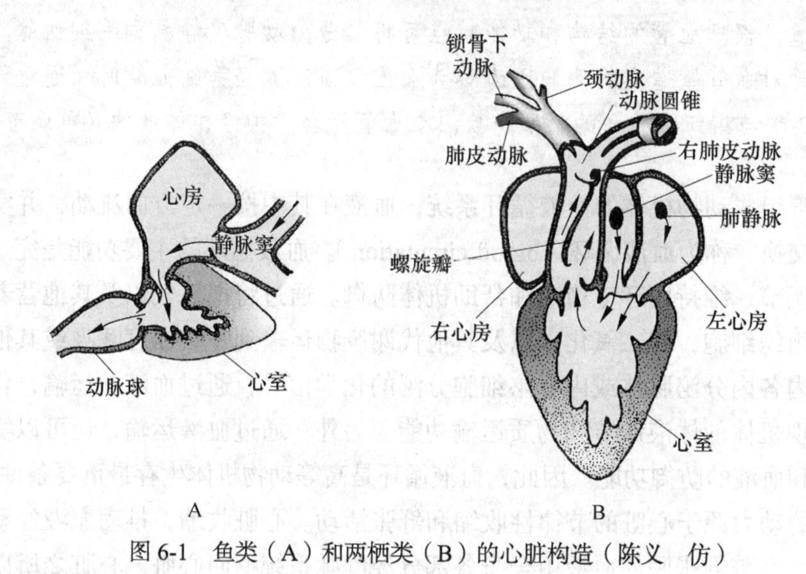

图 6-1　鱼类（A）和两栖类（B）的心脏构造（陈义　仿）

第一节　心肌细胞的生物电现象与生理特性

心脏主要由**心肌细胞**（cardiac myocyte）组成。根据心肌细胞的组织学和生理学特性，可将心肌细胞分成两类：一类是构成心房和心室壁的普通心肌细胞，含有丰富的肌原纤维，具有收缩性、兴奋性和传导性，执行收缩功能，故又称**工作细胞**（working cell）。另一类是特殊分化的心肌细胞，它们含肌原纤维很少或完全缺乏，基本不具有收缩功能，如窦房结的**起搏细胞**（pacemaker cell，P 细胞）和**浦肯野细胞**（Purkinje cell）。它们除具有兴奋和传导作用外，还具有自动产生节律性兴奋的能力，故又称为**自律心肌细胞**（autorhythmic cardiomyocyte）。

一、心肌细胞的生物电现象

心肌细胞同骨骼肌和神经细胞、骨骼肌细胞一样，无论在静息或兴奋时，均存在跨膜电位。但心肌细胞跨膜电位的产生涉及多种离子通道，其形成的离子机制较骨骼肌和神经细胞的要复杂得多。不同类型的心肌细胞，跨膜电位存在较大差异，其形成机制也各不相同。

（一）工作细胞的跨膜电位及其形成机制

1. 静息电位

心室肌细胞的静息电位约 −90mV，其形成机制与骨骼肌和神经细胞的静息电位形成机制相似。正常心肌细胞膜内 K^+浓度比膜外高 35 倍，且安静状态下心肌细胞膜对 K^+有较高通透性，而对其他离子的通透性很低。因此，K^+顺浓度梯度从膜内向膜外扩散，形成膜内带负电、膜外带正电的 K^+平衡电位。该种钾通道是 I_{k1} 通道。

2. 动作电位

心室肌的动作电位与骨骼肌和神经纤维的动作电位明显不同，其特点是复极化过程复杂，持续时间长，升支和降支不对称。一般将心室肌细胞的动作电位分为**去极化**（depolarization）和**复极化**（repolarization）两个过程，包括 0、1、2、3、4 五个时相（图 6-2），其中，0 期为去极化过程，1、2、3、4 期则为复极化过程。

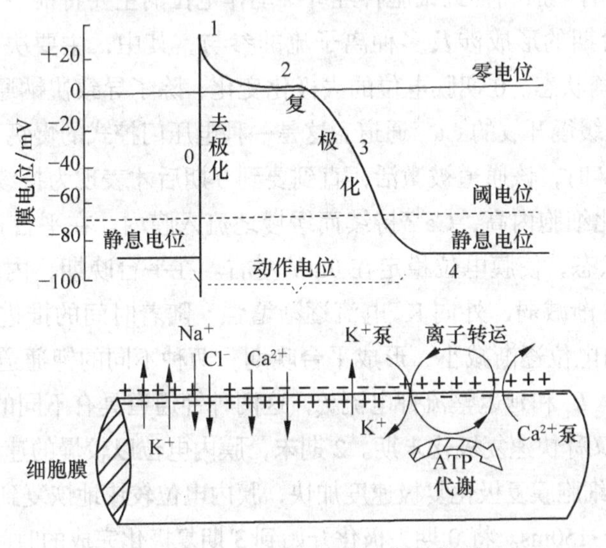

图 6-2 心肌细胞的动作电位和主要离子活动

（1）去极化过程 心室肌细胞的去极化过程又称**动作电位 0 期**（phase 0）。膜内电位由静息状态时的 −90mV，迅速上升到＋20～＋30mV，形成动作电位的上升支，其正电位部分称为**超射**（overshoot）。0 期去极相的时间短（1～2ms），去极化速度快（最大速率为 200～400V/s），膜电位变化的幅度可达 120mV。

形成机制：当心室肌细胞受到刺激时，首先引起细胞膜上的部分 Na^+通道开放，少量 Na^+内流，引起细胞膜局部去极化。当去极化达到阈电位（约 −70mV）时，细胞膜上 Na^+通道大量开放，Na^+顺电 - 化学梯度大量迅速内流，使膜内电位急剧升高。当膜去极化达到 0mV 时，Na^+通道开始失活，Na^+内流速度减慢，直至达到升支顶点（30mV）而接近于Na^+的平衡电位。介导 0 期去极化的Na^+通道是一种快通道，它激活开放的速度和失活关闭的速度均很快（开放时间仅为 1～2ms），因此，心室肌细胞动作电位 0 期去极化速度也很快，升支陡峭，将该电位称为**快反应电位**（fast response action potential），具有此特征的细胞称为快反应细胞。快钠通道可被**河豚毒素**（tetrodotoxin，TTX）选择性阻断。

（2）复极化过程　从 0 期去极化结束到恢复静息电位或极化状态的过程称复极化过程，包括 1、2、3、4 期，历时 200～300ms。

1 期（phase 1）又称快速复极初期。膜内电位由＋30mV 迅速恢复到接近 0mV，历时约 10ms。0 期去极化和 1 期复极化复极速度均较快，记录图形上表现为尖锋状，习惯上把这两部分合称为**锋电位**（spike potential）。

形成机制：1 期复极化是由一种短暂的**一过性外向电流**（transient outward current，I_{to}），由K^+快速外流引起（此时，Na^+的通透性迅速下降，Na^+内流停止）。换言之，K^+负载的I_{to}是引起心室肌细胞 1 期复极化的主要外向电流。

2 期（phase 2）又称缓慢复极化期或平台期。当 1 期复极化结束后，复极过程变得非常缓慢，膜内电位停滞于接近 0 mV 的等电位水平，形成的图形较平坦，称为**平台期**（plateau phase），历时 100～150ms，2 期平台期是整个心室肌细胞动作电位持续时间较长的主要原因，也是同时还是区别于骨骼肌和神经细胞神经纤维动作电位的主要特征。

形成机制：平台期的形成涉及多种离子流的参与，其中，主要决定于Ca^{2+}和Na^+内流和K^+外流处于的平衡状态。0 期膜电位的去极化变化，除了导致快钠通道的开放和随后的关闭外，也激活了膜上缓慢开放的Ca^{2+}通道。这是一种电压门控式的慢钙通道，即 L 型钙通道。当膜去极化到 −40mV 时，该通道被激活，直到要到 0 期后才表现为持续开放。由于心肌细胞膜外的Ca^{2+}浓度远比细胞内高，Ca^{2+}持续而缓慢地流入膜内。在平台初期，Ca^{2+}内流与K^+外流处于相对平衡状态，使膜电位稳定在 0mV 左右。在平台晚期，内向Ca^{2+}电流由于 L 型钙通道逐渐失活而逐渐减弱，外向K^+电流逐渐增强。随着时间的推进，结果使膜外的净正电荷逐渐增加，膜内电位逐渐减小，形成平台晚期。两种不同的钾通道开放引起上述的外向K^+电流，它们分别是I_{k_1}和延迟整流钾电流I_k，这两种钾通道具有不同的通道电压门控特点。

3 期（phase 3）又称快速复极化末期。2 期末，膜内电位以较慢的速度由 0mV 逐渐向负值转化，进入 3 期后，细胞膜复极化复极速度加快，膜内电位较快地恢复到 −90mV，完成复极化过程，此期耗时 100～150ms。将 0 期去极化开始到 3 期复极化完成的时间称为动作电位时程。

形成机制：3 期的形成主要由K^+快速外流引起。2 期末，慢钙通道失活而关闭，内向电流停止。进入 3 期后，K^+外流呈现随时间而递增的趋势，使膜内电位迅速向负值转变，直到复极化完成。其实质仍然是由上述两种不同的K^+通道开放引起的外向K^+电流。3 期的复极化复极之初主要表现为延迟整流钾电流I_k，3 期的复极化复极后 1/3 主要表现为I_{k_1}。

4 期（phase 4）又称静息期，是 3 期复极化完毕，膜电位恢复后的时期。此期心室和心房肌细胞的膜电位基本稳定于静息电位水平。

在动作电位去极化和复极化过程中，由于细胞膜通透性的变化，多种离子顺浓度梯度流入或流出细胞，以致细胞内 Na^+ 和 Ca^{2+} 有所增加，而 K^+ 有所减少。这些离子分布要恢复到兴奋前的水平，需要借助于细胞膜上的离子泵（如 Na^+-K^+ 泵和 Ca^{2+} 泵）逆浓度梯度转运和离子交换体（如 Na^+-K^+ 交换体和 Na^+-Ca^{2+} 交换体）来完成。离子泵是一种需要消耗细胞代谢能量的主动转运过程，通过肌膜上 Na^+-K^+ 泵的活动，将 Na^+ 外运与 K^+ 内流偶联起来，形成 Na^+-K^+ 交换。目前认为，关于 Ca^{2+} 的逆浓度差外运，是与 Na^+ 的顺浓度内流相偶联进行的，即形成 Na^+-Ca^{2+} 交换。这种 Ca^{2+} 的主动转运是由 Na^+ 的内向性浓度梯度供能，而 Na^+ 内向性浓度梯度的维持则是依靠 Na^+-K^+ 泵活动实现的，因此，Ca^{2+} 主动转运的能量也是由 Na^+-K^+ 泵提供的。通过上述转运，将胞浆中增多的 Ca^{2+} 移出细胞和（或）移入肌质网的钙池，使胞浆内的离子恢复到兴奋前低钠、低钙和高钾的水平，为下一次膜的兴奋做准备。由于上述转运过程引起的跨膜交换的电荷量基本相等，所以，一次动作电位后膜电位基本保持不变。

（二）自律细胞的跨膜电位及其形成机制

在没有外来刺激时，心室肌细胞 4 期膜电位稳定。而在自律细胞，动作电位 3 期复极化末达最大值或**最大舒张电位**（maximum diastolic potential）时，4 期膜电位便开始自动缓慢的去极化，待达到阈电位水平时，便诱发爆发新的动作电位。4 期自动去极化是由于在 4 期中发生的进行性净内向离子电流所引起。不同类型的自律细胞，4 期自动去极化速度和离子基础不同。

1. 浦肯野细胞 4 期自动去极化

浦肯野细胞动作电位的 0、1、2、3 期的波形及形成机制与心室肌细胞基本一致，但 4 期能发生缓慢的自动去极化。浦肯野细胞 4 期自动去极化的离子基础是内向电流（I_f）和外向电流（I_k）共同作用的结果，但主要是 I_f。I_f 是一种随时间进展而增强且在超极化被激活的内向离子流，主要成分是 Na^+，也有 K^+ 参与。负载这种内向电流的 Na^+ 通道在动作电位 3 期复极化复极达 −60mV 左右时被激活而开放，其激活程度随复极化复极的进行和膜内负电位的增加而增强，至 −100mV 时被完全激活。此内向电流具有时间依从性。膜的去极化程度随时间推移而增加，一旦达到阈电位水平，膜便又产生另一次动作电位。与此同时，这种内向电流在膜去极化达 −50mV 时，因通道失活而终止。由此可见，动作电位复极化复极期膜电位本身引起了内向电流（I_f）的启动和发展，内向电流的增强又导致进行性去极化，而膜的去极化，一方面引起另一次动作电位，另一方面又反过来终止中止这种内向电流。如此周而复始，浦肯野细胞自动地不断产生节律性兴奋。另外，K^+ 通道随动作电位复极化而发生的**去激活**（deactivation）导致 I_k 逐渐衰减，这也有利于舒张期去极化的发展（图 6-3）。

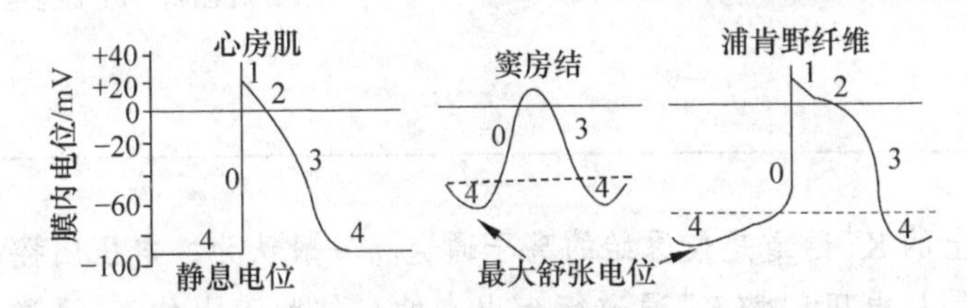

图 6-3　心房肌、窦房结和浦肯野细胞的膜电位

I_f 内向电流为起搏电流，其通道虽允许 Na^+ 通过，但不同于快钠通道，两者的激活电压水平不同，且 I_f 可被铯（Cs）所阻断，而对 TTX 不敏感。

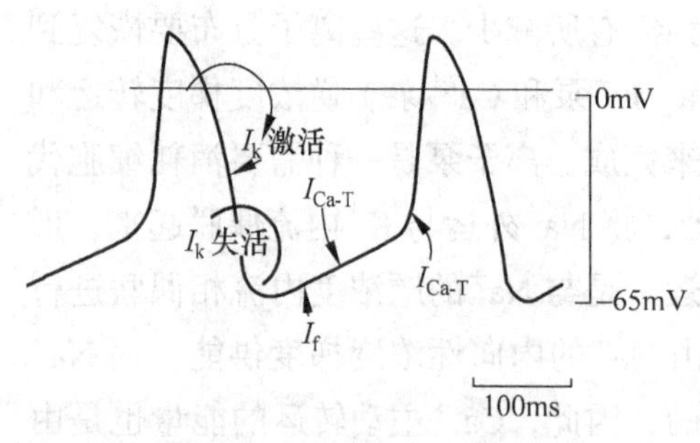

图 6-4　窦房结 P 细胞舒张期去极化和动作电位发生原理示意图(姚泰,2009)

2. 窦房结起搏细胞(P 细胞)4 期自动去极化

P 细胞是窦房结的起搏细胞,其 4 期自动去极化的机制比较复杂,依赖于多种离子电流的参与,主要由一种外向电流(I_k)和两种内向电流构成(I_f 和 I_{Ca-T})(图 6-4)。

(1)时间依赖性的 I_k 通道逐渐失活,造成 K^+ 外流进行性衰减,是窦房结 4 期去极化最重要的离子基础之一。

(2)进行性增强的内向离子流(I_f)是细胞膜向复极化或超极化方向发展而激活的离子流(主要是 Na^+流),膜电位在 3 期向复极化方向的变化是造成该通道逐渐激活和在 4 期开放的条件(详见前文所述)。

(3)T 型钙通道的激活和 Ca^{2+} 内流。窦房结细胞上的钙通道有两类:L 型和 T 型。L 型通道是慢通道,也是前述的心室肌动作电位平台期 Ca^{2+} 内流的通道,其阈电位在 −40～−30mV,儿茶酚胺对其有调控作用。T 型 Ca^{2+}通道的阈电位为 −60～−50mV,一般钙通道阻断剂对其无阻滞作用,也不受儿茶酚胺的调控,但可被镍所阻断。

上述三种起搏离子流和其他参与窦房结起搏的离子流的综合作用结果:一旦总内向离子流大于总外向离子流,就形成净内向离子流而引起 4 期自动去极化。

(三)快反应细胞与慢反应细胞的跨膜电位

心肌细胞除按功能分为工作细胞和自律细胞外,还可根据其生物电的变化(主要是动作电位 0 期去极化速度)分为快反应细胞和慢反应细胞两种类型。心室肌、心房肌、房室束及其分支,以及浦肯野纤维等细胞 0 期去极化速度快,是由 Na^+内流形成的,有明显的锋电位和平台期,动作电位幅度高,有超射现象,传导速度快,属于快反应细胞。而窦房结及房室交界的细胞,0 期去极化速度慢,主要由 Ca^{2+}内流所形成,没有明显的超射现象以及锋电位和平台期,传导速度慢,属慢反应细胞(图 6-5)。此外,快反应细胞和慢反应细胞的动作电位图形还因其所在部位的不同而略有差异。

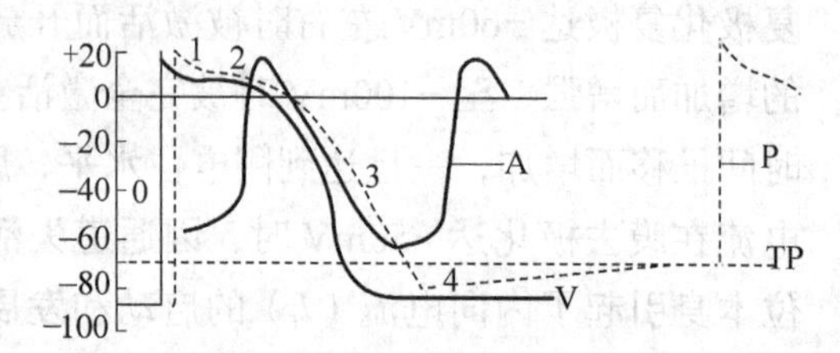

图 6-5　快反应细胞、慢反应细胞动作电位与兴奋性变化(陈守良,2005)
V:快反应细胞;A:慢反应细胞;P:阈电位;TP:静息电位

知识卡片

K^+通道:细胞膜上的 K^+通道是最原始的离子通道。一般认为,电压门控 Ca^{2+}通道和 Na^+通道在进化中是从电压门控 K^+通道衍生出来的。细胞膜上的 K^+通道有多种类型,在心肌细胞,K^+通道可分为电压门控式和化学门控式两大类。

电压门控式K^+通道主要包括内向整流钾通道、短暂外向钾电流通道和延迟外向整流钾通道等。①内向整流钾通道在膜电位处于静息水平时开放，随膜电位的去极化而逐渐失活，即电流I_{k_1}，它在形成和维持静息电位、动作电位0期去极化的形成以及3期快速复极化中发挥重要作用；②短暂外向钾电流通道在动作电位去极化时迅速激活继而迅速失活，主要介导复极化1期的外向钾离子流（I_{to}）；③延迟外向整流钾通道的激活具有电压和时间依赖性，当细胞膜去极化时被激活，但延迟3～4ms才开放，其所介导的外向K^+电流称为I_k，参与心脏窦房结起搏细胞的起搏活动和所有心肌细胞的复极化过程。

化学门控K^+通道主要包括对ACh、ATP、Na^+、Ca^{2+}和花生四烯酸等敏感而激活的通道。

二、心肌的生理特性

心肌细胞具有自动节律性、兴奋性、传导性和收缩性等生理特性。其中，前三者以细胞膜的生物电为基础，称为电生理特性。收缩性以收缩蛋白之间的生物化学和生物物理反应为基础，属心肌的机械特性。心肌细胞的这些特性共同决定着心脏的基本节律性活动，实现着心脏的泵血功能。

（一）自动节律性

心肌组织细胞能够在没有外来刺激的条件下，自动地发生节律性兴奋的特性称为**自动节律性**（autorhythmicity）。只有心脏特殊传导系统内的自律细胞（结区细胞除外）才具有这种特性，普通心房肌和心室肌细胞不具有这种特性。心肌自动节律性的高低通常以自动产生节律性兴奋的频率来反映。

1. 心脏正常起搏点

心脏特殊传导系统中各部位自律细胞的自律性高低不同。窦房结的自律性最高，约100次/分，其他各部位的自律性按兴奋的传导顺序依次降低，房室交界和房室束及其分支次之，心室末梢的浦肯野纤维最低，约25次/分。由于窦房结的自律性最高，它产生的节律性冲动按一定顺序传播，引起其他部位的自律组织、心房和心室肌细胞兴奋，产生与窦房结一致的节律性活动。因此，窦房结是主导整个心脏兴奋搏动的正常部位，称为**正常起搏点**（normal pacemaker），由其所形成的心脏活动的节律称为**窦性节律**（sinus rhythm）。自律性较低的其他部位，因受窦房结控制，其自律性不能表现出来，故被称为**潜在起搏点**（latent pacemaker）。例如，在某些异常情况下，窦房结自律性异常降低，传导阻滞使窦房结兴奋不能传导，或潜在起搏点自律性特别升高时，潜在起搏点的自律性才表现出来。正常情况下，窦房结对潜在起搏点的控制，可能有以下两种方式。

（1）**抢先占领**（preoccupation） 由于窦房结的自律性高于其他潜在起搏点，在潜在起搏点4期自动去极化尚未达到阈电位水平之前，窦房结传来的兴奋已抢先激动它，使之产生动作电位，从而使潜在起搏点细胞节律性兴奋不能表现出来。

（2）**超速驱动压抑**（overdrive suppression） 窦房结对潜在起搏点的自律性产生一种直接的抑制作用。在正常情况下，潜在起搏点始终处在自律性很高的窦房结的兴奋驱动下而“被动”产生兴奋，这种兴奋的频率超过它们本身的自动兴奋频率。长时间“超速”兴奋的结果，造成了压抑效应，因此，被称为超速驱动压抑，其产生的详细机制尚不清楚。两个起搏点自动兴奋的频率差别越大，压抑作用越强。因此，临床上应用人工起搏器，如要中断人工起搏时，在中断前应逐渐减慢起搏频率，以免发生心搏骤停。

2. 决定和影响自律性的因素

动作电位4期的第4位相，细胞内的正离子逐渐增多，使跨膜电位逐渐缩小，4期动作电位第4位相呈斜线上行，当达到除极阈值时即开始自动去极化，4期自动去极化除极。第4位相的自发除极是由于细胞内、外离子交换的不平衡所致。一些研究提示，在4期第4位相，细胞膜对K^+通透性降低，使钾的**通导率**（conductance）降低，使较多的K^+留在细胞内。也有些研究表明，窦房结和房室结的细胞在第4期位相时，Na^+进入细胞内的速度随时间而增强，即Na^+在细胞内浓度增多。以上两种机制都可以使4期自动去极化。

自律细胞的自动兴奋，是动作电位4期自动去极化使膜电位从最大舒张电位达到阈电位而引起的。因此，自律性的高低既受最大舒张电位与阈电位差值的影响，也取决于4期自动去极化的速度（图6-6）。4期自动去极化速度越快，达到阈电位所需的时间缩短，斜率越大，则心动周期越短，心率越快。自动去极化达到阈电位所需的时间缩短，则自律性也增高，心率越快。反之，心率就减慢。

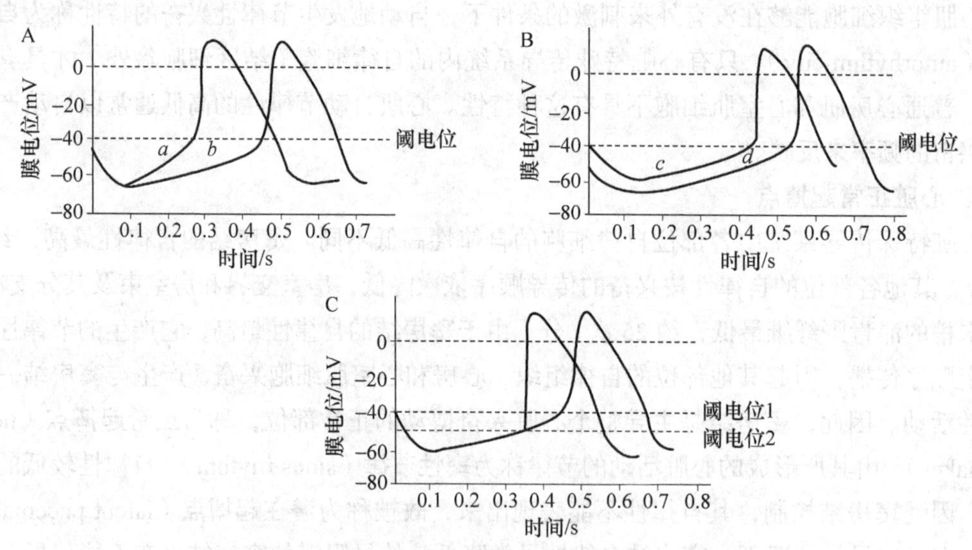

图6-6　决定和影响自律性的因素（白波，2009）

A. 自动去极化速度（*a*、*b*）对自律性的影响；B. 最大复极电位（*c*、*d*）对自律性的影响；C. 阈电位水平（1、2）对自律性的影响

（二）兴奋性

所有心肌细胞都具有兴奋性，其兴奋性高低可用阈值的高低来衡量。

1．心肌兴奋性的周期性变化

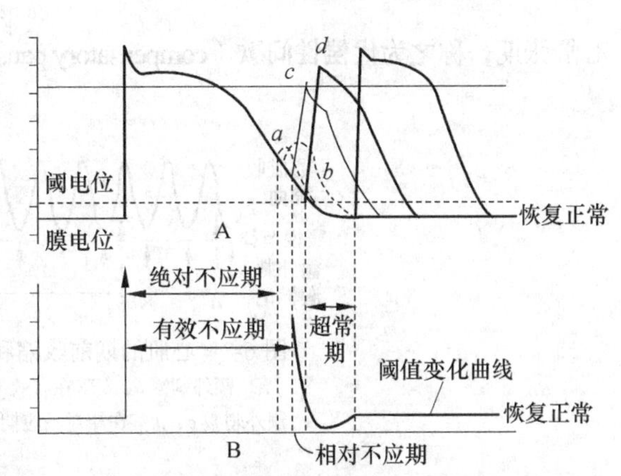

图 6-7 心室肌动作电位与兴奋性变化

A．心肌动作电位在不同的复极化时期给予刺激所引起的反应（*a* 为局部反应，*b*、*c*、*d* 为 0 期去极化速度和幅度都减小的动作电位）；B．用阈值变化曲线说明兴奋后兴奋性的变化

心肌细胞在产生动作电位的过程中，随膜电位的改变，其兴奋性会发生周期性变化。以心室肌为例（图 6-7），其兴奋性的变化可分为以下几个时期：

（1）绝对不应期与有效不应期　在心室肌细胞发生兴奋的短时间内，即从动作电位 0 期去极化开始，至 3 期复极化达到 −55mV 这一段时间内，任何强度的刺激，都不能使其再发生任何形式的兴奋，这段时间称为**绝对不应期**（absolute refractory period，ARP）。膜电位从 −55mV 继续复极化到 −60mV 这段时间内，如果给予一个足够强度的刺激，可以引起局部兴奋，但兴奋（动作电位）不能传播，这段时期称为局部反应期。即 0 期去极化开始到复极化至 −60mV 的时间内给予任何刺激均不能产生动作电位，这段时期称为**有效不应期**（effective refractory period，ERP）。有效不应期的产生，是因为此期膜电位复极化不完全，Na^+ 通道处于完全失活或刚刚开始进入复活状态。

（2）相对不应期　在有效不应期之后，膜电位从 −60mV 复极化到 −80mV 的这段时间内，此时 Na^+ 通道大部分恢复，但尚未全部恢复到备用状态，其开放能力仍低于正常。此期的膜电位已经基本恢复到静息电位水平，兴奋性也低于正常。如给予较大强度的刺激可以引起动作电位，称为**相对不应期**（relative refractory period，RRP）。

（3）超常期　随着心肌细胞继续复极化，膜电位从 −80～−90mV 的时期内，此期的 Na^+ 通道已全部恢复到可被激活的备用状态，加之此时的膜电位水平接近阈电位水平，故兴奋性高于正常。用低于正常阈强度的刺激就可使心室肌细胞产生动作电位，表明心肌的兴奋性超过了正常，这一时期称为**超常期**（supernormal period，SNP）。

在超常期之后，复极化完毕，膜电位恢复到正常静息电位水平，Na^+ 通道也完全恢复到备用状态，其兴奋性恢复正常。

2．心肌兴奋性的周期性变化及与收缩活动的关系

与神经细胞和骨骼肌细胞相比较，心室肌细胞的有效不应期特别长，为 200～300ms，相当于整个心室收缩期和舒张早期，所以心肌不会像骨骼肌那样产生完全强直收缩，而是始终保持着收缩与舒张交替的节律性活动，这是实现心脏泵血功能的重要条件。

正常情况下，心房肌或心室肌分别接受由窦房结传来的节律性兴奋。如果在心房或心室有效不应期之后，于下一次节律性兴奋到达之前，心肌受到一次人工或异位起搏点的异常刺激时，便可引起一次提前出现的兴奋和收缩，称为**期前收缩**（premature systole）。引起期前收缩的期前兴奋也有自己的有效不应期，紧接着的窦性兴奋在期前兴奋之后到达心房或心室，由于正落在期前兴奋的有效不应期内，故不能引起又一次心房或心室收缩，即出现一次“脱失”现象，需待下一次窦房结的兴奋到来后才能引起新的收缩。因此，在一次期前收缩之后往往出现一段较长时间的心舒张期，称之为**代偿性间歇**（compensatory pause）（图 6-8）。随后，再恢复到窦性节律。

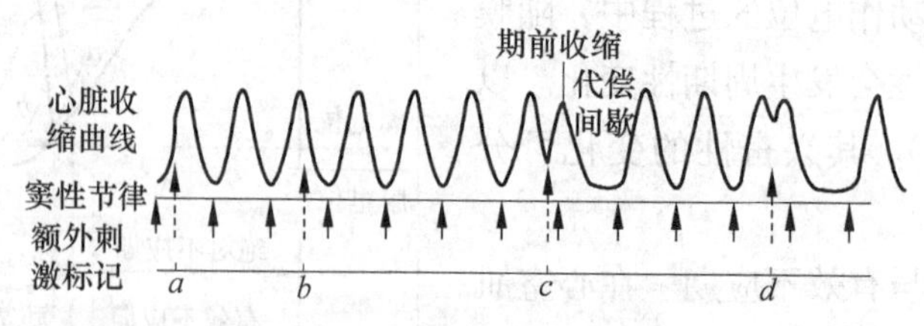

图 6-8　心肌的期前收缩和代偿间歇（姚泰，2010）
额外刺激 *a*、*b* 落在有效不应期内，不引起反应；
额外刺激 *c*、*d* 落在相对不应期内，引起期前收缩和代偿间歇

3. 决定和影响兴奋性的因素

心肌细胞的兴奋包括去极化和复极化两个过程，当刺激使膜电位去极化达阈电位水平时，Na^+通道（快反应细胞）或 Ca^{2+}通道（慢反应细胞）被激活，便可产生动作电位（兴奋）。因此，任何影响上述这两个基本过程的因素都可改变心肌的兴奋性。

静息电位或最大舒张电位上移，或者阈电位下移时，引起兴奋所需的刺激阈值减小，表示兴奋性升高。当血液 Ca^{2+}浓度升高时，心室肌细胞阈电位上移，导致兴奋性下降。

Na^+通道的状态是决定其兴奋性高低的基础。Na^+通道有备用、激活和失活三种状态，这三种状态的变化取决于膜电位以及相关的时间进程。以心室肌为例，静息电位为 -90mV 时，Na^+通道处于备用状态；给予刺激使膜电位达阈电位（−70mV）时，则 Na^+通道被激活，大量 Na^+内流而产生动作电位。Na^+通道激活后即迅速失活并关闭，且在一定时间内不能被再次激活，只有随膜电位复极化而恢复到备用状态后才能再次被激活。Na^+通道的从激活、失活和复活到备用状态都属于电压依赖性和时间依赖性，即这些状态的变化过程均需要一定的时间和一定的电压水平。目前，多数学者支持以三态双重门控机制来解释 Na^+通道的上述门控变化过程。

（三）传导性

构成心房或心室的心肌细胞，在功能上是一个**合胞体**（syncytium）。心肌细胞膜的任何部位产生的兴奋不但可以沿整个细胞膜传播，并且很容易通过低电阻的缝隙连接（闰盘），引起相邻细胞的兴奋，导致整个心脏的兴奋和收缩（图 6-9）。

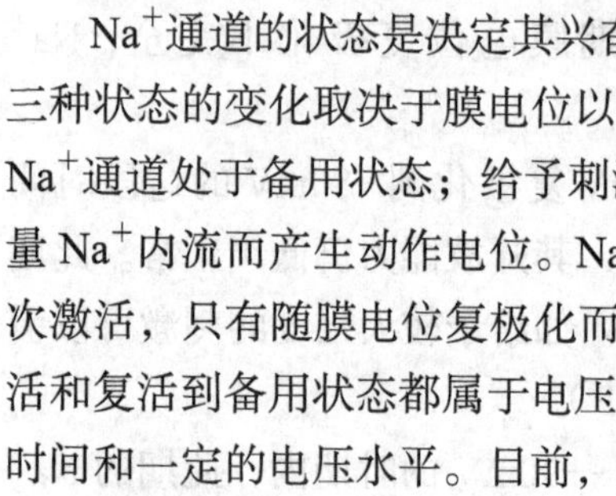

图 6-9　心肌的闰盘结构示意图

1. 心脏内兴奋传播的途径和特点

心脏的正常兴奋起源于窦房结。窦房结发出的兴奋，经心房肌及功能上的**优势传导通路**（preferential pathway），传播到左、右心房。再经房室交界传到房室束及左、右束支，最后经浦肯野纤维传到心室肌（图 6-10），进而引起整个心室兴奋。由于心肌兴奋细胞的结构特点不同，兴奋在心脏各个部位传导的速度也不相同。

从传导速度看，兴奋在心房和心室内传导较快，在心室

内传导系统的传导速度最快，可达2～4m/s，由房室交界传入心室的兴奋能迅速传遍左、右心室肌细胞，保证全部心室肌几乎完全同步收缩，产生较好的射血效果。由于房室交界处细胞体积小，细胞间缝隙连接少，细胞膜电位低，0期去极化幅度小，速度慢，因此，兴奋在此处传播速度最慢，为0.02～0.05m/s，即兴奋从心房传到心室的过程中，在房室交界处延搁时间较长（约0.1s），称为**房室延搁**（atrioventricular delay）。房室延搁使心房和心室不会同时收缩，左、右心房先收缩，有利于将血液进一步挤入心室，保证有足够的血液充盈心室，这对于心脏充盈和射血有重要意义。

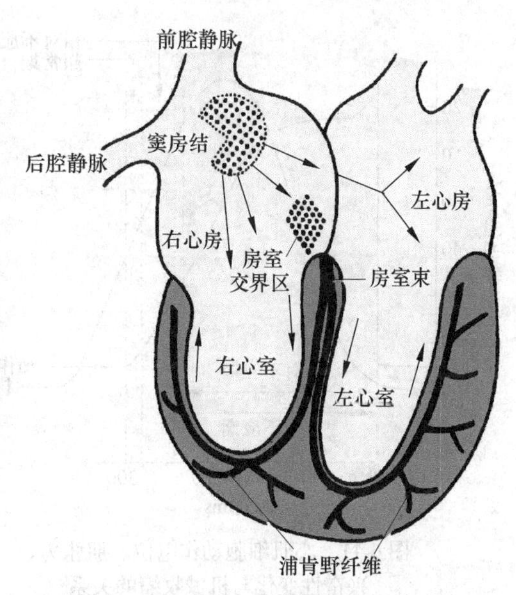

图6-10　哺乳动物心脏兴奋的传导模式图

2. 决定和影响心肌传导性的因素

（1）心肌细胞的结构　心肌兴奋传导的速度与细胞的直径有关。细胞直径大，截面积较大，对电流的阻力较小，局部电流传播的距离较远，兴奋传导较快；反之，细胞直径小，则兴奋传导慢。例如，羊的浦肯野纤维直径为70μm，传导速度为4m/s，而房室交界处细胞直径仅3μm，其传导速度仅为0.05m/s。另外，细胞间缝隙连接的数量也是影响传导速度的重要因素，细胞间缝隙连接数量多，传导速度快；反之，则传导速度慢。在窦房结和房室交界处传导速度变慢的原因之一是细胞缝隙连接数量少。

（2）动作电位0期去极化的速度和幅度　动作电位0期去极化速度快和幅度大，其形成的局部电流也越大，达到阈电位的速度也越快，使传导速度加快；反之，去极化速度慢和幅度小，兴奋传导速度也变慢。

（3）邻近部位细胞膜的兴奋性　邻近部位细胞膜的兴奋性高，即膜电位和阈电位间的差值小，传导速度快；反之，则传导速度慢。邻近部位细胞膜的兴奋性取决于0期去极化时Na^+通道（或慢反应细胞的钙通道）的状态。当兴奋落在离子通道尚处于失活状态的有效不应期内，则传导阻滞；如落在相对不应期或超常期内，则传导减慢，因此，这两期内所产生的动作电位0期幅度和速度均较正常小。

（四）收缩性

心肌细胞和骨骼肌细胞一样，在受到刺激发生兴奋时，首先产生动作电位，然后通过**兴奋-收缩偶联**（excitation-contraction coupling），引起粗、细肌丝滑行，从而使整个肌细胞收缩。但心肌细胞收缩与骨骼肌细胞收缩相比，有其自身的特点。

1. 同步收缩（"全或无"式收缩）

兴奋在心房和心室内传导速度很快，故从窦房结产生的兴奋，几乎同时到达所有的心房肌，经过房室交界延搁后，几乎同时到达所有的心室肌，从而先后引起左、右心房和左、右心室各自同步收缩，同步收缩产生的强大力量利于心脏射血。由于同步收缩，使心脏或不发生收缩，或一旦发生收缩，则全部心房肌或心室肌都几乎同时收缩，称为"全或无"式收缩。

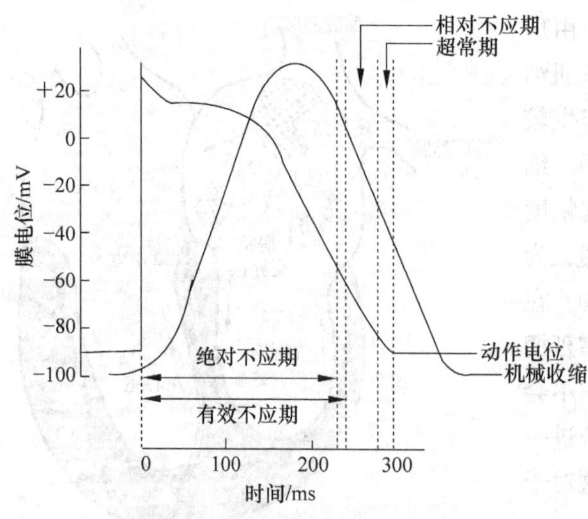

图 6-11　心肌细胞动作电位、肌张力、兴奋性变化与机械收缩的关系

2. 不发生强直收缩

由于心肌的有效不应期很长，覆盖了机械收缩的整个收缩期（图 6-11）。因此，心肌不像骨骼肌一样，在前一个收缩未结束时，又能接着下一个收缩，形成强直收缩，而是进入舒张期后，再做下一个收缩，从而保持收缩和舒张交替进行，使心脏能有序地射血和充盈。

3. 对细胞外液 Ca^{2+}的依赖性大

Ca^{2+}在心肌兴奋 - 收缩偶联过程中起着媒介作用。心肌的肌质网终末池不发达，储存 Ca^{2+}的量比骨骼肌少，它收缩所需要的 Ca^{2+}部分依赖复极化 2 期由膜外流入，因此，细胞外 Ca^{2+}浓度对心肌的收缩有较大的影响。当胞外 Ca^{2+}浓度升高时，Ca^{2+}内流增加，心肌收缩力增强。但细胞外液 Ca^{2+}浓度过高时，使收缩完成后 Ca^{2+}的泵出受阻，心肌会停止于收缩期，称为“钙僵”。而当细胞外液 Ca^{2+}浓度减少时，心肌收缩力减弱，如果胞外 Ca^{2+}浓度降得很低，甚至完全缺乏 Ca^{2+}时，心肌细胞虽然能爆发动作电位，但不能引起收缩，称为**兴奋 - 收缩脱偶联**（excitation-contraction uncoupling），此时的心脏也就无法完成射血功能。

三、心电图

心电图（electrocardiogram，ECG）是指在动物体表面的一定部位放置引导电极，引导并记录到心脏生物电活动的波形。在心肌兴奋过程中，各种离子通道相继开放和关闭，引起离子跨膜移动而产生动作电位。通过局部电流，动作电位由窦房结经房室交界、浦肯野纤维传导至整个心脏，因此，心电图是整个心脏在心动周期中各细胞生物电活动的综合反映。

（一）心电图的引导方法

动物体是个容积导体，来源于心脏的电变化，通过容积导体传导至体表。在体表不同部位生物电的表现会有所不同，因此，检查心电图时，随着引导电极放置的位置不同，描记出的波形也有所差异。引导电极安放位置与动物体联接的方法称为导联。临床上常用的导联有标准导联、加压单极肢体导联和胸导联等。心电图通常以纵、横线画成小方格坐标的记录波形来表示，其中，横坐标表示心电的时程，纵坐标表示心电的振幅。心电图是心肌不同部位不同位相动作电位的总和波，反映了心脏兴奋的产生、传导和恢复过程的综合电变化，与心脏收缩和舒张的机械活动无直接关系。

（二）人类正常心电图的基本波形及其意义

用不同导联所记录的心电图波形各有特点，但基本上都包括一个 P 波、一个 QRS 波群和一个 T 波，偶然还有 U 波（图 6-12）。临床上分析心电图时，主要是分析各波的波幅、时程、波形及其节律是否正常。

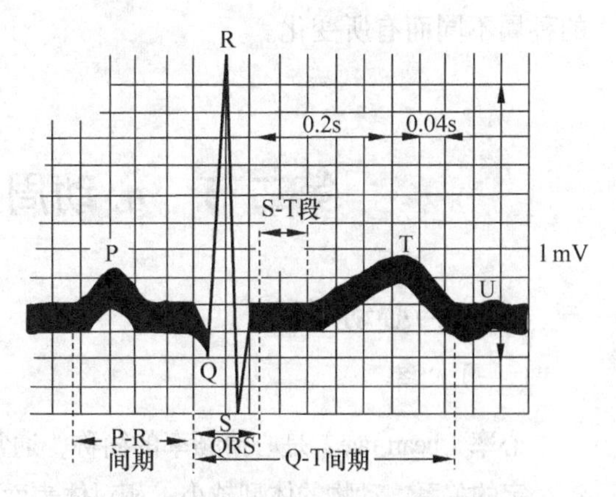

图 6-12 哺乳动物的正常心电图（导联）

1. P 波

P 波代表两心房的去极化及传播过程的电位变化。P 波波形小而圆钝，波幅小于 0.25mV，波宽为 0.06～0.11s。其上升部分代表右心房开始兴奋，下降部分代表兴奋从右心房传播到左心房。

2. QRS 波群

QRS 波群代表左、右心室兴奋去极化过程所产生的电位变化。Q 波向下，随后是高而尖峭向上的 R 波，最后是向下的 S 波。在不同导联中，这三个波并不一定都出现，不同种类的动物，其波形有所差异。QRS 波群的起点标志心室兴奋开始，波群历时为 0.06～0.11s，代表心室肌兴奋扩布所需要的时间。如果心室内传导发生阻滞时，QRS 波群的时程延长。

3. T 波

T 波代表两心室复极化过程的电位变化。T 波起点为心室复极化开始，终点表示左、右心室复极化完成。由于心室的复极化过程比去极化慢，故 T 波经历的时间比 QRS 波群的长，而幅度则比 QRS 波群的主波幅度小。正常心电图 T 波的方向与 QRS 波群的主波方向一致。临床上检查心电图时，若发现 T 波方向与 QRS 波群的主波方向相反（称 T 波倒置），则提示心肌缺血或有损伤性病变。

4. U 波

U 波方向与 T 波一致，波幅在 0.2mV 以下，历时为 0.1～0.3s。U 波的发生机制不详。一般推测可能与浦肯野纤维网的复极化有关。

5. P-R 间期

P-R 间期指从 P 波起点到 QRS 波群起点之间的时程，历时为 0.12～0.20s。代表窦房结产生的兴奋经心房、房室交界、房室束传到心室并引起心室开始兴奋所需的时间，即心房去极化开始到心室去极化开始所需的时间。房室传导阻滞时，P-R 间期延长。

6. Q-T 间期

Q-T 间期指从 QRS 波群起点到 T 波终点的时程，代表心室开始去极化至完全复极化所需的时间。Q-T 间期长短与心率呈负相关，心率快，则 Q-T 间期短；反之，则 Q-T 间期延长，这主要是由于心室肌动作电位的时程因心率增快而缩短所致。

7. S-T 段

S-T 段指从 QRS 波群终点到 T 波起点之间的线段，代表心室各部分心肌均已处于动作电位的平台期（缓慢去极化期），心室已全部进入兴奋状态，各部分之间没有电位差存在。因此，心电图上 S-T 段应与基线平齐，即处于基线水平。S-T 段的移位在临床上具有重要的诊断意义，S-T 如偏离基线超过一定范围，提示心肌可能缺血或有损伤性病变。

哺乳类动物心电图的各波波形与人类的极为近似，但各波的波幅和各波段的时程随动物的种属不同而有所变化。

第二节 心动周期与心脏的泵血功能

一、心率与心动周期

（一）心率

心率（heart rate）是心搏频率的简称，通常以每分钟的心搏次数表示。心率与动物的体型大小有一定的关系，动物的体型越小，相对体表面积越大，体热的散失也越快，需要机体以更旺盛的新陈代谢来维持体温的相对恒定，因而需要以较快的心率来实现较多的血液供应。体重3000kg的大象，安静时心率仅为25次/分；而体重只有3g的鼩鼱，安静时其心率可高达600次/分。属于变温动物的鱼类，心率一般比较慢，而且不同鱼类的心率差异也较大。各种动物的心率见表6-1。另外，动物在不同年龄、不同性别、不同种类和不同生理情况下，心率也都有所不同。

表6-1 不同动物的心率比较（杨秀平 肖向红，2009）

动物	心率/（次/分）	动物	心率/（次/分）
人	60～100	小白鼠	260～400
长颈鹿	90	大白鼠	216～600
象	30～40	豚鼠	260～400
黄牛	40～70	猫	110～130
牦牛	35～70	狗	70～120
乳牛	60～80	绵羊	70～110
马	30～45	山羊	60～80
驴	60～80	家兔	120～150
猪	60～80	蛙	36～70
骆驼	30～50	鸽	141～244

（二）心动周期

心脏每收缩和舒张一次完成的一个机械活动周期，称为**心动周期**（cardiac cycle）。包括心房收缩和舒张以及心室收缩和舒张四个过程。由于心室的舒缩活动在心脏泵血功能上起主导作用，因此，通常所谓**心缩期**（systole）和**心舒期**（diastole）都是指心室的收缩期和舒张期而言，并不考虑心房的舒缩状态。

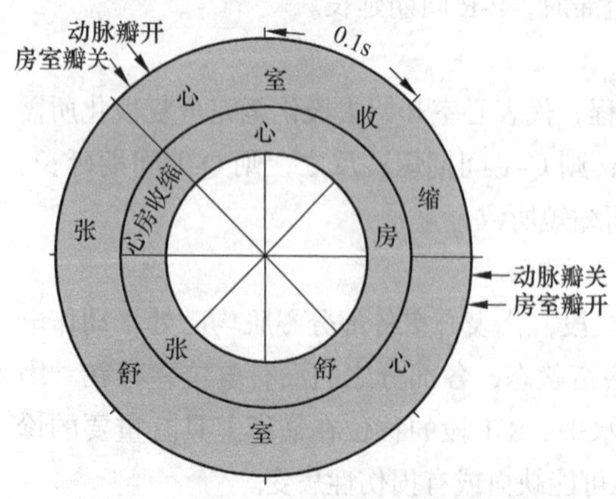

图6-13 心动周期中心房和心室活动的顺序和时间关系示意图（白波，2009）

在心动周期中，心房和心室的舒缩活动总是按一定的顺序进行。两心房首先同时收缩，然后舒张。当心房进入舒张期后不久，两心室随后收缩，然后舒张，接着两心房又开始收缩，进入下一个心动周期（图6-13）。心动周期时程的长短，取决于心率。心率越快，心动周期越短，收缩期和舒张期都相应缩短，但舒张期缩短更显著（图 6-14）。因此，当心率过快时，心脏工作时间相对延长，而休息和充盈时间更短，使心脏泵血功能减弱。

二、心脏的泵血功能及其机制

心脏的泵血过程包括射血和充盈。以左心室的活动为例，心室收缩时，血液从心室流向主动脉，称为**射血**（ejection）；心室舒张时，血液从心房和大静脉流入心室，称为**充盈**（filling）。每个心动周期中，左、右心室的活动几乎是同时进行的，所不同的是，左心室射血进入体循环，遇到的阻力大，路程较远；右心室射血进入肺循环，遇到的阻力小，路程较短。故左心室的肌肉层厚于右心室，收缩时产生的压力比右心室高出 3～4 倍。

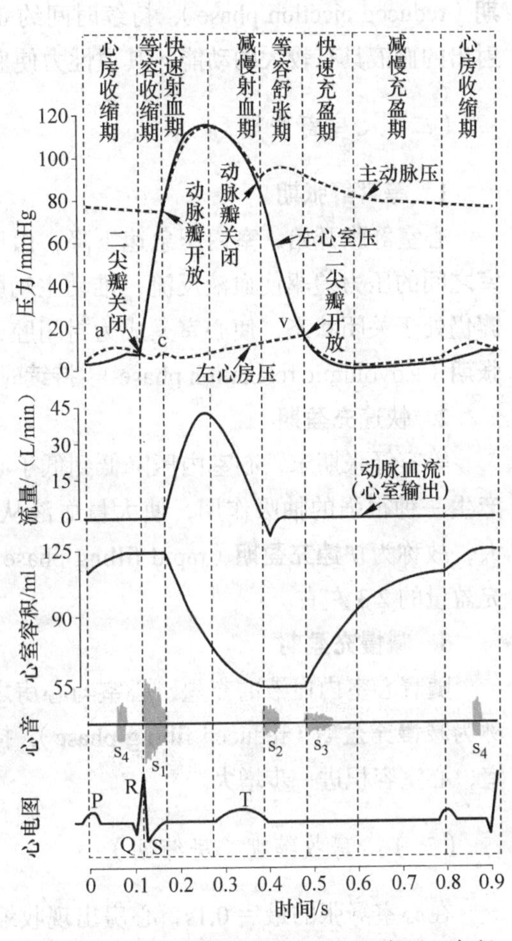

图 6-14 心动周期各时相中左心室内压、容积的变化及与心电、心音的对应关系图（姚泰，2010）

心脏泵血决定于两个因素：一是泵血的动力，二是心脏瓣膜的启闭。推动血液在心房和心室之间以及心室和主动脉之间流动的主要动力是压力梯度，而心肌的节律性舒缩活动是造成室内压变化，从而导致心房与心室之间、心室与主动脉之间产生压力梯度的根本原因。不同部位之间压力的变化使心脏瓣膜产生相应的规律性开启和关闭，从而推动血液单方向周而复始的循环流动。

由于心脏泵血功能主要决定于心室所处状态，因此，通常主要按照心室所处的状态，将一个心动周期划分为以下几个时相。其中，心动周期各时相中左心室内压、容积的变化及与心电、心音的对应关系见图 6-14。

（一）心室收缩期

1. 等容收缩期

心室收缩开始，心室内压迅速升高，当其超过心房内压时，房室瓣立即关闭，避免心室内血液倒流回心房，但此时的室内压仍未超过主动脉血压，故半月瓣仍处于关闭状态。在这段很短的时间内，心室成为一个密闭腔，尽管心室肌强烈收缩使其压力急剧升高，但心室的容积不变，故将此时相称为**等容收缩期**（isovolumic contraction phase），持续时间为 0.06s。

2. 快速射血期

随着心室肌继续收缩，心室内压进一步上升并超过主动脉血压时，心室的血液将动脉瓣冲开，并迅速射入主动脉，使主动脉内压升高，故称**快速射血期**（rapid ejection phase），持续时间约 0.11s。此期间心室射出的血量约占整个收缩期射出血量的 70%，心室容积迅速减小，而室内压可因心室肌继续收缩而继续升高，直至最高值。

3. 减慢射血期

快速射血期后，心室收缩力量减弱，室内压逐渐下降，射血速度减慢，故称为**减慢射血期**（reduced ejection phase），持续时间约 0.15s。后期心室内压虽略低于主动脉压，但因心室射出的血液具有较大的动能，其惯性力使血液继续进入主动脉，心室容积进一步减小。

（二）心室舒张期

1. 等容舒张期

心室舒张开始，室内压急速下降，由于射血已经终止，故血液的动能较小。主动脉与心室之间的压力差驱使血液反流，推动主动脉瓣关闭。此时心室内压仍高于心房内压，故房室瓣仍处于关闭状态，使心室又成为封闭腔，无血液进出心室，心室容积不变，故称为**等容舒张期**（isovolumic relaxation phase），持续时间为 0.06～0.08s。

2. 快速充盈期

等容舒张期末，心室内压降低到低于心房内压水平，房室瓣开放，心室对心房内的血液产生一种很强的抽吸作用，使大量血液从心房和腔静脉快速流入心室，心室的容积迅速增大，故称为**快速充盈期**（rapid filling phase），持续时间约 0.11s。此期进入心室内的血量占总充盈量的 2/3 左右。

3. 减慢充盈期

随着心室内血液的充盈，心室与心房之间的压力差减小，血液流入心室的速度减慢，故称为**减慢充盈期**（reduced filling phase），持续时间约 0.2s。此期仅有少量血液从心房流入心室，心室容积进一步增大。

（三）心房收缩期（房缩期）

在心室舒张的最后 0.1s，心房出现收缩，心房内压升高，将心房内的血液挤入心室，使心室充盈量进一步增加 10%～30%，此期称为**心房收缩期**（atrial systole）。心房收缩期可以看作是心室充盈期的最后阶段，也是第二个心动周期的开始。

在心动周期的大部分时间里，心房都处于舒张状态，其主要作用是临时接纳和储存从静脉不断回流的血液。在心室舒张的大部分时间里，心房也处于舒张状态，此时，心房仅仅是作为血液从静脉返回心室的通道。只有在心室舒张期的后 1/5 期间，心房才开始收缩。由于心房壁薄，收缩力不强，收缩时间又短，故心房收缩对心室的充盈仅起辅助作用。

三、心音和心音图

心动周期中，心肌收缩，瓣膜启闭，血液加速和减速对心血管的加压和减压作用及形成涡流等因素引起的机械振动，可通过周围组织传递到胸壁。如将听诊器放在胸壁的特定部位，可听到与心搏一致的规则声音，称为**心音**（heart sound）。如果用换能器将此机械振动转换成电信号并记录下来，即为**心音图**（phonocardiogram，PCG）。每个心动周期中，通常可听到两个心音，分别称为第一心音和第二心音（图 6-15）。

（一）第一心音

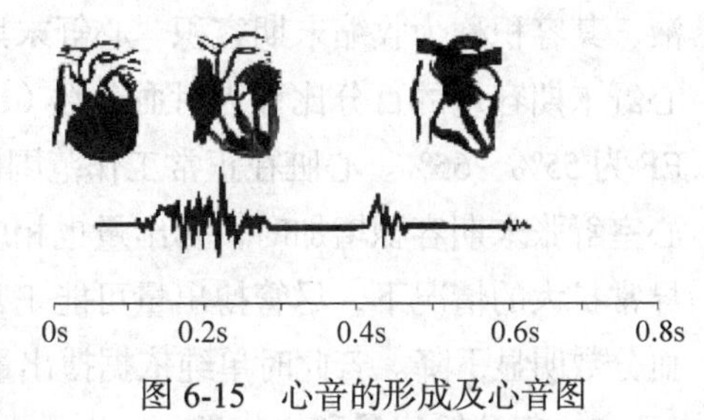

图 6-15 心音的形成及心音图

第一心音（first heart sound）发生在心缩早期，它的出现标志着心室收缩的开始。第一心音的产生是由于心室肌收缩和房室瓣关闭时的振动，以及心室射血开始时血液撞击大动脉管壁引起的振动。其音调低，持续时间长（约 0.18s），类似于“扑”音。第一心音的强弱与心室肌收缩力量成正相关，心室肌收缩力越强，第一心音也越强。

在心音图上，第一心音包括 4 个成分：第一成分是由于心肌收缩引起的低频低振幅的振动波；第二和第三成分均为高频高振幅的振动波，分别由左、右房室瓣突然关闭和房室血流突然中断产生；第四成分可能是心室射血引起的大动脉扩张和湍流而产生的低频振动波。

（二）第二心音

第二心音（second heart sound）发生在心舒早期，它的出现标志着心脏开始舒张。第二心音的产生是由于心室舒张开始，主动脉瓣和肺动脉瓣关闭时的振动，以及血流撞击大动脉根部和心室内壁的振动。其音调高，持续时间短，类似“通”音。第二心音的强弱可反映主动脉和肺动脉压力的高低。

心音图上第二心音的振幅较第一心音低，在低、中频范围内有两种成分，两种成分相距约 0.02s，分别与主动脉瓣和肺动脉瓣关闭有关。

正常动物正常人偶尔可听到第三心音和第四心音。第三心音发生在快速充盈期末，第四心音又称心房音，是心房收缩使血液进入心室产生的振动引起的。

听诊心音对于诊查心瓣膜功能具有有重要的临床意义。第一心音可反映房室瓣的功能，第二心音可反映半月瓣的功能。瓣膜关闭不全或狭窄时，均可使血液产生涡流而出现杂音，从杂音产生的时间、杂音的性质和强度可判断瓣膜功能受损的情况和程度。通过听诊心音还可以判断心率和心律（心脏活动的节律）是否正常。例如，在心尖部若听到响亮的收缩期杂音，则为左房室瓣关闭不全；如在同一部位听到舒张期杂音，则为左房室瓣狭窄。

四、心脏泵血功能的评价

心脏的主要功能是输出和推动血流，供给全身组织器官所需的血量，以保证新陈代谢的正常进行。评定心脏泵血功能最常用的指标包括每搏输出量、射血分数、每分输出量、射血分数，心指数和心脏做功量等。

（一）心输出量

1. 每搏输出量和射血分数

一侧心室一次心搏中所射出的血液量称为**每搏输出量**（stroke volume），简称搏出量。心室舒张末期由于血液的充盈，其容量增加，称心舒末期容积。在收缩末期，心室内仍剩余部分血液，其容积称为收缩末期容积。心舒末期容积与收缩末期容积之差即为搏出量。每搏输出量和心舒末期容量的百分比称为**射血分数**（ejection fraction，EF），多数动物的心脏在安静状态下的EF为55%～65%。心脏在正常工作范围内活动时，搏出量始终与心室舒张末期容积相适应。当心室舒张末期容积增加时，搏出量也相应增加，射血分数基本不变。但在心室功能减退，心室异常扩大的情况下，尽管搏出量可能正常，但它并不与已增大的心舒末期容积相适应，因而射血分数明显下降。若此时单纯依据搏出量来评定心脏泵血功能，则可能会做出错误的判断。

2. 每分输出量和心指数

一侧心室每分钟射出的血液总量，称为**每分输出量**（minute volume），简称**心输出量**（cardiac output），其数值等于心率与每搏输出量的乘积，左、右心室的输出量基本相等。每分输出量随机体活动和代谢情况的变化而变化，在肌肉运动、情绪激动和妊娠等情况下，心输出量增多。心输出量的测算并没有考虑身高和体重不同而引起的个体差异，因此，用其作指标比较不同个体间的心功能是不全面的。人体安静时的心输出量与体表面积成正比。为便于比较，一般将在空腹和安静状态下，每平方米体表面积的每分输出量，称为**心指数**（cardiac index）。但在动物中仍习惯用单位身体质量（kg）计算心输出量，以便于不同动物之间进行比较。实验表明，哺乳动物和鸟类单位身体质量的心输出量高于低等脊椎动物，个体越小，数值越高。

（二）心脏做功量

血液在心血管内流动过程中所消耗的能量，由**心脏做功**（cardiac work）供给。在动脉血压不同的条件下，心脏完成相同的心输出量，所需要的做功量不同，因此，心脏做功量也是一项评定心脏泵血功能的重要指标。

心室一次收缩所做的功称为**每搏功**（stroke work），可以用搏出血液所增加的压强能与动能表示。即

每搏功＝搏出量 × 射血压力＋动能

由于生理条件下心肌收缩所释放的机械能主要用于维持血压，射出血液的流速变化不大，因而血液动能在整个每搏功中所占比例很小，故可忽略不计。射血压力为射血期心室内压与舒张末期心室内压之差。在实际应用中，可用平均动脉压代替射血期左心室内压，平均心房压代替左心室舒张末期压力，以此来对每搏功进行简便计算。

一侧心室每分钟内所做的功，称为**每分功**（minute work）。每分功等于每搏功乘以心率。因心脏收缩不仅仅是射出一定量的血液，而且还使这部分血液具有较高的压强及较快的流速。故在动脉压增高的情况下，心脏要射出与原先等量的血液，就必须加强收缩。因此，以心脏做功量作为作指标评定心脏的泵血功能比单纯的心输出量更为全面，尤其是对动脉压高低不等的个体之间及同一个体动脉血压发生变动前后的心脏泵血功能进行比较时更有意义。

五、心脏泵血功能的储备

动物在剧烈运动时，心率和搏出量均明显增加，其中，心输出量可增加5倍以上。心输

出量随机体代谢需要而增加的能力称为心泵功能储备或**心力储备**（cardiac reserve）。心力储备的大小主要取决于每搏输出量和心率能够能有效提高的程度。

（一）搏出量的储备

搏出量是心室舒张末期容积和收缩末期容积之差，二者都有一定的储备量，共同构成搏出量的储备。心室舒张末期容积与静脉回流量有关，静脉回流量增加引起心舒末期容量增加，心肌收缩力量也增强，进而使每搏输出量增加。但由于心肌细胞之外的间质含有大量胶原纤维而限制了心肌的舒张，因而心室的可扩张度是有限的。收缩期储备主要靠心肌的收缩活动来增加射血分数，潜力较大，通过调动收缩储备可使搏出量增加的幅度远大于舒张期储备。

（二）心率储备

在一定范围内，增加心率可使心输出量增加。成年人的心率因代谢需要可从每分钟 75 次增加到 180 次左右，动用心率储备可使心输出量达静息状态时的 2～2.5 倍。坚持体育锻炼可促进心肌纤维增粗，心肌收缩力增强，使收缩期储备增加，同时心率储备也增加，从而增进心脏健康，提高心力储备。

（三）心力储备的变化

适当的训练可以增加心力储备。当进行剧烈活动时，由于交感神经交感 - 肾上腺系统活动增加，主要通过动用心率储备及心肌的收缩期储备使心输出量增加。运到训练除了可以促进心肌的新陈代谢，增强心肌收缩力量之外，也可使调节心血管活动的神经机能更加灵活，从而提高心脏的储备能力。

但心脏的储备能力不是无限的，一旦心脏长期负担过重（如高血压），心脏收缩力不但不能增强，反而可能减弱，使搏出量降低，心室射血结束后心室内的残余血量增加，舒张期储备和收缩期储备都降低，心输出量也相应变小。临床上将上把这种情况称为心力衰竭。

六、影响心输出量的因素

动物在长期的进化过程中，发生和发展了一套逐渐完善的循环调节系统，使血液循环机能适应于不同生理状态下新陈代谢的需要，并通过神经和体液机制进行精密调控。心输出量等于搏出量与心率的乘积。因此，凡影响搏出量和心率的因素均可影响心输出量，搏出量和心率的改变受到复杂的神经和体液调节。下面从心脏本身来阐述影响心输出量的因素。

（一）搏出量的影响

心率不变，搏出量的增加可有效增加心输出量。心脏的每搏输出量取决于前负荷（即心肌初长度或心室舒张末期容积）、心肌收缩能力，以及后负荷（大动脉血压）的影响。

1. 前负荷

前负荷（preload）是指肌肉收缩前所负载的负荷。它使肌肉收缩前就处于某种程度的拉长状态，使肌肉具有一定的长度，即初长度。心室肌的初长度取决于心室收缩前的容积，即心室舒张末期容积，它主要受静脉回心血量的影响。静脉回心血量越多，心室舒张末期容积就越大，心室肌的初长度也越长。在一定范围内（没有达到最适初长度以前），心室肌收缩强度随初长度加长而增强，因此，搏出量也随心舒末期容积增大而增多。但当心舒末期容积过度增大，使心室肌的初长度超过最适初长度时，心室肌收缩强度反而减弱，搏出量随之减少。正常情况下，心室充盈度（即舒张末期容积）变化所引起的心肌初长度变化不会超过最适初长度。因此，静脉回心血量的增加，总是使搏出量相应增加，这种通过心肌细胞自身初长度的变化而引起心肌收缩强度的变化，从而改变搏出量的调节方式，称为**异长自身调节**（heterometric autoregulation）。其生理意义在于能精细地调节每搏输出量，使左、右两侧心室的输出量相匹配。

与骨骼肌类似，心室肌在最适初长度时，粗、细肌丝处于最佳重叠状态，可活化的横桥数目最多，因而收缩力最大。另外，心肌细胞肌钙蛋白对 Ca^{2+} 的亲和力也依赖于粗、细肌丝相对位置的变化，当心室肌处于最适初长度时，心室肌肌钙蛋白对 Ca^{2+} 的亲和力最大，因而有利于心肌的收缩。

2. 后负荷

后负荷（afterload）是指心肌开始收缩时才遇到的负荷或阻力，也就是动脉血压，因此，又称为压力负荷。当动脉血压升高时，一方面使冲开主动脉瓣所需要的心室室内压随之升高，等容收缩期延长；另一方面使心室射血所遇到的阻力加大，射血期缩短，射血速度减慢，使每搏输出量减少。当搏出量暂时减少时，心缩末期心室内剩余血量增加，如果此时流入心室的血量不变，便会引起心室舒张末期容积加大，即心肌初长度增长，心室收缩能力随之增强。这样，经过几个心动周期的异长自身调节，搏出量很快恢复到正常水平。

需要指出的是，虽然一定范围内增大后负荷时，心肌通过加强收缩，使搏出量的变化较小，但如果动脉血压持续升高，心室肌将因收缩活动长期加强而出现心肌肥厚等病理变化，并最终导致泵血功能减弱。此外，心力衰竭时，由于心肌收缩功能降低，后负荷增大时，心肌不能发生代偿性收缩增强，因此，搏出量将显著降低。

3. 心肌收缩能力

心肌收缩能力（cardiac contractility）是指心肌不依赖于前、后负荷而能改变其收缩强度和速度的内在特性，又称心肌收缩性。这种搏出量的调节，是由于心肌收缩性变化时，心肌的初长度并未改变，所以又称**等长调节**（homeometric regulation）。在整体情况下，经常是通过神经和体液因素使心肌收缩性发生改变（见本章第四节），从而对心输出量进行调节。

（二）心率的影响

心输出量等于搏出量乘以心率。如果搏出量不变，心率加快，则心输出量增加。但搏出量本身可受心率影响。如果心率过快，心舒期过短，心室充盈量减少，将使搏出量明显减少，故心输出量也随之减少。另一方面，如心率过慢，心输出量也会减少。因为心率减慢虽可延长舒张期，但心室充盈早已接近最大值，再延长心室舒张时间也不能进一步增加充盈量和搏出量，反而因心率过慢而使每分输出量减少。

第三节 血管生理

一、各类血管的结构和功能

血管系统与心脏共同构成一个基本密闭的循环管道。血管系统的功能主要是运送血液、分配血液和物质交换。血管按其血管壁的结构和生理功能特点可分为不同类型（图 6-16）。

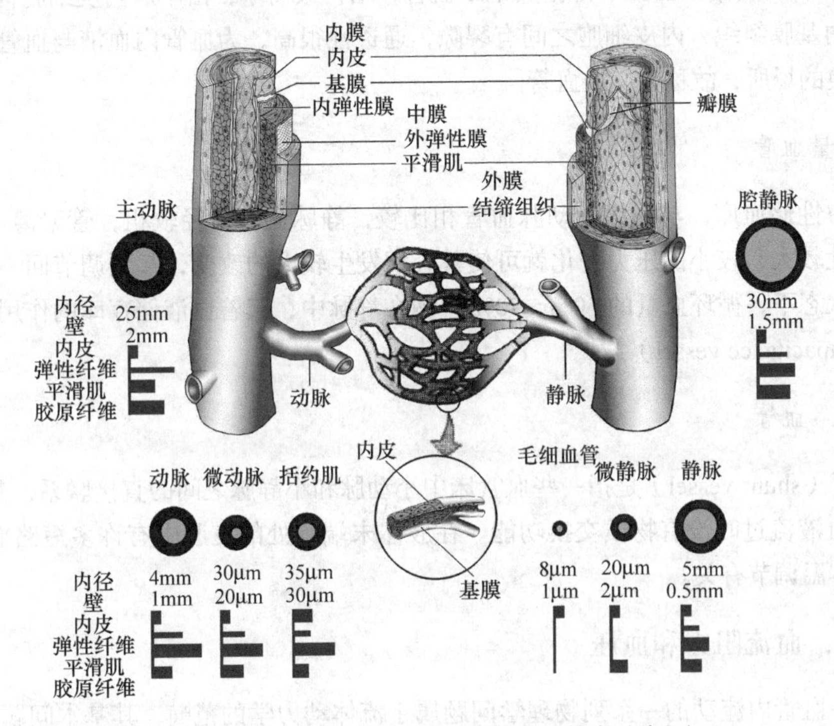

图 6-16 各类血管口径及血管壁构成特点（陈义）

（一）弹性储器血管

主动脉、肺动脉主干及其发出的最大分支血管的管壁较厚，富含弹性纤维，具有明显的可扩张性和弹性回缩性，故称为**弹性储器血管**（windkessel vessel）。在心室射血时，这些血管被动扩张，暂时储存一部分血液。心室舒张时，被扩张的大动脉管壁弹性回缩，将在射血期容纳的血液继续向外周方向推动，起到“外周心脏”的作用。

（二）分配血管

从弹性储器血管以后到分支为小动脉之前的动脉管道，主要功能是将血液输送到各器官和组织的小血管，故称为**分配血管**（distribution vessel）。

（三）阻力血管

小动脉和微动脉的管径小，对血流的阻力大，其位置在毛细血管之前，故称为**毛细血管**

前阻力血管（precapillary resistance vessel）。微动脉的血管壁富含平滑肌，通过平滑肌的舒张和收缩活动可使血管口径发生明显的变化，从而改变对血流的阻力和所在器官和组织的血流量。微静脉血管口径小，对血流也产生一定的阻力，因其位置在毛细血管之后，故称为毛细血管后阻力血管。微静脉的舒缩活动可影响毛细血管前、后阻力的比值，从而改变毛细血管血压和体液在血管与组织间隙中的分配情况。

（四）交换血管

交换血管（exchange vessel）是指真毛细血管，结构最简单，由单层内皮细胞构成，外面覆盖一层薄的基膜组织，内皮细胞之间有裂隙，通透性很高，为血管内血液与血管外组织液进行物质交换的场所，故称为交换血管。

（五）容量血管

又称动力性储血库，与同级的动脉血管相比较，静脉血管口径较粗，管壁薄，容量大，而且可扩张性较大，较小的压力变化就可使其容积发生较大的改变，起到调节回心血量的作用。在安静状态下，循环血量的60%～70%容纳在静脉中，起着血液储存库的作用，故称为**容量血管**（capacitance vessel）。

（六）短路血管

短路血管（shunt vessel）是指一些血管床中小动脉和小静脉之间的直接联系，其管壁厚，通透性差，血液流过时没有物质交换功能。在肢体末端等处的皮肤中有许多短路血管分布，在功能上与体温调节有关。

二、血流量、血流阻力和血压

血液在心血管内流动的一系列物理学问题属于流体动力学的范畴，其基本问题是**血流量**（blood flow）、**血流阻力**（blood flow resistance）和**血压**（blood pressure），以及它们之间的相互关系。

（一）血流量和血流速度

1. 血流量

血流量是指单位时间内流经血管某一截面的血量，也称为容积速度，单位是 $mL \cdot min^{-1}$ 或 $L \cdot min^{-1}$。血流量主要取决于两个因素：一个是推动血流的动力，即血管两端的压力差；另一个是血流阻力。根据流体力学原理，血流量（Q）与血管两端压力差（ΔP）成正比，与血流阻力（R）成反比，三者之间的关系可用以下公式表示：

$$Q = \Delta P \cdot R^{-1}$$

对于某个器官而言，Q 为器官的血流量，ΔP 为灌注该器官的平均动脉压和静脉压之差，R 为该器官的血流阻力。在整个体循环和肺循环中，Q 相当于心输出量，R 相当于总外周阻力，ΔP 相当于平均主动脉压（P_A）与右心房压力之差。在动物机体内，器官的动脉血压基本相等，而该器官血流量多少则主要决定于该器官的血流阻力，因此，器官血流阻力的变化是调节器官血流量的主要因素。

2. 血流速度

血流速度指血液中一个质点在血管内流动的**线速度**（linear velocity）。按物理学原理，血液在血管内流动时，血流速度与血流量成正比，与血管的横截面积成反比。因此，总口径最小的主动脉内血流速度最快。毛细血管具有最大的总横截面积，其血流速度最慢。

（二）血流阻力

血液在血管内流动所遇到的阻力，称为血流阻力。血流阻力来源于血液各成分之间以及血液与血管壁的摩擦力。血液在血管内流动时，必须克服血流阻力，消耗能量，因此，血液在血管内流动时压力逐渐降低（图 6-17）。

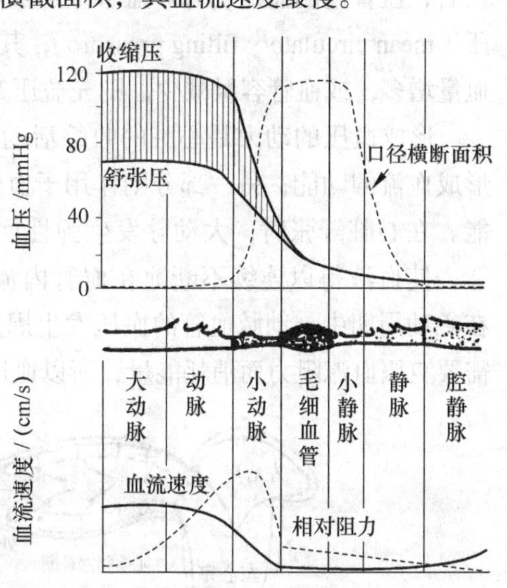

图 6-17 血管系统各部分血管口径、血压和血流速度的关系图（杨秀平 肖向红，2009）

根据**泊肃叶定律**（Poiseuille's law），血流阻力与血管口径、长度及血液黏滞性密切相关，其关系可用下面的公式表示：

$$R = 8\eta L \cdot (\pi r^4)^{-1}$$

式中，η为血液黏滞系数，L为血管长度，r为血管半径。由于血管长度的变化很小，因此，血流阻力的变化主要由血管口径和血液的黏滞系数决定。血液的黏滞系数主要决定于血液中的红细胞数以及血浆蛋白和血脂成分的含量等因素。对于一个器官而言，如果血液的黏滞系数变化不大，则该器官的血流量主要取决于器官阻力血管口径的大小。由于血流阻力与血管半径的 4 次方成反比，故血管口径的微小变化即可引起血流阻力的较大变化。如果血管半径减小 1/2，则血流阻力将增加为原来的 16 倍。在生理条件下，血管长度和血液黏滞系数的变化很小，但血管壁平滑肌的紧张度则易受神经和体液因素的影响而改变，从而使血管的口径发生改变。在整个循环系统中，小动脉特别是微动脉是形成体循环中血流阻力的主要部位。如果将血流阻力公式代入血流量公式，则可得到下式：

$$Q = \Delta P \cdot \pi r^4 \cdot (8\eta L)^{-1}$$

这一公式阐明了血流量与血压、血液黏滞系数、血管长度及口径之间的关系，即血流量（Q）与管道系统两端的压力差（ΔP）及管道半径（r）的 4 次方成正比，而与管道长度（L）和血液黏滞系数（η）成反比。如前所述，容易发生改变的是血管的口径，因此，机体主要通过控制阻力血管口径的变化来改变外周阻力，从而有效地调节各器官之间的血流量。

（三）血压

血压是指血液在血管内流动时对单位面积血管壁的侧向压力（压强）。统一用国际标准单位帕（Pa）表示，即牛顿 / 平方米（N/m^2）表示。帕的单位比较小，故血压常用千帕（kPa）表示。人医临床仍习惯上沿用水银检压计水银柱高度的毫米数（mmHg）表示（1mmHg＝

0.133kPa）。各段血管的血压不尽相同，平常说的血压多指动脉血压。由于大动脉和中等动脉内的血压变化小，在生理学研究和临床实践中，常用肱动脉血压来代表机体的动脉血压。静脉血压较低，有时也用厘米水柱（cmH_2O）作为单位。

血压的形成，首先是由于心血管系统有足够的血液充盈。当心脏停搏，血液循环循环停止后，血管内的血液仍可对血管壁造成一定的侧向压力，这一压力数值即**循环系统平均充盈压**（mean circulatory filling pressure），其高低取决于循环血量与血管容量之间的相对关系。若血量增多，或血管容量减少，则充盈压升高；反之，则充盈压降低。

形成血压的动力是心脏的收缩活动。心脏射血所释放的能量一部分用于推动血液流动，形成血流的动能；另一部分则作用于血管壁，表现为血压，成为使管壁扩张的势能，即压强能。在心脏舒张时，大动脉发生弹性回缩，又将这部分势能转变为推动血液继续流动的动能，使血液得以连续不断地在血管内流动（图 6-18）。由于心脏的射血是间断性的，因此，在心动周期中，动脉血管的血压发生周期性波动，又由于血液从大动脉流向右心房的过程中需要克服血流阻力而消耗能量，所以血压的数值逐渐降低。

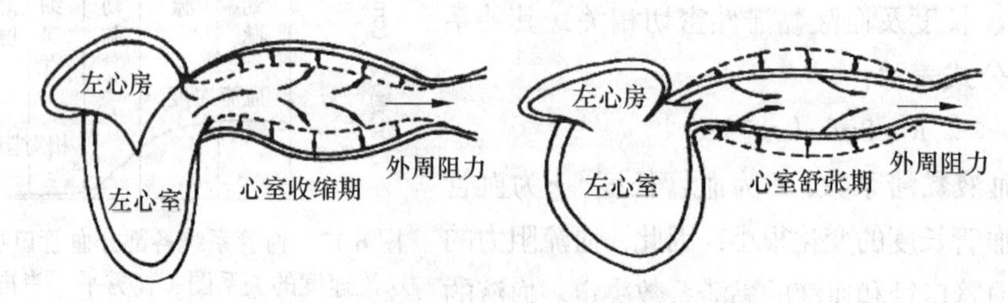

图 6-18 主动脉的弹性储器作用示意图
左：心室收缩期；右：心室舒张期

三、动脉血压和动脉脉搏

（一）动脉血压

1. 动脉血压的概念

动脉血管内流动的血液对管壁的侧压力称为**动脉血压**（arterial blood pressure）。心动周期中，心脏收缩射血初期动脉血压急剧上升，所达到的最高值称为**收缩压**（systolic pressure），也称为高压；在心室舒张末期，动脉血压降至最低，此值称为**舒张压**（diastolic pressure），也称为低压；收缩压与舒张压之差值称为**脉搏压**（pulse pressure），简称脉压。一个心动周期中动脉血压平均值称为**平均动脉压**（mean arterial pressure）。通常在一个心动周期中，心舒期比较长，所以平均动脉压的数值并不是收缩压与舒张压的平均值，而是更接近于舒张压，约等于舒张压加上 1/3 脉压。

在每个心动周期中，左心室的内压随心室的收缩和舒张发生大幅的变化，但主动脉血压的变化幅度则较小，这主要是由于主动脉和大动脉起着弹性储存器的作用。一般情况下，左心室收缩时向主动脉射入的血液，在心缩期内只有大约 1/3 流到外周，其余 2/3 被储存在扩张了的主动脉和大动脉内，这样，心室收缩时释放的能量中，有一部分以势能的形式被储存于弹性储器血管中。心室舒张时，主动脉和大动脉发生弹性回缩，把血管内储存的那部分血液继续向外周推动，并且使动脉血压在心舒期仍能维持在较高水平。显然，弹性储器血管的作用一方面可使心室间断性的射血变为动脉内持续的血流，另一方面还能缓冲动脉血压的波动，使每个心动周期中动脉血压的变化幅度远小于心室内压的变化幅度。

2. 影响动脉血压的因素

动脉血压的形成是心脏射血与外周阻力相互作用的结果。因此，凡是影响动脉血压形成的因素都能影响动脉血压，但主要因素是心输出量、心率和外周阻力。另外，大动脉管壁的弹性以及循环血量与血管系统容量之间的相互关系也对动脉血压造成一定的影响。

（1）每搏输出量　在外周阻力和心率相对稳定的条件下，如果每搏输出量增大，心缩期射入主动脉的血量增多，则心缩期中主动脉和大动脉内血量增加的部分就更大，收缩期血压的升高也就更加明显，即收缩压升高更加明显。由于动脉血管壁扩张程度增大，使心舒期的弹性回缩力加大，因而血流速度加快。如果此时心率不变，外周阻力变化不大，则大动脉内增多的血量仍可在心舒期流至外周，使舒张压也有所升高，但升幅不及收缩压，因而脉压增大。相反，若每搏输出量减少时，则主要使收缩压降低，脉压减小。一般情况下，收缩压的高低主要反映每搏输出量的多少。

（2）心率　如果每搏输出量和外周阻力都不变，当心率加快时，则心动周期缩短，尤其是舒张期缩短明显，导致血液流向外周的时间也缩短，使在心舒期内流向外周的血量减少，心舒期末存留于主动脉的血量增多，导致舒张压明显升高。由于动脉血压升高可使血流速度加快，使心缩期有较多的血液从主动脉流向外周，故收缩压也升高，但不如舒张压升高明显，故脉压减小。相反，如心率变慢，舒张压降低幅度比收缩压降低幅度大，则脉压增大。

（3）外周阻力　在其他因素不变的情况下，外周阻力增加，动脉血压升高；反之，则血压降低。外周阻力对舒张压的影响较收缩压更明显。这是因为，在心输出量不变而外周阻力增大时，则心舒期内血液流向外周的速度减慢，心舒期末存留在主动脉内的血量明显增多，故舒张压明显升高。而在心缩期，由于动脉血压较心舒期高，血流速度快，受外周阻力的影响相对较小，故收缩压的升高不及舒张压显著，脉压相对减小；反之，当外周阻力减小时，舒张压降低比收缩压更明显，故脉压加大。

一般情况下，舒张压的高低主要反映外周阻力的大小。外周阻力的改变主要是由于骨骼肌和腹腔器官阻力血管口径的变化。人医临床上常见的高血压病，大多是由于小动脉痉挛，甚至硬化，使口径变小，外周阻力增大，引起动脉血压升高，尤其是舒张压明显升高。许多降血压药物（如钙通道阻滞剂）治疗作用的基本原理是直接或间接抑制血管壁平滑肌的 Ca^{2+} 内流，使血管壁紧张性减缓，降低外周阻力，从而达到降低血压的目的。

血液黏滞性也可影响外周阻力。血液黏滞性主要取决于红细胞数量的多少。严重贫血时，可因红细胞数量大幅减少，血液黏滞性变小而出现动脉血压下降；相反，红细胞增多症患者的血液黏滞度较大，可出现动脉血压升高。长时间精神紧张，可因大脑皮质过度兴奋，通过交感神经系统使内脏小血管处于持续收缩状态，因而使外周阻力增加，导致动脉血压升高。

（4）主动脉和大动脉的弹性储器作用　如前所述，主动脉和大动脉的弹性储器作用，可减缓收缩压，维持舒张压，使动脉血压的波动幅度明显小于心室内压的波动幅度。大动脉血管壁的弹性在短时间内不会有明显的变化，但当动物进入衰老阶段，血管壁中胶原纤维增生，逐渐取代弹性纤维和平滑肌，以致血管壁的可扩张性减小，使大动脉的弹性储器作用减弱，故收缩压明显升高，脉压增大。

（5）循环血量和血管系统容积的比例　正常情况下，循环血量与血管系统容积的比例相适应，才能使血管系统足够充盈，产生一定的充盈压。也就是说，心血管系统保持足够的血液充盈是形成动脉血压的前提条件。任何原因导致循环血量减少，或血管系统容积相对增大，都会使血管系统的充盈度降低，致使动脉血压下降；相反，循环血量增多，或血管系统容积相对减小，将导致动脉血压升高。

以上对动脉血压影响因素的讨论，都是假定在其他因素不变的情况下，分析某一因素单独变化时对动脉血压的影响，但实际上这样的情况几乎不存在。在完整机体内，通常在各种不同的生理情况下，上述各种因素经常同时发生改变。当某一因素发生改变时，机体将对其他因素重新调整，因此，动脉血压的任何改变，往往是多种因素综合作用的结果。但在不同情况下，各种因素的主从关系不同，应根据具体情况具体分析。例如，生理情况下，大动脉弹性不会随时发生变化，循环血量变化也很小，因而这两种因素对动脉血压的影响较为次要。心血管的活动经常受神经和体液因素的影响，心输出量和外周阻力随时会发生变化，因此，这两种因素是影响动脉血压的主要因素。又如在激烈运动时，交感神经-肾上腺髓质系统活动加强，不仅引起心输出量增加，而且外周阻力也随之发生变化，使动脉血压明显升高。

（二）动脉脉搏

在每个心动周期中，由于心脏的泵血活动使动脉血管内的压力发生周期性波动，从而引起动脉管壁相应地产生扩张和回缩的起伏振动，称为**动脉脉搏**（arterial pulse），简称**脉搏**（pulse）。脉搏起源于主动脉，沿动脉管壁以弹性压力波的形式向外周传播。动脉脉搏波传播速度远比血流速度快，并主要与血管壁的可扩张程度有关。动脉管壁可扩张程度越大，其传播速度越慢，因此，主动脉的脉搏波传播速度最慢，为3～5m/s，到股动脉段脉搏波传播速度达8～10m/s。由于小动脉和微动脉处阻力很大，故在微动脉后脉搏波已大大减弱，到毛细血管时已基本消失。在身体浅表部位可触摸到脉搏，如桡动脉、颞动脉、颈动脉、股动脉和足背动脉等部位。人医临床诊病通常触摸的是腕部的桡动脉脉搏。各种动物脉搏检查常用的动脉有：尾动脉、颌外动脉和指总动脉等。小动物脉搏则主要在股动脉。

知识卡片

中医动脉脉搏的临床诊断意义：中医学的切脉是诊断疾病的重要手段之一，中医切脉时通过手指主观感觉判断脉象。由于动脉脉搏与心输出量、动脉管壁弹性及外周阻力等因素有密切关系，所以现代医学工作者试图以桡动脉脉搏图来解决脉象判断问题。例如，按脉搏波的频率和节律，可以识别迟、数、促、结、代等脉象；根据各种取脉压力下脉搏波幅的变化规律，可区分浮、沉、实、虚等脉象；从脉搏波的形态变化，可以观察到弦、滑、细、涩、浮等脉象。由于脉搏的频率反映心室收缩的频率，脉搏的节律反映心室收缩的节律，脉搏的强弱相对反映心输出量的多少。一般来说，“数脉”相当于窦性心动过速；“迟脉”相当于窦性心动过缓；“结脉”相当于期前收缩和代偿间歇；“浮脉”通常出现在心输出量增加而外周阻力降低时；“弦脉”则与心输出量和外周阻力都增加有关。

但中医切脉的手法比较复杂，从寸口所获取的脉搏信息多种多样，非单一的压力传感器所能比拟，因此，单纯用压力脉搏图作指标，尚不能识别全部中医脉象。目前，已有学者致力于多功能传感器的研制，以便能从寸口脉搏处获取更多的信息，以全面解决脉搏图与脉象的关系问题。

四、静脉血压与静脉回流

静脉血管不仅是血液回流至心脏的通道，而且在心血管活动的调节过程中发挥着重要作用。如前所述，静脉血管被称为容量血管，在功能上起着血液储存库的作用。静脉血管收缩和舒张可有效调节回心血量和心输出量，使循环机能适应机体在各种生理状态时的需要。

（一）静脉血压与中心静脉压

动脉中的血液流经小动脉和毛细血管前括约肌等区域时，遇到很大阻力，因此，克服阻力消耗需要很多能量。当血液流入静脉系统时，压力变得很低，例如，人体血压在毛细血管静脉端，血压已降至1.33～2.00kPa，越接近心脏，静脉血压越低，下腔静脉压为0.40～0.53kPa，至体循环终点即右心房时血压最低，接近于零。通常将右心房和胸腔内大静脉的血压称为**中心静脉压**（central venous pressure）。其正常变动范围为0.39～1.18kPa。中心静脉压的高低取决于心脏的射血能力与静脉回心血量之间的相对关系。如果心脏功能良好，能及时将回心的血量射入动脉，则中心静脉压较低；若心脏射血功能减弱，不能及时将回心的血量射出，则使中心静脉压升高。另外，静脉回流速度也影响中心静脉压。静脉回流速度加快，中心静脉压会升高；相反，静脉回流速度减慢，则中心静脉压降低。可见，中心静脉压是反映心血管功能的又一指标，中心静脉压过低，常表示循环血量不足或静脉回流障碍。临床上输液和输血时，除必须观察动脉血压变化外，常常还需要观察中心静脉压的变化。如果输液和输血过多，或速度过快，超过心脏负荷时，中心静脉压将升高；如果中心静脉压偏低或有下降趋势，常提示输血和输液量不足。

各器官静脉的血压称为**外周静脉压**（peripheral venous pressure）。当心脏射血功能减弱而使中心静脉压升高时，静脉回流将减慢，血液将滞留于外周静脉内而引起外周静脉压升高。

（二）静脉回流及其影响因素

静脉回流（venous return）是指血液由外周静脉返回右心房的过程。血液在静脉内的流动，主要依赖于外周静脉压与中心静脉压之差，以及静脉对血流的阻流阻力。能引起这种压力差改变的任何因素都能影响静脉内的血流，从而改变由静脉流回心脏的血量（即静脉回心血量）。但单位时间内回心血量和心输出量是动态平衡的。

1. 心脏收缩力量

心脏收缩力量增强可促进静脉血回流入心。心脏收缩力量强，则射血速度快、、血量多，使心脏排空比较完全，在心舒期心室内压较低，对心房和大静脉中血液的抽吸力量就比较大，使静脉回心血量增多；反之，心脏收缩无力，不能及时将静脉回流的血液射出，致使大量血液淤积于心房和大静脉，造成心脏扩大，静脉高压，静脉回流受阻。临床上，若动物右心衰竭，则会出现颈静脉怒张、肝脾大、肢体水肿等体循环瘀血症状；若左心衰竭，则表现为肺循环高压、肺瘀血和肺水肿等症状。

2. 呼吸运动

呼吸运动也能影响静脉回流。由于胸膜腔内压低于大气压，使胸腔内大静脉的跨壁压较大，经常处于充盈扩张状态。吸气时，胸腔容积加大，胸膜腔内压进一步降低，使胸腔内的大静脉和右心房更加扩张，压力也进一步降低，从而使外周静脉内的血液流入心室的速度加快。呼气时，胸膜腔内压低于大气压的差距减小，静脉回心血量相应减少。所以，呼吸运动对静脉回流的促进作用主要是通过吸气动作实现的。

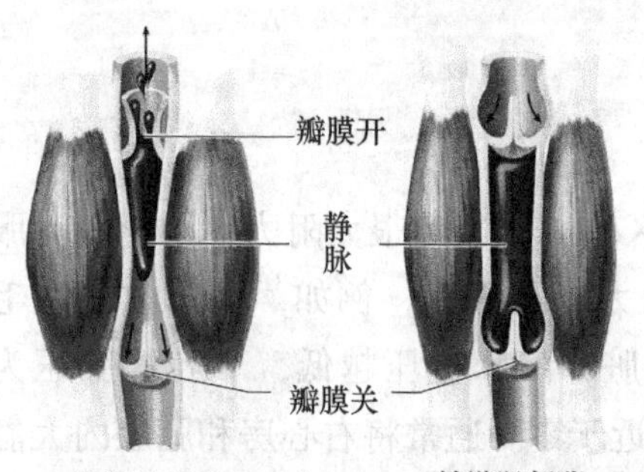

图 6-19 骨骼肌收缩对静脉回流的促进作用

3. 骨骼肌的挤压作用

骨骼肌收缩时，静脉受到挤压，可使静脉回流加快。尤其是下肢静脉瓣的存在，使静脉血液由下向上回流时，不至于因重力作用而逆流。因此，骨骼肌与静脉瓣一起发挥了推动静脉血回流入心的“泵”的作用，故称为静脉泵或肌肉泵（图 6-19）。

4. 循环系统平均充盈压

循环系统平均充盈压是反映血管系统充盈程度的指标。血管系统内血液充盈程度越高，静脉回心血量也越多。当血量增加或容量血管收缩时，体循环平均充盈压升高，静脉回心血量也增多；反之，血量减少或容量血管舒张时，体循环平均充盈压降低，静脉回心血量减少。

5. 体位改变

体位及姿势改变对静脉回流也有很大影响。由于静脉血管的可扩张性大，当体位改变时，由于重力的影响，心脏水平以下部分的静脉因跨壁压增大而扩张，容纳的血量增多，故静脉回心血量减少。长期卧床的患者，静脉壁的紧张性低，可扩张度更大，加之腹壁和下肢肌肉的收缩力减弱，对静脉的挤压作用减小，故由平卧位突然站起来时，可因大量血液积滞在下肢，易导致回心血量减少而发生昏厥。

五、微循环

微循环（microcirculation）是指微动脉与微静脉之间的血液循环。它是实现血液与组织细胞之间物质交换的场所。此外，在微循环处通过组织液的生成和回流，还影响着体液在血管内外的分布。

（一）微循环的组成与通路

1. 微循环的组成

各组织器官的形态与功能不同，其微循环的组成与结构也不尽相同，在形态上既有血管的共性，又有不同脏器的特征。典型微循环一般由微动脉、后微动脉、毛细血管前括约肌、真毛细血管、通血毛细血管（直捷通路）、动-静脉吻合支和微静脉七个部分组成（图6-20）。

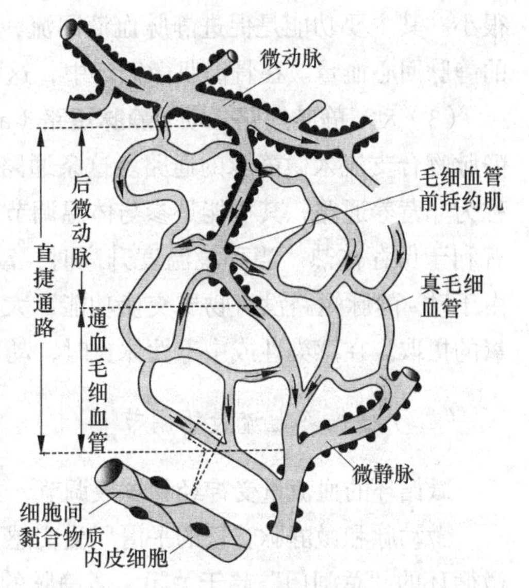

图6-20 微循环的构成及控制示意图（姚泰，2010）

微动脉与微静脉之间的血管通道，构成了微循环的功能单位。**微动脉（arteriole）**是小动脉的末梢部分，直径为20～50μm。血管壁含有丰富的平滑肌，当其收缩或舒张时，可使管腔内径显著缩小或扩大，因此，微动脉在控制微循环血流量中起着"总闸门"的作用。在后微动脉发出毛细血管的入口周围有稀疏的平滑肌缠绕，称为**毛细血管前括约肌**（precapillary sphincter），其不受神经支配，但易受局部代谢产物的调控，其舒缩活动可控制部分毛细血管网的血流量，在微循环中起"分闸门"的作用。真毛细血管是由单层内皮细胞组成的管道，彼此互相连接成网状，称为真毛细血管网。其血管外面有基膜包围，总厚度约0.5μm，内皮细胞之间有细微裂隙，形成沟通毛细血管内外的孔道。真毛细血管通透性好，数量多，与组织液进行物质交换的面积大。**微静脉**（venule）血管壁有较薄的平滑肌，其收缩可影响毛细血管血压，在功能上起微循环"后阻力血管"的作用。**通血毛细血管**（preferential channel）是在肠系膜微循环中常见的、与后微动脉直接相通的较长的毛细血管。**动-静脉吻合支**（arteriovenous anastomosis）在皮肤微循环中较多，是连通微动脉与微静脉的通道。

2. 微循环的血流通路及其功能特点

微循环的血液可经三条功能不同的通路由微动脉流向微静脉。

（1）迂回通路 **迂回通路**（circuitous channel）又称营养通路（nutritional channel）、慢道或慢通道，它是血液与组织液之间进行物质交换的主要场所，是血液由微动脉、后微动脉，再经毛细血管前括约肌和真毛细血管网，最后汇入微静脉的通路。该通路的真毛细血管数量多，迂回曲折，互相联通，交织成网。真毛细血管管壁薄，通透性好，管腔口径小，血液流动速度缓慢。

器官内的真毛细血管并非都同时开放，而是轮流交替开放，其开放的数量与器官当时的代谢水平有关。安静情况下，同一时间内平均有20%左右的毛细血管是开放的，其余大部分处于关闭状态。毛细血管的开放与关闭受后微动脉和毛细血管前括约肌控制，当毛细血管关闭一段时间后，由于局部组织的代谢产物积聚增多，使该部位后微动脉和毛细血管前括约肌舒张，于是紧接其后的真毛细血管开放，而原先处于开放的真毛细血管由于血流通畅，清除了代谢产物，后微动脉和毛细血管前括约肌收缩，使毛细血管关闭。

（2）直捷通路 **直捷通路**（thoroughfare channel）也称快道，是血液由微动脉、后微动脉，经通血毛细血管进入微静脉的通路。通血毛细血管与真毛细血管相比，口径大，血流快，故称为直捷通路。这条通路经常处于开放状态，但流经区域有限，进行物质交换的作用很小。其主要功能是促进静脉血液回流，使一部分血液迅速经此通路流入静脉，以保证一定的静脉回心血量。在骨骼肌微循环中，这种通路较多。

（3）动 - 静脉短路　**动 - 静脉短路**（arteriovenous shunt）是指血液从微动脉直接经过动 - 静脉吻合支流入微静脉的通路。这条通路的血管壁较厚，血流迅速，没有物质交换功能，也称为非营养通路，其机能是参与体温调节。一般情况下，动 - 静脉吻合支经常处于关闭状态，有利于保存体热。当环境温度升高时，动 - 静脉短路开放，使皮肤血流量增多，增加散热。由于动 - 静脉短路没有物质交换功能，大量血液经由此通路流向静脉时会影响组织细胞对血氧的摄取。在感染性或中毒性休克时，动 - 静脉短路可大量开放，将会加重组织缺氧程度。

（二）微循环血流量的调节

微循环的血流量受神经和体液调节，尤其是局部代谢产物的调节。

微动脉和微静脉管壁的平滑肌受交感 - 肾上腺素能神经支配，当交感神经紧张性增高时，微循环的“总闸门”趋于关闭，微静脉的阻力增大，故微循环灌流量和流出量均减少。微动脉、后微动脉和微静脉管壁平滑肌还受组织中的去甲肾上腺素、肾上腺素、血管紧张素和**血管升压素**（vasopressin，VP）等缩血管体液因素的影响，这些因素多数能使上述微循环血管收缩，使微循环的前阻力和后阻力增大，从而影响微循环的灌流量和流出量。

一般认为，后微动脉和毛细血管前括约肌不受交感神经支配，其开放与关闭主要受体液因素调节，尤其受组织细胞的代谢产物如CO_2、乳酸及H^+等的影响。当组织细胞的代谢增强时，代谢产物增多，后微动脉和毛细血管前括约肌舒张，真毛细血管开放数量增加，使局部组织微循环灌流量增多，以适应当时组织活动增强的需要。相反，安静时，组织代谢水平低，组织细胞的代谢产物少，开放的真毛细血管数量少，局部组织的微循环灌流量少。因此，微循环灌流量与组织和器官代谢水平相适应。如前所述，真毛细血管是交替开放的，其原因也是由于微动脉和毛细血管前括约肌的舒缩受局部代谢产物的影响。

总之，微循环的主要功能是实现血液与组织细胞之间的物质交换，从而及时为组织细胞运送营养物质和清除代谢产物，维持内环境的相对稳定。如果微循环功能发生障碍，不能满足组织细胞的营养代谢需要时，必将影响各器官的生理功能。

六、组织液和淋巴液的生成与回流

组织液存在于组织细胞的间隙中，是组织细胞直接生存的体内环境。组织液因含有大量的胶原纤维和透明质酸细丝，绝大部分呈胶冻状，不能自由流动，因而不会因重力作用而流到身体的低垂部分，将注射器针头插入组织间隙，也不能抽出组织液。但其中的水分及溶质可以自由扩散。组织细胞与血液以组织液为媒介进行物质交换，即经由血液运输的营养物质以及组织细胞的代谢产物首先与组织液进行交换。

（一）血液与组织液间的物质交换方式

（1）扩散　**扩散**（diffusion）是指溶解在液体中的溶质分子或离子从高浓度的一侧向低浓度的一侧移动的过程，是血液与组织液之间进行物质交换的主要形式。血液中的营养物质和氧的浓度较高，可经毛细血管壁扩散到组织液中；而组织液中的代谢产物如 CO_2 的浓度较高，同样可经毛细血管壁扩散入血液。扩散的速率与毛细血管管壁两侧的物质浓度差、毛细血管对物质的通透性，以及毛细血管壁的有效交换面积成正比，与毛细血管管壁的厚度成反比。

（2）滤过和重吸收　因毛细血管壁两侧存在压力差，将引起液体（水分连同溶于其中的小分子溶质）由毛细血管向组织液移动的过程称为滤过。液体由组织液移入毛细血管内，称为重吸收。决定液体是滤过还是重吸收的因素为跨血管壁压力差的方向。

（3）吞饮　大分子的血浆蛋白等物质不能通过毛细血管壁进行扩散，而是通过**吞饮**（pinocytosis）的方式通过毛细血管壁进行物质交换。在毛细血管内皮细胞一侧的某些大分子物质，当靠近细胞膜时先被吸附，然后细胞膜凹陷将其包围，形成小泡并进入细胞内，被运送到细胞的另一侧，然后排出细胞外。

（二）组织液的生成及其影响因素

1. 组织液的生成过程

组织液是血浆经毛细血管壁滤过形成的。毛细血管中的水和小分子营养物质通过毛细血管壁进入组织细胞间隙，生成组织液。组织液中的水和细胞代谢产物透过毛细血管壁进入毛细血管的过程，称为组织液回流。在毛细血管近动脉端，血浆不断从毛细血管滤出而成为组织液；在近静脉端，组织液中的大部分又不断被重吸收回到血液，小部分进入毛细淋巴管。

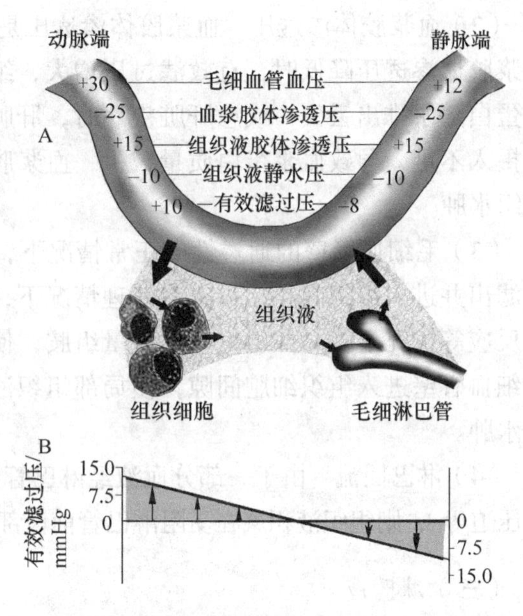

图 6-21　有效滤过压的形成示意图（陈义）

图中的压强单位为 mmHg

注：+代表使液体滤出毛细血管的力量；–代表使液体重吸收到毛细血管的力量

液体通过毛细血管壁的滤过和重吸收取决于 4 个因素：毛细血管血压、组织液静水压、血浆胶体渗透压和组织液胶体渗透压。其中，毛细血管血压和组织液胶体渗透压是促进液体从毛细血管滤出的动力，而血浆胶体渗透压和组织液静水压是使液体从毛细血管外重吸收回血管的力量。滤过的力量与重吸收的力量之差称为称**有效滤过压**（effective filtration pressure）（图 6-21）。有效滤过压可用下式表示：

有效滤过压＝（毛细血管血压＋组织液胶体渗透压）–（血浆胶体渗透压＋组织液静水压）

毛细血管动脉端的血压平均为 3.99kPa，静脉端为 1.60kPa，血浆胶体渗透压为 3.33kPa，组织液静水压和胶体渗透压较难测定，一般假设分别为 1.33kPa 和 2.00kPa。将这些数值分别代入上式，则毛细血管动脉端的有效滤过压为 1.33kPa，能使液体滤出毛细血管壁，生成组织液；而毛细血管静脉端的有效滤过压为 −1.06kPa，表明有效滤过压的方向是由组织液指向血管，即组织液回流入血液。

正常生理情况下，流经毛细血管的血浆，有 0.5%～2% 在毛细血管动脉端以滤过的方式进入组织间隙，这部分液体中约 90% 在毛细血管静脉端被重吸收回血液，10% 进入淋巴循环。由于血液在流经毛细血管时，血压逐渐下降，因此，有效滤过压也是逐渐变化的。在毛细血管中，滤过和重吸收之间是逐渐移行的过程，由动脉端向静脉端，滤过量逐渐减少，而重吸收量则逐渐增加。

2. 影响组织液生成的因素

正常情况下，组织液生成与回流维持相对平衡，保持体液的正常分布和血量的相对稳定。无论是组织液生成增多，还是回流减少，都会引起组织细胞间隙的液体增多并形成组织水肿。凡是影响有效滤过压和毛细血管壁通透性的所有因素都会影响组织液的生成。

（1）毛细血管血压　毛细血管血压的高低取决于动脉压、静脉压以及毛细血管前、后阻力的比值等因素。微动脉扩张时，毛细血管前阻力减小，毛细血管血压升高，组织液生成增多。右心衰竭时，静脉回流受阻，静脉瘀血，使毛细血管血压逆行性升高，组织液生成增多，导致组织水肿。

（2）血浆胶体渗透压　血浆胶体渗透压是“吸引”水分子回到毛细血管内的一种力量。血浆胶体渗透压降低时，有效滤过压增大，组织液生成增多。如某些肾脏疾病时，大量血浆蛋白随尿排出丢失，或患肝脏疾病时，肝脏合成蛋白质减少，或由于营养不良，蛋白质量摄入不足，导致血浆蛋白质量减少，血浆胶体渗透压降低，引起组织液生成增多，造成组织水肿。

（3）毛细血管壁的通透性　正常情况下，毛细血管壁的通透性变化不大，血浆蛋白很少滤出并进入组织间隙。只有在病理情况下，通透性才会有较大的改变。例如在烧伤、过敏反应等情况下，局部组织释放大量组胺，使毛细血管壁通透性增大，部分血浆蛋白透过毛细血管壁进入组织细胞间隙，使局部组织液胶体渗透压升高，组织液生成增多，造成组织水肿。

（4）淋巴回流　由于一部分血液经淋巴管回流入血液，若淋巴回流受阻（如丝虫病、肿瘤压迫等），则组织液积聚在受阻淋巴管前段部位的组织间隙中，可导致局部组织水肿。

（三）淋巴液

1. 淋巴液的生成与回流

10% 左右的组织液进入淋巴管即成为淋巴液，因此，淋巴液的成分与组织液相近，当淋巴液流经淋巴结时，由淋巴结产生的淋巴细胞加入到淋巴液。但来自各组织的淋巴液成分各不相同，如肠系膜和胸导管的淋巴液中含大量脂肪滴，而来自下肢的淋巴液则较清澈。

淋巴系统起始于毛细淋巴管，盲端始于组织间隙，互相吻合成网，其管壁由单层内皮细胞组成，故通透性好。毛细淋巴管相邻内皮细胞的边缘呈叠瓦状互相覆盖，形成向管腔内开放的单向活瓣结构。组织间隙中的液体和大分子物质（如蛋白质），甚至侵入组织的细菌、血细胞等都可通过内皮细胞间隙的活瓣进入毛细淋巴管。毛细淋巴管具有收缩性，每分钟能收缩若干次，可推送淋巴液向大的淋巴管流动。毛细淋巴管弛缓时，由于瓣膜作用使淋巴液不能逆流，造成毛细淋巴管腔内低压，可吸引组织液进入毛细淋巴管，使淋巴液只能单向流动。

组织液和毛细淋巴管内淋巴液的压力差是促进组织液进入毛细淋巴管的动力。因此，凡能增加组织液压力的因素都能增加淋巴液生成。如毛细血管血压升高、血浆胶体渗透压降低、组织中蛋白质浓度增高和毛细血管通透性增大等因素，都可增加淋巴液的生成速度。另外，骨骼肌的收缩活动及外部组织的压迫等均能推动淋巴液的流动。

2. 淋巴回流的生理意义

（1）回收血浆蛋白质　组织液中的蛋白质分子绝大部分经淋巴液运回血液，从而维持血浆蛋白的正常浓度和血浆胶体渗透压。成年人每天有75～200g蛋白质由淋巴液带回血液，因此，使组织液中的蛋白质保持在较低的水平。

（2）运输脂肪和其他营养物质　经消化道消化后的营养物质，绝大部分在小肠黏膜吸收，其中，有80%～90%的脂肪经小肠绒毛的毛细淋巴管吸收，因此，小肠的淋巴液呈乳糜状。另外，还用少量胆固醇和磷脂也经淋巴管吸收并被输送到血液循环。

（3）调节血浆和组织液之间的水平衡　尽管淋巴液回流的速度较慢，但一天中回流淋巴液的量大致相当于血浆总量。机体通过淋巴途径回收多余的组织液，以调节血浆和组织液之间的液体平衡。

（4）防御和免疫功能　淋巴液在回流途中要经过淋巴结，淋巴结的淋巴窦内有大量具有吞噬功能的巨噬细胞，可清除因组织损伤而进入组织细胞间隙的红细胞、异物和细菌等。此外，淋巴结还能产生具有免疫功能的淋巴细胞，构成机体的免疫防御体系的一部分。

第四节　心血管活动的调节

在动物体内，心脏和血管的活动是整体功能的组成部分，它们密切配合着各器官和系统的代谢及功能活动，保证生命活动的正常进行。动物体在不同生理状态下，各器官组织的新陈代谢情况不同，对血流量的需求各异，机体可通过复杂的调节机制，使心血管活动发生相应的变化，通过调整各器官组织的灌流量，使之能与机体当时的活动状态相适应。神经、体液对心脏的调节主要是改变心率和心肌收缩力，从而改变心输出量。对血管的调节则是通过改变阻力血管的活动以调节外周阻力，改变容量血管的口径来调节静脉回心血量，通过改变特定器官组织（如肾脏和骨骼肌等）的血管口径，则可改变器官灌流量或使血液重新分配。

一、神经调节

心脏和血管受植物性神经（自主神经）支配，机体对心血管活动的神经调节是通过各种心血管反射活动实现的。

（一）心脏和血管的神经支配

1. 心脏的神经支配

心脏受**心交感神经**（cardiac sympathetic nerve）和**心迷走神经**（cardiac vagus nerve）双重支配。心交感神经兴奋可加强心脏的活动，而迷走神经兴奋则抑制心脏的活动。二者对心脏的活动既相互拮抗又相互协调，共同调节着心脏的泵血功能，使心输出量始终满足体内各组织、器官的血液供应。

（1）心交感神经　支配心脏的心交感神经节前神经元位于脊髓灰质侧角。节前纤维为胆碱能纤维，末梢释放的递质是**乙酰胆碱**（acetylcholine，ACh）。换元后的节后纤维组成心交感神经丛，支配心脏各个部分（包括窦房结、房室交界、房室束、心房肌和心室肌）的活动。两侧心交感神经对心脏的支配作用并不对称，其中，右侧心交感神经主要支配窦房结、右心房和右心室；左侧心交感神经主要支配左心房、房室交界和心室内传导系统，但也有一定程度的重叠支配。右侧心交感神经兴奋时，以引起心率加快的效应为主，而左侧心交感神经兴奋时，则以加强心肌收缩力的效应为主。

心交感神经节后纤维末梢释放的递质是**去甲肾上腺素**（norepinephrine，NE），主要与心肌细胞膜上的 β_1 受体结合，激活腺苷酸环化酶，促进 ATP 转化为环磷酸腺苷（cAMP），通过 cAMP 的第二信使作用，激活心肌细胞膜上的 Ca^{2+} 通道，使膜对 Ca^{2+} 通透性增高，内向电流升高，引起心脏活动增强，主要表现为：①心率加快，即产生**正性变时作用**（positive chronotropic effect）。由于 Ca^{2+} 通透性增高，使 Ca^{2+} 内流量增多，自律细胞 4 期自动去极化速度加快，自律性增高。②心肌收缩力加强，即产生**正性变力作用**（positive inotropic effect）。Ca^{2+} 通道激活后，心肌动作电位 2 期 Ca^{2+} 内流量增多，肌浆网释放 Ca^{2+} 也增多，因而心肌兴奋 - 收缩偶联加强；去甲肾上腺素还能促进糖原分解，提供心肌活动所需要的能量，故心肌收缩力加强。另外，由于兴奋传导加速，使心肌收缩活动更加同步，心肌收缩更有力。③传导性加强，即产生**正性变传导作用**（positive dromotropic effect）。膜对 Ca^{2+} 通透性增高，使慢反应细胞 0 期 Ca^{2+} 内流量增多，动作电位 0 期上升速度和幅度都增加，故兴奋传导加快。房室交界传导速度增加，房室传导时间缩短。由于心交感神经兴奋，使心肌收缩力加强，心率加快，故心输出量增多。

（2）心迷走神经及其作用　支配心脏的心迷走神经节前神经元位于延髓的迷走神经背核和疑核（有种间差异）。在哺乳类动物中，可因物种差别而有不同起源，可以是疑核，也可以是疑核加上迷走神经背核。节前纤维下行进入心脏后，在心内神经节更换神经元，节后纤维支配窦房结、心房肌、房室交界、房室束及其分支，仅有极少量支配心室肌。右侧心迷走神经对窦房结的支配占优势，左侧心迷走神经对房室交界的作用较强。

心迷走神经节前、节后纤维都属于胆碱能神经纤维，其末梢释放的递质都是乙酰胆碱，但受体不同，其中，节后神经元细胞膜上的是 N 型受体，而心肌细胞膜上的是 M 型受体。当心迷走神经兴奋时，其节后纤维神经末梢释放乙酰胆碱，与 M 受体结合，进而激活 G 蛋白，G 蛋白一方面使心肌细胞膜上的 K^+ 通透性普遍提高，K^+ 外流量增多，使心肌细胞处于超极化状态；另一方面可抑制腺苷酸环化酶的活性，降低细胞内 cAMP 的浓度，使 Ca^{2+} 通道关闭，细胞内 Ca^{2+} 浓度降低。所以心迷走神经兴奋时，可产生对心脏活动的抑制效应。主要表现为：①心率减慢，即产生**负性变时作用**（negative chronotropic effect）。窦房结起搏细胞复极过程中，K^+ 外流增多，使最大舒张电位增大，从而与阈电位之间距离加大。加上 4 期 K^+ 外流增加，使 4 期自动去极化速度减慢，这两方面的作用均使窦房结自律性降低，心率减慢。②心房肌收缩能力减弱，即产生**负性变力作用**（negative inotropic effect）。复极化过程 K^+

外流量增多，使复极加速，平台期也缩短，动作电位期间进入心房肌细胞内的Ca^{2+}量相应减少。乙酰胆碱还能直接抑制Ca^{2+}通道，使Ca^{2+}内流减少。另外，还可激活一氧化氮（NO）合成酶，使细胞内 cGMP 增多，Ca^{2+}通道开放的概率变小，使Ca^{2+}内流减少，因而心房肌收缩力减弱。③兴奋在房室交界的传导速度减慢，即产生**负性变传导作用**（negative dromotropic effect）。由于乙酰胆碱使房室交界处慢反应细胞的动作电位 0 期Ca^{2+}内流量减少，使 0 期去极化速度和幅度都下降，因而兴奋传导速度减慢，甚至可使房室传导完全阻滞。

总之，心迷走神经兴奋对心脏活动具有明显的抑制效应，特别是减慢心率的作用十分明显。心迷走神经和乙酰胆碱对心脏的作用可被 M 受体阻断剂（如阿托品等药物）所阻断。一般而言，心交感神经和心迷走神经对心脏的作用是相互拮抗的，但当两者同时对心脏发生作用时，其最终效果并不等于两者分别作用时效果的代数和。在动物实验中，如果同时刺激交感神经和迷走神经，常出现心率减慢效应；如果将两种神经的作用都阻断后，则心率增快。可见在多数情况下，心迷走神经的作用比心交感神经的作用强，引起这一现象的原因之一是交感神经和副交感神经纤维末梢间存在相互作用，可通过**突触前调制**（presynaptic modulation）的机制，相互影响和协调神经末梢递质的释放量。

（3）肽能神经　除心交感神经和心迷走神经对心脏的双重支配外，心脏中还有肽能神经元，其末梢可释放神经肽 Y、血管活性肠肽、**降钙素基因相关肽**（calcitonin gene-related peptide，CGRP）和阿片肽等肽类递质。某些肽类递质可与单胺或乙酰胆碱等共存于同一神经元内，当神经兴奋时，肽类递质可与单胺或乙酰胆碱一起被释放，共同调节效应器的活动。已知血管活性肠肽对心肌有正性变力作用，对冠状动脉有舒张作用。降钙素基因相关肽可使心率明显加快。

2. 血管的神经支配

血管平滑肌的舒缩活动称为**血管运动**（vasomotion）。在血管系统中，除真毛细血管外，血管壁都有平滑肌分布，血管平滑肌主要受植物性神经（自主神经）支配。毛细血管前括约肌上的神经分布很少，其舒缩活动主要受局部组织代谢产物的影响。支配血管平滑肌的神经纤维可分为**缩血管神经纤维**（vasoconstrictor nerve fiber）和**舒血管神经纤维**（vasodilator nerve fiber）两大类，二者又统称为**血管运动神经纤维**（vasomotor nerve fiber）。

（1）交感缩血管神经　缩血管神经纤维都是交感神经纤维，故一般称为交感缩血管神经。其节前神经元位于脊髓灰质侧角，发出的轴突在椎旁和椎前交感神经节内更换神经元。节后纤维属肾上腺素能纤维，广泛分布到各类血管的平滑肌中，其末梢释放的去甲肾上腺素可与血管壁平滑肌上的α受体和β受体相结合。当与α受体结合后，可增加平滑肌细胞膜对Ca^{2+}的通透性，使胞浆内Ca^{2+}浓度升高，致平滑肌收缩力增强，血管口径缩小；若与β受体结合，则导致血管壁平滑肌舒张。去甲肾上腺素与α受体结合的能力比与β受体结合的能力强，故交感缩血管神经兴奋时主要引起缩血管效应。

体内几乎所有的血管平滑肌都受交感缩血管神经支配，但神经纤维分布的密度不同。在皮肤和肾血管中分布密度最高，骨骼肌和内脏血管次之，冠脉血管和脑血管分布较少。当大失血等应急状态引起交感神经高度兴奋时，由于皮肤和内脏等处血管强烈收缩，可有利于保证心脑等重要器官的血液供应。在同一器官各段血管中交感缩血管纤维分布密度也不相同，动脉血管壁分布的密度高于静脉，微动脉平滑肌中交感缩血管纤维分布密度最高，因此，能有效地调节外周阻力。

近年来，用免疫细胞化学等方法证明，缩血管纤维中**神经肽Y**（neuropeptide Y）与去甲肾上腺素共存，当神经兴奋时二者可同时释放。其中，神经肽Y有极强烈的缩血管效应。

（2）舒血管神经　体内的血管除主要受缩血管神经支配外，还有少部分血管同时受舒血管神经支配。

1）**交感舒血管神经**（sympathetic vasodilator fiber）有些动物如狐、羊、猫和犬的骨骼肌微动脉的交感神经中除有缩血管神经纤维外，还有舒血管神经纤维。舒血管神经节后纤维末梢释放的递质是乙酰胆碱，与血管平滑肌M受体结合，使血管舒张。交感舒血管神经平时没有紧张性活动，只在机体处于情绪激动或准备作剧烈肌肉运动等情况时才发放冲动，使骨骼肌血管舒张，血流量增多，为肌肉活动提供充足血液。而其他器官的血管则因为交感缩血管神经兴奋而加强收缩，使血流量重新分配。目前认为，交感舒血管神经可能参与机体的防御性反应，对正常生理条件下动脉血压的调节作用很小。

2）**副交感舒血管神经**（parasympathetic vasodilator fiber）主要分布在脑、唾液腺、胃肠道腺体和外生殖器官等少数器官的血管中，这些器官的血管也受交感缩血管神经支配。副交感舒血管神经节后纤维末梢释放的递质是乙酰胆碱，与血管平滑肌的M受体结合，引起血管舒张。此舒血管神经一般无紧张性活动，只对所支配器官的血流起调节作用，几乎不影响循环系统的总外周阻力。

（3）脊髓背根舒血管纤维　皮肤伤害性感觉的传入神经纤维在外周末梢处具有分支，当皮肤受到伤害性刺激时，感觉冲动除沿着传入神经纤维向中枢传导外，还可通过分支向外周传到受刺激部位邻近的微动脉，使之舒张，受刺激局部出现红晕，这种仅通过轴突外周部位完成的反应，称为**轴突反射**（axon reflex），这种神经纤维也称为背根舒血管纤维。这类神经纤维释放的递质还不很清楚，有人认为是**P物质**（substance P），也有人认为可能是组胺或ATP。近年用免疫细胞化学方法证明，背根神经节感觉神经元中有**降钙素基因相关肽**（calcitonin gene-related peptide，CGRP）与P物质共存。另外，在许多血管周围常可见到有CGRP神经纤维分布，CGRP有强烈的舒血管效应，故有人认为这种多肽可能是引起轴突反射时舒血管效应的递质。

（4）血管活性肠肽神经元　有些植物性神经的神经元内有**血管活性肠肽**（vasoactive intestinal polypeptide，VIP）和乙酰胆碱共存。例如，支配汗腺的交感神经元和支配颌下腺的副交感神经元等兴奋时，其神经末梢释放乙酰胆碱，使腺细胞分泌活动加强，同时释放血管活性肠肽，使局部血管舒张，增加局部血流量。

（二）心血管中枢

在中枢神经系统中，与调节心血管活动有关的神经元集中的部位称为**心血管中枢**（cardiovascular center）。它们广泛分布于中枢神经系统的各个部位，包括脊髓、脑干、下丘脑、大脑边缘叶以及大脑皮质的一些部位。它们各具不同的功能，又相互密切联系，使整个心血管系统的活动协调一致，并与整个机体的活动水平相适应（图6-22）。

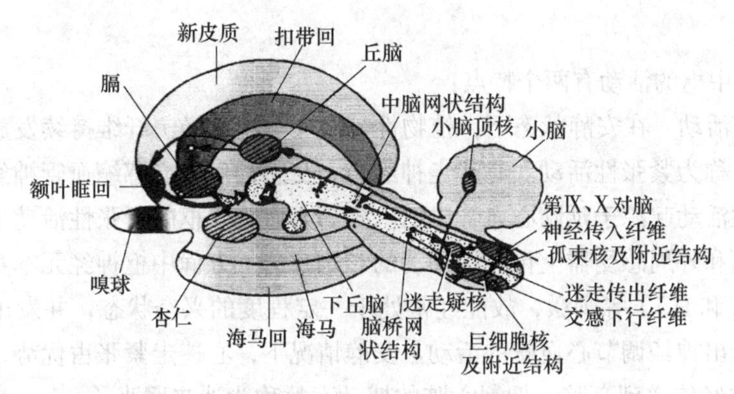

图 6-22 心血管活动中枢

1. 脊髓心血管神经元

脊髓胸、腰段灰质侧角中有支配心脏和血管的交感节前神经元，在脊髓骶段还有支配血管的副交感节前神经元，它们是中枢神经系统调节心血管功能的信息传出通路。正常情况下，这些神经元的活动完全受来自延髓和延髓以上心血管中枢的控制。如果在脊髓与脑干之间离断后，脊髓中的交感节前纤维仍能完成一些初级的心血管反射。例如，脊动物（破坏脑组织保留脊髓的动物）仍有一定的缩血管紧张性，皮肤局部加温可使相应的内脏血管扩张，膀胱充盈时可引起血管收缩和血压升高等，但脊髓的神经元不能对心血管活动进行精细地整合。

2. 延髓心血管中枢

心血管活动的基本中枢在延髓。动物实验结果显示，如果从中脑向延髓方向逐段横断脑干，动物的血压并无明显变化，刺激坐骨神经引起的升血压反射仍然存在。但如果将横断水平逐段下移，则动脉血压逐步降低，刺激坐骨神经的升压反射也逐步减弱；横断至延髓局部时，动脉血压降至极低水平，心血管反射基本消失。这些实验结果证明，心血管的正常紧张性活动不是起源于脊髓，而是起源于延髓。延髓是心血管活动的基本中枢，主要包括心交感中枢、心迷走中枢和交感缩血管中枢。

延髓腹侧面结构是脑干中维持心血管交感紧张性活动的主要部位，对维持动脉血压相对稳定发挥重起重要作用。**延髓头端腹外侧部**（rostral ventrolateral medulla，RVLM）的神经元，其轴突下行直接支配脊髓灰质侧角的交感节前神经元。用微电极刺激此部位或局部微量注射兴奋性氨基酸（如谷氨酸），可使交感神经电活动增强，心率加快，血压升高。如损毁此部位或局部微量注射巴比妥钠，则交感神经放电活动减弱，动脉血压也降至脊动物的血压水平。因此，延髓头端腹外侧部神经元不断发放传出冲动，是心血管交感紧张性活动的中枢来源，此部位即是心交感中枢和交感缩血管中枢的所在部位。

心迷走中枢位于延髓的背核和疑核。延髓背侧的孤束核是来自颈动脉窦、主动脉弓压力感受器传入纤维的第一级换元站。孤束核与延髓头端腹外侧部的神经元发生联系，能抑制交感神经的紧张性活动。孤束核发出的纤维投射到迷走神经背核和疑核，可加强迷走神经的紧张性活动。孤束核还发出下行纤维直接与脊髓灰质侧角的交感节前神经元联系，构成抑制性通路。因此，孤束核发出的神经联系，能抑制交感神经的紧张性活动，同时兴奋迷走神经的紧张性活动。

延髓心血管中枢的活动有两个特点：

（1）紧张性活动　在安静状态下，植物性神经（自主神经）纤维持续发放低频冲动并将其传到效应器，称为紧张性活动。心迷走神经、心交感神经和交感缩血管神经都有紧张性活动，这种紧张性活动起源于延髓心血管中枢。延髓心血管中枢的紧张性活动一方面受高位中枢下传神经冲动和外周感受器上传神经冲动的影响，另一方面中枢神经元本身受某些局部体液因素（如 CO_2 和 H^+）等刺激，故能经常处于一定程度的兴奋状态，并发出一定频率的神经冲动，通过传出神经调节心血管的活动。安静情况下，心迷走紧张占优势，不断发放动作电位并经迷走神经传递到心脏，抑制心脏的搏动，故称为**迷走紧张**（vagal tone）。情绪激动或运动时，心交感活动占优势而使心率增快。交感缩血管神经平时有一定的紧张性，在维持一定的血管张力和动脉血压中起重要作用。

（2）心交感中枢与心迷走中枢之间存在相互抑制作用　心交感中枢兴奋性增强时，可抑制心迷走中枢的活动；相反，心迷走中枢兴奋性增强时，也抑制心交感中枢的活动。

3. 延髓以上的心血管中枢

在延髓以上的脑干部分以及大脑和小脑中，也都存在着与心血管活动有关的神经元。它们在心血管活动的调节中所起的作用较延髓心血管中枢更复杂，也更高级。它们能够根据不同的环境刺激或机体的不同功能状况对心血管活动进行更为复杂的整合，使各器官间的血液分配能够满足机体当时活动的需要。例如，下丘脑是一个非常重要的机体**防御反应**（defense reaction）的高级整合中枢，若电刺激下丘脑的“防御反应区”，可立即引起动物的警觉状态，在骨骼肌肌紧张加强的同时，心率加快，心搏出量增多，皮肤和内脏血管收缩，骨骼肌血管舒张，血压稍有升高等一系列心血管反应，这一形式的反应可以保证机体在应急状态下不同器官的血液供应，使骨骼肌有足够的血液供应，以适应防御、搏斗或逃跑等行为的需要。

大脑边缘系统也参与心血管活动的调节。大脑新皮层运动区兴奋时，除引起骨骼肌收缩外，还能引起骨骼肌的血管舒张。刺激小脑的一些部位也能引起心血管反应，因此，小脑也参与了心血管活动的调节。

（三）心血管反射

神经系统对心血管活动的调节，是通过反射活动完成的。机体受到内、外环境变化的刺激后，通过相应的反射结构，引起各种心血管效应，称为心血管反射。心血管反射的生理意义在于：①维持动脉血压相对稳定；②调配各器官的血流量，使心血管活动与机体各种功能状态相适应。

1. 颈动脉窦和主动脉弓压力感受性反射

当动脉血压升高或降低时，通过刺激颈动脉窦和主动脉弓压力感受器发出传入冲动，引起心血管活动的变化，使动脉血压下降或回升的调节过程，称为颈动脉窦和主动脉弓**压力感受性反射**（baroreceptor reflex），它是机体保持动脉血压相对稳定的一种反射活动。因其反射效应主要是使动脉血压下降，故又称**降压反射**（depressor reflex）。

压力感受性反射的主要感受装置位于颈动脉窦和主动脉弓血管外膜下的感觉神经末梢，

称为**动脉压力感受器**（baroreceptor）（图 6-23）。压力感受器对压力变化敏感，当动脉血压升高使管壁扩张时，由于血管外膜下的神经末梢被牵拉而兴奋，并由传入神经发出传入冲动。在一定范围内，血压越高，血管扩张程度越大，则压力感受器发出传入冲动的频率越高；反之，血压降低，发出的传入冲动频率降低。颈动脉窦压力感受器对快速的搏动性压力变化要比缓慢的、持续性的压力变化更加敏感。由于颈动脉窦是颈内动脉根部略膨大的部分，管壁较薄，受压力时易扩张，所以对血压的变化较其他部位的压力感受器更为敏感。

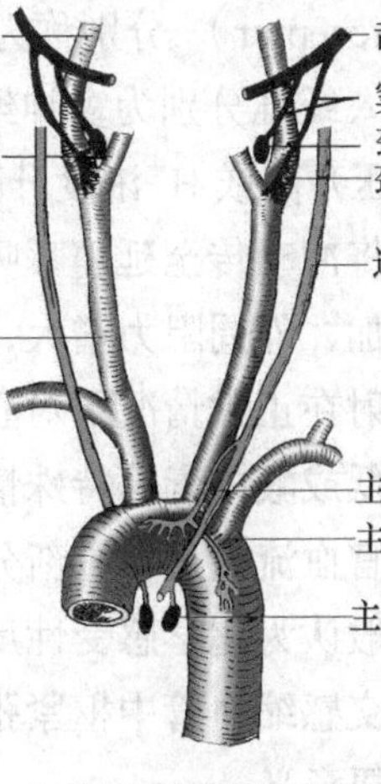

图 6-23 主动脉和颈动脉窦的压力感受器与化学感受器（陈义）

颈动脉窦压力感受器的传入神经是**窦神经**（sinus nerve），它汇入舌咽神经进入延髓，与孤束核的神经元发生突触联系。主动脉弓压力感受器的传入纤维加入迷走神经进入延髓。兔的主动脉弓传入纤维在颈部自成一束，由于其传入的神经冲动可导致血压的降低，故特称为减压神经。

压力感受器的传入冲动到达孤束核后，可影响心迷走和心交感中枢的紧张性活动，从而调控心血管活动，还有一部分传入冲动上传至下丘脑心血管中枢。压力感受性反射的传出神经是心迷走神经、心交感神经和交感缩血管神经，效应器为心脏和血管。压力感受性反射是一种负反馈调节机制，其调节过程包括：动脉血压升高时，血管壁被牵张，压力感受器传入冲动增多，分别经窦神经和迷走神经传入延髓心血管中枢，使心迷走中枢紧张性升高，心交感中枢和交感缩血管中枢的紧张性降低，从而使心率减慢，心肌收缩力减弱，心输出量减少。同时，由于交感缩血管神经传出冲动减少，血管扩张，使外周阻力降低，最后导致动脉血压回降；反之，当动脉血压降低时，压力感受器传入冲动减少，使心迷走紧张性减弱，心交感中枢和交感缩血管中枢的紧张性增强，使心率加快，心肌收缩力增强，心输出量增多，外周阻力增大，最终使动脉血压回升。

综上所述，当动脉血压升高时，压力感受性反射的活动加强，使动脉血压回降；反之，压力感受性反射减弱，使动脉血压回升。可见，压力感受性反射的生理意义是快速维持动脉血压的相对稳定。在机体心输出量、外周阻力和血量等发生突然变化的情况下，通过压力感受性反射，对动脉血压进行快速调节，使动脉血压不致发生过大波动。因此，在生理学中将窦神经和主动脉神经合称**缓冲神经**（buffer nerve）。动物实验切断两侧缓冲神经后，动脉血压不能维持相对稳定，常出现大幅波动，尤其当到受外界刺激或改变体位时，血压波动幅度更大。在人类，当窦内压在 13.3kPa 附近变化时，压力感受性反射最为敏感；当窦内压在 6.65～19.95kPa 之间变化时，平均动脉压基本保持稳定。

在慢性高血压或实验性高血压动物中观察到，压力感受性反射的工作范围可以随之发生改变，使压力感受性反射在较高的血压水平的基础上继续对血压的变化进行调节，使动脉血压在较高水平上保持稳定，这种现象称为压力感受性反射的**重调定**（resetting）。压力感受性反射可以在许多环境条件变化的情况下发生各种不同的重调定。

2. 颈动脉体和主动脉体化学感受性反射

在颈总动脉分叉处和主动脉弓区域存在可以感受血液中某些化学成分变化的**化学感受器**

（chemoreceptor），分别称为**颈动脉体**（carotid body）和**主动脉体**（aortic body）（图 6-23）。它们的传入纤维分别为窦神经和迷走神经，进入延髓后在孤束核交换神经元。当血液中低 O_2、CO_2 分压升高或 H^+浓度升高时，颈动脉体和主动脉体化学感受器兴奋，引起冲动发放，经传入纤维将冲动传至延髓呼吸中枢和心血管中枢，使呼吸加深、加快，并引起心率加快，心输出量增加，外周阻力增大，血压升高，称为**化学感受性反射**（chemoreceptor reflex）。化学感受性反射在正常情况下对心血管活动不起明显的调节作用，只有在低氧、窒息、失血、动脉血压过低或酸中毒等特殊情况下才发挥发生作用。化学感受性反射对心血管活动的调节主要是对器官血流量进行重新分配，以保证机体在缺氧等情况下最重要器官的血液优先供应。因此，一般认为化学感受性反射是一种应急反应。但也有资料认为，不能排除化学感受器冲动在维持交感缩血管中枢紧张性方面的作用，这一反射可能对睡眠时防止动脉血压下降及脑缺血有重要意义。

3. 其他心血管反射

（1）心肺感受器引起的心血管反射：它是心血管活动神经调节的一种，心肺感受器（cardiopulmonary receptor）（图 6-24）是指在心房、心室及肺循环大血管上的许多感受器，心肺感受器反射包括心房壁的牵张感受器反射。大多数心肺感受器引起的心血管反射在循环血量和细胞外液量及其成分的调节中有重要的生理意义。其传入纤维走行于迷走神经干中，也有少数经交感神经进入中枢。心肺感受器的适宜刺激包括如下两类。

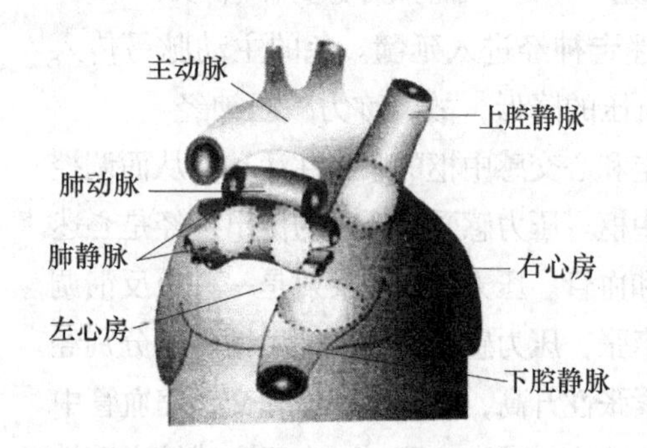

图 6-24　心肺感受器（虚线）（陈义）

1）机械牵张刺激　当心房或肺循环大血管中压力升高或血容量增多时，心肺感受器受牵张刺激而发生兴奋。生理情况下，心房壁的牵张主要是由于血容量增多而引起，因此，心房中的感受器也称为**容量感受器**（volume receptor）。

2）化学物质刺激　在某些化学物质如**前列腺素**（prostaglandin，PG）、**缓激肽**（bradykinin）的刺激下，大多数心肺感受器兴奋时引起的效应是使心交感神经紧张性降低，心迷走神经紧张性增强，导致心率减慢，血压下降，肾血流量增加，肾排尿、排钠量增多。在人类，心肺感受器兴奋可引起骨骼肌的交感缩血管纤维活动减弱，使骨骼肌血管舒张，血流量增多。

心肺感受器的传入冲动可间接抑制下丘脑血管升压素的释放，导致肾脏排尿增多，使循环血量得以恢复。另外，也有一些心肺感受器的传入冲动可引起心率加快的效应。

（2）躯体感受器引起的心血管反射　骨骼肌的本体感受器及皮肤感受器受到刺激时，可以引起各种心血管反射。用低强度到中等强度的低频电脉冲刺激骨骼肌的传入神经，可引起血压降低；而用高强度、高频率电脉冲刺激骨骼肌的传入神经，则可引起升压作用。给清醒动物的皮肤以损伤性刺激，可引起类似防御反应的一系列变化。皮肤的温觉感受器受到热刺激可抑制支配皮肤的交感缩血管活动，而支配汗腺和胃肠的交感神经活动增强，而冷刺激的结果则与之相反。

（3）其他内脏感受器引起的心血管反射　刺激某些内脏器官也可引起心血管活动的反射

性变化。例如，当胃、肠、膀胱等空腔脏器受到扩张性刺激时，常可引起心率减慢以及外周血管舒张等效应。

（4）脑缺血反应　心血管中枢的神经元对脑缺血可以产生发生直接的反应。当脑血流量明显减少时，脑组织内 CO_2 及其代谢产物堆积，直接刺激脑干中的心血管运动神经元，引起交感缩血管紧张性显著升高，外周血管强烈收缩，动脉血压升高，这种反应称为**脑缺血反应**（brain ischemia response）。动脉血压过低时，也可引起这种反应。脑缺血反应主要在应急时起到一定的调节作用，有利于升高血压，改善脑组织的血液循环，对于确保脑组织的血液供应具有重要意义。

二、体液调节

心血管活动的**体液调节**（humoral regulation）是指体液因素（激素或组织代谢产物等）对心血管活动的调节。激素通过血液循环广泛作用于心血管系统，而组织代谢产物主要作用于局部的血管平滑肌，调节局部组织的血流量。

（一）全身性体液调节因素

1. 肾上腺素和去甲肾上腺素

血液中的肾上腺素和去甲肾上腺素主要由肾上腺髓质分泌，少量去甲肾上腺素由交感神经末梢释放。肾上腺素和去甲肾上腺素对心脏和血管的作用有许多共同点，但又不完全相同，主要是因为两者对不同类型的肾上腺素能受体的亲和力不同。肾上腺素与心脏β受体结合，使心跳加强、加快，心输出量增加。在血管，肾上腺素的作用取决于两类受体在血管平滑肌上的分布情况。在皮肤、肾脏和胃肠道的血管平滑肌上，α受体的数量占优势，肾上腺素引起缩血管效应。骨骼肌、肝脏和冠状血管平滑肌细胞以β受体为主，小剂量肾上腺素引起骨骼肌、肝脏和冠脉血管舒张，只有大剂量才引起缩血管效应。肾上腺素对心脏的作用比去甲肾上腺素的作用强得多，故在临床上可作强心急救药使用。

去甲肾上腺素主要作用于α受体和 β_1 受体。由于大多数血管平滑肌上的肾上腺素能受体均为α受体，去甲肾上腺素与α受体结合能使相应血管强烈收缩，导致外周阻力明显增加，血压急剧上升。故临床上将去甲肾上腺素作为升压药。在完整机体内注射去甲肾上腺素后，血压迅速、明显地升高，可通过压力感受性反射使心率减慢。

2. 肾素 - 血管紧张素 - 醛固酮系统

当血压降低致使肾脏血液供应不足或血浆 Na^+ 浓度降低时，由肾的近球细胞合成和分泌一种酸性蛋白酶 - **肾素**（renin），经肾静脉进入血液循环。肾素可以将由肝脏合成并释放到血浆中的**血管紧张素原**（angiotensinogen）水解为 10 肽的**血管紧张素Ⅰ**（angiotensin Ⅰ）。血管紧张素Ⅰ经过肺循环时，可在**血管紧张素转换酶**（angiotensin converting enzyme，ACE）的作用下转变成 8 肽的**血管紧张素Ⅱ**（angiotensin Ⅱ）。血管紧张素Ⅱ进一步在血浆和组织中被血管紧张素酶 A 水解为 7 肽的**血管紧张素Ⅲ**（angiotensin Ⅲ）。血管紧张素Ⅱ的主要作用是：①引起全身微动脉血管强烈收缩，增加外周阻力，使血压升高；同时也可使静脉血管收缩，增加回心血量。血管紧张素Ⅱ的这种缩血管效应几乎是去甲肾上腺素的 40 倍。②作用于交感神经缩血管纤维末梢，增加神经递质的释放。③作用于中枢神经系统的一些神经元，增强交感神经的紧张性以及引起动物的渴觉。④刺激肾上腺皮质释放醛固酮，促进肾小管对 Na^+ 的重吸收。

肾素分泌进入血液后，在血液中可维持约 1h，然后被水解失活。血管紧张素Ⅱ在血液中可维持 1min，然后被血管紧张素酶分解失活。在正常生理条件下，血液中形成的少量血管紧张素可迅速被降解清除，因而对血压的调节作用有限。但在大失血情况下，由于动脉血压显著下降或细胞外液 Na^+ 等电解质大量丢失，致使肾素大量分泌，血浆中的血管紧张素浓度增高，可使外周血管持续收缩，并减少由肾脏排泄的体液量，阻止血压进一步的降低。

3. 其他体液因素

（1）血管升压素　**血管升压素**（vasopressin，VP）是含两个半胱氨酸的九肽物质，由下丘脑视上核和室旁核合成，经下丘脑 - 垂体束被运输到神经垂体并储存，平时只有极少量释放。正常情况下，血液中的血管升压素浓度升高主要引起抗利尿作用，故亦称其为抗利尿激素。但在禁水、失水、失血等情况下，交感神经和肾素 - 血管紧张素 - 醛固酮系统等活动发生异常时，血管升压素在血液中的浓度明显升高，并作用于血管平滑肌，使血管平滑肌强烈收缩，参与动脉血压的调节，它对保留体内液体量、维持动脉血压有重要作用。

（2）心房钠尿肽　**心房钠尿肽**（atrial natriuretic peptide, ANP）又称**心钠素**（cardionatrin）或**心房肽**（atriopeptide），是心房肌细胞分泌的含有 28 个氨基酸的多肽类激素。当心房壁受牵张刺激时可引起 ANP 的释放。在生理情况下，当血容量增多时，血浆 ANP 浓度升高。ANP 有强烈的利尿排钠作用，并有较强的舒血管平滑肌作用，从而使血压降低。ANP 还可抑制肾素分泌，降低肾素活性，从而使血管紧张素Ⅱ的生成减少。也可使心搏出量减少，心率减慢，使心输出量减少。

（3）阿片肽　动物体内的**阿片肽**（opioid peptide）有多种，其中，垂体释放的**β- 内啡肽**（β-endorphin）和促肾上腺皮质激素来自同一个前体，在应激情况下，二者同时被释放入血液。β- 内啡肽可进入脑内，作用于某些与心血管活动有关的神经核团，使交感神经活动减弱和心迷走神经活动增强，导致血压降低。**脑啡肽**（enkephalin）也可作用于外周血管壁的阿片肽受体，使血管平滑肌舒张。交感神经缩血管纤维末梢也存在神经肌肉接头前阿片肽受体，当其被激活时，可使交感神经释放的递质减少。休克时，β- 内啡肽水平明显升高，因而可能是休克的诱因之一。

（二）局部性体液调节

调节心血管活动的局部性体液因素是组织细胞活动时释放的一些活性物质。一方面，这些物质在循环血液中容易被破坏；另一方面，经血液循环稀释后在血液中的浓度很低，因而不能发挥全身性作用，一般都在局部起作用，而且都是使局部组织血管舒张，发挥调节局部组织血液灌流量的作用。

1. 激肽释放酶 - 激肽系统

激肽释放酶（kallikrein）是体内的一类蛋白酶，可使某些蛋白质底物激肽原分解为**激肽**

(kinin)。激肽原是存在于血浆中的一些蛋白质，分为高相对分子质量激肽原和小相对分子质量激肽原。体内激肽释放酶有两种，其中，存在于血浆中的称血浆激肽释放酶，可将高相对分子质量（200 000）的激肽原分解为**缓激肽**（bradykinin）；另一种激肽释放酶存在于组织（肾脏、胰腺和唾液腺）中，称为组织释放酶，可将小相对分子质量（60 000）的激肽原分解转变为**血管舒张素**（vasodilatin）或胰激肽。血管舒张素在氨基肽酶作用下生成缓激肽。

激肽可使血管平滑肌舒张和增高毛细血管通透性，但对其他平滑肌则引起收缩效应。缓激肽和血管舒张素是目前已知最强的舒血管物质，它参与对动脉血压和局部组织血流量血流的调节。在病理情况下，如组织损伤、抗原-抗体反应、炎症等均可激活激肽原，产生激肽，使局部毛细血管通透性增加，组织液生成增多，且由于激肽对神经末梢有强烈的刺激作用，还可引起局部组织出现红、肿、热、痛等炎症反应。

由于血浆中存在激肽释放酶和激肽原，加之肾脏产生的激肽释放酶也不断进入循环血液，因此，激肽不仅在局部起作用，同时也参与全身性动脉血压的调节。

2. 组胺

组胺（histamine）是由组氨酸在脱羧酶作用下产生的，广泛存在于细胞中，尤其以皮肤、肺和肠黏膜组织的肥大细胞中含量丰富，当组织细胞受到机械、温度和化学等各种刺激，或局部损伤、发生炎症及过敏反应时，均可释放组胺。组胺具有强烈的舒血管作用，并可提高毛细血管和微静脉管壁的通透性，导致血浆渗出组织间隙，形成局部组织水肿。

3. 局部代谢产物

组织细胞代谢增强或组织血流量相对不足时，均可导致组织代谢产物积聚，使局部血管舒张。许多组织代谢产物如腺苷、CO_2、H^+、ATP、K^+和乳酸等，在浓度升高时都有舒张血管的作用。氧分压降低时也能舒张血管，从而调节局部组织的血流量。

三、心血管活动的自身调节

在没有外来神经、体液因素影响的情况下，心肌和血管壁平滑肌仍能对环境变化产生一定的适应性反应，称为心血管活动的**自身调节**（autoregulation）。心脏的自身调节表现为心肌在一定范围内收缩时，产生的张力或缩短速度随心肌纤维的初长度增加而增加（异常自身调节）。血管的自身调节表现为去除神经和外部的体液因素后，在一定的血压变动范围内，各器官组织的血流量仍能通过局部血管的舒缩活动得到适当的调整。

血管功能的自身调节机制，主要有肌源性调节和代谢性调节两类。

（一）肌源性自身调节

在没有神经支配的情况下，血管平滑肌本身能保持一定的紧张性收缩，称为**肌源性活动**（myogenic activity）。当某一器官血管的灌流压突然升高时，由于血管壁牵张刺激的增大而使肌源性活动加强，血管口径缩小，这种现象在毛细血管前阻力血管尤其明显，其结果是引起器官血流阻力增大，使器官的血液灌流量不致因灌流压升高而增多，从而保持该器官血流量的相对稳定；反之，当器官血管的灌流压突然降低时，则发生相反变化，减小血流阻力，使器官血流量仍保持相对稳定。例如，灌注切除神经的肾脏，在一定范围增加灌流血压，可使肾小球入球小动脉口径变小，阻力增加，结果血流量仍保持接近原先的水平。此外，在肠系膜、骨骼肌、大脑、心脏冠状动脉、肝和脂肪组织的血管也能观察到类似情况，但在皮肤血管一般没有类似表现。肌源性活动的具体机制目前尚无定论，但一般认为与平滑肌细胞受到牵张刺激后细胞内 Ca^{2+} 浓度升高有关。

（二）代谢性自身调节

组织细胞代谢需要氧，并产生各种代谢产物。局部组织中的氧和代谢产物对该组织局部的血流量起代谢性自身调节作用。当组织代谢活动增强时，局部组织中氧分压降低，代谢产物积聚，组织中氧分压降低以及多种代谢产物，如 CO_2、H^+、腺苷、ATP、K^+ 等，都能使局部的微动脉和毛细血管前括约肌舒张。因此，当组织的代谢活动加强（例如肌肉运动）时，局部的血流量增多，故能向组织提供更多的氧，并带走更多的代谢产物。这种代谢性局部舒血管效应有时相当明显，该局部组织的血管舒张，于是局部器官和组织的血流量增多；相反，当器官、组织的代谢活动减弱时，血流量也减少。器官血流量始终与代谢水平相适应，器官血流量保持相对稳定。

四、动脉血压的长期性调节

动脉血压的神经反射性调节主要是对短时间内快速发生的血压变化起调节作用。当动脉血压在较长时间内（数小时、数天、数月或更长）发生变化时，神经反射的效应常不足以将动脉血压调整至正常水平。动脉血压的长期调节主要是通过肾素 - 血管紧张素 - 醛固酮系统及肾脏对体液容量的调节实现的，这种调节机制又称肾 - 体液控制机制，此机制的过程包括：当体内细胞外液量增多时，血量增多，血量与循环系统容量之间的相对关系发生变化，使动脉血压升高，从而直接导致肾排水和排钠增加，进而排出过多的体液，于是体内细胞外液量减少，动脉血压恢复；相反，当体内细胞外液量减少时，则肾排水和排钠量减少，保存体液，从而维持动脉血压的相对稳定。

总之，通过影响和调节心血管活动，从而改变动脉血压的因素很多，但主要取决于对心输出量和总外周阻力的调节。血压的调节是复杂的过程，涉及许多调节机制。每一种机制都在某一个方面发挥调节作用。神经调节一般是快速的、短期内的调节，主要是通过对阻力血管口径及心脏活动的调节实现的；全身性体液调节属于长期性调节，主要是通过对细胞外液量的调节实现的。

第五节 器官循环

体内各器官的血流量一般与灌流该器官的动脉和静脉之间的压力差成正比，与该器官血管对血流的阻力成反比。由于各器官的结构和功能不同，故器官血管的分布也各有特点。因此，器官灌流量的调节除具有共性的一般规律外，还有各自的特点。

一、冠状动脉循环

（一）冠状动脉循环的解剖特点

心肌的血液供应来自于主动脉的第一对分支即左、右冠状动脉。冠状动脉的主干走行于心脏的表面，动脉小分支常以垂直于心脏表面的方向穿入心肌，然后在心内膜下层分支成网。这种分支方式使冠状动脉血管在心肌收缩时受到挤压，血流阻力大增。

心肌的毛细血管网极为丰富。毛细血管数和心肌纤维数的比例为 1：1，在心肌横截面上，每平方毫米面积内有 2500～3000 根毛细血管。因此，心肌和冠状动脉血液之间的物质交换可以很快进行。在人类的冠状动脉之间有侧支吻合，这种吻合支在心内膜下较多。正常心脏的冠状动脉侧支较细小，血流量很小。所以，当冠状动脉突然发生阻塞时，不易很快建立侧支循环，常导致心肌梗死。但如果冠状动脉阻塞是缓慢形成的，则侧支可逐渐扩张，并可建立新的侧支循环，它可起代偿作用。

（二）冠状动脉血流的特点

1. 途径短，流速快，血流量大

冠状动脉直接开口于主动脉根部，且冠状动脉血管短而细，因此，冠状动脉血管内的血压能保持在较高水平。由于具有较高的血压，冠状动脉血管内血流迅速，血流量大。在安静状态下，总的冠状动脉血流量占心输出量的 5%。当运动时，冠状动脉血流量还可进一步增加。

2. 冠状动脉血流量呈时相性变化

冠状动脉血流量随心肌的节律性收缩呈现时相性波动。由于冠状动脉血管的大部分分支深埋于心肌内，心脏在每次收缩时对埋于其内的冠状动脉血管产生压迫，从而影响冠状动脉血流，尤其对左冠状动脉影响更显著。在整个心动周期中，心舒期长于心缩期，因而心舒期冠脉血流量大于心缩期。当心肌收缩增强时，心缩期血流量所占的比例更小，因此，主动脉舒张压的高低，以及心舒期的长短是决定冠状动脉血流量的重要因素。

（三）冠状动脉血流量的调节

在众多神经、体液以及心肌代谢水平等对冠脉血流量的调节因素中，最重要的是心肌本身的代谢水平的调节。

1. 心肌代谢水平对冠状动脉血流量的调节

心肌收缩需要的能量几乎完全依靠有氧代谢。心肌因连续不断地进行舒缩活动，耗氧量较大，即使在安静状态下，动脉血液流经心脏后，其中 65%～70% 的氧被心肌摄取，比骨骼肌的摄氧量大一倍，因此，心肌提高从单位血液中摄取氧的潜力较小。在肌肉运动和精神紧张等情况下，心肌代谢活动增强，耗氧量也随之增大。此时，机体主要通过扩张冠状动脉血管，使冠状动脉血流量增加，来适应心肌对氧的需求。目前认为，心肌代谢加快时，局部组织中腺苷生成量增多，发挥强烈舒张小动脉的作用。由于腺苷生成后可在数秒钟内被破坏，因而不会引起其他器官的血管舒张。心肌的其他代谢产物如 H^+、CO_2、乳酸和缓激肽等也具有舒张冠状动脉血管的作用。

2. 神经调节

冠状动脉受迷走神经和交感神经双重支配。迷走神经兴奋对冠状动脉血管的直接作用是引起舒张，但它又能使心率减慢，心肌代谢率降低。在安静时，神经因素对冠状动脉血管的舒缩活动影响不大，交感神经的缩血管作用往往被强大的继发的代谢性舒血管作用所掩盖。但在病理情况下，如果冠状动脉血管本身较狭窄，则激烈运动时可因中枢活动过度紧张而导致冠状动脉血管痉挛。

总之，在整体条件下，神经因素对冠状动脉血流量的直接调节是次要的，因该调节作用在很短时间内就被心肌代谢水平的改变所引起的血流量变化所掩盖，因此，冠状动脉血流量主要靠心肌代谢水平的调节。

3. 体液调节

体液因素可通过增加心肌代谢和耗氧量，使冠状动脉血流量增多，也可直接作用于冠状动脉血管平滑肌的肾上腺素能受体，引起冠状动脉血管收缩或舒张。肾上腺素、去甲肾上腺素和甲状腺素等可通过加强心肌代谢，增加耗氧量，使冠状动脉血管舒张，冠状动脉血流增多。血管紧张素Ⅱ和大剂量血管升压素可使冠状动脉血管收缩，使冠状动脉血流量减少。

二、肺循环

肺循环（pulmonary circulation）是指右心室射出的静脉血通过肺部换气而转变为动脉血并返回左心房的血液循环。其主要功能是从肺泡气中摄取O_2，并向肺泡气中排出CO_2，借此实现机体与外界之间的气体交换。肺的血液供应有两条途径：一是体循环中的支气管循环，其供给气管、支气管以及肺的营养需要；二是肺循环。肺循环与体循环的支气管动脉末梢之间有吻合支相通，少量支气管静脉血可以通过吻合支直接进入肺静脉和左心房，使主动脉的动脉血中掺入少量（占心输出量的1%～2%）未经肺泡气体交换的静脉血。

（一）肺循环的生理特点

右心室的每分输出量和左心室相等，但肺动脉及其分支较短粗，管壁较薄，因此，肺循环有不同于体循环的生理特点。

1. 循环路径短，血流阻力小

肺动脉主干较短，且管壁比主动脉壁薄，其小分支分布至细支气管和肺泡，形成毛细血管网，最后汇入肺静脉并到达左心房，因此，肺循环途径明显比体循环短，而且肺循环的血管口径粗。此外，肺循环的全部血管都位于压力低于大气压的胸膜腔内，使肺循环的血流阻力减小。

2. 血压较低

虽然左、右心室的输出量相等，但由于右心室的收缩力较左心室弱，故肺循环的血压较低，右心室做功量也比较小。

3. 肺血管容量变化大

与体循环相比，肺组织和肺血管的顺应性大，故肺的血管容量波动较大。由于胸膜腔负压的作用，肺循环的血容量受呼吸运动影响较大。用力呼气时，肺的血容量可减少到200mL左右，而在深吸气时可增加到1000mL左右。由于肺循环的血容量大，变化范围也大，故又具有

"储血库"的作用。机体发生失血时，肺循环的一部分血液可以转移到体循环，发挥代偿作用。由于肺循环血流量随呼吸周期而发生明显变化，因此，在一个呼吸周期中，动脉血压也发生周期性变化，吸气开始时，动脉血压下降，到吸气相的中期降至最低点，以后逐渐回升，至呼气相的中期又达到最高点。这种随呼吸周期而出现的血压波动称为动脉血压的呼吸波。

（二）肺循环血流量的调节

1. 肺泡气氧分压对肺循环血流量的调节

肺泡气氧分压对肺部血管舒缩活动有明显影响。血液氧分压降低可使体循环微动脉血管舒张，而在肺部血管则相反，当肺泡气中氧分压降低时，肺泡周围的微动脉则收缩，局部血流阻力增大，血流量减少。这一反应有利于有较多的血液流经通气充足的肺泡，进行有效的气体交换，避免血液氧合不充分而造成对体循环血氧含量的影响。如登高山时，由于高山上空气的氧分压低，可以引起肺循环血管广泛收缩，导致肺动脉血压升高；久居高海拔地区的人，常因肺动脉高压导致引致右心室肥厚。

2. 神经、体液性调节

肺血管平滑肌受交感神经和迷走神经支配。刺激交感神经可产生缩血管效应，肺血流阻力增大；刺激迷走神经可引起轻微的舒血管效应，肺血流阻力稍有降低。但在整体上，交感神经兴奋时，体循环血管收缩，将一部分血液挤入肺循环，使肺血容量增多。肾上腺素、去甲肾上腺素和血管紧张素Ⅱ等能引起肺微动脉收缩。5-羟色胺和组胺可使肺微静脉收缩。前列环素和乙酰胆碱等可引起肺血管舒张。

三、脑循环

脑循环（cerebral circulation）是指流经整个脑组织的血液循环。脑在整合和调节全身各种功能活动中起着主导作用，脑组织的代谢水平强度很高，但几乎无能量储存，因此，通过脑循环及时为脑组织供给所需的氧及能量物质（主要是葡萄糖）便显得尤为非常重要。

（一）脑循环的特点

1. 血流量大，耗氧量多

大多数动物脑组织的重量占体重的比例不超过2%，但脑的血流量却占心输出量的15%左右，在安静状态下，耗氧量占机体总耗氧量20%。脑的血流量大，耗氧量多，均与脑组织的高代谢率有关。脑的能量来源主要依赖血液中的葡萄糖代谢供给，因此，对血液供应的依赖程度高。脑血流中断10s左右，即可导致意识障碍。脑血流停止时间若超过5min，将引起永久性脑损伤。

2. 血流量的变动范围小

脑位于骨性的颅腔内，容积较为固定。颅腔内为脑、脑血管和脑脊液所充满。脑组织和脑脊液体积可变化的范围很小，故脑血管的舒缩程度受到相当的限制，因此，脑血流量变动范围很小。

3. 体液调节因素对脑血流量的影响大

神经因素对脑血管活动的调节作用小，而局部化学因素对脑血管舒缩活动影响大。血液

中的 CO_2 分压和 O_2 分压对脑血流量的影响最明显。

（二）脑血流量的调节

1. 自身调节

脑血流量自身调节是指脑组织按其功能和代谢需要改变局部血液供应的内在能力。与自身调节机制有关的主要因素是脑灌流压和脑血管阻力。颅内动脉平均压力与出颅的静脉平均压之差为脑灌流压。由于颅内静脉压接近右心房压，故脑灌流压主要取决于颈动脉压。当颈内动脉平均压在7.98～18.62kPa范围内变动时，通过血管口径的自身调节，脑血流量可能保持相对恒定。脑血流阻力主要取决于脑内毛细血管的前阻力血管的口径。在自身调节范围内，脑灌流压升高时，血管收缩，口径减小，血流阻力增大，结果使脑血流量不变。可见，通过脑血管舒张和收缩来改变脑血流阻力是其自身调节的主要机制。

2. 局部化学因素对脑血流量的影响

脑血管对 H^+浓度及血氧浓度变化均很敏感。当动脉血中 CO_2 分压升高时，CO_2 进入脑组织，与水结合生成 H_2CO_3，再解离出 H^+，使脑组织内 H^+浓度升高。H^+一方面可抑制神经系统的活动，另一方面又引起脑血管扩张，血流阻力减小，血流量增多，从而清除过多的 H^+ 和 CO_2，使脑组织的酸碱度保持相对恒定，神经元活动恢复正常。CO_2 舒张脑血管的作用可能需要一氧化氮（NO）做“中介”。脑血管对血液中氧含量降低很敏感，当氧分压降低时，可引起脑血管扩张，血流量增多；氧分压升高时，会引起脑血管中等程度收缩。

3. 代谢强度对脑血流量的影响

脑组织各部位的血流量与该部分脑组织的代谢活动强度有关。当脑的某一部分活动增强时，该部分的血流量增多。利用磁共振成像技术可以观察到脑组织不同部位血流量的改变。人在做出握拳动作时，对侧大脑皮质运动区的血流量就明显增加。阅读时脑的许多区域血流量增加，特别是枕叶和颞叶等与语言功能有关的部位血流量增加更为明显。代谢活动的加强引起局部脑血流量增加，可能是通过代谢产物如 H^+、K^+、腺苷以及局部氧分压的降低而引起脑血管舒张实现的。

4. 神经调节

脑血管受交感缩血管纤维、副交感舒血管纤维和肽能神经纤维的支配，但神经末梢的分布密度较低，因此，神经对脑血管活动的调节作用很小。刺激或切除支配脑血管的交感神经或副交感神经，脑血流量没有明显变化。在各种心血管反射中，脑血流量一般变化都很小。

（三）血-脑脊液屏障和血-脑屏障

脑组织、脑脊液与血液之间的物质交换受到某种程度的限制，一些物质不易从循环血液进入脑组织，使脑细胞外液与血液间的成分保持一定程度的差异。这种生理学上的血与脑脊液之间、血与脑之间的限制分别称为**血-脑脊液屏障**（blood-cerebrospinal fluid barrier）和**血-脑屏障**（blood-brain barrier）。脑循环的微循环与其他脏器微循环不同点之一是血液与脑神经细胞之间存在着这些特殊的“屏障”，这些“屏障”既限制了某些物质的扩散，又可对某些物质进行选择性通透。这对于维持脑组织内环境稳态和神经功能的正常起着十分重要的作用。

1. 血-脑脊液屏障

在脑室和蛛网膜下腔内充满**脑脊液**（cerebrospinal fluid），主要由脑室的脉络丛分泌，小部分来自毛细血管滤出液和室管膜细胞的分泌液。脑脊液主要功能是在脑、脊髓和颅腔、椎管之间起缓冲作用，并作为脑与血液之间物质交换的中介，具有保护意义。脑脊液与血浆成分显著不同，其蛋白质含量极少，葡萄糖含量也比血浆少，但 Na^+ 和 Mg^{2+} 的浓度比血浆高，K^+、HCO_3^- 和 Ca^{2+} 的浓度比血浆低。这种血液与脑脊液之间存在的物质差异，是由于血-脑脊液屏障形成的。这一屏障的组织学基础是无孔的毛细血管壁和脉络丛细胞中存在着运输各种物质的特殊载体系统。

2. 血-脑屏障

血液与脑组织之间也存在限制某些物质在血液和脑组织之间的自由扩散的"屏障"，称为血-脑屏障。脂溶性物质如 CO_2、O_2、某些麻醉剂以及乙醇等容易通过血-脑屏障。不同的水溶性物质通透性不同，通透性高低与物质相对分子质量的大小并无关系。葡萄糖和氨基酸通透性较高，而甘露醇、蔗糖和许多离子通透性很低，甚至不能通透。这说明脑内毛细血管处的物质交换方式是主动转运过程。在电子显微镜下可观察到脑内大多数毛细血管被星状胶质细胞伸出的周足所包围，因而推测，毛细血管内皮、基膜和星状胶质细胞的血管周足等可能是血-脑屏障的结构基础。此外，毛细血管壁对某些物质的特殊通透性也与血-脑屏障的特性有关。

血-脑脊液屏障和血-脑屏障的存在，对于保持脑神经神经元周围稳定的化学环境和防止血液中有害物质侵入脑组织有重要的生理意义。例如，脑脊液中 K^+ 浓度较低，即使在实验中使血浆 K^+ 浓度加倍，脑脊液中 K^+ 浓度仍能保持在正常范围内，因而脑内神经元的兴奋性不会因血浆 K^+ 浓度的变化而发生明显的改变。循环血液中的乙酰胆碱、去甲肾上腺素、多巴胺和甘氨酸等物质不易进入脑内，这些都有利于保证脑内神经元的正常功能活动。

（刘俊峰）

复习思考题

1. 试比较心室肌细胞、自律细胞和骨骼肌细胞动作电位的特点。
2. 影响心肌自律细胞自律性高低的因素有哪些?
3. 正常生理条件下，窦房结是如何控制心脏活动节律的?
4. 心肌有哪些生理特性? 其与心脏机能有何联系?
5. 心电图各波及间期有何生理意义?
6. 简述各类血管的结构与机能特征。
7. 简述心脏的射血与充盈过程。
8. 简述动脉血压的形成机制及其影响因素。
9. 简述组织液的生成及其影响因素。
10. 简述压力感受性反射和心肺感受性反射对心血管机能的调节机制。

第七章　呼　吸

本章概述

呼吸是指机体与外界环境之间进行气体交换的过程。机体生命活动中所消耗的能量来自细胞的新陈代谢，细胞在新陈代谢过程中不断消耗 O_2，产生 CO_2。呼吸的生理意义就是排出细胞新陈代谢过程中产生的 CO_2，补充其消耗的 O_2，使生命活动能够正常进行。整个呼吸过程包括肺与外界的气体交换（肺通气）、肺泡与血液间的气体交换（肺换气）、气体在血液中运输、血液与组织细胞间的气体交换（组织换气）以及组织呼吸等几个相互联系的环节。动物的呼吸过程受神经和体液的双重调节。

有机体在新陈代谢过程中，需要不断地从外界环境中摄取氧气（O_2），用来氧化营养物质以获得能量。同时又必须将机体在代谢过程中产生的过多二氧化碳（CO_2）排出体外，以维持机体的酸碱平衡。机体与外界环境之间的气体交换过程称为**呼吸**（respiration）。呼吸是维持机体新陈代谢和生命活动所必需的基本生理过程之一。

高等动物整个呼吸过程包括三个环节：①**外呼吸**（external respiration）又称**肺呼吸**（lungs respiration），即肺毛细血管血液与外界空气之间的气体交换过程。外呼吸包括肺通气和肺换气两个过程，将肺泡气与外界空气之间的气体交换过程称为**肺通气**（pulmonary ventilation）。将肺泡气与肺毛细血管血液之间的气体交换过程称为**肺换气**（gas exchange in lungs）。②**气体运输**（transport of gas），气体运输是通过血液循环将肺泡摄取的 O_2 由肺毛细血管运送到全身毛细血管，同时把组织细胞代谢过程中产生的 CO_2 由全身毛细血管运回肺毛细血管的过程。③**内呼吸**（internal respiration），又称**组织呼吸**（tissues respiration）或**组织换气**（gas exchange in tissues），即组织细胞通过组织液与毛细血管血液之间的气体交换和细胞内的氧化过程，即组织细胞在代谢中产生的 CO_2 先被释放入组织液，而后再进入毛细血管，而毛细血管中的 O_2 也是先进入组织液后再被组织细胞摄取。呼吸的三个环节相互衔接并同时进行，与血液循环系统协同配合，共同完成气体交换（图 7-1）。

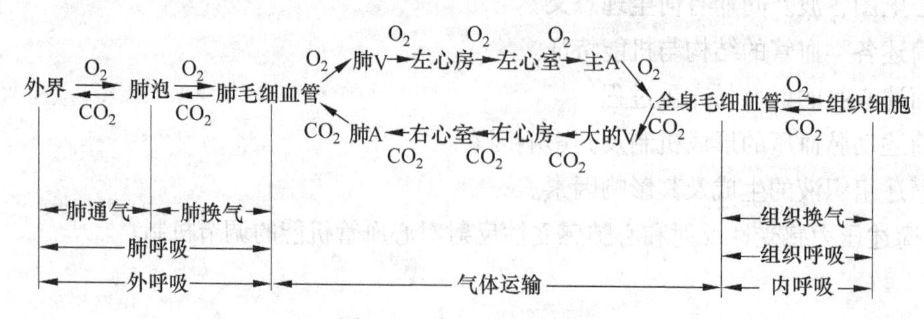

图 7-1　呼吸过程示意图

A：表示动脉；V：表示静脉，大的 V 包括前腔静脉、后腔静脉和奇静脉

第一节 肺 通 气

一、肺通气的器官及功能

实现肺通气的器官包括呼吸道、肺泡、胸廓以及密闭的胸膜腔。呼吸道是肺通气时气体进出肺泡的通道，同时还具有温暖、湿润、清洁空气以及引起防御性反射等保护功能。肺泡是肺换气的场所。胸廓的节律性呼吸运动是实现肺通气的原动力。

（一）呼吸道

呼吸道包括上呼吸道（鼻、咽和喉）和下呼吸道（气管、支气管、叶支气管、段支气管、小支气管、细支气管和终末细支气管）。呼吸道虽然不具有气体交换功能，但呼吸道黏膜和管壁平滑肌具有保护和调节呼吸道阻力等作用。

知识卡片

叶支气管、段支气管和小支气管：进入肺叶和肺段后的支气管分支分别称为叶支气管和段支气管，段支气管以下的多级分支称为小支气管。叶支气管管壁结构与支气管相似，由黏膜、黏膜下层和外膜构成。随着叶支气管的不断分支，其管壁逐渐变薄，三层结构的分层越来越不明显，虽然其上皮仍为假复层柱状纤毛上皮，但上皮细胞之间的杯状细胞数量逐渐变少；固有层很薄，分布有弥散淋巴组织，腺体逐渐减少；黏膜肌层由平滑肌束变成断续环形；外膜中不规则的软骨片逐渐减少。

细支气管和终末细支气管：细支气管是小支气管分支。终末细支气管是细支气管分支。在上述分支过程中，上皮由假复层柱状纤毛上皮逐渐过渡为单层柱状纤毛上皮。杯状细胞、软骨片和腺体由零星分布到最后消失（于终末细支气管）。平滑肌增多，形成完整环行平滑肌（于终末细支气管）。平滑肌舒缩可改变管径的大小，如在病理情况下，平滑肌发生痉挛性收缩，加之黏膜水肿，可导致管腔狭窄甚至阻塞，影响肺通气。

1. 呼吸道黏膜

（1）上皮：气管、支气管、叶支气管、段支气管和小支气管的黏膜具有纤毛上皮，纤毛运动将呼吸道异物推进到咽喉部，继之被咳出或被吞咽。纤毛上皮含有杯状细胞，杯状细胞能分泌黏液。

（2）固有层：固有层具有丰富的毛细血管网，对吸入的空气有加温作用。如果外界气温较高，则通过呼吸道血流的作用，使吸入气的温度下降至体温水平。鼻腔黏膜血管的收缩和舒张，直接影响呼吸道的管径，如黏膜充血时管径变窄，导致通气困难。

固有层中分布有较多的浆细胞和弥散淋巴组织，具有局部免疫功能，能抑制病原微生物的繁殖和病毒的复制。呼吸道黏膜上含有各种感受器，可以感受刺激性或有害气体和异物的刺激，并通过咳嗽和喷嚏等保护性反射予以排除。

2. 黏膜下层

黏膜下层有较多的腺体，腺体的分泌物被排入管腔，与杯状细胞分泌的黏液共同在黏膜表面形成黏液层。黏液层的作用包括湿润吸入的空气，黏附吸入气体中的异物和细菌，溶解吸入的有害气体。腺细胞还分泌溶菌酶和分泌片，浆细胞分泌的免疫球蛋白与分泌片结合形成分泌性免疫球蛋白，发挥抗菌和抑制病毒感染的作用。当分泌性免疫球蛋白分泌不足时，机体易发生呼吸道感染。

综上所述，呼吸道黏膜具有温暖、湿润和清洁空气的作用。这种对空气的调节功能对肺组织有重要的保护作用，可使呼吸道上皮、纤毛及腺体等不易受到损伤，维持黏膜的完整性。

知识卡片

分泌片（secretory piece，SP）又称**分泌成分**（secretory component，SC），是由黏膜上皮细胞合成和分泌的一种含糖肽链，是分泌型IgA分子上的一个辅助成分，以非共价形式结合到IgA二聚体上，并一起被分泌到黏膜表面。分泌片具有保护分泌型IgA（SIgA）的铰链区免受蛋白水解酶降解的作用，SIgA二聚体从黏膜上皮基底侧通过受体的介导和上皮细胞的转吞作用（transcytosis），进而穿过黏膜上皮胞质被分泌到黏膜上皮的游离面。

3. 呼吸道平滑肌

气管和支气管外膜由透明软骨环和致密结缔组织构成。透明软骨环呈“C”字形，缺口处有平滑肌，通过平滑肌的舒缩可适度调节气管和支气管的管腔大小并有助于分泌物的排出。从气管到终末细支气管均有平滑肌分布，终末细支气管处的软骨片基本消失，但平滑肌分布完整，平滑肌的舒缩对管腔口径影响较大，是影响气道阻力的主要因素。

呼吸道平滑肌受交感神经和副交感神经双重支配。迷走神经兴奋时，节后纤维释放乙酰胆碱，与M型胆碱能受体结合并引起平滑肌收缩，使气道阻力增加；交感神经兴奋时，节后纤维释放去甲肾上腺素，与β_2型肾上腺素能受体结合并引起平滑肌舒张，使气道阻力减小。一些体液因素（如组织胺、5-羟色胺、缓激肽和前列腺素等）也可引起呼吸道平滑肌的舒缩活动，故也可对呼吸道的气道阻力发挥调节作用。

（二）肺泡

肺是一对含有丰富弹性组织的气囊，由导管部（叶支气管、段支气管、小支气管、细支气管和终末细支气管）和呼吸部（呼吸性细支气管、肺泡管、肺泡囊和肺泡）所组成。呼吸部的基本结构和功能单位是**肺泡**（pulmonary alveoli）。肺泡是气体交换的场所，肺泡大小不等，数目甚多（人双肺的肺泡数约为3亿个），呈半球形或多面形囊泡样结构。肺泡壁的上皮细胞可分为两种：①**Ⅰ型肺泡细胞**（type Ⅰ alveolar cell），为大的单层扁平细胞，覆盖肺泡表面的绝大部分，相互连接成薄膜状，为气体交换的必经之路；②**Ⅱ型肺泡细胞**（type Ⅱ alveolar cell），为分泌上皮细胞，呈圆形或立方形，数量多、体积小，嵌于Ⅰ型细胞之间，仅覆盖肺泡表面积的5%，能合成和分泌肺泡表面活性物质。肺泡上皮之间的组织结构被称为**肺泡隔**（alveolar septum），隔内含有丰富的毛细血管网、弹性纤维及少量的胶原纤维等（图7-2）。毛细血管网参与肺换气，弹性纤维有助于保持肺泡的弹性，与吸气后肺泡的弹性回缩有关。

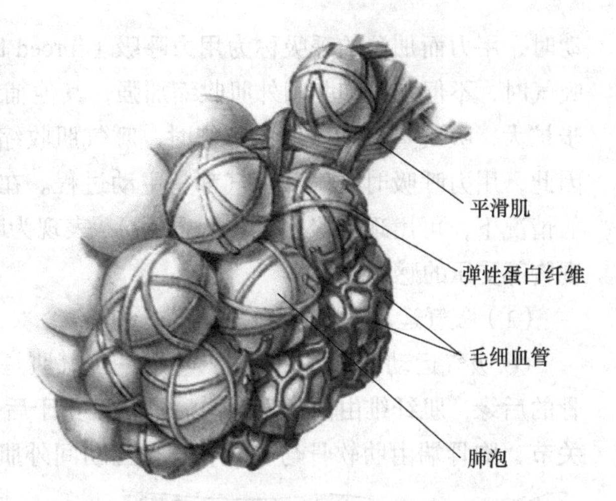

图7-2 肺泡和肺泡隔（医学美图微博，2011-9-18）

（三）胸廓和呼吸肌

胸廓是由胸椎、肋骨和胸骨相互连结而成的前小后大的截顶锥形的骨性支架。胸廓随着呼吸肌的收缩和舒张而扩大和缩小，从而引起吸气和呼气。引起呼吸运动的肌肉称为**呼吸肌**。其中，使胸廓扩大产生吸气运动的肌肉为吸气肌，主要有肋间外肌和膈肌；使胸廓缩小产生呼气运动的肌肉为呼气肌，主要有肋间内肌和腹壁肌。此外，还有一些辅助吸气肌，如吸气上锯肌、斜角肌和提肋肌等，这些肌肉只在用力呼吸时才参与呼吸运动。

二、肺通气的原理

肺通气是气体通过呼吸道进出肺的过程，是肺泡气与肺毛细血管内血液之间进行气体交换的前提。气体进出肺取决于气体流动的动力和阻力之间的相互作用，只有在动力克服阻力的前提下，方能实现肺通气。

（一）肺通气的动力

气体进出肺的直接动力是肺泡与外界环境之间的压力差。在一定的海拔高度，动物体外界自然环境的压力即大气压是相对恒定的，因此，在自然呼吸情况下，肺泡与外界环境之间的压力差是由**肺内压**（intrapulmonary pressure），即肺泡内的压力决定的。虽然肺内压的高低取决于肺的扩张和缩小程度，但肺脏本身并不具备主动扩张和缩小的能力，其扩大和缩小依赖于呼吸肌的收缩和舒张所引起的胸廓运动。可见，呼吸肌的收缩和舒张所引起的胸廓扩大和缩小为肺通气提供了原动力。由于胸膜腔和肺的结构及功能特征，使肺脏随胸廓的张缩而张缩，肺容积也随之发生变化，进而建立起肺内压和大气压之间的压力差，为肺通气提供直接动力，推动气体进出肺，实现肺通气。

1. 呼吸运动

在呼吸过程中，呼吸肌的收缩和舒张而引起的胸廓节律性的扩大和缩小，称为**呼吸运动**（respiratory movement）。胸廓扩大称为**吸气运动**（inspiratory movement），而胸廓缩小则称为**呼气运动**（expiratory movement）。呼吸运动可分为平静呼吸和用力呼吸两种类型。安静状态下的呼吸称为**平静呼吸**（eupnea），也称平和呼吸，它由肋间外肌和膈肌的收缩和舒张引起的，平静呼吸的主要特点是呼吸运动较为平衡均匀，吸气是主动的，呼气是被动的。家畜运动时，用力而加深的呼吸称为**用力呼吸**（forced breathing）或**深呼吸**（deep breathing）。用力吸气时，不但膈肌和肋间外肌收缩加强，其他辅助吸气肌也参与收缩，使胸廓和肺容积进一步扩大，吸气量增加。用力呼气时，呼气肌收缩，使胸廓和肺容积尽量缩小，呼吸量增加。因此，用力呼吸时吸气和呼气都是主动过程。在缺 O_2 和 CO_2 增多或肺通气阻力增大较严重的情况下，可出现**呼吸困难**（dyspnea），表现为呼吸运动显著加深，鼻翼扇动，同时还会出现胸部受压的感觉。

（1）吸气运动和呼气运动

① 吸气运动　平静呼吸时，主要的吸气肌是肋间外肌和膈肌。肋间外肌起始于前一个肋骨的后缘，肌纤维由前上方斜向后下方，止于后一个肋骨的前缘。肋骨的椎骨端与椎骨形成关节，胸骨端由肋软骨与胸骨相连。当肋间外肌收缩时，牵拉后一个肋骨向前移、向外展，同时胸骨下沉，结果使胸腔的横径和纵径都增大。膈肌位于胸腔和腹腔之间，呈锅底形，凸向胸腔。当膈肌收缩时，膈肌后移，从而使胸腔的纵径增大。当肋间外肌和膈肌同时收缩时，胸廓扩大，肺也随之扩张，肺容积增大，使肺内压小于大气压，空气经呼吸道进入肺内，引起吸气（图 7-3）。

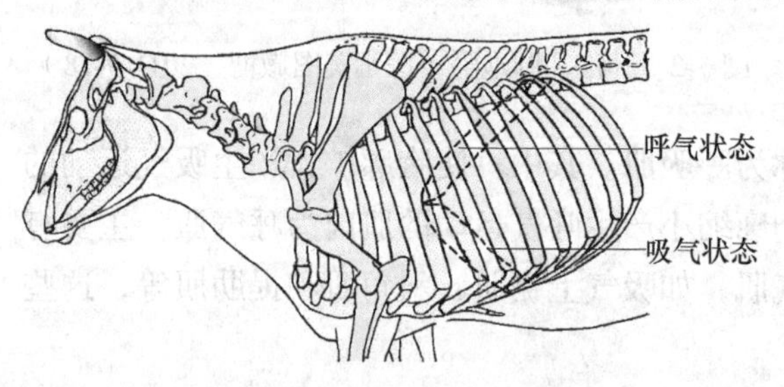

图 7-3　膈肌在呼吸运动中的位置图（陈杰，2005）

家畜在紧张、使役或患某些疾病时，可引起呼吸加强或呼吸困难，这时除膈肌和肋间外肌收缩增强外，吸气上锯肌、斜角肌和提肋肌等也发生收缩活动，使吸气动作显著增强。

② 呼气运动　平静呼气时，肋间外肌和膈肌舒张，使肋骨、胸骨和膈肌回位，恢复到吸气开始前的位置。结果胸廓缩小，肺也随之收缩，肺容积缩小，使肺内压大于大气压，肺内气体即经呼吸道排出体外，引起呼气。所以平静呼吸时，呼气是被动的。只有在深呼吸时，呼气肌才参与收缩，使胸廓进一步缩小，此时呼气也是主动的。主要的呼气肌是肋间内肌和腹壁肌，肋间内肌起源于后一个肋骨的前缘，肌纤维由后上方斜向前下方，止于前一个肋骨的后缘。肋间内肌收缩，使胸腔的横径和纵径都缩小，进而胸腔缩小，产生呼气。腹壁肌收缩，压迫腹腔内器官，推动膈肌前移，使胸腔纵径缩小，结果使胸腔进一步缩小，协助呼气。

（2）呼吸运动的类型　根据在呼吸过程中呼吸肌活动的主次、多少和强度以及胸腹部起伏变化的程度，将呼吸运动分为下面三种类型。

① **胸式呼吸**（thoracic breathing）：胸式呼吸是以肋间外肌收缩和舒张为主的呼吸运动，胸部起伏明显，是一种异常的呼吸式。当腹部疾病或腹腔生理性增大时，呼吸主要靠肋间外肌的活动来完成，此时膈肌的活动受到限制。如母畜妊娠后期、马胃扩张、反刍动物的瘤胃臌气和瘤胃积食、腹部有肿痈和腹水等。胸式呼吸对于犬是一种正常的呼吸式，因为犬的肋间隙大，肋间肌发达，胸部起伏明显。

② **腹式呼吸**（abdominal breathing）：腹式呼吸是以膈肌收缩和舒张为主的呼吸运动，腹部起伏明显，是一种异常的呼吸式。当发生胸部疾病时，如患胸膜炎或肋骨骨折等，呼吸主要靠膈肌的活动来完成，此时肋间外肌的活动受到限制。

③ **胸腹式呼吸**（thoracoabdominal breathing）：胸腹式呼吸是肋间外肌和膈肌都参与的呼

吸运动，表现胸腹部都有明显的起伏，是健康家畜的呼吸式。

由此可见，观察动物呼吸运动的类型对疾病诊断具有重要的临床意义。

（3）呼吸频率　动物安静状态下每分钟的呼吸次数称为呼吸频率。呼吸频率可因动物种类、年龄、气温、海拔、新陈代谢强度以及疾病等因素的影响而发生变化。如幼龄动物的呼吸频率较同种成年动物高；高产乳牛的呼吸频率高于低产牛；患有疾病（如肺水肿）动物的呼吸频率比健康动物高 4～5 倍。各种动物的呼吸频率见表 7-1。

表 7-1　各种动物的呼吸频率

动物种类	呼吸频率 /（次 / 分）	动物种类	呼吸频率 /（次 / 分）
牛	10～30	犬	10～30
绵羊	12～24	猫	10～25
山羊	10～20	鸡	15～30
猪	15～24	家兔	50～60
马	8～16	鹿	8～16

（4）呼吸音　呼吸运动时，气体在通过呼吸道和出入肺泡的过程中，因摩擦产生的声音称为呼吸音。临床上常于胸廓的表面或颈部气管附近进行听诊，可听到三种呼吸音。

1）肺泡呼吸音：类似“V”的延长音，是肺泡扩张产生的呼吸音。吸气时在肺部能够较清楚地听到。

2）支气管呼吸音：类似“ch”的延长音，是气流通过声门裂引起旋流产生的声音。呼气时在喉和气管处能清楚地听到，亦可在小动物和很瘦的大动物肺前部听到。健康大动物的肺部一般只能听到肺泡呼吸音。

3）支气管肺泡音：是肺泡呼吸音和支气管呼吸音混合在一起产生的一种不定性呼吸音，是病理性呼吸音。当炎症、肿胀、炎性分泌物渗出、呼吸道狭窄和肺泡破裂等肺部病变时，都能听到呼吸音的异常变化。因此，支气管肺泡音可为临床诊断提供依据。

2. 呼吸过程中肺内压和胸内压的变化

（1）肺内压　在呼吸运动中，肺内压随胸腔容积的变化而改变。肺通过口腔和鼻腔与外界环境相通，空气经呼吸道进入肺或由肺排出体外的原因是肺与大气之间存在压力差。呼吸过程中，肺内压呈周期性波动。平静吸气初，肺容积增大，肺内压下降并低于大气压（若以大气压为 0，则肺内压为负值），外界空气被吸入肺泡。随着肺内气体的增多，肺内压也随着逐渐升高，到吸气末，肺内压升高到与大气压相等，于是，气流随之停止。平静呼气初，肺容积减小，肺内压升高并超过大气压（若以大气压为 0，则肺内压为正值），于是气体由肺内呼出。随着肺内气体的减少，肺内压也逐渐降低，至呼气末，肺内压又降到与大气压相等，气流也随之停止。

呼吸过程中肺内压变化的程度，取决于呼吸的缓急、深浅和呼吸道阻力。

（2）胸内压：胸内压是指胸膜腔内的压力，又称为**胸膜腔内压**（intrapeural pressure）。在肺与胸廓之间存在一个潜在的封闭的**胸膜腔**（pleural cavity），由紧贴于肺表面的胸膜脏层和紧贴于胸廓内壁的胸膜壁层构成。胸膜腔内没有气体，仅有一薄层浆液。浆液一方面在两层

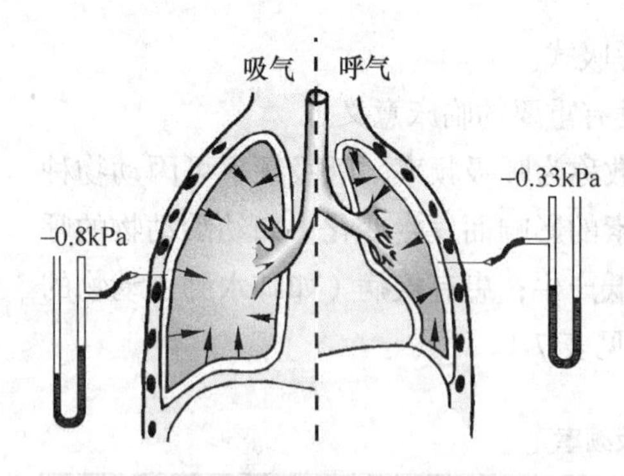

图 7-4　胸内压的直接测定（陈义）

胸膜之间起润滑作用，以减小呼吸运动时两层胸膜互相滑动时的摩擦阻力；另一方面，浆液分子之间的内聚力可使两层胸膜贴附在一起，而不易分开。因此，在呼吸运动过程中，不具有主动张缩能力的肺能随胸廓容积的变化而收缩和舒张。

胸内压可采用直接法和间接法进行测定。直接法是将与检压计相连接的注射器针头斜刺入胸膜腔内，直接测定胸膜腔内压（图 7-4）。其缺点是有刺破胸膜脏层和肺的危险。间接法是以测定胸腔段食管的内压来代替胸内压，因为处于胸腔深处的食管平时是关闭的，其内压与胸膜腔内压接近，所以可用食管内压的变化间接反映胸膜腔内压的变化。但反刍动物例外，因为它们经常进行反刍活动，而反刍时食管发生强烈的逆蠕动，此时的食管内压很高。测定结果表明，无论是吸气还是呼气过程，胸内压始终低于大气压。将小于大气压的压力称为负压，因此，胸内压在通常情况下是负值。

（3）胸膜腔负压的形成原理　胸膜腔内压实际上是由加于胸膜表面的压力间接形成的。胸膜壁层的表面受到胸廓组织（骨骼和肌肉）的保护，故不受大气压的影响。胸膜脏层表面的压力有两个：一是使肺泡扩张的肺内压，并通过肺泡壁的传递作用于胸膜脏层；二是使肺泡缩小的肺的弹性回缩力，其作用方向与肺内压相反（图 7-4 箭头所示）。因此，胸膜腔内压实际上是上述两种方向相反力的代数和，即

胸膜腔内压＝肺内压－肺的回缩力

在呼吸过程中，肺始终处于扩张状态，总是表现出回缩倾向。因此，在平静呼吸时，胸膜腔内压总是保持负值，只是在吸气时肺泡扩张程度增大，肺回缩力增大，导致胸膜腔内负压更大；呼气时，肺扩张程度减小，肺回缩力降低，导致胸膜腔内负压减小。

（4）胸膜腔负压的生理意义：一是使肺处于持续性扩张状态，有利于持续性的气体交换。胸膜腔负压使肺在呼气时不致因肺的回缩力而使肺完全塌陷，只是吸气时肺泡扩张程度增大，呼气时肺扩张程度减小，即肺内总保留一部分气体，虽然呼吸是间断性的，但肺换气是持续性的；二是使胸腔内大的静脉血管处于持续性扩张状态，有助于静脉血液的回流。胸膜腔负压使胸腔大的静脉血管扩张，可降低中心静脉压，特别是在深吸气时，胸膜腔负压更低，有利于静脉血液回心；三是使胸腔大的淋巴管处于持续性扩张状态，有助于淋巴液的回流；四是使胸部食管处于持续性扩张状态，有利于反刍时的逆呕，也有利于呕吐反射。

胸膜腔是胸腔内两个相互独立的密闭性的腔，是胸膜腔负压形成的前提。如果胸膜腔与大气相通（如外伤时），空气将立即进入胸膜腔，胸膜腔负压随即消失，使胸膜壁层和脏层彼此分开。肺脏因弹性回缩力而塌陷，尽管呼吸运动仍在进行，但肺脏却减小或失去了随胸廓运动的能力，从而影响肺通气的功能。如外伤或疾病等原因导致胸壁或肺破裂，则形成气胸（pneumothorax）。严重的气胸不仅影响呼吸功能，还影响到循环功能，可使胸腔大静脉血液和淋巴液回流受阻，严重时可危及生命。

知识卡片

任何原因使胸膜破损，导致空气进入胸膜腔，都称为**气胸**。此时胸膜腔内压力升高，甚至负压变成正压，使肺脏压缩，静脉回心血流受阻，产生不同程度的肺、心功能障碍。多因肺部疾病或外力影响使肺组织和脏层胸膜破裂，或靠近肺表面的细微气肿泡破裂，肺和支气管内空气逸入胸膜腔。**开放性气胸**是指胸膜上的破口持续开启，吸气和呼气时，空气自由进出胸膜腔。患侧胸膜腔内压力为0左右。**张力性气胸**（高压性）是指胸膜破口形成活瓣性阻塞，吸气时开启，空气漏入胸膜腔；呼气时关闭，胸膜腔内气体不能再经破口返回呼吸道而排出体外。其结果是胸膜腔内气体愈积愈多，形成高压，使肺脏受压，呼吸困难，纵隔推向健侧，循环亦发生障碍，需要紧急排气以缓解症状。

（二）肺通气的阻力

肺通气过程中所遇到的阻力被称为肺通气阻力，可分为弹性阻力和非弹性阻力两类。肺通气阻力增大是临床上肺通气障碍最常见的原因。

弹性组织在外力作用下变形，其对抗变形和弹性回位倾向的力称为**弹性阻力**（elastic resistance）。弹性阻力包括肺的弹性阻力和胸廓的弹性阻力。平静呼吸时，弹性阻力约占肺通气阻力的70%，弹性阻力属于静态阻力，即在气流停止的静止状态下仍然存在。用同等大小的外力作用于弹性组织时，变形程度小者，弹性阻力大；而变形程度大者，弹性阻力小。弹性阻力的大小通常用**顺应性**（compliance）的高低来衡量。顺应性是指弹性组织在外力作用下发生变形的难易程度。容易扩张者顺应性大，弹性阻力小；而不易扩张者，顺应性小，弹性阻力大。顺应性（C）与弹性阻力（R）成反变关系。即

$$C=1/R$$

在空腔器官，顺应性可用单位**跨壁压**（transmural pressure，即腔内压与腔外压的差值）变化（ΔP）所引起的器官容积变化（ΔV）来表示，单位是1/cmH_2O（1cmH_2O=0.098kPa），即

$$C=\Delta V/\Delta P$$

1. 肺的弹性阻力

肺在被扩张时产生回缩力，弹性回缩力能对抗外力所引起的肺扩张，因此，是吸气的阻力，但也是呼气的动力。肺的弹性阻力用**肺的顺应性**（compliance of lung，C_L）表示，ΔP是指跨肺压的变化，ΔV指跨肺压改变时肺容量的变化。

肺的顺应性（C_L）=肺容积的变化（ΔV）/跨肺压的变化（ΔP）

测定肺的顺应性时，一般采用打气入肺或从肺内抽气的方法。打气入肺或从肺内抽气后，在受试动物屏气并保持气道通畅的情况下，测定肺容积和胸膜腔内压。因为，此时呼吸道内没有气体流动，肺内压等于大气压，所以只需测定胸膜腔内压就可算出跨肺压。根据每次测得的数据绘制成的**压力-容积曲线**（pressure-volume curve）就是肺的顺应性曲线（图7-5）。曲线显示，肺充盈的容量越大，胸廓和肺对抗肺扩张的阻力越大，用于克服阻力所需的肌肉收缩力也相应增大。

肺的弹性阻力使肺具有回缩倾向，包括肺泡表面张力和肺组织自身的弹性回缩力。肺泡

表面的液体层与肺泡内气体之间存在球形气 - 液界面，可形成表面张力，具有使肺泡缩小的倾向。将离体的肺分别充气和充生理盐水后，显示各自的顺应性曲线（图 7-6），当肺充气时，所需的跨肺压约为充生理盐水时所需的跨肺压的 3 倍。当肺充生理盐水时，不存在球形气 - 液界面，因而不能形成表面张力。肺组织自身的弹性回缩力主要来自弹性纤维和胶原纤维。当肺扩张时，这些纤维被牵拉后倾向于回缩，肺扩张越大，对纤维的牵拉程度也越大，回缩力也越大，因此，弹性阻力也越大；反之，则越小。实验还显示，在肺的弹性阻力中，肺组织自身的弹性回缩力约占 1/3，而肺泡表面张力约占 2/3。因此，表面张力对肺的收缩和舒张发挥着重要作用。

在正常情况下，肺泡内充满气体，肺泡上皮细胞内表面分布有极薄的液体分子层，它与

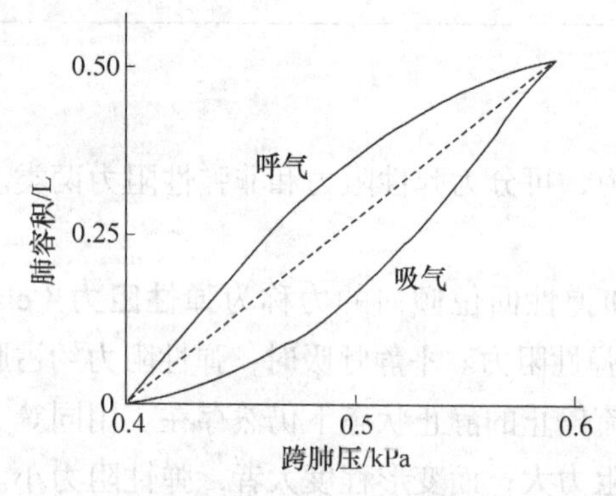

图 7-5　跨肺压 - 容量曲线（陈杰，2005）

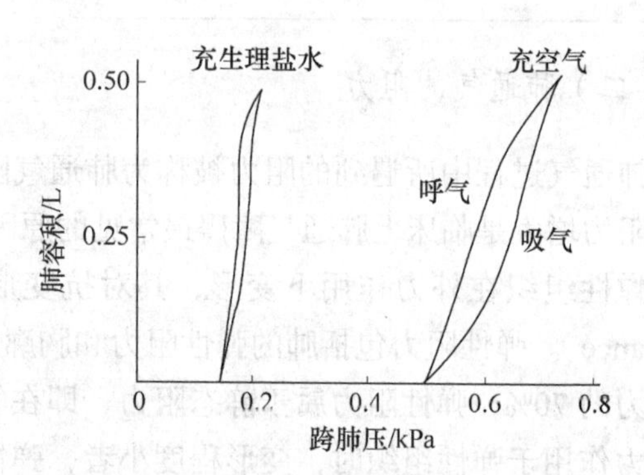

图 7-6　充空气和充生理盐水时肺的顺应性曲线

肺泡内气体形成气 - 液界面，由于界面液体分子间的吸引力大于气 - 液分子间的吸引力，故产生表面张力，使液体表面有收缩的倾向，因而使肺泡趋向回缩，防止肺泡过度膨胀。按照拉普拉斯定律（Laplace law），液泡内由表面张力所形成的回缩力（P）与表面张力（T）成正比，与液泡半径（r）成反比，即

$$P=2T/r$$

如果把表面张力相同而直径大小不同的两个液泡连通时，由于小液泡内的回缩力大于大液泡，于是小液泡内的气体将顺着压力梯度流向大液泡，从而使小液泡趋于萎缩，而大液泡则趋向膨胀（图 7-7）。动物的肺脏由数亿个直径大小不同的肺泡组成，其半径可相差 3～4 倍。根据以上原理，如果不同大小的肺泡之间彼此连通，则气体将从小肺泡不断流向大肺泡，结果将导致小肺泡萎缩，大肺泡极度膨胀，肺泡将失去稳定性。此外，如果表面张力过大，还会降低肺顺应性，增大吸气阻力，甚至造成肺水肿。但在正常有机体内并不发生这一现象，这是因为肺泡气 - 液界面上存在肺表面活性物质。

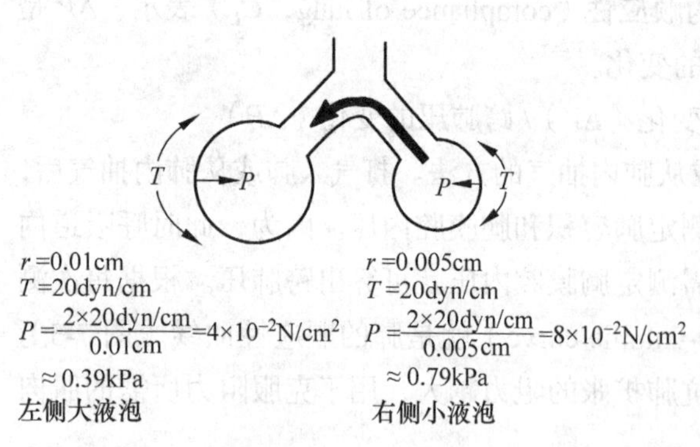

图 7-7　相联通的大小不同的液泡内压及气流方向示意图（陈杰，2005）

肺泡表面活性物质（pulmonary surfactant）是由肺泡壁Ⅱ型细胞合成并分泌的一种复

杂的脂蛋白混合物，其主要成分是**二棕榈酰卵磷脂**（dipalmitoyl phosphatidyl choline，DPPC）和**表面活性物质结合蛋白**（surfactant-associated protein，SP），其中前者占60%以上，后者占10%。DPPC分子的一端是非极性的脂肪酸，不溶于水，另一端是极性基团，易溶于水。因此，DPPC分子垂直排列于肺泡气-液界面上，其极性端插入液体层，非极性端朝向肺泡腔，形成单分子层分布在肺泡气-液界面上，其密度随肺泡的张缩而改变。SP有四种，即SP-A、SP-B、SP-C和SP-D。它们对维持DPPC的功能以及在DPPC的分泌、清除和再利用等过程中具有重要意义。

肺泡表面活性物质的主要作用是改变了气-液界面的结构，从而大大降低肺泡的表面张力，减小肺泡的回缩力，其生理意义主要有：①维持肺泡容积的相对稳定。肺表面活性物质的密度可随肺泡半径的减小而增大，或随半径的增大而减小，所以在肺泡缩小（或呼气）时，肺表面活性物质的密度增大，降低表面张力的作用加强，使肺泡表面张力减小，因而肺泡不至于出现塌陷。相反，在肺泡扩大（或吸气）时，肺表面活性物质的密度较小，降低表面张力的作用较弱，使肺泡表面张力增强，因而肺泡不至于过度膨胀，从而维持了肺泡容积的相对稳定。②减少肺组织液的生成，防止肺水肿。肺泡表面张力的合力指向肺泡腔，可对肺间质产生“抽吸”作用，肺组织间隙必然会扩大，使肺间质静水压降低，组织液生成增多，因而导致肺水肿。但由于肺表面活性物质的存在，可降低肺泡表面张力，减小肺泡回缩力，减弱肺间质产生的“抽吸”作用，从而防止肺水肿的发生。③降低吸气阻力，增加肺的顺应性，减少吸气做功。早产胎儿可因缺少表面活性物质，发生肺不张而导致死亡。成年动物患肺炎和肺血栓等疾病时，也可因肺泡表面活性物质减少而发生肺不张。

2. 胸廓的弹性阻力

胸廓的弹性阻力来自胸廓的弹性成分。弹性阻力的大小以及在呼吸过程中的作用，取决于胸廓的扩大程度。当胸廓处于本身自然位置时，胸廓的弹性组织不被牵张也不被挤压，此时胸廓无形变，不表现有弹性回缩力，此时肺容量相当于肺总容量的67%左右（相当于平静吸气末的肺容量）。当吸气时，胸廓扩大超出其自然位置，胸廓被牵引而向外扩大，其弹性回缩力向内，成为吸气的弹性阻力，呼气的动力，此时肺容量大于肺总量的67%（如深吸气）。当呼气时，胸廓被牵引而向内缩小，胸廓的弹性回缩力向外，是吸气的动力、呼气的弹性阻力，此时肺容量小于肺总量的67%（如平静呼气或深呼气）。所以胸廓的弹性回缩力既可能是吸气的弹性阻力，也可能是吸气的动力。胸廓的弹性阻力可用**胸廓的顺应性**（compliance of chest wall，C_{chw}）表示，即

$$胸廓的顺应性（C_{chw}）=胸廓容积的变化（\Delta V）/跨壁压的变化（\Delta P）$$

跨壁压为胸膜腔内压与胸壁外大气压之差。胸廓的顺应性可因肥胖、胸廓畸形、胸膜增厚和腹腔内占位性病变等而降低，但由此而引起肺通气障碍的情况较少见，所以临床诊断意义相对较小。

3. 非弹性阻力

非弹性阻力（nonelastic resistance）是在气体流动时产生的，随气流流速加快而增加，属于动态阻力。非弹性阻力包括气道阻力、惯性阻力和组织的黏滞阻力，平静呼吸时非弹性阻力约占肺通气阻力的30%。

气道阻力（airway resistance）是气体流经呼吸道时，气体分子间和气体分子与气道之间摩擦产生的阻止肺通气的力，是非弹性阻力的主要成分，占80%～90%。影响气道阻力的因素主要包括：①气流流速，气流流速快，则阻力大；流速慢，则阻力小；②气流形式，分为**层流**（laminar flow）和**湍流**（turbulence），层流阻力小，湍流阻力大，如气管内有黏液性渗出物和/或异物时，可引起湍流；③气道管径大小，气道阻力随着管径的缩小而增大。气道管径主要受三方面因素的影响：一是气道内外压力差。吸气时胸内压下降，气道周围的压力下降，跨壁压增大，管径被动扩大；而呼气时则相反，管径缩小，阻力增大。二是植物性神经（自主神经）对气管平滑肌的调节作用。迷走神经兴奋使气管平滑肌收缩，管径缩小而气道阻力增大；交感神经兴奋则使气管平滑肌舒张，管径增大而气道阻力下降，使呼吸更为畅通。三是体液对气管平滑肌的调节作用，如血液中儿茶酚胺类物质可使气管平滑肌舒张。近年来的研究发现，气道上皮可合成和释放内皮素，使气道平滑肌收缩。

惯性阻力（inertial resistance）是气流在发动、变速和换向时，因气流和组织的惯性所产生的阻止肺通气的力。

黏滞阻力（viscous resistance）是呼吸时组织相对位移发生摩擦所产生的阻止肺通气的力。平静呼吸时，呼吸频率较低，气流速度较慢，惯性阻力和黏滞阻力都很小。

三、肺通气功能的评价

肺通气过程受呼吸肌的收缩活动、肺和胸廓的弹性特征以及气道阻力等多种因素的影响，当肺出现机能障碍时，可导致肺通气不足。肺通气不足可分为**限制性通气不足**（restrictive hypoventilation）和**阻塞性通气不足**（obstructive hypoventilation）两种类型。前者是由肺扩张受限而使肺通气不足，如呼吸肌麻痹、肺和胸廓的弹性发生变化，以及气胸等；后者是由气道口径减小或呼吸道阻塞而使肺通气不足，如支气管平滑肌痉挛、气道内异物、气管和支气管等黏膜腺体分泌过多，以及气道外肿瘤压迫等。通过对肺通气功能的测定，不仅可以明确肺通气功能发生障碍的程度，还能鉴别肺通气功能降低的类型。

（一）肺容积和肺容量

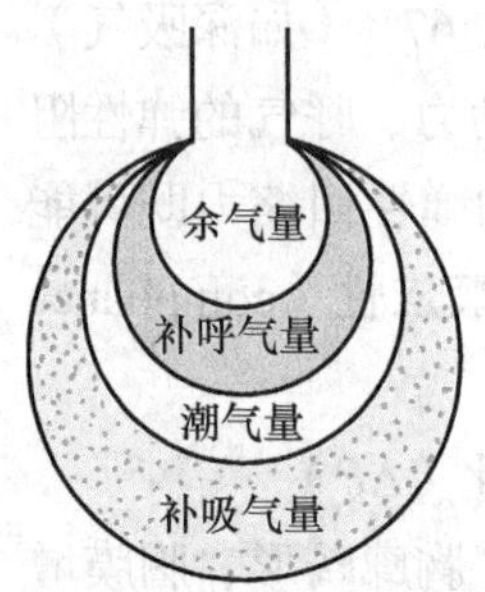

图 7-8 肺静态容积示意图（陈杰，2005）

1. 肺容积

肺内气体的容积称为**肺容积**（pulmonary volume）。通常肺容积可分为潮气量、补吸气量、补呼气量和余气量。它们互不重叠，全部相加等于肺的总容量（图 7-8）。

（1）潮气量：平静呼吸时，每次吸入或呼出的气体量称为**潮气量**（tidal volume，TV）。各种家畜的潮气量分别为：奶牛躺卧时 3100mL，站立时 3800mL；绵羊 260mL；山羊 310mL；猪 300～500mL；马 6000mL。动物运动时，每次吸入或呼出的气体量将增大，最大可达到肺活量大小。潮气量的大小决定于呼吸肌收缩的强度、胸廓和肺脏的机械特性以及机体的代谢水平等因素。

（2）补吸气量：**补吸气量**（inspiratory reserve volume，IRV）又称吸气储备量，是平静吸气末，再尽力吸气所能吸入的气体量。马的 IRV 约为 12L。

（3）补呼气量：**补呼气量**（exspiratory reserve volume，ERV）又称呼气贮备量，是平静呼气末，再尽力呼气所能呼出的气体量。马的 ERV 约为 12L。

（4）余气量：**余气量**（residual volume，RV）又称残气量，是最大呼气末存留于肺中不能再呼出的气体量。动物无论如何用力也无法将余气量呼出，只能用间接方法测定余气量。马的 RV 约为 12L。余气量是由于在最大呼气末，细支气管（特别是呼吸性细支气管）关闭所致，胸廓向外的弹性回位力也使肺不可能回缩至其自然容积。余气量的存在可避免肺泡在低肺容积条件下发生塌陷。

2. 肺容量

肺容积中两项或两项以上的联合气体量称为**肺容量**（pulmonary capacity）。肺容量包括深吸气量、功能余气量、肺活量和肺总量。

（1）深吸气量：从平静呼气末做最大吸气时所能吸入的气体量称为**深吸气量**（inspiratory capacity，IC），即

深吸气量＝潮气量＋补吸气量

深吸气量是衡量动物最大通气潜力的一个重要指标。胸廓畸形、胸膜腔积液、肺组织病变和呼吸肌麻痹等均可使深吸气量减少，使最大通气潜力降低。

（2）功能余气量：平静呼气末，肺内存留的气体量称为**功能余气量**（functional residual capacity，FRC），即

功能余气量＝余气量＋补呼气量

功能余气量的生理意义是缓冲呼吸过程中肺泡内氧分压（p_{O_2}）和二氧化碳分压（p_{CO_2}）的变化幅度。由于功能余气量的缓冲作用，吸气时，肺内 p_{O_2} 不致突然升得太高，p_{CO_2} 不致降得太低；呼气时，肺内 p_{O_2} 则不会降得太低，p_{CO_2} 不致升得太高。这样，肺泡气和动脉血液的 p_{O_2} 和 p_{CO_2} 就不会随呼吸而发生大幅度的波动，有利于肺换气。

（3）肺活量：最大吸气后，从肺内所能呼出的最大气体量称为**肺活量**（vital capacity，VC），即

肺活量＝潮气量＋补吸气量＋补呼气量

肺活量有较大的个体差异，与躯体的大小、性别、年龄、体征和呼吸肌强弱等因素有关。

（4）肺总量：肺所能容纳的最大气体量称为**肺总量**（total lung capacity，TLC），即

肺总量＝肺活量＋余气量

肺总量的数值因动物的性别、年龄、运动情况和体位不同而异。

肺容积和肺容量是评价肺通气功能的基础指标。

（二）肺通气量和肺泡通气量

1. 肺通气量

每分钟吸入或呼出的气体总量称为**肺通气量**（pulmonary ventilation），即

肺通气量＝潮气量 × 呼吸频率

肺通气量的大小与动物的性别、年龄和活动状态密切相关，动物活动增强，呼吸频率和呼吸深度都增加，肺通气量也相应增大。所以，肺通气量比肺总量更能反映肺的通气功能。

2. 生理无效腔和肺泡通气量

（1）生理无效腔　每次吸入的气体，一部分留在上呼吸道至呼吸性细支气管之间的呼吸道外，一部分留在肺泡内，并不参与肺换气过程，故将这部分结构称为**生理无效腔**（physiological dead space），它包括解剖无效腔和肺泡无效腔。**解剖无效腔**（anatomical dead space），又称死腔，是指上呼吸道至呼吸性细支气管之间的呼吸道。**肺泡无效腔**（alveolar dead space）是指未能发生气体交换的这一部分肺泡容量。健康动物的肺泡无效腔很小，可忽略不计，因此，正常情况下生理无效腔与解剖无效腔的容量大致相等。

（2）肺泡通气量　由于生理无效腔的存在，每次吸入的潮气量不能全部到达肺泡进行气体交换，因为每次吸气首先吸入的是留在呼吸道（无效腔）内的气体，这是上次呼气时留下的肺泡气，随后才是新鲜空气。每次呼出的潮气量也总是有一部分留在无效腔内，因为每次呼气，首先呼出的不是肺泡气，而是前一次吸气时留在无效腔内的新鲜空气，随后才呼出肺泡气。由此可见，肺泡通气量才是真正的有效通气量。**肺泡通气量**（alveolar ventilation）是每分钟吸入肺泡并与血液进行气体交换的新鲜空气量，即

$$肺泡通气量=（潮气量-无效腔气量）\times 呼吸频率$$

如人的潮气量是500mL，无效腔气量是150mL，则每次吸入肺泡的新鲜空气是350mL，若功能余气量为2500mL，则每次呼吸仅使肺泡内气体更新1/7左右。潮气量减少或功能余气量增加，均使肺泡气体更新率降低，不利于气体交换。无效腔气量增大（如支气管扩张）或功能余气量增大（如肺气肿），均使肺泡气体更新效率降低。潮气量和呼吸频率的变化，对肺通气和肺泡通气影响不同（表7-2），在潮气量减半和呼吸频率加倍或潮气量加倍而呼吸频率减半时，肺通气量保持不变，但是肺泡通气量却发生明显的变化。所以，在一定范围内，深而慢的呼吸可使肺泡通气量增大，使肺泡气更新效率加大，有利于气体交换。

表7-2　人不同呼吸频率和潮气量时的肺通气量和肺泡通气量

呼吸特点	呼吸频率 /（次 / 分）	潮气量 /mL	肺通气量 /（mL/min）	肺泡通气量 /（mL/min）
平静呼吸	16	500	8000	5600
深慢呼吸	8	1000	8000	6800
浅快呼吸	32	250	8000	3200

第二节　气体交换

肺换气和组织换气统称为气体交换，气体交换是通过气体分子扩散运动实现的。推动气体分子扩散运动的动力来源于同一种气体在不同部位的气体分压差。

一、气体交换的基本原理

气体分子不停地进行无定向的运动，当不同区域存在分压差时，气体分子从分压高处向分压低处发生净转移，这一过程称为气体的**扩散**（diffusion）。肺换气和组织换气就是以单纯扩散方式进行的。通常将单位时间内气体扩散的容积称为**气体扩散速率**（diffusion rate，D）。

气体扩散速率受多种因素的影响，如气体的分压差、气体的相对分子质量、气体分子的溶解度、气体的扩散面积、气体扩散距离和温度等。

（一）气体的分压

在混合气体中，某一种气体分子运动所产生的压力，称为该**气体的分压**（partial pressure，p）。混合气体的总压力等于各气体分压之和。在温度恒定时，某一气体的分压只决定于其自身的浓度和气体的总压力，并不受其他气体及其分压的影响。即

气体分压＝总压力 × 该气体的容积百分比

当大气压力已知时，根据这些气体在空气中的容积百分比就能计算出各种气体的分压。例如，海平面的大气压平均值为101.325kPa，氧的容积百分比为20.71%，所以氧的分压为：p_{O_2}＝101.325×20.71%＝20.98kPa。其他气体分压也可按同法计算（表7-3）。

表7-3 空气中各气体成分的容积百分比及其分压（陈杰，2005）

项目	O_2	CO_2	H_2O	N_2	大气
容积百分比/%	20.71	0.04	1.25	78.0	100.0
分压/kPa	20.98	0.04	1.27	79.03	101.325

气体的分压差是气体扩散的动力，气体扩散速率与气体的分压差呈正比。气体分压差越大，则气体扩散速率越大；反之，气体分压越小，则气体扩散速率越小。

（二）气体的相对分子质量

根据英国物理学家**格拉汉姆**（Graham）定律，气体分子的相对扩散速率与气体相对分子质量（M_r）的平方根成反比。因此，质量轻的气体扩散较快。

（三）气体分子的溶解度

气体分子的溶解度是指单位分压下，溶解于单位容积液体中的气体量，一般用一个大气压（101.325kPa）和38℃条件下100mL液体中所溶解气体的毫升数来表示。O_2和CO_2在水、血浆和全血中的溶解度见表7-4。

表7-4 气体在水、血浆和全血中的溶解度（陈杰，2005）

项目	水中/mL	血浆中/mL	全血中/mL
O_2	2.386	2.14	2.36
CO_2	56.7	51.5	48.0

溶解度与相对分子质量的平方根之比（$S/\sqrt{M_r}$）称为**扩散系数**（diffusion coefficient），扩散系数取决于气体分子本身的特性。从表7-4可以看出，CO_2在血浆中的溶解度约为O_2的24倍，CO_2的相对分子质量略大于O_2的相对分子质量，所以CO_2的扩散系数是O_2的20倍。CO_2在血浆中的溶解度大，是其在体内易于扩散的主要原因，也是临床多见缺O_2而罕见CO_2潴留的原因之一。

如果扩散发生于气相与液相之间，气体扩散速率还与气体在溶液中的溶解度成正比。

（四）气体的扩散面积和距离

气体扩散速率与气体的扩散面积成正比，与气体的扩散距离成反比。

（五）温度

气体扩散速率与温度成正比。在动物体内，体温相对恒定，故温度因素对气体扩散速率的影响可忽略不计。

二、肺换气

肺换气是外呼吸的重要环节，是通过呼吸膜完成的。

（一）肺换气的呼吸膜

肺泡与肺毛细血管血液之间进行气体交换所通过的组织结构，称为肺换气的**呼吸膜**（respiratory membrane）。在电子显微镜下，肺换气的呼吸膜由六层结构组成，即肺泡表面活性物质、液体分子层、肺泡上皮细胞及基膜、肺泡上皮和肺毛细血管之间的间隙、毛细血管基膜和毛细血管内皮（图 7-9）。虽然肺换气的呼吸膜有六层结构，但却很薄，总厚度仅为 0.2～1μm，故通透性大，O_2 和 CO_2 分子极易扩散通过。

（二）肺换气过程

肺换气的动力是肺泡气和肺毛细血管血液之间的气体分压差。

随着肺通气的不断进行，吸气时新鲜空气不断进入肺泡，肺泡气内 p_{O_2} 总是高于肺毛细血管血液（含混合静脉血）内 p_{O_2}，故 O_2 由肺泡内扩散到肺毛细血管；呼气时，肺不断排出 CO_2，使肺毛细血管血液（含混合静脉血）中 p_{CO_2} 总是高于肺泡气内 p_{CO_2}，CO_2 则由肺毛细血管向肺泡扩散，从而使流经肺毛细血管的血液由混合静脉血变为动脉血（图 7-10）。血液

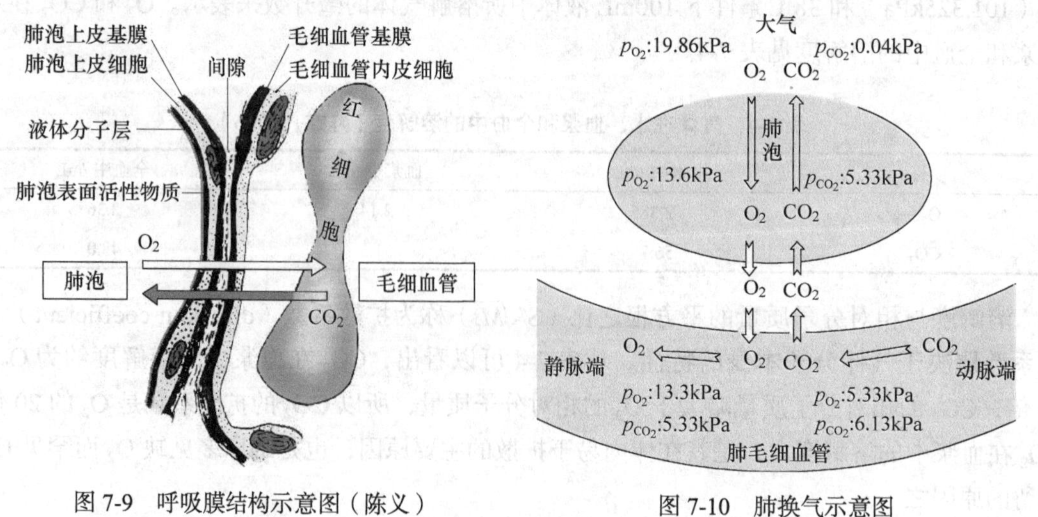

图 7-9　呼吸膜结构示意图（陈义）　　图 7-10　肺换气示意图

流经肺毛细血管的时间约为 0.9s，而 O_2 和 CO_2 的扩散速率都很快，一般只需 0.3s 就基本完成肺换气，即当血液流经肺毛细血管全长的 1/3 时，静脉血就已变成了动脉血，由此可见，肺换气有很大的储备能力。

正常状态下，经过肺换气过程，肺毛细血管血液的氧含量由 15mL/100mL 血液升至 20mL/100mL 血液，CO_2 含量由 52mL/100mL 血液降至 48mL/100mL 血液。

（三）影响肺换气的因素

气体分压差、气体的相对分子质量、气体分子的溶解度、气体的扩散面积、气体的扩散距离和温度等均可影响气体扩散速率。其中，主要的影响因素是呼吸膜的厚度、呼吸膜的面积以及通气 / 血流比值。

1. 呼吸膜的厚度

呼吸膜的厚度不仅影响气体的扩散距离，还影响膜的通透性。气体扩散速率与呼吸膜的厚度成反比，呼吸膜越厚，则扩散速率越低。正常情况下，呼吸膜很薄（0.2～1μm），通透性大，而且红细胞与呼吸膜的距离很近，有利于气体交换。在病理情况下，如肺纤维化和肺水肿等，均可使呼吸膜增厚，导致气体扩散减少，直接影响动物的换气功能。特别是运动时，由于血流加速，气体在肺内交换时间缩短，所以呼吸膜的厚度对肺换气的影响更加突出。

2. 呼吸膜的面积

呼吸膜的面积越大，扩散的气体量就越多。平静呼吸时，参与换气活动的肺泡占总肺泡量的 55% 左右。剧烈运动时，由于肺毛细血管开放的数量和开放程度增加，故有效扩散面积也大大增加，使更多储备状态的肺泡参与换气活动，增加了肺泡换气面积。病理情况下，如肺不张、肺水肿和肺毛细血管闭塞等，均可使呼吸膜的面积大为缩小，导致气体扩散速率也随之降低。

3. 通气 / 血流比值

通气 / 血流比值（ventilation/perfusion ration）是指每分钟肺泡通气量（V_A）和每分钟血流量（Q）之间的比值。正常情况下，V_A/Q 的比值约为 0.84（4.2/5）。只有适宜的 V_A/Q 比值才能实现适宜的气体交换。肺部的气体交换依赖于两个泵的协调工作：一个是气体泵，实现肺泡通气，使肺泡气得以不断更新，提供 O_2 和排出 CO_2；一个是血泵，向肺循环泵入相应的血流量并及时带走摄取的 O_2，带来机体产生的 CO_2。从机体的调节角度来看，在耗 O_2 量和 CO_2 量都增加的情况下，不仅要加大肺泡通气量以吸入更多的 O_2 和排出更多的 CO_2，而且也要相应增加肺的血流量，这样才能提高单位扩散面积的换气效率，以适应机体对气体代谢加强的需要。当 V_A/Q 的比值为 0.84 时，表示流经肺部的混合静脉血能充分进行气体交换，全部变成动脉血。如果 V_A/Q 比值增大，就意味着通气过剩，血流相对不足，部分肺泡气未能与血液气体充分交换，即增加了生理无效腔；反之，V_A/Q 比值下降，则意味着通气不足，血流相对过多，部分血液流经通气不良的肺泡，使混合静脉血中的气体不能得到充分更新，犹如发生了功能性动 - 静脉短路。可见，无论 V_A/Q 比值增大或缩小，都可妨碍肺换气，导致机体 O_2 不足和 CO_2 潴留，尤其是 O_2 不足，均使气体的交换效率或质量降低。

三、组织换气

组织换气是机体呼吸的核心环节，也是通过呼吸膜来完成的。组织换气的机制和影响因素与肺换气相似，不同的是气体的交换发生于液相（血液、组织液和细胞内液）介质之间。

（一）组织换气的呼吸膜

组织换气的呼吸膜由四层结构组成，即组织细胞膜、组织液、毛细血管的基膜和毛细血管内皮。呼吸膜通透性大，O_2 和 CO_2 分子极易扩散通过。

（二）组织换气过程

组织换气的动力是组织细胞与组织毛细血管血液之间的气体分压差。呼吸膜两侧 p_{O_2} 和 p_{CO_2} 随细胞氧化代谢的强度和组织血流量而异。如果血流量不变，代谢增强，则组织细胞中的 p_{O_2} 降低而 p_{CO_2} 升高；如果代谢率不变，血流量增大，则组织细胞中 p_{O_2} 升高而 p_{CO_2} 降低。组织细胞进行有氧代谢，因此，组织细胞不断消耗 O_2 和产生 CO_2。由于组织毛细血管血液中 p_{O_2} 高于组织细胞中 p_{O_2}，而组织细胞中 p_{CO_2} 则高于组织毛细血管血液中 p_{CO_2}，于是 CO_2 由组织细胞向组织液和毛细血管血液中扩散，O_2 则由毛细血管血液向组织液和组织细胞内扩散，结果导致流经组织的动脉血因失去 O_2 和得到 CO_2 而变成了静脉血（图 7-11）。CO_2 分压差虽不如 O_2 分压差大，但 CO_2 的扩散速度比 O_2 快，故仍能迅速完成气体交换。

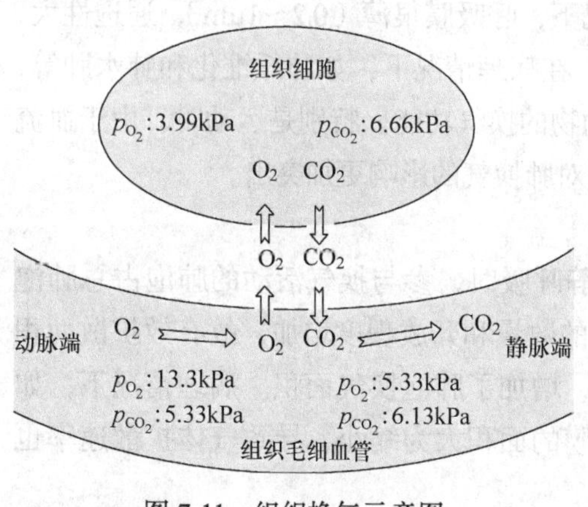

图 7-11　组织换气示意图

（三）影响组织换气的因素

影响组织换气的主要因素除了呼吸膜的厚度等因素外，还受到组织细胞代谢水平和组织血流量的影响。

1. 呼吸膜的厚度

正常情况下，呼吸膜很薄，具有很强的通透性。在病理情况下，如组织水肿，可使呼吸膜增厚，通透性降低，组织换气量减少。

2. 组织细胞代谢水平和组织血流量

当血流量不变时，代谢增强，耗氧量大，组织液中的 p_{CO_2} 可达 6.66kPa（46mmHg）以上，p_{O_2} 可降至 4kPa（30mmHg）以下。若代谢强度不变，血流量加大时，则 p_{O_2} 升高，p_{CO_2} 降低。这些气体分压的变化将直接影响气体扩散速率和组织换气功能。当全身血液循环障碍，如心力衰竭、局部贫血和瘀血等病理情况下，组织换气受到影响，严重时可引起局部缺 O_2。

第三节 气体运输

气体运输是通过血液循环来完成的，是将肺换气过程中进入血液中的 O_2 由肺毛细血管运送到全身毛细血管，同时把组织换气过程中进入血液中的 CO_2 由全身毛细血管运送到肺毛细血管。气体在血液中的运输是实现肺换气和组织换气的重要中间环节，气体在血液中的运输有两种方式：一种是物理溶解方式；另一种是化学结合方式。以物理溶解方式运输 O_2 和 CO_2 的量虽然很小，但却很重要。物理溶解方式不仅是化学结合方式运输的中间阶段，也是最终实现气体交换的必经步骤，即进入血液的气体首先溶解于血浆，提高其分压，然后才进一步成为化学结合状态；当气体从血液释放时，也是溶解的先逸出，气体分压下降，由化学结合状态再分离出来补充失去的溶解气体，物理溶解和化学结合状态处于动态平衡。

一、氧的运输

（一）物理溶解形式的运输

物理溶解形式的运输是指 O_2 通过肺换气扩散到肺毛细血管，溶解在血浆中的运输方式。气体在液体中的物理溶解量与该气体分压大小成正比。动脉血 p_{O_2} 为 13.3kPa（100mmHg），其物理溶解的 O_2 量为 0.3mL/100mL 血液，约占血液运输氧总量的 1.5%，可以忽略不计。

（二）化学结合形式的运输

化学结合形式的运输是指 O_2 以化学结合的形式存在于红细胞内的运输方式，约占血液中 O_2 总量的 98.5%。

血红蛋白（hemoglobin，Hb）是红细胞内的色素蛋白，其分子结构特征使之成为运输 O_2 的有效工具。另外，Hb 也参与 CO_2 的运输。

1. Hb 的分子结构

一个 Hb 分子由 1 个珠蛋白和 4 个血红素（又称亚铁原卟啉）组成（图 7-12）。每个血红素又由 4 个吡咯基组成一个环，中心为 1 个 Fe^{2+}。每个珠蛋白有 4 条多肽链，每条多肽链与 1 个血红素相连接，构成 Hb 的单体或亚单位。Hb 是由 4 个单体构成的四聚体，Hb 的 4 个亚

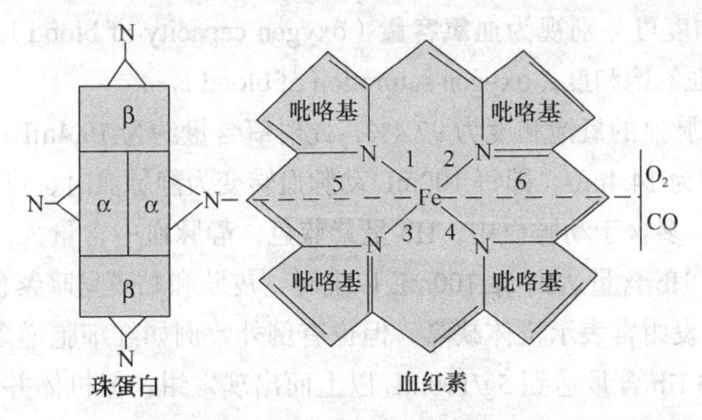

图 7-12 血红蛋白的分子结构示意图（仅绘出 1 个血红素）

单位之间和亚单位内部由盐键连接。不同 Hb 分子的珠蛋白多肽链的组成不同。血红素基团中心的 Fe^{2+}可与氧分子结合而使 Hb 成为氧合血红蛋白。

2. Hb 与 O_2 结合的特征

（1）快速性和可逆性　Hb 与 O_2 结合反应快（小于 0.01s），可逆，极易结合和分离，且不需要酶的催化，主要受 p_{O_2} 的影响。肺换气后，动脉血中 p_{O_2} 升高，Hb 与 O_2 结合，生成**氧合血红蛋白**（oxyhemoglobin，HbO_2）。HbO_2 由肺毛细血管经血液运输到全身毛细血管时，由于组织代谢耗 O_2，组织内 p_{O_2} 低，于是 HbO_2 便迅速解离，释放出的 O_2 供组织代谢需要，成为**去氧血红蛋白**（deoxyhemoglobin，Hb）（图 7-13）。这一过程可用下式表示：

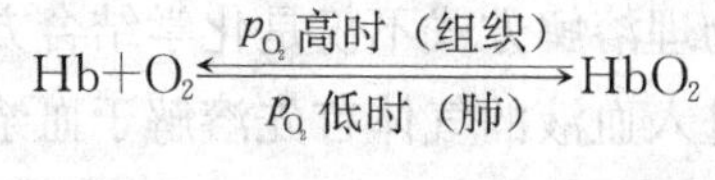

$$Hb+O_2 \underset{p_{O_2}\text{低时（肺）}}{\overset{p_{O_2}\text{高时（组织）}}{\rightleftharpoons}} HbO_2$$

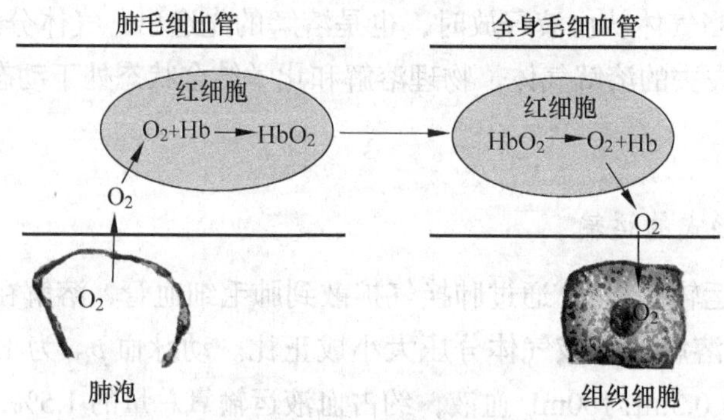

图 7-13　氧以血红蛋白形式运输示意图（陈义）

（2）氧合而非氧化　当 O_2 进入血液，与红细胞中 Hb 的 Fe^{2+} 结合后，Fe^{2+} 仍然是二价铁，没有发生电子转移，因此，不是**氧化**（oxidation）反应，是一种疏松的结合，称为**氧合**（oxygenation）。

（3）Hb 与 O_2 结合的量　每 100mL 血液中，血红蛋白结合 O_2 的最大量，称为**血红蛋白氧容量**（oxygen capacity of Hb）。血红蛋白氧容量大小受 Hb 浓度的影响。若健康成年动物血液中 Hb 含量为 15g/100mL 血液，每克 Hb 可结合 1.34mL 的 O_2，则血红蛋白血氧容量为 15×1.34＝20.1（mL）。在一定氧分压下,Hb 实际结合 O_2 的量，称为**血红蛋白氧含量**（oxygen content of Hb）。氧含量与氧容量的百分比称为**血红蛋白氧饱和度**（oxygen saturation of Hb）。通常情况下，血浆中溶解的 O_2 极少，可忽略不计，因此，血红蛋白氧容量、血红蛋白氧含量和血红蛋白氧饱和度可分别视为**血氧容量**（oxygen capacity of blood）、**血氧含量**（oxygen content of blood）和**血氧饱和度**（oxygen saturation of blood）。

正常情况下，动脉血的氧饱和度为 97.4%，此时氧含量约为 19.4mL；静脉血的氧饱和度约为 75%，氧含量约为 14.4mL。即每 100mL 动脉血转变为静脉血时，可释放出 5mL O_2。

HbO_2 呈鲜红色，多含于动脉血中，Hb 呈紫蓝色，静脉血中含量大，因此，动脉血较静脉血鲜红。当血液中 Hb 含量达到 5g/100mL 以上时，皮肤和黏膜呈暗紫色，这种现象称为**发绀**（cyanosis）。出现发绀常表示机体缺氧，但也有例外，例如红细胞增多（如高原性红细胞增多症）时，血液中 Hb 含量达到 5g/100mL 以上而出现发绀，但机体并不一定缺氧。相反，**一氧化碳**（carbon monoxide，CO）也能与 Hb 结合成 HbCO，使 Hb 失去运输 O_2 的能力，而且 CO 的结合力比 O_2 大 210 倍，当严重贫血或一氧化碳中毒时，由于 HbCO 呈樱桃红色，动物虽缺氧却不出现发绀。

3. 氧解离曲线

氧解离曲线（oxygen dissociation curve）或氧合血红蛋白解离曲线是表示血液 p_{O_2} 与 Hb 氧饱和度关系的曲线（图 7-14）。该曲线表示在不同 p_{O_2} 下 O_2 与 Hb 的解离和结合情况。

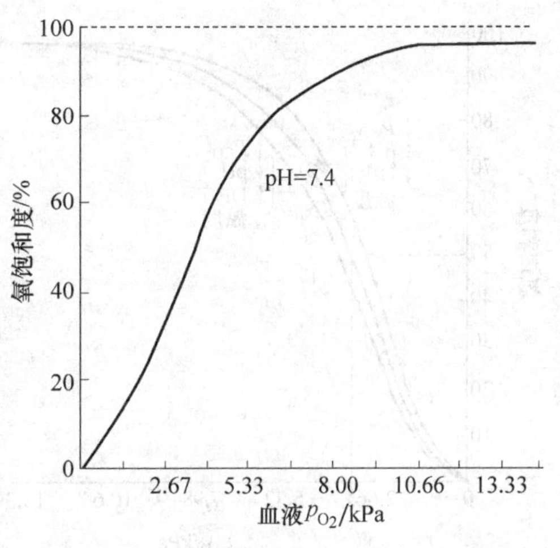

图 7-14 氧解离曲线（陈杰，2005）

从曲线可以看出，Hb 结合 O_2 的能力随 p_{O_2} 的上升而增加，血氧饱和度也随之增大（即 Hb 氧解离度减少），但两者之间并非线性相关，而是呈“S”形曲线。这与 Hb 的变构效应有关。目前认为 Hb 有两种构型，即去氧 Hb 的**紧密型**（tense form，T 型）和氧合 Hb 的**疏松型**（relaxed form，R 型）。当 O_2 与 Hb 的 Fe^{2+} 结合后，盐键逐步断裂，Hb 分子逐渐由 T 型变为 R 型，对 O_2 的亲和力逐渐增加，R 型 Hb 对 O_2 的亲和力为 T 型的 500 倍。也就是说，Hb 的 4 个亚单位无论在结合 O_2 或释放 O_2 时，彼此之间都有协同效应，即 1 个亚单位与 O_2 结合后，由于变构效应，其他亚单位与 O_2 更易结合。所以，这种变构效应对结合或释放 O_2 都具有重要意义。在氧分压高的肺部，Hb 由于变构效应可迅速与 O_2 结合达到氧饱和。而在氧分压低的组织，HbO_2 又由于变构效应能促使 O_2 的释放。根据氧离曲线的 S 形变化趋势和功能意义，可将曲线分成以下三段。

（1）氧解离曲线的上段　相当于 p_{O_2} 在 8.0～13.3kPa（60～100mmHg）之间的 Hb 氧饱和度，是反映 Hb 与 O_2 结合的部分，曲线的特点是比较平坦，表明在这段范围内 p_{O_2} 的变化对氧饱和度影响不大。显示出动物对空气中 O_2 含量降低或呼吸性缺氧有很大的耐受能力。如在高山或患某些呼吸性疾病时，只要 p_{O_2} 不低于 8kPa（60mmHg），血氧饱和度仍能保持在 90% 以上，这时动脉血中的氧气足以供应动物代谢需要，不至于发生缺氧。

（2）氧解离曲线的中段　相当于 p_{O_2} 在 5.3～8.0kPa（40～60mmHg）之间的 Hb 氧饱和度，反映 HbO_2 释放 O_2 的部分，曲线的特点是较陡。安静时，混合静脉血后的 p_{O_2} 为 5.3kPa（40mmHg），Hb 氧饱和度约 75%，血氧含量约 14.4mL，亦即每 100mL 血液流过组织时释放 5mL O_2，能够满足安静状态下组织对氧的需要。

（3）氧解离曲线的下段　相当于 p_{O_2} 在 2.0～5.3kPa（15～40mmHg）之间的 Hb 氧饱和度，也反映 HbO_2 释放 O_2 的能力，为曲线中最陡峭部分。说明在此范围内 p_{O_2} 稍有变化，Hb 氧饱和度就会有很大的改变，因此，可释放出更多的 O_2 供组织利用。当组织活动加强时，耗 O_2 量剧增，p_{O_2} 明显下降，甚至可低至 2.0kPa（15mmHg），当血液流经这样的组织时，氧饱和度可降到 20% 以下，静脉血氧含量只达 4.4mL，即每 100mL 血液释放的 O_2 可达 15mL 之多。而一般情况下，每 100mL 血液只要释放 5mL 的 O_2 就能满足组织的需要，因此，该段氧解离曲线的特点反映出机体对氧的储备能力。

4. 影响氧解离曲线的因素

氧解离曲线可受多种因素影响而发生偏移，即 Hb 对 O_2 的亲和力发生变化，通常用 p_{50}

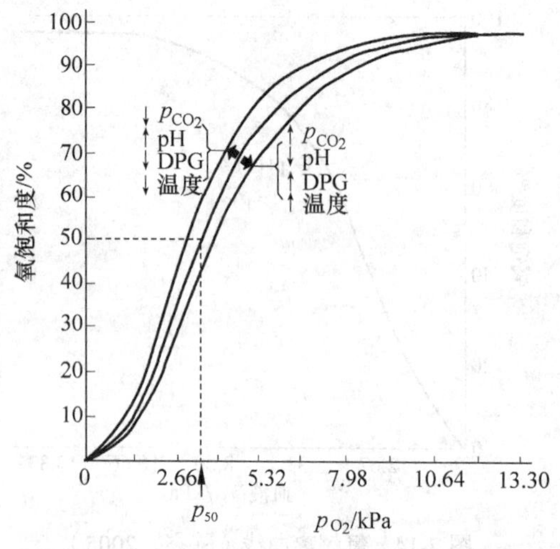

图 7-15 影响氧解离曲线位置的主要因素

来表示Hb对O_2的亲和力，p_{50}是使Hb氧饱和度达50%时的p_{O_2}。正常情况下，p_{50}为3.5kPa（26.5mmHg），如果p_{50}增大，表示Hb对O_2的亲和力降低，需要更高的p_{O_2}才能使Hb氧饱和度达到50%，氧解离曲线发生右移；反之，如果p_{50}降低，表示Hb对O_2的亲和力增加，使Hb氧饱和度达到50%所需的p_{O_2}降低，氧解离曲线发生左移。

血液中影响氧解离曲线的因素主要有pH、p_{CO_2}、温度以及2，3-二磷酸甘油酸等（图7-15）。

（1）pH和p_{CO_2}的影响：血液pH越低或p_{CO_2}越高，Hb氧饱和度下降越明显，氧解离曲线右移，说明Hb对O_2的亲和力降低，p_{50}增大，有利于Hb释放氧；反之，血液pH越高或p_{CO_2}越低，Hb氧饱和度越升高，氧解离曲线左移，说明Hb对O_2的亲和力增加，p_{50}降低，有利于O_2的结合。pH和p_{CO_2}对Hb与O_2亲和力的这种影响称为**波尔效应**（Bohr effect）。其原因是：①当pH降低时，H^+与Hb多肽链的某些氨基酸残基结合，促进盐键形成，使Hb分子构型由R型变为T型，从而降低Hb对O_2的亲和力；相反，当pH升高时，促使盐键断裂释出H^+，使Hb分子构型由T型变为R型，Hb对O_2的亲和力增加。②当p_{CO_2}变化时，一方面可通过pH改变产生间接效应；另一方面还可通过CO_2与Hb结合直接影响Hb与O_2的亲和力。因此，波尔效应具有重要的生理意义，它既可促进肺毛细血管血液的氧合，又有利于组织毛细血管血液释放O_2。在肺通气时，CO_2从血液扩散到肺泡内，使血液p_{CO_2}下降，pH上升，均使Hb对O_2的亲和力增加，氧解离曲线左移，使血液运氧量增加；而当血液流经组织时，CO_2从组织扩散至血液，使血液中p_{CO_2}升高，pH下降，Hb对O_2的亲和力降低，氧解离曲线右移，促进HbO_2释放出更多的氧。

（2）温度的影响：温度升高时，氧解离曲线右移，促进O_2的释放。如动物激烈运动时，组织代谢活动增强，局部组织温度升高，以及CO_2和酸性代谢产物增加时，都有利于HbO_2的解离，使组织获得更多O_2，以适应代谢增加的需要；反之，当温度下降时，氧解离曲线左移，HbO_2不易释放O_2。温度对氧离曲线的影响，可能与温度影响了H^+的活度有关。温度升高，H^+活度增加，降低了Hb对O_2的亲和力。反之，温度降低，H^+活度降低，增加了Hb对O_2的亲和力。因此，低温麻醉时要注意防止缺氧，临床上进行低温麻醉手术时，低温有利于降低组织的耗O_2量。

（3）2，3-二磷酸甘油酸 **2，3-二磷酸甘油酸**（2，3-diphosphoglycerate，2，3-DPG）是红细胞无氧酵解的代谢产物，它能与Hb相结合，从而降低Hb对O_2的亲和力。当血液中2，3-DPG含量增加时，使氧离曲线右移，在相同p_{O_2}下，HbO_2可解离更多的氧。当空气中O_2稀薄、贫血和缺O_2等情况下，红细胞内无氧酵解增加，产生更多的2，3-DPG。2，3-DPG的增加，可促进HbO_2的解离。动物由平原地区刚到达高原地带后的最初几天，机体为了适应高原缺O_2环境，红细胞中2，3-DPG的含量开始明显增多。

二、二氧化碳的运输

（一）物理溶解形式的运输

CO_2 通过组织换气扩散到全身毛细血管，其中以物理溶解形式在血浆中运输的量约占血液中 CO_2 总运输量的 5%。

（二）化学结合形式的运输

CO_2 通过组织换气扩散到全身毛细血管，溶解在血浆中的 CO_2 绝大部分通过单纯扩散进入红细胞内，主要形成碳酸氢盐和**氨甲酰血红蛋白**（carbaminohaemoglobin，HbNHCOOH），约占血液中 CO_2 总运输量的 95%。

1. 以氨甲酰血红蛋白形式运输

以氨甲酰血红蛋白形式运输的 CO_2 约占血液总运输量的 7%。一部分进入红细胞的 CO_2 与 Hb 的氨基（—NH_2）相结合，形成 HbNHCOOH，这一反应过程迅速、可逆，需酶的参与，调节这一反应的主要因素是氧合作用。

HbO_2 与 CO_2 结合的能力小于 Hb，又由于在全身组织细胞部位的血红蛋白释放 O_2，使 Hb 生成增多，结合 CO_2 的量增加，促使生成更多的 HbNHCOOH；当 HbNHCOOH 由全身毛细血管运输到肺毛细血管时，在肺毛细血管，Hb 与 O_2 结合生成 HbO_2，因而可促使 HbNHCOOH 解离出 Hb，释放 CO_2，CO_2 通过肺换气进入肺泡而排出体外（图 7-16）。这一过程可用下式表示：

$$HbNH_2 + CO_2 \underset{p_{CO_2}\text{低时（肺）}}{\overset{p_{CO_2}\text{高时（组织）}}{\rightleftharpoons}} HbNHCOOH$$

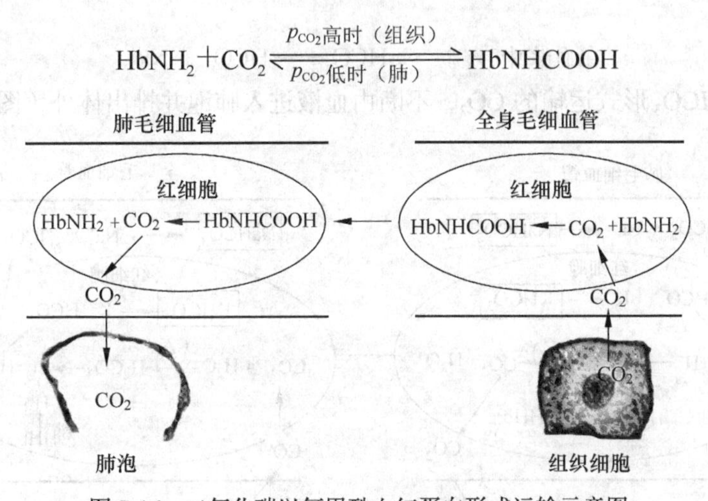

图 7-16 二氧化碳以氨甲酰血红蛋白形式运输示意图

以这种形式运输 CO_2 的效率很高，虽然以 HbNHCOOH 形式运输的 CO_2 仅占总运输量的 7% 左右，但在肺部排出的 CO_2 总量中，却有 17.5% 左右由 HbNHCOOH 所释放。

2. 以碳酸氢盐形式运输

以碳酸氢钾和碳酸氢钠形式运输的 CO_2，约占血液总运输量的 88%。大部分进入红细胞内的 CO_2，在**碳酸酐酶**（carbonic anhydrase，CA）的催化下，很快与水反应生成碳酸，碳酸进一步解离生成碳酸氢根和氢离子。即

$$CO_2 + H_2O \xrightarrow{\text{碳酸酐酶}} H_2CO_3 \longrightarrow H^+ + HCO_3^-$$

一部分HCO_3^-顺着浓度梯度通过细胞膜扩散进入血浆，同时有等量的Cl^-由血浆扩散进入红细胞，以维持细胞内外正、负离子平衡，这一现象被称为**氯转移**（chloride shift）。这样，HCO_3^-不会在红细胞内积聚，使反应不断往右方进行，有利于组织产生的CO_2不断进入血液。所生成的HCO_3^-在红细胞内与K^+结合，在血浆内则与Na^+结合，分别以$KHCO_3$和$NaHCO_3$形式存在。所生成的H^+大部分与Hb结合成为HHb。即

在红细胞中：　$HCO_3^- + K^+ \longrightarrow KHCO_3$　　$H^+ + Hb \longrightarrow HHb$

在血浆中：　$HCO_3^- + Na^+ \longrightarrow NaHCO_3$

血浆中的$NaHCO_3/H_2CO_3$和红细胞中的HHb/KHb是重要的pH缓冲对，因此，Hb和HCO_3^-在运输CO_2过程中，对机体的酸碱平衡起着重要缓冲作用。$KHCO_3$和$NaHCO_3$由全身毛细血管运输到肺毛细血管，由于肺换气，将肺毛细血管中的CO_2扩散到肺泡，肺毛细血管中p_{CO_2}降低，上述反应向方程式的左方进行，血浆中溶解的CO_2首先扩散入肺泡。在红细胞内，在碳酸酐酶作用下，CO_2的水化反应逆向左方进行，生成CO_2和水。CO_2则由红细胞透出，补充血浆中溶解的CO_2。即

在红细胞中：　$KHCO_3 \longrightarrow HCO_3^- + K^+$　　$HHb \longrightarrow H^+ + Hb$

$$H^+ + HCO_3^- \longrightarrow H_2CO_3 \xrightarrow{\text{碳酸酐酶}} CO_2 + H_2O$$

红细胞内H_2CO_3逐渐减少，促使血浆中$NaHCO_3$分解生成的HCO_3^-不断扩散进入红细胞，以补充消耗的HCO_3^-，同时发生反向的氯转移，以维持红细胞内外正、负离子平衡。即

在血浆中：　$NaHCO_3 \longrightarrow HCO_3^- + Na^+$

这样，通过HCO_3^-形式运输的CO_2，不断由血液进入肺泡并排出体外（图7-17）。

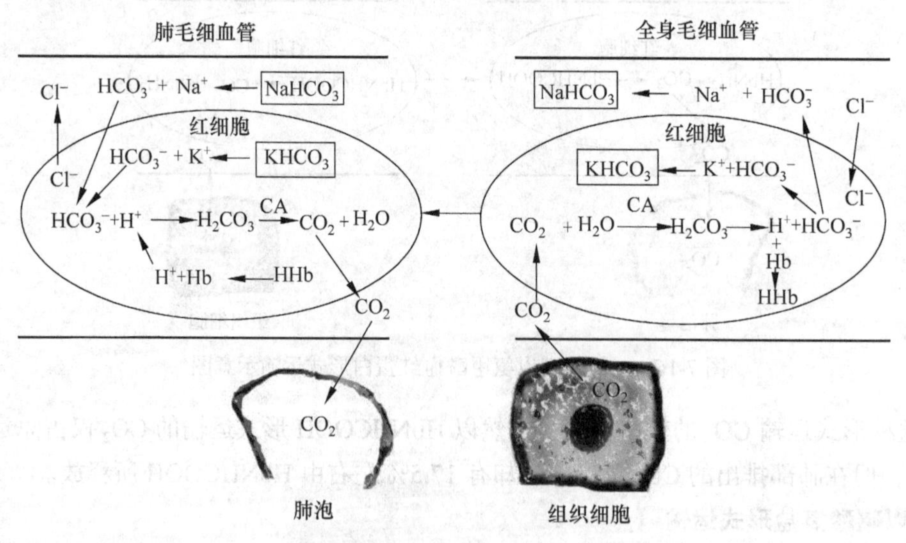

图7-17　二氧化碳以碳酸氢盐形式运输示意图（陈义）

第四节 呼吸运动的调节

呼吸运动是整个呼吸过程的基础，它由呼吸肌的一种节律性活动使吸气和呼气自发地交替进行，其节律性起源于呼吸中枢。机体内、外环境理化性质的变化，可通过神经和体液两条途径调节呼吸运动的频率和深度，保持血液中 O_2 和 CO_2 含量的相对稳定。

一、神经调节

（一）呼吸中枢

中枢神经系统内，产生和调节呼吸运动的神经细胞群，称为**呼吸中枢**（respiratory center）。它们分布在大脑皮质、间脑、脑桥、延髓和脊髓等部位。各级呼吸中枢在**呼吸节律**（respiratory rhythm）产生和调节中所起的作用不同，但它们相互配合，共同实现对正常呼吸运动的调节。

1. 脊髓

脊髓中有支配呼吸肌的运动神经元，其胞体位于颈段脊髓腹侧柱（支配膈肌）和胸段脊髓腹侧柱（支配肋间肌和腹壁肌），呼吸肌在相应部位脊髓腹侧柱运动神经元的支配下，发生节律性收缩和舒张运动，即呼吸运动。节律性呼吸运动不是脊髓产生的，脊髓神经元只是联系上位呼吸中枢和呼吸肌的中继站。如果高位颈部脊髓受到损伤，或在延髓和脊髓间的脊髓横断，则动物的呼吸会立即停止。另外，脊髓在某些呼吸反射活动的初级整合中可能具有一定作用。

2. 低位脑干

1923年，英国生理学家Lumsden用猫横切脑干的方法进行呼吸运动的研究，观察到在不同横断面切断脑干时，可使呼吸运动发生不同的变化。在中脑和脑桥之间（图7-18，A横断面）横断脑干，呼吸节律无明显变化；在延髓和脊髓之间（图7-18，D横断面）横断，呼吸运动停止。这些结果表明呼吸节律产生于脑干，而高位脑对节律性呼吸运动的产生不是必需的。在脑桥的前、中部之间（图7-18，B横断面）横断，呼吸加深变慢；再切断双侧迷走神经，吸气动作大大延长，仅偶尔被短暂的呼气中断，这种形式的呼吸被称为**长吸式呼吸**（apneusis）。这一结果表明，脑桥前部有抑制吸气活动的中枢结构，称为**呼吸调整中枢**（pneumotaxic center）；来自肺部的迷走神经传入冲动也有抑制吸气和促进吸气转换为呼气的作用。当失去来自脑桥前部和迷走神经传入这两方面的抑制作用后，吸气活动便不能及时被中断而转为呼气，于是出现长吸式呼吸。再在脑桥和延髓之间（图7-18，C横断面）横断，无论迷走神经是否完整，长吸式呼吸都消失，出现**喘气**（gasping）样呼吸，表现为不规则的呼吸节律。这些结果表明，在脑桥的中后部可能存在能兴奋吸气活动的长吸中枢（apneustic center），在延髓内可能存在**喘息中枢**（gasping center）。

鉴于上述实验结论，在20世纪20～50年代期间形成了三级呼吸中枢学说，即在延髓内有喘气中枢，产生基本的呼吸节律；在脑桥后部有长吸中枢，对吸气活动产生紧张性易化作用；在脑桥前部有呼吸调整中枢，对长吸中枢有周期性抑制作用。在三者的共同作用下，形

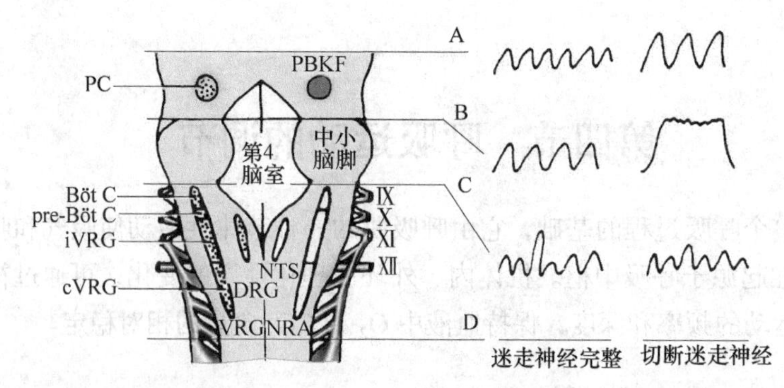

图 7-18　脑干呼吸有关核团（左）和在不同平面横切脑干后呼吸的变化（右）示意图
Böt C：包钦格复合体；cVRG：尾段 VRG；DRG：背侧呼吸组；iVRG：中段 VRG；NRA：后疑核；NTS：孤束核；PBKF：臂旁内侧核和 Kölliker-Fuse 核；PC：呼吸调整中枢；Pre-Böt C：前包钦格复合体；VRG：腹侧呼吸组。A、B、C、D 为不同横断面。

成正常的呼吸节律。在随后的研究中，虽然尚未证实位于脑桥中下部的长吸中枢的存在，但已肯定了延髓有呼吸基本中枢和脑桥上部有呼吸调整中枢的结论。

在 20 世纪 60～80 年代期间，应用微电极技术对神经元电活动的研究结果表明，在脑干内有的神经元呈节律性放电，并与呼吸周期有关，称为**呼吸相关神经元**（respiratory-related neuron）或**呼吸神经元**（respiratory neuron）。在吸气相放电的神经元称为**吸气神经元**（inspiratory neuron），在呼气相放电的神经元称为**呼气神经元**（expiratory neuron），在吸气相放电并延续至呼气相的神经元称为**吸气 - 呼气跨时相神经元**（inspiratory-expiratory phase spanning neuron），在呼气相放电并延续至吸气相的神经元称为**呼气 - 吸气跨时相神经元**（expiratory-inspiratory phase spanning neuron）。

在脑干，呼吸神经元主要集中分布于左右对称的三个区域。

（1）背侧呼吸组　**背侧呼吸组**（dorsal respiratory group，DRG）位于延髓背内侧，其呼吸神经元主要集中在孤束核的腹外侧部，主要含有吸气神经元，其主要作用是使吸气肌收缩而引起吸气。

（2）腹侧呼吸组　**腹侧呼吸组**（ventral respiratory group，VRG）位于延髓腹侧，其呼吸神经元主要集中在疑核、后疑核和面神经后核及其附近区域。该区含有多种类型的呼吸神经元，主要作用是使呼气肌收缩而引起主动呼气，还可调节咽喉部的辅助呼吸肌，以及延髓和脊髓内呼吸神经元的活动。

（3）脑桥呼吸组　**脑桥呼吸组**（pontine respiratory group，PRG）位于脑桥前部背侧，呼吸神经元相对集中于臂旁内侧核（NPBM）和相邻的 Kölliker-Fuse（KF）核，合称 PBKF 核群。为呼吸调整中枢所在部位，主要含呼气神经元，其作用是限制吸气，促进吸气向呼气转换。

20 世纪 90 年代初以来，有学者发现，在 VRG 中，相当于疑核前端平面内存在一个被称为**前包钦格复合体**（pre-Bötzinger complex）的区域（图 7-18 左），该区可能是哺乳动物呼吸节律起源的关键部位。

3. 高位脑

呼吸还受脑桥以上部位的影响，如大脑皮质、边缘系统和下丘脑等对呼吸运动均有调节作用。尤其是大脑皮质可在一定限度内随意控制呼吸的频率和深度，并能通过条件反射改变呼吸的深度和频率。如经过训练形成条件反射的赛马一进入跑道呼吸活动就开始加强，犬在高温环境中伸舌喘息以增加机体散热，这些都是下丘脑参与呼吸调节的结果。动物情绪激动时，呼吸增强，则是边缘系统中某些部位兴奋的结果。

高位中枢对呼吸的调节有两条途径：一条是经皮质脊髓束和皮质 - 红核 - 脊髓束，直接调节呼吸肌运动神经元的活动；另一条则是通过控制脑桥和延髓的基本呼吸中枢的活动，进而调节呼吸节律。

知识卡片

呼吸节律形成的假说

正常**呼吸节律**（respiratory rhythm）形成的机制尚未完全阐明，科学家迄今已提出多种学说，主要的有两种，即起步细胞学说和神经元网络学说。这两种学说到底哪个更正确或它们是否同时发挥作用，目前尚无定论。

起步学说认为，如同窦房结起搏细胞的节律性兴奋引起整个心脏产生节律性收缩一样，节律性呼吸是由延髓内具有起步样活动功能的呼吸神经元的节律性兴奋引起的，前包钦格复合体可能就是呼吸节律性起步神经元的所在部位。

神经元网络学说认为，呼吸节律的产生依赖于延髓内呼吸神经元之间的相互联系和相互作用。有学者提出了多种模型，其中最有影响的是20世纪70年代提出的**中枢吸气活动发生器**（central inspiratory activity generator）和**吸气切断机制**（inspiratory off-switch mechanism）模型（图7-19）。该模型认为，在延髓内存在一些具有中枢吸气活动发生器和吸气切断机制作用的神经元。中枢吸气活动发生器神经元的作用包括：①引起吸气神经元呈渐增性的放电，继而兴奋吸气肌运动神经元，引起吸气过程；②能增强脑桥PBKF神经元的活动；③能增强延髓吸气切断机制神经元的活动。吸气切断机制神经元在接收来自吸气神经元、PBKF神经元和迷走神经中肺牵张感受器的传入信息时，活动增强，当其活动增强到一定阈值时，就能抑制中枢吸气活动发生器神经元的活动，使吸气活动及时终止，即吸气被切断，转为呼气过程。在呼气过程中，吸气切断机制神经元因接受到的兴奋性减少而活动减弱，中枢吸气活动发生器神经元的活动便逐渐恢复，导致吸气活动再次发生，如此周而复始，形成节律性的呼吸运动。由于脑桥PBKF神经元的活动和迷走神经肺牵张感受器的传入活动能增强吸气切断机制的活动，促进吸气转为呼气。切断迷走神经或毁损脑桥臂旁内侧核（nucleus parabrachialis medialis，NPBM）或同时采取以上两种措施，吸气切断机制达到阈值所需时间延长，吸气因而延长，呼吸变慢。因此，凡是能够影响中枢吸气活动发生器、

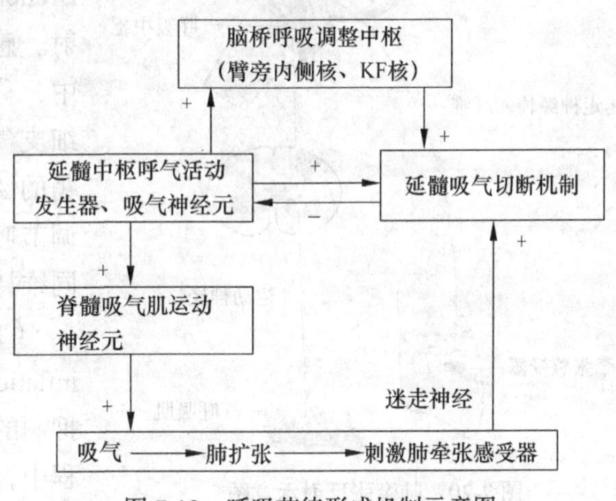

图 7-19 呼吸节律形成机制示意图

吸气切断机制阈值或达到阈值所需时间的因素，都可影响呼吸过程和节律。

关于呼气如何转入吸气，呼吸加强时呼气又如何成为主动的活动，以及吸气活动发生器和吸气切断机制神经元的准确位置等问题，还有待进一步研究。

（二）呼吸的反射性调节

中枢神经系统通过接受感受器的相关冲动，调节呼吸活动的过程被称为**呼吸的反射性调节**。呼吸节律虽然产生于中枢神经系统，但其活动受到来自呼吸器官本身、骨骼肌以及其他器官系统感受器传入冲动的反射性调节，使呼吸运动的频率、深度和形式等发生相应变化。下面介绍其中的一些重要反射。

1. 肺牵张反射

由肺扩张或缩小引起的吸气抑制或兴奋的反射被称为**肺牵张反射**（pulmonary stretch reflex）（图 7-20），又称为**黑 - 伯反射**（Hering-Breuer reflex）。它包括肺扩张反射和肺缩小反射。感受器位于支气管和细支气管的平滑肌层中，称为牵张感受器，其主要刺激为支气管和细支气管的扩张。传入纤维为迷走神经的有髓鞘的A类纤维，中枢为延髓呼吸中枢，作用是调节呼吸频率，并与脑桥呼吸调整中枢配合共同维持呼吸的节律性。

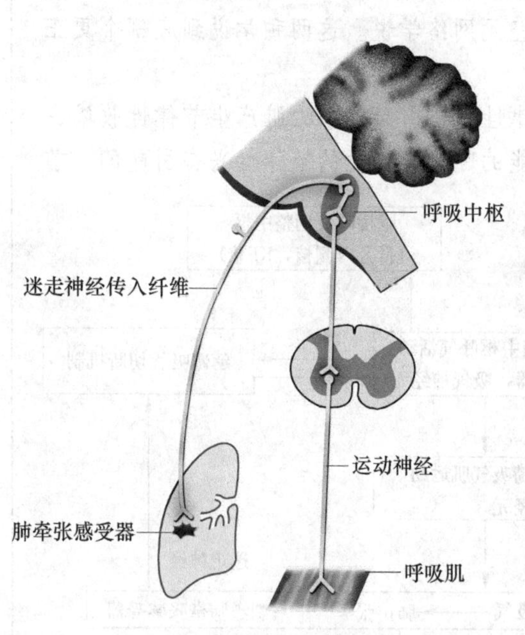

图 7-20　肺牵张反射示意图

（1）肺扩张反射　**肺扩张反射**（pulmonary inflation reflex）最常见，它是肺扩张时引起吸气抑制的反射。其感受器阈值低，适应慢。吸气过程中，当肺扩张时，牵拉呼吸道使其扩张，于是牵张感受器受到刺激，冲动沿迷走神经传入延髓的呼吸中枢，引起呼气中枢兴奋，同时使吸气中枢抑制，使传出神经的肋间神经和膈神经抑制，导致肋间外肌和膈肌舒张，胸腔缩小，肺随之缩小，引起呼气。

（2）肺缩小反射　肺缩小反射又称**肺萎陷反射**（pulmonary deflation reflex），是肺缩小而引起吸气兴奋的反射。其感受器阈值高，肺缩小程度较大时才出现这一反射，如用力呼气时。吸气过程中，当肺缩小到一定程度时，对牵张感受器的刺激减弱，传入冲动减少，解除了对吸气中枢的抑制，使吸气中枢再次兴奋，又开始一次呼吸周期。肺缩小反射在平静呼吸调节中意义不大，但对阻止呼气过深和肺不张等具有一定作用。

2. 呼吸肌本体感受性反射

呼吸肌是骨骼肌，其本体感受器主要是肌梭和肌腱。当肌梭和肌腱受到牵张刺激而兴奋时，冲动经背根传入脊髓中枢，反射性地引起受刺激肌梭所在肌肉的收缩，称为**呼吸肌的本体感受性反射**。该反射在维持正常呼吸运动中发挥一定作用，尤其在运动状态或气道阻力加大时，吸气肌因增大收缩程度而使肌梭受到牵拉刺激，从而反射性地引起呼吸肌收缩加强，以克服气道阻力，维持正常肺通气功能。

3. 防御性呼吸反射

呼吸道黏膜受刺激时，所引起的一系列保护性呼吸反射被称为**防御性呼吸反射**，其中，主要有咳嗽反射和喷嚏反射。

（1）咳嗽反射　**咳嗽反射**（cough reflex）是常见的重要防御反射，感受器位于喉、气管和支气管的黏膜。当感受器受到机械或化学性刺激时，神经冲动经迷走神经传入延髓，触发一系列协调的反射反应，引起咳嗽反射，促使异物排出。

咳嗽时，先是一次短促的或较深的吸气，继而声门紧闭，呼气肌强烈收缩，肺内压和胸膜腔内压急剧上升，然后声门突然开放，由于肺内压很高，气体便由肺内高速冲出，将呼吸道内的异物或分泌物排出。剧烈咳嗽时，可因胸膜腔内压显著升高而阻断静脉回流，使静脉压和脑脊液压升高。

（2）喷嚏反射　**喷嚏反射**（sneeze reflex）是类似咳嗽过程的反射，不同点是感受器在鼻黏膜，传入冲动是三叉神经，反射效应是软腭下降，舌压向软腭，并产生爆发性呼气。呼出气主要从鼻腔喷出，以清除鼻腔中的刺激物。

二、化学因素对呼吸的调节

化学因素对呼吸的调节是一种反射性活动，称为**化学感受性反射**（chemoreceptive reflex）。化学因素指动脉血液、组织液或脑脊液中的 O_2、CO_2 和 H^+。机体通过呼吸运动调节血液中 O_2、CO_2 和 H^+的水平，而血液中上述物质的变化又通过化学感受器反射性地调节呼吸运动，从而维持机体内环境中这些化学因素的相对稳定和机体代谢活动的正常进行。

（一）化学感受器

化学感受器（chemoreceptor）是指适宜刺激即 O_2、CO_2 和 H^+等化学物质的感受器。根据化学感受器所在部位的不同，分为外周化学感受器和中枢化学感受器。

1. 外周化学感受器

外周化学感受器位于颈动脉体（颈动脉窦处）和主动脉体（主动脉弓处），在呼吸运动和心血管活动的调节中具有重要作用。外周化学感受器在动脉血 p_{O_2} 降低、p_{CO_2} 或 H^+浓度升高时受到刺激，神经冲动经窦神经（舌咽神经的分支，分布于颈动脉体）和主动脉神经（迷走神经分支，分布于主动脉体）传入延髓，反射性地引起呼吸加深、加快和血液循环功能的变化。虽然颈动脉体和主动脉体二者都参与呼吸和循环的调节，但是颈动脉体主要参与呼吸调节，而主动脉体主要参与循环调节。

由于颈动脉体的解剖位置利于研究，所以，对外周化学感受器的研究主要集中在颈动脉体。颈动脉体含有Ⅰ型细胞（球细胞）和Ⅱ型细胞（鞘细胞）。目前认为Ⅰ型细胞具有感受器的作用，Ⅱ型细胞的功能类似神经胶质细胞。Ⅰ型细胞之间或Ⅰ型细胞与窦神经的传入纤维形成突触联系或缝隙连接（图 7-21）。用游离的颈动脉体观察其所感受刺激的性质以及刺激与反应之间的关系时发现，颈动脉体感受器所感受的刺激是 p_{O_2}，而不是动脉血氧含量。此外，p_{O_2} 和 p_{CO_2} 及 H^+浓

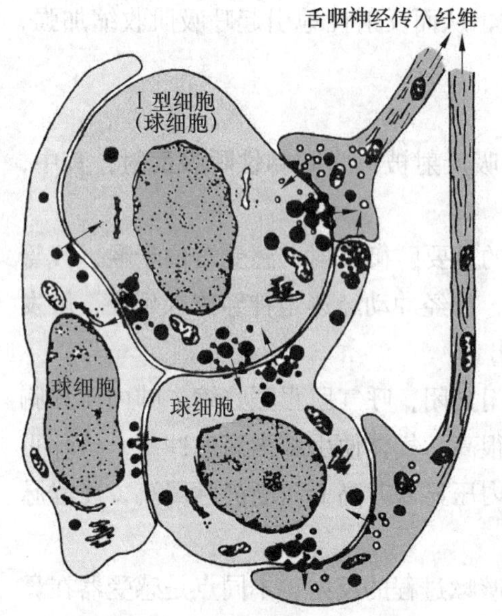

图 7-21　颈动脉体组织结构示意图（显示Ⅰ型细胞）

度三种刺激对化学感受器具有协同作用，即两种刺激同时作用时比单一刺激的效应强，这种协同作用有重要意义，因为机体发生循环或呼吸衰竭时，总是 p_{CO_2} 升高和 p_{O_2} 降低同时存在，它们的协同作用加强了对化学感受器的刺激，从而促进了代偿性呼吸增强反应。

2. 中枢化学感受器

中枢化学感受器位于延髓腹外侧浅表部位，左右对称，可分为头、中、尾三个区（图 7-22A），头区和尾区都有化学感受性，中区虽无化学感受性，但可将头区和尾区的传入冲动向脑干呼吸中枢投射。

中枢化学感受器的生理刺激是脑脊液和局部细胞外液的 H^+，而不是 CO_2。血液中的 CO_2 能迅速通过**血-脑屏障**（blood-brain barrier），扩散进入脑脊液和脑组织内，在碳酸酐酶的作用下，与 H_2O 形成 H_2CO_3，然后解离出 H^+ 和 HCO_3^-，即

在血液中：$CO_2+H_2O \xrightarrow{\text{碳酸酐酶}} H_2CO_3 \longrightarrow H^++HCO_3^-$

通过使化学感受器周围液体中的 H^+ 浓度升高，从而刺激中枢化学感受器，再引起呼吸中枢的兴奋（图 7-22B）。但是，脑脊液中碳酸酐酶含量很少，CO_2 与 H_2O 的水合反应很慢，所以对 CO_2 的反应有一定的时间延迟。血液中的 H^+ 不易通过血-脑屏障，不能进入脑脊液，在血液中 H^+ 与 HCO_3^- 结合形成碳酸，碳酸分解成 CO_2 与 H_2O，CO_2 可通过血脑屏障进入脑脊液和脑组织内，在碳酸酐酶作用下，与 H_2O 形成 H_2CO_3，然后解离出 H^+ 和 HCO_3^-，即

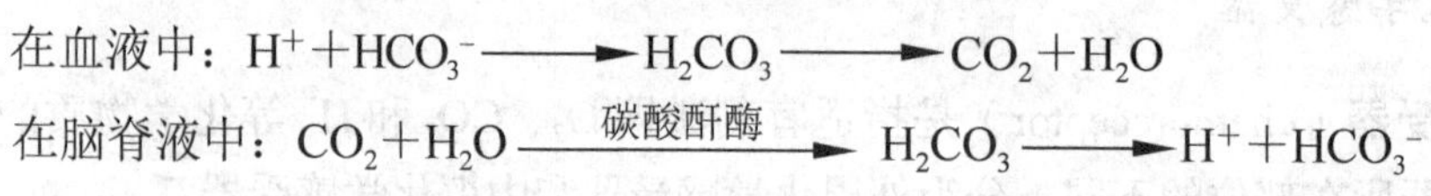

在血液中：$H^++HCO_3^- \longrightarrow H_2CO_3 \longrightarrow CO_2+H_2O$

在脑脊液中：$CO_2+H_2O \xrightarrow{\text{碳酸酐酶}} H_2CO_3 \longrightarrow H^++HCO_3^-$

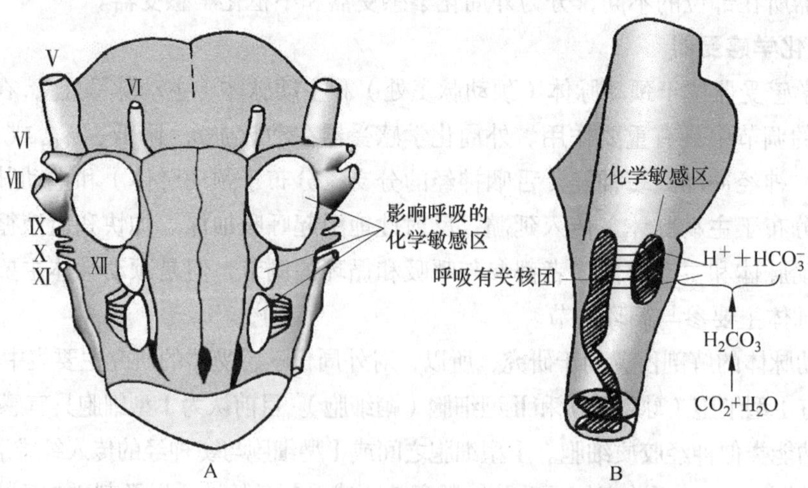

图 7-22　中枢化学感受器（陈义）

A. 延髓腹外侧的三个化学敏感区；B. 血液或脑脊液 p_{O_2} 升高，刺激呼吸的中枢机制

通过使化学感受器周围液体中的H^+浓度升高，从而刺激中枢化学感受器，引起呼吸中枢的兴奋。故血液中H^+浓度的变化对中枢化学感受器的直接作用不大，也较缓慢。

中枢化学感受器与外周化学感受器不同，它不感受缺O_2的刺激，但对CO_2的敏感性比外周化学感受器高，反应潜伏期较长。中枢化学感受器的作用可能是调节脑脊液的H^+，使中枢神经系统有一个稳定的pH环境，而外周化学感受器的作用主要是在机体低O_2时，维持对呼吸的驱动。

（二）p_{CO_2}、H^+和缺O_2对呼吸运动的调节

1. CO_2对呼吸运动的调节

p_{CO_2}是调节呼吸运动最重要的体液因素。当动脉血液p_{CO_2}下降到很低水平时，可出现呼吸暂停，因此，一定水平的p_{CO_2}对维持呼吸和呼吸中枢的兴奋性是必需的。动脉血中p_{CO_2}下降，减弱了对化学感受器的刺激，可使呼吸中枢的兴奋减弱，导致呼吸运动减弱或暂停。当吸入气中CO_2浓度适度增加时（由0.04%升至4%），呼吸将加深加快，促进CO_2排出，使动脉血中p_{CO_2}维持正常水平。当吸入CO_2过量（含量超过7%），导致p_{CO_2}剧升，CO_2蓄积，则使呼吸中枢受到抑制，出现呼吸困难和昏迷等中枢症状，即CO_2麻醉。总之，在一定范围内，动脉血的p_{CO_2}升高可以加强对呼吸的刺激作用，但超过一定限度则有抑制和麻醉效应。

CO_2刺激呼吸是通过两条途径实现的，一是刺激中枢化学感受器后再兴奋呼吸中枢；二是刺激外周化学感受器，神经冲动沿窦神经和迷走神经传入延髓呼吸有关核团，反射性地使呼吸加深、加快，增加肺通气量。在两条途径中以前者为主，因为去掉外周化学感受器的作用之后，CO_2的通气反应仅下降20%左右，可见中枢化学感受器在CO_2通气反应中起主导作用。动脉血p_{CO_2}只需升高0.266kPa（2mmHg）就可刺激中枢化学感受器，出现通气加强反应。如刺激外周化学感受器，则需升高1.33kPa（10mmHg）。而当动脉血p_{CO_2}突然大增时，因为中枢化学感受器的反应慢，此时外周化学感受器在引起快速呼吸反应中可发挥重要作用；当中枢化学感受器受到抑制，对CO_2的反应降低时，外周化学感受器便开始发挥重要作用。

2. H^+对呼吸运动的调节

动脉血液H^+浓度降低时，呼吸运动受到抑制，使肺通气量降低；H^+浓度增高时，呼吸加深、加快，使肺通气量增加。

H^+对呼吸的调节也是通过外周化学感受器和中枢化学感受器两条途径实现的。虽然中枢化学感受器对H^+的敏感性约为外周化学感受器的25倍，但H^+通过血-脑屏障的速度慢，限制了它对中枢化学感受器的作用，所以，H^+对呼吸的调节作用主要是通过外周化学感受器，特别是颈动脉体实现的。

3. 缺O_2对呼吸运动的调节

吸入气p_{O_2}在一定范围内下降（如降至10.6kPa（80mmHg）以下）时，可通过刺激外周化学感受器，反射性地引起呼吸中枢兴奋，使呼吸加深加快和肺通气增加。

缺O_2对呼吸运动的刺激作用完全是通过外周化学感受器实现的，而缺O_2对中枢的直接作用是抑制性的。缺O_2通过外周化学感受器对呼吸中枢的兴奋作用可对抗其对中枢的直接抑制作用。当严重缺O_2时，外周化学感受器的反射效应不足以克服缺O_2对中枢的抑制作用

时，将导致呼吸障碍，甚至呼吸停止。

如患严重肺部疾病时，由于肺换气功能障碍，导致缺 O_2 和 CO_2 潴留，长时间的 CO_2 潴留能使中枢化学感受器对 CO_2 的刺激作用发生适应，而外周化学感受器对缺 O_2 刺激的适应则较慢，这种情况下，缺 O_2 对外周化学感受器就成为驱动呼吸运动的主要刺激因素。在给动物吸入纯 O_2 时，由于解除了缺 O_2 对外周化学感受器的刺激，会引起动物的呼吸暂停，因此，临床上给 O_2 治疗时应予以注意，需吸入含有一定量 CO_2（5%）的 O_2 以维持呼吸兴奋。

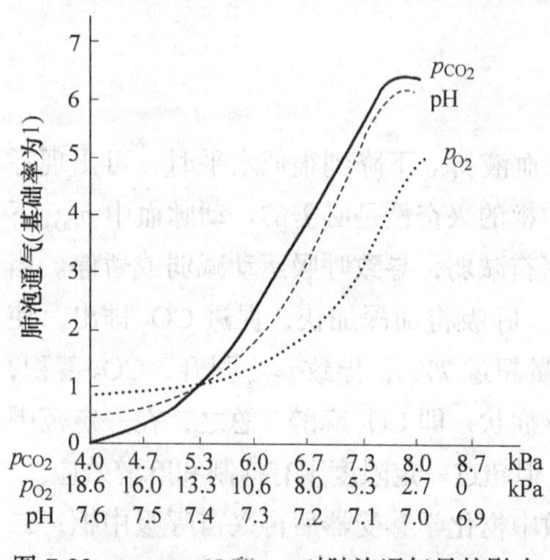

图 7-23 p_{CO_2}、pH 和 p_{O_2} 对肺泡通气量的影响
改变动脉血中三因素之一，维持另外两因素正常

（三）p_{CO_2}、H^+ 和 p_{O_2} 在呼吸运动调节中的相互作用

血液中 p_{CO_2}、H^+ 浓度的升高和 p_{O_2} 的降低，三个因素中只改变一个因素，而保持其他两个因素不变时（图 7-23），三者引起的肺通气效应的程度大致接近，可见 p_{O_2} 的降低对呼吸的影响较慢较弱。在一般动脉血 p_{O_2} 变化范围内作用不大，只有在 p_{O_2} 低于 10.64kPa（80mmHg）以下时，通气量才逐渐增大。与低 p_{O_2} 的作用不同，p_{CO_2} 和 H^+ 浓度只要少许提高，通气量就明显增大，因此，p_{CO_2} 在呼吸运动调节中的作用尤为突出。

在正常生理条件下，血液中 p_{CO_2}、H^+ 浓度的升高和 p_{O_2} 的降低，三者相互影响、相互作用，因此，对呼吸的效应不是单一因素在发挥作用。对肺通气的影响既可因总和作用而增强，也可因相互抵消作用而减弱。如改变一种因素而对另外两种因素不加控制时的情况可见（图 7-24），CO_2 对呼吸的刺激作用最强，且比其单因素作用时更明显，而 H^+ 作用次之，缺 O_2 的作用最弱；p_{CO_2} 升高时，H^+ 浓度也随之升高，两者的作用发生总和，使肺通气反应比单一 p_{CO_2} 升高时更强；H^+ 浓度升高时，因肺通气增加而使 CO_2 排出增加，导致 p_{CO_2} 下降，H^+ 浓度也随之降低，因此，可部分抵消 H^+ 浓度升高的刺激作用，使肺通气量的增加比单因素 H^+ 浓度升高时小。p_{CO_2} 下降时，也因肺通气量的增加，呼出较多的 CO_2，使 p_{CO_2} 和 H^+ 浓度降低，从而减弱缺 O_2 的刺激作用。因此，在实践中必须全面观察和分析，才能得出正确的结论。

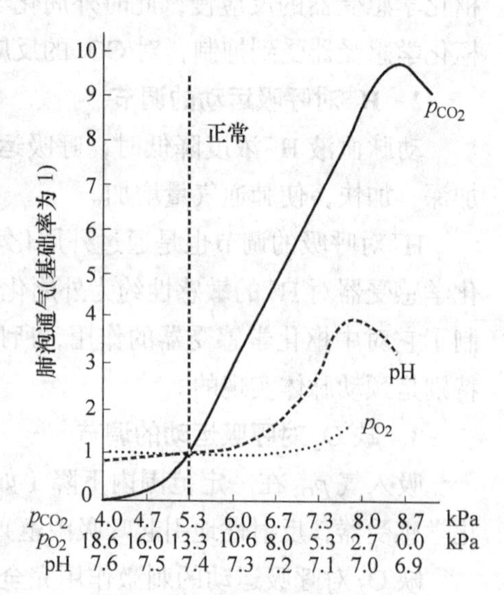

图 7-24 p_{CO_2}、pH 和 p_{O_2} 对肺泡通气量的影响
改变动脉血液中三因素之一，而不控制另外两因素

三、高原对呼吸的影响

高原对呼吸影响的因素是低 O_2。海拔越高，空气越稀薄，p_{O_2} 也越低。在海拔 3500～4500m 高度，大气压降到 66.50～59.85kPa（498.8～448.9mmHg）时，肺

泡内 p_{O_2} 仅为 8.65～7.98kPa（64.9～59.9mmHg），血液中氧饱和度降至 85%～80%。

在平原生活的动物快速移入高原时，动脉血中 p_{O_2} 下降，反射性引起心率和心输出量增加，呼吸加深加快，可暂时缓解缺 O_2 状况。但由于呼吸加深加快可引起肺通气量过大，排出 CO_2 过多，造成呼吸性碱中毒。由于脑脊液中 CO_2 含量不足，H^+浓度下降使呼吸中枢抑制，引起呼吸减弱；另一方面，动脉血中 pH 升高，氧解离曲线左移，也造成组织缺 O_2。动物体内各器官对缺 O_2 的耐受能力不同，脑组织需 O_2 量大，最易受损伤，其次是心肌。

经长期逐渐适应后，移入高原的动物将增强对缺 O_2 的耐受力，组织缺 O_2 得到缓解。动物对高原低 O_2 的这种适应性变化，称为风土驯化。经风土驯化的动物表现出以下生理特点：①长期保持较大的肺通气量，加强肾对 HCO_3^-的排出；②呼吸中枢对 CO_2 的敏感性提高；③血液氧容量增大，运输 O_2 能力增强，这可能与缺 O_2 刺激肾脏产生促红细胞生成素，从而增加血液中红细胞数量和 Hb 含量有关；④红细胞内 2，3- 二磷酸甘油酸（DPG）增加，促使 HbO_2 释放 O_2，解除组织缺 O_2。

（诸葛增玉）

复习思考题

1．胸膜腔负压是如何形成的？胸膜腔负压有何生理意义？

2．机体是如何通过肺换气将静脉血变成动脉血的？机体是如何通过组织换气将动脉血变成静脉血的？

3．叙述血液中 O_2 和 CO_2 的运输过程。

4．叙述肺牵张反射过程。

5．当血液中 CO_2 增多、H^+浓度升高和 O_2 不足时，呼吸运动是如何调节的？

第八章 消化和吸收

本章概述

消化系统的基本功能是对摄入机体的饲料进行消化和吸收，为机体提供必需的能量和营养物质。饲料在消化道内的消化方式主要有咀嚼、吞咽、胃肠运动等机械性消化，唾液、胃液、胰液、胆汁、小肠液及大肠液等消化液参与的化学性消化以及某些胃肠寄生的多种微生物参与的微生物消化。消化分解后的饲料主要在小肠内被吸收。消化系统的活动受中枢植物性神经系统和局部胃肠道内在神经丛以及体液因素的多重调节。

第一节 概　　述

动物在进行新陈代谢过程中，不仅需要从外界环境中摄取氧气，而且还需要不断地从外界环境中摄取各种营养物质，以作为机体活动和组织生长的物质和能量来源。机体所需要的营养物质除水以外，还包括蛋白质、糖类、脂类、无机盐和维生素等。其中，蛋白质、糖类和脂类都属于结构复杂的有机物，不能直接被机体吸收，必须在消化道内经过分解，转变成结构简单、没有种属特异性的小分子物质，才能透过消化道黏膜进入血液循环，供组织细胞利用。将饲料中的各种营养物质转变为能够被机体吸收和利用的小分子物质的过程，称为**消化**（digestion）。经过消化后的小分子物质透过消化道黏膜上皮细胞进入血液和淋巴循环的过程，称为**吸收**（absorption）。消化和吸收是两个相辅相成、紧密联系的过程。不能被消化吸收的饲料残渣，最终以粪便的形式排出体外。

一、消化方式

消化道对饲料的消化作用有下列三种方式：

1. 机械性消化

机械性消化（mechanical digestion）又称**物理性消化**（physical digestion），是指通过消化道肌肉的舒缩活动，将饲料磨碎，并使之与消化液充分混合，以及将食糜不断向消化道远端推送，最终将消化吸收后的饲料残渣排出体外的过程。

2. 化学性消化

化学性消化（chemical digestion）是指消化腺所分泌的各种消化酶和饲料本身含有的酶将饲料中的蛋白质、脂肪和糖类分解成小分子物质的过程。

3. 微生物消化

微生物消化（microbial digestion）又称**生物学消化**（biological digestion），是指由栖居在

畜禽消化道内的微生物对饲料进行发酵分解的过程。此种消化方式对饲料中纤维素、半纤维素和果胶等高分子糖类的消化具有极为重要的意义。

上述三种消化过程具有明显的阶段性，且又相互联系、相互影响和同时进行。机械性消化为化学性消化和微生物消化创造条件，而化学性消化和微生物消化又在一定程度上影响着机械性消化。此外，不同部位的消化道因结构不同，其消化方式也各有侧重，例如，口腔内以机械性消化为主，胃和小肠以化学性消化为主，而单胃动物的大肠和复胃动物（牛羊等）的瘤胃则以微生物消化为主。

二、消化道平滑肌的生理特性

（一）消化道平滑肌的一般特性

在整个消化道中，除口腔、咽、食管大部分（如马食管前端2/3、牛和猪几乎全部）和肛门外括约肌是骨骼肌外，其余部分都是平滑肌。消化道平滑肌具有肌肉组织所共有的生理特性，如兴奋性、传导性和收缩性，但与心肌和骨骼肌相比，又具有其自身的特点。

1. 兴奋性较低、收缩缓慢

消化道平滑肌的兴奋性比骨骼肌低。这是由于消化道平滑肌肌质网不发达，细胞内Ca^{2+}储备不多，而且从细胞外摄取Ca^{2+}的能力也较弱，因此，收缩时其潜伏期、收缩期和舒张期比骨骼肌所占的时间要长得多，而且变化范围很大，收缩缓慢。

2. 较大的伸展性

消化道平滑肌能根据需要作较大的伸展，而不发生张力变化。因此，胃、大肠以及反刍动物的瘤胃等器官可以容纳比自身体积大好几倍的食物，而对胃肠内压力和运动不发生明显影响。

3. 具有持续的紧张性

消化道平滑肌经常保持在一种微弱的持续收缩状态，即具有一定的紧张性。紧张性的存在一方面可使消化道黏膜与食糜紧密接触，有利于消化吸收的进行；另一方面还使消化道各部分保持一定的形态和位置。此外，平滑肌的各种收缩活动也都是在紧张性基础上发生的。

4. 节律性收缩

在适宜的环境中，离体的胃肠道平滑肌仍能进行良好的节律性运动，但其收缩缓慢，节律性也远不如心肌规则。这种节律性收缩起源于平滑肌本身，在体条件下同样受神经系统的调节。

5. 对化学、温度和牵张刺激敏感

消化道平滑肌对电刺激不敏感，但对于牵张、温度和化学刺激特别敏感，轻微的刺激常可引起强烈的收缩。在化学刺激中，尤其对**乙酰胆碱**（acetylcholine，ACh）和**肾上腺素**（epinephrine 或 adrenaline，E 或 AD）更为敏感，亿分之一浓度的乙酰胆碱仍可使兔的离体小肠收缩加强；千万分之一浓度的肾上腺素即可导致肌纤维兴奋性降低，紧张性减弱。此外，消化道对酸、碱、钙盐和钡盐等各种化学刺激也较敏感。其他因素如温度的突然变化和轻度的突然牵拉，都能引起平滑肌强烈收缩。

（二）消化道平滑肌的电生理特性

消化道平滑肌电活动的形式要比骨骼肌复杂得多，其电生理变化大致可分为静息电位、慢波电位和动作电位三种形式。

1. 静息电位

消化道平滑肌的静息电位不稳定，波动较大，其实测值为 −50～−60mV，其产生机制是细胞在静息时，膜主要对 K^+有通透性，除此之外，Na^+内向扩散、Cl^- 外向扩散以及生电性钠泵也发挥一定的作用。由于静息时平滑肌细胞对 K^+和 Na^+的通透性之比约为 10∶1，故静息电位的水平偏低。许多因素可影响到静息电位的水平，如机械牵张刺激、ACh 和迷走神经兴奋等因素都可使电位水平线上移，而去甲肾上腺素和交感神经兴奋则可使电位水平线下移。

2. 慢波电位

消化道平滑肌细胞可自发产生节律性的去极化。电生理学研究表明：在安静状态下，用微电极可在胃肠道纵行肌细胞的静息电位基础上记录到一种缓慢的、大小不等的、节律性去极化波，由于其发生频率较慢而被称为慢波电位，或称**基本电节律**（basal electric rhythm, BER），其波幅变动在 20～30mV 之间，持续 1～4s，频率因消化道部位不同而异。狗胃的基本电节律起源于胃大弯上部的纵行肌，并向幽门方向传导，其波幅和传导速度不断增大，频率为 5 次 /min。十二指肠的基本电节律起源于近胆管（马为肝管）入口处的纵行肌，频率为 20 次 /min。从十二指肠至回肠，基本电节律呈逐步下降趋势。慢波产生的离子基础还不完全清楚，目前认为，它的产生可能与细胞膜上生电性钠泵的周期性活动有关。当钠泵的活动减弱时，从细胞内泵出的 Na^+减少，静息电位变小，膜发生去极化；当钠泵活动恢复时，膜的极化加强，出现慢波的复极化。通常情况下，慢波起源于消化道的纵行肌，以电紧张的形式扩布。如切断支配胃肠的神经或用药物阻断神经冲动后，慢波电位依然存在，表明它的产生可能是肌源性的。慢波本身不引起肌肉收缩，但它可反映平滑肌兴奋性的周期变化。慢波可使静息电位接近于产生动作电位的阈电位，一旦达到阈电位，膜上的电压依从性离子通道随之开放，进而产生动作电位。

3. 动作电位

当慢波电位自动去极化达到阈电位时，会在慢波电位基础上产生一个至数个动作电位。消化道平滑肌的动作电位是单相峰电位，其时程短（持续 10～20ms）、振幅高（可达 60～70mV），常成簇出现，故又称快波电位。快波电位的产生机制与平滑肌细胞膜上的钙通道开放有关，细胞外的 Ca^{2+}经钙通道进入细胞内并引起动作电位。

平滑肌动作电位与神经和骨骼肌动作电位的区别在于：①锋电位上升慢，持续时间长；②动作电位不受钠通道阻断剂的影响，但可被钙通道阻断剂所阻断，这表明它的产生主要依赖 Ca^{2+}的内流；③动作电位的复极化与骨骼肌相同，都是通过 K^+外流实现的。所不同的是，平滑肌 K^+的外向电流与 Ca^{2+}的内向电流在时间过程上几乎相同，因此，锋电位的幅度低，而且大小不等。

平滑肌产生的慢波电位本身并不一定引起动作电位和平滑肌收缩。如果在神经或体液因素的影响下，当慢波电位超过某一临界值时，就可能在慢波的脊上触发一个或多个动作电位，随之出现平滑肌收缩。在每个慢波上所出现动作电位的数目越多，肌肉收缩的幅度就越大。

慢波、动作电位和肌肉收缩的关系可简要归纳为：平滑肌的收缩是继动作电位之后产生的，而动作电位则是在慢波去极化的基础上发生的。因此，慢波电位本身虽不能引起平滑肌的收缩，但却被认为是平滑肌的起步电位，是平滑肌收缩节律的控制波，它决定着胃肠蠕动的方向、节律和速度（图 8-1）。

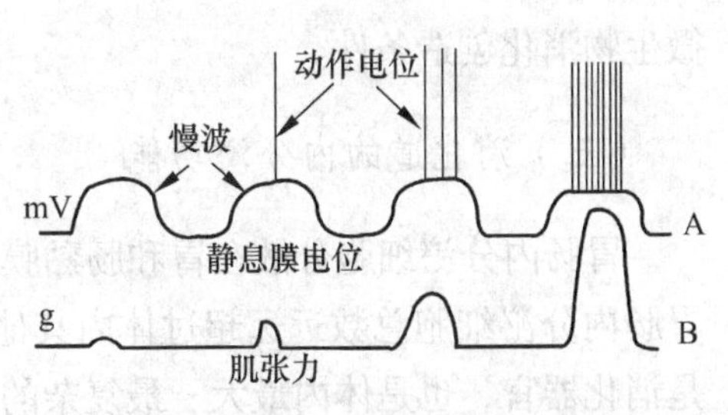

图 8-1 消化道平滑肌的电活动与肌肉收缩的关系

A. 记录的细胞内电位；B. 肌肉收缩

三、消化道的主要功能

消化道是一条自口腔延伸至肛门的肌性管道，它是保证机体新陈代谢正常进行的重要系统之一，主要生理功能是消化食物、吸收营养物质和排出粪便。消化道具有独特的结构特征。消化道的分泌功能受神经和体液因素的调节。

从组织结构上看，消化道从内至外分别由黏膜层、黏膜下层、肌层和浆膜层构成。黏膜层通过直接与消化道内容物接触而参与分泌、消化与吸收；黏膜下层含有结缔组织和其他细胞（如腺体），结缔组织在结构上对黏膜起支持作用，腺体的分泌物则影响黏膜的功能；肌层由环形肌和纵形肌构成，二者决定着消化道的运动。

（一）消化道的运动功能

消化道平滑肌本身具有收缩性，在神经和体液因素的调节下，胃肠道可产生将食物朝一个方向推进的运动（如蠕动）。肠道正常的生理活动是在肠神经系统（外来神经和内在神经）调节下进行的，在消化道的不同区域，不同神经系统对内脏运动支配的程度各异，例如，在口、咽和食管近端的横纹肌直接受外来神经支配。在胃、结肠和食管远中端部分受外来神经支配。外来神经包括交感神经和副交感神经，两者作用相辅相成，共同调节胃肠的功能。交感神经能抑制肠道的运动和分泌功能，而副交感神经可增强肠道的运动和分泌功能。小肠主要受内在神经支配，内在神经包括肌间神经丛和黏膜下神经丛。肌间神经丛可引起小肠的分节运动和蠕动，黏膜下神经丛主要调节小肠的分泌功能。消化道不同部位的调节途径不同，其运动形式主要取决于神经、体液及其他因素的综合作用。

（二）消化道的分泌功能

在消化道附近存在有大消化腺（唾液腺、肝脏和胰腺）和小消化腺（散在于消化道黏膜内的许多小腺体），由消化腺所分泌的各种消化液排入消化道后，对食物进行化学性消化。

消化腺分泌消化液是腺细胞的主动活动过程，一般包括三个步骤：①腺细胞从血液中摄取原料；②在细胞内合成分泌物，经浓缩再以颗粒或小泡等形式储存在细胞内；③腺细胞膜上存在特异性受体，不同的刺激物与相应的受体结合，引起细胞内一系列反应，最终以出胞方式排出分泌物。

消化液的主要成分是水、无机盐和多种有机物，其中，最重要的是各种消化酶。消化液的主要功能有：①消化酶能分解食物中各种复杂的大分子营养物质，使其成为可被吸收的小分子物质；②电解质为各种消化酶提供适宜的环境；③消化液稀释、溶解食物，并调节渗透压；④“黏液 - 碳酸氢盐”屏障能保护消化道黏膜免受理化损伤；⑤参与机体物质代谢，为微生物消化创造条件。

（三）消化道的内分泌功能

胃肠内分泌细胞分散在胃和肠黏膜层内的非内分泌细胞之间。由于胃肠黏膜的面积巨大，胃肠内分泌细胞总数远远超过体内其他内分泌腺中内分泌细胞的总和，因此，消化道不仅仅是消化器官，也是体内最大、最复杂的内分泌器官。

由胃肠黏膜的内分泌细胞合成并分泌的激素统称为**胃肠激素**（gastrointestinal hormone），它们是机体调节系统中一个十分重要的组成部分。现已证明，从胃到大肠的黏膜内，有40多种内分泌细胞。1966年Pearse发现这些内分泌细胞分泌的物质都具有共同的细胞化学特性，即具有摄取胺或胺的前体，又能将其脱羧转变为活性胺（如多巴胺）的能力，这类细胞被称为**APUD细胞**（amine precursor uptake and decarboxylation cell）。目前发现的众多胃肠激素，化学结构都属于肽类，相对分子质量大多在2000～5000，现已知的胃肠激素和肽类有20多种。几种主要胃肠激素分泌细胞的名称、分泌部位和生理作用如表8-1。

表8-1 几种主要胃肠激素分泌细胞的名称、分泌部位和生理作用

胃肠激素	细胞名称	分泌部位	生理作用
促胃液素	G细胞	胃窦、十二指肠	促进胃酸、胃蛋白酶、胰液、胆汁和肠液的分泌；促进食管下端、胃肠和胆囊的运动；促进消化道黏膜增生、DNA和RNA合成以及黏膜血流量增加；促进胰岛素和降钙素的释放
胆囊收缩素	I细胞	小肠上部	促进胆囊、胃收缩；促进远端十二指肠和空肠蠕动；促进胰液、胆汁、胃液分泌，增强胰酶活性；促进胰岛素、胰高血糖素、降钙素的释放，调节胰多肽在肠道和胰液中释放；抑制胃排空
促胰液素	S细胞	小肠上部	促进胃肠、胰腺、肝胆管的水和电解质分泌；加强胆囊收缩素的作用和胰酶的分泌；抑制胃酸分泌和促胃液素释放；抑制胃运动
生长抑素	D细胞	胰岛、胃、小肠、结肠	抑制胃液、胰液分泌；抑制多种胃、肠、胰激素释放
胃动素	M_0细胞	小肠	引起胆囊收缩和十二指肠运动，加强回肠和结肠运动
血管活性肠肽	D_1细胞	消化道、下丘脑、大脑	抑制胃酸、促胃液素分泌及胃运动，刺激胰HCO_3^-、胰酶、胰岛素和肠液分泌
肠抑胃肽	K细胞	小肠上部	引起胰岛素释放，抑制胃酸分泌
蛙皮素	P细胞	结肠	刺激胃液、胰酶、促胃液素分泌，刺激小肠、胆囊、动脉血管平滑肌收缩，血压上升
神经降压素	N细胞	回肠	抑制胃酸、胰岛素分泌，刺激胰高血糖素分泌，血糖升高，血压下降
胰多肽	PP细胞	胰岛、胰腺外分泌部、胃、大肠、小肠	小剂量抑制胃肠运动，大剂量反之；刺激胃酸分泌；抑制胰液分泌
P物质	嗜铬细胞	十二指肠、结肠	刺激胃肠平滑肌收缩；抑制胆汁排出
胰岛素	B细胞	胰岛	降低血糖
高血糖素（胰高血糖素）	A细胞	胰岛	升高血糖

根据胃肠内分泌细胞的形态、结构和所在位置不同，可将它们分为开放型细胞和闭合型细胞两类（图 8-2）。开放型细胞呈锥形，顶端有微绒毛突起伸入胃肠腔内，微绒毛可通过直接感受胃肠内食糜成分和 pH 的改变而引起细胞的分泌活动。胃肠道内分泌细胞大多数是开放型细胞，只有少数位于胃底和胃体泌酸区和胰腺的内分泌细胞是闭合型细胞。闭合型细胞无微绒毛，它们与胃肠腔无直接接触，其分泌可由神经兴奋或局部内环境的变化而引起，与胃肠腔内的食糜成分无关。

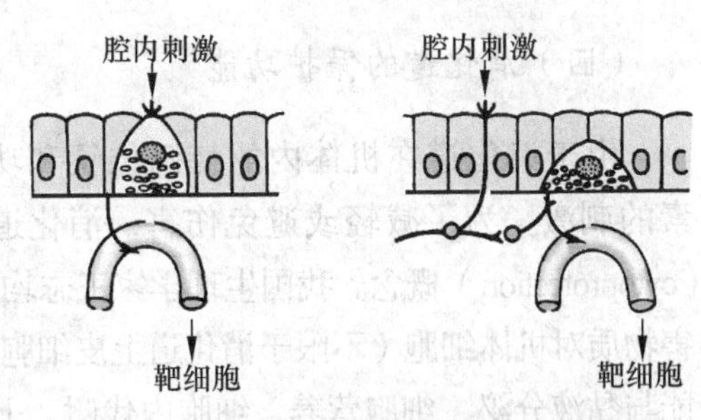

图 8-2 胃肠内分泌细胞形态模式图

胃肠激素经内分泌细胞分泌释放后，作用于相应的靶细胞而产生生理效应，其作用方式有多种（详见第十一章）。胃肠激素是消化道功能中体液调节的主要途径，其生理作用包括：①调节消化腺的分泌和消化道的运动。这一作用的靶器官包括唾液腺、胃腺、胰腺、肠腺、肝细胞、食管和胃括约肌、胃肠平滑肌以及胆囊等。②调节其他激素的释放。食物消化时，从胃肠释放的**抑胃肽**（gastric inhibitory polypeptide，GIP）有很强的刺激胰岛素分泌的作用。③营养作用。一些胃肠激素具有刺激消化道组织代谢和促进生长的作用，称为**营养作用**（trophic action）。例如，促胃液素能刺激胃泌酸腺区黏膜和十二指肠黏膜上 RNA、DNA 和蛋白质的合成，从而促进其生长。④影响免疫功能。胃肠激素对免疫细胞增生及细胞因子的释放、免疫球蛋白的生成、白细胞的趋化与吞噬作用等都有广泛的影响。⑤对肠道水和电解质转运的影响。肠道黏膜下神经丛及其分泌的神经肽能直接调节肠上皮的分泌和吸收。

在脑和胃肠道中还存在着双重分布的肽类，这种双重分布的肽被统称为**脑 - 肠肽**（brain-gut peptide）。经放射免疫分析和免疫细胞化学分析显示，在脑和胃肠道（包括胰腺）中均分离出双重分布的肽类，如 P 物质、神经降压素、生长抑素、胆囊收缩素和促胰液素等；从脑中被分离，胃肠道中也有相应物质的是脑啡肽和内啡肽、促甲状腺素释放激素、增食素和生长素等；从胃肠道中被分离，脑内也有相应物质的是血管活性肠肽、蛙皮素、胰岛素、胰多肽和胃动素等；从其他部分分离出来，脑和胃肠道内也有相应物质的是促肾上腺皮质激素、血管紧张素Ⅱ和生长激素等。脑肠肽的作用途径可分为循环作用和局部作用两大类。循环作用是指在胃肠道上皮细胞发现有产生这些肽的相应内分泌细胞，可在进食或刺激下引起释放，若外源性给予该种肽类物质，其生物效应可复制。局部作用的肽类不出现在血液循环中，只存在胃肠道的内分泌细胞和神经纤维中，通过旁分泌或神经分泌发挥作用。脑肠肽的发现说明神经系统和消化系统之间可能存在某些联系，二者共同调节着消化器官的运动、分泌和吸收功能。

知识卡片

脑肠肽的发现：1931 年**冯·恩勒**（von Enler）和**加德姆**（Gaddum）在研究体内乙酰胆碱分布时意外发现，马脑和小肠提取物都可刺激兔肠道平滑肌收缩，而且这种作用不受阿托品的阻断，证明它不是乙酰胆碱，当时命名为 P 物质。40 年后，这种物质被从脑和肠中分离出来，证明为同一分子，是由 11 个氨基酸残基组成的肽类。因此，将在脑和胃肠道中双重分布的肽类称为脑 - 肠肽。到目前为止，已知的脑 - 肠肽有 20 多种。

（四）消化道的保护功能

由于消化道在机体内的特殊位置和功能，使其不可避免地经常受到体内外多种不良因素的刺激。为了减轻或避免伤害，消化道自我保护便显得极为重要，为此提出了**细胞保护**（cytoprotection）概念。我国生理学家王志均对此概念进行了完善，认为凡具有防止或减轻各种有害物质对机体细胞（不限于消化道上皮细胞）损伤和致坏死能力的作用均被称为细胞保护。它可能与黏液分泌、细胞营养、细胞内代谢、上皮细胞更新以及细胞寿命延长等诸多方面有关。

1. 消化道的细胞保护功能

临床上，许多胃肠道慢性炎症和溃疡性疾病，在一定程度上与胃肠道细胞保护作用的减弱或丧失有关。与消化道细胞保护作用有关的细胞主要有两类：一类是直接细胞保护。最有代表性的是前列腺素的细胞保护作用，它可保护由致坏死性物质如无水乙醇、强酸和强碱产生的胃损伤，这种保护作用不是通过抑制胃酸分泌实现的，而是前列腺素对胃肠黏膜细胞的直接作用，称直接细胞保护。前列腺素的作用包括：促进胃黏膜-碳酸氢盐屏障的建立，防止被其破坏；促进胃黏膜细胞更新，改善黏膜血液供应。此外，前列腺素还对胰细胞和肝细胞具有保护作用。另一类是适应性细胞保护，是指机体摄入低浓度的刺激性物质（如酒精）不足以引起胃黏膜损伤，消化道黏膜可以耐受较高浓度的同类物质或其他刺激性物质的损伤。这是由于较弱刺激激活局部黏膜合成有保护作用的前列腺素和一氧化氮，以及刺激感觉神经，通过增强生长因子表达，进而促进黏膜损伤的愈合。

此外，构成消化道屏障的主要成分（如黏液、碳酸氢盐和上皮细胞）、细胞间的紧密连接以及消化道的血液供应都为细胞保护提供了支持作用。

2. 消化道的免疫功能

胃肠道黏膜处于沟通机体内、外环境的重要位置，具有消化、吸收、分泌和防御等重要功能。机体摄取的食物都含有大量的微生物，其中也包括大量的病原微生物，但是正常个体的肠道中总是保持正常的菌群状态，并不发生感染，从而维持肠道的正常结构和功能状态，其原因除了黏膜的机械屏障作用、常驻菌群形成菌膜屏障以及正常菌群对致病菌和“机会”致病菌的制约作用外，肠道黏膜免疫系统也起着极其重要的作用。

肠黏膜中富含淋巴器官，由淋巴组织和淋巴细胞组成。其数目由前向后逐渐增多，特别是回肠和结肠最多。**肠相关淋巴组织**（gut-associated lymphoid tissue，GALT）由**派伊尔结**（Payer's patches，PP）和**肠系膜淋巴结**（mesenteric lymph node，MLN）组成，肠黏膜免疫细胞分为诱导部位的免疫细胞和效应部位的免疫细胞，前者主要包括**M细胞**（microfold cells）、**树突状细胞**（dendritic cells，DC）、巨噬细胞和肠上皮细胞，主要负责摄取和转运抗原，它们的功能决定了黏膜免疫的效率；后者包括上皮内淋巴细胞和固有层淋巴细胞，传递来的抗原在此被激活而产生抗体和各种免疫因子。肠道黏膜免疫系统同机体其他部位的黏膜（如呼吸道和泌尿生殖道等）可共同形成黏膜免疫系统，肠道免疫可引起全身多处黏膜产生抗体，所以，肠道内壁也是机体最大的免疫器官。

除体液免疫外，肠道黏膜还存在细胞免疫。参与细胞免疫的细胞有毒性淋巴细胞、**ADCC细胞**（抗体依赖细胞介导的细胞毒作用，antibody-dependent cell-mediated cytotoxicity,

ADCC）和**自然杀伤细胞**（natural killer cell，NK 细胞）。因此，在抵抗病原微生物入侵方面，肠道黏膜的体液免疫和细胞免疫均发挥着十分重要的作用。

（五）消化道的血液循环

消化道的血液循环量占心输出量的 1/3，消化道血流量与消化功能密切相关。消化道和脾脏的脉管系统及其血流统称为内脏大循环。内脏血流量受各种因素的精密调节，进食是增加胃肠道各层（特别是黏膜层）血流量的主要刺激因子，受刺激和不受刺激时消化道的血液循环量相差近 8 倍，造成这种现象的主要因素包括饲料所含的热量及营养成分、扩张血管的物质和神经系统对血流量的调节作用等，如胃的血液供应极为丰富，它是胃正常功能发挥的前提。胃直接接受胃左右动脉、胃网膜左右动脉和脾动脉及胃十二指肠动脉等六条动脉的血液供应，另外，还有 6 条二级动脉血管分布其中。进入胃部的血管除小部分分布于胃壁肌层外，大部分穿过肌层后，在黏膜下层形成微动脉血管，并进一步形成毛细血管，丰富的毛细血管缠绕于胃腺周围，继而再向上延伸分布于胃黏膜上皮细胞的基底部，最后汇入静脉。血管的这种分布特点及充足的血液量除有利于胃黏膜上皮细胞和胃腺细胞获得足够的养料、氧气和激素等功能物质外，还有利于上皮细胞获得充足的碳酸氢盐。胃壁内的迷走神经兴奋可间接引起血管舒张和调节胃肠道血流量。交感神经兴奋可直接引起动脉平滑肌强烈收缩，使胃肠道血流量减少，血液重新分配。这一切对维持黏膜上皮的完整性、促进代谢、维持黏膜屏障及其正常生理功能均发挥重要的作用。

（六）消化道功能的整合

在完整的机体内，消化道活动受神经和体液的双重调节，支配胃肠道的神经系统又分局部性胃肠道内在神经系统和中枢性植物性神经系统（图 8-3）。

1. 神经调节

（1）内在神经系统 胃肠道的内在神经系统（图 8-4）是指存在于食管至肛门管壁内的肠

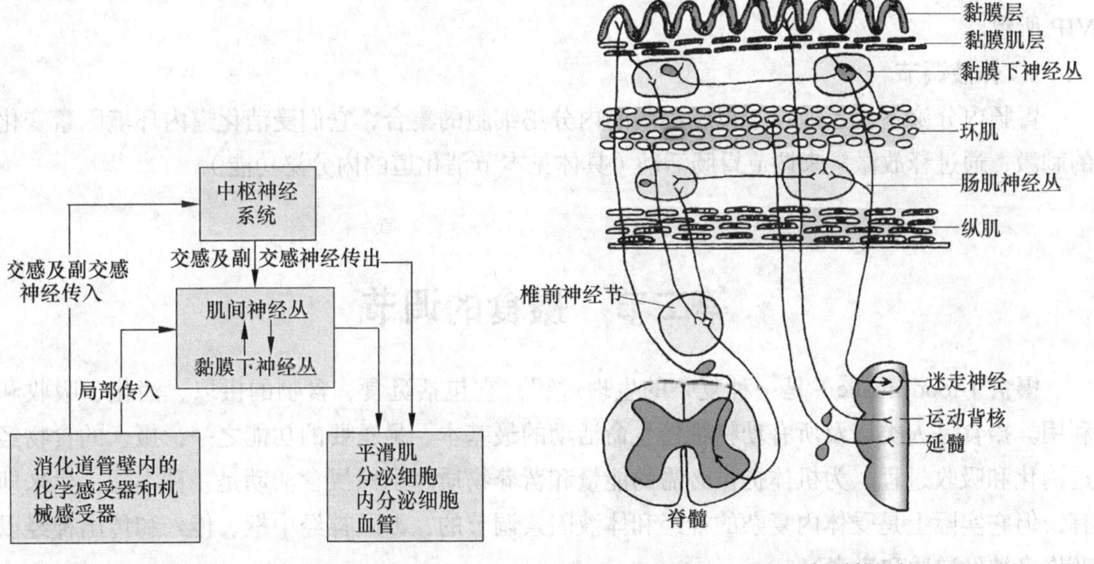

图 8-3 消化道的局部和中枢调节通路

图 8-4 胃肠道的神经支配

神经丛，它又可分为两类：一类是位于胃肠壁黏膜下神经丛（或称 Meissner 神经丛），该神经的运动神经元释放乙酰胆碱和**血管活性肠肽**（vasoactive intestinal poly peptide，VIP），主要调节腺细胞和上皮细胞功能，同时对黏膜下血管具有支配作用；另一类是位于环行肌层与纵行肌层之间的肌间神经丛（或称 Auerbach 神经丛）。肌间神经丛的神经元包括释放乙酰胆碱和 P 物质的兴奋性神经元，以及释放 VIP 和 NO 的抑制性神经元。

内在神经丛包含无数的神经元和神经纤维。据估计，内在神经丛中有 8 亿～10 亿个神经元，包括感觉神经元、中间神经元和运动神经元。内在神经丛的神经纤维（包括进入消化道壁的交感和副交感纤维）则把胃肠壁的各种感受器及效应细胞与神经元相互连接，起着传递感觉信息、调节运动神经元的活动、维持或抑制效应系统的作用。目前认为，消化道管壁内的神经丛构成了一个完整的、相对独立的整合系统，在胃肠活动的调节中具有十分重要的作用。

（2）植物性神经系统　支配胃肠的植物性神经（自主神经）被称为外来神经，包括交感神经和副交感神经。交感神经从脊髓胸腰段侧角发出，经过腹腔神经节、肠系膜神经节或腹下神经节更换神经元后，节后纤维分布到胃肠各部分，主要通过三种纤维影响胃肠的活动：①终止于内在神经元的肾上腺素能纤维；②分布于某些肌束的肾上腺素能纤维；③分布于血管平滑肌的肾上腺素能纤维。由交感神经节后纤维释放至内在神经元表面的去甲肾上腺素，可抑制神经元的兴奋活动，从而抑制其传导。这样由交感神经发放的冲动，可抑制由内在神经丛或迷走神经传递的反射。

副交感神经通过迷走神经和盆神经支配胃肠运动。到达胃肠的神经纤维都是节前纤维，它们终止于内在神经丛的神经元上。内在神经丛的多数副交感纤维是兴奋性胆碱能纤维，少数是抑制性纤维。在这些抑制性纤维中，多数既不是胆碱能，也不是肾上腺素能纤维，它们的末梢释放的递质可能是肽类物质，因而被称为肽能神经纤维。由肽能神经末梢释放的递质不是单一的肽，如 VIP、P 物质、**脑啡肽**（enkephalin）和**生长抑素**（somatostatin，SS）等。目前认为，胃的容受性舒张和机械刺激引起的小肠充血等过程均为神经兴奋释放 VIP 所致。

2. 体液调节

胃肠内分泌系统是散在于胃肠黏膜的内分泌细胞的集合，它们受消化道内环境因素变化的刺激，通过释放激素来调节胃肠活动（具体见本节消化道的内分泌功能）。

第二节　摄食的调节

摄食（food intake）是一种复杂的生理过程，它包括觅食、食物的摄取、消化、吸收和利用。摄食是人类以及所有动物维持生命活动的最基本、最重要的功能之一，摄入的食物经过消化和吸收过程，为机体提供必需的能量和营养物质。虽然摄食活动是一种本能，生来即有，但它实际上是受体内复杂的神经和体液因素调节的，涉及神经中枢、传入和传出神经以及许多神经递质和激素等。

一、摄食的方式

（一）采食

家畜用嘴捕捉食物，并将食物送入口腔的过程称为**采食（foraging）**。尽管不同动物的采食方式不同，但唇、舌和齿是各种动物采食的主要器官。

狗、猫和其他肉食动物通常用前肢按住食物，用门齿和犬齿咬断食物，并依靠头和颈部的运动将食物送入口内。

牛的主要采食器官是舌。其舌面粗糙，运动灵活而强有力，牛舌很长，能伸出口外并将草卷入口内，再用下颌门齿和上颌齿板将草切断，或靠头部的牵引动作来扯断，粥状或散落的饲料也都用舌舔取。

马、驴主要靠唇和门齿采食。马的上唇感觉敏锐，运动灵活。放牧时，上唇将草送至门齿间切断，或依靠头部的牵引动作将不能咬断的草扯断。舍饲时，用唇收集干草和谷粒，舌协助采食。

绵羊和山羊的采食方法与马大致相同。绵羊上唇有裂隙，便于啃食很短的牧草。

猪用鼻突掘地寻找食物，并靠尖形的下唇和舌将食物送入口内。舍饲时，猪依靠齿、舌和特殊的头部动作来采食。

（二）饮水

饮水时，猫和狗将舌浸入水中，卷成匙状，将水送入口中。其他家畜一般先把上下唇合拢，中间留一小缝，伸入水中，然后下颌下降，同时舌向咽部后移，使口腔内形成负压，把水吸入口腔。仔畜吮乳也是靠口腔壁肌肉和舌肌收缩，使口腔形成负压来完成的。

二、摄食中枢

中枢神经系统的不同水平对摄食的调节作用不同。脑干被认为是摄食活动的基本反射中枢；下丘脑对摄食行为的基本反射中枢的强化、抑制和整合起主要作用；边缘系统和新皮层是摄食活动更高级的调节中枢，它不仅直接作用于皮层下结构，而且对维持体内、外环境的平衡发挥更重要的作用。

下丘脑存在**摄食中枢**（feeding center）和**饱中枢**（satiety center）（图 8-5）。摄食中枢在**下丘脑外侧区**（lateral hypothalamus area，LHA），如果破坏摄食中枢，动物则拒绝摄食。饱中枢在**下丘脑腹内侧区**（ventromedial hypothalamus，VMH），如果破坏饱中枢，动物则食欲大增，并逐渐肥胖。

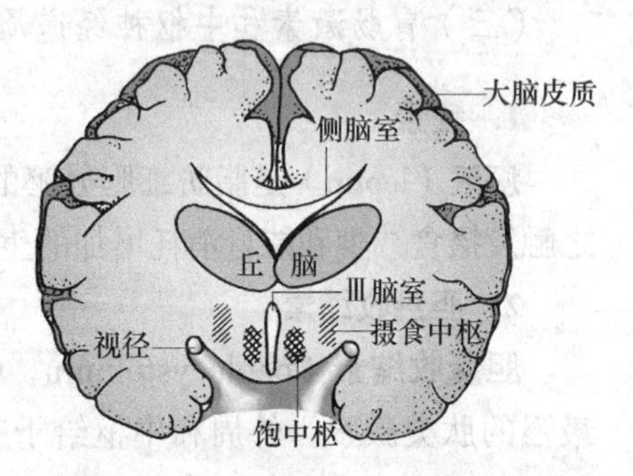

图 8-5 下丘脑摄食中枢和饱中枢的切面示意图（陈义）

杏仁核也参与摄食行为的调节。破坏猫的杏仁核，动物可因摄食过多而肥胖；电刺激杏仁核的基底外侧核群可抑制摄食活动；新皮层可能与摄食的习惯、偏好以及对食物的选择等有关，也可能整合机体的能量代谢和复杂的摄食行为模式。

三、调节摄食的因素

动物机体内有功能比较完善的摄食系统，执行着摄食行为和功能。驱使动物摄食的因素是饥饿，而体内物理、化学因素传达相关信息到达大脑的某些与饥饿有关的中枢，大脑可通过自上而下的机制控制动物的摄食行为，既可以增加摄食，又能对摄食起抑制作用。调节摄食的因素包括营养性调节、消化性调节和胃肠激素、中枢神经递质以及激素调节等。

（一）营养性调节

摄食调控是一个极其复杂的过程，总的来说，主要取决于机体能量的需要。动物的能量储存是相对稳定的，如果动物长期饥饿后摄食不限量，其进食量比原来大得多。反之，如果强迫其进食，几周后再让其自愿进食，则摄食量减少。营养性调节可使体重长期保持相对恒定，属于长期性调节。控制摄食中枢活动的营养因素有：①血糖浓度降低影响进食。当血糖水平下降很低时，引起动物增加摄食，使血糖浓度逐渐达到正常水平。②血中氨基酸浓度升高时，摄食减少，而血中氨基酸浓度减少时，则摄食增加。但是一般来说，这种效应要弱于葡萄糖恒定机制的作用。③摄食程度与身体的脂肪组织的量成正比。研究发现，血中游离氨基酸的平均浓度直接与身体内脂肪组织的量成正比，因此，游离氨基酸或其他类似的脂肪代谢物，可能对摄食起负反馈的调节作用。④动物暴露在冷环境中，倾向于过量摄食，如果暴露在热环境中，则摄食减少。这是由于下丘脑内的温度调节系统和摄食调节系统之间相互作用的结果。

（二）消化性调节

消化性调节与食物对消化道的直接作用以及每天吸收及消耗的能量有关，属于短期性调节。除习惯外，与消化道有关的短时生理刺激也可改变机体对食物的摄食欲望，例如，当胃肠道特别是胃和十二指肠膨胀时，其信号可暂时抑制摄食中枢，降低对食物的欲望，这种效应依赖于迷走神经传递的感觉信号。另外，腹部扩张的躯体感觉信号也对摄食起到一定的调节作用。

（三）胃肠激素和中枢神经递质的调节

1. 瘦素

瘦素（leptin）是脂肪细胞分泌的一种激素，通过血脑屏障，发出脂肪储存饱和信号，随之触发摄食减少和能量消耗增加的生理过程，是重要的摄食调节外周信号。

2. 胆囊收缩素

胆囊收缩素（cholecystokinin，CCK）广泛分布于胃肠道和脑组织中，是抑制摄食作用最强的肽类激素。外周和中枢给予 CCK 能产生相似的饱感作用，这说明 CCK 可能通过中枢和外周两种途径抑制动物摄食。目前认为，CCK 抑制摄食效应主要是通过 CCK-A 受体介导的。

3. 去甲肾上腺素

去甲肾上腺素（norepinephrine，NE）是参与摄食调控的经典神经递质。将NE晶粒通过导管置于大鼠的下丘脑外侧区，可引起大鼠剂量依赖性的摄食增加。将NE放置到LHA前，预先静脉注射肾上腺素能阻断剂可完全阻断NE引起的摄食效应。有学者认为，NE增加动物摄食，是通过α受体介导的，若NE与β受体结合，则动物摄食减少。因此，NE作用于下丘脑的不同部位或与不同的受体结合对动物摄食的影响是不同的。

4. 神经肽Y、糖皮质激素和胰岛素

神经肽Y是联系机体感受器和效应器的一个重要信号，它产生于下丘脑弓状核，并通过轴突转运到室旁核。脑室注射神经肽Y可显著增加动物的摄食量，并抑制交感神经的活动和热量产生，使体重增加，而神经肽Y基因缺失的动物仍可表现正常的摄食行为及储脂能力。许多研究表明，糖皮质激素、胰岛素和神经肽Y在促进动物摄食方面有显著的相关性。研究还发现，脑室注射神经肽Y可显著增加大鼠血浆胰岛素水平，而肾上腺切除的大鼠则无此效应。同时发现神经肽Y受体在肾上腺切除的大鼠**下丘脑腹内侧核**（ventromedial hypothalamic nucleus，VMN）中的表达显著下降，而在室旁核和弓状核的表达不受影响，这一结果提示中枢给予神经肽Y可导致胰岛素释放增多，糖皮质激素的作用在神经肽Y引起的胰岛素释放机制中是必需的，该机制与VMN神经元关系密切。

5. 5-羟色胺

外周或下丘脑注入5-羟色胺（5-HT）可使动物摄食量和摄食次数显著减少。中枢神经系统5-HT受一些外周饱食因子（如CCK）在血中浓度的影响。5-HT与瘦素协同抑制摄食的作用机制是：5-HT是短期作用于饱信号整合网络的成分之一，而瘦素是长期能量储存的一个激素信号，两者都调节神经肽Y的活动。

6. 增食素

增食素（orexin）是1998年新发现的一种神经肽，主要功能是刺激摄食。主要分布于下丘脑外侧区、背内侧核、穹隆周区和下丘脑后区等部位。有人发现增食素A可持续刺激摄食，增食素B对摄食的促进作用具有偶然性，但这两种肽的增食作用都显著小于神经肽Y。

7. 黑素皮质素

黑素皮质素（melanin cortexin，MC）类肽参与摄食和能量的调节，在维持能量的内环境稳定中发挥中心通道的作用。它们主要由瘦素激活，包括**刺鼠相关肽**（agouti-related peptide，AGRP）、**α-促黑激素**（melanocyte-stimulating hormone，MSH）及MC-3和MC-4两种受体。AGRP可抑制MC-4的活性，拮抗a-MSH对MC-4的激动效应，使动物出现肥胖。瘦素水平升高可诱导弓状核中a-MSH前体POMC的表达，使a-MSH分泌增加，激活MC-4受体，抑制动物摄食，脂肪组织减少，继而瘦素水平下降，构成一个反馈调节。

8. Ghrelin

Ghrelin是一种新发现的含有28个氨基酸的生长激素释放肽，为生长激素促分泌素受体（GHS-R）的内源性配体，GHS-R有1α和1β两种亚型。当ghrelin与其特异性受体（GHS-R）结合后会产生一系列生物学效应，主要包括。①促进生长激素（GH）的分泌。体内和体外实验均已证实，ghrelin能显著促进GH的分泌作用。②增加食欲，调节能量代谢。给小鼠脑室内和外周注射 ghrelin，可强烈刺激小鼠食欲，减少能量消耗，增加体重，甚至增加生长激素缺乏时的食欲。③对胃肠道的影响。研究发现 ghrelin 的结构与胃动素相类似，ghrelin 在外周或中枢均参与对胃肠生理活动的调节。

9. 乙酰胆碱

研究表明，ACh 可以通过边缘系统的许多结构，促进动物摄食。目前，与摄食调节有关的递质和脑肽仍然是该领域的研究热点。此外，抑制摄食的物质还有**蛙皮素**（bombesin）、**神经降压素**（neurotensin，NT）、**促肾上腺皮质激素**（adrenocorticotropic hormone，ACTH）、**促肾上腺皮质激素释放因子**（corticotropin-releasing factor，CRF）、**生长抑素**、**胰高血糖素**（glucagon）和**肥胖抑制素**（obestatin）等。肥胖抑制素可以抑制 ghrelin 对食欲增加和空肠收缩的刺激作用，有学者认为肥胖抑制素是 ghrelin 的拮抗肽，因此，将其也称为“反 ghrelin”激素。

第三节 口腔消化

各种动物的消化过程都始于口腔。口腔消化过程包括咀嚼、分泌唾液、形成食团以及吞咽。饲料在口腔内停留的时间很短（为 15～20s），主要为物理性消化。由于唾液的作用，饲料中的某些成分还可在口腔内发生化学变化。

一、咀嚼

咀嚼（mastication）是在颌部、颊部肌肉和舌肌的配合运动下，用上下臼齿将食物机械磨碎，并混合唾液的过程，是消化过程的第一步。马在饲料咽下前咀嚼充分；反刍动物采食时咀嚼不充分，待反刍时再咀嚼；肉食动物咀嚼不完全，一般随采随咽。咀嚼的次数和时间与饲料的性状有关，一般湿的饲料比干的饲料咀嚼次数少，时间较短。由于咀嚼时，咀嚼肌活动增强，消耗大量能量，因此，有必要对饲料进行预先加工，以提高饲料利用率。

咀嚼的生理意义：①将饲料切断、磨碎，增加与消化液的接触面积，尤其是可破坏植物细胞的细胞壁，暴露其内容物，以利于消化；②便于磨碎后的饲料与唾液充分混合，湿润和润滑饲料，形成食团，便于吞咽；③咀嚼动作可以刺激口腔内的各种感受器，反射性引起消化腺的分泌和胃肠运动，为随后的消化做准备。

二、唾液的分泌

口腔的化学性消化是在唾液的作用下实现的。**唾液**（saliva）是三对大唾液腺和口腔黏膜表面分布的许多**小颊腺**（buccal glands）的混合分泌物。**腮腺**（parotid gland）由浆液细胞组成，分泌不含黏蛋白的稀薄唾液；**颌下腺**（submaxillary gland）和**舌下腺**（sublingual gland）由浆液细胞和黏液细胞组成，分泌含有黏蛋白的水样唾液；口腔黏膜中的小颊腺由黏液细胞组成，分泌含有黏蛋白的黏稠唾液。

（一）唾液的性质和成分

唾液是无色、无味、近于中性的透明黏稠液体，呈弱碱性，不同动物的 pH 差别较大，如猪为 7.32，狗和马为 7.56，反刍动物为 8.2 或稍大。

唾液中含有大量水分（约 99%）、少量的无机物（约 0.8%）与有机物（约 0.2%）。无机物种类很多，但以 Na^+、K^+、Cl^- 和 HCO_3^- 为基本成分，其中，K^+和 HCO_3^- 的含量特别高，甚至高于血浆中的浓度，而 Na^+和 Cl^- 则相对较低。各类动物间唾液的组成差异很大，且在分泌过程中也有变化。非反刍动物（如狗）的腮腺和颌下腺在基础分泌时产生的唾液含有机物较少，一般为低渗液。当分泌增加时，Na^+、Cl^- 和 HCO_3^- 的浓度显著上升，最高可接近等渗状态。在任何情况下，反刍动物分泌的唾液都含有较多的碳酸氢盐和磷酸盐，呈等渗状态，且具有较强的缓冲能力，但随着分泌速度的加快，碳酸氢盐的含量增加而磷酸盐的含量相对减少，因此，反刍动物的唾液在任何时候都具有较高的缓冲能力。

唾液中的有机物主要为黏蛋白、唾液淀粉酶、溶菌酶和免疫球蛋白等。但不同动物含有的有机物却不尽相同。如猪和鼠唾液中含有 α- 淀粉酶，它能水解淀粉主链中的 α-1，4 糖苷键。肉食动物和牛、羊、马的唾液中一般不含淀粉酶，但哺乳期幼畜（如牛犊）的唾液中含有消化脂肪的舌脂酶。在狗和猫等动物的唾液中还含有微量的溶菌酶。此外，唾液中还含有多种激素（如性激素等），其含量会随着生理状态的改变而变化。

唾液的生理功能主要包括：①湿润口腔和饲料，便于咀嚼和吞咽；②溶解饲料中的可溶性成分，刺激味觉引起消化道各器官的反射活动；③唾液淀粉酶在接近中性的条件下，可水解淀粉为麦芽糖，食团进入胃还未被胃液浸透前，这些酶仍可继续起作用；④反刍动物唾液中高浓度的碳酸氢盐和磷酸盐具有强大的缓冲能力，能中和瘤胃内微生物发酵所产生的有机酸，借以维持瘤胃内适宜的酸碱度，保证微生物的正常活动；⑤哺乳期幼畜唾液中含有的舌脂酶，能分解乳脂产生的游离脂肪酸；⑥唾液能冲淡、中和或洗去口腔中的饲料残渣和异物，洁净口腔；⑦某些动物在高温季节可分泌大量稀薄唾液，通过蒸发唾液来调节体温；⑧反刍动物可随唾液分泌大量的尿素进入瘤胃，参与机体的尿素再循环，减少氮的损失；⑨进入体内的某些异物或药物可随唾液的分泌进行排泄；⑩唾液中溶菌酶具有杀菌作用。

（二）唾液分泌的调节

唾液分泌完全受神经的反射性调节，包括非条件反射和条件反射。

非条件反射是指饲料进入口腔后，饲料的味道、粗糙程度等刺激味蕾、口腔和咽的机械、化学及温度等感受器，使兴奋沿传入纤维（在舌神经、面神经、舌咽神经和迷走神经中）到达中枢，再由传出神经到达唾液腺，引起唾液的分泌。唾液分泌的初级中枢在延髓，高级中枢分布于下丘脑和大脑皮质等处。传出神经为副交感神经和交感神经，但以副交感神经为主。支配唾液腺的副交感神经有两支：一支经面神经的鼓索支来支配舌下腺和颌下腺；一支经舌咽神经的耳颞支到达腮腺。副交感神经节后纤维释放乙酰胆碱，与腺细胞膜上 M 受体结合，引起细胞内 IP_3 释放增加，激活细胞钙库使其释放 Ca^{2+}（图 8-6）。其结果导致：①使腺细胞内黏蛋白的合成和分泌增多；②使肌性上皮细胞收缩；③使唾液腺血管舒张，血流量增加，从而使唾液生成增多；④使腺细胞代谢增强，刺激腺细胞分泌水分和无机盐类。副交感神经兴奋时，颌下腺分泌大量含黏蛋白的唾液，腮腺分泌大量稀薄的水样唾液，唾液的总分泌量增多。支配唾液腺的交感神经发自胸部脊髓（第1～3胸椎），交感神经节后纤维释放去甲肾上腺素，与腺细胞膜上β受体结合，引起细胞内cAMP释放增加，使唾液分泌增加。交感神经兴奋，分泌的唾液量不大，但黏液和蛋白含量较高。总的来讲，交感和副交感神经都能促进唾液的分泌，二者具有协同作用。

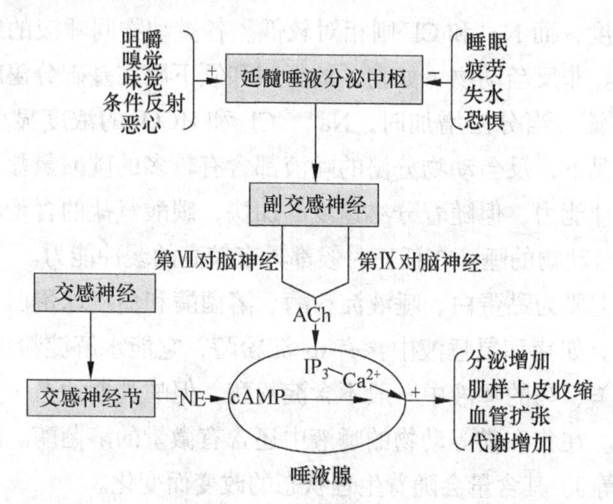

图 8-6　唾液分泌的神经调节

条件反射是指动物进食前，饲料的形、色、味以及采食时的周围环境等各种信号，可以建立条件反射并引起唾液的分泌，其传入神经在第Ⅰ、Ⅱ和Ⅷ对脑神经中。

（三）各种动物唾液分泌的特点

猪和马都是单胃动物，平时唾液分泌很少，采食时分泌量显著增加。腮腺仅在采食时分泌，非采食期间，腮腺停止分泌，但颌下腺仍有分泌。各种动物一昼夜唾液的分泌量往往受饲料种类的影响，不同种类和性质的饲料，引起唾液分泌的量不同。如马吃干草时，唾液的分泌量约为干草重量的四倍，而吃青草时唾液的分泌量仅为青草重量的一半。猪的唾液中有唾液淀粉酶，而马的唾液中唾液淀粉酶含量很少，但当饲喂小麦麸或谷类饲料时，腮腺分泌唾液的含酶量则显著增加（表8-2）。

表 8-2　不同动物的唾液分泌特点

动物种类	一昼夜分泌量 /L	进食时才分泌	连续分泌
猪	15	腮腺	颌下腺
马	40	腮腺	颌下腺
牛	100～200	舌下腺、颌下腺	腮腺
绵羊	8～13	舌下腺、颌下腺	腮腺

反刍动物的唾液分泌量很大，且腮腺呈连续性分泌。即无论在休息、采食，还是反刍时腮腺都分泌唾液，颌下腺和舌下腺一般只在采食时分泌，而反刍和休息时则停止分泌。此

外，唾液的分泌还受消化道其他部位的反射性调节，如反刍动物瘤胃内的压力增加和化学感受器受到刺激时，都可引起腮腺的不断分泌。

三、吞咽

吞咽（deglutition）是由口腔、舌、咽和食管肌肉共同参与的一系列复杂的反射性协调运动，是食团从口腔进入胃的过程。按食团经过的顺序，可将吞咽动作分为三个时期（图 8-7）：

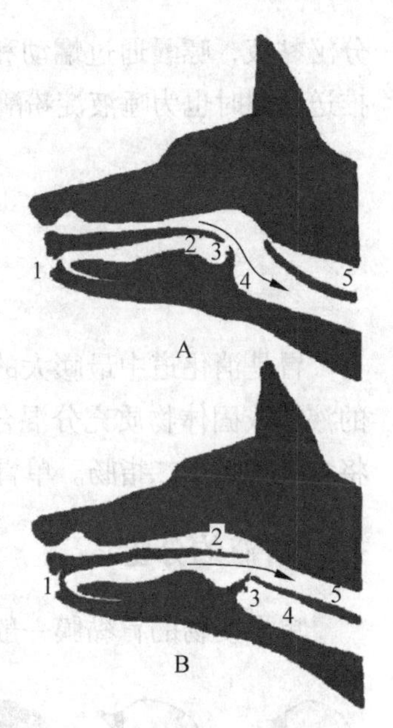

图 8-7 吞咽动作模式图

A. 休息时；B. 吞咽时

1. 口腔；2. 软腭；3. 会厌软骨；4. 喉头；5. 食管

1. 口腔期

指食团由口腔到咽的过程。饲料经咀嚼形成食团后，在大脑皮质参与下，由舌压迫食团向后移送。食团到达咽部时，刺激该部的感受器而启动吞咽反射。这是一个受意识控制的随意运动过程。因此，口腔期也称为随意期。

2. 咽期

指食团由咽到食管上端的过程。食团刺激软腭、咽部和食管等处的感受器，兴奋经迷走神经、舌咽神经和三叉神经将信息传入延髓中枢，再经存在于三叉神经、迷走神经、面神经和舌下神经中的传出神经将信息传出，并立即发动一系列的肌肉反射活动。引起软腭上举并关闭鼻咽孔，阻断口腔与鼻腔的通路，防止饲料进入气管或鼻腔；喉头升高向前紧贴会厌软骨，封闭咽与气管的通道，使呼吸暂停；食管括约肌舒张，将食团迅速挤入食管。

3. 食管期

指食团由食管上端下行至胃的过程。这个过程是由食管蠕动实现的，是一种反射性活动。当食团到达食管上端时，刺激软腭、咽部和食管等处的感受器，兴奋经迷走神经、舌咽神经和三叉神经将信息传入延髓中枢，传出冲动经迷走神经传到食管而引起食管 - 胃括约肌舒张，食管产生由上而下的蠕动，将食团推入胃内。食管蠕动有两种类型：一种是原发性蠕动，是由吞咽动作诱发的，起始于咽部并传送到食管的连续蠕动；另一种是继发性蠕动，是由食团扩张食管引起的蠕动。继发性蠕动的生理意义在于加强原发性蠕动的推进力，并清除停留在食管中的残留物。

吞咽液体时，主要靠吞咽动作的压力，使液体由咽部流入食管末端。液体在食管末端暂时停留，当蓄积到一定量时，反射性地引起贲门开放，使液体流入胃内。

四、嗉囊内的消化

鸟类食管的后段暂时储存食物的膨大部分称为嗉囊。食物在嗉囊里经过润湿和软化，再被送入腺胃和砂囊，更有利于食物的消化。嗉囊有单个的（如鸡），或成对而横位扩张（如鸠）。麝雉的嗉囊壁为肌肉质，对其中的粗糙树叶能起到一定的机械磨碎作用。鸭和鹅虽无嗉囊，但食管在该处略呈纺锤状膨大。鸽的嗉囊在育雏期间能分泌乳汁，称“鸽乳”，用以哺育雏鸽。

嗉囊的运动主要依靠嗉囊壁肌肉的收缩活动完成。另外，嗉囊壁含有丰富的黏液腺，能分泌黏液，嗉囊通过蠕动和排空两种运动方式使黏液润湿饲料，并与饲料充分混合后向胃内推送，同时也为唾液淀粉酶和微生物的生存提供了适宜的环境。

第四节 单胃消化

胃是消化道中最膨大的部分，具有暂时储藏、消化、吸收和内分泌等功能。胃能将摄取的液体或固体物质充分混合，有利于将固体食物消化成小颗粒，形成食糜，并借助胃的运动将食糜排入十二指肠。单胃动物的胃内消化主要有机械性消化和化学性消化两种方式。

一、胃液的分泌

单胃动物的胃黏膜一般可分为贲门腺区、胃底腺区和幽门腺区三部分（图8-8），有的动物如马、猪和大鼠在近贲门区的食管端还有无腺体区，无腺体区实际是食管的延续和膨大部分，该区覆盖一层扁平上皮细胞，可能是食糜进行发酵的部位。贲门腺为黏液腺，分泌碱性黏液，可保护食管处的黏膜免受胃酸的损伤。胃底腺是胃的主要消化腺，占据整个胃底部，由主细胞、壁细胞和黏液细胞组成，分别分泌胃蛋白酶原、盐酸和黏液。此外，壁细胞还分泌内因子，该物质与小肠吸收维生素B_{12}有关。幽门腺分布于幽门部，可分泌碱性黏液。胃液即是由这三种腺体和胃黏膜上皮细胞的分泌物共同组成的。胃黏膜内还含有一些内分泌细胞，除了位于幽门腺区分泌促胃液素的G细胞外，还有分泌生长抑素的D细胞、分泌胰多肽的PP细胞和分泌组胺的肥大细胞。

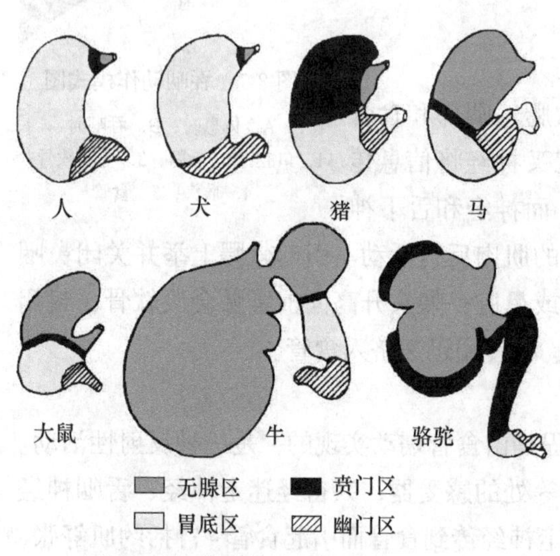

图8-8 各种动物胃黏膜的类型和分布

（一）胃液的性质、成分及其作用

胃液是由多种细胞分泌的无色、透明的强酸性混合液，pH为0.5～1.5，含水量为91%～97%。胃液中的主要成分是盐酸、胃蛋白酶原、黏液、碳酸氢盐和内因子等。

1. 盐酸

通常所说的胃酸即为盐酸，由壁细胞分泌后，小部分与黏液中的有机物结合，称为结合酸。大部分以游离方式存在，称为游离酸。二者合称为总酸。胃液中的盐酸含量通常以毫摩尔（mmol）为单位。

盐酸的主要生理作用是：①激活胃蛋白酶原，并提供胃蛋白酶所需的酸性环境；②使蛋白质膨胀变性，便于胃蛋白酶的水解；③抑制和杀灭随饲料进入胃内的微生物，维持胃和小肠的相对无菌状态；④盐酸进入小肠后，可促进胰液、胆汁和小肠液的分泌，并刺激小肠运动；⑤盐酸所造成的酸性环境有助于小肠中铁和钙的吸收，因此，盐酸分泌不足时可引起食欲不振、腹胀、消化不良和贫血等症状。若盐酸分泌过多，对胃和十二指肠黏膜有侵蚀作用，会成为胃溃疡的诱因之一。

壁细胞分泌盐酸的基本过程如下所述（图 8-9）：

胃液中H^+的最大浓度可达150～170mmol/L，比血液中H^+浓度（0.0005mmol/L）高300万～400万倍。Cl^-浓度比血液中高1/3。因此，壁细胞分泌H^+是逆着巨大的浓度梯度进行的，因此，需要消耗大量的能量。盐酸中的H^+来自壁细胞胞浆内的H_2O解离产生的H^+，借助于壁细胞分泌小管膜上的H^+-K^+ATP酶的作用，H^+被主动转运到小管腔内，而OH^-则留在细胞内，由代谢产生或来自血液中的CO_2进入壁细胞后，在碳酸酐酶的催化下与H_2O结合生成H_2CO_3，随后迅速解离成H^+和HCO_3^-，H^+与H_2O解离后留在细胞内的OH^-中和生成水，而HCO_3^-则与血液中Cl^-交换，HCO_3^-通过扩散作用进入血液与Na^+结合成$NaHCO_3$，从而提高了血液和尿的pH。Cl^-从血浆进入壁细胞，并依靠壁细胞膜上的Cl^-泵，将Cl^-主动转运到小管腔，与H^+形成盐酸，当需要时再由壁细胞分泌入胃腔。

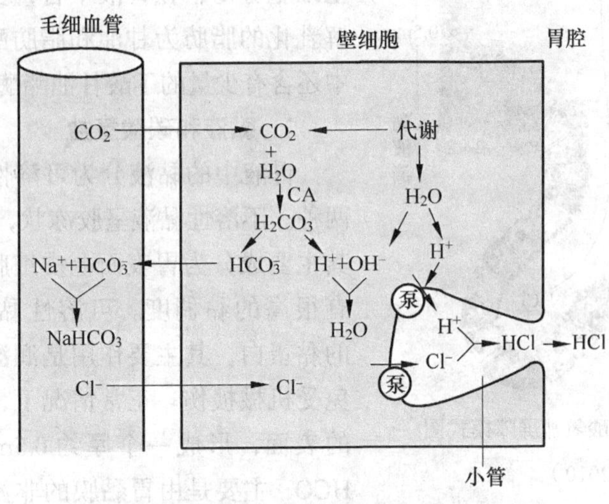

图 8-9 壁细胞分泌盐酸的基本过程（陈义）

CA：碳酸酐酶

知识卡片

胃酸的发现：1752 年意大利学者列莫在研究鹞的食谱时发现，这种猛禽在吞食小鸟后，能将不消化的东西吐出来，于是列莫将一块海绵装进钻有许多小孔的金属容器里，随之强迫鹞吞进这些金属容器。不久，鹞将容器吐了出来，列莫看到金属容器并无变化，而海绵却潮湿了，比当初重了近 5 倍。他将海绵里的汁水挤到杯子里，用舌头舔和用化学试纸测试，都证明汁水是酸性的。当把肉或骨头放进去，它们能被溶解掉一些。于是列莫声称食物之所以消化，与酸性汁水有关。此前人们一直认为食物之所以被消化，是由于腹中“磨子”的功劳。直到 100 多年前，化学家才弄清胃中的酸性汁水就是腐蚀性很强的盐酸。不过，胃中的盐酸浓度很低，只有标准盐酸的 5%，是一种稀盐酸。

2. 胃消化酶

胃液中的消化酶主要有胃蛋白酶原、凝乳酶和胃脂肪酶等。

（1）**胃蛋白酶原**（pepsinogen）主要由主细胞合成和分泌，刚分泌出来时，以无活性的胃蛋白酶原形式存在于主细胞内，分泌入胃腔后，经盐酸激活成为有活性的胃蛋白酶。后者也可激活其他胃蛋白酶原，称为自身激活作用。此外，黏液颈细胞、胃底腺的黏液细胞以及十二指肠近端的腺体也能分泌少量的胃蛋白酶原。胃蛋白酶作用的最适 pH 为 1.5~2.5，但在 pH 低于 6 的酸性环境中也具有活性，当 pH 大于 6 时，酶将失活。在胃蛋白酶的作用下，蛋白质被分解为朊和胨，以及少量的多肽和氨基酸。

（2）凝乳酶　幼小动物在哺乳期时，胃液中存在**凝乳酶**（rennin），刚分泌的凝乳酶为无活性的酶原，在酸性条件下被激活，激活的凝乳酶可将乳中的酪蛋白原转变为酪蛋白，然后与钙离子结合成不溶性酪蛋白钙，使乳汁发生凝固，这样可延长乳汁在胃内的停留时间，利于乳汁在胃内的消化。

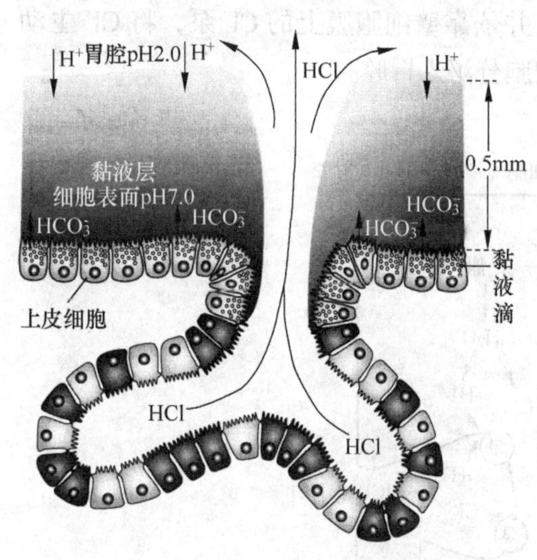

图 8-10　胃黏液 - 碳酸氢盐屏障模式图（姚泰，2010）

（3）胃脂肪酶　**胃脂肪酶**（gastric lypase）由主细胞分泌，在胃液中含量少，活性弱，只能分解乳化的脂肪为甘油和脂肪酸。在肉食动物胃液中还含有少量的丁酸甘油酯酶。

3. 黏液和碳酸氢盐

胃液中的黏液分为可溶性黏液和不溶性黏液两种。不溶性黏液呈胶冻状，覆盖于胃黏膜表面，其主要成分为胃表面上皮细胞分泌的糖蛋白，具有很高的黏稠度。可溶性黏液由黏液细胞分泌的黏蛋白，其主要作用是润湿食物，保护胃黏膜免受机械损伤。正常情况下，黏液覆盖在胃黏膜的表面，形成一个厚约 0.5mm 的凝胶层。胃内 HCO_3^- 主要是由胃黏膜的非泌酸细胞分泌，少量从组织间液渗入到胃腔，在胃内与黏液形成**黏液 - 碳酸氢盐屏障**（mucus-bicarbonate barrier）（图 8-10）。

知识卡片

黏液 - 碳酸氢盐屏障的作用：胃黏膜处于高酸和胃蛋白酶的环境中而不被消化，其主要因为是由于黏液 - 碳酸氢盐屏障的存在。胃黏液的黏稠度为水的 30～260 倍，H^+ 和 HCO_3^- 等离子在黏液层内的扩散速度明显减慢，因此，当胃腔中的 H^+ 向黏液层弥散时，就会与从黏液层下面的上皮细胞分泌的向表面扩散的 HCO_3^- 相遇，并在黏液层内发生中和反应。用 pH 测量电极测得的结果显示，在胃黏液层存在一个 pH 梯度，黏液层从胃腔面到上皮细胞，pH 从 2 变到 7，这样就保护了胃黏液免受 H^+ 的侵蚀。黏液深层的中性 pH 环境还可使胃蛋白酶失活并丧失分解蛋白质的能力。

4. 内因子

内因子（intrinsic factor）是壁细胞分泌的一种糖蛋白。内因子作为一个转运蛋白而发挥作用，其分子中含有 2 个不同功能的受体位点：在胃中与维生素 B_{12} 紧密结合形成一个大分子复合物，它们的结合具有高度亲和力，能抵抗胃蛋白酶的水解作用；另一个功能位点只与回肠吸收细胞上的受体结合，促使维生素 B_{12} 在回肠被吸收。

（二）胃液分泌的调节

胃液分泌是连续性的，在非消化期间分泌量很少，而在消化期分泌则增加。在研究进食后胃液分泌机制时，一般按接受食物刺激的部位，将胃液分泌人为地分成三个时期，即**头期**（cephalic phase）、**胃期**（gastric phase）和**肠期**（intestinal phase）。实际上这三个时期胃液的分泌在时间上是相互重叠、紧密联系和相互加强的。

1. 头期

头期胃液分泌属于神经-体液调节，指动物进食时，由于饲料的形、色、味以及声音等刺激了眼、耳、鼻、口腔、咽和食管等头部感受器，而引起的胃液分泌，因感受器均在头部而得名，包括条件反射性和非条件反射性两种分泌方式。兴奋通过相应的传入神经传入中枢，中枢发出的冲动经迷走神经传递到胃，使壁内神经丛的副交感神经末梢释放乙酰胆碱，直接引起胃腺分泌，或先作用于胃窦黏膜内的 G 细胞释放**促胃液素**（gastrin），后者经过血液循环作用于壁细胞，再促进胃液的分泌。头期胃液分泌可用巴氏小胃和假饲实验得到证明（图 8-11）。

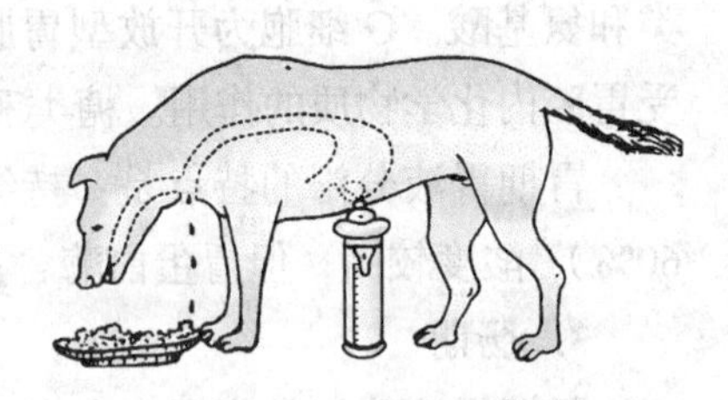

图 8-11 假饲实验法

头期胃液分泌的特点是：持续时间长（2～4h）、分泌量大（占整个消化期胃液分泌量的 30%）、酸度高、胃蛋白酶含量高、消化力强。

知识卡片

巴氏小胃：巴甫洛夫曾师从著名的德国消化生理学家海登·海因。海氏曾制成一种无神经支配的小胃（与主胃完全分离）来研究胃液分泌，被简称为海氏小胃。由于在分离的过程中，小胃的外来神经已被切断（只有部分交感神经随血管进入小胃），所以这种小胃又称为无神经支配的小胃。1894 年巴甫洛夫在狗胃上隔离出一部分，设计并制成了一个带有神经支配的小胃方案，用来研究胃液分泌。这种小胃成为生理学史上一个经典的手术模式，被简称为巴氏小胃（图 8-12）。巴氏小胃既保留了小胃的血液供应，又保留了部分支配小胃的迷走神经，所以，这种小胃又称为有神经支配的小胃。小胃的分泌受神经和体液因素的共同调节。后来的研究者发现，迷走神经在胃内的分布与巴甫洛夫当时设想的不同，巴氏小胃的经典手术使 75% 的小胃迷走神经被切断。随后出现了各种巴氏小胃的改良模式，可保留绝大部分支配小胃的迷走神经，从这一过程可以看出，真理是一个由相对到绝对不断转化和发展的过程，相对真理是通向绝对真理的阶梯，它既是以往实践和认识已经达到的顶点，又是进一步通向绝对真理的起点。总之，科学总是在前人创新的基础上不断向前发展的。

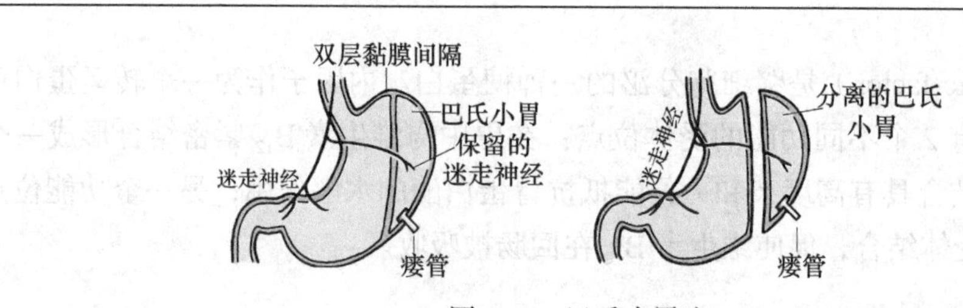

图 8-12　巴氏小胃法

2. 胃期

胃期胃液分泌指饲料进入胃后，由于机械性和化学性刺激引起的胃液分泌。引起胃期胃液分泌的途径有：①神经途径：饲料的硬度和形状刺激胃底和胃体部的感受器，通过迷走-迷走长反射和壁内神经丛的局部反射，引起胃液分泌；②神经-体液途径：胃扩张刺激胃幽门部，通过壁内神经丛释放乙酰胆碱，作用于胃幽门G细胞，引起促胃液素的释放，继而引起胃液分泌；③体液途径：饲料的化学成分直接作用于G细胞，引起促胃液素释放，即促胃液素刺激作用。刺激G细胞释放促胃液素的主要化学成分是蛋白质的消化产物，其中包括肽类和氨基酸。G细胞为开放型胃肠内分泌细胞，顶端有微绒毛样突起伸入胃腔，可以直接感受胃腔内化学物质的作用。糖类和脂肪类食物不是促胃液素释放的强刺激物。

胃期胃液分泌的特点是：持续时间长（3～4h）、分泌量大（占整个消化期胃液分泌量的60%）、酸度较高，但胃蛋白酶含量较头期低，故消化力较弱。

3. 肠期

肠期胃液分泌是指胃内食糜进入小肠后仍能继续促进胃液分泌。有研究表明，将饲料由瘘管直接注入十二指肠内，也可引起胃液分泌的增加，说明饲料离开胃进入小肠后，仍能刺激胃液分泌的作用；当切断支配胃的迷走神经后，饲料对小肠的刺激仍可引起胃液分泌，提示肠期胃液分泌主要通过体液调节机制实现。这一过程主要通过两种体液途径实现的：一是饲料进入小肠后，通过机械性和化学性刺激作用于十二指肠黏膜G细胞，使其分泌促胃液素，引起胃液分泌；二是小肠黏膜还产生一种刺激胃酸分泌的物质——**肠泌酸素**（entero oxyntin）。肠期胃液分泌的特点是：分泌量少（占整个消化期胃液分泌量的10%），酸度不高，且消化力低。

（三）引起胃液分泌的内源性物质

1. 乙酰胆碱

支配胃迷走神经的节后纤维末梢释放的递质为乙酰胆碱，乙酰胆碱通过作用于壁细胞上的M受体，引起胃酸分泌增加，其作用可被阿托品阻断。

2. 促胃液素

促胃液素由胃窦和十二指肠黏膜中的G细胞合成和释放，通过血液循环作用于壁细胞，刺激其分泌胃酸。

3. 组胺

组胺由胃泌酸区黏膜中的**嗜铬样细胞**（enterochromaffin-like cell，ECL）分泌，通过局部扩散到达邻近的壁细胞，作用于壁细胞上的组胺2型受体（H_2受体），具有很强的刺激胃酸分泌的作用。甲氰咪胍（cimetidine）及其类似物可以阻断组胺与壁细胞结合而抑制胃酸分泌。

此外，Ca^{2+}、低血糖、咖啡因和酒精等也可刺激胃酸的分泌。

（四）胃液分泌的抑制性调节

在进食过程中，消化期的胃液分泌除受兴奋性因素调节外，还受各种抑制性因素的调节。在消化期内，抑制胃液分泌的因素除精神和情绪因素外，主要受盐酸、脂肪和高渗溶液三种物质的调节。正常过程中，胃液的分泌是由兴奋性和抑制性因素共同作用的结果。

1. 盐酸

当胃窦pH降到1.2～1.5时，可通过负反馈方式抑制胃酸分泌。这是因为盐酸能直接抑制G细胞分泌促胃液素，同时还可引起胃黏膜内D细胞释放生长抑素，间接地抑制促胃液素和胃酸的分泌。当十二指肠内pH降到2.5以下时，胃酸刺激小肠黏膜释放促胰液素抑制胃酸的分泌，同时还可刺激十二指肠壶腹部释放一种抑制胃酸分泌的肽类激素——**球抑胃素**（bulbogastrone）。

2. 脂肪

脂肪是抑制胃液分泌的又一个重要因素。脂肪及其消化产物抑制胃液分泌的作用发生在脂肪进入十二指肠后，而不是在胃中。早在20世纪30年代，我国生理学家林可胜就发现，从小肠黏膜中可提取出一种物质，当由静脉注射后，能使胃液分泌的量、酸度和消化力减低，并抑制胃的运动。这个物质被认为是脂肪在小肠内抑制胃分泌的体液因素，可能是几种具有此种作用的激素的总称，被命名为**肠抑胃素**（enterogastrone）。

3. 高渗溶液

十二指肠内高渗溶液对胃液分泌的抑制作用可能通过两种途径来实现，即刺激小肠内渗透压感受器，通过肠-胃反射引起胃酸分泌的抑制。另外，还可通过刺激小肠黏膜释放一种或几种抑制性激素而抑制胃液分泌，但该过程的机制尚未阐明。

在胃的黏膜和肌层中，存在大量的前列腺素。迷走神经兴奋和促胃液素都可引起前列腺素释放增加。前列腺素对进食、组胺和促胃液素等引起的胃液分泌有明显的抑制作用，它可能是胃液分泌的反馈抑制物。前列腺素还能减少胃黏膜内的血流量，但它抑制胃液分泌的作用并非继发于血流的改变。

二、胃的运动

胃在消化期和非消化期具有不同的运动形式，胃在消化期运动的主要作用是：①储藏功能：位于近食管末端的近侧区，其运动较弱，起储存饲料的作用，以待饲料最后进入小肠；②混合功能：远侧区（胃体远端和胃窦）运动较强，可将固体饲料研碎为适合于小肠消化的小颗粒物质，与胃液混合，形成流质食糜；③排空功能：通过胃的运动将食糜从胃缓慢排入十二指肠以便进一步消化和吸收。胃在非消化期的运动主要是为了排除胃内的残留物。

（一）消化期胃运动的主要形式

1. 容受性舒张

动物咀嚼和吞咽饲料时，对咽、食管等部位感受器的刺激可反射性地通过迷走神经引起胃底和胃体部平滑肌的舒张，可使胃在内压不会大幅增加的情况下容纳大量饲料，这一运动形式称为胃的**容受性舒张**（receptive relaxation）。容受性舒张存在的意义是使胃的容量能适应于大量饲料的涌入，以完成储存饲料，防止食物过早排空，便于胃内充分消化。胃的容受性舒张是通过迷走神经的传入和传出通路反射实现的（迷走 - 迷走反射），切断动物的双侧迷走神经，则容受性舒张不再出现。在此反射中，迷走神经的传出通路是抑制性纤维，其末梢释放的递质既不是乙酰胆碱，也不是去甲肾上腺素，而可能是血管活性肠肽或一氧化氮。

2. 紧张性收缩

胃壁平滑肌长时间处于缓慢而有力的收缩状态，称为**紧张性收缩**（tonic contraction），它可增加胃内压力，压迫食糜向幽门部移动，并可使食糜紧贴胃壁，易与胃液混合。另外，紧张性收缩还有维持胃腔内压，保持胃的正常形态和位置的作用。

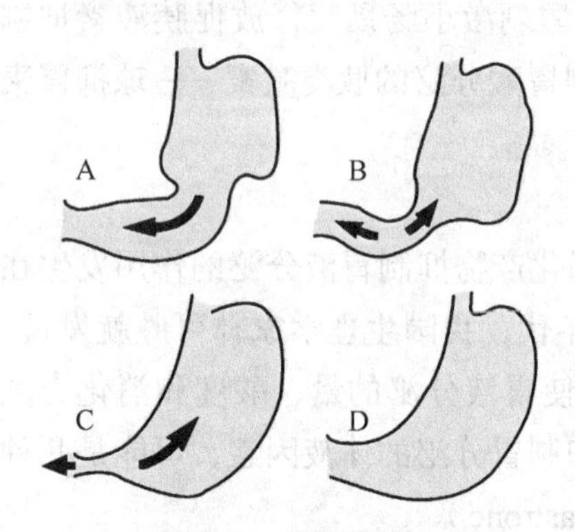

图 8-13　胃的蠕动

A. 蠕动波起始于胃中部，向幽门方向移动；B. 当蠕动波接近幽门时，幽门收缩，一些食糜在蠕动中被磨碎，并被推回胃的远侧区；C. 当蠕动波接近幽门时，一些被磨碎的食糜经过幽门进入十二指肠，而大部分物质又被推回胃内；D. 两次收缩之间，胃内容物无显著运动。

3. 蠕动

蠕动是胃壁的环形肌舒张与收缩交替进行的运动形式，即胃壁肌肉呈波浪形、有节律的向前推进的舒缩运动。蠕动波起始于胃体中部，深度和速度较小，在向幽门传播过程中，波的速度和深度均逐渐增加，在胃窦部蠕动变得极为有力，推动一些小颗粒食糜（直径小于 2mm）进入十二指肠（图 8-13）。并不是每一个蠕动波都到达幽门，有少数蠕动波只到达胃窦即已消失。一旦蠕动波超越胃内容物先行到达胃窦终末部，此时由于胃窦终末部的有力收缩，能使胃内容物被反向推回到近侧胃窦和胃体部。食糜这种反向移动有利于食糜与消化液的充分混合，并可增强胃对食糜的机械研磨作用。

蠕动的生理意义是：①使食糜与胃液充分混合，有利于胃液发挥消化作用；②搅拌和磨碎饲料，推进胃内容物通过幽门向十二指肠移行，促使胃排空。

（二）消化间期胃运动的主要形式

胃内经常有些物质不能被消化破碎为直径小于 2mm 的颗粒，消化期胃运动不能将这些物质排入十二指肠，为了清除胃内这些不能被消化的碎片，在两次进食之间有一种特殊的运动类型即**消化间期运动复合波**（interdigestive motility complex）。当强烈的蠕动波经过胃窦时，幽门舒张，使胃内不能被消化的物质进入十二指肠。当胃内可消化物质相对较少时，这种运动波大约每隔一小时出现一次。消化间期运动复合波推动食糜前进，可清除消化道中的残留物、咽下的唾液、胃黏膜、脱落的细胞等。

（三）胃运动的调节

1. 神经调节

胃运动受交感神经和迷走神经的双重支配。一般来讲，迷走神经兴奋，导致容受性舒张，使胃紧张性收缩和蠕动加强；交感神经兴奋，可使胃运动减弱。但当胃壁紧张性较高时，迷走神经兴奋则使胃的紧张性下降。相反，当胃壁紧张性较低时，交感神经兴奋则使胃的紧张性增强，因此，胃运动的形式主要与胃平滑肌当时的活动状态有关。

2. 体液调节

促胃液素可增强胃的收缩力，而生长抑素、胰高血糖素、促胰液素、胆囊收缩素和抑胃肽等则可降低胃的收缩力。

三、胃的排空及调节

食糜由胃排入十二指肠的过程称为**胃的排空**（gastric emptying）。草食动物的胃排空比肉食动物要慢很多，如狗进食4～6h后，胃内容物已排空，而马通常在饲喂24h后胃内仍残留有饲草。胃的排空速度与饲料的物理性状和化学组成都有关系。稀的、流体食物比稠的或固体食物排空快；切碎的、颗粒小的食物比大块的食物排空快；等渗液体比非等渗液体排空快。在三种主要营养成分中，糖类的排空时间较蛋白质快，脂肪类食物排空最慢。对于混合食物，人的胃完全排空通常需要4～6h。

胃排空的动力取决于胃幽门两侧的压力差。当胃内压大于十二指肠内压时，幽门窦开放，胃内容物进入十二指肠。因此，胃在进行消化运动时，由于胃内压较高，故胃排空较快。胃的排空是间断进行的，当胃内酸性食糜进入小肠后会抑制胃的排空。

影响胃排空的因素有两种：即胃内因素的促进作用和十二指肠因素的抑制作用。

1. 胃内促进排空的因素

胃内容物对胃壁扩张的机械刺激，通过壁内神经丛的局部反射或迷走-迷走反射，引起胃运动的加强，促进胃的排空。

食物的扩张刺激以及某些成分，主要是蛋白质消化产物，可引起胃窦黏膜释放促胃液素，使胃运动加强，促进胃的排空。

2. 十二指肠内抑制排空的因素

食糜中的酸、脂肪、渗透压和机械扩张等刺激十二指肠肠壁上的感受器，反射性地抑制胃运动，引起胃排空减慢，称为肠-胃反射，其传入和传出纤维都是迷走神经。

排入小肠食糜中的酸和脂肪等物质，刺激小肠黏膜分泌促胰液素和抑胃肽等，抑制胃的运动和胃的排空。

四、呕吐

呕吐（vomiting）是机体的保护性反应，也是一种复杂的神经反射过程，是指将胃及肠内容物从口腔强力驱出的动作。当舌根、咽部、胃、大小肠、胆总管和泌尿生殖器官等处的感受器受到机械和化学刺激后，兴奋沿传入神经（迷走神经和交感神经的感觉纤维、舌咽神经以及其他传入神经）至延髓的呕吐中枢（延髓外侧网状结构的背外侧缘），由中枢发出的冲动则沿迷走神经、交感神经、膈神经和脊神经等传到胃、小肠、膈肌和腹壁肌等处，反射性地引起呕吐。呕吐开始时，先是深吸气，声门紧闭，随着胃和食管下端舒张，膈肌和腹肌猛烈地收缩，压挤胃内容物通过食管进入口腔。呕吐时，十二指肠和空肠上段的运动也变得强烈起来，蠕动增快，并可转为痉挛。由于胃舒张而十二指肠收缩，平时的压力差倒转，使十二指肠内容物倒流入胃，因此，呕吐物中常混有胆汁和小肠液。

通过呕吐可将胃肠内有害的物质排出。但长期呕吐会影响正常消化活动，并使大量的消化液丢失，同时造成体内水、电解质和酸碱平衡的紊乱。一般肉食动物和杂食动物易发生呕吐，而草食动物则很少呕吐，这可能是物种间呕吐中枢发育不同造成的。

第五节　复胃消化

复胃消化（digestion in complex stomach）是反刍动物的重要生理特点。反刍动物（以牛为代表）具有庞大的复胃，复胃由瘤胃、网胃、瓣胃和皱胃四个室构成。前三个胃的黏膜层都覆盖有角质化上皮，在瘤胃形成大小不等的乳头，在网胃形成网格状皱褶，在瓣胃形成长短不一的叶片状突起，这三个胃内均无腺体，不分泌胃液，合称前胃。只有皱胃衬以腺上皮，具有分泌胃液的功能，故称为真胃，其功能与单胃动物的胃基本相同。复胃与单胃消化的主要区别在前胃，除了复胃特有的反刍、嗳气、食管沟反射和瘤胃运动外，还表现在前胃内进行的微生物消化。

一、瘤胃与网胃内的消化

瘤胃与网胃在反刍动物的整个消化过程中占有特别重要的地位。饲料中70%～85%的干物质和50%的纤维素在此消化，其中起主要作用的是微生物。为了研究瘤胃内的消化过程，一般给动物进行瘤胃瘘管手术，以便随时采集瘤胃内容物和瘤胃液，并对微生物进行观察和分析。

（一）瘤胃内微生物

反刍动物的瘤胃内存在大量的厌氧微生物，主要有细菌、厌氧的原虫（包括纤毛虫和鞭毛虫）以及真菌等。微生物的总体积占瘤胃液体积的3.6%，种类复杂繁多，并随饲料性质、饲养制度和动物年龄的不同而发生变化。

1. 细菌

细菌是瘤胃内最多最主要的微生物，1g瘤胃内容物中细菌数为10^{10}～10^{11}个。不仅其种类和数目多，而且也很复杂，并随饲料种类、采食后的时间和宿主状态而异。根据所发酵物质的不同可将瘤胃内细菌分为多种类型，如糖类和乳酸分解菌、纤维素分解菌（占瘤胃活菌数的1/4）、蛋白质分解菌、蛋白质和维生素合成菌等。此外，还有各种附着在瘤胃壁上难以鉴定的贴壁菌。瘤胃细菌主要存在于瘤胃液、黏附于饲料颗粒和瘤胃壁上皮三个部位。

大多数细菌能发酵饲料中的一种或几种糖类，以其作为生长的能源。可溶性糖类如己碳糖、二糖和果聚糖等发酵最快；纤维素和半纤维素发酵最慢；木质素发酵率不足15%。不能发酵糖类的细菌，常利用糖类分解后的产物作为能源，例如，琥珀酸常被反刍兽新月单胞菌脱羟基而变为丙酸和二氧化碳。细菌还能利用瘤胃内的有机物作为碳源和氮源，转化为它们的自身成分，然后在皱胃和小肠内被消化，供宿主利用。有些细菌还能利用非蛋白含氮物（如酰胺和尿素等）转化成自身菌体蛋白。因此，在反刍动物饲料中适当添加非蛋白含氮物，能增加微生物蛋白的合成。成年牛一昼夜进入皱胃的微生物蛋白质约有100g，约占牛日粮中蛋白质最低需要量的30%。

2. 原虫

瘤胃内原虫主要是纤毛虫和鞭毛虫，其中纤毛虫的数量较多。1g瘤胃内容物中纤毛虫的数量为10^5～10^6个。纤毛虫可分为全毛虫和贫毛虫两大类，前者全身被覆纤毛，后者纤毛集中成簇，只分布在一定部位。尽管纤毛虫的数量比细菌少得多，但由于个体大，使其在瘤胃内所占的容积与细菌大致相等。

瘤胃中的纤毛虫含有多种酶，现已确定的有糖类分解酶系（α-淀粉酶、蔗糖酶和呋喃果聚糖酶等）、蛋白质分解酶类（如蛋白酶和脱氨基酶等）及纤维素分解酶类（半纤维素酶和纤维素酶），它们能发酵可溶性糖类、果胶、纤维素和半纤维素，产生乙酸、丁酸、乳酸、二氧化碳、氢和少量丙酸等。另外，还具有水解脂类、氢化不饱和脂肪酸、降解蛋白质及吞噬细菌的功能。纤毛虫可以撕裂纤维素，使饲料疏松、碎裂，有利于细菌的发酵作用。纤毛虫还可以大量吞噬细菌，当纤毛虫进入皱胃和小肠后，其体内的蛋白质和糖原能被机体消化利用，且其蛋白质消化率和营养价值都高于菌体蛋白。

知识卡片

幼畜瘤胃中的纤毛虫主要通过与母畜或其他反刍动物直接接触而获得。如果用成年羊、牛的反刍食团喂饲幼畜进行接种，幼畜在出生后3～6周龄，瘤胃内就有纤毛虫繁殖。而在一般情况下，犊牛要到3～4月龄时，瘤胃内才能建立纤毛虫区系。在瘤胃内缺乏纤毛虫的情况下，反刍动物也能生长良好。但在营养水平较低时，纤毛虫对宿主是十分有益的。瘤胃内的纤毛虫喜好捕食饲料中的淀粉和蛋白质颗粒，并储存于体内，避免被细菌分解，直到纤毛虫离开瘤胃进入小肠被分解后，才能被消化吸收，从而提高了饲料的消化和利用率。纤毛虫体蛋白的生物效价（91%）比细菌（74%）高，且含有丰富的赖氨酸等必需氨基酸，其品质超过菌体蛋白，纤毛虫约为动物体提供20%的蛋白需要量。纤毛虫对反刍动物的营养作用主要表现在：①吞食瘤胃细菌，维持瘤胃内微生物区系的平衡；②分解淀粉、脂肪以及不溶性的饲料蛋白质。在瘤胃液中，如果纤毛虫数量过多，势必使大量的细菌被吞食，使瘤胃中细菌的发酵和合成作用受到影响，这时，可通过给饲料中添加瘤胃素、茶皂素、硫酸铜以及豆科作物等措施，杀死一部分纤毛原虫，以维持瘤胃中微生物区系的平衡。

3. 厌氧真菌

在 Orpin 首次发现绵羊瘤胃厌氧真菌之前，瘤胃微生物被认为仅由细菌和纤毛虫构成。目前，在绵羊、山羊、黄牛和水牛等 10 多种草食动物的消化道中，已证实瘤胃真菌的存在，共计 5 个属，约占瘤胃微生物总量的 8%，真菌内含有纤维素酶、木聚糖酶、糖苷酶、半乳糖醛酸酶和蛋白酶等，尤其对纤维素有强大的分解力，这是因为瘤胃真菌具有很强的穿透能力和降解纤维素的能力，能够穿透牧草角质层屏障，因而可以降解无法被细菌和纤毛虫降解的木质素纤维物质。

4. 微生物共生

瘤胃内微生物不仅与其宿主间存在着共生关系，而且微生物之间彼此也存在相互制约的共生关系。纤毛虫能吞噬和消化细菌，利用细菌作为营养源，并利用菌体酶来消化营养物质，因此，纤毛虫可限制瘤胃中细菌数目的增加。在个别情况下，当瘤胃中纤毛虫完全消失时，细菌数量会显著增加，但瘤胃内消化代谢过程仍能维持原来水平。瘤胃中细菌之间也存在共生关系，例如，白色瘤胃球菌可消化纤维素，但不能发酵蛋白质。而反刍兽拟杆菌可消化蛋白质，却不能消化纤维素，当两者在一起生长时，前者消化纤维素所产生的己糖可满足后者的能量需要，而后者分解蛋白质为前者提供氨基酸和氨气，作为其合成菌体蛋白的原料。

（二）瘤胃内环境

瘤胃可看作是一个微生物高效率繁殖的发酵罐，它具有微生物活动及繁殖的良好条件：①食物和水分相对稳定地进入瘤胃，供给微生物繁殖所需的营养物质；②瘤胃节律性运动将内容物搅拌混合，利于微生物利用营养物质，并使未消化的食物残渣和微生物均匀地排入后段消化道，保证了瘤胃的营养始终处于动态平衡状态；③瘤胃内容物的渗透压与血液相近，并维持相对恒定；④适宜的温度（由于发酵产热，瘤胃内温度略高于体温，温度在 39～41℃之间）利于微生物的生长繁殖；⑤饲料发酵产生的大量挥发性脂肪酸不断地被吸收入血液，或被随唾液进入的大量碳酸氢盐所中和，以及瘤胃食糜经常地排入后段消化道，使 pH 维持在 5.5～7.5 之间；⑥内容物高度乏 O_2。随食物进入的一些 O_2，很快会被微生物繁殖所利用。瘤胃背囊的气体主要为 CO_2、CH_4 及少量 N_2、H_2 等气体。

（三）瘤胃内的消化代谢过程

饲料进入瘤胃后，在微生物作用下，发生一系列复杂的消化和代谢过程，产生乙酸、丙酸、丁酸等**挥发性脂肪酸**（volatile fatty acids，VFA），并合成微生物自身蛋白质、糖原和维生素等供机体利用。现将瘤胃内的消化代谢过程概述如下。

1. 糖类的消化和代谢

反刍动物饲料中的纤维素、半纤维素、果聚糖、戊聚糖、淀粉、果胶物质、蔗糖、葡萄糖以及其他多糖醛酸苷等糖类物质，均能被微生物发酵降解。但发酵的速度随其可利用性而异，可溶性糖发酵最快，淀粉次之，纤维素和半纤维素较缓慢。

纤维素是反刍动物饲料中的主要糖类，其中有 40%～45% 在瘤胃内经细菌和纤毛虫的协同作用，首先分解生成纤维二糖，继而分解成葡萄糖，然后经乳酸和丙酮酸阶段而生成

VFA、CH_4 和 CO_2。其他糖类通过不同细菌和纤毛虫的发酵，最终产物也大多是 VFA、CH_4 和 CO_2（图 8-14）。

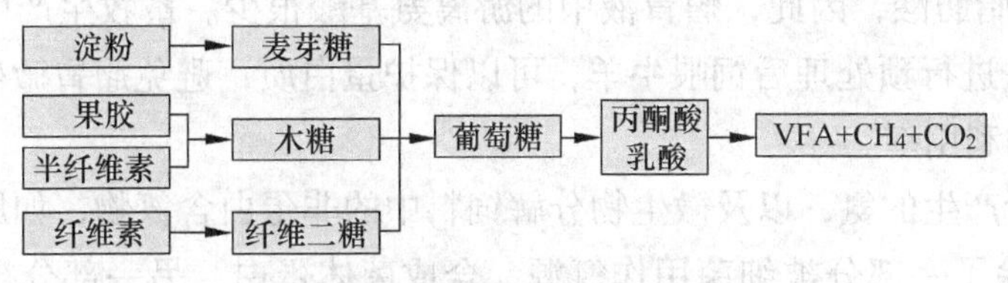

图 8-14 瘤胃内糖代谢过程示意图

VFA 主要是乙酸（C_2）、丙酸（C_3）、丁酸（C_4）和戊酸（C_5）。此外，还有少量的支链脂肪酸，如异丁酸和异戊酸等。瘤胃 VFA 是反刍动物最主要的能量来源。以牛为例，一昼夜瘤胃所产生的 VFA 可提供 25 121～50 242kJ 的能量，占机体所需能量的 60%～70%。

在一定日粮条件下，每种酸都在总酸中占一定比例。一般情况下乙酸、丙酸和丁酸的比例大体为 70∶20∶10，但往往随饲料种类不同而异。

VFA 产生后，被瘤胃和网胃黏膜吸收，通过门静脉循环进入肝脏，再转至外周血液。瘤胃中各种酸在机体内的代谢途径和生理功能不同。乙酸在体内可转变为乙酰辅酶 A，直接进入三羧酸循环，也可以合成脂肪，泌乳牛瘤胃吸收的乙酸约有 40% 为乳腺所利用。丁酸和乙酸可相互转化，其中，丁酸变为乙酸的转化率为 20%，乙酸变为丁酸的转化率为 60%，二者在体内的代谢产物为酮体（主要为丙酮，饲喂高精料时，可导致高酮血症）。丙酸是反刍动物葡萄糖异生的主要前体。瘤胃中各种酸的比例变化不但影响能量的利用效率，而且与生产性能相关。如丙酸比例下降，不但影响葡萄糖代谢，而且降低能量利用效率。因此，人们将瘤胃中 C_2/C_3 或（C_2+C_4）$/C_3$ 称为发酵类型，它的变化主要受日粮组成的影响。

瘤胃微生物在发酵糖类的同时，还能把分解出来的单糖和双糖转化成自身的糖原，并储存于细胞内，当它们随食糜进入皱胃和小肠后，微生物糖原可以被消化利用，成为反刍动物机体葡萄糖的来源之一。泌乳牛吸收入血的葡萄糖约有 60% 被用来合成牛乳。

2. 蛋白质的消化和代谢

反刍动物能同时利用饲料中的蛋白氮和非蛋白氮，合成微生物蛋白质供机体利用。其消化和代谢过程大体可分为含氮物的降解和氨的形成、微生物蛋白的合成和尿素再循环三个过程（图 8-15）。

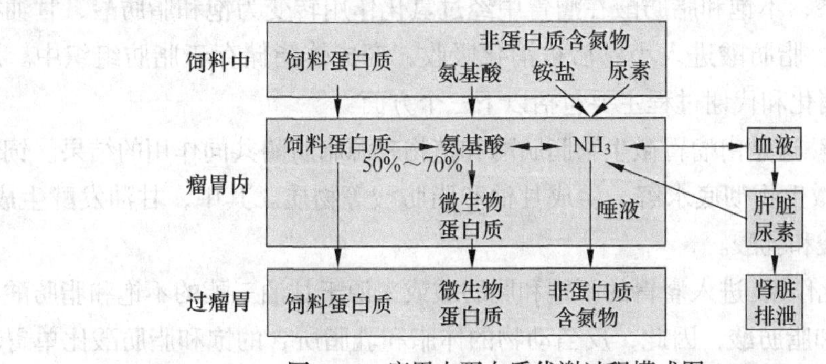

图 8-15 瘤胃内蛋白质代谢过程模式图

进入瘤胃的饲料蛋白，一般有30%～50%未被瘤胃微生物分解而排入后段消化道，其余则在瘤胃内被微生物蛋白酶水解为游离氨基酸和肽类，随后被微生物脱氨基酶分解，生成NH_3、CO_2和短链脂肪酸，因此，瘤胃液中的游离氨基酸很少。畜牧生产中将饲料蛋白质用甲醛溶液或加热法进行预处理后饲喂牛羊，可以保护蛋白质，避免瘤胃微生物的分解，从而提高蛋白质日粮的利用率。

氨基酸分解所产生的氨，以及微生物分解饲料中的非蛋白含氮物，如尿素、铵盐和酰胺等所产生的氨，除了一部分被细菌用作氮源，合成菌体蛋白。另一部分被瘤胃上皮迅速吸收，并在肝脏中经鸟氨酸循环生成尿素。其中，一部分尿素能通过唾液分泌或直接通过瘤胃上皮进入瘤胃，其余尿素随尿排出体外。进入瘤胃的尿素，经微生物脲酶的作用，被降解成氨，再次被微生物利用，通常将这一循环过程称为尿素再循环。尿素再循环对于提高饲料中含氮化合物的利用率具有重要意义，尤其在低蛋白日粮条件下，反刍动物依靠尿素再循环可以节约氮的消耗，保证了瘤胃内充足的氮源，有利于瘤胃微生物菌体蛋白的合成，同时使尿中尿素的排出量降到最低水平。

知识卡片

尿素在养殖生产中的作用及饲料中添加尿素时应注意的事项：瘤胃微生物合成蛋白质所需的能量和碳源来源于糖、VFA和CO_2。在畜牧生产中，尿素可用来代替日粮中约30%的蛋白质。但由于尿素在瘤胃内脲酶作用下迅速分解，产生氨的速度约为微生物利用速度的4倍，所以必须降低尿素的分解速度，以免瘤胃内氨蓄积过多而发生氨中毒。目前生产中除了通过抑制脲酶活性、制成胶凝淀粉尿素或尿素衍生物使释放氨的速度延缓外，还可在日粮中供给易消化的糖类，使微生物能更多利用氨来合成蛋白质。但添加尿素时应注意：①添加对象应是瘤胃充分发育的成年反刍家畜；②饲料应保证充分的碳水化合物；③降低饲料蛋白的使用量，牛羊可降低10%～20%；④尿素含量应低于日粮中家畜所需蛋白的20%～30%；⑤抑制脲酶活性，制成胶凝淀粉尿素或尿素衍生物等，使释放氨的速度减慢；⑥饲料中应添加一定量的矿物元素和维生素；⑦尿素应逐渐加入，需经过2～4周的适应期。

3. 脂肪的消化和代谢

饲料中的脂肪在瘤胃微生物作用下发生水解，产生甘油和各种脂肪酸。其中包括饱和脂肪酸和不饱和脂肪酸，不饱和脂肪酸在瘤胃中经过氢化作用转变为饱和脂肪酸，甘油很快被微生物分解成VFA。脂肪酸进入小肠后被消化吸收，变成体脂储存于脂肪组织中。总的来说，瘤胃中脂肪的消化和代谢过程主要包括以下三个方面：

（1）脂类的水解　这是由瘤胃微生物脂肪酶和植物来源脂肪酶共同作用的结果。饲料中的脂肪大部分被瘤胃微生物彻底水解，生成甘油和脂肪酸等物质。其中，甘油发酵生成丙酸，少量被转化成琥珀酸和乳酸。

（2）脂类的氢化作用　进入瘤胃的不饱和脂肪酸或来源于甘油三酯的不饱和脂肪酸在微生物作用下转变成饱和脂肪酸，因此，反刍动物的体脂和乳脂所含的饱和脂肪酸比单胃动物要高得多。如单胃动物体脂中饱和脂肪酸占36%，而反刍动物则高达55%～62%。

（3）脂肪酸的合成 瘤胃微生物可以利用VFA合成脂肪酸，特别是奇数长链脂肪酸和支链脂肪酸。瘤胃中脂肪酸的合成量相当可观，在饲喂低粗日粮条件下，绵羊每天合成的长链脂肪酸可达22g左右。瘤胃纤毛虫还有较强的合成磷脂能力。

瘤胃微生物的脂肪酸合成受饲料成分的制约，当饲料中脂肪含量少时，其合成作用增强。反之，则合成降低。瘤胃微生物不能储存甘油三酯，脂肪酸主要是以膜磷脂或游离脂肪酸形式存在。

4. 维生素的合成

瘤胃微生物能合成多种B族维生素。其中，机体中绝大部分的硫胺素和40%以上的生物素、泛酸和吡哆醇存在于瘤胃液中，能被瘤胃吸收。叶酸、核黄素、尼克酸和维生素B_{12}等大都存在于微生物体内，瘤胃只能微量吸收。此外，瘤胃微生物还能合成维生素K，因此，成年反刍动物的日粮中即使缺乏这类维生素，也不会影响其健康。

幼年反刍动物由于瘤胃发育不完善，微生物区系不健全，有可能患B族维生素缺乏症。在成年反刍动物，当日粮中钴缺乏时，瘤胃微生物不能合成足够的维生素B_{12}，容易出现食欲抑制。

5. 前胃的吸收

前胃的消化代谢产物，如葡萄糖、有机酸（低级脂肪酸、乳酸等）、氨、无机盐类以及大量水分，可通过前胃壁吸收入血供畜体利用，并借以维持瘤胃内容物成分的相对稳定。

二、气体的产生与嗳气

在瘤胃微生物强烈发酵的过程中，不断产生大量气体。牛瘤胃一昼夜产生的气体量为600～1300L，主要是CO_2和CH_4，还有少量的N_2和微量的H_2、O_2和H_2S，其中CO_2占50%～70%，CH_4占30%～40%。其中，气体的产量和组成随饲料种类和饲喂时间的不同而异。

犊牛出生后的几个月内，瘤胃内的气体以CH_4为主。随着日粮中纤维素的增加，CO_2的量随之增加，到6月龄时基本达到成年牛水平。正常动物瘤胃内CO_2比CH_4多，但饥饿或胀气时，则CH_4量显著超过CO_2。

CO_2大部分由糖类发酵和氨基酸脱羧产生，小部分由唾液内的碳酸氢盐中和脂肪酸时产生，或脂肪酸吸收时透过瘤胃上皮交换的结果。CH_4是瘤胃内发酵的主要终产物，由CO_2还原或甲酸分解产生。

瘤胃中的气体，约1/4通过瘤胃壁吸收入血后经肺排出，一部分为瘤胃微生物所利用，一小部分随饲料残渣经胃肠道排出，大部分靠嗳气排出。

瘤胃中微生物发酵产生的气体通过食管向外排出的过程，称为**嗳气**（eructation）。牛每小时嗳气17～20次，嗳气的次数决定于气体产生的速度。正常情况下，瘤胃中所产生的气体和通过嗳气等所排出的气体之间维持相对平衡。如产生的气体过多而不能及时排出时，可形成瘤胃急性臌气。气体正常时积聚于瘤胃背囊的顶部，而背囊的液面高于食管口。只有当背囊前肌柱和后肌柱同步收缩时，气体才能向前和向腹面流动而进入食管口，因此，嗳气一般都在背囊发生继发性收缩时出现。

嗳气是一种反射动作，它是由于瘤胃内气体增多，对瘤胃背囊壁的压力增大，兴奋了瘤胃背囊和贲门括约肌处的牵张感受器，经迷走神经中的传入纤维，传到延髓嗳气中枢，中枢的兴奋通过迷走神经传出引起背囊收缩，收缩波（B波）由后向前推进，压迫气体进入瘤胃前庭，同时前肌柱和网瘤胃褶收缩，阻挡液状食糜前涌。随后贲门区的液面下降，贲门括约肌舒张，气体向前和向腹面流动而进入食管。当气体充满食管时，贲门括约肌关闭，咽-食管括约肌舒张，气体被迫由食管进入鼻咽腔。此时，鼻咽关闭，声门开放，75%的嗳气经口腔和鼻腔排出，其余经开放的喉头转入气管和肺，并随呼吸呼出体外。因此，嗳气可影响牛乳的气味，严重时可造成肺部疾病（图8-16）。

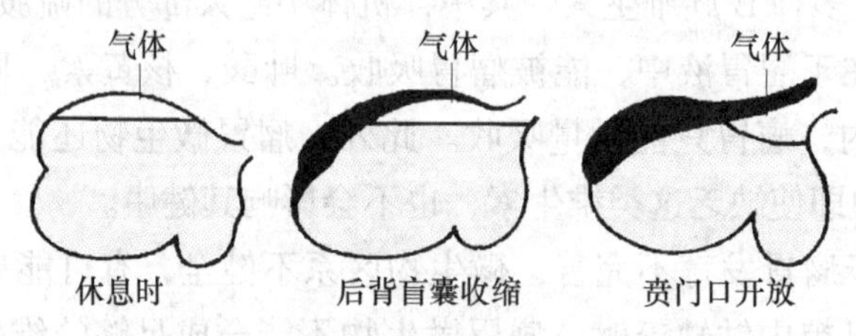

图8-16 嗳气产生和排出过程模式图

各种麻醉剂和胆碱能阻断剂都能抑制瘤胃运动。饱食后应用这些药物必须注意移除瘤胃内积聚的气体。当日粮中谷类比例过多或采食大量嫩豆科植物时，可能会发生急性瘤胃臌气。因为这些食物易消化，能较快地进入皱胃和小肠，使其中压力升高，可反射性抑制瘤胃运动，使嗳气发生障碍。同时，由于瘤胃内气体不断增多，而渗入瘤胃内容物，形成微小泡沫，无法再行排出。在临床上治疗时可使用大蒜抑制发酵，同时利用植物油或其他不被吸收的表面活性剂破坏瘤胃内形成的泡沫，来预防和治疗瘤胃胀气。动物躯体前部提高，斜位驻立，可缓解嗳气。

三、前胃运动及其调节

成年反刍动物的前胃能自发地产生周期性运动，在神经和体液因素的调控下，其各部分的运动密切联系、相互协调。

（一）前胃的运动

整个前胃运动从网胃两相收缩开始。第一相收缩程度较弱，只收缩一半，然后舒张（牛）或不完全舒张（羊），收缩的结果使漂浮在网胃上部的粗糙饲料压向瘤胃。第二相收缩十分强烈，其内腔几乎消失。若网胃此时有铁钉等异物时，易造成创伤性网胃炎或心包炎。网胃的这种两相收缩每30～60s重复一次。网胃收缩的作用是：①驱使一部分液体食糜流进瘤胃前庭；②驱使密度轻的食糜流进瘤胃背囊；③控制部分液状食糜从网瓣口进入瓣胃；④反刍时，在两相收缩之前还出现一次额外的附加收缩，促使前庭内的液状食糜逆呕回口腔。

当网胃的第二相收缩至高峰时，瘤胃开始收缩。瘤胃的收缩先由瘤胃前庭开始，沿背囊依次向后背盲囊传播，然后转入后腹盲囊，由后向前最后终止于瘤胃前部。瘤胃的这种起源于网胃两相收缩的收缩运动，称为瘤胃的原发性收缩，这时所描记的收缩波形称为A波。在原发性收缩的同时，食糜也在瘤胃内顺着收缩的次序和方向移动和混合。在A波收缩之后，有时瘤胃还可发生一次独立收缩，这种与网胃的两相收缩无关的独立收缩，称为瘤胃的继发性收缩（或称 B 波收缩）。B 波是由瘤胃本身产生的，收缩波通常开始于后腹盲囊或同时开始于后腹盲囊和后背盲囊，由后向前，最后到达主腹囊。在瘤胃出现继发性收缩时，动物往往发生嗳气。B 波频率在采食时为 A 波的 2/3，而在静息时大约为 A 波的 1/2。

瓣胃运动与网瘤胃运动是互相协调的，当网胃收缩时（特别是在网胃第二相收缩时），网瓣口开放，此时一部分食糜由网胃快速流入瓣胃。食糜进入瓣胃后，瓣胃沟首先收缩，使其中的液态食糜由瓣胃移入皱胃，而固态食糜则被挤进瓣胃的叶片之间，在瓣胃收缩时可进一步对其进行机械磨碎。瓣胃沟的收缩通常与瘤胃背囊收缩同步，恰好在网胃两相收缩的间歇期。紧接着瓣胃体也发生一至两次收缩，食糜通过开放的瓣皱孔进入皱胃。瓣胃推移食糜的速度受瘤胃、网胃和皱胃内食糜容量的控制，当瘤胃和网胃内食糜容量增多或皱胃内食糜容量减少时，瓣胃推移食糜的速度加快。当瓣皱孔关闭而网瓣孔开放时，一部分瓣胃内食糜被推回网胃，其作用可能是清除瓣胃沟内的较大颗粒状食糜。瓣胃具有吸收功能，特别是在食糜被推送进皱胃之前，食糜中残存的 VFA 和碳酸氢盐已被吸收，避免了对皱胃的不良影响，保证了皱胃消化功能的正常进行（图 8-17）。

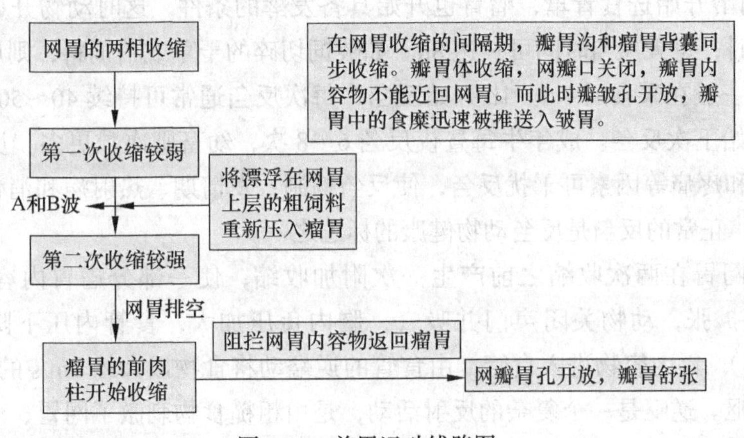

图 8-17 前胃运动线路图

（二）前胃运动的调节

反刍动物的前胃运动也像单胃动物一样，具有自动节律性。在正常情况下，这种节律性受神经系统的调节，其基本中枢位于延髓，高级中枢位于大脑皮质，中枢的传出冲动经迷走神经和交感神经传到前胃，支配其节律性活动。各种体液因素也参与前胃运动的调节。

切断两侧迷走神经后，食糜不能由瘤胃和网胃进入瓣胃和皱胃，前胃各部出现彼此没有任何连贯性和协调性的收缩。但皱胃运动仍可维持，并可有效地排空，这可能与其壁内神经丛的活动有关。如果切断迷走神经的胃支，再刺激其外周端，可引起前胃各部的有力收缩。刺激交感神经的外周端，可抑制前胃各部的收缩。

刺激口腔感受器（如咀嚼）或前胃的张力和化学感受器，都能反射性地引起前胃运动加速、加强。刺激网胃的感受器还可以引起逆呕和反刍。消化道各部位的状态对前胃运动也有影响，例如，皱胃充满时，瓣胃运动减弱、减慢；瓣胃充满时，瘤胃和网胃运动减弱；刺激十二指肠感受器常引起前胃运动的抑制。

前胃运动受大脑皮质的控制。当某些外来刺激如噪声、陌生人出现时，会通过视、听等感觉通路反射性地引起瘤胃运动的减弱和反刍停止。而不受干扰、处于安静状态的反刍动物，其副交感神经较为活跃，胃的运动也更有力。

此外，胃肠激素如促胰液素和胆囊收缩素等对瘤胃运动具有抑制作用，而促胃液素对瘤胃运动具有兴奋作用。

四、反刍

反刍（rumination）是指反刍动物将没有充分咀嚼而咽入瘤胃内的饲料经浸泡软化和一定时间的发酵后，在休息时返回口腔仔细咀嚼的特殊消化活动。反刍动物采食量大，采食时在口腔内消化比较粗略。反刍分为**逆呕**（regurgitation）、**再咀嚼**（remastication）、**再混入唾液**（reinsalivation）和**再吞咽**（redeglutation）四个阶段。反刍的生理意义在于把饲料嚼细并混入大量唾液，以便更好地消化食物；中和胃酸；排出发酵和腐败所产生的气体以及促进食糜向后推进。在个体发育的过程中，反刍动作的出现是与摄取粗饲料相联系的。犊牛在出生后的20～30周龄开始选食青草，瘤胃也开始具备发酵的条件，这时动物开始出现反刍。成年牛喂饲干草时，每天反刍时间可长达8h。如喂饲切碎的干草或精饲料，则反刍时间明显缩短。反刍动物一般在采食后0.5～1h开始反刍，每次反刍通常可持续40～50min。然后间歇一段时间再开始下次反刍。成年牛每昼夜反刍6～8次，幼畜则次数更多。反刍易受环境的影响，如惊恐和疼痛等因素可干扰反刍，使反刍抑制；发情期、热射病和消化异常时，反刍则减少。因此，正常的反刍是反刍动物健康的标志之一。

反刍时，网胃在两次收缩之前产生一次附加收缩，使一部分瘤胃内容物上升到贲门口。然后贲门扩张，动物关闭声门并吸气，胸内负压加大，食管内压下降4.00～5.33kPa（30～40mmHg），胃内容物进入食管，由食管的逆蠕动将食物以大约1m/s的速度返回口腔，这一过程叫逆呕。逆呕是一个复杂的反射活动，是由粗糙食物刺激了网胃、瘤胃前庭和网胃沟（食管沟）黏膜感受器经传入神经（迷走神经）传到延髓的逆呕中枢，中枢的兴奋沿传出神经（主要是迷走神经）和与逆呕有关的膈神经及肋间神经传到网胃壁、网胃沟、食管、呼吸肌以及与咀嚼和吞咽有关的肌群，引起逆呕动作，开始反刍。当网胃和瘤胃中的食糜经过反刍和发酵变成细碎颗粒时，一方面对瘤胃前庭和网胃等的刺激减弱。另一方面细碎的小颗粒食糜转入瓣胃和皱胃，刺激其感受器，反射性抑制网胃收缩，逆呕停止，进入反刍的间歇期。在间歇期内，瓣胃和皱胃的食糜相继进入小肠，解除了对瓣胃和皱胃的刺激，于是对网胃收缩的抑制作用逐渐消失。当网胃、瘤胃前庭和网胃沟（食管沟）黏膜感受器再次受到饲料刺激时，逆呕重新开始，发生新一轮的反刍。

五、食管沟的作用

食管沟是由两片肥厚的肉唇构成的一个半关闭的沟，它起自贲门，经瘤胃伸展到网瓣口。食管沟实质上是食管的延续，收缩时呈管状，起着将乳汁或其他液体自食管输往瓣胃沟和皱胃的通道作用。

食管沟反射与吞咽动作是同时发生的，其感受器分布在唇、舌、口腔和咽部的黏膜上。传入神经为舌咽神经、舌下神经和三叉神经的咽支。反射中枢位于延髓内，与吸吮中枢紧密相关。其传出神经为迷走神经，若切断两侧迷走神经，网胃沟闭合反射就会消失。幼畜哺乳时，吸吮动作可反射性地引起两唇闭合成管状，形成将乳汁导向皱胃的直接通道，这种反射活动在断奶后随着年龄的增长逐渐减弱以至消失。但如果一直连续喂奶，则到成年时，食管沟仍可保持幼年时的机能状态。

食管沟有两种收缩方式：一种是闭合不完全的收缩，两唇仅是缩短变硬，两侧相对形成通道，有 30%～40% 的液体流经食管沟进入皱胃；另一种是闭合完全的收缩，即两唇内翻，形成密闭的管状，摄入的流质食物有 75%～90% 由此流入皱胃。

食管沟反射受多方面因素的影响：①动物的摄乳方式，如犊牛用桶饮乳时，食管沟闭合不完全，乳汁容易进入网胃和瘤胃。由于网胃和瘤胃发育不完善，漏入的乳汁不能顺利排出，长时间易发生酸败而引起腹泻。当用人工哺乳器慢慢吸吮时，则食管沟闭合完全。②某些无机盐类有刺激食管沟并使其闭合的作用。Cu^{2+}和 Na^{+}对羊食管沟作用明显，如 $CuSO_4$ 和 $NaHCO_3$ 等，对牛来说，Na^{+}比 Cu^{2+}更为有效。在兽医实践中，往往借助上述溶液对食管沟反射的刺激作用，先给予上述溶液，再投药可使药物直接经食管沟进入皱胃而发挥作用。

六、瓣胃消化

瓣胃主要起滤器作用，来自网胃的流体食糜含有许多微生物和细碎的饲料以及微生物发酵产物，当通过瓣胃叶片之间时，其中一部分水分被瓣胃上皮吸收，一部分被叶片挤压流入皱胃，使食糜变干。同时，截留于叶片之间的较大食糜颗粒被叶片的粗糙面糅合研磨，变得更加细碎。

七、皱胃消化

皱胃黏膜为腺黏膜，能分泌胃液，它的功能与单胃动物相类似。胃液中含有胃蛋白酶、凝乳酶（幼畜）、盐酸和少量黏液。其中，酶的含量和盐酸浓度随年龄而有所变化，尤其是幼畜凝乳酶的含量比成年家畜高得多。胃蛋白酶的含量随幼畜的生长逐渐增多，酸度也逐渐升高。绵羊的皱胃液 pH 在 1.0～1.3 之间，牛的 pH 为 2.0～4.1，与单胃动物的胃液相比，酸度明显降低。

皱胃的胃液分泌是持续进行的，这与食糜不断从瘤胃流入皱胃有关。皱胃分泌的胃液量和酸度，取决于从瓣胃进入皱胃内容物的容量和其中挥发性脂肪酸的浓度，而与饲料的性质关系不大，这是因为进入皱胃的饲料经过瘤胃发酵，已经失去原有的特性。

调节皱胃胃液分泌的神经和体液因素与单胃动物相似。副交感神经兴奋时，胃液分泌增多。皱胃黏膜含有丰富的促胃液素，它是体液调节中作用最显著的因素，促胃液素的分泌同样受迷走神经和皱胃内食糜酸度的影响。迷走神经兴奋或酸度降低，均使促胃液素释放增加；相反，则胃液分泌减少。十二指肠产生的促胰液素和 CCK 能减弱皱胃运动与胃液分泌。

皱胃运动与单胃相似，不像前胃那样具有节律性。十二指肠排空时，皱胃运动加强；十二指肠充盈时，皱胃运动减弱。皱胃运动虽然也受迷走神经的支配，但与前胃有所不同，切断双侧迷走神经只能使皱胃运动减弱，并不能使其运动停止，并且仍可进行有效的排空。这说明在缺乏外来神经支配的情况下，皱胃壁内的神经丛和平滑肌细胞的内在神经肌肉活动仍然可以发生推进性运动。采食前和采食过程也可以通过条件和非条件反射，引起胃窦部的强烈收缩，而进食后运动相对减弱。

第六节 小肠消化

食糜由胃进入小肠后，即开始小肠内消化。食糜在小肠内经历胰液、胆汁和小肠液的化学性消化和小肠运动的机械性消化后，大部分营养物质被分解为可吸收和利用的小分子物质，因此，小肠消化在整个消化过程中占有极为重要的地位。

一、胰液的分泌

胰腺是兼有外分泌和内分泌功能的腺体。胰腺的外分泌部由胰腺的腺泡和小导管组成，其分泌液称为**胰液**（pancreatic juice）。胰液经胰腺导管流入十二指肠，具有很强的消化能力。胰腺的内分泌部指散在于外分泌部之间的细胞团，又称为**胰岛**（pancreas islet），胰岛的功能将在内分泌章节中讨论。

（一）胰液的性质、组成和作用

胰液是无色、无臭透明而黏稠的碱性液体，pH 为 7.8～8.4，渗透压与血浆几乎相等。家畜（肉食动物除外）的胰液是连续分泌的，马一昼夜的胰液分泌量约为 7L，牛为 6～7L，猪为 7～10L，狗为 200～300mL。

胰液中含水 90%，无机物主要为高浓度的碳酸氢盐和氯化物，由胰腺内的小导管细胞分泌。HCO_3^- 的分泌量随胰液分泌的加快而增加，主要作用是中和十二指肠内的胃酸，使肠黏膜免受胃酸侵蚀，同时也为小肠内的各种消化酶提供适宜的弱碱性环境。当胰液流经胰腺导管时，胰液中的 HCO_3^- 与上皮细胞内的 Cl^- 发生交换，即管腔内的 HCO_3^- 进入上皮细胞内，而上皮细胞内的 Cl^- 进入管腔，两者呈反向变化关系。所以，当 HCO_3^- 浓度高时，Cl^- 浓度则降低。胰液中的阳离子主要是 Na^+、K^+、Ca^{2+} 和 Mg^{2+} 等，其浓度与血浆相近，且不随胰液的分泌速度而变化。胰液中的有机物主要是蛋白质，由胰腺腺泡细胞分泌的多种消化酶组成，是营养物质消化中最重要的消化酶，对蛋白质和脂肪的消化作用很大。

1. 胰淀粉酶

胰淀粉酶（pancreatic amylase）是一种 α- 淀粉酶，一经分泌即具有活性，最适 pH 为 6.7～7.0。胰淀粉酶可分解一切淀粉和糖原，产生糊精、麦芽糖及麦芽寡糖。

2. 胰脂肪酶

胰脂肪酶（pancreatic lipase）属于糖蛋白，其最适 pH 为 7.5～8.5，一经分泌就具有活性，在胆盐和辅脂酶（一种小分子蛋白质）共同作用下，可分解三酰甘油为脂肪酸、一酰甘油和甘油。胆盐能乳化脂肪，使脂肪体变成脂肪小滴分散于水中，辅脂酶与胰脂肪酶在脂肪小滴的表面形成高亲和性的复合物，防止胆盐把胰脂肪酶从脂肪小滴上置换下来。另外，胰液中还含有一定量的胆固醇酯酶和磷脂酶 A_2，它们分别水解胆固醇酯和磷脂。

3. 胰蛋白水解酶

饲料中蛋白质的消化主要靠胰蛋白酶来完成，这些酶的最适 pH 为 7.0 左右。胰液中的蛋白酶主要是胰蛋白酶、糜蛋白酶、羧肽酶及少量的弹性蛋白酶。这些酶最初分泌出来时，均以无活性的酶原形式存在。胰蛋白酶原进入十二指肠后，迅速被**肠激酶**（enterokinase）激活，使其变为具有活性的胰蛋白酶。此外，胃酸、胰蛋白酶以及组织液都能使胰蛋白酶原活化。胰蛋白酶被激活后，可迅速将糜蛋白酶原、羧基肽酶原和弹性蛋白酶原等激活。胰蛋白酶和糜蛋白酶能分解肽链内部由碱性氨基酸和芳香族氨基酸组成的肽键，分解产物为the和胨。当两者共同作用时，可进一步使䏡和胨分解为小分子多肽和少量氨基酸。糜蛋白酶还有较强的凝乳作用。弹性蛋白酶是唯一能水解硬蛋白的酶。

4. 其他酶

麦芽糖酶、蔗糖酶和乳糖酶等双糖酶可降解双糖为单糖。核酸酶可降解核酸为单核苷酸。正常胰液中还含有羧基肽酶、核糖核酸酶、脱氧核糖核酸酶等水解酶。羧肽酶可作用于多肽末端的肽键，释放出具有自由羧基的氨基酸，后两种酶则可使相应的核酸部分水解为单核苷酸。

正常情况下，胰液中的蛋白水解酶是不消化胰腺本身的，这是因为胰蛋白水解酶是以酶原的形式分泌的。另外，胰脏腺泡细胞还能分泌**胰蛋白酶抑制物**（pancreatic secretory trypsin inhibitor，PSTI）。PSTI 是一种多肽，可与胰蛋白酶原形成复合物，防止被激活的蛋白酶对胰腺进行自我消化，从而使酶失活。另外，PSTI 对胰蛋白酶的抑制作用是暂时的，随着时间的延长，酶和抑制物形成的复合物将被水解，释放出酶和抑制物。

（二）胰液分泌的调节

在非消化期，胰液的分泌量很少，呈周期性变化。动物进食后，引起胰液大量分泌。其调节分为头期、胃期和肠期。头期以神经调节为主，胃期和肠期以体液调节为主（图 8-18）。

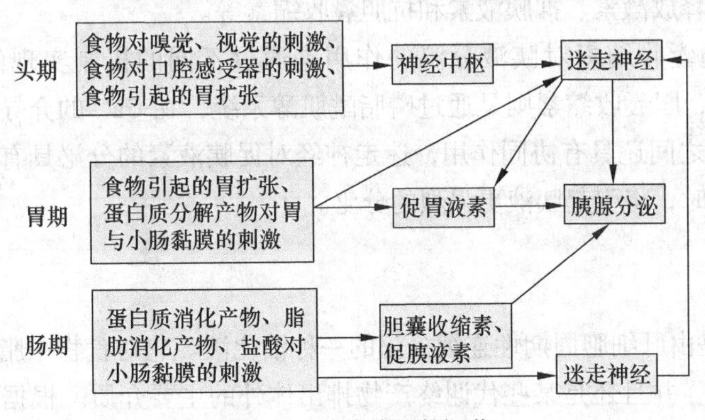

图 8-18 胰液分泌的调节

1. 神经调节

食物的形状、颜色、气味和食物对口腔、食管、胃和小肠的刺激都可通过条件反射和非条件反射引起胰液的分泌。其反射的传出神经包括迷走神经和交感神经（内脏大神经），其中主要是迷走神经。实验证明，切断迷走神经或注射阿托品都可显著降低胰液的分泌。迷走神经可通过其末梢释放的乙酰胆碱直接作用于胰腺，也可通过促胃液素释放的增加，间接引起胰腺分泌。迷走神经主要作用于胰腺的腺泡细胞，对导管细胞的作用较弱，因此，迷走神经兴奋引起胰液分泌的特点是胰液中水分和碳酸氢盐含量少，而酶的含量却很丰富。

支配胰腺的交感神经有两种，其中，胆碱能纤维兴奋可增加胰液的分泌，肾上腺素能纤维兴奋可引起胰腺血管收缩，进而抑制胰腺的分泌，但交感神经兴奋对胰液分泌的影响不显著。

2. 体液性调节

调节胰液分泌的体液因素主要包括以下几个方面：

（1）促胰液素　酸性食糜进入小肠后，可刺激小肠上段黏膜内的S细胞释放**促胰液素**（secretin），使其释放的最强刺激因素是盐酸，其次为蛋白质分解产物和脂肪酸，糖类几乎不起作用。促胰液素释放与迷走神经兴奋无关，切除小肠的外来神经，盐酸在小肠内仍能引起胰液分泌，说明促胰液素的释放不依赖于肠管外来神经。促胰液素主要作用于胰腺小导管的上皮细胞，使其大量分泌富含碳酸氢钠而含酶较少的稀薄胰液。

（2）胆囊收缩素　**胆囊收缩素**（cholecystokinin，CCK）是小肠黏膜中I细胞释放的一种33肽激素。引起胆囊收缩素释放的因素（由强至弱）为蛋白质分解产物、脂肪酸、盐酸和脂肪，糖类一般没有作用。

胆囊收缩素主要作用于胰腺腺泡细胞，促进胰腺分泌比较黏稠、含碳酸氢钠少而含消化酶较多的胰液；促进胆囊强烈收缩，排出胆汁；对胰腺组织具有营养作用，促进胰腺组织蛋白和核糖核酸的合成。

（3）促胃液素　促胃液素由胃窦黏膜和十二指肠黏膜G细胞分泌，促胃液素对胰液中水和碳酸氢盐分泌的作用较弱，而对胰酶分泌的作用较强。

除促胰液素、胆囊收缩素和促胃液素外，小肠分泌的血管活性肠肽也具有促进胰液分泌的作用。机体中也有一些激素能抑制胰液的分泌，如胰高血糖素、生长抑素、胰多肽、脑啡肽、促甲状腺激素释放激素、抑胰液素和抗胆囊收缩素等。

促胰液素和胆囊收缩素对胰液分泌的作用是通过不同的机制实现的。促胰液素是以cAMP为第二信使，胆囊收缩素则是通过磷脂酰肌醇系统，在Ca^{2+}的介导下发挥作用。促胰液素和胆囊收缩素之间还具有协同作用，迷走神经对促胰液素的分泌具有加强作用。当诸因素同时作用于胰腺时，将引起胰液更强烈的分泌。

二、胆汁的分泌

胆汁（bile）是由肝细胞周期性连续分泌的一种消化液。它对食物中脂肪的消化和吸收起着非常重要的作用，并且还是某些代谢终产物排出体外的主要介质。根据胆汁储存部位的不同，可将其分为**肝胆汁**（hepatic bile）和**胆囊胆汁**（gall-bladder bile）。肝胆汁是指胆汁生成后由肝管排出，经胆总管流入十二指肠的胆汁。胆囊胆汁是指在非消化期间，大部分胆汁由肝管流入胆囊并储存，当消化时再由胆囊排出，经胆总管流至十二指肠。由于胆囊壁可分泌黏蛋白，并吸收水分和碳酸氢盐等，所以胆囊胆汁比肝胆汁浓稠。不同动物胆囊对胆汁的浓缩程度是不同的，如狗可浓缩为原来1/20～1/10，猪仅浓缩为原来几分之一，而反刍动物则略微浓缩，这可能与其消化过程的连续性程度有关。

马、驴、鹿、骆驼、象、长颈鹿、大鼠和鸽子等动物没有胆囊，其功能在一定程度上由粗大的胆管所取代。由于胆管括约肌基本失去功能，因此，胆汁几乎是连续地排入十二指肠。

（一）胆汁的性质、成分和作用

胆汁是一种具有强烈苦味的有色液体，pH为5.9～7.8。其分泌量因动物种类不同而不同。马每小时平均分泌胆汁的量为250～300mL，牛为98～110mL，猪为70～160mL，狗为7～14mL。除水外，胆汁的主要成分为胆汁酸、胆盐、胆色素、胆固醇、黏蛋白、卵磷脂和其他磷脂、脂肪酸以及各种电解质，但胆汁中没有消化酶。胆汁中的胆汁酸、胆盐和碳酸氢盐与消化有关，而其余物质大都是随胆汁排出的代谢产物。

胆盐是肝细胞分泌的胆汁酸与甘氨酸或牛磺酸偶联形成的钠盐或钾盐，是胆汁参与机体消化和吸收的主要成分。机体中的胆汁酸分为游离胆汁酸和结合胆汁酸两大类，以后者为主。胆汁酸由胆固醇转变而来，大致可分为三个阶段：一是初级胆汁酸的合成。胆固醇在多种酶的作用下，经过一系列的分解代谢，最终形成结合型初级胆汁酸。二是次级胆汁酸的合成。初级胆汁酸随胆汁进入小肠，参与脂类的消化和吸收后，大部分不经变化被重吸收进入门静脉。在酶的催化下，大约有1/4的结合型初级胆汁酸在空肠、回肠及结肠上段进一步生成脱氧胆酸、石胆酸、熊脱氧胆酸等次级胆汁酸。三是胆汁酸的合成。肝细胞合成的胆汁酸与甘氨酸或牛磺酸结合，形成结合型胆汁酸（胆盐），分泌入胆道。90%以上胆盐和胆汁酸在小肠内被肠黏膜吸收入血，经门静脉重回肝脏，再合成的胆汁分泌入肠，胆盐在肝、肠之间被反复利用，称为**胆盐的肠肝循环**（enterohepatic circulation of bile salts）（图8-19）。

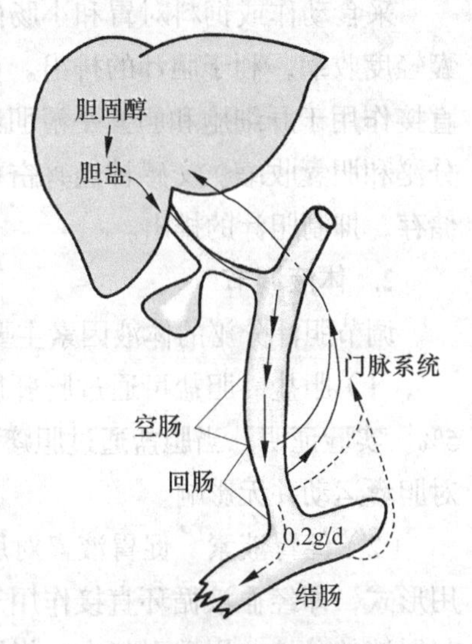

图8-19 胆盐的肠肝循环

胆汁的颜色由胆色素的种类和浓度决定，因此，不同动物胆汁的颜色不同。胆色素是血红蛋白的分解产物，包括胆红素及其氧化产物胆绿素，如草食动物的胆汁呈暗绿色，肉食动物的胆汁呈红褐色，杂食动物的胆汁呈橙黄色。

正常情况下，胆汁中的胆盐（或胆汁酸）、胆固醇和卵磷脂的适当比例是维持胆固醇呈溶解状态的必要条件。如果胆固醇含量过高或胆盐、卵磷脂合成不足时，胆固醇就可以从胆汁中析出，形成微晶，导致胆结石。

胆汁在消化过程中的生理作用主要由胆盐或胆汁酸实现的，主要包括：①胆盐是胰脂肪酶的辅酶，能增强脂肪酶的活性。②胆汁中的胆盐、胆固醇和卵磷脂等都可作为乳化剂，降低脂肪的表面张力，使脂肪乳化成脂肪微滴分散在肠腔内，增加了胰脂肪酶的作用面积，使脂肪分解的速度加快。③胆盐因其分子结构特点，当达到一定浓度后，可聚合而形成微胶粒。肠腔中脂肪的分解产物，如脂肪酸和一酰甘油等均可掺入到微胶粒中，形成水溶性复合物（混合微胶粒）。因此，胆盐便成了不溶于水的脂肪水解产物到达肠黏膜表面所必需的运载工具，对于脂肪消化产物的吸收具有重要意义。④胆汁通过促进脂肪分解产物的吸收，对脂溶性维生素（维生素 A、D、E、K）的吸收也有促进作用。⑤可中和一部分由胃进入肠中的酸性食糜，维持肠内适宜的 pH。⑥刺激小肠的运动。⑦调节胆固醇的代谢，胆汁酸参与胆固醇的合成、排泄以及胆汁酸形成过程的调节。⑧胆盐被吸收后可促进胆汁的分泌。⑨参与某些代谢物的排泄，如一些药物或胆红素都可以经胆汁排出。

（二）胆汁分泌和排出的调节

在消化间期，肝胆汁流入胆囊内储存。胆囊可以吸收胆汁中的水分和无机盐，使肝胆汁浓缩 4～10 倍，从而增加了储存的效能。在消化期，胆汁可直接由肝及胆囊大量排入十二指肠，因此，饲料在消化道内是引起胆汁分泌和排出的自然刺激物。高蛋白饲料引起胆汁排出最多，高脂肪或混合食物的作用次之，而糖类食物的作用最小。在胆汁排出过程中，胆囊和奥迪括约肌的活动通常表现出协调关系，即胆囊收缩时，奥迪括约肌舒张；相反，胆囊舒张时，奥迪括约肌则收缩。

胆汁分泌和排出受神经和体液的双重调节，其中以体液调节为主。

1. 神经调节

采食动作或饲料对胃和小肠的刺激，可反射性引起肝胆汁分泌量稍有增加，使动物的胆囊轻度收缩，利于胆汁的排出。反射的传出途径是迷走神经，并通过其末梢释放的乙酰胆碱直接作用于肝细胞和胆囊平滑肌细胞，也可通过迷走神经 - 促胃液素途径间接引起肝胆汁的分泌和胆囊收缩。交感神经兴奋可引起胆管括约肌收缩和胆囊平滑肌的舒张，有利于胆汁的储存，抑制胆汁的排出。

2. 体液调节

调节胆汁分泌的体液因素主要包括以下方面：

（1）胆盐　胆盐可通过肠肝循环回到肝脏，刺激肝胆汁的分泌。胆盐每循环一次约损失 5%。实验证明，当胆盐通过胆瘘管流失至体外后，胆汁的分泌将比正常时减少数倍，但胆盐对胆囊运动并无影响。

（2）促胃液素　促胃液素对肝胆汁的分泌和胆囊平滑肌的收缩刺激有直接和间接两种作用形式，即经血液循环直接作用于肝细胞和胆囊，引起肝胆汁的分泌。又可通过促胃液素引起胃液的分泌，胃酸引起十二指肠黏膜释放促胰液素，进而引起肝胆汁的分泌和胆囊平滑肌的收缩。

（3）促胰液素　促胰液素能刺激胆管和小胆管的分泌，而对肝细胞无作用。其结果引起胆汁分泌的量和碳酸氢盐含量增加，而胆盐的含量并不增加。

（4）胆囊收缩素　小肠内蛋白质的分解产物、盐酸和脂肪等物质刺激小肠上段黏膜分泌胆囊收缩素，通过血液循环兴奋胆囊平滑肌，引起胆囊的强烈收缩。胆囊收缩素能使胆汁流量增加，胆汁中的氯化物和碳酸氢盐的含量或浓度也相应增加。

此外，生长抑素、P 物质和促甲状腺激素释放激素等脑肠肽，具有抑制胆汁分泌的作用。

三、小肠液的分泌

小肠内有两种腺体，即十二指肠腺和小肠腺。十二指肠腺又称**勃氏腺**（Brunner's gland），位于十二指肠黏膜下层，分泌碱性液体，内含黏蛋白，主要机能是保护十二指肠上皮不被胃酸侵蚀。**小肠腺**（small intestinal gland）又称**李氏隐窝**（crypts of Lieberkühn），分布于全部小肠的黏膜层内，小肠腺的分泌液构成了小肠液的主要成分。小肠液是一种弱碱性液体，pH 约为 7.6，成年人每日分泌量为 1～3L，大量的小肠液可以稀释消化产物，使其渗透压下降，以利于吸收。小肠液中含有多种酶，这些酶将各种营养成分进一步分解为最终可吸收的产物。

（一）小肠液的性质、成分和作用

纯净的小肠液是一种无色或灰黄色的弱碱性混浊液，pH 为 7.6～8.7，渗透压与血浆相等。小肠液除水分外，其余的无机物则来自血浆，有机物主要是黏液、多种消化酶和大量脱落的肠黏膜上皮细胞。小肠液分泌后又很快被小肠绒毛重吸收，小肠液的这种循环过程有利于小肠内营养物质的吸收。

小肠中的消化包括**腔内消化**（luminal digestion）和**黏膜消化**（mucosal digestion）两种形式。在小肠的肠腔内对营养物质的消化称为腔内消化，主要是在各种消化酶的作用下实现的。一般情况下，腔内消化的营养物质得不到完全水解，当这些半消化产物与小肠黏膜接触时，则被附着在黏膜表面的消化酶水解为氨基酸和单糖，这种消化方式称为黏膜消化。

小肠液的主要生理作用是：①稀释消化产物，降低其渗透压以利于吸收；②保护十二指肠黏膜免受胃酸的侵蚀；③小肠液中的**肠致活酶**（也叫肠激酶，enterokinase）可激活胰蛋白酶原，促进蛋白质的消化。另外，已知小肠上皮细胞的刷状缘存在多种寡糖酶和短链肽酶，它们对一些进入上皮细胞的营养物质继续发挥消化作用，从而阻止没有完全分解的消化产物吸收入血。

（二）小肠液分泌的调节

小肠液的分泌与胰液和胆汁的分泌相似，受神经和体液的调节，其中以体液调节为主。

1. 神经调节

当食糜刺激小肠黏膜时，可引起小肠液的分泌。小肠黏膜对扩张刺激最为敏感。一般认为，这些刺激是通过肠壁内神经丛的局部反射引起的，且小肠内食糜的量越多，小肠液分泌也越多。刺激迷走神经可引起十二指肠腺的分泌，但对其他部位的肠腺作用不明显，有人认为，只有在切断内脏大神经后，刺激迷走神经才能引起小肠液的分泌。交感神经则可抑制小肠液的分泌。

2. 体液调节

在胃肠激素中，促胃液素、促胰液素、胆囊收缩素和血管活性肠肽等都有刺激小肠液分泌的作用。相反，生长抑素则抑制小肠液的分泌。

四、小肠的运动

小肠的肠壁由两层平滑肌构成，外层是纵行肌，内层是环行肌。小肠节律性的舒缩活动对食糜的消化与吸收起着重要的作用，小肠的运动可分为两个时期：一是发生在进食后的消化期；二是发生在消化道内几乎没有食物的消化间期。

（一）小肠运动的类型

消化期的小肠运动类型包括紧张性收缩、分节运动、蠕动和摆动四种形式。

1. 紧张性收缩

小肠平滑肌紧张性收缩是其他运动形式有效进行的基础。当小肠紧张性降低时，肠腔易于扩张，肠内容物的混合和转运减慢；相反，当小肠紧张性升高时，食糜在小肠内的混合和运转过程加快。

2. 分节运动

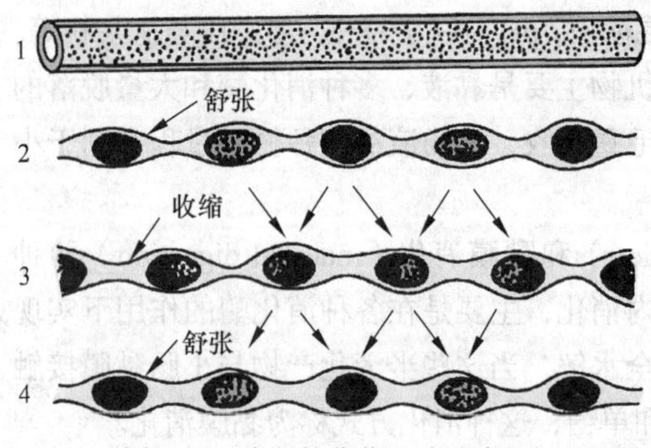

图 8-20　小肠的分节运动（陈义）

分节运动（segmentation contraction）主要由肠壁的环行肌的节律性收缩和舒张活动形成的。在食糜所在的某一段肠管上，环行肌在许多点同时收缩，把食糜分割成许多节段。随后，原来收缩处舒张，而原来舒张处收缩，使食糜的节段分成两段，而相邻的两半则合拢以形成一个新的节段，如此反复进行（图 8-20）。分节运动大多发生在小肠的不同部位，并可能在一个区消失而另一个区开始。这一运动形式的作用是：①使食糜与消化液充分混合，便于化学性消化的进行；②食糜与肠管的紧密接触，为消化产物的吸收创造条件。此外，分节运动过程中，食糜还能挤压肠壁，有助于血液和淋巴的回流。

分节运动在空腹时几乎不存在，进食后才逐渐加强。小肠各段分节运动的频率不同，其上部频率较高，下部较低，也就是说，十二指肠分节运动的强度和频率大于空肠，空肠大于回肠。

3. 蠕动

在小肠的任何部位都可发生**蠕动**（peristalsis），它是由纵形肌和环形肌共同参与的连续性舒缩活动。蠕动波向前行进速度很慢（0.5～2.0cm/s），一般近端小肠的蠕动速度大于远端。蠕动这一运动形式的作用是使经过分节运动后的食糜向后推进并到达下一肠段，然后再进行新的分节运动。在小肠还常见到一种进行速度快、传播较远的蠕动（2～25cm/s），称为**蠕动冲**（peristaltic rush）。它可把食糜从小肠始端一直推送到末端，甚至推送到大肠。蠕动冲的产生可能是由于进食时的吞咽动作或食糜刺激十二指肠引起的。此外，在十二指肠和回肠末端经常出现与蠕动方向相反的蠕动，称为**逆蠕动**（antiperistalsis）。蠕动与逆蠕动相配合，使食糜在肠管内来回移动，保证了食糜与消化液的充分混合，并延长食糜在小肠内的停留时间，有利于食糜在小肠内充分消化和吸收。

4. 摆动

摆动（pendulous motion）是以纵形肌的自律性舒缩为主的运动。指食糜进入小肠后，一侧的纵形肌收缩，对侧的舒张，接着收缩的纵形肌开始舒张，舒张的开始收缩，由此使小肠产生摆动。一般草食动物（如马和兔等）的小肠运动最为常见，这类动物小肠的肠系膜较长，在腹腔内的游离度也较大。这一运动形式的作用与分节运动相似，主要是使食糜与消化液进行充分混合。

消化间期的小肠也存在与胃相似的**移行性运动复合波**（migrating motor complex，MMC）。这是一种强有力的蠕动性收缩，传播很远，有时能传播至整个小肠。它始于胃或小肠上段，沿肠管向肛门方向传播，在传播途中速度逐渐减慢。当一个波群到达回盲部时，另一波群又在十二指肠发生，其间隔通常为90～120min。MMC的生理意义尚不清楚，一般认为在推送小肠内未消化的食物残渣离开小肠和控制前段肠管内细菌的数量方面起重要作用。MMC的发生和移行受神经和体液因素的调节，迷走神经兴奋可使其周期缩短。另外，消化间期**胃动素**（motilin）的分泌与MMC的发生有关。

（二）小肠运动的调节

小肠运动受神经和体液因素的双重支配。

1. 神经调节

小肠平滑肌受内在神经丛和外来神经的双重调节。

（1）内在神经丛的作用 位于纵行肌和环行肌之间的肠壁内神经丛对小肠运动起主要调节作用。当食糜刺激机械或化学感受器时，通过壁内神经丛局部反射引起平滑肌蠕动。当切断外来神经时，小肠的蠕动仍可进行。

（2）外来神经的作用 支配小肠平滑肌的外来神经有副交感神经和交感神经两种。一般来说，副交感神经的兴奋能增强小肠运动，而交感神经兴奋则抑制小肠运动。但它们的作用效应又依赖于小肠平滑肌当时所处的状态，例如，小肠平滑肌的紧张性很强时，则无论副交感神经还是交感神经兴奋都能使之抑制，相反，如小肠平滑肌的紧张性很弱时，则副交感神经或交感神经兴奋都能增强其活动。

（3）胃肠反射 动物进食后随着胃运动次数的增加，回肠的运动也会增强，这种反应称为胃-回肠反射。相反，回肠扩大时会抑制胃的运动，称为回肠-胃反射。这两种反射的生理意义不同，前者是在食糜进入小肠前，先排空小肠内食糜，而后者是减少新的食糜流入，以延长食糜在小肠内的停留时间，使营养物质被充分吸收。

2. 体液调节

小肠壁内神经丛和平滑肌对多种化学物质都具有广泛的敏感性。如乙酰胆碱、5-羟色胺、促胃液素、胆囊收缩素、胃动素和P物质等能促进小肠运动，其中，P物质和5-羟色胺的作用更强。而血管活性肠肽、抑胃肽、内啡肽、促胰液素、肾上腺素和胰高血糖素等物质则抑制小肠的运动。

五、回盲瓣（或回盲括约肌）的机能

回肠末端与盲肠交界处的环形肌显著增厚，起着括约肌的作用，称回盲括约肌。有些动物在回肠与盲肠连接处有一单向黏膜瓣，称回盲瓣。如牛、羊、猪和狗等有很发达的回盲瓣，而马有很发达的回盲括约肌。食糜进入小肠后刺激肠压力感受器，引起受刺激肠段及其后段的收缩加强，同时抑制其前段肠段的收缩，这种情况在回盲括约肌处表现尤为明显。平时回盲括约肌均保持收缩状态，回盲瓣是关闭的。回盲瓣或回盲括约肌的主要功能是防止回肠内容物过快地进入盲肠，延长食糜在小肠内停留的时间，保证小肠内容物能更充分地消化和吸收。同时，它还能有效阻止大肠内含有细菌的内容物向回肠倒流而污染小肠。

第七节 大肠消化

食糜经小肠消化吸收后，残余部分进入大肠。肉食动物的消化吸收在小肠已基本完成，大肠的基本功能主要是吸收水分和形成粪便。对草食动物，特别是单胃草食动物来讲，大肠内容物含有较丰富的营养物质且有大量的微生物存在，可对其中的内容物进行微生物消化，因而大肠内有较为强烈的消化活动，且在整个消化活动中占相当重要的地位。反刍动物和杂食动物的大肠消化也有一定的作用和意义。

一、大肠液的分泌

大肠液是由大肠黏膜表面的柱状上皮细胞及杯状细胞分泌的富含黏液和碳酸氢盐的碱性液体，其 pH 为 8.3～8.4，基本上不含消化酶。碳酸氢盐的作用是中和大肠内发酵产生的酸，这点对草食和杂食动物尤为重要。黏蛋白的作用是润滑粪便和保护大肠黏膜不被粗糙的消化残渣所损伤。大肠液的分泌主要是由大肠内容物对肠黏膜的机械刺激所引起，其分泌活动在壁内神经丛的控制下进行。副交感神经兴奋时，大肠液分泌增强；而交感神经兴奋时，则分泌减少。目前尚未发现大肠液分泌的体液调节证据。

二、大肠内的微生物消化

不同动物由于其所食饲料性质和胃肠道消化情况的不同，大肠内微生物的消化情况也有很大差异。

（一）肉食动物大肠内的消化

食糜中没有被小肠消化吸收的蛋白质，可以被大肠中的腐败菌分解生成吲哚、粪臭素（甲基吲哚）、酚和甲酚等有毒物质。小肠内没有被消化的脂肪和糖类，在大肠内也经细菌的作用，将脂肪分解成脂肪酸、甘油和胆碱等。糖类分解为单糖及其他产物，如草酸、甲酸、乙酸、乳酸、丁酸以及二氧化碳、甲烷和氢气等。这些物质一部分由肠黏膜吸收进入血液，在肝脏内经解毒后随尿排出体外，另一部分则随粪便排出。

（二）草食动物大肠内的消化

草食动物大肠内消化非常重要，尤其是马属动物和兔等单胃动物，饲料中的纤维素等糖类物质的消化和吸收都是依靠大肠内微生物的作用实现的。

草食动物大肠的容积很大，与反刍动物的瘤胃相似，能维持微生物发酵的适宜环境条件。可溶性糖类（淀粉和双糖等）和大多数不溶性糖类（纤维素和半纤维素）以及蛋白质是大肠内发酵的主要物质，例如，马的盲肠约 1m，大结肠约 3m，直肠为 0.3～0.4m，大结肠可容纳 50～60L 内容物，小结肠可容纳 2.5L 内容物。在大肠内容物中，有不少未被消化的营养物质，在大肠消化酶和微生物的作用下，可消化食糜中 40%～50% 的纤维素、39% 的蛋白质和 24% 的糖。其中，对纤维素的有效消化率为反刍动物的 60%～70%，这可能与食糜通过大肠的速度有关。兔的盲肠最发达，有助于半消化营养物质和微生物蛋白的利用。反刍动物的盲肠和结肠也能消化饲料中 15%～20% 的纤维素。可见大肠内纤维素的微生物发酵是草食动物消化的一个重要环节。由此推断，马所需要的能量至少有一半是由盲肠和结肠发酵与吸收的营养物质所提供的。

蛋白质和可溶性糖类一样，能在小肠中被较为充分的消化吸收，这可能在一定程度上导致大肠内微生物合成蛋白质所需的氮源不足。然而，在盲肠和结肠中也存在类似瘤胃的尿素再循环现象，借此补充氮源的不足，有利于微生物蛋白的合成。与反刍动物相比，马属动物大肠内微生物蛋白合成效率较低，而且很多微生物蛋白不能有效地被消化吸收，而随粪便排出。实验表明，仅少量氨基酸可被马的盲肠或结肠吸收。

马大肠内发酵和 VFA 产生的速度与瘤胃相近，在马的大肠中也存在着对 VFA 缓冲和吸收的有效方式。但唾液的缓冲作用已不存在，取而代之的是由马的回肠分泌并输送到盲肠的大量富含碳酸氢盐和磷酸盐的缓冲液，由此保证了微生物发酵适宜的 pH 环境，此过程类似于反刍动物唾液对瘤胃内容物的缓冲作用。另外，大肠黏膜分泌的液体中所含的碳酸氢盐和电解质也比瘤胃液多。

在消化过程中，有大量的水通过盲肠和结肠黏膜。马采食后，饲料约在 2h 后进入盲肠，很快产生 VFA。当食糜由盲肠进入大结肠后，VFA 继续在大肠内产生。同时，大量的水从血液中经肠黏膜进入大肠，这些水主要是由大肠内高渗的 VFA 所引起，但也有可能是结肠腺中直接分泌出来的液体。大肠黏膜中分泌的 Na^+、HCO_3^- 和含 Cl^- 的液体与肠腔中高浓度的 VFA 相适应，回肠和大肠的分泌效应主要用于维持肠腔内 pH 的相对恒定。

小结肠的功能是继续吸收大肠中未能吸收的水、电解质和 VFA。小结肠中能产生少量的 VFA，但其主要功能是吸收。

大肠内微生物也能合成 B 族维生素和维生素 K，并被大肠黏膜吸收，供机体利用。大肠内所产生的气体有 CO_2、CH_4、N_2 和少量 H_2，其中，一部分经肛门直接排出，另一部分由肠黏膜吸收进入血液，再经肺呼出。

大肠也是排泄器官，经大肠壁可排出钙、铁和镁等矿物质。

（三）杂食动物大肠内的消化

在一般的植物性饲料条件下，猪大肠内的消化过程与草食动物相似，即微生物的消化作用占主导地位。1g 盲肠内容物中含有 10^8～10^9 个细菌，其中，以乳酸杆菌和链球菌占优势，另有大肠杆菌和少量的其他类型细菌。大肠 pH 经常维持在 6～7 之间，乏氧，温度相对稳定，营养和水分较为适宜，以及缓慢的大肠运动等环境为建立正常的细菌区系提供了适宜条件。

猪对饲料中粗纤维的消化几乎完全靠大肠中纤维素分解菌的作用，但纤维素分解菌必须与其他细菌处于共生条件才能发挥作用。纤维素及其他糖类被细菌分解产生有机酸（乳酸和低级脂肪酸）并被肠壁吸收进入血液。猪大肠食糜的低级脂肪酸浓度可达80～90mmol/L，接近瘤胃内的水平。

经胃和小肠消化后，饲料中没有被分解的糖类，在大肠内经微生物的作用，才完全分解为己糖，己糖被酵解为丙酮酸和乳酸，再被转化为VFA（乙酸、丙酸、丁酸等）。

猪大肠内的细菌能分解蛋白质、多种氨基酸和利用尿素，产生氨、胺类及有机酸，也能合成B族维生素供机体利用。此外，猪大肠内细菌还能合成高分子脂肪酸。

三、大肠的运动与排粪

大肠与小肠运动相似，特点是少而慢，强度较弱，对刺激的反应也较迟钝。盲肠和大结肠除有明显的蠕动外，还有逆蠕动，它与蠕动相配合，使食糜在大肠内停留较长时间，有利于吸收，并为微生物的活动创造良好的条件。

（一）大肠的运动方式

1. 袋状往返运动

袋状往返运动（haustral shuttling）由结肠环行肌无规律地收缩引起，使结肠形成多个袋状结构，并使结肠袋中的内容物向两个方向作短距离位移，但不向前推进。这种运动方式在空腹时最多见。

2. 分节或多袋推进运动

一个结肠袋或一段结肠收缩，将其内容物推送到下一段的运动形式称为分节或**多袋推进运动**（segmentation or multihaustral propulsion）。进食或副交感神经兴奋时将使这种运动方式增强。

3. 蠕动、逆蠕动和集团运动

大肠也有由稳定的收缩波组成的缓慢地向着肛门方向的蠕动，它使大肠内容物以每分钟几厘米的速度向肛门端推进。收缩波远端的肠壁舒张，并往往充有气体，近端的肠壁则保持收缩状态，使该段肠段闭合并排空。

有时大肠也有较弱的**逆蠕动**（antiperistalsis）存在，它可延缓大肠内容物的向前推进，还可利于大肠中水分的吸收。

集团运动（mass peristalsis）是一种推进速度快，且推进距离远的蠕动，可能是食糜进入十二指肠后，由内在神经丛产生的十二指肠-结肠反射所引起。

（二）排粪

饲料经消化吸收后，残渣进入大肠后段（结肠和直肠），水分被大量吸收，逐渐浓缩而形成粪便，并随着大肠后段的运动，被强烈搅和压成团块状。

健康动物的粪便由饲料残渣、消化的代谢产物（黏膜、脱落的胃肠上皮、胆汁和消化酶等）、大肠黏膜的排泄物、大量的微生物及其发酵产物组成。

一般动物的粪便量随采食量和饲料的性质而定，不同动物的排粪次数和排粪量不同，例如，马每天 8～12 次，每天排粪量 10～20kg；牛羊每天 10～20 次，牛每天排粪量 25～35kg，羊每天 1～3kg；猪每天 4～5 次，每天排粪量 4～6kg。

排粪（defecation）是一种复杂的反射动作（图 8-21），它包括不随意的低级反射和随意的高级反射活动。

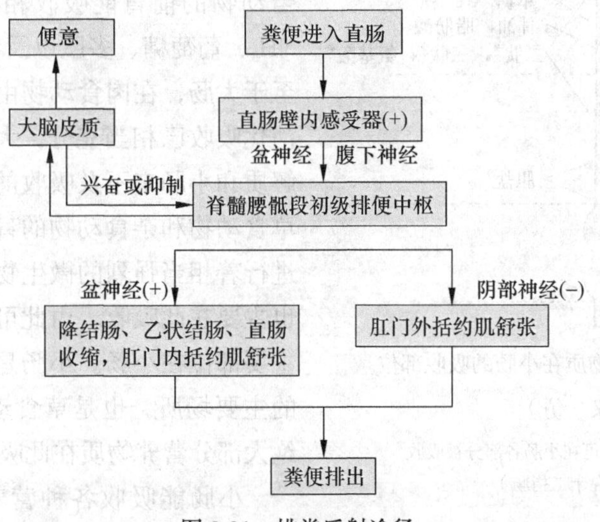

图 8-21 排粪反射途径

当结肠和直肠内粪便不多时，肠壁舒张，肛门括约肌收缩，粪便蓄积在直肠。当积聚到一定量时，刺激肠壁压力感受器并使之兴奋，兴奋经传入神经（盆神经）传到腰荐部脊髓的排粪中枢（低级中枢），同时有兴奋经传入纤维传到大脑皮质，产生排粪欲，使中枢兴奋。一方面通过盆神经引起结肠和直肠收缩，肛门内括约肌松弛；另一方面支配肛门外括约肌的阴部神经被抑制，肛门外括约肌松弛，于是引起排粪。高级中枢对脊髓的排便反射具有调节作用。因此，人能进行随意排便，动物也能形成排粪的条件反射，养成定时定点排粪的习惯。

第八节 吸　收

吸收（absorption）指饲料被消化后，其分解产物经消化道黏膜上皮细胞进入血液或淋巴的过程。动物体每天需要消耗很多能量去完成各种活动，饲料中的糖、脂肪和蛋白质是机体能量的主要来源，但这些大分子营养物质必须先经过消化和分解后才能被吸收。所以，吸收是在消化的基础上进行的。

一、吸收的部位和途径

（一）吸收的部位

消化道不同部位的吸收能力和吸收速度是不同的，这主要决定于各部分消化道的组织结构，以及内容物在各部位被消化的程度和停留的时间。

口腔和食管基本上不具有吸收能力，因为饲草在这里停留的时间比较短，主要限于机械

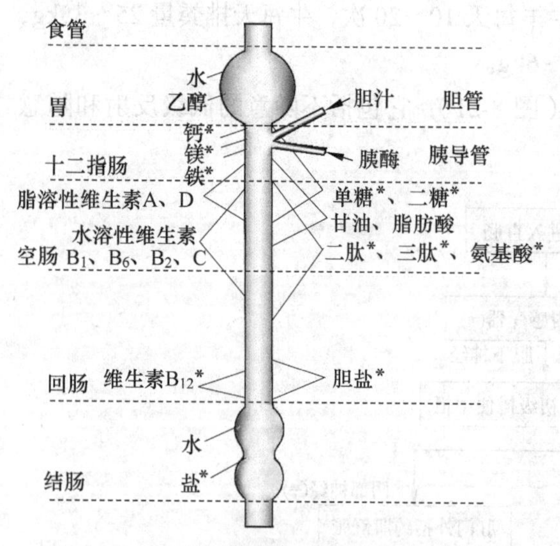

图 8-22　各种主要物质在小肠的吸收部位

（陈义　仿）

* 表示主动运输。钙可在小肠各部分被吸收

（特别是在十二指肠）

性消化。对单胃动物来说，胃内消化是消化的初级阶段，胃黏膜无绒毛，而且营养物质被分解为可吸收的小分子物质很少，因而吸收很少。单胃动物可吸收酒精和少量的水分；反刍动物的前胃能吸收相当数量的VFA、CO_2、NH_3、葡萄糖、多肽以及各种无机离子和水分。至于大肠，在肉食动物由于食糜在小肠阶段的消化吸收已相当充分，大肠主要吸收水分、电解质和小肠来不及吸收的少量营养物质，但在草食动物和杂食动物的盲肠和大结肠中仍继续进行着相当强烈的微生物发酵活动，发酵产物也主要在此吸收。由此可见，吸收营养物质的主要部位在小肠。小肠是肉食和杂食动物吸收的主要场所，也是草食动物的重要吸收部位，绝大部分营养物质在此吸收（图 8-22）。

小肠能吸收各种营养物质是与其特殊的结构密切关联的。食糜在经过小肠的消化后已变为结构较简单的可被吸收的物质，除了食糜在小肠停留时间长达3～8h，有充分的时间进行吸收外，最主要的是小肠黏膜具有特殊结构，可使吸收表面积增大。小肠黏膜表面有许多向肠腔突出的环形皱襞（以人为例），结果使小肠黏膜的吸收表面积增加约3倍。皱襞上还有由固有层和黏膜上皮伸向肠腔而形成的大量长（0.5～1.5mm）**绒毛**（villi），它的存在又使小肠的吸收面积增加10倍左右。每一个绒毛表面被覆一层柱状上皮细胞，每个柱状上皮细胞的表面约有1700条**微绒毛**（microvilli），这种结构进一步使吸收面积扩大约20倍，上述合计，最终使小肠黏膜的表面积增加约600倍（图 8-23）。

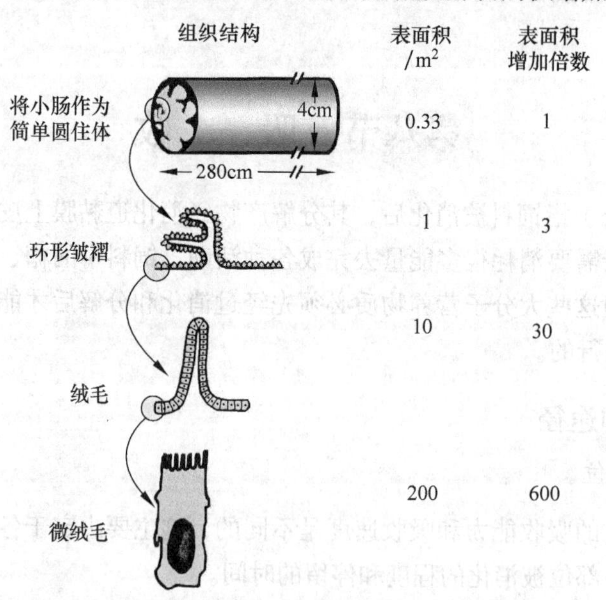

图 8-23　小肠的组织结构及表面积增加机制模式图

肠道不同部位，绒毛的密度和长度不一，尤以十二指肠为最，此后逐步减少，回肠中的绒毛密度最低。另外，小肠黏膜的环行皱襞、绒毛和微绒毛等含有丰富的毛细血管、淋巴管、平滑肌纤维和神经纤维网，绒毛的血管系统来自一条或两条小动脉，小动脉沿着绒毛突起不分支地流向纹状缘，在绒毛顶部分支形成致密的毛细血管网，紧贴于上皮细胞层的下面，血液汇合形成静脉流出绒毛，最后经肠系膜静脉流入门静脉。在小肠绒毛中轴有1～2条纵行的、以盲端起始的毛细淋巴管，称**中央乳糜管**（central lacteal），其通透性较大，某些大分子物质如乳糜微粒能进入中央乳糜管。在中央乳糜管的周围有丰富的毛细血管和散在的平滑肌纤维，它的收缩与舒张可使绒毛伸展和缩短，推动中央乳糜管和毛细血管内血液和淋巴的运行，有利于营养物质的吸收与运输。绒毛的淋巴系统由位于小肠绒毛中央部的毛细淋巴管组成，它的盲端紧贴于绒毛顶部，末端连接肠黏膜下层的淋巴管网。淋巴管内有瓣膜，可保证淋巴只做单方向流动，淋巴经肠系膜淋巴管和胸导管最后汇入血流循环。

绒毛内的平滑肌纤维纵向分布于肠绒毛中，动物空腹时绒毛不活动。在消化过程中小肠绒毛可表现出节律性伸缩和摆动两种运动形式。当其收缩时可使绒毛缩短，将绒毛内的血液和淋巴挤进黏膜下层的静脉和淋巴管网，促使绒毛内的静脉血和淋巴回流。而当绒毛重新伸长时，绒毛内血管和淋巴管的压力降低，有利于从肠管中吸收营养物质。小肠绒毛的摆动还能使其周围的食糜形成涡流，增加了与消化终产物的接触面积，进而促进营养物质的吸收。

小肠绒毛的运动主要受神经系统的控制。刺激内脏神经可加强绒毛的运动。食物对黏膜的机械和化学刺激可通过局部反射引起绒毛运动加强。此外，绒毛的活动还受小肠黏膜中释放的一种胃肠激素即**绒毛收缩素**（villikinin）的影响。

（二）吸收的途径

在消化道内，营养物质和水的吸收有两种途径（图8-24）：一是跨细胞途径，营养物质通过绒毛柱状上皮细胞的顶端膜进入细胞内，再经细胞的基底侧膜进入血液或淋巴循环；二是细胞旁路途径，营养物质和水通过细胞间隙进入血液或淋巴循环。营养物质在胃肠内的吸收是一个复杂的过程，但通过细胞膜的方式大致可分为主动转运、被动转运（包括扩散、渗透和滤过）、入胞和出胞等形式（详见第二章第二节）。

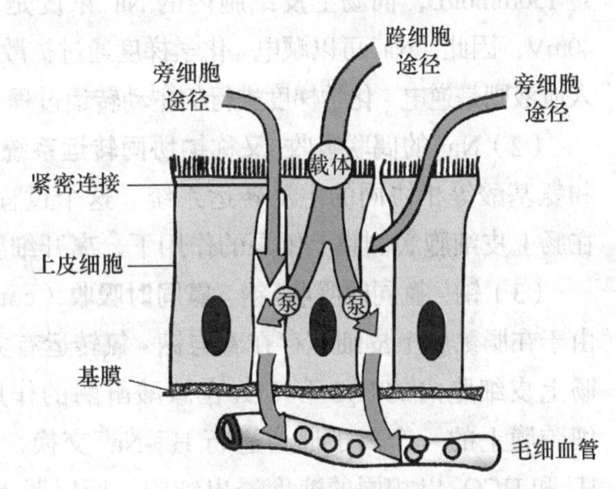

图8-24 营养物质的吸收途径（陈义 仿）

二、小肠内主要营养物质的吸收

小肠吸收的物质不仅仅是从口腔摄入的营养物质，还包括从各种消化腺分泌入肠道的水分、无机盐和各种有机成分，它们大部分在小肠内被重新吸收。如牛每天分泌的唾液量高达100～200L，这样大量的水分如果不被重吸收，势必严重影响内环境的稳态甚至危及生命。

（一）水的吸收

水分的吸收是被动的。各种溶质，特别是氯化钠的主动吸收所产生的渗透压梯度是水分吸收的主要动力。细胞膜和细胞间的紧密连接对水的通透性高，在十二指肠和空肠上部，水分由肠腔进入血液的量和水分由血液进入肠腔的量都很大，交流很快，因此，肠腔内液体的量减少的并不多。在回肠，离开肠腔的液体比进入的多，从而使肠内容物大大减少。

肠内容物的渗透压对水、盐的吸收有很大影响。溶质弥散速度大的低渗溶液和等渗溶液都容易被吸收。例如，0.85% 的氯化钠溶液或 5.4% 的葡萄糖溶液，可在数十分钟内被全部吸收。且当氯化钠溶液浓度在 1% 以内时，其吸收速度随浓度增加而增大，但浓度超过 1.5% 以上时吸收停止。此时，水分反而由血浆渗入肠腔，直至肠内容物达到等渗状态时为止，然后再随溶质逐渐被吸收。这种高浓度的氯化钠溶液还可刺激肠黏膜，使之分泌碱性液体到肠腔中，这是临床上常用高浓度氯化钠溶液作为泻药的理论依据。

（二）无机盐的吸收

一般来说，单价盐类如钠、钾、铵盐容易被吸收，吸收速度快；多价盐类则不易被吸收，吸收很慢。盐类中氯化物最易吸收，而硫酸盐、磷酸盐和草酸盐最难吸收，因此，临床上动物服用 4%～6% 的硫酸钠或硫酸镁后，由于在小肠内不易被吸收，使肠腔内形成较高的渗透压，阻碍水分的吸收，所以硫酸钠或硫酸镁等可作为泻药使用。

1. Na^+的吸收

小肠各段都能吸收 Na^+，但空肠对 Na^+的吸收最快，回肠较慢，结肠更慢。Na^+占体液阳离子总量的 90% 以上，肠内容物中 95%～99% 的 Na^+均可被吸收。Na^+的吸收有三种机制。

（1）Na^+的非偶联吸收 又称 Na^+的单纯扩散。正常情况下，肠腔和血液中 Na^+的浓度都是 150mmol/L，而肠上皮细胞内的 Na^+浓度是 15mmol/L。另外，细胞内的电位较黏膜面低约 40mV，因此，Na^+可以顺电 - 化学梯度通过扩散作用进入细胞内。而细胞内的 Na^+通过基底膜进入血液则是逆电 - 化学梯度进行的主动转运过程，此过程由钠泵协助进行，并由 ATP 分解供能。

（2）Na^+的偶联吸收 又称**钠协同转运系统**（sodium cotransport system），是 Na^+与葡萄糖和氨基酸等相协同的主动转运系统。这个过程需借助刷状缘上的载体，进入细胞内的 Na^+，在肠上皮细胞底侧膜上钠泵的作用下，离开细胞进入血液。

（3）钠 - 氯同时吸收 **钠 - 氯同时吸收**（coupled sodium-chloride absorption）的机制可能是由于在肠黏膜上皮细胞存在着与钠 - 氯转运有关的两个独立的离子转运系统。为发动此过程，肠上皮细胞内的 H_2O 和 CO_2 在碳酸酐酶的作用下生成碳酸，后者很快分解成 H^+ 和 HCO_3^-，细胞膜上的一个离子通道进行 H^+-Na^+交换，同时，另一个通道进行 HCO_3^--Cl^- 交换。因为 H^+和 HCO_3^- 以相同的速度透出细胞，所以肠上皮细胞内的 pH 保持不变。进入肠腔中 H^+和 HCO_3^- 又重新合成碳酸，进入细胞内的 Na^+被 Na^+-K^+-ATP 酶主动转运至细胞间隙，Cl^- 则在细胞内蓄积并通过上皮细胞基底膜上的特殊通道排入细胞间隙。Na^+和 Cl^- 的吸收速度取决于 Cl^- 通道的通透性，通透性大，Cl^- 能很快离开上皮细胞，允许 Cl^- 的继续吸收；相反，当 Cl^- 通道关闭时，细胞内 Cl^- 浓度增加，减慢对 Cl^- 的吸收，此机制在回肠和结肠较为活跃。

2. Cl^- 的吸收

Cl^- 的吸收有三种机制

（1）钠 - 氯同时吸收过程 其过程如前所述。

（2）细胞旁途径吸收 Na^+协同转运葡萄糖和氨基酸等物质的过程以及肠黏膜上皮细胞基底膜上钠泵的作用，使肠黏膜细胞和周围组织液之间产生电位差，可促使肠腔 Cl^- 向细胞间隙移动。但也有证据认为，负离子也可以独立的移动。

（3）Cl^--HCO_3^- 交换吸收 在上皮细胞的顶端膜上存在 Cl^--HCO_3^- 逆向转运体，形成 Cl^- 和 HCO_3^- 的交换，使 Cl^- 被吸收入上皮细胞。

3. HCO_3^- 的吸收

大多数 HCO_3^- 与盐酸中和后被吸收，剩余的部分主要通过离子交换机制在回肠和结肠被吸收。

4. Ca^{2+} 的吸收

Ca^{2+} 主要在十二指肠和空肠前端被吸收。肠道对 Ca^{2+} 的吸收比 Na^+ 慢，主要是通过主动转运来完成。肠黏膜细胞的微绒毛上有一种与 Ca^{2+} 有高度亲和性的**钙结合蛋白**（calcium-binding protein，Ca-BP），它参与 Ca^{2+} 的转运进而促进 Ca^{2+} 的吸收。维生素 D 的代谢产物 1，25- 二羟胆钙化醇可促进钙结合蛋白的形成，从而促进 Ca^{2+} 的吸收。此外，钙盐只有在水溶性状态下，且不被肠腔中的其他物质（如草酸盐和磷酸盐等）沉淀时，才能被吸收。肠内容物的酸度对 Ca^{2+} 的吸收有重要影响，pH 约为 3 时，钙呈离子状态，吸收最好。脂肪分解所产生的脂肪酸对 Ca^{2+} 的吸收有促进作用。

5. 磷的吸收

食物中的磷主要以无机磷酸盐和有机磷酸酯两种形式存在，肠道主要吸收无机磷，有机含磷物需经水解释放出无机磷后才能被吸收。磷的吸收率可达 70%，其吸收部位遍及小肠，以空肠吸收率最高。磷的吸收量比钙大，而且是以逆电荷梯度进入小肠黏膜细胞，因此，磷的吸收有其独立的吸收机制。目前，对磷吸收机制尚未完全了解。肠道中酸碱性、食物成分以及血钙和血磷浓度均可影响钙和磷的吸收。

6. 铁的吸收

铁以二价铁的形式被吸收。因此，饲料中的有机铁和三价铁必须还原成亚铁后方可被吸收。维生素 C 能将高铁还原为亚铁而促进铁的吸收，另外，酸性环境有利于铁的吸收，故胃液中的盐酸对铁的吸收有促进作用。

铁主要在小肠上部被吸收，肠黏膜吸收铁的能力决定于肠黏膜内的铁含量。铁的吸收主要借助于由肠上皮细胞释放的转铁蛋白（transferrin），转铁蛋白进入肠腔后与铁离子结合成复合物，而后由受体介导进入细胞内，复合物在细胞内释放出铁后，转铁蛋白回到肠腔中。细胞内的铁则有两条去路，一部分经主动转运进入血液，另一部分则与铁蛋白（ferritin）结合，储存在细胞内，所以肠黏膜是铁的储库。胃大部分切除的动物，常常伴有缺铁性贫血。

（三）糖的吸收

糖以单糖形式被吸收，而麦芽糖、蔗糖、乳糖等双糖一般不能被吸收入血液。多数动物的肠黏膜上皮的纹状缘存在各种双糖酶，双糖在被吸收前可被其分解为单糖。如果由于吸收或静脉注射等原因使血液中出现双糖时，则大部分从尿中排出体外。

被吸收的单糖绝大部分是葡萄糖。另外，还有少量的半乳糖、果糖、甘露糖等已糖以及木糖和核糖等戊糖。各种单糖的吸收速率差别很大，已糖吸收很快，而戊糖则很慢。在已糖中，又以半乳糖和葡萄糖吸收最快，果糖次之，甘露糖最慢。单糖吸收后，绝大部分经门静脉输送至肝脏，也有一些单糖经淋巴输送入血液循环中。

葡萄糖的吸收是耗能的过程，其能量来源于钠泵对 ATP 的水解，属于继发性主动转运，包括两个阶段：首先，膜上的 Na^+-K^+-ATP 酶将胞内 Na^+主动转运入血液，以维持肠腔内 Na^+浓度高于胞内的状态，接着肠腔内 Na^+和葡萄糖先后与微绒毛膜上的特异性载体蛋白（即主动转运载体 SGLT1）结合，结合后的载体将它们一起转运入细胞内，使胞内葡萄糖浓度高于血液。此后，细胞内葡萄糖由易化扩散载体（GLUT-2）转运入血液。各种单糖与转运体蛋白的亲和力不同，从而导致吸收速率的不同。转运体蛋白在转运葡萄糖时需要 Na^+的存在，一般一个转运体蛋白可与两个 Na^+和一个葡萄糖分子结合，并通过 Na^+- 葡萄糖同向转运体的变构作用，使复合体从肠腔面转向胞浆面，释放出糖分子和 Na^+。随后，转运蛋白重新回到肠腔面，参与新的转运过程。而 Na^+在钠钾泵的作用下被转运至细胞间隙，并由此进入血液。当胞浆中的葡萄糖达到一定浓度时，通过被动扩散进入细胞间液，进而转入血液，此过程周而复始。由此可见，Na^+是单糖的主动转运的必需因素。抑制钠钾泵的哇巴因，或能与 Na^+竞争转运蛋白的 K^+，均能抑制糖的主动吸收。有些单糖（如果糖、甘露糖和核糖等）可通过被动扩散方式吸收，果糖进入细胞后，常转变成葡萄糖或乳酸，因而能较快地扩散进入血液（图 8-25）。

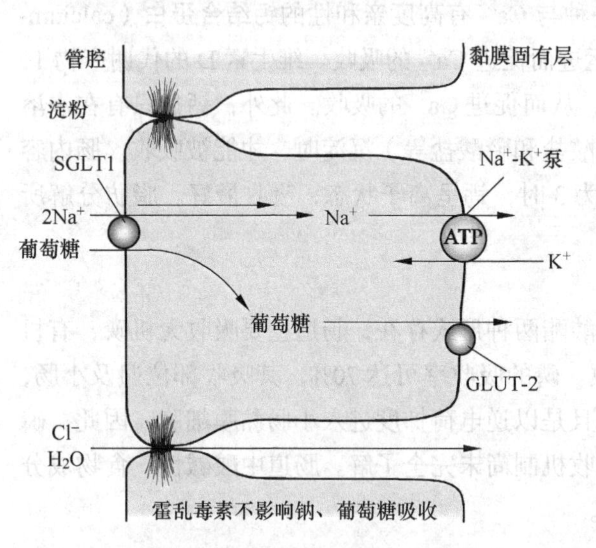

图 8-25 小肠黏膜对葡萄糖的吸收（仿姚泰，2010）

（四）蛋白质的吸收

大多数哺乳动物的胎儿和新生幼畜，都能通过胞饮作用由小肠上皮直接吸收蛋白质分子，这种能力一般在出生前或出生后不久（随动物种类而异）即消失。成年动物的肠上皮不能吸收蛋白质，但有些成年个体能吸收微量抗原。

核蛋白的某些产物如核苷、嘌呤碱和嘧啶碱可通过被动扩散的方式吸收。

蛋白质经消化分解成氨基酸后，几乎全部被小肠吸收。氨基酸的吸收是耗能的主动过程。目前，在小肠壁上已确定出三种主要的转运氨基酸的特殊运载系统，它们分别转运中性、酸性或碱性氨基酸。一般来讲，中性氨基酸的转运速度比酸性或碱性氨基酸快。与单糖的转运相似，氨基酸吸收同样也需要与 Na^+的吸收偶联进行，如果钠泵的活动被阻断，氨基酸的转运便不能进行。当氨基酸进入肠上皮细胞后，同样经被动扩散跨越上皮细胞的基底膜而进入血液。

近年来的实验证明，小肠的纹状缘上还存在有二肽和三肽的转运系统，因此，许多二肽和三肽也可完整地被小肠上皮细胞吸收，而且这种转运系统的吸收效率可能比氨基酸更高。进入细胞内的二肽和三肽，可被细胞内的二肽酶和三肽酶进一步分解为氨基酸，之后再经扩散进入血液。

（五）脂类的吸收

脂肪在肠道内被分解为甘油、脂肪酸和一酰甘油，其吸收主要在小肠内完成。消化后生成的甘油和中、短链脂肪酸是水溶性的，可直接进入血液。而长链脂肪酸、一酰甘油和胆固醇等首先与胆盐结合形成可溶于水的混合微胶粒，依靠微胶粒的扩散运动到达小肠上皮纹状缘。进入肠上皮细胞后，在内质网中被迅速重新合成三酰甘油和磷脂，使脂肪分解产物在肠上皮内的浓度始终低于肠腔水平，这种浓度梯度的存在可保证脂肪分解产物不断从混合微胶粒中扩散进入肠上皮细胞。细胞内合成的三酰甘油等脂类与细胞中生成的载脂蛋白合成**乳糜微粒**（chylomicron）。乳糜微粒一旦形成即进入高尔基体中，许多乳糜微粒被包裹于一个囊泡内，当囊泡移行到上皮细胞的基底膜时，便与细胞膜融合，将乳糜微粒释放到细胞间隙。随后再通过基膜和中央乳糜管上皮细胞的间隙，进入淋巴循环，而胆盐则被遗留在肠腔，并于回肠后段被吸收（图 8-26）。

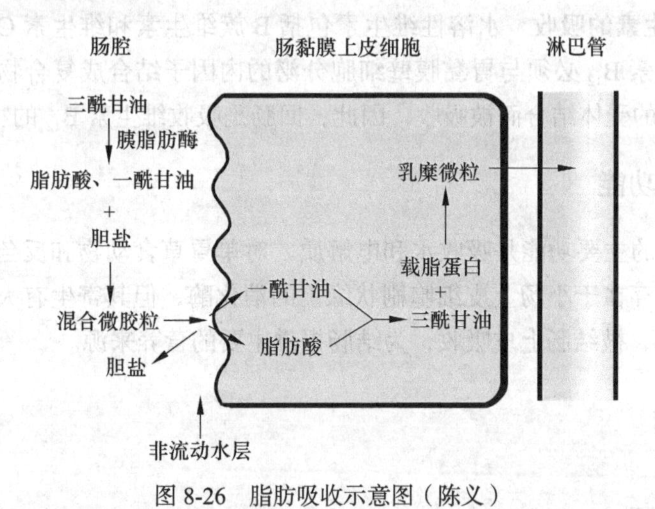

图 8-26　脂肪吸收示意图（陈义）

胆固醇以游离的胆固醇和酯化的胆固醇酯两种形式存在。饲料中的固醇类，只有游离形式的才能被吸收。胆固醇酯必须被酶水解为胆固醇，然后以游离胆固醇的形式溶解在混合微胶粒中，通过扩散在小肠上段被吸收。其中，大部分在小肠黏膜细胞中又重新酯化，生成胆固醇酯，并参与乳糜微粒的形成，经由淋巴循环最终进入血液。

（六）VFA 的吸收

在大肠和反刍动物的瘤胃内，饲料中的纤维素和其他糖类经微生物发酵产生的 VFA，主要在瘤胃和大肠前段以扩散方式被吸收。这些 VFA 吸收时在瘤胃上皮细胞中发生强烈的代谢作用，例如，丁酸约有 85%，乙酸约有 45% 被代谢，并产生大量酮体。丁酸和丙酸是泌乳期反刍动物生成乳汁的主要原料。乳牛瘤胃吸收的乙酸，有 40% 被乳腺所利用。2%～5% 的丙酸在瘤胃上皮细胞内转变为乳酸，其余以丙酸的形式经门脉系统运输到肝脏，在此，大多数的丙酸进行氧化而生成葡萄糖。丙酸是反刍动物血液葡萄糖的主要来源，占血糖总量的 50%～60%。各种 VFA 的吸收速度由大到小的排序为：丁酸＞丙酸＞乙酸。

VFA 吸收的分子机制尚不完全清楚，可能与吸收上皮附近的 pH 变化有关，因为 pH 能影响 VFA 的解离状态，分子状态的 VFA 可自由通过瘤胃上皮，比离子状态的吸收要快。所以 pH 对 VFA 的吸收有重要影响。VFA 的 pH 为 4.8，低于胃内正常的 pH，因此，胃内 VFA 大多以离子状态存在。Na^+-H^+交换可降低吸收表面的 pH，导致 VFA 由离子状态转变为分子状态，促进 VFA 的吸收。瘤胃内发酵产生的 CO_2 使压力增高，能增加 VFA 由离子状态转变为分子状态，对 VFA 的吸收有促进作用。

马和猪等家畜盲肠和结肠吸收 VFA 的过程基本上和反刍动物的瘤胃吸收过程相似。

（七）维生素的吸收

1. 脂溶性维生素的吸收 脂溶性维生素 A、D、E、K 和胡萝卜素可溶解于胆盐微胶粒中，与其他脂肪消化产物一起吸收。

2. 水溶性维生素的吸收 水溶性维生素包括 B 族维生素和维生素 C，均以单纯扩散的方式被吸收。维生素 B_{12} 必须与胃黏膜壁细胞分泌的内因子结合成复合物，在转运到回肠后与黏膜上皮细胞上的受体结合而被吸收，因此，回肠是吸收维生素 B_{12} 的特异部位。

三、大肠的吸收功能

大肠上皮细胞的主要功能是吸收水和电解质。对单胃草食动物和反刍动物来讲，大肠上皮细胞虽然不具有存在于小肠上皮细胞刷状缘上的消化酶，但其寄生有大量的菌群，可消化纤维素，产生 VFA，被结肠上皮吸收，为结肠提供主要的营养来源。

（宁红梅）

复习思考题

1. 与骨骼肌相比，消化道平滑肌有哪些生理特性？
2. 简述胃肠激素的生理作用。
3. 消化道运动的方式有几种？分别发生在何处？对消化有何意义？
4. 何谓胃的排空？促进和抑制胃排空的因素有哪些？各类食物排空速度有何不同？
5. 胃肠道的神经支配有何特点？
6. 试述唾液的分泌部位，唾液主要含有哪些酶？有何生理作用？

7. 胃酸由何种细胞产生？胃液的主要成分及其生理作用是什么？

8. 简述胃酸的分泌过程，并说明其中的 H^+和 Cl^- 的来源。

9. 何谓黏液 - 碳酸氢盐屏障？它为什么能阻止胃酸及蛋白酶对胃壁的侵蚀？

10. 胰液的分泌部位是什么？其主要成分和功能是什么？

11. 何谓胆盐的肠肝循环？

12. 为什么小肠是营养物质吸收的主要部位？

13. 为什么瘤胃是微生物发酵的场所？

14. 为什么反刍动物体脂中的饱和脂肪酸比单胃动物高？

第九章　能量代谢和体温调节

本章概述

动物体内的物质代谢过程伴随着能量的储存、释放、转移和利用，这一过程称为能量代谢。动物体内的能量来自食物或饲料。物质代谢释放的能量除完成必需的生理功能（如供骨骼肌收缩）外，还有一部分储存在动物产品中（如肉、蛋和奶中所含的能量）。另有一部分转化为热能，供动物机体维持体温用。影响能量代谢的主要因素包括食物的特殊动力效应、肌肉活动、环境温度和精神因素等。恒温动物的体温是在体温调节中枢控制下，通过自主性体温调节（由神经、激素、血液循环、骨骼肌和褐色脂肪组织等参与）和行为性体温调节，使机体的产热和散热过程保持动态平衡。休眠是动物为适应不良环境而产生的一种特殊的体温调节方式。动物生产中进行环境控制的目的之一就是为了提高动物的能量利用效率，降低维持需要的能量，使更多的能量转移到动物产品中去。

新陈代谢是生命活动的最基本特征之一，它包含不可分割、紧密联系的**物质代谢**（material metabolism）和**能量代谢**（energy metabolism）两个方面。同时，新陈代谢又可分为**分解代谢**（catabolism）与**合成代谢**（anabolism）两个过程。分解代谢释放能量满足生命活动需要，合成代谢则储存能量，有利于动物的生长和繁殖。物质代谢的变化必然伴随着能量的释放、转移和利用，新陈代谢活动遵循物质不灭和能量守恒定律。本章主要讲述生物体的能量代谢过程，即在生物体内物质代谢过程中所发生的能量释放、转移和利用过程。

第一节　能 量 代 谢

一、机体能量的来源与利用

（一）能量的来源及代谢

1. 能量的来源

动物的一切生命活动都离不开能量，而动物是异养生物，不能通过光合作用积累物质，只能直接或间接依靠植物来获取所需要的物质和能量。动物通过摄食、消化和吸收过程摄入营养物质（如葡萄糖、氨基酸、脂肪、无机盐、水和维生素等），在体内经过一系列的生物化学反应过程，最后产生 CO_2、H_2O 以及一些含氮废物，同时释放能量。释放出的能量一部分转移到 ATP 的高能磷酸键中储存起来，作为机体各种活动的能源，另一部分转化为热能用于维持体温。

2. 能量的代谢

在动物体内能够提供能量的营养物质主要有糖、脂肪和蛋白质，这些有机分子的碳氢键中蕴藏着大量的能量，它们在分解代谢过程中，碳和氢分别被氧化为 CO_2 和 H_2O，碳氢键断裂，同时释放能量。

（1）糖　**糖**（carbohydrate）是机体重要的能源物质。一般情况下，人体所需的能量有 50%～70% 由糖提供。在有氧条件下，葡萄糖可彻底氧化分解为 CO_2 和 H_2O，同时释放能量。1mol 葡萄糖完全分解可释放 17.2kJ 的能量，可净合成 38mol 的**三磷酸腺苷**（adenosine triphosphate，ATP），能量转化效率为 66%。这是机体正常情况下糖氧化供能的主要途径。在无氧条件下，1mol 葡萄糖经无氧酵解生成乳酸，可净合成 2mol 的 ATP，能量转化效率仅为 3%。

（2）脂肪　**脂肪**（fat）是体内储能和供能的重要物质。脂肪在细胞内以三酰甘油的形式存在，可水解为脂肪酸和甘油。脂肪酸在血液中以脂蛋白的形式被运输至肝脏和肌肉等组织供其利用。脂肪酸主要通过 β- 氧化分解生成乙酰辅酶 A，后者再经过三羧酸循环彻底氧化成 CO_2 和 H_2O，同时释放能量。1mol 脂肪酸完全氧化可产生 39.8kJ 的能量。脂肪水解生成的甘油，主要在肝脏经磷酸化和脱氢后，进入三羧酸循环氧化供能。

（3）蛋白质　**蛋白质**（protein）是构成机体组织成分的重要物质。蛋白质分解产生的氨基酸，在体内经过脱氨基作用和氨基转换作用分解为 α- 酮酸和氨，α- 酮酸进入三羧酸循环氧化供能，氨未被氧化的部分则以尿氮形式从尿中排出，因此，将会损失一部分能量。1mol 蛋白质在体内氧化释放的能量与葡萄糖相近，但蛋白质为机体提供能量是它的次要功能，只有在某些特殊情况下（如长期不能进食或体力极度消耗时），机体才会依靠组织蛋白质分解产生的氨基酸供能，以维持基本生理功能。

（二）三磷酸腺苷是体内能量代谢的关键物质

虽然动物机体所需要的能量来自食物，但机体不能直接利用食物中所含的能量进行各种生理活动。机体能量的直接提供者是含有高能键的化合物，其具有多种形式，而 ATP 是最主要的生物能载体。它是体内能量转化和利用的关键物质，是机体能量的直接提供者。ATP 是在细胞的线粒体中合成的一种高能化合物，广泛存在于动物机体的一切细胞内，其分子中蕴藏着大量的能量。1mol 的 ATP 在裂解一个高能磷酸键变成**二磷酸腺苷**（adenosine diphosphate，ADP）的过程中，可释放 33.47kJ 的能量。ATP 既是储能物质，又是直接供能物质，它释放的能量可供给机体完成各种生理活动。动物机体生命活动过程中所消耗的 ATP，则由营养物质在体内氧化分解所释放的能量，通过磷酸化过程不断地将 ADP 转化为 ATP 而得到补充。

必须指出，ATP 在组织中的储存量是有限的，机体内还有另一种重要的贮能物质，即**磷酸肌酸**（creatine phosphate，CP）。它主要储存在肌肉和脑组织中，具有一个高能磷酸键，可与 ADP 发生反应，将磷酸基连同能量一起转移给 ADP，生成肌酸和 ATP。当细胞内 ATP 浓度很高时，ATP 的高能磷酸键即被转移给肌酸以生成 CP，能量便暂时储存于 CP 中。当细胞内 ATP 略有消耗时，CP 即发挥供能作用，并生成新的 ATP。这种补充作用比直接由食物氧化释放能量补充得多、来得快，可满足机体在进行应急生理活动时对能量的需求。借助于 CP 的这种缓冲调节作用，使得细胞内 ATP 的浓度保持相对稳定。从能量代谢的整个过程来看，ATP 的合成与分解是体内能量转换和利用的关键环节。

（三）能量平衡

动物通过摄食获得能量。摄取的食物中所含有的全部能量称为总能，排泄物中所含有的能量称为粪能，两者之差称为可消化能。动物体可利用的能量是代谢能，它是糖类、脂类和蛋白质分子结构中蕴含的化学能在动物体内经氧化作用而释放出的能量。代谢能是可消化能减去饲料在体内发酵丢失的能量和尿能，代谢能又可再细分为净能和特殊动力效应的能量（即营养物质参与代谢时，不可避免地以热的形式损失的能量）。只有净能是用于维持动物自身的基础代谢、随意活动、体温调节和生产的能量（图 9-1）。

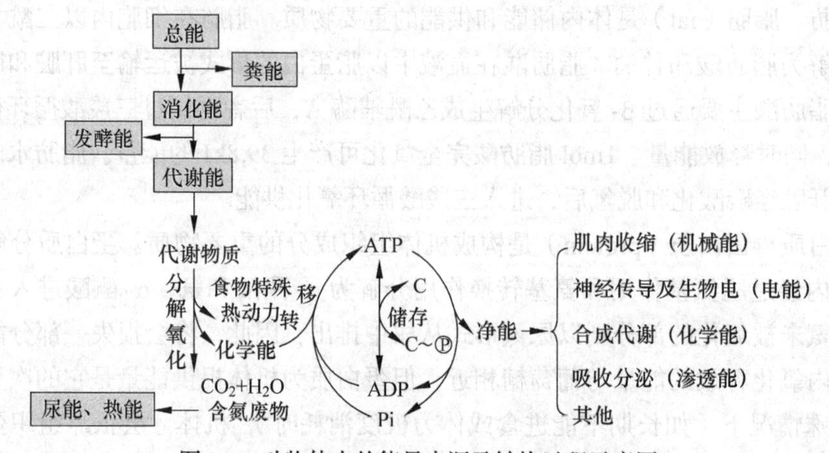

图 9-1　动物体内的能量来源及转换过程示意图

根据能量守恒定律，动物通过食物摄入的能量应等于输出的能量（包括做功）与储存的能量之和。动物除维持体温和做功外，还有电能或其他辐射能的输出，但因其数量很小，常可忽略不计。

如果能量摄入大于能量输出，则有能量储存体内，表现为机体各组织物质增加，体重增大，该过程属于合成代谢。如果在禁食和安静状态下既没有通过进食而摄入能量，也没有通过做功输出能量，此时机体产生的热量来自消耗体内储存的物质，体重减轻，该过程属于分解代谢。

二、能量代谢的测定

代谢过程中，机体能量代谢遵循能量守恒定律，即摄入的能量与输出的能量相等。因此，根据单位时间内机体所消耗的食物或测定产生的热量和所做的功都可计算出机体的能量代谢率。单位时间内人或动物的全部能量消耗（受试者安静时所散发的热量加受试者对周围环境所做的功）叫作**能量代谢率**（energy metabolic rate）。测定人或动物在一定时间内所产生的热量是研究代谢率的常用方法。

测定单位时间内的能量代谢水平有两种方法，即直接测热法与间接测热法。

（一）直接测热法

直接测热法（direct calorimetry）是用一定量的水吸收受试动物在一定时间内产生的热量，通过测量水温的改变算出总的产热量。最早和最简单的动物热量计是拉瓦锡和拉普拉斯在18世纪80年代设计的（图9-2），动物释放的热融化小室周围的冰块，由此计算动物的产热量。图9-3表示现代热量计的主要构成，即用流经测量室内螺旋铜管的水作为冷却剂，则动物释放的热量包括由水吸收的总热量加上呼出气体和皮肤上蒸发的水蒸气热量。测量室内空气通过吸水的浓硫酸可以计算出水蒸气的量，由此计算水分蒸发所消耗的热量。

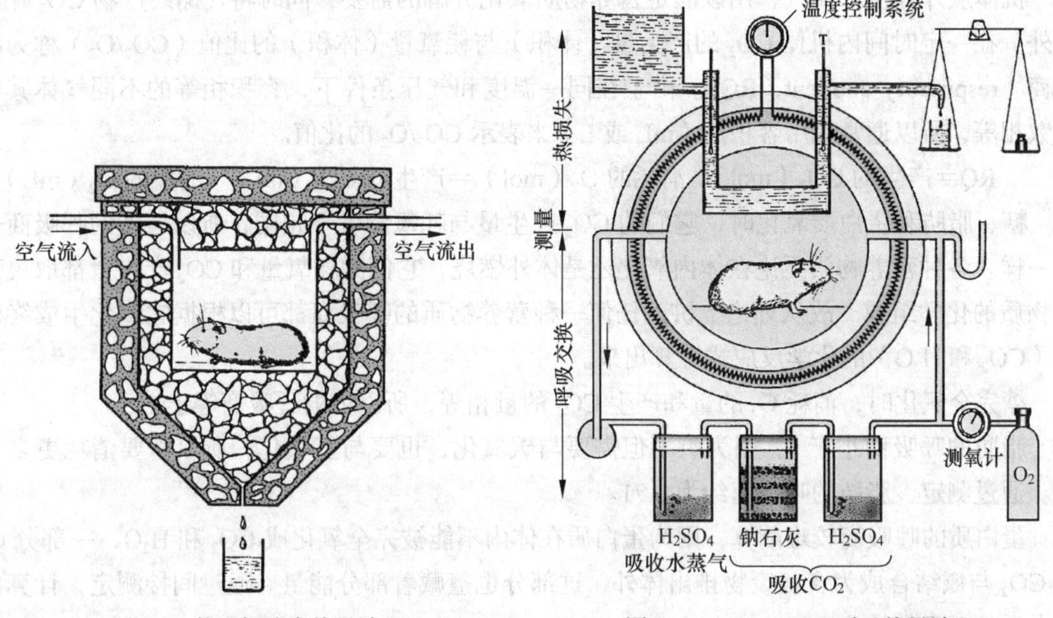

图9-2 拉瓦锡冰套热量计

图9-3 Atwaer-Rosa呼吸热量计

直接测热法常用于鸟类和高代谢率的小动物。对于大动物和低代谢率的小动物及鱼类则不够精确。加之设备复杂、操作繁琐等因素，目前较少使用。直接测热法原理简单，但实际操作很困难，一般多用间接测热法。

（二）间接测热法

首先介绍**间接测热法**（indirect calorimetry）中涉及的几个概念：

1. 食物的热价

1g食物在体内氧化（或在体外燃烧）时所释放的热量称为**食物的热价**（thermal equivalent of food）。食物在体外燃烧时释放的热量称为物理热价，而经过生物氧化所产生的热量称为生物热价。糖与脂肪的物理热价和生物热价相等，蛋白质的生物热价小于它的物理热价（表9-1）。

表9-1 三种营养物质氧化时的几种数据

营养物质	产热量/（kJ/g）			耗氧量/（L/g）	二氧化碳产量/（L/g）	氧热价/（kJ/L）	呼吸商
	物理热价	生物热价	营养学热价*				
糖	17.17	17.17	16.75	0.83	0.83	20.93	1.00
蛋白质	23.45	18.00	16.75	0.95	0.70	18.84	0.88
脂肪	39.77	39.77	37.68	2.03	1.43	19.68	0.71

* 营养学上通常采用概数来计算食物的热价。

2. 食物的氧热价

某种营养物质氧化时消耗1L氧气所产生的热量称为该物质的**氧热价**（thermal equivalent of oxygen）。根据在一定时间内的耗氧量，参照氧热价可以推算出机体的能量代谢率。

3. 呼吸商

机体从外界摄取氧气，用以满足营养物质氧化分解的需要，同时将代谢终产物CO_2呼出体外。在一定时间内机体CO_2的产生量（体积）与耗氧量（体积）的比值（CO_2/O_2）称为**呼吸商**（respiratory quotient，RQ）。由于在同一温度和气压条件下，容积相等的不同气体其摩尔数相等，所以通常就用容积数（mL或L）来表示CO_2/O_2的比值。

$$RQ=产生的CO_2（mol）/消耗的O_2（mol）=产生的CO_2（mL）/消耗的O_2（mL）$$

糖、脂肪和蛋白质氧化时，它们的CO_2产生量与耗氧量各不相同，所以三者的呼吸商也不一样。各种营养物质无论在体内氧化还是体外燃烧，它们的耗氧量和CO_2产生量都取决于各物质的化学组成。故从理论上讲，任何一种营养物质的呼吸商都可以根据它氧化生成终产物（CO_2和H_2O）的化学反应式计算出来。

糖完全氧化时，消耗O_2的量和产生CO_2的量相等，所以糖的呼吸商等于1。

脂肪的呼吸商小于1，因为氧不但需要与碳氧化，也要与氢氧化，所以需要消耗更多的氧。通过测定，脂肪的呼吸商约为0.71。

蛋白质的呼吸商较难测算，因为蛋白质在体内不能被完全氧化成CO_2和H_2O，一部分O_2和CO_2与氮结合成为含氮废物排出体外，这部分也蕴藏着部分能量。通过间接测定，计算出蛋白质的呼吸商约为0.80。

呼吸商并不能精确地反映动物消耗的营养成分，即使是让实验动物在一定时间内只摄取单一的营养物质，结果所测得的呼吸商与理论计算值并不完全相符。这是因为动物机体总是同时氧化分解不同比例的糖、脂肪和蛋白质，而且细胞在氧化之前还可以将一种营养成分转变成为另一种营养成分，如糖与脂肪相互转化等。实际上，动物摄取的都是混合食物，呼吸商只反映哪一类营养物质是当时能量的主要来源，假如食物的主要成分是糖类，则呼吸商就接近1.0；若食物的主要成分是脂肪，则呼吸商接近0.71。由此可见，动物呼吸商的范围在0.7～1.0之间变动。如果在长期饥饿的情况下，体内的糖与脂肪耗竭，机体的能源主要来自蛋白质的分解，则呼吸商接近0.80。在一般生理情况下，摄取的混合食物呼吸商约为0.85。

间接测热法又称气体代谢测定法，是根据一定时期内动物体消耗O_2的量、排出CO_2的量和尿氮的排泄量来推算所耗用的代谢物质的成分和数量，再由这些数据计算出总产热量。

在静息和禁食时，动物体内的热量主要来自体内储存的营养物质（糖、脂肪和蛋白质）的氧化。糖和脂肪在体内氧化产生CO_2和H_2O，蛋白质还会产生含氮废物，通过测定这三种氧化产物的量，即可推算出消耗的物质和产生的热量。由于很难确定代谢混合物氧化所产生H_2O的量，而消耗氧量容易测定，因此，一般只需要测定消耗氧量、排出的CO_2量与尿氮量即可。尿氮几乎包含了蛋白质氧化所产生的全部含氮废物，每克蛋白质大约含16%的氮，因此，1g尿氮相对应于6.25g蛋白质的代谢产物。假设一定时间内蛋白质消耗量为P，则

$$P=尿氮量（g）\times 6.25$$

已知体内每克蛋白质氧化时消耗0.97L的O_2，产生0.78L的CO_2，则蛋白质氧化时的耗氧量

为 $P\times0.97$L，CO_2 产生量为 $P\times0.78$L。测出一定时间内动物体的耗 O_2 总量与产生 CO_2 总量，则：

$$非蛋白质耗氧量=总耗氧量-0.97P$$

$$非蛋白质\ CO_2\ 产生量=CO_2\ 总量-0.78P$$

由非蛋白质的 CO_2 产生量与非蛋白质的耗氧量即可计算出非蛋白呼吸商。如果该时间内代谢过程全部消耗的是脂肪，则非蛋白质的呼吸商为 0.70；若全部消耗的是糖，则非蛋白质的呼吸商为 1.00。由表 9-2 即可求得该时间内糖和脂肪的氧化比例，再计算非蛋白质耗氧量中糖代谢所耗 O_2 的体积和脂肪代谢所消耗 O_2 的体积，用 O_2 的体积（L）乘以糖（或脂肪）热价，就可以算出糖（或脂肪）在体内氧化产生的热量。用所得的糖和脂肪的产热量加上蛋白质氧化产生的热量，就是在该时间内由呼吸代谢产生的总产热量。

表 9-2　非蛋白呼吸商和氧热价

非蛋白呼吸商	氧化 /%		氧热价 /（kJ/L）
	糖	脂肪	
0.70	0.00	100.00	19.62
0.71	1.10	98.90	19.64
0.72	4.75	95.2	19.69
0.73	8.40	91.60	19.74
0.74	12.00	88.00	19.79
0.75	15.60	84.40	19.84
0.76	19.20	80.80	19.89
0.77	22.80	77.20	19.95
0.78	26.30	73.70	19.99
0.79	29.00	70.10	20.05
0.80	33.40	66.60	20.10
0.81	36.90	63.10	20.15
0.82	40.30	59.70	20.20
0.83	43.80	56.20	20.26
0.84	47.20	52.80	20.31
0.85	50.70	49.30	20.36
0.86	54.10	45.90	20.41
0.87	57.50	42.50	20.46
0.88	60.80	39.20	20.51
0.89	64.20	35.80	20.56
0.90	67.50	32.50	20.61
0.91	70.80	29.20	20.67
0.92	74.10	25.90	20.71
0.93	77.40	22.60	20.77
0.94	80.70	19.30	20.82
0.95	84.00	16.00	20.87
0.96	87.20	12.80	20.93
0.97	90.40	9.58	20.98
0.98	93.60	6.37	21.03
0.99	96.80	3.18	21.08
1.00	100.00	0.00	21.13

三、影响能量代谢的因素

影响能量代谢的因素很多，主要体现在以下四个方面。

（一）肌肉活动

肌肉活动是影响能量代谢的最主要因素。机体任何轻微的活动，甚至不伴有明显动作的骨骼肌紧张，都会提高代谢率。动物剧烈运动和使役，可使产热量提高到安静状态下的15倍以上，所以能量代谢的高低是评定劳动强度的一个重要依据。据测定，动物在安静时肌肉的产热量占全身总产热量的20%，在使役或运动时可达总产热量的90%。动物在剧烈运动或使役停止后的一段时间内，机体的能量代谢仍然维持在较高的水平，这是因为在剧烈运动初期的适应过程中，机体动用储存的高能磷酸键和进行无氧酵解代谢供能，动物的运动停止后，机体循环和呼吸还必须维持一段时间的高水平状态，才能将前面的亏欠补偿回来，因而需要摄取更多的O_2。由于肌肉活动对能量代谢的显著影响，所以在冬季通过增强肌肉活动来增加机体产热量对维持体温恒定具有重要意义。

（二）精神因素（神经 - 内分泌的影响）

精神因素的影响主要表现在当机体处于紧张状态时，能量代谢率显著增高。这是由于无意识的肌肉紧张以及促进机体代谢的内分泌激素释放增多，产热量显著增加所致。例如，当情绪激动时，促进代谢的激素分泌增多，能量代谢将显著升高；激怒或寒冷时，交感神经兴奋，肾上腺素分泌增多，增加了组织的耗氧量，使产热增加；在低温条件下，交感神经和肾上腺髓质产生协同作用，使机体产热增加。另外，甲状腺激素分泌增多可使代谢率增加。

（三）食物的特殊动力效应

动物在进食后的一段时间内（从进食后1h左右开始，可持续7～8h）所产生的热量要比在同样条件下未进食时有所增加，可见，这种额外的能量消耗是由进食引起的，增加的量以进食后2～3h为最高。且以蛋白质食物的特殊动力效应最为明显，机体额外增加的产热量可达该蛋白质所含热量的30%左右，糖和脂肪为4%～6%，混合食物则为10%。不同食物的这种效应持续的时间也各不相同，如蛋白质食物可持续6～7h，而糖类仅持续2～3h。食物能促使机体产生“额外”热量的这种作用称为**食物的特殊动力效应**（specific dynamic effect）。这种增加出来的产热量多数来自吸收的营养物质在肝脏内进行的分解和化合过程，并非由于在胃肠道内的消化和吸收所致。进食后这种能量释放快速增加的机制尚不十分清楚。现已证明，肝内的脱氨基反应是食物特殊动力效应的主要原因。因此，在测定代谢率时必须考虑如何降低这种食物的特殊动力效应的影响。

（四）环境温度

环境温度发生变化时，机体的代谢会发生相应的改变。人体安静时的能量代谢，在20～30℃的环境中最稳定。当环境温度低于20℃时，代谢率即开始增加，在10℃以下，则代谢率显著增加。低温时代谢率的增加，主要是由于寒冷刺激反射性地引起寒战以及骨骼肌紧张度增加所致。在20～30℃时代谢稳定，主要是由于肌肉松弛，产热量少。当环境温升高到30℃以上时，代谢活动加强，导致体内生化反应速度加快，同时还伴有发汗、呼吸和循环机能增强等因素都可导致机体的能量代谢率增加。

四、基础代谢和静止能量代谢

（一）基础代谢

影响能量代谢的因素很多，除了上面介绍的4个主要方面外，还有年龄、性别、身高、体重、体表面积、生长、妊娠、哺乳、疾病和体温等因素都会影响能量代谢率。因此，为了比较不同人或动物的代谢率，需要确定一个标准状态来测定代谢率，这一状态称为基础状态。此状态是指在室温20～25℃、清晨空腹（进食后12～14h）、静卧半小时以上、清醒、安静和全身肌肉松弛，即排除了食物的特殊动力效应、肌肉活动、环境温度和精神紧张等影响因素。故**基础代谢**（basal metabolism）就是在基础状态下的能量代谢，它包括机体全部细胞基本的代谢和维持生命所必需的机能活动等。在这种状态下，单位时间内的基础代谢即为**基础代谢率**（basal metabolism rate，BMR）。基础代谢率以单位时间内每平方米体表面积的产热量表示（单位为kJ/（m^2·h）。BMR的正常变动范围在10%～15%之间，当变动超过20%时则属于病理状态。

许多试验证明，能量代谢率的高低与体重不成比例关系，但与体表面积基本上成正比。如以每千克体重的产热量进行比较，则小动物的要比大动物高。在潜水动物中，潜水的时间差别甚大，一般来说，潜水动物越大，则潜水时间越长，这同样是由于小动物每千克体重的耗氧量比大动物高的原因。若以每平方米体表面积的产热量进行比较，则不论体积的大小，各种动物单位体表面积每昼夜的产热量很接近。

（二）静止能量代谢

对动物而言，一般用**静止能量代谢**（resting energy metabolism）代替基础代谢。静止能量代谢测定的条件是要求动物禁食、处在静止状态（通常是伏卧状态），在环境温度适中的普通畜舍或实验室条件下，通过用间接测热法测定的能量代谢。即便是在这种条件下测定出的静止能量代谢率和基础代谢率也不完全相同，因为它包含有数量不定的由食物的特殊动力效应产生的能量（特别是草食动物，即使饥饿3天，胃肠中仍存留有不少食糜，消化道并非处于排空和吸收后状态），还有用于生产的能量和调节体温的能量等，但静止能量代谢和基础代谢的实际测定结果非常接近。

知识卡片

能量代谢效率：动物能量代谢的总效率是指产品能（如肉、蛋、奶所含能量）占摄入能（饲料能）的比例，其比例越高说明生产性能越高。

吸收后状态：是指养分吸收已经停止的状态，单胃动物绝食后24h就能达到吸收后状态。反刍动物则需10天左右才能将绝大多数代谢产物排出体外。

第二节 体温及其调节

动物机体都维持有一定的温度，这就是体温。它既是新陈代谢活动的结果，又是进行新陈代谢和维持正常生命活动的重要条件。

一、动物的体温

（一）变温、异温和恒温动物

地球上不同地区的温差很大，在各种气温条件下几乎都有动物生存且能保持体温恒定，这就说明动物有多种适应能力。动物调节体温主要有行为性调节和生理性调节两种方式。按照调节体温能力的高低可将动物分为**变温动物**（poikilotherm）、**异温动物**（heterotherm）和**恒温动物**（homeotherm）。低等动物（如爬行类和两栖类）的体温在一定范围内随环境温度的变化而变化，属于变温动物或冷血动物。当气温过高时，它们会选择阴凉的地方，当气温过低时，它们通过日光取暖或钻入地下冬眠。这种通过动物的行为变化来调节体温的方式称为**行为性体温调节**（behavioral thermoregulation）。

恒温动物则能在较大的环境温度变化范围内保持相对恒定的体温（35～42℃）。恒温动物主要是通过调节体内生理生化过程来维持相对稳定的体温，这种调节方式称为生理性体温调节，又称**自主性体温调节**（automatic thermoregulation）。

恒温动物在进化上高于变温动物，动物界中只有哺乳动物和鸟类是恒温动物，其余的绝大多数是变温动物。在变温动物与恒温动物之间还有一过渡类型即异温动物，包括很少几种鸟类和一些低等哺乳动物，它们的体温调节机制介于变温动物与恒温动物之间，例如，冬眠动物在非冬眠季节能维持恒定的体温，在冬眠季节进入冬眠状态时，体温维持在高于环境温度约2℃的状态，并随环境温度的变化而变化。

变温动物的体温和代谢率与环境温度的变化呈相同的趋势。但恒温动物的代谢率却随着环境温度的升高而降低，随着环境温度的降低而上升。这种控制产热量的能力是恒温动物和变温动物的主要区别。

（二）体表温度和体核温度

本章中讲的体表和体核，特指身体的表层和深部，并非严格的解剖学结构，是生理学对于整个机体的温度所做的功能模式划分（图9-4）。

1. 体表温度

体表温度（shell temperature）是指机体表层（包括皮肤、皮下组织和肌肉等处）的温度。体表温度受环境影响大，由表及里有明显的温度梯度，即便是体表各部分的温度也存在差异。

2. 体核温度

体核温度（core temperature）指机体深部（包括心、肺、脑和腹部器官等处）的温度。体核温度比体表温度高，且相对稳定，由于体内各器官的代谢水平不同，故温度略有差

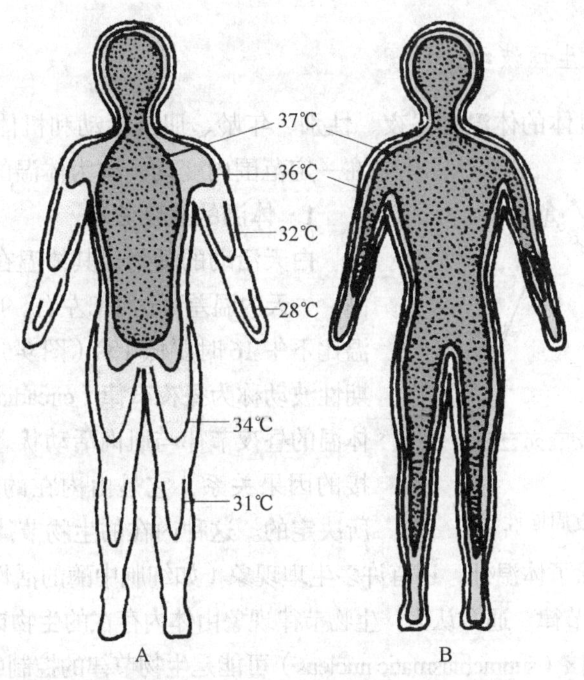

图 9-4 在不同环境温度下人体体温分布图（仿杨秀平，2004）

A．环境温度为 20℃；B．环境温度为 35℃

别。肝脏温度最高，脑产热量多，温度接近肝脏，但变化不超过 0.5℃。

生理学所说的体温是指深部体温的平均温度。临床上一般有三种体温表示方法，即直肠温度、腋下温度和口腔温度。

由于身体各部分的代谢水平和散热条件不同，不同部位的温度存在一定的差别。体表温度因其散热快而低于深部温度。动物的体表温度也因各部位的血液供应、皮毛厚度和散热程度不同存在明显差异。一般头面部的体表温度较高，胸腹部次之，四肢末端最低。对于人和小型动物，如果将温度计插入直肠 6cm 以上，所测得的温度值就接近体核温度，且比较稳定，可以代表机体体温的平均值，所以动物的体温通常用直肠温度来表示。健康动物的直肠温度见表 9-3。

表 9-3 健康动物的体温 - 直肠温度（杨秀平，2004）

动物	体温 /℃	动物	体温 /℃
马	37.2～38.6	绵羊	38.5～40.5
骡	38.0～39.0	山羊	37.6～40.0
驴	37.0～38.0	猪	38.0～40.0
黄牛	37.5～39.0	狗	37.0～39.0
水牛	37.5～39.5	兔	38.5～39.5
乳牛	38.0～39.3	猫	38.0～39.5
肉牛	36.7～39.1	豚鼠	37.8～39.5
犊牛	38.5～39.5	大白鼠	38.5～39.5
牦牛	37.0～39.7	小白鼠	37.0～39.0
鸡	40.6～43.0	鸭	41.0～42.5
鹅	40.0～41.3		

（三）动物体温的生理波动

在生理情况下，机体的体温受昼夜、性别、年龄、肌肉活动和机体代谢等因素的影响而在一定范围内变动，称为体温的生理性波动。

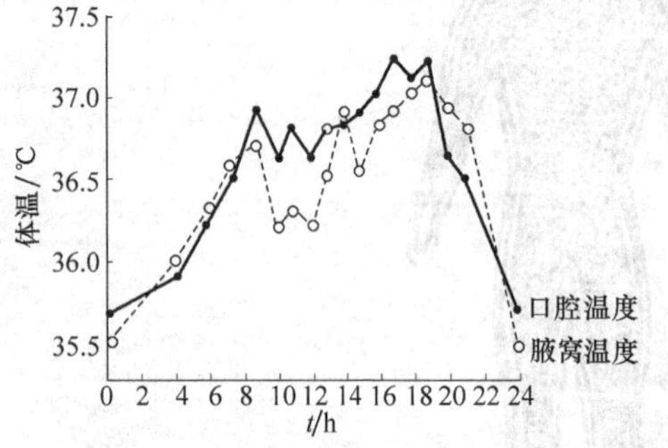

图 9-5　人体温的昼夜周期性变动

1. 体温的昼夜波动

白天活动的动物，其体温在清晨时最低，午后最高，一天内温差可达1℃左右。成年男子凌晨4时的体温比下午16时要低1℃（图9-5）。体温的这种昼夜周期性波动称为**昼夜节律**（circadian rhythm）。实验表明，体温的昼夜节律与肌肉活动状态以及代谢率不存在直接的因果关系，它是由内在的**生物节律**（biorhythm）所决定的。这种内在的生物节律的周期要比地球的自转周期（24h）长些。除了体温外，还有许多生理现象（如细胞中酶的活性、激素的分泌和动物的行为等）都具有生物节律。通常认为，生物节律现象由体内存在的**生物钟**（biological clock）控制，下丘脑的**视交叉上核**（suprachiasmatic nucleus）可能是生物节律的控制中心。

2. 年龄

新生动物新陈代谢旺盛，体温比成年动物高。动物在刚出生后其体温调节机制尚未完全建立，体温调节能力弱，易受外界温度变化的影响而发生波动。因此，在畜牧生产中对新生仔畜要加强保温等护理工作。老龄动物基础代谢率低，循环功能较弱，其体温略低于正常成年动物。

3. 性别

雌性动物体温高于雄性。雌性动物发情时体温升高，排卵时体温下降。

4. 肌肉活动

肌肉活动使得代谢增强，产热量明显增加，导致体温上升。

此外，地理气候、精神紧张、采食活动、环境温度和麻醉深度等因素也可对体温产生影响。在测定体温时，对以上因素应予以考虑。

二、动物的产热和散热过程

恒温动物体温的维持，有赖于产热和散热的动态平衡。动物在新陈代谢过程中，不断地产生热量，用于维持体温。同时，体内热量又经由血液循环被带到体表，通过辐射、传导、对流以及蒸发等方式不断向外界散发，只有产热过程与散热过程达到动态平衡，体温才能维持在一定的水平。

（一）产热过程

1. 等热范围

机体的代谢强度（产热水平）随环境温度而改变（图9-6），环境温度低，代谢加强；环境温度高，代谢可适当地降低。因此，在一定的环境

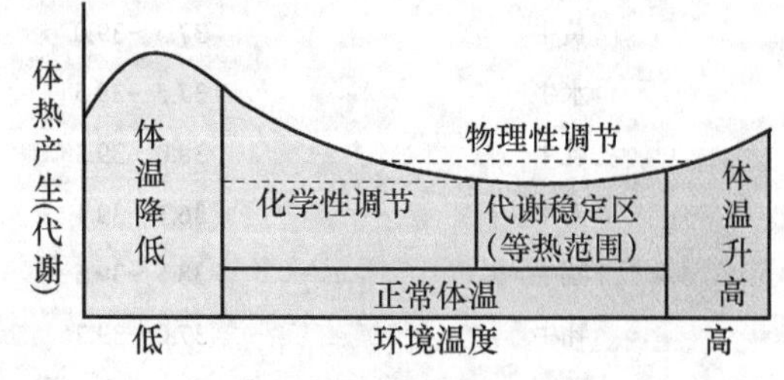

图 9-6　环境温度与体热产生的关系

（仿杨秀平，2004）

温度范围内，动物的代谢强度和产热量可保持在生理的最低水平，而此时的体温仍能维持恒定，这种环境温度称为动物的等热范围或代谢稳定区。在等热范围内，动物主要借助物理调节来维持体温的恒定。从动物生产上看，外界温度在等热范围内时，饲养动物最为适宜，经济上最有利。气温过低时，则机体需通过提高代谢强度与增加产热量来维持体温，这就需要增加饲料的消耗，反之，气温过高时，则会因耗能散热而降低动物的生产性能。各种动物的等热范围见表 9-4。

表 9-4 各种动物的等热范围

动物	等热范围 /℃	动物	等热范围 /℃
牛	16～24	豚鼠	25
猪	20～23	大鼠	29～31
绵羊	10～20	兔	15～25
狗	15～25	鸡	16～26

等热范围因动物种属、品种、年龄及饲养管理条件不同而异。等热范围的低限温度称为**临界温度**（critical temperature）。耐寒家畜（如牛和羊）的临界温度较低，被毛密集或皮下脂肪厚实的动物，其临界温度也低。从年龄上看，幼畜的临界温度高于成年家畜，这既与幼畜的皮毛较薄，体表与体重的比例较大和较易散热有关外，还与幼畜食物以哺乳为主，产热较少有关。当环境温度升高超过等热范围的上限时，机体的代谢强度开始升高。在炎热的环境中，机体的代谢率并没有降低，机体要通过增加皮肤血流量和发汗量来增强散热。

等热区理论在指导动物生产上具有重要的意义，可为动物生产的科学管理提供依据。在等热范围内，动物用于维持体温的能量最小，用于生产的能量最多。在此环境下，动物的饲料转化率最高，生产力最高，抗病力最强，饲养成本最低。而当环境温度低于下限临界温度或高于上限临界温度时，虽然动物的体温仍然能维持正常，但其处于冷或热应激的状态，产热增加，能量消耗提高，饲料报酬降低，因而使生产力受到不同程度的影响，严重时机体的抵抗力和免疫力则同时降低。

等热区为动物的环境温度控制和环境管理提供了最佳的温度范围。在幼畜的发育过程中，要根据其临界温度和等热区随年龄增长而降低和加宽的特点，由高到低逐步调整环境温度，既保证幼畜正常的生长发育和健康，提高成活率，又可避免能源的浪费。例如，根据生产力高的动物（如奶牛）等热区较低，以及相对耐寒而不耐热的特点，冬季防寒措施可适当降低要求，而夏季防暑措施则要加强。再如，动物进食后有特殊的生热作用（热增耗），在高温环境下，就会加剧动物的热应激。热增耗一般在进食后 1～2h 达到高峰，而在一天当中最高气温一般在 14～15 点之间，为避免这两个时间的重合或接近，则可以在一定程度上缓和热应激对生产的不良影响。因此，在夏季最好避开气温最高的时间而在早晚气温较低时饲喂或放牧。

根据等热区理论，可针对不同种类和年龄的动物制订科学的饲养管理方案和环境管理措施，满足动物的要求，最大限度地发挥其生产潜力。如绵羊在夏季来临前剪毛，可减少高温对绵羊的不良影响。在冬季供给动物充足的日粮，可帮助动物御寒。夏季提高日粮营养物质的浓度，保证在动物采食量减少的情况下摄取足够的营养物质，满足生产的需要并减少食后的体增热。冬季增加动物的饲养密度，可减少寒冷对其造成的不良影响。从动物与环境热交换的角度来看，等热区理论提出了针对不同种类和生产状态的动物对热环境的要求，而修建畜舍的目的就是要改善和控制环境。因而等热区理论为动物畜舍的建筑设计提供了理论依据和参考标准。另外，等热区理论还可为动物的育种工作提供依据，动物适应环境是进行生产的前提。在过去引种和育种工作中，往往只注意生产性能的选择而忽略动物对环境的适应，影响了动物生产潜力的发挥。因此，在育种或引种过程中，既要重视生产性能的选择，又要考虑品种的适应性和抗逆性。等热区和临界温度为动物的耐热性和耐寒性的选择提供了量化指标。

2. 恒温动物的产热机制

恒温动物只有在低温环境中及时减少散热和增加产热才能维持体温的相对稳定，在高温环境中要减少产热和增加散热才能维持体温的相对稳定。机体的热量主要来自体内各组织器官所进行的氧化分解反应。机体各器官的代谢水平和所处的功能状态不同，则它们的产热量也不同。安静状态时主要产热器官是内脏、肌肉和脑组织，内脏产热量约占机体总产热量的56%，其中，肝脏产热量最大，肌肉占20%，脑占10%。机体在运动或使役时产热的主要器官是骨骼肌，其产热量可达机体总产热量的90%。另外，草食家畜消化道中微生物的发酵作用可产生的大量热量，也是这类动物体热的重要来源。

鸟类和哺乳类动物在寒冷环境中有一种非常特殊的反应，即**寒战**（shivering）。寒战是骨骼肌的一种不自主的有节奏的颤动，出现的频率为每秒10～20次。寒战是机体产热效率最高的方式，温度越低越强烈，可使产热量在几秒钟至几分钟内成倍（4～5倍）增加，因其不对外做外功，因此，由代谢和机械动作所释放的能量全部形成内热，为体温调节提供了一个快速而多变的产热源，故有**寒战热源**（shivering thermogenesis）之称。这是体温调节在产热方面的一个主要控制因素。寒冷环境可刺激体内肾上腺素、去甲肾上腺素和甲状腺激素的分泌增多，促进机体产热增多。同时全身脂肪代谢的酶系统也被激活，导致脂肪被分解、氧化，产热量增加。

哺乳动物中的食虫目、翼手目、啮齿目、灵长目和偶蹄目等5个目中发现有**褐色脂肪组织**（brown fat tissue）存在，它是一种有效的热源。褐色脂肪组织分布在颈部、两肩之间以及胸腔内一些器官旁，周围有丰富的血液供应（图9-7）。人类婴儿的肩部、颈部、胸骨背面以及脊柱两侧也有褐色脂肪组织分布，褐色脂肪细胞内含有大量脂滴和线粒体，因此，在细胞内氧化可释放大量热能。在低温环境下，由于交感神经系统兴奋，褐色脂肪的代谢率可比

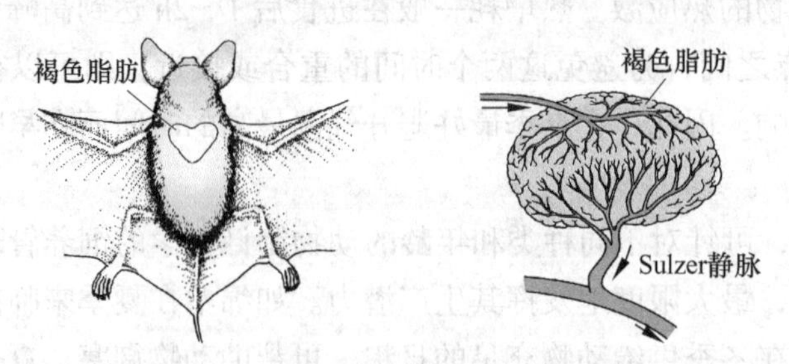

图9-7　在蝙蝠和某些其他哺乳动物的肩胛骨之间存在褐色脂肪组织（仿Eckert，1983）

平时增加一倍。从体内的分布情况看来，褐色脂肪可以为一些重要的组织（包括中枢神经系统）迅速提供充足的热量以保证正常的生命活动。因这部分产热与肌肉收缩无关，故又称为**非寒战性产热**（non-shivering thermogenesis），或代谢性产热。

（二）散热过程

散热有物理过程也有生理过程。热量从机体内部散发到周围环境，除小部分（约 5%）随尿和粪散失外，其余绝大部分都是由皮肤经传导、对流、辐射和蒸发（有一部分由呼吸道蒸发）等物理方式散失的。因物理过程都发生在体表，故皮肤是机体主要的散热部位。

1. 辐射散热

辐射散热（thermal radiation）是指机体以发射红外线的方式来进行的散热方式。一般来说，宇宙间所有物体都能产生红外线，动物经该途径散发的热量占总散热量的 70%～85%，因此，辐射散热是机体散热的主要方式。机体的辐射量由它和环境的温差所决定，当周围环境温度高于体表温度时，机体不但不能通过辐射散热，反而要吸收周围环境的辐射热。故在寒冷环境中，动物受到阳光照射或靠近红外线灯及其他热源时，均有利于动物保温；而炎热季节的烈日照射，可使体温升高，易引起**日射病**（heliosis）。辐射量还与辐射面积成正比例关系，夏季伸展四肢睡觉可增强辐射散热，而冬季卷缩睡觉可通过减少辐射面积而减少散热。

2. 传导散热

传导散热（thermal conduction）是指将体热直接传给与机体接触的较冷物体的散热方式。传导散热的速度不仅取决于两者的温差及相互接触的面积，还与所接触物体的导热性能密切相关。空气的导热性能较差，动物在空气中活动时，只有裸露的皮肤与良导体接触时才发生有效的传导散热，如长时间躺卧在湿冷的地面上或绑定在金属手术台上的麻醉动物。而哺乳动物和鸟类的皮肤上有毛发和羽毛，其中含有空气，它们都是不良导体。在寒冷刺激时，可引起**竖毛肌**（arrector pilli muscle）反射性收缩，使毛发或羽毛竖起，增加隔热层的厚度，减少散热量。当处在温热环境中时，竖毛肌舒张，隔热层厚度变薄，散热量增加。动物脂肪也是热的不良导体，因此，肥胖者通过机体深部向体表的传导散热较少。新生仔畜皮下脂肪薄，体热容易散失，所以应注意保暖。水的导热能力较强，将冷水浇在中暑动物的体表，可以达到降温的目的。

3. 对流散热

对流散热（thermal convection）是指机体通过与周围流动空气进行热量交换的一种散热方式，是传导散热的一种特殊方式。紧贴身体的空气由于辐射的结果使其温度升高，体积膨胀而上升，使得冷空气不断地进行补充，因而热量不断被带走。当周围温度与体温相近时，不发生对流。对流散热量受风速影响极大，风速越大，对流散热量越多。相反，对流散热量减少。因此，在畜禽生产实践中，冬季在保证畜舍空气质量的前提下，应减少畜舍内空气的对流以降低畜体的对流散热，夏季则应加强室内通风增强畜体对流散热。

4. 蒸发散热

蒸发散热（thermal evaporation）是指机体通过体表水分的蒸发来散发体热的一种散热方式。每蒸发 1g 水可带走 2.44kJ 的热量，可见蒸发是非常有效的散热方式。蒸发散热的总量取决于体表面积、皮肤温度、气温和空气的流动等因素。空气流动不仅加速对流散热，更重要的是由于空气的流动将皮肤附近的水蒸气带走，从而促进水的蒸发，导致更大的散热。体液中少量水分直接从皮肤和呼吸道黏膜等表面渗出，在未聚集成明显的汗滴之前即被蒸发的散热方式称为**无感蒸发**（insensible perspiration），或不显汗蒸发。这种散热方式与汗腺活动无关，并不是汗，即使是在低温环境中也同样存在，一般不为人们所察觉。在中等室温（30℃以下）和湿度条件下，大约有25%的热量是由这种方式散发的，其中，2/3由皮肤蒸发散热，1/3由呼吸道蒸发散热。幼年动物较成年动物无感蒸发的速率高，因此，在缺水情况下幼年动物更易发生**脱水**（dehydration）。所以在畜牧生产中一定要注意给幼畜提供充足的饮水。

当通过辐射、传导、对流以及不显汗蒸发等都不能阻止体温继续上升时，汗腺则受到神经的刺激开始出汗，汗水在皮肤上蒸发，带走大量热量。此时，出汗成了有效增加散热的方式。通过汗液的蒸发可散发大量体热，环境温度升高至35℃以上时，出汗是唯一的散热调节机制。

出汗是由于温热作用于皮肤温热感受器而引起的汗腺反射性的分泌活动。寒冷刺激作用于皮肤冷感受器可迅速抑制出汗。当血液温度升高，也可刺激出汗，这是由于血液温度对体温调节中枢的直接作用所致。

汗腺受交感神经的支配，但引起汗腺分泌的交感神经末梢分泌的递质是乙酰胆碱而不是肾上腺素。在情绪紧张时，在手掌和脚底等处引起的出汗受大脑皮质的影响，与气温和体温无关，这就是所谓的出“冷汗”。

汗液是汗腺细胞的分泌物，不是简单的血浆滤出液。汗液是低渗的，其中水分占99%，固体物不到1%。固体成分中主要是氯化钠，也有少量氯化钾、尿素等。寒冷时汗液的分泌量可能是零，在非常炎热的情况下可达1.5L/h以上，并可导致体液中氯化钠的大量丢失。因此，大量出汗不能只喝淡水，而应补充少量氯化钠，以免体内因盐分不足而产生热痉挛。

必须指出的是，出汗的散热作用是基于汗水在皮肤上的蒸发，而汗的蒸发与空气的相对湿度关系密切，干燥有利于蒸发，潮湿则相反，如果相对湿度为100%时，就不会发生蒸发散热。

汗腺的分泌能力有明显的种属特异性。马属动物能大量出汗，汗腺受交感 - 肾上腺素能纤维支配；牛有中等程度的出汗能力；绵羊可以发汗，但是以**热喘呼吸**（panting breathing）的散热方式为主；鸟类没有汗腺，狗虽有汗腺结构，但在高温下不能分泌汗液，只能是通过热喘呼吸来加强蒸发散热。在炎热条件下，热喘呼吸是使蒸发散热增强的一种散热形式。热喘呼吸时，动物的呼吸频率升高到每分钟200～400次，表现为张口呼吸，呼吸深度变小，潮气量减少，气体在无效腔中快速流动，唾液分泌量明显增加等。因此，热喘呼吸时动物不会因通气过度而发生呼吸性碱中毒。啮齿类动物既不进行热喘呼吸，也不发汗，它们向毛上涂抹唾液或水来蒸发散热。

一般情况下，皮下和皮肤中血管运动导致皮肤血流量的改变可决定皮温，这是调节体温的主要机制。皮肤血管运动主要是外部温度变化作用于皮肤温度感受器所引起的反射活动。机体通过改变皮肤血管的功能状态来调节体热的散失量。动物的皮下和皮肤中存在丰富的静脉丛和大量的动 - 静脉吻合支，这些结构特征使得皮肤血流量可以在很大范围内变动。机体的体温调节机制正是通过交感神经控制皮肤血管的口径以调节皮肤的血流量，进而实现对体温的调节。

在温热刺激作用下，皮温升高产生由交感神经调节的血管舒张反应，微动脉舒张，大量的静脉丛和动 - 静脉吻合支开放，血流量大大增加。由于体核温度高于皮温，来自体核的血液使皮温上升，增加了辐射、对流和蒸发的散热量。当然，皮肤血管运动只能在一定的温度范围内起到调节散热的作用。总之，炎热环境中，机体主要靠增加皮肤血流量和发汗量来增加散热量，减少储热量，进而实现体温的相对恒定。

寒冷刺激作用下，皮温降低产生血管收缩反应。皮肤微动脉收缩，皮肤中血流量减少，甚至截断血流，使皮温下降，导致与环境温差降低，散热量减少。此外，动物四肢深部的静脉和动脉平行相伴，且深部静脉呈网状包绕着动脉（图 9-8），这样的结构相当于一个逆流倍增交换系统，静脉的温度低，动脉的温度高，温差使得动静脉血管可以进行热量交换，其结果是动脉的一部分热量又被静脉带回到机体深部，减少了热量的损失。

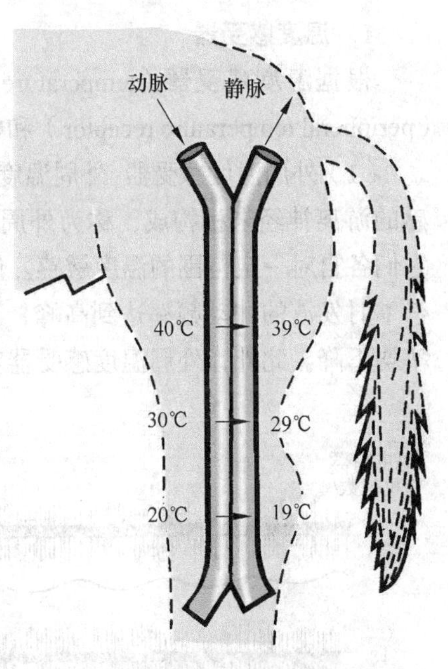

图 9-8 “逆流”热交换示意图

（三）体温调节

机体通过调节皮肤血流量、汗腺分泌和肌肉寒战等自主性体温调节过程，使产热和散热处于动态平衡，进而保持相对恒定的体温。另外，机体（包括变温动物）在不同温度环境下可通过调整姿势和行为等行为性体温调节过程，以保持当时的体热平衡。后者是以前者为基础，两者不能截然分开。本章的体温调节主要讨论动物自身的调节机制。

体温的调节是受反馈调节控制的，是通过神经 - 体液的作用实现的。下丘脑体温调节中枢包括**调定点**（set point）在内，都属于控制系统。它传出的信息控制着产热器官及散热器官等受控系统的活动，使体核温度保持相对稳定。分布在机体表层的温、冷觉感受器，以及机体深部的温度感受器（包括中枢性温度感受神经元）属于反馈检测器。它接受机体内、外环境温度变化的刺激，发出信息作用于体温调节中枢。信息在中枢得到整合，然后引起相应的骨骼肌、皮肤血管、汗腺和内分泌腺等器官（属于受控系统）活动的变化，改变了机体产热和散热能力，结果使体温维持在相对稳定的水平（图 9-9）。

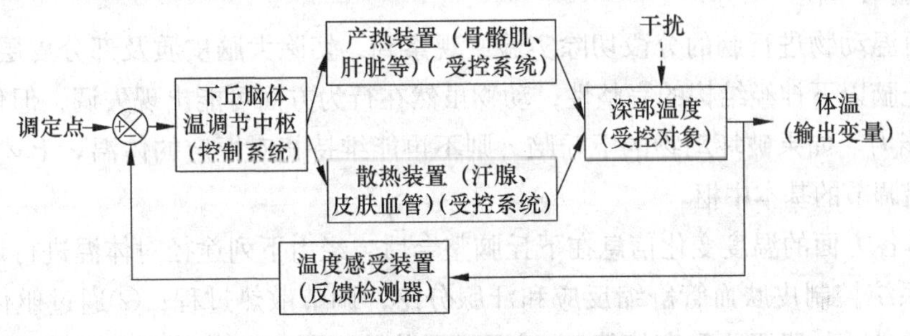

图 9-9 体温反馈调节示意图

1. 温度感受器

根据**温度感受器**（temperature receptor）分布的不同部位可将其分为**外周温度感受器**（peripheral temperature receptor）和**中枢温度感受器**（central temperature receptor）。

（1）外周温度感受器 外周温度感受器存在于机体皮肤、黏膜和内脏中，由对温度变化敏感的游离神经末梢构成，称为外周温度感受器。根据功能又分为热感受器和冷感受器两种，它们各自对一定范围的温度敏感。例如，冷感受器在25℃时发放冲动频率最高，热感受器在43℃时发放的冲动频率达到高峰，当温度偏离这两个数值时，两种温度感受器发放冲动的频率均下降。此外，外周温度感受器对温度变化速率更为敏感。即它们的反应强度与皮肤温度改变的速度有关。

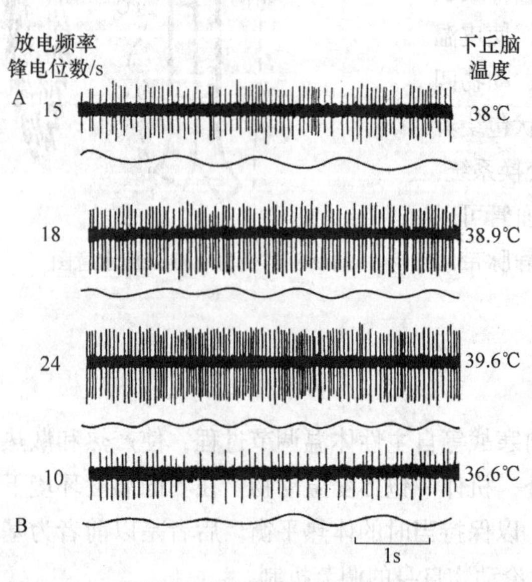

图 9-10 下丘脑局部加温时，热敏神经元放电记录（A）和呼吸曲线（B）（杨秀平，2004）

（2）中枢温度感受器 中枢温度感受器主要分布在脊髓、延髓、脑干网状结构及下丘脑中，与体温调节有关的中枢性温度敏感神经元称为中枢温度感受器。其中，有些神经元在局部组织温度升高时发放冲动的频率会增加，这类神经元称为**热敏神经元**（warm-sensitive neuron）（图 9-10），在**视前区-下丘脑前部**（preoptic-anterior hypothalamus area，PO/AH）密集分布；有些神经元在局部组织温度降低时发放冲动的频率增加，称为**冷敏神经元**（cold-sensitive neuron）。在脑干网状结构和下丘脑的弓状核中以冷敏神经元居多。实验证明，当温度变动0.1℃时，两种温度敏感神经元的放电频率就可发生变化，而且不出现适应现象。随着体温调节机制研究的不断深入，发现不仅在哺乳动物中存在温度敏感神经元，在鸟类、爬行类和鱼类等动物中也发现了温度敏感神经元。PO/AH 中某些温度敏感神经元还能对中脑、延髓、脊髓和皮肤等温度的变化发生反应，这说明，来自中枢和外周的温度信息都会聚于这类神经元中。此外，这类神经元还能直接对**致热原**（pyrogen）或5-羟色胺（5-HT）、去甲肾上腺素以及多种多肽类物质发生反应，并导致体温改变。

2. 体温调节中枢

在多种恒温动物进行脑的分段切除实验中观察到，切除大脑皮质及部分皮层下结构后，只要保持下丘脑以下神经结构的完整性，动物虽然在行为方面可能出现失调，但仍具有维持体温恒定的能力。如果破坏动物的下丘脑，则不再能维持相对恒定的体温。上述实验证明，下丘脑是体温调节的基本中枢。

来自机体各方面的温度变化信息在下丘脑整合后，经由下列途径对体温进行调节。①通过交感神经系统控制皮肤血管舒缩反应和汗腺分泌，调节散热过程；②通过躯体运动神经改变骨骼肌活动（如肌紧张和寒战等）；③通过甲状腺和肾上腺髓质分泌活动的改变来调节

（代谢性）产热过程。

3. 调定点学说

调定点学说（set-point theory）认为恒温动物的体温调节类似恒温器的调节机制，在恒温动物的下丘脑中存在调定点，有一确定的调定点数值（如37℃），如果体温偏离这个数值，则通过反馈系统将信息送回调节中枢，进而对产热和散热活动加以调整，使体温保持稳定。有人认为，冷敏和热敏神经元的活动随着温度的改变呈“钟形”反应曲线（图9-11），两钟形曲线交叉点所在的温度，就是体温的调定点（人为37℃）。当中枢的温度超过37℃时，则热敏神经元活动加强，散热过程加强，而冷敏神经元活动减弱，产热减少。当中枢温度低于37℃时，则过程相反。外周皮肤温度感受器的传入信息也影响调定点的功能活动，当皮肤受到热刺激时，冲动传入中枢使调定点下移，这时即便中枢温度为37℃，也能使热敏神经元兴奋，使散热加强。

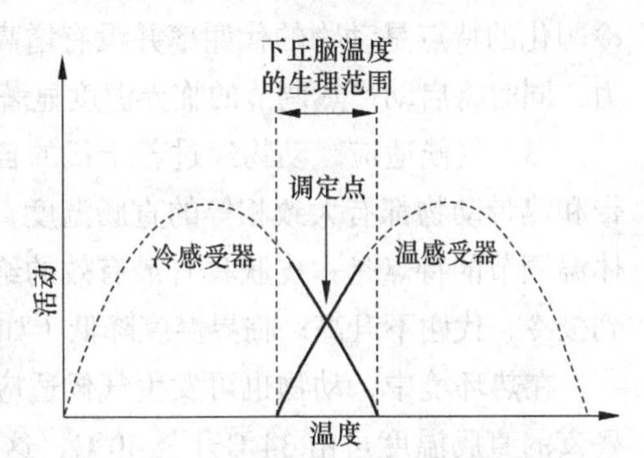

图9-11 温度敏感神经元的活动与温度的关系

调定点学说可以解释一些现象。如在病理情况下，某些因素如细菌和毒素等能使调定点上调（如达到39℃），因而主观上感觉好像机体处于低温环境中，引起发冷的症状，即出现寒战、竖毛和皮肤血管收缩，使产热率提高和散热率降低，直至体温升高达到新的超正常水平（39℃）时，然后才出现散热反应。如果致热因素不能消除，产热和散热就在此新的调定点上保持平衡。也就是说，发热时体温调节功能并无减退，而只是由于调定点上移，体温才升高到发热的水平。而机体在中暑时的体温升高，才是真正由于体温调节功能失调而引起的。

4. 激素对体温的调节作用

参与体温调节的主要激素是甲状腺激素和肾上腺素。当动物受到寒冷刺激时，骨骼肌发生随意或不随意地颤抖，以增强产热。此时肾上腺素分泌增加，产热量增加，同时摄食量增加。当动物长期在寒冷环境中时，通过甲状腺激素分泌的增加来提高基础代谢率，进而使体温升高。如果动物长期处于热紧张状态，会通过降低甲状腺的功能，使基础代谢率下降，减少摄食量，以及嗜睡来降低产热量。

5. 恒温动物对环境温度的适应性

哺乳动物体内有一套完善的体温调节系统，但在刚出生后的一段时间内，调节体温的能力还不完善，类似于变温动物的体温调节。哺乳动物的体温调节主要通过自主性体温调节和行为性体温调节机制来完成。哺乳动物对寒冷环境的适应能力强于对高温的适应能力，恒温动物对环境温度的适应可分为以下三种形式。

（1）习服　当动物短期（通常2～3周）生存在极端温度环境中时所发生的生理性调节反应称为习服。如在寒冷环境中，寒战常常是增加产热和维持体温的主要方式。冷习服的主要变化是由寒战产热转变为非寒战性产热，即通过肾上腺素、去甲肾上腺素和甲状腺激素分泌增强，使糖代谢率提高和褐色脂肪组织储存增多实现的。动物经冷习服后，可以延长在严寒环境中的生存时间，冷习服动物的代谢率可持续增强，但启动产热调节的临界温度并不明显降低。

（2）风土驯化　机体的生理性调节随着季节性变化而逐渐发生改变，称为风土驯化。例如，从夏季到冬季气温逐渐下降，动物在这种条件下常出现冷驯化，即像冷习服那样长期依靠增加产热量来维持体温，这就需要消耗大量能量贮备，这对动物来说是极为不利的。冷驯化主要通过增厚动物身体的隔热层，减少散热来维持体温。此时，动物的羽毛和皮下脂肪层明显增厚，汗腺萎缩退化，表皮增厚。血管运动也发生相应的变化，借以加强体热的储存。冷驯化的特点是动物的代谢率并没有增高，有的甚至降低，主要是提高和调整了机体保温能力，同时将启动产热调节的临界温度显著降低。

（3）气候适应　动物经过若干代的自然选择或人工选择后，其遗传特性会发生变化。寒带和热带动物都有大致相等的直肠温度，因此，气候适应并不能改变动物的体温。寒带动物体温调节的特点是：皮肤具有最有效的绝热层；皮肤深部血管有良好的逆流热交换能力，不到极冷，代谢不升高；临界温度降低（如北极狐的临界温度可低至 −30℃）。

在热环境中，动物也可发生气候适应，使体温升高，甚至超过环境温度，例如，骆驼一昼夜的直肠温度可由 34℃升至 40℃，这并不是体温调节失效，而是通过减少水分蒸发以保存体液的一种适应方式。

动物对环境温度的适应能力受动物品种、营养状态、对温度适应的锻炼等因素的影响。例如，在寒带地区生长的动物品种，对低温有较大的适应性，而对高温则难以适应。反之，热带地区生长的动物，能适应高温而对低温适应能力差。在动物生产中，冬季应加强饲养管理，增加精料，用以提高动物对低温环境的抵抗力。加强寒冷适应的锻炼，也可增强动物的耐寒能力，如使动物（特别是幼畜）适应一定温度的冷环境后，再移到更冷的环境中生活，如此逐渐地锻炼，就可提高动物的体温调节能力，有效地增强机体对寒冷的适应能力。通过上述方法，同样也可锻炼动物适应酷热的能力，使它们在热环境中保持健康和高产。

（四）动物的休眠

动物的**休眠**（dormancy）是指动物在不良条件下维持生存的一种独特的生理适应性反应。休眠分非季节性休眠和季节性休眠。日常休眠是指动物在一天的某段时间内不活动，呈现低体温的休眠状态。季节性休眠则持续时间较长，受季节性限制，它又分为**冬眠**（hibernation）和**夏眠**（estivation）。在温带和高纬度地区，随着冬季的到来，无脊椎动物、某些鱼类、两栖类、爬行类、若干种鸟类和哺乳类动物都要进入冬眠状态。而在热带地区有一些动物则相反，它们没有冬眠，而是进入夏眠。

在休眠状态下，动物机体内的一切生理活动都要降至最低限度，由于停止了摄食，休眠过程中维持生命的主要营养物质来自休眠前的体内储存。休眠动物最明显的生理变化是体温降低、基础代谢下降、呼吸频率和心率减慢，通过这种方式，休眠动物可以节省能量，度过困难时期，并在一定的适宜条件下苏醒过来。

1. 冬眠

无脊椎动物和脊椎动物中的一些种类在寒冷的季节有休眠现象。在温带和高纬度地区，随着冬季的到来，许多小型哺乳类动物就会进入洞穴，开始冬眠。冬眠的低温表现为：动物较长时间昏睡，体温降到与环境温度相近的水平，呼吸和心率极度减慢，代谢降到最低限度。冬眠期间，动物机体各种组织对低温和缺氧具有极强的适应能力，不会因低温和缺氧而造成损伤。当环境温度适宜时，则自动苏醒，称为出眠。苏醒时，冬眠动物的产热活动和散热活动同时迅速恢复，心搏加速，呼吸频率增加，随后骨骼肌阵发性收缩。苏醒需要的热量一部分来自肌肉收缩，另有一部分来自褐色脂肪组织的氧化，通过褐色脂肪组织的血管把热量迅速送入重要组织（如脑、内脏神经节和心脏等），使其快速升温。当神经和血液的温度升到正常水平时，身体其他部分也开始升温，直至恢复至体核温度。由此可见，冬眠是下丘脑调定点变化的结果。苏醒是一个高度协调的过程，神经系统发挥着主要作用。另外，内分泌系统在准备冬眠和冬眠过程中也发挥一定的作用。

在寒冷的季节，陆生无脊椎动物，如软体动物、甲壳动物和昆虫以及变温的脊椎动物都进入一种麻痹状态，这种状态也称冬眠。但是这些变温动物一般没有体温调节的能力。变温动物与恒温动物的冬眠机制不同，但其生物学意义却是相同的，即通过降低消耗和节省能量来度过困难的冬天。许多水生无脊椎动物，在寒冷的冬天通过藏到池塘、湖泊和河底淤泥中的方式进行休眠。

脊椎动物中的鱼类、两栖类和爬行类在寒冷的冬天都有冬眠现象。鸟类中的蜂鸟，哺乳类中的刺猬、蝙蝠和许多啮齿类动物（如山鼠、跳鼠、仓鼠、黄鼠和旱獭）也要进行冬眠。此外，在某些较大型的肉食性哺乳动物中，如熊、獾和狸等也有类似的冬眠现象，但这些动物的冬眠程度较浅，不能进行持续性的深眠，所以又称为假冬眠。如棕熊在冬眠期其体温变化并不随环境温度的下降而下降，甚至孕熊能在冬眠期内产仔。总之，哺乳动物的冬眠是从睡眠开始的，冬眠与睡眠有许多相似之处，但冬眠和睡眠是两种完全不同的生理现象。

2. 夏眠

夏眠又称蛰伏，主要是指动物在高温和干旱环境下的休眠现象。夏眠动物的种类较少，大多数生活在热带和赤道地区。夏眠和冬眠的特征基本相似，首先是体温降低，直至与气温相近。在进入休眠之前，其体内积累了大量的脂肪。此外，动物失水可能也是引起夏眠的主要原因，在这种条件下，动物明显地出现“渴”的现象。例如，肺鱼在干旱条件下可引起夏眠。

（尹福泉）

复习思考题

1. 简述机体能量的来源和消耗过程，说明 ATP 在机体能量转换中的生理意义。
2. 简述间接测热法的基本原理。
3. 简述影响能量代谢的因素有哪些？
4. 测定基础代谢率应注意哪些条件？
5. 简述散热的几种基本方式和循环系统在散热过程中的作用。
6. 试述在寒冷和炎热环境中体温保持恒定的机制。

第十章 泌 尿

本章概述

哺乳动物的肾脏是机体重要的排泄器官，主要以泌尿的形式排出代谢产物和异物。肾单位是肾脏的基本结构和功能单位，与集合管一起完成泌尿功能。尿的生成包括肾小球的滤过、肾小管和集合管的重吸收以及肾小管与集合管的分泌和排泄三个过程。尿的浓缩与稀释是肾脏的主要功能之一，对维持动物机体水平衡和渗透压稳定具有重要意义。当尿储存到一定量时，引起排尿反射。泌尿过程是连续的，但排尿是间断的，排尿受神经反射性调节。

排泄（excretion）是指机体将新陈代谢过程中产生的代谢产物、多余的水和无机盐，以及进入体内的异物，经过血液循环，通过排泄器官排出体外的过程。动物体内的细胞在代谢过程中产生的终产物，通过细胞膜进入组织液，再进入血浆，通过血液循环到达相应的器官，最终排出体外。

不同种类动物代谢产物的排出途径有所不同。无脊椎动物的代谢产物通过体表排出体外；淡水原生动物和淡水海绵动物的细胞中都有伸缩泡（contractile vacuole），这是一种充满液体的小泡，当它由小到大，达到一定体积时，便将其中的水分排出胞外，进而调节细胞的渗透压；扁形动物、纽形动物、轮虫、腹毛动物以及某些原始的环节动物的排泄器官是原肾（protonephridium），原肾是细长的小管，小管连接成网，由排泄孔通到体外，它通过排出体内多余的水分来参与机体渗透压的调节；软体动物通过1～2个叫作肾管（nephridium）的结构，可将含氮废物排出体外，借此维持体内的渗透压平衡；环节动物的排泄系统由具有纤毛的漏斗状的肾管构成，与软体动物的大致相似。每个体节有一对肾管，它们利用特化的排泄管收集废物，经体腔将废物排出体外；昆虫的排泄系统包括马氏管（Malpighina tubule）和后肠，以此调节机体的渗透压，当液体流经马氏管进入后肠时，其中的含氮废物被排出体外，大部分的水和盐被重吸收；脊椎动物的排泄器官和排泄途径更为复杂，脊椎动物的肾脏（kidney）可以过滤血液中的几乎任何物质，然后消耗能量将机体所需的一些营养物质再重新吸收回血液，这种选择性重吸收作用提高了动物的适应性，而适应性正是哺乳动物能够成功地适应各种生存环境的关键因素。

动物的排泄途径主要有四种：①通过肺从呼吸道排出二氧化碳、少量水分和一些挥发性物质；②通过消化道排出胆色素和无机盐等；③通过汗腺以汗液的形式，排出一部分水、少量尿素和无机盐等；④通过肾脏以尿的形式，排出代谢产物、水和药物等。以上四种排泄途径中，从肾脏排出的物质种类最多、数量最大。

肾脏是排泄机体大部分代谢产物和进入体内异物的最重要器官，可以帮助机体调节水和酸碱平衡，还具有调节渗透压、电解质以及血液中其他物质平衡的机能。肾脏的这些重要机能是通过肾小球的滤过作用、肾小管与集合管的重吸收及分泌、排泄作用和输尿管、膀胱与尿道的排放活动实现的。其中，滤过和重吸收作用被称为尿的生成，膀胱的尿液通过尿道排出体外的过程称为尿的排出。同时，肾脏也是一个非常重要的内分泌器官，它可合成和释放肾素（调节动脉血压）和促红细胞生成素（调节骨髓红细胞的生成），可使 25- 羟维生素 D 转化为 1，25- 二羟胆钙化醇（调节钙的吸收、排泄和血钙、磷的水平），还能生成前列腺素和激肽（调节局部和全身的血管活动）。另外，肾脏还是糖异生的重要场所。由此可见，肾脏具有多种功能，本章主要讨论尿的生成与排泄。

第一节 肾脏的结构和血液供应

一、肾脏的结构特点

肾脏是脊椎动物主要的排泄器官之一，参与和维持机体内环境稳态的调节，各类动物肾脏的类型在系统发生上既有联系又有区别。鱼类、两栖类动物成体的肾相似，属于中期肾；爬行类、鸟类和哺乳类的肾在胚胎发生过程中，都经历了前期肾（前肾，pronephros）、中期肾（中肾，mesonephros）和后期肾（后肾，metanephros）三个阶段，其中成体有功能的肾被称为后期肾。肾的形状多为蚕豆形，表面较光滑。虽然所有脊椎动物肾脏的基本结构相同，但是它们之间还是存在一些区别，如只有鸟类和哺乳类能够从肾小球滤过液中重吸收足够的水分，产生比血液高渗的尿液。哺乳动物的肾位于腹腔的背面，左、右侧各有一个（图 10-1）。每个肾大约包含一百万个肾单位（nephron）。

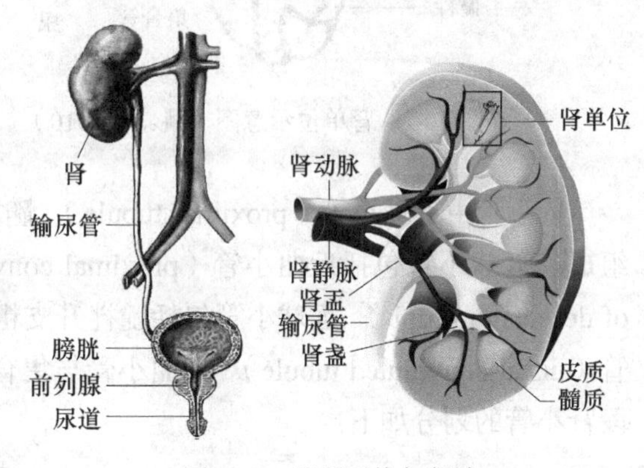

图 10-1 泌尿系统与肾脏

（一）肾单位和集合管

肾单位（nephron）是肾脏的基本结构和功能单位，与集合管（collecting duct）一起完成泌尿活动。肾单位由肾小体（renal corpuscle）和肾小管（renal tubule）组成（图 10-2）。动物的进化水平不同，肾脏的结构和功能却相似，而肾单位的数目却各不相同。不同脊椎动物肾单位的数目从几百到几千个不等，而高等哺乳动物肾单位的数目可达百万个。如牛的约为 800 万个，猪 220 万个，犬 80 万～120 万个，鸡 80 万个，猫 18 万个，兔 20 万个。据估计，人的左、右两个肾脏共有 200 万～280 万个肾单位。肾单位损伤后一般不能再生。老龄动物肾脏中肾单位的数量逐渐减少，这时需要由其余的进行功能代偿。

肾小体包括肾小球（glomerulus）和肾小囊（Bowman’s capsule）。肾小球是一团毛细血管网，其两端分别与入球和出球小动脉相连。肾小球外面的包囊称为肾小囊，由肾小球盲端膨大凹陷形成，分内外两层，两层之间的腔隙被称为囊腔（capsular space），又称鲍曼囊（Bowman's capsule），该腔与肾小管管腔相通（图 10-3）。

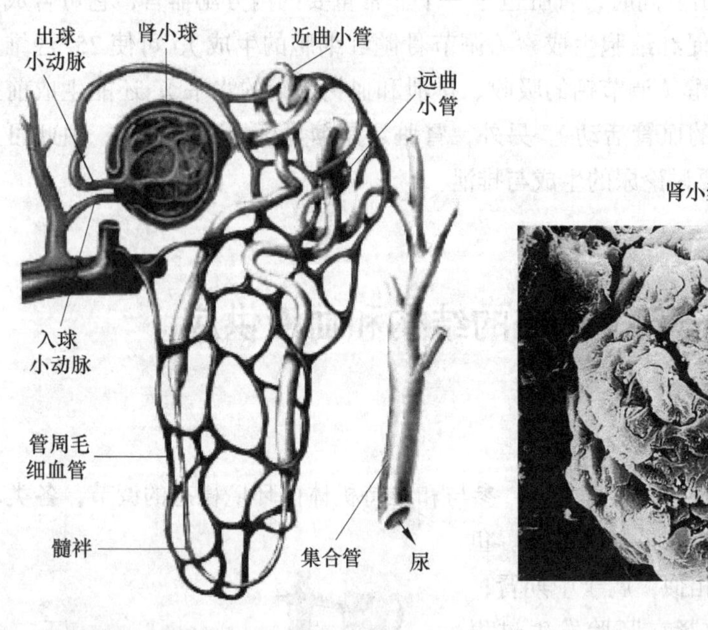

图 10-2　肾单位示意图（姚泰，2010）

图 10-3　肾小囊示意图

肾小管由近球小管（proximal tubule）、髓袢（medullary loop）和远球小管（distal tubule）组成。近球小管包括近曲小管（proximal convoluted tubule）和髓袢降支粗段（thick segment of descending limb）。远球小管包括髓袢升支粗段（thick segment of ascending limb）和远曲小管（distal convoluted tubule），远曲小管与集合管（collecting duct）相连。肾单位的组成和各段肾小管的划分如下：

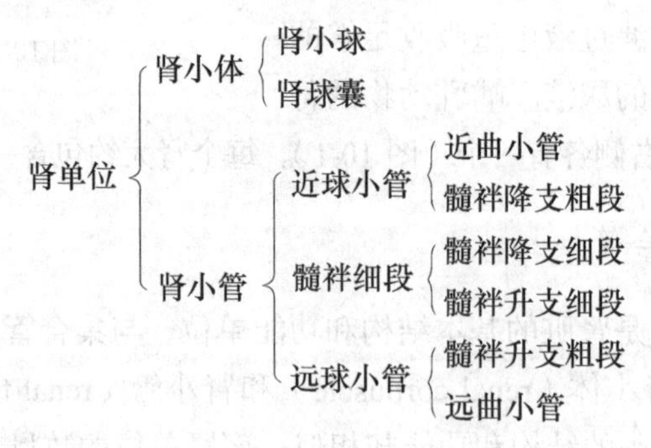

虽然集合管不包括在肾单位内（集合管与肾小管的胚胎发生来源不同），但在功能上它却与肾小管密切相关，在尿的生成过程中，尤其是尿液的浓缩过程中发挥着重要的作用。多条远曲小管汇合成一条集合管，许多集合管又汇入肾乳头管（papillary duct），并开口于肾乳头（renal papillae），形成的尿液经肾盏（renal calyx）、肾盂（renal pelvis）、输尿管（ureter）进入膀胱（urinary bladder），最后，由膀胱排出体外。

（二）皮质肾单位和近髓肾单位

肾单位按其在肾脏中的位置不同分为皮质肾单位（cortical nephron）和近髓肾单位（juxtamedullary nephron）。

皮质肾单位的肾小体主要分布于肾皮质的外质和中皮质层，其特点是肾小球体积相对较小，髓袢较短，只达外髓质层，有的甚至不到髓质。入球小动脉的口径比出球小动脉粗，二者比例可达 2∶1。出球小动脉离开肾小体后形成毛细血管网，几乎全部分布于皮质部分的肾小管周围。

近髓肾单位的肾小体位于靠近髓质的内皮质层，其特点是肾小球体积较大，髓袢长，可深入到内髓质层。入球小动脉与出球小动脉的口径无明显差异。出球小动脉离开肾小球后，分成两种小血管，一种分支形成缠绕在邻近近曲小管或远曲小管周围的毛细血管网；另一种分成许多细而长的“U”形直小血管，同髓袢相伴行，可深入到内髓质层，有的甚至到达乳头部，并形成毛细血管网包绕髓袢升支和集合管。近髓肾单位和直小血管的结构特点，决定了它们在尿液的浓缩与稀释过程中发挥重要作用。

两类肾单位数目的比例在不同动物中有很大差异，主要与机体水代谢强度有关。猪、河马和驯鹿等动物的水代谢率高，肾单位中 85% 以上是皮质肾单位，近髓肾单位的数量较少。而水代谢强度较低的动物，如马、驴和牛等，它们的近髓肾单位占全部肾单位的 20%～40%。羊、骆驼等动物的水代谢强度更低，近髓肾单位可达 40%～80%。

（三）球旁器

球旁器（juxtaglomerular apparatus）也称近球小体，由球旁细胞（juxtaglomerular cell）、球外系膜细胞（extraglomerular mesangial cell）和致密斑（macula densa）三部分组成（图 10-4），主要分布于皮质肾单位。球旁细胞又称颗粒细胞，是入球小动脉和出球小动脉管壁中一些特殊分化的平滑肌细胞，内含分泌颗粒，能合成、储存和释放肾素（renin）。近球小体主要分布在皮质肾单位，因而皮质肾单位含肾素较多，近髓肾单位则几乎不含肾素。致密斑是髓袢升支粗段的远球部分与同一肾单位的入球和出球微动脉相接触的一些特殊分化的上皮细胞，其形态呈高柱状，核密集，色浓染，呈斑纹隆起。致密斑可感受小管液中 Na^+浓度的变化，并将信息传递到球旁细胞，调节球旁细胞对肾素的释放。球外系膜细胞，又称极垫细胞（polar cushion），位于入球小动脉、出球小动脉和致密斑围成的三角区域，它与致密斑、球旁细胞、血管系膜细胞（球内系膜细胞）和微动脉的平滑肌形成缝隙连接，可能起到信息传递的作用。

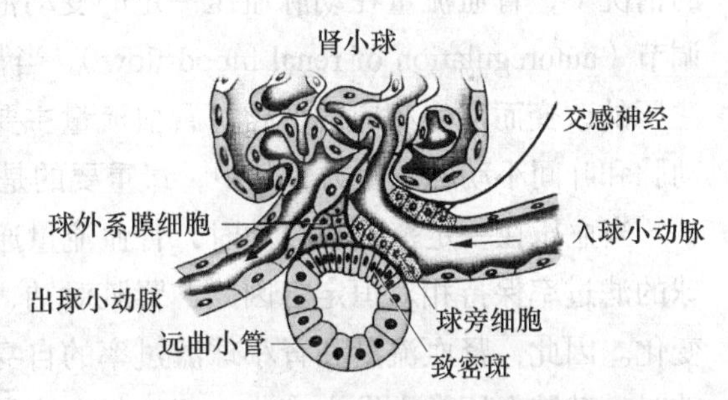

图 10-4　球旁器的结构示意图（仿姚泰，2010）

球旁器能够将髓袢升支粗段内小管液成分变化的信息，传递到同一个肾单位的肾小球部分，调节球旁细胞对肾素的释放和肾小球的滤过率，这一过程称为管 - 球反馈

（tubuloglomerular feedback）（详见本章第四节）。

二、肾脏的血液供应

（一）肾脏的血液供应特点

尿的生成过程同肾的血流情况密切相关，所以在学习尿的生成过程之前需要首先了解肾脏的血液循环特点。

1. 血流量大，血液分布不均

在安静状态下，哺乳动物每分钟两肾的血流量，相当于心输出量的1/5～1/4，而肾脏的重量仅占体重的0.5%左右，因此，肾脏是机体供血量最丰富的器官。肾血流量的另一特点是不同部位的供血不均匀，约94%的血流供应肾皮质，约5%供应外髓部，剩余不到1%供应内髓部。肾脏血流分布的这个特点，对尿液的生成和浓缩具有重要意义。

2. 两套毛细血管

肾动脉短而粗，入球小动脉口径比出球小动脉粗，使肾小球毛细血管血压比一般毛细血管血压高，有利于血浆成分被滤出和生成原尿。血液从出球小动脉再流向肾小管周围的毛细血管网时，由于肾小球的滤过作用，使血量减少，又加之出球小动脉细而长，所以肾小管周围毛细血管网的血压较低，而血浆胶体渗透压却较高，有利于肾小管的重吸收作用。

而肾髓质内的直小血管与肾单位的髓袢伴行，其U形的形状以及对水和电解质的高通透性，对肾髓质中高渗透梯度的维持和尿液的浓缩发挥着重要作用。

3. 肾血流量相对稳定

安静时，当肾动脉灌注压在10.7～24.0kPa（80～180mmHg）范围内发生变化时，肾血流量仍然能保持相对稳定，即使在离体实验中也是如此。在没有外来神经支配和体液因素影响的情况下，肾血流量在动脉血压一定的变动范围内能保持恒定的现象，称为肾血流量的自身调节（autoregulation of renal blood flow）。当肾动脉灌注压超出上述范围后，肾血流量就随灌注压的改变而发生相应的变化。肾血流量主要取决于肾血管阻力，包括入球小动脉、出球小动脉和叶间小动脉的阻力，其中，最重要的是入球小动脉的阻力。

当血压在一定范围内波动时，肾血流量通过自身调节机制保持相对稳定，同时也使肾小球的滤过率保持相对恒定。因此，肾脏对钠、水的排泄就不会因为血压的波动而发生较大的变化。因此，肾血流量和肾小球滤过率的自身调节具有重要的生理意义。当机体进行各种活动时，动脉血压常常发生变化，假如肾血流量和肾小球滤过率很容易随动脉血压的变化而发生改变，那么，肾对水分和各种溶质的排出就可能经常发生波动，从而影响机体水和电解质稳态的维持。肾的自身调节只是对肾血流量和肾小球滤过率进行调节的多种机制中的一种，在整体情况下，肾血流量和肾小球滤过率还受神经和体液因素的调节，以此适应机体在不同生理活动时的需要。

（二）肾血流量的神经和体液调节

神经因素中，支配肾的神经主要为内脏神经和迷走神经。入球小动脉和出球小动脉血管平滑肌受肾交感神经支配。安静时，肾交感神经使血管平滑肌有一定程度的收缩，肾交感神经兴奋时，引起肾血管强烈收缩，使肾血流量减少。肾交感神经末梢释放的去甲肾上腺素作用于血管平滑肌的**α- 肾上腺素能受体**（α-adrenoceptor），引起血管收缩，进而调节肾血流量。

体液因素中，肾上腺髓质释放的肾上腺素和去甲肾上腺素是引起血管收缩的主要激素。循环血液中的血管升压素和血管紧张素Ⅱ，以及内皮细胞分泌的内皮素等，均可引起血管收缩，使肾血流量减少。肾组织中生成的**前列环素**（prostacyclin，PGI_2）、**前列腺素 E_2**（prostaglandin E_2，PGE_2）、**一氧化氮**（nitrogen monoxidium，NO）和**缓激肽**（bradykinin）等，均可引起肾血管舒张，使肾血流量增加。

总之，肾血流量的神经和体液调节使肾血流量与全身血液循环相适应。在血容量减少、强烈的伤害性刺激，以及情绪激动或剧烈运动时，交感神经活动加强，肾血流量减少；反之，当血容量增加时，交感神经活动减弱，肾血流量增加。

第二节 尿的生成

尿的生成过程包括肾小球的滤过（filtraton）、肾小管和集合管的重吸收（reabsorption）、肾小管和集合管的**分泌**（secretion）与**排泄**（excretion）三个过程。血液流经肾小球毛细血管时，血浆成分（水、小分子溶质和少量小分子蛋白质等）在此发生**超滤**（ultrafiltration），进入肾小囊，形成肾小球**超滤液**（ultrafiltrate），也称**原尿**（primary urine）。原尿在流经肾小管和集合管时，滤过液的成分被选择性的重吸收回血液，血液中的某些成分被分泌到肾小管中，最后，形成**终尿**（final urine）排出体外。

一、尿的性质与成分

（一）尿的颜色与透明度

正常动物尿液的颜色为淡黄色、暗褐色或无色。尿液的颜色变化较大的原因与尿液中所含色素的数量有关。大多数动物的尿液在排出时为清亮的水样液，但是马属动物由于尿液中含大量碳酸钙和黏液而呈现为黏性混浊液，放置后可发生沉淀。

（二）尿液的理化性质

健康动物尿液的理化性质相对稳定，常随动物的生理状态、饲料的种类、饮水的质与量和环境气温等因素的变化，而在一定范围内波动。尿液的质量密度一般与其中的固体物质含量成正比，也与尿量有关。

肉食动物因食物中蛋白质的含量高，在体内代谢产生的硫酸盐和磷酸盐等随尿液排出，因此，尿液呈酸性；草食动物因所食植物中含有大量有机酸的钾盐，在体内代谢生成碳酸氢钾随尿排出，所以尿液一般呈碱性；杂食动物尿液的酸碱性取决于食物的性质，所以尿液可呈酸性或碱性。如猪的尿液 pH 变动范围为 6.5～7.8，人的尿液 pH 可达 4.5～8.0，马和牛的尿液 pH 为 7.2～8.7，山羊的尿液 pH 在 8.0～8.5 之间变动。

（三）尿的化学成分

动物的尿液主要由水和溶质组成，其化学组成常随动物采食的饲料性质和机体的状态而发生变动。动物尿液的化学组成中水分占96%～97%，固体物占3%～4%。固体物中包括有机物和无机物。有机物主要是尿素、尿酸、肌酸、肌酐、尿色素、某些激素和酶等。无机物主要是电解质，以 Na^+、Cl^- 和 K^+ 三种离子居多，另外，还有氯化钠、氯化钾、硫酸盐、磷酸盐和碳酸盐等。

尿的性质和成分在一定程度上能反映体内的代谢情况和肾脏的机能，因此，在畜禽饲养和临床诊断治疗疾病时，经常用尿液化验作为合理饲养的依据和诊断治疗的参考。

二、肾小球的滤过作用

循环血液经过肾小球毛细血管时，血浆中的水和小分子溶质（包括少量分子量较小的血浆蛋白）可以通过滤过膜进入肾小囊的囊腔而形成滤过液。这种肾小囊滤过液除了蛋白质含量甚少以外，其他各种成分（如葡萄糖、氯化物、无机磷酸盐、尿素、尿酸和肌酐等物质）的浓度都与血浆中的非常接近，且渗透压、酸碱度和导电性等也与血浆相似。

表 10-1　血浆、肾小球滤过液和尿液成分比较

成分	血浆 /（g/L）	滤过液 /（g/L）	尿 /（g/L）	尿中浓缩倍数
水	900	980	960	1.1
蛋白质	70～90	0.30	0 或微量	—
葡萄糖	1.00	1.00	0 或极微量	—
Na^+	3.30	3.30	3.50	1.10
K^+	0.20	0.20	1.50	7.50
Cl^-	3.70	3.70	6.00	1.60
磷酸盐	0.04	0.04	1.50	37.50
尿素	0.30	0.30	18.00	60.00
尿酸	0.04	0.04	0.50	12.50
肌酐	0.01	0.01	1.00	100
氨	0.001	0.001	0.40	400

原尿是通过肾小球滤过作用而产生的。影响肾小球滤过作用的因素主要是肾小球滤过膜的通透性和肾小球的有效滤过压。其中，前者是原尿产生的前提条件，后者是原尿滤过的必要动力。

（一）衡量肾小球滤过功能的指标

1. 肾小球滤过率

单位时间内（每分钟）两肾生成超滤液的量被称为**肾小球滤过率**（glomerular filtration rate，GFR）。据测定，50kg 体重的猪，其肾小球滤过率为 100mL/min 左右，因此，两侧肾脏每昼夜从肾小球滤出的血浆总量可高达 144L，此值约为体重的 3 倍，全身血浆量的 60 倍。

2. 滤过系数

滤过系数（filtration coefficient，K_f）是指在单位有效滤过压的驱动下，单位时间内经过滤过膜的滤液量。滤过系数主要由滤过膜的有效通透系数和滤过膜的面积决定，凡能影响滤过膜通透系数和滤过面积的因素都能影响肾小球滤过率。在正常生理情况下，动物两侧肾脏的全部肾小球均处于有滤过功能的状态，故有效滤过面积相对稳定。但在病理情况下，如急性肾小球肾炎，肾小球毛细血管的管腔变窄或阻塞，导致有滤过功能的肾小球数量减少，有效滤过面积降低，肾小球滤过率降低，则动物出现少尿（oliguria）甚至无尿（anuria）。

（二）滤过膜及其通透性

肾小球毛细血管内的血浆和肾小囊内的滤过液之间有一层膜性结构，这层膜性结构是滤过的屏障，被称为滤过膜（filtration membrane），又称滤过屏障（filtration barrier）。血浆通过这层膜性结构被滤过到肾小囊内，形成原尿。肾小球滤过膜由三层结构组成。

1. 滤过膜的内层 内层由有孔毛细血管内皮细胞构成，内皮细胞上有许多小孔，被称为窗孔（fenestration），窗孔的数目很多，直径为70～90nm，大多数窗孔的孔隙上无隔膜，可允许小分子溶质以及相对分子质量较小的蛋白质自由通过，但血细胞不能通过。内皮细胞表面有带负电荷的糖蛋白，能阻碍同样带负电荷的血浆蛋白滤过。

2. 基膜 基膜（basal membrane）是非细胞性结构，由基质和一些带负电荷的蛋白质构成的微纤维网，在维持正常的肾小球结构、固定相邻细胞以及构成滤过屏障中起重要作用。Ⅳ、Ⅴ和Ⅵ型胶原蛋白（以Ⅳ型胶原蛋白为主）形成肾小球基膜的基本构架，其间充填层粘连蛋白、巢蛋白、纤维粘连蛋白、硫酸类肝素和蛋白聚糖等，形成一种分子筛样结构。基膜上有直径2～8nm的多角形网孔，网孔的大小决定溶质分子能否被滤过，是滤过膜中阻止血浆蛋白滤过的主要屏障，可选择性地允许一部分溶质通过。

3. 滤过膜的外层 外层是肾小囊的脏层，由具有很长的足状突起特化的上皮细胞构成，该细胞又称足细胞（podocyte）。足细胞的突起相互交错且反复分支，在突起之间形成滤过裂隙（filtration slit），又称裂孔（slit por），裂隙的表面覆盖着一层薄膜，称为滤过裂隙膜（slit membrane），膜上有直径为4～11nm的小孔，是滤过膜的最后一道屏障（图10-5）。

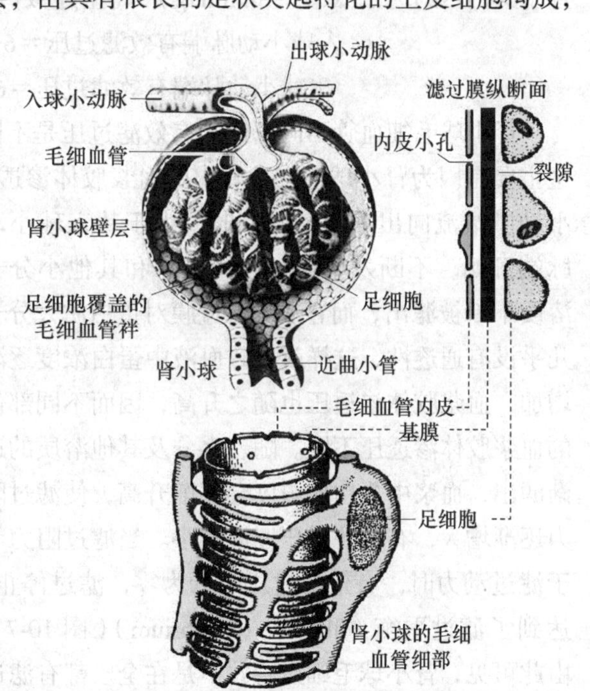

图10-5 肾小球与滤过膜示意图

肾小球滤过膜的通透性，取决于被滤过物质的分子大小及其所带的电荷。滤过膜形成了分子大小和电荷的双重屏障。一般情况下，分子质量在70kD以下的物质可以自由通过，但分子质量在69kD的白蛋白（带负电荷）却很少量通过，而分子质量在150～200kD的免疫球蛋白则不能通过。

在病理情况下（如急、慢性肾小球肾炎等），滤过膜上带负电荷的糖蛋白减少或消失，使肾小球滤过膜对血浆蛋白的通透性增加，导致滤过液中蛋白质的含量比正常时明显增加，如果超出近曲小管的重吸收能力，便可出现蛋白尿。

（三）有效滤过压

肾小球滤过作用的动力是滤过膜两侧的压力差，这种压力差被称为肾小球的有效滤过压（effective filtration pressure）。

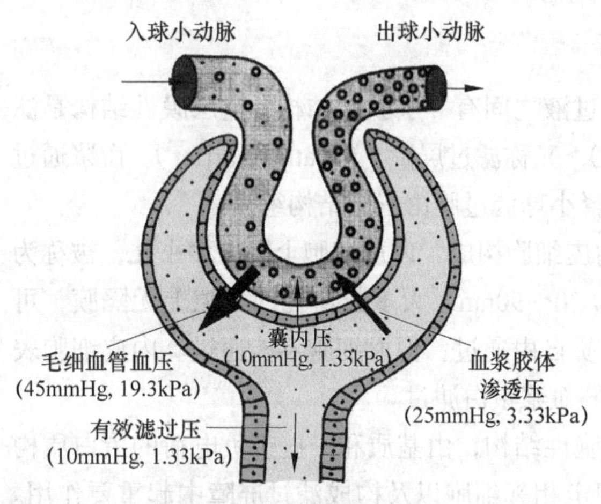

图 10-6 有效滤过压示意图

有效滤过压是由四种力量共同作用决定的，即肾小球毛细血管血压、血浆胶体渗透压、肾小囊内压和肾小囊内液胶体渗透压。肾小球毛细血管血压是促使血浆透过滤过膜的力量，血浆胶体渗透压和肾小囊内压是阻止血浆透过滤过膜的力量，而肾小囊滤过液中蛋白质的浓度很低，其胶体渗透压可忽略不计。因此，滤过膜两侧有三种压力，即肾小球毛细血管血压是滤过作用的动力，而血浆胶体渗透压和肾小囊内压是滤过作用的阻力（图 10-6）。

有效滤过压＝毛细血管血压－（血浆胶体渗透压＋肾小囊内压）

正常情况下，肾小球毛细血管的平均血压约为 6.0kPa（45mmHg），血浆胶体渗透压在入球小动脉端约为 2.7kPa（20mmHg），出球小动脉端的血浆胶体渗透压增至 4.7kPa（35mmHg），肾小囊内压约为 1.3kPa（10mmHg）。将上述数值代入有效滤过压公式：

入球小动脉端有效滤过压＝6.0kPa－（2.7＋1.3）kPa＝2.0kPa

出球小动脉端有效滤过压＝6.0kPa－（4.7＋1.3）kPa＝0kPa

肾小球毛细血管不同部位的有效滤过压是不同的，越靠近入球小动脉，有效滤过压越大。这主要是因为肾小球毛细血管内的血浆胶体渗透压不是固定不变的，当毛细血管血液从入球小动脉端流向出球小动脉端时，由于从入球小动脉端开始，不断发生滤过作用，水和其他小分子溶质不断被滤出，而肾小球滤过膜对蛋白质大分子几乎没有通透性，这样就导致血液中蛋白浓度逐渐增加，血浆胶体渗透压也随之升高，因而不同部位的血浆胶体渗透压不同。随着水分及其他溶质的逐渐滤出，血浆中蛋白质浓度会逐渐升高，使滤过阻力逐渐增大，有效滤过压逐渐减小。当滤过阻力等于滤过动力时，有效滤过压降低为零，滤过停止，达到了滤过平衡（filtration equilibrium）（图 10-7）。由此可见，肾小球毛细血管并不是在全段都有滤过作用，只有从入球小动脉端到滤过平衡这一段才有

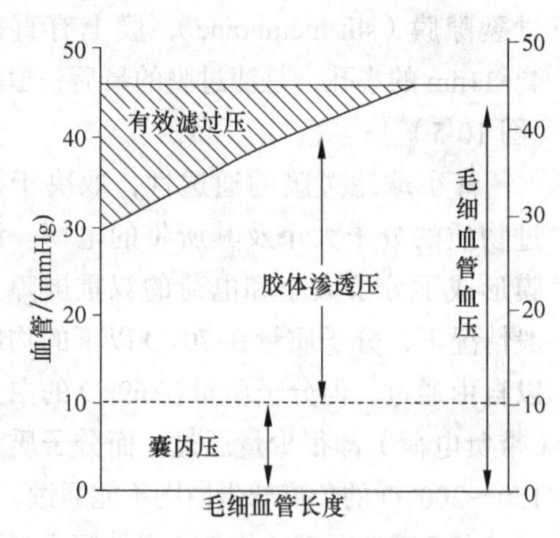

图 10-7 肾小球毛细血管血压，胶体渗透压和囊内压对肾小球滤过率的作用

滤过作用。滤过平衡越靠近入球小动脉端，发生滤过作用的毛细血管长度就越短，有效滤过压和滤过面积就越小，肾小球滤过率就越低。相反，滤过平衡越靠近出球小动脉端，发生滤过作用的毛细血管长度就越长，有效滤过压和滤过面积越大，肾小球滤过率就越高。如果达不到滤过平衡，全段毛细血管都有滤过作用。

（四）影响肾小球滤过的因素

1. 肾小球有效滤过压

肾小球有效滤过压直接取决于肾小球毛细血管血压、血浆胶体渗透压和囊内压三种压力的对比，也间接受肾血流量的影响。

（1）肾小球毛细血管血压 由于肾血流量具有自身调节机制，动脉血压变动于10.7～24.0kPa（80～180mmHg）范围内时，肾小球毛细血管血压维持相对稳定，从而使肾小球滤过率基本保持不变。但当动脉血压降到10.7kPa（80mmHg）以下时（如动物在创伤、出血和烧伤等），肾小球毛细血管血压也将相应下降，于是有效滤过压降低，肾小球滤过率也相应减少。当动脉血压降到5.3～6.7kPa（40～50mmHg）以下时，肾小球滤过率将降至零，因而出现无尿现象。在高血压病晚期，入球小动脉由于硬化而缩小，肾小球毛细血管血压可明显降低，于是因肾小球滤过率减少而导致少尿。

（2）血浆胶体渗透压 正常状态下，血浆胶体渗透压不会发生很大变动。但当血浆蛋白的浓度明显降低时，血浆胶体渗透压将降低。此时，有效滤过压会相应升高，肾小球滤过率也随之增加。当静脉快速输入大量的生理盐水而使血液稀释时，一方面升高了血压，另一方面又降低了血浆胶体渗透压（血液稀释使血浆蛋白的浓度降低），导致肾小球滤过率增加，使尿量增多。

（3）囊内压 肾小囊囊内压是对抗肾小球滤过的因素。在正常情况下，肾小囊囊内压比较稳定。当输尿管或肾盂有异物（如结石）堵塞或因发生肿瘤而压迫肾小管时，都可造成囊内压升高，致使有效滤过压相应降低，因此，滤过率降低，原尿生成不多，尿量相应减少。

2. 肾血流量 肾血流量的变化对肾小球滤过作用有很大影响。肾血流量主要通过影响肾小球毛细血管中出现滤过平衡的位置来影响肾小球滤过率。一般来说，肾血流量增大时，肾小球毛细血管内胶体渗透压上升的速度减慢，出现滤过平衡的位置越靠近出球小动脉端，肾小球滤过率增大，原尿生成增多。相反，肾血流量减少时，肾小球毛细血管内胶体渗透压上升速度加快，出现滤过平衡的位置越靠近入球小动脉端，肾小球滤过率减少，原尿生成减少。在严重缺氧或中毒性休克等病理情况下，由于交感神经兴奋，肾血流量明显减少，肾小球滤过率也相应减少，则动物的尿量将减少。

3. 肾小球滤过面积和滤过膜通透性

（1）滤过面积 在正常情况下，肾小球滤过膜的有效滤过面积保持相对稳定，血细胞和大分子蛋白质不能通过。在病理条件下滤过膜的滤过面积可能会有较大的变动。在急性肾小球肾炎时，由于肾小球毛细血管管腔变窄或完全阻塞，导致有滤过功能的肾小球数量减少，有效滤过面积也随之减少，导致肾小球滤过率降低，动物出现少尿甚至无尿。

（2）滤过膜通透性 肾小球滤过膜的通透性通常维持在稳定状态，只有在病理情况下才会发生较大的变动。在中毒或缺氧的情况下，肾小球滤过膜的微孔变大，通透性增加，以致原来不能透过的血细胞和大分子血浆蛋白质都可以通过滤过膜，导致尿量增加，并使尿中出现血细胞（称为血尿）和蛋白质（称为蛋白尿）。在急性肾小球肾炎时，由于肾小球内皮细胞肿胀，基膜增厚，除能减少有效滤过面积外，还能造成滤过膜通透性降低，致使平时能正常滤过的水和溶质减少甚至不能滤过，因而出现少尿或无尿。

三、肾小管和集合管的重吸收与分泌作用

（一）肾小管和集合管的物质转运方式

血浆在肾小球处发生超滤，是生成尿液的第一步。超滤液（原尿）还需经肾小管和集合管的重吸收与分泌过程，才能形成最终的尿液。肾小囊腔的原尿，经肾小管流向集合管，称小管液。重吸收（reabsorption）是指肾小管和集合管上皮细胞将小管液中的水分和各种溶质重新转运回血液的过程。分泌（secretion）是指肾小管和集合管上皮细胞将本身产生的物质或血液中的物质转运至肾小管管腔中的过程。小管液经过肾小管和集合管管壁上皮细胞的选择性重吸收作用，以及分泌某些物质后成为终尿。经过肾小管与集合管的转运，小管液的容量会大幅减少（99%以上的小管液被重吸收），质量也发生重大改变（小管液的营养物质急剧减少，而排泄物的浓度则迅速增高），使原尿转变为终尿。

据测定，牛两侧肾脏每天产生的原尿量在1400L以上，而每天排出的终尿量只有6~12L，终尿量通常仅占原尿量的1%左右，其中99%的水分、全部的葡萄糖和氨基酸、Na^+、Cl^-和大部分尿素等都被重吸收，而肌酐则完全不被重吸收。肾小管各段对不同物质的重吸收率和重吸收的物质是不同的，如近曲小管的重吸收能力最强，能吸收原尿中几乎全部的葡萄糖、氨基酸、维生素、小分子蛋白质、钾和磷及大部分水、Na^+和Cl^-等物质；髓袢降支可重吸收部分水和Na^+；髓袢升支可吸收部分Na^+。

肾小管和集合管的物质转运方式有被动转运（passive transport）和主动转运（active transport）。被动转运包括扩散（filtration，如脂溶性物质的跨膜转运）、渗透（osmosis，如水借助于渗透压的跨膜转运）和易化扩散（faciliated diffusion，如离子通道和转运体介导的跨膜转运）。主动转运包括原发性主动转运（primary active transport）和继发性主动转运（secondary active transport）两种形式。原发性主动转运涉及各种泵蛋白，如Na^+-K^+泵、Ca^{2+}泵和质子泵（proton pump），继发性主动转运包括Na^+-葡萄糖同向转运（symport）、Na^+-氨基酸同向转运和Na^+-K^+-$2Cl^-$同向转运机制，以及Na^+-H^+逆向转运（antiport）和Na^+-K^+逆向转运机制等。当水分子通过渗透作用被重吸收时，某些溶质可随水分子一起被转运，这种转运方式被称为溶剂拖曳（solvent drag）。由于各种转运体在肾小管上皮细胞管腔面、基底面和侧面的分布不同，因此，上皮细胞对各种物质的转运过程也有所不同。肾小管和集合管上皮对物质的转运途径可分为跨细胞途径（transcellular pathway）和细胞旁途径（paracellular pathway）。跨细胞途径是指小管液内物质先通过管腔膜进入上皮细胞内，再经上皮细胞的基底侧膜转移出上皮细胞，进入组织间隙。例如小管液内的Na^+通过管腔膜上的Na^+通道或其他转运体进入上皮细胞内，然后由基底侧膜上的钠泵将Na^+泵出细胞，进入组织液，再进入管周毛细血管。细胞旁途径是指小管液内的物质通过紧密连接进入上皮细胞间隙，然后进入管周毛细血管。例如小管液内的水、Na^+、

Ca^{2+}和 Cl^- 等都可以通过这种途径被重吸收。

（二）肾小管和集合管中的重吸收作用

滤过液中许多物质的重吸收主要在近球小管进行。其中 67% 的 Na^+、Cl^-、K^+和水，85% 的 HCO_3^-，全部的磷酸盐、葡萄糖、氨基酸及滤过的少量蛋白质都在近球小管被重吸收。近球小管上皮细胞管腔面的微绒毛（microvillus），此处又称之为刷状缘（brush border）和基底面的大量质膜内褶（plasma membrane infolding）可大大增大吸收面积。髓袢、远球小管和集合管也能重吸收少量的溶质。

1. 葡萄糖、氨基酸的重吸收

肾小管滤过液中葡萄糖的浓度与血浆相同，但尿中几乎不含葡萄糖，这说明滤过液中的葡萄糖在肾小管内被全部重吸收回血浆。微穿刺实验表明，重吸收葡萄糖的部位仅限于近球小管，尤其在近球小管前半段，而其他各段肾小管都没有重吸收葡萄糖的能力。如果在近球小管以后的小管液中仍含有葡萄糖，则尿中将出现葡萄糖。

葡萄糖、氨基酸的重吸收是借助于钠依赖性葡萄糖同向转运体（sodium-dependent glucose transporter，SGLT）机制实现的，Na^+- 葡萄糖同向转运体是肾小管上皮细胞管腔侧刷状缘上的一种载体蛋白。小管液中 Na^+和葡萄糖与同向转运体蛋白结合后，被转入细胞，这一过程属于继发性主动转运。随后，小管基底膜上的葡萄糖转运体将葡萄糖转运入细胞间隙。

近球小管对葡萄糖的重吸收有一定的限度，当人体血浆中葡萄糖浓度达到 180mg/100mL 时，尿中将出现葡萄糖，这表明已有一部分肾小管对葡萄糖的重吸收达到极限，尿中开始出现葡萄糖，此时的血浆葡萄糖浓度被称为肾糖阈（renal threshold of glucose）。血浆葡萄糖浓度超过肾糖阈后，尿中葡萄糖排出率则随血浆葡萄糖浓度的升高而相应增多（图 10-8）。

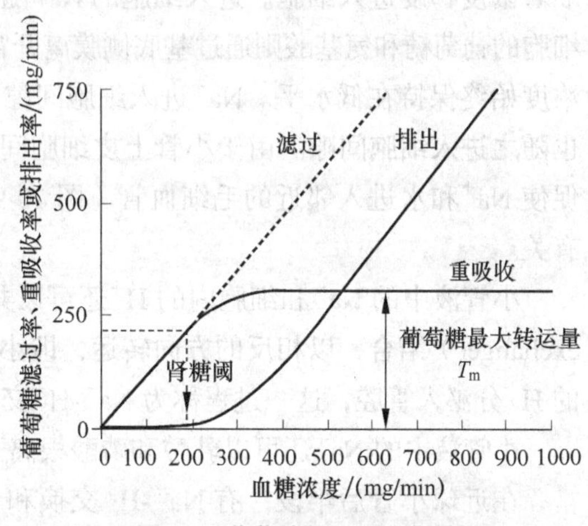

图 10-8 葡萄糖的重吸收与排泄

正常人和动物的血糖浓度稳定，一般达不到肾糖阈，滤过液中的葡萄糖可被全部重吸收，尿中不含葡萄糖。糖尿病患者的血糖水平较高，往往超过肾糖阈，因此，肾小球滤过液中葡萄糖含量较高，超过了近球小管的重吸收能力，葡萄糖不能被全部重吸收回血液，所以，尿中会出现葡萄糖。

知识卡片

糖尿病（diabetes）：若人或动物血液中葡萄糖浓度超过肾糖阈，则尿中出现葡萄糖，被称为糖尿病。糖尿病的发生可能是体内胰岛素的含量绝对或相对减少，或靶细胞对葡萄糖的敏感性下降，使葡萄糖的转化及利用降低，导致血糖浓度升高。

> 糖尿病又分为1型和2型。1型糖尿病一般是胰岛B细胞发生障碍，需用胰岛素进行治疗，又称胰岛素依赖型糖尿病；2型糖尿病是糖尿病最常见的一种疾病形式，可能是胰岛素分泌失调和胰岛素作用削弱，胰岛素与受体结合及受体后信号通路缺陷导致血糖升高，又称非胰岛素依赖型糖尿病。

小管液中氨基酸的重吸收与葡萄糖重吸收的机制类似。

小管液中的少量小分子血浆蛋白是通过肾小管上皮细胞的吞饮作用被重吸收的。

2. Na^+、Cl^- 的重吸收

肾脏滤过的 Na^+ 有96%～99%都被重吸收，除髓袢降支细段对 Na^+ 不易通透外，其余肾小管各段均可重吸收 Na^+。近球小管重吸收的 Na^+ 量约占小管液 Na^+ 总量的65%，髓袢升支重吸收的 Na^+ 量约占25%，远球小管和集合管主动重吸收的 Na^+ 量约占9%。

在近球小管前半段，Na^+ 进入上皮细胞的过程与 H^+ 的分泌以及葡萄糖、氨基酸的重吸收相偶联。而在近球小管后半段，Na^+ 主要与 Cl^- 共同被重吸收。许多溶质的重吸收过程都与钠泵活动有关。

当小管液中 Na^+ 浓度轻微升高时，Na^+ 便和葡萄糖或氨基酸一起与同向转运蛋白结合并顺着浓度梯度进入细胞。进入细胞的 Na^+ 随即被细胞基底侧膜上的钠泵泵入细胞间隙，进入细胞的葡萄糖和氨基酸则通过基底侧膜离开肾小管上皮细胞，进入血液，这样使细胞内的 Na^+ 浓度始终保持在低水平。Na^+ 进入细胞间隙，使细胞间隙的渗透压升高，通过渗透作用，水也随之进入细胞间隙。由于小管上皮细胞间存在紧密连接，使细胞间隙的静水压升高，又可促使 Na^+ 和水进入邻近的毛细血管（图10-9）。由此可见，即便是水的吸收都与钠泵的活动有关。

小管液中的 Na^+ 和细胞内的 H^+ 还可以共同与管腔膜上的逆向转运体（又称交换体蛋白，exchanger）结合，以相反的方向转运，即小管液中的 Na^+ 顺着浓度梯度进入细胞，而细胞内的 H^+ 分泌入管腔，这一过程称为 Na^+-H^+ 交换，即 H^+ 分泌。

小管液中的 Na^+ 还可以乳酸和磷酸根离子的重吸收相偶联。

在近球小管后半段，有 Na^+-H^+ 交换和 Cl^--HCO_3^- 逆向转运体，其转运结果是 Na^+ 和 Cl^- 进入细胞内，H^+ 和 HCO_3^- 进入小管液，HCO_3^- 可重新进入细胞（以 CO_2 方式）。进入细胞内的 Cl^- 由基底侧膜上的 K^+-Cl^- 同向转运体转运至细胞间隙，再被吸收入血液。由于进入近球小管后半段小管液的 Cl^- 浓度比细胞间隙中的浓度高20%～40%，Cl^- 顺浓度梯度经紧密连接进入细胞间隙被重吸收。由于 Cl^- 被动扩散进入间隙后，小管液中正离子相对增多，造成管内外电位差，管腔内带正电荷，驱使小管液内的 Na^+ 顺电势梯度通过细胞旁途径被重吸收。因此，这部分 Na^+ 顺电势梯度吸收是被动的，Cl^- 为顺浓度差被动扩散，二者均经过上皮细胞间隙的紧密连接进入细胞间隙（图10-9）。

由此可见，在约有2/3的 Na^+ 在近端小管的前半段经跨细胞途径和1/3在近端小管的后半段经细胞旁途径被重吸收。

髓袢降支细段的钠泵活性很低，通透性很小。但该段对水是通透的，在管外髓质渗透压逐渐升高的环境下，小管液中的水分逐渐被重吸收，因此，小管液的渗透压也将逐渐升高。

髓袢升支细段对水几乎不通透，但对 Na^+、Cl^- 和尿素都有通透性，因此，小管液溶质的浓度和渗透压又逐渐下降。Na^+和 Cl^- 在此处的重吸收完全是由于在髓袢降支所形成的高浓度引起的渗透性被动扩散。

髓袢升支粗段对水的通透性仍很低，但对 NaCl 却能继发性主动重吸收，因此使小管液的浓度进一步降低。此段对 NaCl 的重吸收仍借助于细胞基底膜与侧膜上钠泵的活动，在 Na^+顺着浓度梯度被转运到细胞内的同时，通过 Na^+-K^+-$2Cl^-$ 同向转运体将 1 个 Na^+、1 个 K^+和 2 个 Cl^- 转运到细胞内，这仍是一种继发性主动转运过程（图 10-10）。进入细胞内的 Na^+则通过细胞基底膜及侧膜的钠泵被泵至组织间液，Cl^- 顺浓度梯度经管周膜上的 Cl^- 通道进入组织间液，而 K^+则顺浓度梯度经管腔膜返回到小管液中，并使小管液呈正电位。这个负电位又使 Na^+、K^+和 Ca^{2+}等正离子以细胞旁路途径被重吸收。

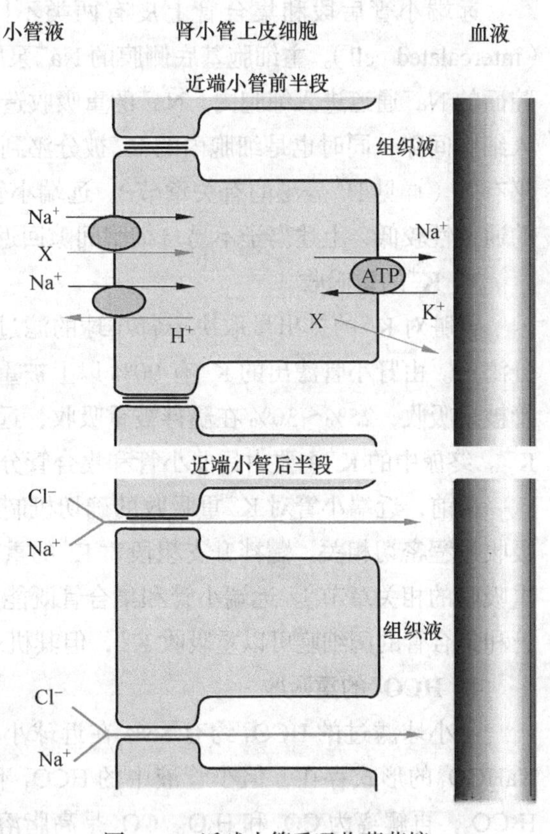

图 10-9 近球小管重吸收葡萄糖、氨基酸和 NaCl 示意图

X：代表葡萄糖、氨基酸

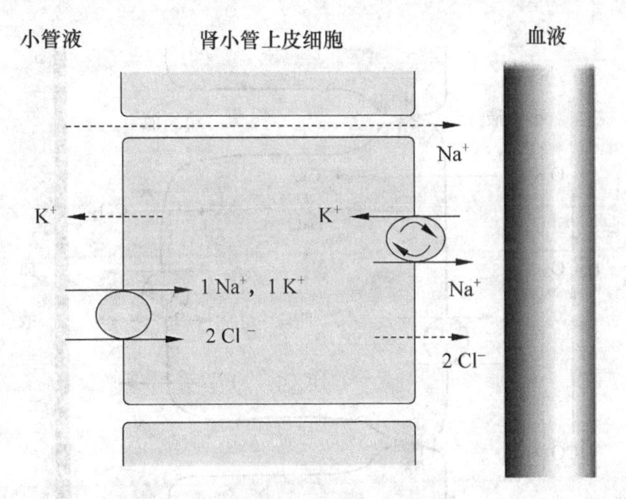

图 10-10 髓袢升支粗段继发性主动重吸收 Na^+、Cl^-、K^+示意图

在远端小管前段，Na^+和 Cl^- 经同向转运机制进入细胞，随之它们分别借助于基底侧膜的 Na^+泵和 Cl^- 通道进入组织间液，这一过程仍然是继发性主动转运。

远端小管后段和集合管上皮有两类不同的细胞，即主细胞（principle cell）和闰细胞（intercalated cell）。主细胞基底侧膜的Na^+泵所造成的细胞内低Na^+，使小管液内的Na^+经管腔面的Na^+通道进入细胞内，Na^+的重吸收造成的小管液负电位，可促使Cl^-经细胞旁途径进入细胞间隙，同时也是细胞内的K^+被分泌到小管液的动力。闰细胞的功能主要是与H^+的分泌有关（详见H^+分泌的有关章节）。远端小管和集合管上皮间的紧密连接对Na^+、K^+和Cl^-的通透性较低，上述离子不易自细胞间隙回返到小管液内。

3. K^+的重吸收

肾脏对K^+的排出量取决于肾小球的滤过量、肾小管对K^+的重吸收量和肾小管对K^+的分泌量。由肾小管滤出的K^+有90%以上被重吸收回血液。其中，65%～70%的K^+在近球小管被重吸收，25%～30%在髓袢被重吸收，远球小管和皮质集合管既能重吸收K^+，也能分泌K^+。终尿中的K^+主要由远曲小管和集合管分泌。

目前，近端小管对K^+重吸收的确切机制还不是很清楚，但K^+的重吸收与Na^+和水的重吸收过程密切相关。髓袢升支粗段对K^+的重吸收与Na^+-K^+-$2Cl^-$同向转运体有关（详见Na^+重吸收的相关章节）。远端小管和集合管既能重吸收K^+也能分泌K^+（见后续章节），远端小管和集合管的闰细胞可以重吸收K^+，但其机理不明，可能与H^+-K^+-ATP酶有关。

4. HCO_3^-的重吸收

肾小球滤过的HCO_3^-约有85%在近球小管被重吸收。血液及小管液中的HCO_3^-都是以$NaHCO_3$的形式存在，但小管液中的HCO_3^-不易通过管腔膜，因此，它必须先与H^+结合成H_2CO_3，再解离为CO_2和H_2O。CO_2是高脂溶性物质，可迅速通过管腔膜进入细胞内，所以近球小管对HCO_3^-的吸收是以CO_2的形式进行的（图10-11）。进入细胞的CO_2在碳酸酐酶（carbonic ahydrase，CA）催化下又生成H_2CO_3，随后H_2CO_3离解成HCO_3^-和H^+。H^+可由细胞分泌到小管液中，HCO_3^-则与Na^+一起被转运回到血浆。如果滤过的HCO_3^-超过了分泌的H^+，HCO_3^-就不能全部被重吸收。由于HCO_3^-不易透过管腔膜，所以余下的HCO_3^-便随尿排

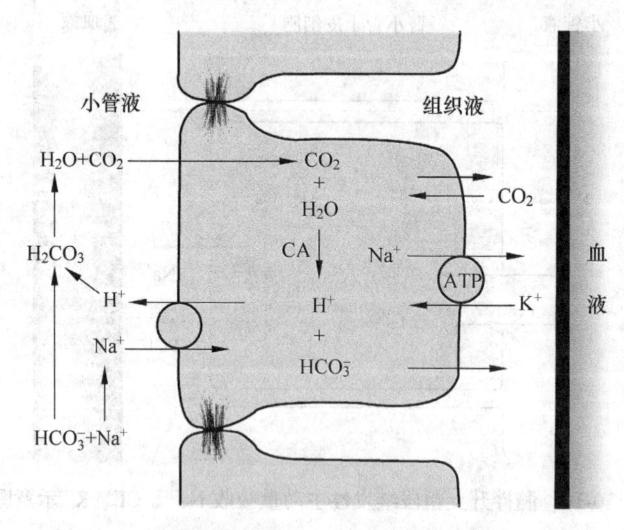

图10-11　近球小管重吸收HCO_3^-示意图（姚泰，2010）

CA：carbonic anhydrase 碳酸酐酶

出体外。可见，肾小管上皮细胞分泌 1 分子 H^+ 就可使 1 分子 HCO_3^- 和 1 分子 Na^+ 重吸收回血液，这在体内酸碱平衡的调节中起到了重要作用。某些药物（如乙酰唑胺等利尿剂）可抑制碳酸酐酶的活性，减少 H^+ 的生成，进而影响到 Na^+-H^+ 交换，$NaHCO_3$ 的重吸收也将减少，使 $NaHCO_3$、NaCl 和水的排出增加，导致尿量增加。

5. 水的重吸收

原尿中约 67% 的水在近球小管被重吸收，约 20% 在髓袢被重吸收，其余 14% 左右在远球小管和集合管被重吸收。集合管对水重吸收量的变化较大，主要与抗利尿激素（antidiuretic hormone，ADH）的浓度有关。

近球小管对水的通透性较大，水与溶质一起被重吸收。在近球小管，水的重吸收是被动的，主要靠渗透作用进行。水重吸收的渗透梯度存在于小管液和细胞间隙之间，这是由于 Na^+、Cl^-、K^+、葡萄糖和氨基酸被重吸收进入细胞间隙后，降低了小管液的渗透浓度，提高了细胞间隙的渗透浓度。在渗透作用下，水便从小管液通过跨细胞途径和细胞旁途径不断进入细胞间隙，造成细胞间隙的静水压升高。由于管周毛细血管内的静水压较低，胶体渗透压较高，水便通过肾小管周围组织间隙进入毛细血管而被重吸收。水的跨细胞转运是通过细胞膜上的水孔蛋白 -1（aquaporin 1，AQP-1），又称水通道（water channel）进行的。此处的 AQP-1 不受血管升压素的调节，水在此处的重吸收是等渗性的，即在近球小管内的小管液是等渗的。同时，水又以溶剂拖曳的方式携带一些溶质（如钙和钾）共同被重吸收。

在髓袢处，水主要在髓袢降支细段以渗透方式被重吸收，而髓袢升支对水不通透。

远球小管和集合管对水的转运受多种因素调节。虽然这段重吸收水的比例不大，但变化量较大，且受血浆中血管升压素（vasopressin，VP），又称为抗利尿激素（antidiuretic hormone，ADH）的调节。因此，远球小管和集合管对水重吸收的量直接影响到尿量的多少。当机体失水时，由于血浆渗透压升高，可刺激下丘脑前部的渗透压感受器，释放抗利尿激素。抗利尿激素可使集合管上皮细胞中的水孔蛋白插入顶端膜，形成水通道，使集合管上皮细胞对水的通透性增加，从而对水的重吸收增加，使尿量减少，形成高渗尿。在没有抗利尿激素的情况下，远球小管和集合管上皮细胞对水是不通透的，因此，不能重吸收水，使尿量明显增多。

近球小管对水的重吸收与体内水的多少无关；而远球小管和集合管对水的通透性低，因此，对水的重吸收取决于抗利尿激素的水平。水在远球小管和集合管的重吸收属于调节性重吸收，能决定尿量的多少和尿液渗透压的高低，对于调节机体的水平衡和渗透压平衡具有重要的作用。

6. Ca^{2+} 的重吸收

经过肾小球滤过的 Ca^{2+}，绝大部分在肾小管被重吸收。在近球小管被重吸收的 Ca^{2+} 约占总量的 70%，这部分 Ca^{2+} 与 Na^+ 的重吸收是平行进行的，在髓袢重吸收的 Ca^{2+} 大约有 20%，还有 9% 在远球小管和集合管被重吸收，只有不到 1% 的 Ca^{2+} 随尿液排出。

Ca^{2+} 在肾小管各部分的重吸收方式不同。在近球小管约 80% 的 Ca^{2+} 是通过溶剂拖曳方式经细胞旁途径进入细胞间隙，仅有 20% 是通过跨细胞途径被重吸收。在肾小管上皮细胞内，Ca^{2+} 浓度远远低于小管液，而且细胞内的电位也比小管液低，在电化学梯度的驱使下，Ca^{2+} 不断从小管液经管腔面的钙通道扩散进入上皮细胞。细胞内的 Ca^{2+} 可经基底侧膜上的 Ca^{2+}-ATP

酶（Ca^{2+}泵）转运进入细胞间隙，进而回到血液。另外，还可以通过Na^+-Ca^{2+}交换机制逆电化学梯度转运出细胞。

在髓袢降支细段和升支细段都对Ca^{2+}不通透，只有髓袢升支粗段能重吸收Ca^{2+}。由于升支粗段的小管液为正电位，肾小管上皮细胞内的电位为负值，且该段基底侧膜对Ca^{2+}具有通透性，因此，Ca^{2+}可能顺电位梯度而被动重吸收，但也有可能存在主动重吸收过程。

在远球小管和集合管处小管液为负电位，因此，Ca^{2+}的重吸收是跨细胞途径的主动转运。

7. 其他物质的重吸收

其他物质的重吸收也主要在近球小管中进行。HPO_4^{2-} 和 SO_4^{2-} 的重吸收也与Na^+相关联，可能也经过类似的同向转运过程。正常情况下进入滤过液中的微量蛋白质，是通过肾小管上皮细胞的吞饮作用而被重吸收的。

（三）远球小管和集合管的分泌与排泄

1. H^+的分泌

近球小管、远球小管和集合管上皮细胞都具有分泌H^+的功能。由细胞代谢产生或小管液进入小管上皮细胞内的CO_2，在碳酸酐酶的催化下，与H_2O结合生成H_2CO_3，随后H_2CO_3解离成H^+和HCO_3^-。

H^+主要在近球小管部位被分泌到小管液中。近球小管细胞通过Na^+-H^+交换分泌H^+，Na^+顺电化学梯度进入细胞内，H^+被分泌到小管液中。小管液中的H^+和HCO_3^-结合生成H_2CO_3，H_2CO_3在碳酸酐酶催化下生成CO_2和H_2O，CO_2可再进入细胞。近球小管也可通过质子泵（proton pump）的方式分泌H^+，但量很少。

远球小管和集合管的闰细胞也可分泌H^+。此处H^+的分泌是一个逆电化学梯度进行的主动转运过程。细胞的管腔膜上有质子泵，又称氢泵，可将细胞内的H^+泵到小管液中，泵入小管液中的H^+可与HCO_3^-结合，生成CO_2和H_2O，使小管液中H^+浓度降低。肾小管和集合管对H^+的分泌与小管液的酸碱度有关，小管液pH降低，H^+分泌减少。

远端小管和集合管还存在Na^+-H^+逆向转运，该过程与Na^+-K^+交换相互抑制。

集合管上皮细胞管腔面的H^+-K^+-ATP酶，存在以H^+-K^+交换的方式分泌H^+进入小管液和将小管液中的K^+转运到细胞中的功能。

2. NH_3的分泌

远曲小管和集合管上皮细胞在代谢过程中不断生成NH_3，NH_3具有脂溶性，能通过细胞膜向小管周围组织间隙和小管液自由扩散。其扩散量取决于两种体液的pH。小管液的pH较低（即H^+浓度较高），所以NH_3能与小管液中的H^+结合并生成NH_4^+，使小管液中NH_3的浓度因而下降，于是管腔膜两侧形成NH_3的浓度梯度，此浓度梯度又可加速NH_3向小管液中的进一步扩散（图10-12）。

NH_3的分泌过程与H^+的分泌密切相关。如集合管H^+的分泌被抑制，则尿中NH_4^+的排出相应减少。另外，肾脏分泌NH_4^+的过程中同时还能促进HCO_3^-的生成和重吸收，即每排出1个NH_4^+，可促进1个HCO_3^-进入血液，进而补充血液中的碱储。所以，NH_3的分泌也是肾脏调节酸碱平衡的重要机制之一。

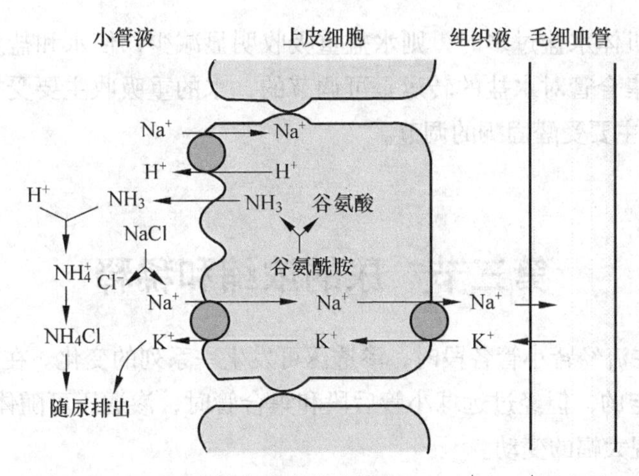

图 10-12 远球小管和集合管分泌 NH_3、H^+和 K^+示意图

3. K^+的分泌

远曲小管后半段和集合管是 K^+分泌的主要场所。尿液中的 K^+主要来自远曲小管和集合管。尿中 K^+的排泄量视 K^+的摄入量而定，高钾饮食可排出大量的钾，而 K^+摄入不足时，远曲小管后半段和集合管对 K^+分泌明显减少甚至停止，机体以中等程度重吸收 K^+，尿液中排 K^+量减少，这样，使机体 K^+的摄入量与排出量保持平衡，维持了机体 K^+浓度的相对恒定。

在远球小管后段和集合管上皮细胞中约 90% 为主细胞，主细胞能重吸收 Na^+和 H_2O，Na^+进入主细胞后，可刺激基底侧膜上的钠泵，使更多的 K^+从细胞外液泵入细胞内，提高了细胞内 K^+浓度，增加细胞内和小管液之间的 K^+浓度梯度，并通过管腔面的钾通道顺化学梯度分泌 K^+，从而促进 K^+分泌，因此，K^+的分泌与 Na^+的重吸收有密切关系。在远曲小管后段和集合管主细胞内的 K^+浓度明显高于小管液，K^+便顺浓度梯度从细胞内通过管腔膜上的 K^+通道进入小管液。在 Na^+主动重吸收的同时，K^+被分泌到小管腔的过程，称为 Na^+-K^+交换，它与 Na^+-H^+交换有竞争作用。即当 Na^+-K^+交换增强时，Na^+-H^+交换就会减弱，肾小管泌 H^+就会减少；反之，当 Na^+-H^+交换增强时，Na^+-K^+交换就会减弱，肾小管泌 K^+就会减少（图 10-13）。

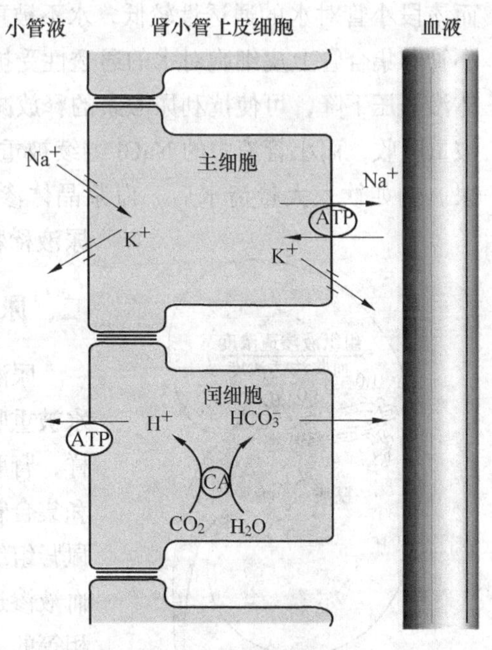

图 10-13 远球小管和集合管重吸收 NaCl、分泌 K^+示意图

小管液在流经远球小管和集合管的过程中，有小部分的 Na^+、Cl^-和不同数量的 H_2O 被重吸收回血液，并有不同量的 K^+、H^+和 NH_3 被分泌到小管液中。H_2O 和 NaCl 的重吸收及 K^+、H^+和 NH_3 的分泌可根据机体的水盐平衡状况进行调节。如机体缺水或缺盐时，远球小管和集合管可增加

水盐的重吸收；当机体水盐过多时，则水盐重吸收明显减少，使水和盐从尿中排出量增加。因此，远球小管和集合管对水盐的转运是可调节的，水的重吸收主要受抗利尿激素的调节，而 Na^+ 和 K^+ 的转运主要受醛固酮的调节。

第三节　尿的浓缩和稀释

肾小球超滤液在流经肾小管各段时，渗透压可发生一系列的变化。在近球小管和髓袢中，渗透压的变化是固定的，但经过远球小管后段和集合管时，渗透压可随体内缺水或体液量过多等不同情况而出现大幅的变动。

尿的浓缩与稀释是肾脏的主要功能之一，对动物机体水平衡和渗透压稳定的维持具有重要意义。尿的浓缩与稀释是与血浆渗透压相比较而言的，与血浆渗透压浓度接近的尿称为**等渗尿**（isosthenuria）；高于血浆渗透压浓度的尿为**高渗尿**（hypertonic urine），即尿被浓缩；低于血浆渗透压浓度的尿为**低渗尿**（hypotonic urine），即尿被稀释。

一、尿液的稀释

尿液的稀释主要发生在远球小管和集合管。肾小球滤过液流经近球小管时，水和溶质被等渗重吸收，小管液的渗透压与血浆的渗透压相同。在髓袢降支，由于管壁对水容易通透，而对溶质不易通透，在内髓部高渗透压的作用下，水被重吸收进入内髓部组织间液，所以降支内小管液的渗透浓度升高。在髓袢升支粗段，由于能主动重吸收 Na^+、Cl^- 和 K^+，而该段小管对水的通透性较低，水不被重吸收，从而造成髓袢升支粗段小管液为低渗。远球小管和集合管上皮细胞对水的通透性受抗利尿激素的调节，如果机体内水过多而造成血浆晶体渗透压下降，可使抗利尿激素的释放减少，远曲小管和集合管对水的通透性很低，水不能被重吸收，而小管液中的 NaCl 继续被重吸收，故小管液的渗透浓度进一步降低，形成低渗尿。例如饮入大量清水后，血浆晶体渗透压降低，抗利尿激素释放减少，引起尿量增加，尿液稀释。

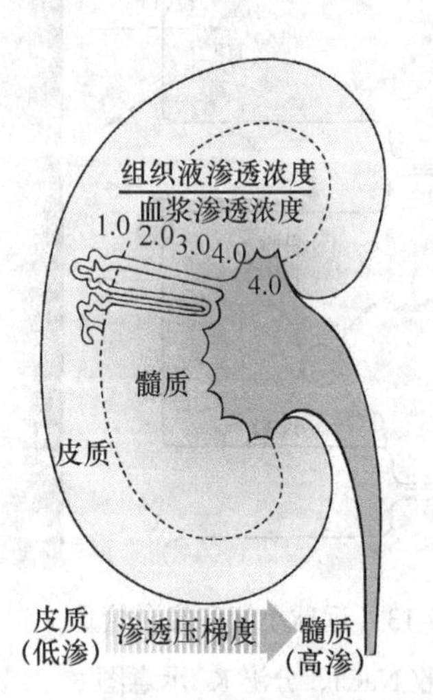

图 10-14　肾髓质渗透压梯度示意图

二、尿液的浓缩

尿液浓缩发生在远球小管和集合管，是由于小管液中的水被重吸收，而溶质仍留在小管液中造成的。同其他部位一样，肾脏对水的重吸收方式是渗透作用，其动力来自肾小管和集合管内外（髓质）的渗透浓度梯度。用冰点降低法测定鼠肾组织的渗透浓度，发现肾皮质部组织间液的渗透浓度与血液渗透浓度之比为 1，说明肾皮质部的渗透浓度与血浆是相等的，而髓质部组织间液与血浆的渗透浓度之比，随着由髓质外层向乳头部深入而逐渐升高，分别为 2、3、4，内髓部的渗透浓度为血浆渗透浓度的 4 倍（图 10-14）。在不同动物中的观察发现，动物肾髓质越厚，内髓部的渗透浓度也越高，尿的浓缩能力也越强。例如人类肾脏最多能生成4～5倍于血浆渗透浓度的高渗尿，骆驼则为8倍，猫为10倍，而生活在沙漠中的沙鼠肾脏可产生20倍于血浆渗透浓度的高渗尿。因此，肾髓质的渗透浓度梯度是尿浓缩的必备条件。髓袢的形态和功能特性是形成肾髓质渗透浓度梯度的重要条件。髓袢越长，浓缩能力就越强。

三、尿液的浓缩机制

由于髓袢各段对水和溶质的通透性和重吸收机制不同。髓袢的U形结构和小管液的流动方向，可通过**逆流倍增**（counter-current multiplication）机制建立从外髓部至内髓部的渗透浓度梯度。逆流是指两个并列管道中液体的流动方向相反，两管道的下方连通，两管之间的分隔允许液体中的溶质或热能进行交换。在逆流系统中，由于管壁通透性和管周环境的作用，可产生逆流倍增和逆流交换现象。逆流倍增现象可用图10-15所示的模型来解释，即在并列的甲、乙、丙三个管道中，甲管下端与乙管相连。液体由甲管流进乙管，通过甲、乙管的连接部折返后经乙管流出，构成逆流系统。如果甲、乙管之间的M_1膜能主动从乙管中将NaCl不断泵入甲管，而M_1对水又不通透，当含NaCl的溶液在甲管中向下流动时，M_1膜不断将乙管中的NaCl泵入甲管，结果甲管液体中NaCl的浓度自上而下越来越高，至甲乙管连接的弯曲部达最大值。当液体折返从乙管下部向上流动时，NaCl浓度越来越低。由此可见，不论是甲管或是乙管，从上而下，溶液的浓度梯度是逐渐升高的，形成浓度梯度，即出现了逆流倍增。丙管内的液体渗透浓度低于乙管，丙管与乙管之间的M_2膜对水通透，当丙管内的溶液由上向下流动时，丙管中的水可通过渗透作用不断进入乙管，液体在丙管内向下流动的过程中，溶质浓度从上至下逐渐增加，丙管下端流出的液体即形成了高渗溶液。

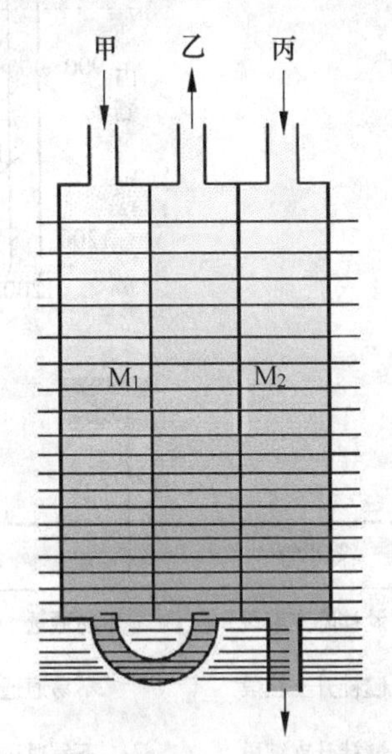

图10-15 逆流倍增作用模型（陈义仿）

（一）髓质髓袢的逆流倍增作用

髓袢和集合管的结构与上述逆流倍增模型很相似。髓袢的升支和降支并行，具有逆流系统的U形结构，尤其近髓肾单位的髓袢较长，伸入到髓袢深部，可以看作是一个效率较高的逆流倍增系统，直小血管也同样符合逆流系统的条件（图10-16）。用肾小管各段对水及溶质通透性的不同（表10-2）和逆流倍增现象可解释肾髓质部渗透浓度梯度的形成机理。

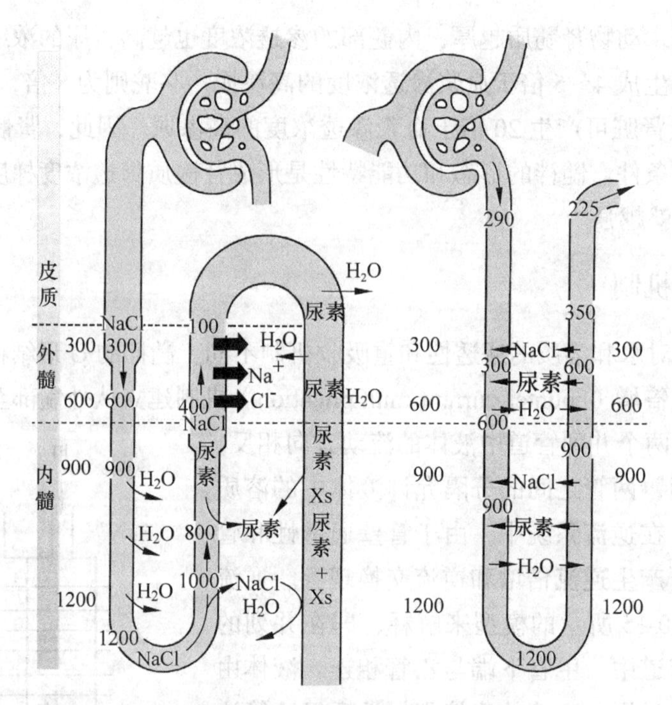

图 10-16　尿浓缩机制示意图

表 10-2　兔肾小管不同部分的通透性

肾小管	水	Na^+	尿素
髓袢降支细段	易通透	不易通透	不易通透
髓袢升支粗段	不易通透	易通透	中等通透
髓袢升支细段	不易通透	主动重吸收（Cl^- 继发性主动重吸收）	不易通透
远曲小管	不易通透，但在有 ADH 时易通透	主动重吸收	不易通透
集合管	不易通透，但在有 ADH 时易通透	主动重吸收	皮质与外髓部不易通透，内髓部易通透

（二）髓质渗透梯度形成的过程及机制

1. 外髓部渗透梯度的形成

位于肾脏外髓部髓袢升支粗段的上皮细胞，能主动重吸收 Na^+和 Cl^-，而对水不通透。因此，当升支粗段内小管液向皮质方向流动时，管内 NaCl 浓度逐渐降低，渗透浓度也随之降低。而小管周围组织中由于 NaCl 的堆积，渗透浓度升高，形成髓质高渗。因此，外髓部组织间液高渗是 NaCl 主动重吸收形成的，但该段膜对水不通透也是形成外髓质高渗的重要条件。

2. 内髓部渗透梯度的形成

（1）降支细段　髓袢降支细段对水通透，而对 NaCl 和尿素相对不通透。由于髓质从外髓部向内髓部的渗透浓度梯度，降支中的水不断进入组织间隙，使小管液从上至下形成逐渐升高的浓度梯度，至髓袢折返处，渗透浓度达到峰值。

（2）升支细段 髓袢升支细段对水不通透，而对 NaCl 通透，对尿素中等通透。当小管液从内髓部向皮质方向流动时，NaCl 不断向组织间液扩散，其结果是小管液的 NaCl 浓度越来越低，小管外组织间液 NaCl 浓度升高。由于升支粗段对 NaCl 的主动重吸收，使等渗的近球小管液流入远球小管时变为低渗，而在髓质中则形成高渗。

（3）髓质集合管 从肾小球滤过的尿素除在近球小管被重吸收外，髓袢升支对尿素中等程度通透，内髓部集合管对尿素高度通透，其他部位对尿素不通透或通透性很低。当小管液流经髓袢远球小管时，水被重吸收，使小管液内尿素浓度逐渐升高，到达内髓部集合管时，由于上皮细胞对尿素通透性增高，尿素从小管液向内髓部组织液扩散，使组织间液的尿素浓度升高，同时使内髓部的渗透浓度进一步增加。所以内髓部组织高渗是由 NaCl 和尿素共同形成的。血管升压素可增加内髓部集合管对尿素的通透性，从而提高内髓部的渗透浓度。严重营养不良时，尿素生成减少，可使内髓部高渗的程度降低，从而减弱尿的浓缩功能。由于升支细段对尿素有一定通透性，且小管液中尿素浓度比管外组织液低，故髓质组织液中的尿素扩散进入升支细段小管液，并随小管液重新进入内髓集合管，再扩散进入内髓组织间液，这一尿素循环过程称为**尿素再循环**（urea recycling）。

（三）直小血管在维持肾髓质高渗中的作用

肾髓质高渗的建立主要是由于 NaCl 和尿素在小管外组织间液中积聚，这些物质能持续滞留在该部位而不被血液循环带走，从而维持了肾髓质部的高渗环境，这些都与直小血管的逆流交换作用密切相关。

直小血管的降支和升支是并行的血管，与髓袢相似，在髓质中形成袢。直小血管壁对水和溶质都有较高的通透性。在直小血管降支进入髓质处，由于组织间液渗透浓度均比直小血管内血浆高，组织间液中的溶质不断向直小血管内扩散，而血液中的水则进入组织间液，使直小血管内血浆渗透浓度与组织液趋向平衡。越向内髓部深入，直小血管中血浆的渗透浓度越高。当直小血管内血液在升支中向皮质方向流动时，髓质渗透浓度越来越低，血浆中的溶质浓度比组织间液高，水又从组织间液向血管中渗透。这一逆流交换过程使肾髓质的渗透梯度得以维持，直小血管仅将髓质中多余的溶质和水带回血液循环。

小管液在流经近球小管、髓袢直至远球小管前段时，其渗透压变化基本是固定的，而终尿的渗透压则随机体内水和溶质的情况发生较大幅度的变化。这一渗透压的变化取决于小管中水与溶质重吸收的比例，主要由远球小管后半段和集合管控制。髓质高渗是小管液中水重吸收的动力，但重吸收的量又取决于远球小管和集合管对水的通透性。集合管上皮细胞对水的通透性增加时，水的重吸收量就增加，尿液被浓缩。当远曲小管和集合管对水的通透性降低时，水的重吸收就减少，尿液被稀释。同时，集合管还主动重吸收 NaCl，使尿液的渗透浓度进一步降低。血管升压素是影响远曲小管和集合管上皮细胞对水通透性的最重要激素。

第四节 尿生成的调节

机体对尿生成的调节就是通过对滤过、重吸收和分泌这三个基本过程进行调控而实现的。有关肾小球滤过量的调节在前文已经叙述，本节主要讨论影响肾小管和集合管重吸收和分泌的因素，包括自身调节、神经和体液调节三个方面。

一、肾内自身调节

肾内自身调节包括小管液中溶质的浓度对肾小管功能的调节和球-管平衡。

（一）小管液中溶质的浓度对肾小管功能的调节

在近球小管，小管液是以等渗方式被重吸收的，因此，水的重吸收受溶质重吸收情况的影响。如果小管液中溶质浓度升高，则成为对抗肾小管重吸收水的力量，因为小管内外的渗透压梯度是水重吸收的动力。如果小管液中存在较多不易被重吸收的或未被重吸收的溶质，使小管液中渗透压升高，会阻碍肾小管对水的重吸收，尿量将随之增加，这种现象称为**渗透性利尿**（osmotic diuresis）。例如糖尿病患者或正常人进食大量葡萄糖后，肾小球滤过的葡萄糖量超过了近球小管对糖的最大转运率，造成小管液渗透压升高，阻碍了水和NaCl的重吸收，不仅尿中出现葡萄糖，而且尿量也随之增加。临床上有时给患者使用可被肾小球滤过但不被肾小管重吸收的物质，如20%的甘露醇等，以提高小管液溶质浓度，达到利尿和消除水肿的目的。

（二）球管平衡

近球小管对溶质和水的重吸收随肾小球滤过率的变化而改变，即当肾小球滤过率增大时，近球小管对Na^+和水的重吸收也增大；反之，肾小球滤过率减少时，近球小管对Na^+和水的重吸收也减少。这种现象称为**球-管平衡**（glomerulotubular balance）。实验证明，近球小管中Na^+和水的重吸收率总是占肾小球滤过率的65%～70%，称为**近球小管的定比重吸收**（constant fractional absorption）。其机制主要与肾小管周围毛细血管内血浆胶体渗透压的变化有关。如果肾血流量不变而肾小球滤过率增加时（如出球小动脉阻力增加而入球小动脉阻力不变），则进入近球小管旁毛细血管的血量就会减少，毛细血管血压下降，而血浆胶体渗透压升高，这些改变都有利于近球小管对Na^+和水的重吸收；当肾小球滤过率减少时，近球小管旁毛细血管的血压和血浆胶体渗透压则发生相反的变化，Na^+和水的重吸收量减少。在上述两种情况下，近球小管对Na^+和水重吸收的百分率仍保持在65%～70%。

球-管平衡的生理意义在于尿中排出的Na^+和水不会随肾小球滤过率的增减而出现大幅的变化，从而保持尿量和尿钠的相对稳定。

二、神经和体液调节

（一）肾交感神经的作用

肾交感神经不仅支配肾脏血管，还支配肾小管上皮细胞和近球小体。其节后纤维末梢主要释放去甲肾上腺素。肾交感神经兴奋时，对尿生成功能的影响包括以下三个方面：

1. 对肾血流量的影响

肾脏的交感神经兴奋，可引起入球小动脉和出球小动脉收缩，使肾小球毛细血管血流量减少，毛细血管血压下降，肾小球滤过率下降；相反，当肾交感神经活动抑制时，肾小球毛细血管血流量增多，肾小球滤过率增加。

2. 对肾素分泌的影响

肾脏的交感神经支配球旁器，其末梢释放去甲肾上腺素，与球旁细胞的β肾上腺素能受体结合，刺激球旁细胞释放肾素，导致血液循环中**血管紧张素Ⅱ**（angiotensin Ⅱ，Ang Ⅱ）和**醛固酮**（aldosterone）浓度增加，血管紧张素Ⅱ可直接促进近球小管重吸收 Na^+，醛固酮可使髓袢升支粗段、远球小管和集合管重吸收 Na^+ 和水，同时分泌 K^+。

3. 对 Na^+ 等溶质重吸收的影响

肾交感神经兴奋时，神经纤维末梢释放去甲肾上腺素，与肾小管上皮细胞的α肾上腺素能受体结合，使肾小管（主要是近球小管）对 Na^+ 等溶质的重吸收增加，尿钠排出量减少。当交感神经活动抑制时，肾小管对 Na^+ 的重吸收减少，尿钠排出量增加。

肾交感神经活动受许多因素的影响，如血容量改变（通过心肺感受器）和血压改变（通过压力感受器）等均可引起肾交感神经活动改变，从而调节肾脏的功能。

知识卡片

心肺感受器：存在于心房和肺循环血管壁内的感受器，总称为心肺感受器。心肺感受器的种类很多，有的能感受机械性牵张刺激，如**心房牵张感受器**又称**容量感受器**；有的能感受压力变化刺激的称为**压力感受器**。

当心房内血容量增多时，心房壁受到牵拉，心肺感受器兴奋，引起的反射效应是心率减慢、血压降低、尿量和尿钠排出增加。产生利尿和尿钠排出的机制包括：感受器接受刺激后兴奋传入中枢，使抗利尿激素分泌减少，尿量增多；感受器传入冲动反射性引起交感神经活动减弱，肾素释放减少，肾素-血管紧张素-醛固酮活动受到抑制，肾脏排水排钠。

（二）抗利尿激素

抗利尿激素也称血管升压素，是一种9肽激素。血管升压素在下丘脑**视上核**（supraoptic nucleus）和**室旁核**（paraventricular nucleus）的神经元胞体内合成，沿**下丘脑-垂体束**（hypothalamo-hypophysial tract）的轴突运输到神经垂体，并由此释放入血。

抗利尿激素主要作用于远球小管后段和集合管上皮细胞，激活膜上受体后通过兴奋性G蛋白激活腺苷酸环化酶，使胞内cAMP增加，cAMP又激活蛋白激酶A，使上皮细胞内含水孔蛋白的囊泡经过胞吐作用镶嵌在上皮细胞的管腔膜上，形成水通道，从而增加管腔膜对水的通透性（图10-17）。进入细胞的水可经基底膜及侧膜的水孔蛋白-3（aquaporin-3，AQP-3），进入细胞间隙而被重吸收。抗利尿激素通过调节远球小管和集合管上皮细胞膜上

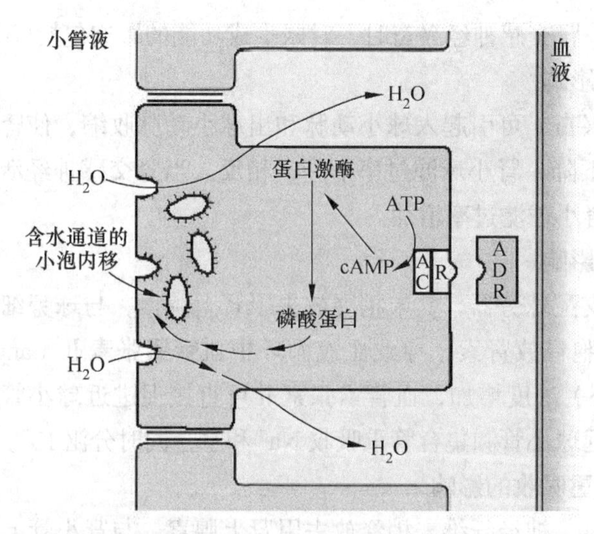

图 10-17　抗利尿激素作用示意图

的水通道，进而调节管腔膜对水的通透性，对尿量产生影响。当缺乏抗利尿激素时，细胞内 cAMP 浓度下降，管腔膜上含水通道的小泡经过胞吞作用，进入上皮细胞，细胞对水的通透性下降或不通透，使水的重吸收减少，导致尿量增加。

体内血管升压素释放的调节受多种因素影响，其中最重要的是体液渗透压和**血容量**（blood volume）。

1. 体液渗透压

细胞外液渗透浓度的改变是调节抗利尿激素分泌的最重要因素。体液渗透压的改变对血管升压素分泌的影响，表现为机体内一些感受装置引起的反射。这类感受装置被称为**渗透压感受器**（osmoreceptor）。血浆晶体渗透压升高时，可刺激下丘脑前部室周器的渗透压感受器，引起血管升压素分泌增多，使肾对水的重吸收明显增强，导致尿液浓缩和尿量减少。渗透压感受器对不同溶质引起的血浆晶体渗透压升高的敏感性不同，Na^+和 Cl^- 形成的渗透压是引起抗利尿激素释放的最有效刺激，葡萄糖和尿素则无此作用。

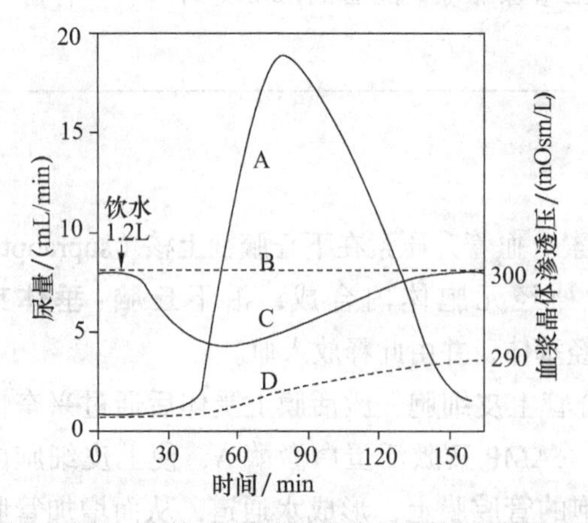

图 10-18　一次饮 1L 清水（实线）和饮 1L 等渗盐水（虚线）后的排尿率（白波，2009）

A、D. 尿量；B、C. 血浆晶体渗透压

大量出汗，严重呕吐或腹泻等情况可引起机体失水过多，使体液晶体渗透压升高，可刺激抗利尿激素的分泌，通过肾小管和集合管增加对水的重吸收，使尿量减少，尿液被浓缩；相反，大量饮水后，体液被稀释，血浆晶体渗透压降低，引起血管升压素释放减少或停止，肾小管和集合管对水的重吸收减少，尿量增加，尿液被稀释（图 10-18）。

2. 循环血量

当体内循环血量减少时，对心肺感受器的刺激减弱，经迷走神经传入至下丘脑的信号减少，对抗利尿激素释放的抑制作用减弱，使其释放增加；反之，当循环血量增多或回心血量增加时，可刺激心肺感受器，抑制抗利尿激素释放。动脉血压的改变也可通过压力感受器对血管升压素的释放进行调节，当动脉血压在正常范围时，压力感受器传入冲动对血管升压素的释放起抑制作用，当动脉血压低于正常时，血管升压素的释放增加。

此外，心房钠尿肽可抑制血管升压素的分泌，而疼痛、情绪紧张、呕吐、低血糖、窒息等因素则能刺激其分泌。当下丘脑病变累及视上核和室旁核时，抗利尿激素合成与分泌出现障碍，导致尿量激增，称为尿崩症。

（三）肾素 - 血管紧张素 - 醛固酮系统

1. 肾素 - 血管紧张素 - 醛固酮系统的组成

肾素是一种酸性蛋白酶，由肾脏的球旁细胞合成和分泌。肾素作用于**血管紧张素原**（angiotensinogen），使其生成**血管紧张素Ⅰ**（angiotensin Ⅰ），在血管紧张素转换酶的作用下，血管紧张素Ⅰ脱去2个氨基酸，生成**血管紧张素Ⅱ**（angiotensin Ⅱ）。在血管紧张素酶A（又称氨基肽酶A）的作用下，血管紧张素Ⅱ脱去一个氨基酸，生成**血管紧张素Ⅲ**（angiotensin Ⅲ）。血管紧张素Ⅱ是三种血管紧张素中生物活性最强的一种，除对血管和肾小管产生作用外，也能刺激肾上腺皮质合成与释放醛固酮。

2. 血管紧张素Ⅱ的功能

（1）血管紧张素Ⅱ可产生强烈的缩血管作用，使外周阻力增大，动脉血压升高。低浓度的血管紧张素Ⅱ就可使出球小动脉收缩。血管紧张素Ⅱ可直接刺激近球小管，增加其对NaCl的重吸收，减少NaCl的排出，影响肾小管的重吸收功能。

（2）刺激肾上腺皮质合成和释放醛固酮。血管紧张素Ⅱ作用于肾上腺皮质球状带细胞，可刺激醛固酮的合成和释放，调节Na^+的重吸收和K^+的分泌。

（3）改变肾小球的滤过率，刺激抗利尿激素的释放，使远曲小管和集合管对水重吸收增加。另外，血管紧张素Ⅱ作用于下丘脑的一些部位，引起渴觉和饮水行为。

3. 醛固酮的功能

醛固酮（aldosteron）作用于远球小管和集合管上皮细胞，可增加K^+的排泄以及Na^+和水的重吸收。醛固酮的作用包括以下方面。

（1）生成管腔膜Na^+通道蛋白，可增加Na^+通道数目，有利于小管液中Na^+向胞内扩散（图10-19）。由于Na^+被重吸收，又造成小管腔内的负电位增高，能间接促进K^+的分泌和$C1^-$的重吸收。

（2）增加基底侧膜上Na^+-K^+-ATP酶的合成和活性，肾小管上皮细胞基底侧膜上的钠泵可将进入细胞内的Na^+通过基底侧膜泵出细胞，进入细胞间隙。

（3）增加顶端膜上的钾通道数目，醛固酮还可以使肾小管上皮细胞顶端膜上的钾通道开放，促进细胞内的K^+进入小管液，增加K^+的分泌。

4. 肾素分泌的调节

肾素的分泌受多方面因素的调节，包括肾内机制、神经和体液机制。

（1）肾内机制　指在肾脏即可完成的调节方式，感受器是位于入球小动脉的牵张感受器

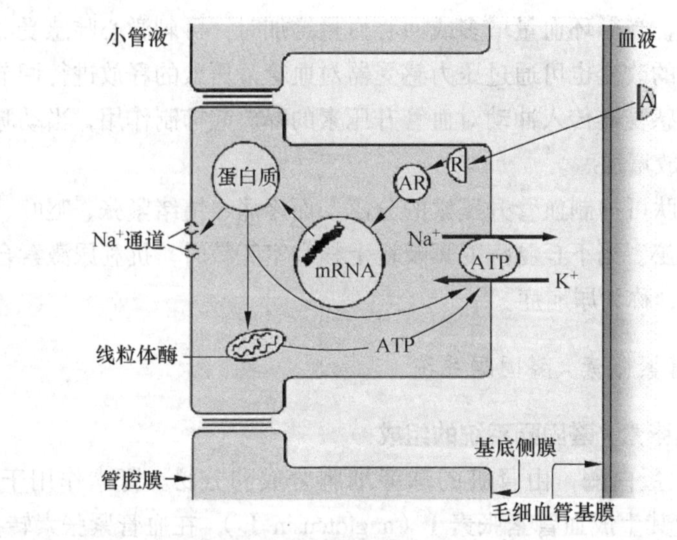

图 10-19 醛固酮作用机制示意图

和致密斑。当动脉血压降低或循环血量减少时，肾内入球小动脉的压力降低，血流量减少，小动脉壁所受的牵张刺激减弱，激活了入球小动脉处的牵张感受器，使肾素释放量增加。同时，由于入球小动脉的压力降低和血流量减少，使肾小球滤过率减少，以致到达致密斑的 Na^+ 量也减少，进而激活了致密斑内的感受器，使肾素释放量增加。反之，肾素释放减少。

（2）神经机制　肾交感神经兴奋时释放去甲肾上腺素，作用于球旁细胞的 β 肾上腺素能受体，直接刺激肾素的释放。如急性失血，血量减少，血压下降，可反射性兴奋肾交感神经，从而增加肾素的释放。

（3）体液机制　循环血液中的肾上腺素和去甲肾上腺素以及肾脏内合成的前列腺素均可刺激球旁细胞释放肾素，而血管紧张素Ⅱ、抗利尿激素、心房钠尿肽、内皮素和一氧化氮则可抑制肾素的释放。

知识卡片

内皮素（endothelin）是由血管内皮细胞合成和释放的一种肽类激素，含 21 个氨基酸残基，是很强的缩血管物质之一。对肾脏的作用是使小动脉收缩，血管阻力升高，肾血流量减少，肾小球滤过率降低。内皮素还能抑制集合管上皮细胞的 Na^+-K^+-ATP 酶活性，使 Na^+ 重吸收减少，引起利尿和增加尿钠排出效应。内皮素还能抑制球旁细胞分泌肾素。

一氧化氮：一氧化氮是由血管内皮细胞合成和释放的一种舒血管物质。在肾脏，入球小动脉血管内皮细胞产生的一氧化氮，可使入球小动脉舒张，使肾小球毛细血管压力升高，肾小球滤过率增高。

（四）心房钠尿肽

心房钠尿肽（atrial natriuretic peptide，ANP）是由心房肌细胞合成并释放的由 28 个氨基酸残基组成的肽类激素。

当心房壁受到牵拉刺激时，可刺激心房肌细胞释放 ANP。此外，乙酰胆碱、去甲肾上腺素、降钙素基因相关肽、血管升压素和高血钾等也能刺激 ANP 的释放。

ANP 的主要作用是使血管平滑肌舒张和促进肾脏排钠排水。ANP 对肾脏的作用主要包括以下几个方面。

1. 对肾小球滤过率的影响

ANP 通过第二信使 cGMP 使血管平滑肌胞浆中的 Ca^{2+} 浓度下降，使入球小动脉舒张，肾小球滤过率增大。

2. 对集合管的影响

ANP 通过 cGMP 使集合管上皮细胞管腔膜上的 Na^{+} 通道关闭，抑制 NaCl 的重吸收。

3. 对其他激素的影响

ANP 还抑制肾素、醛固酮和血管升压素的分泌。

（五）甲状旁腺素和降钙素（详见内分泌章节）

第五节 排 尿

尿液连续不断的生成，并由集合管进入肾盏和肾盂，肾盂内的尿液经输尿管送入膀胱后暂时储存，当膀胱中的尿液达到一定量时，就会引起反射性的排尿动作，尿液经尿道排出体外。

一、输尿管的蠕动将肾盂内的尿液送入膀胱

输尿管管壁平滑肌可发生每分钟 1～5 次的周期性蠕动。这种蠕动可以将肾盂中的尿液送入膀胱。输尿管末端斜行穿过膀胱壁，该段输尿管在平时受膀胱壁的压迫而关闭，仅在蠕动波到达时才开放。膀胱内压升高时，输尿管末端被压迫，尿液不会从膀胱倒流入输尿管和肾盂。

二、膀胱与尿道的神经支配

膀胱与尿道的连接处有两种括约肌，紧连膀胱的为内括约肌，是平滑肌组织，其外部为外括约肌，是横纹肌组织。膀胱壁的平滑肌又称为膀胱逼尿肌（detrusor muscle），由多层平滑肌构成。在正常情况下，它们均受中枢神经系统的调节。膀胱壁的外和内括约肌（又称膀胱括约肌）受交感神经和副交感神经的双重支配，支配外括约肌的阴部神经，属于躯体神经。由荐部脊髓发出的盆神经中含有副交感神经纤维，兴奋时可引起逼尿肌收缩和内括约肌松弛，可促使尿液从膀胱排出；由腰部脊髓发出的腹下神经属于交感神经，兴奋时可引起逼尿肌舒张和内括约肌收缩，有利于尿液在膀胱内继续储存；由荐神经丛发出的阴部神经属于躯体神经，兴奋时可使外括约肌收缩，以阻止膀胱内尿液的排出（图 10-20）。

由于调节膀胱与尿道活动的上述三种神经都发自腰荐部脊髓，所以通常把这段脊髓视为

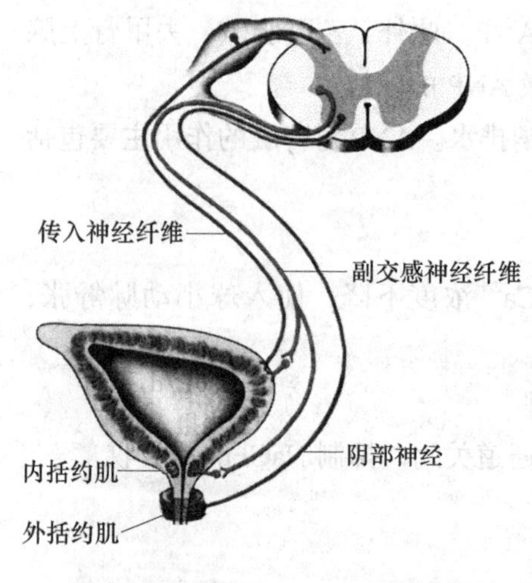

图 10-20　膀胱和尿道的神经支配
（白波，2009）

低级排尿中枢。在机体内，脊髓低级排尿中枢经常受到延髓、脑桥、下丘脑以及大脑皮质的支配。其中，大脑皮质是支配低级排尿中枢的高级中枢。

三、排尿反射

排尿是一种复杂的反射过程，当膀胱内尿量充盈到一定程度时，膀胱内压升高，膀胱壁的牵张感受器受到刺激而发生兴奋。冲动沿盆神经和腹下神经的感觉纤维，传到腰荐部脊髓的排尿中枢。同时，冲动再从腰荐部脊髓上行，经延髓、脑桥、中脑和下丘脑，直至大脑皮质的高级排尿中枢。在条件许可的情况下，大脑皮质发出冲动，下行传至脊髓，引起排尿中枢兴奋，继而产生两种效应：一是兴奋盆神经；二是抑制腹下神经和阴部神经。在这两种效应的协同作用下，膀胱逼尿肌发生收缩，内外括约肌舒张松弛，尿液就由膀胱经尿道被排出体外。如果条件不许可，大脑皮质抑制区继续起作用，排尿暂时被抑制。

在排尿过程中，当尿液流经尿道时，可刺激尿道壁的感受器，冲动不断地经阴部神经的感觉纤维传至脊髓低级排尿中枢，使其持续保持兴奋状态，直到尿液排完兴奋才消失。在排尿末期，由于尿道海绵体肌肉反射性地收缩，可将残留于尿道内的尿液排出体外。

排尿时，还反射性地引起腹肌和膈肌的强烈收缩，使腹内压急剧升高，以压迫膀胱，克服尿道阻力，促使排尽尿液。

排尿的最高中枢在大脑皮质，易形成条件反射。在畜牧生产实践中，可以训练动物养成定点排尿的习惯，便于饲养管理。

（滑　静）

复习思考题

1. 影响肾小球滤过作用的因素有哪些？
2. 试述哺乳动物尿的生成过程。
3. 试述哺乳动物尿的生成是如何调节的？
4. 如果向兔子耳缘静脉注射 20% 葡萄糖 20mL，动物的尿量有何变化？为什么？
5. 动物大量出汗或腹泻后，尿量有何变化？为什么？
6. 试述动物的排尿反射过程。

第十一章 内分泌

本章概述

内分泌系统是由机体各内分泌腺和分散存在于某些组织器官中的内分泌细胞所构成的信号系统。它既能独立地完成信息传递，又能与神经系统在功能上紧密联系，相互配合，共同调节机体的多种功能活动，以适应内、外环境的变化。动物机体内主要的内分泌腺包括下丘脑、垂体、甲状腺、甲状旁腺、肾上腺、胰岛、性腺、松果体和胸腺等，而内分泌细胞则广泛分布于各组织器官中，如消化道黏膜、心、肺、肾、皮肤、胎盘以及中枢神经系统等部位。这些内分泌腺或内分泌细胞依靠分泌的一类高效能的生物活性物质（激素），在细胞之间进行化学信息传递并发挥调节作用。内分泌系统庞大，分泌的激素种类繁多，作用广泛，涉及生物体中的所有组织器官。机体的内分泌系统主要调节机体的新陈代谢、生长发育、水及电解质平衡、生殖与行为等基本生命活动，还参与个体情绪与智力、学习与记忆、免疫与应激等反应的调节。

内分泌系统的经典概念是指由一群特殊化的细胞组成的**内分泌腺**（endocrine gland）。它们包括下丘脑、垂体、甲状腺、甲状旁腺、肾上腺、性腺、胰岛、胸腺及松果体等。这些腺体分泌高活性的激素，经过血液循环使化学信息传递到其靶细胞、靶组织或靶器官，发挥兴奋或抑制作用。随着内分泌学研究的不断深入，对内分泌系统产生了新的认识，除了上述内分泌腺外，在身体其他部位，如胃肠道黏膜、脑、肾、心、肺等处都分布有散在的内分泌组织，或存在兼有内分泌功能的细胞，这些散在的内分泌组织或内分泌细胞也被包括在内分泌系统内。目前，对内分泌或激素的概念也有了新的见解。经典的激素是指从内分泌细胞所分泌的信号物质经过血液循环运输，到远距离的靶细胞发挥作用（远距分泌）。现在认为有一些内分泌细胞所分泌的化学物质可通过细胞间隙弥散作用于邻近细胞，这类化学物质被称为局部激素，分泌方式称为近距离分泌。

第一节 概述

内分泌系统与中枢神经系统在生理功能上紧密联系，密切配合，相互作用，调节机体的各种活动，维持内环境的相对稳定，以适应机体内外环境的各种变化。此外，内分泌系统间接地或直接地接受中枢神经系统的调节，因此，也可把内分泌系统看成是中枢神经调节系统的一个环节。内分泌系统同时也影响中枢神经系统的活动。近十几年来，有关神经系统与内分泌系统相互关系的研究发展极为迅速，并形成了一门新兴的学科，即神经内分泌学。其研究重点是神经系统对内分泌活动的调节和整合作用。

人或高等动物体内有些腺体或器官分泌的激素，不通过导管，而由血液带到全身，从而调节机体的生长、发育等生理机能，这种分泌方式叫作内分泌。内分泌为外分泌的对应词，由 C. Bermard（1859）命名，即腺体所产生的物质不经导管而直接分泌于血液（体液）中。具有内分泌功能的腺体称为内分泌腺，其内分泌物称为激素。

知识卡片

激素的早期发展简史

1853 年，法国生理学家巴纳德在研究各种动物的胃液后，发现肝脏具有多种不可思议的功能。另一位科学家贝尔纳认为必定有一种物质来完成这些功能，但他没有分离出这种物质，实际上这种物质就是后来所说的激素。

1880 年，德国科学家奥斯特瓦尔德从甲状腺中提取出大量含碘的物质，并确认这就是调节甲状腺功能的物质。后来知道这也是一种激素。

1889 年，巴纳德的学生西夸德发现了另一种激素的功能。他认为动物的睾丸中一定含有活跃身体某种功能的物质，但一直未能找到。

1901 年，在美国从事研究工作的日本科学家高峰让吉从牛的肾上腺中提取出调节血压的物质，并做成晶体，起名为肾上腺素，这是世界上提取出的第一份激素晶体。

1902 年，英国生理学家斯塔林和贝利斯经过长期的观察研究发现，当食物进入小肠时，由于食物在肠壁摩擦，小肠黏膜会分泌出一种数量极少的物质进入血液，输送到胰腺，胰腺立刻出现胰液分泌。他们将这种物质提取出来，注入哺乳动物的血液中，发现即使动物不吃东西，也会立刻分泌出胰液来，于是他们给这种物质起名为“促胰液”。后来斯塔林和贝利斯给上述这类数量极少但有生理作用，可激起生物体内器官反应的物质起名为“激素”（荷尔蒙）。自从出现激素一词后，新的激素便不断被发现。目前，人们对激素的认识和研究还在不断深入。

一、激素的种类

激素的种类繁多，来源复杂，按其化学性质可分为两大类。

（一）含氮激素

1. 肽类和蛋白质激素

这类激素种类很多，且分布广泛，分子量差异很大，从最小的 3 肽分子到近 200 个氨基酸残基组成的蛋白质。这些激素都是亲水性激素，水溶性强，在血液中主要以游离形式存在和运输。这些激素与靶细胞膜受体结合后，通过启动细胞内信号转导系统引起细胞的生物学反应。而这些激素自身通常并不进入细胞内。下丘脑、垂体、胰岛、甲状腺和胃肠道等部位分泌的激素大多属于此类。

2. 胺类激素

胺类激素多为氨基酸的衍生物。甲状腺激素即为由甲状腺球蛋白裂解下的含碘酪氨酸缩合物，其脂溶性强，在血液中 99% 以上与血浆蛋白结合而运输，甲状腺激素可通过扩散作用或转运系统直接与细胞核内受体结合而产生生物学效应；褪黑素则以色氨酸为原料进行合成；属于儿茶酚胺类的肾上腺素和去甲肾上腺素由酪氨酸修饰而成，该类激素水溶性强，在血液中主要以游离形式运输，并且在膜受体的介导下发挥作用。

（二）类固醇（甾体）激素

类固醇激素是由肾上腺皮质和性腺分泌的激素，如皮质醇、醛固酮、雌激素、孕激素以及雄激素等。另外，胆固醇的衍生物 **1，25- 二羟维生素 D_3**（1，25-dihydroxycholecalciferol，1，25-（OH）$_2$-D_3）也属此类。

此外，前列腺素广泛存在于许多组织之中，由花生四烯酸转化而成，主要在组织局部释放，可对局部功能活动进行调节，因此常将前列腺素看作局部激素。动物体内的主要激素及其化学性质见表 11-1 和图 11-1。

表 11-1　动物体内的主要激素及其化学本质

分泌部位	激素名称（英文简写）	化学本质	主要靶组织
下丘脑	促甲状腺激素释放激素（TRH）	3 肽	腺垂体
	促肾上腺皮质激素释放激素（CRH）	41 肽	腺垂体
	催乳素释放因子（PRF）	肽类	腺垂体
	促性腺激素释放激素（GnRH）	10 肽	腺垂体
	生长激素释放抑制激素（GHRIH/ 生长抑素 SS）	14 肽	腺垂体
	生长素释放激素（GHRH）	44 肽	腺垂体
	促黑（素细胞）激素释放抑制因子（MIF）	肽类	腺垂体
	催乳素释放抑制激素（PIH）	多巴胺	腺垂体
	促黑（素细胞）激素释放因子（MRF）	肽类	腺垂体
腺垂体	促甲状腺激素（TSH）	糖蛋白	甲状腺
	促肾上腺皮质激素（ACTH）	39 肽	肾上腺
	卵泡刺激素（FSH）	糖蛋白	性腺
	黄体生成素（LH/ 间质细胞刺激素 ICSH）	糖蛋白	性腺
	生长激素（GH）	蛋白质	骨、软组织
	催乳素（PRL）	蛋白质	乳腺等
	促黑（素细胞）激素（MSH）	肽类	黑素细胞
神经垂体	血管升压素（VP/ 抗利尿激素 ADH）	9 肽	肾、血管
	催产素（OXT）	9 肽	子宫、乳腺
松果腺	褪黑素（MT）	胺类	多种组织
甲状腺	甲状腺素（四碘甲腺原氨酸）（T_4）	胺类	全身组织
	三碘甲腺原氨酸（T_3）	胺类	全身组织
甲状腺 C 细胞	降钙素（CT）	32 肽	骨、肾等
甲状旁腺	甲状旁腺激素（PTH）	84 肽	骨、肾等

续表

分泌部位	激素名称（英文简写）	化学本质	主要靶组织
胸腺	胸腺素（thymosin）	肽类	T淋巴细胞
胰岛	胰岛素（insulin）	51肽	多种组织
	胰高血糖素（glucagon）	29肽	肝、脂肪组织
	生长抑素（SS）	14肽	消化器官等
	胰多肽（PP）	36肽	消化器官
肾上腺皮质	糖皮质激素（如皮质醇）	类固醇	多种组织
	盐皮质激素（如醛固酮）	类固醇	肾等
肾上腺髓质	肾上腺素（E）	胺类	多种组织
	去甲肾上腺素（NE）	胺类	多种组织
睾丸	睾酮（T）	类固醇	雄性生殖器官等组织
	抑制素（inhibin，INH）	糖蛋白	腺垂体、卵巢
卵巢、胎盘	雌二醇（E_2）	类固醇	雌性生殖器官及多种组织
	雌三醇（E_3）	类固醇	雌性生殖器官及多种组织
	孕酮（P）	类固醇	子宫等
胎盘	人绒毛膜促性腺激素（hCG）	糖蛋白	卵巢等
	孕马血清促性腺激素（PMSG）	糖蛋白	卵巢等
胃肠等	胃动素（gastrin）	17肽	消化器官等
	胆囊收缩素（CCK）	33肽	消化器官等
	胰泌素（secretin）	27肽	消化器官等
心房	心房钠尿肽（ANP）	28肽	肾脏、血管
肝	生长介素（SM/胰岛素样生长因子IGF）	70/67肽	多种组织
肾	促红细胞生成素（EPO）	165肽	骨髓
	1，25-二羟维生素D_3（1，25-（OH）$_2$-D_3）	固醇类	小肠、骨、肾等
全身	前列腺素（PG）	廿烷类	全身组织

二、激素的代谢

（一）合成和储存

不同结构的激素，其合成途径不同。肽类激素一般是在分泌细胞的核糖体上通过翻译过程合成，与蛋白质合成过程基本相似，合成后储存在细胞内高尔基体的小颗粒内，在适宜的条件下释放出来。胺类激素与类固醇激素是在分泌细胞内通过一系列特有的酶促反应合成的，其前一类底物是氨基酸，后一类是胆固醇。如果内分泌细胞本身的功能下降或缺少某种特有的酶，都会减少激素的合成，称为内分泌腺功能低下；内分泌细胞功能过分活跃，激素合成增加，分泌也增加，称为内分泌腺功能亢进。两者都属于非生理状态。

各种内分泌腺或细胞储存激素的量不同，除甲状腺储存激素量较大外，其他内分泌腺激素储存量都较少，合成后即释放入血液。所以在适宜的刺激下，一般依靠加速合成来满足。

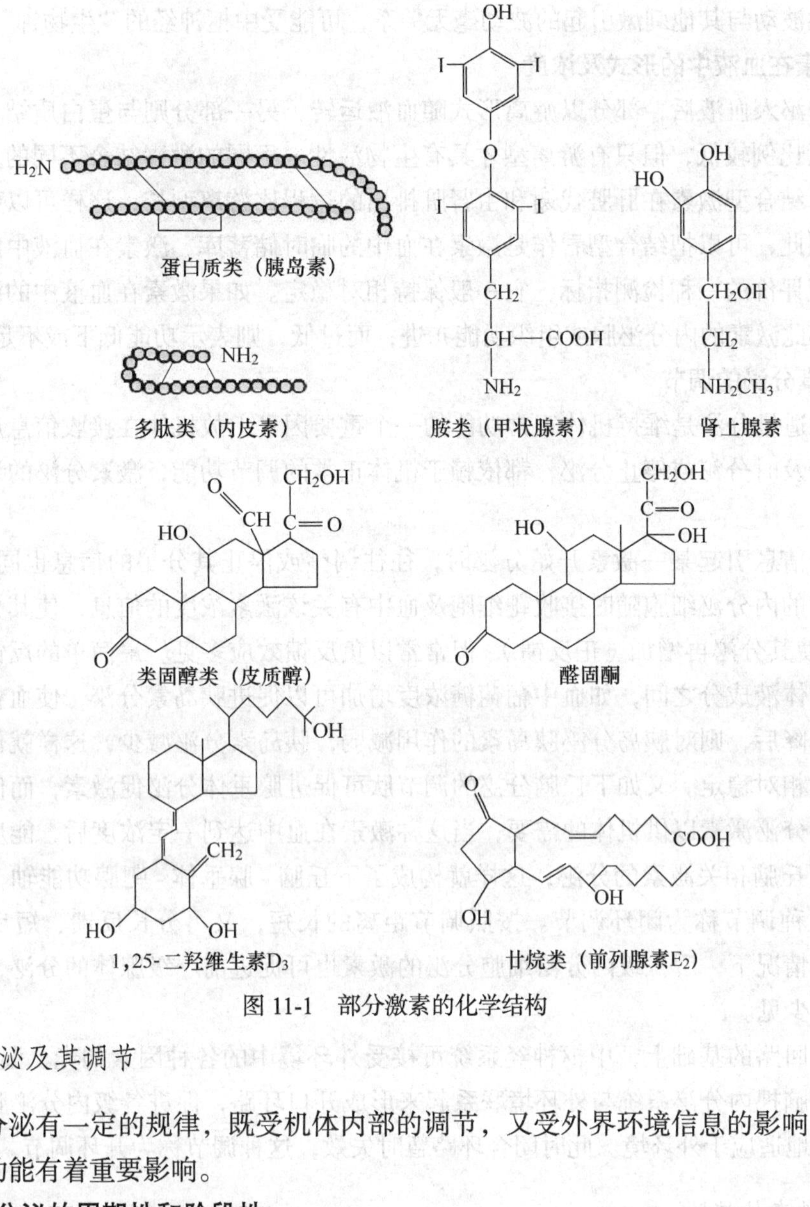

蛋白质类（胰岛素）
多肽类（内皮素）
胺类（甲状腺素）
肾上腺素
类固醇类（皮质醇）
醛固酮
1,25-二羟维生素D3
廿烷类（前列腺素E2）

图 11-1 部分激素的化学结构

（二）分泌及其调节

激素的分泌有一定的规律，既受机体内部的调节，又受外界环境信息的影响。激素的分泌量对机体功能有着重要影响。

1. 激素分泌的周期性和阶段性

由于机体对地球物理环境周期性变化以及对社会生活环境长期适应的结果，使激素的分泌产生了明显的时间节律，血中激素浓度也呈现出以日、月或年为周期的波动（图 11-2）。

生长激素
浓度/(ng/mL)
促肾上腺皮质激素
浓度/(pg/mL)
褪黑素
浓度/(pg/mL)
8am 4pm 0am 8am

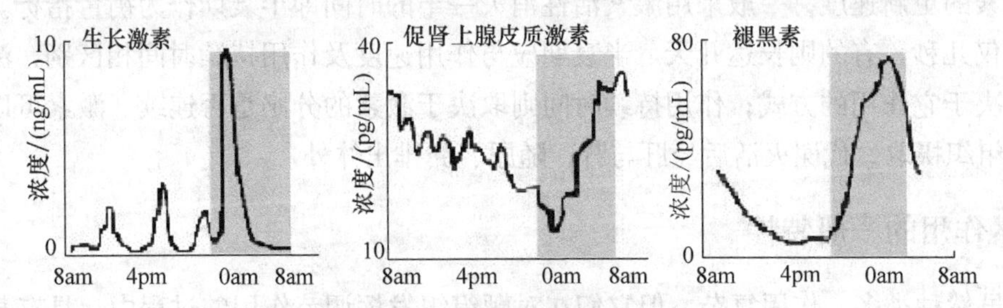

图 11-2 血浆中几种激素的昼夜节律性变化

（am：上午；pm：下午）

这种周期性波动与其他刺激引起的波动毫无关系，可能受中枢神经的“生物钟”控制。

2. 激素在血液中的形式及浓度

激素分泌入血液后，部分以游离形式随血液运转，另一部分则与蛋白质结合，虽然游离形式的激素比例较低，但只有游离型才具有生物活性。不同的激素结合不同的蛋白，结合比例也不同。结合型激素在肝脏代谢和由肾脏排出的过程比游离型长，这样可以延长激素的作用时间。因此，可以把结合型看作是激素在血中的临时储蓄库。激素在血液中的浓度也是内分泌腺功能评价的一种检测指标，它一般保持相对稳定。如果激素在血液中的浓度过高，往往表示分泌此激素的内分泌腺或组织功能亢进；而过低，则表示功能低下或不足。

3. 激素分泌的调节

激素的适量分泌是维持机体正常功能的一个重要因素，故机体在接收信息后，相应的内分泌腺能否及时分泌或停止分泌，都依赖于机体正常的调节功能，激素分泌的调节机制有许多共同特点。

当一个信息引起某一激素开始分泌时，往往调整或停止其分泌的信息也同时反馈回来，即分泌激素的内分泌细胞随时接收靶细胞及血中有关该激素浓度的信息，使其分泌减少（负反馈），或使其分泌再增加（正反馈），但常常以负反馈效应多见。最简单的反馈回路存在于内分泌腺与体液成分之间，如血中葡萄糖浓度增加可以促进胰岛素分泌，使血糖浓度下降；血糖浓度下降后，则对胰岛分泌胰岛素的作用减弱，胰岛素分泌减少，这样就保证了血中葡萄糖浓度的相对稳定。又如下丘脑分泌的调节肽可促进腺垂体分泌促激素，而促激素又促进相应的靶腺分泌激素以供机体的需要，当这种激素在血中达到一定浓度后，能反馈性的抑制腺垂体或下丘脑相关激素的分泌，这样就构成了下丘脑 - 腺垂体 - 靶腺功能轴，形成一个闭合回路，这种调节称为闭环调节。按照调节距离的长短，又可分长反馈、短反馈和超短反馈。在某些情况下，后一级内分泌细胞分泌的激素也可促进前一级腺体的分泌，呈正反馈效应，但较为少见。

在闭合回路的基础上，中枢神经系统可接受外环境中的各种因素如光、温度等的刺激，再通过下丘脑把内分泌系统与外环境联系起来形成开口环路，促进各级内分泌腺的分泌，使机体能更好地适应于外环境。此时闭合环路暂时失效，这种调节称为开环调节。

（三）激素的清除

激素从分泌到进入血液，经过代谢到消失（或失去生物活性）所经历的时间长短不同。为表示激素的更新速度，一般采用激素活性消失一半的时间即半衰期作为衡量指标。有的激素半衰期仅几秒，有的则长达几天。半衰期应与作用速度及作用持续时间相区别，激素的作用速度取决于它作用的方式；作用持续时间则取决于激素的分泌是否连续。激素可以被血液稀释、由组织摄取、代谢灭活后经肝与肾，随尿、粪排出体外。

三、激素作用的一般特性

激素虽然种类多，作用复杂，但它们在对靶组织发挥调节作用的过程中，具有某些共同的特点。

（一）激素的信息传递作用

内分泌系统与神经系统一样，是机体的生物信息传递系统，但两者的信息传递形式有所不同。神经信息在神经纤维上传输时，以电信号为信息的携带者，在突触或神经-效应器接头处，将电信号转变为化学信号。而内分泌系统则是依靠激素在细胞与细胞之间进行信息传递，不论是哪种激素，它只能对靶细胞、靶组织和靶器官的生理过程起加强或减弱作用，并调节其功能活动。例如，生长激素促进生长发育，甲状腺激素增强代谢过程，胰岛素降低血糖等。在这些作用中，激素既不能添加成分，也不提供能量，仅仅起着“信使”的作用，即将生物信息传递给靶组织，发挥增强或减弱靶细胞内原有的生理生化进程的作用。体内激素传递信息的方式主要包括（图 11-3）：

1. 内分泌 激素释放后直接进入毛细血管，经血液循环运送到远距离的靶器官的作用方式称为内分泌（endocrine），又称为远距分泌，如腺垂体激素等。

2. 神经分泌 神经细胞合成的激素沿轴浆流动运送到所连接的组织，或从神经末梢释放入毛细血管，由血液运送至靶细胞的作用方式称为神经分泌（neurocrine）或神经内分泌，如下丘脑神经肽等。

3. 自分泌 激素被分泌到细胞外后，又回转作用于分泌该激素的细胞自身，这种作用方式称为自分泌（autocrine），如前列腺素等。

4. 旁分泌 激素释放后进入细胞外液，通过扩散到达邻近的靶细胞发挥作用的方式称为旁分泌（paracrine），如胃肠激素等。

5. 腔分泌 激素直接释放到体内管腔中发挥作用的方式称为腔分泌（solinocrine），如某些胃肠激素可直接分泌到肠腔中。

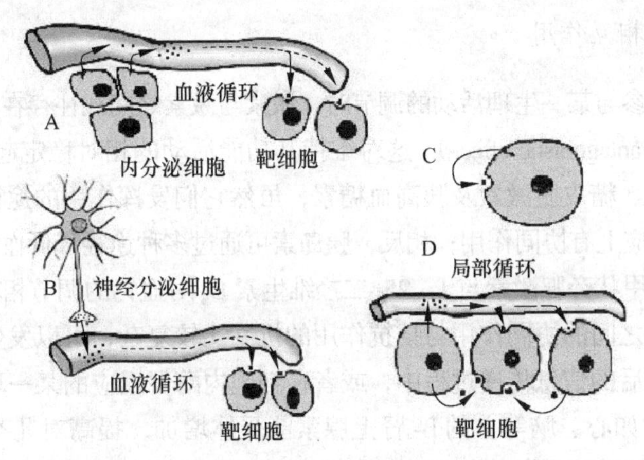

图 11-3 激素传递信息的主要方式（陈义）

A. 内分泌；B. 神经分泌；C. 腔分泌；D. 自分泌；E. 旁分泌

（二）激素作用的相对特异性

激素释放进入血液被运送到全身各个部位，虽然它们与各处的组织、细胞有广泛接触，但激素只作用于某些特定的器官、组织和细胞，这称为激素作用的特异性。被激素选择作用的器官、组织和细胞，分别称为靶器官、靶组织和靶细胞。有些激素专一地选择作用于某一内分泌腺体，这类腺体称为激素的靶腺。激素作用的特异性与靶细胞上存在并能与该激素发生特异性结合的受体有关。肽类和蛋白质激素的受体存在于靶细胞膜上，而类固醇激素与甲状腺激素的受体则位于胞浆或细胞核内。激素与受体相互识别并发生特异性结合后，经过细胞内复杂的反应过程，进而激发一定的生理效应。有些激素作用的特异性很强，只作用于某一靶腺，如促甲状腺激素只作用于甲状腺，促肾上腺皮质激素只作用于肾上腺皮质，而垂体促性腺激素只作用于性腺等。有些激素没有特定的靶腺，其作用比较广泛，如生长激素和甲状腺激素等，它们几乎对全身组织细胞的代谢过程都发挥调节作用，但这些激素同样是通过与细胞的相应受体结合而发挥作用。

（三）激素的高效生物放大作用

激素在血液中的浓度都很低，一般在纳摩尔（nmol/L）甚至皮摩尔（pmol/L）的数量级变化，虽然激素的含量甚微，但其作用显著。如 1mg 的甲状腺激素可使机体增加产热量约 4.2×10^6J（焦耳）。激素与受体结合后，在细胞内发生一系列酶促放大作用，逐级形成一个高效能的生物放大系统。据估计，一分子的胰高血糖素使一分子的腺苷酸环化酶（adenylyl cyclase，AC）激活后，通过环磷酸腺苷（cyclic adenosine monophosphate，cAMP）- 蛋白激酶（protein kinase）的作用可激活 10^4 分子的磷酸化酶。另外，一分子的促甲状腺激素释放激素，可使腺垂体释放 10^5 分子的促甲状腺激素。0.1μg 的促肾上腺皮质激素释放激素，可引起腺垂体释放 1μg 促肾上腺皮质激素，后者能引起肾上腺皮质分泌 40μg 糖皮质激素，生物效应放大了约 400 倍，因此，维持体液中激素浓度的相对稳定，对发挥其正常调节作用极为重要。

（四）激素间的相互作用

当多种激素共同参与某一生理活动的调节时，激素与激素之间往往存在**协同作用**（synergistic effect）或**拮抗作用**（antagonistic effect），这对维持其功能活动的相对稳定起着重要作用。例如，生长激素、肾上腺素、糖皮质激素及胰高血糖素，虽然它们发挥作用的途径不同，但均能提高血糖含量，在升糖效应上有协同作用；相反，胰岛素可通过多种途径降低血糖，与上述激素的升糖效应有拮抗作用。甲状旁腺激素与 1，25- 二羟维生素 D_3 对血钙的调节相辅相成，而与降钙素则有拮抗作用。激素之间的协同作用与拮抗作用的机制比较复杂，可以发生在受体水平，也可以发生在与受体结合后的信息传递过程中，或者在细胞内酶促反应的某一环节。例如，甲状腺激素可使许多组织（如心、脑等）的 β- 肾上腺素能受体增加，提高对儿茶酚胺的敏感性，增强其效应。孕酮与醛固酮在受体水平存在拮抗作用，虽然孕酮与醛固酮受体的亲和性较小，但当孕酮浓度升高时，则可与醛固酮竞争同一受体，从而减弱醛固酮调节水盐代谢的作用。**前列环素**（prostacyclin，PGI_2）可使血小板内 cAMP 增多，从而抑制血小板聚集；相反，**血栓烷 A_2**（thromboxane A_2，TXA_2）能使血小板内 cAMP 减少，促进血小板的聚集。

另外，有的激素本身并不能直接对某些器官、组织或细胞产生生理效应，然而在它存在的条件下，可使另一种激素的作用明显增强，即对另一种激素有支持作用。这种现象称为**允许作**

用（permissive action）。糖皮质激素的允许作用最明显，它对心肌和血管平滑肌并无收缩作用，只有在糖皮质激素存在的情况下，儿茶酚胺才能很好地发挥对心血管的调节作用。关于允许作用的机制，至今尚未完全清楚。过去认为，允许作用是由于糖皮质激素抑制儿茶酚 -O- 甲基移位酶，使儿茶酚胺降解速率减慢，导致儿茶酚胺作用增强。现在通过对受体水平的研究证实，其可能通过调节受体介导的细胞内信息传递过程，影响腺苷酸环化酶的活性以及 cAMP 的生成等。

四、激素的作用机理

在血液中，激素大部分与血浆蛋白相结合，小部分游离于血浆之中，两者处于动态平衡状态。游离的激素分子在循环过程中，一部分与靶细胞结合发挥作用，一部分被肝脏灭活而失去活性，还有一部分则随尿液排出。与血浆蛋白结合的激素分子，可随时与血浆蛋白分离，以补充失去的游离激素分子。固醇类激素，如肾上腺皮质激素很难溶于水，它们不能游离于血浆中，必须以蛋白质分子为载体在血液中运行。激素分子流经全身，与各种细胞接触，但只能识别其自身的靶细胞。这是因为只有靶细胞带有能和激素分子结合的受体。有些激素的靶细胞，表面带有受体，另一些激素的靶细胞，受体不在表面而在细胞内部。因此，这两类激素的作用机制有所不同。

（一）受体在靶细胞膜表面的激素（含氮类激素）

水溶性激素都属于此类。包括多肽激素，如胰岛素、生长激素、胰高血糖素以及小分子的肾上腺素等。此外，前列腺素属脂溶性激素，但它的靶细胞受体也存在于细胞表面，这一类激素不能穿过细胞膜，故不能进入靶细胞，仅在细胞表面与受体结合，结合的结果使细胞内产生 cAMP。由 cAMP 再引起一系列反应而实现激素的作用。如果把激素称为第一信使，cAMP 就是第二信使。第一信使到达细胞表面的受体后，由 cAMP“接力”在细胞内继续传送，实现第一信使的意图。这一全过程很复杂，现以肾上腺素、胰岛素等为例，简述如下。

肾上腺素与受体结合后，受体被激活而作用于细胞膜内的腺苷酸环化酶，腺苷酸环化酶被激活而催化 ATP 转化为 cAMP。cAMP 的作用是激活细胞质中的蛋白激酶。活化的蛋白激酶通过 ATP 的供能而使磷酸化酶激酶活化，活化的磷酸化酶激酶又通过 ATP 的供能而使磷酸化酶活化，而一旦有了活化的磷酸化酶，糖原就可水解生成葡萄糖。葡萄糖一部分进入血液，一部分经糖酵解产生 ATP。与此同时，活化的蛋白激酶还使细胞质中的糖原合成酶磷酸化而失去活性，进而使细胞产生的葡萄糖不能转化为糖原。肾上腺素大多是在身体处于紧急状态时才大量释放，其结果是葡萄糖和 ATP 的合成增加，并阻止葡萄糖重新合成为糖原。这就为应急行为（如战斗、负重和奔跑等）保证了能量供应。激素发挥作用后 cAMP 的含量也恢复到正常水平。胞质中的**磷酸二酯酶**（phosphodiesterase，PDE）使 cAMP 水解为 AMP。在激素分泌时，蛋白激酶使磷酸二酯酶失去活性，激素消失后，磷酸二酯酶恢复活性而使过量的 cAMP 迅速水解。至此，激素和 cAMP 完成了任务，细胞恢复原来的状态（图 11-4）。

胰高血糖素的作用过程和肾上腺素相似。胰岛素的作用和肾上腺素、胰高血糖素相反。胰岛素的受体存在于细胞表面，但胰岛素的受体不同于胰高血糖素的受体。胰岛素与受体结合后，细胞中 cAMP 的含量不但不升高，反而降低。这说明胰岛素使腺苷酸环化酶受到抑

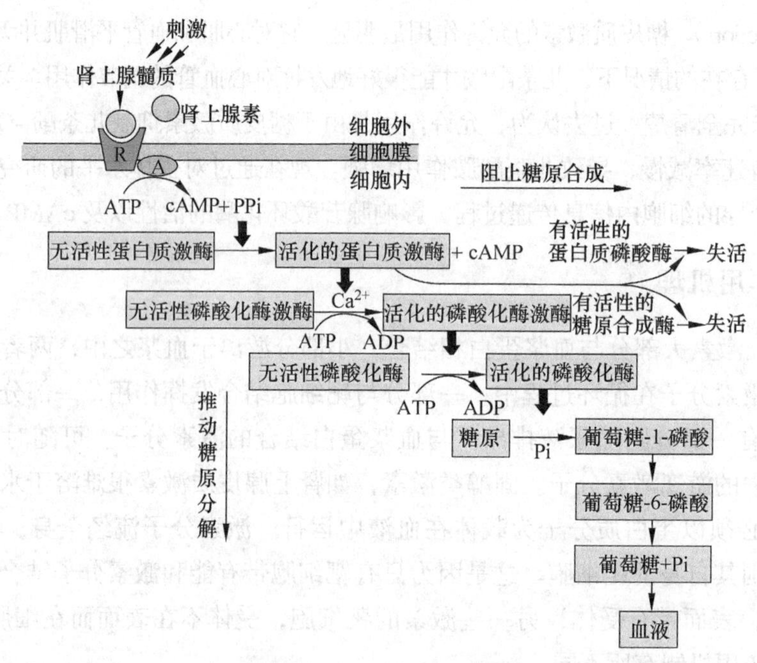

图 11-4　肾上腺素提高血糖含量的作用机理示意图（陈义）

制，使 cAMP 含量降低，蛋白激酶的活性下降，结果糖原水解过程受阻，使葡萄糖含量降低。还有人发现，胰岛素的作用是使细胞中另一种环核苷酸，即**环鸟苷酸**（cyclic guanosine monophosphate，cGMP）的含量升高，而 cGMP 与 cAMP 具有拮抗作用，即 cGMP 含量升高和 cAMP 含量降低的作用相一致，都能阻止糖原的水解。此外，胰岛素也可能刺激磷酸二酯酶，使细胞中 cAMP 含量下降。在正常情况下，各内分泌腺都经常分泌少量激素，细胞中也总含有少量 cAMP，但它们处于动态平衡而使机体生理功能维持稳定。

（二）受体在靶细胞内部的激素（类固醇激素）

脂溶性的固醇类激素，如肾上腺皮质激素、雄激素和雌激素等都属此类激素。此外，甲状腺素也属此类。这类激素都是较小的分子，相对分子质量一般在 300 左右，都能穿过细胞膜进入细胞质中。它们的受体是靶细胞内的一些蛋白质分子。近来的研究证明，糖皮质激素和盐皮质激素的受体位于细胞质中，而性激素（如雌激素、孕酮和雄激素）的受体则位于核内。激素进入靶细胞后，与细胞质内或细胞核内的特定受体分子相结合，形成激素受体复合物作用于核内遗传物质，引起某些基因转录出一些特异的 mRNA，从而合成特异的蛋白质，这一过程称为基因活化（图 11-5）。这一类激素的作用时间较长，多数可持续几个小时，甚至几天，且大多能影响生物体的组织分化和发育，如性激素能影响性器官的分化和

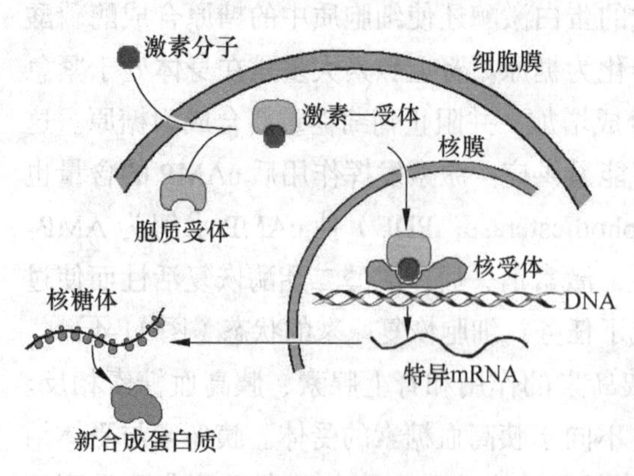

图 11-5　类固醇激素的作用机理

发育等。

（三）腺苷酸环化酶的活化过程

受体激活腺苷酸环化酶的过程很复杂（图 11-6）。受体并不直接作用于腺苷酸环化酶，而是通过另一种蛋白（称为 G 蛋白）的媒介使腺苷酸环化酶活化。其活化过程是：被激素分子激活的受体在膜的脂质双分子层中与 G 蛋白结合并使之活化，被活化的 G 蛋白与细胞质中的三磷酸鸟苷（GTP）结合，这一结合使 G 蛋白的构象发生变化而使腺苷酸环化酶活化。G 蛋白实际是 GTP 酶，GTP 为高能分子，腺苷酸环化酶活化所需的能量就来自 GTP 的分解，这一过程需要 G 蛋白的参与。一分子活化的受体可以连续和多个 G 蛋白分子相结合，由于有了 G 蛋白这一级反应，就使激素分子的效应大大增强。此外，除上述促进腺苷酸环化酶活化的 G 蛋白外，还有另一种起抑制作用的 G 蛋白。抑制性激素与受体结合，使抑制性 G 蛋白发挥作用而抑制腺苷酸环化酶的活性，导致细胞中 cAMP 的含量降低。这两种相反的作用使生物体能更有效地调整代谢活动，更灵敏地应对外界条件的变化。

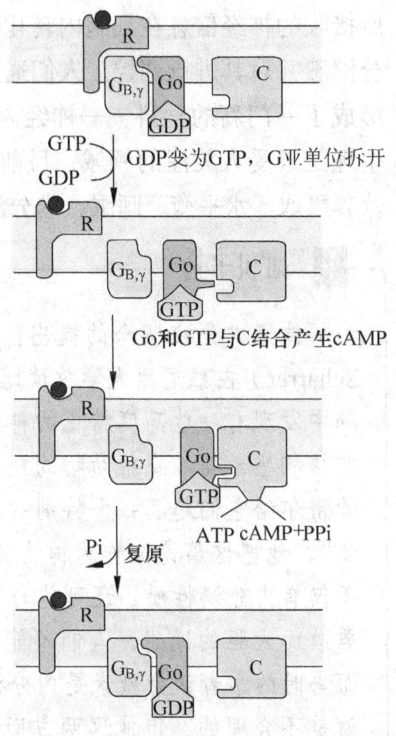

图 11-6 腺苷酸环化酶的活化过程

（四）激素作用过程中的信使分子

胰岛素和肾上腺素等作为信号分子不能进入细胞，只能与细胞表面的受体结合而引起细胞内另一信使分子 cAMP 行使作用，因此激素分子被称为第一信使，cAMP 被称为第二信使。在第一信使和细胞表面受体结合后，第二信使 cAMP 就开始执行任务，使细胞发生反应。所以第二信使带来的信息才是细胞"懂得"的信息，细胞才会发生反应。

cAMP 的作用是在肝脏代谢研究中发现的，但其作用不仅限于此，它在不同的细胞中能引起不同的作用。例如，ACTH 能刺激肾上腺皮质细胞产生并释放氢化可的松，cAMP 是这一过程的第二信使；肾上腺素除了能促使肝细胞释放葡萄糖外，还能使脂肪组织中的脂肪加快水解，使心跳加快，这些反应也都是通过 cAMP 实现的。cAMP 是重要的细胞调节分子，由 cAMP 激活的蛋白激酶存在于多种生物细胞中，如四膜虫等纤毛虫、海绵、水母、线虫、环节动物、软体动物、头足类、龙虾、海星以及各种脊索动物等。cAMP 还存在于细菌细胞中，发挥着十分关键的作用。除 cAMP 外，还有其他的信使分子，如 cGMP、三磷酸肌醇和 Ca^{2+}等（详见第二章）。

第二节 下丘脑的内分泌

近年来，人们已明确了下丘脑为神经系统与内分泌系统的联系中心，下丘脑细胞与其他神经细胞同样接受中枢神经递质的调控，通过神经细胞的突触将信息传递给其他细胞，它将所接收的神经信息在细胞内转化为合成激素的信息，激素合成后进入血液循环运行至其他内分泌腺并对其进行调控。人们通过对神经系统与内分泌两大调节系统相互关系的研究，发展形成了一门新的学科——**神经内分泌学**（neuroendocrinology）。在神经内分泌学中，下丘脑生理是最受人关注的领域，目前，已证明下丘脑是较高级的调节内脏活动的中枢，对体温、营养摄取、水平衡、睡眠、内分泌和情绪反应等均有着重要调节作用。

知识卡片

神经内分泌概念的提出：20世纪40年代，年仅21岁的尔奈斯特·沙雷尔（Ernest Scharrer）在慕尼黑大学攻读博士学位的时候，在一个名为*Phoxinus laevis*的硬骨鱼下丘脑中发现有一些高度特化的神经细胞，经常可在其视前核中找到这种细胞（这种鱼的视前核相当于高等脊椎动物的视上核和室旁核），这些神经元表现出腺体细胞的明显特性。沙雷尔给它们起了一个特别的名字："神经内分泌神经元"，并称其分泌方式为"神经分泌"。他把这篇论文作为博士论文提交给慕尼黑大学，并设想这些特殊的下丘脑神经元不仅有内分泌性质，还可能与下丘脑功能有联系。在那个时候，上述想法可以说是一项勇敢而大胆的设想，人们不能理解一向被认为是神经元的一群细胞，竟然能产生激素，而当时的学者认为激素是内分泌细胞产生的，在当时细胞学专家看来，这样的论点被认为是不合理的，但他这两方面的设想后来都得到了证实。这篇于1928年用德文发表的论文，现已成为神经内分泌研究中的经典论文。

一、下丘脑的神经内分泌结构

下丘脑是中枢神经系统中非常重要的组成部分，通常分为内侧、外侧和室周三个区带，其中内侧带和室周带含有与内分泌系统中枢调节有关的大部分结构（图11-7）。到达下丘脑的神经连接，分为上升传入支和下降传入支。上升传入支起自尾髓到中脑前部脑干的不同水平，下降传入支源于前脑的基底结构、嗅结节、中隔、梨状皮质、杏仁核和海马。从视网膜到达下丘脑视交叉上核的直接投射，参与光照刺激对神经内分泌的日夜节律调节，主要对松果体的褪黑素合成与分泌进行调节。

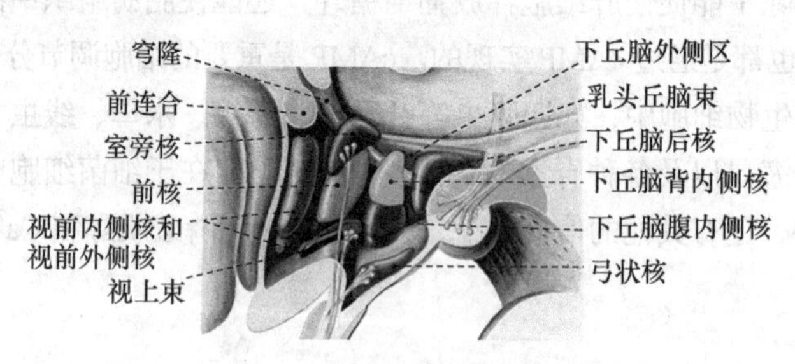

图11-7 下丘脑核团解剖位置示意图

下丘脑肽能神经元分为神经内分泌大细胞和神经内分泌小细胞，它们分别组成**大细胞神经分泌系统**（magnocellular neurosecretory system）和**小细胞神经分泌系统**（microcellular neurosecretory system）。大细胞神经分泌系统大部分起源于产生催产素和加压素的下丘脑视上核和室旁核；小细胞神经分泌系统则主要来源于下丘脑内侧基底部，后者包括促性腺激素释放激素神经元和多巴胺神经元等。

下丘脑组织由神经元和胶质细胞构成，神经元是高度分化和储存大量信息的细胞，通过其特殊的树突和轴突结构执行信息接收和传递功能。胶质细胞以往被认为只是支持细胞，现发现它们也能分泌多种细胞因子，通过旁分泌对神经元发挥着重要调节作用。

二、下丘脑主要调节肽的种类、结构及功能

下丘脑与神经垂体和腺垂体的联系非常密切，如视上核和室旁核的神经元轴突延伸终止于神经垂体，形成下丘脑-垂体束，在下丘脑与腺垂体之间通过垂体门脉系统发生功能联系。下丘脑的一些神经元既能分泌激素（神经激素），发挥内分泌细胞的作用，又保持着典型神经细胞的功能。它们可将从大脑或中枢神经系统其他部位传来的神经信息，转变为激素信息，起着换能神经元的作用，形成以下丘脑为枢纽，将神经调节与体液调节紧密联系起来。所以，下丘脑与垂体一起组成下丘脑-垂体功能单位（图 11-8）。

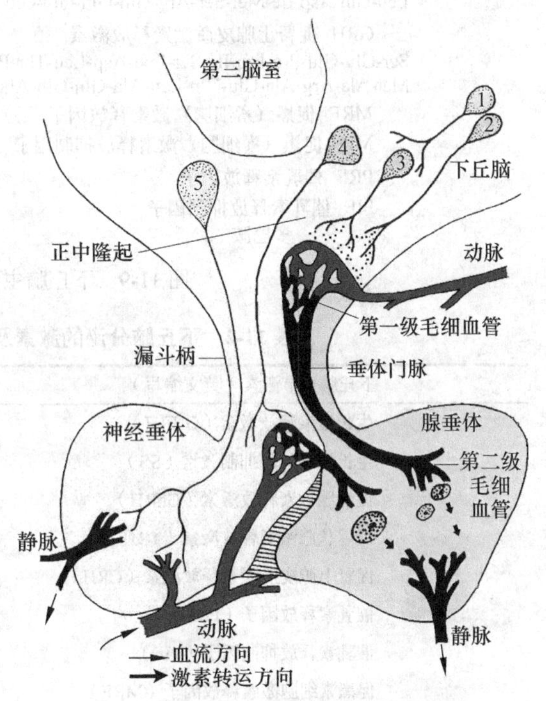

图 11-8 下丘脑-垂体功能单位示意图

1. 单胺能神经元；2、3、4、5. 下丘脑各类神经元

凡是能分泌神经肽或肽类激素的神经分泌细胞称为肽能神经元。下丘脑的肽能神经元主要位于视上核、室旁核与促垂体核团。促垂体区核团位于下丘脑的内侧基底部，主要包括正中隆起、弓状核、腹内侧核、视交叉上核以及室周核等，多属于小细胞肽能神经元，其轴突投射到正中隆起，轴突末梢与垂体门脉系统的第一级毛细血管相接触，可将下丘脑调节肽释放进入门脉系统，从而调节垂体的分泌活动。

下丘脑促垂体区肽能神经元分泌的肽类激素，主要作用是调节腺垂体的活动，因此称为**下丘脑调节肽**（hypothalamus regulatory peptide，HRP）。近年来，科学家从下丘脑组织提取肽类激素获得成功，并已能人工合成。1968 年，Guillemin 实验室从 30 万只羊的下丘脑中成功分离出几毫克的**促甲状腺激素释放激素**（thyrotropin releasing hormone，TRH），并在一年后确定其化学结构为 3 肽。在这一成果的鼓舞下，Schally 实验室一直致力于**促性腺激素释放激素**（gonadotropin releasing hormone，GnRH）的提取工作。1971 年，他们从 16 万头猪的下丘脑中提纯出 GnRH，又经过 6 年的研究，阐明其化学结构为 10 肽。此后，**生长激素释放抑制激素**（growth hormone releasing inhibiting hormone，GHRIH）、**促肾上腺皮质激素释放激素**（corticotropin releasing hormone，CRH）与**生长激素释放激素**（growth hormone releasing hormone，GHRH）相继分离成功，并确定了它们的化学结构。此外，还有四种对腺垂体催乳

素和促黑激素的分泌起促进或抑制作用的激素，因尚未确定其化学结构，所以暂称为某因子（图 11-9、表 11-2）。

TRH 促甲状腺激素释放激素
(pyro)Glu-His-Pro-NH_2

GnRH 促性腺激素释放激素
(pyro)Glu-His-Trp-Ser-Tyr-Gly-Leu-Arg-Pro-Gly-NH_2

Somatostatin 生长抑素
┌S———————————S┐
Ala-Gly-Cys-Lys-Asn-Phe-Phe-Trp-Lys-Thr-Phe-Thr-Ser-Cys

GRH 生长激素释放激素
Tyr-Ala-Asp-Ala-Ile-Phe-Thr-Asn-Ser-Tyr-Arg-Lys-Val-Leu-Gly-Gln-Leu-Ser-Ala-Arg-Lys-Leu-Leu-Gln-Asp-Ile-Met-Ser-Arg-Gln-Gln-Gly-Glu-Ser-Asn-Gln-Glu-Arg-Gly-Ala-Arg-Ala-Arg-Leu-NH_2

GRH 促肾上腺皮质激素释放激素
Ser-Glu-Glu-Pro-Pro-Ile-Ser-Leu-Asp-Leu-Thr-Phe-His-Leu-Leu-Arg-Glu-Val-Leu-Glu-Met-Ala-Arg-Ala-Glu-Gln-Leu-Ala-Gln-Gln-Ala-His-Ser-Asn-Arg-Lys-Leu-Met-Glu-Ile-Ile-NH_2

MRF 促黑（素细胞）激素释放因子
MIF 促黑（素细胞）激素释放抑制因子
PRF 催乳素释放因子
PIF 催乳素释放抑制因子
多巴胺

图 11-9 下丘脑主要调节肽的氨基酸组成

表 11-2 下丘脑分泌的激素及其调节的相应腺垂体激素一览表

下丘脑调节激素（英文缩写）	垂体激素（英文缩写）
生长激素释放激素（GHRH）	生长激素（GH）
生长激素释放抑制激素（SS）	生长激素（GH）
促性腺激素释放激素（GnRH）	卵泡刺激素（FSH）；黄体生成素（LH）
促甲状腺激素释放激素（TRH）	促甲状腺激素（TSH）
促肾上腺皮质激素释放激素（CRH）	促肾上腺皮质激素（ACTH）
催乳素释放因子（PRF）	催乳素（PRL）
催乳素释放抑制因子（PIF）	催乳素（PRL）
促黑素细胞激素释放因子（MRF）	促黑激素（MSH）
促黑素细胞激素释放抑制因子（MIF）	促黑激素（MSH）

下丘脑调节肽除调节腺垂体功能外，它们几乎都具有垂体外作用，而且它们也不仅仅在下丘脑“促垂体区”产生，还可在中枢神经系统其他部位及许多组织中找到它们的踪迹。

（一）生长抑素与生长激素释放激素

1. 生长抑素

生长抑素（somatostatin, SS）是由 92 个氨基酸残基的大分子肽裂解而来的 14 肽（SS_{14}），其分子结构呈环状，在第 3 位和第 14 位半胱氨酸之间有一个二硫键。

生长抑素是作用比较广泛的一种神经激素，它的主要作用是抑制生长激素的基础分泌，也抑制腺垂体对多种刺激所引起 GH 分泌的反应，包括运动、进餐、应激和低血糖等。另外，生长抑素还可抑制 LH、FSH、TSH、PRL 及 ACTH 的分泌。生长抑素与腺垂体生长激素细胞的膜受体结合后，通过减少细胞内 cAMP 和 Ca^{2+}而发挥作用。

除下丘脑外，其他部位如大脑皮质、纹状体、杏仁核、海马以及脊髓、交感神经、胃肠、胰岛、肾、甲状腺与甲状旁腺等组织广泛存在生长抑素。在脑和胃肠部位也纯化出由28个氨基酸组成的SS_{28}，它是由SS_{14}的N端向外延伸而成。生长抑素的垂体外作用比较复杂，它在神经系统可能起递质或调质的作用；生长抑素对胃肠运动及消化道激素的分泌均有一定的抑制作用；它还抑制胰岛素、胰高血糖素、肾素、甲状旁腺激素以及降钙素的分泌。

知识卡片

生长抑素的发现

1945年，英国科学家海雷斯提出一个假说：腺垂体的活动受控于下丘脑，下丘脑产生一种可称为"释放因子"的激素通过血液作用于垂体。这个假说赋予神经组织内分泌的功能，这个有悖于传统观念的假说却深深打动了两个年轻的美国研究者——吉尔曼和沙利。1952年，吉尔曼和沙利在加拿大麦吉尔大学师从于不同的导师，他们都信奉海雷斯的假说，曾各自将下丘脑与垂体组织放在一起培养，结果发现腺垂体激素的分泌有所增加，并将各自的发现结果写成论文并发表。

1971年，吉尔曼在检测羊下丘脑提取残液中有无促生长激素释放因子时发现，腺垂体与下丘脑提取残液混合培养后，生长激素的分泌反而减少。由于海雷斯的假说并未涉及抑制因子，因而他对此并未在意。后来他发现，在羊下丘脑各个阶段的提取物中，都存在这种抑制性物质，于是决定对其进行纯化和氨基酸测序。1973年，吉尔曼发现这种抑制性物质是一个新的14肽，并将其命名为"生长抑素"，这一发现表明激素并非都起激动作用。

1977年，吉尔曼和沙利共同获得诺贝尔生理或医学奖。

2. 生长激素释放激素

1982年，有人首先从一例患胰腺癌伴发肢端肥大症的患者癌组织中提取并纯化出一种44肽，它在整体和离体实验中均显示有促进GH分泌的生物活性。1983年，从大鼠下丘脑中提纯了GHRH，这种43肽对人的腺垂体也有很强地促GH分泌作用。产生GHRH的神经元主要分布在下丘脑弓状核及腹内侧核，它们的轴突投射到正中隆起，终止于垂体门脉初级毛细血管旁。由于GHRH呈脉冲式释放，从而导致腺垂体的GH分泌也呈现脉冲式变化。大鼠实验证明，注射GHRH抗体后，可消除血中GH浓度的脉冲式波动。一般认为，GHRH是GH分泌的经常性调节因素，而GHRIH则是在应激刺激GH分泌过多时，才显著地发挥对GH分泌的抑制作用。GHRH与GHRIH相互配合，共同调节腺垂体GH的分泌。在腺垂体生长激素细胞膜上有GHRH受体，GHRH与其受体结合后，通过增加cAMP与Ca^{2+}促进GH释放。

（二）促性腺激素释放激素

促性腺激素释放激素（GnRH）是10肽激素。GnRH促进腺垂体合成与释放促性腺激素。当给动物机体静脉注射一定剂量的GnRH，一段时间后其血中**黄体生成素**（luteinizing Hormone，LH）与**卵泡刺激素**（follicle stimulating hormone，FSH）浓度将明显增加，但以LH的增加更为显著。在体外腺垂体组织培养系统中加入GnRH，亦能引起LH与FSH分泌增加，如果先用 GnRH 抗血清处理后，再给予 GnRH，则可减弱或消除 GnRH 的效应。

下丘脑 GnRH 的脉冲式释放，因而造成血中 LH 与 FSH 浓度也呈现脉冲式波动。从恒河猴垂体门脉血管收集的血样中测定 GnRH 含量，呈现阵发性时高时低的现象，每隔 1～2h 波动一次。在大鼠中，GnRH 每隔 20～30min 释放一次，如果给大鼠注射抗 GnRH 血清，则其血中 LH 与 FSH 浓度的脉冲式波动消失，说明血中 LH 与 FSH 的脉冲式波动是由下丘脑 GnRH 脉冲式释放决定的。用青春期前的幼猴进行实验，结果表明破坏产生 GnRH 的弓状核后，连续滴注外源性的 GnRH 不能诱发其青春期的出现，只有按照内源 GnRH 所表现的脉冲式频率和幅度滴注 GnRH，才能使血中 LH 与 FSH 浓度呈现类似正常的脉冲式波动，从而激发其青春期发育。因此，激素呈脉冲式释放对其发挥作用十分重要。腺垂体的促性腺激素细胞膜上有 GnRH 受体，GnRH 与其受体结合后，可能是通过磷脂酰肌醇信息传递系统导致细胞内 Ca^{2+} 浓度增加而发挥作用。在人的下丘脑，GnRH 主要集中在弓状核、内侧视前区与室旁核。除下丘脑外，在脑的其他区域如间脑、边缘叶、松果体、卵巢、睾丸和胎盘等组织中也存在 GnRH。GnRH 对性腺的直接作用则是抑制性的，特别是药理剂量的 GnRH，其抑制作用更为明显。对卵巢则可抑制卵泡发育和排卵，使雌激素与孕激素生成减少；对睾丸则抑制精子的生成，使睾酮的分泌减少。

（三）促甲状腺激素释放激素

促甲状腺激素释放激素（TRH）是由下丘脑室旁核及视前区肽能神经元所合成的 3 肽。TRH 主要作用于腺垂体促进**促甲状腺激素**（thyroidstimulating hormone，TSH）的释放，血中 T_4 和 T_3 随 TSH 浓度上升而增加。给人和动物静脉注射 1mg TRH，1～2min 内血浆 TSH 浓度便开始增加，10～20min 达到高峰，可使 TSH 的含量增加 20 倍。TRH 与腺垂体的促甲状腺激素细胞膜上的受体结合后，通过 Ca^{2+} 介导，引起 TSH 释放。TRH 除了刺激腺垂体释放 TSH 外，还可促进催乳素的释放，但 TRH 是否参与催乳素分泌的生理调节，尚不确定。

下丘脑存在大量 TRH 神经元，它们主要分布于下丘脑中间基底部，如损毁下丘脑的这个区域则引起 TRH 分泌减少。TRH 神经元合成的 TRH 通过轴浆运输至轴突末梢储存，延伸到正中隆起初级毛细血管周围的轴突末梢，在适宜刺激的作用下，释放 TRH 进入垂体门脉系统并运送到腺垂体，促进 TSH 释放。另外，在第三脑室周围尤其是底部有排列如杯状的脑室膜细胞，其形态特点与典型的脑室膜细胞有所不同，其胞体细长，一端朝向脑室腔，其边界上无纤毛而有突起。另一端则延伸至正中隆起的毛细血管周围。在这些细胞内含有大量的 TRH 与 GnRH 等肽类激素。下丘脑特别是室周核释放的 TRH 或 GnRH 进入第三脑室的脑脊液中，可被脑室膜细胞摄入，再转运至正中隆起附近释放，进入垂体门脉系统。除了下丘脑有较多的 TRH 外，在下丘脑以外的中枢神经部位，如大脑和脊髓等处也发现有 TRH 存在，其作用可能与神经信息传递有关。

（四）促肾上腺皮质激素释放激素

促肾上腺皮质激素释放激素（CRH）为 41 肽，其主要作用是促进腺垂体合成与释放**促肾上腺皮质激素**（adrenocorticotrophin，ACTH）。腺垂体中存在大分子的**促阿片黑素细胞皮质素原**（proopiomelanocortin，POMC），简称阿黑皮素原。POMC 在相应酶的作用下生成 ACTH、**溶脂激素**（lipotropin，β-LPH）和少量的 β- 内啡肽。静脉注射 CRH 5～20min 后，血中 ACTH 浓度可增加 5～20 倍。

分泌 CRH 的神经元主要分布在下丘脑室旁核，其轴突多投射到正中隆起。在下丘脑以外部位，如杏仁核、海马、中脑以及松果体、胃肠、胰腺、肾上腺和胎盘等处组织中，均发现有 CRH 存在。下丘脑 CRH 以脉冲式释放，并呈现昼夜节律，其释放量在清晨 6～8 时达高峰，在 0 时最低，这与 ACTH 及皮质醇的分泌节律同步。当机体遇到应激刺激时，如低血糖、失血、剧痛以及精神紧张等，这些刺激作用于神经系统不同部位，最后将信息汇集于下丘脑 CRH 神经元，然后通过 CRH 引起垂体 - 肾上腺皮质系统反应。CRH 与腺垂体促肾上腺皮质激素细胞膜上的 CRH 受体结合，通过增加细胞内 cAMP 与 Ca^{2+}，进而促进 ACTH 的释放。

（五）催乳素释放抑制因子与催乳素释放因子

下丘脑对腺垂体**催乳素**（prolactin，PRL）的分泌有抑制和促进两种作用，但平时以抑制作用为主。最初在哺乳动物下丘脑提取液中，发现一种可抑制腺垂体释放 PRL 的物质，称为**催乳素释放抑制因子**（prolactin release-inhibiting factor，PIF）。随后又在下丘脑提取液中发现能促进腺垂体释放 PRL 的因子，称为**催乳素释放因子**（prolactin releasing factor，PRF）。PIF 与 PRF 的化学结构尚不清楚，由于多巴胺可直接抑制腺垂体 PRL 分泌，注射多巴胺可使正常人或高催乳素血症患者血中的 PRL 明显下降，而且在下丘脑和垂体中存在多巴胺，因此，有人推测多巴胺可能就是 PIF。

（六）促黑激素细胞激素释放因子与抑制因子

促黑激素细胞激素释放因子（melanophore stimulating hormone releasing factor，MRF）和**促黑激素细胞激素释放抑制因子**（melanophore stimulating hormone release-inhibiting factor，MIF）可能是催产素裂解出来的两种小分子肽。MRF 促进 MSH 的释放，而 MIF 则抑制 MSH 的释放。

三、下丘脑的主要生理功能

下丘脑是大脑皮质下调节内脏活动的高级中枢，它把内脏活动与其他生理活动联系起来，调节着摄食、水平衡、体温和内分泌腺等重要生理活动。

（一）摄食行为调节

用埋藏电极刺激清醒动物的下丘脑外侧区，则引起动物多食，而破坏此区后，则动物拒食；电刺激下丘脑腹内侧核则动物拒食，破坏此核后，则动物食欲增大并逐渐肥胖。由此认为，下丘脑外侧区存在摄食中枢，而腹内侧核存在饱中枢，后者可以抑制前者的活动。用微电极分别记录下丘脑外侧区和腹内侧核的神经元放电活动，观察到动物在饥饿情况下，前者放电频率较高而后者放电频率较低。静脉注射葡萄糖后，则前者放电频率减少而后者放电频率增多。说明摄食中枢与饱中枢神经元的活动具有相互制约关系，而且这些神经元对血糖敏感，血糖水平的高低可能调节着摄食中枢和饱中枢的活动。

（二）水平衡调节

水平衡调节包括水的摄入与排出两个方面，动物通过渴感引起摄水，而排水则主要取决于肾脏的活动。损坏下丘脑可引起口渴与多尿，说明下丘脑对水的摄入与排出均有调节作用。

下丘脑内控制摄水的区域与上述摄食中枢极为靠近。破坏下丘脑外侧区后，动物除拒食外，饮水也明显减少；刺激下丘脑外侧区某些部位，则可引起动物饮水增多。

下丘脑控制排水的功能是通过改变抗利尿激素的分泌来完成的。下丘脑内存在着渗透压感受器，它能通过感受血液中晶体渗透压的变化来调节抗利尿激素的分泌。渗透压感受器和抗利尿激素合成的神经元均在视上核和室旁核内，一般认为，下丘脑控制摄水的区域与控制抗利尿激素分泌的核团在功能上相互联系，两者协同调节水平衡。

（三）体温调节

在动物实验中观察到，在下丘脑以下横切脑干后，体温则不能保持相对稳定。若在间脑以上切除大脑后，体温调节仍能维持相对稳定。现已肯定，体温调节的中枢在下丘脑，下丘脑前部是温度敏感神经元所在部位，它们感受着体内温度的变化。下丘脑后部是体温调节的整合部位，能调整机体的产热和散热过程，保持体温稳定于一定水平。

（四）对腺垂体激素分泌的调节

下丘脑的神经分泌小细胞能合成调节腺垂体激素分泌的肽类物质，这些调节肽在合成后即经轴突运输并分泌到正中隆起，由此经垂体门脉系统到达腺垂体，促进或抑制某种腺垂体激素的分泌。

（五）对生物节律的控制

下丘脑视交叉上核的神经元具有日周期节律性活动，这个核团是体内日周期节律的控制中心。破坏动物的视交叉上核，原有的一些日周期节律活动，如饮水、排尿等日周期活动即丧失。视交叉上核可能通过视网膜 - 视交叉上核束来感受外界环境明暗信号的变化，使机体的生物节律与环境的明暗变化同步起来。如果这条神经通路被切断，视交叉上核的节律活动就不能再与外界环境的明暗变化同步进行。

（六）对情绪反应的影响

下丘脑内存在所谓防御反应区，它主要位于下丘脑近中线两旁的腹内侧区。在动物麻醉条件下，电刺激该区可观察到骨骼肌的舒血管效应（通过交感胆碱能舒血管纤维发挥作用），同时伴有血压上升、皮肤及小肠血管收缩、心率加速和其他交感神经性反应等。在动物清醒条件下，电刺激该区还可出现防御性行为。在人类，下丘脑的疾病常伴有不正常的情绪反应产生。

四、下丘脑激素分泌的调节机制

下丘脑激素的功能活动主要受神经递质和激素两种机制的调节。

（一）调节下丘脑肽能神经元活动的递质

下丘脑神经元与来自其他部位的神经纤维有广泛的突触联系，其神经递质比较复杂，可分为两大类：一类递质是肽类物质，如脑啡肽、β- 内啡肽、神经降压素、P 物质、血管活性肠肽及胆囊收缩素等；另一类递质是单胺类物质，主要有**多巴胺**（dopamine，DA）、**去甲肾上腺素**（norepinephrine，NE）与**5-羟色胺**（5-hydroxytryptamine，5-HT）。

组织化学研究表明，三种单胺类递质的浓度以下丘脑“促垂体区”正中隆起附近最高。单胺能神经元可直接与释放下丘脑调节肽的肽能神经元发生突触联系，也可以通过多突触发生联系。单胺能神经元通过释放单胺类递质，调节肽能神经元的活动。下丘脑单胺能神经元的活动不断受中枢神经系统其他部位的影响，它们对下丘脑调节肽分泌的调节作用比较复杂，现将一些研究结果列于表 11-3。

表 11-3 单胺类递质对下丘脑调节肽分泌的影响

递质	TRH	GnRH	GHRH	CRH	PRF
DA	↓	↓（−）	↑	↓	↓
5-HT	↓	↓	↑	↑	↑
NE	↑	↑	↑	↓	↓

注：↓减少；↑增加；（−）不变。

研究显示，阿片肽对下丘脑调节肽的释放有明显的影响。例如，给人注射脑啡肽或β-内啡肽可抑制 CRH 的释放，从而使 ACTH 分泌减少，而纳洛酮则有促进 CRH 释放的作用；注射脑啡肽或β-内啡肽可刺激下丘脑释放 TRH 和 GHRH，使腺垂体分泌 TSH 与 GH 的量增加，而对下丘脑 GnRH 的释放则有明显的抑制作用。

（二）激素调节

下丘脑激素调节垂体前叶激素的分泌，垂体前叶激素调节靶腺的分泌，从上到下，一环控制一环，这只是调节功能的一方面；反过来靶腺激素对下丘脑和垂体的分泌也具有调节作用，因而下丘脑、垂体和靶腺间存在着相互依赖、相互制约，即矛盾又统一的关系，这种关系称为反馈调节作用。

1. 负反馈调节

下丘脑、垂体激素兴奋靶腺的分泌，当血中靶腺激素增多时，反过来抑制下丘脑、垂体激素的分泌。这种相互关系称为负反馈调节。主要见于下丘脑 - 垂体 - 甲状腺轴、下丘脑 - 垂体 - 肾上腺轴、下丘脑 - 垂体 - 性腺轴及垂体前叶激素与相应的下丘脑释放激素之间的调节（图 11-10）。在生理状态下，下丘脑的释放激素、垂体促激素及周围激素处于相对平衡状态，形成下丘脑 - 垂体 - 靶腺轴，一般均以负反馈调节为

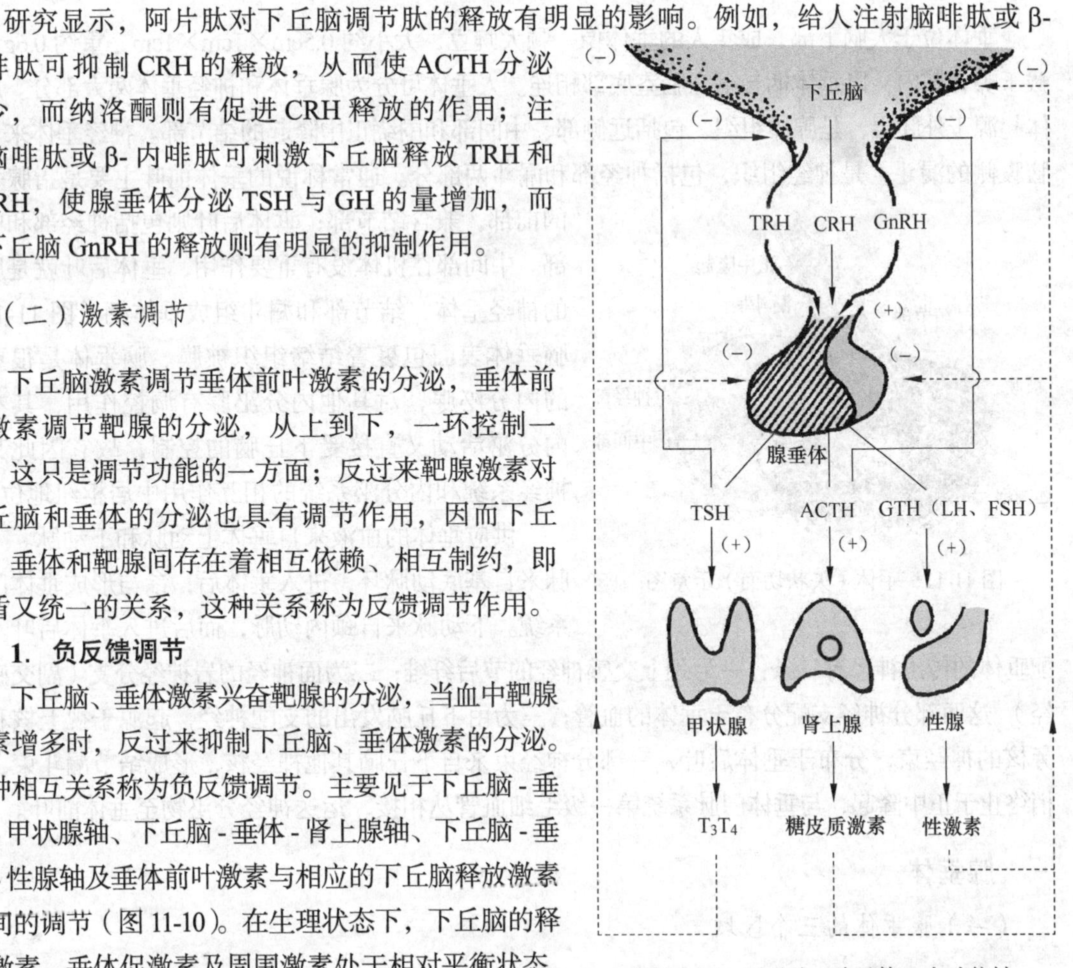

图 11-10 下丘脑 - 腺垂体三大功能轴反馈调节示意图

主，恰当的调节可满足机体对激素的需要。

2. 正反馈调节

与负反馈调节相反，当血中靶腺激素浓度增高时兴奋（而不是抑制）下丘脑、垂体相应促激素的分泌，这种调节多见于性激素与下丘脑-垂体促性腺激素之间的调节，如雌性排卵过程便是正反馈的结果。

在下丘脑、垂体及靶腺之间的反馈调节，除正负反馈外，还包括三个层次的反馈调节，即反馈调节表现为长反馈、短反馈和超短反馈。长反馈是指靶腺或靶组织所分泌的激素对上级腺体活动的反馈调节作用，如血中皮质醇浓度升高时对CRH分泌的抑制；短反馈指腺垂体分泌激素对下丘脑肽能神经元分泌活动的调节作用，如ACTH对CRH分泌的抑制；超短反馈是指下丘脑或垂体激素对下丘脑或垂体本身的反馈作用。

第三节 垂体的内分泌

垂体位于大脑下部，成年人的垂体像一颗大豌豆，大小约0.5cm×1cm×1cm，重约0.6g，埋藏于蝶骨鞍内，以垂体柄与第三脑室底部相连。人垂体可分为腺垂体和神经垂体两大部分。腺垂体起源于外胚层，是腺体组织，包括远侧部、中间部和围绕正中隆起的结节部。神经垂体来自间脑腹侧的漏斗，是神经组织，包括神经部和漏斗两部分。通常称说的垂体前叶主要是指腺垂体的前部，兼含结节部；垂体后叶则包括神经部和中间部。中间部在机体没有重要作用，垂体后叶就是所指的神经垂体，结节部和漏斗组成垂体柄（图11-11）。脑垂体表面包裹着结缔组织被膜。脑垂体是很重要的内分泌腺，对其他内分泌腺有调控作用，其本身内分泌活动又直接受下丘脑的控制，故它因此其在神经系统和内分泌系统的相互作用中居枢纽地位。

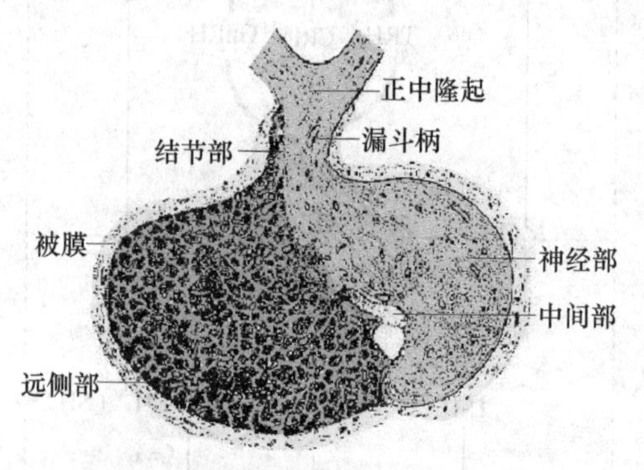

图11-11 垂体（矢状切面）示意图

供应垂体的血液来自垂体上动脉和下动脉。上动脉来自基底动脉环，进入垂体后，参与形成垂体门脉系统。下动脉来自颈内动脉，而后进入垂体后叶。支配垂体的传出神经有三条：一为颈上交感神经的节后纤维；二为面神经的岩神经分支（副交感神经），这两部分神经支配分布于垂体的血管；三为由下丘脑发出的支配神经，起源于视上核和室旁核的神经束，分布于垂体后叶，一部分神经束来自下丘脑其他神经核，形成结节漏斗束，末梢终止于正中隆起，与垂体门脉系统第一级毛细血管丛相接，运送神经分泌物至垂体前叶。

一、腺垂体

（一）腺垂体的三个区域

1. 远侧部

远侧部（pars distalis）的腺细胞排列成团索状，少数围成小滤泡，细胞间具有丰富的窦状毛细血管和少量结缔组织。在HE染色切片中，依据腺细胞着色的差异，可将其分为嗜色细胞和嫌色细胞两大类。**嗜色细胞**（chromophil cell）又分为嗜酸性细胞和嗜碱性细胞两种。应用电镜免疫细胞化学技术，可观察到各种腺细胞均具有分泌蛋白类激素细胞的结构特点，而各类腺细胞胞质内颗粒的形态结构、数量及所含激素的性质存在差异，可以此区分各种分泌不同激素的细胞，并以所分泌的激素进行命名。

2. 中间部

人的**中间部**（pars intermedia）只占垂体的2%左右，是一个退化的部位，由嫌色细胞和嗜碱性细胞组成，这些细胞的功能尚不清楚。另外，还有一些由立方上皮细胞围成的大小不等的滤泡，泡腔内含有胶质。鱼类和两栖类中间部能分泌**黑素细胞刺激素**（MSH），可使皮肤黑素细胞的黑素颗粒向突起内扩散，使体色变黑。

3. 结节部

结节部（pars teberalis）包围着神经垂体的漏斗，在漏斗的前方较厚，后方较薄。结节部含有很丰富的纵形毛细血管，腺细胞呈索状纵向排列于血管之间，细胞较小，主要是嫌色细胞，其间有少数嗜酸性和嗜碱性细胞。此处的嗜碱性细胞分泌促性腺激素。

（二）腺垂体激素的种类及功能

从腺垂体中已经分离出8种蛋白质激素，即**生长激素**（growth hormone，GH）、促肾上腺皮质激素（ACTH）、促甲状腺激素（TSH）、催乳素（PRL）、两种**促性腺激素**（gonadotrophic hormone，GTH）即卵泡刺激素（FSH）和黄体生成素（LH）、β-促脂激素（β-LPH）和**黑素细胞刺激素**（melanocyte stimulating hormone，MSH）（表11-2、表11-4）。

1. 生长激素

人GH含有191个氨基酸，相对分子质量为22 000，其化学结构与催乳素相近，故生长激素有弱的催乳素作用，而催乳素也有弱的生长激素作用。不同种类动物GH的化学结构与免疫性质有较大差别，除猴的GH外，其他动物的GH对人无效。目前利用DNA重组技术可以大量生产人GH，供临床应用。

GH的生理作用是促进物质代谢与生长发育，对机体各器官和组织均有影响，尤其对骨骼、肌肉及内脏器官的作用更为显著，因此，GH也称为**躯体刺激素**（somatotropin）。

（1）生长激素的促生长作用　机体生长受多种激素的影响，而GH是起关键作用的调节因素。幼年动物摘除垂体后，生长即停止，如及时补充GH则可使其生长恢复。人幼年时期缺乏GH，将出现生长停滞，身材矮小，称为**侏儒症**（dwarfism）；而幼年时期GH过多则患巨人症。成年后GH过多，由于长骨骨骺已经钙化，长骨不再生长，只能使软骨成分较多的手脚肢端短骨、面骨及其软组织生长异常，以致出现手足粗大、鼻大唇厚、下颌突出等症状，称为**肢端肥大症**（acromegaly）。GH的促生长作用表现为能促进骨、软骨、肌肉以及其他组织细胞分裂增殖，蛋白质合成增加。离体软骨培养实验发现，将GH加入到去垂体动物的软骨培养液中，其对软骨的生长无效，而将其加入正常动物的血浆却有效，这说明GH对软骨的生长并无直接作用，而在正常动物血浆中存在某种有促进生长作用的因子时，其促生长作用才显现出来。实验还证明，GH主要诱导肝脏产生一种具有促生长作用的肽类物质，称为**生长介素**（somatomedin，SM），因其化学结构与胰岛素近似，所以又称为**胰岛素样生长因子**（insulin like growth factor，IGF）。目前已分离出两种生长介素，即IGF-Ⅰ和IGF-Ⅱ，它们分子组成中的氨基酸约有70%是相同的。IGF-Ⅰ是含有70个氨基酸的蛋白质，GH的促生长作用主要是通过IGF-Ⅰ介导实现的。IGF-Ⅱ是含有67个氨基酸的蛋白质，它主要在胚胎期产生，对胎儿的生长起重要作用。

在青春期，随着GH分泌增多，血中IGF-Ⅰ的浓度也相应增加。给幼年动物注射生长介素能明显刺激动物生长，身长增高，体重增加，但IGF-Ⅱ比IGF-Ⅰ的促生长作用更强。生长介素主要作用是促进软骨生长，它除了可促进硫酸盐进入软骨组织外，还促进氨基酸进入软骨细胞，增强DNA、RNA和蛋白质的合成，促进软骨组织增殖与骨化，使长骨加长。

（2）生长激素的代谢调节作用　GH可通过生长介素促进氨基酸进入细胞，加速蛋白质合成，包括软骨、骨、肌肉、肝、肾、心、肺、肠、脑以及皮肤等组织的蛋白质合成增强；GH促进脂肪分解，增强脂肪酸氧化，抑制外周组织摄取与利用葡萄糖，减少葡萄糖的消耗，提高血糖水平。GH对脂肪与糖代谢的作用似乎与生长介素无关，机制尚不清楚。

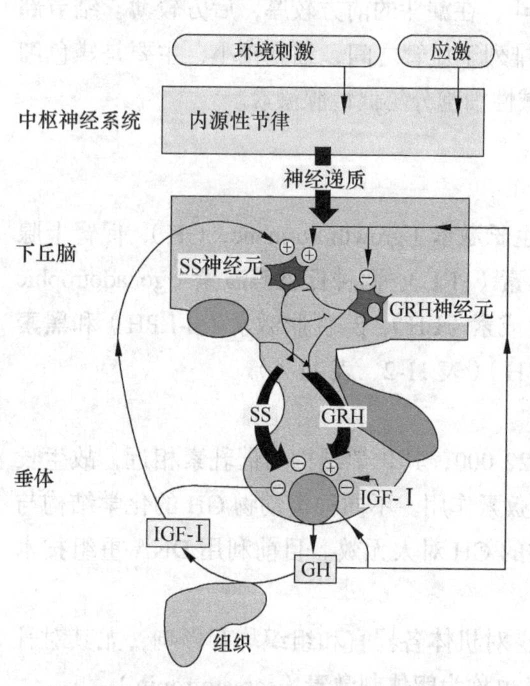

图11-12　生长激素分泌调节示意图（陈义）

（3）生长激素分泌的调节机制

① 下丘脑对GH分泌的调节　GH的分泌受下丘脑GHRH和GHRIH的双重调控（图11-12）。GHRH经常性地促进GH的分泌。GHRIH对GH分泌起抑制作用，使GH呈脉冲式分泌，这是GHRH和GHRIH共同协调作用的结果。血液中GH水平有明显的年龄特点和昼夜节律。

② 反馈调节　GH对下丘脑GHRH有负反馈调节作用。IGF-Ⅰ在下丘脑和垂体水平也对GH的分泌有负反馈调节作用，其可通过刺激下丘脑释放GHRIH进而抑制GH的分泌，还能直接抑制GH的基础分泌。

③ 睡眠的影响　人在觉醒状态下，GH分泌较少。进入慢波睡眠后，GH分泌明显增加，约在60min后，血中GH浓度达到高峰。转入异相睡眠后，GH分泌又减少。可见在慢波睡眠时GH分泌增多，对促进生长和体力恢复是有利的。

④ 其他因素的影响　血中糖、氨基酸与脂肪酸均能影响GH的分泌。其中，以低血糖对GH分泌的刺激作用最强，相反，血糖升高可使GH浓度降低。血中氨基酸与脂肪酸增多可引起GH分泌增加，有利于机体对这些物质的代谢与利用。此外，运动、应激刺激、甲状腺激素、雌激素与睾酮等均能促进GH分泌。在青春期，血中雌激素或睾酮浓度增高，可明显增加GH分泌，这是在青春期GH分泌较多的一个重要因素。

2. 催乳素

已经从羊、牛和人的垂体中分离出高纯度的PRL，其分子结构、生物活性、免疫学和电泳性质相似，相对分子质量都接近 24 000，但其溶解度和酪氨酸含量稍有差异。羊的 PRL 和人的 GH 大部分分子片段相似，羊的 PRL 由 198 个氨基酸组成，比人的 GH 分子稍大。根据多方面分析（包括化学结构的相似性、生物活性的重叠性和免疫关系等），各种脊椎动物的 PRL 和 GH 可能都是由同一种或几种原始分子演化而来。PRL 的主要生理功能是调节生殖活动和性行为，但随动物种属不同而异。如 PRL 可明显影响两栖动物的迁水现象，当用 PRL 处理去垂体的蝾螈，在 4～10 天之内，蝾螈便迁入水中；刺激鸟类羽毛突能使其产生新羽毛，与雌激素协同作用使其产生孵化斑；PRL 能够刺激禽类嗉囊发育，抑制其性活动，对雌、雄鸟都有抗性腺活动的作用；刺激大鼠和小鼠的黄体分泌孕酮；促进已发育好的乳腺分泌乳汁等。

3. 促肾上腺皮质激素

目前已从牛、羊、猪和人的垂体中已分离出高纯度的 ACTH，这 4 种来源的 ACTH 都是由 39 个氨基酸组成的直链多肽，其 N 末端有一个丝氨酸，C 末端有一个苯丙氨酸，相对分子质量约 4500。虽然这些多肽在分子结构上有种属差异，但刺激肾上腺皮质的能力相同。种属差异限于分子结构中第 25～33 位上的氨基酸不同，但 ACTH 分子的生物活性并不位于这些氨基酸上。当去掉 ACTH 分子中第 25 位以后的氨基酸，激素的生物活性不受影响。ACTH 氨基端第 1～24 位氨基酸为 ACTH 的功能部分，没有种属差异。其羧基末端第 25～39 位氨基酸与 ACTH 的生物活性无关。目前，ACTH 已能人工合成。

ACTH 主要作用于肾上腺皮质的束状带和网状带，使细胞增生，并促进糖皮质激素的生物合成和分泌。此外，ACTH 也能促进肾上腺髓质激素的合成，这一作用部分是通过 ACTH 对酪氨酸羟化酶的直接影响，部分是通过糖皮质激素实现的。

4. β- 促脂激素

β- 促脂激素（β-LPH）由 91 个氨基酸组成，相对分子质量约 9500。其分子组成中第 41～58 位氨基酸片段与牛羊等动物的黑素细胞刺激素相同。***α*- 促脂激素**（α-lipotropin，α-LPH）由 58 个氨基酸组成，与 β-LPH 前 1～58 个氨基酸相同。人的垂体能合成和分泌 β-LPH 和 α-LPH。

LPH 具有溶脂作用和轻微的黑素细胞刺激作用。有人已从脑中提取出具有镇痛作用的 5 肽化合物，这些化合物中的一种和 β-LPH 的第 61～65 位氨基酸相同。已经发现 β-LPH 羧基末端片段（其中包括第 61～65 位氨基酸）较上述 5 肽的镇痛作用强约 20 倍，因此 LPH 羧基末端片断可能是一种天然的、具有镇痛作用的神经递质，而 β-LPH 可能是它的前体。

5. 黑素细胞刺激素

黑素细胞刺激素（MSH）包括 α-MSH 和 β-MSH 两种。在鱼类、两栖类和爬行类中由垂体中间叶分泌，因此，也叫垂体中间叶激素。α-MSH 由 13 个氨基酸组成，与 ACTH 分子的前 13 个氨基酸相同。某些哺乳动物（包括人类）并不分泌 α-MSH。MSH 的主要功能是促使黑素细胞（黑素细胞分布于皮肤、毛发、眼球虹膜及视网膜色素层等部位）生成黑色素。MSH 使两栖类黑素细胞中的黑素颗粒在细胞内散开，使肤色加深，利于动物在黑暗处隐蔽；MSH 促进哺乳动物和人黑色素的生成，从而加深皮肤和毛发的颜色。

6. 糖蛋白激素

在腺垂体中有 3 种糖蛋白激素，即 TSH、FSH 和 LH。这些激素都含有碳水化合物的侧链，相对分子质量约为 30 000。分子由两个化学结构不同的亚单位组成，两者之间由非共价键连接，经特殊处理后两部分很易分开，分开的亚单位不具有生物活性。β亚单位具有决定激素分子特异性的构型特征。3种糖蛋白激素的α亚单位相同。不同激素的α和β亚单位的重组，并不破坏激素的活性，但是杂交分子的特性总是同β亚单位相关。

TSH主要的生理作用是促进甲状腺生长，合成并释放甲状腺激素。TSH的分泌主要受下丘脑-垂体-甲状腺轴的调控（图11-10）。

FSH又名**促卵泡激素**（follitropin）。FSH作用于雄性动物睾丸，促进生精上皮的发育、精子的生成和成熟。在LH和性激素协同作用下，FSH可促进雌性动物卵泡细胞增殖和卵泡生长发育并分泌卵泡液。在生产实践中，FSH常用于诱导母畜发情、排卵和超数排卵以及治疗卵巢疾病等。

LH对雄性和雌性生殖系统都有作用，它与FSH协同可促进卵巢合成雌激素、卵泡发育成熟并排卵，以及排卵后的卵泡转变成黄体。LH促进睾丸间质细胞增殖并合成雄激素，因而在雄性动物体内又称为**间质细胞刺激素**（interstitial cell stimulating hormone，ICSH）。

FSH和LH的分泌主要受下丘脑-垂体-性腺轴的调节（图11-10），GnRH对GTH的合成和分泌起着重要调节作用。性激素则对下丘脑和垂体进行反馈调节。卵巢分泌的抑制素和激动素分别抑制和促进FSH的分泌。内源性阿片肽抑制腺垂体分泌LH。

在硬骨鱼垂体中发现一种**异促甲状腺因子**（heterothyrotrophic factors，HTF），与促性腺激素十分相近，HTF、LH和FSH对硬骨鱼的甲状腺都有刺激作用。这些发现提示，TSH、LH和FSH可能起源于同一种原始分子（表11-4）。

表11-4 主要的垂体激素及生理作用

激素名称（英文缩写）	主要生理作用
腺垂体激素	
生长激素（GH）	促进机体生长
促肾上腺皮质激素（ACTH）	促进肾上腺皮质激素合成及释放
促甲状腺素（TSH）	促进甲状腺激素合成及释放
促卵泡激素（FSH）	促进卵泡或精子生成
黄体生成素（LH）	促进排卵和黄体生成，刺激孕激素、雄激素分泌
催乳素（PRL）	刺激乳房发育及泌乳
黑色细胞刺激素（MSH）	促黑色细胞合成黑色素
β-促脂激素（β-LPH）	溶脂作用和轻微的黑素细胞刺激作用
神经垂体激素	
抗利尿激素（ADH）	收缩血管，促进集合管对水重吸收
催产素（OT）	促进子宫收缩，乳腺泌乳

二、神经垂体

（一）下丘脑-神经垂体系统

神经垂体是神经组织，主要由大量无髓神经纤维、神经胶质细胞以及由神经胶质细胞演变而来的垂体细胞所组成。神经垂体在结构与功能上都与下丘脑密切相关。从下丘脑视上核和室旁核发出的神经纤维直接进入神经垂体，称为下丘脑-垂体束。由视上核和室旁核的神经元合成和分泌的激素，沿此束被运送至神经垂体储存，需要时再释放入血液循环。

一般认为，视上核以产生**血管升压素**（vasopressin，VP）或称**抗利尿激素**（antidiuretic hormone，ADH）为主，而室旁核以产生**催产素**（oxytocin，OXT）为主。血管升压素和催产素都是由9个氨基酸组成的小肽，除第3位和第8位上的两个氨基酸残基不同外，这两种激素的分子结构基本相同，因此，两者在生理作用上互有交叉。在种属间，血管升压素氨基酸残基存在一定差异，如人血管升压素第8个氨基酸残基为精氨酸，称为**精氨酸血管升压素**（arginine vasopressin，AVP），而猪在相同位置为赖氨酸，称为**赖氨酸血管升压素**（lysine vasopressin，LVP）。

（二）神经垂体激素的种类及功能

1. 血管升压素

其主要生理作用是促进肾脏远曲小管后段和集合管对水分子的重吸收。因此，VP分泌不足，分泌过多，以及肾小管对VP反应失常都会影响尿量。例如，给身体内水分充足的人仅仅注射几百微单位的VP便可使尿量明显减少，尿液呈高渗。VP缺乏时，每天尿量可多至十几升，称为尿崩症。

在生理情况下，VP主要受血容量和细胞外液渗透压变化的调节。血浆晶体渗透压和循环血量的改变，可分别通过脑内渗透压感受器、心房和肺容量感受器调节VP的释放。动脉血压升高时，颈动脉窦压力感受器受到刺激，则可反射性地抑制VP的释放，相反，则促进VP释放。

2. 催产素

对于妊娠子宫，催产素有强烈刺激子宫肌收缩和促进乳腺排乳的作用。此外，催产素对母鸡产卵、鱼产仔的过程也有促进作用。

刺激外生殖器和子宫均可反射地引起催产素分泌，并伴有子宫收缩，对精子运行至输卵管有促进作用。

分娩时对子宫颈和阴道的牵拉可反射性地引起催产素的释放，使子宫肌收缩加强，一方面促进胎儿娩出，一方面又引起子宫颈和阴道更大程度的牵张，从而引起催产素释放增多，形成正反馈，直至胎儿娩出。

吮吸时，对乳头的触觉刺激可反射性引起催产素的分泌和释放，从而引起排乳。另外，与吸吮或哺乳有关的听（视）觉刺激可通过“条件反射”引起催产素的释放。情绪反应如害怕、焦急和疼痛等可以抑制催产素的释放，进而阻滞乳汁的排出。

第四节 甲状腺的内分泌

甲状腺位于气管腹侧的甲状软骨附近，分左、右两叶，中间由峡部相连。腺体被结缔组织分成许多小叶，小叶内主要是腺上皮围成的许多囊状小泡，称为腺泡。腺泡壁由单层立方上皮组成，腺泡腔内充满胶质，胶质的主要成分为**甲状腺球蛋白**（thyroglobulin，TG）。腺泡上皮细胞是**甲状腺激素**（thyroid hormones）合成与释放的部位，而腺泡腔的胶质是甲状腺激素的储存库。在甲状腺腺泡之间和腺泡上皮细胞之间还有一种细胞称为甲状腺 C 细胞，能够分泌降钙素（calcitonin，CT）。

一、甲状腺激素

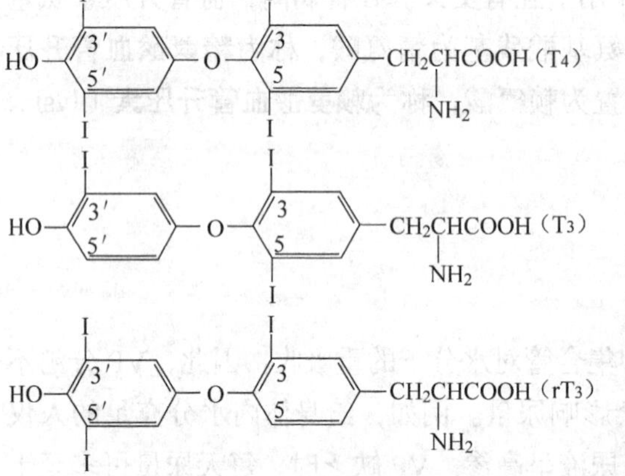

（一）甲状腺激素的化学结构

甲状腺激素是含碘的酪氨酸衍生物，主要包括 3，5，3′，5′- 四碘甲腺原氨酸（甲状腺素或 T_4）和 3，5，3′- 三碘甲腺原氨酸（T_3）（图 11-13）。在腺体或血液中，T_4 含量占绝大多数，T_3 含量很少，两者比例约为 20：1，但在生理效应上，T_3 却比 T_4 强 3～5 倍，T_4 在外周组织中可转化为 T_3。甲状腺也可合成极少量的逆 - 三碘甲腺原氨酸（rT_3），但 rT_3 不具有甲状腺激素的生物活性。

图 11-13　甲状腺激素的化学结构

（二）甲状腺激素的合成过程

甲状腺激素合成的原料主要是酪氨酸和碘。甲状腺球蛋白的酪氨酸残基发生碘化，并合成甲状腺激素。甲状腺球蛋白在甲状腺腺泡上皮细胞内的核糖体上合成，并释放入泡腔储存。碘从食物中获取。甲状腺激素的合成、转运过程见图 11-14。

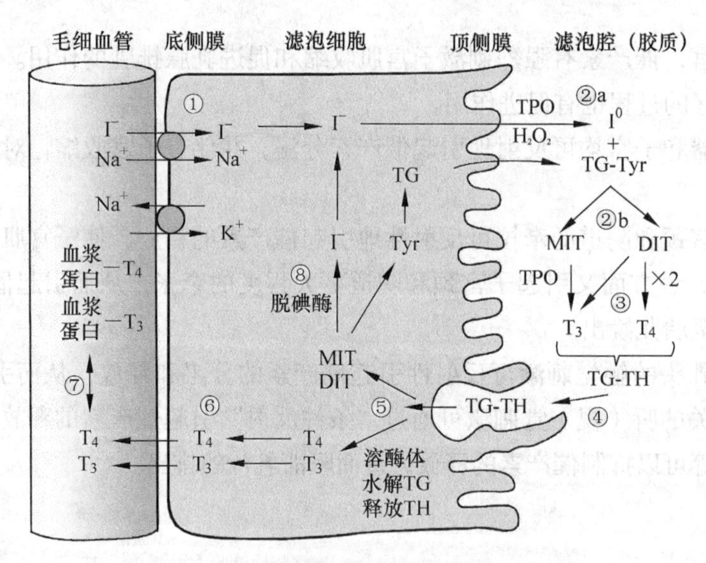

图 11-14　甲状腺激素的合成、转运示意图

1. 碘的摄取

由肠吸收的碘以 I^- 存在于血液中。正常甲状腺内 I^- 浓度比血浆中高 25～50 倍，滤泡壁上皮细胞膜的静息电位为 –50mV，甲状腺上皮细胞必须消耗能量才能使 I^- 逆电化学梯度进入细胞内。甲状腺上皮细胞存在有与 Na^+-K^+-ATP 酶相偶联的碘泵，由 ATP 提供能量将 I^- 主动转运入细胞内。甲状腺摄取碘的能力可反映甲状腺的机能状况。

2．碘的活化

I^-被摄入甲状腺上皮细胞后，在过氧化物酶的催化下，迅速活化成I_2。碘的活化是碘得以取代酪氨酸残基上氢原子的先决条件。碘活化的部位在细胞顶端质膜微绒毛与滤泡腔交界处。人如果先天缺乏过氧化物酶，将引起甲状腺肿。

3．酪氨酸碘化与甲状腺激素合成

在过氧化物酶的作用下，活化的碘与细胞内甲状腺球蛋白分子中的酪氨酸残基结合（碘化），成为不具生物活性的**一碘酪氨酸**（monoiodotyrosine，MIT）和**二碘酪氨酸**（diiodotyrosine，DIT）。然后，在同一甲状腺球蛋白分子上，两分子二碘酪氨酸缩合成一分子**甲状腺素**（tetraiodothyronine，T_4），一分子二碘酪氨酸和一分子一碘酪氨酸缩合成一分子**三碘甲状腺原氨酸**（triiodothyronine，T_3）。

甲状腺过氧化物酶是甲状腺激素合成的关键酶，治疗甲状腺功能亢进的药物（如硫尿嘧啶）就是通过抑制过氧化物酶活性而发挥作用。

（三）甲状腺激素的储存、释放与转运

甲状腺合成的T_3、T_4结合在甲状腺球蛋白分子上，并以此形式储存于滤泡腔胶质中。当机体需要时，甲状腺上皮细胞的微绒毛将胶质胞饮至细胞内，在胞浆内经溶酶体中蛋白水解酶的作用下，将结合在甲状腺球蛋白分子上的T_3、T_4释放出来，进入滤泡周围毛细血管中。

甲状腺激素一经分泌入血，绝大部分即与血浆蛋白结合，并以此为主要形式运转至全身。尽管游离状态的甲状腺激素约占循环血中激素总量的两千分之一，但只有游离的激素才能发挥生理作用。在血液中，游离的与结合的甲状腺激素保持动态平衡，当血液中游离的甲状腺激素水平降低时，结合的甲状腺激素可把其中的甲状腺激素游离出来，发挥其生理作用。

血浆中与蛋白结合的碘称为**蛋白结合碘**（protein binding iodine，PBI），其绝大部分来自甲状腺激素，通过测定PBI浓度基本上可反映甲状腺激素在血中的浓度，因此，临床上常以此作为判断甲状腺功能状况的一个指标。正常人血浆中PBI含量为4～8μg，低于或超过此值即怀疑甲状腺功能异常。

在甲状腺激素中，T_4与血浆蛋白结合能力强，不易游离。T_3与血浆蛋白结合能力弱，易于游离。一般认为T_3可能是体内起主要作用的甲状腺激素，T_4可以在外周组织脱碘酶的作用下生成T_3，血液中75%的T_3由T_4转化而来。

二、甲状腺激素的生理作用

T_4与T_3都具有生理作用。由于T_4在外周组织中可转化为T_3，而T_3活性较大，曾认为T_4可能是T_3的激素原，T_4只有转化为T_3后才具有作用。但目前认为，T_4不仅可以作为T_3的激素原，而且本身也具有激素作用，占全部甲状腺激素作用的35%左右。

甲状腺激素除了与核受体结合，影响转录过程外，在线粒体、核糖体及细胞膜上也发现了它的结合位点，可能对转录后的过程、线粒体的生物氧化作用及膜的转运功能均有影响。甲状腺激素的主要作用是促进物质与能量代谢，促进生长发育等。

（一）对代谢的作用

1. 对能量代谢的作用

甲状腺激素能明显促进能量代谢，使产热增多，氧耗量增加。据估计，给甲状腺功能过低患者注射 1mg 甲状腺激素可使其产热量增加 4.12×10^3kJ，相当于 250g 葡萄糖或 110g 脂肪氧化所产生的热量。甲状腺功能低下患者的基础代谢率可比正常低 20% 以上。反之，甲状腺功能亢进患者的基础代谢率可较正常高 15% 以上。甲状腺激素的产热效应是通过诱导 Na^+-K^+-ATP 酶的表达实现的，Na^+-K^+-ATP 酶的活性增加，产热和耗氧增多。如果用哇巴因抑制 Na^+-K^+-ATP 酶的活性，甲状腺激素的产热效应将消失。其产热效应主要表现在肝、肾、心肌和骨骼肌等组织。

2. 对物质代谢的作用

（1）糖代谢　甲状腺激素能促进糖原的分解，增强小肠对葡萄糖和半乳糖的吸收，加强肾上腺素、胰高血糖素、糖皮质激素和生长激素的生糖作用。甲状腺激素还能促进组织对糖的利用，使糖的氧化分解增加。甲状腺功能亢进时，血糖升高，甚至出现糖尿。

（2）脂类代谢　甲状腺激素可促进脂肪氧化分解，故甲状腺功能亢进患者皮下脂肪减少。甲状腺激素既能促进胆固醇的合成，又能加速其降解，由于其使胆固醇降解的速度大于合成速度，因此，甲状腺激素增高时血中胆固醇含量低于正常水平；而甲状腺功能低下时，血中脂类浓度增加，尤以胆固醇含量增加最为显著。

（3）蛋白质代谢　甲状腺激素对蛋白质代谢的作用依其剂量不同而不同。生理剂量的甲状腺激素可促进蛋白质合成；大剂量甲状腺激素则促使蛋白质分解。甲状腺功能亢进的患者常感觉疲乏无力，即与骨骼肌蛋白质大量分解有关；甲状腺功能低下时，蛋白质合成减少，但组织间黏蛋白增多，后者可结合大量的水和正离子，引起黏液性水肿。

（4）对水和电解质的影响　甲状腺激素对毛细血管通透性的维持和细胞内液的更新有调节作用。甲状腺功能低下时，毛细血管通透性明显增大，特别是皮下组织发生水盐潴留，同时有大量黏蛋白沉积而表现黏液性水肿，当补充甲状腺素后水肿可消除。

（二）对生长发育的作用

甲状腺激素可促进组织分化与成熟，主要影响脑和长骨的生长发育，特别是在出生后前 4 个月内影响最大。人类胚胎期若缺乏碘或甲状腺激素，则发育过程明显受阻，尤其对神经系统、骨骼系统及性腺影响较大，患儿智力低下、身材矮小，称为呆小症或克汀病。若在出生后前 4 月内及时补碘，可以部分纠正发育障碍。蝌蚪的甲状腺如被破坏则其发育停止，不能变态成蛙。生长激素具有促进组织生长的作用，但需要有适量的甲状腺激素存在。因此，甲状腺激素对生长激素有“允许作用”。

（三）对神经系统的作用

甲状腺激素能提高中枢神经系统的兴奋性，加强交感神经的活动，其机制之一是它能使肾上腺素 β 受体增多。甲状腺功能亢进患者常表现为注意力不集中和烦躁不安。而甲状腺功能低下患者则表现为表情淡漠和嗜睡等症状。

（四）对心血管系统的作用

甲状腺功能亢进时，机体心率加快，心肌收缩力增强，心输出量增加。其原因是甲状腺激素直接作用于心肌，使心肌受体表达增多，cAMP 生成增多，肌浆网释放 Ca^{2+}增加，从而激活与心肌收缩有关的蛋白质。

三、甲状腺激素分泌的调节

（一）下丘脑 - 垂体前叶的作用

1. 促甲状腺激素释放激素及促甲状腺激素的作用

下丘脑的促甲状腺激素释放激素（TRH）促使垂体前叶分泌促甲状腺激素（TSH）。TSH 由血液运送到甲状腺，促进甲状腺激素的合成和释放。另外，TSH 对甲状腺细胞的生长也有促进作用，可使其数量增加，体积增大。

2. 甲状腺激素及 TSH 的反馈作用

当血液中甲状腺激素浓度增高时，可抑制垂体前叶活动，使 TSH 分泌减少，从而使甲状腺激素的分泌不致过多。而当血中甲状腺激素的浓度降低时，由于对垂体前叶的抑制作用减弱，引起 TSH 分泌增多，从而使甲状腺激素分泌增多。至于血中甲状腺激素对下丘脑 TRH 分泌的影响目前尚有争议。

血中 TSH 也可负反馈抑制下丘脑 TRH 的分泌。动物实验证明，将 TSH 直接注入下丘脑一定部位，TRH 的分泌减少。甲状腺分泌水平可随内外环境改变而变化。例如，寒冷或体温降低可直接或通过外周感受器间接作用于下丘脑，使 TRH 分泌增加，TRH 又引起 TSH 分泌增加，进而使甲状腺激素分泌增加（图 11-15）。

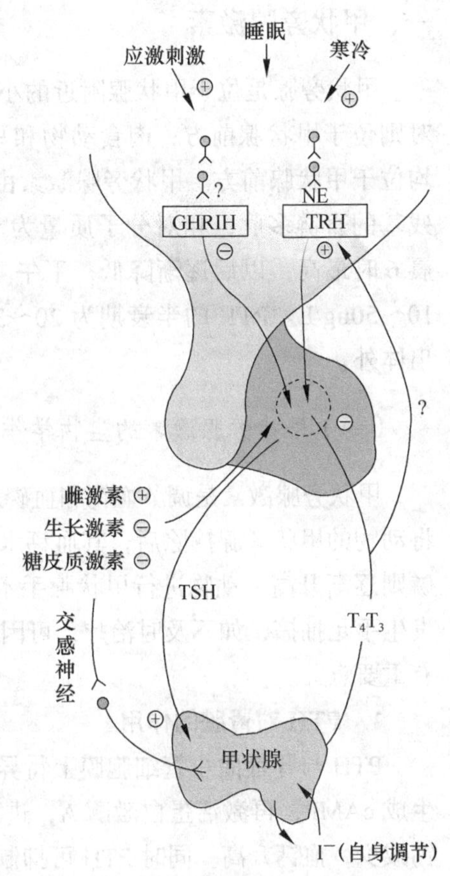

图 11-15 甲状腺激素分泌的调节示意图

⊕表示促进或刺激；⊖表示抑制

（二）植物性神经的作用

研究发现，植物性神经直接支配甲状腺腺泡。电刺激同侧交感神经可使该侧甲状腺激素合成增加。注射儿茶酚胺类物质可出现类似结果。相反，支配甲状腺的胆碱能纤维对甲状腺激素的分泌则表现抑制作用。

（三）甲状腺的自身调节作用

甲状腺可以根据血液中碘的水平，调节其自身对碘的摄取和合成甲状腺激素的能力，称为自身调节。当食物中含碘量降低时，甲状腺摄取和浓缩碘的能力增强；反之，食物中含碘量增高时，甲状腺摄取和浓缩碘的能力减弱。甲状腺的自身调节是一种比较缓慢的调节机能，可使甲状腺合成激素的量在一定范围内不因食物中碘含量的影响而急剧变化。

第五节 甲状旁腺激素、降钙素和维生素 D_3

血浆中的钙离子水平与机体许多重要生理功能有着密切的关系。血钙浓度的高低直接关系到组织兴奋性、腺体分泌及骨代谢平衡等。机体中直接参与钙、磷代谢调节的激素主要有三种，即**甲状旁腺激素**（parathyroid hormone，PTH）、**降钙素**（calcitonin，CT）及**1，25-二羟维生素 D_3**（1,25-dihydroxycholecalciferol,1,25-(OH)$_2$-D_3）。此外，糖皮质激素、生长激素、雌激素及胰岛素等均在不同程度上参与骨钙代谢活动的调节。

一、甲状旁腺激素

甲状旁腺是位于甲状腺附近的小腺体，一般有两对。反刍动物有一对在甲状腺内，另一对则位于甲状腺前方；肉食动物和马的两对腺体都包埋在甲状腺内部；猪的两对甲状旁腺均位于甲状腺前方。甲状旁腺激素由甲状旁腺主细胞合成和分泌。PTH是含有84个氨基酸残基的直链多肽，相对分子质量为9500。正常人血浆中PTH的浓度呈昼夜节律波动，清晨6时最高，以后逐渐降低，下午4时达最低，以后又逐渐升高，其血浆浓度波动范围为10～50ng/L。PTH的半衰期为20～30min，主要在肝内被水解灭活，其代谢产物经肾脏排出体外。

（一）甲状旁腺激素的生物学作用

甲状旁腺激素是调节血钙和血磷水平最重要的激素，其作用主要是升高血钙和降低血磷。将动物的甲状旁腺摘除后，其血钙水平逐渐下降，出现低钙症状，严重的可导致死亡。而血磷则逐渐升高。动物进行甲状腺手术时，如误将甲状旁腺摘除，可造成动物严重的低血钙，发生手足抽搐，如不及时治疗，可因喉部肌肉痉挛而窒息死亡。由此可见，PTH对生命活动有重要意义。

1. PTH对肾脏的作用

PTH与肾远曲小管细胞膜上特异性受体结合后，通过G蛋白介导，激活腺苷酸环化酶，生成cAMP，再激活蛋白激酶A，进而催化蛋白质与酶的磷酸化，促进对钙的重吸收，使尿钙减少，血钙升高。同时PTH可抑制近曲小管对磷的重吸收，促进磷的排出，使血磷降低。

2. PTH对骨的作用

PTH可促进骨钙入血，其作用包括快速效应与延迟效应两个时相。快速效应在PTH作用后数分钟即可出现，使骨细胞膜对 Ca^{2+} 的通透性迅速增加，Ca^{2+} 进入细胞，随后钙泵活动增强，将 Ca^{2+} 转运至细胞外液中，引起血钙升高。延迟效应在PTH作用后12～14h出现，一般需几天或几周后达到高峰，其效应是刺激破骨细胞的活动，加速骨组织的溶解，促使钙、磷进入血液。

3. PTH对小肠吸收钙的影响

PTH可激活肾内的1α-羟化酶，后者可促使25-羟维生素D_3转变为有活性的1,25-(OH)$_2$-D_3，1，25-(OH)$_2$-D_3进入小肠黏膜，可促进钙、磷的吸收。

（二）甲状旁腺激素分泌的调节

1. 血钙水平对甲状旁腺分泌的调节

甲状旁腺主细胞对低血钙极为敏感，血钙浓度的轻微下降，在1min内即可引起PTH分泌增加，从而促进骨钙释放和肾小管对钙的重吸收，使血钙浓度迅速回升。这是一种负反馈调节方式。如果长时间出现低血钙，可使甲状旁腺增生，相反，长时间出现高血钙则可使甲状旁腺发生萎缩。因此，血钙水平是调节甲状旁腺分泌的最主要因素。

2. 其他因素对甲状旁腺分泌的调节

血磷浓度升高可使血钙降低，从而刺激PTH的分泌。血镁浓度降至较低时，可使PTH分泌减少。儿茶酚胺与主细胞膜上的β肾上腺素能受体结合后，通过cAMP介导，可促进PTH的分泌。**前列腺素E_2**（prostaglandin E_2，PGE_2）也可促进PTH的分泌，而**前列腺素F_2**（prostaglandin F_2，PGF_2）则使PTH分泌减少。

二、降钙素

降钙素是由甲状腺C细胞分泌的肽类激素。C细胞位于滤泡之间和滤泡上皮细胞之间，因此，又称为滤泡旁细胞。降钙素是含有一个二硫键的32肽，相对分子质量为3400。正常人血清降钙素浓度为10～20ng/L，半衰期小于1h，主要在肾脏降解后排出。

此外，在甲状腺C细胞以外的一些组织中也发现有CT存在。在人的血液中还存在一种与降钙素来自同一基因的肽，称为**降钙素基因相关肽**（calcitonin gene-related peptide，CGRP）。CGRP含有37个氨基酸残基，主要分布于神经和心血管系统，具有强烈的舒血管和心脏变力效应。

（一）降钙素的生物学作用

降钙素的主要作用是降低血钙和血磷，其受体主要分布在骨和肾脏细胞膜上。CT与其受体结合后，经cAMP-PKA途径及**三磷酸肌醇**（inositol triphosphate，IP_3）/**二酰甘油**（diacylglycerol，DG）-**蛋白激酶C**（protein kinase C，PKC）途径抑制破骨细胞的活动，前一反应途径出现较快，而后一反应途径则出现较缓慢。

1. 对骨的作用

降钙素能抑制破骨细胞的活动，使溶骨过程减弱，同时还能使成骨过程增强，骨组织中钙、磷沉积增加，而血中钙、磷水平降低。CT抑制溶骨作用的反应出现较快，应用大剂量CT后的15min内，破骨细胞的活动可减弱70%。在给予CT约1h后，动物成骨细胞的活动加强，骨组织释放钙、磷减少，这一反应可持续数天。此外，CT还可以提高碱性磷酸酶的活性，促进骨的形成和钙化。

2. 对肾的作用 降钙素能减少肾小管对Ca^{2+}、PO_4^{3-}、Na^+及Cl^-等离子的重吸收，因此，可增加这些离子在尿中的排出量。

（二）降钙素分泌的调节

降钙素在调节钙、磷代谢的过程中主要受以下因素的影响。

1. 血钙水平

CT的分泌主要受血钙水平调节。血钙浓度增加时，CT分泌增多。当血钙浓度升高10%时，血中CT的浓度可增加一倍。CT与甲状旁腺激素对血钙的作用相反，两者共同调节血钙浓度，维持血钙的稳态。与甲状旁腺激素相比，CT对血钙的调节作用快速而短暂，启动较快，1h内即可达到峰值。而甲状旁腺激素分泌达到峰值则需数小时，当其分泌增多时，可部分或全部抵消CT的作用。由于CT的作用快速而短暂，故对高钙饮食引起血钙升高后血钙水平的恢复起重要的调节作用。

2. 其他调节机制

进食可刺激CT分泌。这可能与一些胃肠激素如促胃液素、促胰液素、胆囊收缩素及胰高血糖素的分泌有关。这些胃肠激素均可促进CT的分泌，其中，以促胃液素的作用最强。此外，血中Mg^{2+}浓度升高也可刺激CT的分泌。

三、1，25-二羟维生素D_3

（一）1，25-二羟维生素D_3的生成

维生素D_3是胆固醇的衍生物，也称胆钙化醇。可由肝、乳和鱼肝油等含量丰富的食物提供，也可在皮肤内合成。在紫外线照射下，皮肤中的7-脱氢胆固醇迅速转化成**维生素D_3原**（provitamin D_3），然后再转化为维生素D_3。维生素D_3需经过羟化酶的催化才具有生物活性。首先，维生素D_3在肝内25-羟化酶的作用下形成25-羟维生素D_3，然后又在肾脏近曲小管**1α-羟化酶**（1α-hydroxylase）的催化下成为活性更高的1，25-二羟维生素D_3。血浆中1，25-二羟维生素D_3的含量为100pmol/L，半衰期为12～15h，其灭活的主要方式是在靶细胞内发生侧链氧化或羟化，形成钙化酸等代谢产物。维生素D_3及其衍生物在肝脏与葡萄糖醛酸结合后，随胆汁排入小肠，其中，一部分被吸收入血，形成维生素D_3的肝肠循环，另一部分随粪便排出体外。此外，1，25-二羟维生素D_3也可由胎盘和巨噬细胞等组织细胞合成。

（二）1，25-二羟维生素D_3的生物学作用

1，25-二羟维生素D_3与靶细胞内的核受体结合后，通过调节基因表达的方式发挥其生物学作用。其核内受体的分布十分广泛，除存在于小肠、肾脏和骨细胞外，在皮肤、骨骼肌、心肌、乳腺、淋巴细胞和单核细胞及垂体前叶等部位也有分布。

1. 对小肠的作用

1，25-二羟维生素D_3可促进小肠黏膜上皮细胞对钙的吸收。1，25-二羟维生素D_3进入小肠黏膜细胞后，与细胞核内特异性受体结合，促进DNA的转录过程，生成与钙有很高亲和力的**钙结合蛋白**（calcium-binding protein，CaBP）。CaBP参与小肠吸收钙的转运过程。同时，1，25-二羟维生素D_3也能促进小肠黏膜细胞对磷的吸收。因此，它的作用既能升高血钙，也能增加血磷。

2. 对骨的作用

1，25-二羟维生素 D_3 对动员骨钙入血和钙在骨中的沉积均有作用。一方面，1，25-二羟维生素 D_3 可通过增加破骨细胞的数量，增强骨的溶解，使骨钙、骨磷释放入血，进而升高血钙和血磷；另一方面，1，25-二羟维生素 D_3 又能刺激成骨细胞的活动，促进骨钙沉积和骨的形成。但总的效应是血钙浓度升高。另外，1，25-二羟维生素 D_3 还可增强甲状旁腺激素的作用，如缺乏1，25-二羟维生素 D_3，则甲状旁腺激素对骨的作用明显减弱。

近年的研究表明，骨质中存在一种能与钙结合的由49个氨基酸组成的多肽，称为**骨钙素**（osteocalcin）。骨钙素由成骨细胞合成并分泌至骨基质中，是骨基质中含量最丰富的非胶原蛋白，占骨蛋白含量的1%～2%。骨钙素对调节和维持骨钙起重要作用。骨钙素的分泌受1，25-二羟维生素 D_3 的调节。

3. 对肾脏的作用

1，25-二羟维生素 D_3 可促进肾小管对钙和磷的重吸收。缺乏维生素 D_3 的动物，在给予1，25-二羟维生素 D_3 后，肾小管对钙、磷的重吸收增加，尿中钙、磷的排出量减少。

1，25-二羟维生素 D_3 的生成受血钙、血磷、PTH、肾脏1α-羟化酶活性及雌激素等因素的影响。在体内，1，25-二羟维生素 D_3 与PTH和CT共同对钙磷代谢进行调节（表11-5）。

表11-5 三种激素对钙、磷代谢的调节作用

项目	PTH	1，25-(OH)$_2$D$_3$	CT
血钙	↑	↑	↓
血磷	↓	↑	↓
小肠钙吸收	↑	↑	↓
小肠磷吸收	↑	↑	↓
肾钙重吸收	↓	↑	↓
成骨作用	↑	↑	↑

知识卡片

甲状旁腺病

当动物甲状旁腺受损或缺血时可造成甲状旁腺功能减退。此现象多见于甲状腺旁误伤或由于某些自身免疫性疾病所引起，当大量血钙进入骨骼造成低血钙时，由于神经肌肉应激性增加，在动物疾病早期仅有感觉异常、四肢刺痛、麻木、僵直等症状。当血钙降低至一定水平时，常出现抽搐等症状，此后双足呈强直性伸展。对此病治疗的方法主要是补充各种钙剂和维生素D，病畜宜食高钙低磷饲料。

第六节 胰腺的内分泌

胰腺是具有外分泌和内分泌功能的腺体，是体内参与同化作用的主要器官之一。胰腺的内分泌功能来源于**胰岛**（pancreas islet），胰岛是由内分泌细胞组成的细胞团，分布于腺泡之间。胰岛大小不一，小的仅由 10 多个细胞组成，大的有数百个细胞，也可见单个细胞散在于腺泡之间，胰岛细胞呈团索状分布，细胞间有丰富的孔型毛细血管易于胰岛细胞释放激素入血。胰岛细胞依其形态、染色特点和功能不同可分为：分泌**胰高血糖素**（glucagon）的 A 细胞（占 20%）；分泌**胰岛素**（insulin）的 B 细胞（占 60%～70%）；分泌**生长抑素**（SS）的 D 细胞（占 5%）；可能分泌**血管活性肠肽**（vasoactive intestinal poly peptide，VIP）的 D_1 细胞；数量很少，且分泌**胰多肽**（pancreatic polypeptide，PP）的细胞（又称 F 细胞）；分泌**胃泌素**（gastrin）的 G 细胞。一旦胰岛内某种细胞发生异常，即可出现相应的内分泌功能失调。

一、胰岛素

胰岛素由 A、B 两个肽链组成。人胰岛素是含有 51 个氨基酸残基的小分子蛋白质，相对分子质量为 5808，其中 A 链由 21 个氨基酸组成，B 链由 30 个氨基酸组成。其中 A7（Cys）～B7（Cys）、A20（Cys）～B19（Cys）四个半胱氨酸中的巯基形成两个二硫键，使 A、B 两链连接起来。此外 A 链中 A6（Cys）与 A11（Cys）之间也存在一个二硫键（图 11-16）。胰岛素合成的控制基因在第 11 对染色体短臂上，翻译成由 105 个氨基酸残基构成的前胰岛素原，前胰岛素原经过蛋白酶水解作用去除其部分肽段，生成 86 个氨基酸组成的长肽链——**胰岛素原**（proinsulin）。胰岛素原随胞浆中的微泡进入高尔基体，经蛋白水解酶的作用，断链生成没有胰岛素生物活性的 C 肽和胰岛素，分泌到 B 细胞外，进入血液循环。未经蛋白酶水解的胰岛素原，小部分（3%～5%）随着胰岛素进入血液循环，胰岛素原的生物活性仅为胰岛素的 5%。

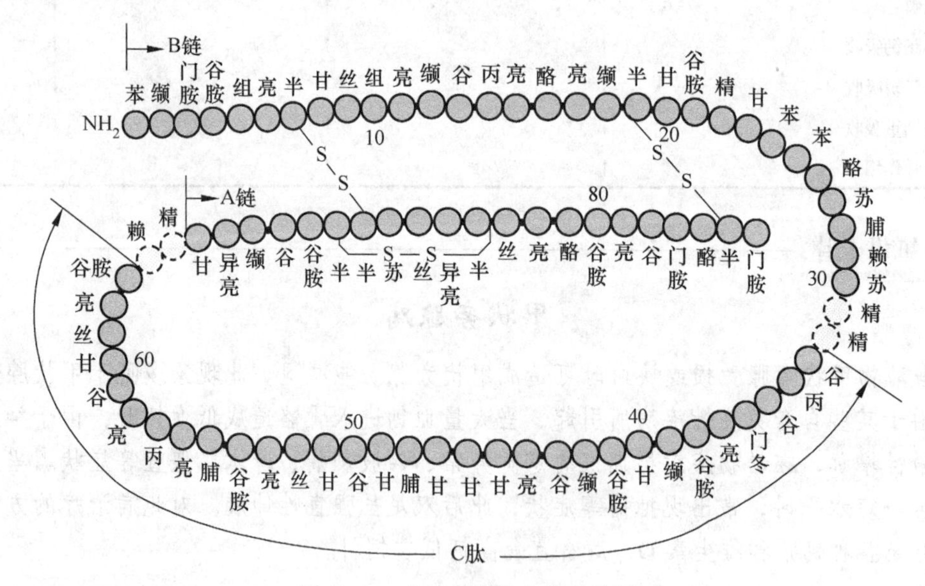

图 11-16　人胰岛素的化学结构图

胰岛素半衰期为 5～15min。在肝脏中先将胰岛素分子中的二硫键还原，产生游离的 A、B 链，再在胰岛素酶作用下水解成为氨基酸而灭活。不同种属动物（人、牛、羊和猪等）的胰岛素功能大体相同，分子组成稍有差异。成人胰岛 B 细胞可储备胰岛素约 200U，每天分泌约 40U。空腹时，血浆胰岛素浓度是 5～15μU/mL。进餐后血浆胰岛素水平可增加 5～10 倍。

（一）胰岛素的生理功能

胰岛素是机体内唯一能降低血糖的激素，也是唯一同时促进糖原、脂肪和蛋白质合成的激素。胰岛素和其他激素共同作用，维持机体物质代谢水平的相对稳定。

1. 调节糖代谢

胰岛素能促进全身组织对葡萄糖的摄取和利用，并抑制糖原的分解和糖原异生，因此，胰岛素有降低血糖的作用。胰岛素分泌过多时，血糖下降迅速，尤以脑组织受影响最大，可出现惊厥、昏迷，甚至导致**低血糖休克**（hypoglycemic shock）。相反，胰岛素分泌不足或胰岛素受体缺乏常导致血糖升高。若超过肾糖阈，则糖从尿中排出，引起糖尿。同时由于血液含有过量的葡萄糖，易导致高血压、冠心病和视网膜血管病等病变。胰岛素降血糖是多种因素共同作用的结果：

（1）促进肌肉和脂肪组织等处的靶细胞膜转运载体将血液中的葡萄糖转运进入细胞。

（2）通过共价修饰增强磷酸二酯酶的活性，降低 cAMP 水平，升高 cGMP 浓度，从而使糖原合成酶活性增加，磷酸化酶活性降低，加速糖原合成，抑制糖原分解。

（3）通过激活丙酮酸脱氢酶，加速丙酮酸氧化为乙酰辅酶 A，加快糖的有氧氧化。

（4）通过抑制**磷酸烯醇式丙酮酸羧激酶**（phosphoenolpyruvate carboxylase kinase）的合成以及减少糖异生的原料，抑制糖异生。

（5）抑制脂肪酶的活性，减缓脂肪动员，使组织利用葡萄糖增加。

2. 调节脂肪代谢

胰岛素能促进脂肪的合成与储存，使血中游离脂肪酸减少，同时抑制脂肪的氧化分解。胰岛素缺乏可造成脂肪代谢紊乱，久之可引起动脉硬化，进而导致心脑血管疾病。与此同时，由于脂肪分解加强，生成大量酮体，易出现酮症酸中毒。

3. 调节蛋白质代谢

胰岛素一方面促进细胞对氨基酸的摄取和蛋白质的合成，另一方面又抑制蛋白质的分解，因而有利于动物生长。腺垂体生长激素的促蛋白质合成作用，必须有胰岛素的存在才能表现出来。因此，对于动物生长来说，胰岛素是不可缺少的激素之一。

4. 其他功能

胰岛素可促进 K^+和 Mg^{2+}穿过细胞膜进入细胞。可促进细胞 DNA、RNA 及 ATP 的合成。

（二）影响胰岛素分泌的因素

1. 血中代谢物质的作用

在影响胰岛素分泌的诸多因素中，血糖浓度是最重要的调节因素。血糖浓度升高，使 B 细胞分泌胰岛素增多。同时也作用于下丘脑，通过迷走神经引起胰岛素分泌，使血糖浓度下降。低血糖时，则可通过负反馈调节，抑制胰岛素的分泌，使血糖浓度增高。

进食含蛋白质较多的食物后，血液中氨基酸浓度升高，胰岛素分泌也增加。精氨酸、赖氨酸、亮氨酸和苯丙氨酸均有较强的刺激胰岛素分泌的作用。

血液中游离脂肪酸和酮体含量增多时，也可促进胰岛素的分泌。

2. 激素的作用

胃泌素、胰泌素、胆囊收缩素、抑胃肽和胰高血糖样多肽等胃肠激素均有促进胰岛素分泌的作用。其中，以抑胃肽和胰高血糖样多肽的作用最强。生长激素、甲状腺激素和皮质醇等可通过升高血糖浓度间接引起胰岛素的分泌。胰岛A细胞分泌的胰高血糖素和D细胞分泌的生长抑素均可通过旁分泌途径作用于B细胞，前者促进胰岛素分泌，后者则起抑制作用。肾上腺素和去甲肾上腺素对胰岛素的分泌也有抑制作用。

3. 神经调节

内脏大神经和迷走神经进入胰腺，支配胰腺腺泡和血管，同时也支配胰岛，因而胰岛细胞受到交感和迷走神经的双重支配。迷走神经兴奋时，B细胞上的M受体接受刺激促进胰岛素分泌。同时，迷走神经还通过刺激胃肠道激素的释放，间接促进胰岛素分泌。交感神经兴奋时，通过B细胞α受体抑制胰岛素分泌。

知识卡片

胰岛素的种类

（一）按来源不同分类

1. 动物胰岛素 从猪和牛的胰腺中提取，两者药效相同，但与人胰岛素相比，猪胰岛素中有1个氨基酸不同，牛胰岛素中有3个氨基酸不同。

2. 半合成人胰岛素 将猪胰岛素第30位丙氨酸，置换成与人胰岛素相同的苏氨酸，即为半合成人胰岛素。

3. 生物合成人胰岛素 利用生物工程技术，获得的高纯度生物合成人胰岛素，为现阶段临床最常使用的胰岛素，其氨基酸排列顺序及生物活性与人体本身的胰岛素完全相同。

（二）按药效时间长短分类

1. 超短效胰岛素 注射后15min起作用，1～2h后达高峰浓度。

2. 短效（速效）胰岛素 注射后30min起作用，2～4h后达高峰浓度，持续作用5～8h。

3. 中效胰岛素（低鱼精蛋白锌胰岛素） 注射后2～4h起效，6～12h后达高峰浓度，持续作用24～28h。

4. 长效胰岛素（鱼精蛋白锌胰岛素） 注射后4～6h起效，4～20h后达高峰浓度，持续作用24～36h。

5. 预混合胰岛素 即将短效与中效预先混合，可一次注射，注射后30min起效，持续作用时间长达16～20h。

目前市场常见的有30%短效和70%中效预混合胰岛素，以及短、中效各占50%的预混合胰岛素。

二、胰高血糖素

胰高血糖素是一种由胰脏胰岛A细胞分泌的激素，由29个氨基酸组成的直链多肽，相对分子质量约为3485，它是由一个大分子的前体裂解而来。胰高血糖素在血清中的浓度为50～100ng/L，在血浆中的半衰期为5～10min，主要在肝脏灭活，肾脏对其也有一定的降解作用。

（一）胰高血糖素的生理功能

与胰岛素作用相反，胰高血糖素是一种促进分解代谢的激素，胰高血糖素具有很强的促进糖原分解和糖异生作用，使血糖明显升高，1mol/L的激素可使3×10^6mol/L的葡萄糖迅速从糖原分解出来。胰高血糖素通过cAMP-PK系统，激活肝细胞的磷酸化酶，加速糖原分解。糖异生过程增强是因为胰高血糖素能加速氨基酸进入肝细胞，并激活糖异生过程有关的酶系。胰高血糖素还可激活脂肪酶，促进脂肪分解，同时又能加强脂肪酸氧化，使酮体生成增多。胰高血糖素产生上述代谢效应的靶器官是肝脏，切除肝脏或阻断肝脏血流，这些作用将消失。

另外，胰高血糖素可促进胰岛素和胰岛生长抑素的分泌。药理剂量的胰高血糖素可使心肌细胞内cAMP含量增加，心肌收缩增强。

（二）影响胰高血糖素分泌的因素

1. 血中代谢物质的作用

血糖是调节胰高血糖素分泌的最重要因素。血糖降低时，胰高血糖素分泌增加；血糖升高时，胰高血糖素分泌减少。氨基酸的作用与葡萄糖相反，能促进胰高血糖素的分泌。高蛋白饲料或静脉注入各种氨基酸均可使胰高血糖素分泌增多。血中氨基酸增多一方面促进胰岛素释放，可使血糖降低。另一方面还能同时刺激胰高血糖素的分泌，这对预防低血糖有一定生理意义。

2. 激素的作用 胰岛素可通过降低血糖间接引起胰高血糖素的分泌。D细胞分泌的生长抑素也可通过旁分泌直接作用于邻近的A细胞，抑制胰高血糖素的分泌。在胃肠道激素中，胆囊收缩素和胃泌素可刺激胰高血糖素分泌，胰泌素则有抑制作用。

3. 神经调节 迷走神经兴奋通过M受体抑制胰高血糖素的分泌。交感神经兴奋通过α受体促进其分泌。

三、生长抑素、胰多肽及其他激素

胰岛D细胞分泌生长抑素，它以旁分泌方式或经缝隙连接直接作用于邻近的A细胞、B细胞或PP细胞，抑制这些细胞的分泌功能，参与胰岛激素分泌的调节。生长抑素也可进入血液循环对其他细胞发挥调节作用。

胰岛PP细胞主要分布在胰岛周围，数量很少，能够分泌**胰多肽**（pancrcatic polypeptide，PP），PP是由36个氨基酸组成的直链多肽，相对分子质量为4200，其主要生理作用是：抑制胃肠运动，抑制胰液分泌以及胆囊收缩。生理剂量的PP能够有效降低血浆胃动素的含量。在人类中有减慢食物吸收的作用，但其确切的作用机制尚不清楚。

胰岛内除以上几种细胞外，某些动物体内还发现有分泌**血管活性肠肽**（vasoactive intestinal poly peptide，VIP）的 D_1 细胞，分泌胃泌素的 G 细胞。有的低等脊椎动物胰岛内还存在一种无分泌颗粒的细胞，称为 C 细胞，它是一种未分化的细胞，可分化为 A、B 和 D 等细胞。胰岛细胞中除 B 细胞外，其他几种细胞也见于胃肠黏膜内，它们的结构相似，都能合成和分泌肽类或胺类物质，故认为胰岛细胞也属 APUD 系统，并将胃、肠和胰腺这些性质类似的内分泌细胞归纳为**胃肠胰内分泌系统**（gastro-entero-pancreatic endocrine system），简称 GEP 系统。胰岛细胞主要激素分泌的调节可归纳如表 11-6 所示。

表 11-6 胰岛细胞激素分泌的调节

项目	B 细胞分泌胰岛素	D 细胞分泌生长抑素	A 细胞分泌胰高血糖素
营养			
葡萄糖	↑	↑	↓
氨基酸	↑	↑	↑
脂肪酸	—	—	↓
酮体	—	—	↓
激素			
胃肠激素	↑	↑	↑
胰岛素	↓	↓	↓
GABA	—	—	↓
生长抑素	↓	↓	↓
胰高血糖素	↑	↑	—
皮质醇	—	—	↑
儿茶酚胺	↓	—	↑
神经			
迷走神经	↑	—	↑
交感神经			
β- 肾上腺能	↑	—	↑
α- 肾上腺能	↓	—	↓

第七节 肾上腺的内分泌

肾上腺是机体重要的内分泌器官之一，由于位于两侧肾脏的上方，故名肾上腺。肾上腺左右各一，共同为肾筋膜和脂肪组织所包裹。成人两侧腺体共重 8～10g，左肾上腺呈半月形，右肾上腺为三角形。腺体分肾上腺皮质和肾上腺髓质两部分，周围部分是皮质，内部是髓质。两者在发生、结构与功能上均不相同，实际上是两种内分泌腺。

一、肾上腺皮质的内分泌

肾上腺皮质较厚，位于表层，约占肾上腺总重量的 80%，从外向内可分为球状带、束状带和网状带三部分（图 11-17）。

球状带　球状带腺细胞排列成短环状或球状。该层较薄，紧靠被膜，约占皮质厚度的15%。细胞呈柱状或立方形，排列成球形细胞团，核小而圆，染色深，胞质少，弱嗜碱性，含少量脂滴。电镜下最明显的特征是含有大量滑面内质网、粗面内质网、游离核糖体和高尔基复合体。此带细胞分泌**盐皮质激素**（mineralocorticoid，MC），主要为**醛固酮**（aldosterone），调节电解质和水盐代谢。

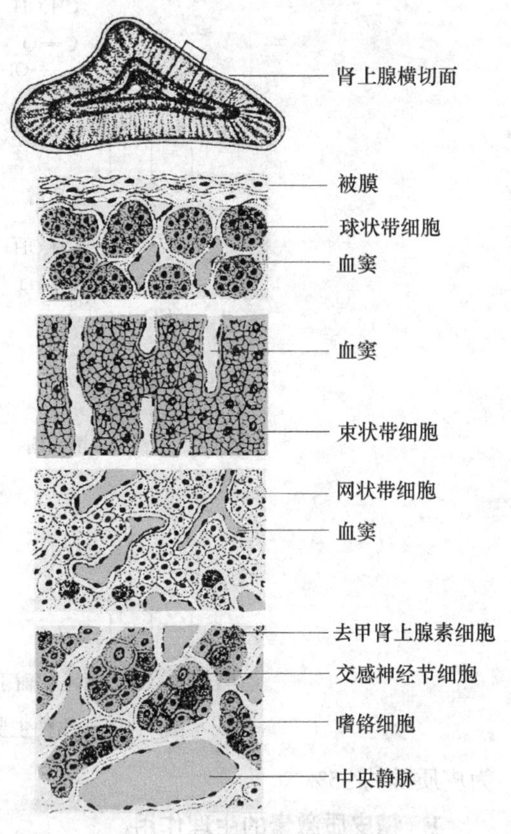

图 11-17　肾上腺解剖结构图

束状带　束状带位于皮质中间，腺细胞排列垂直于腺体表面呈束状。这层较厚，构成皮质的大部分。约占皮质厚度78%，由多边形的细胞排列成束。细胞体积大，胞核染色浅，位于中央。胞质内充满脂滴，在普通染色标本中，脂滴被溶去，留下许多小空泡，使束状带细胞呈泡沫状。电镜下滑面内质网较球状带多，常环绕脂滴和线粒体排列，粗面内质网也较发达。该带细胞分泌的**糖皮质激素**（glucocorticoid，GC），主要为**皮质醇**（cortisol）和**皮质酮**（corticosterone），调节糖、脂肪和蛋白质的代谢。

网状带　网状带位于皮质最内层，腺细胞排列不规则。约占皮质厚度的7%，紧靠髓质，细胞排列成不规则的条索状，交织成网。细胞较束状带小，胞核较小，染色深，胞质弱嗜酸性。含有少量脂滴和较多脂褐素。电镜下此带细胞内含有大量滑面内质网。网状带主要分泌糖皮质激素，还可分泌少量**性激素**（gonadal hormones）。

肾上腺皮质各部分能分泌不同激素的主要原因是各层细胞所含促进激素合成的酶不同，因而产生不同的酶促反应，尽管底物相同，结果所合成的激素不同。如先天或后天导致某种酶缺乏，可引起某种皮质激素合成与分泌不足。皮质激素都是以胆固醇为原料经皮质细胞合成的类固醇激素，都含有环戊烷多氢菲这一基本结构，由于不同位置碳上的基团和侧链不同，使各种激素具有不同的活性和生理作用（图 11-18）。

血液中皮质激素以结合型和游离型两种形式存在。但只有游离型的激素才具有生物效应。两种形式的皮质激素可以相互转化，呈动态平衡。75%～80% 的皮质醇与血浆中的皮质类固醇球蛋白结合，15% 与血浆清蛋白结合，只有 5%～10% 以游离形式存在。醛固酮主要以游离状态存在，也可以与醛固酮结合蛋白、血浆清蛋白和皮质类固醇球蛋白（皮质激素运载蛋白）结合。

（一）糖皮质激素

糖皮质激素主要有皮质醇和皮质酮，皮质酮的含量为皮质醇的 1/20～1/10，生物活性仅

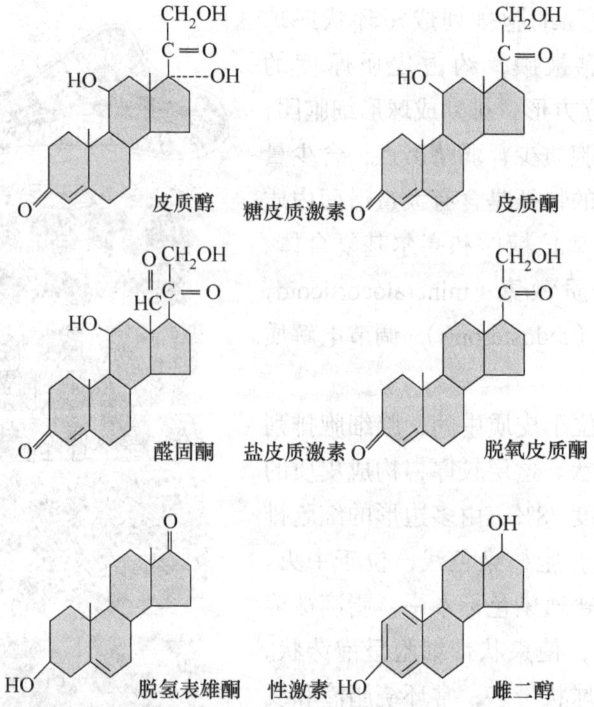

图 11-18　几种主要肾上腺皮质激素的化学结构

为皮质醇的 35%。

1. 糖皮质激素的生理作用

（1）对物质代谢的作用

糖代谢　GC 是调节体内糖代谢的重要激素之一，有显著的升血糖作用。这是由于皮质醇可促进蛋白质分解、抑制外周组织对氨基酸的利用，促进糖异生为肝糖原，使糖原储存增加。同时通过抗胰岛素作用，降低肌肉、脂肪等组织对胰岛素的敏感性，使外周组织对葡萄糖的利用减少，导致血糖升高。

蛋白质代谢　GC 有促进蛋白分解、抑制其合成的作用。在肝外组织中，特别是肌蛋白分解生成的氨基酸进入肝脏，可成为糖原异生的原料。皮质醇分泌过多常引起肌肉蛋白质分解过多，皮肤变薄、机体消瘦、骨质疏松以及生长停滞等现象。

脂肪代谢　GC 能促进脂肪分解和脂肪酸在肝内氧化，但 GC 引起的高血糖可引起胰岛素分泌增加，进而加强成脂作用。GC 对不同部位脂肪细胞代谢的影响不同，分泌过多时可引起躯体脂肪的异常分布，如在人可引起四肢脂肪减少，项背部位分布增加，呈现特殊的“**水牛背**”（buffalo hump）和“**圆月脸**”（moon facies）现象。

水盐代谢　糖皮质激素可增加肾小球血流量，使肾小球滤过率增加，促进水的排出。糖皮质激素分泌不足时，机体排水功能低下，严重时可导致全身肿胀，补充糖皮质激素后可使症状缓解。

（2）对组织器官的作用

血细胞　GC 可增加血液中血小板、中性粒细胞、单核细胞和红细胞的数量，而使淋巴细胞、嗜酸性粒细胞数量减少。

血管系统　GC 通过增强血管平滑肌对儿茶酚胺的敏感性（即糖皮质激素的允许作用）来保持血管的紧张性和维持血压稳定。糖皮质激素还可降低毛细血管壁的通透性，利于血容量的维持。

神经系统　GC 可提高中枢神经系统的兴奋性。肾上腺皮质功能低下或糖皮质激素分泌不足时，动物常表现精神不振。

消化系统　GC 可促进多种消化液和消化酶的分泌。糖皮质激素能增加胃酸及胃蛋白酶原的分泌，还能提高胃腺细胞对迷走神经和胃泌素的反应性。

（3）在应激反应中的作用

当动物受到一系列非特异性刺激（如创伤、手术、饥饿、疼痛、缺氧、寒冷以及惊恐等）时，血液中 ACTH 和糖皮质激素含量立即升高。一般将此类刺激统称为应激刺激。因应激刺激引起机体适应性及耐受性改变的反应称为**应激反应**（stress reaction）。应激属非特异性反应，可从多方面调整机体对应激刺激的适应性和抵御能力，具有保护自身的意义。参与机体应激反应的激素有多种，主要是 ACTH 和糖皮质激素。除垂体 - 肾上腺皮质系统外，交感 - 肾上腺髓质系统也参与应激反应过程，使血液中儿茶酚胺含量明显增加。在机体应激反应过程中，血液中生长激素、催乳素、胰高血糖素、β- 内腓肽、抗利尿激素及醛固酮等含量也相应增加。

此外，糖皮质激素还有增强骨骼肌收缩力、抑制骨的形成和促进胎儿肺表面活性物质的合成等作用。

（4）药理效应

作为药物使用时，大剂量的糖皮质激素有抗炎、抗过敏、抗毒素、抗休克和抑制免疫反应等作用。

2. 糖皮质激素分泌的调节

无论是基础分泌还是在应激状态下，糖皮质激素的分泌都受腺垂体 ACTH 的控制。切除动物的腺垂体后，肾上腺皮质束状带和网状带发生萎缩，糖皮质激素分泌也停止，如及时补充 ACTH，可使萎缩的组织及分泌功能得以恢复。实验表明，ACTH 能促进束状带和网状带的生长发育，并刺激其分泌糖皮质激素。ACTH 的分泌又受下丘脑 CRH 的控制。ACTH 的自然分泌呈昼夜节律。每日清晨觉醒前，其分泌达高峰，以后逐渐下降，至午夜时分泌达最低点，以后再逐渐上升。目前认为，这种节律可能受下丘脑生物钟的控制。有人认为 CRH 的分泌也具有这种节律性，并形成下丘脑 - 腺垂体 - 肾上腺皮质轴系统（图 11-19）。血液中糖皮质激素对 CRH 和 ACTH 具有负反馈调节作用。血中糖皮质激素分泌过多时，能抑制 ACTH 的分泌，或使腺垂体分泌 ACTH 的细胞对 CRH 的反应减弱，使糖皮质激素的分泌下降，以维持

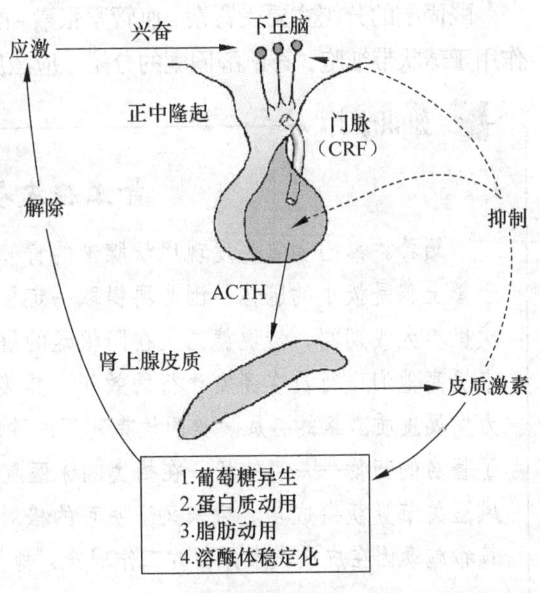

图 11-19　糖皮质激素分泌的调节示意图

糖皮质激素含量的相对稳定。另外，ACTH 和 CRH 之间还可能存在短环路负反馈调节。总之，下丘脑 - 腺垂体 - 肾上腺皮质三者组合成的功能轴，在应激反应中发挥重要作用。

在应激反应中，中枢神经系统通过多种神经通道使下丘脑 - 腺垂体 - 肾上腺皮质功能轴活动加强，糖皮质激素分泌量急增，此时糖皮质激素的负反馈调节暂时失效，这是一种典型的开环调节，其中，负反馈失效的机制尚不明确。

长期大剂量服用外源性糖皮质激素可反馈性抑制腺垂体分泌细胞的活动，导致自身肾上腺皮质萎缩，丧失分泌激素的功能。有实验表明，海马在正常状态和应激状态时都参与下丘脑 - 垂体 - 肾上腺皮质轴的调节。皮质醇也可通过海马影响下丘脑 - 垂体 - 肾上腺皮质轴的活动水平。

（二）盐皮质激素

盐皮质激素主要包括醛固酮和少量**11- 去氧皮质酮**（11-deoxycorticosterone，DOC），其中醛固酮的生物活性最高，DOC 是醛固酮合成反应的中间产物，它对水盐代谢的作用仅为醛固酮的 1/30。

1. 盐皮质激素的生理作用

盐皮质激素是调节机体水盐代谢的重要激素，对肾脏有保钠、保水和排钾的作用，进而影响细胞外液和循环血量的相对稳定。

醛固酮通过促进靶细胞内醛固酮诱导蛋白的合成，提高肾小管上皮细胞对 Na^+ 的通透性，促进钠泵活动，使 Na^+ 的重吸收增加；Na^+ 重吸收后肾小管液呈负电性质，使 K^+ 和 H^+ 由细胞释放到管腔中。由于保钠作用提高了细胞间隙的渗透性，水被继发性重吸收，实现对保钠、保水和排钾作用的调节。

此外，盐皮质激素与糖皮质激素一样具有允许作用，能增强血管平滑肌对儿茶酚胺的敏感性，但作用强于糖皮质激素。

2. 盐皮质激素分泌的调节

醛固酮的分泌主要受肾素 - 血管紧张素 - 醛固酮系统的调节。血钾和血钠浓度的变化可直接作用于球状带细胞，影响醛固酮的分泌。应激反应时，ACTH 对醛固酮的分泌也有一定调节作用。

知识卡片

肾上腺皮质激素的发现

赖希施泰因和首先发现甲状腺素的肯德尔是研究肾上腺皮质激素的两位著名学者。由于肾上腺是极小的腺体，因此要提取一定量的肾上腺素就需要大量动物的肾上腺。在第二次世界大战期间，传说德国人在阿根廷的屠宰场大量收买动物肾上腺以生产皮质激素，用来提高他们飞行员在高空飞行的效能。其实并没有这回事。但这一谣传却促使美国政府竭力发展皮质激素的合成。美国软克药厂的沙勒特（L.H.Sarrett）用了 37 个化学反应步骤合成了著名的药物——可的松。在梅奥临床医院工作的亨奇医生，1949 年将可的松用于治疗类风湿关节炎获得成功。后来又证明可的松对阿狄森病也有治疗功效。由于肯德尔、亨奇和赖希施泰因在皮质激素方面的工作成就，他们三个人分享了 1950 年诺贝尔生理或医学奖。

二、肾上腺髓质的内分泌

肾上腺髓质位于肾上腺中心。从胚胎发生来看，髓质与交感神经属同一来源，相当于一个交感神经节，受内脏大神经节前纤维的支配。

肾上腺髓质的腺细胞较大，呈多边形，围绕血窦排列成团或不规则的网状。细胞内含有细小颗粒，经铬盐处理后，一些颗粒与铬盐呈棕色反应。将含有这种颗粒的细胞称为嗜铬细胞。这些颗粒内的物质可能就是肾上腺髓质激素的前体，在交感神经的支配下，髓质能分泌肾上腺素，因此，肾上腺髓质是将神经信息转换为激素信息的一种神经内分泌转换器。肾上腺髓质嗜铬细胞分泌的**肾上腺素**（epinephrine，E）和**去甲肾上腺素**（norepinephrine，NE）都称为儿茶酚胺类激素。

（一）肾上腺髓质激素的合成与代谢

髓质激素的合成与交感神经节后纤维合成去甲肾上腺素的过程基本一致，二者不同的是嗜铬细胞胞浆中存在大量的**苯乙醇胺-*N*-甲基移位酶**（phenylethanolamine-*N*-methyl-transferase，PNMT），该酶可使去甲肾上腺素甲基化成肾上腺素。合成髓质激素的原料为酪氨酸，其合成过程为：酪氨酸→多巴→多巴胺→去甲肾上腺素→肾上腺素，各个步骤分别在酪氨酸羟化酶、多巴脱羧酶、多巴胺β-羟化酶及PNMT的作用下，最终生成肾上腺素（图11-20）。

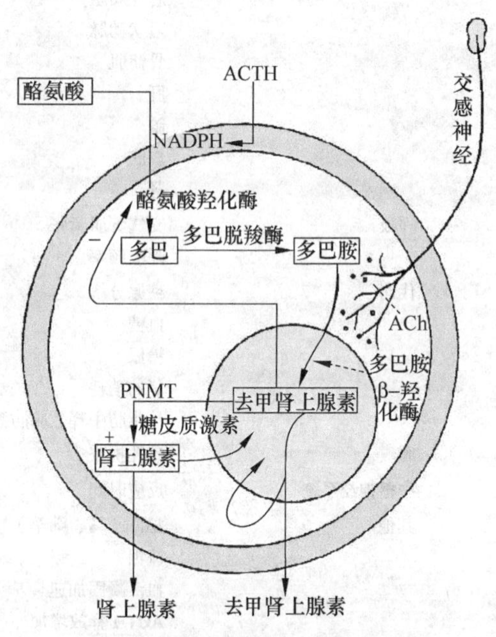

图11-20 肾上腺髓质激素合成示意图

肾上腺素与去甲肾上腺素一起储存在髓质细胞的囊泡内。髓质中二者的比例大约为4∶1，以肾上腺素为主。血液中的去甲肾上腺素除由髓质分泌外，还来自肾上腺素能神经纤维末梢，而血中肾上腺素则主要来自肾上腺髓质。

体内肾上腺素与去甲肾上腺素通过**单胺氧化酶**（monoamine oxidase，MAO）与**儿茶酚-*O*-甲基移位酶**（catechol-*O*-methyltransferase，COMT）的作用而灭活。

（二）肾上腺髓质激素的生理作用

肾上腺素和去甲肾上腺素对各器官、组织和代谢的作用较为广泛（表11-7）。

肾上腺髓质受交感神经节前纤维支配，两者关系密切，共同组成交感-肾上腺髓质系统。生理学家Cannon最早全面研究了交感-肾上腺髓质系统的作用，曾提出**应急学说**（emergency reaction hypothesis），认为机体遭遇特殊情况（包括畏惧、剧痛、失血、脱水、乏氧、暴冷暴热以及剧烈运动等）时，这一系统将立即调动起来，儿茶酚胺（去肾上腺素和肾上腺素）的分泌量激增。儿茶酚胺作用于中枢神经系统，导致其兴奋性提高，使机体处于警觉状态，反应灵敏；呼吸加强加快，肺通气量增加；心跳加快，心缩力增强，心输出量增加，血压升高，血液循环加快，内脏血管收缩，骨骼肌血管舒张同时血流量增多，全身血液重新分配，以利于应急时重要器官得到更多的血液供应；肝糖原分解增加，血糖升高，脂肪分解加强，血中游离脂肪酸增多，葡萄糖与脂肪酸氧化过程增强，以适应在应急情况下对能量的需要。总之，上述一切变化都是在紧急情况下，通过交感-肾上腺髓质系统发生的适应性反应，称之为应急反应。实际上，引起应急反应的各种刺激，也是引起应激反应的刺激，当机体受到应激刺激时，同时引起应急反应与应激反应，两者相辅相成，共同维持机体的适应能力。

表 11-7　肾上腺素和去甲肾上腺素效应的比较

器官系统	机能	肾上腺素的效应	去甲肾上腺素的效应
心血管	心率	＋	＋后反射性－
	心输出量	＋	○
	心缩压	＋	＋
	心舒压	－	＋
	总外周阻力	－	＋
	冠状动脉	＋	＋
	骨骼肌	＋	○
	肝	＋	○
	脑	＋	－
	皮肤	－	－
	肾	－	－
呼吸	支气管肌紧张	－	－
	呼吸频率	－后＋	－后＋
代谢	糖原分解	＋	
	血糖	＋	○后弱＋
	糖尿	＋	
	氧的消耗	＋	
	从脂肪中释放脂肪酸	＋	○后弱＋
眼	瞳孔扩张	＋	○
中枢神经系统	反应时间	＋	＋
其他	泌汗（马、绵羊）	＋	
	流泪	＋	
	血液凝固加速	＋	
	ACTH 释放增加	＋	
	情绪的激怒	＋	

注：＋：增加；－：减少；○：无变化。

近年来的研究发现，肾上腺髓质嗜铬细胞还可分泌一种称为**肾上腺髓质素**（adrenomedulin，ADM）的多肽激素，对机体有广泛的生理作用，如扩张血管、降低血压和排水排钠等。

（三）肾上腺髓质激素分泌的调节

1. 交感神经

肾上腺髓质受交感神经胆碱能节前纤维支配，交感神经兴奋时，节前纤维末梢释放乙酰胆碱，作用于髓质嗜铬细胞上的N型受体，引起肾上腺素与去甲肾上腺素的释放。若交感神经兴奋时间较长，则合成儿茶酚胺所需的酪氨酸羟化酶、多巴胺β-羟化酶以及PNMT的活性均增强，从而促进儿茶酚胺的合成。

2. ACTH与糖皮质激素

动物摘除垂体后，髓质中酪氨酸羟化酶、多巴胺β-羟化酶与PNMT的活性降低，而补充ACTH则能使这些酶的活性恢复，如给予糖皮质激素可使多巴胺β-羟化酶与PNMT的活性恢复，而对酪酸羟化酶未见明显影响，这提示ACTH有促进髓质合成儿茶酚胺的作用，其主要是通过糖皮质激素来实现。肾上腺皮质的血液经髓质后才流回血液循环，这一解剖特点利于糖皮质激素直接进入髓质，进而调节儿茶酚胺的合成。

3. 自身反馈调节

去甲肾上腺素或多巴胺在髓质细胞内的量增加到一定程度时，可抑制酪氨酸羟化酶的活性。同样，肾上腺素合成增多时，也能抑制PNMT的作用。当肾上腺素与去甲肾上腺素从细胞内释放进入血液后，胞浆内含量减少，解除了上述负反馈抑制作用，儿茶酚胺的合成又随即增加（图11-20）。

下丘脑-垂体-肾上腺轴的功能调节主要包括（图11-21）：

（1）高级中枢的作用；

（2）垂体后叶的作用；

（3）免疫系统和细胞因子的负反馈调节；

（4）肾上腺皮质激素对髓质中某些酶活性的影响。

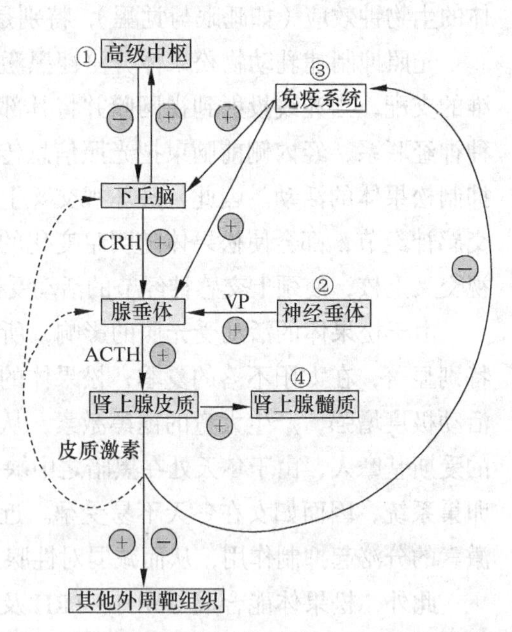

图11-21 下丘脑-垂体-肾上腺轴功能调节模式图（陈义）

第八节 其他内分泌腺体或细胞

一、松果体

松果体（pineal body）位于中脑前丘和丘脑之间。为一红褐色的豆状小体，位于第三脑室顶，故又称为**脑上腺**（epiphysis），其一端借细柄与第三脑室顶相连，第三脑室凸向柄内形成松果体隐窝。

松果体分泌的主要激素为**褪黑素**（melatonin，MT），属于吲哚类化合物，其分泌呈现明显的日周期变化。两栖类动物的褪黑素有促使皮肤褪色的作用，但对哺乳类而言已经失去这种作用，褪黑素的生理作用可能通过下丘脑，或直接抑制垂体促性腺激素的分泌，进而抑制性腺的活动和性成熟。褪黑素是迄今发现的最强的内源性自由基清除剂。褪黑素的基本功能就是参与体内抗氧化系统，防止细胞氧化损伤。

松果体细胞内含有丰富的5-羟色胺，它在相应酶的作用下转变为褪黑激素，松果体细胞接受颈上神经节发出的交感神经节后纤维的支配，刺激交感神经可促进松果体合成和分泌褪黑激素。松果体的分泌机能与光照有密切的关系，持续光照可导致松果体变小，抑制松果体细胞的分泌，而黑暗则对松果体的分泌起促进作用。由于褪黑激素的分泌与合成受光照调节，因此，其分泌量呈现昼夜节律变化。在人的血浆中，中午十二时，其分泌量最低，而在午夜零时，其分泌量最高。另外，它的周期性分泌与动物和人的性周期及月经周期有明显的关系。松果体可能通过褪黑激素的分泌周期向中枢神经系统发放“时间信号”，从而影响机体的生物钟效应（如睡眠与觉醒），特别是下丘脑 - 垂体 - 性腺轴的周期性活动等。

光照抑制哺乳动物松果体分泌褪黑激素的途径大致如下：由于松果体受颈上交感节后纤维的支配，当光线投射到视网膜并将其部分信息传递到视交叉上核后，视交叉上核又通过某种神经联系，经内侧前脑束把光照信息传到交感低级中枢，再经脊髓传至颈上神经节，进而抑制松果体的活动。因此，破坏视交叉上核，切断联系颈上交感神经节的神经，或摘除颈上交感神经节，都会使松果体随明暗变化的节律性活动消失。光照和刺激视神经，或直接刺激视交叉上核，使颈上交感神经节的活动受到抑制，则松果体的活动也随之降低。

由于松果体的活动受光照的影响，所以生活在两极地区的动物松果体功能的季节性变动特别显著，在太阳不落的夏季，松果体的活动几乎完全停止。在漫长而黑暗的冬季，松果体活动极度增强，产生大量的褪黑激素，从而抑制生殖活动。可能正是这种原因，居住在北极的爱斯基摩人，由于冬天处在黑暗之中缺乏光照，褪黑激素分泌增加，抑制了下丘脑 - 垂体 - 卵巢系统，因而妇女在冬天不易受孕。近年来发现，灯光和自然光一样，同样对松果体褪黑激素的分泌起抑制作用，从而减弱对性腺发育的抑制，导致性早熟。

此外，松果体能合成 GnRH、TRH 及催产素等肽类激素。在多种哺乳动物（鼠、牛、羊和猪等）的松果体内其 GnRH 浓度比下丘脑中高 4～10 倍。因此，有人认为松果体是 GnRH 和 TRH 的补充来源。

知识卡片

松果体

说动物有第三只眼睛，似乎不可思议。其实，生物学家早就发现，早已绝灭的古代动物头骨上有一个洞。起初生物学家对此迷惑不解，后来证实这正是第三只眼睛的眼框。研究表明，不论是飞禽走兽，还是蛙鱼龟蛇，甚至人类的祖先，都曾有过第三只眼睛。只不过随着生物的进化，这第三只眼睛逐渐从颅骨外移到了脑内，成了“隐秘的”第三只眼。尽管松果体移入了颅腔内，不能直接观察五光十色的大千世界，但由于它曾经执行过人类第三只眼睛的功能，凭着它原来的一手“绝活”，仍然能感受光的信号并做出反应。例如人们在阳光明媚的日子里会感到心情舒畅、精力充沛、睡眠减少。反之，遇到细雨连绵的阴霾天气则会情绪低沉、郁郁寡欢、常思睡眠。这一现象正是松果体在“作祟”。

研究发现，褪黑激素的分泌受到光照的制约。当强光照射时，褪黑激素分泌减少，而在暗光环境中褪黑激素分泌增加。人体内褪黑激素多时会心情压抑，反之，人体内的褪黑激素少时则心情愉悦。由此看来，人的情绪受光的影响就不足为奇了。

二、胸腺

胸腺（thymus）为机体的重要淋巴器官，其功能与免疫紧密相关，能分泌胸腺激素及激素类物质，是具有内分泌功能的免疫器官。胸腺位于胸骨后面，紧靠心脏，呈赤灰色，扁平椭圆形，分左、右两叶。胚胎后期及初生时，人胸腺重10～15g，是一生中重量相对最大的时期。随年龄增长，胸腺继续发育，到青春期重30～40g。此后胸腺逐渐退化，淋巴细胞减少，脂肪组织增多，至老年时仅为15g。胸腺主要由淋巴细胞和上皮网状细胞构成。

造血干细胞经血流进入胸腺后，先在皮质增殖分化成淋巴细胞。其中大部分淋巴细胞死亡，小部分继续发育进入髓质，成为近于成熟的T淋巴细胞。这些细胞穿过毛细血管后微静脉的管壁，再迁移到周围淋巴结的弥散淋巴组织中，此处称为胸腺依赖区。整个淋巴器官的发育和机体免疫力的获得都必须有T淋巴细胞的参与。当T淋巴细胞充分发育，迁移到周围淋巴器官后，胸腺的重要性逐渐减低。

从20世纪40年代开始，科学家已从胸腺中陆续提出十几种有效的体液因子，它们无种属特异性，在某种程度上代替胸腺的功能，以微量存在于血中，其中研究最多的是**胸腺素**（thymosin），它是从小牛胸腺中提取出来的相对分子质量为12 000的蛋白质。胸腺素能使免疫缺陷患者的T细胞机能得到恢复，可诱导无胸腺及去胸腺小鼠的T细胞机能，并可增加小鼠胸腺细胞中环鸟苷酸的含量。此外，胸腺激素Ⅰ也是从小牛胸腺中提取出来的多肽，后来进一步提纯出胸腺激素Ⅱ，此激素存在于胸腺皮质或髓质上皮细胞中，亦有诱导T细胞的机能。

生长激素和甲状腺素能刺激胸腺生长，而性激素则促使胸腺退化。

三、前列腺

前列腺素（prostaglandin，PG）是由存在于动物和人体中一类不饱和脂肪酸组成的具有多种生理作用的活性物质。最早在人的精液中发现，当时以为这一物质由前列腺释放，因而定名为前列腺素。现已证明精液中的前列腺素主要来自精囊，全身许多组织细胞都能产生前列腺素。PG在体内由花生四烯酸所合成，结构为一个五环和两条侧链构成的20碳不饱和脂肪酸，根据环上取代基的不同，前列腺素可分为PGA、PGB、PGC、PGD、PGE、PGF、PGG、PGH和PGI。前列腺素的生理作用极为广泛。

（一）对生殖系统的作用

PG作用于下丘脑GnRH神经内分泌细胞，增加GnRH的释放，再刺激垂体前叶LH和FSH的分泌，从而使睾丸激素分泌增加。PG也能直接刺激睾丸间质细胞分泌。可增加大鼠睾丸重量、核糖核酸含量、透明质酸酶活性和精子数量，增强精子活动。PG能够维持雄性生殖器官平滑肌的收缩功能，与射精作用有关。精液中PG使子宫颈松弛，促进精子在雌性动物生殖道中的运行，利于受精。但大量的前列腺素对雄性的生殖功能有抑制作用。

（二）对胃肠道的作用

PG可引起胃肠道平滑肌收缩，抑制胃酸分泌，防止强酸、强碱等对胃黏膜的侵蚀，有细胞保护作用。对小肠、结肠和胰腺等也具保护作用。还可刺激肠液和胆汁的分泌，以及胆囊肌收缩等。

（三）对神经系统的作用

PG广泛分布于神经系统，对神经递质的释放和活动起调节作用，也有人认为，PG本身即有神经递质的作用。

（四）对内分泌系统的作用

PG通过影响内分泌细胞内cAMP水平，进而影响某些激素的合成与释放。如促使甲状腺素分泌和肾上腺皮质激素的合成等。PG对机体各系统功能活动的影响见表11-8。

表11-8 前列腺素对机体各系统的作用

系统	主要作用
循环系统	促进或抑制血小板聚集，影响血液凝固，使血管收缩或舒张
呼吸系统	使气管收缩或舒张
消化系统	抑制胃腺分泌，保护胃黏膜，刺激小肠运动
泌尿系统	调节肾血流量，促进水、钠排出
神经系统	调节神经递质的释放，影响下丘脑体温调节，参与睡眠活动，参与疼痛和镇痛过程
内分泌系统	促进皮质醇的分泌，增强组织对激素的反应性，参与神经内分泌调节过程
生殖系统	促进生殖道平滑肌收缩，参与排卵、黄体溶解及分娩等生殖活动
脂肪代谢	抑制脂肪分解
防御系统	参与炎症反应

各类型的PG对不同的细胞可产生完全不同的作用。例如，PGE能扩张血管，增加器官血流量，降低外周阻力，并有排钠作用，从而使血压下降；而PGF作用比较复杂，可使兔、猫血压下降，却又使大鼠、狗的血压升高。PGE使支气管平滑肌舒张，降低通气阻力；而PGF却使支气管平滑肌收缩。PGE和PGF对胃液的分泌都有很强的抑制作用，但可增强胃肠平滑肌的收缩功能。它们还能使妊娠子宫平滑肌收缩。此外，PG对排卵、黄体生成和萎缩、卵子和精子的运行等生殖功能也有重要影响。

在畜牧兽医生产实践和生殖生物技术应用中，PG有重要作用。如可利用$PGF_{2\alpha}$和PGE_2溶解黄体来控制雌性动物发情或引起同期发情，也可用于刺激子宫肌收缩、催产和子宫复原。PG可用于治疗卵巢囊肿、子宫内膜炎、子宫积水和积脓等病症。PG对于提高雄性动物的生殖能力也有一定作用。

四、胎盘

胎盘是由胎儿胎盘（尿囊绒毛膜）和母体胎盘（子宫内膜）共同构成。它是胎儿生长发育过程中与母体进行物质交换的临时器官，同时它又是一个重要的内分泌器官。胎盘能分泌多种激素，如雌激素、孕酮、松弛素、胎盘催乳素、胎盘促性腺激素、肾上腺皮质激素、生长激素、促甲状腺激素及β脑啡呔等。这里仅介绍2种重要的胎盘促性腺激素。

（一）人绒毛膜促性腺激素

人绒毛膜促性腺激素（human chorionic gonadotrophin，HCG）是妊娠动物胎盘胚泡滋养层细胞所分泌的一种促性腺激素，是一种糖蛋白，相对分子质量为36 000～40 000。由于其相对分子质量较小，可经肾小球滤过，故可在尿中测出。HCG具有FSH和LH的双重活性，但LH的活性相对大于FSH。所以HCG的生理作用与LH相似，可促进排卵后黄体的形成。在妊娠早期可使黄体继续发育，在妊娠中期则代替卵巢合成雌激素和孕激素。此外，HCG还能降低淋巴细胞的活力，防止母体对胎儿的排斥反应。根据其生理作用，畜牧业生产中广泛应用HCG使母畜超数排卵和同期排卵，也用于治疗排卵延迟或不排卵等。

（二）孕马血清促性腺激素

孕马血清促性腺激素（pregnant mare serum gonadotropin，PMSG）是母马、母驴胎盘子宫内膜细胞所产生的一种促性腺激素。母马妊娠40天后开始分泌PMSG，并在55～75天间保持高峰分泌状态，以后分泌逐渐减少，到150天左右完全消失。

PMSG是一种酸性糖蛋白，相对分子质量为70 000，由于其相对分子质量大，不能通过肾小球滤过，故只存在于血液中，而不存在于尿中。PMSG具有FSH和LH的双重活性，且FSH的活性相对大于LH，所以它的生理作用与FSH相似，主要是促进卵泡的生长发育，也有一定的促排卵和促黄体生成作用。在畜牧业生产中，PMSG被广泛用于实验动物、牛、羊和猪等动物的催情和超数排卵。

五、胃肠道黏膜中的内分泌细胞

在胃至结肠的黏膜层中含有20多种内分泌细胞，它们散在于胃肠道的非内分泌细胞之间。由于胃肠道黏膜的面积特别大，胃肠内分泌细胞的总数超过所有其他内分泌腺的细胞总和。因此，消化道也是体内最大、最复杂的内分泌器官。胃肠内分泌细胞分泌的激素统称为胃肠激素，目前已报道的胃肠激素有40多种，在化学性质上都属于肽类，组成肽链的氨基酸残基数目由几个到几十个不等。相对分子质量大都在2000～5000范围内。

根据胃肠激素化学结构的特点，将胃肠激素分为四个大家族，即胃泌素族（包括胃泌素和胆囊收缩素），促胰液素族（包括促胰液素、胰高升糖素、舒血管肠肽和抑胃肽）、P物质族（包括P物质、蛙皮素、神经降压素）、胰多肽族（包括胰多肽和神经肽Y）。同一家族的激素由丁结构上的相似，在功能上也往往有相似之处。近年来发现，一种激素常常以大小不等的多种分子形式出现在不同的组织或血液中。一般来讲，大分子形式在体内维持的时间较长（半衰期长），但作用的强度往往比小分子形式要弱。

胃肠激素由内分泌细胞释放后，有些通过血液循环到达靶细胞，有些通过细胞间液弥散至邻近的靶细胞，有些可能沿着细胞间隙弥散入胃肠腔内起作用。此外，有些胃肠激素作为支配胃肠的肽能神经元的递质而发挥作用。胃肠激素的生理作用主要有以下三方面。

（一）调节消化腺分泌和消化道运动

如胃泌素促进胃液分泌和胃运动，抑胃肽则抑制胃液分泌和胃运动，胆囊收缩素引起胆囊收缩、增加胰酶的分泌等。

（二）调节其他激素的释放

如从小肠释放的抑胃肽不仅抑制胃液分泌和胃运动，而且有很强的刺激胰岛素分泌的作用。又如生长抑素和血管活性肠肽等对胃泌素的释放起抑制作用。

（三）营养作用

一些胃肠激素具有刺激消化道组织生长和代谢的作用。如胃泌素能促进胃和十二指肠黏膜蛋白质的合成，从而促进其生长；**胆囊收缩素**能促进胰腺外分泌组织的生长等。

胃肠激素作为神经内分泌免疫网络中的一分子，与其他成分如细胞因子和神经递质等共同作用，影响胃肠道的运动，维持机体正常的生理功能。

近年来还发现，许多胃肠激素也存在于脑或其他组织中。对于既存在于胃肠道又存在于脑中的肽类物质，称为“脑 - 肠肽”。这些肽在脑中由神经细胞合成，然后沿神经纤维传递到神经末梢而释放出来，调节神经支配的细胞活动。目前，胃肠激素在神经系统的功能正在被逐一证实，如发现在大脑皮质中含有浓度很高的胆囊收缩素，向动物脑内注射胆囊收缩素可以明显抑制动物摄取食物，产生所谓致饱作用。某些神经和精神疾病（如老年性痴呆和精神分裂症）患者，其脑组织及脑脊液中一些脑 - 肠肽含量常有明显变化。因此，神经系统中的多种肽类物质可能参与摄食、体温、代谢、疼痛、行为和记忆等活动的调节。

六、脂肪细胞

在动物机体内，脂肪细胞的数目以数十亿计，分为白色脂肪细胞和棕色脂肪细胞两种类型。人体内的脂肪组织主要由白色脂肪细胞构成。脂肪细胞能分泌几十种细胞因子或脂肪激素，对机体的生理功能有显著调节作用。

瘦素（leptin）是1994年发现的第一个脂肪激素，由白色脂肪细胞分泌。动物实验显示，缺乏瘦素的小鼠，代谢率降低，食量增加，严重肥胖。给这些小鼠注射瘦素后，代谢率升高，食欲受到抑制，体重下降，说明瘦素有显著的减肥作用。后来证实，当人体内瘦素含量增加至一定量时，便作用于下丘脑，抑制食欲，减少能量摄取，提高代谢率，增加能量消耗，抑制脂肪合成，从而使体重和脂肪总量明显降低；当血清瘦素浓度下降时，则摄食量增加，代谢率降低，使体内脂肪含量得以恢复。如果体内的瘦素水平过低或结构变异而丧失活性，就会导致脂肪的过度沉积，引起肥胖。由此可见，脂肪细胞通过分泌瘦素来协调身体的能量供给和能量储存，使身体的脂肪总量保持相对稳定。瘦素还有抑制胰岛素产生、改善胰岛素敏感性的作用。由于肥胖者出现瘦素抵抗现象，抑制胰岛素产生的作用减弱，导致胰岛素分泌增多，形成高胰岛素血症，胰岛素的敏感性下降，从而促发糖尿病。

脂联素（adiponectin）是近年发现的由脂肪细胞分泌的另一种蛋白激素，它具有抗炎、抗糖尿病、抗动脉粥样硬化和增强胰岛素敏感性的作用。肥胖者、胰岛素抵抗者和2型糖尿病患者体内脂联素水平较正常人群低。提高脂联素水平可改善胰岛素的敏感性，提高高密度脂蛋白和胆固醇水平。现已证实，脂联素能显著改善胰岛素抵抗，增强外周组织对胰岛素的敏感性，还可保护胰岛素B细胞的分泌功能。

研究发现，在超重及肥胖人群中，冠心病危险因子数目越多，其血浆中脂联素浓度越低；血中脂联素浓度高者，急性心肌梗死的危险性较低。这是由于脂联素具有明显的抗动脉粥样硬化的功能，能保护血管内皮细胞，抑制由各种炎症细胞因子诱导的炎症反应，抑制主动脉平滑肌细胞的增殖和迁移，从而防止和改善动脉粥样硬化。脂肪细胞还分泌其他脂肪激素，与脂联素和瘦素一起协调机体的神经内分泌及免疫功能。

（李留安）

复习思考题

1. 简述含氮激素和类固醇激素的作用机理。
2. 激素作用的一般特征有哪些？
3. 下丘脑和垂体在结构和功能上有何关系？
4. 腺垂体分泌哪些激素？各有何作用？
5. 试述甲状腺激素对物质代谢的影响。
6. 肾上腺皮质激素参与哪些生理过程？其作用如何？
7. 体内有哪几种激素参与钙代谢的调节？
8. 简述胰岛素的生理作用。
9. 肾上腺髓质与交感神经有何联系？在机体应激和应急反应中作用如何？

第十二章 生 殖

本章概述

生殖是生物体繁殖自身和延续种群的重要生命活动，是生命最基本的特征之一。家畜的生殖过程依次经历生殖细胞的形成、交媾、受精、卵裂、着床、妊娠、胚胎及胎儿的发育、分娩和哺乳等环节。生殖器官按功能可分为主性器官和附性器官。雄性的主性器官为睾丸。雌性的主性器官为卵巢。睾丸和卵巢是高等哺乳动物生殖系统所具有的高度特化的性腺器官，动物的性腺主要具有产生生殖细胞（精子和卵子）和性激素的功能，即睾丸合成睾酮，卵巢产生雌二醇和孕酮。生殖器官功能的实现依赖于下丘脑 - 腺垂体 - 性腺轴的调节，下丘脑分泌促性腺激素释放激素（gonadotropin-releasing hormone，GnRH）、腺垂体分泌促卵泡激素（follicle-stimulating hormone，FSH）和黄体生成素（luteinizing hormone，LH），性激素调节生殖细胞的生成并调控第二性征的出现。妊娠是新个体的孕育和产生的过程。

生物体生长发育到一定阶段，产生与其相似的子代个体，借以繁衍种族的生理功能称为**生殖**（reproduction）。一切生物体的正常生理过程都要经历产生、生长、发育、成熟、衰老和死亡的过程。正是由于新个体的不断产生，才确保了种族延续和生物种系的繁衍。生殖在这一过程中扮演了重要作用。因此，生殖是生物体的基本功能之一，也是生物区别于非生物的基本特征之一。在高等动物中，生殖是通过两性生殖系统的共同活动实现的，生殖过程包括两性生殖细胞（精子和卵子）在雌性动物体内的结合，以及经过胚胎发育等一系列阶段形成子代新个体。

生殖系统与其他系统相比有如下重要特点：①生殖系统对于机体内环境稳态和个体生存的维持并非绝对需要；②生殖系统直至性成熟后才具有生理功能，而其他系统的生理功能一般在个体出生时即已具有；③雌、雄生殖系统的结构存在很大差别，而其他系统的性别差异不显著。

在高等动物的**生殖系统**（reproductive system）中，能够产生生殖细胞的器官称为**主性器官**（primary sexual organ）。主性器官以外的其他生殖器官称为**附性器官**（accessory sexual organ）。雄性高等动物的主性器官是**睾丸**（testis），睾丸具有生成精子和雄激素的功能。雄性的附性器官包括为精子的发育、储存和运输等功能提供条件的器官，如附睾、输精管、精囊、前列腺、尿道球腺、阴茎和阴囊等。雌性的主性器官是**卵巢**（ovary），卵巢具有产生卵子和性激素（雌激素和孕激素）的功能。雌性的附性器官包括输卵管、子宫、阴道和乳腺等。尽管雌、雄动物的附性器官存在较大的差别，但它们的基本功能都是输送生殖细胞、参与受精过程、维持胚胎发育和成熟直至分娩，进而完成新个体的诞生。

睾丸和卵巢是分泌性激素的器官，即具有内分泌的功能，故二者又被合称为**性腺**（gonad）。性激素与高等动物的生殖活动密切相关，由于体内主要性激素种类和功能的差别，致使胚胎期发生性分化和性成熟后的雌、雄体征和外貌等出现显著差别。将两性动物体征和外貌的差异称为**第二性征**（secondary sexual characteristics）或副性征。如公畜表现体格高大、肌肉健壮、争勇好斗和叫声低沉等特征；母畜则表现乳腺发达、骨盆宽大、脂肪丰富和叫声尖利等。

第一节 动物生殖功能的个体发育

一、生殖系统的胚胎发育

哺乳动物胚胎的性别在受精时就已经确定。在胚胎发育早期时已有生殖器官的原基，但此时性腺并未分化。将性腺还不能区分为睾丸或卵巢时，统称为**原始生殖腺**（primordial gonad），它由表层的生殖上皮、间质细胞和原始生殖细胞组成。在胚胎期性分化之前，雌、雄生殖器官具有大体相似的形态结构。原始生殖细胞来自靠近尿囊根部的卵黄囊背侧的内胚层细胞，是一种未分化细胞。它们如果进入到生殖嵴髓质部，则参与睾丸形成；若停留在皮质部，则分化成卵巢。

原始生殖器官由两枚半分化的性腺、两对导管（中肾管和中肾旁管）和一个尿生殖窦组成。随后，未分化性腺、中肾管、中肾旁管、尿生殖窦、生殖结节和褶襞等就进入复杂的分化过程，分别形成雄性或雌性生殖系统。生殖腺和生殖道分化和发育的异常，将导致不同程度的雌雄间性。

1. 向雄性分化

中肾管（mesonephric duct）在雄性动物体内发育成沃尔夫氏管，在雌性动物体内则退化。睾丸由位于中肾内缘生殖嵴的髓质部分化而来，原始精细胞由体腔上皮形成的初级性索（primary sex cord）进入睾丸髓质层，成为曲精细管生殖上皮的组成部分。性索有两种细胞，即原始生殖细胞及其周围来源于体腔上皮的未分化细胞，两者分别分化为精原细胞和支持细胞。睾丸间质细胞分泌雄激素，促进中肾管发育。中肾管的头段、中段和尾段分别发育成附睾管、输精管、射精管和精囊腺。中肾管突入尿生殖窦入口处的尿道上皮形成前列腺、尿道腺和尿道球腺。尿生殖窦形成雄性尿道，在尿生殖孔处形成生殖结节，其内部则发育成尿道的阴茎部。包皮是由远端分离的皮褶生长超过生殖结节形成的。睾丸支持细胞产生**中肾旁管抑制物质**（Müllerian inhibiting substance，MIS），即抗中肾旁管激素，因此，在雄性动物体内的中肾旁管发生退化。

2. 向雌性分化

在雌性动物，生殖嵴或未分化性腺的髓质退化，其皮质则发育成为卵巢。由于卵巢不分泌雄激素，中肾管因此退化。因为卵巢不合成中肾旁管抑制物质，**中肾旁管**（paramesonephric duct）又称**缪勒氏管**（Müller duct）得以继续发育分化为雌性生殖管道。左、右侧中肾旁管呈对称发育，其前端部分迂曲伸长变成输卵管和子宫角，最前端发育成输卵管的伞部和漏斗部。缪勒氏管的末端左右合并后扩大为子宫和阴道管，由此再发育成子宫体、子宫颈和阴道。由于缪勒氏管末端合并程度不同，故形成了不同类型的子宫。阴蒂和阴唇则分别由生殖结节和前庭褶发育形成。在卵巢表面原来覆盖的腹膜皱襞最终变成子宫阔韧带和圆韧带，成为维系卵巢和子宫在腹腔或骨盆腔内位置的支持组织。

二、性活动的分期

动物的一生从胚胎期开始，经过生长、发育、成熟、衰老至死亡而结束。在这一过程中，伴随着一系列的性活动借此维系种族的延续。性活动大致可以分为以下几个时期。

（一）初情期

雌性动物从出生到第一次出现发情表现并排卵的时期，被称为**初情期**（puberty）。初情期年龄越小，表明动物的性发育越早。各种动物的初情期与其终身寿命有关，寿命越长的动物，初情期往往较晚；反之，初情期则较早。初情期的长短与动物繁殖力密切相关，就动物种类而言，初情期早的动物（如鼠），繁殖力较高；初情期较晚的动物（如骆驼和大象），往往是单胎动物，终身繁殖出的幼畜数量较少。此外，同种动物初情期的长短，也受到诸如品种、气候、饲养水平和出生季节等因素的影响。

（二）性成熟期

家畜生长发育到一定的年龄，生殖器官已基本发育完全，具备了繁殖能力，这个时期的动物表现出**性成熟**（sexual maturity）。动物从出生至性成熟的年龄，称为性成熟期。这时雄性动物开始具有正常的性行为，雌性动物开始出现正常的发情并排卵，只有到了性成熟期的家畜才具备生殖能力。性成熟期与初情期有类似的发育规律，即不同动物种类、同种动物不同品种、饲养管理水平、出生季节和气候条件等因素都对性成熟构成一定的影响。总的来说，小型动物比大型动物性成熟早；公畜比母畜性成熟早；早熟品种、气温较高的地区和良好的饲养管理等都能使性成熟提前。

（三）适配年龄

雌性动物在性成熟期配种虽能受孕，但身体尚未完全发育成熟，势必影响胎儿的生长发育和新生动物的成活率。因此，在生产中一般选择在性成熟后的一定时期再进行配种。适配年龄又称配种适龄，是指适宜配种的年龄。除上述影响初情期和性成熟期的因素外，适配年龄的确定还应根据其具体生长发育情况和使用目的而定，一般应比性成熟期晚一些。

（四）体成熟期

动物出生后达到成年体重的年龄，称为体成熟期。家畜性成熟期后仍处在发育过程中，还要经过一段时间的生长才能达到体成熟，家畜只有在产下2～3胎后才能达到成年体重。家畜达到体成熟后，才具备了成年家畜所应有的形态和结构。因此，家畜的适配年龄应当在体成熟或体成熟之后，为此在家畜体成熟时就应该及时、适时地配种，以提高其生产力和经济效益。如果在体成熟前配种，一方面阻碍其本身的生长发育，另一方面由于生育能力较低，会严重影响后代的体质和生产性能，极易出现诸如每窝产崽数少、弱胎或死胎等现象。但初配年龄也不能太晚，否则将会影响种畜的生产性能，不利于畜牧业的发展。各种家畜的初配年龄应根据环境特点、品种和饲养管理条件等灵活掌握。

（五）繁殖能力停止期

雌性动物的繁殖能力有一定的年限，老年动物的繁殖能力将消失或终止。动物从出生至繁殖能力消失的时期，称为繁殖能力停止期。该期的长短与动物的种类及其终身寿命有关。此外，同种动物的品种、饲养管理水平以及动物本身的健康状况等因素，均可影响繁殖能力停止期。雌性动物在繁殖能力停止期后，即使是遗传性能非常好的品种，也无继续饲养价值，应及早淘汰，以减少经济损失。各种动物的初情期、性成熟期、适配年龄、体成熟期和繁殖能力停止期见表 12-1。

表 12-1 各种动物的生理成熟时期

动物种类	初情期 / 月	性成熟期 / 月	适配年龄 / 年	体成熟期 / 年	繁殖能力停止期 / 岁
黄牛	8～12	10～14	1.5～2.0	2～3	13～15
水牛	10～15	15～20	2.5～3.0	3～4	13～15
马	12	15～18	2.5～3.0	3～4	18～20
驴	8～12	18～30	2.4～3.0	3～4	
骆驼	24～36	30～40	3.5～5	5～6	20
猪	3～7	5～8	8～12	9～12 月	6～8
绵羊	4～6	5～7	12～18 月	12～18 月	8～11
山羊	4～6	5～7	12～18 月	12～18 月	7～8
鹿		16～18	30～36 月		
兔	3～4	4～5	5～8 月	5～8 月	3～4
狗	6～8	6～12	12～18 月		
猫	6～8	8～10	12 月		8
大白鼠	50～60 天	60～70 天	80 天		1～2
小白鼠	30～40 天	36～42 天	65～80 天		1～2
豚鼠		55～70 天	90 天		2
狐		10～14			
鸡		5～6			
鸭		6～7			
海狸鼠	5	10～12			
大象		96～144			

注：由于受品种、饲养管理水平、气候条件和出生季节等因素的影响，可能与其他报道的数值存在差异，此表仅供参考。

三、性季节（配种季节）

性成熟后的牛、猪和家兔等动物，在一年中除妊娠期外都可能周期性地出现发情，这类动物称为终年多次发情动物。主要表现为雌性动物全年可多次发情，雄性动物能全年产生精子。但它们在不同季节中的繁殖能力也存在明显的差异，如奶牛一般在秋、春和初夏出现繁殖高峰，在冬季则处于低潮。而马、羊等动物在性成熟后，只在一定季节里表现多次发情，这类动物称为季节性多次发情动物。野生动物一般在各自相应的最适季节交配、妊娠和繁殖。在接近原始类型或较粗放条件下的季节性发情家畜，发情的季节性较明显。而豢养动物由于经过长期驯化，其繁殖季节逐渐延长，季节性的限制因素逐渐减弱。因此，季节性多次发情动物的繁殖与光照、温度、食物和异性个体存在等因素有关，特别是丘脑下部接收光照信息后，可释放相应的激素，经垂体门脉系统作用于腺垂体，使之分泌促性腺激素，从而促进和加强性腺的活动，导致季节性发情。

第二节　雄性生殖功能与调节

雄性高等动物的生殖功能包括成熟**精子**（spermatozoon）的生成、输送和性激素的合成与分泌。其主性器官是睾丸，附性器官包括三部分：①转运精子的**附睾**（epididymis）、**输精管**（ductus deferens）、**射精管**（ejaculatory duct）和**尿道**（urethra）；②分泌精液成分的**精囊腺**（seminal gland）、**前列腺**（prostate gland）和**尿道球腺**（bulbourethral gland）；③**阴茎**（penis）和**阴囊**（scrotum）等外生殖器。

睾丸为雄性动物的生殖腺，具有内、外分泌腺的双重功能。睾丸一般在胎儿期经过腹腔迁移至内侧腹股沟环，再通过腹股沟管降至阴囊内。睾丸下降的时间因动物品种不同而存在差异，同时受睾丸引带和性激素的影响。睾丸呈卵圆形或长卵圆形，成对位于腹壁外阴囊的两个腔内，两端为头端和尾端，两个外缘部为游离缘和附睾缘。睾丸重量和直径与高度相关，随动物种类不同而异（表 12-2）。有季节性繁殖特点的动物，其睾丸的大小和重量也具有明显的季节性变化。如绵羊睾丸在非繁殖季节的重量仅为繁殖季节的 60%～80%，而鹿和貂等仅为 30%。

表 12-2　各种动物睾丸重量比较表

畜种	睾丸		左右睾丸大小差别
	绝对重量 /g	占体重百分比 /%	
牛	550～650	0.08～0.09	左侧稍大
水牛	500～650	0.069	
牦牛	180	0.04	
马	550～650	0.09～0.13	左侧大
驴	240～300		
猪	900～1000	0.34～0.38	无固定差别
绵羊	400～500	0.57～0.70	
山羊	150	0.37	
狗	30	0.32	无固定差别
兔	5～7	0.2～0.3	无固定差别
猫	4～5	0.12～0.16	无固定差别

注：由于受品种、饲养管理水平、气候条件和出生季节等因素的影响，与其他报道的数值存在差异，此表仅供参考。

各种动物睾丸的长轴与阴囊位置各不相同。牛、羊睾丸的长轴与地面垂直且悬垂于腹下，头端向上，尾端向下；马、驴睾丸的长轴与地面平行，紧贴腹壁腹股沟区，头端向前，尾端向后；猪睾丸的长轴呈前低后高倾斜，位于肛门下方的会阴区，头端向前下方，尾端向后上方；狗和猫等肉食动物的睾丸位置相似，位于肛门下方的会阴区；兔睾丸位于股部后方肛门的两侧，在性成熟后才下降到阴囊内。

一、睾丸的功能

多数家畜的睾丸都垂系在阴囊内，为一对腺体。

（一）睾丸的结构

睾丸由被膜和实质两部分组成。

1. 被膜

被膜由浆膜（即覆盖睾丸的鞘膜脏层）、**白膜**（tunica albuginea）和血管膜三层结构组成。睾丸表面除附睾缘借助结缔组织与附睾连接的区域外，均被浆膜覆盖。紧接浆膜的下层是以胶原纤维为主的致密结缔组织所构成的**白膜**。白膜深入睾丸实质内部形成**睾丸纵隔**（mediastinum testis），从睾丸纵隔上分出放射状排列的结缔组织形成**睾丸小隔**（testicular septum），睾丸小隔又将睾丸实质分割成100～200个扇形的**睾丸小叶**（testicular lobule）。

2. 实质

实质由**曲细精管**（seminiferous tubule）、**直精小管**（tubuli recti）、**睾丸网**（rete testis）和睾丸间质构成。每一睾丸小叶内有1～4条曲细精管，以盲端起始于小叶边缘，迂回盘曲在小叶内，在接近睾丸纵隔时变为短而直的直精小管，进入睾丸纵隔后汇合成网状管道，即睾丸网，在睾丸头处与睾丸输出管连接（图12-1）。

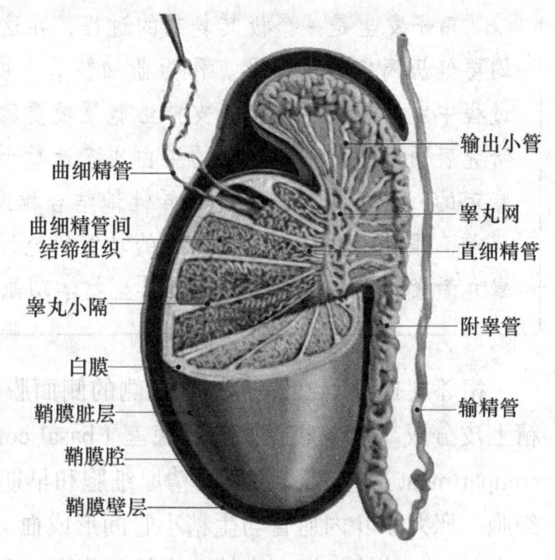

图12-1　睾丸及附睾结构图

曲细精管又称精曲小管或生精小管，它是产生精子的部位。曲细精管由**支持细胞**（sustentacular cell）和镶嵌在支持细胞之间不同发育阶段的**生精细胞**（spermatogenic cell）、基底膜和管周细胞组成（图12-2）。曲细精管的外径为0.1～0.3mm，管腔内径为0.08mm，腔内充满液体。在250g绵羊睾丸中，曲细精管的长度为7000m，占睾丸重量的90%。马、猪、牛和狗的分别占61.3%、77.3%、79.4%和83.5%。**支持细胞**又称为**塞托利**（Sertoli）**细胞**，其外形不规则，自曲细精管基底膜侧直达曲细精管管腔。支持细胞具有多方面的功能，如为精子形成提供营养；分泌睾丸液，以利于精子向附睾方向输送；通过改变支持细胞的形态，使成熟精子进入管腔；支持细胞能吞噬在精子形成过程中死亡和受损的细胞；维持生精细胞分化和发育过程中的微环境稳态；支持细胞在腺垂体嗜酸性细胞分泌的**卵泡刺激素**（follicle stimulating hormone，FSH）和**雄激素**（androgen）的作用下，能合成**雄激素结合蛋白**（androgen binding protein，ABP），使雄激素与之结合后不易逸出，并在提高曲细精管中雄激素的浓度和促进精子发生方面发挥作用；支持细胞还能将孕激素（如孕烯醇酮和黄体酮）转化为雄激素（如睾酮），并将睾酮转化为雌激素（如雌二醇）。因此，睾丸也能分泌少量的雌激素。

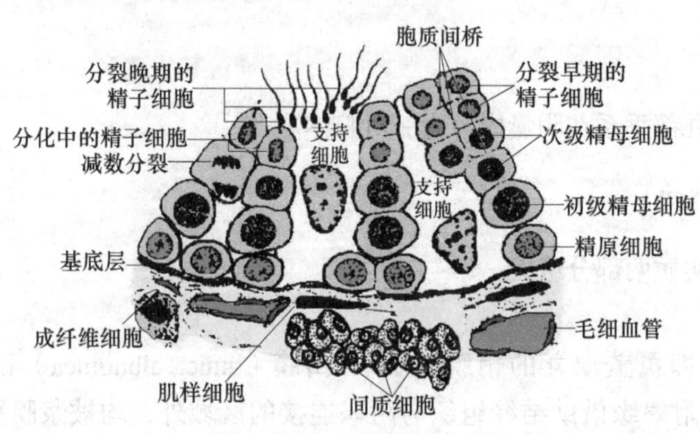

图 12-2 睾丸曲细精管生精过程

知识卡片

雄激素结合蛋白

精子发生是一个极其复杂的过程，在这一过程中，曲细精管上皮在形态及生化方面均要经历周期性的变化。作为曲细精管上皮中的一种支持细胞（属于体细胞），在生精过程中发挥着重要作用。支持细胞最重要的功能之一是分泌多种蛋白质。近二十多年的研究表明，支持细胞分泌的蛋白质多达数十种，其中，雄激素结合蛋白是最早被分离和鉴定的一种蛋白质，它能特异性地结合雄激素，调节血液和生殖管道内雄激素的浓度。目前，雄激素结合蛋白在睾丸的功能研究过程中，已被广泛作为支持细胞生理、病理及睾丸激素调控的一个指标，但其生物学功能尚不完全清楚。

相邻支持细胞在靠近基底膜侧的侧面膜间形成**紧密连接**（tight junction），并以此将生精上皮分成靠近基底膜侧的**基底室**（basal compartment）和靠近管腔侧的**近腔室**（adluminal compartment）。基底室主要有精原细胞和早期的初级精母细胞，近腔室内有其他各期的生精细胞。睾丸小叶内血管与生精小管间形成**血-睾屏障**（blood-testis barrier），包括毛细血管内皮和基膜、结缔组织、生精上皮的基底膜以及支持细胞的紧密连接等部分。该屏障的主要功能是限制血液中大分子和有害物质进入曲细精管管腔，促进精子分化；防止抗原物质进入血液，避免自身免疫反应；在血管和曲细精管间形成屏障，保证曲细精管中的液体含有高浓度的雄激素和雌激素等成分，确保微环境的相对稳定。

位于曲细精管之间的睾丸间质为疏松的结缔组织，富含血管和淋巴管。此外，还有一种特化的**间质细胞**（interstitial cell），又称**莱迪希细胞**（interstitial cell of Leydig）。间质细胞的功能主要是分泌**雄激素**（androgen），如**睾酮**（testosterone，T）等。雄激素能激发公畜的性欲和性行为，刺激第二性征，促进生殖器官和副性腺的发育，促进生殖细胞的增殖和分化，维持精子的发生和附睾中精子的存活。公畜在性成熟前阉割会使生殖道的发育受到抑制，成年后阉割会发生生殖器官结构和性行为的退行性变化。另外，睾丸在出生前进入阴囊的过程也需要雄激素的协助。间质细胞还能分泌少量的雌激素、多种生长因子和生物活性物质，参与睾丸功能的局部调节。

（二）睾丸的生精功能

在性成熟期，在**卵泡刺激素**（follicle stimulating hormone，FSH）和**黄体生成素**（luteinizing hormone，LH）的作用下，使紧贴曲细精管基底膜的**精原细胞**（spermatogonium）依次经历**初级精母细胞**（primary spermatocyte）、**次级精母细胞**（secondary spermatocyte）、**精子细胞**（spermatid），最终发育成为**精子**（spermatozoon）。将从精原细胞发育为成熟精子的过程称为**生精作用**（spermatogenesis）。在曲细精管内，精原细胞和部分初级精母细胞不断突破支持细胞之间形成的紧密连接，向曲细精管生精上皮的近腔室移动，最终，发育成熟的精子脱离支持细胞进入管腔（图 12-3）。

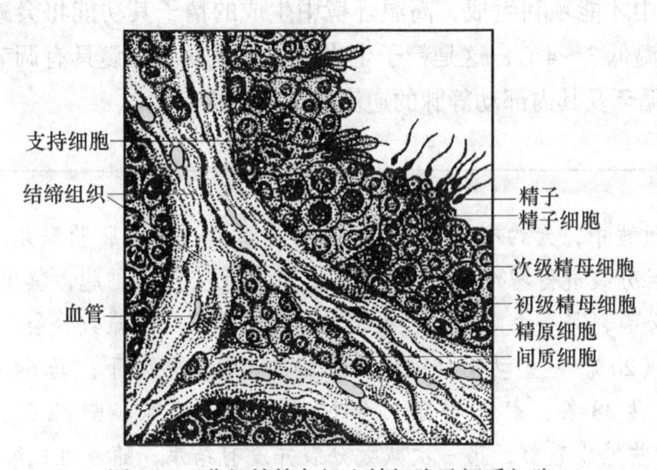

图 12-3 曲细精管各级生精细胞及间质细胞

精子的形成是一个连续的过程，需要经历以下三个阶段。

1. 精原细胞增殖期

精原细胞经过**有丝分裂**（mitosis），在自我复制的同时，经过不同的阶段，部分形成初级精母细胞。

2. 精母细胞减数分裂期

初级精母细胞经两次成熟分裂，又称**减数分裂**（meiosis），依次形成次级精母细胞与精子细胞。

3. 精子分化期

经过复杂的形态变化，即**精子的形成过程**（spermiogenesis），使圆形的精子细胞逐渐演变成蝌蚪样的精子。

其具体过程如下：

1 个精原细胞 —4 次有丝分裂→ 16 个初级精母细胞 —第 1 次减数分裂→ 32 个次级精母细胞 —第 2 次减数分裂→ 64 个精子细胞 —精子的形成过程→ 64 个精子

一个精原细胞经过一系列的有丝分裂和减数分裂可产生近百个精子。家畜在完成这一过程所需的时间各不相同，如绵羊和马为 49～50 天、猪为 44～45 天、牛为 60 天。每克睾丸组织中精子的日产量随动物品种不同而异，如牛 1300～1900 万个 / 日、羊 2400～2700 万个 / 日、猪 2400～3100 万个 / 日、马 1930～2200 万个 / 日。进入曲细精管管腔内的精子本身并不具备运动能力，需要依靠曲细精管管壁上的类肌细胞的收缩和管腔液的移动才能被运送至附睾。精子在附睾进一步发育成熟后方具有运动能力。尽管附睾可以储存少量精子，但大量的精子被储存在输精管及其壶腹部。在射精时，随着输精管的蠕动，精子被输送到后尿道，与附睾、精囊、前列腺和尿道球腺的分泌液混合成**精液**（semen）后，射出体外。射精是一个复杂的反射活动，其初级中枢位于骶段脊髓。

精子的生成需要适宜的温度。睾丸包裹在阴囊内有利于生精过程，其原因是精子必须在比体温略低的环境中才能顺利生成，高温环境中生成的精子其功能将会减弱。一般情况下，阴囊内的温度比体温低 3～4℃，这是精子生成的适宜温度。阴囊具有调节睾丸温度的作用，这与阴囊周围空气循环及其内部动静脉的逆流热交换结构有关。

知识卡片

在胚胎形成过程中，大约有数千个干细胞自卵黄囊迁移至胚胎睾丸，成为精原细胞。精原细胞通过有丝分裂进行增殖，每次有丝分裂生成两个子代细胞，其中一个继续作为精原细胞进行有丝分裂，另一个则作为初级精母细胞进行第一次减数分裂。初级精母细胞的染色体是双倍体（$2n$）。一些动物初级精母细胞的染色体数如下：马 64 条，牛和山羊 60 条、绵羊 54 条、猪 38 条、家兔 44 条、水牛 48 条、貂 30 条、驴 62 条、鸡 78 条、鸭和火鸡 80 条。在动物性成熟前，第一次减数分裂并没有结束，随着性成熟的出现，睾丸分泌的雄激素和腺垂体分泌的 FSH 的量逐渐增加，在上述激素的影响下，初级精母细胞才完成第一次减数分裂，并形成两个只含有 n 条染色体的单倍体细胞，即次级精母细胞。两个次级精母细胞继续进行第二次减数分裂，形成四个精子细胞（单倍体），即特定的精原细胞 DNA 只复制一次、细胞连续分裂两次，所产生的精子细胞染色体数目比精原细胞的减少一半。此外，精子形成过程需要经历两次减数分裂，第一次减数分裂的起始阶段不需要雄激素的参与，在青春期到来之前，该过程尚未完成。青春期后，在睾丸分泌的雄激素和腺垂体分泌的 FSH 影响下，第一次减数分裂才完成。在以后的精子生成过程中，都需要上述相关激素的参与。在减数分裂过程中，性染色体也发生分离，含有 X 或 Y 性染色体的精子各占一半，这些含有不同性染色体的精子在卵子受精时决定着胎儿的性别。

（三）睾丸的内分泌功能

睾丸的内分泌功能是由睾丸的间质细胞和曲细精管的支持细胞共同实现的。间质细胞分泌雄激素，支持细胞分泌**抑制素**（inhibin，INH）和**激活素**（activin）。此外，睾丸还能生成少量的雌激素。

1. 雄激素

雄激素属于类固醇激素，主要包括睾酮、**双氢睾酮**（dihydrotestosterone，DHT）、**脱氢异雄酮**（dehydroisoandrosterone，DHIA）、**雄烯二酮**（androstenedione）和**雄酮**（androsterone）等几种。在上述雄激素中，双氢睾酮的生物学活性最强，睾酮次之，其余几种激素的生物学活性仅及睾酮的1/5。睾酮在进入靶组织后可转变为活性更强的双氢睾酮。

（1）睾酮的合成、运输与代谢 睾酮是睾丸间质细胞以胆固醇为原料合成的含有19个碳原子的类固醇激素。胆固醇在间质细胞的线粒体内经羟化和侧链裂解后先转化为**孕烯醇酮**（pregnenolone），再经第17位碳原子羟化和脱去侧链，形成雄烯二酮，最后转化成睾酮。在外生殖器、前列腺和皮肤等器官内的**5α-还原酶**（5α-reductase）可进一步将睾酮转化为生物学功能更强的双氢睾酮。分泌入血的98%睾酮与血浆蛋白结合（其中65%的睾酮与性激素结合球蛋白结合，其余的33%与白蛋白或其他血浆蛋白结合），以游离形式存在的睾酮仅占2%。结合和游离形式的睾酮处于动态平衡状态，结合形式的睾酮作为血浆中的储存库，只有游离形式的睾酮才具有生物学活性。血液中的少量睾酮可被进一步转化为雌激素，但大部分在肝脏内经还原、氧化及侧链裂解后，转化为17-酮基类固醇，随尿液排出，小部分随粪便排出。

（2）睾酮的生理作用 与其他类固醇激素的作用机制一样，睾酮进入细胞后首先与细胞内的受体结合形成复合物，复合物进入细胞核，在核内与靶基因结合并参与基因转录。睾酮的作用比较广泛，主要表现在以下几个方面。

1）维持生精作用：间质细胞分泌的睾酮可进入支持细胞并转化成双氢睾酮，随后进入曲细精管，与生精细胞的受体结合，促进精细胞的分化和精子的生成。

2）促进雄性生殖器官发育、成熟和第二性征的出现：睾酮主要刺激和维持内生殖器（曲细精管、输精管、附睾、精囊和射精管等）的生长发育，同时还与雄性的性行为和正常性欲的维持有关。双氢睾酮还在促进外生殖器（尿道和阴茎等）的生长发育方面发挥作用。如被摘除睾丸的幼龄动物，其副性器官将停止发育，并出现性欲缺乏、行为安静、性情温驯、物质和能量代谢降低和皮下脂肪蓄积等表现。又如猪一般在性成熟以前或出生后几周内去势，由于垂体和性腺的联系被完全阻断，不存在性腺激素对家畜的生理效应，因而失去雄性行为，使生长加快和肉质嫩美。但对役畜不宜提早去势，这样会影响其骨骼和肌肉的发育，缺乏雄性所固有的坚韧性，因此，役畜一般在性成熟后去势。

3）促进蛋白质合成和骨骼生长：特别是促进肌肉和生殖器的蛋白质合成，同时还能促进骨骼生长和钙、磷在骨中沉积，导致骨骺与长骨愈合。

4）促进红细胞生成：直接刺激肾脏产生促红细胞生成素，使体内红细胞数量增多。

5）调节腺垂体促性腺激素释放激素分泌：当血液中睾酮浓度升高时，可反馈性抑制腺垂体促性腺激素释放激素（GnRH）细胞分泌黄体生成素（LH），从而维持血液中睾酮水平的稳定。

另外，睾酮还参与水和电解质的代谢，有利于钠、钾、钙、硫、磷和水等在体内的适度潴留。

雄性体内 90% 的雄激素来自于睾丸，剩余的来自肾上腺皮质。

睾丸的间质细胞和支持细胞都可以产生少量的雌激素。

2. 抑制素与激活素

抑制素（inhibin，INH）是由睾丸支持细胞分泌的一种相对分子质量约 32 000 的糖蛋白激素，由 α 和 β 两个亚单位组成的异源二聚体。依据 β 亚单位的差异，可将抑制素分为抑制素 A（$\alpha\beta_A$）和抑制素 B（$\alpha\beta_B$），两种抑制素均可选择性地作用于腺垂体，对 FSH 的合成和分泌有很强的抑制作用，但对 FSH 的分泌无影响。支持细胞还可以分泌**激活素**（activin），它是由抑制素的两种 β 亚单位组成的同源二聚体（β_A/β_A 和 β_B/β_B）或异二聚体（β_A/β_B），激活素可促进腺垂体分泌 FSH。

二、睾丸功能的调节

睾丸的生精作用和内分泌功能受到下丘脑 - 腺垂体 - 睾丸轴的调节。睾丸分泌的激素可对下丘脑 - 腺垂体进行负反馈调节，从而维持生精过程和各种激素水平的相对稳定。同时，在睾丸内部的生精细胞、支持细胞与间质细胞之间还存在复杂的局部调节机制。

（一）下丘脑 - 腺垂体对睾丸活动的调节

下丘脑弓状核等部位的神经内分泌细胞分泌的 GnRH，经垂体门脉系统直接作用于腺垂体，促进腺垂体远侧部的促性腺激素细胞合成和分泌 FSH 和 LH，进而对睾丸的生精作用以及支持细胞和间质细胞的内分泌活动进行调节。在动物实验中，若损毁下丘脑 GnRH 神经元所在部位，可导致睾丸萎缩和性功能丧失；幼龄动物若被摘除垂体，则其睾丸及附性器官均不能发育，并保持在幼龄状态；成年雄性动物摘除垂体后，睾丸和附性器官发生萎缩，生精过程停止，以及雄激素分泌减少等。若给上述动物补充腺垂体促性腺激素，则可逆转上述现象。

1. 腺垂体对生精作用的调节

腺垂体分泌的 FSH 和 LH 对生精过程均有调节作用。其中，FSH 作用于生精细胞和支持细胞的 FSH 受体，通过 cAMP-PKA 系统对生精过程具有启动作用，睾酮具有维持生精的效应。LH 对生精过程的调节作用是通过刺激睾丸间质细胞分泌睾酮实现的。

2. 腺垂体对睾酮分泌功能的调节

LH 又被称为**间质细胞刺激素**（interstitial cell stimulating hormone，ICSH），腺垂体分泌的 LH 可促进间质细胞合成和分泌睾酮，LH 对睾酮分泌的调节主要表现在以下方面：

（1）LH 与间质细胞膜上的受体结合，通过 G 蛋白偶联受体介导的信号转导途径，加速胞内功能蛋白质的磷酸化过程，促进胆固醇酯的水解，增强胆固醇进入线粒体并合成睾酮。

（2）LH 可增强间质细胞的线粒体和滑面内质网中与睾酮合成有关酶的活性，进而加速睾酮合成。

（3）LH 还可增强间质细胞膜对 Ca^+ 的通透性，通过增加胞内 Ca^+ 浓度，促进睾酮分泌。

另外，腺垂体分泌的 FSH 具有增强 LH 刺激睾酮分泌的作用。实验中对摘除垂体的大鼠注射LH后，血液中睾酮的浓度升高；若对大鼠先注射FSH，再注射LH，则血液中睾酮的浓度明显升高，说明FSH和LH在促进睾酮分泌方面具有协同作用。

（二）睾丸激素对下丘脑-腺垂体的反馈调节

睾酮分泌的雄激素和抑制素在血液中浓度的变化，对下丘脑-腺垂体的GnRH、FSH和LH的分泌构成负反馈调节（图12-4）。

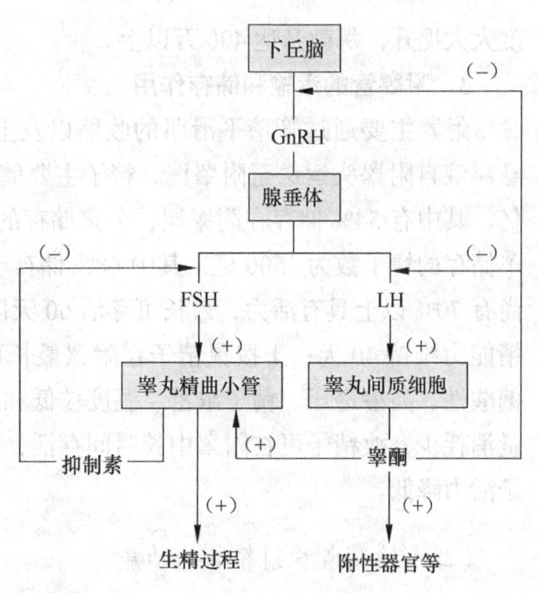

图12-4 下丘脑-腺垂体-睾丸轴调节系统示意图

1. 雄激素

当血液中睾酮的浓度达到一定水平时，可作用于下丘脑-腺垂体的雄激素受体，通过负反馈调节机制抑制GnRH和LH的分泌，从而使血液中睾酮的浓度维持稳定。睾酮对腺垂体分泌的促性腺激素的影响仅限于促进LH的合成和分泌，而对FSH的分泌无影响。

2. 抑制素

FSH可促进抑制素的分泌，而抑制素又可对FSH的合成与分泌具有选择性的抑制作用。动物体通过这种负反馈机制调节腺垂体FSH的合成和分泌。

三、附性器官的功能

（一）附睾及其功能

附睾（epididymis）位于睾丸的附着缘，其附着部位随各种动物睾丸位置的不同而异。牛、羊附睾位于睾丸的后外缘；马、驴、猪、狗和猫的附睾位于睾丸的背外缘。附睾具有增强精子活力和储存精子的作用，由输出小管、附睾管和管间结缔组织组成，分头、体、尾三部分。附睾头部由睾丸网发出的多条输出小管组成，该部位产生的液体有助于精子的输送。附睾体部和尾部由输出小管汇成的一条长而高度盘曲的附睾管构成。牛附睾管的长度为30～50m，马约为80m，猪和羊为50～60m，其管径多在0.07～0.5mm之间。附睾的功能主要表现在以下几个方面：

1. 对精子成熟的促进作用

从睾丸曲精细管生成的精子，活动微弱。在通过附睾的过程中，精子逐渐成熟，并获得向前直线运动和受精能力。实验显示，精子的成熟与附睾的理化及生理特性有关，附睾头部的精子尚未达到生理上的成熟，因而不具备受精能力，体部精子的受精能力只有51%，尾部精子的受精能力可达95%。换言之，所有精子必须在附睾内经雄激素的作用才能成熟。附睾上皮细胞分泌的甘油磷酸胆碱、肉毒碱、唾液酸等物质与精子成熟和获得运动能力密切相关。另外，精子通过附睾管时获得的负电荷，可防止精子凝集。附睾分泌的雄激素结合蛋白可覆盖精子，使精子获得与透明带结合的能力。

2. 附睾管的吸收作用

附睾头和附睾体上皮细胞可吸收精子悬浮液中的水分和电解质，使进入附睾尾的精子浓度大大提升，每微升达400万以上。

3. 附睾管的运输和储存作用

附睾主要通过管壁平滑肌的收缩以及上皮细胞纤毛的摆动，将来自睾丸输出管的精子悬浮液自附睾头运送至附睾尾。精子主要储存在附睾尾，公牛两侧附睾储存的精子数为741亿，其中有54%储存在附睾尾；公猪储存的精子数为2000亿，其中70%储存于附睾尾；公羊储存的精子数为1500亿，其中68%储存于附睾尾。研究显示，牛精子在附睾中保存37天尚有70%以上具有活力，最长可存活60天以上；兔精子在附睾中最长可存活60天以上，受精能力维持40天；土拨鼠精子在附睾最长可存活70天，受精能力维持25～30天。附睾液偏酸性、高渗透压、精子浓密、温度较低和厌氧的内环境使精子的运动和代谢受到抑制，能量消耗少，故精子可在附睾中长时间存活，但储存过久则会因畸形和死精子数目增加而使精子活力降低。

（二）输精管和射精管的功能

输精管和射精管皆为精子输出的管道。输精管起始于睾丸网，由附睾管延续而来，其后端与精囊腺排出管汇合成**射精管**（ejaculatory duct）。两种管道均由黏膜、肌层和外膜组成。输精管与通往睾丸的神经、血管、淋巴管和由提睾内肌组成的精索一起通过腹股沟管，进入腹腔，转向后进入骨盆腔通往尿生殖道，开口于尿生殖道骨盆部背侧的精阜。在接近开口处输精管变粗，形成膨大的壶腹部，壶腹壁内有丰富的分支管状腺，具有副性腺的性质，其分泌物构成精液的组成成分。壶腹部多出现于马、驴、牛和羊等动物，但以马和驴的壶腹最发达，猪和猫则无壶腹部。壶腹部也能储存少量精子。输精管壁具有发达的平滑肌纤维和血管，管壁厚，口径小。动物在求偶和试情时，因输精管的蠕动而将精子从附睾尾部运送至输精管壶腹部，配种时再将精子通过射精管排到尿道内。

（三）附性腺的功能

附性腺（或附属腺）包括尿道球腺、前列腺和精囊腺。

1. 尿道球腺

尿道球腺成对位于尿生殖道骨盆部后端，为复管状腺（猪）或复管泡状腺（马、牛、羊），以猪的体积最大，呈棒状，表面有尿道肌覆盖；牛和羊较小，埋藏在海绵体内。猪、牛、羊的尿道球腺两侧各有一个排出管，开口于尿生殖道背外缘顶壁中线两侧；马的尿道球腺也比较发达，两侧各有6～8个排出管，其开口形成两列小乳头，分泌物为透明的黏性液体，呈碱性，为精液的组成成分。在射精时，最先分泌出来冲洗尿道中残余尿液和润滑尿道，为精子通过创造条件，进入阴道后可中和其中的酸性分泌物。

2. 前列腺

前列腺位于精囊腺的后方，由体部和扩散部两部分组成。体部为分叶明显的表面部分，扩散部位于尿道海绵体和尿道肌之间，外观不易见到。前列腺为复管状腺，多个腺管开口于精阜的两侧。牛、猪的前列腺体部小，扩散部大；羊的前列腺无体部，仅有扩散部；马的前列腺较发达，位于尿生殖道骨盆部背面，两个侧叶由峡部连接；狗和猫的前列腺相对较大，呈圆球状，位于耻骨前缘或膀胱颈部与尿道连接处。前列腺分泌液为稀薄透明的液体，含蛋白质、酶、氨基酸和果糖等，呈碱性，有特殊臭味。前列腺液的主要功能是中和阴道内的酸性物质，吸收精子排出的 CO_2，促进精子运动，参与性周期的调节、排卵、妊娠及分娩等生殖活动。

3. 精囊腺

精囊腺成对位于输精管末端的外侧，呈蝶形覆盖于尿生殖道骨盆部前端。猪、牛和羊的精囊腺为致密的分叶腺，腺体组织中央有一较小的腔，尤以猪的精囊腺为大；马的精囊腺为一对梨形盲囊，其黏膜层含有分支的管状腺；狗、猫和骆驼没有精囊腺；兔在精囊腺前还有一个呈扁平囊状的精囊。精囊腺和输精管共同开口于尿生殖道骨盆部的精阜。精囊腺的分泌物为黄白色的胶状液体，含丰富的果糖、球蛋白、柠檬酸和酶等，是精液的主要组成成分。其分泌物最后进入阴道并快速凝固成栓，防止精液倒流。

（四）阴囊

阴囊是由腹壁形成的囊袋，由皮肤、肉膜、提睾外肌、筋膜和总鞘膜构成。阴囊由一中膈将其分为 2 个腔，2 个睾丸分别位于其中。当外界温度和睾丸温度下降时，借助肉膜和提睾外肌的收缩作用，使睾丸上举，紧贴腹壁，阴囊皮肤紧缩变厚，睾丸温度增加。反之，当温度升高时，阴囊皮肤松弛变薄，睾丸下降，表面积增大，散热加速，睾丸温度降低。因此，阴囊在维持睾丸温度恒定方面具有重要的调节作用。在胚胎发育过程中，由于某种原因导致睾丸不能由腹腔降入阴囊内，称之为**隐睾**（cryptorchidism）。隐睾家畜曲细精管不能正常发育，也无精子产生，因而失去生殖能力，但其雄激素的合成和分泌未受影响，故仍具有一定的性行为。

（五）阴茎

阴茎（penis）由海绵体以及包裹海绵体的筋膜和皮肤组成，当勃起时即成为交媾器官。

四、性兴奋和性反射

高等动物的精子进入雌性生殖道是通过交配实现的。**交配**（copulation）是一种复杂的神经反射活动，是由性成熟的雄性和雌性动物共同完成的一种性活动，是在机体达到性成熟后出现的一种非条件反射，受机体生殖器官的机能状态和生活环境的影响。

性兴奋是公畜一种求偶交配的欲望。当公畜接近母畜时，通过嗅觉、听觉、视觉和触觉，就可引起性冲动而产生性兴奋，渴求与母畜接触并交配。由此可见，母畜是公畜性行为出现的最初外来刺激，而当公畜接受这些刺激而产生性兴奋后，母畜才转入被动地位。

性反射是由勃起、爬跨、插入和射精等几个连续发生而又紧密结合的反射活动组成。公畜一般经短促的求偶后，阴茎立即勃起并以前肢迅速爬跨到母畜身体上。发情母畜则保持静立的姿势让其爬跨，此时公畜将下颌部紧贴在母畜背上，由腹肌特别是腹直肌的突然收缩，使已勃起的阴茎正对母畜阴户并插入其阴道。现将性反射相继发生的四个过程分述如下。

（一）勃起反射

阴茎勃起（erection of penis）是阴茎动脉扩张，海绵体组织充血，压力升高而造成的，从而能在性交过程中将阴茎插入阴道。阴茎勃起是心理性和外生殖器局部机械刺激等因素通过脊髓引起的非条件反射活动，即**勃起反射**（erection reflex）。公畜的勃起反射表现为阴茎海绵体大量充血，阴茎体积增大，变得硬而有弹性。母畜的勃起反射表现为整个生殖器官充血，子宫颈及子宫体大量充血肿胀，阴蒂及阴道前庭海绵体充血勃起，由于前庭海绵体的勃起而使阴门张开。

勃起反射的低级中枢位于腰荐部脊髓内，支配外生殖器的传出神经为腹下神经和盆神经，刺激腹下神经引起生殖器官动脉收缩，刺激盆神经则引起生殖器官动脉舒张。正常动物勃起反射的高级中枢位于大脑皮质。大脑皮质接受视觉、听觉和触觉等感受器传来的冲动而兴奋，其发出的冲动传给腰荐部脊髓的勃起中枢，从而引起勃起反射。在参与勃起的神经中还有非胆碱能和非肾上腺素能纤维，这些神经纤维中含有**一氧化氮合酶**（nitric oxide synthase，NOS），此酶可催化**一氧化氮**（nitric oxide，NO）的合成，NO激活鸟苷酸环化酶，使cGMP生成增加，cGMP具有强烈的舒血管作用。交感神经缩血管纤维的传出冲动可以终止勃起。

（二）爬跨反射

爬跨反射是指公畜爬跨在母畜身上的一系列活动。这一反射在公畜性活动开始时，不只表现为爬跨有性欲的母畜，而且还爬跨无性欲的母畜、公畜，甚至假母畜以及其他牲畜，这一现象可用于人工授精时采集种畜精液。母畜的爬跨反射一般只表现在交配时站立不动，个别母畜在交配期，有时也跳到其他母畜身上，也可认为是母畜的爬跨反射。

（三）插入反射

公畜在爬跨到母畜身体上后，交媾反射即开始。交媾反射包括勃起的阴茎插入母畜的阴道内至排出精液前的一系列活动。当龟头接触到温暖光滑的阴道黏膜时，引起公畜臀部抽动，使阴茎和阴道发生磨擦，最后引起射精。

母畜的反射表现为尾上举，脊柱弯曲，有助于公畜阴茎的插入，同时还伴有生殖器官的肌肉收缩等反应过程。

（四）射精反射

射精（ejaculation）反射是交配过程中将精子与各附性腺分泌液的混合物排出体外的过程。射精过程分为移精和排射两个时相。它是借助于阴茎的感觉神经兴奋引起的，其低级中枢位于腰荐部脊髓。当腹下神经兴奋时，附性腺分泌液与精子混合成为精液，同时输精管和精囊壁的平滑肌收缩，将精液移送至尿道中，此过程为移精。随后由阴部神经的反射性活动引起精液排射反应，使环绕阴茎基底部的海绵体肌（为骨骼肌）发生节律性收缩，强力压迫尿道使精液排射出尿道。

家畜在射精过程中表现非常安静，其射精时程取决于家畜的种别和射精量。马的交配时间为 1～2min、猪 5～10min、犬 10～45min、牛、羊仅几秒钟。

五、精液

哺乳动物的精液（semen）由精子和精清组成，黏稠不透明，呈弱碱性，有特殊臭味。精液中水分占 90%～98%，干物质占 2%～10%，其中，干物质中蛋白质占 60% 左右，同时还含有无机物和酶类等。

精子形似蝌蚪，分为头和尾两部分。头部包括细胞核和顶体，顶体的形状因动物品种而异。顶体是一种含有多种水解酶的特殊溶酶体。尾部为精子的运动装置，精子借助尾部的螺旋运动和 S 形平面波动实现精子的运行。

精清是由精囊腺、尿道球腺、前列腺和输精管壶腹部的分泌物混合而成，其化学组成包括果糖、山梨醇、肌醇、甘油磷酸胆碱等有机物和 Na^+、K^+、Ca^{2+}、Mg^{2+} 等无机物。渗透压与血浆相近，pH 为 7.0。精清的生理作用主要表现在以下几个方面：

（1）稀释精子，增加精液量。

（2）调节精液 pH，促进精子运动。储存于附睾中的精子处于弱酸性的休眠状态，而副性腺分泌液偏碱性，因此，射出的精液呈弱碱性或中性，可以促进附睾中休眠状态精子的运动能力。

（3）为精子提供营养。精子运动所需的能量主要来自精清中的果糖、山梨醇和甘油磷酸胆碱等物质。

（4）保护精子。副性腺分泌液中含有缓冲作用的柠檬酸盐和磷酸盐，可抵抗阴道的酸性环境，延长精子的存活时间和提高精子的受精能力。

（5）清洗尿道，防止精液倒流。概括起来，射精过程中副性腺的分泌活动一般按照如下顺序进行。首先，尿道球腺分泌，用以冲洗、中和润滑尿道；随后，附睾排精，前列腺开始分泌，以增强精子在阴道内的活力；最后，排出精囊腺分泌液，形成栓塞，防止精液在阴道内倒流。上述过程为精液排出创造了良好的环境。

各种家畜的射精量和精子浓度随动物品种及其生理状态而异。通常猪的附性腺分泌物多，精液量大，精子浓度低；牛的附性腺分泌物少，精液量小，精子浓度高。频繁配种的公畜，射精量少，精子浓度低。而适当休息和加强饲养管理后的公畜，射精量和精子数都增加。一般而言，子宫受精的动物（如马、猪和犬）有较大的射精量，但精子的密度很低。而阴道受精的动物（如牛和羊）则相反。各种家畜的射精量和精子浓度见表 12-3。

表 12-3 各种家畜的射精量和精子浓度

动物种类	1 次射精量 /mL		精子数 /（10 亿 /mL）		1 次射精的总精子数 /10 亿	
	平均值	最大值	平均值	最大值	平均值	最大值
公马	50～100	600	0.08～0.2	0.8	4～20	60
公牛	4～5	15	1～2	6	4～10	80
公猪	200～400	1000	0.1～0.2	1	20～80	100
公羊	1～2	3.5	2～5	8	2～10	18

第三节 雌性生殖功能与调节

雌性生殖系统的主性器官是**卵巢**（ovary）。卵巢具有产生**卵子**（oocyte）和性激素的功能。雌性副性器官包括输卵管（uterine tube 或 oviduct）、子宫（uterus）、阴道（vagina）和乳腺（breast）等。雌性动物和雄性动物生殖功能的最大区别是雌性在进入性成熟后卵巢的排卵具有周期性。雌性生殖功能主要包括产生卵子、分泌性激素、受精、妊娠与分娩等。

一、卵巢的功能

（一）卵巢的结构

卵巢是产生卵子和分泌性激素的器官。卵巢由被膜和实质构成，实质又包括皮质和髓质两部分。

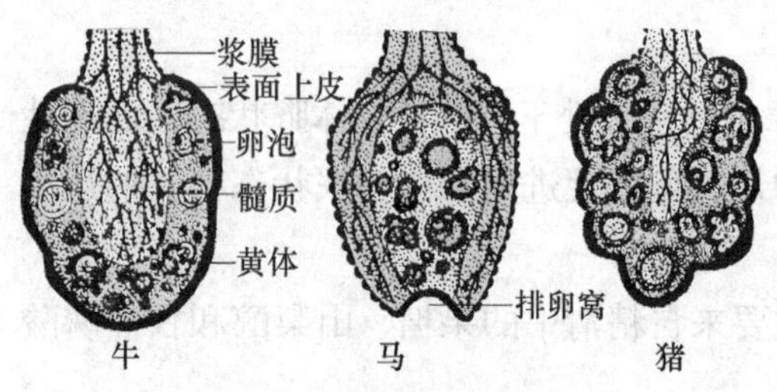

图 12-5 牛、马、猪卵巢结构图

1. 被膜

被膜表面除卵巢系膜连接部（卵巢门）外，均被覆单层扁平或**立方表面上皮**（superficial epithelium）。但马的卵巢仅在排卵窝处被覆表面上皮，其余部分被覆浆膜。在表面上皮下为致密结缔组织构成的白膜（图 12-5）。

2. 实质

实质由皮质和髓质两部分组成，皮质一般位于实质的外周髓质位于中央。但马的则相反，皮质在中央，髓质在外周。卵巢皮质由基质、各级**卵泡**（follicle）、**闭锁卵泡**（atresic follicle）和**黄体**（corpus luteum）等组成。基质由特殊的结缔组织构成，富含网状纤维和梭形**基质细胞**（stroma cell），基质细胞的形态类似于平滑肌纤维，有人认为它是幼稚的成纤维细胞，可分化为**卵泡膜**（follicular theca）、**膜黄体细胞**（theca lutein cell）和间质细胞。

各种动物的卵巢都是一对，但其形状、大小和位置各不相同。卵巢的形状和大小取决于卵泡和黄体的变化，其位置随妊娠的不同生理阶段而异。牛卵巢的形状为扁卵圆形，位于子宫角尖端的两侧，初产及胎次少的母牛卵巢均在耻骨前缘之后；经产或胎次多的母牛卵巢随多次妊娠而移至耻骨前缘的前下方；羊的卵巢比牛的圆而小，位置与牛相同；马的卵巢为肾形，较大，附着缘宽大，游离缘上有排卵窝（仅马特有），卵泡发育成熟后在排卵窝内破裂并排出卵子。马的卵巢由卵巢系膜悬吊在腹腔腰区肾脏后方，左侧的卵巢位于第四、五腰椎左侧的横突末端下方，即左侧髋结节的下内侧，而右侧卵巢位于第三、四腰椎横突之下，靠近腹腔顶；猪的卵巢变化较大，初生时呈肾形，进入初情期前，由于许多卵泡发育而呈桑葚形，随着发情周期的进行，卵巢上有大小不等的卵泡，红体和黄体突出于卵巢的表面，凹凸不平，掩盖了卵巢组织，似葡萄状，常被发达的卵巢囊所包裹，左侧卵巢常大于右侧；兔的卵巢呈肾形，位于肾脏的后方，由短的卵巢系膜悬系于腹腔内；狗的卵巢较小，猫的卵巢更小，皆呈扁平的长卵圆形，位于同侧肾脏的后方，每个卵巢分别被一个富含脂肪的卵巢囊包裹。

（二）卵巢的生卵作用

卵巢的生卵作用是在下丘脑、腺垂体以及卵巢自身分泌的激素共同作用下完成的，是成熟雌性动物最基本的生殖功能。雌性动物出生前，卵巢内即已存在很多原始卵泡，这些卵泡在性成熟前处于静止状态。从性成熟开始，在腺垂体促性腺激素的直接调控下，部分静止的原始卵泡开始发育，但最终仅有 1～2 个发育成熟并排卵，其余的卵泡在发育的各个阶段发生凋亡，退化、萎缩、形成闭锁卵泡。

一般将卵巢的周期性生卵作用分为三个阶段，即卵泡期、排卵期和黄体期。卵泡期和黄体期又分别被称为排卵前期和排卵后期。

1. 卵泡期

卵泡期（follicular phase）是卵泡发育并成熟的阶段。**卵泡**（follicle）是由胚胎期的卵巢表面生殖上皮演变而成。在卵泡期，卵泡的发育需要经历**初级卵泡**（primary follicle）、**次级卵泡**（secondary follicle）和**成熟卵泡**（mature follicle）三个阶段。**原始卵泡**（primordial follicle）由一个**初级卵母细胞**（primary oocyte）和周围的**单层卵泡细胞**（follicular cells）组成。其发育主要受控于卵泡本身的内在因素，不受促性腺激素的调节。进入青春期后，在促性腺激素的作用下，部分原始卵泡分期分批进入初级卵泡阶段。随着原始卵泡的发育，初级卵母细胞逐渐增大，卵泡细胞也由单层的梭形或扁平细胞变成 5～6 层立方或柱状的颗粒细胞层，最内层的卵泡细胞，又称放射冠（corona radiate）和初级卵母细胞共同分泌一种特异性糖蛋白，包裹卵母细胞并形成**透明带**（zona pellucida）。同时卵泡周围的间质细胞环绕在卵泡颗粒细胞外，分化增殖为内膜细胞和外卵泡膜细胞。在次级卵泡期（图 12-6），颗粒细胞层进一步增殖并构成卵泡壁，由颗粒细胞合成和分泌的黏多糖及血浆成分形成卵泡液，储存在位于颗粒层内的卵泡腔，并由此将覆盖有多层颗粒细胞的卵母细胞推向一侧而形成**卵丘**（cumulus oophorus）。卵泡膜进一步分化成内、外两层，内膜层含有较多的血管和具有分泌固醇激素细胞结构特点的膜细胞，随后，次级卵泡最后转变为成熟卵泡（图 12-7、图 12-8）。

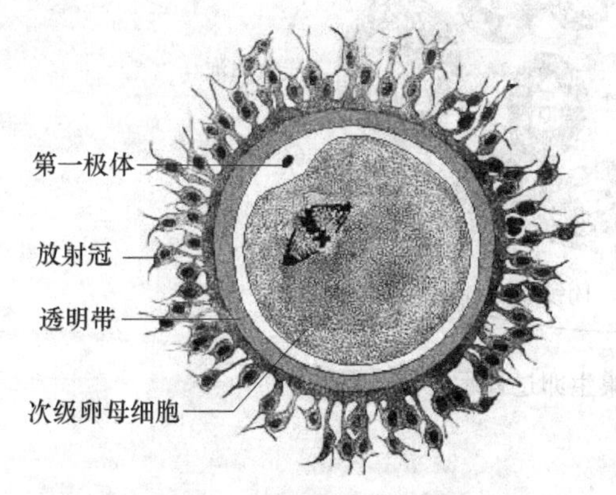

图 12-6 次级卵母细胞、第一极体和放射冠示意图

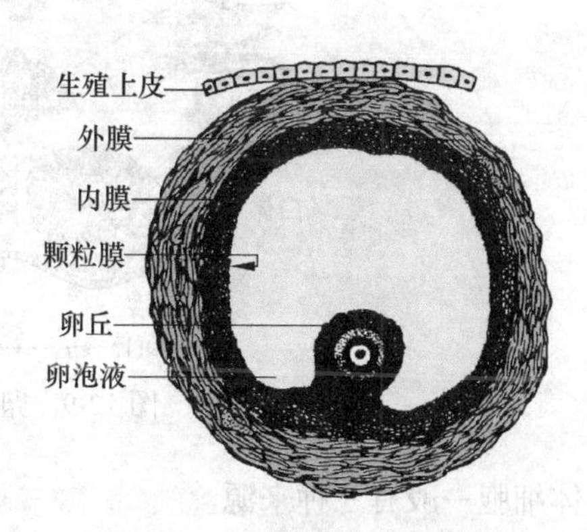

图 12-7 成熟卵泡模式图

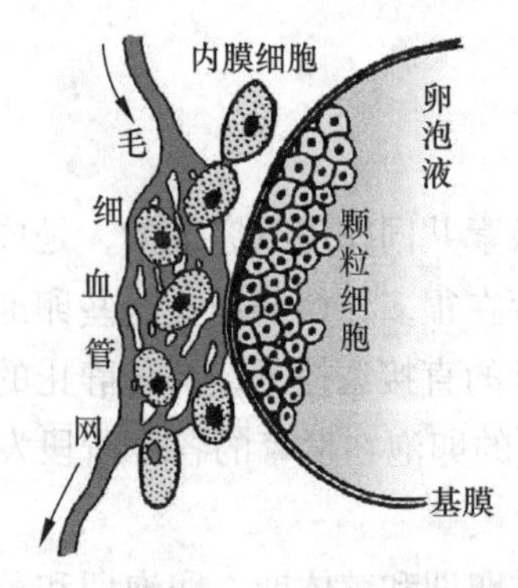

图 12-8 成熟卵泡壁的结构模式图

在卵泡发育过程中，细胞膜上相继生成FSH、LH、T、催乳素（PRL）、**雌二醇**（estradiol，E_2）及PG等激素的受体，颗粒细胞和内膜细胞也逐渐具备内分泌功能。随着生长卵泡的不断发育成熟，颗粒细胞和内膜细胞上的LH受体不断增加，细胞体积增大，甚至突出卵巢表面。在临床和畜牧生产中可以通过直肠触摸牛、马等大家畜的卵巢，借以了解其功能状态。

2. 排卵期

在不断增多的卵泡液的压迫和激素的作用下，卵泡在成熟过程中逐渐移向卵巢表面，卵泡壁逐渐变薄，最后成熟卵泡破裂，卵细胞与透明带、放射冠和卵泡液等被排出，这一过程称为**排卵**（ovulation）。排出的卵子随即被输卵管伞捕捉，并送入输卵管中。在一个性周期中，各种动物的排卵数目不等，单胎动物（如牛、马和某些灵长类动物等）在一个性周期中一般只有一个卵泡成熟并排出单个卵子；多胎动物（如猪、山羊、犬、猫和家兔等）则有多个卵泡同时成熟并排出多个卵子。多数动物的卵巢能周期性地自发排卵，称为**自发性排卵**（spontaneous ovulation）。有些动物的卵泡发育成熟后必须通过交配才能排卵，称为**诱发性排卵**（induced ovulation）。

研究表明，排卵是相关激素和酶共同作用的结果。一般在排卵前，LH出现一个较高的分泌峰值，LH高强度分泌促使孕酮的分泌量增加，孕酮分别通过卵泡溶解酶和前列腺素作用于卵泡，进而促使卵泡破裂和排卵。

3. 黄体期

卵巢排卵后便进入**黄体期**（luteal phase），排卵后的卵巢破裂口被纤维蛋白封闭，残余的卵泡壁内陷，血液填充卵泡腔，凝固成血体。随着血液被吸收和新生血管的植入，血体转变为一个富含血管的内分泌细胞团，残存的颗粒细胞和卵泡膜细胞迅速变为黄体细胞，外观呈黄色（图 12-9），称为**黄体**（corpus luteum）。

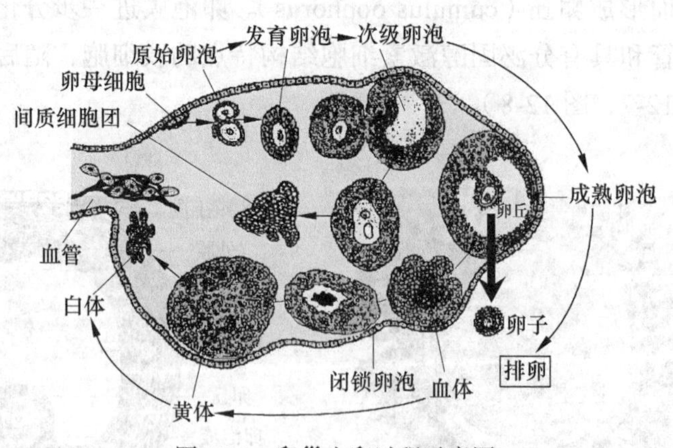

图 12-9 卵巢生卵过程示意图

黄体细胞一般有三种来源。

（1）血体中的颗粒层细胞增生变大，吸取类脂质而变成**粒黄体细胞**（granulosa lutein cell）。

（2）卵泡内膜分生出血管，布满在发育中的黄体内，随着这些血管的分布，含类脂质的卵泡内膜细胞移至粒黄体细胞间，成为卵泡内膜细胞来源的**膜黄体细胞**（theca lutein cell）。

（3）还存在一些来源不明的黄体细胞。

黄体细胞增殖所需的营养物质，最初由血体供应。随着卵泡内膜分生的血管长入到黄体细胞之间后，黄体细胞增殖所需营养则改由血液提供。此时的黄体成为机体中血管分布最密集的器官之一。

黄体是重要的内分泌腺体，在LH作用下，黄体具有高效合成孕激素和雌激素的功能。此时的黄体期子宫内膜已经为受精卵的植入奠定了物质基础。

若排出的卵子没有受精，在排卵一段时间后黄体开始变性，并逐渐被结缔组织所取代，成为**白体**（corpus albicans）而退化。灵长类动物黄体退化取决于雌激素的周期性变化，而家畜则主要取决于前列腺素的作用。也可将未妊娠动物的黄体称为**月经黄体**（corpus luteum of menstruation）或假黄体。

若排出的卵子受精，黄体则继续发育为**妊娠黄体**（corpus luteum of pregnancy）或真黄体，直到妊娠末期才逐渐萎缩，如反刍动物、杂食动物和肉食动物等。妊娠黄体的维持有赖于胎盘促性腺激素的作用，而在末期的萎缩是由于妊娠后期或分娩后胎盘促性腺激素含量突然下降引起的。

知识卡片

卵泡闭锁

卵泡闭锁是指卵泡发育到一定阶段后停止发育并退化，形成黄体的现象。在卵泡闭锁内的卵母细胞发生退化。动物在出生后有许多卵泡，但只有极少数卵泡发育成熟并排卵，大部分卵泡发生闭锁，形成闭锁卵泡。例如，大鼠和小鼠在出生后最初几周，豚鼠在出生后一年内有50%～60%的卵泡发生闭锁，而猪在发情周期中的第16～21天，有40%～50%的生长卵泡发生闭锁。

（三）卵巢的内分泌功能

卵巢是重要的内分泌腺，主要分泌雌激素和孕激素，此外，还分泌抑制素、少量雄激素及多种肽类激素等。

1. 雌激素

雌激素主要由卵泡期的内膜细胞和颗粒细胞分泌，在黄体期的黄体细胞和妊娠期的胎盘也可分泌少量的雌激素。雌激素包括雌二醇、**雌酮**（estrone）和**雌三醇**（estriol，E_3），三者均属于类固醇激素。其中，以雌二醇的分泌量最大和活性最强，雌酮的活性仅为雌二醇的10%，雌三醇的活性最低。

卵泡内膜细胞在LH的作用下，产生的雄烯二酮和睾酮扩散进入颗粒细胞。在FSH的作用下，颗粒细胞内的**芳香化酶**（aromatase）活性增强，后者使雄烯二酮转变为雌酮，睾酮转变为雌二醇，这一过程被称为雌激素合成的双重细胞学说。

雌激素的主要生理作用如下：

（1）对雌性生殖器官的发育作用　雌激素与FSH协同促进卵泡发育，刺激LH出现分泌高峰，引起排卵和促进黄体生成；刺激子宫颈黏液的分泌，促进输卵管上皮增生、分泌及输卵管运动，利于精子和卵子的运送；促进子宫平滑肌的增生，提高子宫平滑肌的兴奋性和对催产素的敏感性，有助于分娩；使阴道黏膜上皮细胞增生、角化，糖原含量增加，有利于阴道乳酸杆菌的生长，后者使糖原分解产生乳酸，使阴道分泌物呈酸性而增强抗菌能力。

（2）对乳腺和第二性征的作用 刺激乳腺导管和结缔组织增生，促进乳腺发育、皮下脂肪蓄积、骨盆发育和臀部肥厚等一系列雌性第二性征的出现并维持在成熟状态。

（3）对代谢的作用 促进生殖器官细胞的增殖和分化，加速蛋白质的合成，促进生长发育；增强成骨细胞的活动和钙、磷沉积，加速骨的成熟和骨骺愈合；高浓度的雌激素可使醛固酮分泌增多，促进肾脏对水和钠的重吸收，导致水、钠潴留。

2. 孕激素

孕激素主要有孕酮、20α-羟孕酮和17α-羟孕酮，其中，以孕酮的生物活性最强。排卵前，颗粒细胞和卵泡膜可分泌少量孕酮；排卵后，黄体细胞分泌雌激素和大量孕酮；妊娠后，胎盘开始合成大量孕酮。孕酮主要在肝脏降解为孕二醇等代谢产物，随粪便排出。孕酮通常在雌激素的作用下发挥效应，其生理作用主要是使子宫内膜和子宫肌为受精卵的着床做准备，并维持妊娠。

孕激素的主要生理作用如下：

（1）对子宫的作用 在雌激素的作用下，孕酮使子宫内膜进一步增厚并进入分泌期，有利于受精卵着床。受精卵着床后，孕酮促进子宫内膜细胞为胚泡提供丰富的营养物质。在妊娠期，孕酮可降低子宫平滑肌的兴奋性，防止子宫收缩而维持妊娠。孕酮还可使子宫颈口闭合，使子宫颈黏液的分泌量减少、变稠，阻止精子通过。因此，孕激素的综合作用是维持妊娠过程的顺利进行。如果孕激素缺乏可能引起早期流产，临床上常用黄体酮治疗因黄体机能失调引起的先兆性流产，诱导发情和同期发情等。

（2）对乳腺的作用 在雌激素的作用下，孕激素可促进乳腺小叶、腺泡和乳腺导管的发育和成熟，并与缩宫素等共同为分娩后的乳腺泌乳作准备。

（3）对LH分泌的调节作用 排卵前，孕酮可协同雌激素诱发LH出现分泌高峰。排卵后，大量孕激素能反馈性地抑制LH的分泌，从而抑制卵泡的发育和排卵，进而防止在妊娠期再次受孕。

3. 抑制素

抑制素（inhibin，INH）又称**卵泡抑制素**（folliculostatin）或**性腺抑制素**（gonadostatin），主要为雌、雄动物性腺分泌的水溶性多肽激素，由α和β亚单位组成。INH可抑制FSH的合成与释放。在卵泡期，其抑制FSH的作用弱于雌二醇；在黄体期，随着INH浓度的增高，可明显抑制FSH的合成与释放；在妊娠期，INH主要来源于胎盘，可通过诱导FSH的受体，促进卵泡内膜细胞分泌雄激素以及抑制颗粒细胞分泌孕激素的方式，对卵泡的生长发育进行调控。

4. 松弛素

松弛素（relaxin）是一类多肽激素。主要由妊娠黄体和卵巢间质细胞分泌，有些动物的胎盘和子宫也能分泌少量松弛素。多数动物松弛素的含量随着妊娠的进程而升高，分泌后又迅速下降。松弛素的生理作用是使雌性动物耻骨联合和骨盆韧带松弛，子宫颈软化，产道扩张，利于分娩。

另外，雌性动物的卵泡内膜细胞和肾上腺皮质网状带细胞还可产生少量的雄激素。

（四）卵巢功能的调节

卵巢的排卵和内分泌功能受腺垂体分泌的FSH和LH的调控，下丘脑分泌的GnRH能促进腺垂体分泌FSH和LH，而下丘脑分泌的GnRH和腺垂体分泌的FSH和LH又受卵巢分泌激素的反馈调节。三者在功能上密切联系，它们之间的相互关系构成下丘脑-腺垂体-卵巢轴系统（图12-10）。

1. 下丘脑-腺垂体对卵巢功能的调节

下丘脑分泌的GnRH随垂体门脉血液循环系统作用于腺垂体，使其分泌FSH和LH。FSH可促进卵泡的发育和成熟，同时增加颗粒细胞芳香化酶的活性，促进雌激素的生成和分泌。FSH可刺激颗粒细胞产生LH受体，导致颗粒细胞向黄体细胞转化并形成黄体。排卵前，LH峰的出现能诱发成熟卵泡排卵；排卵后，LH可维持黄体细胞持续分泌孕酮。

2. 卵巢激素对下丘脑-腺垂体的反馈调节

卵巢分泌的雌激素、孕激素和抑制素能反馈性地调节下丘脑和腺垂体的功能。一般认为，孕激素和抑制素能对下丘脑和腺垂体功能进行负反馈调节，即当孕激素和抑制素的分泌增加时，FSH和LH的分泌相应减少。雌激素对下丘脑和垂体激素的分泌既有负反馈作用又有正反馈作用，其反馈形式与血浆中雌激素的含量有关。在黄体期，当血液中雌激素含量处于中等水平时，雌激素主要以负反馈的形式来抑制FSH和LH的分泌。在卵泡成熟期，当血液中雌激素含量长时间处于高水平时，雌激素则以正反馈的形式促进下丘脑GnRH的分泌，进而使LH和FSH的分泌增加。

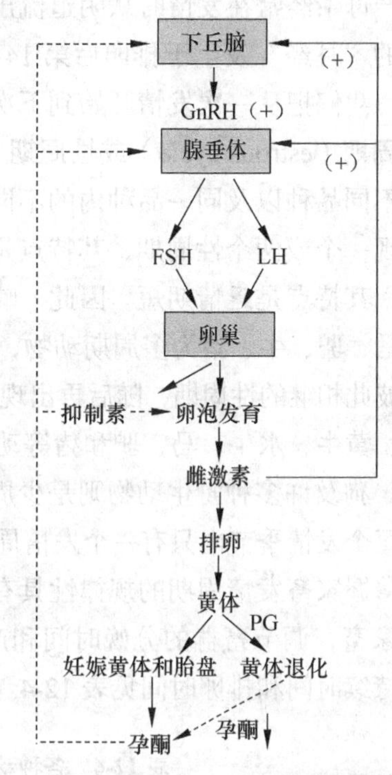

图12-10 下丘脑-腺垂体-卵巢轴系统示意图

雌二醇对下丘脑具有负反馈调节作用。雌二醇并不直接作用于GnRH神经元，而是通过其他神经递质或神经肽发挥作用。孕酮对LH的紧张性释放也具有一定的调节作用。

催乳素（prolactin，PRL）参与哺乳、生殖和生长等多种生理功能的调节。在所有哺乳动物中，催乳素对于生殖和哺乳功能都是最基本的调节激素。在妊娠和哺乳期间，催乳素能够提高乳腺对雌激素和吸吮刺激的反应。

催产素在下丘脑的视上核和室旁核神经元中合成，经下丘脑-垂体束运输并储存于神经垂体内，并在一定的条件下释放。催产素还能增加临产子宫平滑肌的收缩，参与排乳反射。催产素神经元具有经典的神经元和内分泌细胞的双重特点。

二、母畜的性周期

母畜性成熟后，卵巢出现周期性的卵泡成熟和排卵过程。伴随着每次排卵，母畜的机体特别是生殖器官及性行为将发生一系列周期性的变化，这种变化周而复始，直至母畜怀孕或繁殖能力停止为止。雌性动物发情时，随着卵泡分泌雌激素量的增多，生殖道血管增生，在排卵前卵泡体积达到最大，雌激素的分泌亦达到最高峰，生殖道充血最明显。排卵时，雌激素水平骤然降低，引起充血的血管发生破裂，使血液从生殖道排出体外，这种类似于灵长类动物“月经”的现象，在奶牛和黄牛中较多见，有 80%～90% 的未产母牛，以及 45%～65% 的经产母牛经常在发情时从阴道流出血液，而其他种类的动物则极少发生这种现象。灵长类动物的“月经”发生于排卵后第 14 天，分娩后经过一定时期，这种周期性变化过程又重新开始。我们把从一次发情开始到下次发情之前，或由一次排卵到下次排卵的间隔时间，称为**发情周期**（estrous cycle）或**性周期**（sexual cycle）。各种动物的发情周期长短不一，同种动物的不同品种以及同一品种内的不同个体间，发情周期可能不同。大多数野生动物一年之中只出现一个或两个性周期，其特点是乏情期长。大多数家畜一年之中性周期循序重复，不断发生，其特点是乏情期短。因此，哺乳动物的发情周期可分为多周期和少周期两种类型。绵羊、马、驴、牛、猪为多周期动物，大部分绵羊的发情周期为 17 天，绵羊在某一季节内出现几个彼此相继的性周期，随后再出现一个较长的乏情期，然后又重复出现几个性周期。大部分山羊、黄牛、水牛、马、驴和猪等动物的发情周期为 21 天，这类动物又称为季节性多次发情动物。狗及许多种野生动物则是少周期动物，狗在一年内虽有两个发情季节（春季和秋季），但在每个发情季节内只有一个发情周期，故又称其为季节性单次发情动物。

掌握家畜发情周期的规律性具有极其重要的实践意义。例如，在畜牧业生产中有计划地繁殖家畜，调节畜群的分娩时间和产乳量，防止畜群的不孕或空怀等。各种动物发情周期、发情持续时间和排卵时间见表 12-4。

表 12-4　各种动物发情周期、发情持续时间和排卵时间

动物	发情周期	发情持续时间	排卵时间
马	19～23 天	4～7 天	发情前 1 天至开始发情后 1 天
牛	21 天	13～17h	发情结束后 12～15h
猪	21 天	2～3 天	发情开始后 30～40h，有些品种在发情开始后 18h
绵羊	16～17 天	30～36h	发情开始 18～26h
山羊	19 天	32～40h	发情开始后 9～19h
豚鼠	16 天	6～11h	发情开始后 10h
小鼠	4 天	10h	发情开始后 2～3h
大鼠	4～5 天	13～15h	发情开始后 8～10h
狗	春、秋各发情 1 次	7～9 天	发情开始后 12～24h，各卵泡持续排卵，持续 2～3 天
狐	12 月到 3 月，无周期	2～4 天	发情开始后 1～2 天
兔	周期不明显	时间界限不明显	交配后 10.5h（诱导排卵）
水貂	8～9 天	2 天	交配后 40～50h（诱导排卵）
猫	周期不明显	4 天	交配后 24～30h（诱导排卵）
雪貂	周期不明显	界限不明显	交配后 30h（诱导排卵）

三、性周期的分期

发情周期是一系列不断变化的生理过程。雌性动物的发情周期受卵巢分泌激素的调节。因此，根据雌性动物的精神状态、雄性动物的性反应、卵巢和阴道上皮细胞的变化情况等可将发情周期分为发情前期、发情期、发情后期和乏情期四个阶段。

（一）发情前期

发情前期（proestrus）是发情周期和性活动的准备时期。对于发情周期为21天的动物（如牛、猪、马和驴等），如果以发情征状开始出现时作为发情周期的第1天，则发情前期相当于发情周期的第16～18天。在这期间，生殖器官开始出现一系列的生理变化，如黄体萎缩；卵巢上有一个或两个以上的卵泡迅速发育生长，充满卵泡液，为排卵做准备；输卵管内壁细胞生长，纤毛数量增加；子宫角的蠕动加强，子宫黏膜内的血管大量增生；阴道上皮组织增生加厚；整个生殖道的腺体活动加强；子宫颈口不完全开张，但阴道没有黏液流出，尚无交配欲，无明显的发情表现，动物处于安静状态。

（二）发情期

发情期（estrus）是母畜出现强烈性欲的时期，也是性周期的高潮时期。相当于发情周期的第1～2天。这时卵巢排卵，母畜的整个机体特别是生殖器官表现出一系列形态、生理和功能的变化，如母畜极度兴奋、情绪不安、食欲减退、时常哞叫，甚至爬跨其他雌性动物或障碍物，喜接近公畜，或举腰拱背、频繁排尿，或到处走动，有交配欲；阴唇肿胀、充血潮红；子宫水肿，黏膜血管大量增生；输卵管和子宫发生蠕动，腺体大量分泌；子宫颈口完全开张，阴道流出黏液等，这些变化为卵子和精子的运行及受精提供有利条件。另外，雌激素对中枢神经系统的刺激作用需要少量孕激素的参与才能引起母畜行为的变化。当雌性动物第一次发情时，由于卵巢没有黄体，血液中孕激素水平较低，常常发生安静发情，即只排卵而发情表现不明显。

（三）发情后期

发情后期（metaestrus）是发情征状逐渐消失的时期，相当于发情周期的第3～4天。母畜在发情期中生殖道发生的一系列变化逐渐消失并恢复原状，这时母畜性欲明显消退，拒绝公畜接近。生殖器官的变化主要表现在卵巢中出现黄体并分泌孕激素（孕酮）；子宫内膜腺体增生，为下一步接受胚泡和提供营养做准备；子宫肌层收缩和腺体分泌活动均减弱，黏液分泌量少而黏稠，黏膜充血现象逐渐消退，子宫颈口逐渐收缩和关闭；阴道表层上皮脱落，释放白细胞至黏液中；外阴肿胀逐渐减轻并消失，从阴道中流出的黏液逐渐减少并干涸；乳腺生长发育。如已妊娠，则发情周期中止，直到分娩后再重新出现。若未受精，即进入乏情期。

（四）乏情期

乏情期（anestrus）又称间情期或休情期，是发情后期之后的相对生理静止期，相当于发情周期的第4～15天。此时，动物的性欲已完全停止，精神完全恢复正常，发情征状完全消失，生殖器官没有任何显著的性活动过程。这个时期的特点是卵巢内的黄体开始退化并萎缩；孕激素分泌量逐渐减少；新的卵泡还没有开始发育；子宫内膜变薄，阴道上皮不角化等。

四、性周期的调节

动物的发情周期取决于遗传因素，但也受到内外环境、营养及健康状况等因素的影响，特别是突然而剧烈的环境变化常会造成发情周期的紊乱甚至停止。上述影响性周期的因素都是通过下丘脑-腺垂体-卵巢轴进行调控的。

（1）在卵泡期的初期，下丘脑 GnRH 神经元释放的 GnRH 促进腺垂体 LH 和 FSH 的合成和释放，进而使卵巢雌激素浓度升高，促进卵泡生长发育。

（2）在卵泡期的中期，过高浓度的雌激素和抑制素通过对下丘脑和腺垂体的负反馈调节，抑制 FSH 的分泌。此时，FSH 的浓度虽然暂时处于低水平，但由于血液中雌激素促进了内膜细胞的分化和生长，使 LH 受体增加，产生较多的雄烯二酮，后者扩散至颗粒细胞，使芳香化酶的作用增强，进而促进雌激素的生成和分泌，形成性周期中雌激素的第一个高峰。

（3）在卵泡期的后期，血液中雌激素达到顶峰，雌激素通过对下丘脑 GnRH 神经元的正反馈调节作用，导致 LH 峰的出现，通过抵消抑制素的抑制作用，引起排卵。雌激素对下丘脑和腺垂体有正和负反馈作用，一般来说，低浓度时为负反馈，这对维持血液中雌激素和孕激素的水平具有重要意义；高浓度时为正反馈，这对排卵前 LH 峰的形成和排卵起着重要作用。

（4）在排卵后，黄体在 LH 作用下分泌大量孕激素和雌激素，形成雌激素的第二个高峰及孕激素的分泌高峰，它们对下丘脑和腺垂体发挥着负反馈作用，使 FSH、LH、雌激素和孕激素水平下降，从而使卵泡的成熟和排卵停止，黄体开始萎缩。此即为一个性周期的调节过程。

五、附性器官及其生理作用

雌性动物的附性器官包括输卵管、子宫、阴道及外生殖器等。

（一）输卵管及其生理作用

输卵管（oviduct）是输送卵子和精子的管道，全长分为漏斗部、壶腹部和峡部三段。输卵管又是卵子进入子宫的通道，通过宫管连接部与子宫角相连接，附着在子宫阔韧带外侧缘形成的输卵管系膜上，长而弯曲，其长度与弯曲度随动物品种不同而异（马最为弯曲）。输卵管的腹腔口紧靠卵巢，扩大呈漏斗状，称为漏斗。漏斗的边缘不整齐，形似花边称为伞，伞的一处附着于卵巢的上端（马的输卵管伞附着于排卵窝，猪的输卵管伞最发达，而牛和羊的不发达），其前半部贴于卵巢囊前部的内侧面，后半部向后下方敞开，游离缘恰位于卵巢前上方，在卵巢囊内自由地罩着卵巢的大部分，伞与卵子的收集密切相关。紧接漏斗的膨大部被称为输卵管壶腹，约占输卵管长度的一半，是精子和卵子受精的部位。壶腹后段变细，被称为峡部，壶腹部与峡部的连接处称壶峡连接部。峡部末端有输卵管子宫口直接与子宫角相通，输卵管与子宫连接处被称为宫管连接部。牛、羊由于子宫角尖端较细，所以输卵管与子宫角之间无明显界限，发情时形成一个明显的弯曲。马的宫管连接部形成一个小乳头。猪的宫管连接部周围具有长的指状突起，括约肌发达。狗和猫输卵管的特点是先环绕卵巢大致一周，被卵巢囊的脂肪所包埋，再延伸出卵巢后与子宫角相接。

输卵管的主要生理作用如下：

1. 接纳卵巢排出的卵子

卵巢排出的卵子，一般均被纳入输卵管伞端。

2. 转运卵子和精子

在卵巢激素的作用下，可促使输卵管上皮纤毛和管壁肌发生有规律的蠕动，使精子和卵子向输卵管上 1/3 处的壶腹部迁移。

3. 精予获能和受精的地点（详见本章第四节）

4. 受精卵卵裂和早期胚胎发育的场所

输卵管分泌细胞的分泌液可为受精卵卵裂和胚胎早期发育提供营养，并有助于受精卵的运输及阻止细菌的侵入。

5. 分泌机能

输卵管的分泌物主要是黏多糖和黏蛋白，是精子和卵子的运载工具，也是精子、卵子和受精卵的培养液。其分泌受激素的控制，发情时分泌增多。

（二）子宫及其生理作用

子宫（uterus）是胚胎发育的场所，其大小和形态随发情周期和妊娠而发生不同的变化。子宫大部分位于腹腔，少部分位于骨盆腔，背侧为直肠，腹侧为膀胱，前接输卵管，后接阴道，借助于子宫阔韧带悬系于腰下腹腔。牛、羊、猫和狗的两侧子宫角基部内有纵隔将两子宫角分为对分子宫，也称双间子宫；马、猪的子宫无纵隔，称双角子宫，马子宫体较长，猪有 2 个长而弯曲的子宫角；狗和猫的子宫体较短，但子宫角特别长。以上动物的子宫都由子宫角、子宫体和子宫颈 3 部分组成。兔的子宫为双子宫类型，2 个完全分离的子宫开口于阴道，仅有子宫角而无子宫体。

子宫的主要生理作用如下：

1. 子宫肌的运动对生殖的作用

交配时子宫肌的节律性收缩有助于精子移向输卵管，利于受精；妊娠期子宫肌运动减弱，利于胎儿的生长发育；分娩时子宫肌发生强力收缩，促进胎儿的娩出。

2. 提供胎儿生长发育所需的各种物质和妊娠环境

妊娠期所形成的胎盘是母体子宫组织和胚胎组织共同构成的临时性器官，胎儿在生长发育过程中所需的所有营养物质的摄取及其代谢产物的排出，均需通过胎盘来实现。

3. 胎盘的内分泌功能

胎盘是一个重要的内分泌器官，体内其他内分泌细胞或腺体合成和分泌的激素几乎都可以在胎盘找到它们的踪迹。如雌激素、孕酮、松弛素、催乳素、促性腺激素、肾上腺皮质激素、促性腺激素释放激素、心房钠尿肽、一氧化氮、前列腺素、生长激素、促甲状腺激素、细胞因子和 β 脑啡肽等。

4. 子宫颈分泌黏液

发情期子宫颈分泌的稀薄黏液有利于精子的通过。妊娠期黏稠的分泌物可封闭子宫颈，防止细菌进入子宫。

（三）阴道及其生理作用

阴道位于骨盆腔，背侧为直肠，腹侧为膀胱和尿道，前接子宫，子宫颈口突出于阴道（猪除外）形成一个环形隐窝（被称为阴道穹窿或子宫颈阴道部），阴道后接尿生殖前庭，以尿道外口和阴瓣为界，未交配过的幼畜（尤其是马和羊）阴瓣明显。各种家畜阴道长度各异，牛为25～30cm，羊为10～14cm，猪为10～15cm，马为20～35cm。

阴道既是交配器官又是分娩时胎儿和胎盘产出的通道。交配时，储存于子宫颈阴道部的精子不断向子宫颈内运送精子，阴道的生化和微生物环境，能保护生殖管道免受微生物的入侵。阴道还是子宫颈、子宫黏膜和输卵管分泌物的排出管道。阴道前庭腺在母畜发情时可分泌黏液，是发情的识别症状之一。

第四节 妊 娠

妊娠（pregnancy）是新个体的孕育和产生的过程，包括受精、着床、妊娠的维持、胎儿的生长和胎儿分娩等过程。

一、受精

受精（fertilization）是指精子进入卵子并相互融合，形成受精卵的复杂生理过程。在阴道中的精子需要经过子宫颈、子宫腔和输卵管，在输卵管壶腹部与卵子相遇，故受精通常发生在输卵管的壶腹部。受精过程主要包括下列几个紧密衔接的重要生理过程。

（一）精子运行

射入阴道内的精子到达输卵管与卵子相遇的过程比较复杂。精子的运行除了依靠自身的运动外，还需要子宫颈、子宫体和输卵管的配合。射入阴道后的精液很快（约1min）被凝固成胶冻状态，其意义是可暂时避免精液外流，并能保护精子免受阴道酸性环境的破坏。尽管射精时进入阴道的精子数可达几亿到几十亿个，但阴道内的酶可使绝大部分精子失去活力，只有少部分能通过自身的运动以及射精刺激引起的子宫节律性收缩活动而进入子宫腔。精液中高浓度的前列腺素可刺激子宫发生收缩，收缩后的松弛所形成的宫腔内负压有助于将精子进一步吸入子宫腔。在雌激素的作用下，排卵期的输卵管由子宫向卵巢方向蠕动，推动精子由峡部向壶腹部运行。因此，精子的运行主要受输卵管蠕动的影响。而黄体期分泌的大量孕酮则抑制输卵管的蠕动。经过上述生殖道的几个屏障后，只有极少数活力较强的精子（不足200个）能够到达输卵管的壶腹部，而其中一般只有一个精子可使卵子受精（图12-11）。

（二）卵子运行

排卵时，卵子随卵泡液被吸纳入伞部，并借助伞部上皮细胞纤毛的颤动和平滑肌的收缩，卵子很快进入输卵管。卵子在输卵管前半段通过很快，到输卵管后半段时，卵子的运行显著变慢。卵子在输卵管内运行时，不同动物发生的变化不尽相同。马、狗和狐的卵子排出时是初级卵母细胞，在输卵管中进一步发育成熟；绵羊、牛和猪排卵时释放的是次级卵母细胞，此时第一极体已被排出，第二次成熟分裂已进入到分裂中期，直到受精时第二次成熟分裂才全部完成。各种动物的卵子在输卵管内运行至峡部之前都具有受精能力，卵子保持受精能力的时间不同，如马为6～8h，牛为8～12h，猪为8～10h，绵羊为16～24h。卵子排出后如未遇到精子，则沿输卵管继续下行并逐渐衰老，期间包被上一层输卵管的分泌物，以阻碍精子进入，就此卵子丧失受精能力（图12-12）。

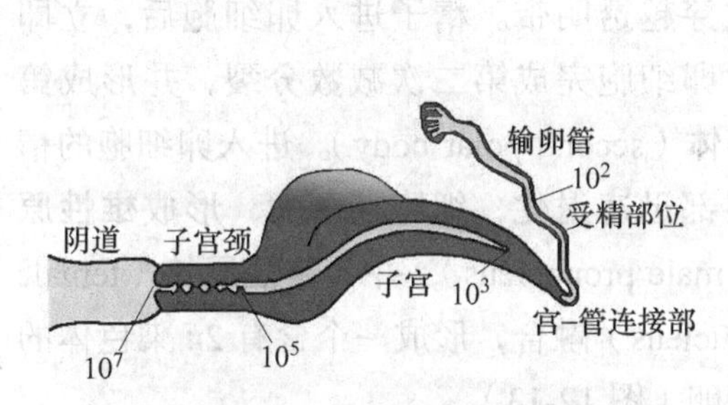

图 12-11 精子运动中的耗损示意图（陈义）

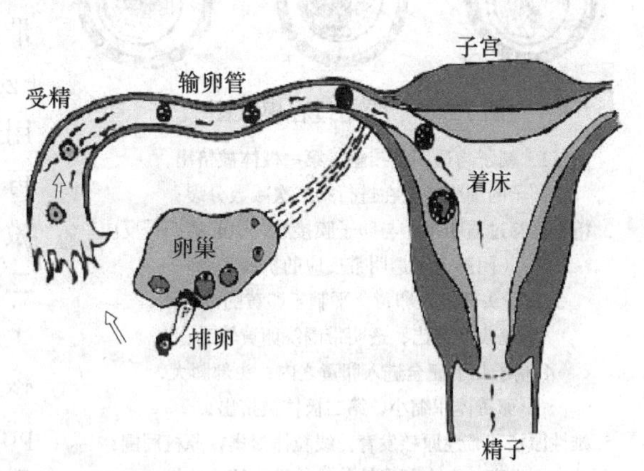

图 12-12 排卵、受精与着床示意图

（三）精子获能

大多数哺乳动物的精子必须在雌性动物生殖道内停留几个小时，才能获得使卵子受精的能力，该过程被称为**精子获能**（capacitation of spermatozoon）。精子在附睾中的移行过程中，虽然已经具备了受精的能力，但由于在附睾和精液中存在一种被称为去能因子的抑制物，妨碍了精子对卵子的识别，使精子失去与卵子受精的能力，此现象称为**精子去能**（decapacitation of spermatozoon）。当精子进入雌性生殖道后，去能因子的顶体抑制作用被解除，暴露精子表面与卵子的识别部位，使精子能够穿入卵子，恢复精子的受精能力。使精子获能的主要部位是子宫，其次是输卵管等处。

（四）顶体反应

精子与卵子在输卵管壶腹部相遇后不能立即结合。原因是卵巢排出的卵子外面包裹着透明带、放射冠和卵丘细胞等，精子进入卵子必须要穿过卵子外面的这些屏障。精子顶体外膜与精子头部细胞膜融合、破裂，形成许多小孔，释放出顶体酶，用以溶解卵子外围的放射冠及透明带，这一过程称为**顶体反应**（acrosome reaction）。参与顶体反应的酶有多种，其中，

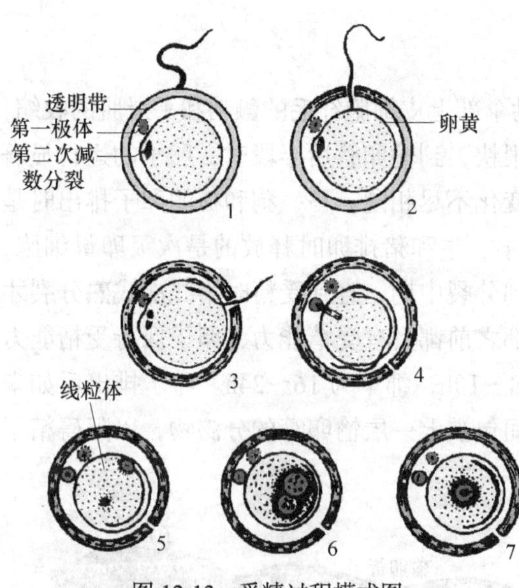

图 12-13　受精过程模式图

1. 精子与透明带接触，第一极体被挤出，卵子的细胞核正在进行第二次减数分裂；
2. 精子已穿过透明带，与卵子膜接触，引起透明带反应（阴影表示透明带反应的扩展）；
3. 精子头部进入卵黄，平躺于卵黄的内表面，该处表面突出，透明带围绕卵黄转动；
4. 精子几乎完全进入卵黄之内，头部膨大，卵黄体积缩小，第二极体被挤出；
5. 雄性原核和雌性原核发育，线粒体聚集在原核周围；
6. 原核完全发育，含有很多核仁，雄性原核比雌性原核大；
7. 受精完成，原核消失，以染色质团代替，并成为一组染色体，处于第一次卵裂的前期。

放射冠穿透酶可使放射冠的颗粒细胞松解，脱离卵细胞外围。颗粒细胞脱落后，在透明带周围仍残留一层放射冠基质，透明质酸酶可分解这些基质，暴露透明带。**顶体素**（acrosin）的作用可使透明带发生局部水解，最终使精子突破透明带，穿入卵细胞内。当一个精子穿越透明带后，精子即与卵细胞膜接触并融合，这种融合提供了受精卵发育的始动信号，激发卵细胞发生反应，并由卵间隙释放其内容物，作用于透明带使之硬化，对透明带起封闭作用，从而使其他精子难以再穿越透明带进入卵细胞内，这一反应称为**透明带反应**（zona pellucida reaction）。此外，上述融合作用还可降低卵细胞的膜电位，使其他精子难以再次穿越透明带。精子进入卵细胞后，立即激发卵细胞完成第二次减数分裂，并形成**第二极体**（second polar body）。进入卵细胞的精子尾部迅速退化，细胞核膨大，形成**雄性原核**（male pronucleus），并与**雌性原核**（female pronucleus）融合，形成一个含有 2*n* 染色体的受精卵（图 12-13）。

受精卵在输卵管的蠕动和纤毛的摆动下，边移动边分裂。在受精后的第 3～4 天，桑葚胚或早期胚泡进入子宫腔，并继续分裂变为胚泡。胚泡在子宫腔内停留 2～3 天，胚泡外面的透明带变薄直至消失，此时的胚泡可直接从子宫内膜分泌的液体中吸收营养。

二、着床

着床（implantation）是指胚泡植入子宫内膜的过程，包括定位、黏着和穿透三个阶段。着床成功与否取定于胚泡与母体之间的相互识别、胚泡与子宫内膜的同步发育和胚泡免受母体的排斥反应等条件限制，同时还受到母体和胚泡激素的调控。在着床过程中，子宫仅在一个极短的时期允许胚泡着床。在此期间内胚泡与子宫内膜的同步发育以及雌激素与孕激素对子宫内膜的协同作用等因素都决定了着床的成功率。在着床过程中胚泡不断发出信息，以便母体能与之识别并发生相应的改变。胚泡可产生多种激素和化学物质，如绒毛膜促性腺激素能刺激周期黄体转变为妊娠黄体，继续分泌妊娠所必需的孕激素。这一时期的子宫内膜亦同步发生变化，母体的雌激素和孕激素及绒毛膜促性腺激素、蛋白水解酶等均参与着床反应。受精后的受精卵可产生**早孕因子**（early pregnancy factor，EPF），能抑制母体淋巴细胞的活动，使胚泡免受母体的排斥反应。

知识卡片

早孕因子

早孕因子（EPF）是哺乳动物受精后最早在血清中检测到的具有免疫抑制和生长调节作用的妊娠相关蛋白，是一种免疫抑制因子和生长因子。1974年，澳大利亚学者Morton等在孕鼠血清中首次发现EPF，由于EPF在小鼠交配6h后就可检测到，因此，被命名为早孕因子。目前，普遍认为它是热休克蛋白家族成员，即伴侣蛋白10（chaperonin 10）的同系物，在细胞外发挥效应，是最早确认妊娠的生化标志之一。EPF可用于预测早期胚胎发育情况，对帮助了解妊娠母体对胚胎的识别和免疫耐受等机制具有非常重要的意义。

三、妊娠的维持

妊娠时间从受精开始计算，各种动物的妊娠时间见表12-5。

垂体、卵巢和胎盘分泌的各种激素间的相互作用对维持正常妊娠至关重要。在受精与着床前，在腺垂体促性腺激素的调节下，卵巢黄体分泌的孕激素与雌激素是维持妊娠的必要条件。在受孕后，胚泡滋养层细胞开始分泌绒毛膜促性腺激素，并随着妊娠进程而逐渐增多，刺激卵巢周期黄体转化为妊娠黄体，使之继续分泌孕激素和雌激素，以适应妊娠的需要。在胎盘形成后，胎盘不仅是母体与胎儿之间进行物质交换的重要器官，而且是妊娠期间重要的内分泌器官，可大量分泌蛋白质激素、肽类激素和类固醇激素，参与调节母体与胎儿的代谢活动。因此，妊娠的维持和胎儿的生长发育是在卵巢和胎盘激素的共同作用下实现的。如果妊娠期缺乏上述激素，将导致母畜流产或胎儿发育不良。

知识卡片

人绒毛膜促性腺激素（human chorionic gonadotropin，HCG）是由胎盘绒毛组织中合体滋养层细胞分泌的一种糖蛋白激素。HCG在胚泡植入子宫内膜、避免母体的排斥反应、促进卵泡的生长和胎盘的生成方面发挥重要作用。HCG是胚泡最早分泌的激素之一，临床上通过检查母体血液或尿液中的HCG可帮助诊断早期妊娠。由于HCG与LH有着高度的同源性，其生物学作用与免疫学特性也基本相同，因此，HCG可使卵巢的周期黄体转变成妊娠黄体，并促进孕激素和雌激素的分泌，用以维持妊娠过程。

表12-5　各种动物的妊娠期　　单位：天

动物种类	平均妊娠期	变动范围	动物种类	平均妊娠期	变动范围
马	340	207～402	牦牛	257	224～284
驴	380	360～390	驯鹿	225	195～243
牛	282	240～311	狗	62	59～65
水牛	310	300～327	猫	53	55～60
绵羊、山羊	152	140～169	家兔	30	28～33
猪	115	110～140	豚鼠	60	59～62
骆驼	364	335～395	白鼠	22	20～25

四、妊娠期母畜的生理变化

妊娠开始后，母畜为了适应胎儿的成长发育，各器官系统的生理机能都将发生一系列的适应性变化。首先，妊娠黄体和胎盘分泌的大量孕酮，在促进胚泡着床、抑制排卵和降低子宫平滑肌的兴奋性的同时，还在雌激素的协同作用下，刺激乳腺导管系统发育，促进乳腺腺泡生长，使乳腺发育完全，为分泌乳汁做准备。其次，随着胎儿的生长发育，子宫体积和重量逐渐增加，腹部内脏受子宫挤压前移，会引起消化、循环、呼吸和排泄等系统发生一系列变化。如呈现胸式呼吸、呼吸浅而快、肺活量降低、血容量和心输出量增加、血液凝固能力提高和血沉加快等。第三，妊娠末期，血中碱储减少，出现酮体，形成生理性酮血症；心脏因工作负担增加，出现代偿性心肌肥大；排尿、排粪次数增加，尿中出现蛋白质等。母体为适应胎儿发育的特殊需要，有时甲状腺、甲状旁腺、肾上腺和垂体表现为妊娠性增大和机能亢进。母畜代谢增强，妊娠前期食欲旺盛，对饲料的利用率增加，因而母畜显得肥壮，被毛光亮平直。在妊娠后期，由于胎儿迅速生长，母体供给营养较多，此时如果饲料和饲养管理条件稍差，母畜就会逐渐消瘦。

五、妊娠期间的发情

母畜发情周期一般因妊娠开始而中断，但有的妊娠母畜还可能出现发情。这种现象叫妊娠期发情。绵羊在妊娠早期或迟至产前5天都可能有发情表现。有10%左右的妊娠母牛也出现妊娠期发情。如果此时给妊娠母牛人工授精，子宫颈黏液塞可能被授精所破坏，以至发生流产或胎儿干尸化。

六、假妊娠

雌性动物排出的卵子并没有受精，但由于黄体的继续存在，经一定时间之后，出现乳腺发育、泌乳和做窝等妊娠表现，这种现象称为假妊娠。假妊娠的持续时间较真妊娠持续时间短。

第五节 分 娩

分娩（parturition）是指胎儿和胎盘通过母体子宫和阴道排出体外的过程。分娩的发动是胎儿、胎盘和母体激素共同作用的结果。根据子宫平滑肌的功能状态，人们将分娩期子宫的活动分为三期。

一、开口期

分娩时，子宫收缩力往往突然加强，由分娩前不规律的阵缩（子宫呈现节律性收缩与间歇）发展为有节奏的强烈收缩。胎儿在子宫强烈收缩和压迫下，进入到临产前的位置，同时子宫颈口扩大，胎儿和胎膜被部分地挤入子宫颈和阴道，随着子宫肌的强力收缩而使胎膜破裂，流出部分羊水，胎儿的前部顺着羊水液流入盆腔。

二、产出期

当胎儿和胎膜一部分被挤进盆腔时，子宫发生更为频繁而强烈的收缩，加上腹肌和膈肌收缩的协调作用，导致子宫内压急剧增加，驱使胎儿经阴道排出体外。反刍动物的胎儿在娩出过程中，母体与胎儿的子宫阜仍保持联系，可继续向胎儿供氧。但大多数动物在分娩开始不久，胎盘便与母体分离。如果胎儿分娩延迟，胎儿常因窒息而死亡。胎儿产出后，脐带在新生仔畜重力作用下被扯断。肉食动物在胎儿产出后常由母畜咬断脐带。

三、胎衣排出期

胎儿排出后，经短时间的间歇，子宫又收缩，将胎衣与子宫壁分离并排出体外。胎衣排出后，子宫收缩压迫血管断口止血。狗、猫等肉食动物的胎衣常随胎儿同时排出；猪在全部胎儿产出后也很快排出胎衣；马、骆驼、羊和牛分别在胎儿排出后的 1h、2h、3h 和 12h 内排出胎衣。家畜的分娩大多在夜间进行，这是因为夜晚大脑皮质处于相对抑制状态，兴奋性降低，对皮质下中枢特别是脊髓的抑制性影响减弱，使脊髓的兴奋性升高，子宫等处的肌肉得以强烈阵缩，使分娩加快。胎衣排出后，分娩过程即结束，随后进入产后恢复期。母畜在妊娠过程中发生的所有变化都逐渐恢复到孕前状态。各种动物分娩所需时间见表 12-6。

表 12-6　各种母畜分娩各阶段所需时间

动物种类	开口期	胎儿产出期	胎衣排出期
牛	6（1～12）h	0.5～4h	12～18h
水牛	1（0.5～2）h	20h	12～18h
马	12（1～24）h	10～30h	2h 内
猪	3～4（2～6）h	10min/ 只	10～60min
羊	4～5（3～7）h	0.5～4h	0.5～4h
骆驼	11（7～16）h	25～30h	10h
鹿		1（0.5～2）h	50～60h
犬	3～6h		
兔	20～30min		
猫		2～6h	

分娩是典型的正反馈调节过程。分娩过程中胎儿对子宫颈的刺激引起催产素释放和子宫底部肌肉强烈收缩，迫使胎儿对子宫颈的刺激增强，导致 OT 的释放增加和子宫的进一步收缩，直至胎儿全部娩出。分娩又是一个极其复杂的生理过程，子宫颈的节律性收缩是分娩的主要动力。但分娩的启动原因及确切机制目前尚不清楚。实验显示：糖皮质激素、雌激素、孕激素、缩宫素、松弛素、前列腺素和儿茶酚胺等多种激素均参与分娩的启动过程。

（金天明）

复习思考题

1．试述睾丸和卵巢的生理功能。

2．试述雄激素和雌激素的生物学作用。

3．为什么雌性动物的生殖系统会出现周期性的变化？

4．从生殖调控角度看，提高家畜繁殖力的措施有哪些？

第十三章 泌 乳

本章概述

哺乳纲动物具有其他种类动物所不具备的由分泌上皮细胞和导管系统构成的泌乳系统。泌乳是与哺乳动物繁殖密切相关的特种生理活动，以乳汁哺育仔畜是哺乳纲动物在较优越的营养条件和安全保护下迅速成长的生物学适应过程。乳汁含有水分、蛋白质、脂肪、乳糖、维生素、矿物质和酶等成分，能够满足仔畜的生长需要，提高了仔畜的成活率。乳汁的合成是通过神经-体液调节方式实现的，经吸吮刺激和视觉反射性地引起丘脑下部-神经垂体路径分泌和释放催产素，使包围乳腺泡的平滑肌收缩而泌乳。同时，还引起丘脑下部分泌催乳素释放因子和催乳素释放抑制因子，以调节脑垂体分泌催乳素，使排空了的乳腺泡合成乳汁。泌乳系统的发育、泌乳的起动、泌乳的维持和泌乳系统的退化等生理现象受雌激素、孕激素、催乳素、生长激素、甲状腺激素、皮质激素、胰岛素和瘦素等激素的影响。乳的排出是指乳汁从乳房流出体外的过程，此过程受神经和体液因素的调节。研究泌乳生理有助于理解神经系统与内分泌系统的相互协调作用、器官的发育（泌乳器官的发育是在妊娠后期最终完成）和退化、细胞内生物合成（酪蛋白、乳糖仅在乳腺上皮细胞中合成）机制。随着生物技术的发展，乳腺作为生物工程研究材料将越来越受到重视。

泌乳是哺乳动物特有的繁衍后代的生理活动。泌乳包括乳汁分泌和排出两个独立的过程，乳腺在初次妊娠过程中达到完全发育，在分娩后开始分泌乳汁。**哺乳类**（mammals）是从拉丁文 mamma 而来，该词原意为胸部或乳腺。哺乳动物的胎儿一般在母体胎盘内发育到具有一定独自生活能力时，通过分娩来到母体外，在一定时期内利用母体**乳腺**（mammary gland）分泌的乳汁维持生长。**乳汁**（milk）不仅营养价值高，而且各种营养素成分均衡。所以，乳汁是仔畜的最佳食物。另外，通过泌乳不仅能够传递母畜的一些遗传信息，促进仔畜某些功能的起动，还能获得免疫物质，提高仔畜抗病能力。大多数哺乳动物的泌乳量只能满足自身所产仔畜的生长需要。但是部分动物，特别是乳牛的产奶量大大高于仔畜生长的需要量，这一部分构成了乳品加工业的原料基础。本章主要以乳牛为研究对象对泌乳生理加以讲述。

第一节 乳 腺

一、乳腺的比较解剖学结构

哺乳类现有 5400 多种，分布遍及全球。哺乳纲分为**原兽亚纲**（Prototheria）、**后兽亚纲**（Metatheria）和**真兽亚纲**（Eutheria）三个亚纲。它们的乳腺形态及发达程度与动物的进化程度有关。针鼹和鸭嘴兽等原兽亚纲动物的乳腺远比高等哺乳动物的乳腺简单。因为没有乳头，幼仔只能通过着生于乳腺组织外的被毛吸吮母乳。袋鼠等后兽亚纲动物的乳腺比原兽亚纲动物发达，其乳腺位于育儿袋内，但没有能够积聚乳汁的乳池，乳腺合成的乳汁通过10～20个**乳管**（mammary ducts）进入乳头。

真兽亚纲动物乳腺的构造远比前两类复杂。不仅具有运送乳汁的导管，而且还有能在乳腺内积聚乳汁的**乳腺池**（mammary gland cistern），以及乳头池和**乳头孔**（teat meatus 或 galactophores）等。反刍动物的乳腺池发达，而马和猪等的乳腺池欠发达。不同动物乳腺的位置和乳头管数量不尽相同（图 13-1）。

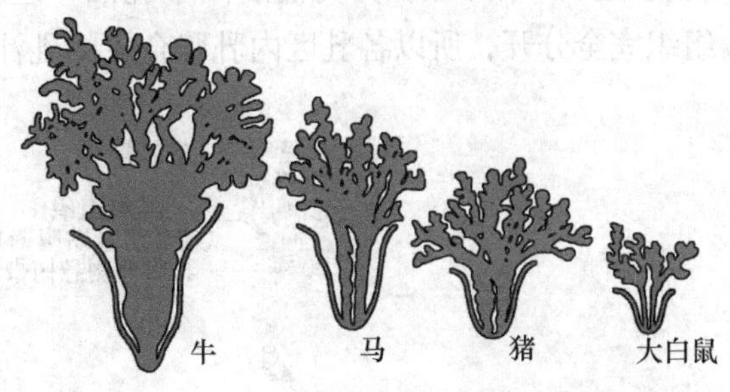

图 13-1　几种动物乳腺组织示意图

乳腺的分布位置因动物种类的不同而异，大多分布在胸部、腹部和腹股沟部等部位（表 13-1）。

表 13-1　哺乳动物乳腺位置和乳腺数量

动物	乳腺数量			总乳腺数量	乳头孔数 / 乳腺
	胸部	腹部	腹股沟部		
奶牛	—	—	4	4	1
山羊	—	—	2	2	1
绵羊	—	—	2	2	1
马	—	—	2	2	2
猪	4	6	2	12	2
人	2	—	—	2	15～20
灰鼠	4	4	4	12	1
白鼠	4	2	4	10	1
兔	4	4	2	10	8～10
豚鼠	—	—	2	2	1
象	2	—	—	2	10
鲸	—	—	2	2	1

二、乳房的结构

（一）乳房外形与乳区

乳牛和山羊等动物有特定数量的乳腺，这些乳腺汇集而突出体外的部分叫作**乳房**（udder）。乳房主要含两种组织：一种是由乳腺腺泡和导管系统构成的腺体组织或实质；另一种是乳房的支持结构，其中包括皮肤、中间悬韧带和外侧悬韧带（以乳牛为例）。乳牛的乳房由4个乳腺构成，各个乳腺都有独立的乳头。大约40%的乳牛有超过正常数量以上的乳头，这样的乳头称为**副乳头**（supernumerary teat）。因大部分副乳头与乳腺组织有联系，细菌和其他微生物可通过副乳头感染乳腺组织而引起乳腺炎，另外，副乳头的存在常给挤乳作业带来不必要的麻烦。

因此，乳牛的副乳头视为不正常，一般在犊牛或育成牛阶段应予以去除。

牛的乳房由**结缔组织**（connective tissue）分为4个乳区，从外观上看由**乳房间沟**（intermammary groove）形成的**纵沟**（longitudinal groove）将其分为左乳区和右乳区。左、右乳区再由结缔组织分为前后两个乳区，但从外观上不易分清（图13-2）。由于乳区被结缔组织完全分开，所以各乳区内乳腺合成的乳汁不能转移到其他乳区。

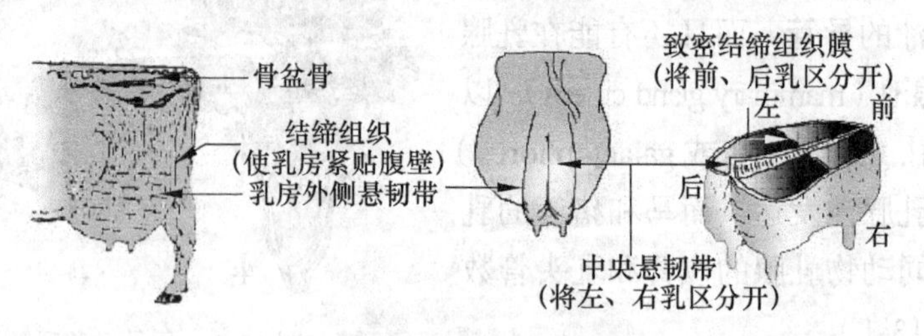

图13-2　乳牛乳房的支撑系统

乳房的大小一般与产奶量有关，后乳区的产奶量高于前乳区。一般后乳区约占总产奶量的55%，前乳区约占45%。乳牛的乳房重量与产奶量相关，其**表现型相关系数**（phenotypic correlation coefficient）为0.3～0.5，山羊为0.8。不同物种的表现型相关系数不同，是因为乳房组织内含有的间质（即结缔组织和脂肪组织）存在种间和个体差异。所以，不能通过外形准确推断产奶量。

知识卡片

相关系数

相关系数是变量之间相关程度的指标。样本相关系数用r表示，总体相关系数用ρ表示，相关系数的取值范围为［−1，1］。r的绝对值越大，误差Q越小，变量之间的线性相关程度越高；r的绝对值越接近0，Q越大，变量之间的线性相关程度越低。

相关系数又称皮（尔生）氏积矩相关系数，用于表示两个现象之间相关关系密切程度的统计分析指标。

两个现象之间的相关程度，一般划分为四级：如两者呈正相关，r呈正值，当$r=1$时为完全正相关；如两者呈负相关，则r呈负值，当$r=-1$时为完全负相关。完全正相关或完全负相关时，所有图点都在直线回归线上；点的分布在直线回归线上下越离散，r的绝对值越小；当例数相等时，相关系数的绝对值越接近1，相关程度越密切；越接近于0，相关程度越不密切；当$r=0$时，说明X和Y两个变量之间无直线关系。通常r的绝对值大于0.8时，认为两个变量有很强的线性相关性。

（二）乳房的支持系统

1. 皮肤

包围乳房的皮肤具有调节体温、保持水分和防止病原微生物侵入等作用，但在维持乳房外形方面的作用相对较少。

2. 支持韧带

坚韧的**支持韧带**（suspensory ligaments）能够使乳房附着于骨盆底部与腹壁，并能维持其位置、外形和重量。乳房的支持韧带由**中央悬韧带**（median suspensory ligament）和**外侧悬韧带**（lateral suspensory ligaments）构成。中央悬韧带由弹性较强的结缔组织组成，中央悬韧带的基部从下腹部深处一直延伸到骨盆底部。乳房的重量主要由中央悬韧带支撑，并把乳房分为左、右两半。中央悬韧带和外侧悬韧带在乳房底部交汇。外侧悬韧带结缔组织的弹性较弱，斜向包裹乳房，主要功能是防止乳房过度左右摆动（图 13-2）。如上所述，分布在乳房的韧带对维持乳房健康及乳房的正常形状起着重要的作用，一旦韧带变弱，将会导致乳房下垂或不对称。从下腹部非正常下垂的乳房叫作**下垂乳房**（pendulous udder），这样的乳房很容易受外伤，所以，在生产实践中应尽量避免下垂乳房的发生。

（三）乳腺的构造

1. 乳头

乳头（teat）是乳汁从乳腺组织排出体外的出口器官。在乳头处的皮肤上分布散在的汗腺和皮脂腺。皮脂腺分泌物具有保护皮肤和润滑幼畜口唇的作用，所以乳头表面的皮肤很光滑。乳头皮肤有丰富的肌纤维、微血管和神经分布。乳头末端有**乳头孔**（teat meatus 或 galactophores），乳汁通过乳头孔最终排出体外。在乳头内，乳头管与乳头孔相连，乳头管是乳汁排出的通道。乳头末端有一环状平滑肌构成的乳头括约肌，这一结构可收缩和关闭乳头管。其作用：一是可以防止乳汁的渗漏；二是能够防止病原微生物的侵入。如乳头管内分泌的**角蛋白**（keratin）和脂肪，在防止病原微生物的侵入或杀灭病原微生物的过程中发挥作用。在乳头管与乳头池之间，具有若干（4～8 个）皱褶，向各个方向辐射形成**富尔斯登贝氏圆花窗**（Furstenburg’s rosette），但它的功能尚不明确，推测可能与防止病原微生物的侵入有关。乳头内部占主要容积的部分叫**乳头池**（teat cistern），其容积为 35～45mL，临时储存从乳腺池流入的乳汁。乳头池的上端有一轮状皱壁结构，可调节从乳腺池流入乳头池的乳汁量。

2. 乳腺池与乳导管

乳腺池（mammary gland cistern）是把乳腺组织合成的乳汁通过乳导管汇集到乳房内存储的器官，位于乳头池和轮状皱壁之上，其容量大约 400mL。牛羊的乳腺池很发达，乳腺池与 15～20 个**大乳导管**（primary ducts）相连接。每个乳腺池连接一个乳头孔，使乳汁通向外部。马、猪和大白鼠等动物每个乳头上有两个或多个乳头管（图 13-1）。导管系统的起始点是**终末乳导管**（terminal mammary duct），它们相互汇合形成中等乳导管，再汇合成较大的乳导管，最后汇合成大乳导管。乳汁是通过上述导管系统依次汇集到乳腺池。终末乳导管是导管系统中唯一具有乳汁合成能力的导管。

3. 乳腺泡

乳腺泡（alveolus）是合成乳汁的最小单位（图 13-3），由能够把血液中的代谢物质转换成乳汁的单层**乳腺上皮细胞**（mammary epithelial cell）和包围乳腺上皮细胞的**肌上皮细胞**（myoepithelial cell）构成。肌上皮细胞在**催产素**（oxytocin）的作用下发生收缩，引起腺腔内压上升，把腺腔内的乳汁排入导管系统。乳腺泡被网状血管构成的**基底膜**（basement membrane）所包围，合成乳汁所需的营养物质由此通过并进入乳腺上皮细胞。泌乳期乳腺泡呈长形或梨形囊状结构，乳腺上皮细胞因内部积聚的分泌物量的不同，呈立方形或柱形。乳腺上皮细胞的结构具有典型分泌细胞的特点，即具有丰富的粗面内质网、线粒体，顶端有大量的绒毛。与泌乳有关的大量酶系定位于细胞的侧面和基部。细胞的基部有皱襞，其作用是增加表面面积，加强乳腺上皮细胞与血液间的物质交换。

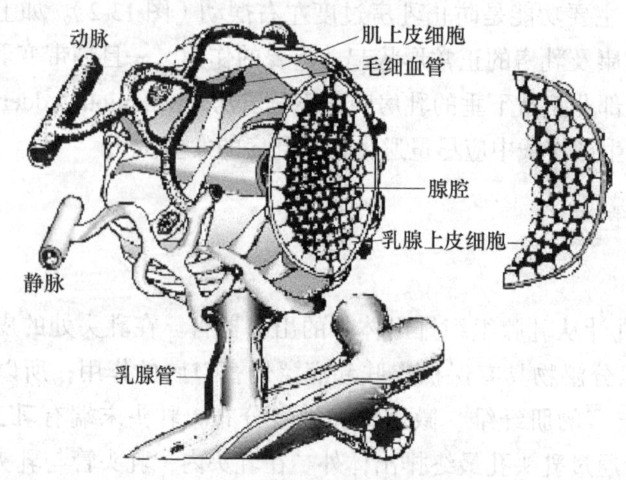

图 13-3　乳腺泡的结构（陈义）

4. 乳腺叶

乳腺小叶（mammary lobule）由 150～200 个乳腺泡构成，几个乳腺小叶汇合构成**乳腺叶**（mammary lobe）。各个乳腺泡、乳腺小叶和乳腺叶由结缔组织所隔离，构成独立的分泌单位。乳房内的脂肪组织一般分布在乳腺叶之间。乳腺泡内合成的分泌物，通过终末乳导管、小叶间乳导管和叶间乳导管，最后汇集到乳腺池（图 13-4）。

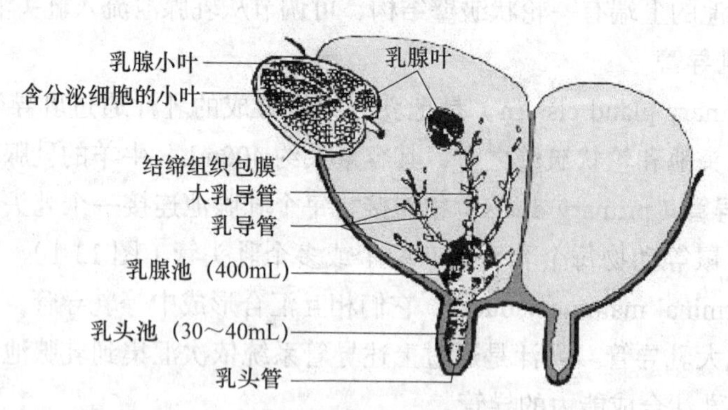

图 13-4　乳腺导管系统和乳腺叶模式图

（四）乳房的血管系统

乳腺的血液供应特别丰富。乳腺组织合成的乳汁量与通过乳腺组织的血液量有着密切的关系。日产奶量 30kg 的乳牛，每日通过乳房的血液量高达 12 000～15 000kg，即每产生 1kg 牛奶需要近 500kg 左右血液流经乳房为产奶提供原料。

供给乳房的血液经**胸主动脉**（thoracic aorta）和**腹主动脉**（abdominal aorta）到达乳牛后

驱，经**髂内动脉**（iliac artery）和**阴部外动脉**（pudic artery）进入乳腺组织后，动脉继续分支并逐渐变小，直至变为毛细血管网并围绕每一乳腺泡。乳腺组织的动脉分为两种：一种是位于乳房前部的**乳腺前动脉**（cranial mammary artery）；另一种是位于乳房后部的**乳腺后动脉**（caudal mammary artery）。**会阴动脉**（perineal artery）是髂内动脉的分支，尽管位于乳房后部也为乳房提供血液，但血流量较少。

乳房的静脉一般比动脉数量多、分布广泛。血液从乳房回流到心脏主要通过两种途径：一种是与动脉并行的静脉系统，近 2/3 的静脉血通过此系统回流；余下的 1/3 是通过**腹壁皮下静脉**（anterior vena cava）、**胸廓内静脉**（internal thoracic vein）和**前腔静脉**（anterior vena cava）途径回流到心脏。乳腺中的静脉系统比动脉系统发达，静脉的总横断面积比动脉大若干倍，因此，血液缓慢流过乳腺，为乳腺泡合成乳汁提供有利条件（图 13-5）。

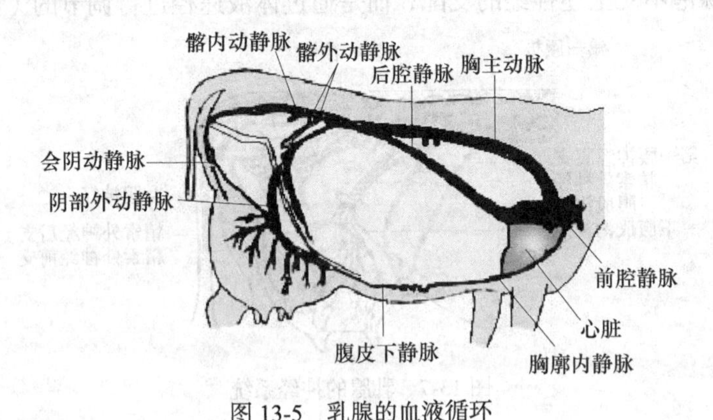

图 13-5 乳腺的血液循环

（五）乳房的淋巴系统

淋巴系统是由组织将物质运出而并不运入的单向系统，可协助静脉系统吸收组织液，并将其作为淋巴液运回血管系统。乳房具有丰富的淋巴系统（lymphatic system），淋巴毛细血管围绕着乳腺泡，淋巴液从这里流进叶间淋巴管，再经过乳腺后背侧的**乳房上淋巴结**（supramammary lymph node），汇集于腰部的腰淋巴干，继而流入淋巴导管，最后经胸导管进入前腔静脉（图 13-6）。正在泌乳的动物，乳腺淋巴管中淋巴液流量明显增加。其淋巴系统增殖的淋巴细胞参与免疫过程，保护新生儿免受病原体侵染。

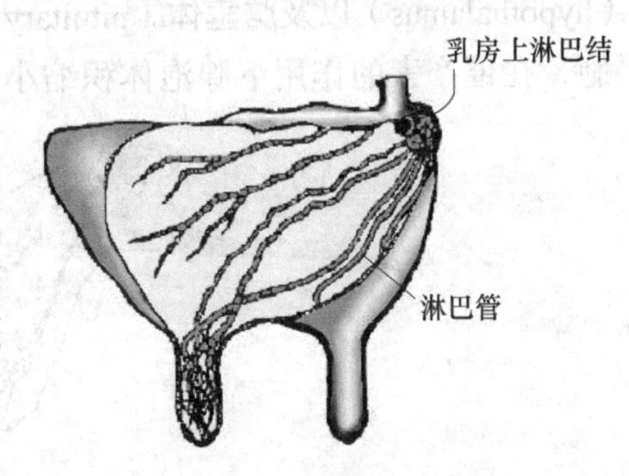

图 13-6 乳腺的淋巴系统

淋巴毛细管由细胞间隙吸收组织液构成淋巴液。淋巴液的流动借助于下列几种因素：

（1）毛细血管血压；

（2）肌肉的收缩运动；

（3）淋巴管内瓣膜（valve）阻止淋巴逆流；

（4）呼吸运动，随着吸气运动，淋巴液在胸导管内向前移动，进入前腔静脉。

（六）乳房的神经系统

身体各个部分的活动受**神经系统**（nervous system）和**内分泌系统**（endocrine system）的调控。虽然没有事实证明神经纤维直接影响乳房的分泌活动，但是它们确实借助血管的收缩与舒张而间接影响乳腺的分泌活动。支配乳房的神经包括自乳房传导神经冲动的**感觉神经系统**（sensory nervous system）和传导神经冲动到乳房的**交感神经系统**（sympathetic nervous system）。到现在为止，乳腺内没有发现副交感神经纤维。因此，刺激交感神经使乳腺内循环血量明显减少，泌乳量也明显下降。例如，当泌乳母牛受到惊扰时泌乳量明显下降。

腹股沟神经（inguinal nerve）是支配乳房的主要神经，由第2、3、4腰神经的分支构成。前乳房的一部分由第一腰神经支配，后乳房的一部分由**会阴神经**（perineal nerve）支配。构成乳腺组织的乳腺泡不受上述神经的支配，而是通过体液途径进行调节的（图13-7）。

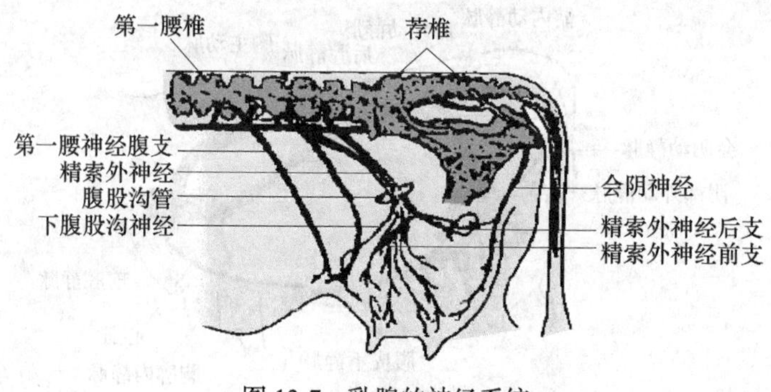

图13-7　乳腺的神经系统

（七）排乳作用

收缩肌上皮细胞把乳汁排入乳导管系统。此作用称为**排乳作用**（milk let down）。乳是一个复杂的反射过程。排乳主要通过犊牛吸吮，擦洗乳房、乳头以及挤乳设备的形状和声音、饲喂精料等刺激而实现的。这些刺激通过感觉神经系统经腰神经传递到大脑的**下丘脑**（hypothalamus）以及**脑垂体**（pituitary）。脑垂体后叶释放催产素，催产素随血液到达乳腺细胞，在催产素的作用下腺泡体积缩小，乳汁被挤压到乳管中，而后再流入乳池（图13-8）。

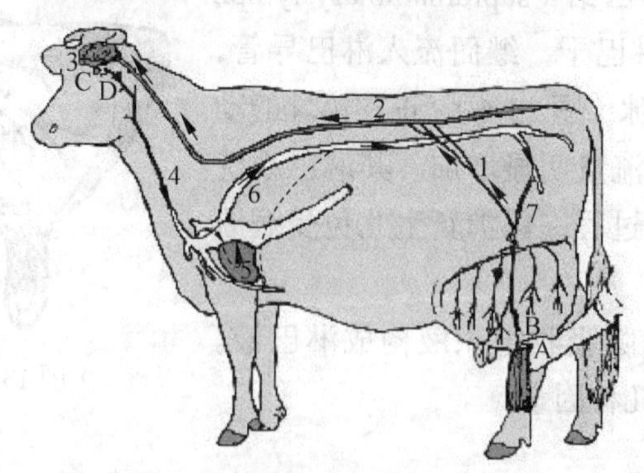

图13-8　排乳反应的神经激素调节

A．挤乳刺激产生神经冲动；B．通过腹股沟神经（1）到达脊髓（2）及大脑（3）；C．脑垂体释放催产素；D．催产素经过颈静脉（4）到达心脏（5），转换成动脉血。离开心脏的血液通过心主动脉（6）和外阴部动脉到达乳房（7），最后到达靶器官（乳腺上皮细胞），引起乳腺上皮细胞的收缩，完成排乳反应排乳一般在刺激后经 45～60s 即可发生，维持时间为 7～8min。

第二节 乳腺的发育

乳腺从发育到退化可以分为：**乳腺发育**（mammogenesis）、**泌乳起动**（lactogenesis）、**泌乳维持**（galactopoiesis）和**乳腺回缩**（mammary involution）等四个阶段。

一、乳腺发育的测定方法

（一）解剖学比较

如以小白鼠等小动物作为试验动物时，可以观察到整个乳腺的发育情况。解剖学比较是将组织固定染色后，在显微镜下观察乳导管的数量、乳导管的分布情况及乳腺泡的数量等。把这些代表乳腺发育状况的结果，以评分的方式打分并进行统计分析或通过拍照进行对比分析。解剖学比较法的缺点是分析结果中常掺杂有观察者的主观倾向。

（二）组织学研究

乳腺组织经固定、切片、染色后，用高倍显微镜，可以观察到构成乳腺组织的细胞和细胞内容物。

（三）生化分析

因同一动物不同组织细胞内所含 DNA 的量一致，所以通过对乳腺组织细胞 DNA 含量的测定，能够分析出细胞数量的多少。测定乳腺组织的成长率时经常利用放射性同位素 ^{3}H-thymidine 标记法。该方法是在细胞分裂前的 DNA 合成期，利用 ^{3}H-thymidine 能够插入到 DNA 的特性而进行的测定方法。DNA 合成率与细胞分裂和增殖有着密切的关系。值得注意的是，乳腺充分发育区的乳腺组织 DNA 的合成率较相对欠发育区的乳腺组织要低一些。在检测乳腺组织的**分泌活性**（secretory activity）时，常常测定组织的 RNA 含量或测定 RNA/DNA 比例。有时为了检测特定蛋白质的分泌活性，还需要测定 mRNA 的含量。

二、乳腺的发育阶段

（一）胚胎时期的发育

牛的乳腺起源于**外胚层**（ectoderm），在妊娠 32 天时已开始出现乳腺痕迹即乳带（mammary band），乳带进一步分裂及移动形成的痕迹叫作**乳线**（mammary line），妊娠 37 天时变厚转变成**乳腺嵴**（mammary ridge），妊娠 43 天时进一步加厚变成**乳腺小丘**（mammary hillock），继续发育称为**乳芽**（mammary bud）。到了这个时期，乳腺的数量和位置已基本固定。妊娠 65 天后，乳头开始形成，这时乳腺上皮细胞聚集形成球状结构。从组织胚胎学角度来看，乳腺上皮细胞是从外胚层发育而来，而乳腺组织的其他基质（mammary stroma）是从**中胚层**（mesoderm）发育而来。妊娠 80 天和 90 天时分别形成**初级萌芽**（primary sprout）和**次级萌芽**

（secondary sprout），妊娠100天时中间出现孔，而后初级萌芽发育成乳头池和乳腺池，次级萌芽分别发育成大乳导管。在妊娠180天时形成中央悬韧带并将乳腺分为左右两半。

（二）初生到性成熟期间的发育

动物乳腺组织的发育和身体的生长发育是并行的。幼畜的乳腺还没有完全发育，雌雄两性乳腺也没有明显差别，只有简单的导管由乳头向四周辐射。随着幼畜的生长发育，乳导管变长、变厚，脂肪组织和结缔组织增加。2～3月龄时，乳牛的乳房与身体其他器官同步增长，称为**等速生长期**（isometric growth）。3～4月龄时，乳房的增长速度高于其他器官，该时期称为**变速生长期**（allometric growth）。4月龄后到妊娠前期又回到等速生长期。但这时腺泡还没有形成，随着每次发情周期的出现，乳房继续进一步发育，乳房的体积开始膨大。性成熟期在乳腺内可观察到**终芽**（end bud）。所谓终芽是指乳导管末端的棒状结构，是一种能形成乳导管的未分化细胞聚集体。形成乳导管的细胞是已经分化的细胞，相对于终芽细胞来说，它们的细胞分裂速度要相对慢一些。这些发生在乳腺组织内的细胞增殖或细胞分化现象，可能受乳腺组织内基质的调节。

性成熟期的乳腺发育程度因动物而异，这种现象可能与发情周期的长短有关。将家兔的发情周期人为拉长时，可观察到乳导管生长加快。发情周期较短的灰鼠和小白鼠的乳腺发育相对于发情周期长的哺乳动物慢一些。从中可以看出乳腺发育深受卵巢分泌的**雌激素**（estrogen）或**孕激素**（progesterone）的影响。未经产牛的乳腺发育程度远不如妊娠牛，此时乳房的大小与将来的产奶量有很强的正相关关系。

（三）妊娠期的发育

所有哺乳动物的乳腺基本在妊娠期完成发育。一般在妊娠初期形成乳导管及其分支，妊娠末期乳导管周围形成大量的乳腺泡。乳牛乳腺组织发育旺盛的时间一般维持到妊娠的第9个月，在此期间乳导管、乳腺小叶和乳腺泡的发育相当活跃。到了妊娠后期，乳腺组织发育速度接近高峰，体积达到最大，腺泡的上皮细胞开始具有分泌功能，乳房的结构已经为乳腺的分泌活动做好了准备。临产前，腺泡开始分泌初乳。妊娠期的乳腺发育决定了泌乳期分泌细胞（腺泡上皮细胞）的数量和后续产乳能力。泌乳初期乳腺上皮细胞的增生活动终止或急剧减少。最近的一些研究表明，如果泌乳初期增加挤奶次数，即使是分娩后也能够维持一定程度的乳腺上皮细胞增生。妊娠期乳腺上皮细胞所占的比例逐渐上升，**结缔组织**（connective tissue）的比例相对减少，但结缔组织的总量在增加（图13-9）。

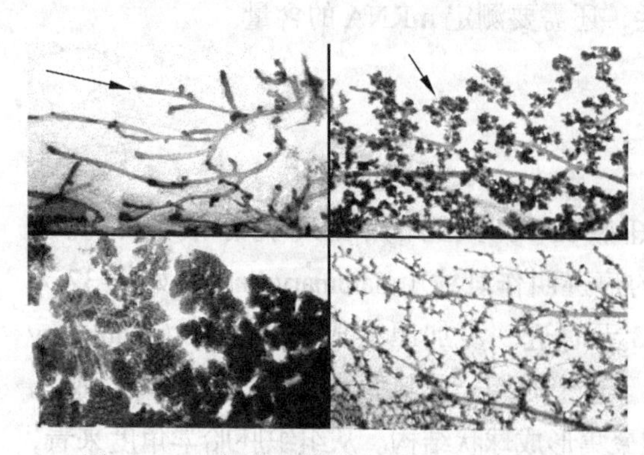

图13-9 不同生理期小白鼠乳腺发育情况
左上：妊娠前（青春期）；右上：妊娠期；
左下：泌乳期；右下：干乳期

妊娠期乳腺组织内DNA和RNA含量逐渐增加，但代表乳腺组织分泌活性的RNA/DNA比例变化较小。妊娠期构成结缔组织的胶原蛋白含量逐渐增加，但增长幅度远低于 DNA 含量或蛋白质总量的增加。

（四）泌乳期乳腺的变化

分娩和开始泌乳后，乳腺才成为分化和发育完全的器官，开始正常的泌乳活动。大部分动物的乳腺组织在分娩后的一定时期内保持增长，但是随着泌乳时间的推移，乳腺上皮细胞的数量逐渐减少。在同一个乳腺小叶中，不同腺泡的分泌活动是不同的。此外泌乳时期乳腺内乳汁的完全排空不仅刺激相关催乳激素的释放，还机械性促进腺泡上皮细胞的分泌活动。发育完全的腺泡结构一直维持到泌乳期结束。泌乳末期产奶量减少的原因或部分原因是乳腺组织的萎缩（图 13-10）。

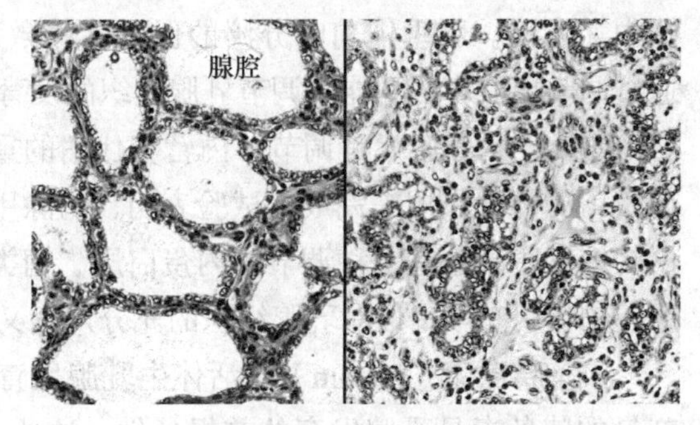

图 13-10 乳牛泌乳期（左）和干乳期（右）乳腺组织切片

三、乳腺发育与内分泌的关系

乳腺发育受内分泌腺活动的控制，乳腺的发育是由多种**激素**（hormone）协同作用的结果。

（1）卵巢分泌的**雌激素**（estrogen）和黄体分泌的**孕激素**（progesterone）对乳腺的发育均有调节作用。因妊娠前期的雌激素只是在发情期维持高浓度，而孕激素则在休情期也就是两个发情期之间维持高浓度，因此，二者达不到生理同步，所以，以上两种激素在妊娠前期对乳腺组织发育所起到的协同作用是有限的。

妊娠期影响乳腺发育的几种激素将会发生变化，尤其是血液中孕激素的含量急剧上升并维持高浓度。另外，妊娠后期雌激素也维持高浓度。实验结果表明，雌激素不仅促进乳导管及其分支的发育，而且能够增加乳腺组织中孕激素受体的数量，同时，还能加强孕激素的生物效应。妊娠后期乳腺发育旺盛的主要原因就在于上述两种激素的同步高浓度促成了乳腺管系和乳腺泡系的同步快速增长。

在动物性成熟前摘除卵巢后，单独注射雌激素，大多数动物只能引起乳腺管系的生长发育，但不能引起乳腺泡系的生长，如果再周期性地注射适量孕激素，就能引起乳腺泡的正常发育。在促进乳腺小叶 - 腺泡的发育过程中，除了雌激素和孕激素外，还需要多种激素的参与，如催乳素、生长激素、甲状腺素、促肾上腺皮质激素（ACTH）、**糖皮质激素**（glucocorticoid）、**胰岛素**（insulin）以及其他几种生长因子。

（2）妊娠期乳腺的发育还与胎盘激素有关。大多数哺乳动物的胎盘分泌雌激素，还有一些分泌**胎盘催乳素**（placental lactogen）。胎盘催乳素不仅促进乳腺发育，而且还能促使泌乳的起动。从进化论的角度，生长激素和催乳素属于同一系列。研究显示，切除脑垂体的妊娠山羊，在胎盘催乳素的作用下能够完成乳腺泡的发育，这个结果表明胎盘催乳素的作用类似于生长激素和催乳素。妊娠期胎盘催乳素能够替代脑垂体分泌的激素的作用，从牛胎盘也检测到胎盘催乳素，但在血清中含量很低。由此可见，胎盘催乳素在牛乳腺发育中的作用是有限的。

生长激素和催乳素对乳腺组织的发育起着重要的作用，它们直接或间接调节乳腺组织的发育。在对兔和大鼠应用三重手术切除脑垂体、卵巢和肾上腺后，注射可以起替代作用的雌激素、生长激素和肾上腺皮质激素，能刺激乳腺导管系统的充分发育。在此基础上，注射孕激素和催乳素可引起乳腺泡的生长。山羊切除垂体后配合使用上述激素，可使乳腺发育到妊娠中期水平。脑垂体前叶分泌的促甲状腺激素（TSH）、促卵泡素（FSH）、促黄体素（LH）通过调节靶器官的功能来调节乳腺组织的发育。

（3）甲状腺激素是调节体内营养代谢的重要激素。它对乳腺组织的调节作用是通过与其他激素的协同作用来完成。试验表明，切除甲状腺不能完全抑制乳腺组织的发育。肾上腺分泌的糖皮质激素是一种调节体内蛋白质、糖类和脂肪代谢的激素，单独使用对乳腺组织发育所起的作用有限，但对乳腺组织的充分发育又是必不可少的。

（4）**胰岛素**（insulin）对活体牛乳腺发育几乎没有影响，可是在体外研究中，超过生理剂量的胰岛素是乳腺发育的前提条件，这些大剂量的胰岛素与IGF-Ⅰ受体结合，从而模拟IGF-Ⅰ的作用促进乳腺发育，这可能是在去垂体后注射胰岛素的试验动物中，卵巢雌激素可促进乳腺发育的原因，即对去垂体试验动物注射大剂量的胰岛素，胰岛素可以替代生长激素所诱导IGF-Ⅰ的分泌效果，以及IGF-Ⅰ促进乳腺发育的作用。

乳腺离体培养试验证实，乳腺泡最初生成的腺泡上皮细胞无分泌功能，属于**干细胞**（stem cells）。它们必须通过一次分裂并经糖皮质激素的诱导，再接受催乳素或胎盘催乳素的作用后才能分化成具有大量粗面内质网的细胞，获得合成蛋白质的能力，进而转变成分泌细胞。

（5）**松弛素**（relaxin）是妊娠期分泌的一种**多肽类**（polypeptide）激素，主要由妊娠黄体和胎盘分泌。它的主要作用通常与分娩有关，如扩张子宫颈和软化韧带等，可为正常分娩做准备。松弛素还有促进母猪乳腺发育的作用。切除初产母猪卵巢（分别在妊娠80天和100天切除卵巢，用外源激素维持妊娠）能大幅减少乳腺组织的发育。初产母猪去势后单独注射松弛素、雌激素或两种混合注射的结果来看，单独注射松弛素组，对乳腺影响很微弱；单独注射雌激素组，对乳腺生长有一定的促进作用；两种激素被混合注射组，对促进乳腺发育作用。另外，母猪血液松弛素水平与卵巢黄体数相关，卵巢黄体数又与排卵数有关。所以，至少在猪的乳腺发育过程中，特别是妊娠后期，松弛素对乳腺发育发挥着重要作用。

（6）**瘦素**（leptin）作为自分泌和旁分泌因子，可通过受体激活调控乳腺上皮细胞的生长和凋亡而发挥作用。瘦素缺失和瘦素受体缺失的小鼠，乳腺导管分支明显减少。在体外培养HC11细胞系中，高浓度的瘦素抑制乳腺上皮细胞的生长，同时抑制乳腺上皮细胞中DNA的合成。

影响乳腺发育的激素和生长因子的种类多样，生理生化作用机制非常复杂，尚需进一步的研究与探索。

四、乳腺的发育与神经系统的关系

乳腺的发育也受神经系统的调节。刺激乳腺感受器后，产生的神经冲动传到中枢神经系统，通过下丘脑-垂体系统，或者直接支配乳腺的传出神经控制乳腺的发育。所以，按摩初胎母牛和怀孕母猪的乳房，可增强乳腺发育和产后的泌乳量。

此外，神经系统对乳腺具有营养作用。在性成熟前切断母山羊的乳腺神经，可中止乳腺的发育；在妊娠期切断该神经，则可导致乳腺腺泡发育不良，无法形成腺泡腔与小叶；在泌乳期切断该神经，则大部分腺泡处于不活动状态。

第三节 乳分泌的起动、维持和乳腺回缩

一、泌乳的起动

泌乳期间，乳的分泌包括泌乳的起动、泌乳的维持和乳腺回缩三个过程，它们与生殖过程相适应，受神经 - 体液调节。

泌乳的起动是指乳腺发育成熟后从乳腺组织开始合成和分泌乳汁的现象。乳腺组织的分泌细胞从血液中摄入营养物质合成乳汁后，分泌入腺泡腔内，这一过程叫作**乳汁分泌**（milk secretion）。乳是哺乳动物乳腺分泌的、为哺乳幼仔所产生的必需营养物质和重要活性物质。乳可分为**初乳**（colostrum）和**常乳**（normal milk）两种。大部分哺乳动物泌乳的起动分为两个阶段：第一阶段是指自妊娠末期到临近分娩的时期，此期的乳腺组织开始合成乳汁；第二阶段是指与分娩同步的乳汁分泌过程。第二阶段为了大量合成乳汁，乳腺组织内的营养代谢非常活跃。

在泌乳的起动期，乳腺上皮细胞内的**线粒体**（mitochondria）、**内质网**（endoplasmic reticulum，ER）和**高尔基体**（Golgi apparatus，Golgi complex）等参与营养物质代谢活动的细胞器体积增大，蛋白质合成所必需的细胞内容物的数量增加，调节乳汁合成的酶系的活力加强。另外，为了合成蛋白质，乳腺组织 RNA 的转录作用加强，RNA 的总量增加。

在泌乳的起动期各种激素的含量发生变化，血液中糖皮质激素、催乳素、前列腺素和生长激素的含量急剧增加，而孕激素浓度急剧下降。这表明上述激素与乳汁的合成与泌乳的起动有着密切的关系。给分娩前后的乳牛注射抑制催乳素作用的**溴隐亭**（bromocriptine），可降低血液催乳素的浓度和产奶量。但如果同时注射溴隐亭和催乳素，则阻止产奶量的降低。由此看来，催乳素对泌乳的起动具有非常重要的作用。

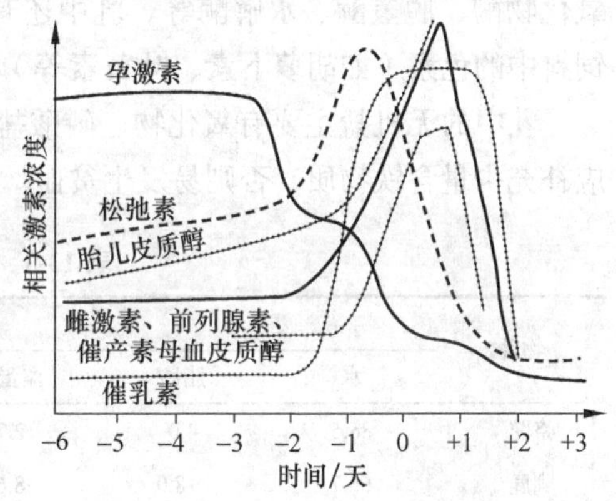

图 13-11 乳牛分娩前后血液相关激素浓度的变化模式图

体外试验表明，胰岛素、**氢化可的松**（hydrocortisone）和催乳素等是起动泌乳所必需的激素。雌激素和甲状腺激素（T3）等是提升乳分泌的发动所必需的激素。乳牛分娩前后血液相关激素浓度变化见图 13-11，从中可知，伴随着分娩的到来，各种激素发生了急剧变化。

（一）初乳

初乳是指在分娩期或分娩后最初 3～5 天内乳腺产生的乳汁。

初乳中各种成分的含量和常乳中的含量有明显的区别，其中干物质含量较高，已超出常乳几倍。初乳内含有丰富的球蛋白和白蛋白。新生仔畜吸吮初乳后，蛋白质透过肠壁被吸收，有利于增加仔畜血浆蛋白的浓度；初乳中含有大量的免疫球蛋白、抗体、酶、维生素及溶菌酶素等，特别是由于各种家畜的胎盘不能传送的抗体，新生幼畜主要依赖初乳中的抗体或免疫球蛋白形成体内的被动免疫，以增加仔畜抵抗疾病的能力。初乳中的维生素A和C的含量比常乳多约10倍，维生素D含量比常乳多3倍。初乳中含有较多的无机盐，其中镁盐具有轻度腹泻作用，促进肠道排出胎便。所以，初乳几乎是新生仔畜不可代替的食物，初乳对保证初生仔畜的健康成长具有重要意义。几种家畜的初乳成分见表13-2。

表13-2　几种家畜的初乳成分　　单位：g/L

成分	牛	猪	马	绵羊	山羊
水分	733	693	851	588	812
脂肪	51	72	24	177	82
乳糖	22	24	47	22	34
蛋白质	176	188	72	201	57
无机物	10	6	6	10	9

（二）常乳

初乳期过后乳腺所分泌的乳汁，叫作常乳。常乳中的一些成分与血浆中的成分是一样的，但乳中的酪蛋白及乳糖是体内其他部分所没有的。各种动物的常乳均含水、蛋白质、脂肪、糖、无机盐、酶和维生素等。蛋白质主要是酪蛋白，其次是白蛋白和球蛋白。乳中的脂肪是油酸、软脂酸和其他低分子脂肪酸的三酰甘油，还有少量磷脂、胆固醇等脂类。

乳中的糖是乳糖，它能被乳酸菌分解为乳酸。乳中的酶类很多，主要有过氧化氢酶、过氧化物酶、脱氢酶、水解酶等。乳中还有来自饲料的各种维生素（A、B、C、D）和植物性饲料中的色素（如胡萝卜素、叶黄素等）以及血液中的某些物质（抗生素、药物等）。

乳中的无机盐主要有氧化物、磷酸盐和硫酸盐等，乳中的铁含量很少，所以哺乳的仔畜应补充少量含铁物质，否则易发生贫血。各种动物常乳的化学成分见表12-3。

表13-3　几种家畜的常乳成分

物种	质量分数/%						能量/（kcal/100g）
	水	脂肪	酪蛋白	乳清蛋白	乳糖	灰分	
骆驼	86.5	4.0	2.7	0.9	5.0	0.8	70
驯鹿	66.7	18.0	8.6	1.5	2.8	1.5	214
驴	88.3	1.4	1.0	1.0	7.4	0.5	44
犬	76.4	10.7	5.1	2.3	3.3	1.2	139
马	88.8	1.8	1.3	1.2	6.2	0.5	55
猪	81.2	6.8	2.8	2.0	5.5	1.0	102
瘤牛	86.5	4.7	2.6	0.6	4.7	0.7	74

续表

物种	质量分数 /%						能量 /（kcal/100g）
	水	脂肪	酪蛋白	乳清蛋白	乳糖	灰分	
牦牛	82.7	6.5	5.8		4.6	0.9	100
水牛	82.8	7.4	3.2	0.6	4.8	0.8	101
奶牛	87.3	3.9	2.6	0.6	4.6	0.7	66
山羊	86.7	4.5	2.6	0.6	4.3	0.8	70
绵羊	82.0	7.2	3.9	0.7	4.8	0.9	102
人	87.1	4.5	0.4	0.5	7.1	0.2	72
兔	67.2	15.3	9.3	4.6	2.1	1.8	202
大鼠	79.0	10.3	6.4	2.0	2.6	1.3	137
豚鼠	83.6	3.9	6.6	1.5	3.0	0.8	80
小鼠	—	13.1	7.86	1.85	3.0	—	171

（三）乳的生物活性物质

乳中还有多种生物活性物质，包括激素和生长因子等，至今已经检测到的有 50 多种。它们有的直接由血液循环进入乳中，有的是蛋白质分解产物，还有一部分是由乳腺合成分泌的激素和生长因子。因此，目前乳腺也被认为是一种内分泌器官，可分泌甲状腺激素、甲状旁腺素释放肽、雌激素、促性腺激素释放激素、催乳素、松弛素和生长因子等。这些活性物质进入乳中主要参与乳腺功能的调节及母子间的信息传递。

二、泌乳的维持

哺乳动物分娩后到泌乳高峰期的时间，因动物的种类、品种和个体而异。不同品种和个体的乳牛泌乳高峰期虽然不同，但大多在分娩后 3～6 周达到高峰期。在分娩后一定时期内产奶量的增加，部分原因是乳腺组织内**乳腺上皮细胞数**（the number of mammary epithelial cell）的增加，更主要的原因是每个乳腺上皮细胞乳汁**分泌功能**（secretory activity）的加强。泌乳高峰期过后，产奶量会逐渐下降。其主要原因是乳腺上皮细胞数量的减少和分泌功能的减退。

另外，泌乳的维持同时还需要很多激素的协同作用。

（一）垂体前叶激素

垂体是泌乳所必需的器官，切除垂体的动物泌乳活动将会立即停止。在注射催乳素、促肾上腺皮质激素和促甲状腺激素后泌乳活动会被重新起动。由此可以推断，垂体前叶激素对泌乳的维持发挥着重要作用。催乳素直接作用于乳腺组织，但是促肾上腺皮质激素和促甲状腺激素的作用是间接的，是分别通过刺激肾上腺皮质和甲状腺，来增加糖皮质激素和甲状腺素的分泌，进而协助维持泌乳活动。

随着生物工程技术的发展，人类通过转基因技术已生产出转基因生长激素，并在生产实践中得到了广泛应用。牛生长激素的催乳作用有两种途径：一是有效调配体内已积蓄的养分来增进泌乳；二是作用于肝脏，通过增加血液中IGF-Ⅰ水平，进而促进乳腺组织的生长和增加乳腺组织对养分的吸收而间接促进泌乳。

（二）垂体后叶激素

催产素（oxytocin）是腺垂体后叶分泌的激素，通过挤奶前对乳房的刺激，在1～3min内催产素的浓度将达到最高水平而后急剧下降。催产素的主要作用是协助**乳汁的排放**（milk let down）。乳牛挤奶后乳房内仍存有少量乳汁，此时注射催产素可以排出残余的乳汁。催产素的这种特性可用于乳房炎的治疗。

（三）肾上腺激素

切除泌乳期动物的**肾上腺**（adrenal gland）可使乳汁分泌明显减少。切除肾上腺后皮下埋植**可的松**（cortisone）或**乙酸脱氧皮质酮**（deoxycorticosterone acetate）可维持正常的泌乳。由此可以推论，肾上腺激素是维持泌乳所必需的激素。

（四）甲状腺激素

切除泌乳期动物的甲状腺或用放射性碘破坏甲状腺，会引起泌乳量下降，因此，甲状腺分泌的**四碘甲状腺原氨酸**（tetraiodothyronine，T_4）、**三碘甲状腺原氨酸**（triiodothyronine，T_3）可影响正常泌乳。

（五）甲状旁腺激素

泌乳期动物对钙的需求量很高。甲状旁腺激素的功能是调节钙磷代谢，维持血钙的正常水平。因牛奶中含有大量的钙，所以甲状旁腺激素对维持血钙浓度起间接作用，但切除甲状旁腺对产奶量的影响并不大。

（六）胰岛素

胰岛素是位于胰腺的胰岛分泌的调节糖代谢的激素，通过调节血糖水平间接影响产奶量。泌乳乳牛注射大剂量胰岛素会导致产奶量下降，这是血糖浓度急剧下降的结果。正常乳牛**泌乳初期**（early stage of lactation）的胰岛素含量较低，泌乳后期胰岛素的浓度高于泌乳初期，这表明胰岛素的浓度与产奶量呈**负相关关系**（negative correlation）。

三、乳腺回缩

乳腺回缩（mammary involution）分为渐进性回缩和快速回缩两种。乳腺渐进性回缩发生在泌乳高峰期后开始在乳腺组织缓慢地进行，到泌乳后期和干乳期，乳腺组织内的大部分乳腺小叶已丧失正常的泌乳功能。回缩的组织学特征是细胞体积逐渐缩小，分泌腔逐步消失，终末乳导管萎缩，直至乳腺小叶退化而仅存分支小管，结缔组织和脂肪组织的相对比例上升。这些退行性变化将导致泌乳量进行性下降，乳房体积变小，最终导致泌乳活动完全停止。乳腺快速回缩是泌乳早期或中期突然停止挤乳或终止哺乳而引起的回缩。最初因乳汁不能排出，积聚在腺泡腔和导管系统的乳汁导致乳房内压上升，进而影响乳腺血液循环，切断了乳腺营养物质的供应，使乳腺上皮细胞的分泌活动停止。随后滞留在腺泡腔内的乳汁逐渐被吸收，最终导致腺泡萎缩。

乳腺回缩时发生的乳腺上皮细胞死亡与发生乳房炎时的**细胞坏死**（necrosis）有着本质的区别，前者是通过**程序化的细胞凋亡**（apoptosis；programmed cell death，PCD）实现的。

乳腺回缩后残留的乳汁被重新吸收。乳糖在干乳后最初几天内被吸收，并从尿中排出。乳酪因为必须在 pH 升高和 Ca^{2+} 下降后才能被降解成微胶粒而被吸收，故被吸收的速度较慢。乳脂一般被巨噬细胞吞噬。此时，乳腺组织和分泌物内含有大量充满脂肪滴的巨噬细胞，后者将通过淋巴管被转移到乳腺上淋巴结。

乳腺回缩对泌乳乳牛有重要的生理意义。为了使乳牛在下一个泌乳期具有良好的泌乳表现，必须在每一次泌乳期后有一段休整期，这个时期称为干乳期。干乳期的作用是：一方面通过乳腺组织的重建为下一个泌乳期做准备；另一方面为腹中胎儿提供更多的营养物质来保证其正常发育。干乳期一般控制在 2 个月左右，过长的干乳期会导致下一个泌乳期泌乳量的下降。

知识卡片

干 乳 期

干乳期是指经产母牛从停止挤奶到产犊后挤奶前的时期。泌乳牛经过长时间的泌乳，体内已消耗很多养分，因此，需要一定的干奶时间补偿体内消耗的营养，以保证胎儿的良好发育，并使母牛体内蓄积营养物质，给下一次泌乳期创造条件。母牛干乳期一般在临产前两个月。干乳期的长短主要决定于母牛的营养与健康状况，体质好的可干奶一个半月，差的可延长到二个月以上。试验表明，在同样饲养条件下，无干乳期连续挤奶的乳牛比有干乳期的第二胎产奶量下降 25%，第三胎则下降 38%，且随着胎次的增加，无干奶期乳牛的产奶量下降趋势更大。所以，泌乳牛干奶是十分重要的。干奶的意义在于：①体内胎儿后期快速发育的需要；②乳腺组织周期性休养的需要；③恢复体况的需要；④治疗乳房炎的需要。

第四节 乳汁的合成

一、细胞器官与乳汁合成

乳腺组织在内分泌系统的调节下，经性成熟期及妊娠期的迅速发育，分娩后立即起动乳汁的合成和分泌。期间乳腺上皮细胞经过一段时间的**增殖**（proliferation），临近分娩时发生**分化**（differentiation），具备分泌乳汁的功能。分泌活动活跃的乳腺上皮细胞具有相当复杂的**细胞器**（organelle），这些细胞器在乳汁合成中发挥着重要的作用。通过血液到达乳腺上皮细胞的乳汁**前驱物质**（precursor），通过乳腺上皮细胞膜来参与乳汁合成。

（一）细胞核

细胞核（nucleus）不仅是遗传物质DNA的载体，也是乳蛋白和调节细胞机能的蛋白遗传密码被转录的地方，各种RNA（tRNA、mRNA和rRNA）也在此合成。到妊娠末期或泌乳起动时，乳腺上皮细胞内的RNA总量增加。由此可见，伴随着泌乳的起动，乳蛋白的合成以及分泌活动变得活跃。

（二）线粒体

细胞内**线粒体**（mitochondria）的分布比较广泛，其内膜包含三羧酸循环所必需的大部分酶类，是供给乳汁合成所需能量的生产车间。另外，线粒体又是**非必需氨基酸**（nonessential amino acids）和脂肪酸前驱物质的合成场所。临近分娩时，线粒体的相对容积急剧上升，这与乳汁合成需要大量能量及前驱物质有关。

（三）内质网与核糖体

内质网（endoplasmic reticulum，ER）是真核细胞胞质内广泛分布的由单位膜构成的扁囊、小管或小泡连接形成的连续的三维网状膜系统。分为**粗面内质网**（rough endoplasmic reticulum，RER）和光面内质网（smooth endoplasmic reticulum，SER）两种。粗面内质网表面附着**核糖体**（ribosome）。核糖体是细胞内一种**核糖核蛋白颗粒**（ribonucleoprotein particle），主要由RNA和蛋白质构成，其唯一的功能是按照mRNA的指令将氨基酸组装成蛋白质多肽链，所以核糖体是乳腺上皮细胞内合成乳蛋白的分子机器。其合成的多肽链被转入内质网并接受剪切等加工后，再被转移到高尔基体。

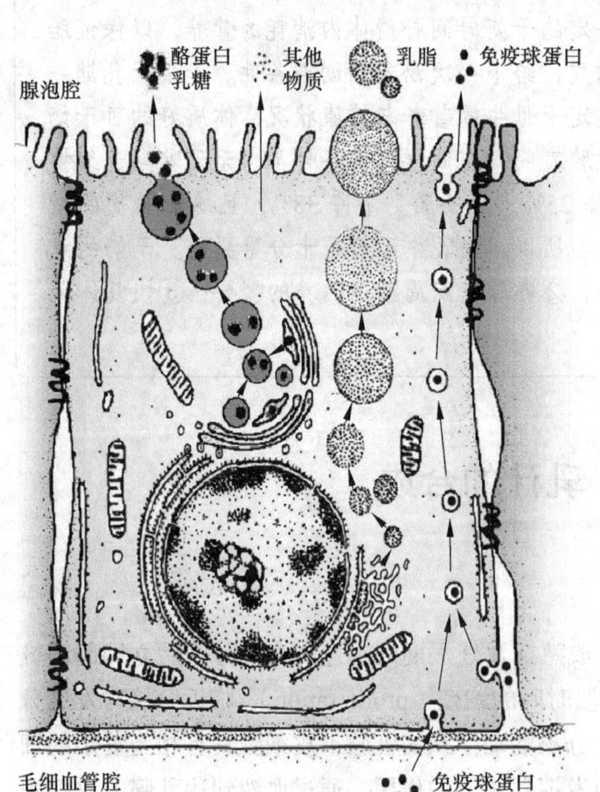

图13-12 乳腺上皮细胞显微结构（陈义）

（四）高尔基体

高尔基体（Golgi apparatus，Golgi complex）是真核细胞内膜系统之一，其与内质网相连。内质网内的蛋白质被转移到高尔基体内后，要经过多项化学反应，即进行蛋白质的修饰，主要包括蛋白质的**磷酸化**（phosphorylation）和**糖基化**（glycosylation）过程。酪蛋白的磷酸化和糖基化是在高尔基体内完成的。经过修饰后的蛋白质，由高尔基体囊泡转移到细胞膜并被释放到腺泡腔。乳汁中唯一的糖类-**乳糖**（lactose）也是在高尔基体内合成的（图13-12）。

二、乳汁的合成过程

乳汁的合成过程是在乳腺腺泡和细小乳导管的上皮细胞内进行的。乳汁合成所需的所有营养物质全部由血液移送到乳腺上皮细胞。乳汁内的主要糖类包括**乳糖**（lactose）和**葡萄糖**（glucose）。脂类有三酰甘油和脂肪酸。乳汁中的乳蛋白主要由酪蛋白和清蛋白构成。但是，血液中不存在酪蛋白和乳糖。显而易见，乳与血液成分有相似，但浓度差别较大。乳汁成分不是来自血液中乳汁某些物质的简单选择性转移，而是在乳腺上皮细胞内发生复杂的合成代谢反应的结果。但乳汁中含有的维生素、无机物、少量激素和免疫球蛋白为选择性转移的产物（表 13-4）。

表 13-4　牛血浆与牛乳成分比较　　单位：%（g/100mL）

血浆				牛乳			
成分	含量	成分	含量	成分	含量	成分	含量
水分	91.000	三酰甘油	0.060	水分	86.000	三酰甘油	3.700
葡萄糖	0.050	磷脂	0.250	葡萄糖	极微量		
乳糖	0.000			乳糖	4.6000	磷脂	0.035
氨基酸	0.002			氨基酸	极微量		
酪蛋白	0.000	柠檬酸	极微量	酪蛋白	2.800	柠檬酸	0.180
β- 乳球蛋白	0.000	乳清酸	0.000	β- 乳球蛋白	0.320	乳清酸	0.008
α- 乳清蛋白	0.000	钙	0.010	α- 乳清蛋白	0.130	钙	0.130
免疫球蛋白	2.600	磷	0.010	免疫球蛋白	0.070	磷	0.100
		钠	0.340			钠	0.050
清蛋白	3.200	钾	0.025	清蛋白	0.050	钾	0.150
		氯	0.350			氯	0.110

动物的组织和器官随着动物的进化而发生变化。不同种类动物的乳腺结构具有各自的特点，因而乳汁成分也发生了相应的变化。乳蛋白由酪蛋白和清蛋白组成，根据其比例分为**酪蛋白型乳**（casein type milk）和**清蛋白型乳**（albumin type milk）。牛羊等反刍动物属于前者，人、狗和猫等属于后者（表 13-5）。酪蛋白型乳可在胃内形成凝块，增加胃内的停留时间，减少幼畜的空腹感。乳汁的浓度和矿物质构成与动物的发育有着密切的关系。生长发育速度快的动物，其乳中固形物的含量高。反之，乳中固形物的含量低，但矿物质含量皆与血浆相似。

表 13-5　不同动物乳的组成成分　　单位：%(g/100mL)

动物种类	脂	蛋白脂	乳糖	动物种类	脂	蛋白脂	乳糖
奶牛	3.9	3.4	4.6	山羊	4.5	2.9	4.1
骆驼	5.4	3.9	5.1	马	1.5	2.1	5.7
水牛	7.4	3.8	4.8	驯鹿	16.9	11.5	2.8
绵羊	7.4	5.5	4.8	海豹	53.3	8.9	0.1

（一）乳蛋白

乳蛋白大体上分为两种，一种是以不溶性颗粒状态存在的**酪蛋白**（casein），另一种是以水溶性状态存在的**乳清蛋白**（lactalbumin），以上两种蛋白质只存在于乳汁中，它们占乳汁总蛋白的 90% 以上。乳蛋白是由乳腺细胞合成的产物，其合成原料来自血液中的氨基酸。氨基酸由上皮细胞吸收后，被核糖体聚合成短肽链，进入高尔基体内的肽进一步缩合，形成各种不溶性酪蛋白颗粒以及可溶性 β- 乳球蛋白。然后含有酪蛋白的颗粒由高尔基体移行至细胞表面。少量乳蛋白如免疫球蛋白和血清白蛋白可从血液中直接吸收。酪蛋白又分为 α- 酪蛋白、β- 酪蛋白、κ- 酪蛋白和 γ- 酪蛋白。α- 酪蛋白和 β- 酪蛋白是磷酸化蛋白，κ- 酪蛋白是糖基化蛋白。乳清蛋白主要分为 **α- 乳清蛋白**（α-lactalbumin, α-LA）、**β- 乳球蛋白**（β-lactoglobulin）、**清蛋白**（albumin）和**免疫球蛋白**（immunoglobulin）（表 13-6）。酪蛋白的主要作用是提供营养。乳清蛋白主要包括乳白蛋白和乳球蛋白，乳白蛋白对酪蛋白起保护胶体作用，乳球蛋白具有抗体作用，又被称免疫球蛋白。乳中还有乳铁蛋白、乳过氧化物酶、溶菌酶、脂肪酶和蛋白水解酶、激素和生长因子等。

乳中免疫球蛋白是初乳中具有抗体活性的蛋白，因大多数免疫球蛋白不能通过胎盘，所以免疫系统没有完全发育的仔畜只能从初乳中摄取，从而获得被动免疫的能力。

乳房炎时清蛋白和免疫球蛋白的含量急剧上升。构成乳蛋白的必需氨基酸全部来自血液，非必需氨基酸由必需氨基酸或非必需氨基酸转化而来。

表 13-6 乳蛋白的种类和特性

蛋白质	分子质量 /kD	含量 /（g/L）	
		奶牛	人
αs1- 酪蛋白	23.6	10.0	
αs2- 酪蛋白	25.2	2.6	
β- 酪蛋白	24.0	9.3	3.3
κ- 酪蛋白	19.0	3.3	
α- 乳清蛋白	14.2	1.2	1.5
β- 乳球蛋白	18.4	3.2	极微量
血清蛋白	66.3	0.4	0.4
乳铁蛋白	90.0	<0.1	1.5
溶菌酶	14.7	极微量	0.4
免疫球蛋白			
IgG	—	0.8	0.1
IgA	—	0.1	1.0
IgM	—	0.1	0.1

（二）乳糖

乳糖（lactose）是乳汁内的主要糖类，乳糖是幼龄动物能量的主要来源，是唯一在乳腺内合成的特殊糖类。它是由一分子**葡萄糖**（glucose）和一分子由葡萄糖转化而成的**半乳糖**（galactose）合成的双糖，所以合成一分子乳糖需要两分子葡萄糖。大部分葡萄糖由血液供应或在乳腺组织内利用蛋白质分解产物通过**糖异生**（gluconeogenesis）而产生。由反刍动物消化道吸收的葡萄糖的量很少，血液中的葡萄糖是在肝脏内由丙酮酸转化而来。部分葡萄糖通过一系列反应，转化成UDP-半乳糖。葡萄糖和UDP-半乳糖在**半乳糖转移酶**（galactosyl transferase，GT）和**α-乳清蛋白**（α-lactalbumin, α-LA）的作用下，在高尔基体内合成乳糖。体内大部分组织细胞中存在半乳糖转移酶，但α-乳清蛋白只存在于乳腺组织，所以只有乳腺组织能够合成乳糖。反刍动物瘤胃所产生的挥发性脂肪酸中，丙酸能够转化为乳糖。乳糖能促进胃肠道中乳酸菌的生长繁殖，促进乳酸发酵。乳酸的产生抑制其他腐败菌生长，提高胃蛋白酶消化能力，并可促进钙的吸收。乳糖在小肠内必须被乳糖酶分解为葡萄糖和半乳糖两种单糖后才能被吸收。乳糖酶活性主要出现在哺乳期，断奶后活性消失。乳糖通过调节乳腺组织渗透压来增加乳汁内的水分含量和产乳量（图13-13）。

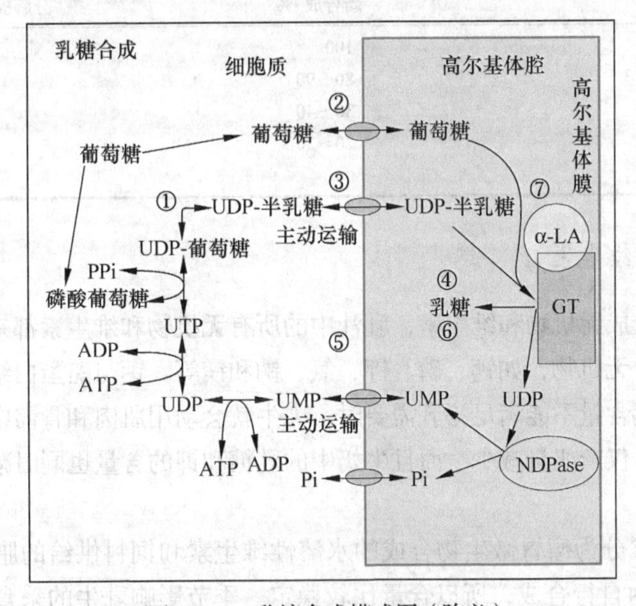

图13-13 乳糖合成模式图（陈义）

UTP、UDP、UMP：尿苷三、二、一磷酸；ATP、ADP：三、二磷酸腺苷；

Pi：磷酸；NDPase：核苷去磷酸化酶；GT：半乳糖转移酶；α-LA：α-乳清蛋白

（三）乳脂的合成

三酰甘油（triglyceride）是乳脂的主要成分，占乳脂的97%～98%，其余的2%～3%是**磷脂**（phospholipid）和其他脂类。三酰甘油在光面内质网内合成，其他的脂肪酸和甘油等在细胞质和线粒体内合成（图13-14）。构成牛乳三酰甘油的脂肪酸中的短链脂肪酸（C4～C10）全部由乳腺利用乙酸和β-羟丁酸合成。中等长度的脂肪酸（C12～C16）也要利用乙酸和β-

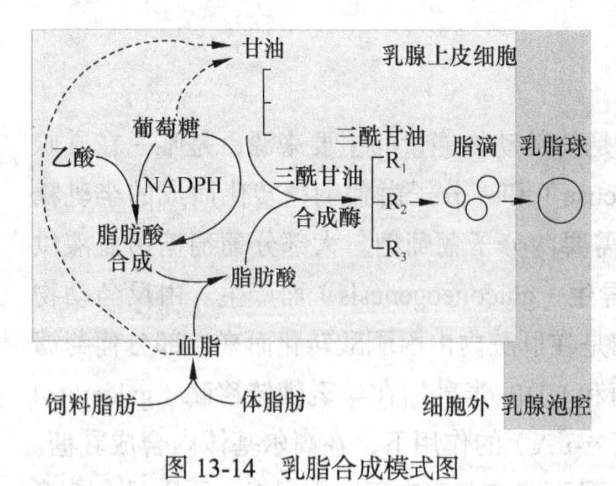

图 13-14　乳脂合成模式图

羟丁酸合成，但随着碳原子数目的增加，被利用的上述两种物质的量逐渐减少，而被利用的极低密度脂蛋白（VLDL）的量逐渐增多，极低密度脂蛋白的分解产物参与中等长度脂肪酸的合成。C18脂肪酸则全部来自经**脂蛋白脂肪酶**（lipoprotein lipase，LPL）分解的极低密度脂蛋白（表13-7）。反刍动物的瘤胃产生的乙酸和丁酸被乳腺细胞利用后转变为C4～C18脂肪酸，后者还参与生产乳糖和酪蛋白。但乳腺细胞不能利用葡萄糖合成脂肪酸。三酰甘油中的甘油，主要由葡萄糖转变而来，其次是来自血液的甘油。乳脂被新生仔畜利用积累体脂，也是能量来源之一。

表 13-7　牛乳脂肪酸的来源

脂肪酸	脂肪酸来源	
	新合成 /%	分解极低密度脂蛋白 /%
C4～C10	100	0
C12	80~90	10～20
C13	30～40	60～70
C16	20～30	70～80
C18	0	100

（四）无机物和维生素

乳腺组织不能合成无机物和维生素，乳汁中的所有无机物和维生素都来自血液。因此，乳汁含有血浆中大部分无机物，如钙、磷、钾、氯、钠和镁等。钙与酪蛋白结合或以磷酸盐的形式存在。当饲料中钙含量不能满足泌乳需要时，乳牛就会动用肌肉和骨骼中的钙。当发生乳房炎或到泌乳后期，不仅产奶量减少，而且牛奶中的乳糖和钾的含量也同时减少，但钠和氯的含量相对增加。

牛奶中的维生素分为瘤胃微生物合成的水溶性维生素和饲料供给的脂溶性维生素。水溶性维生素因在瘤胃内自行合成，所以含量比较稳定。季节影响乳牛的采食量，特别是高温天气对乳牛的影响更大，所以脂溶性维生素的含量存在季节性差异。

第五节　乳的排出

腺泡腔中的乳汁经过各级乳腺组织导管和乳头管流向体外的过程叫**排乳**（milk excretion）。乳汁分泌和排乳这两个过程合称**泌乳**（lactation）。

一、排乳过程

当哺乳或挤乳时，引起乳房容纳系统紧张度改变，使蓄积在腺泡和乳导管系统内的乳汁迅速流向乳池，进行排乳。排乳是一种比较复杂的反射过程：哺乳或挤乳时，刺激母畜乳头的感受器，反射性地引起腺泡和细小乳导管周围的肌上皮细胞收缩，使腺泡中的乳流入导管系统；之后乳腺大导管和乳池的平滑肌强烈收缩，乳池内压迅速升高，乳头括约肌开放，于是乳汁排出体外。

最先排出的是乳池乳。当乳头括约肌开放时，乳池乳借助本身重力即可排出。腺泡和乳导管的乳必须依靠乳腺内肌细胞的反射性收缩才能排出，这些乳叫反射乳。乳牛的乳池乳一般约占泌乳量的 30%，反射乳约占泌乳量的 70%。挤乳或哺乳刺激乳房不到 1 分钟，就可以引起牛的排乳反射。

二、排乳的调节

排乳是由高级神经中枢、下丘脑和垂体参加的复杂反射活动。

（一）排乳反射的传入途径

挤压或吸吮乳头时对乳房内、外感受器的刺激，是引起排乳反射的主要非条件刺激。外界环境的各种刺激经常通过视觉、嗅觉、听觉、触觉等形成大量的促进或抑制排乳的条件反射。

排乳反射的非条件反射传入从乳房感受器开始，传入冲动经过精索外神经传进脊髓后，最后到达下丘脑的室旁核和视上核，此处是排乳反射的基本中枢。由此发出下丘脑 - 垂体束，进入神经垂体。大脑皮质也有相应代表区，控制下丘脑的活动。乳房的传入冲动传进脊髓后还有一部分纤维能与胸腰段脊髓内的植物性神经元联系，并通过交感神经，支配乳腺平滑肌的活动。

（二）排乳反射的传出途径

排乳反射的传出途径有两条：一条是神经途径；另一条是体液途径。

神经途径主要是支配乳腺的交感神经通过精索外神经进入乳腺，直接支配乳腺大导管周围的平滑肌的活动。体液途径主要是通过神经垂体释放催产素。催产素在血液中以游离形式运输，到达乳腺后迅速从毛细血管中扩散，作用于腺泡和终末乳导管周围的肌上皮细胞引起收缩。

正确的饲养管理制度，可形成一系列有利于排乳的条件反射，促进排乳和挤乳量。

疼痛、不安、恐惧和其他情绪性纷乱常抑制动物排乳。可通过抑制反射中枢或者传出途径起作用。中枢的抑制性影响常起源于脑的高级部位，阻止神经垂体释放催产素。外周性抑制效应常由于交感神经系统兴奋和肾上腺髓质释放肾上腺素，导致乳房内、外小动脉收缩。结果使乳房循环血量下降，不能输送足够的催产素到达肌上皮细胞，导致排乳抑制。

（徐斯日古楞）

复习思考题

1. 简述牛乳腺的解剖学特征。
2. 乳腺的发育分为哪三个阶段？
3. 简述乳腺发育与内分泌的关系。
4. 简述维持泌乳所需的激素及作用。
5. 何为初乳？何为常乳？初乳和常乳的差别是什么？
6. 简述乳腺回缩方式及其生理意义。
7. 简述乳脂的合成过程。
8. 简述乳糖的合成过程。
9. 简述乳的排出过程。

第十四章 禽类的生理特点

本章概述

禽类属于鸟纲动物，与哺乳动物在结构和机能上存在着较大的差异。通过对血液、循环、呼吸、消化、能量代谢与体温调节、排泄、神经、内分泌和生殖生理的学习，对了解家禽的生理特征，认识家禽疾病、分析致病原因、制定合理的治疗方案、有效规划预防措施和正确饲养家禽具有重要意义。

第一节 血 液

一、血液的组成及理化特性

（一）血液的组成和血量

1. 血液组成

禽的血液由血浆和悬浮于血浆中的血细胞组成，但其血细胞比容较哺乳动物小。血浆中主要成分为水，其次是蛋白质（白蛋白、球蛋白和纤维蛋白原）和小分子物质。小分子物质包括电解质、一些营养物质、代谢产物和激素等，其中，有机成分有氨基酸、糖、脂类、维生素、激素、酶、尿素、肌酐和有机酸等。无机成分有钠、钾、钙、镁、氯、碳酸盐和无机磷等。

2. 血量

公鸡的血量为其体重的 9%，母鸡为 7%，鸭为 10.2%，鸽为 9.2%。

（二）血液的理化特性

1. 血色

禽血液呈红色，其颜色与红细胞中血红蛋白的含氧量密切相关。动脉血含氧多，呈鲜红色；静脉血含氧少，呈暗红色。

2. 酸碱度

禽血液与哺乳动物相似，呈弱碱性，pH 在 7.35～7.5 的狭窄范围内变动。在正常情况下，血液酸碱度保持相对稳定，一方面取决于血液中多种缓冲物质的缓冲功能，另一方面，肺的呼吸活动和肾的排泄功能也其稳定性的重要调节方式。

3. 相对密度（比重）

禽类全血相对密度在 1.045～1.060 之间。其中，公鸡为 1.054，母鸡为 1.043，鸭为 1.056，鹅为 1.050，鸵鸟为 1.063。母鸡的全血相对密度显著低于公鸡的原因是其血浆中脂类含量明显高于公鸡。

4. 黏滞性

禽类血液的黏滞性较大，相对水的黏度为3～5。其中，公鸡为3.67，母鸡为3.08，鸭为4.0，鹅为4.6，鸵鸟为4.5。由于雄性血液中红细胞数量多于雌性，因此，雄性血液黏滞性大于雌性。

5. 渗透压

血浆总渗透压约相当于159mmol/L（0.93%）的NaCl溶液。由于禽类血浆中白蛋白的含量较少，因此，其形成的胶体渗透压较哺乳动物低，如鸡为1.47kPa，鸽为1.079kPa。

二、血细胞

禽类的血细胞分为红细胞、白细胞和凝血细胞。

（一）红细胞

禽类红细胞呈卵圆形，有核，其体积比哺乳动物的大，大小为10.7～15.5μm（纵长）×6.1～10.2μm（横长），并随种别、年龄和性别的不同而不同（表14-1）。

表14-1 几种家禽红细胞的大小

类别	日龄及性别	纵长 /μm	横长 /μm	厚度 /μm
鸡	3日龄	12.5	7.0	3.8
	25日龄	13.0	7.2	3.5
	75日龄	13.0	6.5	3.5
	成鸡（雌和雄）	12.8	6.9	3.6
鸽	1日龄	13.0	7.7	3.8
	成鸽	12.7	7.5	3.7
火鸡	雄	15.5	7.5	—
	雌	15.5	7.0	—
鸭		12.8	6.6	—

禽类红细胞数量较哺乳动物少，红细胞计数为2.5×10^{12}/L～4.0×10^{12}/L。除鹅和火鸡外，一般雄性的数目较雌性多（表14-2）。

禽类红细胞比容（压积）也较低，成年鸡为30%～33%，火鸡为30.4%～45.6%，鸭为9%～21%。红细胞比容受年龄、性别、激素和缺氧等因素的影响。雄激素可使红细胞的比容增加，而雌激素则相反，可使成年雄性的红细胞数目减少，红细胞的比容降低。凡是改变红细胞数目的因素都会影响红细胞比容。

禽类红细胞中血红蛋白的含量为130～150g/L，其数值受年龄、性别、季节、环境、饲料和生产性能的影响。一般雄性较雌性高，成年小型白荷兰火鸡较幼年高（表14-2）。

表 14-2 几种成年家禽红细胞数目和血红蛋白含量

种别	性别	红细胞 /（10^{12}/L）	血红蛋白 /（g/L）
鸡	雄	3.8	117.6
	雌	3.0	91.1
北京鸭	雄	2.7	142.0
	雌	2.5	127.0
鹅		2.7	149.0
鸽	雄	4.0	159.7
	雌	2.2	147.2
火鸡	雄	2.2	125.0～140.0
	雌	2.4	132.0
鹌鹑	雌	3.8	146.0

在胚胎时期，禽类肾脏和腔上囊是重要的造血器官，出生后几乎完全依靠骨髓造血。禽类红细胞在循环血液中生存期较短，例如，鸡红细胞平均寿命只有 28～35 天，鸭为 42 天，鸽子为 35～45 天，鹌鹑为 33～35 天。禽类红细胞生存时间较大多数哺乳动物短的原因，与其体温和代谢率较高有关。

（二）白细胞

禽白细胞包括有颗粒白细胞和无颗粒白细胞两类共 5 种（图 14-1）。

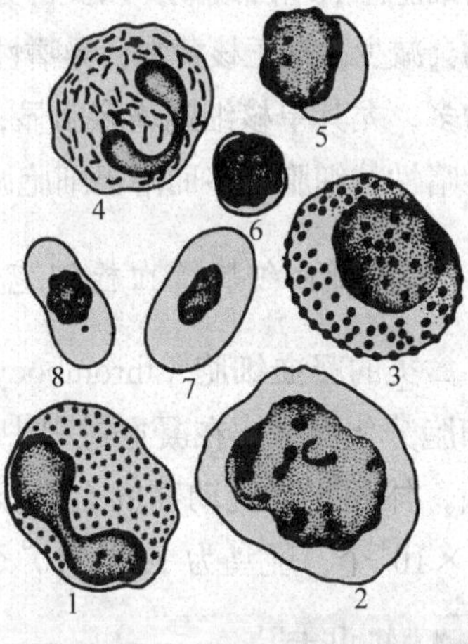

1. 嗜酸性细胞

这种细胞在血液中较少，当禽类发生寄生虫感染时，血液中嗜酸性细胞增多。

2. 单核细胞

单核细胞与大淋巴细胞有时难以区分，但单核细胞有较多的细胞质，核轮廓不规则。典型的单核细胞是血液中体积最大的细胞，平均直径为 12μm，最大可达 20μm。能转变成吞噬能力最强的巨噬细胞。

图 14-1 禽类的成熟血细胞（陈义）

1. 嗜酸性细胞；2. 单核细胞；3. 嗜碱性细胞 4. 异嗜性细胞；5. 大淋巴细胞；6. 小淋巴细胞 7. 红细胞；8. 凝血细胞

3. 嗜碱性细胞

血液中嗜碱性细胞最少，约占白细胞总数的 2%。核圆形或卵形，有时分成小叶，细胞质中含有大而明显的深色嗜碱性颗粒。

4. 异嗜性细胞

又称假嗜酸颗粒白细胞，与嗜碱性细胞大小和形状相仿。鸡的异嗜性细胞为圆形，胞质中分布有暗红色嗜酸性杆状或纺锤状颗粒，数量仅次于淋巴细胞。这种细胞具有活跃的吞噬能力。

5. 淋巴细胞

禽类血液中大部分白细胞是淋巴细胞，呈球形，占总数的 40%～70%。淋巴细胞可分为大淋巴细胞和小淋巴细胞。淋巴细胞来自骨髓淋巴样细胞，转移到胸腺分化成T淋巴细胞，转移到法氏囊后分化成B淋巴细胞，分别参与细胞免疫和体液免疫。

禽类白细胞总数为20×10^9/L～30×10^9/L，其中，淋巴细胞的比例最高（除鸵鸟外）。各类白细胞在血液中的数目和百分比随禽种类和性别不同而异（表14-3）。

表14-3 禽类白细胞数量及各类白细胞的百分比

种别	性别	白细胞总数/（10^9/L）	各类白细胞所占百分比/%				
			嗜酸性细胞	单核细胞	异嗜性细胞	嗜碱性细胞	淋巴细胞
鸡	雄	16.6	1.4	6.4	25.8	2.4	64.0
	雌	29.4	2.5	5.7	13.3	2.4	76.1
北京鸭	雄	24.0	9.9	3.7	52.0	3.1	31.0
	雌	26.0	10.2	6.9	32.0	3.3	47.0
鹅		18.2	4.0	8.0	50.0	2.2	36.2
鸽		13.0	2.2	6.6	23.0	2.6	65.6
鸵鸟		21.1	6.3	3.0	59.1	4.7	26.8
鹌鹑	雄	19.7	2.5	2.7	20.8	0.4	73.6
	雌	23.1	4.3	2.7	21.8	0.2	71.6

雌禽较雄禽的白细胞总数多，室外饲养的鸡较室内笼养的白细胞总数多，营养和一些疾病会使白细胞总数增加或减少以及百分比发生改变。例如，日粮中缺少叶酸，白细胞总数及各类白细胞均会减少；缺乏核黄素，异嗜性细胞数大大增加，而淋巴细胞数减少；鸡白痢和伤寒时，白细胞增多，尤其单核细胞增多明显；患淋巴白血病时可引起淋巴细胞增加；结核杆菌在鸡体内引起异嗜性粒细胞增多而淋巴细胞减少；糖皮质激素可引起异嗜性细胞增加，而淋巴细胞减少。

（三）凝血细胞（血栓细胞）

禽类的**凝血细胞**（thrombocyte）又称血栓细胞，相当于哺乳动物的血小板，由骨髓的单核细胞分化而来，在凝血过程中发挥重要作用。凝血细胞呈椭圆形，细胞被一个圆形的核所充满，体积比哺乳动物的血小板大得多，但数量少，每升血液中鸡约为26.0×10^9个，鸭为30.7×10^9个，鸵鸟为10.5×10^9个。

知识卡片

凝血细胞（血栓细胞）：低等脊椎动物圆口纲的纺锤细胞具有凝血作用，而鱼纲、两栖纲、爬行纲和鸟纲动物血液中存在一种特定的血栓细胞，为有核的梭形或椭圆形细胞，是血液中的有形成分之一，功能与哺乳动物的血小板相似。无脊椎动物没有专一的血栓细胞，如软体动物的变形细胞兼有防御和创伤愈合作用。甲壳动物只有一种血细胞，兼有凝血作用。

三、血液凝固

禽类血液凝固较为迅速，时间为2～10min。如鸡全血凝固时间平均为4.5min。

一般认为禽类血液中存在有与哺乳动物相似的凝血因子，但有人认为禽血浆中几乎不含有凝血因子Ⅸ（血浆凝血活酶，即抗血友病因子B）、因子Ⅻ（接触因子）和因子Ⅴ（前加速素）和因子Ⅶ，因而不能形成凝血酶原和凝血酶，也就不易发生内源性凝血。禽的凝血是通过外源性激活途径实现的，即主要靠组织释放的促凝血酶原激酶，促进凝血酶的形成而发生凝血。血凝的根本变化是可溶性纤维蛋白原转变为不溶性纤维蛋白的过程。

与哺乳动物一样，禽血液凝固需要 Ca^{2+} 和充足的维生素K。如果维生素K缺乏，可引起鸡皮下和肌肉出血。

第二节 血液循环

禽类血液循环系统进化水平较高，是完全的双循环，通过心脏的节律性收缩和舒张活动，推动血液不断循环流动。

一、心脏生理

禽类心脏和哺乳类一样，也分为左、右心房和左、右心室4个部分，心脏容量大。心肌具有自律性、传导性、兴奋性和收缩性等生理特性。

（一）心率

禽类的心率比哺乳动物高。心率快慢与个体大小、性别、日龄和其他生理状况有关（表14-4）。其中，个体越大，心率越慢；个体越小，心率越快。一般母禽的心率较公禽快，但鸭和鸽的心率性别差异不显著。幼禽心率较高，随着年龄的增加心率有下降趋势。禽类的心率晚上很低，随光照和运动而增加。在冷环境中的禽类，其心率较在温热环境中快。

表14-4 几种家禽的心率

类别	年龄	性别	心率 /（次 / 分）
鸡	7周	雄	422
	7周	雌	435
	13周	雄	367
	13周	雌	391
	22周	雄	302
	22周	雌	357
鸭	4月	雄	194
	4月	雌	190
	12～13月	雄	189
	12～13月	雌	175
鹅	成年		200
鸽	成年	雄	202
	成年	雌	208
火鸡	成年		93

（二）心电图

禽类心脏节律性兴奋同样源自于窦房结，并沿心脏传导系统扩布到心脏各部。禽心电图的记录方法与哺乳动物相似，可通过肢体导联记录心电图（表 14-5）。

表 14-5 家禽心电图导联方法

导联名称	电极联接部位	
	负电极	正电极
第Ⅰ导联	右翅基部	左翅基部
第Ⅱ导联	右翅基部	左腿
第Ⅲ导联	左翅基部	左腿

禽类由于心率较快，心电图通常只表现 P、S 和 T 波，R 波小而不全，无 Q 波。其中，P 波反映左、右心房肌去极化过程，S 波反映心室肌去极化过程，T 波反映心室肌兴奋后的复极化过程。如果心率超过 300 次，P 波和 T 波可能融合在一起，说明心房在心室完全复极化之前就开始去极化，这是禽类心率较快的原因。P～S 间期表明兴奋由心房传向心室；S～T 间期表明整个心室均处于兴奋状态。

禽类心脏所需 K^+ 高于哺乳动物，心血中 K^+ 浓度是哺乳动物的 3 倍，缺 K^+ 可使心电图发生异常。雌激素可使心电图各波波幅降低（约 35%）。公鸡心电图中各波的波幅较大，这种差异可能和雌激素水平高低有关。

（三）心输出量

禽类心输出量与年龄、性别和生理状态有关（表 14-6）。

表 14-6 几种家禽心输出量对比表

类别	日龄	性别	体重 / kg	每分心输出量 /mL	单位体重心输出量 / （mL/kg）
来航鸡	16 月龄（饥饿）	雄	2.39	340±18	143±7
	16 月龄（饥饿）	雌	1.79	308±17	173±7
	12～14 月龄（冬季）	雄	2.59	444±22	173±9
	12～14 月龄（夏季）	雄	2.95	359±11	135±7
	18 月龄（冬季）	雌	1.95	345±15	181±12
	18 月龄（夏季）	雌	1.96	234±7	121±5
鸭	成年	雄	3.3	946.4	286.8
	成年	雌	3.0	760.2	253.4

静息状态下，组织对血液的需要量小，心输出量也较小；而当机体活动时，组织对血液的需要量增加，心输出量也相应增加。按单位体重计，母鸡的心输出量较大。环境温度也可影响心输出量，短期的热刺激能使心输出量增加，而使血压降低，鸡在热环境中生活 3～4 周后发生适应性变化，心输出量不增加反而明显减少。急性冷应激可引起心输出量增加，使血压升高。运动对心输出量有显著影响，鸭潜水后比潜水前心输出量明显下降。

二、血管生理

禽类血管的动、静脉完全分开，血液在血管内流动的规律与哺乳动物相同。

（一）血液循环时间

禽类血液循环时间比哺乳动物短。来航鸡全身血液循环一周所用时间为2.8s，鸭为2～3s，潜水时血流速度明显减慢，体循环和肺循环一周所需时间增至9s。

（二）血压

禽类血压因禽种、性别和年龄不同而异。成年公鸡的收缩压为25.3kPa（190mmHg），舒张压为20.0kPa（150mmHg），脉压为5.3kPa（40mmHg）；成年母鸡的收缩压为18.9kPa（142mmHg），舒张压为15.6kPa（117mmHg），脉压为3.3kPa（25mmHg）。雄性血压显著高于雌性，鸡血压的性别差异自10～13周龄开始显现，原因可能与性激素有关。禽成年后血压还随年龄增大而增高，尤以雌性明显，如从10～14月龄到42～54月龄阶段，血压明显上升。

和哺乳动物一样，禽血压随呼吸运动而发生变化，平均血压常随吸气而降低，随呼气而升高，变化范围为0.133～1.33kPa（1～10mmHg）。

鸡的血压受体温和环境温度的影响，低血压与体温过低成正比，给鸡加温，既可引起体温和血压升高，直至体温恢复正常。进一步加温或体温过高，血压则下降，其原因是体温升高而导致血管舒张。随着季节转暖，血压有下降的趋势，这种血压的季节性变化，与环境温度有关，而与光照变化无关。

血压和心率之间没有明显关系，公鸡比母鸡血压高，但心率却母鸡比公鸡高。同种之间（如家鸡和火鸡）血压差异较大，但心率差别不大。

（三）器官血液流量

单位时间内流过每一器官的血流量与各器官的结构、功能和代谢水平有关。母禽的生殖器官、肾、肝、心和十二指肠有较高的血流量。如母鸡生殖器官的血流量占心输出量的15%以上。机体代谢水平较低时，血流量相对较少，而代谢水平升高时，血流量相对增加。

三、心血管活动的调节

（一）神经调节

禽类心血管活动的基本中枢位于延髓，有心抑制中枢、心加速中枢和血管运动中枢。

禽类心脏受迷走神经和交感神经的双重支配。禽类与哺乳动物一样，迷走神经对心脏产生抑制作用，交感神经对心脏有兴奋作用。但比较特殊的是，在安静状态下，禽类迷走神经和交感神经对心脏的调节作用比较平衡。迷走神经对心脏的抑制程度与禽类品种和个体大小有很大差异，相对机体有较大心脏的禽类（鸽、鸭、海鸥和鹰），其迷走神经有强大的抑制作用。

（二）反射性调节

在哺乳动物，颈动脉窦和主动脉体的压力感受器和化学感受器对血压的反射性调节非常重要，但禽类的颈动脉窦和主动脉体位置低，虽然也参与血压调节，但敏感性较哺乳动物差，调节作用不显著。

（三）体液调节

激素等化学物质对心血管的作用与哺乳动物的情况基本相同。小剂量肾上腺素可增加心率，大剂量则减缓心率，甚至出现心律不齐。儿茶酚胺类激素可使禽类血压升高。催产素和加压素使哺乳动物的血管平滑肌收缩，血压上升，但对鸡却有舒血管作用，使其血压降低。禽类血液中5-羟色胺和组胺含量高于哺乳动物，具有降压作用，给鸡注射5-羟色胺或组胺，可使血压明显下降。

第三节 呼 吸

一、呼吸的结构基础

禽类呼吸过程和哺乳动物一样，包括外呼吸、气体运输和内呼吸（组织呼吸）三个环节。

禽类呼吸系统由呼吸道和肺两部分构成。呼吸道包括上呼吸道（鼻、咽、喉头和胸外气管）、下呼吸道（胸内气管、鸣管、支气管及其分支）、气囊及某些骨骼中的气腔。

（一）鼻腔和眶下窦

禽类鼻腔较狭窄，鼻腔黏膜有黏液腺和丰富的血管，对吸入气体有加温和湿润作用。每侧鼻腔有前、中、后三个鼻甲，后鼻甲上有嗅神经分布，但禽类嗅觉不发达。

禽鼻腔内有**鼻腺**（nasal gland）。鸡的鼻腺不发达，鸭、鹅等水禽的鼻腺较发达，水禽鼻腺在机体渗透压的调节过程中发挥重要作用。

禽眶下窦位于上颌外侧和眼球前下方，外侧壁为皮肤等软组织，它以较宽的口与后鼻甲腔相通，而以狭窄的口通鼻腔。鸡的眶下窦较小，鸭、鹅的较大。当禽类鼻或呼吸道发生炎症时往往会波及眶下窦。

知识卡片

鼻腺（nasal gland）：又称**盐腺**（saltgland）或**眶上腺**（supraobital gland），是鸟类眼睑两侧开口鼻腔的盐分（NaCl）分泌腺，特别是海鸟，此腺最发达。以前认为此腺所分泌的液体对鼻腔黏膜具有保护作用，但后来经K.Schmidt-Nielsen等（1958年）证明它与海洋爬行类的泪腺一样，是盐分的分泌腺。其分泌液的主要成分是NaCl，随食物进入体内，并以高于海水的浓度排出。其通过分布于鼻腺的血流量调节机制，在体液盐类浓度或渗透压增高时进行分泌活动。海水养鸭时，鸭的鼻腺可增大数倍。另外在爬行类中，**海鬣蜥**（*amblyrhynchus cristatus*）具有同样的鼻腺。

（二）喉

禽类的喉位于咽的底壁，喉口呈缝状，以两黏膜褶围成，内有勺状软骨支架，没有会厌软骨和甲状软骨，喉腔内无声带。在吞咽过程中，喉软骨上的肌肉可反射性地关闭。

（三）气管及支气管

禽气管长而粗，伴随食管后行，进入胸腔后分为两个支气管，分叉处形成鸣管，是禽类的发声器官。气管支架由O形的气管环所构成，幼禽为软骨，随年龄增长而骨化。支气管经心基部的上方进入肺，再分支成1～4级支气管。

（四）肺

禽的肺不分叶，背侧面有椎肋骨嵌入，故扩张性不大。肺除腹侧前部有一肺门外，还有一些开口，与易扩张的气囊相通。禽肺无哺乳动物支气管树的结构，三级支气管相当于哺乳动物的肺泡管，是肺小叶的中心，与周围许多呈辐射状排列的肺房相通。**肺房**（atrium）为直径100～200μm的不规则囊腔，相当于哺乳动物的肺泡囊。每一肺房又连着许多肺毛细管，肺毛细管为弯曲而细长的盲管，直径7～10μm，相当于家畜的肺泡，是实现气体交换的场所。

在三级支气管、肺房及肺毛细管的上皮细胞内及其表面，分布有与哺乳动物肺表面活性物质相同作用的肺磷脂。

（五）气囊

气囊（air vesicle）是禽类特有的器官，是肺的衍生物，由支气管的分支出肺后形成。多数禽类有9个气囊，从解剖和功能上将其分为前后两组：前气囊包括胸前气囊、锁骨间气囊、颈气囊；后气囊包括胸后气囊和腹气囊。颈、胸前、胸后和腹气囊是左右对称的，锁骨间气囊则为单个（图14-2）。

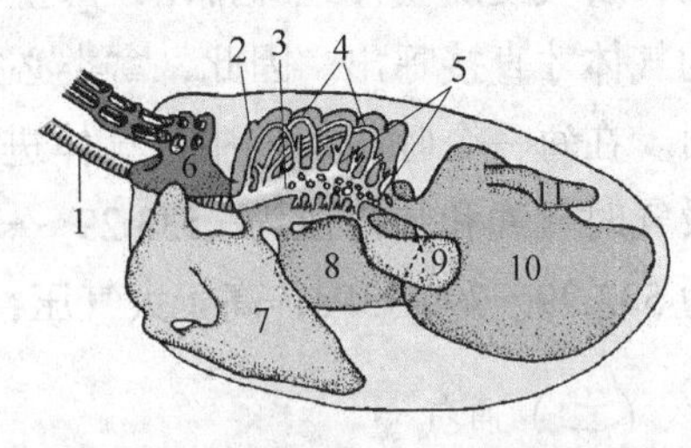

图14-2 禽气囊分布模式图（陈义）

1. 气管；2. 肺；3. 初级支气管；4. 三级支气管；5. 次级支气管；6. 颈气囊；7. 锁骨间气囊；8. 胸前气囊；9. 胸后气囊；10. 腹气囊；11. 腹气囊的肾憩室

气囊有多种生理功能，最重要的是作为贮气装置参与肺的呼吸运动，使禽类不论吸气或呼气时，气囊内空气均通过肺进行气体交换，从而增加了肺通气量，以适应机体新陈代谢的需要，但由于气囊的血管分布较少，因此，气囊不进行气体交换。另外，气囊还具有减少体重，平衡体位，增强发音气流，发散体热和调节体温的作用，并因大的腹气囊紧靠睾丸，而使睾丸能维持较低温度，利于精子的正常生成。水禽利用气囊中储存的空气，便于潜水时在不呼吸的情况下，仍旧能利用气囊内的气体在肺内进行气体交换，同时也有利于在水上漂浮。

二、呼吸运动

（一）呼吸机制

禽类的横膈膜和哺乳动物的不同，没有像哺乳动物那样的膈肌。禽类有肺膈和胸腹膈两个横膈膜。肺膈是一个等边三角形，贴于肺的下表面，是一个水平的薄片，它将胸腔分隔为腹侧和背侧两部分，其功能是保持肺表面紧张和伸展，但对呼吸并非必不可少。胸腹膈是一个大的与心包相连的纤维膜，将胸腔和腹腔隔开，不具有显著呼吸功能。胸腔内的压力几乎与腹腔内完全相同，没有经常性的负压存在。

禽类的肺被相对地固定在肋骨间，弹性较差，打开胸腔后并不萎缩。呼吸运动主要通过强大的呼气肌和吸气肌的收缩，牵动胸骨和肋骨来完成。胸骨和肋骨在呼吸过程中中的位置如图 14-3 所示。

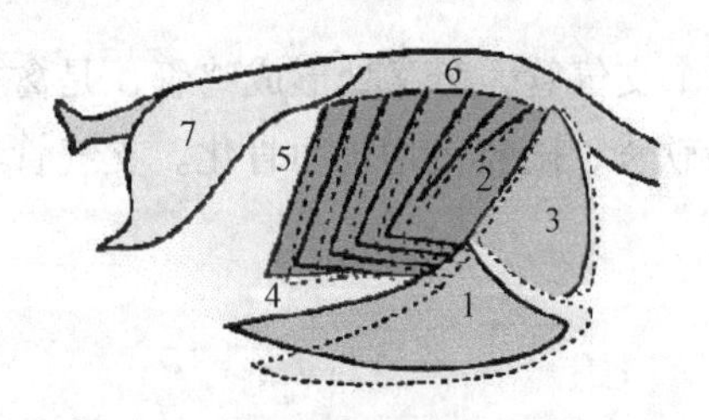

图 14-3　禽类呼吸运动中肋骨、胸骨、喙突和小叉动作的侧面观

1. 胸骨；2. 喙突；3. 小叉；4. 胸肋骨；5. 脊椎肋骨；6. 体壁；7. 背后部（实线代表呼气，虚线代表吸气）

禽类的吸气肌主要为肋间外肌，当其收缩时，胸骨、喙突、小叉和胸肋骨向前下方移动，脊椎肋骨被拉向前内方（虚线），使胸腔的垂直直径大大增加，而横径减少很小，胸腔容积加大，肺受牵拉而稍微扩张，内压降低，气体即进入肺。同时气囊容积也加大，气囊内压下降，大部分新鲜空气进入后气囊，也有一部分新鲜空气进入背支气管。前气囊虽然也扩张，但并不直接接收新鲜空气，而是接收副支气管和毛细支气管的气体。

呼气肌收缩时则发生相反的过程。呼气肌主要为肋间内肌，当其收缩时，胸骨、喙突、小叉和胸肋骨向后上方移动，使脊椎肋骨后移（实线），胸廓缩小，胸腔内压升高，气囊收缩，后气囊的气体经肺排出，产生呼气。在第二次吸气时，肺内空气才进入前气囊，前气囊的气体才直接呼出。因此，禽类必须经过两个呼吸周期才能把一次吸入的气体从呼吸系统排出。在每一个呼吸周期中，气体进出肺和气囊的动力取决于气囊和肺内压与大气压的差值。吸气时气囊和肺内压为 −533.29～−866.59Pa，低于大气压，气体吸入；呼气时气囊和肺内压为 533.29～799.93Pa，高于大气压，气体呼出。

（二）通气量

每次吸入或呼出的气体量，称为潮气量。鸡为 10～30mL，鸭平均为 37mL，鸽平均为 4.8mL。呼吸器官的总容量（主要是肺和气囊），鸡达 300～500mL（母鸡气囊约占 87%；公鸡气囊占 82%），鸭约为 530mL。每次呼吸的潮气量仅占全部气囊容量的 8%～15%。潮气量与呼吸频率的乘积称为禽肺的通气量。白来航鸡每分钟肺通气量为 550～650mL，芦花鸡约 337mL。

（三）呼吸频率

禽类的呼吸频率与种类、性别、年龄、体格大小、兴奋状态及其他因素有关（表 14-7）。

表 14-7　几种家禽的呼吸频率

种别	呼吸频率 /（次 / 分）	
	雄	雌
鸡	12～20	20～36
鸭	42	110
鹅	20	40
鸽	25～30	25～30
火鸡	28	49
金丝雀	96～120	96～120

通常禽类体格愈大，呼吸频率越小；相反，体格越小，则呼吸频率越高。如秃鹰和金丝雀的呼吸频率分别为每分钟 6 次和 100 次。其中，雌性的高于雄性，且随环境气温的升高而增加，当气温升至 43.3℃时，鸡呼吸频率可升至每分钟 155 次。

禽类吸气相和呼气相因种类而异。鸭无真正的呼气和吸气间歇，它们的吸气和呼气动作相互紧密衔接，但呼气相比吸气相长。鸽子则相反，吸气相要比呼气相稍长一些。雌雄火鸡都是吸气相比较长。雌鹅的吸气相为呼气相的 3 倍，但雄鹅二相的持续时间相等。对鸡而言，有报道称雌鸡中二相几乎是相同的，但在雄鸡中，呼气相较吸气相长，但在某些品种的雌鸡和雄鸡，其呼气相都较吸气相长。

三、气体交换与运输

（一）气体交换

禽的三级支气管即副支气管及上部的呼吸通道不能进行气体交换，为解剖无效腔。副支气管之后反复分支形成的毛细气管网才具有气体交换的作用。毛细气管与副支气管动脉分支间形成紧密接触，形成很大的气体交换面积。母鸡每克体重气体交换面积达 17.9cm^2，鸽的高达 40.3cm^2。按肺每单位体积的交换面积计算，禽比家畜大 10 倍以上。

气体交换的动力同样来自动静脉血液中 O_2 和 CO_2 的分压差。由副支气管进入毛细气管中的 p_{O_2} 高于血液，而 p_{CO_2} 低于血液。如鸡的静脉血氧分压约为 6.7kPa（50mmHg），肺和气囊中为 12.5kPa（94mmHg），于是，O_2 从肺向血液扩散，血液中的 CO_2 则向毛细气管中扩散，血液离开肺时即成为含氧丰富的动脉血。据计算，在每平方厘米 1 个大气压的分压差下，每分钟将有 11mL 的 O_2 扩散通过 200cm^2 的呼吸表面。通常 CO_2 的弥散能力是 O_2 的 3 倍，故 CO_2 更易向毛细气管中扩散。

（二）气体运输

禽类气体在血液中的运输方式与哺乳动物基本相同。鸡血氧饱和度比哺乳动物低，为 88%～90%，氧离曲线偏右，表明在相同氧分压条件下，血红蛋白易于释放氧，供组织利用。其他家禽血氧饱和度较高，达 96%～97%。禽类的较高体温同样有助于血红蛋白释放氧。

四、呼吸运动的调节

（一）神经调节

1. 呼吸中枢

禽类的延髓是基本呼吸中枢，脑桥和延髓的前部是调节正常呼吸节律的中枢，前脑视前区有兴奋呼吸中枢。从脑桥的后部切除脑时，呼吸完全停止。在丘脑圆核附近还有抑制中枢，刺激该部位引起呼吸变慢。中脑前部背区有喘气中枢，刺激该部位时出现浅快的急促呼吸。

2. 感受器

禽类肺和气囊壁上存在有牵张感受器，可以调整呼吸深度，维持适当的呼吸频率。当牵张感受器受到肺扩张刺激时，兴奋经迷走神经传入中枢，引起呼吸变慢。此外，禽类还具有化学感受器。禽类的呼吸中枢对血液中 pH 的变化敏感，肺内存在 CO_2 感受系统，还有颈动脉体化学感受器，可感受血液中 p_{O_2}、p_{CO_2} 和 H^+浓度的变化。

3. 传入和传出神经

禽类呼吸性传入神经分别位于迷走神经、舌咽神经和交感神经干中。传出神经为支配呼吸肌的运动神经元。

（二）化学因素对呼吸的调节

血液中的 p_{O_2} 和 p_{CO_2} 对呼吸运动有显著的影响。当血液中 p_{CO_2} 增高时，CO_2 感受器抑制性信号传入降低，可兴奋呼吸，使呼吸增强，排出过多的 CO_2。反之，使呼吸减弱。缺氧使呼吸中枢抑制，但可通过外周化学感受器兴奋呼吸。鸡在热环境中发生热喘呼吸，使肺通气加大，导致严重的 CO_2 分压过低，甚至造成呼吸性碱中毒。

第四节 消 化

禽类的消化器官包括喙、口、唾液腺、舌、咽、食管、嗉囊、胃（腺胃和肌胃）、小肠（十二指肠、空肠和回肠）、大肠（盲肠和直肠）、泄殖腔以及肝脏和胰腺（图 14-4）。由于禽消化道较短，所以饲料通过消化道较快，对饲料的利用率较低。

一、口腔及嗉囊内的消化

（一）口腔内的消化

禽由于没有牙齿，口腔消化较为简单。禽嗅觉和味觉不发达，寻找食物主要依靠触觉和视觉。鸡喙为锥形，便于啄食；鸭和鹅的喙扁而长，边缘呈锯齿状互相嵌合，便于水中采食。食物入口腔后，不经咀嚼，被唾液稍稍润湿，即借助于舌的帮助而迅速吞咽。各种禽类吞咽动作不相同，鹅、鸡和鸭当抬头伸颈时，借食物和水的重力以及食道内的负压将其咽下。

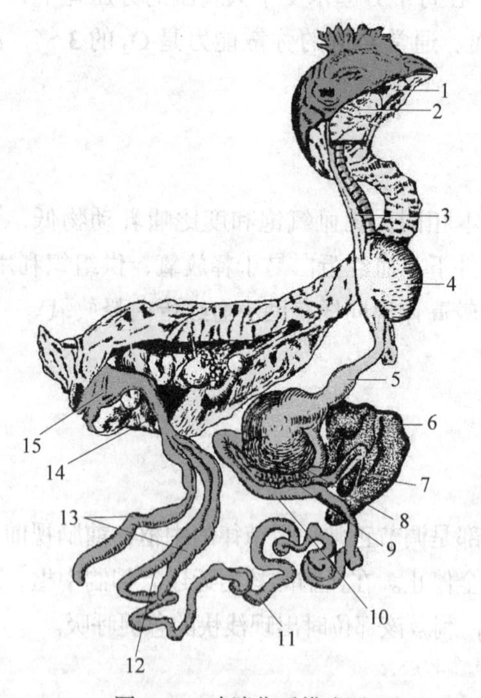

图 14-4 鸡消化系模式图

1. 口腔；2. 咽；3. 食管；4. 嗉囊；5. 腺胃；6. 肝；7. 胆囊；8. 肌胃；9. 胰；10. 十二指肠；11. 空肠；12. 回肠；13. 盲肠；14. 直肠；15. 泄殖腔

口腔壁和咽壁分布有丰富的唾液腺，能分泌唾液。唾液除水以外主要是黏蛋白，在吞咽时有润滑食物的作用。主食谷物的禽类，唾液中含有淀粉酶，可分解淀粉。唾液呈弱酸性，如鸡唾液的 pH 为 6.75。鸡通常多食干饲料，唾液腺较发达，可分泌较多的唾液。成年鸡一昼夜能分泌 7～25mL 唾液，平均为 12mL，进食时唾液分泌量增加。鸭、鹅多食鲜湿饲料，唾液腺不发达，唾液分泌较少。唾液分泌主要受神经调节。

（二）嗉囊内的消化

禽类消化器官的特点之一是具有**嗉囊**（crop）。食物吞咽后进入食道，禽的食管相对较长、直径大、富有弹性、易扩张，具有黏液腺，便于将未咀嚼的食物送入嗉囊。

嗉囊是食管的扩大部分，位于颈部和胸部交界处的腹面皮下。鸡、鸽的嗉囊发达，鸡的偏于右侧，鸽的嗉囊分为对称的两叶。鸭和鹅没有真正的嗉囊，只在食管颈段形成一纺锤形胃状膨大部。有些食虫禽类嗉囊不发达或没有。嗉囊的前后两出入口较近，有时食料可经此直接入胃。

1. 嗉囊液 嗉囊液是嗉囊腺分泌的黏液和唾液的混合物，pH值为6.0～7.0。嗉囊腺分泌的黏液中不含有消化酶，参与化学性消化的酶来自于唾液淀粉酶、食物中的酶和十二指肠逆蠕动时返回的消化酶，主要对淀粉进行消化。储存在嗉囊内的食物被嗉囊液润湿和软化，有助于化学性消化和微生物学消化。

鸽在育雏期间，嗉囊能分泌一种乳白色液体叫嗉囊乳，含有大量的蛋白质、脂肪、无机盐，还含有淀粉酶、蔗糖酶，通过逆呕排出这种液体，用以哺育幼鸽。

2. 嗉囊内微生物 嗉囊内的环境适于微生物生长繁殖，成年鸡嗉囊内细菌数量大、种类多，并形成一定的微生物区系。其中乳酸菌占优势，数量可高达每克内容物10^9个；其次是肠球菌、产气大肠杆菌，还有少量小球菌、链球菌和酵母菌等。微生物主要对饲料中的糖类进行发酵分解，产生有机酸，其中，主要是乳酸，还有少量挥发性脂肪酸。所以嗉囊内食物常呈酸性，平均pH值在5.0左右。

3. 嗉囊的运动 禽咽下的食物有一部分经过嗉囊直接进入腺胃，另一部分则停留在嗉囊内。这一过程依靠嗉囊蠕动和排空两种运动。蠕动波起自上段食管，扩展至嗉囊，进而到达腺胃和肌胃。食物在嗉囊停留的时间一般约为2h，最长可达16h。停留时间长短决定于食物的性质、数量和饥饿程度。胃空虚时，蠕动波波群节律可随饥饿程度的增大而增加，每群收缩波的数量也增加。而胃充盈时则产生抑制作用。湿、软饲料通过嗉囊较为迅速，肉类较谷物停留时间长。

嗉囊运动受迷走神经和交感神经的双重支配。刺激迷走神经，则嗉囊强烈收缩，食物排放加快，切断两侧迷走神经，则嗉囊肌肉麻痹，运动减弱或者消失。刺激交感神经对嗉囊和食管的影响不明显。在中枢神经极度兴奋、惊恐或出现挣扎时，可使嗉囊的收缩出现抑制。

禽切除嗉囊，采食量明显减少，消化率降低，一些食物未经消化就随粪便排出，对消化机能造成不良影响。

知识卡片

嗉囊乳（鸽乳）：成年鸽的嗉囊中含有嗉囊腺，具有分泌嗉囊乳的作用。孵蛋期间，在催乳素的作用下，大约孵到第8天，嗉囊上皮开始增厚，第13天时其厚度和宽度增加1倍，自第14天开始分泌微黄色的嗉囊乳，第18天嗉囊便可分泌大量的嗉囊乳。嗉囊乳为脂肪细胞组成的乳黄色或乳白色的黏稠液体，含有丰富的蛋白质、脂肪、矿物质、微量的维生素A、维生素C、淀粉酶、蔗糖酶、激素、抗体及其他未知因子，基本上不含碳水化合物、乳糖和酪蛋白。随着哺乳期的延长（即雏鸽年龄的增长），嗉囊乳由黄变白、由稠变稀，泌乳量及其营养成分逐渐减少，在出雏后的10～15天嗉囊乳停止分泌。

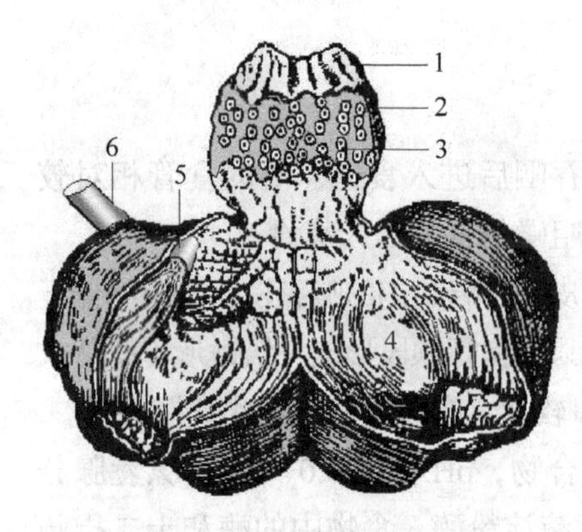

图 14-5　鸡的胃（剖开）

1. 食管；2. 腺胃；3. 胃腺开口及乳头；4. 肌胃；5. 幽门；6. 十二指肠

二、胃内的消化

禽的胃与家畜不同，分前、后两部分，前部为**腺胃**（glandular stomach）或称**前胃**（proventriculus），后部为**肌胃**（gizzard）（图 14-5）。

（一）腺胃内的消化

腺胃呈纺锤形，前面与食管相通，后面与肌胃相通，容积小而壁厚。黏膜层有 2 种类型的细胞：一种是分泌黏液的黏液细胞；另一种是分泌黏液、HCl 和胃蛋白酶原的细胞，这些细胞构成禽的**复腺**（compound glands），其输出管开口呈圆形乳头状突起。鸡的腺胃乳头较大，有 30～40 个。鸭、鹅的乳头较小，数量较多。禽类胃液的 pH 为 0.5～2.5，呈连续性分泌，鸡的胃液分泌量为 5.0～30.0mL/h。饲喂时分泌量增加，饥饿时分泌量减小。饲料的性质也会影响分泌。

由于腺胃容积小，饲料停留时间短，所以饲料在腺胃内基本上不消化。腺胃的生理功能是分泌胃液，胃液随食物进入肌胃和十二指肠后发挥作用。腺胃分泌受迷走神经和交感神经的支配。刺激迷走神经引起胃液分泌量增加，而刺激交感神经则引起少量分泌。

禽类胃液分泌也受化学因素的调节。与哺乳动物相似，胃泌素是主要的促分泌物质，幽门部和十二指肠黏膜 G 细胞产生胃泌素，经血液循环到达胃腺，刺激胃液分泌。胆囊收缩素也使胃液分泌增加。促胰酶素具有较强的刺激胃酸分泌的作用。注射乙酰胆碱和毛果芸香碱等可引起胃液分泌量和胃蛋白酶含量增加；注射组织胺，胃液分泌量、总酸度和胃蛋白酶的活性均增高；**蛙皮素**（bombesin）和胰多肽对胃液分泌具有一定的刺激作用。饥饿或禁食 12～24h，鸡和鸭的胃液分泌减少。

（二）肌胃内的消化

肌胃紧接腺胃之后，为近圆形或椭圆形的双凸体，质地坚实，肌层发达，平滑肌因富含肌红蛋白而呈暗红色。肌胃黏膜中有许多小腺体，它分泌的胶样物质能迅速硬化，形成一层坚硬的角质膜覆盖在黏膜表面，形成粗糙的摩擦面，加上肌肉收缩时的压力及肌胃内存留的砂粒，能磨碎饲料，起着“咀嚼”的作用，这是肌胃的主要功能。砂粒能使谷物的消化率提高 10%，缺乏砂粒时，饲料的消化时间延长，消化率降低。

肌胃不分泌具有消化作用的胃液，消化液和食物一起由腺胃进入肌胃。消化液中主要含有 HCl 和胃蛋白酶原，pH 为 2～3.5。HCl 可使饲料变性，激活胃蛋白酶原转变为胃蛋白酶，并保持胃内的酸性环境，利于胃蛋白酶对蛋白质的水解。胃蛋白酶能将蛋白质分解为蛋白脲和胨，产生少量氨基酸。

不论在饲喂或饥饿状态下，肌胃的收缩运动都具有自动节律性，平均每分钟 2～3 次，进食时，节律加速。肌胃收缩时胃腔内压力很高，据测定，鸡为 13～20kPa，鸭为 23.9kPa，鹅为35～37kPa。高压可使坚硬饲料，如贝类等外壳被压碎，利于消化。

肌胃运动受植物性神经的支配，刺激迷走神经，肌胃收缩增强，而交感神经兴奋，则抑制肌胃的运动。

三、小肠内的消化

禽类小肠包括十二指肠、空肠、回肠，前接肌胃，后连盲肠。禽的肠道相对较短，鸡的肠道是体长的4.7倍，食物在消化道内停留的时间一般不超过一昼夜，较哺乳动物短。但在整条肠管中小肠占的比例很大，因而全段肠壁都有肠腺和绒毛分布，同时胰脏和胆囊有输出管开口于十二指肠，分泌的胰液和胆汁进入小肠，与小肠液一同参与化学性消化，因此，小肠是消化和吸收营养物质的主要部位。

（一）胰液

禽的胰腺相对体积比家畜大得多，其分泌的胰液通过2条（鸭、鹅）至3条（鸡）胰导管输入十二指肠。胰液为透明、碱性、味咸的液体，pH在7.5～8.4之间。除水以外，胰液含有高浓度的碳酸氢盐、氯化物和消化酶。胰液的消化酶种类多、含量丰富，与哺乳动物的相似。

鸡的胰液呈连续分泌，平时每小时分泌0.4～0.8mL。饲喂后第一小时内的分泌水平可增至3mL，持续9～10h后，逐渐恢复至原来的水平。胰液对于生命活动是非常重要的，结扎鸽胰导管后，由于缺乏胰酶，多在6～12天内死亡。

胰液的分泌受神经和体液的调节，但以体液调节为主，促胰液素是主要刺激胰液分泌的体液因素。迷走神经与胰液分泌的关系尚无直接证据，切断迷走神经会使禁食的鸡采食后胰液分泌升高缓慢，这种现象说明迷走神经影响着胰液的分泌。

（二）胆汁

禽肝脏分为左、右两叶，右叶有一胆囊，胆汁由右叶肝管注入胆囊，由胆囊发出胆囊管，左叶的肝管不经胆囊，与胆囊管共同开口于十二指肠的终末端。

禽类的肝脏连续不断地分泌胆汁。在非消化期，由肝脏分泌的胆汁除一部分流入胆囊，并在胆囊中储存和浓缩外，另有少量直接经胆管流入小肠。进食和进食后胆囊胆汁输入小肠，使胆汁量显著增加，可持续分泌3～4h。4～6月龄的鸡一昼夜分泌胆汁量为9.5mL/kg体重。禽胆汁苦味强烈，pH为5.0～6.8，其中，鸡pH平均为5.88，鸭为6.14。胆汁中所含的胆汁酸主要是鹅脱氧胆酸、少量的胆酸和异胆酸，但缺少脱氧胆酸，8周龄以上的鸡胆汁中都含有淀粉酶。胆汁颜色由金黄色至暗绿色，颜色多由其中所含胆色素（主要是胆绿素，胆红素很少）的种类和含量所决定。胆汁可促进脂肪的吸收，由于淀粉酶的存在，胆汁还有助于碳水化合物的消化。

禽的胆汁分泌与排出受神经的反射性调节，反射的传出途径是迷走神经，它的兴奋可引起肝胆汁的分泌和胆囊收缩。胆囊收缩素和蛙皮素可刺激胆囊收缩，使胆汁从胆囊中排出。有人认为禽**血管活性肠肽**（vasoactive intestinal poly peptide，VIP）也可刺激胆汁的分泌。

（三）小肠液

禽类的小肠黏膜分布有肠腺，分泌碱性消化液，pH 为 7.39～7.53。其中含有黏液、肠肽酶、脂肪酶、淀粉酶、双糖酶和肠激酶等。肠肽酶将多肽分解成氨基酸，脂肪酶分解脂肪为甘油和脂肪酸，淀粉酶将淀粉或糖原分解成麦芽糖，双糖酶将相应的双糖分解为单糖，肠激酶能激活胰蛋白酶原。禽类肠液呈连续分泌，成年鸡（2.5～3.5kg）平均分泌率为 1.1mL/h。刺激迷走神经可引起浓稠肠液的分泌，但对分泌率的影响很小，机械刺激和给予促胰液素可引起分泌率显著增加。

（四）小肠运动

小肠通过运动进行的机械性消化，能促进消化后产物的吸收。禽类的小肠运动有蠕动和分节运动两种基本类型。蠕动是由肠壁纵肌与环肌交替发生收缩与舒张引起的，其作用主要是推送食糜向后移动。禽类小肠逆蠕动比较明显，食糜可在小肠内前后移动，甚至会由小肠返回到肌胃内，这样可进一步延长食糜在胃肠道内的停留时间，利于食物的充分消化和吸收。和哺乳动物一样，禽类小肠运动受神经和体液因素的调节。

四、大肠内的消化

禽没有结肠，大肠包括两条发达的盲肠和一条短的直肠，直肠末端开口于泄殖腔。泄殖腔是肠、输尿管和输精管（或输卵管）的共同开口处。泄殖腔背侧有一囊状结构，叫腔上囊，由一个狭窄的孔道与泄殖腔后面的扩张部相连（图 14-6）。

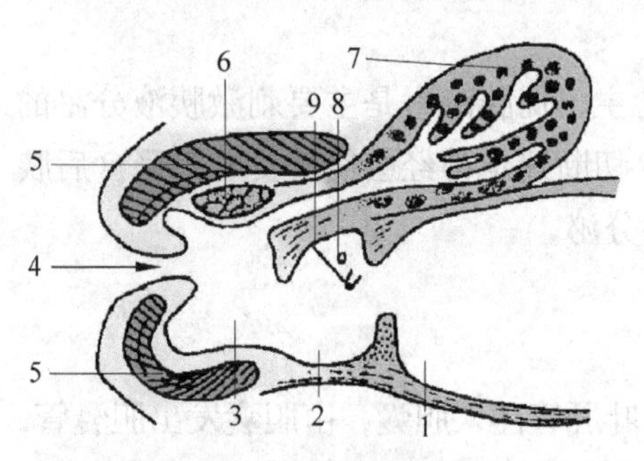

图 14-6　禽泄殖腔模式图

1. 粪道；2. 泄殖道；3. 肛道；4. 肛门；5. 括约肌；6. 肛腺；7. 腔上囊；8. 输尿管口；9. 输精管

食糜经小肠消化后，先进入直肠，然后依靠直肠逆蠕动将部分食糜推入发达的盲肠，大肠消化主要在盲肠内进行。禽类盲肠容积很大，能容纳大量的粗纤维，在盲肠内经微生物发酵分解，此过程对食草禽类（如鹅）尤为重要。

盲肠内 pH 为 6.5～7.5，严格厌氧，内容物可在盲肠内停留 6～8h，这些条件都适宜于厌氧微生物的生长繁殖。据测定，1 克盲肠内容物中含细菌 10^9 个，因此，在盲肠内主要是粗纤维的消化。微生物将纤维素分解为挥发性脂肪酸，生成的量可达 100mg/kg，其中包括乙酸、丙酸、丁酸（其含量为乙酸＞丙酸＞丁酸），还有少量的高级脂肪酸，这些有机酸可在盲肠内被吸收，进入肝脏代谢。鸡对盲肠内粗纤维的利用率可高达 43.5%，草食家禽的利用率则更高。但鸡小肠内容物只有少量经过盲肠，所以，鸡对粗纤维的消化率比家畜低得多。另外，盲肠内还产生 CO_2 和 CH_4 等气体。

此外，盲肠内的蛋白质和氨基酸在细菌的作用下生成氨，细菌能利用非蛋白氮合成菌体蛋白，有些细菌还可合成维生素 K 和 B 等。

盲肠内容物呈粥样，均质、黏稠、腐败状，一般呈黑褐色，以此与直肠粪便相区别。盲肠内容物如何排出，机理尚未明了。

禽的直肠较短，和盲肠共同吸收食糜中的水分和盐类，最后形成粪便进入泄殖腔，与尿混合后排出体外。

知识卡片

腔上囊（法氏囊）（bursa of Fabricius）：是鸟类体液免疫系统中B淋巴细胞分化成熟的中枢器官，因位于泄殖腔背侧呈囊状结构而得名，又因其发现者为意大利解剖学家H. 法布里奇乌斯，所以又称法氏囊。它是鸟类特有的结构，鸡的呈球形，鸽和鹌鹑的呈椭球形，鸭的呈长柱形。四月龄至七月龄腔上囊萎缩退化，最后成为疤痕残迹。

五、吸收

禽类消化产物的吸收与哺乳动物相似。由于各部分消化管的组织结构和食物在各部位被消化的程度及停留时间不同，所以消化管不同部位的吸收能力和吸收速度存在差异。口腔和食道不具吸收功能；嗉囊和盲肠仅能吸收少量水、无机盐和有机酸；腺胃和肌胃的吸收能力也较弱；直肠和泄殖腔只能吸收较少的水和无机盐；小肠是大量营养物质吸收的主要场所，因为食物在小肠内停留时间较长，且已被消化到适于吸收的小分子物质，另一方面，禽类的小肠黏膜形成乙字形横皱襞，扩大了食糜与肠壁的接触面积，再加上小肠绒毛的运动使消化后的食糜能被充分吸收。

（一）碳水化合物的吸收

碳水化合物主要在小肠上段被吸收，碳水化合物包括淀粉、糖类和纤维素。对家禽有用的碳水化合物有已糖、蔗糖、麦芽糖和淀粉。禽不能利用乳糖的原因是其消化液中不含乳糖酶。鸡消化道中只含有淀粉酶，不含破坏植物细胞壁的酶类，所以对纤维的消化能力低。糖以单糖形式被吸收，双糖一般不能被吸收进入血液。当食糜进入空肠下段时，仅有60%的淀粉被消化，因此，由淀粉分解产生的葡萄糖的吸收慢于直接来自饲料中的葡萄糖。糖都以主动转运方式被吸收，其机理与哺乳动物相似。食物中的抑制因子、禽类的年龄以及小肠的pH均影响糖类的吸收。

（二）蛋白质分解产物的吸收

家禽采食的饲料蛋白质，在消化道中经盐酸和蛋白酶作用后分解成氨基酸或寡肽，在小肠上皮刷状缘被吸收。与糖的吸收相似，大多数氨基酸的吸收是以主动转运的方式被吸收，在小肠壁上已确定三种转运氨基酸的转运系统，它们分别转运中性、酸性或碱性氨基酸。一般来讲，中性氨基酸的转运速度比酸性或碱性氨基酸快。氨基酸的吸收速度还决定于氨基酸的极性或非极性侧链，具有非极性侧链的氨基酸被吸收的速度比有极性侧链的快。

（三）脂肪的吸收

在小肠内，脂肪被分解为脂肪酸、甘油或一酰甘油和二酰甘油后被吸收，吸收的部位在回肠上段。由于禽类肠道的淋巴系统不发达，绒毛中没有中央乳糜管，因此，脂肪的吸收不通过淋巴途径，而是直接进入血液。

禽分泌的胆酸大约 93% 在回肠后段被小肠重吸收。

（四）水和无机盐的吸收

禽类嗉囊、腺胃、肌胃和泄殖腔只吸收少许水分和盐类，大部分被小肠和大肠吸收。水吸收的动力是渗透压梯度，由于肠上皮细胞对溶质的吸收，使细胞内渗透压升高，水顺着渗透压梯度而转移。

与哺乳动物相似，禽消化道只吸收溶解状态的无机盐，吸收速度除与被吸收的无机盐浓度有关外，还受其他因素的影响，如 1，25- 二羟维生素 D_3 和**钙结合蛋白**（calcium binding protein，CaBP）可促进钙的吸收，并进一步增加磷的吸收。产蛋鸡对铁的吸收高于非产蛋鸡，但非产蛋鸡与成年公鸡无差异。

第五节　能量代谢和体温调节

一、能量代谢及其影响因素

（一）能量代谢

禽类的能量代谢基本同于哺乳动物，其体内的一切能量来源于各种有机物的氧化。食物通过消化和吸收，转化为体内的代谢能被机体利用。水、矿物质和维生素虽然重要，但不能直接为机体供能。代谢能除去粪、尿和食物特殊动力效应消耗的能量外，其余 70%～90% 的能量用于维持基础代谢、生产活动和维持体温。

家禽的基础代谢率可用间接测热法来测定。测定时，使禽类处于清醒、安静和饥饿 48h（小鸡禁食 12h，并随其成长增加禁食时间）状态，环境温度保持在 20～30℃之间。基础代谢水平通常用每千克体重（或每平方米体表面积）在 1 小时内的产热量来表示，也称基础代谢率。基础代谢率与体重和体表总面积关系密切。几种家禽的基础代谢率见表 14-8。

表 14-8　几种家禽的基础代谢率

种别	体重 /kg	代谢率 /［kJ/（kg · h）］	种别	体重 /kg	代谢率 /［kJ/（kg · h）］
公鸡	2.0	196.65	母鸡	2.0	209.20
鹅	5.0	234.3	火鸡	3.7	209.20
鸽	0.3	527.18			

（二）影响能量代谢的因素

1. 年龄

鸡的基础代谢在出生后的 4～5 周时最高，刚孵出的雏鸡代谢率比成年鸡低，随着生长发育其代谢率逐渐增高并超过成年鸡，一个月后再逐渐下降到成年鸡水平。

2. 温度

环境温度对能量代谢有显著影响，环境温度低，代谢率增加。据测定，12 周龄以上的鸡，温度在 12.2～26.7℃时，随温度升高代谢率下降。温度升至 26.7～29.4℃时，代谢率又回升。温度每升高 1℃，饲料消耗减少 1.6%，但高于 29.5℃时，产蛋性能则下降。

3. 性别

在同样条件下，成年公鸡的基础代谢率（以单位体表面积计算）较母鸡高 6%～13%。

4. 繁殖、换羽及活动

产蛋时母鸡的代谢水平上升。鸡在换羽期间，能量代谢水平最高，较平时增加 45%～50%。任何形式的运动（站立、头颈运动和啼叫）都将使代谢水平上升。鸡将头藏在翼下睡眠时，代谢下降 12%。

5. 食物的特殊动力效应

特殊动力效应又称热增耗。禽饥饿后进食，尽管仍处于安静状态，其产热量在短时间内有“额外”增加的现象，其 80% 热量由内脏器官的活动产生。

6. 昼夜节律及季节

禽类的能量代谢水平呈现明显的昼夜变化。早晨的基础代谢比下午或晚上高，通常在上午 8 时左右最高，晚 20 时左右最低，夜间的产热水平降低 18%～30%。鸡的代谢自 10 月开始稳步上升，至次年 2 月达至顶峰，在 7、8 月代谢降至低点。这种季节性变化与产蛋和甲状腺功能等因素的变化有关。

7. 营养状况

营养优良的禽类其基础代谢率比不良者高。

二、体温及其调节

（一）禽类的体温

禽类是恒温动物，其平均体温比哺乳动物高，在 40.6～43.9℃（105～111℉）之间。不同禽类的体温见表 14-9。

表 14-9 几种成年家禽直肠正常温度范围

种别	摄氏温度 /℃	华氏温度 /℉	种别	摄氏温度 /℃	华氏温度 /℉
鸡	40.5～42.0	104.9～107.6	火鸡	41.0～41.2	105.8～106.2
鸭	41.0～43.0	105.8～109.4	鸽	41.3～42.2	106.3～108.0
鹅	40.0～41.0	104～105.8			

（二）影响禽类体温生理性波动的因素

1. 禽体大小

鸡的体温可随生长发育而变化。由于体热大量散发，一日龄雏鸡体温较成年鸡约低 1.7℃（3℉），但至 10 日龄时则和成年鸡的体温基本一致。

2. 昼夜生理节律

大多数禽类的体温有明显的昼夜波动。例如，成年鸡下午5时体温最高（41.4℃），午夜12时最低（40.5℃）。这表明禽类体温的昼夜波动与气温、光照、禽体活动和内分泌有关。白天气温高，光照强，活动频繁，甲状腺分泌较旺盛，结果促进产热、影响散热，使体温维持在上限范围内。夜间活动的禽类，它们的最高体温处在环境温度低的午夜，因此，结果相反。

3. 环境温度

在温度恒定的环境中，体温变化是不显著的。体温的相对稳定有赖于产热和散热的动态平衡。在高温环境中，由于蒸发散热不足，热量的消失不足以和增加的热量间形成平衡，而使体温升高；低温时，由于寒战产热增加，也可使深部体温上升。

（三）禽类的产热和散热

禽类体热的主要来源是内脏器官和肌肉活动产生的热量。安静时以肝脏产生热量最多，运动时骨骼肌是产热的主要器官。环境温度在适当范围内，代谢水平基本稳定，当周围的环境温度超过或低于某点时都会使机体的产热量增加。成年鸡的等热区为16～28℃，一周龄雏鸡为30～33℃，二周龄雏鸡为27～30℃。火鸡为20～28℃，鹅为18～25℃。羽毛和群集对等热区温度有明显影响。

（四）体温调节

家禽的体温调节中枢位于下丘脑视前区。喙部和胸腹部存在温度感受器，脊髓和脑干中存在有对温度敏感的神经元，它们是中枢温度感受器。当环境温度改变或禽体深部温度变化时，这些温度感受器就向体温调节中枢传递信息，引起体温变化。

当环境温度超过上限临界温度时，禽类既开始喘息，通过呼吸加快、双翅下垂和腿部、冠、肉髯血管舒张来加强散热。在环境温度低于下限临界温度时，表现羽毛蓬松、伏坐并藏头于翼下，防止散热过多，甚至通过颤抖在短时间内产生较多的热量。通常家禽对体温升高的耐受性较强，成年鸡的致死体温高达47℃，一日龄雏鸡为46.6℃。

第六节 排 泄

禽类泌尿系统包括肾脏和输尿管，不具有膀胱。因此，尿在肾脏内生成后经输尿管直接进入到泄殖腔与粪便一起排出体外（图14-7）。

一、尿的理化特性、组成和尿量

禽尿一般为奶油色、浓稠状的半流体，但在某种情况下，如利尿或饮水多时亦可能呈稀薄如水状。禽尿pH在5.4～8.0之间，黏稠度随pH降低而增加。一般鸡尿呈弱酸性，pH为6.2～6.7，变动范围较大，在产卵期，钙沉积形成蛋壳，尿呈碱性，pH约为7.6。

鸡尿的相对密度为1.0025，鸭尿的相对密度为1.0018。

禽类输尿管中尿液相对于血液的渗透压而言为低渗液。正常给水的鸡，其输尿管尿的渗透压变动范围（用氯化钠的百分比表示）为0.1%～1.3%，而血液则为0.92%～0.94%。但在失水时渗透压提高呈高渗液，而过量饮水则渗透压降低。由于禽类没有膀胱，尿生成后进入泄殖腔，在泄殖腔内大量的水被重吸收形成高渗透压的终尿。

禽类蛋白质代谢的主要终产物是尿酸，而非尿素，其尿酸氮可占尿中总氮量的60%～80%。禽与哺乳动物尿液化学组成的差异也正在于此，即尿酸含量多于尿素，肌酸含量多于肌酸酐，禽尿仅含微量肌酸酐。

禽类尿量少，成年鸡一昼夜排尿量为60～180mL。

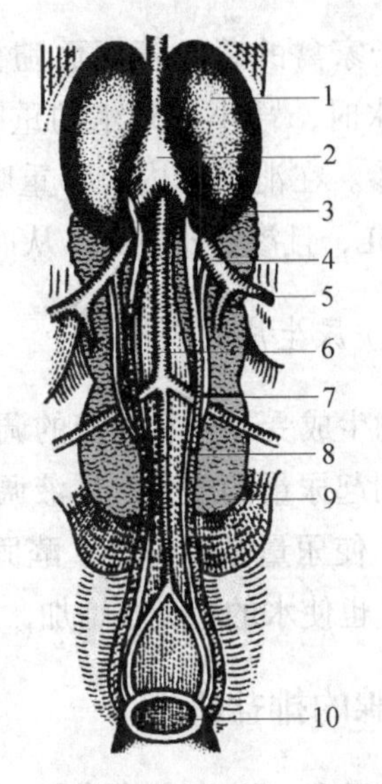

图14-7 公鸡的泌尿生殖系统

1. 睾丸；2. 睾丸系膜；3. 附睾；4. 髂静脉；5. 股静脉；6. 主动脉；7. 输尿管；8. 输精管；9. 肾；10. 泄殖腔

二、尿的生成

（一）禽肾脏的结构特点

禽类肾脏占体重的比例较大（占1%～2.6%），分为前、中、后三部分。颜色通常为淡红至褐红色，质脆。肾表面可见不规则形状的肾小叶。肾的血液供应与哺乳动物不同，除肾动脉和肾静脉外，还有肾门静脉，入肾的血管有肾门静脉和肾动脉，出肾的血管是肾静脉。肾单位的数量较哺乳动物多，但体积较哺乳动物小。**皮质肾单位**（cortical nephron）数量较多，**髓质肾单位**（medullary nephron）数量较少。禽肾脏无肾盂，肾小球滤过液经肾小管和集合管后直接汇入输尿管。输尿管从肾中部分出，沿肾的腹侧向后延伸，最后开口于泄殖腔顶壁两侧。输尿管管壁很薄，有时因管内的尿液含有较浓的尿酸盐而呈白色。

（二）尿的生成与浓缩

血液流经肾小球时通过滤过作用产生原尿。禽肾小球有效滤过压为1～2kPa（7.5～15mmHg），比哺乳动物低。原尿在经过肾小管时，其中99%的水分、全部葡萄糖、部分Cl^-、Na^+和HCO_3^-以及磷酸盐和其他血浆成分，可被肾小管和集合管重吸收。

禽肾小管的分泌与排泄机能比哺乳动物旺盛，在尿生成过程中较为重要。肾小管除分泌和排泄马尿酸、鸟氨酸、对乙酰氨基苯甲酸、甲基葡萄糖甙酸和硫酸酚酯等物质外，最主要的是分泌和排泄90%左右的尿酸。因尿酸具有不溶性，所以禽尿不易在肾中被浓缩，而易在肾小管和输尿管中沉积，这就依靠小管液中的水将这些尿酸冲运至泄殖腔。因此，许多学者认为，当饲料中蛋白质过高、维生素A缺乏、肾损伤（如鸡肾型传染性支气管炎等）时，大量的尿酸盐将沉积于肾脏，甚至关节及其他内脏器官表面，导致痛风。

由于家禽的肾小管短而髓袢数目少，对水的重吸收能力较低，因此，小管液呈低渗。大量饮水时，肾小管对水的重吸收仅为6%。但在缺水时，重吸收可高达99%，于是小管液呈高渗。在泄殖腔内也可重吸收大量的水，据估计，鸡自泄殖腔吸收的水分每小时可达10～30mL，且渗透压较高，从而使终尿的量和组成与输尿管内的尿液有显著差别。

（三）尿生成的调节

尿的生成受神经和体液的调节。神经调节主要通过反射来改变肾血管口径，调节肾血流量进而引起尿量的改变。体液调节主要依靠激素的作用，如抗利尿激素能增强肾小管对水的重吸收，使尿量减少10%。醛固酮能促进肾小管对Na^+的重吸收和K^+的排出，随着Na^+的重吸收，也使水的重吸收增加，导致尿量减少。

三、鼻腺的排盐机能

鸭、鹅和一些海鸟有鼻腺，在眼睑两侧开口于鼻腔，可通过其分泌物排出大量的Na^+、Cl^-，以及少量的K^+、Ca^{2+}、Mg^{2+}和HCO_3^-等，以弥补肾脏对盐排泄的不足，从而维持体内无机盐和渗透压的平衡。腺体分泌物从前鼻腔经鼻孔流至喙尖并排出体外。鹅鼻腺的分泌物中NaCl含量很高，浓度一般为500～700mmol/L。鼻腺的分泌取决于盐负荷程度，如给鸭饮海水时，鸭鼻腺排水和盐的比例显著增加。

鼻腺分泌受神经的调节，刺激副交感神经和交感神经均可引起鼻腺分泌增加，但副交感神经的作用更强。鼻腺分泌也受体液因素的调节，如乙酰胆碱可使鼻腺分泌增加。鼻腺的正常分泌受垂体-肾上腺皮质系统的调节，切除垂体或肾上腺可使鼻腺分泌明显减少，而给予促肾上腺皮质激素和皮质类固醇则鼻腺分泌量增加。在正常情况下，盐类物质也是鼻腺分泌的重要刺激因素。

鸡、鸽和其他一些家禽由于没有鼻腺，NaCl的排出全靠肾脏泌尿来完成，因此，它们对NaCl较鸭、鹅和一些海鸟敏感，较易出现食盐中毒。

第七节 神经系统

一、中枢神经

（一）脊髓

禽类的脊髓生理结构基本与哺乳动物相同，但是禽类脊髓的长度几乎与椎管相同，因此脊神经不必向后而是向外侧直接能到达相应的椎间孔，后端不像哺乳动物那样与脊神经形成马尾。禽切断脊髓短期内会发生脊震，由于失去较高级中枢控制，不能保持正常的姿势。之后，典型的保护性脊髓反射和维持禽体平衡的尾部运动反射相继出现，即两腿反射运动交替发生，但不能行走，两翅膀反射运动尚能协调，与正常时基本相似。

由于禽类脊髓的前行传导路径不发达，只有少数脊髓束纤维能达延髓，所以外周感觉较差。

（二）脑

1. 延髓

禽类延髓发育良好，腹侧面隆凸，第Ⅴ～Ⅷ对脑神经向两侧发出。延髓具有维持和调节呼吸运动、心血管运动中枢的功能。家禽的前庭核还与内耳迷路相联系，因此，延髓在维持正常姿势和调节空间方位平衡方面具有一定作用。

2. 小脑

禽小脑的蚓部很发达，两侧有一对小脑绒球，但没有小脑半球。小脑与脊髓、延髓和大脑有着紧密的联系，在小脑上有控制躯体运动和平衡的中枢。切除小脑后，会引起颈和腿部肌肉痉挛，尾部紧张性增加，导致行走和飞翔困难。摘除一侧小脑则同侧腿部出现僵直。

3. 中脑

中脑后方与延髓直接融合，背侧顶盖形成一对发达的视叶，相当于哺乳动物的前丘。禽类视觉与其他动物相比非常发达，破坏视叶会导致失明。视叶表面有运动中枢，和哺乳动物大脑的运动中枢相似，刺激视叶，则引起同侧运动。

4. 间脑

禽类的间脑较短，位于视交叉背后侧，无乳头体，其丘脑下部与垂体紧密联系。一方面，其视上核和室旁核产生的催产素储存在神经垂体内。另一方面，丘脑分泌的调节肽控制着腺垂体的活动。体温中枢位于丘脑下部，营养中枢（包括饱中枢和摄食中枢）也位于丘脑下部，其中，饱中枢位于腹内侧，摄食中枢位于腹外侧，共同调节着摄食等生理过程。实验证明，破坏鸡和鹅的饱中枢，可引起贪食变胖。反之，破坏摄食中枢，会导致厌食消瘦甚至死亡。丘脑以下部位还与各部躯体神经相连，破坏丘脑会引起屈肌紧张性增高。

5. 大脑

禽的大脑半球不发达，表面光滑，无沟回，背面有一略斜的纵沟，皮质结构较薄，但纹状体非常发达，其中上纹状体和外纹状体与视觉反射活动有关，新纹状体是听觉的高级中枢所在地。家禽切除大脑后，虽然能站立和抓握等，但会出现长期站立不动等现象，也不能主动采食，对外界环境的变化无反应，可见，禽类的高级行为是由大脑皮质主宰的，大脑（前脑）是重要的整合中枢。

禽类也可建立条件反射。切除大脑皮质后，仍能建立视觉、触觉和听觉的条件反射。鸡和信鸽也具有神经活动类型等特征。

二、外周神经

禽类的外周神经系统与哺乳动物基本相似，分为脑神经和脊神经。禽大多数外周神经纤维属于A类神经纤维，直径8～13μm，粗大的神经相对较少，神经传导速度较慢，成年鸡为50m/s（哺乳动物最快为120m/s）。

（一）脑神经

禽类的脑神经也有12对。其中第Ⅰ、Ⅱ、Ⅲ、Ⅴ、Ⅵ、Ⅶ对脑神经与哺乳动物基本相似，其余则存在一些差异。禽三叉神经最发达，鸭、鹅的眼神经较发达，舌咽神经分为舌支、咽喉支和食管降支，面神经不发达，舌下神经还有支配鸣管的固有肌。

（二）脊神经

脊神经支配皮肤感觉和肌肉运动，都具有较明显节段性排列的特点。鸡的脊神经与椎骨数目接近，由前向后分为臂神经丛、腰荐神经丛和阴部神经丛。当出现神经型马立克氏病和维生素 B_2 缺乏时，臂神经丛和坐骨神经肿大、变软。

（三）植物性神经（自主神经）

在脑神经和脊神经中，都有支配内脏器官运动的神经纤维，既植物性神经。与哺乳动物一样，禽的植物性神经也由副交感神经和交感神经组成，其节前神经纤维末梢相同，均为胆碱能型，但节后神经纤维末梢则有所不同，交感神经的节后神经纤维为肾上腺素能型，而副交感神经的节后神经纤维则为胆碱能型。禽还有一支特殊的肠神经，参与调节和控制肠道功能。

禽类的羽毛有复杂的平滑肌系统，其中有的使羽毛平伏，有的使羽毛竖起，二者协同可使羽毛旋转。平伏肌和竖毛肌均受交感神经的支配，刺激交感神经可引起收缩，导致羽毛平伏或竖起。

第八节 内 分 泌

禽类机体生命活动除受神经调节外，还受激素的调节。禽类主要内分泌器官有垂体、甲状腺、甲状旁腺、腮后腺、肾上腺、松果腺、胰腺、肠腺和性腺等。其中，后三个兼具外分泌功能，胸腺既是淋巴器官，又具有内分泌功能。

一、垂体

禽类垂体分为前叶和后叶，没有中叶，前叶是腺垂体，后叶是神经垂体。无论是哺乳动物还是禽类，垂体都是一个重要的内分泌腺，它与下丘脑有功能上的联系，它所分泌和释放的激素，直接或间接通过对其他内分泌腺的调控来调节机体正常代谢及活动（图 14-8）。

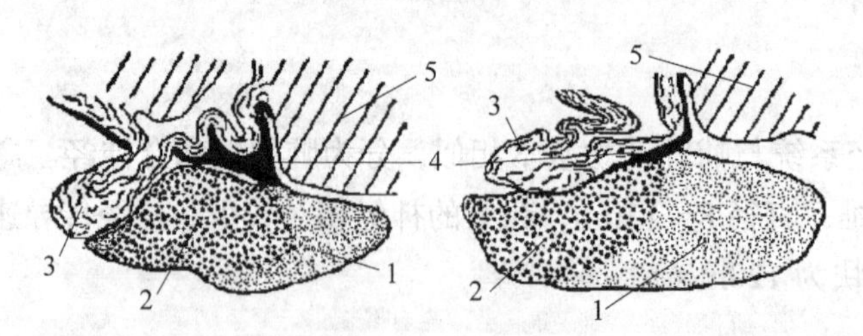

图 14-8 鸡（左）与鸭（右）的垂体矢状剖面图

1. 垂体前叶头部；2. 垂体前叶尾部；3. 垂体后叶；4. 结节部；5. 第三脑室

（一）腺垂体

在不同生理状态下，目前用显微镜能分辨出 7 种禽腺垂体细胞。禽腺垂体分泌的激素有 2 种类型，即糖蛋白类和蛋白质或多肽类。糖蛋白类激素包括卵泡刺激素、黄体生成素和促甲状腺素。蛋白质或多肽类激素包括生长激素、催乳素和促肾上腺皮质激素。

1. 卵泡刺激素（FSH）和黄体生成素（LH）

鸡 FSH 和 LH 的作用与哺乳动物相似，具有刺激雄性及雌性性腺生长和发育的作用，切除垂体可使禽类性腺衰退。FSH 具有刺激雄禽睾丸曲细精管的生长和精子形成以及刺激雌禽卵泡生长的作用。LH 具有促进雌性排卵和刺激雄性睾丸间质细胞增殖的作用。

成熟雄禽垂体 FSH 和 LH 的效价比雌性高，未产蛋母鸡的效价比产蛋母鸡高。雄性垂体含有的 FSH 为产蛋母鸡的 11 倍，为未产蛋母鸡的 7 倍；雄鸡 LH 的效价为产蛋母鸡的 11.7 倍，为未产蛋母鸡的 8 倍。在血清中，未成熟公鸡、未成熟母鸡和未产蛋母鸡的促性腺激素的效价大致相同，而成熟公鸡比产蛋母鸡的高。

下丘脑分泌的 GnRH 可使促性腺激素分泌增加。母鸡卵巢所分泌的雌激素能使垂体产生的促性腺激素减少。公鸡日粮中缺少维生素 E 会使睾丸缩小，并降低精子的生成和垂体促性腺激素的效价。

2. 促甲状腺激素

禽类促甲状腺激素（TSH）的作用与哺乳动物相似，TSH 能刺激甲状腺对碘的摄取、促进甲状腺合成和分泌甲状腺激素。

鸡的甲状腺对 TSH 的反应较为敏感，用哺乳动物的 TSH 处理 1 天龄雏鸡，5h 后血中甲状腺激素水平开始升高。甲状腺激素的分泌受控于 TRH-TSH 轴，血液中甲状腺激素达一定浓度时可以反馈性抑制 TRH-TSH 的功能。母鸡垂体中的 TSH 含量在 2 月龄时最高，而夏季最少。切除垂体后，甲状腺减小。

3. 生长激素

禽生长激素（GH）的相对分子质量为 2200～2300，等电点为 7.5，呈脉冲式释放。GH 的作用主要是影响生长和短期内调节代谢活动，鸡切除垂体后生长缓慢。垂体分泌的 GH 并不能直接促进生长，而是在 GH 与受体结合后，在肝细胞诱导下产生 IGF-Ⅰ的介导下实现的。如蛋鸡 GH 水平高于肉鸡，而肉鸡 IGF-Ⅰ水平却高于蛋鸡，所以肉鸡生长速度更快。GH 可增加肌糖元的合成。与哺乳动物一样，它同样受下丘脑 GH 释放因子和抑制因子的调节。

4. 催乳素

在禽类，催乳素（PRL）对生殖活动、肾上腺皮质活动、渗透压调节、生长和皮肤代谢等具有调节作用。

PRL 可抑制母鸡的性腺功能，进而抑制母鸡的生殖活动。对性成熟的鸽子进行 PRL 处理后，睾丸和卵巢衰退，若提前给以 FSH 可以防止此现象发生。因此，PRL 的作用在于阻止 FSH 的释放。就巢母鸡的腺垂体和血中 PRL 的浓度多于非就巢母鸡。火鸡就巢期 PRL 明显增加，由静止期的 5～10ng/mL 增加到 500～1500ng/mL，这表明禽类的就巢性受 PRL 的影响。禽的 PRL 可促进鸽嗉囊乳的分泌。PRL 也影响鸡的皮肤，特别是对**尾脂腺**（uropygial gland）的发育和分泌起主要作用。另外，PRL 还对鸡换羽具有促进作用。

PRL 的分泌受下丘脑催乳素释放激素和释放抑制因子的双重控制。引起 PRL 分泌的促进因子如 5-HT 和强啡肽（dynorphin, DYH）以及抑制因子多巴胺的作用都经过 VIP 介导。在哺乳动物中，引起 PRL 的释放主要是抑制因子的消除，而在禽类 PRL 的释放主要是由兴奋性因子介导实现的。睾酮和孕酮引起垂体释放 PRL，雌激素则相反，可抑制垂体释放催乳素。

5. 促肾上腺皮质激素

促肾上腺皮质激素（ACTH）是一种相对分子质量为 20 000 的蛋白质，等电点为 4.7。ACTH 主要作用是促进肾上腺皮质的发育以及糖皮质激素的合成和释放。

16 日龄鸡胚垂体中就已有 ACTH，如果早期破坏头部，在 16 日龄以后，鸡胚肾上腺的大小和皮质组织减退明显，通过注射 ACTH，则肾上腺的体积部分恢复。可见，肾上腺的改变是由于 ACTH 的缺乏引起的。用 ACTH 处理鸡可促进皮质酮和醛固酮的分泌，对未成年鸡则引起血中可的松浓度出现暂时性升高。2 日龄大的雏鸡每日注射 3 次哺乳动物垂体浸出液，连续注射 5 天，结果肾上腺重量增加，但重复多次注射则抑制其生长，降低肾上腺的胆固醇含量并导致淋巴组织退化。

（二）神经垂体

禽类的神经垂体主要储存和释放由下丘脑分泌的催产素（oxytocin）、**8-精催产素**（8-arginine vasotocin, AVT）、**8-异亮催产素**（mesotocin）和加压抗利尿激素。8-精催产素为禽类所特有。

AVT 有催产和加压双重作用：一方面 AVT 促进输卵管收缩，引发母鸡产蛋，母鸡产蛋前血中 AVT 升高，在神经垂体内含量减少；另一方面，AVT 能降低泌尿活动引起水潴留、血管收缩而起到加压作用。另外，AVT 还能诱发公鸡的爬跨行为。增加血浆渗透压或 Na^+ 浓度可刺激鸡 AVT 的分泌。8-异亮催产素也具有促进输卵管收缩的生理作用，但作用不如 AVT 强。

二、甲状腺

禽类的甲状腺呈椭圆形，暗红色，位于颈部腹外侧，胸腔外面的气管两侧（图 14-9）。甲状腺的大小与总体重成正比，为体重的 0.0103%～0.0253%。与哺乳动物一样，禽类甲状腺合成的激素也是 T_3 和 T_4。

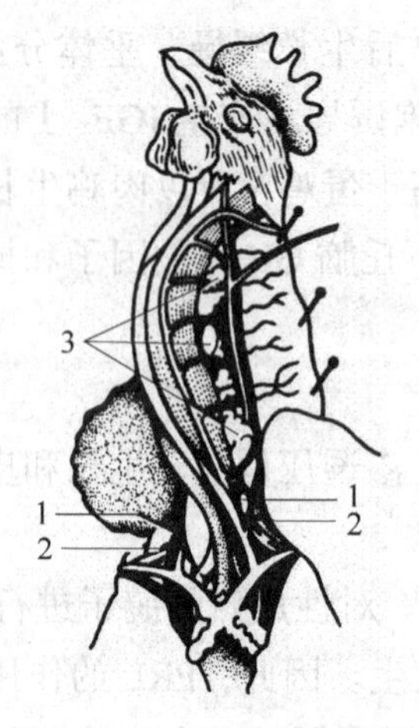

图 14-9 鸡甲状腺、甲状旁腺和胸腺位置图

1. 甲状腺；2. 甲状旁腺；3. 胸腺

禽类的甲状腺激素能与血浆中的蛋白质（包括球蛋白、前清蛋白和清蛋白）结合，在大多数的家禽中，甲状腺激素与清蛋白结合的比例最高。但与哺乳动物不同的是，禽类缺少与甲状腺激素结合的 α_2 球蛋白。T_4 与血中蛋白亲合力低，所以半衰期短。循环血液中 T_4 的比例比哺乳动物低，禽类为

13～19nmol/L，而哺乳类为130nmol/L，成年母鸡血液内的T_4与T_3的比例约10∶1。

甲状腺激素促进禽体代谢。甲状腺激素能促进肝、肾、心和肌肉内糖原的分解，提高血糖浓度；加强细胞呼吸，增加耗氧量，提高代谢率。成年母鸡切除甲状腺后引起体型矮小，体内脂肪出现过度沉积。

甲状腺激素参与生长发育和生殖的调节。禽类甲状腺功能低下或亢进都会引起生长缓慢或停滞。甲状腺切除的禽类，生长和性腺发育均受到抑制，无论是雄性还是雌性的性腺均减小，雌性的卵巢重量减轻，产蛋率下降，蛋壳上钙的沉积量也减少，鸡冠的生长显著延迟，性腺机能减退。

甲状腺激素调节禽类换羽。换羽能诱发甲状腺分泌，而分泌的激素又能促进换羽。切除禽类的甲状腺，会降低羽毛的生长率，引起羽毛结构的改变，羽毛表现为稀疏和延长，并且失去其基部的绒毛。

甲状腺的分泌随品种、性别、年龄、季节和饲料中碘的含量而变化。白色来航公鸡比白洛克公鸡甲状腺激素分泌率略高，而白洛克母鸡又较白洛克公鸡稍高，且甲状腺重量也相对较大。鸭的分泌率比正在生长的鸡要高得多。禽生长最快的时期也是甲状腺激素分泌率最高的阶段。光照周期及昼夜变化影响甲状腺激素的分泌，通常甲状腺在秋、冬季重量较大，夏天较小，其分泌也发生相应的变化。黑暗期甲状腺的分泌和碘的摄取增加，黎明前达最大值。光照期在外周组织中T_4和T_3脱碘，T_4向T_3转化，因此，T_4浓度降低。外界环境温度低则促使甲状腺体积增大，尤其在寒冷情况下，血液中T_4与T_3的量迅速增加，T_4向T_3转化加强，耗氧量增加，产热量增加，以适应寒冷环境。当鹌鹑暴露在高温环境下，甲状腺的血流减少和血中T_4浓度降低。日粮中缺少碘可使鸡的甲状腺肿大。

下丘脑释放的促甲状腺激素释放激素控制着腺垂体分泌促甲状腺激素，从而又影响着甲状腺的活动。营养不良和饥饿可使T_4和T_3在血中浓度降低，而TSH浓度不发生改变。

三、甲状旁腺

鸡、鸭、鹅有两对甲状旁腺，体积小，如芝麻粒大，呈黄色或淡褐色，位于甲状腺之后。鸡的甲状旁腺紧贴于甲状腺，但鸭和鸽子是分离的。甲状旁腺分泌甲状旁腺激素（PTH），其结构、合成和分泌基本上与哺乳动物相同。

甲状旁腺激素的靶器官是骨骼和肾脏，主要机能是维持体内钙的平衡。PTH促进禽体破骨细胞的活动，使破骨细胞的溶酶体释放出水解酶，使骨骺端、骨内板和髓骨溶解，引起血钙升高。PTH还能促进肾小管对钙的重吸收，从而减少尿钙的排出，抑制肾小管对磷的吸收，从而增加尿磷的排出。激活肾小管内的羟化酶，使25-（OH）D_3转变成1，25-（OH）$_2D_3$，促进肠管对钙的吸收。

PTH对蛋壳形成、血液凝固、维持酶系统正常功能、组织钙化和神经肌肉兴奋性的维持等发挥重要作用。禽切除甲状旁腺后，会引起血钙下降，血磷增加，神经肌肉的兴奋性增加，出现抽搐等现象。

PTH的分泌主要受血浆钙浓度变化的调节，PTH的分泌与外周血液的钙浓度成反比。不给鸡、鸭及鸽紫外光线和维生素D，或使日粮中缺钙，则甲状旁腺发生肥大和增生并超过正常的2倍，随后退化缩小。鸭于黑暗环境饲养数月，甲状旁腺比正常的大10倍，这些都将影响PTH的正常分泌和机能调节作用。如果给产蛋鸡喂高钙日粮（50g/kg）则可抑制PTH的分泌。另外，镁、儿茶酚胺和前列腺素等其他因素也能影响PTH的分泌。

四、鳃后腺

禽类有单独的鳃后腺（ultimobranchial gland），位于甲状腺和甲状旁腺后方，是一对较小的腺体（鸡为2～3mm），为椭圆形、两面稍凸而不规则的粉红色腺体。C细胞为鳃后腺的内分泌细胞，分泌降钙素（CT），参与体内钙的代谢。CT由32个氨基酸组成，相对分子质量为3000。

CT的靶器官主要是骨，其生理作用主要是降低血钙、磷酸盐和镁的浓度，促进钙在骨质中的沉积，并可抑制骨钙的溶解。

CT在血中的浓度与年龄有关，例如，日本鹌鹑血中CT的浓度在6周龄时很高，然后逐渐下降。CT还与性别有关，如成年雄性鹌鹑血中CT浓度高于雌性。CT分泌主要受血钙浓度的影响，血钙浓度升高时，降钙素分泌增加；血钙浓度降低时，则产生相反的效应。但禽的鳃后腺对高血钙的敏感性比哺乳动物的甲状腺C细胞低，故认为家禽降钙素的分泌率远高于哺乳动物。

五、肾上腺

禽类的肾上腺是成对的卵圆形或扁平不规则的器官，多为乳白色、黄色或橙色，位于肾脏头叶的前中部。肾上腺的皮质和髓质界限不如哺乳动物明显，但仍然能分泌不同的激素。

（一）肾上腺皮质

与哺乳动物一样，禽类肾上腺皮质分泌的激素包括糖皮质激素和盐皮质激素。

1. 糖皮质激素

主要有皮质酮，其作用是促进蛋白质的分解，造成负氮平衡；增强肝糖原的异生，提高代谢率，增进采食量，引起血糖浓度升高；增加体内脂肪蓄积，提高禽类对恶劣环境的适应能力。此外，皮质醇分泌过多可抑制垂体促性腺激素分泌，具有抑制性腺的效应。

2. 盐皮质激素

主要有醛固酮，其作用是促进肾小管对Na^+的重吸收，同时促进K^+排出，维持禽体内水分和Na^+的稳定。

肾上腺皮质激素的分泌受下丘脑-垂体-肾上腺皮质轴的控制。但皮质激素分泌增加时，又通过负反馈机制抑制ACTH的产生。皮质酮的分泌包括“基础分泌”和“应激分泌”两种形式，前者是在静息状态下的一般分泌，后者则是在伤害性刺激下的加强分泌。皮质酮的分泌也呈明显的昼夜节律，如鸽血浆的皮质酮水平白天低夜间高。

（二）肾上腺髓质

肾上腺髓质激素主要分泌肾上腺素（E）和去甲肾上腺素（NE）。两种激素的分泌情况与哺乳动物不同，哺乳动物出生后，随着年龄的增长，逐渐以分泌肾上腺素为主，而家禽则以去甲肾上腺素为主。

1. 肾上腺素

能促进糖原分解，升高血糖；增强呼吸系统的活动；增强心缩力、增加心搏率和升高血压。

2. 去甲肾上腺素

去甲肾上腺素有很强的缩血管效应（详见内分泌章节）。

禽肾上腺髓质激素的分泌受交感神经的支配，交感神经兴奋时 E 和 NE 释放增加。在受到冷、痛、惊恐或其他兴奋性刺激时分泌也增加。ACTH 促进髓质激素的合成，糖皮质激素（可的松）可加强 NE 的甲基化，增加肾上腺素的含量。

鸽子感染蛔虫或患结核病时肾上腺增大。维生素 B_1 缺乏时，鸽和鸡的肾上腺增大。摘除肾上腺后，鸡和鸭多在 6～20h 内死亡。

六、胰腺

胰腺位于 U 形十二指肠袢内，呈淡黄色或淡红色，长条形。鸡的胰管一般有 2～3 条，鸭和鹅有 2 条，都与胆囊管共同开口于十二指肠终部。其实质也分为外分泌部和内分泌部，内分泌部即胰岛，禽的胰岛内含有 A、B、D、G 和 PP 等细胞，家禽的胰岛细胞以 A 细胞数量最多，而哺乳动物则以 B 细胞数量最多。它们能合成和分泌消化酶，也能分泌肽类激素等。

（一）胰岛各类细胞分泌的激素

1. 胰岛素

胰岛 B 细胞分泌胰岛素。胰岛素的主要生理作用是降低血糖，通过增加组织细胞膜的通透性，使葡萄糖易于进入细胞，加强肌糖原和肝糖原的生成和蓄积。在鸡的胰腺内胰岛素的浓度低于哺乳动物，鸡为 10～30ng/mg（湿重），哺乳动物是 100～150ng/mg（湿重）。禽类血糖浓度相对较高，是哺乳动物的 2～3 倍。胰岛素除能使血糖稍降低外，还可增加血中游离脂肪酸和血中尿酸的浓度，促进氨基酸代谢。全部切除禽的胰腺则引起暂时性高血糖。

2. 胰高血糖素

胰岛 A 细胞分泌胰高血糖素。家禽胰腺中的胰高血糖素含量比哺乳动物约高 10 倍。其作用与胰岛素相反，可提高肝、心和脂肪组织细胞酶的活性，加强三大营养物质在体内的分解，使血糖升高。

3. 生长抑素

鸡胰腺中有大量的 D 细胞，分泌生长抑素。在哺乳动物，生长抑素是胰岛 B 细胞、A 细胞及 PP 细胞的强抑制物，在禽体内的作用是否与之相同，目前尚不明确。

4. 胃泌素

胰腺 G 细胞分泌胃泌素，胃泌素可促进腺胃中胃酸和蛋白酶的分泌，促进胃运动，增强腺胃的消化作用。

5. 禽类胰多肽

胰岛 PP 细胞分泌禽类胰多肽（avian pancreatic polypetide，APP），它是由 36 个氨基酸组

成的多肽。血中的胰多肽主要作用于肠道，鸡注射生理剂量的 APP（1～25μg/kg）可刺激胃液分泌，使胃酸和胃泌素分泌增加。大剂量注射 APP（50～100μg/kg）可引起肝糖原分解和血中甘油酯减少，但对血糖浓度无影响。

（二）胰腺分泌的调节

胰腺分泌的激素受血中代谢性营养物质、激素和神经的调节。

胰高血糖素和胰岛素的分泌受血糖浓度的影响。血糖浓度高时，促使 B 细胞分泌胰岛素。低血糖或胰岛素增多时，可促使 A 细胞分泌胰高血糖素。饥饿时，胰岛素分泌减少，胰高血糖素浓度明显增加，同时，组织对胰岛素的敏感性相应降低。高浓度葡萄糖刺激 D 细胞分泌生长抑素。在禽类，胰岛素的释放对乙酰胆碱很敏感，说明迷走神经对胰岛素分泌有兴奋作用。目前，对 PP 细胞分泌胰多肽的调节所知甚少。

切除胰腺后，家禽（除鹅外）不会出现哺乳动物那样的高血糖和永久性糖尿。家禽服用四氧嘧啶，一般对胰岛 B 细胞无损伤作用，而哺乳动物则容易损伤 B 细胞，诱发糖尿病。家禽注射胰岛素虽能产生降血糖作用，但其对胰岛素的敏感性远比哺乳动物低，但对胰高血糖素的敏感性要高于胰岛素。

七、性腺

（一）雌禽

雌性激素主要有雌激素（雌二醇和雌酮）、雄激素和孕激素（孕酮）。

1. 雌激素

由卵巢产生，属类固醇激素，几乎能影响体内每一个系统。其生理作用为：促使输卵管生长发育，耻骨松弛和肛门增大，利于产卵；在雄激素及孕酮的协同作用下，促进卵黄磷脂蛋白的生成；在甲状旁腺激素的协同作用下，控制子宫对钙盐的动用和蛋壳的形成；促进雌性第二性征的发育，使羽毛的形状和色泽变成雌性类型（如去势母鸡的羽毛变为公鸡的色彩，但去势公鸡的羽毛色泽不变）；增加血脂、血钙、血磷和血清蛋白的含量，为蛋的形成提供原料；增加脂肪沉积，有助于育肥。

2. 孕激素

禽类产卵后不形成黄体，孕酮主要由卵泡内颗粒细胞产生，可引起 LH 释放，诱发排卵。但大量注射孕酮反而阻断排卵和产蛋，也能导致换羽。

雌激素和孕酮的分泌受下丘脑 - 垂体 - 生殖轴的调节。下丘脑释放的 GnRH 促使腺垂体分泌 FSH 和 LH，后者再使卵泡产生雌激素和孕酮。在排卵期，还可通过正反馈进一步引起 GnRH 和 LH 分泌。

（二）雄禽

雄激素主要是睾酮，主要由睾丸和卵巢的间质细胞产生。

睾酮的生理作用为：刺激雄性性器官发育，诱发公鸡的交配、展翼、竖尾及在群体中的啄斗行为等；促进雄性第二性征发育，如雄性肉冠和鸡冠的生长，啼鸣和性情等；促进新陈代谢和蛋白质的合成，肝内脂蛋白的合成直接受雄激素的控制。雄鸡被阉割后，新陈代谢降低 10%～15%；可维持血液中血红蛋白的含量以及红细胞数；雄激素还可增强雄鸡的抵抗力。

光照可引起下丘脑释放 GnRH，使腺垂体分泌 LH，通过 LH 促进睾酮释放。

八、松果腺

禽类**松果腺**（pineal gland）又名脑上腺，为一钝圆锥形小腺体，淡红色，位于大脑背侧和小脑之间的三角地带。松果腺分泌多种物质，其中，最主要的是褪黑激素。研究发现，多数禽类与爬行动物的日周期节律是由松果腺决定的。松果腺中存在着感光细胞，这种细胞在暗处时，体内被称为血清基的物质可转换成褪黑激素，使血液中褪黑激素的含量增加。另一方面，当这种细胞在光亮处时，血清基则不能变成褪黑激素，而在松果腺内将血清基集中起来。也就是说，它的产生呈日周期性，在黑暗期分泌达最高值，而在光照期最低。

褪黑激素在雏鸡生长初期有促进性腺生长的作用，但在 40～60 日龄时则有抗性腺效应，可抑制 GnRH 的活性，使鸡的生殖腺延迟发育，抑制性腺和输卵管的生长。注射褪黑激素可使生长鸡性腺减轻。

研究证明，禽类褪黑激素可影响睡眠、行为和脑电活动，使雄鸡能够记忆明和暗的规律，进行周期性的鸣叫活动。

知识卡片

尾脂腺（tail fat gland）是鸟类的一种皮肤衍生物。位于尾端上表面，向上突起，形状分为单峰和双峰两种，腺体孔有单孔和双孔之分，即单峰单孔、单峰双孔、双峰双孔尾脂腺，也有萎缩单头无孔的特例。分泌的油脂有液态、固态和液、固混合型，分泌物质的颜色有无色透明、乳白色、黄色、棕色、黑红色、黑色等。水禽以及以鱼为食的鹗尾脂腺最为发达。一般鸟类用喙啄取并将其涂抹在羽毛及角质鳞片上，起到保护羽毛的作用。有些鸟的尾脂腺分泌物中含有维生素 D 的前体麦角甾醇，涂抹于全身后经日照后转变为维生素 D，鸟再次梳理时可将其吞下，得以吸收。还有些鸟的尾脂腺分泌有刺激性气味的分泌物，这在繁殖期尤甚，可能起到性引诱和保护的作用。

第九节 生 殖

禽类生殖的最大特点是卵生。在繁殖形式上，大部分禽类为一雄多雌的繁殖类型。雌卵中含有大量卵黄和蛋白质，可满足胚胎发育的全部需要，卵外形成壳膜和卵壳等保护性结构。

一、雌禽的生殖

（一）雌禽的生殖器官

雌禽一般只有左侧卵巢和输卵管发育，右侧的卵巢和输卵管在早期胚胎发育过程中虽已形成，但在发育过程中逐渐退化，孵出时仅留下残迹。有些肉食禽类，如鹰等，有两个功能性卵巢和输卵管。

1. 卵巢

卵巢以短的系膜附着在左肾前部及肾上腺的腹侧。未成熟禽类的卵巢很小，呈扁平叶状，颜色灰白色或白色，表面呈颗粒状。成熟的卵巢上有大小不等的卵泡突出于表面，因而使卵巢呈结节状。当左侧卵巢机能衰退或丧失时，右侧未发育的生殖腺有时能重新发育，但不是形成卵巢，而是形成睾丸。这时母鸡中止产卵，而发出公鸡的啼鸣，出现公鸡的第二性征。在生物学上，这种现象称为性逆转。

2. 输卵管

禽类的输卵管为一条长而弯曲的管道，幼禽较细而直，成禽在停止产卵期间发生萎缩。根据输卵管的构造和功能，可将其分为5个组成部分，分别为漏斗部、膨大部（蛋白分泌部）、峡部、子宫（蛋壳分泌部）和阴道。漏斗部位于卵巢的后方，前面是输卵管伞，能将卵卷入输卵管，后面是漏斗颈。膨大部是输卵管最长和最弯曲的一段，能分泌黏稠的胶性蛋白。膨大部以短而细的峡部与子宫连接，子宫内蛋壳腺产生的碳酸钙和色素，可形成色泽不同的蛋壳。阴道是输卵管的最后一段，开口于泄殖道的左侧，能存留进入其中的精子（图14-10）。

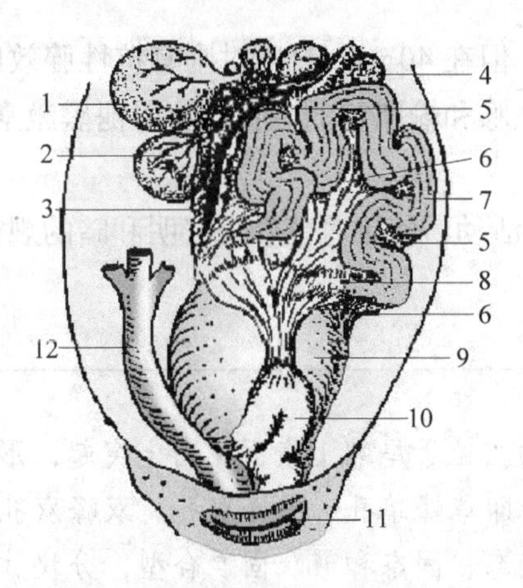

图14-10　母鸡的生殖器官

1. 卵巢中的成熟卵泡；2. 排卵后的卵泡膜；3. 漏斗部的输卵管伞；4. 左肾前叶；5. 输卵管背侧韧带；6. 输卵管腹侧韧带；7. 卵白分泌部；8. 输卵管峡部；9. 子宫及其中的卵；10. 阴道；11. 肛门；12. 直肠

3. 生殖器官的血液供应

卵巢血液供应来自左肾动脉，分支为卵巢动脉。输卵管前部的血液也来自左肾动脉，分支为输卵管前动脉，后部则来自髂外动脉的腹下动脉分支和骼内动脉分支。卵巢和输卵管的充足供血，对卵的生长发育、维持蛋白和蛋壳的形成具有重要作用。

（二）卵泡的生长发育和蛋的形成

1. 卵细胞的生长、成熟和排卵

这一过程是在禽的卵巢上完成的。卵巢分为内外两层，内层为髓质，外层为皮质。

（1）卵泡的生长 皮质上长有很多大小不等的白色球状突起物，称为卵泡。禽类卵巢中卵泡很多，但只有极少数能发育成熟而排卵。根据生长时期，卵泡分为卵泡静止期、慢速生长卵泡期、卵泡选择期和终分化期。不同时期卵泡细胞增殖能力不同，选择期卵泡比进入排卵前的等级要高。卵泡膜由最内层、放射带、颗粒层、内膜和外膜组成，其结构随着卵细胞的发育而逐渐发育。

（2）卵细胞的发育和排卵 每个卵泡内包含着一个卵原细胞，是卵细胞的原始体，发育成熟后即成为卵细胞。卵细胞发育分为胚细胞发育期、缓慢和快速生长期以及卵母细胞成熟期三个阶段。在鸡未成熟的卵巢中，肉眼可见的卵细胞有2000个左右，在显微镜下观察可达10 000个以上，但只有200～300个可达到卵母细胞成熟期。卵原细胞开始生长是在雌禽接近性成熟时，卵黄物质开始在卵细胞内沉积，形成卵黄。性成熟时，卵黄沉积更加迅速，在9～11天内，卵黄含量可达18～20g，随后细胞体积迅速增大，成为初级卵母细胞。在排卵前的最后24h内，卵母细胞不再沉积卵黄。通常当卵泡生长成熟后，卵母细胞也进入成熟期，大约在排卵前2.0～2.5h时，初级卵母细胞发育成熟并进行第一次减数分裂，释出第一极体，生成次级卵母细胞。这时，卵泡发育成熟，次级卵母细胞从卵巢排出，即完成排卵。单个卵泡在排卵前直径为40mm左右。次级卵母细胞进入输卵管，到达漏斗部后，如果遇到精子并结合，则发生第二次成熟分裂，释出第二极体，卵细胞完全成熟。如果没有受精，卵细胞则停留在次级卵母细胞阶段并产出。

卵母细胞从发育到排卵，一般需7～10天。家禽的排卵周期比较固定，鸡、鹌鹑一般为24h，鸭为25～26h。一般产蛋后15～75min内，卵巢释放第二个卵子。如果母禽卵巢机能旺盛，而输卵管机能不活泼时，就可能同时成熟2～3个卵子，故形成双黄蛋或三黄蛋，反之，也可能产生无黄蛋。

排卵后，卵泡壁收缩，1周后形成痂痕组织，1个月后完全消失。

2. 蛋的形成

蛋由蛋黄、蛋白、壳膜和蛋壳组成。卵子进入输卵管后，经过25～26h，蛋黄外形成蛋白、壳膜和蛋壳而排出体外。

（1）漏斗部　产蛋母鸡漏斗部长约11cm，卵通过的时间是15min，是吸入卵细胞和提供受精的部位，前面的伞能将卵卷入输卵管而不参与蛋的形成。

（2）膨大部　是输卵管最长的一段，约33.6cm，卵通过的时间约3h。这一部分的管壁厚实而弯曲，腺体发达，能够分泌和储存蛋白，在卵黄通过时被包上蛋白。蛋白由内向外分为四层，即占蛋白总量2.7%的卵带膜层、占蛋白总量16.8%的内稀薄层、占蛋白总量50%～60%的中间浓稠层和占蛋白总量25%的外稀薄层。蛋白容积占蛋产出时的50%左右。

（3）峡部　平均长约10.6cm，卵通过的时间为2～3h。它与膨大部的界线明显，腺褶少于膨大部。此部位的腺体分泌角蛋白，包围在蛋白外层，形成半透性内壳膜和外壳膜。另外，还能分泌少量水分，可通过壳膜进入蛋白。在蛋的钝端，内、外壳膜部分分开，形成存有空气的**气室**（air cell），供胚胎早期发育的需要。壳膜形成后，蛋的外形便基本定型。

（4）子宫　长约10.1cm，卵通过的时间为18～22h。当卵通过峡部后，在外壳膜的基础上开始钙化，进入子宫后，由于内、外膜具有一定的通透性，开始的5h壳腺分泌的水分透过膜进入蛋白中，结果使蛋白层体积增加1倍。随后壳腺分泌大量的碳酸钙、糖蛋白基质和一些镁盐、磷酸盐和柠檬酸盐的沉积，形成另一层真壳。随着真壳的产生，又在真壳表面盖上一层蛋白质角质层，用来防止细菌的侵入，至此，形成了完整的蛋壳。蛋壳上的颜色是由子宫壁上的色素细胞在产卵前4～5h内所分泌的色素形成的。蛋壳表面有大量小孔，保证了卵在孵化时与外界进行气体交换。

蛋壳形成过程中需要大量的钙，每枚蛋要沉积2g左右的钙。壳腺分泌的钙来自血浆，血钙来自饲料和骨钙的溶解。产蛋前，在雌激素的作用下，钙的代谢发生明显变化，钙、磷的吸收和储存均增加，空肠可吸收饲料中40%的钙，血钙水平由2.5mmol/l升高到6.2mmol/L。而在蛋壳形成阶段，空肠对饲料中钙的吸收可增加到72%。另外，骨钙不断沉积又不断溶解，使钙的供应增加。壳腺分泌Ca^{2+}与CO_3^{2-}在蛋壳腺液中结合生成$CaCO_3$，沉积后形成蛋壳。

3. 蛋的产出

在子宫内始终是尖端指向尾部的位置，产出过程中，它通常旋转180°，以钝端朝向尾部的方向。在子宫、阴道平滑肌和腹肌收缩产生压力的作用下，蛋从阴道产出。

（三）雌禽的生殖周期

雌禽产蛋具有周期性，并受采食、代谢、神经及内分泌等因素的影响。

鸡的排卵周期为25～26h，产蛋率高的母鸡，可缩短到24h或少于24h。这种周期能持续几天，然后停一天或几天，再重新开始排卵。排卵周期的差异，决定了禽类产蛋的间隔时间和产蛋节律的不同。排卵和产蛋有较高的相关性，但并非排卵和产蛋绝对一致，因为有高达11%～20%的卵不能进入输卵管而被排入腹腔，最后在腹腔内被吸收。

在自然光照情况下，排卵常在早晨进行，且在白昼较长时更会提早产卵，卵在输卵管内形成蛋需要25～26h，因此，产蛋大部分在中午之前，15时以后很少产蛋。

在一次连续产蛋周期中，前一个蛋产出后，经0.5～1h排出下一个卵泡。从排卵到产出，大约需经25h，所以每天产蛋的时间总后错0.5～1h，最终，产蛋推迟到14时或15时，此时蛋产出后就不再排卵。每连续产蛋3～5个或6～7个以后，总要停产一天或几天，然后再从早晨开始下一个连产周期，所以，大部分鸡的连产期及中断期是不规律和不固定的。

（四）排卵周期及产蛋的调节

1. 排卵周期的调节

卵母细胞从发育到排卵，一般需7～10天。LH是诱导排卵的主要激素。LH水平在每次排卵前4～7h出现高峰，称为LH排卵峰。同时，孕酮和雌二醇也在排卵前4～7h出现峰值。睾酮的升高发生在其他激素升高之前。

有研究证明，在卵泡周期中，注射LH或FSH能明显地引起火鸡血清中雌二醇和孕酮水平升高，注射孕酮或睾酮也能诱导排卵，孕酮是诱导LH释放的必要条件，而释放的LH又反过来促进母鸡颗粒细胞释放孕酮。因此，在排卵前，可以看到两种激素出现瀑布现象。对于大部分哺乳动物，孕酮常抑制LH的释放。睾酮对下丘脑-垂体系统有正反馈作用，可促进LH释放。但高浓度的孕酮和睾酮都抑制LH释放，并引起卵泡萎缩，抑制排卵。PRL也可能对排卵周期发挥一定的调节作用，FSH的作用尚不清楚，但排卵前1h这些激素的水平都下降。

光照可影响下丘脑和腺垂体的内分泌活动，从而影响卵巢活动的变化，进而引起禽类生殖活动的改变。在自然条件下，禽类有明显的生殖季节，在光照逐渐延长的春季生殖活动开始活跃，在光照逐渐缩短的秋季生殖活动减退，但光线一般并不增加总产卵量。家禽由于长期驯化和选育的结果，繁殖季节已不明显。

2. 产蛋的调节

关于产蛋机理及调节还了解得很少，目前较多的研究证明，蛋形成后，可诱发神经垂体释放催产素和加压素，促进输卵管子宫部收缩，导致产蛋开始。当蛋经过阴道时，受刺激而引起神经反射，阴道肌肉收缩，阴道向泄殖腔外翻，同时呼吸加快，使腹部伏卧，腹肌收缩，迫使蛋产出体外。

另外，前列腺素等也影响着产蛋过程。另外，乙酰胆碱、麻黄碱和肾上腺素对子宫的收缩或舒张发挥一定的作用。

（五）抱窝

抱窝（broodiness，又称就巢性）是家禽生殖周期中的一个环节，是大多数禽类的孵卵行为，是繁衍后代的重要习性。鸟类和土种家禽显得尤为突出，但随着人工选育，一些产蛋鸡的这种行为实际上已消失。

禽在抱窝期表现为恋巢，卵巢萎缩，产蛋停止。采食量和摄水量比产蛋期显著降低，体重减轻，羽毛蓬松。抱窝后期食欲有所增加，待雏禽孵出后摄食量和摄水量迅速上升，体重逐渐恢复，为产蛋作准备。

禽类的抱窝受神经和体液的因素的影响，主要是催乳素（PRL）。在抱窝行为开始前的几天，血液中 PRL 的水平明显提高，而 FSH、LH、孕酮和雌激素水平则下降。这表明在抱窝开始前，丘脑 - 垂体 - 性腺轴的功能下降。随着 PRL 水平的降低，就巢结束，进入恢复期。有关促进禽类 PRL 释放的调节机理尚不十分清楚，PRL 具有抑制生长抑素分泌和抗促性腺激素的作用，可阻断腺垂体分泌促性腺激素，或者阻断这些激素对性腺的作用，从而导致产蛋停止，出现抱窝。

二、雄禽的生殖

（一）雄禽的生殖器官

雄禽生殖系统包括睾丸（精巢）、附睾、输精管和交配器，但不具有精囊腺、前列腺和尿道球腺等附性腺。

1. 睾丸

雄禽的睾丸一对，呈卵圆形，位于腹腔内，以睾丸系膜悬挂于同侧肾脏前叶的腹侧。睾丸的大小因年龄和性活动的周期变化而有很大差别。幼雏只有米粒大，淡黄色。成禽在生殖季节增大，其重量约占总体重的 1%。例如，成年公鸡睾丸的体积比平时大 300 倍，颜色变为白色。睾丸实质主要由曲细精管构成，是精子生成部位。曲细精管之间的结缔组织中含有少量的间质细胞，能合成和分泌雄激素。

2. 附睾

禽附睾呈长纺锤形，附睾主要由睾丸输出小管和短的附睾管构成，位于睾丸内侧中央部分。雄禽的附睾较哺乳动物的小而不明显，但在性活动季节会显著肥大，其主要作用为储存精子，促使精子成熟。

3. 输精管

附睾管由附睾后端伸出延续为输精管，是一对弯曲的细管，与输尿管并行，在通入泄殖腔前膨大成储精囊，末端呈乳头状，在泄殖腔内突出于输尿管口的外下方。在生殖季节输精管加长增粗，弯曲度变大。是精子成熟和主要储存部位，其分泌物是精液的组成成分之一。

4. 交配器

除鸵鸟、天鹅、鸭和鹅等少数种类外，大多数禽类无真正的交配器。公鸡没有明显的交配器（仅有残存的阴茎乳头），仅包括一对输精管乳头、阴茎体、生殖突和一对淋巴褶。刚孵出的雏鸡可通过有无阴茎体来鉴别雌雄。公鸭和公鹅有较发达的阴茎，长达6～9cm，呈螺旋状扭曲。阴茎勃起时充满淋巴液，这些淋巴液参与精液的形成。

（二）精子的生成及受精

1. 精子的发生和成熟

雄性雏鸡在出生后的第5周龄时曲细精管已开始形成，精原细胞开始增殖，约在第6周龄时开始出现初级精母细胞，到10周龄时开始出现次级精母细胞，在12周龄时次级精母细胞发生第二次成熟分裂，形成精子细胞（未成熟精子），一般在20周龄时所有曲细精管内都出现了精细胞。

精子在曲细精管形成后，不具备受精能力，进入附睾管和输精管后的精子逐渐发育成熟。直接从附睾取得的精子受精能力很低（只能获得13%的受精率），输精管是精子成熟的主要部位，只有从输精管后段取得的精子才有接近正常的受精能力。因此，禽类精子成熟所需时间比较短（因精子从睾丸通过附睾和输精管到达泄殖腔只需24h）。

2. 精液的形成

由于禽类没有附性腺，所以普遍认为精清主要来源于交配器的海绵组织中的淋巴滤过液和输精管的分泌物，生成的精子在经过时与之混合，形成精液并贮于输精管中。

公鸡的精液通常为白色不透明，但在精子浓度低时也可呈清净如水状，pH在7～7.6之间。公鸡一次排出的精液量为0.11～1.0mL，平均为0.5mL，每毫升约含40亿个精子。与哺乳动物相比，家禽的精子要稍长1/3，但体积却比哺乳动物的小，整体呈线型结构。

雄禽的精液几乎不含果糖、柠檬酸、磷酰胆碱和甘油磷酸胆碱，氯化物含量很低，而钾和谷氨酸含量高。

3. 交配和受精

禽类无论有无交配器，都是体内受精。交配时，雄性和雌性的泄殖孔相互贴近，精液被射入或被吸入雌体泄殖腔内，精子很快沿输卵管移动到漏斗部，在这里与卵子相遇并进行授精。鸡的精子在漏斗部可存活3周以上，在交配后或受精后20～25h就可以得到一些受精的蛋，但在2～3天内受精率最高，在最后一次交配或受精后的5～6天内仍有较高的受精率，最迟在35天收得的蛋中，仍然可以发现有受精的蛋。如果给鸡做人工授精，为了保证良好的受精率，应每4～5天实施一次，输精和交尾应限制在下午3点以后进行，避开产蛋高峰期。

（三）雄性生殖活动的调节及排精反射

睾丸的生长发育和活动受垂体分泌的促性腺激素的控制。FSH主要作用于曲细精管，促进精子的发生。LH主要作用于睾丸的间质细胞，刺激睾酮的产生。当雄禽受到光照刺激而开始准备繁殖时，促性腺激素分泌增加，血中FSH和LH含量明显升高。当血液中睾酮含量升高到一定程度时，可反馈性抑制FSH和LH的分泌，从而使睾酮的分泌量维持在一定的水平。在睾丸充分发育后，FSH分泌量逐渐下降。

家禽的排精（或称射精）受盆神经和交感神经支配。禽自然交配时，盆神经兴奋使交配器官勃起，通过交感神经促进输精管收缩而发生排精。人工采精时，常采用由背部、腹部向尾部方向按摩，通过外感受性排精反射采到精液。

（四）影响生殖能力的因素

光照、季节、环境温度、营养水平、龄期和日射精次数等都可影响精液的形成，进而影响生殖能力。

1. 光照

光照是主要的影响因素，因为光照能通过下丘脑刺激垂体分泌 LH 和 FSH，转而活跃性腺，野禽的生殖受光照影响特别明显。雄禽每天需要 12～14h 的光照来刺激睾丸的发育和精子的正常生成。红色光较白色光略为有效，而蓝色光的效力最小，精液量依红、橙、黄、绿、蓝色光线的次序而降低。

2. 季节和环境温度

鸡的精液量和精子活力以 5 月份精子生成的活性最强，8 月份最弱。公鸡精子形成的适宜温度为 20℃，它能促进睾丸发育和精子形成，当温度超过 30℃时，精子生成往往受到抑制。试验证明，白洛克公鸡放置于气温 39.5～40℃、相对湿度 68% 的环境中 2～3.5h，精子浓度立刻降低。精子的生成具有昼夜波动性，凌晨和午夜是精子发生最旺盛的时间。

3. 营养水平

饲料中蛋白质含量低、热量不足、维生素及矿物质缺乏（如 V_A、V_B、V_D、V_E、生物素、泛酸和 Mn、Se、Zn 等）都会直接影响精液的质量，特别是 V_A 和 V_E 缺乏则会明显影响精子的生成。

4. 射精次数

禽每日交配或射精次数可影响精液量和精子浓度。精液量和精子浓度随日交配次数增多而降低，每日连续射精 3～4 次后，精子的浓度极低。因此，人工采精时，为维持适宜的射精量和精子密度，应避免重复频繁采精。

5. 龄期

24～48 周龄是种公鸡性机能旺盛期，精液质量最好，50 周龄以后性机能减退，精液质量下降，3 年的公鸡性活动更差。公鹅的繁殖性能以 2～3 岁时表现最好。

（东彦新）

复习思考题

1. 试述禽类的血液组成及理化特性。
2. 禽类的消化生理有哪些特点？
3. 禽类泌尿过程与家畜泌尿过程的区别？
4. 哺乳动物和禽类卵子的生成有哪些差异？
5. 鸡蛋是怎样形成的？

参考文献

[1] 安立龙．家畜环境卫生学［M］．北京：高等教育出版社，2004.

[2] 白波，高明灿．生理学［M］．6 版．北京：人民卫生出版社，2009.

[3] 陈杰．家畜生理学［M］．4 版．北京：中国农业出版社，2003.

[4] 陈守良．动物生理学［M］．3 版．北京：北京大学出版社，2005.

[5] 陈阅增．普通生物学［M］．2 版．北京：高等教育出版社，2005.

[6] 陈小麟．动物生物学［M］．北京：高等教育出版社，2005.

[7] 程会昌．畜禽解剖生理学［M］．2 版．郑州：河南科学技术出版社，2008.

[8] 范少光．人体生理学［M］．2 版．北京：北京医科大学出版社，1996.

[9] 谷华运．中国人胚胎发育时序和畸胎预防［M］．上海：上海医科大学出版社，1993.

[10] 哈弗士．农畜繁殖学［M］．农畜繁殖学翻译组，译．上海：上海人民出版社，1977.

[11] 韩正康，毛鑫智．家禽生理学［M］．南京：江苏科学技术出版社，1986.

[12] 韩正康．家畜生理学［M］．3 版．北京：中国农业出版社，1999.

[13] 向涛．家畜生理学原理［M］．北京：农业出版社，1990.

[14] 贺石林，李俊成，秦晓群．临床生理学［M］．北京：科学出版社，2001.

[15] 何秀平．动物生理学［M］．北京：高等教育出版社，2002.

[16] 侯晓华．消化道运动学［M］．北京：科学出版社，1998.

[17] 滑静．动物生理学［M］．北京：化学工业出版社，2015.

[18] 黄昌澍．家畜气候学［M］．南京：江苏科学技术出版社，1989.

[19] 蒋正尧，谢俊霞．人体生理学［M］．北京：科学出版社，2010 .

[20] 李德雪．动物组织学与胚胎学［M］．吉林：吉林人民出版社，2003.

[21] 李国彰，周乐全．2017．生理学［M］．3 版．北京：科学出版社.

[22] 李萌，李庆章．奶山羊乳腺中瘦素及其受体的表达与作用［J］．中国农业科学，2008，41（12）：4187-4193.

[23] 李杨，卢颜美，汤宝鹏．心律失常基因治疗的研究进展［J］．中国心脏起搏与心电生理杂志，2017（3）：1-2.

[24] 李跃进，朱思明．“等长自身调节”是一种自身调节吗？［J］．生理科学进展，1998（1）：82.

[25] 林浩然．鱼类生理学［M］．广州：广东高等教育出版社，1999.

[26] 林加珀，法里．医用生理学［M］．秦晓群，译．北京：科学出版社，2005.

[27] 林叶，李庆章．瘦素与乳腺发育和泌乳［J］．东北农业大学学报，2006，37（2）：268-271.

[28] 刘凌云，郑光美．普通动物学［M］．4 版．北京：高等教育出版社，2010.

[29] 刘金华，甘孟侯．中国禽病学［M］．北京：中国农业出版社，2016.

[30] 柳巨雄．动物生理学［M］．吉林：吉林人民出版社，2003.

[31] 马仲华．家畜解剖学及组织胚胎学［M］．3 版．北京：中国农业出版社，2001.

[32] 南京农业大学．家畜生理学［M］．3 版．北京：中国农业出版社，2001.

[33] 梅岩艾，王建军，王世强．生理学原理［M］．北京：高等教育出版社，2011.

[34] 苗培，杨国宇，惠永华．催乳素及其受体对乳腺发育研究进展［J］．畜牧兽医杂志，2007，26（1）：36-38.

[35] 倪迎冬. 动物生理学实验指导［M］. 5版. 北京：中国农业出版社，2016.
[36] 欧阳五庆. 动物生理学［M］. 北京：科学出版社，2006.
[37] 欧阳五庆. 动物生理学［M］. 2版. 北京：科学出版社，2016.
[38] 彭芳. 生理学实验指导［M］. 西安：西安交通大学出版社，2017.
[39] 曲强. 动物生理学［M］. 北京：中国农业大学出版社，2007.
[40] 沈霞芬. 家畜组织学与胚胎学［M］. 3版. 北京：中国农业出版社，2002.
[41] 简·胡曼，米歇尔·瓦提欧. 泌乳与挤奶［M］. 石燕，石福顺，译. 北京：中国农业大学出版社，2004.
[42] 孙振平. 简明动物生理学［M］. 北京：中国农业出版社，2005.
[43] 孙红，彭聿平. 人体生理学［M］. 3版. 北京：高等教育出版社，2017.
[44] 孙红云，赵琪，王淑颜，等. microRNA对心脏离子通道调控作用的研究进展［J］. 世界临床药物，2016（12）：840-845.
[45] 滕可导. 家畜解剖学与组织胚胎学［M］. 北京：高等教育出版社，2006.
[46] 王春阳，王秋芳. 胰岛素样生长因子与泌乳［J］. 动物医学发展，1999，20（1）：16-19.
[47] 王玢，左明雪. 人体及动物生理学［M］. 2版. 北京：高等教育出版社，2001.
[48] 王月影，王艳玲，李和平. 动物乳腺发育的调控［J］. 畜牧与兽医，2002，34（7）：36-37.
[49] 魏保生. 生理学笔记［M］. 北京：科学出版社，2005.
[50] 温进坤，韩梅. 血管平滑肌细胞［M］. 北京：科学出版社，2005.
[51] 伍莉，黄庆洲. 动物生理学实验［M］. 重庆：西南师范大学出版社，2013.
[52] 武书庚，程宗佳. 反刍动物乳腺组织对营养的摄入［J］. 中国畜牧杂志，2009，45（14）：49-53.
[53] 夏国良. 动物生理学［M］. 北京：高等教育出版社，2013.
[54] 谢启文. 现代神经内分泌学［M］. 上海：上海医科大学出版社，1999.
[55] 熊本海，恩和，苏日娜. 家禽实体解剖学图谱［M］. 北京：中国农业出版社，2014.
[56] 徐科. 神经生物学纲要［M］. 北京：科学出版社，2000.
[57] 徐志伟，罗荣敬. 中西医结合生理学［M］. 北京：科学出版社，2003.
[58] 杨海红，吴海涛. 神经肌肉接头突触发育信号机制研究进展［J］. 生命科学，2017，29（3）：277-291.
[59] 杨维泰. 动物解剖学［M］. 长春：吉林人民出版社，2003.
[60] 杨秀平. 动物生理学［M］. 北京：高等教育出版社，2002.
[61] 杨秀平，肖向红. 动物生理学［M］. 2版. 北京：高等教育出版社，2009.
[62] 杨秀平，肖向红，李大鹏. 动物生理学［M］. 3版. 北京：高等教育出版社. 2016.
[63] 姚泰. 生理学（七年制）［M］. 北京：人民卫生出版社，2001.
[64] 姚泰. 生理学［M］. 6版. 北京：人民卫生出版社，2003.
[65] 姚泰. 生理学（八年制）［M］. 北京：人民卫生出版社，2005.
[66] 尹希，孙兴国，WILLIAM W S，等. 代谢、血液碱化和纯氧影响呼吸调控的人体实验研究Ⅰ：运动试验［J］. 中国应用生理学杂志，2015，31（4）：341-344.
[67] 张才乔. 动物生理学实验［M］. 2版. 北京：科学出版社，2014.
[68] 张冬梅. 生理学［M］. 北京：科学出版社，2007.
[69] 张桂杰. 应用于零维左心血液循环的二尖瓣模型的研究［J］. 中国生物医学工程学报，2017（3）：300-307.
[70] 张镜如，乔健天. 生理学［M］. 4版. 北京：人民卫生出版社，1996.
[71] 张玉生，柳巨雄，刘娜. 动物生理学［M］. 长春：吉林人民出版社，2000.
[72] 赵茹茜. 动物生理学［M］. 5版. 北京：中国农业出版社，2011.
[73] 郑吉生，孟元在，郑英彩. 泌乳生理学（韩文版）［M］. 首尔：建国大学出版社，1980.
[74] 郑吉生. 家畜繁殖生理学（韩文版）［M］. 首尔：先进文化社，1995.

［75］中国人民解放军兽医大学生理教研室．家畜生理学［M］．长春：吉林科学技术出版社，1986.

［76］周定刚．动物生理学［M］．2 版．北京：中国林业出版社，2016.

［77］周小玲．驴泌乳生理及乳营养成分研究进展［M］．乳品加工，2010（6）：44-48.

［78］朱大年．生理学［M］．7 版．北京：人民卫生出版社，2008.

［79］朱妙章，周士胜，裴建明，等．生理学［M］．北京：科学技术文献出版社，2002.

［80］朱文玉．医用生理学［M］．北京：北京大学医学出版社，2003.

［81］左明雪．人体及动物生理学［M］．4 版．北京：高等教育出版社，2015.

［82］AKERS R M. Lactation physiology: a ruminant animal perspective[J]. Protoplasma, 1990, 159: 96-111.

［83］A ZIMNA, A JANECZEK, N ROZWADOWSKA, et al.Biological properties of human skeletal myoblasts genetically modified to simultaneously overexpress the pro-angiogenic factors vascular endothelial growth factor-A and fibroblast growth factor-4[J]. Journal of Physiology and Pharmacology, 2014, 65（2）: 193-207.

［84］MATTEW N LEVY, BRUCE A STANTON, BRUCE M KOEPPEN. Berne & Levy 生理学原理 [M]. 梅岩艾，王建军，译．4 版．北京：高等教育出版社，2008.

［85］ETHERTON T D, BAUMAN D E. Biology of somatotropin in growth and lactation of domestic animals[J]. Physiological Reviews, 1998, 78（3）: 745-761.

［86］FRANDSON, SPURGEON. Anatomy and physiology of farm animal[M].5th ed. Philadelphia: Lea & Febiger, 1992.

［87］GREGER R, WINDHORST U.Comprehensive human physiology from cellular mechanisms to integration. Vol2[M]. Berlin: Springer, 1996.

［88］GUYTON, HALL. Medical physiology[M]. 11ed. London: Elsevier Inc, 2006.

［89］H A TUCKER. 对 41 年来激素、乳腺生长和泌乳研究综述（上）［J］．张英来，译．乳业科学与技术，2001（1）: 4-6.

［90］H A TUCKER. 对 41 年来激素、乳腺生长和泌乳研究综述（中）［J］．张英来，译．乳业科学与技术，2001（2）: 17-18.

［91］H A TUCKER. 对 41 年来激素、乳腺生长和泌乳研究综述（下）［J］．张英来，译．乳业科学与技术，2001（3）: 1-12.

［92］HOENDEROP J G, NILIUS B, BINDELS R J.Calcium absorption across epithelia[J].Physiological Reviews, 2005（85）: 373-422.

［93］IWASAKI A, FOXMAN E F, MOLONY R D.Early local immune defences in the respiratory tract[J].Nature Reviews Immunology, 2016, 17: 7-20.

［94］JUNQUEIRA L C, CARNEIRO J.Basic Histology[M]. Los Altos: Lange Medical Publications, 1980.

［95］KATHERINE M STEELE, RACHEL W JACKSON, BENJAMIN R SHUMAN, et al. Muscle recruitment and coordination with an ankle exoskeleton[J]. Journal of Biomechanics, 2017, 59（5）: 50-58.

［96］LOOR J J, COHICK W S.ASAS centennial paper: lactation biology for the 21st Century[J]. Journal of Animal Science, 2009, 87(2): 813-824.

［97］LUGOVSKOY A A, ZHOU P, CHOU J J, et al. Solution structure of the CIDE-N domain of CIDE-B and a model for CIDE-N/CIDE-N interactions in the DNA fragmentation pathway of apoptosis[J]. cell, 1999, 99(7): 747-755.

［98］MATTHEW N LEVY, BRUCE A STANTON, BRUCE M KOEPPEN. 生理学原理［M］．梅岩艾，王建军，译．4 版．北京：高等教育出版社 , 2008.

［99］MCGEOWN J G. Master medicine: physiology[M].3rd ed .New York: Elsevier, 2007.

［100］NILSSON S, MAKELA S, TREUTER E, et al.Mechanisms of estrogen action[J]. Physiological Reviews, 2001, 81（4）: 1535-1565.

［111］斯文森 P，安东尼 M 卡特．动物生理学导论［M］．邢军，译 . 青岛：青岛海洋大学出版社，1990.

[112] 斯特凯 P D. 家禽生理学 [M]. 上海：上海科学技术出版社，1964.
[113] DE VITA R, R GRANGE, P NARDINOCCHI, L TERESI.Mathematical model for isometric and isotonic muscle contractions[J].The Journal of Steroid Biochemistry and Molecular Biology, 2017, 425 (21): 1-10.
[114] SHENNAN D B, PEAKER M.Transport of milk constitutions by the mammary gland[J]. Physiological Reviews, 2000, 80 (3): 925-951.
[115] VAUX D L, KORSMEYER S J.Cell death in development[J]. Cell, 1999, 96: 245-254.
[116] WALTER BORON.Medical Physiology[M].London: Oversea Publishing House, 2002.
[117] WHITSETT J A, ALENGHAT T.Respiratory epithelial cells orchestrate pulmonary innate immunity [J]. Nature Immunology, 2014, 16: 27-35.
[118] WILLIAM O.REECE.DUCKS 家畜生理学 [M]. 赵如茜，译. 12 版. 北京：中国农业出版社，2014.
[119] WILLIAMS W J, BEUTLER E, LICHTMAN M A, et al.Hematology[M]. 5th ed. New York: McGraw-Hill publishing Co, 1995.
[120] ZULU V C, NAKAO T, SAWAMUKAI Y.Insulin-like growth factor-I as a possible hormonal mediator of nutritional regulation of reproduction in cattle[J]. Journal of Veterinary Medical Science, 2002, 64 (8): 657-665.

中英文名词索引

1，25- 二羟维生素 D_3［1，25-dihydroxycholecalciferol，1，25-（OH）$_2$-D_3］ 341，368
1，4，5- 三磷酸肌醇（inositol triphosphate，IP_3） 42
11- 去氧皮质酮（11-deoxycorticosterone，DOC） 380
1α- 羟化酶（1α-hydroxylase） 370
1 期（phase 1） 158
2，3- 二磷酸甘油酸（2，3-diphosphoglycerate，2，3-DPG） 224
2 期（phase 2） 158
3 期（phase 3） 158
4，5- 二磷酸磷脂酰肌醇（phosphatidylinositol bisphosphate，PIP2） 42
4 期（phase 4） 158
5α- 还原酶（5α-reductase） 399
5- 羟色胺（5-hydroxytryptamine，5-HT） 138，357
7 次跨膜受体（seven-spanning receptor or seven transmembrane receptor） 39
8- 精催产素（8-arginine vasotocin, AVT） 470
8- 异亮催产素（mesotocin） 470
Ⅰ型肺泡细胞（type Ⅰ alveolar cell） 206
Ⅱ型肺泡细胞（type Ⅱ alveolar cell） 206
ABO 血型系统（ABO blood group system） 150
ADCC 细胞（抗体依赖细胞介导的细胞毒作用，antibody-dependent cell-mediated cytotoxicity，ADCC） 242
AMP 反应元件结合蛋白（cAMP response element binding protein，CREB） 41
APUD 细胞（amine precursor uptake and decarboxylation cell） 240
ATP 酶（ATPase） 33
Ca^{2+}释放通道（Ca^{2+}-release channel） 42
cAMP 反应元件（cAMP response element，CRE） 42
CRE（cAMP response element，是 DNA 上的调节区域） 41
G 蛋白（G protein） 39
G 蛋白偶联受体（G protein coupled receptor，GPCR） 38
G 蛋白效应器（G protein effector） 39
K^+的平衡电位（K^+equilibrium potential，E_k） 48
L 管 114
M 细胞（microfold cells） 242
M 线（M line） 110
Na^+/K^+-ATP 酶（Na^+/K^+-ATPase） 33
P 物质（substance P） 190
Rh 血型系统（Rh blood group system） 151
Z 线（Z line） 110
α- 促黑激素（melanocyte-stimulating hormone，MSH） 247
α- 促脂激素（α-lipotropin，α-LPH） 361
α- 乳清蛋白（α-lactalbumin，α-LA） 440，441
α - 肾上腺素能受体（α -adrenoceptor） 315
α 运动神经元（α motor neuron） 112
β- 内啡肽（β-endorphin） 196
β- 乳球蛋白（β-lactoglobulin） 440
γ 环路（γ-loop） 91

A

阿片肽（opioid peptide） 196
嗳气（eructation） 265
氨甲酰血红蛋白（carbaminohaemoglobin，HbNHCOOH） 225
暗带（dark band） 110

B

白蛋白（albumin） 126
白膜（tunica albuginea） 395，406
白体（corpus albicans） 409
白细胞（leukocyte 或 white blood cell，WBC） 137
白细胞介素（interleukin，IL） 140
摆动（pendulous motion） 276
半乳糖（galactose） 441
半乳糖转移酶（galactosyl transferase，GT） 441
饱中枢（satiety center） 245
抱窝（broodiness，又称就巢性） 479
爆式促进因子（burst-promoting factor，BPF） 136
背侧呼吸组（dorsal respiratory group，DRG） 228
被动转运（passive transport） 29
苯乙醇胺 -*N*- 甲基移位酶（phenylethanolamine-*N*-methyl-transferase，PNMT） 381
鼻腺（nasal gland） 452
"闭环" 系统（closed-loop system） 16
闭锁卵泡（atresic follicle） 406

变速生长期（allometric growth）430
变温动物（poikilotherm） 298
表面蛋白（peripheral protein）27
表面活性物质结合蛋白（surfactant-associated protein，SP） 213
表现型相关系数（phenotypic correlation coefficient）424
波尔效应（Bohr effect）224
泊肃叶定律（Poiseuille's law）177
勃起反射（erection reflex）404
勃氏腺（Brunner's gland）275
补呼气量（exspiratory reserve volume，ERV）215
补吸气量（inspiratory reserve volume，IRV）214
哺乳类（mammals） 422
不完全强直收缩（incomplete tetanus）120

C

采食（foraging） 245
常乳（normal milk） 433
层流（laminar flow）214
肠激酶（enterokinase） 271
肠泌酸素（entero oxyntin） 256
肠期（intestinal phase）255
肠系膜淋巴结（mesenteric lymph node，MLN） 242
肠相关淋巴组织（gut-associated lymphoid tissue，GALT） 242
肠抑胃素（enterogastrone）257
肠致活酶（enterokinase，也叫肠激酶） 275
超常期（supernormal period，SNP） 56，163
超极化（hyperpolarization） 48，66
超家族（superfamily） 39
超滤（ultrafiltration）315
超滤液（ultrafiltrate）315
超射（overshoot） 48，157
超速驱动压抑（overdrive suppression） 162
潮气量（tidal volume，TV）214
成分输血（blood component transfusion）153
成熟卵泡（mature follicle） 407
程序化的细胞凋亡（apoptosis；programmed cell death，PCD） 437
充盈（filling） 169
出胞（exocytosis） 37
出胞作用（exocytosis）66
初长度（initial length）120
初级精母细胞（primary spermatocyte） 397
初级卵母细胞（primary oocyte） 407
初级卵泡（primary follicle） 407
初级萌芽（primary sprout） 429
初情期（puberty）392
初乳（colostrum） 433
储备血量（reservoir blood volume）128
触珠蛋白（haptoglobin）137
传出神经纤维（efferent nerve fiber） 14
传导（conduction） 54
传导散热（thermal conduction）303
传入神经纤维（afferent nerve fiber） 14
喘气（gasping） 227
喘息中枢（gasping center）227
串联式突触（serial synapses） 65
雌二醇（estradiol，E_2） 408
雌激素（estrogen） 430，431
雌三醇（estriol，E_3） 409
雌酮（estrone） 409
雌性原核（female pronucleus）418
次级精母细胞（secondary spermatocyte） 397
次级卵泡（secondary follicle） 407
次级萌芽（secondary sprout） 429
刺激（stimulus） 11，45
刺鼠相关肽（agouti-related peptide，AGRP） 247
粗面内质网（rough endoplasmic reticulum，RER） 438
促阿片黑素细胞皮质素原（proopiomelanocortin，POMC） 354
促黑激素细胞激素释放抑制因子（melanophore stimulating hormone release-inhibiting factor，MIF） 355
促黑激素细胞激素释放因子（melanophore stimulating hormone releasing factor，MRF） 355
促红细胞生成素（erythropoietin，EPO） 136
促甲状腺激素（thyroidstimulating hormone，TSH） 354
促甲状腺激素释放激素（thyrotropin releasing hormone，TRH） 341，351，352，354，367
促离子型受体（ionotropic receptor） 44
促卵泡激素（follitropin） 362
促肾上腺皮质激素（adrenocorticotrophin，ACTH）248，354

促肾上腺皮质激素释放激素（corticotropin releasing hormone，CRH） 341，351，352，354
促肾上腺皮质激素释放因子（corticotropin-releasing factor，CRF） 248
促胃液素（gastrin） 255
促性腺激素释放激素（gonadotropin releasing hormone，GnRH） 341，351-353，399
促胰液素（secretin） 272
促性腺激素（gonadotrophic hormone，GTH） 359
醋酸脱氧皮质酮（deoxycorticosterone acetate） 436
催产素（oxytocin，OXT） 363，425，436，470
催乳素（prolactin，PRL） 355，411
催乳素释放抑制因子（prolactin release-inhibiting factor，PIF） 355
催乳素释放因子（prolactin releasing factor，PRF） 355

D

大乳导管（primary ducts） 425
大细胞神经分泌系统（magnocellular neurosecretory system） 350
代偿性间歇（compensatory pause） 164
袋状往返运动（haustral shuttling） 280
单胺氧化酶（monoamine oxidase，MAO） 381
单层卵泡细胞（follicular cells） 407
单纯扩散（simple diffusion） 29
单核细胞（monocyte） 139
单体 G 蛋白（monomeric G protein） 39
单向转运体（uniporter） 35
胆固醇（cholesterol） 23
胆囊胆汁（gall-bladder bile） 272
胆囊收缩素（cholecystokinin，CCK） 246，272
胆盐的肠肝循环（enterohepatic circulation of bile salts） 273
胆汁（bile） 272
弹簧状态（latch state） 124
弹性储器血管（windkessel vessel） 175
弹性阻力（elastic resistance） 211
蛋白激酶（protein kinase） 40
蛋白激酶 A（protein kinase A，PKA） 40
蛋白激酶 C（protein kinase C，PKC） 40，369
蛋白激酶 G（protein kinase G，PKG） 43
蛋白结合碘（protein binding iodine，PBI） 365
蛋白质（protein） 23，291
蛋白质 C（protein C，PC） 148
等容收缩期（isovolumic contraction phase） 169
等容舒张期（isovolumic relaxation phase） 170
等渗尿（isosthenuria） 328
等渗溶液（isoosmotic solution） 129
等速生长期（isometric growth） 430
等张收缩（isotonic contraction） 119
等长收缩（isometric contraction） 119
等长调节（homeometric regulation） 174
低常期（subnormal period） 56
低渗尿（hypotonic urine） 328
低渗溶液（hyposmotic solution） 129
低血糖休克（hypoglycemic shock） 373
第二极体（second polar body） 418
第二心音（second heart sound） 171
第二信使（secondary messenger） 40
第二性征（secondary sexual characteristics） 391
第一心音（first heart sound） 171
第一信使（primary messenger） 40
电 - 化学梯度（electrochemical gradient） 29
电紧张电位（electrotonic potential） 46
电突触（electrical synapse） 65
电压传感器（voltage sensor） 32
电压门控通道（voltage-gated ion channel） 32，44
顶体反应（acrosome reaction） 417
顶体素（acrosin） 418
定向祖细胞（committed progenitor） 132
冬眠（hibernation） 308
动 - 静脉短路（arteriovenous shunt） 184
动 - 静脉吻合支（arteriovenous anastomosis） 183
动脉脉搏（arterial pulse） 180
动脉血压（arterial blood pressure） 178
动脉压力感受器（baroreceptor） 193
动物生理学（animal physiology） 1
动作电位（action potential，AP） 49
动作电位 0 期（phase 0） 157
窦神经（sinus nerve） 193
窦性节律（sinus rhythm） 161
短路血管（shunt vessel） 176
对侧伸肌反射（crossed extensor reflex） 92

对流散热（thermal convection） 303
多巴胺（dopamine，DA） 357
多袋推进运动（segmentation or multihaustral propulsion） 280
多肽类（polypeptide） 432
多形核白细胞（polymorphonuclear leukocyte） 138

E

儿茶酚 -*O*- 甲基移位酶（catechol-*O*-methyltransferase，COMT） 381
二碘酪氨酸（diiodotyrosine，DIT） 365
二磷酸鸟苷（guanosine diphosphate，GDP） 39
二磷酸腺苷（adenosine diphosphate，ADP） 141，291
二酰甘油（diacylglycerol，DG） 25，40，42
二酰甘油（diacylglycerol，DG）– 蛋白激酶 C（protein kinase C，PKC）途径 369
二棕榈酰卵磷脂（dipalmitoyl phosphatidyl choline，DPPC） 213

F

发绀（cyanosis） 222
发情后期（metaestrus） 413
发情期（estrus） 413
发情前期（proestrus） 413
发情周期（estrous cycle） 412
乏情期（anestrus） 413
翻正反射（righting reflex） 96
翻转酶（flippase） 26
翻转运动（flip-flop movement） 27
反刍（rumination） 268
反极化（reverse polarization） 48
反馈（feedback） 16，78
反馈控制系统（feedback control system） 16
反馈信息（feedback information） 16
反馈性调节（feedback regulation） 78
反射（reflex） 4，14，73，112
反射弧（reflex arc） 4，14
反射中枢（reflex center） 14
反向转运体（antiporter） 35
反应（reaction） 11，45
芳香化酶（aromatase） 409
防御反应（defense reaction） 192
防御性反射（defense reflex） 93
防御性呼吸反射 231
房室延搁（atrioventricular delay） 165
非必需氨基酸（nonessential amino acids） 438
非弹性阻力（nonelastic resistance） 213
非寒颤性产热（non-shivering thermogenesis） 303
非特异投射系统（non- specific projection system） 83
非条件反射（unconditioned reflex） 14
非自动控制系统（nonautomatic control system） 16
肥胖抑制素（obestatin） 248
肺的顺应性（compliance of lung，C_L） 211
肺房（atrium） 453
肺呼吸（lungs respiration） 204
肺换气（gas exchange in lungs） 204
肺活量（vital capacity，VC） 215
肺扩张反射（pulmonary inflation reflex） 230
肺内压（intrapulmonary pressure） 207
肺泡（pulmonary alveoli） 206
肺泡表面活性物质（pulmonary surfactant） 212
肺泡隔（alveolar septum） 207
肺泡通气量（alveolar ventilation） 216
肺泡无效腔（alveolar dead space） 216
肺牵张反射（pulmonary stretch reflex） 230
肺容积（pulmonary volume） 214
肺容量（pulmonary capacity） 215
肺通气（pulmonary ventilation） 204
肺通气量（pulmonary ventilation） 215
肺萎陷反射（pulmonary deflation reflex） 230
肺循环（pulmonary circulation） 200
肺总量（total lung capacity，TLC） 215
分化（differentiation） 437
分节运动（segmentation contraction） 276
分解代谢（catabolism） 10，290
分泌（secretion） 142，315
分泌成分（secretory component，SC） 206
分泌功能（secretory activity） 435
分泌活性（secretory activity） 429
分泌片（secretory piece，SP） 206
分娩（parturition） 420
分配血管（distribution vessel） 175
锋电位（spike potential） 49，158
冯·恩勒（von Enler） 241

辐射散热（thermal radiation） 303
负反馈（negative feedback）16
负后电位（negative after-potential） 50
负相关关系（negative correlation） 436
负性变传导作用（negative dromotropic effect） 189
负性变力作用（negative inotropic effect） 188
负性变时作用（negative chronotropic effect） 188
附睾（epididymis） 394，401
附性器官（accessory sexual organ） 390
复极化（repolarization）48，157
复胃消化（digestion in complex stomach） 260
复腺（compound glands） 458
副交感舒血管神经（parasympathetic vasodilator fiber） 190
副乳头（supernumerary teat） 423
富尔斯登贝氏圆花窗（furstenburg's rosette）425
腹壁皮下静脉（anterior vena cava） 427
腹侧呼吸组（ventral respiratory group，VRG）228
腹股沟神经（inguinal nerve）428
腹式呼吸（abdominal breathing） 208
腹主动脉（abdominal aorta）426

G

钙泵（calcium pump） 33，115
钙结合蛋白（calcium binding protein，CaBP） 285，370，462
钙调蛋白（calmodulin，CaM） 42，124
钙调蛋白依赖性激酶（CaM-kinase） 42
甘油（glycerol） 25
肝胆汁（hepatic bile） 272
肝素（heparin） 138
感觉（sensation） 79
感觉神经系统（sensory nervous system） 428
感受器（sensory receptor）14，79
干细胞（stem cells） 432
高尔基体（Golgi apparatus，Golgi complex）433，438
高渗尿（hypertonic urine）328
高渗溶液（hyperosmotic solution） 129
睾酮（testosterone，T） 396
睾丸（testis） 390
睾丸网（rete testis） 395
睾丸小膈（testicular septum）395
睾丸小叶（testicular lobule） 395
睾丸纵隔（mediastinum testis） 395
格拉汉姆（Graham） 217
工作细胞（working cell）156
功能余气量（functional residual capacity，FRC） 215
骨钙素（osteocalcin） 371
骨髓或囊依赖性淋巴细胞［（bone marrow）or（burse）dependent lymphocyte］ 139
骨髓移植（bone marrow transplantation） 135
惯性阻力（inertial resistance） 214

H

海鬣蜥（*amblyrhynchus cristatus*） 452
寒战（shivering）302
寒战热源（shivering thermogenesis）302
行为性体温调节（behavioral thermoregulation）298
合胞体（syncytium） 164
合成代谢（anabolism） 10，290
河豚毒素（tetrodotoxln，TTX） 158
核基质（nuclear matrix，nucleoskeleton，karyoskeleton） 28
核糖核蛋白颗粒（ribonucleoprotein particle）438
核糖体（ribosome） 438
核纤层（nuclear lamina） 28
颌下腺（submaxillary gland）248
褐色脂肪组织（brown fat tissue） 302
黑-伯反射（Hering-Breuer reflex） 230
黑素皮质素（melanin cortexin，MC） 247
黑素细胞刺激素（melanocyte stimulating hormone，MSH） 359，361
恒温动物（homeotherm） 298
横管（transverse tubule） 114
横桥（cross bridge）116
横桥循环（cross bridge cycle）124
横桥周期（cross-bridge cycling） 118，124
红细胞（erythrocyte 或 red blood cell，RBC） 132
红细胞沉降率（erythrocyte sedimentation rate，ESR） 134
红细胞压积（packed cell volume，PCV） 127
后电位（after-potential） 50
后负荷（afterload） 121，174
后兽亚纲（Metatheria） 422
呼气神经元（expiratory neuron）228

呼气 - 吸气跨时相神经元（expiratory-inspiratory phase spanning neuron） 228

呼气运动（expiratory movement） 207

呼吸（respiration） 3，204

呼吸爆发（respiratory burst） 139

呼吸的反射性调节 230

呼吸节律（respiratory rhythm） 227，229

呼吸困难（dyspnea） 208

呼吸膜（respiratory membrane） 218

呼吸商（respiratory quotient，RQ） 294

呼吸神经元（respiratory neuron） 228

呼吸调整中枢（pneumotaxic center） 227

呼吸相关神经元（respiratory-related neuron） 228

呼吸运动（respiratory movement） 207

呼吸中枢（respiratory center） 227

化学感受器（chemoreceptor） 193，231

化学感受性反射（chemoreceptive reflex） 231

化学感受性反射（chemoreceptor reflex） 194

化学门控通道（chemically-gated ion channel） 32，44

化学性突触（chemical synapse） 65

化学性消化（chemical digestion） 236

环 - 磷酸鸟苷（cyclic guanosine monophosphate，cGMP） 40

环 - 磷酸腺苷（cyclic adenosine monophosphate，cAMP） 40

环鸟苷酸（cyclic guanosine monophosphate，cGMP） 348

缓冲神经（buffer nerve） 193

缓激肽（bradykinin） 194，197，315

黄体（corpus luteum） 406，408

黄体期（luteal phase） 408

黄体生成素（luteinizing hormone，LH） 353，390，397

挥发性脂肪酸（volatile fatty acids，VFA） 262

会阴动脉（perineal artery） 427

会阴神经（perineal nerve） 428

混合性突触（mixed synapses） 65

J

机械门控通道（mechanically-gated ion channel） 32，44

机械性消化（mechanical digestion） 236

机制（mechanism） 1

肌动蛋白（actin，也称肌纤蛋白） 116

肌钙蛋白（troponin，也称原宁蛋白） 117

肌钙蛋白 C（troponin C，TnC） 117

肌钙蛋白 I（troponin I，TnI） 117

肌钙蛋白 T（troponin T，TnT） 117

肌钙样蛋白（calponin） 122，123

肌浆网（sarcoplasmic reticulum，SR） 114

肌节（sarcomere） 110

肌膜（sarcolemma） 110

肌球蛋白（myosin，也称肌凝蛋白） 116

肌球蛋白轻链激酶（myosin light chain kinase，MLCK） 124

肌肉收缩能力（contractility） 121

肌上皮细胞（myoepithelial cell） 425

肌丝滑行理论（myofilament sliding theory） 117

肌胃（gizzard） 458

肌原纤维（myofibril） 110

肌源性活动（myogenic activity） 197

基本电节律（basal electric rhythm，BER） 238

基础代谢（basal metabolism） 297

基础代谢率（basal metabolism rate，BMR） 297

基底膜（basement membrane） 425

基底室（basal compartment） 396

基强度（rheobase） 55

基质细胞（stroma cell） 406

激活（activation） 51，144

激活素（activin） 399

激酶级联（kinase cascade） 38

激素（hormone） 4，15，431

激肽（kinin） 196

激肽释放酶（kallikrein） 196

极化（polarization） 48

急性实验（acute experiment） 7

集落刺激因子（colony stimulating factor，CSF） 140

集团运动（mass peristalsis） 280

脊休克（spinal shock） 94

继发性主动转运（secondary active transport） 33，35

加德姆（Gaddum） 241

甲状旁腺激素（parathyroid hormone，PTH） 368

甲状腺激素（thyroid hormones） 363

甲状腺球蛋白（thyroglobulin，TG） 363

甲状腺素（tetraiodothyronine，T_4） 365

间接测热法（indirect calorimetry） 293

间质细胞（interstitial cell） 396

间质细胞刺激素（interstitial cell stimulating hormone，ICSH） 362，400
减慢充盈期（reduced filling phase） 170
减慢射血期（reduced ejection phase） 170
减数分裂（meiosis） 397
碱储（alkali reserve） 130
腱反射（tendon reflex） 93
浆细胞（plasma cell） 139
降钙素（calcitonin，CT） 364，368
降钙素基因相关肽（calcitonin gene-related peptide，CGRP） 189，190，369
降压反射（depressor reflex） 192
交叉配血试验（cross match blood test） 152
交感神经系统（sympathetic nervous system） 428
交感舒血管神经（sympathetic vasodilator fiber） 190
交互性突触（reciprocal synapses） 65
交换血管（exchange vessel） 176
交配（copulation） 403
胶体渗透压（colloid osmotic pressure） 129
胶原（collagen） 141
角蛋白（keratin） 425
节间反射（intersegmental reflex） 94
拮抗作用（antagonistic effect） 346
结缔组织（connective tissue） 424，430
结节部（pars teberalis） 359
解剖无效腔（anatomical dead space） 216
紧密连接（tight juction） 396
紧密型（tense form，T型） 223
紧张性收缩（tonic contraction） 258
近腔室（adluminal compartment） 396
近球小管的定比重吸收（constant fractional absorption） 332
经通道介导的易化扩散（facilitated diffusion via channel） 31
经载体介导的易化扩散（facilitated diffusion via carrier） 30
晶体渗透压（crystal osmotic pressure） 129
精氨酸血管升压素（arginine vasopressin，AVP） 363
精囊腺（seminal gland） 394
精液（semen） 398，405
精原细胞（spermatogonium） 397
精子（spermatozoon） 394，397
精子的形成过程（spermiogenesis） 397
精子获能（capacitation of spermatozoon） 417
精子去能（decapacitation of spermatozoon） 417
精子细胞（spermatid） 397
颈动脉体（carotid body） 194
静脉回流（venous return） 181
静息（resting） 51
静息电位（resting potential，RP） 47
静止能量代谢（resting energy metabolism） 297
局部兴奋（local excitation） 53
咀嚼（mastication） 248
巨噬细胞（macrophage） 139
巨幼红细胞性贫血（megaloblastic anemia） 135
聚集（aggregation） 141
绝对不应期（absolute refractory period，ARP） 56，163

K

“开环”系统（open-loop system） 16
抗利尿激素（antidiuretic hormone，ADH） 325，363
抗凝系统（anticoagulantive system） 147
抗凝血酶Ⅲ（antithrombin Ⅲ） 147
咳嗽反射（cough reflex） 231
可的松（cortisone） 436
可溶性鸟苷酸环化酶（soluble guanylyl cyclase，sGC） 43
可塑性变形（plastic deformation） 133
可兴奋组织（excitable tissue） 55
克隆（clone） 11
空间总和（spatial summation） 53
控制论（cybernetics） 16
控制系统（control system） 16
跨壁压（transmural pressure，即腔内压与腔外压的差值） 211
跨膜电位（transmembrane potential） 46
跨膜信号转导（transmembrane signal transduction） 38
跨膜信息传递（transmembrane signaling） 38
快反应电位（fast response action potential） 158
快肌（fast twitch） 111
快速充盈期（rapid filling phase） 170
快速射血期（rapid ejection phase） 169
眶上腺（supraobital gland） 452
扩散（diffusion） 184，216
扩散系数（diffusion coefficient） 217

L

赖氨酸血管升压素（lysine vasopressin，LVP） 363
莱迪希细胞（interstitial cell of Leydig） 396
郎飞结（node of Ranvier） 54
酪氨酸蛋白激酶（tyrosine kinase） 40
酪氨酸激酶受体（tyrosine kinase receptor，TKR） 43
滤过系数（filtration coefficient，K_f） 316
酪蛋白（casein） 440
酪蛋白型乳（casein type milk） 439
冷敏神经元（cold-sensitive neuron） 306
离体实验（*in vitro*） 7
离子泵（ion pump） 27，33
离子通道（ion channel） 31
离子通道型受体（ion channel linked receptor） 38
李氏隐窝（crypts of Lieberkühn） 275
立方表面上皮（superficial epithelium） 406
粒黄体细胞（granulosa lutein cell） 408
粒细胞 - 巨噬细胞集落刺激因子（granulocyte-macrophage colony stimulating factor，GM-CSF） 140
联合转运（cotransport） 35
量子性释放（quantal release） 66，113
临界温度（critical temperature） 301
淋巴系统（lymphatic system） 2
淋巴细胞（lymphocyte） 139
磷酸二酯酶（phosphodiesterase，PDE） 40，347
磷酸甘油酯（phosphoglyceride） 24
磷酸化（phosphorylation） 438
磷酸肌酸（creatine phosphate，CP） 291
磷酸烯醇式丙酮酸羧激酶（phosphoenolpyruvate carboxylase kinase） 373
磷脂（phospholipid） 23，441
磷脂酶 A_2（phospholipase A_2，PLA_2） 40
磷脂酶 C（phospholipase C，PLC） 40
磷脂酰胆碱（卵磷脂）（phosphatidylcholine，PC） 24
磷脂酰甘油（phosphatidylglycerol） 24
磷脂酰肌醇（phosphatidylinositol，PI） 24
磷脂酰丝氨酸（phosphatidylserine，PS） 24
磷脂酰乙醇胺（脑磷脂）（phosphatidylethanolamine，PE） 24
卵巢（ovary） 390，406
卵泡（follicle） 406，407
卵泡刺激素（follicle stimulating hormone，FSH） 353，396，397
卵泡膜（follicular theca） 406
卵泡期（follicular phase） 407
卵泡抑制素（folliculostatin） 410
卵丘（cumulus oophorus） 407
卵子（oocyte） 406
氯转移（chloride shift） 226

M

脉搏（pulse） 180
脉搏压（pulse pressure） 178
慢肌（slow twitch） 111
慢性实验（chronic experiment） 7
毛细血管前括约肌（precapillary sphincter） 183
毛细血管前阻力血管（precapillary resistance vessel） 175
酶偶联型受体（enzyme-linked receptor） 38
每搏功（stroke work） 172
每搏输出量（stroke volume） 171
每分功（minute work） 172
每分输出量（minute volume） 172
门控（gating） 32
门控通道（gated channel） 32
迷走紧张（vagal tone） 192
泌激活素（activin） 400
泌乳（lactation） 442
泌乳初期（early stage of lactation） 436
泌乳起动（lactogenesis） 429
泌乳维持（galactopoiesis） 429
免疫球蛋白（immunoglobulin） 440
明带（light band） 110
缪勒氏管（Müller duct） 391
膜电导（membrane conductance） 46
膜电位（membrane potential） 46
膜黄体细胞（theca lutein cell） 406，409

N

钠泵（sodium pump） 33
钠 - 钾泵（sodium-potassium pump） 33
钠 - 氯同时吸收（coupled sodium-chloride absorption） 284
钠协同转运系统（sodium cotransport system） 284
脑 - 肠肽（brain-gut peptide） 241
脑垂体（pituitary） 428

脑电图（electroencephalogram，EEG） 105
脑啡肽（enkephalin） 196，244
脑脊液（cerebrospinal fluid） 203
脑桥呼吸组（pontine respiratory group，PRG） 228
脑缺血反应（brain ischemia response） 195
脑上腺（epiphysis） 383
脑循环（cerebral circulation） 201
脑源神经营养因子（brain-derived neurotrophic factor，BDNF） 62
内分泌系统（endocrine system） 428
内分泌腺（endocrine gland） 339
内感受器（interceptor） 79
内呼吸（internal respiration） 204
内环境（internal environment） 12
内皮素（endothelin） 336
内因子（intrinsic factor） 255
内源性凝血途径（intrinsic coagulation pathway） 145
内质网（endoplasmic reticulum，ER） 433，438
能量代谢（energy metabolism） 290
能量代谢率（energy metabolic rate） 292
逆流倍增（counter-current multiplication） 329
逆呕（regurgitation） 268
逆蠕动（antiperistalsis） 276，280
逆向轴浆运输（retrograde anxoplasmic transport） 62
黏附（adhesion） 141
黏膜消化（mucosal digestion） 275
黏液-碳酸氢盐屏障（mucus-bicarbonate barrier） 254
黏滞性（viscosity） 129
黏滞阻力（viscous resistance） 214
鸟苷酸环化酶受体（guanylyl cyclase receptor） 43
鸟苷酸结合蛋白（guanine nucleotide-binding protein） 39
尿道（urethra） 394
尿道球腺（bulbourethral gland） 394
尿素再循环（urea recycling） 331
凝集（agglutination） 150
凝集素（agglutinin） 150
凝集原（agglutinogen） 150
凝乳酶（rennin） 254
凝血酶（thrombin） 145
凝血酶原激活物（prothrombin activator） 145
凝血细胞（thrombocyte） 448
凝血因子（blood clotting factor） 144

O

呕吐（vomiting） 259

P

排粪（defecation） 281
排卵（ovulation） 408
排乳（milk excretion） 442
排乳作用（milk let down） 428
排泄（excretion） 315
派伊尔结（Payer’s patches，PP） 242
旁分泌（paracrine） 15
配体门控通道（ligand gated channel） 32
喷嚏反射（sneeze reflex） 231
皮质醇（cortisol） 377
皮质电图（electrocorticogram，ECG） 105
皮质肾单位（cortical nephron） 313，465
皮质酮（corticosterone） 377
疲劳（fatigue） 121
贫血（anemia） 134
频率效应总和（frequency summation） 120
平滑肌 22α（smooth muscle 22 alpha，SM22α） 122
平静呼吸（eupnea） 207
平均动脉压（mean arterial pressure） 178
平台期（plateau phase） 158
葡萄糖（glucose） 439，441
浦肯野细胞（Purkinje cell） 156
瀑布学说（waterfall theory） 145

Q

期前收缩（premature systole） 163
起搏细胞（pacemaker cell，P 细胞） 156
气道阻力（airway resistance） 214
气囊（air vesicle） 453
气室（air cell） 477
气体的分压（partial pressure，*p*） 217
气体扩散速率（diffusion rate，*D*） 216
气体运输（transport of gas） 204
气胸（pneumothorax） 210
器官（organ） 8
髂内动脉（iliac artery） 427
牵涉痛（referred pain） 87
前包钦格复合体（pre-Bötzinger complex） 228

前负荷（preload） 120，173
前馈（feed forward） 18
前馈控制系统（feed-forward control system） 19
前列环素（prostacyclin，PGI_2） 315，346
前列腺（prostate gland） 394
前列腺素（prostaglandin，PG） 194，385
前列腺素 E_2（prostaglandin E_2，PGE_2） 315，369
前列腺素 F_2（prostaglandin F_2，PGF_2） 369
前腔静脉（anterior vena cava） 427
前驱物质（precursor） 437
前体细胞（precursor cells） 132
前胃（proventriculus） 458
潜伏期（latency） 119
潜在起搏点（latent pacemaker） 161
腔内消化（luminal digestion） 275
腔上囊（法氏囊）（bursa of Fabricius） 461
抢先占领（preoccupation） 161
鞘氨醇（sphingosine） 25
鞘磷脂（sphingomyelin，SM） 24
禽类胰多肽（avian pancreatic polypetide，APP） 473
氢化可的松（hydrocor-tisone） 433
清蛋白（albumin） 440
清蛋白型乳（albumin type milk） 439
球蛋白（globulin） 126
球 - 管平衡（glomerulotubular balance） 332
球形小泡（spheroid synaptic vesicle） 65
球抑胃素（bulbogastrone） 257
屈肌反射（flexor reflex） 92
躯体刺激素（somatotropin） 359
趋化性（chemotaxis） 137
趋化因子（chemokine） 138
曲细精管（seminiferous tubule） 395
曲张体（varicosity） 67，101
去激活（deactivation） 159
去极化或除极化（depolarization） 48，157
去甲肾上腺素（norepinephrine，NE） 188，247，357，381
去氧血红蛋白（deoxyhemoglobin，Hb） 222
“全或无”（all or none） 50
醛固酮（aldosterone） 333，335，377
缺铁性贫血（iron-deficiency anemia） 135

R

热喘呼吸（panting） 304
热敏神经元（warm-sensitive neuron） 306
人绒毛膜促性腺激素（human chorionic gonadotropin，HCG） 387，419
妊娠（pregnancy） 416
妊娠黄体（corpus luteum of pregnancy） 409
日射病（heliosis） 303
绒毛（villi） 282
绒毛收缩素（villikinin） 283
容量感受器（volume receptor） 194
容量血管（capacitance vessel） 176
容受性舒张（receptive relaxation） 258
溶血（hemolysis） 133
溶脂激素（lipotropin，β-LPH） 354
蠕动（peristalsis） 276
蠕动冲（peristaltic rush） 276
乳房（udder） 423
乳房间沟（intermammary groove） 424
乳房上淋巴结（supramammary lymph node） 427
乳管（mammary ducts） 423
乳糜微粒（chylomicron） 287
乳清蛋白（lactalbumin） 440
乳糖（lactose） 438，439，441
乳头（teat） 425
乳头池（teat cistern） 425
乳头孔（teat meatus 或 galactophores） 423，425
乳线（mammary line） 429
乳腺（mammary gland） 422
乳腺池（mammary gland cistern） 423，425
乳腺发育（mammogenesis） 429
乳腺后动脉（caudal mammary artery） 427
乳腺回缩（mammary involution） 429，436
乳腺嵴（mammary ridge） 429
乳腺泡（alveolus） 425
乳腺前动脉（cranial mammary artery） 427
乳腺上皮细胞（mammary epithelial cell） 425
乳腺上皮细胞数（the number of mammary epithelial cell） 435
乳腺小丘（mammary hillock） 429
乳腺小叶（mammary lobule） 426

乳腺叶（mammary lobe） 426
乳芽（mammary bud） 429
乳汁（milk） 422
乳汁分泌（milk secretion） 433
乳汁的排放（milk let down） 436
入胞（endocytosis） 36

S

腮腺（parotid gland） 248
塞托利（Sertoli）细胞 395
鳃后腺（ultimobranchial gland） 472
三碘甲状腺原氨酸（triiodothyronine，T_3） 365，436
三联管（triad） 115
三磷酸肌醇（inositol triphosphate，IP_3） 24，40，42，369
三磷酸鸟苷（guanosine triphosphate，GTP） 39
三磷酸腺苷（adenosine triphosphate，ATP） 132，291
三酰甘油（triglycerides） 441
搔扒反射（scratching reflex） 94
杀菌性通透性增加蛋白（bactericidal permeability increasing protein） 139
舌下腺（sublingual gland） 248
射精（ejaculation） 404
射精管（ejaculatory duct） 394，402
射血（ejection） 169
射血分数（ejection fraction，EF） 172
摄食（food intake） 244
摄食中枢（feeding center） 245
深呼吸（deep breathing） 208
深吸气量（inspiratory capacity，IC） 215
神经递质（neurotransmitter） 68
神经分泌（neurosecretion） 15
神经 - 肌肉接头（neuromuscular junction） 112
神经激素（neurohormone） 15
神经降压素（neurotensin，NT） 248
神经胶质细胞（neuroglia） 62
神经内分泌学（neuroendocrinology） 350
神经生长因子（nerve growth factor，NGF） 62
神经肽 Y（neuropeptide Y） 190
神经 - 体液调节（neurohumoral regulation） 15
神经调节（nervous regulation） 13，14
神经系统（nervous system） 4，428
神经型（nervous type） 106
神经营养因子（neurotrophin，NT） 62
肾上腺（adrenal gland） 436
肾上腺素（epinephrine 或 adrenaline，E 或 AD） 141，237
肾上腺髓质素（adrenomedulin，ADM） 382
肾素（renin） 195
肾小球滤过率（glomerular filtration rate，GFR） 316
渗透脆性（osmotic fragility） 133
渗透性利尿（osmotic diuresis） 332
渗透压（osmotic pressure） 129
渗透压感受器（osmoreceptor） 334
生精细胞（spermatogenic cell） 395
生精作用（spermatogenesis） 397
生理无效腔（physiological dead space） 216
生理性止血（physiological hemostasis） 142
生理学（physiology） 1
生物电（bioelectricity） 45
生物电现象（bioelectrical phenomena） 45
生物节律（biorhythm） 300
生物科学（biological science） 1
生物学消化（biological digestion） 236
生物钟（biological clock） 300
生长激素（growth hormone，GH） 359
生长激素释放激素（growth hormone releasing hormone，GHRH） 351
生长激素释放抑制激素（growth hormone releasing inhibiting hormone，GHRIH） 351
生长介素（somatomedin，SM） 360
生长抑素（somatostatin，SS） 244，342，352，372
生殖（reproduction） 11，390
生殖系统（reproductive system） 390
失活（inactivation） 51
时间总和（temporal summation） 54，120
时值（chronaxia） 55
食物的热价（thermal equivalent of food） 293
食物的特殊动力效应（specific dynamic effect） 296
视交叉上核（suprachiasmatic nucleus） 300
视前区 - 下丘脑前部（preoptic-anterior hypothalamus area，PO/AH） 306
视上核（supraoptic nucleus） 333
适应性（adaptability） 11
室旁核（paraventricular nucleus） 333

释放（release） 142
嗜铬样细胞（enterochromaffin-like cell，ECL） 256
嗜碱性粒细胞（basophil） 138
嗜色细胞（chromophil cell） 359
嗜酸性粒细胞（eosinophil） 138
嗜酸性粒细胞趋化因子 A（eosinophil chemotactic factor A） 138
收缩（shrinkage） 142
收缩的总和（summation of contraction） 120
收缩期（shortening period or contraction period） 119
收缩压（systolic pressure） 178
受精（fertilization） 416
受体（receptor） 64
受体介导入胞（receptor mediated endocytosis） 37
受体阻断剂（receptor antagonist） 70
瘦素（leptin） 246，388，432
舒血管神经纤维（vasodilator nerve fiber） 189
舒张期（relaxation period） 119
舒张压（diastolic pressure） 178
疏松型（relaxed form，R 型） 223
输精管（ductus deferens） 394
输卵管（oviduct） 414
输血（blood transfusion） 152
输血反应（transfusion reaction） 152
树突状细胞（dendritic cells，DC） 242
竖毛肌（arrector pilli muscle） 303
双氢睾酮（dihydrotestosterone，DHT） 399
双嗜性分子（amphiphilic molecule） 24
“双信使系统”（double messenger system） 42
水孔蛋白（aquaporin） 30
“水牛背”（buffalo hump） 378
水通道（water channel） 30
水肿（edema） 129
顺向轴浆运输（anterograde anxoplasmic transport） 62
顺应性（compliance） 211
丝氨酸 / 苏氨酸蛋白激酶（serine/threonine kinase） 40
四碘甲状腺原氨酸（tetralodothyronine，T_4） 436
松弛素（relaxin） 410，432
松果体（pineal body） 383
松果腺（pineal gland） 475
嗉囊（crop） 457
髓过氧化物酶（myeloperoxidase，MPO） 139
髓质肾单位（medullary nephron） 465
缩血管神经纤维（vasoconstrictor nerve fiber） 189

T

胎盘催乳素（placental lactogen） 431
碳酸酐酶（carbonic anhydrase，CA） 225
糖（carbohydrate） 291
糖蛋白（glycoprotein） 28
糖基化（glycosylation） 438
糖类物质（carbohydrate） 23
糖皮质激素（glucocorticoid，GC） 377，431
糖异生（gluconeogenesis） 441
糖脂（glycolipid） 25，28
特异投射系统（specific projection system） 83
体表温度（shell temperature） 298
体核温度（core temperature） 298
体液（body fluid） 12
体液免疫（humoral immunity） 140
体液调节（humoral regulation） 13，14，195
条件反射（conditioned reflex） 14
调定点（set point） 17，305
调定点学说（set-point theory） 307
跳跃式传导（saltatory conduction） 54
通导率（conductance） 162
通道（channel） 27
通气 / 血流比值（ventilation/perfusion ration） 219
通血毛细血管（preferential channel） 183
同向转运体（symporter） 35
头期（cephalic phase） 255
透明带（zona pellucida） 407
透明带反应（zona pellucida reaction） 418
突触（synapse） 64，112
突触后电位（postsynaptic potential） 66
突触后膜（postsynaptic membrance） 64
突触间隙（synaptic cleft） 64
突触囊泡（synaptic vesicle） 64
突触前膜（presynaptic membrance） 64
突触前调制（presynaptic modulation） 189
突触小体（synaptic button） 64
湍流（turbulence） 214
褪黑素（melatonin，MT） 383

吞噬（phagocytosis） 36，138
吞咽（deglutition） 251
吞饮（pinocytosis） 36，185
脱氢异雄酮（dehydroisoandrosterone，DHIA） 399
脱水（dehydration） 304
椭圆形扁平小泡（flattened synaptic vesicle ） 65
唾液（saliva） 248

W

蛙皮素（bombesin） 248，458
外侧悬韧带（lateral suspensory ligaments） 425
外感受器（exteroceptor） 79
外呼吸（external respiration） 204
外环境（external environment） 12
外胚层（ectoderm） 429
外源性凝血途径（extrinsic coagulation pathway） 146
外周静脉压（peripheral venous pressure） 181
外周温度感受器（peripheral temperature receptor） 306
完全强直收缩（complete tetanus） 120
微动脉（arteriole） 183
微管（microtubule） 28
微静脉（venule） 183
微绒毛（microvilli） 282
微生物消化（microbial digestion） 236
微丝（microfilament） 28
微循环（microcirculation） 182
维生素 D_3 原（provitamin D_3） 370
尾脂腺（uropygial gland） 470
胃肠激素（gastrointestinal hormone） 240
胃肠胰内分泌系统（gastro-entero-pancreatic endocrinesystem） 376
胃蛋白酶原（pepsinogen） 254
胃的排空（gastric emptying） 259
胃动素（motilin） 277
胃泌素（gastrin） 372
胃期（gastric phase） 255
胃脂肪酶（gastric lypase） 254
温度感受器（temperature receptor） 306
无感蒸发（insensible perspiration） 304
物理性消化（physical digestion） 236
物质代谢（material metabolism） 290

X

吸附（adsorption） 142
吸气-呼气跨时相神经元（inspiratory-expiratory phase spanning neuron） 228
吸气切断机制（inspiratory off-switch mechanism） 229
吸气神经元（inspiratory neuron） 228
吸气运动（inspiratory movement） 207
吸收（absorption） 3，236，281
膝反射（knee reflex） 93
系统（system） 8
细胞保护（cytoprotection） 242
细胞骨架（cytoskeleton） 28
细胞核（nucleus） 438
细胞坏死（necrosis） 437
细胞免疫（cellular immunity） 140
细胞膜（cell membrane） 22
细胞器（organelle） 8，437
细胞溶胶（cytosol） 28
下垂乳房（pendulous udder） 425
下丘脑（hypothalamus） 428
下丘脑-垂体束（hypothalamo-hypophysial tract） 333
下丘脑腹内侧核（ventromedial hypothalamic nucleus，VMN） 247
下丘脑腹内侧区（ventromedial hypothalamus，VMH） 245
下丘脑调节肽（hypothalamus regulatory peptide，HRP） 351
下丘脑外侧区（lateral hypothalamus area，LHA） 245
夏眠（estivation） 308
纤维蛋白（fibrin） 145
纤维蛋白溶解（fibrinolysis） 148
纤维蛋白溶解系统（fibrinolytic system） 148
纤维蛋白原（fibrinogen） 126
限制性通气不足（restrictive hypoventilation） 214
线粒体（mitochondria） 433，438
线速度（linear velocity） 177
腺苷酸环化酶（adenylate cyclase，AC） 40
腺胃（glandular stomach） 458
相对不应期（relative refractory period，RRP） 56，163
消化（digestion） 3，236
消化间期运动复合波（interdigestive motility complex） 258
小肠腺（small intestinal gland） 275

小颊腺（buccal glands） 248
小脑性共济失调（cerebellar ataxia） 97
小细胞神经分泌系统（microcellular neurosecretory system） 350
效应器（effector） 14
协同转运体（cotransporter） 36
协同作用（synergistic effect） 346
心电图（electrocardiogram，ECG） 166
心动周期（cardiac cycle） 168
心房钠尿肽（atrial natriuretic peptide，ANP） 196，336
心房收缩期（atrial systole） 170
心房肽（atriopeptide） 196
心肌收缩能力（cardiac contractility） 174
心肌细胞（cardiac myocyte） 156
心交感神经（cardiac sympathetic nerve） 187
心力储备（cardiac reserve） 173
心率（heart rate） 168
心迷走神经（cardiac vagus nerve） 187
心钠素（cardionatrin） 196
心舒期（diastole） 168
心输出量（cardiac output） 172
心缩期（systole） 168
心血管系统（cardiovascular system） 2
心血管中枢（cardiovascular center） 190
心音（heart sound） 170
心音图（phonocardiogram，PCG） 170
心脏做功（cardiac work） 172
心指数（cardiac index） 172
新陈代谢（metabolism） 10
兴奋（excitation） 11，55
兴奋-收缩偶联（excitation-contraction coupling） 115，165
兴奋-收缩脱偶联（excitation-contraction uncoupling） 116，166
兴奋性（excitability） 10，55
兴奋性递质（excitatory transmitter） 66
兴奋性突触后电位（excitatory postsynaptic potential，EPSP） 66
性成熟（sexual maturity） 392
性激素（gonadal hormones） 377
性腺（gonad） 391
性腺抑制素（gonadosta tin） 410
性周期（sexual cycle） 412
胸腹式呼吸（thoracoabdominal breathing） 208
胸廓的顺应性（compliance of chest wall，C_{chw}） 213
胸廓内静脉（internal thoracic vein） 427
胸膜腔（pleural cavity） 209
胸膜腔内压（intrapeural pressure） 209
胸式呼吸（thoracic breathing） 208
胸腺（thymus） 385
胸腺素（thymosin） 342，385
胸腺依赖性淋巴细胞（thymus dependent lymphocyte） 140
胸主动脉（thoracic aorta） 426
雄激素（androgen） 396
雄激素结合蛋白（androgen binding protein，ABP） 396
雄酮（androsterone） 399
雄烯二酮（androstenedione） 399
雄性原核（male pronucleus） 418
休眠（dormancy） 308
溴隐亭（bromocriptine） 433
悬浮稳定性（suspension stability） 133
血-睾屏障（blood-testis barrier） 396
血管活性肠肽（vasoactive intestinal poly peptide，VIP） 190，244，372，376，459
血管紧张素Ⅰ（angiotensin Ⅰ） 195，335
血管紧张素Ⅱ（angiotensin Ⅱ） 195，333，335
血管紧张素Ⅲ（angiotensin Ⅲ） 195，335
血管紧张素原（angiotensinogen） 195，335
血管紧张素转换酶（angiotensin converting enzyme，ACE） 195
血管内破坏（introvascular destruction） 137
血管升压素（vasopressin，VP） 184，196，325，363
血管舒张素（vasodilatin） 197
血管外破坏（extrovascular destruction） 137
血管性血友病因子（von willebrand factor，vWF） 141
血管运动（vasomotion） 189
血管运动神经纤维（vasomotor nerve fiber） 189
血红蛋白（hemoglobin，Hb） 134，221
血红蛋白尿（hemoglobinuria） 137
血红蛋白氧饱和度（oxygen saturation of Hb） 222
血红蛋白氧含量（oxygen content of Hb） 222
血红蛋白氧容量（oxygen capacity of Hb） 222
血浆（plasma） 126
血浆蛋白（plasma protein） 126

血量（blood volume） 128
血流量（blood flow） 176
血流阻力（blood flow resistance） 176
血-脑脊液屏障（blood-cerebrospinal fluid barrier） 202
血-脑屏障（blood-brain barrier） 202，232
血清（serum） 143
血容量（blood volume） 334
血栓烷 A_2（thromboxane A_2，TXA_2） 141，346
血细胞（blood cell） 126
血细胞比容（hematocrit） 127
血细胞渗出（diapedesis） 137
血小板（platelet） 141
血小板生成素（thrombopoietin，TPO） 143
血型（blood group） 150
血压（blood pressure） 176
血氧饱和度（oxygen saturation of blood） 222
血氧含量（oxygen content of blood） 222
血氧容量（oxygen capacity of blood） 222
血液（blood） 2，126
血液凝固（blood coagulation） 143
血液循环（blood circulation） 155
循环系统（circulatory system） 2
循环系统平均充盈压（mean circulatory filling pressure） 178
循环血量（circulating blood volume） 128

Y

压力感受性反射（baroreceptor reflex） 192
压力-容积曲线（pressure-volume curve） 211
烟碱（nicotine） 71
延髓头端腹外侧部（rostral ventrolateral medulla，RVLM） 191
盐皮质激素（mineralocorticoids，MC） 377
盐腺（saltgland） 452
氧合（oxygenation） 222
氧合血红蛋白（oxyhemoglobin，HbO_2） 222
氧化（oxidation） 222
氧解离曲线（oxygen dissociation curve） 223
氧热价（thermal equivalent of oxygen） 294
液态镶嵌模型（fluid mosaic model） 23
液相入胞（fluid phase endocytosis） 36
一碘酪氨酸（monoiodotyrosine，MIT） 365
一过性外向电流（transient outward current，I_{to}） 158
一氧化氮（nitric oxide，NO） 43，315，404
一氧化氮合酶（nitric oxide synthase，NOS） 45，404
一氧化碳（carbon monoxide，CO） 222
胰蛋白酶抑制物（pancreatic secretory trypsin inhibitor，PSTI） 271
胰岛（pancreas islet） 270，371
胰岛素（insulin） 342，372，431，432
胰岛素样生长因子（insulin like growth factor，IGF） 360
胰岛素原（proinsulin） 372
胰淀粉酶（pancreatic amylase） 270
胰多肽（pancreatic polypeptide，PP） 372，375
胰高血糖素（glucagon） 248，342，372
胰液（pancreatic juice） 270
胰脂肪酶（pancreatic lipase） 270
移行性运动复合波（migrating motor complex，MMC） 277
乙酰胆碱（acetylcholine，ACh） 6，32，67，113，188，237
异促甲状腺因子（heterothyrotrophic factors，HTF） 362
异温动物（heterotherm） 298
异源三聚体 G 蛋白（heterotrimeric G protein） 39
异长自身调节（heterometric autoregulation） 174
抑胃肽（gastric inhibitory polypeptide，GIP） 241
抑制（inhibition） 11，55
抑制素（inhibin，INH） 342，399，400，410
抑制性突触后电位（inhibitory postsynaptic potential，IPSP） 66
易化扩散（facilitated diffusion） 30
阴部外动脉（pudic artery） 427
阴茎（penis） 394，403
阴茎勃起（erection of penis） 404
阴囊（scrotum） 394
隐睾（cryptorchidism） 403
营养性贫血（nutritional anemia） 135
营养作用（trophic action） 241
应激反应（stress reaction） 379
应急学说（emergency reaction hypothesis） 381
用力呼吸（forced breathing） 208
优势传导通路（preferential pathway） 164
有丝分裂（mitosis） 397
有效不应期（effective refractory period，ERP） 163
有效滤过压（effective filtration pressure） 185
诱发电位（evoked potential） 105

诱发性排卵（induced ovulation） 408
迂回通路（circuitous channel） 183
余气量（residual volume，RV） 215
阈刺激（threshold stimulus） 50
阈电位（threshold potential，TP） 53
阈强度（threshold intensity） 50
阈上刺激（suprathreshold stimulus） 53
阈下刺激（subthreshold stimulus） 53
阈值（threshold value） 50
原发性主动转运（primary active transport） 33
原肌球蛋白（tropomyosin，也称原肌凝蛋白） 116
原尿（primary urine） 315
原始卵泡（primordial follicle） 407
原始生殖腺（primordial gonad） 391
原兽亚纲（Prototheria） 422
“圆月脸”（moon facies） 378
远侧部（pars distalis） 358
月经黄体（corpus luteum of menstruation） 409
允许作用（permissive action） 346
孕激素（progesterone） 430，431
孕马血清促性腺激素（pregnant mare serum gonadotropin，PMSG） 387
孕烯醇酮（pregnenolone） 399
运动单位（motor unit） 112
运动神经元（motor neuron） 92
运动终板（motor end plate） 113
运铁蛋白（transferrin） 136

Z

载体（carrier） 27
再混入唾液（reinsalivation） 268
再咀嚼（remastication） 268
再生障碍性贫血（aplastic anemia） 135
再生状态（regeneration） 18
再吞咽（redeglutation） 268
在体实验（*in vivo*） 7
早孕因子（early pregnancy factor，EPF） 418
造血（hemopoiesis） 132
造血干细胞（hemopoietic stem cell） 132
造血生长因子（hematopoietic growth factor，HGF） 140
增食素（orexin） 247
增殖（proliferation） 437
“闸门”（gate） 31
张力性气胸 211
长吸式呼吸（apneusis） 227
着床（implantation） 418
真兽亚纲（Eutheria） 422
蒸发散热（thermal evaporation） 303
整合（integration） 10
整合蛋白（integrated protein） 27
整合生理学（integrative physiology） 10
正常起搏点（normal pacemaker） 161
正反馈（positive feedback） 16，18
正后电位（positive after-potential） 50
正性变传导作用（positive dromotropic effect） 188
正性变力作用（positive inotropic effect） 188
正性变时作用（positive chronotropic effect） 188
支持韧带（suspensory ligaments） 424
支持细胞（sustentacular cell） 395
肢端肥大症（acromegaly） 359
脂蛋白脂肪酶（lipoprotein lipase，LPL） 442
脂肪（fat） 291
脂联素（adiponectin） 388
脂质（lipid） 23
直接测热法（direct calorimetry） 292
直捷通路（thoroughfare channel） 183
直精小管（tubuli recti） 395
质膜（plasma membrane） 22
致密核心小泡（dense core vesicle） 65
致密体（dense body） 124
致密突起（dense projection） 64
致热原（pyrogen） 306
中间部（pars intermedia） 359
中间纤维（intermediate filament） 28
中胚层（mesoderm） 429
中肾管（mesonephric duct） 391
中肾旁管（paramesonephric duct） 391
中肾旁管抑制物质（Müllerian inhibiting substance，MIS） 391
中枢神经系统（central nervous system） 4
中枢温度感受器（central temperature receptor） 306
中枢吸气活动发生器（central inspiratory activity generator） 229

中心静脉压（central venous pressure） 181
中性粒细胞（neutrophil） 138
中央乳糜管（central lacteal） 283
中央悬韧带（median suspensory ligament） 425
终板电位（end plate potential，EPP） 113
终板膜（end plate membrane） 113
终末乳导管（terminal mammary duct） 425
终尿（final urine） 315
终芽（end bud） 430
重调定（resetting） 193
周围神经系统（peripheral nervous system） 4
轴突反射（axon reflex） 190
昼夜节律（circadian rhythm） 300
侏儒症（dwarfism） 359
主动脉体（aortic body） 194
主动转运（active transport） 29，33
主性器官（primary sexual organ） 390
转化生长因子 -β（transforming growth factor-β，TGF-β） 140
转运体（transporter） 27，35
状态反射（attitudinal reflex） 95
锥体外系（extrapyramidal system） 98
锥体系（pyramidal system） 98
"准备电位"（readiness potential） 99
子宫（uterus） 406，415
自动节律性（autorhythmicity） 161
自发性排卵（spontaneous ovulation） 408
自分泌（autocrine） 15
自律心肌细胞（autorhythmic cardiomyocyte） 156
自然杀伤细胞（natural killer cell，NK 细胞） 139，243
自身调节（autoregulation） 13，15，197
自身突触（autapse） 65
自主性体温调节（automatic thermoregulation） 298
纵沟（longitudinal groove） 424
纵管（longitudinal tubule） 114
阻塞性通气不足（obstructive hypoventilation） 214
组胺（histamine） 138，197
组织（tissue） 8
组织呼吸（tissues respiration） 204
组织换气（gas exchange in tissues） 204
组织液（interstitial fluid） 12
组织因子（tissue factor，TF） 146
组织因子途径抑制物（tissue factor pathway inhibitor，TFPI） 147
最大舒张电位（maximum diastolic potential） 159
最适初长度（optimal initial length） 120
最适前负荷（optimal preload） 120